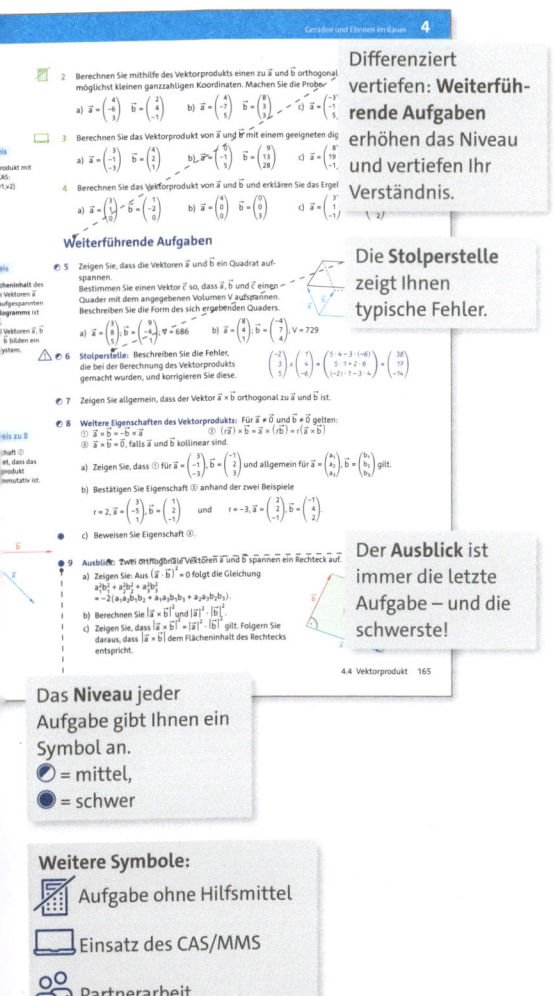

Differenziert vertiefen: Weiterführende Aufgaben erhöhen das Niveau und vertiefen Ihr Verständnis.

Die **Stolperstelle** zeigt Ihnen typische Fehler.

Der **Ausblick** ist immer die letzte Aufgabe – und die schwerste!

Das **Niveau** jeder Aufgabe gibt Ihnen ein Symbol an.
◐ = mittel,
● = schwer

Weitere Symbole:

📐 Aufgabe ohne Hilfsmittel

💻 Einsatz des CAS/MMS

👥 Partnerarbeit

👥👥 Gruppenarbeit

Sind Sie sicher? **Prüfen Sie Ihr neues Fundament** mit den **Testaufgaben**. Vergleichen Sie Ihre Ergebnisse mit den Lösungen im Anhang und schätzen Sie sich selbstständig ein.

Selbstständig prüfen: Die **Lösungen** zu den Aufgaben finden Sie im Anhang.

Mit der **Selbsteinschätzung** können Sie Schwächen finden und beheben.

Wissen kompakt

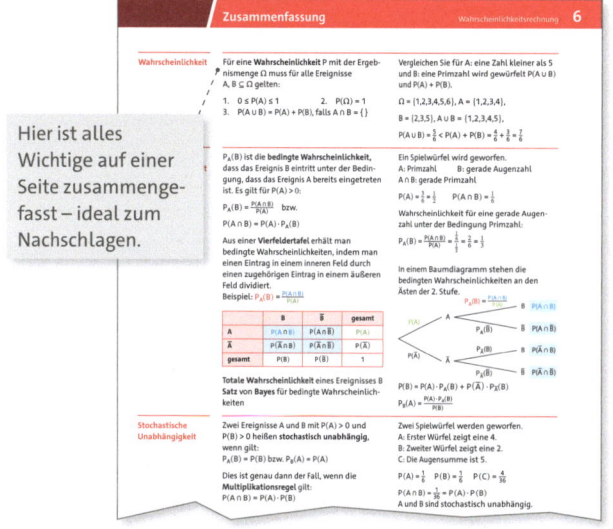

Hier ist alles Wichtige auf einer Seite zusammengefasst – ideal zum Nachschlagen.

Fundamente der Mathematik

2

Allgemeine Ausgabe
Gymnasium
mit CAS-/MMS-Schwerpunkt

Analytische Geometrie, Lineare Algebra, Stochastik

Erarbeitet von
Dr. Wolfram Eid (Sachsen-Anhalt)
Nico Friese (Sachsen)
Dr. Hubert Langlotz (Thüringen)
Joachim Lippert (Sachsen)
Sebastian Rauh (Nordrhein-Westfalen)
Dr. Wilfried Zappe (Thüringen)

Cornelsen

Inhaltsverzeichnis

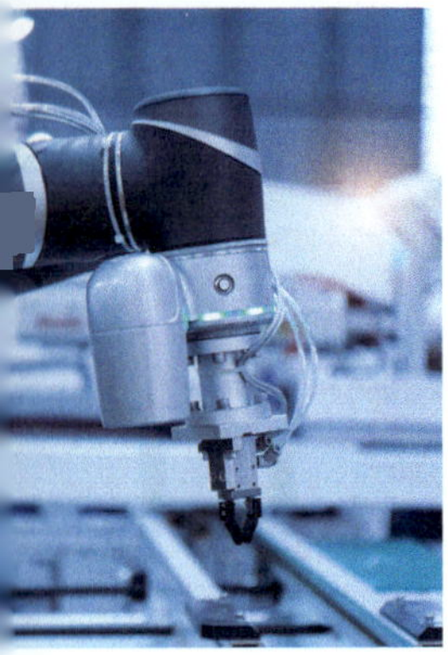

Fundamente
der Mathematik

Autoren: Prof. Dr. Ralf Benölken, Brigitte Distel, Jochen Dörr, Dr. Rolf Ebel, Dr. Lothar Flade, Carina Freytag, Jan Füller, Dr. Martin Janßen, Friedrich Kammermeyer, Roman-Philipp Knost, Markus Krysmalski, Dr. Hubert Langlotz, Joachim Lippert, Renatus Lütticken, Arne Mentzendorff, Daniel Meyer, Thorsten Niemann, Yvonne Ofner, Reinhard Oselies, Dr. habil. Manfred Pruzina, Reinhard Schmidt, Sebastian Schweitzer, Florian Winterstein, Dr. Wilfried Zappe

Berater: Dr. Wolfram Eid, Nico Friese, Dr. Hubert Langlotz, Joachim Lippert, Sebastian Rauh, Dr. Wilfried Zappe
Redaktion: Felix Arndt, Maya Brandl
Rechteprüfung: Kai Mehnert
Gesamtgestaltung: Golnar Mehboubi Nejati, Berlin
Illustration: Stefan Bachmann
Grafik: Christian Böhning
Umschlaggestaltung: Studio SYBERG, Berlin
Layoutkonzept: klein & halm GbR
Technische Umsetzung: Compuscript Ireland and Chennai

Begleitmaterialien zum Lehrwerk

für Schülerinnen und Schüler

Schulbuch als E-Book mit Medien	1100029814
Arbeitsheft mit Erklärvideos	978-3-06-001303-6

für Lehrerinnen und Lehrer

Unterrichtsmanager Plus	1100029806
Lösungen zum Schulbuch	978-3-06-001302-9

www.cornelsen.de

1. Auflage, 1. Druck 2024

Alle Drucke dieser Auflage sind inhaltlich unverändert und können im Unterricht nebeneinander verwendet werden.

Druck und Bindung: Mohn Media Mohndruck, Gütersloh

ISBN 978-3-06-001292-3 (Schulbuch)
ISBN 1100029814 (E-Book)

PEFC-zertifiziert
Dieses Produkt stammt aus nachhaltig bewirtschafteten Wäldern und kontrollierten Quellen

PEFC/04-31-1033   www.pefc.de

1

Grundlagen der linearen Algebra

Nach diesem Kapitel können Sie...
→ lineare Gleichungssysteme mit mehreren Variablen algorithmisch lösen,
→ eine Matrix mit einem Vektor multiplizieren,
→ Matrizen und Vektoren addieren und vervielfachen,
→ Matrizen multiplizieren, potenzieren und inverse Matrizen bestimmen,
→ Übergangsprozesse und Produktionsprozesse durch Matrizen beschreiben.

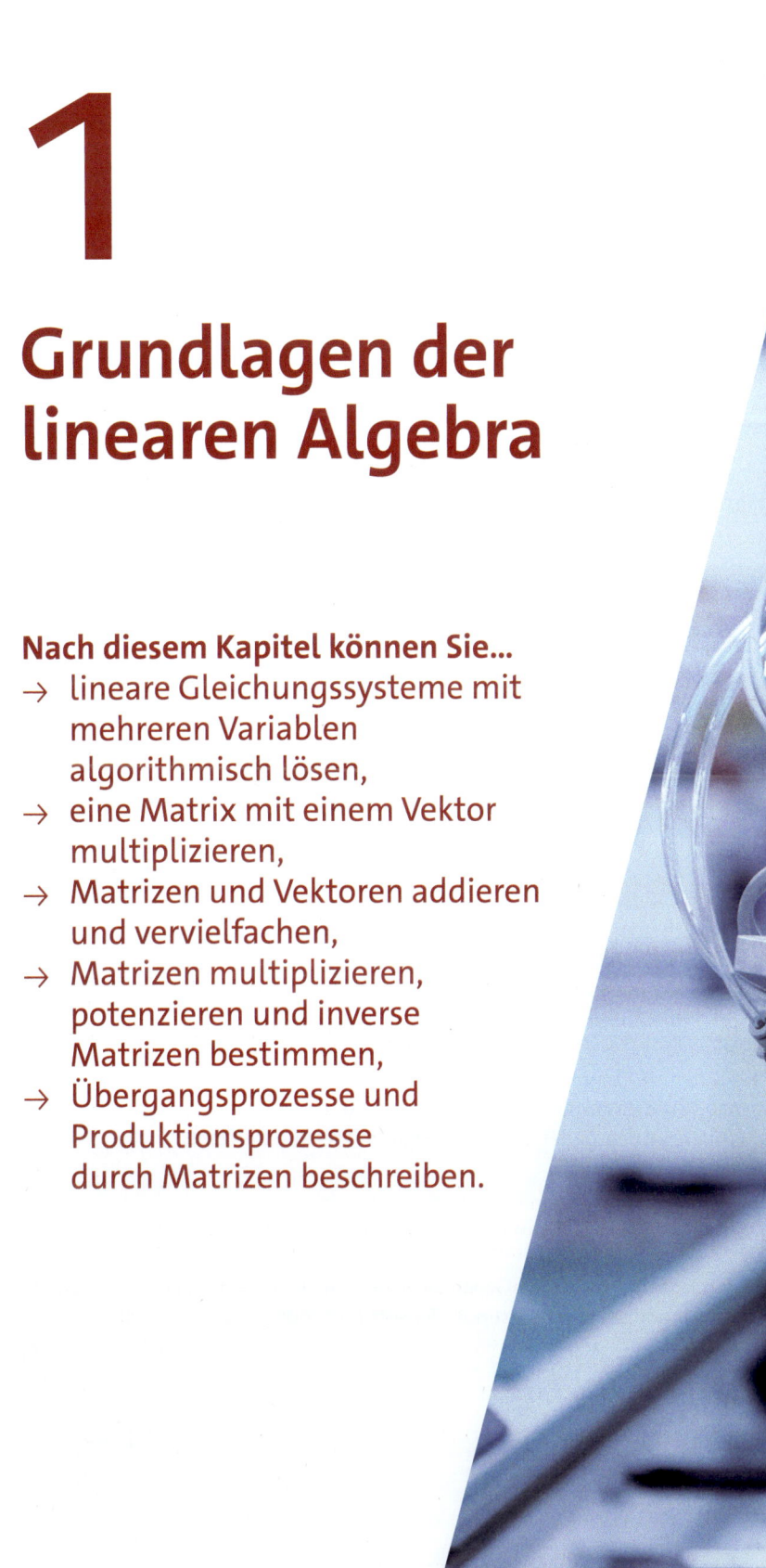

Lösungen
→ S. 458

Terme und Gleichungen

1 Berechnen Sie den Term. Nutzen Sie das Distributivgesetz, wenn es vorteilhaft ist.

a) $\frac{3}{10} \cdot (1{,}8 + 1{,}2)$ b) $\left(\frac{7}{6} - \frac{5}{6}\right) \cdot 0{,}3$ c) $\frac{1}{3} \cdot \left(\frac{3}{5} + 3\right)$ d) $10 \cdot \left(0{,}1 + \frac{1}{20}\right)$

e) $\frac{1}{4} \cdot \left(\frac{8}{5} + 0{,}8\right)$ f) $(1{,}15 + 0{,}35) \cdot \frac{4}{3}$ g) $\frac{4}{7} \cdot \frac{3}{5} + \frac{3}{7} \cdot \frac{3}{5}$ h) $2{,}25 \cdot 1{,}5 - 0{,}75 \cdot 1{,}5$

2 Fassen Sie zusammen.

a) $x + x + 2x$ b) $4 + 3x - 7$ c) $a + 3 - 3a - 5{,}5$

d) $b - 2 - 2b + b - a$ e) $-4y + 3 + 0{,}2y + 0{,}5$ f) $-0{,}7 - 4x - x + 2 + 3{,}5x$

3 Multiplizieren Sie die Klammern aus.

a) $3(2a - 2b)$ b) $(5 + 4x) \cdot 7$ c) $\frac{1}{2}(2a - 10)$ d) $(3 - x) \cdot (-1)$

e) $-2(5m - 2n)$ f) $2(4x - 2y + 3z)$ g) $3(0{,}2a - 0{,}3b)$ h) $\left(\frac{2}{5} - \frac{1}{3}y\right) \cdot 15x$

4 Klammern Sie alle gemeinsamen Faktoren aus.

a) $6x + 6y$ b) $2uv + 16uw$ c) $9uvw - 3vw$ d) $28m - 7n$

e) $10ab - 5b + 10b$ f) $0{,}3a + 1{,}5b + 3{,}6c$ g) $x^2y^2z + xy$ h) $x^2yz + xz - x^2y$

5 Lösen Sie alle Klammern auf und fassen Sie so weit wie möglich zusammen.

a) $6(a + 2b) + 4a \cdot (-2)$ b) $2x(3 + 4y - 7) + (x + y - xy) \cdot 8$

c) $2v + u - (u + 2v)$ d) $xy - 0{,}25y + 0{,}5\left(\frac{1}{2}y - 2x\right) - yx + (-4x)$

6 Berechnen Sie die Lösungsmenge der Gleichung.

a) $t + 2 = 2t - 1$ b) $x + 5 = x - 5$ c) $2t + 8t + 7 = 4t + 6t - 5$

d) $3x + 2 = x + 2x + 2$ e) $3x + 2x + 1 = 2x - 1$ f) $2b + 5b + 18 = 7 \cdot (b + 2) + 1$

7 Die Abbildung zeigt die ersten drei Figuren einer Figurenfolge.

a) Begründen Sie, dass der Term $3n + (n - 1)$ die Anzahl der Punkte in Figur n angibt.

b) Vereinfachen Sie den Term aus a).

c) Berechnen Sie die Anzahl der Punkte in Figur 10.

d) Entscheiden Sie begründet, ob es eine Figur mit 89 Punkten gibt.

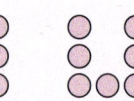

Figur 1   Figur 2   Figur 3

Lineare Gleichungssysteme

8 Lösen Sie das Gleichungssystem. Geben Sie jeweils an, welches Lösungsverfahren besonders geeignet ist (Gleichsetzungs-, Einsetzungs- oder Additionsverfahren).

a) $\begin{vmatrix} y = -2x + 19 \\ y = x - 2 \end{vmatrix}$ b) $\begin{vmatrix} y = 3x - 7 \\ 4x + 2y = 16 \end{vmatrix}$ c) $\begin{vmatrix} 2x + 5y = 2 \\ 6x - 2y = 40 \end{vmatrix}$ d) $\begin{vmatrix} 2x + 5y = 16 \\ 5x + 7y = 18 \end{vmatrix}$

9 Lösen Sie mit dem Additionsverfahren. Nicht alle Aufgaben sind eindeutig lösbar.

a) $\begin{vmatrix} 27x - 2y = 1 \\ -12x + y = 0 \end{vmatrix}$ b) $\begin{vmatrix} 4x - 2y = 3 \\ 8x - 4y = 4 \end{vmatrix}$ c) $\begin{vmatrix} \frac{1}{2}x - \frac{3}{4}y = -6 \\ \frac{1}{3}x - \frac{1}{2}y = -4 \end{vmatrix}$ d) $\begin{vmatrix} 3x - 4y \le 3 \\ y \ge \frac{3}{4}x - \frac{3}{4} \end{vmatrix}$

10 Lösen Sie das lineare Gleichungssystem grafisch.

a) $\begin{vmatrix} 2x + y = 5 \\ x - y = 1 \end{vmatrix}$ b) $\begin{vmatrix} 6x - 2y = 1 \\ 0{,}5x + y = 1{,}25 \end{vmatrix}$ c) $\begin{vmatrix} x - y = 0 \\ -2x + 2y = -4 \end{vmatrix}$

Lösungen
→ S. 458/459

11 Geben Sie an, welche der Gleichungen die Geraden beschreiben. Geben Sie dann die Lösungsmenge des Gleichungssystems an.

① $2x - 5y = 4$

② $x + y = 4$

③ $-4x + 3y = 6$

④ $y = -1{,}5x - 2$

⑤ $y - x = 0$

⑥ $3x + 2y = 4$

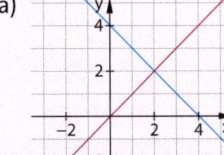
a)

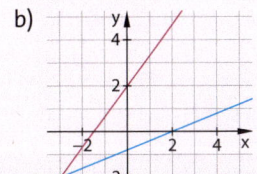
b)

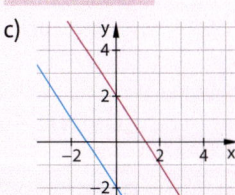
c)

12 Das lineare Gleichungssystem aus $3x + y = 4$ und einer weiteren Gleichung soll die angegebene Lösungsmenge haben. Finden Sie mehrere Möglichkeiten für die zweite Gleichung des Gleichungssystems.

a) $L = \{(1|1)\}$

b) $L = \{(2|-2)\}$

c) $L = \{\ \}$

d) $L = \{(x|y)\,|\,y = -3x + 4\}$

13 Familie Krauses Stromrechnung betrug in diesem Monat 39,16 € bei einem Verbrauch von 203 kWh. Im letzten Monat waren es 49,40 € bei 267 kWh.
Berechnen Sie die Grundgebühr und den Preis pro kWh.

Vermischtes

14 Berechnen Sie.

a) $7^5 : 7^3$

b) $0{,}1^2 \cdot 0{,}1^{-5}$

c) $2^{0{,}5} : 8^{0{,}5}$

d) $(0{,}1^2)^{-1}$

e) $2^1 : 2^0$

15 Vereinfachen Sie mithilfe von Potenzgesetzen.

a) $b^{-3} \cdot b^5$

b) $x^7 : x^3$

c) $a^{0{,}25} \cdot a^{\frac{3}{4}}$

d) $(a^{-1})^2$

e) $(b^{-2})^{-1}$

16 Geben Sie die Brüche ① als Dezimalzahl ② in Prozentschreibweise an.

a) $\frac{1}{4}$

b) $\frac{3}{50}$

c) $\frac{17}{100}$

d) $\frac{12}{40}$

e) $\frac{3}{4}$

f) $\frac{19}{20}$

17 Berechnen Sie.

a) 10 % von 600 Menschen

b) 30 % von 120 Möglichkeiten

c) 43 % von 1000 Schrauben

d) 0,7 % von 1 000 000 Flaschen

e) 102 % von 2000 Euro

f) 60 % von 42 Mio. Haushalten

18 In einem Jahrgang haben 60 % der Abiturientinnen und Abiturienten Mathematik als Grundkurs gewählt. Außerdem gibt es 28 Personen im Leistungskurs. Berechnen Sie die Anzahl der Personen im Grundkurs.

19 Mira bearbeitet einen Single-Choice-Test mit vier Fragen. Bei jeder Frage gibt es drei Antwortmöglichkeiten, von denen genau eine richtig ist. Da Mira die Antworten nicht weiß, kreuzt sie bei jeder Frage zufällig eine Antwort an.

a) Berechnen Sie die Wahrscheinlichkeit, dass Mira alle Antworten richtig rät.

b) Berechnen Sie die Wahrscheinlichkeit dafür, dass Mira mindestens eine Frage falsch beantwortet.

1.1 Lineare Gleichungssysteme

$$\begin{vmatrix} 3x + 4y = 5 \\ 2x - 2y = 8 \end{vmatrix}$$

a) Lösen Sie das obere lineare Gleichungssystem (LGS) mit dem Additionsverfahren.

b) Zeigen Sie, dass sich aus dem linken LGS das rechte LGS herleiten lässt, ohne dass sich dabei die Lösungsmenge ändert.

$$\begin{vmatrix} 2x + 3y + z = 10 \\ 2y - z = -1 \\ -2y + 2z = 4 \end{vmatrix} \qquad \begin{vmatrix} 2x + 3y + z = 10 \\ 2y - z = -1 \\ z = 3 \end{vmatrix}$$

Lösungsverfahren

Ein lineares Gleichungssystem mit drei oder mehr Variablen ist leicht lösbar, wenn es in der nebenstehenden Form vorliegt.

$$\begin{vmatrix} x + y - z = -4 \\ 8y + z = -11 \\ 2z = 10 \end{vmatrix}$$

Aus der dritten Gleichung ergibt sich der Wert von $z = 5$. Durch Rückeinsetzen in die zweite Gleichung ergibt sich $y = -2$. Rückeinsetzen von $y = -2$ und $z = 5$ in die erste Gleichung liefert schließlich $x = 3$.

$2z = 10$	also $z = 5$
$8y + 5 = -11$	also $y = -2$
$x - 2 - 5 = -4$	also $x = 3$

Rückeinsetzung in II

Rückeinsetzung in I

Lösungsmenge: $L = \{(3 \mid -2 \mid 5)\}$

Diese Gestalt, bei der jede Gleichung eine Variable weniger hat als die über ihr stehende, wird als **Zeilenstufenform (ZSF)** bezeichnet. Ein beliebiges lineares Gleichungssystem kann mit drei Arten von Umformungen auf Zeilenstufenform gebracht werden, ohne dass sich dabei die Lösungsmenge ändert.

> **Wissen** | **Äquivalenzumformungen zur Herstellung einer Zeilenstufenform**
>
> Die folgenden Umformungen ändern die Lösungsmenge eines linearen Gleichungssystems nicht.
> ① Zwei Gleichungen werden vertauscht.
> ② Eine Gleichung wird mit einer Zahl $c \neq 0$ multipliziert.
> ③ Eine Gleichung wird durch die Summe/Differenz dieser Gleichung mit einer anderen Gleichung ersetzt.

Weniger Schreibaufwand und mehr Übersichtlichkeit erzielt man, wenn man nur die Koeffizienten (der linken Seiten) und die Konstanten (der rechten Seiten) aufschreibt. Ein solches Schema nennt man **Matrix**. Es ist günstig, oberhalb der Spalten den Variablennamen zu schreiben.

Lineares Gleichungssystem

$$\begin{vmatrix} x - 3y + 4z = -5 \\ 2x + 5y + 2z = 27 \\ 4x - y - 2z = -19 \end{vmatrix}$$

Matrixschreibweise

$$\begin{array}{ccc} x & y & z \end{array}$$
$$\left(\begin{array}{ccc|c} 1 & -3 & 4 & -5 \\ 2 & 5 & 2 & 27 \\ 4 & -1 & -2 & -19 \end{array}\right)$$

Ein CAS kann Gleichungssysteme lösen und Matrizen in Zeilenstufenform umformen. Geben Sie eine Matrix bei TI mithilfe einer Vorlage ein. Bei Casio können Sie Tasten (*Math2*) verwenden oder eine Spalte als Liste eingeben, mit *listToMat* in einen Spaltenvektor verwandeln und mit *augment* um jeweils eine Spalte erweitern. Der Befehl *rref* liefert das Ergebnis.

$$\text{solve}\left\{\begin{array}{l} x - 3 \cdot y + 4 \cdot z = -5 \\ 2 \cdot x + 5 \cdot y + 2 \cdot z = 27, \{x, y, z\} \\ 4 \cdot x - y - 2 \cdot z = -19 \end{array}\right.$$
$$x = -2 \text{ and } y = 5 \text{ and } z = 3$$

$$\text{rref}\left(\begin{bmatrix} 1 & -3 & 4 & -5 \\ 2 & 5 & 2 & 27 \\ 4 & -1 & -2 & -19 \end{bmatrix}\right) \quad \begin{bmatrix} 1 & 0 & 0 & -2 \\ 0 & 1 & 0 & 5 \\ 0 & 0 & 1 & 3 \end{bmatrix}$$

Beispiel 1 Bestimmen Sie die Lösung des linearen Gleichungssystems.

$$\begin{vmatrix} 8y + 3z = -1 \\ -2x + 6y + 3z = -3 \\ x + y - z = -4 \end{vmatrix}$$

Info

Dieses Lösungsverfahren für lineare Gleichungssysteme wurde vom deutschen Mathematiker Carl Friedrich Gauß entwickelt. Es wird daher als **Gaußsches Eliminationsverfahren** bezeichnet.

Lösung:

Sie können das LGS als Matrix schreiben, um Schreibaufwand zu sparen.
In der ersten Gleichung kommt die Variable x nicht vor. Tauschen Sie diese mit der dritten Gleichung.

LGS   Matrix

$$\begin{vmatrix} 8y + 3z = -1 \\ -2x + 6y + 3z = -3 \\ x + y - z = -4 \end{vmatrix} \qquad \begin{matrix} x & y & z \\ \end{matrix} \begin{pmatrix} 0 & 8 & 3 & | & -1 \\ -2 & 6 & 3 & | & -3 \\ 1 & 1 & -1 & | & -4 \end{pmatrix}$$

Addieren Sie das 2-Fache der (neuen) ersten Gleichung zur zweiten Gleichung, damit der Koeffizient von x den Wert 0 hat.

$$\begin{vmatrix} x + y - z = -4 \\ -2x + 6y + 3z = -3 \\ 8y + 3z = -1 \end{vmatrix} \qquad \begin{pmatrix} 1 & 1 & -1 & | & -4 \\ -2 & 6 & 3 & | & -3 \\ 0 & 8 & 3 & | & -1 \end{pmatrix} \; |\cdot 2$$

Nun wird das für y in der dritten Gleichung durchgeführt. Addieren Sie dazu das (−1)-Fache der zweiten Gleichung zur dritten Gleichung.
Das lineare Gleichungssystem ist nun in Zeilenstufenform gegeben.

$$\begin{vmatrix} x + y - z = -4 \\ + 8y + z = -11 \\ +8y + 3z = -1 \end{vmatrix} \qquad \begin{pmatrix} 1 & 1 & -1 & | & -4 \\ 0 & 8 & 1 & | & -11 \\ 0 & 8 & 3 & | & -1 \end{pmatrix} \; |\cdot(-1)$$

$$\begin{vmatrix} x + y - z = -4 \\ + 8y + z = -11 \\ 2z = 10 \end{vmatrix} \qquad \begin{pmatrix} 1 & 1 & -1 & | & -4 \\ 0 & 8 & 1 & | & -11 \\ 0 & 0 & 2 & | & 10 \end{pmatrix}$$

Der Wert für z ergibt sich aus der letzten Zeile. Setzen Sie diesen in die zweite Gleichung ein und lösen Sie nach y auf. Setzen Sie beide Werte in die erste Gleichung ein und lösen Sie nach x auf.

$2z = 10$ also z = 5 (einsetzen in II)
$8y + 5 = -11$ also y = −2 (einsetzen in I)
$x + (-2) - 5 = -4$ also x = 3

Lösungsmenge: $L = \{(3 | -2 | 5)\}$

Basisaufgaben

1 Bestimmen Sie die Lösung des linearen Gleichungssystems.

a) $\begin{pmatrix} 4 & 5 & 6 & | & 6 \\ 0 & 3 & 7 & | & 10 \\ 0 & 0 & 6 & | & 6 \end{pmatrix}$

b) $\begin{vmatrix} -x + y + 2z = 4 \\ 3x - 5y + z = -1 \\ 7z = 21 \end{vmatrix}$

c) $\begin{pmatrix} 2 & 6 & 5 & | & 1 \\ 8 & -12 & 0 & | & -8 \\ -1 & 1 & 1 & | & \frac{5}{6} \end{pmatrix}$

2 Bestimmen Sie die Lösung des linearen Gleichungssystems.

a) $\begin{vmatrix} x_1 + x_2 + x_3 + 2x_4 = 6 \\ x_1 + x_2 + 2x_3 + x_4 = 7 \\ x_1 - x_2 + x_3 - x_4 = 5 \\ x_1 + x_2 - x_3 - x_4 = -1 \end{vmatrix}$

b) $\begin{pmatrix} 2 & 1 & 1 & 1 & | & 7 \\ 1 & 1 & 2 & 1 & | & 4 \\ 1 & -1 & -1 & 1 & | & 5 \\ 1 & 1 & -1 & 1 & | & 7 \end{pmatrix}$

3 Die Abbildung zeigt drei Rechnungszettel. Berechnen Sie die Einzelpreise für Wasser, Eistee und Kaffee.

4 Der Graph einer quadratischen Funktion f mit $f(x) = ax^2 + bx + c$ verläuft durch die Punkte A(−1 | 4), B(1 | 1) und C(3 | 0). Stellen Sie ein lineares Gleichungssystem mit den Variablen a, b und c auf. Lösen Sie es und geben Sie eine Funktionsgleichung für f an.

Lösungsmengen linearer Gleichungssysteme

An der Zeilenstufenform eines linearen Gleichungssystems lässt sich ablesen, ob es eine eindeutige, gar keine oder unendlich viele Lösungen hat.

Die letzte Zeile ist eine **Widerspruchszeile**, da es für die Gleichung $0x + 0y + 0z = 3$ keine Lösung gibt. Das LGS hat **keine Lösung**.

$$\begin{pmatrix} 5 & 2 & 0 & | & 6 \\ 0 & -2 & 1 & | & -8 \\ 0 & 0 & 0 & | & 3 \end{pmatrix}$$

$L = \{\}$ Widerspruchszeile

Das LGS enthält keine Widerspruchszeile, also gibt es Lösungen. Die Anzahl der Variablen ist gleich der Anzahl der Gleichungen. Das LGS ist **eindeutig lösbar**.

$$\begin{pmatrix} 3 & 1 & 1 & | & 17 \\ 0 & 2 & 1 & | & 6 \\ 0 & 0 & 2 & | & 8 \end{pmatrix}$$

$L = \{(4 \,|\, 1 \,|\, 4)\}$

Das LGS enthält keine Widerspruchszeile, also gibt es Lösungen. Die letzte Zeile ist eine **Nullzeile**, es entfällt eine Gleichung. Es bleiben noch zwei Gleichungen für drei Variablen. Eine Variable (hier z) ist frei wählbar und kann durch einen Parameter t ersetzt werden. Damit erhält man die Lösungsmenge mit **unendlich vielen Lösungen**.

$$\begin{pmatrix} 6 & 1 & 2 & | & 12 \\ 0 & -1 & 4 & | & 6 \\ 0 & 0 & 0 & | & 0 \end{pmatrix}$$

$z = t$ ergibt: Nullzeile
$y = -6 + 4t$
$x = 3 - t$
$L = \{(3 - t \,|\, -6 + 4t \,|\, t); t \in \mathbb{R}\}$

Hinweis

Die Fallunterscheidung der Lösungsmengen ist erst nach Herstellung einer Zeilenstufenform (ZSF) möglich.

Wissen / **Lösbarkeit linearer Gleichungssysteme**

Ein lineares Gleichungssystem kann keine, genau eine oder unendlich viele Lösungen haben. Die Art der Lösungsmenge erkennt man an der Zeilenstufenform:
– Es gibt eine Widerspruchszeile → keine Lösung
– Keine Widerspruchszeile und die Anzahl der verbliebenen Gleichungen ist gleich der Anzahl der Variablen → eindeutige Lösung
– Keine Widerspruchszeile und mehr Variablen als Gleichungen (ohne Nullzeilen) → unendlich viele Lösungen

---

Beispiel 2 / Bestimmen Sie die Lösungsmenge des linearen Gleichungssystems.

a) $\begin{vmatrix} 2x + 3y - 4z = 1 \\ x - y + z = 1 \\ -2x + 2y - 2z = 3 \end{vmatrix}$

b) $\begin{vmatrix} 2x + 3y - 4z = 1 \\ x + y - z = 1 \\ -3x - 3y + 3z = -3 \end{vmatrix}$

Lösung:

Hinweis

Die Matrix aus den Koeffizienten wird **Koeffizientenmatrix** genannt.

a) Übertragen Sie das lineare Gleichungssystem in die Matrixschreibweise und bringen Sie es in Zeilenstufenform. Die letzte Zeile ergibt einen Widerspruch, also hat das LGS keine Lösung.

$$\begin{array}{ccc} x & y & z \end{array}$$
$$\begin{pmatrix} 2 & 3 & -4 & | & 1 \\ 1 & -1 & 1 & | & 1 \\ -2 & 2 & -2 & | & 3 \end{pmatrix} \xrightarrow{\text{ZSF}} \begin{pmatrix} 2 & 3 & -4 & | & 1 \\ 0 & 5 & -6 & | & -1 \\ 0 & 0 & 0 & | & 5 \end{pmatrix}$$

$L = \{\}$

b) Übertragen Sie das lineare Gleichungssystem in die Matrixschreibweise und bringen Sie es in Zeilenstufenform. Die letzte Zeile ist eine Nullzeile, also hat das LGS unendlich viele Lösungen. Ersetzen Sie eine Variable (hier z) durch einen Parameter (hier t) und bestimmen Sie die allgemeine Lösung.

$$\begin{array}{ccc} x & y & z \end{array}$$
$$\begin{pmatrix} 2 & 3 & -4 & | & 1 \\ 1 & 1 & -1 & | & 1 \\ -3 & -3 & 3 & | & -3 \end{pmatrix} \xrightarrow{\text{ZSF}} \begin{pmatrix} 2 & 3 & -4 & | & 1 \\ 0 & 1 & -2 & | & -1 \\ 0 & 0 & 0 & | & 0 \end{pmatrix}$$

$z = t$ in Gleichung II einsetzen:
$y - 2t = -1$ also $y = 2t - 1$
$z = t$ und $y = 2t - 1$ in Gleichung I einsetzen:
$2x + 3(2t - 1) - 4t = 1$ also $x = 2 - t$

$L = \{(2 - t \,|\, 2t - 1 \,|\, t); t \in \mathbb{R}\}$

Ein lineares Gleichungssystem mit weniger Gleichungen als Variablen heißt **unterbestimmt**. Ein unterbestimmtes LGS kann nie eindeutig lösbar sein.

Ein lineares Gleichungssystem mit mehr Gleichungen als Variablen heißt **überbestimmt**. Es kann nur erfüllbar sein, wenn in der Zeilenstufenform mindestens so viele Gleichungen entfallen (Nullzeilen), dass die Anzahl der Gleichungen nicht mehr größer ist als die der Variablen.

Basisaufgaben

5 Das lineare Gleichungssystem befindet sich in Zeilenstufenform. Beurteilen Sie, ob es eine, keine oder unendlich viele Lösungen hat.

a) $\begin{vmatrix} 2x - 4y + 3z = 2 \\ 3y + z = 1 \\ 7z = 28 \end{vmatrix}$
b) $\begin{vmatrix} 2x + 4y + 6z = 6 \\ 2y + 4z = 8 \\ 0 = 0 \end{vmatrix}$
c) $\begin{vmatrix} x + 2y + 3z = 9 \\ 7y - 4z = 3 \\ 0 = 6 \end{vmatrix}$

d) $\begin{pmatrix} 2 & 3 & -4 & | & 1 \\ 0 & -1 & 1 & | & 1 \\ 0 & 0 & 0 & | & 0 \end{pmatrix}$
e) $\begin{pmatrix} 3 & -3 & 8 & | & 7 \\ 0 & 5 & 1 & | & -2 \\ 0 & 0 & 2 & | & -4 \end{pmatrix}$
f) $\begin{pmatrix} -1 & 3 & 5 & | & -3 \\ 0 & 1 & 5 & | & 1 \\ 0 & 0 & 0 & | & -1 \end{pmatrix}$

6 Gegeben ist eine Lösungsmenge $L = \{(1 - 3t\,|\,5 + 2t\,|\,t)\,;\, t \in \mathbb{R}\}$ eines linearen Gleichungssystems. Überprüfen Sie, ob das Zahlentripel zur Lösungsmenge gehört.

a) $(4\,|\,3\,|-1)$ b) $(-5\,|\,8\,|\,2)$ c) $(1\,|\,5\,|\,0)$ d) $(31\,|-15\,|-10)$ e) $\left(-1\,|\,6\,|\,\tfrac{1}{2}\right)$

7 Bestimmen Sie die Lösungsmenge des linearen Gleichungssystems.

a) $\begin{vmatrix} x + y = 1 \\ 2x - y = -7 \\ 5x + 2y = -4 \end{vmatrix}$
b) $\begin{vmatrix} x + y = 1 \\ 2x - y = -7 \\ 5x + 2y = 2 \end{vmatrix}$
c) $\begin{vmatrix} 0{,}2x + 1{,}4y - 0{,}8z = 6 \\ 0{,}8x - 0{,}2y + 0{,}1z = 0 \\ -0{,}2x + 0{,}4y + 0{,}5z = 0 \end{vmatrix}$

8 Beschreiben Sie die Lösung des linearen Gleichungssystems (eindeutig, nicht lösbar, Anzahl der frei wählbaren Variablen).

a) $\begin{pmatrix} 3 & 2 & 1 & 0 & | & 5 \\ 0 & 2 & 2 & 1 & | & -1 \\ 0 & 0 & 0 & 0 & | & 0 \end{pmatrix}$
b) $\begin{pmatrix} 3 & 1 & | & 5 \\ 0 & 4 & | & 2 \\ 0 & 0 & | & 0 \end{pmatrix}$
c) $\begin{pmatrix} 1 & 2 & 1 & | & 4 \\ 0 & 2 & 1 & | & 1 \\ 0 & 0 & 0 & | & 1 \end{pmatrix}$

d) $\begin{pmatrix} 1 & -1 & 1 & | & -2 \\ 0 & 2 & 1 & | & 1 \\ 0 & 0 & 0 & | & 0 \\ 0 & 2 & 0 & | & 0 \end{pmatrix}$
e) $\begin{pmatrix} 2 & 2 & -2 & | & 1 \\ 1 & 0 & 0 & | & 0 \\ 0 & 0 & 0 & | & 0 \end{pmatrix}$
f) $\begin{pmatrix} 1 & 0 & 0 & 0 & 2 & | & 4 \\ 0 & 1 & 0 & 5 & 3 & | & 0 \\ 0 & 0 & 1 & 2 & 1 & | & 3 \\ 0 & 0 & 0 & 0 & 0 & | & 0 \end{pmatrix}$

Weiterführende Aufgaben

9 Beurteilen Sie, ob die Aussage wahr oder falsch ist. Geben Sie ein Gegenbeispiel an, wenn die Aussage falsch ist.

a) Jedes überbestimmte lineare Gleichungssystem ist unlösbar.
b) Jedes überbestimmte lineare Gleichungssystem ist lösbar.
c) Kein unterbestimmtes lineares Gleichungssystem ist eindeutig lösbar.
d) Jedes unterbestimmte lineare Gleichungssystem hat mindestens eine Lösung.
e) Es gibt kein lineares Gleichungssystem mit drei Gleichungen und drei Variablen, das die eindeutige Lösung $\{(0\,|\,0\,|\,0)\}$ hat.
f) Jedes nicht eindeutig lösbare lineare Gleichungssystem ist unterbestimmt.

10 Bestimmen Sie die Lösungsmenge.

a) $\begin{vmatrix} x + y - z = 0 \\ 2y + 6z = 4 \end{vmatrix}$
b) $\begin{vmatrix} 0{,}5x - z = 2 \\ y + 2z = 8 \end{vmatrix}$

⚠ ✏ **11 Stolperstelle:** Ein Schüler erhält als Lösung eines linearen Gleichungssystems $\{(1\,|\,1\,|\,1)\}$. Erklären Sie den Fehler und berechnen Sie die korrekte Lösung.

$$\begin{pmatrix} 1 & -3 & 4 & | & 2 \\ -1 & 7 & 1 & | & 7 \\ 0 & 3 & 2 & | & 4 \end{pmatrix} \overset{\text{II}+\text{I}}{\longrightarrow} \begin{pmatrix} 1 & -3 & 4 & | & 2 \\ 0 & 4 & 5 & | & 9 \\ 0 & 3 & 2 & | & 4 \end{pmatrix} \overset{\text{III}+\text{I}}{\longrightarrow} \begin{pmatrix} 1 & -3 & 4 & | & 2 \\ 0 & 4 & 5 & | & 9 \\ 0 & 0 & 6 & | & 6 \end{pmatrix}$$

✏ **12** Berechnen Sie die Lösungsmenge des linearen Gleichungssystems.

a)
$$\begin{vmatrix} x + 2y - 4z = -6 \\ 2x + y + 3z = 5 \\ -3x + y + 6z = -2 \end{vmatrix}$$

b)
$$\begin{vmatrix} x - 2y - z = -2 \\ -3x + 6y + 3z = 6 \\ 2x - 4y + 2z = -4 \end{vmatrix}$$

c)
$$\begin{vmatrix} x - 2y - 3z + u = 4 \\ 2x + y - z + 2u = -2 \\ 3x - y - 4z + 3u = 3 \end{vmatrix}$$

Hinweis

Ist in jeder Zeile einer ZSF die erste Zahl, die keine 0 ist, eine 1 und sind alle darüberliegenden Einträge 0, so spricht man von einer **reduzierten Zeilenstufenform.** Jede Matrix lässt sich in solch eine Form umwandeln. Lisa verwendet das Gauß-Jordan-Verfahren (siehe Seite 39). Beim CAS liefert der Befehl *rref(M)* die reduzierte Zeilenstufenform einer Matrix M.

✏ **13 Reduzierte Zeilenstufenform:** Lisa untersucht eine Matrix in Zeilenstufenform. Statt die Lösungsmenge durch Rückeinsetzen zu bestimmen, formt Lisa weiter um und erhält so eine sogenannte **reduzierte Zeilenstufenform.**

$$\begin{pmatrix} 2 & 8 & -4 & | & 6 \\ 0 & 3 & 6 & | & 9 \\ 0 & 0 & -2 & | & 4 \end{pmatrix} \overset{?}{\to} \begin{pmatrix} 1 & 0 & 0 & | & -29 \\ 0 & 1 & 0 & | & 7 \\ 0 & 0 & 1 & | & -2 \end{pmatrix}$$

$$L = \{(-29\,|\,7\,|\,-2)\}$$

Aus dieser liest sie die Lösung einfach ab. Beschreiben Sie die besondere Form der Matrix. Erklären Sie, mit welchen Umformungsschritten Lisa auf diese Matrix gekommen ist.

✏ **14** Interpretieren Sie die Anzeigen eines CAS.

$$\text{solve}(x+2\cdot y=-1 \text{ and } 2\cdot x - y = 0, x, y)$$
$$x = \frac{-1}{5} \text{ and } y = \frac{-2}{5}$$

$$\text{solve}\left(\begin{cases} x+y-z=1 \\ x+y-z=0 \\ 2\cdot x - y + z = 1 \end{cases}, \{x, y, z\}\right) \qquad \text{false}$$

$$\text{solve}\left(\begin{cases} 2\cdot x - 3\cdot y + z = 2 \\ -x + \frac{3}{2}\cdot y - \frac{1}{2}\cdot z = -1 \end{cases}, \{x, y, z\}\right)$$
$$x = \frac{-(c1 - 3\cdot c2 - 2)}{2} \text{ and } y = c2 \text{ and } z = c1$$

$$\text{rref}\left(\begin{bmatrix} 1 & 1 & 1 & 7 \\ 1 & 1 & 2 & 15 \\ 3 & 3 & 2 & 13 \end{bmatrix}\right) \qquad \begin{bmatrix} 1 & 1 & 0 & -1 \\ 0 & 0 & 1 & 8 \\ 0 & 0 & 0 & 0 \end{bmatrix}$$

✏ **15** Bringen Sie die Matrix in reduzierte Zeilenstufenform und lesen Sie die Lösung ab.

a)
$$\begin{pmatrix} 2 & 0 & 0 & | & 8 \\ 0 & -3 & 0 & | & 6 \\ 0 & 0 & 4 & | & -4 \end{pmatrix}$$

b)
$$\begin{pmatrix} 1 & 0 & -4 & | & 6 \\ 0 & 1 & 3 & | & 9 \\ 0 & 0 & 1 & | & 4 \end{pmatrix}$$

c)
$$\begin{pmatrix} \frac{2}{3} & \frac{1}{4} & -\frac{1}{5} & | & 11 \\ \frac{5}{6} & -\frac{3}{8} & \frac{1}{3} & | & 6 \\ \frac{7}{4} & \frac{5}{12} & -\frac{17}{15} & | & 14 \end{pmatrix}$$

✏ **16** Auf einem Bauernhof leben Rinder, Hühner und Enten. Stellen Sie sich vor, es wäre bekannt, dass es zusammen 135 Tiere sind, die 420 Beine und 120 Flügel haben.

a) Stellen Sie ein lineares Gleichungssystem auf und bestimmen Sie die Lösungsmenge.

b) Bestimmen Sie die Anzahl der Rinder und Enten, wenn auf der Farm 22 Hühner leben.

c) Bestimmen Sie die Anzahl der Rinder, Hühner und Enten, wenn es 3-mal so viele Hühner wie Enten gibt.

Hinweis zu 17

Ersetzen Sie die Symbole durch Variablen und überlegen Sie, wie damit mehrstellige Zahlen (wie z. B. ■◆) ausgedrückt werden können.

✏ **17** Ermitteln Sie, welches Symbol für welche Ziffer steht.

a)
$$\begin{vmatrix} ■◆ + ◆● = 105 \\ ◆■ - ■ = 25 \\ ■ + ◆ - ● = 8 \end{vmatrix}$$

b)
$$\begin{vmatrix} ◆◆● - ■● + ■ = 65 \\ ●◆ - ●■ + ◆ = -3 \\ ■● + ●◆■ - ◆● = 755 \end{vmatrix}$$

c)
$$\begin{vmatrix} ▲▲● + ◆▲ = 697 \\ ■●◆ + ●◆ + ■▲ = 802 \\ ● - ▲◆ + ■ = -55 \\ ◆ - ▲ - ●◆ = -16 \end{vmatrix}$$

18 Die Tabelle gibt den Nährstoffgehalt von
fünf Speisen A, B, C, D und E an.

	A	B	C	D	E
Eiweiß	70 %	20 %	50 %	30 %	60 %
Kohlenhydrate	30 %	70 %	30 %	30 %	30 %
Fett	0 %	10 %	20 %	40 %	10 %

a) Zeigen Sie, dass der Nährstoffgehalt
von E nicht durch eine Mischung aus
den Speisen B, C und D erreicht werden
kann.

b) Zeigen Sie, dass eine Mischung aus den Speisen A, B, C und D den Nährstoffgehalt von E
haben kann. Geben Sie alle möglichen Lösungen an und erklären Sie, welche Werte die
frei wählbare Variable in diesem Kontext annehmen darf.

c) Geben Sie an, auf welche der Speisen A, B, C und D bei der Herstellung einer Speise mit
dem Nährstoffgehalt von E verzichtet werden kann und welche unverzichtbar sind.

19 Lösen Sie das Gleichungssystem.

a) $\begin{vmatrix} \frac{3}{5}s - t + 2 = 0 \\ -14s + \frac{70}{3t} = 28 \end{vmatrix}$

b) $\begin{vmatrix} 1,9a + 0,3b = 560 \\ -0,9b = 5,7a - 0,4 \end{vmatrix}$

c) $\begin{vmatrix} 4,9u - 7,3v = 0,1 \\ 124,1v + 42,5 = 83,3u \end{vmatrix}$

d) $\begin{vmatrix} 8,7w - 0,2x + 3,3y = 27,22 \\ 2,1w - 0,4y + 1,8x = 6,58 \\ 7,8w + 3x = 14,62 + 4y \end{vmatrix}$

20 Der durchschnittliche Tagesbedarf eines Menschen an Vitamin E beträgt 4 mg. Die Tabelle
enthält Angaben zum Vitamin-E- und Eiweißgehalt verschiedener Gemüsesorten.

	Spinat	Rotkohl	Paprika	Pastinake
Vitamin E (in mg/100g)	1,4	1,7	2,5	0,9
Eiweiß (in g/100g)	2,5	1,4	1,1	1,4

a) Untersuchen Sie, ob man den Tagesbedarf an Vitamin E mit einem 200-g-Smoothie, der
aus allen vier Gemüsesorten besteht, exakt abdecken kann.

b) Isabel möchte mit einem 200-g-Smoothie aus Spinat, Rotkohl und Paprika ihren
täglichen Vitamin-E-Bedarf exakt abdecken und dabei 2,97 g Eiweiß zu sich nehmen.
Untersuchen Sie, ob diese Bedingungen erfüllbar sind.

21 Berechnen Sie die Lösung des LGS.

a) $\begin{vmatrix} 193x - 89y + 157z = 789 \\ 59x + 114y + 217z = 438 \\ -75x + 317y + 277z = 87 \\ 13x + 904y + 632z = 386 \end{vmatrix}$

b) $\begin{vmatrix} 311x_1 + 415x_2 + 116x_3 + 88x_4 = 1018 \\ 405x_1 + 617x_2 - 314x_3 + 71x_4 = 850 \\ 91x_1 - 219x_2 + 803x_3 - 105x_4 = 465 \\ 503x_1 - 419x_2 + 601x_3 + 77x_4 = 839 \end{vmatrix}$

22 Lösen Sie das Rätsel mithilfe eines linearen Gleichungssystems, wenn möglich.

a) Max ist 5 Jahre älter als seine Schwester Nele. In 3 Jahren wird er doppelt so alt wie
Nele sein. Wie alt sind die beiden heute?

b) Großmutter, Mutter und Tochter sind zusammen 140 Jahre alt. Die Mutter ist um 28
Jahre älter als ihre Tochter, aber um 36 Jahre jünger als die Großmutter. Wie alt sind die
drei?

c) Sohn, Vater und Großvater sind zusammen 110 Jahre alt. Der Vater ist halb so alt wie
der Großvater. In so viel Jahren, wie die Hälfte des Alters des Vaters ausmacht, wird der
Großvater 100 Jahre alt sein.

23 Eine chemische Reaktionsgleichung ist eine Kurzschreibweise für eine chemische Reaktion.

a) Finden Sie möglichst kleine natürliche Zahlen für die Variablen x_1, x_2, x_3 und x_4.

① Verbrennung von Erdgas (Methan): $x_1 CH_4 + x_2 O_2 \rightarrow x_3 H_2O + x_4 CO_2$

② Verbrennung von Oktan (Benzinbestandteil): $x_1 C_8H_{18} + x_2 O_2 \rightarrow x_3 CO_2 + x_4 H_2O$

③ Reaktion von Schwefelsäure mit Aluminiumhydroxid:
$x_1 H_2SO_4 + x_2 Al(OH)_3 \rightarrow x_3 H_2O + x_4 Al_2(SO_4)_3$

④ Kupfer in konzentrierter Salpetersäure:
$x_1 Cu + x_2 HNO_3 \rightarrow x_3 NO + x_1 Cu(NO_3)_2 + x_4 H_2O$

⑤ Herstellung kleiner Mengen von Chlor mit Salzsäure und Kaliumpermanganat:
$x_1 HCl + x_2 KMnO_4 \rightarrow x_3 Cl_2 + x_2 MnCl_2 + x_2 KCl + x_4 H_2O$

b) Begründen Sie, weshalb es sinnvoll ist, dass in der Lösung dieser linearen Gleichungssysteme immer eine Variable frei wählbar ist.

24 Lineare Gleichungssysteme mit Parametern:

a) Gegeben ist ein lineares Gleichungssystem in Matrixform. Untersuchen Sie die Lösbarkeit in Abhängigkeit von c.

$$\begin{pmatrix} 3 & 0 & 2c+3 & | & 5 \\ 1 & 1 & 2 & | & 2 \\ 1 & 0 & c+1 & | & 2 \end{pmatrix}$$

b) Gegeben ist ein lineares Gleichungssystem in Matrixform. Zeigen Sie, dass es für c = 1 genau eine, für c = 0 keine und für c = 2 unendlich viele Lösungen hat.

$$\begin{pmatrix} 4 & 2c+4 & 2c-4 & | & 16 \\ 1 & 2 & 0 & | & 4 \\ 1 & c+1 & -1 & | & 6 \end{pmatrix}$$

25 Bestimmen Sie eine ganzrationale Funktion dritten Grades, deren Graph die geforderten Eigenschaften hat. Skizzieren Sie den Verlauf des Graphen.

a) Der Graph verläuft durch den Punkt P(1|3) und x = 3 ist Wendestelle von f. Die zugehörige Wendetangente hat die Gleichung $y = -\frac{3}{2}x + \frac{11}{2}$.

b) Der Graph besitzt ein lokales Maximum im Punkt H(1|0,5) und den Wendepunkt W(2|0).

c) Der Graph verläuft durch den Punkt P(2|1), hat im Punkt B(1|0) eine Tangente mit der Gleichung $y = \frac{1}{2}x - \frac{1}{2}$ und besitzt im Ursprung die Steigung −1,5.

26 Der Graph einer ganzrationalen Funktion 3. Grades geht durch den Punkt P(2|−3) und hat den Wendepunkt $W(4|y_w)$ mit der zugehörigen Wendetangente t(x) = −3x + 11. Bestimmen Sie eine passende Funktionsgleichung.

27 Gesucht sind alle ganzrationalen Funktionen vierten Grades, deren Graph auf der y-Achse einen Extrempunkt hat und die x-Achse im Punkt (1|0) mit der Steigung 2 und im Punkt (−1|0) mit der Steigung −2 schneidet. Stellen Sie ein LGS auf und lösen Sie es. Zeigen Sie dabei, dass es entgegen dem ersten Anschein unterbestimmt ist.

28 Ausblick: Um ein Dorf herum soll eine Straße gebaut werden. Die Straßenstücke s_1 und s_2 sind gegeben durch $s_1(x) = 7,4x - 7,4$ und $s_2(x) = -x + 5$. Von P nach Q sollen sie durch eine Umgehungsstraße verbunden werden.

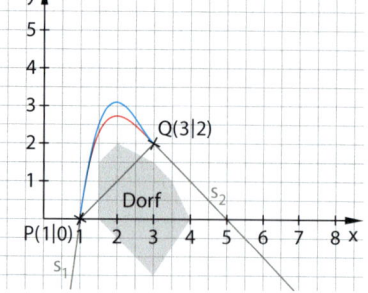

a) Ermitteln Sie eine ganzrationale Funktion f_1 dritten Grades, deren Graph in P und Q knickfrei an s_1 bzw. s_2 anschließt.

b) Zeigen Sie, dass in etwa auch der Graph von f_2 mit $f_2(x) = (x - 1)e^{3-x}$ eine geeignete Trasse für die Umgehung liefert.

c) Ordnen Sie begründet die Graphen in der Abbildung den Funktionen f_1 und f_2 zu.

Erinnerung

Die Graphen zweier Funktionen f und g gehen an einer Stelle x_0 knickfrei ineinander über, wenn $f(x_0) = g(x_0)$ und $f'(x_0) = g'(x_0)$ gilt.

1.2 Multiplizieren von Matrix und Vektor

Seit der Liberalisierung des Strommarktes 1998 können Kunden ihren Energielieferanten nach eigenen Bedürfnissen wählen und wechseln. Stellen Sie die Angaben zum Wechselverhalten aus dem Zeitungsartikel als Anteile in der Tabelle dar.

von / nach	E-Dorf	Watt AG	Warmhaus
E-Dorf			
Watt AG			
Warmhaus			

> Die meisten Haushalte unserer Gemeinde sind bei ihren Stromanbietern geblieben. So verlor E-Dorf 6 % seiner Kunden an Watt AG, die mit ihren Tarifen 10 % der Warmhaus-Kunden überzeugt hat. Es wechselten 3 % von Watt AG zu E-Dorf und 7 % zu Warmhaus, welcher 89 % seiner Kunden behalten konnte.

Mithilfe von Matrizen und Vektoren können Prozesse beschrieben und untersucht werden.

Übergangsprozesse

Bei einer Insektenart entstehen in einem Monat pro Weibchen acht Larven und 60 % der Weibchen überleben. Von den männlichen Insekten überleben 40 % in einem Monat. Von den Jungen sterben 20 %, bevor sie nach einem Monat ausgewachsen sind, je 40 % wachsen zu weiblichen bzw. männlichen Tieren heran.
Die Entwicklung wird unten in einem sogenannten **Übergangsgraph** (auch bezeichnet als **Übergangsdiagramm**) dargestellt.

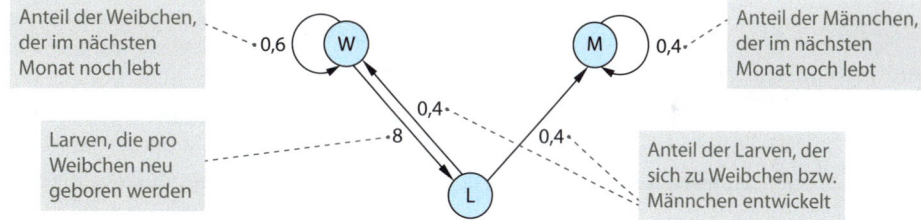

Anteil der Weibchen, der im nächsten Monat noch lebt

Anteil der Männchen, der im nächsten Monat noch lebt

Larven, die pro Weibchen neu geboren werden

Anteil der Larven, der sich zu Weibchen bzw. Männchen entwickelt

Die Anteile können auch in eine Tabelle eingetragen werden. Wo es keinen Übergang gibt, steht eine Null.

Ist die Reihenfolge (Weibchen, Männchen, Larven) festgelegt, so beinhalten bereits die Anteile in den drei Zeilen und drei Spalten alle relevanten Informationen. Ein solches Schema nennt man **Matrix,** die Zahleneinträge **Elemente der Matrix.**

Übergangstabelle:

von / nach	W	M	L
W	0,6	0	0,4
M	0	0,4	0,4
L	8	0	0

Die dargestellte Matrix A beschreibt den Übergang zwischen zwei Zuständen und wird daher **Übergangsmatrix** genannt.

$$A = \begin{pmatrix} 0,6 & 0 & 0,4 \\ 0 & 0,4 & 0,4 \\ 8 & 0 & 0 \end{pmatrix}$$

Matrizen werden mit Großbuchstaben bezeichnet. Die Anzahl der Zeilen und Spalten kann auch verschieden sein. Bei einer Matrix mit m Zeilen und n Spalten spricht man von einer m×n-Matrix (gesprochen „m kreuz n Matrix").

Hinweis

Allgemein spricht man auch von einer **Prozessmatrix** bzw. einem **Prozessdiagramm.**

Definition | **Matrix**

Eine **m×n-Matrix A** (m, n ∈ ℝ) ist eine Tabelle reeller Zahlen mit m Zeilen und n Spalten. Dabei bezeichnet a_{ij} das Element in der i-ten Zeile und j-ten Spalte.
Gilt m = n, bezeichnet man A als **quadratische Matrix.**

$$A = \begin{pmatrix} a_{11} & a_{12} & \dots & a_{1n} \\ a_{21} & a_{22} & \dots & a_{2n} \\ \dots & \dots & \dots & \dots \\ a_{m1} & a_{m2} & \dots & a_{mn} \end{pmatrix}$$

Unter kontrollierten Bedingungen werden am Anfang jeweils 1000 Weibchen, 1000 Männchen und 0 Larven ausgesetzt.

Die Population nach einem Monat kann man mithilfe der Zahlen aus der Übergangsmatrix berechnen:

Weibchen: $0,6 \cdot 1000 + 0 \cdot 1000 + 0,4 \cdot 0 = 600$
Männchen: $0 \cdot 1000 + 0,4 \cdot 1000 + 0,4 \cdot 0 = 400$
Larven: $8 \cdot 1000 + 0 \cdot 1000 + 0 \cdot 0 = 8000$

Hinweis

Zustandsvektoren können in absoluten Zahlen wie hier oder auch in relativen Häufigkeiten angegeben werden.

z. B. $\vec{v_0} = \begin{pmatrix} 0,5 \\ 0,5 \\ 0 \end{pmatrix}$

Es ist nützlich, die Populationen am Anfang und nach einem Monat als Zahlenspalten zu schreiben, die man als **Vektoren** bezeichnet. Bei einem Übergangsprozess spricht man von **Zustandsvektoren.** Diese enthalten hier die Anzahl der Weibchen, Männchen und Larven, genau in der bei der Matrix festgelegten Reihenfolge.

Zustandsvektoren:

Am Anfang: $\vec{v_0} = \begin{pmatrix} 1000 \\ 1000 \\ 0 \end{pmatrix}$

nach 1 Monat: $\vec{v_1} = \begin{pmatrix} 600 \\ 400 \\ 8000 \end{pmatrix}$

Ein Vektor entspricht einer Matrix mit nur einer Spalte. Zur Unterscheidung bezeichnet man Vektoren mit Kleinbuchstaben und einem Pfeil darüber.

> **Definition** **Vektor**
>
> Ein **Vektor** $\vec{v}$ mit k Elementen ist eine k×1-Matrix.
> Vektoren mit k Elementen bezeichnet man als **k-dimensional**.
>
> $\vec{v} = \begin{pmatrix} v_1 \\ v_2 \\ ... \\ v_k \end{pmatrix}$

Hinweis

Vektoren werden auch als **Zahlentupel,** die Elemente von Vektoren auch als **Komponenten** bezeichnet.

Die Multiplikation einer Matrix mit einem Vektor wird nun entsprechend der Rechnung oben so definiert, dass das Produkt aus der Übergangsmatrix und dem Zustandsvektor am Anfang den Zustandsvektor nach einem Monat ergibt.

$$\vec{v_1} = A \cdot \vec{v_0} = \begin{pmatrix} 0,6 & 0 & 0,4 \\ 0 & 0,4 & 0,4 \\ 8 & 0 & 0 \end{pmatrix} \cdot \begin{pmatrix} 1000 \\ 1000 \\ 0 \end{pmatrix} = \begin{pmatrix} 0,6 \cdot 1000 + 0 \cdot 1000 + 0,4 \cdot 0 \\ 0 \cdot 1000 + 0,4 \cdot 1000 + 0,4 \cdot 0 \\ 8 \cdot 1000 + 0 \cdot 1000 + 0 \cdot 0 \end{pmatrix} = \begin{pmatrix} 600 \\ 400 \\ 8000 \end{pmatrix}$$

> **Definition** **Multiplikation einer Matrix mit einem Vektor**
>
> Man multipliziert eine m×n-Matrix A mit einem Vektor $\vec{v}$ mit n Elementen, indem man jede Zeile von A elementeweise mit $\vec{v}$ multipliziert und die Produkte addiert:
>
> $\begin{pmatrix} a_{11} & a_{12} & ... & a_{1n} \\ a_{21} & a_{22} & ... & a_{2n} \\ ... & ... & ... & ... \\ a_{m1} & a_{m2} & ... & a_{mn} \end{pmatrix} \cdot \begin{pmatrix} v_1 \\ v_2 \\ ... \\ v_n \end{pmatrix} = \begin{pmatrix} a_{11}v_1 + a_{12}v_2 + ... + a_{1n}v_n \\ a_{21}v_1 + a_{22}v_2 + ... + a_{2n}v_n \\ ... \\ a_{m1}v_1 + a_{m2}v_2 + ... + a_{mn}v_n \end{pmatrix}$ $A \cdot \vec{v} = \vec{w}$
>
> Als Ergebnis erhält man einen Vektor $\vec{w}$ mit m Elementen.

Damit man eine Matrix mit einem Vektor multiplizieren kann, muss der Vektor genauso viele Elemente haben, wie die Matrix Spalten hat.

> **Beispiel 1**
>
> Berechnen Sie $A \cdot \vec{v}$ mit $A = \begin{pmatrix} 1 & -4 \\ 3 & 0,5 \\ 1,5 & 5 \end{pmatrix}$ und $\vec{v} = \begin{pmatrix} 4 \\ -2 \end{pmatrix}$.
>
> **Lösung:**
> Berechnen Sie das erste Element des Ergebnisvektors $\vec{w}$. Multiplizieren Sie dafür die Elemente der ersten Zeile der Matrix mit den entsprechenden Elementen des Vektors $\vec{v}$. Wiederholen Sie diese Vorgehensweise mit den Elementen der zweiten und der dritten Zeile.
>
> $\vec{w} = A \cdot \vec{v} = \begin{pmatrix} 1 & -4 \\ 3 & 0,5 \\ 1,5 & 5 \end{pmatrix} \cdot \begin{pmatrix} 4 \\ -2 \end{pmatrix}$
>
> $= \begin{pmatrix} 1 \cdot 4 + (-4) \cdot (-2) \\ 3 \cdot 4 + 0,5 \cdot (-2) \\ 1,5 \cdot 4 + 5 \cdot (-2) \end{pmatrix} = \begin{pmatrix} 12 \\ 11 \\ -4 \end{pmatrix}$

Basisaufgaben

1 Tina und Nora haben mit einem CAS eine Matrix mit einem Vektor multipliziert. Beide

berechnen $\vec{p} = m \cdot \vec{v}$ für $m = \begin{pmatrix} 1 & -1 & 2 \\ -3 & 1 & 3 \end{pmatrix}$ und $\vec{v} = \begin{pmatrix} 2 \\ 1 \\ -1 \end{pmatrix}$. Die Anzahl der Spalten der

Matrix stimmt mit der Anzahl der Elemente (der Zeilen) des Vektors überein.
Nora verwendet den Vorlageneditor, gibt in eine Matrix mit 2 Zeilen und 3 Spalten die
Werte ein, multipliziert dann mit einer Matrix mit 3 Zeilen und 1 Spalte für $\vec{v}$.
Dann lässt sie p berechnen.

Hinweis

Beim Casio können Sie die Tasten für Zeilen- bzw. Spaltenvektoren so oft drücken, bis eine Matrix der gewünschten Dimension entsteht.

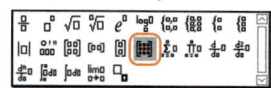 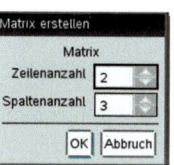 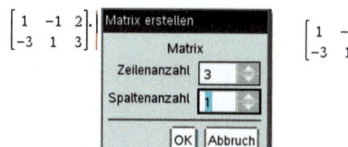

Tina beginnt mit der Definition „m:=", wählt dann *Menu, Matrix und Vektor, Erstellen, Matrix*, gibt die Zahl der Zeilen und Spalten ein und anschließend die Zahlen.
Danach verfährt sie ebenso mit v.

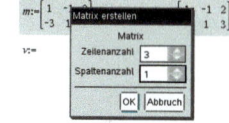

Schließlich berechnet sie p = m · v.

a) Prüfen Sie, ob das Ergebnis für p bei beiden Vorgehensweisen übereinstimmt.

b) Erläutern Sie Unterschiede der beiden Vorgehensweisen.

c) Im Vorlageneditor gibt es weitere Möglichkeiten für das Erstellen von Matrizen und Vektoren. Vervollständigen Sie die Tabelle.

Symbol	Eingabe
⊞	einer nxm-Matrix
⊟	
⊞	
⊟	

d) Erkunden Sie weitere Möglichkeiten der Erstellung von Vektoren mit Menü-Tasten.

Berechnen Sie damit $\left(0{,}8 \quad 0{,}3 \quad \tfrac{1}{2} \right) \cdot \begin{pmatrix} 2 \\ -1 \\ 0{,}1 \end{pmatrix}$,

$\begin{pmatrix} 0{,}8 & 0{,}3 & 0{,}1 \\ 0 & 0{,}4 & 0{,}7 \\ 0{,}2 & 0{,}3 & 0{,}5 \end{pmatrix} \cdot \begin{pmatrix} 2 \\ -1 \\ \tfrac{1}{2} \end{pmatrix}$ sowie den Vektor $\vec{p}$.

Dies wird ein Zeilenvektor [1,2,3].

Dies wird ein Spaltenvektor [4;5;6].

$\begin{bmatrix} 1 & 2 & 3 \end{bmatrix} \blacktriangleright \begin{bmatrix} 1 & 2 & 3 \end{bmatrix}$

$\begin{bmatrix} 4 \\ 5 \\ 6 \end{bmatrix} \blacktriangleright \begin{bmatrix} 4 \\ 5 \\ 6 \end{bmatrix}$

2 Entscheiden Sie zuerst, welche Vorgehensweise Sie wählen. Berechnen Sie dann.

a) $\left(-\tfrac{3}{7} \quad \tfrac{13}{4} \quad -\tfrac{1}{11} \right) \cdot \begin{pmatrix} -7 \\ -8 \\ 1{,}1 \end{pmatrix}$

b) $\begin{pmatrix} 0{,}91 & 0{,}35 & 0{,}9 \\ -0{,}2 & -0{,}47 & 0{,}81 \\ -0{,}11 & 0{,}31 & -2{,}7 \end{pmatrix} \cdot \begin{pmatrix} 3 \\ -2 \\ \tfrac{1}{3} \end{pmatrix}$

c) $\left(-\tfrac{1}{7} \quad \tfrac{1}{4} \quad -\tfrac{1}{2} \right) \cdot \begin{pmatrix} -7 \\ -8 \\ 2 \end{pmatrix}$

d) $\begin{pmatrix} 3 & 4 & -3 \\ -2 & 3 & 9 \\ -\tfrac{1}{3} & 0{,}5 & -6 \end{pmatrix} \cdot \begin{pmatrix} 3 \\ -2 \\ \tfrac{1}{3} \end{pmatrix}$

e) $\begin{pmatrix} -2 & 3 & 1 \\ 4 & 0 & -1 \end{pmatrix} \cdot \begin{pmatrix} 2 \\ -4 \\ 3 \end{pmatrix}$

f) $(5 \quad -3 \quad 8) \cdot \begin{pmatrix} 4 & -2 \\ 2 & 7 \\ 0 & 1 \end{pmatrix}$

Beispiel 2

Die Gäste einer Kantine können täglich zwischen einem Pudding (P) oder einem Fruchtbecher (F) als Nachtisch wählen. Erfahrungsgemäß kaufen 50 % der Gäste, die Pudding genommen hatten, am nächsten Tag wieder Pudding. Von den Fruchtbecherliebhabern bleiben am nächsten Tag 70 % bei ihrer Wahl. Man nimmt an, dass sich das Kaufverhalten auf Dauer nicht verändert.

a) Stellen Sie das Kaufverhalten der Gäste von einem Tag zum nächsten in einem Übergangsdiagramm dar.

b) Beschreiben Sie den Prozess durch eine passende Übergangsmatrix.

c) Berechnen Sie die Verteilung der Kunden für die beiden nächsten Tage, wenn aktuell 40 % der Kunden den Pudding und 60 % den Fruchtbecher gewählt haben.

Lösung:

a) Zeichnen Sie jeweils einen Pfeil, der von P bzw. F auf sich selbst zurückführt. Diese Pfeile stellen den Gästeanteil dar, der sich am Folgetag für einen gleichen Nachtisch entscheidet. Es folgt, dass 50 % von Pudding zum Fruchtbecher und 30 % umgekehrt übergeht. Zeichnen Sie jeweils einen Pfeil in entsprechender Richtung.

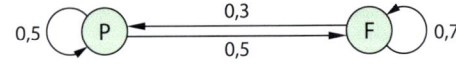

Hinweis zu b

Statt die Spalten und Zeilen der Matrix zu beschriften, kann man auch zuerst eine Übergangstabelle und dann eine entsprechende Matrix angeben.

b) Bestimmen Sie die Übergangsmatrix mit den Angaben aus dem Diagramm.

$$A = \begin{pmatrix} 0{,}5 & 0{,}3 \\ 0{,}5 & 0{,}7 \end{pmatrix} \begin{matrix} P \\ F \end{matrix}$$

von P F nach

c) Der Anfangszustand ist im Text angegeben. Achten Sie darauf, dass die Reihenfolge der Nachtische bei Matrix und Vektor gleich ist.

$$\vec{v_0} = \begin{pmatrix} 0{,}4 \\ 0{,}6 \end{pmatrix} \quad \text{Anteil Pudding} \\ \text{Anteil Fruchtbecher}$$

Berechnen Sie die Verteilung am Folgetag, indem Sie die Übergangsmatrix mit dem Zustandsvektor multiplizieren.

$$\vec{v_1} = A \cdot \vec{v_0} = \begin{pmatrix} 0{,}5 & 0{,}3 \\ 0{,}5 & 0{,}7 \end{pmatrix} \cdot \begin{pmatrix} 0{,}4 \\ 0{,}6 \end{pmatrix} = \begin{pmatrix} 0{,}38 \\ 0{,}62 \end{pmatrix}$$

Am Folgetag wählen 38 % den Pudding und 62 % den Fruchtbecher.

Berechnen Sie analog die Verteilung am übernächsten Tag.

$$\vec{v_2} = A \cdot \vec{v_1} = \begin{pmatrix} 0{,}5 & 0{,}3 \\ 0{,}5 & 0{,}7 \end{pmatrix} \cdot \begin{pmatrix} 0{,}38 \\ 0{,}62 \end{pmatrix} = \begin{pmatrix} 0{,}376 \\ 0{,}624 \end{pmatrix}$$

Am übernächsten Tag wählen 37,6 % den Pudding und 62,4 % den Fruchtbecher.

Basisaufgaben

3 Geben Sie jeweils ein Beispiel an für

a) einen Vektor mit vier Elementen,

b) eine 3×2-Matrix,

c) eine 1×5-Matrix,

d) eine quadratische Matrix mit 9 Elementen.

4 Notieren Sie eine 4×4-Matrix, die die folgenden Bedingungen erfüllt:

a) $a_{11} = 3$; $a_{23} = 4$; $a_{14} = 1$; $a_{21} = -1$ und sonst überall Nullen

b) $a_{ij} = i - j$

5 Berechnen Sie.

a) $\begin{pmatrix} 1 & 2 & 3 \\ 4 & 5 & 6 \end{pmatrix} \cdot \begin{pmatrix} 7 \\ 8 \\ 9 \end{pmatrix}$

b) $\begin{pmatrix} 1 & 1 & 0 \\ 1 & 1 & 2 \\ 0 & 0 & 7 \end{pmatrix} \cdot \begin{pmatrix} 0 \\ 8 \\ 15 \end{pmatrix}$

c) $\begin{pmatrix} 4 & 7 \\ 1 & 1 \end{pmatrix} \cdot \begin{pmatrix} 4 \\ 2 \end{pmatrix}$

d) $(-1 \ \ 1) \cdot \begin{pmatrix} 0{,}5 \\ -0{,}5 \end{pmatrix}$

6 Berechnen Sie mit $A = \begin{pmatrix} 3 & -1 \\ 0 & 7 \\ -2 & 4 \end{pmatrix}$.

a) $A \cdot \begin{pmatrix} 1 \\ 0 \end{pmatrix}$ b) $A \cdot \begin{pmatrix} 0 \\ 1 \end{pmatrix}$ c) $A \cdot \begin{pmatrix} 1 \\ -1 \end{pmatrix}$ d) $A \cdot \begin{pmatrix} -1 \\ 1 \end{pmatrix}$ e) $A \cdot \begin{pmatrix} -0,5 \\ 0,5 \end{pmatrix}$ f) $A \cdot \begin{pmatrix} 1,5 \\ -2 \end{pmatrix}$

7 Führen Sie alle Matrix-Vektor-Multiplikationen aus, die möglich sind.

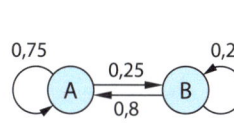

$A = \begin{pmatrix} 1 & 0 & 1 \\ 0 & 0,5 & 4 \\ -1 & 2 & 0 \end{pmatrix}$ $C = \begin{pmatrix} 1 \\ -3 \\ 3 \end{pmatrix}$ $E = \begin{pmatrix} 1 & 3 & 0 \\ 1 & 0 & -1 \\ 0 & 0,5 & 2 \\ 3 & 2 & 1 \end{pmatrix}$ $\vec{u} = (4)$

$B = (0 \; 3 \; 2)$ $D = \begin{pmatrix} 2 & 2 \\ 2 & -2 \end{pmatrix}$ $\vec{w} = \begin{pmatrix} 0,5 \\ 1 \\ 1,5 \end{pmatrix}$ $\vec{v} = \begin{pmatrix} 1 \\ -1 \\ 0 \\ 5 \end{pmatrix}$

8 Geben Sie zu dem Übergangsdiagramm die passende Übergangsmatrix an.

a)

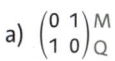

0,75   0,25   0,2   A   0,8   B

b)

0,9   0,1   0,7   K   L   0,5   0,3   M   0,5

c)

0,1   A   3   B   0,1   0,2   0,5   C   0,3

9 Zeichnen Sie zu der Übergangsmatrix das passende Übergangsdiagramm:

von M Q nach

a) $\begin{pmatrix} 0 & 1 \\ 1 & 0 \end{pmatrix} \begin{matrix} M \\ Q \end{matrix}$

von C D nach

b) $\begin{pmatrix} 0,6 & 0,3 \\ 0,1 & 0,7 \end{pmatrix} \begin{matrix} C \\ D \end{matrix}$

von R Z E nach

c) $\begin{pmatrix} 0,5 & 0,2 & 0,1 \\ 0,2 & 0,8 & 0,6 \\ 0,3 & 0 & 0,3 \end{pmatrix} \begin{matrix} R \\ Z \\ E \end{matrix}$

10 In diesem Jahr machen 45 % der Bevölkerung eines Landes zu Hause (Z) Urlaub, 32 % im Inland (I) und 23 % verbringen ihren Urlaub im Ausland (A). Aus statistischen Erhebungen weiß man, dass ein Prozentsatz derer, die zu Hause bleiben, im nächsten Jahr wahrscheinlich wieder zu Hause bleibt, andere jedoch im Inland oder Ausland Urlaub machen. Die Anteile für diesen Wechsel zwischen den einzelnen Urlaubergruppen sind im Diagramm dargestellt.

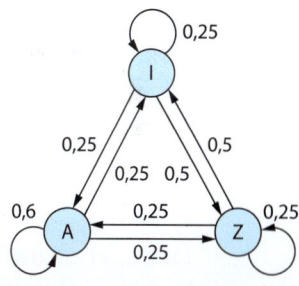

0,25   I   0,25   0,5   0,25   0,5   0,6   A   0,25   Z   0,25   0,25

a) Stellen Sie die Wechselbewegung in einer passenden Tabelle dar und geben Sie die Übergangsmatrix an.

b) Berechnen Sie die wahrscheinliche Verteilung der Urlauber in den nächsten beiden Jahren.

Hinweis zu 11

Gehen Sie davon aus, dass Aus- und Einwanderung sowie Kindersterblichkeit und Geburten bei Minderjährigen so geringfügig sind, dass man sie vernachlässigen kann.

11 In einem Land leben 12 Millionen Männer (M), 14 Millionen Frauen (F) und 8 Millionen Kinder und Jugendliche (K). Im Zeitraum von einem Jahr erreichen jeweils 3 % der männlichen und weiblichen Jugendlichen das Erwachsenenalter. Im Durchschnitt bekommen 25 % der Frauen in diesem Jahr ein Kind. Die Sterblichkeit beträgt bei den Männern 15 % und bei den Frauen 10 %.

a) Stellen Sie die Bevölkerungsentwicklung in einem Jahr in einem geeigneten Übergangsdiagramm dar.

b) Beschreiben Sie den Prozess durch eine passende Übergangsmatrix.

c) Berechnen Sie zu den gegebenen Anfangswerten die Entwicklung der Population in den nächsten beiden Jahren.

Produktionsprozesse

Matrizen und Vektoren können auch genutzt werden, um Produktionsabläufe und Produktionsprozesse zu beschreiben. Die sogenannte **Produktionsmatrix** beinhaltet die Informationen, wie viele Rohstoffe für welches Produkt benötigt werden.

Beispielsweise produziert eine Spielzeugfirma zwei verschiedene Größen von Baukästen mit Holzbausteinen. Die Zusammensetzung kann dem **Produktionsdiagramm** entnommen werden. Die Pfeile zeigen, wie viele Bauklötze für die jeweilige Kastengröße benötigt werden.

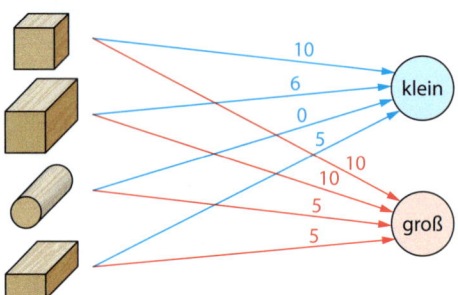

Es soll der Bauklotzbedarf für die Produktion 200 kleiner und 120 großer Kästen berechnet werden. Dafür multipliziert man die Produktionsmatrix mit dem **Output-Vektor**. Dieser gibt an, wie viele Produkte welcher Art hergestellt werden sollen. Als Ergebnis erhält man den **Input-Vektor**, der den gesuchten Bauklotzbedarf darstellt.

Anders als bei einem Übergangsprozess nehmen die beiden Vektoren unterschiedliche Bedeutungen an und haben entsprechend verschieden viele Elemente.

Produktionsmatrix mit den Anzahlen der Bausteine in einem kleinen bzw. großen Kasten

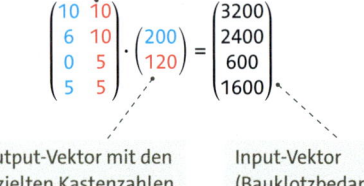

$$\begin{pmatrix} 10 & 10 \\ 6 & 10 \\ 0 & 5 \\ 5 & 5 \end{pmatrix} \cdot \begin{pmatrix} 200 \\ 120 \end{pmatrix} = \begin{pmatrix} 3200 \\ 2400 \\ 600 \\ 1600 \end{pmatrix}$$

Output-Vektor mit den erzielten Kastenzahlen

Input-Vektor (Bauklotzbedarf)

Beispiel 3

Ein Müsli-Hersteller verkauft Früchtemüsli (F), Joghurtmüsli (J) und Nussmüsli (N) in Paketen zu 750 g. Dazu werden 200 g Fruchtmischung, 250 g Joghurtmischung oder 300 g Nussmischung entsprechend mit Haferflocken aufgefüllt.
a) Beschreiben Sie den Produktionsablauf durch eine passende Prozessmatrix.
b) Berechnen Sie den Zutatenbedarf für eine Bestellung von 200 Paketen Früchtemüsli, 175 Paketen Joghurtmüsli und 250 Paketen Nussmüsli.

Lösung:

a) Stellen Sie eine Matrix mit vier Zeilen (Zutaten) und drei Spalten (Müslisorten) auf. Die Elemente entsprechen der jeweils benötigten Menge in Gramm. Wird eine Zutat in der Mischung nicht verwendet, so tragen Sie Null ein.

$$\begin{array}{l} \\ \text{Fruchtmischung} \\ \text{Joghurtmischung} \\ \text{Nussmischung} \\ \text{Haferflocken} \end{array} \begin{array}{ccc} F & J & N \\ \end{array}$$

$$\begin{pmatrix} 200 & 0 & 0 \\ 0 & 250 & 0 \\ 0 & 0 & 300 \\ 550 & 500 & 450 \end{pmatrix}$$

b) Berechnen Sie den Zutatenbedarf (Input-Vektor), indem Sie die Produktionsmatrix mit dem Output-Vektor multiplizieren. Achten Sie darauf, dass die Reihenfolge der Müslisorten bei Matrix und Vektor gleich ist.
Die Elemente des Output-Vektors entsprechen dabei der Anzahl der Pakete, die für die Bestellung jeweils hergestellt werden sollen.

Output-Vektor

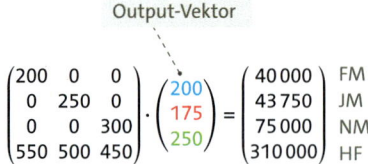

$$\begin{pmatrix} 200 & 0 & 0 \\ 0 & 250 & 0 \\ 0 & 0 & 300 \\ 550 & 500 & 450 \end{pmatrix} \cdot \begin{pmatrix} 200 \\ 175 \\ 250 \end{pmatrix} = \begin{pmatrix} 40\,000 \\ 43\,750 \\ 75\,000 \\ 310\,000 \end{pmatrix} \begin{array}{l} \text{FM} \\ \text{JM} \\ \text{NM} \\ \text{HF} \end{array}$$

Man benötigt 40 kg Fruchtmischung, 43,75 kg Joghurtmischung, 75 kg Nussmischung und 310 kg Haferflocken.

Basisaufgaben

12 Zu Ostern gibt es von einem bekannten Schokoladenhersteller immer ganze Osterpäckchen in drei unterschiedlichen Größen. Dabei werden verschiedene Osterhasen und Eier jeweils zusammen nach der folgenden Tabelle verpackt:

	kleine Packung	mittlere Packung	große Packung
Osterhase, klein	1	0	1
Osterhase, groß	0	1	1
Ei, Vollmilch	1	2	2
Ei, Cremefüllung	1	1	2
Ei, Nougatfüllung	1	1	2
Schokobonbon	3	5	7

Berechnen Sie mithilfe einer Produktionsmatrix, wie viele der jeweiligen Süßigkeiten für fünf kleine, drei mittlere und eine große Packung benötigt werden.

13 Eine Bäckerei benötigt für ihre Kuchen zwei verschiedene Teigsorten, die jeweils aus Mehl (M), Zucker (Z) und Butter (B) gemischt werden. Das Prozessdiagramm gibt die jeweiligen Mischungsverhältnisse für jeweils eine Einheit (200 kg) Teig 1 bzw. Teig 2 an. Erstellen Sie eine Produktionsmatrix und berechnen Sie den Rohstoffbedarf für die Vorbereitung von 15 Einheiten Teig 1 und 20 Einheiten Teig 2.

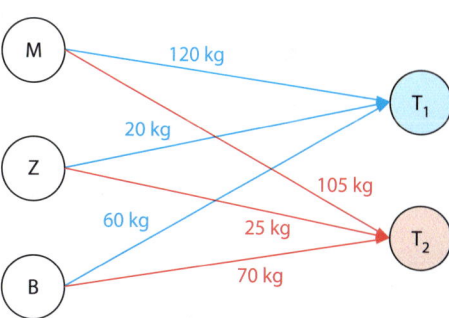

14 Ein Unternehmen stellt die Produkte P_1, P_2 und P_3 her. Die Produktion einer Einheit P_1 benötigt dabei 20 Minuten die Maschine M_1 und 10 Minuten die Maschine M_2. Jede Einheit P_2 benötigt jeweils 15 Minuten auf M_1 und M_2, während eine Einheit P_3 30 Minuten M_2 benötigt. Berechnen Sie die gesamten Laufzeiten der beiden Maschinen, wenn 20 Einheiten P_1, 25 Einheiten P_2 und 10 Einheiten P_3 produziert werden sollen.

Weiterführende Aufgaben

15 Gegeben sind die Vektoren $\vec{v_0} = \begin{pmatrix} 1 \\ 1 \end{pmatrix}$, $\vec{v_1} = \begin{pmatrix} 3 \\ 7 \end{pmatrix}$ und $\vec{v_2} = \begin{pmatrix} 17 \\ 37 \end{pmatrix}$.

Berechnen Sie eine 2×2-Matrix M, sodass $M \cdot \vec{v_0} = \vec{v_1}$ und $M \cdot \vec{v_1} = \vec{v_2}$ gilt.

Hinweis zu 16

Nuri, Maik und Lina finden keine Daten zu Abbruchquoten und nehmen einfachheitshalber an, dass niemand das Studium abbricht.

16 Stolperstelle: An einer Universität wechseln 20 % der Mathematikstudierenden nach dem ersten Semester ihr Studienfach. Von den Studierenden anderer Fachrichtungen wechseln 1 % nach dem ersten Semester in den Studiengang Mathematik. Im Sommersemester 2022 wurden an dieser Universität insgesamt 2998 Erstsemester eingeschrieben, davon 216 im Fach Mathematik. Nuri, Maik und Lina berechnen die Verteilung dieser Studierenden zum Wintersemester 2022/23. Erläutern und korrigieren Sie ihre Fehler.

a) Nuri: $\begin{pmatrix} 0{,}8 & 0{,}2 \\ 0{,}01 & 0{,}99 \end{pmatrix} \cdot \begin{pmatrix} 216 \\ 2782 \end{pmatrix} \approx \begin{pmatrix} 729 \\ 2756 \end{pmatrix}$

b) Maik: $\begin{pmatrix} 0{,}8 & 0{,}01 \\ 0{,}2 & 0{,}99 \end{pmatrix} \cdot \begin{pmatrix} 2782 \\ 216 \end{pmatrix} \approx \begin{pmatrix} 2228 \\ 770 \end{pmatrix}$

c) Lina: $\begin{pmatrix} 0{,}8 & 0{,}01 \\ 0{,}2 & 0{,}99 \end{pmatrix} \cdot \begin{pmatrix} 216 \\ 2782 \end{pmatrix} \approx \begin{pmatrix} 173 & 2 \\ 556 & 2754 \end{pmatrix}$

17 Beim sogenannten Shell-Verfahren wird Ethanol durch Wasseranlagerung an flüssiges Ethan im Verhältnis 1 zu 1 hergestellt und mit einem Vergällungsmittel versetzt, um es ungenießbar zu machen. Der Spiritus wird in den Konzentrationen 100 %, 70 % und 50 % angeboten. Ein Liter enthält jeweils 60 mℓ Vergällungsmittel. Das Übergangs-diagramm zeigt die Rohstoffanteile an den Produkten.

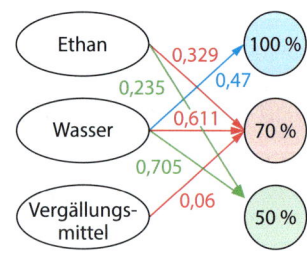

a) Vervollständigen Sie das Übergangsdiagramm.

Hinweis

1 hℓ = 100 ℓ

b) Geben Sie die Produktionsmatrix an und berechnen Sie die notwendigen Rohstoffmen-gen für eine Produktion von 200 hℓ hundertprozentigem Brennspiritus, 120 hℓ siebzig-prozentigem Brennspiritus und 70 hℓ fünfzigprozentigem Brennspiritus.

18 Im Reisezentrum eines Bahnhofs soll immer dann ein weiterer Schalter geöffnet werden, wenn an einem Schalter vier Personen anstehen. Der fünfte Kunde wird dann am neuen Schalter empfangen. Beobachtungen zeigen, dass in Stoßzeiten die Schlange in 10 Mi-nuten jeweils mit Wahrscheinlichkeit 0,5 um eine Person länger wird und mit Wahrschein-lichkeit 0,2 um eine Person kürzer. Ausnahmen bilden der Anfang und das Ende. An einem leeren Schalter stellt sich jemand mit Wahrscheinlichkeit 0,9 an. Warten bereits vier Perso-nen an einem Schalter, so bleibt die Schlange gleich mit Wahrscheinlichkeit 0,8 und wird mit Wahrscheinlichkeit 0,2 kürzer.

a) Stellen Sie eine Übergangsmatrix bezogen auf die Reihenfolge 0, 1, 2, 3 und 4 (Perso-nen in der Schlange) auf.

b) Man interessiert sich dafür, in welchen Zeitabständen neue Schalter geöffnet werden müssen. Ermitteln Sie, nach welcher Zeit die Wahrscheinlichkeit einer Schlange der Länge 4 erstmals größer als die Wahrscheinlichkeiten der anderen Schlangenlängen ist.

c) Diskutieren Sie im Kurs, inwiefern das vorgeschlagene mathematische Modell realis-tisch bzw. unrealistisch für den beschriebenen Sachverhalt ist.

19 Gegeben ist ein Gleichungssystem $\begin{pmatrix} 6 & 2 & 1 & | & 10 \\ 1 & 8 & 0 & | & 9 \\ 1 & 0 & 9 & | & 19 \end{pmatrix}$ mit den Unbekannten x_1, x_2 und x_3.

a) Schreiben Sie die drei Gleichungen des Gleichungssystems untereinander auf.

b) Stellen Sie das Gleichungssystem in der Form $A \cdot \vec{x} = \vec{w}$ mit einer Matrix A und den Vektoren $\vec{x}$ und $\vec{w}$ mit jeweils 3 Elementen dar.

c) Prüfen Sie mithilfe einer Multiplikation, ob $x_1 = 1$, $x_2 = 1$ und $x_3 = 2$ eine Lösung ist.

20 Berechnen Sie jeweils die Variablen a, b und c.

a) $\begin{pmatrix} 1 & 2 & 1 \\ 1 & 2 & 3 \\ 1 & 2 & 9 \end{pmatrix} \cdot \begin{pmatrix} a \\ b \\ c \end{pmatrix} = \begin{pmatrix} 11 \\ 15 \\ 27 \end{pmatrix}$ b) $\begin{pmatrix} 1 & 2 & 1 \\ a & 2 & 3 \\ 1 & 0 & 9 \end{pmatrix} \cdot \begin{pmatrix} b \\ 4 \\ 0 \end{pmatrix} = \begin{pmatrix} c \\ 9 \\ 1 \end{pmatrix}$ c) $\begin{pmatrix} a & 2 & 1 \\ 0 & b & 0 \\ 1 & 0 & c \end{pmatrix} \cdot \begin{pmatrix} 1 \\ 0 \\ 2 \end{pmatrix} = \begin{pmatrix} 8 \\ 0 \\ 19 \end{pmatrix}$

21 Ausblick: Eine Botschaft wird verschlüsselt digital über-tragen. Das Diagramm beschreibt die Übergangswahr-scheinlichkeiten bei dem verwendeten Code, der nur aus den Zeichen A, B und C besteht.

ABBABABABA
BABBBABBBB
BABABABABA
BBBACACABB
ABBBBABBAB
ACBBBABA

a) Um Störungen zu erkennen, interessiert man sich für wahrscheinliche Zeichenfolgen. Bestimmen Sie für eine Botschaft, die mit A beginnt, wie wahrscheinlich bei den nächsten 5 Zeichen jeweils die Buchstaben A, B und C sind.

b) Geben Sie eine mit A beginnende Buchstabenfolge mit 6 Zeichen und hoher Wahr-scheinlichkeit an. Vergleichen Sie diese mit den ersten 6 Buchstaben der Nachricht auf dem Zettel.

1.3 Addieren und Vervielfachen von Matrizen

Matrizen und Vektoren sind mathematische Objekte. Neben der Matrix-Vektor-Multiplikation können damit auch noch andere Berechnungen ausgeführt werden. Erläutern Sie anhand der gelösten Aufgabe die Rechenregeln und berechnen Sie den Rest.

$$\begin{pmatrix} 1 & 2 \\ 3 & 4 \end{pmatrix} + \begin{pmatrix} 5 & 6 \\ 7 & 8 \end{pmatrix} = \begin{pmatrix} 6 & 8 \\ 10 & 12 \end{pmatrix}$$

a) $\begin{pmatrix} 1 \\ 3 \end{pmatrix} + \begin{pmatrix} 2 \\ 4 \end{pmatrix}$ b) $2 \cdot \begin{pmatrix} 1 \\ 2 \end{pmatrix}$

Die Matrizen W_1 und W_2 zeigen die Anzahl dreier Automodelle (A_1, A_2, A_3), die in den letzten beiden Wochen an zwei Standorten (S_1, S_2) eines Autohauses verkauft wurden. Um die Gesamtverkaufszahlen zu berechnen, können die beiden Matrizen für Woche 1 und Woche 2 einfach elementeweise addiert werden.

$$W_1 = \begin{pmatrix} 2 & 3 & 7 \\ 5 & 11 & 13 \end{pmatrix} \begin{matrix} S_1 \\ S_2 \end{matrix} \qquad W_2 = \begin{pmatrix} 4 & 7 & 1 \\ 0 & 10 & 12 \end{pmatrix} \begin{matrix} S_1 \\ S_2 \end{matrix}$$

(mit A_1 A_2 A_3 über den Spalten)

$$G = W_1 + W_2 = \begin{pmatrix} 2+4 & 3+7 & 7+1 \\ 5+0 & 11+10 & 13+12 \end{pmatrix}$$

$$= \begin{pmatrix} 6 & 10 & 8 \\ 5 & 21 & 25 \end{pmatrix}$$

Eine Subtraktion von Matrizen oder Vektoren funktioniert analog. Da alle diese Berechnungen elementeweise erfolgen, können nur Matrizen addiert und subtrahiert werden, die in Zeilenanzahl und Spaltenanzahl übereinstimmen. Ebenso können nur Vektoren addiert und subtrahiert werden, die die gleiche Anzahl von Elementen haben.

Hinweis

$A - A = 0_{mn}$ (**Nullmatrix**)
$\vec{v} - \vec{v} = \vec{0}$ (**Nullvektor**)
Alle Elemente sind Nullen.

Definition | **Addition von Matrizen/Addition von Vektoren**

Matrizen mit gleicher Zeilenanzahl und Spaltenanzahl werden elementeweise addiert.

$$A + B = \begin{pmatrix} a_{11} & a_{12} & \dots & a_{1n} \\ a_{21} & a_{22} & \dots & a_{2n} \\ \dots & \dots & \dots & \dots \\ a_{m1} & a_{m2} & \dots & a_{mn} \end{pmatrix} + \begin{pmatrix} b_{11} & b_{12} & \dots & b_{1n} \\ b_{21} & b_{22} & \dots & b_{2n} \\ \dots & \dots & \dots & \dots \\ b_{m1} & b_{m2} & \dots & b_{mn} \end{pmatrix}$$

$$= \begin{pmatrix} a_{11}+b_{11} & a_{12}+b_{12} & \dots & a_{1n}+b_{1n} \\ a_{21}+b_{21} & a_{22}+b_{22} & \dots & a_{2n}+b_{2n} \\ \dots & \dots & \dots & \dots \\ a_{m1}+b_{m1} & a_{m2}+b_{m2} & \dots & a_{mn}+b_{mn} \end{pmatrix}$$

Vektoren mit gleicher Elementeanzahl werden elementeweise addiert.

$$\vec{v} + \vec{w} = \begin{pmatrix} v_1 \\ v_2 \\ \dots \\ v_n \end{pmatrix} + \begin{pmatrix} w_1 \\ w_2 \\ \dots \\ w_n \end{pmatrix} = \begin{pmatrix} v_1+w_1 \\ v_2+w_2 \\ \dots \\ v_n+w_n \end{pmatrix}$$

Das entspricht der Addition zweier Matrizen mit jeweils nur einer Spalte.

Zu jedem verkauften Auto werden Winterreifen mitbestellt. Um die Anzahl passender Reifen, die an den jeweiligen Standort geliefert werden sollen, zu berechnen, kann man die Matrix G mit 4 multiplizieren.

$$R = 4 \cdot G = \begin{pmatrix} 4 \cdot 6 & 4 \cdot 10 & 4 \cdot 8 \\ 4 \cdot 5 & 4 \cdot 21 & 4 \cdot 25 \end{pmatrix}$$

$$= \begin{pmatrix} 24 & 40 & 32 \\ 20 & 84 & 100 \end{pmatrix}$$

Hinweis

Der „Malpunkt" hat hier zwei verschiedene Bedeutungen:
$r \cdot a_{mn}$ bzw. $r \cdot v_1$: Multiplikation zweier Zahlen;
$r \cdot A$ bzw. $r \cdot \vec{v}$: Multiplikation einer Zahl (Skalar) mit einer Matrix bzw. mit einem Vektor.

Definition | **Multiplizieren einer reellen Zahl mit einer Matrix/mit einem Vektor**

Man multipliziert eine reelle Zahl r mit
– einer Matrix A, indem man r mit jedem Element von A multipliziert.

$$r \cdot A = r \cdot \begin{pmatrix} a_{11} & a_{12} & \dots & a_{1n} \\ a_{21} & a_{22} & \dots & a_{2n} \\ \dots & \dots & \dots & \dots \\ a_{m1} & a_{m2} & \dots & a_{mn} \end{pmatrix} = \begin{pmatrix} r \cdot a_{11} & r \cdot a_{12} & \dots & r \cdot a_{1n} \\ r \cdot a_{21} & r \cdot a_{22} & \dots & r \cdot a_{2n} \\ \dots & \dots & \dots & \dots \\ r \cdot a_{m1} & r \cdot a_{m2} & \dots & r \cdot a_{mn} \end{pmatrix}$$

– einem Vektor $\vec{v}$, indem man r mit jedem Element von $\vec{v}$ multipliziert.

$$r \cdot \vec{v} = r \cdot \begin{pmatrix} v_1 \\ v_2 \\ \dots \\ v_n \end{pmatrix} = \begin{pmatrix} r \cdot v_1 \\ r \cdot v_2 \\ \dots \\ r \cdot v_n \end{pmatrix}$$

Da das Addieren und Vervielfachen bei Matrizen und bei Vektoren elementeweise erfolgt, lassen sich die Rechengesetze für reelle Zahlen auf Matrizen und Vektoren übertragen.

Wissen

Sind A, B und C Matrizen mit gleicher Zeilen- und Spaltenzahl und r, s reelle Zahlen, so gelten die Rechenregeln:

① $A + B = B + A$ **(Kommutativgesetz der Addition)**

② $(A + B) + C = A + (B + C)$ **(Assoziativgesetz der Addition)**

③ $(r + s) \cdot A = r \cdot A + s \cdot A$ und $r \cdot (B + C) = r \cdot B + r \cdot C$ **(Distributivgesetze)**

④ $r \cdot (s \cdot A) = s \cdot (r \cdot A) = (r \cdot s) \cdot A$ **(Kommutativität und Assoziativität der Skalare)**

Die Rechenregeln gelten analog für Vektoren, da jeder Vektor als eine einspaltige Matrix aufgefasst werden kann.

Beispiel 1

Gegeben sind die Vektoren $\vec{v} = \begin{pmatrix} 3 \\ 1 \\ 2 \end{pmatrix}$ und $\vec{w} = \begin{pmatrix} 1 \\ 1 \\ 2 \end{pmatrix}$, sowie die Matrizen $A = \begin{pmatrix} 3 & -2 & 1 \\ 2 & 0 & 4 \end{pmatrix}$ und $B = \begin{pmatrix} 1 & 1 & 0 \\ 5 & -3 & 2 \end{pmatrix}$. Berechnen Sie.

a) $\vec{v} + 3\vec{w}$ b) $2 \cdot (\vec{v} - \vec{w})$ c) $2A - B$

Lösung:

a) Multiplizieren Sie jedes Element des Vektors $\vec{w}$ mit dem Faktor 3. Addieren Sie die Elemente des Ergebnisvektors zu denen des Vektors $\vec{v}$.

$$\vec{v} + 3\vec{w} = \begin{pmatrix} 3 \\ 1 \\ 2 \end{pmatrix} + 3 \cdot \begin{pmatrix} 1 \\ 1 \\ 2 \end{pmatrix} = \begin{pmatrix} 3 \\ 1 \\ 2 \end{pmatrix} + \begin{pmatrix} 3 \cdot 1 \\ 3 \cdot 1 \\ 3 \cdot 2 \end{pmatrix}$$

$$= \begin{pmatrix} 3 \\ 1 \\ 2 \end{pmatrix} + \begin{pmatrix} 3 \\ 3 \\ 6 \end{pmatrix} = \begin{pmatrix} 3 + 3 \\ 1 + 3 \\ 2 + 6 \end{pmatrix} = \begin{pmatrix} 6 \\ 4 \\ 8 \end{pmatrix}$$

b) Subtrahieren Sie die Elemente des Vektors $\vec{w}$ von denen des Vektors $\vec{v}$. Multiplizieren Sie jedes Element des Ergebnisvektors mit dem Faktor 2.

$$2 \cdot (\vec{v} - \vec{w}) = 2 \cdot \left(\begin{pmatrix} 3 \\ 1 \\ 2 \end{pmatrix} - \begin{pmatrix} 1 \\ 1 \\ 2 \end{pmatrix} \right) = 2 \cdot \begin{pmatrix} 3 - 1 \\ 1 - 1 \\ 2 - 2 \end{pmatrix}$$

$$= 2 \cdot \begin{pmatrix} 2 \\ 0 \\ 0 \end{pmatrix} = \begin{pmatrix} 2 \cdot 2 \\ 2 \cdot 0 \\ 2 \cdot 0 \end{pmatrix} = \begin{pmatrix} 4 \\ 0 \\ 0 \end{pmatrix}$$

c) Multiplizieren Sie jedes Element der Matrix A mit dem Faktor 2. Subtrahieren Sie danach die entsprechenden Elemente der Matrix B von denen der Ergebnismatrix.

$$2 \cdot A - B = 2 \cdot \begin{pmatrix} 3 & -2 & 1 \\ 2 & 0 & 4 \end{pmatrix} - \begin{pmatrix} 1 & 1 & 0 \\ 5 & -3 & 2 \end{pmatrix}$$

$$= \begin{pmatrix} 2 \cdot 3 & 2 \cdot (-2) & 2 \cdot 1 \\ 2 \cdot 2 & 2 \cdot 0 & 2 \cdot 4 \end{pmatrix} - \begin{pmatrix} 1 & 1 & 0 \\ 5 & -3 & 2 \end{pmatrix}$$

$$= \begin{pmatrix} 6 & -4 & 2 \\ 4 & 0 & 8 \end{pmatrix} - \begin{pmatrix} 1 & 1 & 0 \\ 5 & -3 & 2 \end{pmatrix}$$

$$= \begin{pmatrix} 6 - 1 & -4 - 1 & 2 - 0 \\ 4 - 5 & 0 - (-3) & 8 - 2 \end{pmatrix} = \begin{pmatrix} 5 & -5 & 2 \\ -1 & 3 & 6 \end{pmatrix}$$

Basisaufgaben

1 Erläutern Sie die Screenshots.

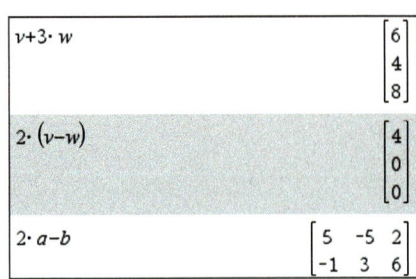

2 Berechnen Sie.

a) $\begin{pmatrix} 2 \\ 3 \end{pmatrix} + \begin{pmatrix} 5 \\ 1 \end{pmatrix}$
b) $\begin{pmatrix} 1 \\ 5 \end{pmatrix} - \begin{pmatrix} 3 \\ -1 \end{pmatrix}$
c) $3 \cdot \begin{pmatrix} -4 \\ 1,5 \\ 2 \end{pmatrix}$

d) $\begin{pmatrix} 11 \\ 3,5 \\ -2 \end{pmatrix} - \begin{pmatrix} 3 \\ 5 \\ 9 \end{pmatrix} + \begin{pmatrix} 5 \\ 0 \\ -1,5 \end{pmatrix}$
e) $\frac{1}{2} \cdot \begin{pmatrix} 4 \\ 2 \end{pmatrix} + 2 \cdot \begin{pmatrix} 1 \\ -4 \end{pmatrix}$
f) $\begin{pmatrix} 4 \\ 2 \end{pmatrix} - \left(\begin{pmatrix} 3 \\ 1 \end{pmatrix} + \begin{pmatrix} -2 \\ 1 \end{pmatrix} \right)$

3 Gegeben sind die Vektoren $\vec{u} = \begin{pmatrix} 8 \\ 1 \\ -5 \end{pmatrix}$, $\vec{v} = \begin{pmatrix} 1 \\ 1 \\ 2 \end{pmatrix}$ und $\vec{w} = \begin{pmatrix} 4 \\ -2 \\ 1 \end{pmatrix}$. Berechnen Sie.

a) $\vec{v} + \vec{w}$
b) $\vec{v} - \vec{w}$
c) $\vec{v} + \vec{w} - \vec{u}$

d) $3 \cdot \vec{u}$
e) $0,1 \cdot \vec{v}$
f) $-2\vec{v} - 3\vec{w}$

g) $\vec{u} - 2(\vec{v} + \vec{w})$
h) $\vec{v} - (\vec{u} - 2\vec{v}) + \vec{u}$
i) $\vec{u} - 2 \cdot (\vec{v} + \vec{w}) + 3\vec{v}$

4 Berechnen Sie.

a) $\begin{pmatrix} 0,5 & 2 \\ -1 & 0 \end{pmatrix} + \begin{pmatrix} 3 & 0 \\ 1 & -2 \end{pmatrix}$
b) $\begin{pmatrix} 1 & 4 & -9 \\ 2 & 1 & 0 \end{pmatrix} - \begin{pmatrix} 1 & 1 & -3 \\ 4 & 2 & 2.5 \end{pmatrix}$
c) $-2 \cdot \begin{pmatrix} 3 & -1 & 8 & 3,9 \\ 1,4 & 0 & -5 & \frac{7}{2} \end{pmatrix}$

d) $\frac{1}{2} \cdot \begin{pmatrix} 13 & -7 & 3 \\ -4 & 17 & 5 \\ -2 & 2 & 8 \end{pmatrix} + (-3) \cdot \begin{pmatrix} 0 & -5 & 3 \\ 1 & 6 & 3 \\ 2 & 9 & -1 \end{pmatrix}$
e) $\left(\begin{pmatrix} 1 & 3 \\ 2 & 0 \\ -6 & 2 \end{pmatrix} + \begin{pmatrix} -1 & -2 \\ 0 & 2 \\ 3 & -7 \end{pmatrix} \right) - \begin{pmatrix} 1,5 & 2 \\ -0,5 & 0,5 \\ -3 & -5 \end{pmatrix}$

5 Gegeben sind $A = \begin{pmatrix} 3 & 0 \\ 1 & -2 \end{pmatrix}$, $B = \begin{pmatrix} -1 & 1 \\ 0 & 2 \end{pmatrix}$ und $C = \begin{pmatrix} 0 & -1 \\ 1 & 0 \end{pmatrix}$. Berechnen Sie.

① $A - B - C$ ② $2A - B$ ③ $2(A + C) - B$ ④ $B + C - 0,5A$

Hinweis zu 6

Beispiel:

$\begin{pmatrix} \frac{2}{3} \\ -4 \\ 0,5 \end{pmatrix} = \begin{pmatrix} \frac{4}{6} \\ -\frac{24}{6} \\ \frac{3}{6} \end{pmatrix}$

$= \frac{1}{6} \cdot \begin{pmatrix} 4 \\ -24 \\ 3 \end{pmatrix}$

6 Schreiben Sie den Vektor als Produkt aus einer reellen Zahl und einem Vektor mit ganzzahligen Koordinaten.

a) $\begin{pmatrix} 0,5 \\ 4 \\ 1,5 \end{pmatrix}$
b) $\begin{pmatrix} \frac{1}{6} \\ \frac{7}{3} \\ \frac{2}{3} \end{pmatrix}$
c) $\begin{pmatrix} 2,3 \\ 6,1 \\ -0,6 \end{pmatrix}$
d) $\begin{pmatrix} \frac{1}{4} \\ \frac{1}{6} \end{pmatrix}$
e) $\begin{pmatrix} \frac{2}{5} \\ 0,75 \\ -1,2 \end{pmatrix}$

7 Schreiben Sie den Vektor als Produkt aus einer reellen Zahl und einem Vektor mit ganzzahligen Koordinaten von möglichst kleinem Betrag.

a) $\begin{pmatrix} 26 \\ 13 \\ -39 \end{pmatrix}$
b) $\begin{pmatrix} 15 \\ -10 \\ 45 \end{pmatrix}$
c) $\begin{pmatrix} 8 \\ 12 \\ 20 \end{pmatrix}$
d) $\begin{pmatrix} 36 \\ -24 \end{pmatrix}$
e) $\begin{pmatrix} -18 \\ 0 \\ -63 \end{pmatrix}$

Weiterführende Aufgaben

8 Entscheiden Sie begründet, ob folgende Aussagen wahr oder falsch sind.

a) Eine 2×3-Matrix und eine 3×2-Matrix können nicht addiert werden.

b) $\vec{v} - \vec{w} = \vec{v} + (-1) \cdot \vec{w}$ gilt für alle Vektoren $\vec{v}$ und $\vec{w}$.

c) Wenn $r \cdot A = A$ gilt, folgt $r = 1$.

d) Das Kommutativ- und das Assoziativgesetz der Addition sowie das Distributivgesetz gelten für Matrizen, aber nicht für Vektoren.

e) Eine Matrix und ein Vektor werden elementeweise addiert.

9 Stolperstelle: Beurteilen Sie die Berechnungen von Olena und Roman.

Olena:

$4 \cdot \begin{pmatrix} 2 \\ -3 \end{pmatrix} = \begin{pmatrix} 8 \\ -3 \end{pmatrix}$

Roman:

$A = \begin{pmatrix} 1 & 2 \\ 4 & 0 \end{pmatrix}$ $B = \begin{pmatrix} 1 & 1 & 4 \\ 2 & 3 & 7 \end{pmatrix}$

$A + B = \begin{pmatrix} 2 & 3 & 4 \\ 6 & 3 & 7 \end{pmatrix}$

10 Formulieren Sie die auf Seite 26 für Matrizen aufgeführten Rechengesetze für Vektoren.

11 Vereinfachen Sie die Terme nach den Rechengesetzen.

a) $5 \cdot \vec{a} - 3 \cdot \vec{a}$

b) $4 \cdot \vec{v} + 2 \cdot \vec{v} - 6 \cdot \vec{u} - \vec{v}$

c) $\vec{a} + \frac{1}{2} \cdot (\vec{b} - \vec{a})$

d) $M - 1 \cdot M + 0 \cdot M$

e) $\vec{c} + \frac{2}{3} \cdot \left(-\vec{c} + \vec{a} + \frac{1}{2} \cdot (-\vec{a} + \vec{b}) \right)$

f) $2B + A - 2(A + B)$

12 Rechengesetze bezogen auf die Matrix-Vektor-Multiplikation:
Für Matrizen A und B, Vektoren $\vec{v}$ und $\vec{w}$ und $r \in \mathbb{R}$ gelten folgende Beziehungen.
① $A \cdot (r \cdot \vec{v}) = r(A \cdot \vec{v}) = (r \cdot A) \cdot \vec{v}$ ② $A \cdot (\vec{v} + \vec{w}) = A \cdot \vec{v} + A \cdot \vec{w}$
③ $(A + B) \cdot \vec{v} = A \cdot \vec{v} + B \cdot \vec{v}$

a) Überprüfen Sie jeweils die Gültigkeit an einem Beispiel.

b) Sei A eine allgemeine 3×2-Matrix, $\vec{v}$ und $\vec{w}$ beliebige zweidimensionale Vektoren. Weisen Sie ① und ② für A, $\vec{v}$ und $\vec{w}$ rechnerisch nach.

13 Die Matrizen W_1 und W_2 zeigen die Anzahl der an den Standorten S_1 und S_1 verkauften Automodelle A_1, A_2 und A_3 für zwei Wochen, der Vektor $\vec{p}$ gibt den Preis der Modelle in Euro an.

$$W_1 = \begin{pmatrix} 2 & 3 & 7 \\ 5 & 11 & 13 \end{pmatrix} \begin{matrix} S_1 \\ S_2 \end{matrix} \qquad W_2 = \begin{pmatrix} 4 & 7 & 1 \\ 0 & 10 & 12 \end{pmatrix} \begin{matrix} S_1 \\ S_2 \end{matrix} \qquad \vec{p} = \begin{pmatrix} 34\,900 \\ 29\,950 \\ 39\,800 \end{pmatrix} \begin{matrix} \text{Preis von } A_1 \\ \text{Preis von } A_2 \\ \text{Preis von } A_3 \end{matrix}$$

mit $A_1\ A_2\ A_3$ über W_1 und W_2.

a) Berechnen Sie mit $W_1 \cdot \vec{p}$ den Umsatz bei S_1 und S_2 in der ersten Woche und entsprechend den in der zweiten Woche. Berechnen Sie dann den Vektor mit dem Gesamtumsatz an beiden Standorten.

b) Berechnen Sie die Matrix mit den insgesamt in beiden Wochen verkauften Modellen und mit dieser Matrix den Vektor mit dem Gesamtumsatz an den Standorten S_1 und S_2.

c) Vergleichen Sie die Endergebnisse aus a) und b). Stellen Sie für beide Rechenwege einen Term mit W_1, W_2 und $\vec{p}$ auf. Erläutern Sie, welches Rechengesetz aus Aufgabe 12 die Gleichheit der beiden Terme sicherstellt.

14 Man kann mit Vektoren auch in höheren Dimensionen rechnen. Ein Hamburger enthält 20 g Fett, 36 g Kohlenhydrate, 26 g Eiweiß und 428 Kilokalorien (kcal). Man könnte diese Zahlen in einem Vektor zusammenfassen:

$$\vec{h} = \begin{pmatrix} 20 \\ 36 \\ 26 \\ 428 \end{pmatrix}$$

Eine Portion Pommes Frites enthält 15 g Fett, 38 g Kohlenhydrate, 3 g Eiweiß und 306 kcal, ein Becher Cola 60 g Kohlenhydrate und 240 kcal.

a) Berechnen Sie mithilfe von Addition und Vervielfachung von Vektoren, wie viel Fett/Kohlenhydrate/Eiweiß/Kalorien in drei Hamburgern, einer Portion Pommes und zwei Bechern Cola insgesamt enthalten sind.

b) Berechnen Sie, wie viele Hamburger, Portionen Pommes und Becher Cola man zu sich nehmen muss, um genau 50 g Fett, 412 g Kohlenhydrate und 32 g Eiweiß zu erhalten. Stellen Sie zuerst eine Gleichung mit Vektoren auf. Berechnen sie auch, wie viele Kilokalorien man dann verzehrt hat.

15 Ausblick: Bestimmen Sie die Lösung der Gleichung (Vektor $\vec{x}$ bzw. Matrix X).

a) $\begin{pmatrix} 1 & 0 & 2 \\ -6 & 1 & 0 \\ -4 & 1 & 3 \end{pmatrix} \cdot \vec{x} = \begin{pmatrix} 5 \\ 8 \\ 7 \end{pmatrix}$

b) $\begin{pmatrix} 1 & -3 \\ 8 & 0 \end{pmatrix} - 2X = 3 \cdot \begin{pmatrix} -1 & 1 \\ 0 & 4 \end{pmatrix}$

c) $5X = X + \begin{pmatrix} -16 & 4{,}8 \\ 3{,}2 & 10 \\ -6 & 1{,}2 \end{pmatrix}$

1.4 Multiplizieren von Matrizen

Ein Insektenliebhaber hält eine Schmetterlingsart unter künstlichen Bedingungen in einem abgeschlossenen Schaukasten.
Die Population wird angegeben durch ihre drei Entwicklungsstadien Ei (E), Larve (L) und Schmetterling (S) mit dem Anfangszustand $\vec{v_0} = \begin{pmatrix} E \\ L \\ S \end{pmatrix}$. Die Übergangsmatrix für einen Entwicklungszyklus von drei Wochen ist $M = \begin{pmatrix} 0 & 0 & 4 \\ 0{,}3 & 0{,}1 & 0 \\ 0 & 0{,}6 & 0{,}2 \end{pmatrix}$.

Untersuchen Sie, wie sich die Population in den nächsten zwei Zyklen entwickelt. Stellen Sie den zweiten Zustand als Produkt einer Matrix mit dem Anfangszustand $\vec{v_0}$ dar.

Beschreibt die Matrix $A = \begin{pmatrix} a_{11} & a_{12} \\ a_{21} & a_{22} \end{pmatrix}$ den Übergang eines Anfangszustands $\vec{v_0} = \begin{pmatrix} x \\ y \end{pmatrix}$ zu einem Zustand $\vec{v_1}$ und die Matrix $B = \begin{pmatrix} b_{11} & b_{12} \\ b_{21} & b_{22} \end{pmatrix}$ den Übergang von $\vec{v_1}$ zu einem Zustand $\vec{v_2}$, dann gilt $\vec{v_1} = A \cdot \vec{v_0}$ und $\vec{v_2} = B \cdot \vec{v_1}$ und somit $\vec{v_2} = B \cdot (A \cdot \vec{v_0})$. Es wird nun gezeigt, dass sich $\vec{v_2}$ mithilfe einer einzigen Matrix C aus $\vec{v_0}$ berechnen lässt, sodass $\vec{v_2} = C \cdot \vec{v_0}$ gilt. Die Matrix C wird dann als das Produkt $B \cdot A$ festgelegt.

$$\begin{pmatrix} b_{11} & b_{12} \\ b_{21} & b_{22} \end{pmatrix} \cdot \left[\begin{pmatrix} a_{11} & a_{12} \\ a_{21} & a_{22} \end{pmatrix} \cdot \begin{pmatrix} x \\ y \end{pmatrix} \right] = \begin{pmatrix} b_{11} & b_{12} \\ b_{21} & b_{22} \end{pmatrix} \cdot \begin{pmatrix} a_{11}x + a_{12}y \\ a_{21}x + a_{22}y \end{pmatrix}$$

Multiplikation innerhalb der eckigen Klammer

$$= \begin{pmatrix} b_{11} \cdot (a_{11}x + a_{12}y) + b_{12} \cdot (a_{21}x + a_{22}y) \\ b_{21} \cdot (a_{11}x + a_{12}y) + b_{22} \cdot (a_{21}x + a_{22}y) \end{pmatrix}$$

Multiplikation mit der linken Matrix

$$= \begin{pmatrix} b_{11}a_{11}x + b_{11}a_{12}y + b_{12}a_{21}x + b_{12}a_{22}y \\ b_{21}a_{11}x + b_{21}a_{12}y + b_{22}a_{21}x + b_{22}a_{22}y \end{pmatrix}$$

Klammern auflösen

$$= \begin{pmatrix} (b_{11}a_{11} + b_{12}a_{21}) \cdot x + (b_{11}a_{12} + b_{12}a_{22}) \cdot y \\ (b_{21}a_{11} + b_{22}a_{21}) \cdot x + (b_{21}a_{12} + b_{22}a_{22}) \cdot y \end{pmatrix}$$

umsortieren und x bzw. y ausklammern

$$= \begin{pmatrix} b_{11}a_{11} + b_{12}a_{21} & b_{11}a_{12} + b_{12}a_{22} \\ b_{21}a_{11} + b_{22}a_{21} & b_{21}a_{12} + b_{22}a_{22} \end{pmatrix} \cdot \begin{pmatrix} x \\ y \end{pmatrix}$$

als Multiplikation einer Matrix mit $\begin{pmatrix} x \\ y \end{pmatrix}$ darstellen

Demnach wäre es sinnvoll festzulegen:

$$\begin{pmatrix} b_{11} & b_{12} \\ b_{21} & b_{22} \end{pmatrix} \cdot \begin{pmatrix} a_{11} & a_{12} \\ a_{21} & a_{22} \end{pmatrix} = \begin{pmatrix} b_{11}a_{11} + b_{12}a_{21} & b_{11}a_{12} + b_{12}a_{22} \\ b_{21}a_{11} + b_{22}a_{21} & b_{21}a_{12} + b_{22}a_{22} \end{pmatrix}$$

Es gilt dann: $\vec{v_2} = (B \cdot A) \cdot \vec{v_0}$

Das funktioniert bei nicht quadratischen Matrizen analog. Damit die Multiplikation $A \cdot B$ möglich ist, muss die Anzahl der Spalten der Matrix A mit der Anzahl der Zeilen der Matrix B übereinstimmen. Die Ergebnismatrix C hat dann so viele Zeilen wie Matrix A und so viele Spalten wie Matrix B.

$$\begin{array}{ccccc} A & \cdot & B & = & C \\ 3 \times 4 & & 4 \times 2 & & 3 \times 2 \end{array}$$

müssen übereinstimmen

Hinweis

Hat die zweite Matrix nur eine Spalte, entspricht diese Matrix-Matrix-Multiplikation genau der Matrix-Vektor-Multiplikation aus 1.2.

Definition — **Multiplikation von Matrizen**

Man multipliziert eine m×k-Matrix A mit einer k×n-Matrix B, indem man jede Zeile von A elementeweise mit jeder Spalte von B multipliziert und die Produkte addiert. Als Ergebnis erhält man eine m×n-Matrix C mit $c_{ij} = a_{i1} \cdot b_{1j} + a_{i2} \cdot b_{2j} + \dots + a_{ik} \cdot b_{kj}$.

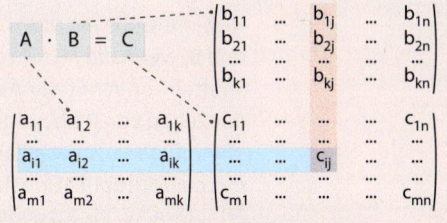

Für jeden Vektor $\vec{v}$ mit n Elementen gilt: $A \cdot (B \cdot \vec{v}) = (A \cdot B) \cdot \vec{v}$

Für die Matrizenmultiplikation gelten folgende **Rechengesetze**:
① Assoziativgesetz: $A \cdot (B \cdot C) = (A \cdot B) \cdot C$
② $(r \cdot A) \cdot (s \cdot B) = rs \cdot (A \cdot B)$ für $r,s \in \mathbb{R}$
Die Matrizenmultiplikation ist nicht kommutativ. Falls $A \cdot B$ und $B \cdot A$ definiert sind, gilt in der Regel $A \cdot B \neq B \cdot A$.

Beispiel 1 Begründen Sie, welche Multiplikation der gegebenen Matrizen A und B möglich ist, und berechnen Sie das Ergebnis.

$$A = \begin{pmatrix} 1 & 0 \\ -4 & 0{,}5 \end{pmatrix} \qquad B = \begin{pmatrix} -1 & -2 \\ 2 & 1 \\ 6 & 3 \end{pmatrix}$$

Lösung:

Prüfen Sie, dass die Anzahl der Spalten der ersten Matrix mit der Anzahl der Zeilen der zweiten Matrix übereinstimmt.

A ist eine 2×2-Matrix, B ist eine 3×2-Matrix. Somit existiert das Produkt $B \cdot A$, aber nicht das Produkt $A \cdot B$.

Multiplizieren Sie jede Zeile von B elementeweise mit jeder Spalte von A.

$$B \cdot A = \begin{pmatrix} -1 & -2 \\ 2 & 1 \\ 6 & 3 \end{pmatrix} \cdot \begin{pmatrix} 1 & 0 \\ -4 & 0{,}5 \end{pmatrix}$$

$$= \begin{pmatrix} (-1) \cdot 1 + (-2) \cdot (-4) & (-1) \cdot 0 + (-2) \cdot 0{,}5 \\ 2 \cdot 1 + 1 \cdot (-4) & 2 \cdot 0 + 1 \cdot 0{,}5 \\ 6 \cdot 1 + 3 \cdot (-4) & 6 \cdot 0 + 3 \cdot 0{,}5 \end{pmatrix}$$

Das Ergebnis ist eine 3×2-Matrix.

$$= \begin{pmatrix} 7 & -1 \\ -2 & 0{,}5 \\ -6 & 1{,}5 \end{pmatrix}$$

Basisaufgaben

 1 Gegeben sind die Matrizen A, B, C und D. Berechnen Sie das angegebene Produkt.

$$A = \begin{pmatrix} 1 & 2 \\ 3 & 4 \end{pmatrix} \qquad B = \begin{pmatrix} 0 & 1 & 3 \\ 1 & 0 & 5 \end{pmatrix} \qquad C = \begin{pmatrix} 1 & 0 \\ 2 & -3 \\ 0 & 5 \end{pmatrix} \qquad D = \begin{pmatrix} 0 & 0 & 1 \\ 0{,}5 & 4 & 2 \\ 3 & 1 & 8 \end{pmatrix}$$

a) $A \cdot B$ b) $B \cdot C$ c) $B \cdot D$ d) $C \cdot A$ e) $C \cdot B$ f) $D \cdot C$

 2 Führen Sie alle Matrizenmultiplikationen von je zwei Matrizen aus, die möglich sind.

$$A = \begin{pmatrix} 1 & 0 & 1 \\ 0 & 0{,}5 & 4 \\ -1 & 2 & 0 \end{pmatrix} \quad B = \begin{pmatrix} 0{,}5 & 1 \\ 1 & 0 \\ 1{,}5 & 2 \end{pmatrix} \quad C = \begin{pmatrix} 0 & 3 & 2 \\ 1 & 0 & -1 \end{pmatrix} \quad D = \begin{pmatrix} 1 & 3 & 0 \\ 0 & 0 & -1 \\ 0 & 0{,}5 & 2 \\ 3 & 2 & 1 \end{pmatrix} \quad E = \begin{pmatrix} -1 \\ 5 \\ 2 \end{pmatrix}$$

 3 Berechnen Sie jeweils $A \cdot B$ und $B \cdot A$ und vergleichen Sie die Ergebnisse.

a) $A = \begin{pmatrix} 2 & 6 & 4 \\ 3 & 1 & 5 \end{pmatrix}$ $B = \begin{pmatrix} 0{,}1 & 0{,}2 \\ 0{,}4 & 0{,}6 \\ 0{,}3 & 0{,}5 \end{pmatrix}$ b) $A = \begin{pmatrix} 3 & 4 \\ 0 & 1 \end{pmatrix}$ $B = \begin{pmatrix} -1 & 5 \\ 0{,}5 & 7 \end{pmatrix}$

4 Nico multipliziert Matrix A und B, wenn die Anzahl der Spalten von A mit der Anzahl der Zeilen von B überein- stimmt, genauso wie Zahlen mit der Multiplikationstaste. Erläutern Sie die Screenshots.

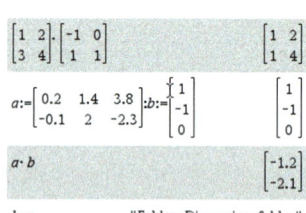

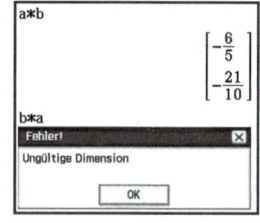

Potenzen von Matrizen

Quadratische Matrizen kann man auch mit sich selbst multiplizieren. Man verwendet dabei auch die Schreibweise mit **Potenzen**: $A^2 = A \cdot A$ $A^3 = A \cdot A \cdot A$ usw.

Dies ist nützlich, wenn beispielsweise bei einem Übergangsprozess mit der Übergangsmatrix A mehrere Zustände betrachtet werden. Stellt man den Anfangszustand mit dem Vektor $\vec{v_0}$ und den nächsten Zustand mit $\vec{v_1}$ dar, gilt $\vec{v_1} = A \cdot \vec{v_0}$. Gelten die gleichen Übergangsregeln für weitere Zustände, lassen sich diese auch direkt durch die Multiplikation einer Potenz von A mit $\vec{v_0}$ berechnen:

$$\vec{v_2} = A \cdot \vec{v_1} = A \cdot (A \cdot \vec{v_0}) = (A \cdot A) \cdot \vec{v_0} = A^2 \cdot \vec{v_0}$$
$$\vec{v_3} = A \cdot \vec{v_2} = A \cdot (A^2 \cdot \vec{v_0}\,) = (A \cdot A^2) \cdot \vec{v_0} = A^3 \cdot \vec{v_0}$$

Für den n-ten Zustand gilt: $\vec{v_n} = A^n \cdot \vec{v_0}$

Beispiel 2

Zur Nutzung innerhalb der Stadt kann man sich am Bahnhof (B) und am Ende der Fußgängerzone (F) E-Roller ausleihen. Zur Beendigung der Ausleihe muss der E-Roller spätestens abends an einem der beiden Standorte zurückgegeben werden. Anfangs sind 60 % der E-Roller in der Fußgängerzone stationiert. Man kann beobachten, dass 50 % der in der Fußgängerzone entliehenen E-Roller und 60 % der am Hauptbahnhof entliehenen E-Roller in der Fußgängerzone zurückgegeben werden.

a) Geben Sie die Übergangsmatrix an, die den geschilderten Zusammenhang beschreibt.

b) Berechnen Sie mit geeigneten Matrixpotenzen die Verteilung der E-Roller auf die beiden Standorte in zwei und in fünf Tagen. Nehmen Sie an, dass das Rückgabeverhalten bestehen bleibt.

Lösung:

a) Stellen Sie eine 2×2-Übergangsmatrix A mit den Standorten Fußgängerzone (F) und Bahnhof (B) und den entsprechenden Anteilen auf.

$$A = \begin{pmatrix} 0,5 & 0,6 \\ 0,5 & 0,4 \end{pmatrix} \begin{matrix} F \\ B \end{matrix}$$

(von F B nach)

b) Am Anfang sind 60 % der E-Roller in der Fußgängerzone und somit 40 % am Bahnhof stationiert. Schreiben Sie $\vec{v_0}$ auf. Achten Sie dabei darauf, dass die Reihenfolge der Standorte bei Matrix und Vektor gleich ist.

$$\vec{v_0} = \begin{pmatrix} 0,6 \\ 0,4 \end{pmatrix}$$

$$\vec{v_2} = A \cdot \vec{v_1} = A \cdot (A \cdot \vec{v_0}) = A^2 \cdot \vec{v_0}$$
$$= \begin{pmatrix} 0,5 & 0,6 \\ 0,5 & 0,4 \end{pmatrix} \cdot \begin{pmatrix} 0,5 & 0,6 \\ 0,5 & 0,4 \end{pmatrix} \cdot \begin{pmatrix} 0,6 \\ 0,4 \end{pmatrix}$$
$$= \begin{pmatrix} 0,55 & 0,54 \\ 0,45 & 0,46 \end{pmatrix} \cdot \begin{pmatrix} 0,6 \\ 0,4 \end{pmatrix} = \begin{pmatrix} 0,546 \\ 0,454 \end{pmatrix}$$

Berechnen Sie $\vec{v_2}$, um die Verteilung nach 2 Tagen zu ermitteln. Ersetzen Sie $\vec{v_1}$ durch $A \cdot \vec{v_0}$ und berechnen Sie A^2, indem Sie A mit sich selbst multiplizieren.

Nach 2 Tagen befinden sich 54,6 % der E-Roller in der Fußgängerzone und 45,4 % am Bahnhof.

Berechnen Sie $\vec{v_5}$ mit $\vec{v_n} = A^n \cdot \vec{v_0}$ für n = 5.

$$\vec{v_5} = A^5 \cdot \vec{v_0} \approx \begin{pmatrix} 0,545 & 0,545 \\ 0,455 & 0,455 \end{pmatrix} \cdot \begin{pmatrix} 0,6 \\ 0,4 \end{pmatrix} = \begin{pmatrix} 0,545 \\ 0,455 \end{pmatrix}$$

Nach 5 Tagen hat sich die Verteilung nur geringfügig geändert.

Hinweis

Mit einem CAS können Sie **Potenzen quadratischer Matrizen** wie Potenzen von Zahlen berechnen.

Basisaufgaben

5 Gegeben sind die Matrizen A = $\begin{pmatrix} 1 & 2 \\ 3 & 4 \end{pmatrix}$ und B = $\begin{pmatrix} 0 & 0 & 1 \\ 0,5 & 4 & 2 \\ 3 & 1 & 8 \end{pmatrix}$. Berechnen Sie A^2, A^4 und B^2 sowie B^3.

6 In Geschichten sind Wikinger immer unternehmungslustig. Die Wikinger aus Smedholm (S) entschließen sich nach einem Jahr mit Wahrscheinlichkeit 0,8 für die Entdeckung neuer Welten (N). Und 60 % der Wikinger, die eine neue Welt entdeckt haben, brechen im nächsten Jahr wieder zu neuen Ufern auf. Der Rest kehrt im Folgejahr nach Smedholm zurück.

a) Geben Sie die Übergangsmatrix A an.

b) Zu Beginn leben in Smedholm 1000 Wikinger. Berechnen Sie die Verteilung der Wikinger nach einem Jahr und davon ausgehend die Verteilung nach zwei Jahren. Erläutern Sie, warum die Elementesumme bei den Zustandsvektoren gleich ist.

c) Berechnen Sie A^2 und damit direkt aus dem Anfangszustand die Verteilung nach zwei Jahren. Vergleichen Sie mit b).

7 Eine Großkantine wird täglich von ca. 2000 Menschen besucht. Die Besucher haben die Auswahl aus Menü A (Eintopf), Menü B (Standardessen) und Menü C (vegetarisch). Das tägliche Wechselverhalten der Kantinengäste wird in der folgenden Tabelle verdeutlicht:

von / nach	A	B	C
A	75 %	15 %	5 %
B	20 %	80 %	0 %
C	5 %	5 %	95 %

a) Zeichnen Sie ein Übergangsdiagramm zu diesem Wechselverhalten, und geben Sie die zugehörige Übergangsmatrix M an.

b) Berechnen Sie die Übergangsmatrix A, die das Wechselverhalten der Kantinengäste über zwei Tage beschreibt.

c) Erläutern Sie die Bedeutung der Matrixelemente a_{22} und a_{23} im Sachzusammenhang.

8 In einem Jugend-forscht-Experiment wurden die Bewegungen von Hamstern in einem Käfig untersucht, dessen Grundriss hier abgebildet ist. Alle drei Räume sind gleich groß und haben jeweils zwei Türen, um den Raum zu verlassen. Zu Beginn des Experiments befinden sich alle Hamster in Raum A. Ermitteln Sie die Verteilung der Tiere nach fünf Minuten, wenn man davon ausgeht, dass jedes Tier in 50 % der Fälle jeweils eine Minute in dem Raum verbleibt oder den Raum durch eine der beiden (zufällig gewählten) Türen verlässt.

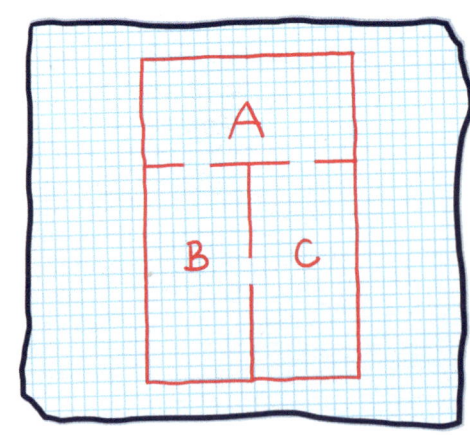

Mehrstufige Produktionsprozesse

Auch Produktionsprozesse können mehrstufig sein. Beispielsweise werden in einem ersten Produktionsschritt aus drei Rohstoffen zwei Zwischenprodukte hergestellt. Diese werden in einem zweiten Produktionsschritt dann zu drei Endprodukten weiterverarbeitet.

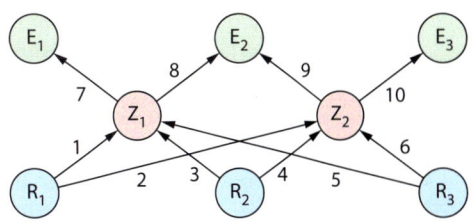

Die gewünschte Zahl der Endprodukte bildet den **Output-Vektor** $\vec{e}$ des zweiten Prozesses (Matrix B). Über $\vec{z} = B \cdot \vec{e}$ wird der **Input-Vektor** dieses Prozesses berechnet. Dieser gibt die notwendigen Zwischenprodukte an und stellt den Output-Vektor des ersten Prozesses dar (Matrix A). Über $\vec{r} = A \cdot \vec{z}$ werden die für den Gesamtprozess benötigten Rohstoffe berechnet. Diese zweistufige Berechnung $\vec{r} = A \cdot \vec{z} = A \cdot (B \cdot \vec{e})$ lässt sich durch eine einzige Berechnung $\vec{r} = C \cdot \vec{e}$ mit $C = A \cdot B$ ersetzen.

$$B = \begin{pmatrix} 7 & 8 & 9 \\ 10 & 11 & 12 \end{pmatrix} \begin{matrix} Z_1 \\ Z_2 \end{matrix}$$

mit Spalten $E_1\ E_2\ E_3$.

Anzahl der Zwischenprodukte Z_1 für das Endprodukt E_3

$$A = \begin{pmatrix} 1 & 2 \\ 3 & 4 \\ 5 & 6 \end{pmatrix} \begin{matrix} R_1 \\ R_2 \\ R_3 \end{matrix}$$

mit Spalten $Z_1\ Z_2$.

Anzahl der Rohstoffe R_3 für das Zwischenprodukt Z_2

$$C = \begin{pmatrix} 1 & 2 \\ 3 & 4 \\ 5 & 6 \end{pmatrix} \cdot \begin{pmatrix} 7 & 8 & 9 \\ 10 & 11 & 12 \end{pmatrix} = \begin{pmatrix} 27 & 30 & 33 \\ 61 & 68 & 75 \\ 95 & 106 & 117 \end{pmatrix} \begin{matrix} R_1 \\ R_2 \\ R_3 \end{matrix}$$

mit Spalten $E_1\ E_2\ E_3$.

Beispiel 3 In einer Schokoladenfabrik werden quadratische 10-g-Tafeln Zartbitterschokolade (ZB), weiße Schokolade (WS) und Vollmilchschokolade (VS) hergestellt und in den Packungen „Edle Mischung" (EM) und „Süße Mischung" (SM) in den Handel gebracht. Als Rohstoffe werden Kakaopulver (KP), Kakaobutter (KB), Zucker (Z) und Milchpulver (MP) verarbeitet. Das Produktionsdiagramm beschreibt die Zusammenstellung.

a) Stellen Sie die beiden Produktionsschritte jeweils als Matrix dar.
b) Ermitteln Sie die Produktionsmatrix für den Gesamtprozess und berechnen Sie den Rohstoffbedarf für die Herstellung von 30 Packungen „Edle Mischung" und 70 Packungen „Süße Mischung".

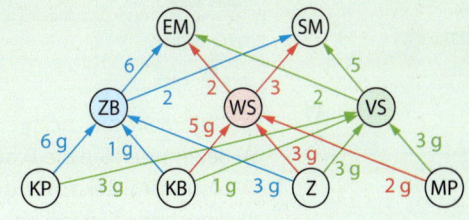

Lösung:

a) Bilden Sie zunächst die Matrix B zur Berechnung der Zwischenprodukte (3 Zeilen) aus den Endprodukten (2 Spalten).

$$B = \begin{pmatrix} 6 & 2 \\ 2 & 3 \\ 2 & 5 \end{pmatrix} \begin{matrix} \text{Zartbitterschokolade (ZB)} \\ \text{Weiße Schokolade (WS)} \\ \text{Vollmilchschokolade (VS)} \end{matrix}$$

mit Spalten EM SM.

Stellen Sie analog die Matrix A zur Berechnung der Rohstoffe aus den Zwischenprodukten auf.

$$A = \begin{pmatrix} 6 & 0 & 3 \\ 1 & 5 & 1 \\ 3 & 3 & 3 \\ 0 & 2 & 3 \end{pmatrix} \begin{matrix} \text{Kakaopulver (KP)} \\ \text{Kakaobutter (KP)} \\ \text{Zucker (Z)} \\ \text{Milchpulver (M)} \end{matrix}$$

mit Spalten ZB WS VS.

b) Ermitteln Sie die Matrix $C = A \cdot B$. Berechnen Sie danach mit $\vec{r} = C \cdot \vec{e}$ und $\vec{e} = \begin{pmatrix} 30 \\ 70 \end{pmatrix}$ die notwendige Menge in Gramm an Kakaopulver, Kakaobutter, Zucker bzw. Milchpulver für 30 Packungen „Edle Mischung" und 70 Packungen „Süße Mischung".

$$C = \begin{pmatrix} 6 & 0 & 3 \\ 1 & 5 & 1 \\ 3 & 3 & 3 \\ 0 & 2 & 3 \end{pmatrix} \cdot \begin{pmatrix} 6 & 2 \\ 2 & 3 \\ 2 & 5 \end{pmatrix} = \begin{pmatrix} 42 & 27 \\ 18 & 22 \\ 30 & 30 \\ 10 & 21 \end{pmatrix} \begin{matrix} \text{KP} \\ \text{KB} \\ \text{Z} \\ \text{M} \end{matrix}$$

mit Spalten EM SM.

$$\vec{r} = C \cdot \vec{e} = \begin{pmatrix} 42 & 27 \\ 18 & 22 \\ 30 & 30 \\ 10 & 21 \end{pmatrix} \cdot \begin{pmatrix} 30 \\ 70 \end{pmatrix} = \begin{pmatrix} 3150 \\ 2080 \\ 3000 \\ 1770 \end{pmatrix} \begin{matrix} \text{KP} \\ \text{KB} \\ \text{Z} \\ \text{M} \end{matrix}$$

Der letzte Vektor zeigt den Bedarf in g.

Basisaufgaben

9 Ein Betrieb arbeitet in zwei Produktionsstufen. Er stellt aus den drei Rohstoffen R_1, R_2 und R_3 die drei Zwischenprodukte Z_1, Z_2 und Z_3 her, aus denen dann die beiden Endprodukte E_1 und E_2 gefertigt werden. Das Diagramm zeigt jeweils die benötigten Mengen.

a) Stellen Sie die beiden Produktionsschritte jeweils als Matrix dar.

b) Berechnen Sie den Bedarf an Zwischenprodukten für 40 Stück E_1 und 90 E_2, danach den Rohstoffbedarf.

c) Stellen Sie den Gesamtprozess in einer Matrix dar, und berechnen Sie daraus den Rohstoffbedarf für 40 Stück E_1 und 90 E_2.
Vergleichen Sie das Ergebnis mit b).

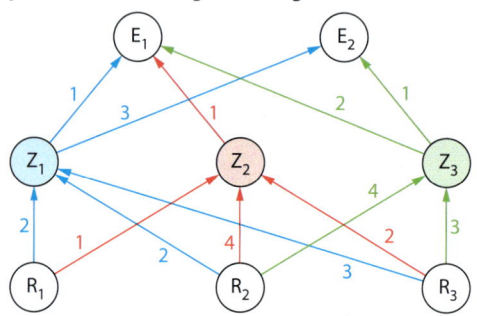

10 Für die Herstellung von einem Liter Lack werden folgende Zutaten (in ℓ) benötigt:

	roter Lack	gelber Lack	blauer Lack
Lösungsmittel	0,5	0,4	0,45
rote Farbe	0,5	0	0
gelbe Farbe	0	0,6	0
blaue Farbe	0	0	0,55

Daraus können Lacke in Mischfarben gemäß der Tabelle hergestellt werden:

	orangefarbener Lack	grüner Lack	violetter Lack
roter Lack	0,6	0	0,2
gelber Lack	0,4	0,5	0
blauer Lack	0	0,5	0,8

a) Stellen Sie die Lackproduktion in einem Produktionsdiagramm dar.

b) Bestimmen Sie die Produktionsmatrix für die Produktion der Lacke in Mischfarben aus Lösungsmittel, roter, gelber und blauer Farbe.

c) Berechnen Sie den notwendigen Rohstoffbedarf für die Produktion von 200 Litern orangefarbenem Lack, 800 Litern grünem Lack und 250 Litern violettem Lack.

Weiterführende Aufgaben

11 Das nebenstehende Diagramm zeigt den anteiligen Wechsel der Käufer dreier Warenhäuser W_1, W_2 und W_3 innerhalb eines Monats. Zu Beginn betragen die Käuferzahlen 4000, 5000 und 1000.

a) Beurteilen Sie mithilfe des Diagramms, welche Entwicklung W_2 auf lange Sicht erfährt. Ermitteln Sie, wie viele Käufer es nach acht Monaten noch hat.

b) Erstellen Sie die Übergangsmatrix M zu dem Diagramm. W_1 erhält keine Käufer von W_2. Geben Sie das Element der Matrix an, das diesen Zusammenhang ausdrückt.

c) Berechnen Sie die Käuferzahlen nach einem Monat.

d) Bestimmen Sie die Matrix M^2, die die Käuferwanderung für den Zeitraum von zwei Monaten angibt. Stellen Sie diese Matrix M^2 in einem Übergangsdiagramm dar. Erläutern Sie, warum hier W_1 doch Käufer von W_2 erhält.

⚠️ 🖉 **12 Stolperstelle:** Erläutern Sie die Fehler in den Schülerlösungen. Berechnen Sie korrekt.

a) $\begin{pmatrix} 1 & 2 \\ 4 & 3 \end{pmatrix} \cdot \begin{pmatrix} -1 & 0 \\ 2 & 3 \end{pmatrix} = \begin{pmatrix} -1 & 0 \\ 8 & 9 \end{pmatrix}$

b) $\begin{pmatrix} 1 & 2 \\ 4 & 3 \end{pmatrix}^2 = \begin{pmatrix} 1 & 4 \\ 16 & 9 \end{pmatrix}$

c) $\begin{pmatrix} 1 & 2 \\ 4 & 1 \end{pmatrix} \cdot \begin{pmatrix} 1 & 1 \\ 2 & 2 \end{pmatrix} = \begin{pmatrix} 1+4 & 2+1 \\ 2+8 & 4+2 \end{pmatrix} = \begin{pmatrix} 5 & 3 \\ 10 & 6 \end{pmatrix}$

🖉 **13** Ein Spieler setzt 2 € und würfelt mit einem sechsseitigen Würfel. Er erhält bei „Eins" und „Sechs" das Doppelte seines Einsatzes, ansonsten verliert er ihn und muss aufhören. Hat er gewonnen, so kann er weiterspielen und so lange jeweils 2 € setzen, bis er entweder alles verloren oder den maximalen Gewinn von 6 € erreicht hat.

a) Spielen (oder simulieren) Sie das Spiel zehnmal und halten Sie die Spielausgänge fest.

b) Zeichnen Sie das Prozessdiagramm und stellen Sie die Übergangsmatrix mit den Zuständen 0 €, 2 €, 4 € und 6 € auf.

c) Berechnen Sie mithilfe der entsprechenden Übergangsmatrizen die Wahrscheinlichkeiten der einzelnen Zustände nach 2, 4 und 6 Spielzügen.

🖉 **14** In einem Land mit 50 Millionen arbeitsfähigen Menschen sind zurzeit rund 4 Millionen ohne Arbeit. Von ihnen sind 90 % auch nach einem Jahr noch arbeitslos (A), 2 % haben ein unbefristetes Beschäftigungsverhältnis (U), die übrigen haben nur eine befristete Stelle (B) gefunden. Von den 20 Millionen Beschäftigten in befristeten Arbeitsverhältnissen werden binnen eines Jahres rund 50 % in unbefristete Arbeitsverhältnisse übernommen, 10 % entlassen und die übrigen 40 % befristet weiter beschäftigt. 7 % der 26 Millionen in unbefristeten Arbeitsverhältnissen beschäftigten Menschen beenden jedes Jahr ihr Arbeitsverhältnis und sind dann arbeitssuchend.

a) Stellen Sie den Sachzusammenhang in einer Übergangsmatrix M dar bezogen auf die Reihenfolge A, B, U.

b) Erstellen Sie für die nächsten 2 bzw. 6 Jahre mit den entsprechenden Übergangsmatrizen M^2 bzw. M^6 eine Prognose, wie sich die Anzahlen entwickeln.

c) Nach zwei Jahren wird von der Regierung für die Dauer von 4 Jahren ein Unterstützungsprogramm für befristete Arbeitsverhältnisse aufgelegt, das die Zahl der Arbeitslosen verringern soll. Man verspricht sich davon, dass die Übergangsquote von den Arbeitslosen zu den befristet Beschäftigten 12 % erreicht. Berechnen Sie die Entwicklung nach Ablauf von 6 Jahren, und vergleichen Sie mit den Ergebnissen aus b).

d) Nach einem Jahr ohne Förderprogramm und einem Jahr mit neuem Förderprogramm soll die Anzahl der Arbeitslosen 6 Millionen nicht überschreiten. Bestimmen Sie, wie hoch die Übergangsquote von den Arbeitslosen zu den befristet Beschäftigten sein müsste, um dieses Ziel zu erreichen.

🖉 **15** Zeigen Sie: Wenn bei einer 3×3-Matrix eine Zeile Null ist, dann bleibt diese Nullzeile bei jeder Potenz der Matrix erhalten. Erläutern Sie, welche Bedeutung dies für das Übergangsdiagramm zu dieser Matrix hat.

🖉 **16 Neutrales Element:** Bei Rechenoperationen wie Addition oder Multiplikation gibt es ein sogenanntes neutrales Element mit einer besonderen Eigenschaft.
Beispielsweise ist das neutrale Element der Addition in der Menge der reellen Zahlen die 0, denn es gilt x + 0 = 0 für alle x ∈ ℝ. Da außerdem x · 1 = x für alle x ∈ ℝ gilt, ist 1 das neutrale Element der Multiplikation in der Menge der reellen Zahlen.
Bestimmen Sie jeweils das neutrale Element für die Addition und die Multiplikation von Matrizen, also Matrizen N_1 und N_2 mit A + N_1 = A und A · N_2 = A.

17 Eine quadratische Matrix, deren Einträge alle nichtnegativ sind und deren Spaltensumme jeweils genau 1 ergibt, nennt man **stochastische Matrix**. Weisen Sie nach, dass das Produkt zweier stochastischer Matrizen wieder eine stochastische Matrix ist.

18 Eine Firma stellt Knete in den Farben Rot, Gelb und Blau her. Sie wird aus Knetmasse und den unterschiedlichen Farben hergestellt. Zur Produktion einer Dose mit 100 g Knete werden 15 g rote, 20 g gelbe bzw. 18 g blaue Farbpigmente benötigt und mit einer entsprechenden Menge weißer Knetmasse vermischt.

a) Geben Sie die Produktionsmatrix an, und berechnen Sie den Rohstoffbedarf für eine Produktion von 100 Dosen roter, 200 Dosen gelber und 400 Dosen blauer Knete.

b) Die Farbpalette wird um die Farben Grün und Orange erweitert. Knetgummi dieser Farben wird durch Mischung von gelber mit blauer Knete im Verhältnis 1 zu 1 bzw. gelber mit roter Knete im Verhältnis 2 zu 3 hergestellt.
Berechnen Sie die Produktionsmatrix und den notwendigen Rohstoffbedarf für eine zusätzliche Bestellung von jeweils 100 Dosen Knetgummi in diesen Farben.

c) Der Hersteller verkauft seine Ware nicht mehr in einzelnen Dosen, sondern in Sets zu je drei Dosen (Gelb, Rot, Blau) und fünf Dosen (Gelb, Rot, Blau, Grün, Orange). Außerdem werden beide Sets mit Dosen zu 100 g und 200 g angeboten. Entwickeln Sie einen neuen Berechnungsansatz des Rohstoffbedarfs, und berechnen Sie diesen für eine Bestellung von 200 kleinen Sets mit 100-g-Dosen, 400 kleine Sets mit 200-g-Dosen, 350 großen Sets mit 100-g-Dosen und 150 großen Sets mit 200-g-Dosen.

19 Forellen haben nach zwei Sommern Speisefischgröße (250 g) erreicht. In einem Teich gibt es junge (J), mittlere (M) und ausgewachsene (A) Forellen.

Die Matrix $M = \begin{pmatrix} 0 & 0 & 0{,}6 \\ 0{,}6 & 0{,}1 & 0 \\ 0 & 0{,}8 & 0{,}8 \end{pmatrix}$ bezogen auf die Reihenfolge

J, M, A beschreibt den jährlichen Übergang zwischen den Gruppen.

a) Interpretieren Sie die Elemente a_{13}, a_{31} und a_{33} der Matrix M.

b) Zu Beginn werden 50 junge Forellen in den Teich gesetzt und die Entwicklung beobachtet. Berechnen Sie den Forellenbestand nach zwei Jahren.

c) Eine Bestandsaufnahme ergibt keine jungen, aber 24 ausgewachsene und 3 mittlere Forellen. Es werden 10 ausgewachsene Forellen aus dem Teich gefischt und 40 junge ausgesetzt. Dasselbe soll nach Ablauf des ersten und zweiten Jahres wieder geschehen. Untersuchen Sie, wie sich der Forellenbestand unter den neuen Bedingungen nach dem zweiten Jahr entwickelt hat.

d) Eine Bestandsaufnahme im Teich ergibt 40 junge, 3 mittlere und 14 alte Fische. Nach Ende des ersten und zweiten Jahres sollen Fische so gefangen bzw. ausgesetzt werden, dass der Fischbestand sich nach 2 Jahren gleichmäßig verdoppelt hat. Berechnen Sie, wie viele Forellen dazu jeweils gefischt bzw. ausgesetzt werden sollen.

20 Ausblick: Gegeben ist die Matrix $A = \begin{pmatrix} 6 & 4 \\ -9 & -6 \end{pmatrix}$.

a) Zeigen Sie, dass $A^2 = \begin{pmatrix} 0 & 0 \\ 0 & 0 \end{pmatrix}$ gilt.

b) Finden Sie eine weitere 2×2-Matrix, deren Quadrat die Nullmatrix ergibt.

c) Bestimmen Sie die Gestalt einer allgemeinen 2×2-Matrix M mit der Eigenschaft $M^2 = \begin{pmatrix} 0 & 0 \\ 0 & 0 \end{pmatrix}$.

1.5 Inverse Matrizen

Die monatliche Entwicklung einer Tierpopulation mit den drei Teilgruppen A, B und C wird beschrieben durch die Matrix M. Zu einem Zeitpunkt betragen die Populationsanzahlen bei A 100, bei B 150 und bei C 200.

a) Zeigen Sie, dass man mit $N \cdot \vec{v_0}$ die Population im Vormonat berechnen kann.

b) Berechnen Sie die Matrixprodukte $M \cdot N$ und $N \cdot M$.

$$M = \begin{pmatrix} 0 & 0 & 20 \\ 0{,}25 & 0 & 0 \\ 0 & 0{,}2 & 0 \end{pmatrix} \qquad N = \begin{pmatrix} 0 & 4 & 0 \\ 0 & 0 & 5 \\ 0{,}05 & 0 & 0 \end{pmatrix}$$

Ähnlich wie man zukünftige Zustände eines mehrstufigen Übergangsprozesses mithilfe einer einzigen Matrix berechnen kann, lassen sich auch vergangene Zustände berechnen.

Bei einem Prozess mit Übergangsmatrix A gilt für den Zustand $\vec{v_{-1}}$ vor dem Zustand $\vec{v_0}$ die Gleichung $\vec{v_0} = A \cdot \vec{v_{-1}}$.

$$A = \begin{pmatrix} 0{,}5 & 1 \\ 2 & 0 \end{pmatrix} \quad \vec{v_0} = \begin{pmatrix} a \\ b \end{pmatrix}, \vec{v_{-1}} = \begin{pmatrix} x \\ y \end{pmatrix}$$

$$\begin{pmatrix} a \\ b \end{pmatrix} = \begin{pmatrix} 0{,}5 & 1 \\ 2 & 0 \end{pmatrix} \cdot \begin{pmatrix} x \\ y \end{pmatrix} = \begin{pmatrix} 0{,}5x + y \\ 2x \end{pmatrix}$$

Es folgt $x = 0{,}5b$ und $y = a - 0{,}25b$.

Um $\vec{v_{-1}}$ bei gegebenem $\vec{v_0}$ zu berechnen, muss das zugehörige Gleichungssystem gelöst werden. Man kann dann eine Matrix B finden, sodass $\vec{v_{-1}} = B \cdot \vec{v_0}$ gilt. Mit der Matrix B lässt sich der vorherige Zustand direkt berechnen.

Mit Vektor und Matrix geschrieben:

$$\begin{pmatrix} x \\ y \end{pmatrix} = \begin{pmatrix} 0{,}5b \\ a - 0{,}25b \end{pmatrix} = \begin{pmatrix} 0 & 0{,}5 \\ 1 & -0{,}25 \end{pmatrix} \cdot \begin{pmatrix} a \\ b \end{pmatrix} = B \cdot \begin{pmatrix} a \\ b \end{pmatrix}$$

Auch weitere vergangene Zustände wie $\vec{v_{-2}}$ oder $\vec{v_{-3}}$ kann man mit der Matrix B oder deren Potenzen direkt berechnen, ohne dass man jeweils ein Gleichungssystem lösen muss.

Aus $\vec{v_0} = A \cdot \vec{v_{-1}}$ und $\vec{v_{-1}} = B \cdot \vec{v_0}$ folgt durch jeweiliges Einsetzen:

$$\vec{v_0} = A \cdot (B \cdot \vec{v_0}) = (A \cdot B) \cdot \vec{v_0} \qquad\qquad \vec{v_{-1}} = B \cdot (A \cdot \vec{v_{-1}}) = (B \cdot A) \cdot \vec{v_{-1}}$$

Dies zeigt, dass die Multiplikation von $A \cdot B$ mit einem beliebigen Vektor den Vektor unverändert lässt. Ebenso ergibt die Multiplikation von $B \cdot A$ mit einem beliebigen Vektor wieder den Vektor selbst.

Die Produkte $A \cdot B$ und $B \cdot A$ ergeben jeweils die Matrix mit ausschließlich Einsen auf der Hauptdiagonalen und ansonsten Nullen. Man bezeichnet sie als **Einheitsmatrix,** B nennt man die **inverse Matrix** zu A.

$$A \cdot B = \begin{pmatrix} 0{,}5 & 1 \\ 2 & 0 \end{pmatrix} \cdot \begin{pmatrix} 0 & 0{,}5 \\ 1 & -0{,}25 \end{pmatrix} = \begin{pmatrix} 1 & 0 \\ 0 & 1 \end{pmatrix}$$

$$B \cdot A = \begin{pmatrix} 0 & 0{,}5 \\ 1 & -0{,}25 \end{pmatrix} \cdot \begin{pmatrix} 0{,}5 & 1 \\ 2 & 0 \end{pmatrix} = \begin{pmatrix} 1 & 0 \\ 0 & 1 \end{pmatrix}$$

Jede beliebige Matrix bleibt unverändert, wenn man sie von links oder rechts mit der Einheitsmatrix passender Größe multipliziert.

Hinweis

Beim CAS wird mit *identity*(n) die **Einheitsmatrix** E_n und mit A^{-1} die zu A **inverse Matrix** erzeugt (sofern sie existiert).

> **Wissen** **Einheitsmatrix**
>
> Die quadratische n×n-Matrix, die in der Hauptdiagonalen nur Einsen und sonst Nullen enthält, heißt **Einheitsmatrix E** (oder **E_n**).
> Für jede Matrix A mit n Spalten gilt: $A \cdot E = A$
> Für jede Matrix A mit n Zeilen gilt: $E \cdot A = A$
>
> $$E = \begin{pmatrix} 1 & 0 & \dots & 0 \\ 0 & 1 & \dots & 0 \\ \dots & \dots & \dots & \dots \\ 0 & 0 & \dots & 1 \end{pmatrix}$$

Hinweis

Es existiert nicht zu jeder quadratischen Matrix eine inverse Matrix (vgl. Aufgabe 7). Ein Kriterium für die Existenz gibt es im Streifzug auf Seite 43.

> **Definition** **Inverse Matrix**
>
> Existiert zu einer quadratischen n×n-Matrix A eine Matrix B, sodass $A \cdot B = B \cdot A = E$ gilt, dann heißt die Matrix A **invertierbar** und B die **inverse Matrix** zu A. Die Matrix B wird mit A^{-1} bezeichnet, sie ist ebenfalls eine quadratische n×n-Matrix.

Eindeutigkeit: Zu einer Matrix kann es nicht zwei verschiedene inverse Matrizen geben.

Existiert zu einer Matrix A die inverse Matrix A^{-1}, lässt sich jede Gleichung $\vec{w} = A \cdot \vec{v}$ nach $\vec{v}$ auflösen und es gilt $\vec{v} = A^{-1} \cdot \vec{w}$.

Beispiel 1

Die monatliche Entwicklung einer Insektenpopulation mit Weibchen (W), Männchen (M) und Larven (L) kann mit der Übergangsmatrix A beschrieben werden.

$$\begin{array}{ccc} \text{von} \quad W \quad M \quad L & \text{nach} \\ A = \begin{pmatrix} 0,6 & 0 & 0,4 \\ 0 & 0,4 & 0,4 \\ 8 & 0 & 0 \end{pmatrix} & \begin{array}{c} W \\ M \\ L \end{array} \end{array}$$

a) Zeigen Sie, dass die Matrix $A^{-1} = \begin{pmatrix} 0 & 0 & \frac{1}{8} \\ -2,5 & 2,5 & \frac{3}{16} \\ 2,5 & 0 & -\frac{3}{16} \end{pmatrix}$ die inverse Matrix zu A ist.

b) Zu einem bestimmten Zeitpunkt gibt es 1000 Weibchen, 1000 Männchen und 2000 Larven. Bestimmen Sie die Verteilung einen Monat zuvor.

Hinweis

Um zu zeigen, dass eine Matrix B die inverse Matrix zu einer quadratischen Matrix A ist, reicht es $A \cdot B = E$ zu zeigen. Es folgt dann auch $B \cdot A = E$.

Lösung:

a) Zeigen Sie, dass das Produkt von A und A^{-1} die Einheitsmatrix ergibt.

$$\begin{pmatrix} 0,6 & 0 & 0,4 \\ 0 & 0,4 & 0,4 \\ 8 & 0 & 0 \end{pmatrix} \cdot \begin{pmatrix} 0 & 0 & \frac{1}{8} \\ -2,5 & 2,5 & \frac{3}{16} \\ 2,5 & 0 & -\frac{3}{16} \end{pmatrix} = \begin{pmatrix} 1 & 0 & 0 \\ 0 & 1 & 0 \\ 0 & 0 & 1 \end{pmatrix}$$

b) Bestimmen Sie, wie sich der Zustand $\vec{v_{-1}}$ vor einem Monat aus dem gegebenen Zustand $\vec{v_0}$ berechnen lässt.

$$\vec{v_0} = A \cdot \vec{v_{-1}} \quad | A^{-1} \cdot (\ )$$

$$A^{-1} \cdot \vec{v_0} = A^{-1} \cdot A \cdot \vec{v_{-1}} = E \cdot \vec{v_{-1}} = \vec{v_{-1}}$$

$$\vec{v_{-1}} = A^{-1} \cdot \vec{v_0}$$

Berechnen Sie $\vec{v_{-1}}$ mit der inversen Matrix A^{-1} und dem gegebenen Zustand $\vec{v_0} = \begin{pmatrix} 1000 \\ 1000 \\ 2000 \end{pmatrix}$.

$$\vec{v_{-1}} = \begin{pmatrix} 0 & 0 & \frac{1}{8} \\ -2,5 & 2,5 & \frac{3}{16} \\ 2,5 & 0 & -\frac{3}{16} \end{pmatrix} \cdot \begin{pmatrix} 1000 \\ 1000 \\ 2000 \end{pmatrix} = \begin{pmatrix} 250 \\ 375 \\ 2125 \end{pmatrix}$$

Im Monat zuvor gab es 250 Weibchen, 375 Männchen und 2125 Larven.

Basisaufgaben

1 Zeigen Sie, dass für jede beliebige Matrix $A = \begin{pmatrix} a & b \\ c & d \end{pmatrix}$ gilt: $A \cdot E = E \cdot A = A$

2 Finden Sie jeweils die Paare aus Matrix und inverser Matrix.

$$A = \begin{pmatrix} 1 & 2 \\ 3 & 4 \end{pmatrix} \qquad B = \begin{pmatrix} 0,4 & 0,2 \\ -0,2 & 0,4 \end{pmatrix} \qquad C = \begin{pmatrix} 2 & -1 \\ 1 & 2 \end{pmatrix} \qquad D = \begin{pmatrix} -2 & 1 \\ 1,5 & -0,5 \end{pmatrix}$$

3 Berechnen Sie zu der gegebenen Matrix die inverse Matrix, falls diese existiert.

a) $\begin{pmatrix} -8 & 4 \\ 1 & 12 \end{pmatrix}$
b) $\begin{pmatrix} 0 & 0 \\ 0 & 0 \end{pmatrix}$
c) $\begin{pmatrix} 3 & -7 & 1,5 \\ -4 & 6 & -2 \\ 0,4 & 1 & 0,7 \end{pmatrix}$
d) $\begin{pmatrix} 0,6 & 0,3 & 0,6 \\ 0,2 & 0,3 & 0,2 \\ 0,2 & 0,4 & 0,2 \end{pmatrix}$
e) $\begin{pmatrix} 8 & 0 & 4 \\ 0 & 2 & 0 \\ 4 & 0 & 8 \end{pmatrix}$

4 Ein Produktionsprozess erzeugt aus den Rohstoffen R_1 und R_2 die Endprodukte E_1 und E_2. Der Input-Vektor $\vec{r} = \begin{pmatrix} \text{Anzahl } R_1 \\ \text{Anzahl } R_2 \end{pmatrix}$ ergibt sich aus der Prozessmatrix $A = \begin{pmatrix} 1 & 1 \\ 5 & 3 \end{pmatrix}$ und dem Output-Vektor $\vec{e} = \begin{pmatrix} \text{Anzahl } E_1 \\ \text{Anzahl } E_2 \end{pmatrix}$ durch die Gleichung $\vec{r} = A \cdot \vec{e}$.

a) Bestimmen Sie die inverse Matrix von A.

b) Berechnen Sie, wie viele Endprodukte aus 10 Rohstoffen R_1 und 40 Rohstoffen R_2 hergestellt werden können.

c) Berechnen Sie die Anzahl der Endprodukte für die Anzahl 10 für R_1 und 40 für R_2.

5 Drei Kaffeeröstereien konkurrieren mit Ihren Kaffeesorten K, L und M um die Gunst der Käufer. Die Marktbeobachtung zeigt, dass die monatliche Veränderung der Anteile

$$\vec{v} = \begin{pmatrix} \text{Anteil Käufer von K} \\ \text{Anteil Käufer von L} \\ \text{Anteil Käufer von M} \end{pmatrix} \text{ durch die Übergangsmatrix } A = \begin{pmatrix} 0,8 & 0,1 & 0,1 \\ 0 & 0,8 & 0,2 \\ 0,2 & 0,1 & 0,7 \end{pmatrix} \text{ beschrieben werden}$$

kann. Zu einem bestimmten Zeitpunkt waren die Kunden genau gleich verteilt. Berechnen Sie die Verteilung im Monat davor.

Inverse Matrizen rechnerisch bestimmen

Die zu $A = \begin{pmatrix} 2 & 6 \\ 3 & 8 \end{pmatrix}$ inverse Matrix $A^{-1} = \begin{pmatrix} a & b \\ c & d \end{pmatrix}$ ist Lösung der Gleichung $\begin{pmatrix} 2 & 6 \\ 3 & 8 \end{pmatrix} \cdot \begin{pmatrix} a & b \\ c & d \end{pmatrix} = \begin{pmatrix} 1 & 0 \\ 0 & 1 \end{pmatrix}$.

Führt man die Matrizenmultiplikation aus, ergeben sich zwei lineare Gleichungssysteme, eines mit den Variablen a und c, das andere mit b und d.

$$\begin{pmatrix} 2a + 6c & 2b + 6d \\ 3a + 8c & 3b + 8d \end{pmatrix} = \begin{pmatrix} 1 & 0 \\ 0 & 1 \end{pmatrix}$$

$$\begin{vmatrix} 2a + 6c = 1 \\ 3a + 8c = 0 \end{vmatrix} \qquad \begin{vmatrix} 2b + 6d = 0 \\ 3b + 8d = 1 \end{vmatrix}$$

Man kann nun zur Matrixschreibweise übergehen und beide Gleichungssysteme mit dem Gaußschen Eliminationsverfahren lösen. Die Äquivalenzumformungen sind bei beiden LGS gleich. Nach der Umformung in die reduzierte Stufenform lassen sich die Lösungen in der Spalte rechts ablesen.

I $\begin{pmatrix} 2 & 6 & | & 1 \\ 3 & 8 & | & 0 \end{pmatrix}$ |:2 $\begin{pmatrix} 2 & 6 & | & 0 \\ 3 & 8 & | & 1 \end{pmatrix}$ |:2
II

I $\begin{pmatrix} 1 & 3 & | & 0,5 \\ 3 & 8 & | & 0 \end{pmatrix}$ |$-3 \cdot$I $\begin{pmatrix} 1 & 3 & | & 0 \\ 3 & 8 & | & 1 \end{pmatrix}$ |$-3 \cdot$I
II

I $\begin{pmatrix} 1 & 3 & | & 0,5 \\ 0 & -1 & | & -1,5 \end{pmatrix}$ |$-3 \cdot$II |$\cdot(-1)$ $\begin{pmatrix} 1 & 3 & | & 0 \\ 0 & -1 & | & 1 \end{pmatrix}$ |$-3 \cdot$II |$\cdot(-1)$
II

Man kann das Lösen der beiden Gleichungssysteme zusammenfassen, indem man die Spalten rechts vom Trennstrich nebeneinander schreibt. Während dann links vom Trennstrich aus der Matrix A die Einheitsmatrix entsteht, ergibt sich rechts vom Trennstrich aus der Einheitsmatrix die inverse Matrix A^{-1}.

$\begin{pmatrix} 1 & 0 & | & -4 \\ 0 & 1 & | & 1,5 \end{pmatrix}$ $\begin{pmatrix} 1 & 0 & | & 3 \\ 0 & 1 & | & -1 \end{pmatrix}$

$a = -4; c = 1,5$ $\qquad$ $b = 3; d = -1$

Man erhält: $A^{-1} = \begin{pmatrix} -4 & 3 \\ 1,5 & -1 \end{pmatrix}$

$\begin{pmatrix} 2 & 6 & | & 1 & 0 \\ 3 & 8 & | & 0 & 1 \end{pmatrix} \rightarrow \begin{pmatrix} 1 & 0 & | & -4 & 3 \\ 0 & 1 & | & 1,5 & -1 \end{pmatrix}$

Beispiel 2

Bestimmen Sie die inverse Matrix zu $A = \begin{pmatrix} 1 & 2 & 1 \\ 2 & 3 & 4 \\ 4 & 3 & 4 \end{pmatrix}$ mit dem Gauß-Jordan-Algorithmus.

Lösung:

Schreiben Sie rechts neben die Matrix A hinter einen Trennstrich die Einheitsmatrix. Führen Sie nun Äquivalenzumformungen durch, bis links vom Trennstrich die Einheitsmatrix steht.

I $\begin{pmatrix} 1 & 2 & 1 & | & 1 & 0 & 0 \\ 2 & 3 & 4 & | & 0 & 1 & 0 \\ 4 & 3 & 4 & | & 0 & 0 & 1 \end{pmatrix}$ |$-2 \cdot$I
II |$-4 \cdot$I
III

I $\begin{pmatrix} 1 & 2 & 1 & | & 1 & 0 & 0 \\ 0 & -1 & 2 & | & -2 & 1 & 0 \\ 0 & -5 & 0 & | & -4 & 0 & 1 \end{pmatrix}$ |$\cdot(-1)$
II |$-5 \cdot$II
III

I $\begin{pmatrix} 1 & 2 & 1 & | & 1 & 0 & 0 \\ 0 & 1 & -2 & | & 2 & -1 & 0 \\ 0 & 0 & -10 & | & 6 & -5 & 1 \end{pmatrix}$ |$-2 \cdot$II
II |:(-10)
III

I $\begin{pmatrix} 1 & 0 & 5 & | & -3 & 2 & 0 \\ 0 & 1 & -2 & | & 2 & -1 & 0 \\ 0 & 0 & 1 & | & -0,6 & 0,5 & -0,1 \end{pmatrix}$ |$-5 \cdot$III
II |$+2 \cdot$III
III

Rechts vom Trennstrich steht dann die zu A inverse Matrix A^{-1}.

$\begin{pmatrix} 1 & 0 & 0 & | & 0 & -0,5 & 0,5 \\ 0 & 1 & 0 & | & 0,8 & 0 & -0,2 \\ 0 & 0 & 1 & | & -0,6 & 0,5 & -0,1 \end{pmatrix}$ → inverse Matrix A^{-1}

Basisaufgaben

6 Bestimmen Sie die inverse Matrix zu A.

a) $A = \begin{pmatrix} 4 & 3 \\ 8 & 5 \end{pmatrix}$
b) $A = \begin{pmatrix} -4 & 2 \\ 3 & -1 \end{pmatrix}$
c) $A = \begin{pmatrix} 6 & 8 & 3 \\ 4 & 7 & 3 \\ 1 & 2 & 1 \end{pmatrix}$
d) $A = \begin{pmatrix} -1 & 0 & 2 \\ 2 & -1 & 5 \\ -4 & 1 & -6 \end{pmatrix}$

7 Matrizen ohne inverse Matrix:

a) Zeigen Sie, dass es zur Matrix A keine inverse Matrix gibt. Führen Sie dazu in der Gleichung $A \cdot \begin{pmatrix} a & b \\ c & d \end{pmatrix} = \begin{pmatrix} 1 & 0 \\ 0 & 1 \end{pmatrix}$ die Matrizenmultiplikation aus und zeigen Sie, dass die Gleichungen, die sich daraus ergeben, nicht gleichzeitig lösbar sind.

① $A = \begin{pmatrix} 0 & 0 \\ 1 & 0 \end{pmatrix}$
② $A = \begin{pmatrix} 1 & 3 \\ 1 & 3 \end{pmatrix}$

b) Suchen Sie weitere quadratische Matrizen, die nicht invertierbar sind.

c) Erläutern Sie die Ausgabe „Fehler: Singuläre Matrix" bzw. „Undefined".

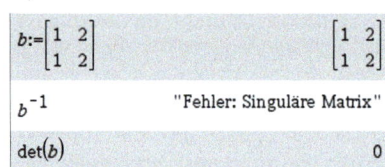
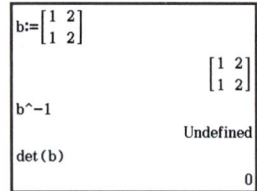

Weiterführende Aufgaben

8 Stolperstelle: Jonathan bestimmt die inverse Matrix zu $A = \begin{pmatrix} 4 & 0 \\ 0 & 4 \end{pmatrix}$ und erhält als Ergebnis $A^{-1} = \begin{pmatrix} \frac{1}{4} & 0 \\ 0 & \frac{1}{4} \end{pmatrix}$. Er formuliert daraus die folgende Regel: $A^{-1} = \begin{pmatrix} \frac{1}{a} & \frac{1}{b} \\ \frac{1}{c} & \frac{1}{d} \end{pmatrix}$ zu $A = \begin{pmatrix} a & b \\ c & d \end{pmatrix}$

Nehmen Sie dazu Stellung.

9 Zeigen Sie, dass bei einer beliebigen 2×2-Matrix $A = \begin{pmatrix} a & b \\ c & d \end{pmatrix}$ für die inverse Matrix $A^{-1} = \frac{1}{ad-bc} \begin{pmatrix} d & -b \\ -c & a \end{pmatrix}$ gilt, falls $ad - bc \neq 0$ ist. Überprüfen Sie damit 6a) und b).

10 Man kann jedem Buchstaben des Alphabets einen Zahlenwert zuordnen von A → 1 bis Z → 26, wobei 0 das Leerzeichen repräsentiert. Damit lassen sich geheime Botschaften verschlüsseln. Man nimmt die Botschaft, z. B. „geheim", wandelt sie in Zahlen um und schreibt diese in eine Matrix:

$$M = \begin{pmatrix} g & e & h \\ e & i & m \end{pmatrix} = \begin{pmatrix} 7 & 5 & 8 \\ 5 & 9 & 13 \end{pmatrix}$$

Diese wird nun mit einer Verschlüsselungsmatrix V multipliziert:

$$M_{verschlüsselt} = V \cdot M = \begin{pmatrix} -1 & 2 \\ 3 & -2 \end{pmatrix} \cdot \begin{pmatrix} 7 & 5 & 8 \\ 5 & 9 & 13 \end{pmatrix} = \begin{pmatrix} 3 & 13 & 18 \\ 11 & -3 & -2 \end{pmatrix} = \begin{pmatrix} C & M & R \\ K & W & X \end{pmatrix}$$

Die Nachricht ist nun unlesbar, und nur, wer die dazu passende Entschlüsselungsmatrix S kennt, kann sie wieder lesen.

a) Berechnen Sie eine Entschlüsselungsmatrix S und entschlüsseln Sie die Beispielbotschaft.

b) Entschlüsseln Sie die folgende mit V verschlüsselte Nachricht: $M_{verschlüsselt} = \begin{pmatrix} 23 & 17 & 28 \\ 3 & -15 & 12 \end{pmatrix}$.

c) Formulieren Sie Bedingungen, die brauchbare Verschlüsselungsmatrizen erfüllen müssen.

⊘ **11** Die monatliche Käuferwanderung zwischen drei marktbeherrschenden Firmen A, B und C

wird beschrieben durch die Matrix $M = \begin{pmatrix} 0,8 & 0,2 & 0,2 \\ 0,1 & 0,5 & 0,1 \\ 0,1 & 0,3 & 0,7 \end{pmatrix}$ bezogen auf die Reihenfolge A, B, C.

a) Stellen Sie die Käuferwanderung zwischen den drei Firmen in einem Übergangsdiagramm dar.

b) Berechnen Sie M^2 und die Anzahl der Kunden der drei Firmen nach zwei Monaten, wenn A derzeit 1500 Kunden, B 900 Kunden und C 600 Kunden hat.

c) Berechnen Sie für die Anfangsverteilung aus b) die Verteilung für den Vormonat.

d) Zeigen Sie, dass sich für eine beliebige Anfangsvertei-

lung $\vec{v_0} = \begin{pmatrix} a \\ b \\ c \end{pmatrix}$ mit a = b + c die Anzahl der Kunden von

A nicht ändert.

⊘ **12** Weisen Sie die Gültigkeit der **Aussagen** für invertierbare **Matrizen** A und B nach.

a) $(A^{-1})^{-1} = A$ b) $(A \cdot B)^{-1} = B^{-1} \cdot A^{-1}$ c) $(k \cdot A)^{-1} = k^{-1} \cdot A^{-1}$

⦿ **13** Zeigen Sie, dass es zu einer Matrix nicht zwei verschiedene inverse Matrizen geben kann.

⊘ **14** **Lineare Gleichungssysteme mit inverser Matrix lösen:** Die Lösung eines linearen Glei-chungssystems $A \cdot \vec{x} = \vec{w}$ mit n Gleichungen und n Variablen, welches eine eindeutige Lösung hat, lässt sich mithilfe einer inversen Matrix berechnen.

a) Zeigen Sie: Aus $A \cdot \vec{x} = \vec{w}$ folgt $\vec{x} = A^{-1} \cdot \vec{w}$, falls die inverse Matrix A^{-1} existiert.

Hinweis zu 14b

Vergleichen Sie bei ④ Lösung und Lösungsme-thode mit Aufgabe 1b) auf Seite 11.

b) Stellen Sie das Gleichungssystem jeweils in der Form $A \cdot \vec{x} = \vec{w}$ mit einer Matrix A dar und berechnen Sie mithilfe von a) seine Lösung.

① $\begin{vmatrix} 2x_1 & = 4 \\ 4x_1 + x_2 = 0 \end{vmatrix}$ ② $\begin{vmatrix} -6x_1 + 3x_2 = 12 \\ -3x_1 + 3x_2 = 9 \end{vmatrix}$ ③ $\begin{vmatrix} 4x + 5y - z = -3 \\ 2x + 3y + z = 1 \\ y - z = 1 \end{vmatrix}$ ④ $\begin{vmatrix} -x + y + 2z = 4 \\ 3x - 5y + z = -1 \\ 7z = 21 \end{vmatrix}$

c) Bestimmen Sie die Lösungsmenge des Gleichungssystems. Prüfen Sie, ob die Matrix des Gleichungssystems invertierbar ist.

① $\begin{vmatrix} 2x_1 - 4x_2 = 2 \\ -6x_1 + 12x_2 = 2 \end{vmatrix}$ ② $\begin{vmatrix} 0,5x_1 - 1,5x_2 = -0,5 \\ 2x_1 - 6x_2 = -2 \end{vmatrix}$

d) Begründen Sie, dass sich ein lineares Gleichungssystem nicht mit einer inversen Matrix lösen lässt, wenn die Anzahl der Gleichungen und die Anzahl der Variablen verschieden sind.

⦿ **15** Gegeben sind die invertierbare Matrix M und der Vektor $\vec{v}$, der nicht der Nullvektor ist, und es gilt $M \cdot \vec{v} = \vec{v}$. Zeigen Sie, dass es jeweils genau einen reellen Wert für a und b gibt, sodass die Gleichungen erfüllt sind.

a) $(M \cdot M^{-1}) \cdot \vec{v} = a \cdot \vec{v}$

b) $(M + M^{-1}) \cdot \vec{v} = b \cdot \vec{v}$

Erinnerung

Für eine reelle Zahl $x \neq 0$ ist $x^{-1} = \frac{1}{x}$ ihr Kehrwert.

⦿ **16** **Ausblick:** Es gilt für eine invertierbare Matrix M, einen Vektor $\vec{v}$ und eine von Null ver-schiedene reelle Zahl λ die Gleichung: $M \cdot \vec{v} = \lambda \cdot \vec{v}$

a) Zeigen Sie, dass für die inverse Matrix M^{-1} gilt: $M^{-1} \cdot \vec{v} = \lambda^{-1} \cdot \vec{v}$

b) Bestimmen Sie für $M = \begin{pmatrix} 4 & 1 \\ -1 & 2 \end{pmatrix}$ und $\lambda = 3$ einen Vektor $\vec{v} \neq \vec{0}$ mit $M \cdot \vec{v} = \lambda \cdot \vec{v}$.

Zeigen Sie, dass dann auch die Gleichung aus a) gilt.

Determinanten

Nennen Sie Verfahren zum Lösen linearer Gleichungssysteme, die Ihnen bekannt sind.
Lösen Sie die angegebenen Gleichungssysteme auf verschiedene Arten.

a) $\begin{vmatrix} 3x - 4y = -1 \\ 5x - 4y = 1 \end{vmatrix}$

b) $\begin{vmatrix} 2x + 4y = -2 \\ x + 3y = -2 \end{vmatrix}$

c) $\begin{vmatrix} 3x + 4y = 2 \\ x + 2y = 0 \end{vmatrix}$

Da im Bereich der linearen Algebra das Lösen von linearen Gleichungssystemen bzw. die Frage nach der Existenz der Lösung eine zentrale Rolle spielt, wäre es sinnvoll, ähnlich wie bei den quadratischen Gleichungen eine Art „Lösungsformel" zu haben.

Gegeben sei ein lineares Gleichungssystem mit zwei Gleichungen und zwei Variablen:

$\begin{vmatrix} ax + by = e \\ cx + dy = f \end{vmatrix}$ Schreibweise mit Matrix und Vektoren: $\begin{pmatrix} a & b \\ c & d \end{pmatrix} \cdot \begin{pmatrix} x \\ y \end{pmatrix} = \begin{pmatrix} e \\ f \end{pmatrix}$

$\begin{vmatrix} ax + by = e \\ cx + dy = f \end{vmatrix} \begin{matrix} | \cdot d \\ | \cdot (-b) \end{matrix} \iff \begin{vmatrix} adx + bdy = de \\ -bcx - bdy = -bf \end{vmatrix}$

Addieren der beiden Zeilen ergibt: $(ad - bc) \cdot x = de - bf$

Falls nun $(ad - bc) \neq 0$ ist, folgt $x = \frac{de - bf}{ad - bc}$. Analog erhält man $y = \frac{af - ce}{ad - bc}$.

Hinweis

Auch für b = 0 oder d = 0 bzw. für a = 0 oder c = 0 kommt man auf anderem Weg zum gleichen Ergebnis für x bzw. y.

Der Term $ad - bc$ im Nenner wird als **Determinante** der Matrix $\begin{pmatrix} a & b \\ c & d \end{pmatrix}$ bezeichnet.

Definition **Determinante einer 2×2-Matrix**

Determinante einer 2×2-Matrix: $\det \begin{pmatrix} a & b \\ c & d \end{pmatrix} = ad - bc$

Hinweis

Für die Determinante einer Matrix $A = \begin{pmatrix} a & b \\ c & d \end{pmatrix}$ schreibt man auch Betragsstriche: $|A|$ bzw. $\begin{vmatrix} a & b \\ c & d \end{vmatrix}$

Die Lösung des LGS $\begin{pmatrix} a & b \\ c & d \end{pmatrix} \cdot \begin{pmatrix} x \\ y \end{pmatrix} = \begin{pmatrix} e \\ f \end{pmatrix}$ lässt sich mithilfe von Determinanten schreiben.

$$x = \frac{\det \begin{pmatrix} e & b \\ f & d \end{pmatrix}}{\det \begin{pmatrix} a & b \\ c & d \end{pmatrix}} \qquad y = \frac{\det \begin{pmatrix} a & e \\ c & f \end{pmatrix}}{\det \begin{pmatrix} a & b \\ c & d \end{pmatrix}}$$

Im Nenner steht jeweils die Matrix des Gleichungssystems. Im Zähler wird für die erste Variable x die erste Spalte der Matrix durch den Ergebnisvektor $\begin{pmatrix} e \\ f \end{pmatrix}$ ersetzt. Entsprechend wird für die zweite Variable y die zweite Spalte der Matrix ersetzt. Diese „Lösungsformel" wird als **Cramer'sche Regel** bezeichnet. Sie funktioniert nur für eindeutig lösbare lineare Gleichungssysteme, da nur in diesem Fall die Determinante im Nenner ungleich null ist.

Die Lösungsmethode lässt sich auf lineare Gleichungssysteme mit n Gleichungen und n Variablen übertragen. Entsprechend kann man auch die Determinante für beliebige n×n-Matrizen definieren. Für n = 3 kann man ihre Berechnung auf die Determinanten von drei 2×2-Matrizen zurückführen, die übrigbleiben, wenn man jeweils die Zeile und Spalte von a bzw. b oder c

Merkhilfe

$\begin{pmatrix} a & b & c \\ d & e & f \\ g & h & i \end{pmatrix}$

$\begin{pmatrix} a & b & c \\ d & e & f \\ g & h & i \end{pmatrix}$

$\begin{pmatrix} a & b & c \\ d & e & f \\ g & h & i \end{pmatrix}$

entfernt. Dabei gilt: $\det \begin{pmatrix} a & b & c \\ d & e & f \\ g & h & i \end{pmatrix} = a \cdot \det \begin{pmatrix} e & f \\ h & i \end{pmatrix} - b \cdot \det \begin{pmatrix} d & f \\ g & i \end{pmatrix} + c \cdot \det \begin{pmatrix} d & e \\ g & h \end{pmatrix}$

Definition **Determinante einer 3×3-Matrix**

Determinante einer 3×3-Matrix: $\det \begin{pmatrix} a & b & c \\ d & e & f \\ g & h & i \end{pmatrix} = a(ei - fh) - b(di - fg) + c(dh - eg)$

Hinweis

Determinante einer Matrix M mit einem CAS: det(M)

Die obige Lösung kann man als Vektor schreiben: $\begin{pmatrix} x \\ y \end{pmatrix} = \frac{1}{ad - bc} \cdot \begin{pmatrix} de - bf \\ af - ce \end{pmatrix} = \frac{1}{ad - bc} \cdot \begin{pmatrix} d & -b \\ -c & a \end{pmatrix} \cdot \begin{pmatrix} e \\ f \end{pmatrix}$

Die Matrix $B = \frac{1}{ad - bc} \cdot \begin{pmatrix} d & -b \\ -c & a \end{pmatrix}$ ist dabei die inverse Matrix zu $A = \begin{pmatrix} a & b \\ c & d \end{pmatrix}$, denn für beliebige

Werte von e und f gilt $\begin{pmatrix} e \\ f \end{pmatrix} = A \cdot \begin{pmatrix} x \\ y \end{pmatrix} = A \cdot B \cdot \begin{pmatrix} e \\ f \end{pmatrix}$ und somit $A \cdot B = E$.

Hinweis

Die Formulierung "genau dann, wenn" bedeutet, dass auch die Umkehrung gilt: Wenn die Determinante ungleich null ist, dann ist die Matrix invertierbar.

Erinnerung

Inverse einer Matrix M mit einem CAS: M^{-1}

Satz **Existenz einer inversen Matrix**

Eine quadratische Matrix A ist genau dann invertierbar, wenn die Determinante von A ungleich null ist.

Bei einer 2×2-Matrix $A = \begin{pmatrix} a & b \\ c & d \end{pmatrix}$ mit $ad - bc \neq 0$ gilt für die inverse Matrix: $A^{-1} = \frac{1}{ad - bc}\begin{pmatrix} d & -b \\ -c & a \end{pmatrix}$

Beispiel 1

Berechnen Sie die Determinante der Matrix $A = \begin{pmatrix} 4 & 3 \\ 2 & 1 \end{pmatrix}$ und bestimmen Sie damit die inverse Matrix von A, falls diese existiert.

Lösung:

Berechnen Sie die Determinante von A $\qquad \det\begin{pmatrix} 4 & 3 \\ 2 & 1 \end{pmatrix} = 4 \cdot 1 - 3 \cdot 2 = -2$

mit $\det\begin{pmatrix} a & b \\ c & d \end{pmatrix} = ad - bc$. Wegen $\det(A) \neq 0$

existiert die Matrix $A^{-1} = \frac{1}{\det(A)}\begin{pmatrix} d & -b \\ -c & a \end{pmatrix}$. $\qquad A^{-1} = \frac{1}{-2}\begin{pmatrix} 1 & -3 \\ -2 & 4 \end{pmatrix} = \begin{pmatrix} -0{,}5 & 1{,}5 \\ 1 & -2 \end{pmatrix}$

Aufgaben

1 Berechnen Sie die Determinante der Matrix. Berechnen Sie die inverse Matrix, falls diese existiert.

a) $\begin{pmatrix} 4 & 2 \\ 5 & 1 \end{pmatrix}$ 　　b) $\begin{pmatrix} 5 & -1 \\ 2 & 3 \end{pmatrix}$ 　　c) $\begin{pmatrix} 4 & 2 \\ 2 & 1 \end{pmatrix}$ 　　d) $\begin{pmatrix} \sin(\alpha) & \cos(\alpha) \\ -\cos(\alpha) & \sin(\alpha) \end{pmatrix}$ 　　e) $\begin{pmatrix} 0 & 0 & 0 \\ 1 & 2 & -3 \\ 4 & 5 & 6 \end{pmatrix}$ 　　f) $\begin{pmatrix} 5 & 1 & 1 \\ 3 & 0 & 1 \\ 2 & 6 & 0 \end{pmatrix}$

2 Erläutern Sie die Ausgabe eines CAS.

$$a := \begin{bmatrix} 1 & 2 \\ -3 & 0 \end{bmatrix} \qquad\qquad \begin{bmatrix} 1 & 2 \\ -3 & 0 \end{bmatrix}$$

$$\det(a) \qquad\qquad\qquad\qquad\qquad 6$$

Hinweis zu 3

Vergleichen Sie Ihre Lösung zu a) und b) mit dem entsprechenden Ergebnis aus den Teilaufgaben a) und c) oben auf Seite 42.

3 Lösen Sie die linearen Gleichungssysteme mit Determinanten (Cramer'sche Regel).

a) $\begin{vmatrix} 3x - 4y = -1 \\ 5x - 4y = 1 \end{vmatrix}$ 　　b) $\begin{vmatrix} 3x + 4y = 2 \\ x + 2y = 0 \end{vmatrix}$ 　　c) $\begin{vmatrix} 4x + 5y - z = -3 \\ 2x + 3y + z = 1 \\ y - z = 1 \end{vmatrix}$ 　　d) $\begin{vmatrix} 3x + y + 2z = 2 \\ 6x - 4y + 4z = 8 \\ 3x + y + 6z = 0 \end{vmatrix}$

4 Für die Determinante von Matrizen gelten die folgenden Eigenschaften. Begründen Sie diese Eigenschaften für 2×2-Matrizen.

① Vertauscht man in einer Matrix zwei Zeilen oder zwei Spalten, so ändert sich nur das Vorzeichen der Determinante, nicht aber ihr Betrag.

② Besteht eine Spalte oder Zeile einer Matrix M nur aus Nullen, so gilt $\det(M) = 0$.

③ Sind zwei Zeilen oder Spalten einer Matrix Vielfache voneinander, so hat die Determinante den Wert null.

④ Multipliziert man eine Spalte oder Zeile einer Matrix mit einer reellen Zahl, so wird auch der Wert der Determinanten mit dieser Zahl multipliziert.

⑤ Hat die Determinante einer Matrix einen Wert $\neq 0$, so ist die Matrix invertierbar.

5 Berechnen Sie die Determinante der Matrix im gegebenen linearen Gleichungssystem. Zeigen Sie, dass das Gleichungssystem nicht eindeutig lösbar ist, indem Sie die Lösungsmenge bestimmen.

a) $\begin{pmatrix} 2 & -6 \\ -1 & 3 \end{pmatrix} \cdot \begin{pmatrix} x \\ y \end{pmatrix} = \begin{pmatrix} 12 \\ 6 \end{pmatrix}$ 　　b) $\begin{pmatrix} 1 & -1 \\ 2 & -2 \end{pmatrix} \cdot \begin{pmatrix} x \\ y \end{pmatrix} = \begin{pmatrix} 1 \\ 2 \end{pmatrix}$ 　　c) $\begin{pmatrix} 1 & 2 & 3 \\ 1 & 1 & 1 \\ 3 & 2 & 1 \end{pmatrix} \cdot \begin{pmatrix} x \\ y \\ z \end{pmatrix} = \begin{pmatrix} 1 \\ 1 \\ 1 \end{pmatrix}$

6 Geben Sie eine 2×2-Matrix (3×3-Matrix) an, deren Determinante null ist, und zeigen Sie, dass die Matrix nicht invertierbar ist. Vergleichen Sie mit Ihrer Nachbarin bzw. Nachbarn.

1.6   Klausur- und Abiturtraining

Aufgaben ohne Hilfsmittel

1

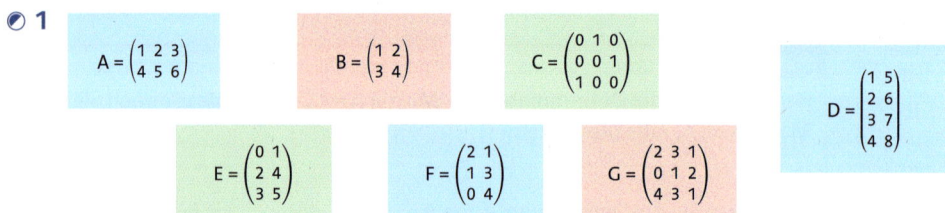

$$A = \begin{pmatrix} 1 & 2 & 3 \\ 4 & 5 & 6 \end{pmatrix} \quad B = \begin{pmatrix} 1 & 2 \\ 3 & 4 \end{pmatrix} \quad C = \begin{pmatrix} 0 & 1 & 0 \\ 0 & 0 & 1 \\ 1 & 0 & 0 \end{pmatrix} \quad D = \begin{pmatrix} 1 & 5 \\ 2 & 6 \\ 3 & 7 \\ 4 & 8 \end{pmatrix}$$

$$E = \begin{pmatrix} 0 & 1 \\ 2 & 4 \\ 3 & 5 \end{pmatrix} \quad F = \begin{pmatrix} 2 & 1 \\ 1 & 3 \\ 0 & 4 \end{pmatrix} \quad G = \begin{pmatrix} 2 & 3 & 1 \\ 0 & 1 & 2 \\ 4 & 3 & 1 \end{pmatrix}$$

a) Bestimmen Sie alle Kombinationen aus zwei Matrizen, die für die Addition geeignet sind, und solche, die für die Multiplikation geeignet sind. Berechnen Sie jeweils die Summe bzw. das Produkt.

b) Geben Sie jeweils ein Paar an, das für die Addition bzw. Multiplikation nicht geeignet ist. Begründen Sie ihre Entscheidung.

2   Gegeben sind zwei Gleichungssysteme. Entscheiden Sie, ohne die Lösungsmengen zu berechnen, welches LGS nicht lösbar ist. Begründen Sie Ihre Entscheidung.

① $\begin{vmatrix} 3x + y + z = 2 \\ x + z = 3 \\ -y + 2z = 1 \end{vmatrix}$ ② $\begin{vmatrix} 3x + y + z = 2 \\ x + z = 1 \\ -y + 2z = 1 \end{vmatrix}$

3   In einer Schokoladenfabrik werden quadratische 10 g Tafeln verschiedener Sorten hergestellt und in den Packungen „Edle Mischung" (EM) und „Süße Mischung" (SM) in den Handel gebracht. Das Produktionsdiagramm beschreibt die Zusammenstellung.

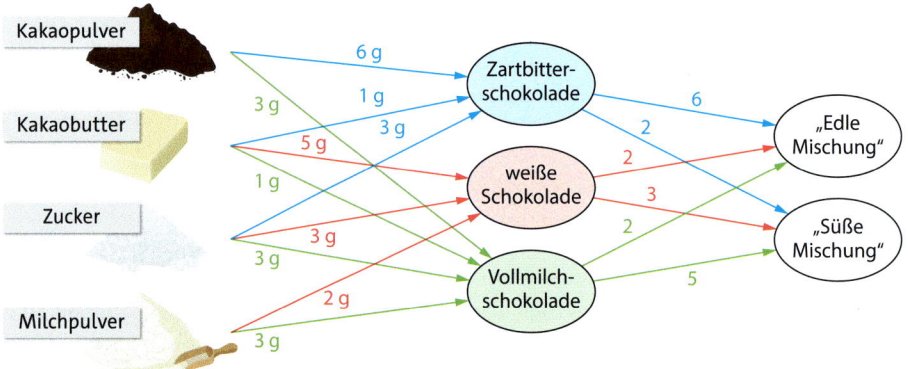

Die Schokoladenproduktion soll um eine weitere Packung „Herbstmischung" erweitert werden. Dazu wird zusätzlich die Sorte Rosine-Nuss (RN) produziert. Die Rohstoffe werden um Rosinen (R) und Nüsse (N) erweitert.

Für eine Tafel Rosine-Nuss werden 2,5 g Kakaopulver, 1 g Kakaobutter, 2 g Zucker und 3 g Milchpulver sowie 1 g Nüsse und 0,5 g Rosinen benötigt.

In der Herbstmischung sollten enthalten sein: 3 Tafeln Zartbitterschokolade, 2 Tafeln weiße Schokolade, 2 Tafeln Vollmilchschokolade und 3 Tafeln Rosine-Nuss.

a) Ergänzen Sie passend das Produktionsdiagramm und geben Sie die Produktionsmatrizen für beide Prozessschritte an.

b) Geben Sie die Gesamtmatrix an, die die Berechnung der notwendigen Rohstoffe direkt aus der Angabe der Endprodukte ermöglicht.

c) Berechnen Sie mit der Gesamtmatrix den Rohstoffbedarf für die Herstellung von 100 Packungen „Edle Mischung", 200 Packungen „Süße Mischung" und 150 Packungen „Herbstmischung".

Aufgaben mit Hilfsmitteln

4 Der Legende nach sind Elwedritsche (lat. Bestia Palatina) eine Kreuzung aus Hühnern, Enten und Gänsen, die sich mit im Wald lebenden Fabelwesen wie Kobolden und Elfen vermischt hätten.

In einem pfälzischen Reservat nahe bei Speyer (dort befindet sich das weltweit einzige Elwedritsch-Museum) wird seit vielen Jahren das Fortpflanzungsverhalten der Elwedritsche beobachtet. Man unterteilt die Elwedritsch-population in drei Altersklassen:

A	Bestia Palatina ned so gros	Jungtiere, die noch nicht geschlechtsreif sind (bis zur Vollendung des 7. Lebensjahres)
B	Bestia Palatina Depresiva	geschlechtsreife, aber im Allgemeinen noch nicht fortpflanzungsbereite Elwedritsche (nach Vollendung des 7. Lebensjahres bis zur Vollendung des 14. Lebensjahres)
C	Bestia Palatina Masculinus	fortpflanzungsbereite Elwedritsche (nach Vollendung des 14. Lebensjahres

Über die beobachtete Elwedritschpopulation ist aufgrund länger zurückliegender Zählungen Folgendes bekannt: Nur 18 % der Jungtiere werden älter als 7 Jahre. Von den Tieren der Altersklasse B leben nach 7 Jahren noch 60 %, während von den Tieren der Altersklasse C innerhalb von 7 Jahren etwa 30 % sterben. Ferner hat man beobachtet, dass pro fortpflanzungsbereite Elwedritsch innerhalb eines siebenjährigen Zeitraums 2,5 Jungtiere geboren werden. Dagegen kommen bei den Tieren der Altersklasse B auf 100 Tiere innerhalb von 7 Jahren 0,9 Geburten.

a) Stellen Sie die Entwicklung der Elwedritschpopulation in einem Übergangsdiagramm und in einer Übergangsmatrix dar.

b) Berechnen Sie den Anteil der Tiere der Altersklasse A, die nach 14 Jahren die Altersklasse C erreichen.

Die zunehmende touristische Erschließung ihres angestammten Lebensraums bleibt nicht ohne Auswirkung auf die Entwicklung der Elwedritschpopulation. Neuere Zählungen führten zu einer Korrektur der Übergangsraten. Seitdem lautet die Übergangsmatrix

$$M = \begin{pmatrix} 0 & 0{,}1 & 2 \\ 0{,}2 & 0 & 0 \\ 0 & 0{,}6 & 0{,}75 \end{pmatrix}.$$

Zu Anfang des Jahres 2015 lebten im dem Reservat 3980 Elwedritsche. Davon waren 2440 der Altersklasse A, 400 der Altersklasse B und 1140 der Altersklasse C zugeordnet.

c) Bestimmen Sie mit den durch die Matrix M gegebenen Übergangsraten die Verteilung der Elwedritschpopulation auf die drei Altersklassen für den Anfang des Jahres 2008 und für den Anfang des Jahres 2022.

d) Bei einer Erhebung Anfang des Jahres 2022 wurden nur noch 3636 Elwedritsche gezählt (A: 2092, B: 464, C: 1080). Da diese Werte alle kleiner sind als die für das Jahr 2022 mithilfe der Matrix M berechneten Werte, vermutet man, dass die Überlebensraten für alle Altersklassen sowie die Vermehrungsrate der Altersklasse C kleiner geworden sind. Dagegen gilt als sicher, dass die Vermehrungsrate der Altersklasse B unverändert 0,1 ist. Prüfen Sie diese Vermutungen rechnerisch unter Verwendung der

Matrix $N = \begin{pmatrix} 0 & 0{,}1 & v \\ a & 0 & 0 \\ 0 & b & c \end{pmatrix}$ mit $v \geq 0$ und $0 \leq a, b, c < 1$ sowie der Verteilung der Elwedritschpo-

pulation von 2015.

Lösungen
→ S. 459/460

1 Bringen Sie das lineare Gleichungssystem in die Zeilenstufenform, und geben Sie die Lösungsmenge an.

a) $\begin{vmatrix} x_1 - 2x_2 + x_3 = 4 \\ 2x_1 + x_2 - x_3 = 7 \\ -3x_1 - x_2 + 4x_3 = -5 \end{vmatrix}$

b) $\begin{vmatrix} 2x_1 - 4x_2 + x_3 - 6x_4 = 1 \\ 6x_1 - 4x_2 - 5x_3 + 2x_4 = -1 \\ -2x_1 + 2x_2 + x_3 + x_4 = 2 \end{vmatrix}$

c) $\begin{vmatrix} 2x_1 + 4x_2 + 6x_3 = 2 \\ 2x_1 + 2x_2 + 9x_3 = 3 \\ 4x_1 + 10x_2 + 9x_3 = 3 \\ 4x_1 + 6x_2 + 15x_3 = 5 \end{vmatrix}$

2 Es liegen drei unterschiedliche Mischungen M_1, M_2, M_3 aus den Substanzen A, B und C vor.

a) Ermitteln Sie alle Möglichkeiten, aus M_1, M_2 und M_3 eine Mischung mit 39 % von A, 56 % von B und 5 % von C zu erzeugen.

b) Prüfen Sie, ob man dabei auf M_2 oder M_3 verzichten kann.

	M1	M2	M3
A	40 %	30 %	26 %
B	60 %	20 %	4 %
C	0 %	50 %	70 %

3 Berechnen Sie.

a) $\begin{pmatrix} -2 \\ 1{,}85 \end{pmatrix} + 0{,}25 \cdot \begin{pmatrix} 4 \\ -3 \end{pmatrix}$

b) $\begin{pmatrix} 0 \\ -7 \\ 0{,}5 \end{pmatrix} - \begin{pmatrix} 5 \\ -9 \\ 2 \end{pmatrix} + \begin{pmatrix} 5 \\ -2 \\ 1{,}5 \end{pmatrix}$

c) $\begin{pmatrix} 13 \\ 5 \\ -4{,}5 \end{pmatrix} - 3 \cdot \left(\begin{pmatrix} 6 \\ 4 \\ -1 \end{pmatrix} + \begin{pmatrix} -1 \\ 2 \\ -3 \end{pmatrix} \right) + \begin{pmatrix} 0{,}7 \\ 27 \\ -7 \end{pmatrix}$

d) $\begin{pmatrix} 7 & 8 \\ 3 & 4 \end{pmatrix} \cdot \begin{pmatrix} 1 \\ 2 \end{pmatrix}$

e) $\begin{pmatrix} 1 & 2 \\ 1 & 3 \end{pmatrix} \cdot \begin{pmatrix} 4 & 2 \\ 1 & 7 \end{pmatrix}$

f) $(1 \quad 1 \quad 0) \cdot \begin{pmatrix} 0 \\ 1 \\ 1 \end{pmatrix}$

g) $\begin{pmatrix} 1 & 4 \\ -3 & 1 \end{pmatrix}^2$

h) $\begin{pmatrix} -2 & 1 & 0 \\ 1 & 0 & 4 \\ 1 & 1 & 2 \end{pmatrix} \cdot \begin{pmatrix} 2 \\ 1 \\ 6 \end{pmatrix}$

i) $\begin{pmatrix} 3 & -1 & 7 \\ -2 & 0 & -4 \end{pmatrix} \cdot \begin{pmatrix} 1 \\ -4 \\ 2 \end{pmatrix}$

j) $\begin{pmatrix} 1 & 1 & 2 \\ 1 & 1 & 0 \end{pmatrix} \cdot \left(\begin{pmatrix} -1 & 1{,}5 \\ -2 & 3 \\ 1 & 0{,}5 \end{pmatrix} + 0{,}5 \cdot \begin{pmatrix} 3 & 7 \\ 4 & 2 \\ 1 & 3 \end{pmatrix} \right)$

4 Berechnen Sie jeweils die inverse Matrix.

$A = \begin{pmatrix} 2 & -4 \\ -1 & -2 \end{pmatrix}$ $B = \begin{pmatrix} 6 & -8 \\ -1 & 6 \end{pmatrix}$ $C = \begin{pmatrix} 1 & 1 & 0 \\ 1 & 0 & 1 \\ 0 & 1 & 0 \end{pmatrix}$ $D = \begin{pmatrix} 1 & -1 & 0 \\ 0 & 1 & 0 \\ 2 & 0 & 1 \end{pmatrix}$

5 In einem Kakaoautomaten werden Schokoladenpulver (S), Milchpulver (M), Zucker (Z), Wasser (W) und Karamell (K) wie im Produktionsdiagramm dargestellt zu drei Ausgabeoptionen (K_1 einfacher Kakao, K_2 süßer Kakao und K_3 Karamellkakao) vermischt. Geben Sie die passende Produktionsmatrix an und berechnen Sie den Materialbedarf für 30 Portionen K_1, 40 K_2 und 20 K_3.

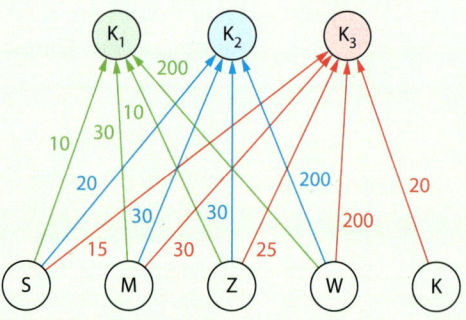

6 In einem zweistufigen Produktionsprozess werden in einem ersten Schritt aus zwei Rohstoffen R_1 und R_2 die drei Zwischenprodukte Z_1, Z_2 und Z_3 hergestellt. Aus diesen wiederum werden in einem zweiten Schritt die Endprodukte E_1 und E_2 gefertigt.

a) Die Schritte des Prozesses werden durch die Matrizen $A = \begin{pmatrix} 2 & 3 \\ 1 & 3 \\ 2 & 1 \end{pmatrix}$ und $B = \begin{pmatrix} 2 & 4 & 3 \\ 3 & 1 & 2 \end{pmatrix}$

beschrieben. Begründen Sie, welche Matrix zu welchem Produktionsschritt gehört.

b) Zeichnen Sie ein passendes Produktionsdiagramm.

c) Berechnen Sie die Matrix C, mit deren Hilfe anhand der Angabe der gewünschten Endprodukte direkt die benötigten Rohstoffmengen errechnet werden können.

Lösungen
→ S. 460

7 Eine seltene Vogelart überwintert immer entweder in der Region Schönland (S) oder Warmort (W). Die Matrix

$Z = \begin{pmatrix} 0{,}75 & 0{,}2 \\ 0{,}25 & 0{,}8 \end{pmatrix}$ bezogen auf die Reihenfolge S, W

beschreibt die Veränderung der Verteilung von einem Jahr auf das nächste.

a) Geben Sie das zugehörige Übergangsdiagramm an.
b) Zufälligerweise überwintern in einem Jahr alle Vögel in Schönland. Berechnen Sie die Verteilung der Vögel auf die beiden Überwinterungsgebiete in zwei Jahren.

8 Ermitteln Sie alle Matrizen X, die die Gleichung erfüllen.

a) $\begin{pmatrix} 1 & 3 \\ -1 & -2 \end{pmatrix} \cdot X = \begin{pmatrix} 7 & 0 \\ 1 & -5 \end{pmatrix}$
b) $\begin{pmatrix} 4 & 7 \\ 5 & 9 \end{pmatrix} \cdot X = \begin{pmatrix} 1 & 2 \\ 2 & 1 \end{pmatrix}$
c) $\begin{pmatrix} 1 & -2 \\ -1 & -2 \end{pmatrix} \cdot X = \begin{pmatrix} -2 & 1 \\ 1 & 3 \end{pmatrix}$

9 Vier Gasversorger A, B, C und D teilen sich aktuell den Markt im Privatkundengeschäft. Da die Verträge immer für ein Kalenderjahr gelten, haben die Kunden zum Jahresende die Möglichkeit, ihren Vertrag zu verlängern oder den Anbieter zu wechseln. Mithilfe von telefonischen Umfragen wurde das Kundenverhalten ermittelt. Die Ergebnisse sind in der nebenstehenden Matrix dargestellt.

$$M = \begin{matrix} & \text{von} & A & B & C & D & \text{nach} \\ & \begin{pmatrix} 0{,}7 & 0{,}1 & 0{,}1 & 0{,}1 \\ 0{,}1 & 0{,}8 & 0{,}2 & 0{,}15 \\ 0{,}1 & 0{,}05 & 0{,}5 & 0{,}25 \\ 0{,}1 & 0{,}05 & 0{,}3 & 0{,}5 \end{pmatrix} & & & & \begin{matrix} A \\ B \\ C \\ D \end{matrix} \end{matrix}$$

a) Beschreiben Sie die Bedeutung des markierten Eintrags m_{23} im Sachzusammenhang.
b) Berechnen Sie die Wahrscheinlichkeit, dass ein Kunde von B dem Unternehmen fünf Jahre treu bleibt, also nicht wechselt.
c) Berechnen Sie die Wahrscheinlichkeit, dass ein Kunde von B in fünf Jahren wieder zu den Kunden von B zählt.

10 Eine Autovermietungsfirma hat vier Standorte: Mainz (M), Kaiserslautern (K), Ludwigshafen (L) und Speyer (S) und verfügt insgesamt über 588 Mietfahrzeuge. Kunden können Autos in einer der vier Städte mieten und in einer anderen der vier Städte wieder abgeben. Statistische Erhebungen jeweils freitags abends haben ergeben, dass die Firma mit einer wöchentlichen Verteilung der Mietwagen rechnen kann, die in der folgenden Übergangsmatrix A dargestellt ist:

$$A = \begin{matrix} & \text{von} & M & K & L & S & \text{nach} \\ & \begin{pmatrix} 0{,}8 & 0 & 0{,}2 & 0 \\ 0{,}1 & 0{,}5 & 0{,}3 & 0{,}4 \\ 0{,}1 & 0{,}1 & 0{,}4 & 0 \\ 0 & 0{,}4 & 0{,}1 & 0{,}6 \end{pmatrix} & & & & \begin{matrix} M \\ K \\ L \\ S \end{matrix} \end{matrix}$$

a) Zeichnen Sie ein Übergangsdiagramm und erklären Sie, wieso die Summe der Einträge in jeder Spalte der Übergangsmatrix immer 1 sein muss.
b) Am 13. Januar 2022 befanden sich in Mainz 250 Fahrzeuge, in Kaiserslautern 84, in Ludwigshafen 120 und in Speyer 134. Berechnen Sie die Verteilung der Mietfahrzeuge in den beiden folgenden Wochen, unter der Annahme, dass die Firma die Verteilung auf die einzelnen Standorte nicht zusätzlich beeinflusst.
c) Zu einem bestimmten Zeitpunkt stehen in Mainz 80 Fahrzeuge, in Kaiserslautern 226, in Ludwigshafen 52 und in Speyer 230. Berechnen Sie, wie viele Fahrzeuge eine Woche zuvor an den einzelnen Standorten vorhanden waren.
d) Interpretieren Sie die Bedeutung der Ergebnismatrix A^{52}.

Lösungen
→ S. 460

Info

Ein **Möbiusband** ist eine spezielle nicht orientierbare einseitige Fläche mit nur einer Kante. Das bedeutet, man kann von einer Seite auf die andere ohne Überschreitung des Randes gelangen.

11 Auf einem Möbiusband tummeln sich Ameisen. Da sie mehr oder weniger wild umherlaufen, besteht ständig die Gefahr, dass sie sich gegenseitig von dem Band herunterstoßen.
Die Wahrscheinlichkeit, heruntergestoßen zu werden, beträgt bei jedem Schritt 0,2. Mit der Wahrscheinlichkeit 0,5 läuft eine Ameise im nächsten Schritt in die gleiche Richtung weiter, ansonsten dreht sie sich um und läuft in die entgegengesetzte Richtung.
a) Stellen Sie den Lauf einer Ameise mit den Positionen „Heruntergeworfen" (H), „Weitergehen" (W) und „Zurückgehen" (Z) in einem Übergangsdiagramm dar.
b) Geben Sie den Zustand $\vec{v_1}$ nach einem Schritt an.
c) Bestimmen Sie die zugehörige Übergangsmatrix M, und berechnen Sie die Wahrscheinlichkeiten für die drei Positionen der Ameise nach 2 und nach 6 Schritten.
d) Geben Sie an, mit welcher Wahrscheinlichkeit sich eine Ameise nach 6 Schritten noch auf dem Band befindet.

12 Beurteilen Sie, ob eine der Matrizen invers zu einer anderen oder eine Potenz von ihr ist.

$$A = \begin{pmatrix} 3 & 2 & -1 \\ 1 & 4 & 3 \\ 5 & -2 & -4 \end{pmatrix} \qquad B = \begin{pmatrix} 9 & 4 & 1 \\ 1 & 16 & 9 \\ 25 & 4 & 16 \end{pmatrix} \qquad C = \frac{1}{3} \cdot \begin{pmatrix} -1 & 1 & 1 \\ 1,9 & -0,7 & -1 \\ -2,2 & 1,6 & 1 \end{pmatrix}$$

$$D = \frac{1}{3} \cdot \begin{pmatrix} -3 & -2 & 1 \\ -1 & -4 & -3 \\ -5 & 2 & 4 \end{pmatrix} \qquad E = \begin{pmatrix} 6 & 16 & 7 \\ 22 & 12 & -1 \\ -7 & 10 & 5 \end{pmatrix} \qquad F = \begin{pmatrix} 1 & 0 & 0 \\ 0 & 1 & 0 \\ 0 & 0 & 1 \end{pmatrix}$$

Wo stehe ich?

	Ich kann...	Aufgabe	Nachschlagen
1.1	... lineare Gleichungssysteme in Zeilenstufenform bringen. ... lineare Gleichungssysteme mit mehr als zwei Variablen und Gleichungen lösen. ... mögliche Lösungsmengen linearer Gleichungssysteme erkennen und bestimmen.	1, 2	S. 11 Beispiel 1 S. 12 Beispiel 2
1.2	... eine Matrix mit einem Vektor multiplizieren. ... Übergangs- und Produktionsprozesse in Diagrammen darstellen und durch Matrizen beschreiben. ... den Rohstoffbedarf bei einstufigen Produktionsprozessen bestimmen.	3, 5	S. 18 Beispiel 1 S. 20 Beispiel 2 S. 22 Beispiel 3
1.3	... Matrizen bzw. Vektoren addieren und mit reellen Zahlen multiplizieren.	3	S. 26 Beispiel 1
1.4	... das Produkt zweier Matrizen berechnen. ... Matrizen potenzieren. ... bei Übergangsprozessen einen beliebigen Zustand direkt aus dem Anfangszustand berechnen. ... Materialverteilungen und den Rohstoffbedarf bei mehrstufigen Produktionsabläufen ermitteln.	3, 6, 7, 8, 9, 10, 11, 12	S. 30 Beispiel 1 S. 31 Beispiel 2 S. 33 Beispiel 3
1.5	... prüfen, ob zwei Matrizen invers zueinander sind. ... den Gauß-Jordan-Algorithmus zur Bestimmung inverser Matrizen anwenden. ... Endprodukte bei Produktionsprozessen bzw. vorhergehende Zustände bei Übergangsprozessen berechnen.	4, 8, 10, 12	S. 38 Beispiel 1 S. 39 Beispiel 2

Lösungsmengen linearer Gleichungssysteme

An der Zeilenstufenform eines linearen Gleichungssystems lässt sich die Lösungsmenge ablesen:

– eine Zeile liefert einen Widerspruch
  → **keine Lösung**
– mehr Variablen als Gleichungen (ohne Nullzeilen), kein Widerspruch
  → **unendlich viele Lösungen**
– genauso viele Variablen wie Gleichungen (ohne Nullzeilen), kein Widerspruch
  → **eindeutig lösbar**

$$\left(\begin{array}{ccc|c} 2 & 5 & 6 & 0 \\ 0 & 2 & 3 & -1 \\ 0 & 0 & 0 & 1 \end{array}\right)$$

Widerspruch in Zeile 3: keine Lösung $L = \{ \}$

$$\left(\begin{array}{ccc|c} 6 & 1 & 2 & 12 \\ 0 & -1 & 4 & 6 \\ 0 & 0 & 0 & 0 \end{array}\right)$$

zwei Zeilen (ohne Nullzeile), drei Variablen: unendlich viele Lösungen
$L = \{(3-t \,|\, -6+4t \,|\, t); t \in \mathbb{R}\}$

$$\left(\begin{array}{ccc|c} 1 & 1 & -1 & -4 \\ 0 & 8 & 1 & -11 \\ 0 & 0 & 2 & 10 \end{array}\right)$$

drei Zeilen, drei Variablen: eindeutige Lösung
$L = \{(3 \,|\, -2 \,|\, 5)\}$

Matrix und Vektor

Eine **m×n-Matrix A** ist eine Tabelle reeller Zahlen mit m Zeilen und n Spalten.

a_{ij} bezeichnet das Element in der i-ten Zeile und j-ten Spalte.

Gilt m = n, bezeichnet man A als **quadratische Matrix**.

Ein Vektor $\vec{v} = \begin{pmatrix} v_1 \\ v_2 \\ ... \\ v_k \end{pmatrix}$ mit k Elementen ist eine **k×1-Matrix**.

$$A = \begin{pmatrix} a_{11} & a_{12} & ... & a_{1n} \\ a_{21} & a_{22} & ... & a_{2n} \\ ... & ... & ... & ... \\ a_{m1} & a_{m2} & ... & a_{mn} \end{pmatrix}$$

1-te Zeile
2-te Spalte

2-te Zeile
1-te Spalte

$\vec{v} = \begin{pmatrix} 12 \\ 8 \\ 3 \end{pmatrix}$ ist ein dreidimensionaler Vektor.

Multiplizieren einer Matrix mit einem Vektor

Man multipliziert eine m×n-Matrix A mit einem Vektor $\vec{v}$ mit n Elementen, indem man jede Zeile von A elementeweise mit $\vec{v}$ multipliziert und die Produkte addiert:

$$A \cdot \vec{v} = \begin{pmatrix} a_{11} & a_{12} & ... & a_{1n} \\ a_{21} & a_{22} & ... & a_{2n} \\ ... & ... & ... & ... \\ a_{m1} & a_{m2} & ... & a_{mn} \end{pmatrix} \cdot \begin{pmatrix} v_1 \\ v_2 \\ ... \\ v_n \end{pmatrix}$$

$$= \begin{pmatrix} a_{11}v_1 + a_{12}v_2 + ... + a_{1n}v_n \\ a_{21}v_1 + a_{22}v_2 + ... + a_{2n}v_n \\ ... \\ a_{m1}v_1 + a_{m2}v_2 + ... + a_{mn}v_n \end{pmatrix} = \vec{w}$$

$A = \begin{pmatrix} 1 & -4 \\ 3 & 0,5 \\ 1,5 & 5 \end{pmatrix}$ und $\vec{v} = \begin{pmatrix} 4 \\ -2 \end{pmatrix}$

$$\vec{w} = A \cdot \vec{v} = \begin{pmatrix} 1 & -4 \\ 3 & 0,5 \\ 1,5 & 5 \end{pmatrix} \cdot \begin{pmatrix} 4 \\ -2 \end{pmatrix}$$

$$= \begin{pmatrix} 1 \cdot 4 + (-4) \cdot (-2) \\ 3 \cdot 4 + 0,5 \cdot (-2) \\ 1,5 \cdot 4 + 5 \cdot (-2) \end{pmatrix} = \begin{pmatrix} 12 \\ 11 \\ -4 \end{pmatrix}$$

Addieren und Vervielfachen von Matrizen

Matrizen mit gleicher Zeilenanzahl und gleicher Spaltenanzahl werden elementeweise addiert bzw. subtrahiert.

Man multipliziert eine reelle Zahl r mit einer Matrix A, indem man r mit jedem Element von A multipliziert.

$$2A - B = 2 \cdot \begin{pmatrix} 3 & -2 & 1 \\ 2 & 0 & 4 \end{pmatrix} - \begin{pmatrix} 1 & 1 & 0 \\ 5 & -3 & 2 \end{pmatrix}$$

$$= \begin{pmatrix} 2 \cdot 3 & 2 \cdot (-2) & 2 \cdot 1 \\ 2 \cdot 2 & 2 \cdot 0 & 2 \cdot 4 \end{pmatrix} - \begin{pmatrix} 1 & 1 & 0 \\ 5 & -3 & 2 \end{pmatrix}$$

$$= \begin{pmatrix} 6 & -4 & 2 \\ 4 & 0 & 8 \end{pmatrix} - \begin{pmatrix} 1 & 1 & 0 \\ 5 & -3 & 2 \end{pmatrix}$$

$$= \begin{pmatrix} 6-1 & -4-1 & 2-0 \\ 4-5 & 0-(-3) & 8-2 \end{pmatrix}$$

$$= \begin{pmatrix} 5 & -5 & 2 \\ -1 & 3 & 6 \end{pmatrix}$$

Addieren und Vervielfachen von Vektoren

Vektoren mit gleicher Elementeanzahl werden elementeweise addiert bzw. subtrahiert.
Man multipliziert eine reelle Zahl r mit einem Vektor $\vec{v}$, indem man r mit jedem Element von $\vec{v}$ multipliziert.

$$\vec{v} + 3\vec{w} = \begin{pmatrix} 3 \\ 1 \\ 2 \end{pmatrix} + 3 \cdot \begin{pmatrix} 1 \\ 1 \\ 2 \end{pmatrix} = \begin{pmatrix} 3 \\ 1 \\ 2 \end{pmatrix} + \begin{pmatrix} 3 \cdot 1 \\ 3 \cdot 1 \\ 3 \cdot 2 \end{pmatrix}$$

$$= \begin{pmatrix} 3 \\ 1 \\ 2 \end{pmatrix} + \begin{pmatrix} 3 \\ 3 \\ 6 \end{pmatrix} = \begin{pmatrix} 3+3 \\ 1+3 \\ 2+6 \end{pmatrix} = \begin{pmatrix} 6 \\ 4 \\ 8 \end{pmatrix}$$

Multiplizieren und Potenzieren von Matrizen

Man multipliziert eine m×k-Matrix A mit einer k×n-Matrix B, indem man jede Zeile von A elementeweise mit jeder Spalte von B multipliziert und die Produkte addiert. Als Ergebnis erhält man eine m×n-Matrix C mit $c_{ij} = a_{i1} \cdot b_{1j} + a_{i2} \cdot b_{2j} + \dots + a_{ik} \cdot b_{kj}$.

$$A \cdot B = C \qquad \begin{pmatrix} b_{11} & \dots & b_{1j} & \dots & b_{1n} \\ b_{21} & \dots & b_{2j} & \dots & b_{2n} \\ b_{k1} & \dots & b_{kj} & \dots & b_{kn} \end{pmatrix}$$

$$\begin{pmatrix} a_{11} & a_{12} & \dots & a_{1k} \\ \dots & & & \\ a_{i1} & a_{i2} & \dots & a_{ik} \\ \dots & & & \\ a_{m1} & a_{m2} & \dots & a_{mk} \end{pmatrix} \begin{pmatrix} c_{11} & & & & c_{1n} \\ \dots & & & & \dots \\ & & c_{ij} & & \\ \dots & & & & \dots \\ c_{m1} & & & & c_{mn} \end{pmatrix}$$

Quadratische Matrizen kann man auch mit sich selbst multiplizieren. Man verwendet dabei auch die Schreibweise mit **Potenzen**:

$$A^n = \underbrace{A \cdot A \cdot \dots \cdot A}_{n \text{ Matrizen}}$$

$$\begin{pmatrix} -1 & -2 \\ 2 & 1 \\ 6 & 3 \end{pmatrix} \cdot \begin{pmatrix} 1 & 0 \\ -4 & 0{,}5 \end{pmatrix} = \begin{pmatrix} (-1)+8 & 0+(-1) \\ 2+(-4) & 0+0{,}5 \\ 6+(-12) & 0+1{,}5 \end{pmatrix}$$

$$= \begin{pmatrix} 7 & -1 \\ -2 & 0{,}5 \\ -6 & 1{,}5 \end{pmatrix}$$

Inverse Matrix

Die quadratische n×n-Matrix, die in der Hauptdiagonalen nur Einsen und sonst Nullen enthält, heißt **Einheitsmatrix E** (oder E_n).
Für jede Matrix A mit n Spalten gilt: $A \cdot E = A$
Für jede Matrix A mit n Zeilen gilt: $E \cdot A = A$

Existiert zu einer quadratischen n×n-Matrix A eine Matrix B, sodass $A \cdot B = B \cdot A = E$ gilt, dann heißt die Matrix A **invertierbar** und B die **inverse Matrix** zu A. Die Matrix B wird mit A^{-1} bezeichnet, sie ist ebenfalls eine quadratische n×n-Matrix.

Gegeben ist $A = \begin{pmatrix} 1 & 2 & 1 \\ 2 & 3 & 4 \\ 4 & 3 & 4 \end{pmatrix}$.

Bestimmung der inversen Matrix A^{-1} mit dem Gauß-Jordan-Algorithmus:

$$\left(\begin{array}{ccc|ccc} 1 & 2 & 1 & 1 & 0 & 0 \\ 2 & 3 & 4 & 0 & 1 & 0 \\ 4 & 3 & 4 & 0 & 0 & 1 \end{array}\right) \xrightarrow{\text{Äquivalenzumformungen}}$$

$$\left(\begin{array}{ccc|ccc} 1 & 0 & 0 & 0 & -0{,}5 & 0{,}5 \\ 0 & 1 & 0 & 0{,}8 & 0 & -0{,}2 \\ 0 & 0 & 1 & -0{,}6 & 0{,}5 & -0{,}1 \end{array}\right) \dashrightarrow \text{inverse Matrix } A^{-1}$$

$$A \cdot A^{-1} = \begin{pmatrix} 1 & 2 & 1 \\ 2 & 3 & 4 \\ 4 & 3 & 4 \end{pmatrix} \cdot \begin{pmatrix} 0 & -0{,}5 & 0{,}5 \\ 0{,}8 & 0 & -0{,}2 \\ -0{,}6 & 0{,}5 & -0{,}1 \end{pmatrix} = \begin{pmatrix} 1 & 0 & 0 \\ 0 & 1 & 0 \\ 0 & 0 & 1 \end{pmatrix}$$

Übergangsprozesse

Beschreibt eine Matrix A den Übergang zwischen zwei Zuständen, spricht man von einer **Übergangsmatrix**. Graphisch kann der Sachverhalt in einem **Übergangsdiagramm** veranschaulicht werden.

Ist ein Anfangszustand als Zustandsvektor $\vec{v_0}$ gegeben, lässt sich mit der Übergangsmatrix A der Zustandsvektor $\vec{v_1}$ nach einem Übergang berechnen: $\vec{v_1} = A \cdot \vec{v_0}$.

Gelten die gleichen Übergangsregeln für weitere Zustände, lassen sich diese direkt durch die Multiplikation einer Potenz von A mit $\vec{v_0}$ berechnen: $\vec{v_n} = A^n \cdot \vec{v_0}$.

Beschreibt die Matrix B den Übergang von $\vec{v_1}$ zu einem Zustand $\vec{v_2}$, dann gilt $\vec{v_2} = B \cdot A \cdot \vec{v_0}$.

Der vorige Zustand $\vec{v_{-1}}$ lässt sich mithilfe der inversen Matrix berechnen: $\vec{v_{-1}} = A^{-1} \cdot \vec{v_0}$. Auch weitere vergangene Zustände kann man mithilfe der Matrizenmultiplikation oder mit der entsprechenden Potenz der inversen Matrix ermitteln.

Darstellung monatlicher Entwicklung von Weibchen (W), Männchen (M) und Larven (L) bei einer Insektenart als Übergangsmatrix und Übergangsdiagramm.

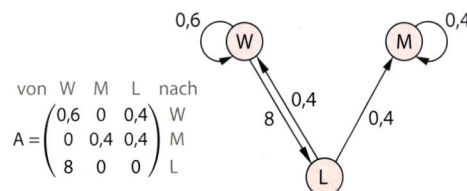

$$\begin{array}{l} \text{von W M L nach} \\ A = \begin{pmatrix} 0{,}6 & 0 & 0{,}4 \\ 0 & 0{,}4 & 0{,}4 \\ 8 & 0 & 0 \end{pmatrix} \begin{matrix} W \\ M \\ L \end{matrix} \end{array}$$

Zu einem bestimmten Zeitpunkt gibt es 1000 Weibchen, 1000 Männchen und 0 Larven.
Zustand $\vec{v_1}$ nach einem Monat:

$$A \cdot \vec{v_0} = \begin{pmatrix} 0{,}6 & 0 & 0{,}4 \\ 0 & 0{,}4 & 0{,}4 \\ 8 & 0 & 0 \end{pmatrix} \cdot \begin{pmatrix} 1000 \\ 1000 \\ 0 \end{pmatrix} = \begin{pmatrix} 600 \\ 400 \\ 8000 \end{pmatrix}$$

Zustand $\vec{v_5}$ nach fünf Monaten:

$$A^5 \cdot \vec{v_0} \approx \begin{pmatrix} 21{,}3 & 0 & 5{,}5 \\ 18 & 0{,}01 & 5{,}1 \\ 110{,}6 & 0 & 13 \end{pmatrix} \cdot \begin{pmatrix} 1000 \\ 1000 \\ 0 \end{pmatrix} = \begin{pmatrix} 21\,300 \\ 18\,100 \\ 110\,600 \end{pmatrix}$$

Zustand $\vec{v_{-1}}$ vor einem Monat:

$$A^{-1} \cdot \vec{v_0} = \begin{pmatrix} 0 & 0 & 0{,}1 \\ -2{,}5 & 2{,}5 & 0{,}2 \\ 2{,}5 & 0 & -0{,}2 \end{pmatrix} \cdot \begin{pmatrix} 1000 \\ 1000 \\ 0 \end{pmatrix} = \begin{pmatrix} 0 \\ 0 \\ 2500 \end{pmatrix}$$

2

Matrizen in Anwendungen

Nach diesem Kapitel können Sie ...
→ die langfristige Entwicklung von Austauschprozessen untersuchen und stationäre Zustände bestimmen,
→ Zustände bei Übergangsprozessen mithilfe von Eigenwerten und Eigenvektoren darstellen und die langfristige Entwicklung bestimmen,
→ sich wiederholende Prozesse und Populationsentwicklungen untersuchen.
→ geometrische Abbildungen in der Ebene und im Raum mithilfe von Matrizen untersuchen.

Lösungen
→ S. 460/461

Lineare Gleichungssysteme

1 Lösen Sie das lineare Gleichungssystem rechnerisch.

a) $\begin{vmatrix} 2x + 3y = 7 \\ 4x + 5y = 11 \end{vmatrix}$
b) $\begin{vmatrix} 3x + 4y = 1 \\ 2x - 4y = 14 \end{vmatrix}$
c) $\begin{vmatrix} x + y = 2 \\ -x + 3y + 2z = 4 \\ 2y - z = 5 \end{vmatrix}$
d) $\begin{vmatrix} 4x - 2y + z = 3 \\ 2x + y - z = 1 \\ x + y + z = 6 \end{vmatrix}$

2 Gegeben ist die erweiterte Koeffizientenmatrix eines linearen Gleichungssystems.

① $\begin{pmatrix} 2 & -1 & 3 & | & 4 \\ 2 & 0 & 5 & | & 1 \\ 0 & 1 & 4 & | & -2 \end{pmatrix}$
② $\begin{pmatrix} 2 & -1 & 3 & | & 4 \\ 4 & 1 & 8 & | & 5 \\ 4 & -2 & 6 & | & 8 \end{pmatrix}$
③ $\begin{pmatrix} 2 & -1 & 3 & | & 4 \\ 1 & 1 & 2 & | & 3 \\ 4 & -2 & 6 & | & 6 \end{pmatrix}$

a) Bestimmen Sie die Lösungsmenge des LGS ohne digitale Hilfsmittel.
b) Bestimmen Sie die Lösungsmenge des LGS mit einem digitalen Hilfsmittel.

3 Die drei Matrizen gehören jeweils zu einem linearen Gleichungssystem. Ergänzen Sie sie – wenn möglich – so, dass das zugehörige LGS
① eindeutig lösbar ist,   ② keine Lösung hat,   ③ unendlich viele Lösungen hat.

a) $\begin{pmatrix} 1 & 2 & 3 & | & 4 \\ 2 & 3 & 1 & | & -2 \\ \blacksquare & \blacksquare & \blacksquare & | & \blacksquare \end{pmatrix}$
b) $\begin{pmatrix} 2 & 3 & 3 & | & 2 \\ 2 & 2 & 1 & | & 0 \\ \blacksquare & \blacksquare & \blacksquare & | & 4 \end{pmatrix}$
c) $\begin{pmatrix} 3 & 2 & 3 & | & 4 \\ 0 & 0 & 0 & | & 2 \\ \blacksquare & \blacksquare & \blacksquare & | & \blacksquare \end{pmatrix}$

4 Ordnen Sie jedem Zahlentripel eine passende Lösungsmenge L eines linearen Gleichungssystems zu.

① $(-2 \mid 4 \mid -1)$ ② $(5 \mid 14 \mid 3)$ ③ $\left(-\frac{3}{4} \mid \frac{3}{2} \mid -\frac{7}{2}\right)$ ④ $(2 \mid 4{,}5 \mid 0{,}5)$ ⑤ $(15 \mid -2 \mid 7)$

$L_1 = \{(2 + t \mid 5t - 1 \mid t); t \in \mathbb{R}\}$ $L_2 = \left\{\left(-\frac{1}{2}t \mid t \mid t - 5\right); t \in \mathbb{R}\right\}$ $L_3 = \{(2t + 1 \mid 5 - t \mid t); t \in \mathbb{R}\}$

Quadratische Gleichungen

5 Ermitteln Sie die Lösungsmenge der Gleichung. Gehen Sie möglichst geschickt vor.
a) $(x + 2)(x - 1) = 0$
b) $x^2 + 6x = -13$
c) $2x^2 + 4x = 0$
d) $-x^2 + 1 = 3$
e) $2x^2 + 8 = 8x$
f) $3(x - 2)^2 + 1 = 1$

6 Geben Sie eine Bedingung für die Parameter p, q ∈ ℝ an, sodass die Gleichung $x^2 + px + q = 0$
a) genau zwei Lösungen,   b) genau eine Lösung,   c) keine Lösung hat.

Erinnerung

7 Lösen Sie die Gleichung mit dem Satz von Vieta. Alle Lösungen sind ganzzahlig.
a) $x^2 + 4x - 5 = 0$
b) $x^2 + 5x - 24 = 0$
c) $x^2 - 12x - 13 = 0$

Satz von Vieta:
Sind x_1 und x_2 Lösungen
der Gleichung
$x^2 + px + q = 0$, gilt
$p = -(x_1 + x_2)$ und
$q = x_1 \cdot x_2$.

Matrizen und Vektoren

8 Berechnen Sie.

a) $\begin{pmatrix} 1 & 0 \\ 2 & -2 \end{pmatrix} \cdot \begin{pmatrix} 3 \\ 4 \end{pmatrix}$
b) $\begin{pmatrix} 2 & -1 & 2 \\ 0 & 3 & -2 \\ 3 & 3 & 5 \end{pmatrix} \cdot \begin{pmatrix} -1 \\ 1 \\ 3 \end{pmatrix}$
c) $\begin{pmatrix} 2 & 1 \\ 1 & -2 \end{pmatrix} \cdot \left(\begin{pmatrix} 2 \\ -3 \end{pmatrix} + 3 \cdot \begin{pmatrix} 1 \\ 4 \end{pmatrix}\right)$

d) $\begin{pmatrix} 2 & -6 \\ -6 & 21 \end{pmatrix} \cdot \begin{pmatrix} 7 & 3 \\ 2 & 1 \end{pmatrix}$
e) $\begin{pmatrix} 4 & 2 & 0 \\ 0 & 8 & 1 \\ 0 & -1 & 0 \end{pmatrix} \cdot \begin{pmatrix} -4 & 2 & 1 \\ 2 & 0 & 4 \\ 9 & 4 & 2 \end{pmatrix}$
f) $\begin{pmatrix} 5 & -1 & 6 \\ -3 & 0 & 7 \\ 8 & 0{,}5 & 0 \end{pmatrix} \cdot \begin{pmatrix} 2 & 1 \\ -3 & 0 \\ 4 & -1 \end{pmatrix}$

Lösungen
→ S. 461/462

9 Gegeben sind $A = \begin{pmatrix} 3 & -2 \\ -1 & 1 \end{pmatrix}$, $\vec{v} = \begin{pmatrix} 1 \\ 4 \end{pmatrix}$, $\vec{w} = \begin{pmatrix} -1 \\ 2 \end{pmatrix}$, $r = 2$ und $s = -4$. Zeigen Sie die Richtigkeit

der Gleichung, indem Sie die linke und rechte Seite der Gleichung berechnen.

a) $A \cdot (A \cdot \vec{v}) = A^2 \cdot \vec{v}$ b) $A \cdot (r \cdot \vec{v}) = r \cdot (A \cdot \vec{v})$ c) $A \cdot (r \cdot \vec{v} + s \cdot \vec{w}) = r \cdot (A \cdot \vec{v}) + s \cdot (A \cdot \vec{w})$

10 Ermitteln Sie ein Vielfaches des Vektors $\vec{v}$, bei dem die Summe der Elemente s ist.

a) $\vec{v} = \begin{pmatrix} 1 \\ 4 \end{pmatrix}$; $s = 10$ b) $\vec{v} = \begin{pmatrix} 3 \\ 1 \end{pmatrix}$; $s = 100$ c) $\vec{v} = \begin{pmatrix} 5 \\ 1 \\ 6 \end{pmatrix}$; $s = 48$ d) $\vec{v} = \begin{pmatrix} 30 \\ 12 \\ 8 \end{pmatrix}$; $s = 75$

11 Bei der letzten Wahl erhielt Partei A 42 %
der Stimmen, Partei B 31 %, Partei C 15 %
und Partei D die restlichen 12 %. Nach
repräsentativen Umfragen zur anstehenden Wahl verliert Partei A an Partei C 5 %
und an Partei B 2 %. Andererseits
gewinnt A 4 % der Wähler von D; 3 % der
Wähler von D wollen zu B wechseln und
1 % der Wähler von C zu A.

a) Veranschaulichen Sie die Wählerwanderung in einem Übergangsdiagramm und stellen
Sie die Übergangsmatrix auf.

b) Berechnen Sie eine Wahlprognose für die anstehende Wahl und unter Annahme der
gleichen Wählerwanderung auch für die folgende Wahl.

Vermischtes

12 Zeichnen Sie zwei sich schneidende Geraden g und h in ein Koordinatensystem.
Konstruieren Sie eine Symmetrieachse a, sodass die Gerade g durch eine Achsenspiegelung
an a auf die Gerade h abgebildet wird.

13 Zeichnen Sie ein Rechteck ABCD mit $\overline{AB} = 3\,cm$ und $\overline{BC} = 5\,cm$.

a) Drehen Sie das Rechteck um den Punkt B mit dem Winkel 60°.

b) Bestimmen Sie das Drehzentrum Z und den Drehwinkel $\varphi \neq 360°$, sodass das Rechteck
ABCD durch eine Drehung auf sich selbst abgebildet wird.

14 Geben Sie für jedes Dreieck den Streckfaktor k der zentrischen Streckung des Dreiecks ABC
mit dem Streckungszentrum Z an.

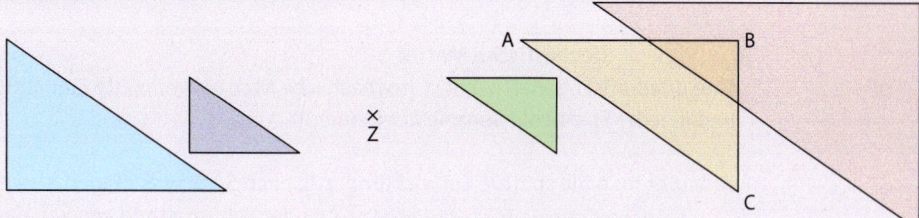

15 Gegeben sind Funktionen u, v und eine Stelle x_0. Bilden Sie die Verkettungen f mit
$f(x) = u(v(x))$ und g mit $g(x) = v(u(x))$. Bestimmen Sie $f(x_0)$ und $g(x_0)$.

a) $u(x) = x - 4$; $v(x) = x^2$; $x_0 = -3$ b) $u(x) = \frac{1}{x}$; $v(x) = x + 1$; $x_0 = \frac{1}{2}$

c) $u(x) = \sqrt{x}$; $v(x) = x - 7$; $x_0 = 16$ d) $u(x) = x^{-2}$; $v(x) = 3x^2 + 7$; $x_0 = 1$

16 Falls die Folge (a_n) konvergiert, geben Sie $\lim_{n \to \infty} a_n$ an. Prüfen Sie, ob $\lim_{n \to \infty} a_n = \infty$ gilt.

a) $a_n = 0{,}5^n$ b) $a_n = (-1)^n$ c) $a_n = (-0{,}2)^n$ d) $a_n = \frac{1}{(-2)^n + 1}$

2.1 Austauschprozesse und stationäre Zustände

Von 14 Millionen Einwohnern eines kleinen Landes leben
4 Millionen auf dem Land (L), der Rest zu gleichen Teilen in
Großstädten (G) und Kleinstädten (K). Untersuchungen prog-
nostizieren jedoch deutliche jährliche Verschiebungen in dieser
Verteilung. Diese sind im Übergangsdiagramm dargestellt.

a) Stellen Sie den Wanderungsprozess als Matrix dar und berechnen Sie die Einwohnerzahlen nach einem, nach zwei
   und nach acht Jahren.
b) Untersuchen Sie auch die Wanderung, wenn zu Beginn
   7 Millionen in Großstädten, 5 Millionen in Kleinstädten
   und der Rest auf dem Land leben.
c) Vergleichen Sie die Entwicklung in a) mit dem Ergebnis
   aus b).

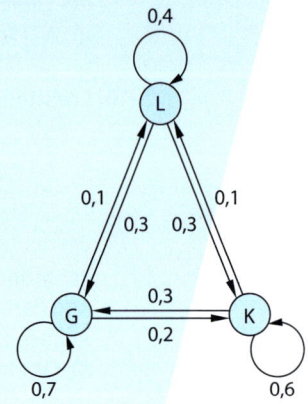

Ein Autoverleih mit den drei Filialen A, B und
C verleiht tageweise Autos, die morgens
abgeholt und abends bei einer beliebigen
Filiale wieder abgegeben werden. Die Tabelle
zeigt, welche Anteile der Fahrzeuge zwischen
den Filialen täglich wandern.

von / nach	A	B	C
A	0,6	0,1	0,1
B	0,1	0,7	0,1
C	0,3	0,2	0,8

Wird der Anfangszustand der Fahrzeugver-
teilung als Vektor $\vec{v_0}$ geschrieben, so erhält
man durch die Multiplikation der zugehörigen Übergangsmatrix M mit $\vec{v_0}$ den Zustand
$\vec{v_1}$ des nächsten Tages und den Zustand
$\vec{v_2} = M^2 \cdot \vec{v_0}$ des übernächsten Tages.
Da sich die Gesamtzahl der Autos nicht
ändert, ist die Elementesumme bei allen
Zustandsvektoren gleich 1000.

Anfangszustand: $\vec{v_0} = \begin{pmatrix} 200 \\ 300 \\ 500 \end{pmatrix}$

$$\vec{v_1} = \begin{pmatrix} 0,6 & 0,1 & 0,1 \\ 0,1 & 0,7 & 0,1 \\ 0,3 & 0,2 & 0,8 \end{pmatrix} \cdot \begin{pmatrix} 200 \\ 300 \\ 500 \end{pmatrix} = \begin{pmatrix} 200 \\ 280 \\ 520 \end{pmatrix}$$

$$\vec{v_2} = \begin{pmatrix} 0,4 & 0,15 & 0,15 \\ 0,16 & 0,52 & 0,16 \\ 0,44 & 0,33 & 0,69 \end{pmatrix} \cdot \begin{pmatrix} 200 \\ 300 \\ 500 \end{pmatrix} = \begin{pmatrix} 200 \\ 268 \\ 532 \end{pmatrix}$$

Dies ist immer dann der Fall, wenn jeweils die Summe der Elemente in jeder Spalte der
Matrix 1 ist. Wenn zusätzlich alle Matrixelemente nicht negativ sind, bezeichnet man eine
solche Übergangsmatrix als **stochastische Matrix**, da man ihre Elemente als Wahrscheinlichkeiten interpretieren kann. Der zugehörige Prozess wird **Austauschprozess** genannt.

> **Definition** **Stochastische Matrix**
>
> Eine quadratische Matrix heißt **stochastische Matrix**, wenn alle Elemente nicht negativ sind
> und in jeder Spalte die Summe der Elemente 1 ist.

Betrachtet man die spätere Entwicklung, z. B. nach 54 bzw. 55 Tagen, so ergibt sich:

$m := \begin{bmatrix} 0.6 & 0.1 & 0.1 \\ 0.1 & 0.7 & 0.1 \\ 0.3 & 0.2 & 0.8 \end{bmatrix}$ $v := \begin{bmatrix} 200 \\ 300 \\ 500 \end{bmatrix}$ $\begin{bmatrix} 200 \\ 300 \\ 500 \end{bmatrix}$

$m^{54} \cdot v$ $\quad \begin{bmatrix} 200. \\ 250. \\ 550. \end{bmatrix}$

$m^{55} \cdot v$ $\quad \begin{bmatrix} 200. \\ 250. \\ 550. \end{bmatrix}$

$\vec{v_{55}}$ ist der Folgezustand von $\vec{v_{54}}$, daher gilt: $\vec{v_{55}} = M \cdot \vec{v_{54}}$.

Hier gilt also $\begin{pmatrix} 200 \\ 250 \\ 550 \end{pmatrix} = M \cdot \begin{pmatrix} 200 \\ 250 \\ 550 \end{pmatrix}$.

Der Zustand $\vec{v} = \begin{pmatrix} 200 \\ 250 \\ 550 \end{pmatrix}$ wird als **stationärer Zustand** des
Austauschprozesses bezeichnet, da er durch den Prozess
nicht verändert wird. Daher nennt man $\vec{v}$ auch **Fixvektor**
der Matrix M.

$$m^{100} \qquad \begin{bmatrix} 0.2 & 0.2 & 0.2 \\ 0.25 & 0.25 & 0.25 \\ 0.55 & 0.55 & 0.55 \end{bmatrix}$$

$$m^{100} \cdot v \qquad \begin{bmatrix} 200. \\ 250. \\ 550. \end{bmatrix}$$

Hinweis

In Beispiel 1 auf Seite 56 wird gezeigt, wie sich der stationäre Zustand berechnen lässt.

Hinweis

Jedes Vielfache $r \cdot \vec{v}$ eines Fixvektors $\vec{v}$ ist auch Fixvektor, da gilt:
$$M \cdot (r \cdot \vec{v}) = r \cdot (M \cdot \vec{v})$$
$$= r \cdot \vec{v}$$

> **Wissen** / **Fixvektor**
>
> Ein Vektor $\vec{v}$ heißt **Fixvektor** zu einer quadratischen Matrix M, wenn $M \cdot \vec{v} = \vec{v}$ gilt.
> Ein Zustand, der bei einem Austauschprozess durch einen Fixvektor beschrieben wird, heißt **stationärer Zustand**.
> Ist $\vec{v}$ ein Fixvektor zu M, dann ist auch jedes Vielfache $r \cdot \vec{v}$ mit $r \in \mathbb{R}$ ein Fixvektor zu M.

Man erkennt, dass M^n für große n fast unverändert bleibt und für $n \to \infty$ gegen die **Grenz-matrix** $G = \begin{pmatrix} 0{,}20 & 0{,}20 & 0{,}20 \\ 0{,}25 & 0{,}25 & 0{,}25 \\ 0{,}55 & 0{,}55 & 0{,}55 \end{pmatrix}$ strebt. Die identischen Spalten entsprechen genau dem Fixvektor

mit der Elementesumme 1.
Der Zustandsvektor $\vec{v_n}$ bleibt für große n ebenso fast unverändert und strebt für

$n \to \infty$ gegen den **Grenzvektor** $\vec{v} = \begin{pmatrix} 200 \\ 250 \\ 550 \end{pmatrix}$,

welcher wie oben erläutert ein stationärer Zustand ist.

Die Multiplikation der Grenzmatrix mit dem Anfangszustand ergibt stets den Grenzvektor:

$$\vec{v} = G \cdot \vec{v_0} = \begin{pmatrix} 0{,}2 & 0{,}2 & 0{,}2 \\ 0{,}25 & 0{,}25 & 0{,}25 \\ 0{,}55 & 0{,}55 & 0{,}55 \end{pmatrix} \cdot \begin{pmatrix} 200 \\ 300 \\ 500 \end{pmatrix} = \begin{pmatrix} 200 \\ 250 \\ 550 \end{pmatrix}.$$

Für einen beliebigen Anfangszustand $\vec{v_0} = \begin{pmatrix} x \\ y \\ z \end{pmatrix}$ erhält man:

$$\begin{pmatrix} 0{,}20 & 0{,}20 & 0{,}20 \\ 0{,}25 & 0{,}25 & 0{,}25 \\ 0{,}55 & 0{,}55 & 0{,}55 \end{pmatrix} \cdot \begin{pmatrix} x \\ y \\ z \end{pmatrix} = \begin{pmatrix} 0{,}2x + 0{,}2y + 0{,}2z \\ 0{,}25x + 0{,}25y + 0{,}25z \\ 0{,}55x + 0{,}55y + 0{,}55z \end{pmatrix} = \begin{pmatrix} 0{,}2\,(x + y + z) \\ 0{,}25\,(x + y + z) \\ 0{,}55\,(x + y + z) \end{pmatrix} = (x + y + z) \begin{pmatrix} 0{,}2 \\ 0{,}25 \\ 0{,}55 \end{pmatrix}$$

Der Grenzvektor hängt also nur von der Elementesumme $x + y + z$ des Anfangszustands ab.
Bei 1000 Autos ergibt sich unabhängig von der Anfangsverteilung stets der Grenzvektor

$$1000 \cdot \begin{pmatrix} 0{,}2 \\ 0{,}25 \\ 0{,}55 \end{pmatrix} = \begin{pmatrix} 200 \\ 250 \\ 550 \end{pmatrix}, \text{ bei 2000 Autos ergibt sich stets } 2000 \cdot \begin{pmatrix} 0{,}2 \\ 0{,}25 \\ 0{,}55 \end{pmatrix} = \begin{pmatrix} 400 \\ 500 \\ 1100 \end{pmatrix}.$$

> **Satz** / **Grenzverhalten bei Austauschprozessen**
>
> Wenn bei einer stochastischen Matrix M oder bei einer ihrer Potenzen M^2, M^3, M^4, ... alle Elemente von 0 verschieden sind, dann gilt:
> ① Zu M gibt es einen bis auf Vielfache **eindeutigen Fixvektor**.
> ② Die Potenzen M^n streben für $n \to \infty$ gegen eine **Grenzmatrix G**. Alle Spalten von G entsprechen dem Fixvektor mit der Elementesumme 1.
> ③ Ist M eine stochastische Übergangsmatrix und $\vec{v_0}$ ein beliebiger Anfangszustand, dann strebt der n-te Zustand $\vec{v_n} = M^n \cdot \vec{v_0}$ für $n \to \infty$ gegen den Fixvektor $\vec{v}$ mit der gleichen Elementesumme wie $\vec{v_0}$ und es gilt: $G \cdot \vec{v_0} = \vec{v}$.

Beispiel 1 — Grenzvektor bei Austauschprozessen bestimmen

In einer Kantine werden täglich drei Gerichte (Tagessuppe T, Fleisch F und Vegetarisch V) angeboten. Die Übergangsmatrix M beschreibt das tägliche Wechselverhalten der Gäste.
Am Montag essen 5500 Gäste die Tagessuppe, 7000 Gäste das Fleischgericht und 3500 Gäste das vegetarische Essen.

$$\begin{array}{ccc} \text{von} & T \quad F \quad V & \text{nach} \end{array}$$
$$M = \begin{pmatrix} 0{,}8 & 0{,}1 & 0{,}3 \\ 0{,}1 & 0{,}7 & 0{,}1 \\ 0{,}1 & 0{,}2 & 0{,}6 \end{pmatrix} \begin{array}{c} T \\ F \\ V \end{array}$$

a) Zeigen Sie, dass $\vec{v} = \begin{pmatrix} 2 \\ 1 \\ 1 \end{pmatrix}$ ein Fixvektor zu M ist.

b) Bestimmen Sie, wie viele Gäste langfristig jeweils die drei Gerichte wählen, wenn die Gesamtzahl der Gäste und das Wechselverhalten unverändert bleiben.

Lösung:

a) Zeigen Sie, dass das Produkt von M und $\vec{v}$ wieder $\vec{v}$ ergibt.

$$\begin{pmatrix} 0{,}8 & 0{,}1 & 0{,}3 \\ 0{,}1 & 0{,}7 & 0{,}1 \\ 0{,}1 & 0{,}2 & 0{,}6 \end{pmatrix} \cdot \begin{pmatrix} 2 \\ 1 \\ 1 \end{pmatrix} = \begin{pmatrix} 2 \\ 1 \\ 1 \end{pmatrix}$$

b) Da die Matrix M stochastisch ist und alle Elemente von M ungleich 0 sind, kann man den Satz auf Seite 55 anwenden. Der Prozess strebt gegen den Fixvektor mit der gleichen Elementesumme wie der Anfangszustand $\vec{v}_0 = \begin{pmatrix} 5500 \\ 7000 \\ 3500 \end{pmatrix}$.

Die Fixvektoren von M sind die Vielfachen von $\vec{v}$. Berechnen Sie mit der Elementesumme den Parameter r des Fixvektors.

Elementesumme:

$5500 + 7000 + 3500 = 16\,000$

alle Fixvektoren: $r \cdot \begin{pmatrix} 2 \\ 1 \\ 1 \end{pmatrix}$ mit $r \in \mathbb{R}$

$r \cdot (2 + 1 + 1) = 16\,000 \Rightarrow r = 4000$

Grenzvektor: $4000 \cdot \begin{pmatrix} 2 \\ 1 \\ 1 \end{pmatrix} = \begin{pmatrix} 8000 \\ 4000 \\ 4000 \end{pmatrix}$

Langfristig wählen 8000 Gäste die Tagessuppe und je 4000 das Fleischgericht sowie das vegetarische Gericht.

Beispiel 2 — Grenzmatrix bei Austauschprozessen

$M = \begin{pmatrix} 0{,}88 & 0{,}06 & \blacksquare \\ \blacksquare & 0{,}90 & 0{,}05 \\ 0{,}06 & \blacksquare & 0{,}6 \end{pmatrix}$ ist eine stochastische Übergangsmatrix und $\vec{v} = \begin{pmatrix} 435 \\ 362 \\ 203 \end{pmatrix}$ ihr Fixvektor.

a) Bestimmen Sie die fehlenden Einträge in M.
b) Bestimmen Sie die Grenzmatrix G, gegen die M^n für $n \to \infty$ strebt.
c) Berechnen Sie $G \cdot \vec{v}_0$ für den Anfangszustand $\vec{v}_0 = \begin{pmatrix} 200 \\ 400 \\ 1400 \end{pmatrix}$. Interpretieren Sie das Ergebnis.

Lösung:

a) Ergänzen Sie die Spalten so, dass die Spaltensummen 1 ergeben.

$$M = \begin{pmatrix} 0{,}88 & 0{,}06 & 0{,}15 \\ 0{,}06 & 0{,}90 & 0{,}05 \\ 0{,}06 & 0{,}04 & 0{,}6 \end{pmatrix}$$

b) Da alle Elemente von M ungleich 0 sind, kann man den Satz auf Seite 55 anwenden.
Die Fixvektoren von M sind die Vielfachen von $\vec{v}$. Berechnen Sie den Fixvektor mit der Elementesumme 1. Dieser Fixvektor entspricht den Spalten von G.

Elementesumme von $\vec{v}$:

$435 + 362 + 203 = 1000$

Fixvektor mit Elementesumme 1: $\frac{1}{1000} \begin{pmatrix} 435 \\ 362 \\ 203 \end{pmatrix}$

$$G = \begin{pmatrix} 0{,}435 & 0{,}435 & 0{,}435 \\ 0{,}362 & 0{,}362 & 0{,}362 \\ 0{,}203 & 0{,}203 & 0{,}203 \end{pmatrix}$$

c) Das Ergebnis ist ein Fixvektor. Gegen ihn strebt der Austauschprozess mit dem Anfangszustand $\vec{v}_0$ für $n \to \infty$.

$$G \cdot \vec{v}_0 = \begin{pmatrix} 0{,}435 & 0{,}435 & 0{,}435 \\ 0{,}362 & 0{,}362 & 0{,}362 \\ 0{,}203 & 0{,}203 & 0{,}203 \end{pmatrix} \cdot \begin{pmatrix} 200 \\ 400 \\ 1400 \end{pmatrix} = \begin{pmatrix} 870 \\ 724 \\ 406 \end{pmatrix}$$

Basisaufgaben

1 Prüfen Sie, ob $\vec{v}$ Fixvektor zur Matrix A ist.

a) $A = \begin{pmatrix} 1 & 0,2 \\ 0 & 0,8 \end{pmatrix}; \vec{v} = \begin{pmatrix} 1 \\ 0 \end{pmatrix}$

b) $A = \begin{pmatrix} 0,7 & 0 & 0,2 \\ 0 & 0,3 & 0,8 \\ 0,3 & 0,7 & 0 \end{pmatrix}; \vec{v} = \begin{pmatrix} 14 \\ 24 \\ 21 \end{pmatrix}$

c) $A = \begin{pmatrix} 0 & 0,5 & 0,3 \\ 1 & 0,4 & 0,2 \\ 0 & 0,1 & 0,5 \end{pmatrix}; \vec{v} = \begin{pmatrix} 14 \\ 25 \\ 5 \end{pmatrix}$

d) $A = \begin{pmatrix} 0,5 & 0 & 0,5 \\ 0 & 0,5 & 0,5 \\ 0,5 & 0,5 & 0 \end{pmatrix}; \vec{v} = \begin{pmatrix} 1 \\ 2 \\ 1 \end{pmatrix}$

2 Gegeben sind die Übergangsmatrix $S = \begin{pmatrix} 0,6 & \blacksquare & 0,3 \\ \blacksquare & 0,7 & 0,2 \\ 0,2 & 0,2 & \blacksquare \end{pmatrix}$ und $\vec{v_0} = \begin{pmatrix} 7000 \\ 8000 \\ 5000 \end{pmatrix}$ als Anfangszustand.

a) Ergänzen Sie die Matrix S zu einer stochastischen Matrix.
b) Berechnen Sie die nächsten drei Zustände $\vec{v_1}$, $\vec{v_2}$ und $\vec{v_3}$.
c) Erläutern Sie, inwiefern die Elementesumme der drei Zustandsvektoren aus b) eine Probe für die Korrektheit der Ergebnisse liefert.
d) Geben Sie einen passenden Sachkontext an.

3 Die Übergangsmatrix M beschreibt die wöchentliche Kundenwanderung zwischen drei Kaufhäusern A, B und C. Momentan kaufen 400 Kunden im Kaufhaus A, 200 bei B und 100 bei C ein.

$$\begin{array}{cccc} \text{von} & A & B & C & \text{nach} \\ M = \begin{pmatrix} 0,2 & 0,6 & 0,1 \\ 0,3 & 0,3 & 0,2 \\ 0,5 & 0,1 & 0,7 \end{pmatrix} & & & \begin{matrix} A \\ B \\ C \end{matrix} \end{array}$$

a) Interpretieren Sie die Einträge in der 3. Spalte von M im Sachzusammenhang.
b) Berechnen Sie, wie viele Kunden nach einer und nach zwei Wochen jeweils im Kaufhaus A, B und C einkaufen.
c) Zeigen Sie, dass $\begin{pmatrix} 1 \\ 1 \\ 2 \end{pmatrix}$ ein Fixvektor zu M ist.

d) Bestimmen Sie, welche Kundenverteilung sich langfristig einstellen wird, wenn die Gesamtzahl der Kunden und das Wechselverhalten unverändert bleiben.

Hinweis zu 4

Alle Elemente von M^2 sind ungleich 0.

4 $M = \begin{pmatrix} 0,5 & 0,5 & 0 \\ 0 & 0,5 & 0,5 \\ 0,5 & 0 & 0,5 \end{pmatrix}$ ist eine Übergangsmatrix und $\vec{v} = \begin{pmatrix} 2 \\ 2 \\ 2 \end{pmatrix}$ ihr Fixvektor.

a) Bestimmen Sie die Grenzmatrix G, gegen die M^n für $n \to \infty$ strebt.
b) Zeigen Sie, dass $G \cdot \vec{v_0}$ für den Anfangszustand $\vec{v_0} = \begin{pmatrix} 120 \\ 30 \\ 150 \end{pmatrix}$ ein Fixvektor von M ist.

Erläutern Sie den Zusammenhang mit der langfristigen Entwicklung der Zustände.

5 Gegeben ist die Übergangsmatrix $A = \begin{pmatrix} 0,1 & 0,6 \\ 0,9 & 0,4 \end{pmatrix}$ und ihr Fixvektor $\vec{v} = \begin{pmatrix} 2 \\ 3 \end{pmatrix}$.

a) Geben Sie drei weitere Fixvektoren zu A an.
b) Bestimmen Sie, gegen welchen Zustand der n-te Zustand für $n \to \infty$ strebt, wenn der Anfangszustand $\vec{v_0}$ ist. Nutzen Sie dazu die Elementesumme von $\vec{v_0}$.

① $\vec{v_0} = \begin{pmatrix} 2 \\ 3 \end{pmatrix}$ ② $\vec{v_0} = \begin{pmatrix} 4 \\ 1 \end{pmatrix}$ ③ $\vec{v_0} = \begin{pmatrix} 25 \\ 25 \end{pmatrix}$ ④ $\vec{v_0} = \begin{pmatrix} 0 \\ 50 \end{pmatrix}$

c) Bestimmen Sie die Grenzmatrix G, gegen die A^n für $n \to \infty$ strebt.
d) Berechnen Sie $G \cdot \vec{v_0}$ für die Anfangszustände aus b) und vergleichen Sie mit den Ergebnissen von b).

6 Eine Insel besteht aus einem Nordteil (N) und einem Südteil (S). Zu Beginn leben 200 Rehe im Nordteil und 200 Rehe im Südteil. Die Rehe können sich auf der Insel frei bewegen, das wöchentliche Übergangsverhalten zwischen den Inselteilen zeigt das Übergangsdiagramm.

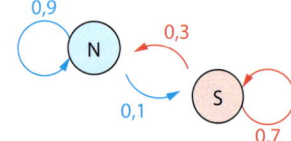

a) Stellen Sie die Übergangsmatrix A auf. Berechnen Sie A^n für n = 1, n = 2, n = 4, n = 8 und n = 16 und stellen Sie eine Vermutung für die Grenzmatrix G auf.

b) Berechnen Sie die Verteilung der Rehe $\vec{v_n}$ nach n Wochen (n = 1, n = 2, n = 4, n = 8, n = 16). Begründen Sie, gegen welchen Zustand $\vec{v}$ die Verteilung langfristig strebt.

c) Überprüfen Sie Ihre Vermutungen für $\vec{v}$ und G rechnerisch. Zeigen Sie zunächst, dass $\vec{v}$ ein Fixvektor von A ist.

d) Bearbeiten Sie Aufgabenteil b) für den Fall, dass zu Beginn alle 400 Rehe im ① Nordteil bzw. ② Südteil leben. Geben Sie jeweils auch die langfristige Entwicklung an.

Fixvektoren und stationäre Zustände bestimmen

Um die stationären Zustände eines Austauschprozesses zu bestimmen, ermittelt man die Fixvektoren $\vec{v}$ der Übergangsmatrix M durch Lösen der Gleichung $M \cdot \vec{v} = \vec{v}$. Das zugehörige lineare Gleichungssystem hat unendlich viele Lösungen mit einer frei wählbaren Variablen, wenn die Matrix M die Voraussetzungen des Satzes auf Seite 55 erfüllt.

Beispiel 3

a) Berechnen Sie einen Fixvektor zu der Matrix $M = \begin{pmatrix} 0,6 & 0,1 & 0,1 \\ 0,1 & 0,7 & 0,1 \\ 0,3 & 0,2 & 0,8 \end{pmatrix}$ mit ganzzahligen Elementen. Geben Sie damit alle Fixvektoren an.

b) Die Matrix M beschreibt, welche Anteile der Fahrzeuge eines Autoverleihs zwischen den Filialen A, B und C täglich wandern. Berechnen Sie einen stationären Zustandsvektor $\vec{v}$, wenn der Autoverleih insgesamt 1000 Fahrzeuge verleiht.

Lösung:

a) Laut Definition erfüllt ein Fixvektor

$\vec{v} = \begin{pmatrix} x \\ y \\ z \end{pmatrix}$ die Gleichung $M \cdot \vec{v} = \vec{v}$. Stellen

Sie mit dieser Gleichung ein LGS auf und lösen Sie es. In diesem Fall bietet sich das Additionsverfahren an.

Nach den Umformungen erhält man ein unterbestimmtes LGS mit unendlich vielen Lösungen. Wählen Sie eine konkrete Lösung $(\neq \vec{0})$ mit ganzzahligen Werten. Mit x = 4 ergibt sich z. B. y = 5 und z = 11.

Die Vielfachen dieses Fixvektors ergeben dann alle Fixvektoren von M.

$$\begin{pmatrix} 0,6 & 0,1 & 0,1 \\ 0,1 & 0,7 & 0,1 \\ 0,3 & 0,2 & 0,8 \end{pmatrix} \cdot \begin{pmatrix} x \\ y \\ z \end{pmatrix} = \begin{pmatrix} x \\ y \\ z \end{pmatrix}$$

$$\left(\begin{array}{ccc|c} 0,6 & 0,1 & 0,1 & 1 \\ 0,1 & 0,7 & 0,1 & 1 \\ 0,3 & 0,2 & 0,8 & 1 \end{array}\right) \begin{array}{c} |-1 \\ |-1 \\ |-1 \end{array}$$

$$\left(\begin{array}{ccc|c} -0,4 & 0,1 & 0,1 & 0 \\ 0,1 & -0,3 & 0,1 & 0 \\ 0,3 & 0,2 & -0,2 & 0 \end{array}\right) \begin{array}{c} |\cdot 10 \\ |\cdot 10 \\ |\cdot 10 \end{array}$$

$$\left(\begin{array}{ccc|c} -4 & 1 & 1 & 0 \\ 1 & -3 & 1 & 0 \\ 3 & 2 & -2 & 0 \end{array}\right) \begin{array}{c} \\ - \\ I + II + III \end{array} \Leftrightarrow \left(\begin{array}{ccc|c} -4 & 1 & 1 & 0 \\ -5 & 4 & 0 & 0 \\ 0 & 0 & 0 & 0 \end{array}\right)$$

{4; 5; 11} ist eine mögliche ganzzahlige

Lösung und somit $\begin{pmatrix} 4 \\ 5 \\ 11 \end{pmatrix}$ ein Fixvektor zu M.

Alle Fixvektoren: $r \cdot \begin{pmatrix} 4 \\ 5 \\ 11 \end{pmatrix}$ mit $r \in \mathbb{R}$

b) Bestimmen Sie den Fixvektor mit der Elementesumme 1000.

$r \cdot (4 + 5 + 11) = 1000 \Rightarrow r = 50$

$$\vec{v} = 50 \cdot \begin{pmatrix} 4 \\ 5 \\ 11 \end{pmatrix} = \begin{pmatrix} 200 \\ 250 \\ 550 \end{pmatrix}$$

Erinnerung

Jedes LGS kann auch mithilfe des Gauß- Algorithmus gelöst werden. In manchen Situationen sind andere Verfahren aber weniger rechenaufwendig. Mit einem CAS können Sie die Gleichung ohne Umformungen lösen, siehe Aufgabe 9.

Basisaufgaben

7 Berechnen Sie zu der Matrix einen Fixvektor mit ganzzahligen Elementen. Geben Sie damit alle Fixvektoren an.

a) $\begin{pmatrix} 0,2 & 0,4 \\ 0,8 & 0,6 \end{pmatrix}$
b) $\begin{pmatrix} 0,5 & 0,6 \\ 0,5 & 0,4 \end{pmatrix}$
c) $\begin{pmatrix} 0,7 & 0,2 & 0,3 \\ 0,2 & 0,6 & 0,3 \\ 0,1 & 0,2 & 0,4 \end{pmatrix}$
d) $\begin{pmatrix} 0,5 & 0,5 & 0,5 \\ 0,2 & 0 & 0,1 \\ 0,3 & 0,5 & 0,4 \end{pmatrix}$

8 In einem Behälter sind in zwei Kammern insgesamt 36 mol eines Gases enthalten. Eine durchlässige Membran trennt die beiden Kammern voneinander.
Die Ausgleichsbewegung zwischen den beiden Kammern bezeichnet man als Diffusion.

Info

lat. diffundere:
ausgießen, zerstreuen,
ausbreiten

Ein Teilchen Gas gelangt in einer Sekunde mit der Wahrscheinlichkeit 0,1 von der Kammer A in Kammer B und mit der Wahrscheinlichkeit 0,8 von Kammer B in Kammer A.
a) Stellen Sie die Übergangsmatrix auf.
b) Berechnen Sie die Verteilung der 36 mol des Gases auf die beiden Kammern, sodass die Gasmengen in beiden Kammern bei der Diffusion unverändert bleiben.
c) Ermitteln Sie die langfristige Entwicklung der Gasverteilung, wenn zu Beginn in einer Kammer gar kein Gas ist und die andere die gesamten 36 mol enthält.

9 Tina bearbeitet Beispiel 3 auf der vorigen Seite mit einem CAS. Sie sagt: „Ich habe die Dezimalzahlen der Lösung in Brüche umwandeln lassen (*Menü-Zahl-In Bruch approximieren*). Dadurch kann ich der Ausgabe nach Multiplikation mit 11 sofort eine ganzzahlige Lösung entnehmen."
Erläutern Sie diese Aussage, beurteilen Sie das Vorgehen und bestimmen Sie die Lösung möglichst geschickt.

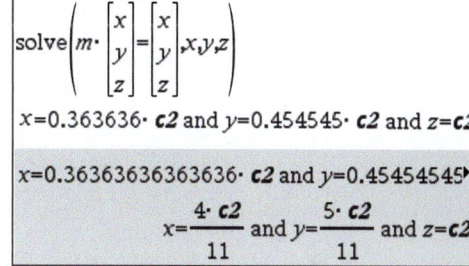

Weiterführende Aufgaben

10 Überlegen Sie, welchen Einfluss die Übergangsgraphen ① bis ④ auf die langfristige Entwicklung eines Prozesses haben und ordnen Sie so die vier stationären Zustände $\vec{v}$, $\vec{w}$, $\vec{x}$ und $\vec{y}$ jeweils einem Übergangsgraphen zu. Überprüfen Sie Ihre Zuordnung durch eine Rechnung.

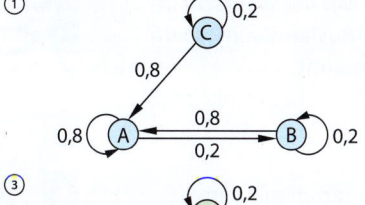

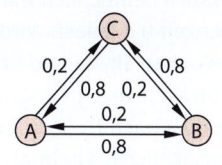

$\vec{v} = \begin{pmatrix} 1 \\ 1 \\ 1 \end{pmatrix}$

$\vec{w} = \begin{pmatrix} 8 \\ 1 \\ 1 \end{pmatrix}$

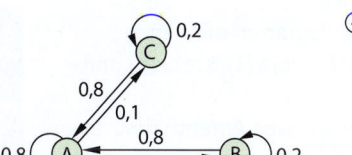

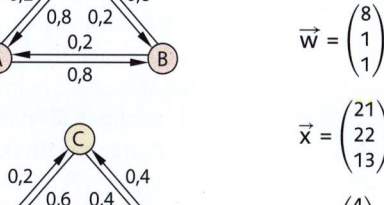

$\vec{x} = \begin{pmatrix} 21 \\ 22 \\ 13 \end{pmatrix}$

$\vec{y} = \begin{pmatrix} 4 \\ 1 \\ 0 \end{pmatrix}$

11 In einem Land ist folgende Entwicklung zu beobachten: Die Kinder von Bürgern mit niedrigem Einkommen haben zu 60 % wieder ein niedriges Einkommen (N), zu 30 % ein mittleres Einkommen (M) und zu 10 % ein hohes Einkommen (H). Kinder von Bürgern mit mittlerem Einkommen haben zu 50 % wieder ein mittleres Einkommen, zu 30 % ein niedriges Einkommen und zu 20 % ein hohes Einkommen. Kinder von Bürgern mit hohem Einkommen haben zu 70 % ein hohes Einkommen, zu 20 % ein mittleres Einkommen und zu 10 % ein niedriges Einkommen.

a) Stellen Sie den Sachverhalt in einem Übergangsdiagramm dar. Nehmen Sie an, dass die Einkommensgruppen gleich groß sind, und stellen Sie für diesen Fall eine Vermutung an über die langfristige Verteilung.

b) Stellen Sie die Matrix zu diesem Prozess auf und berechnen Sie, wie die Einkommensverteilung der Kinder aussieht, wenn 40 % der Eltern ein niedriges, 50 % ein mittleres und 10 % ein hohes Einkommen haben.

c) Geben Sie die Matrix an, mit deren Hilfe man in einer einzigen Multiplikation die Einkommensverteilung der Enkel berechnen kann. Berechnen Sie diese mit der Matrix.

d) Ermitteln Sie die langfristige Einkommensverteilung. Vergleichen Sie das Ergebnis mit Ihrer Vermutung aus a).

12 Stolperstelle: Arthur fertigt zur Bestimmung eines stationären Zustandes die nebenstehenden Aufzeichnungen an und erhält die einzige Lösung $x = y = z = 0$.

a) Beschreiben Sie seinen Fehler.

b) Arthur: *„Die zugehörige Übergangsmatrix ist stochastisch und alle Einträge sind nicht 0. Also muss es unendlich viele stationäre Zustände geben."*

Nehmen Sie Stellung zu Arthurs Gedanken.

c) Bestimmen Sie alle stationären Zustände.

$$0{,}4x + 0{,}2y + 0{,}1z = x$$
$$0{,}2x + 0{,}7y + 0{,}4z = y$$
$$0{,}4x + 0{,}1y + 0{,}5z = z$$

$$\begin{pmatrix} 0{,}4 & 0{,}2 & 0{,}1 \\ 0{,}2 & 0{,}7 & 0{,}4 \\ 0{,}4 & 0{,}1 & 0{,}5 \end{pmatrix} \begin{matrix} 0 \\ 0 \\ 0 \end{matrix}$$

13 Ein griechischer Held wird über das Mittelmeer getrieben. Er sticht jeden Monat wieder neu in See, erreicht aber durch starke Stürme umhergetrieben nicht unbedingt den Hafen, den er ansteuert.

Er startet in Troja, von dort gelangt er jeweils mit der Wahrscheinlichkeit 0,5 auf die Insel Kreta oder nach Zypern. Von Zypern aus gelangt er mit der Wahrscheinlichkeit 0,3 wieder zurück nach Troja oder mit der Wahrscheinlichkeit 0,4 nach Kreta. Mit der Wahrscheinlichkeit 0,3 jedoch wird er nach der Ausfahrt von Zypern zwischen Skylla und Charybdis zermalmt.

Von Kreta aus gelangt er mit der Wahrscheinlichkeit 0,3 wieder nach Troja, mit 0,1 nach Zypern und mit 0,5 tatsächlich ins heimatliche Ithaka.

a) Zeichnen Sie das Übergangsdiagramm mit den Zuständen Ithaka (I), Skylla (S), Troja (T), Kreta (K) und Zypern (Z).

b) Ermitteln Sie die wahrscheinlichsten Aufenthaltsorte nach 2, 6 und 12 Monaten.

c) Ermitteln Sie, wie die Überlebenschancen des griechischen Helden langfristig stehen.

14 Die Kunden der Firmen A, B und C wandern innerhalb eines Jahres entsprechend der

Übergangsmatrix M = $\begin{pmatrix} 0{,}2 & 0{,}2 & 0{,}6 \\ 0{,}5 & 0{,}2 & 0{,}3 \\ 0{,}3 & 0{,}6 & 0{,}1 \end{pmatrix}$.

a) Stellen Sie die Kundenwanderung in einem Übergangsdiagramm dar.
b) Interpretieren Sie die Rechnung im Sachzusammenhang.

$$m := \begin{bmatrix} 0.2 & 0.2 & 0.6 \\ 0.5 & 0.2 & 0.3 \\ 0.3 & 0.6 & 0.1 \end{bmatrix} : solve\left(m \cdot \begin{bmatrix} x \\ y \\ z \end{bmatrix} = \begin{bmatrix} x \\ y \\ z \end{bmatrix}, x, y, z \right)$$
$$x = c3 \text{ and } y = c3 \text{ and } z = c3$$

c) Ermitteln Sie mit einem CAS einen Fixvektor für den Anfangsvektor v_0 = [2000; 4000; 3000]^T sowie für einen zweiten, selbstgewählten Anfangsvektor.

d) Lara behauptet: „$\begin{pmatrix} 1 \\ 1 \\ 1 \end{pmatrix}$ *ist immer dann ein Fixvektor einer 3×3-Matrix, wenn alle Zeilensummen der Matrix 1 sind.*" Untersuchen Sie diese Aussage.

15 Zeigen Sie allgemein: Besteht eine 3×3-Matrix A aus drei gleichen Spalten $\begin{pmatrix} a \\ b \\ c \end{pmatrix}$, dann gilt für jeden Vektor $\vec{v}$, dass A · $\vec{v}$ = k · $\begin{pmatrix} a \\ b \\ c \end{pmatrix}$.

16 Irrfahrtmodell: Ein Roboter fährt in jeder Sekunde einen Meter entweder nach Norden (N), Osten (O) oder Westen (W). Er wechselt nach jeder Sekunde stochastisch die Richtung. Die Wahrscheinlichkeit, mit der er in eine Richtung fährt, ist abhängig davon, in welche Richtung er vorher gefahren ist. Die einzelnen Übergangswahrscheinlichkeiten sind durch die Matrix M gegeben.

a) Der Roboter startet im Punkt O. Ermitteln Sie, wie viele verschiedene Orte er nach 2 Sekunden erreichen kann.

$$\begin{array}{cccc} \text{von} & \text{N} & \text{O} & \text{W} \quad \text{nach} \\ M = \begin{pmatrix} 0{,}7 & 0{,}6 & 0{,}7 \\ 0{,}2 & 0{,}1 & 0{,}2 \\ 0{,}1 & 0{,}3 & 0{,}1 \end{pmatrix} & \begin{matrix} \text{N} \\ \text{O} \\ \text{W} \end{matrix} \end{array}$$

b) Bestimmen Sie für jeden der Orte aus a) die Wahrscheinlichkeit, diesen Ort zu erreichen, wenn am Start als vorherige Bewegungsrichtung Norden eingestellt ist.

c) Berechnen Sie Wahrscheinlichkeiten für die Richtungen Norden, Osten und Westen in der 3. Sekunde, wenn beim Start die vorherige Bewegungsrichtung des Roboters ① Norden, ② Osten und ③ Westen war. Vergleichen Sie die Wahrscheinlichkeiten für diese drei verschiedenen Starteinstellungen.

d) Ermitteln Sie, um wie viel Grad der Kurs des Roboters auf lange Sicht durchschnittlich von einem reinen Nordkurs abweicht.

Hinweis zu 16b

Ist beim Start Norden als vorherige Bewegungsrichtung eingestellt, gilt $\vec{v_0} = \begin{pmatrix} 1 \\ 0 \\ 0 \end{pmatrix}$.

$\vec{v_1} = M \cdot \vec{v_0}$ enthält die Wahrscheinlichkeiten, mit der der Roboter in der 1. Sekunde nach Norden, Osten oder Westen fährt.

17 Ausblick: Gegeben sind die Matrix A und der Vektor $\vec{v}$.

a) Zeigen Sie, dass $\vec{v}$ für alle a, c ∈ ℝ ein Fixvektor von A ist.

b) Zeigen Sie, dass die Voraussetzung des Satzes auf Seite 55 nicht gegeben ist, dass also alle Potenzen von A Nullen enthalten.

c) Da A Fixvektoren hat, welche nicht Vielfache voneinander sind, hängt es hier vom Startvektor ab, wohin sich der Prozess auf lange Sicht entwickelt. Untersuchen Sie, welchem Zustandsvektor sich der Prozess bei den

$$A = \begin{pmatrix} 1 & 0{,}3 & 0 \\ 0 & 0{,}4 & 0 \\ 0 & 0{,}3 & 1 \end{pmatrix}$$

$$\vec{v} = \begin{pmatrix} a \\ 0 \\ c \end{pmatrix}$$

Hinweis zu 17c

Nutzen Sie die Zerlegung $\vec{v_0} = \begin{pmatrix} a \\ 0 \\ c \end{pmatrix} + \begin{pmatrix} 0 \\ b \\ 0 \end{pmatrix}$

und für das langfristige Verhalten von $\begin{pmatrix} 0 \\ b \\ 0 \end{pmatrix}$ die Elementesumme.

Startvektoren $\vec{u} = \begin{pmatrix} 5 \\ 8 \\ 5 \end{pmatrix}$, $\vec{w} = \begin{pmatrix} 5 \\ 12 \\ 5 \end{pmatrix}$ und allgemein $\vec{v_0} = \begin{pmatrix} a \\ b \\ c \end{pmatrix}$ nähert.

2.2   Eigenwerte, Verlauf von Übergangsprozessen

In einer Stadt leben 250 000 erwachsene und 100 000 junge (nicht erwachsene) Personen. In einem vereinfachten Modell ohne Zu- und Abwanderung wird davon ausgegangen, dass jährlich 1 % der Erwachsenen sterben und durchschnittlich von jedem Erwachsenen 0,024 Junge geboren werden. 5 % der Jungen werden jedes Jahr erwachsen, die restlichen bleiben jung. Erstellen Sie eine Übergangsmatrix und berechnen Sie damit die Anzahlen von Erwachsenen und Jungen nach ein und zwei Jahren.
Ermitteln Sie jeweils für beide Personengruppen, um welchen Faktor sich ihre Anzahl im ersten und zweiten Jahr ändert.

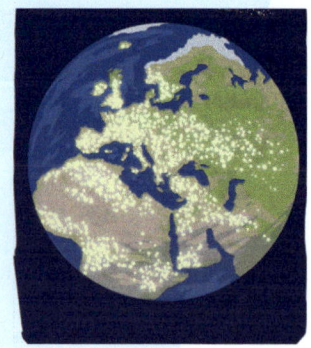

Eigenvektoren und Eigenwerte

Durch eine Abbildungsmatrix A wird ein Vektor $\vec{v}$ auf einen Bildvektor $\vec{v'} = A \cdot \vec{v}$ abgebildet. Wenn $\vec{v'} = \lambda \cdot \vec{v}$ für ein $\lambda \in \mathbb{R}$, $\lambda \neq 0$, gilt, dann nennt man $\vec{v}$ und $\vec{v'}$ **kollinear**.
Originalvektor $\vec{v}$ und Bildvektor $\vec{v'}$ können kollinear oder auch nicht kollinear sein.
In der abgebildeten Rechnung eines CAS sind die Vektoren $\vec{p}$ und $\vec{p_1} = A \cdot \vec{p}$ offensichtlich nicht kollinear.
Die Vektoren $\vec{q}$ und $\vec{q_1} = A \cdot \vec{q}$ sind dagegen offensichtlich kollinear, denn es gilt $\vec{q_1} = 2 \cdot \vec{q}$. Der Vektor $\vec{q}$ wird ein **Eigenvektor** zum **Eigenwert** 2 von A genannt.

$$a := \begin{bmatrix} 1 & 1 \\ -2 & 4 \end{bmatrix} \triangleright \begin{bmatrix} 1 & 1 \\ -2 & 4 \end{bmatrix}$$

$$p := \begin{bmatrix} -2 \\ 3 \end{bmatrix} \triangleright \begin{bmatrix} -2 \\ 3 \end{bmatrix} \qquad q := \begin{bmatrix} 1 \\ 1 \end{bmatrix} \triangleright \begin{bmatrix} 1 \\ 1 \end{bmatrix}$$

$$p1 := a \cdot p \triangleright \begin{bmatrix} 1 \\ 16 \end{bmatrix} \qquad q1 := a \cdot q \triangleright \begin{bmatrix} 2 \\ 2 \end{bmatrix}$$

Allgemein gilt: Bildet eine Matrix A einen vom Nullvektor verschiedenen Vektor $\vec{x}$ auf ein Vielfaches von sich selbst ab, so gilt $A \cdot \vec{x} = t \cdot \vec{x}$, mit $t \in \mathbb{R}$. Die Abbildung A erzeugt also einen Vektor, der gegenüber dem Originalvektor die gleiche Richtung, aber nicht notwendig den gleichen Richtungssinn oder die gleiche Länge hat. Jeden derartigen Vektor $\vec{x}$ nennt man **Eigenvektor** und der zugehörige Faktor t heißt **Eigenwert** von A.

> **Definition**   **Eigenvektor und Eigenwerte**
>
> Ein Vektor $\vec{v} \neq \vec{0}$ heißt **Eigenvektor** einer quadratischen Matrix A, wenn es ein $\lambda \in \mathbb{R}$ gibt, sodass gilt: $A \cdot \vec{v} = \lambda \cdot \vec{v}$.
> In diesem Fall heißt λ **Eigenwert** der Matrix A.

> **Beispiel 1**
>
> Zeigen Sie, dass für $A = \begin{pmatrix} 1 & 1 \\ -2 & 4 \end{pmatrix}$ der Vektor $\vec{r} = \begin{pmatrix} 1 \\ 2 \end{pmatrix}$ ein Eigenvektor von A ist.
>
> Bestimmen Sie den zugehörigen Eigenwert.
>
> **Lösung:**
> Bilden Sie den Vektor $\vec{r}$ mithilfe von A auf den Bildvektor $\vec{r_1}$ ab.
> Prüfen Sie, ob es einen Wert $\lambda \in \mathbb{R}$, gibt, sodass $\vec{r_1} = \lambda \cdot \vec{r}$ gilt.
>
> $$\vec{r_1} = A \cdot \vec{r} = \begin{pmatrix} 1 & 1 \\ -2 & 4 \end{pmatrix} \cdot \begin{pmatrix} 1 \\ 2 \end{pmatrix} = \begin{pmatrix} 3 \\ 6 \end{pmatrix}$$
>
> $$= 3 \cdot \begin{pmatrix} 1 \\ 2 \end{pmatrix} = 3 \cdot \vec{r}$$
>
> Der Vektor $\vec{r}$ ist ein Eigenvektor von A mit dem Eigenwert 3.

Basisaufgaben

1 Betrachten Sie die Ausgabe eines CAS.

a) Erläutern Sie diese, geben Sie Eigenvektoren und Eigenwerte an, falls vorhanden.

b) Vervollständigen Sie zu wahren Aussagen über die Matrix A = $\begin{pmatrix} 1 & 1 \\ -2 & 4 \end{pmatrix}$:

① Vektoren der Form r · $\begin{pmatrix} 1 \\ 1 \end{pmatrix}$ werden abgebildet auf Vektoren, die dieselbe Richtung haben, aber ..... so lang sind wie die Originalvektoren. Der zugehörige Eigenwert ist λ = ...

② Vektoren der Form r · $\begin{pmatrix} 1 \\ 2 \end{pmatrix}$ werden abgebildet auf Vektoren, die ...... Der zugehörige Eigenwert ist λ = ...

$$a:=\begin{bmatrix} 1 & 1 \\ -2 & 4 \end{bmatrix} \blacktriangleright \begin{bmatrix} 1 & 1 \\ -2 & 4 \end{bmatrix}$$

$$r:=\begin{bmatrix} 1 \\ 2 \end{bmatrix} \blacktriangleright \begin{bmatrix} 1 \\ 2 \end{bmatrix} \qquad r1:=a\cdot r \blacktriangleright \begin{bmatrix} 3 \\ 6 \end{bmatrix}$$

$$solve\left(a\cdot \begin{bmatrix} x \\ y \end{bmatrix}=t\cdot \begin{bmatrix} x \\ y \end{bmatrix},t,x,y\right)$$

$\blacktriangleright$ $t=c2$ and $x=0$ and $y=0$ or
$t=2$ and $x=c1$ and $y=c1$ or
$t=3$ and $x=\dfrac{c1}{2}$ and $y=c1$

Erinnerung

E bezeichnet die Einheitsmatrix.

2 Zeigen Sie:

a) Ein Wert λ ∈ ℝ ist genau dann Eigenwert einer quadratischen Matrix A, wenn es einen Vektor $\vec{v} \neq \vec{0}$ gibt mit $(A - \lambda \cdot E) \cdot \vec{v} = 0$.

b) Für A = $\begin{pmatrix} a & b \\ c & d \end{pmatrix}$ ist ein Wert λ ∈ ℝ genau dann Eigenwert von A, wenn

$$\begin{pmatrix} a-\lambda & b \\ c & d-\lambda \end{pmatrix} \cdot \vec{v} = 0.$$

Definition **Determinante einer Matrix**

Determinante einer 2×2-Matrix: $\det \begin{pmatrix} a & b \\ c & d \end{pmatrix} = ad - bc$

Determinante einer 3×3-Matrix: $\det \begin{pmatrix} a & b & c \\ d & e & f \\ g & h & i \end{pmatrix} = a(ei - fh) - b(di - fg) + c(dh - eg)$

Wissen **Charakteristische Gleichung und Eigenwerte**

Die Eigenwerte einer quadratischen Matrix A sind die Lösungen der **charakteristischen Gleichung det $(A - \lambda \cdot E) = 0$**.

Für A = $\begin{pmatrix} a & b \\ c & d \end{pmatrix}$ lautet die Gleichung $(a - \lambda)(d - \lambda) - bc = 0$ bzw. $\lambda^2 - (a + d)\lambda + ad - bc = 0$.

Beispiel 2

Bestimmen Sie zu A = $\begin{pmatrix} 4 & 2 \\ 1 & 3 \end{pmatrix}$ die Eigenwerte.

Lösung:

Mit einem CAS können Sie die Eigenwerte als Lösungen der charakteristischen Gleichung bestimmen, oder aber Sie verwenden den Befehl zur Eigenwertbestimmung. Die Lösungen können durch eine eigene Rechnung bestätigt werden.

$$solve\left(charPoly\left(\begin{bmatrix} 4 & 2 \\ 1 & 3 \end{bmatrix},x\right)=0,x\right)$$

$$x=2 \text{ or } x=5$$

$$eigVl\left(\begin{bmatrix} 4 & 2 \\ 1 & 3 \end{bmatrix}\right)$$

$$\{5, 2\}$$

Basisaufgaben

3 Untersuchen Sie für die Matrix A aus Beispiel 2 den Befehl *eigVc(a)* und erläutern Sie die Wirkung der Befehle *charPoly*, *eigVl* und *eigVc*, die Sie z. B. unter der Option *Menü – Matrix* und *Vektor-Erweitert* bzw. über die Tastatur mit der alphabetischen Auflistung aller Befehle finden.

4 Bestimmen Sie die charakteristische Gleichung der Matrix und – falls vorhanden – die Eigenwerte und zugehörige Eigenvektoren.

a) $\begin{pmatrix} 1 & -2 \\ -8 & -5 \end{pmatrix}$
b) $\begin{pmatrix} 5 & -9 \\ 4 & -7 \end{pmatrix}$
c) $\begin{pmatrix} 5 & -1 \\ 1 & 3 \end{pmatrix}$
d) $\begin{pmatrix} 3 & 3 \\ 3 & 3 \end{pmatrix}$

e) $\begin{pmatrix} 3 & 3 \\ -3 & 3 \end{pmatrix}$
f) $\begin{pmatrix} 3 & 2 \\ -4 & -3 \end{pmatrix}$
g) $\begin{pmatrix} 3 & 5 \\ -2 & 3 \end{pmatrix}$
h) $\begin{pmatrix} -2 & 1 \\ 0 & 3 \end{pmatrix}$

i) $\begin{pmatrix} 3 & 3 \\ -3 & 9 \end{pmatrix}$
j) $\begin{pmatrix} 0 & 0 & 4 \\ 0{,}5 & 0 & 0 \\ 0 & 0{,}5 & 0 \end{pmatrix}$
k) $\begin{pmatrix} 3 & 9 & 0 \\ 0 & 3 & 1 \\ 3 & 0 & 3 \end{pmatrix}$
l) $\begin{pmatrix} 1 & -1 & 1 \\ 2 & -2 & 2 \\ 0 & 1 & 0 \end{pmatrix}$

> **Definition**
>
> Ein Vektor $\vec{v}$ heißt **Fixvektor** zu einer quadratischen Matrix M, wenn $M \cdot \vec{v} = \vec{v}$ gilt.
> Wenn $\vec{v}$ ein Fixvektor zu M ist, dann ist auch jedes Vielfache $r \cdot \vec{v}$ mit $r \in \mathbb{R}$ ein Fixvektor zu M.

Man erhält also alle Fixvektoren einer Abbildung A als Lösung von $A \cdot \vec{x} = \lambda \cdot \vec{x}$, wenn der Eigenwert $\lambda = 1$ ist.
Eine Übergangsmatrix A kann mehrfach auf einen Vektor angewendet werden. Ist $\vec{v_0}$ ein Eigenvektor von A mit dem Eigenwert λ, so gilt nach n Übergängen $A^n \cdot \vec{v_0} = \lambda^n \cdot \vec{v_0}$. Die langfristige Entwicklung eines Übergangsprozesses hängt von $\lim_{n \to \infty} \lambda^n$ ab.
Für $\lambda = 1$ gilt $\lim_{n \to \infty} \lambda^n = 1$ und damit für alle $n \in \mathbb{N}$: $\vec{v_n} = \vec{v_0}$.
Für $\lambda > 1$ gilt $\lim_{n \to \infty} \lambda^n = \infty$. Für $-1 < \lambda < 1$ gilt $\lim_{n \to \infty} \lambda^n = 0$.

> **Satz Eigenvektoren als Anfangszustände bei Übergangsprozessen**
>
> Ist A eine Übergangsmatrix und der Anfangszustand $\vec{v_0} \neq \vec{0}$ ein Eigenvektor von A zum Eigenwert $\lambda \in \mathbb{R}$, dann gilt für den n-ten Zustand $\vec{v_n} = \lambda^n \cdot \vec{v_0}$.
> Für $\lambda > 1$ **expandiert** der Prozess. Für $-1 < \lambda < 1$ **zerfällt** der Prozess.
> Für $\lambda = 1$ ist der Prozess **stationär**.

> **Beispiel 3** Zeigen Sie, dass der Anfangszustand $\vec{v_0}$ ein Eigenvektor der Übergangsmatrix A ist. Berechnen Sie den 4. Zustand $\vec{v_4}$ und beschreiben Sie die langfristige Entwicklung des Übergangsprozesses für den Eigenvektor $\vec{v_0}$.
>
> a) $A = \begin{pmatrix} 3 & 2 \\ 4 & 1 \end{pmatrix}$; $\vec{v_0} = \begin{pmatrix} 1 \\ 1 \end{pmatrix}$
> b) $A = \begin{pmatrix} 0{,}7 & 0{,}4 \\ 0{,}2 & 0{,}5 \end{pmatrix}$; $\vec{v_0} = \begin{pmatrix} 1 \\ -1 \end{pmatrix}$
> c) $A = \begin{pmatrix} 0{,}8 & 0{,}3 \\ 0{,}2 & 0{,}7 \end{pmatrix}$; $\vec{v_0} = \begin{pmatrix} 3 \\ 2 \end{pmatrix}$

Lösung:

a) Berechnen Sie $A \cdot \vec{v_0}$ und stellen Sie das Ergebnis als Vielfaches von $\vec{v_0}$ dar. Der Faktor ist der Eigenwert λ. Es gilt $\vec{v_4} = \lambda^4 \cdot \vec{v_0}$. Für $\lambda > 1$ expandiert der Prozess.

$$\begin{pmatrix} 3 & 2 \\ 4 & 1 \end{pmatrix} \cdot \begin{pmatrix} 1 \\ 1 \end{pmatrix} = \begin{pmatrix} 5 \\ 5 \end{pmatrix} = 5 \cdot \begin{pmatrix} 1 \\ 1 \end{pmatrix}$$

$$\lambda = 5; \vec{v_4} = 5^4 \cdot \begin{pmatrix} 1 \\ 1 \end{pmatrix} = \begin{pmatrix} 625 \\ 625 \end{pmatrix}$$

b) Gehen Sie vor wie bei a). Für $-1 < \lambda < 1$ zerfällt der Prozess.

$$\begin{pmatrix} 0{,}7 & 0{,}4 \\ 0{,}2 & 0{,}5 \end{pmatrix} \cdot \begin{pmatrix} 1 \\ -1 \end{pmatrix} = \begin{pmatrix} 0{,}3 \\ -0{,}3 \end{pmatrix} = 0{,}3 \cdot \begin{pmatrix} 1 \\ -1 \end{pmatrix}$$

$$\lambda = 0{,}3; \vec{v_4} = 0{,}3^4 \cdot \begin{pmatrix} 1 \\ -1 \end{pmatrix} = \begin{pmatrix} 0{,}0081 \\ -0{,}0081 \end{pmatrix}$$

c) Gehen Sie vor wie bei a).
   Für λ = 1 ist der Prozess stationär.

$$\begin{pmatrix} 0,8 & 0,3 \\ 0,2 & 0,7 \end{pmatrix} \cdot \begin{pmatrix} 3 \\ 2 \end{pmatrix} = \begin{pmatrix} 3 \\ 2 \end{pmatrix} = 1 \cdot \begin{pmatrix} 3 \\ 2 \end{pmatrix}$$

$$\lambda = 1;\ \vec{v_4} = 1^4 \cdot \begin{pmatrix} 3 \\ 2 \end{pmatrix} = \begin{pmatrix} 3 \\ 2 \end{pmatrix}$$

5 Zeigen Sie, dass der Anfangszustand $\vec{v_0}$ ein Eigenvektor der Übergangsmatrix A ist. Berechnen Sie den dritten Zustand $\vec{v_3}$ und beschreiben Sie die langfristige Entwicklung des Übergangsprozesses für den Eigenvektor $\vec{v_0}$.

a) $A = \begin{pmatrix} 0 & 0,25 \\ -1 & 1 \end{pmatrix};\ \vec{v_0} = \begin{pmatrix} 8 \\ 16 \end{pmatrix}$ b) $A = \begin{pmatrix} 0,1 & 0,5 \\ 0,9 & 0,5 \end{pmatrix};\ \vec{v_0} = \begin{pmatrix} 5 \\ 9 \end{pmatrix}$ c) $A = \begin{pmatrix} 1 & 1 \\ 3 & 3 \end{pmatrix};\ \vec{v_0} = \begin{pmatrix} 1 \\ 3 \end{pmatrix}$

6 Begründen Sie die Aussage zu einer n×n-Matrix oder geben Sie ein Gegenbeispiel an.
a) Die Fixvektoren ungleich $\vec{0}$ sind genau die Eigenvektoren zum Eigenwert λ = 1.
b) λ = 0 kann kein Eigenwert sein.

Satz | **Allgemeine Entwicklung von Zuständen bei Übergangsprozessen**

Ist A eine Übergangsmatrix und der Anfangszustand $\vec{v_0} \neq \vec{0}$ lässt sich als Linearkombination (für i = 1, …, k) von Eigenvektoren $\vec{w_i}$ von A zu den Eigenwerten $\lambda_i \in \mathbb{R}$ darstellen, d. h. es gilt $\vec{v_n} = \sum_{i=1}^{k} a_i \cdot \vec{w_i}$, dann gilt für den n-ten Zustand:
$\vec{v_n} = \sum_{i=1}^{k} a_i \cdot \lambda_i \cdot \vec{w_i}$

Gilt $|\lambda_i| < 1$ für alle i, dann **zerfällt** der Prozess.
Gibt es mindestens ein j mit $\lambda_j = 1$ und gilt für alle i ≠ j: $|\lambda_i| < 1$, dann konvergiert der Prozess zu einem Grenzvektor.

Basisaufgaben

7 Für die Übergangsmatrix $A = \begin{pmatrix} 1 & 1 \\ 1 & 2,5 \end{pmatrix}$ ist $\vec{w_1} = \begin{pmatrix} 1 \\ 2 \end{pmatrix}$ ein Eigenvektor zum Eigenwert $\lambda_1 = 3$ und $\vec{w_2} = \begin{pmatrix} 2 \\ -1 \end{pmatrix}$ ein Eigenvektor zum Eigenwert $\lambda_2 = 0,5$.

Stellen Sie den Anfangszustand $\vec{v_0}$ als Linearkombination von $\vec{w_1}$ und $\vec{w_2}$ dar und berechnen Sie damit den dritten Folgezustand.

a) $\vec{v_0} = \begin{pmatrix} 35 \\ -10 \end{pmatrix}$ b) $\vec{v_0} = \begin{pmatrix} 2 \\ 1,5 \end{pmatrix}$ c) $\vec{v_0} = \begin{pmatrix} -1 \\ -2 \end{pmatrix}$

d) $\vec{v_0} = \begin{pmatrix} 19 \\ -2 \end{pmatrix}$ e) $\vec{v_0} = \begin{pmatrix} -16 \\ 8 \end{pmatrix}$ f) $\vec{v_0} = \begin{pmatrix} 5 \\ 0 \end{pmatrix}$

8 Eine Industriebrache soll mit Bäumen aufgeforstet werden. Zu Beginn werden 45 Bäume und 100 Setzlinge gepflanzt. Jeder Baum erzeugt im Durchschnitt sechs Setzlinge jährlich. Von diesen wachsen 6 % in einem Jahr zu jungen Bäumen heran, die übrigen gehen ein oder werden vom Wild gefressen. Jedes Jahr sterben 10 % der erwachsenen Bäume oder müssen gefällt werden.

a) Begründen Sie, dass sich der Prozess durch die Übergangsmatrix $A = \begin{pmatrix} 0,9 & 0,06 \\ 6 & 0 \end{pmatrix}$ beschreiben lässt.
b) Zeigen Sie, dass $\vec{w_1} = \begin{pmatrix} 1 \\ 5 \end{pmatrix}$ und $\vec{w_2} = \begin{pmatrix} 1 \\ -20 \end{pmatrix}$ Eigenvektoren von A sind und geben Sie die zugehörigen Eigenwerte an.
c) Stellen Sie den Anfangszustand als Linearkombination von $\vec{w_1}$ und $\vec{w_2}$ dar.
d) Stellen Sie den Zustand nach n Jahren mithilfe der Eigenwerte und Eigenvektoren $\vec{w_1}$ und $\vec{w_2}$ dar und bestimmen Sie das langfristige Verhalten des Prozesses.

Weiterführende Aufgaben

9 Interpretieren Sie die rechts abgebildete Ausgabe eines CAS.

$$a:=\begin{bmatrix} 0 & 0 & -2 \\ 1 & 2 & 1 \\ 1 & 0 & 3 \end{bmatrix} \quad \blacktriangleright \quad \begin{bmatrix} 0 & 0 & -2 \\ 1 & 2 & 1 \\ 1 & 0 & 3 \end{bmatrix}$$

$$\text{solve}\left(a \cdot \begin{bmatrix} x \\ y \\ z \end{bmatrix} = t \cdot \begin{bmatrix} x \\ y \\ z \end{bmatrix}, t, x, y, z\right)$$

▸ $t=c4$ and $x=0$ and $y=0$ and $z=0$ or
$t=1$ and $x=-2 \cdot c3$ and $y=c3$ and $z=c3$ or
$t=2$ and $x=-c1$ and $y=c2$ and $z=c1$

10 Gegeben sind die Vektoren $\vec{v_1} = \begin{pmatrix} 2 \\ 2 \end{pmatrix}$ und

$\vec{v_2} = \begin{pmatrix} 0 \\ 2 \end{pmatrix}$ und die Matrix $A = \begin{pmatrix} -1 & 0 \\ 1 & -2 \end{pmatrix}$.

a) Beurteilen Sie, ob man aus der CAS-Ausgabe schließen kann, dass die Vektoren $\vec{v_1}$ und $\vec{v_2}$ Eigenvektoren der Matrix A sind.

Hinweis

Der Befehl *EigVc()* liefert Eigenvektoren, die den Betrag 1 haben.

$$a:=\begin{bmatrix} -1 & 0 \\ 1 & -2 \end{bmatrix} : \text{eigVc}(a) \qquad \begin{bmatrix} 0. & 0.707107 \\ 1. & 0.707107 \end{bmatrix}$$

b) Geben Sie die zu A gehörenden Eigenwerte an.
c) Beschreiben Sie für die Anfangszustände $\vec{v_1}$ und $\vec{v_2}$ das langfristige Verhalten der Übergangsprozesse (die Grenzwerte von $A^n \cdot \vec{v_1}$ bzw. $A^n \cdot \vec{v_2}$).

11 Verschwindender Eigenwert: Gesucht sind Eigenvektoren zu $A = \begin{pmatrix} 0,2 & 0,8 \\ -0,2 & -0,8 \end{pmatrix}$.
Ein CAS gibt die abgebildete Lösung aus.
Tina meint: *„Zum Eigenwert t = −0,6 gehören*

▸ $t=c6$ and $x=0.$ and $y=0.$ or
$t=-0.6$ and $x=-c5$ and $y=c5$ or
$t=0.$ and $x=-4. \cdot c4$ and $y=c4$

Eigenvektoren der Form $r \cdot \begin{pmatrix} -1 \\ 1 \end{pmatrix}, r \in \mathbb{R}; r \neq 0$. Zum

Eigenwert t = 0 gehören Eigenvektoren der Form

$r \cdot \begin{pmatrix} -4 \\ 1 \end{pmatrix}, r \in \mathbb{R}; r \neq 0$. *Geometrisch bedeutet das: Vom Nullvektor verschiedene Vektoren der Form*

$r \cdot \begin{pmatrix} -4 \\ 1 \end{pmatrix}$ *werden von A auf Vektoren abgebildet, die die gleiche Richtung, aber entgegengesetzten*

Richtungssinn sowie die 0,8–fache Länge der Originalvektoren besitzen."
Nehmen Sie begründet Stellung dazu.

12 Das Diagramm zeigt die monatliche Käuferwanderung zwischen zwei Online-Anbietern T und Z.

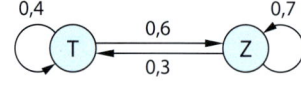

a) Erstellen Sie die zugehörige Übergangsmatrix M.
b) Bestimmen Sie die Eigenwerte von M und jeweils einen zugehörigen Eigenvektor.
c) Bestimmen Sie mithilfe von b) das langfristige Käuferverhalten für die folgenden drei
Anfangsverteilungen: ① 3000 Käufer bei T, 3000 Käufer bei Z
② 5000 Käufer bei T, 1000 Käufer bei Z ③ 1000 Käufer bei T, 5000 Käufer bei Z
d) Die Käuferwanderung ist ein Austauschprozess. Dabei treten Matrizen der Form

$A = \begin{pmatrix} a & b \\ 1-a & 1-b \end{pmatrix}$ mit $0 < a, b < 1$ auf. Zeigen Sie, dass A die Eigenwerte $\lambda_1 = 1$ und

$\lambda_2 = a - b$ hat.
e) Jeder beliebige Anfangsvektor lässt sich als Linearkombination von Eigenvektoren der Matrix A aus d) darstellen. Begründen Sie, dass das Käuferverhalten für jede Anfangs-verteilung konvergiert.

13 Stolperstelle: Erläutern Sie Fehler und korrigieren Sie diese.

Pia meint: *„Die Übergangsmatrix $\begin{pmatrix} 1,5 & -0,5 \\ -1 & 1 \end{pmatrix}$ hat einen Eigenwert λ = 2. Da dieser Eigenwert größer*

als 1 ist, expandiert der Prozess für jeden beliebigen Anfangszustand $\vec{v_0} \neq \vec{0}$."

● **14** Leonardo von Pisa, genannt Fibonacci, untersuchte 1202 die Vermehrung von Kaninchen: Zu Beginn gibt es ein erwachsenes Paar, aus dem nach einem Monat ein junges Paar hervorgeht. Nach zwei Monaten bekommt das erwachsene Paar wieder Nachwuchs und das junge Paar ist erwachsen geworden, sodass es nun zwei erwachsene Paare gibt, die im nächsten Monat Nachwuchs bekommen usw.
Es ergibt sich die folgende Tabelle:

Monat	0	1	2	3	4	5	6	7	8	9	10	11	12
Erwachsene (Paar)	1	1	2	3	5	8	13	21	34	55	89	144	233
Junges (Paar)	0	1	1	2	3	5	8	13	21	34	55	89	144

Für die Anzahl a_n der jungen Paare nach n Monaten gilt also $a_0 = 0$, $a_1 = 1$, $a_2 = 1$, ...
Diese Zahlenfolge (a_n) heißt **Fibonacci-Folge**.

a) a_{n+1} gibt die Anzahl der erwachsenen Paare nach n Monaten an. Begründen Sie im Sachzusammenhang, dass $a_{n+1} = a_n + a_{n-1}$ für $n \geq 1$ gilt.

b) Die Anzahlen für junge und erwachsene Paare lassen sich zu einem Vektor zusammenfassen: $\vec{v_n} = \begin{pmatrix} a_{n+1} \\ a_n \end{pmatrix}$. Bestimmen Sie die Matrix M, für die $\vec{v_{n+1}} = M \cdot \vec{v_n}$ gilt.

c) Geben Sie zur Matrix M die charakteristische Gleichung an. Bestimmen Sie die Eigenwerte λ_1 und λ_2 von M und jeweils einen zugehörigen Eigenvektor.

d) Stellen Sie $\vec{v_0}$ als Linearkombination von $\vec{w_1}$ und $\vec{w_2}$ dar.

e) Leiten Sie mithilfe der bisherigen Ergebnisse eine explizite Darstellung der Folge (a_n) her.

Info

Das Verhältnis von erwachsenen Paaren zu jungen Paaren strebt gegen den Grenzwert $\frac{1}{2}(1 + \sqrt{5}) \approx 1{,}618$. Dieses Verhältnis tritt auch beim **Goldenen Schnitt** auf.

Hinweis zu 14c

Kontrolle:
$\lambda_1 = \frac{1}{2}(1 - \sqrt{5})$

$\vec{w_1} = \begin{pmatrix} \frac{1-\sqrt{5}}{2} \\ 1 \end{pmatrix}$

$\lambda_2 = \frac{1}{2}(1 + \sqrt{5})$

$\vec{w_2} = \begin{pmatrix} \frac{1+\sqrt{5}}{2} \\ 1 \end{pmatrix}$

$\vec{v_0} = -\frac{1}{\sqrt{5}} \cdot \vec{w_1} + \frac{1}{\sqrt{5}} \cdot \vec{w_2}$

● **15** **Ausblick:** Das Verhalten einer Population soll in einem Modell nachgebildet werden. Bekannt ist, dass ein Weibchen in einem Monat im Durchschnitt fünf Junge hat, die nach einem Monat bereits erwachsen sind. Unbekannt ist, wie lange die Individuen leben und wie viele der Jungen das Erwachsenenalter erreichen. Man geht davon aus, dass nach einem Monat gleiche Anteile von Weibchen und Männchen noch am Leben sind, dieser Anteil sei a. Der Anteil der Jungen (j), die zu erwachsenen Weibchen (w) bzw. Männchen (m) aufwachsen, sei b. Um a und b zu bestimmen, wird eine Zählung durchgeführt:

Am Anfang gilt $\vec{v_0} = \begin{pmatrix} m \\ w \\ j \end{pmatrix} = \begin{pmatrix} 400 \\ 300 \\ 300 \end{pmatrix}$ und nach einem Monat $\vec{v_1} = \begin{pmatrix} 290 \\ 240 \\ 1500 \end{pmatrix}$.

a) Bestimmen Sie aus diesen Annahmen die Übergangsmatrix M und zeichnen Sie ein Übergangsdiagramm. Diskutieren Sie die Realitätstreue des Modells.

b) Zeigen Sie, dass die Matrix M die Eigenwerte $\lambda_1 = 0{,}5$, $\lambda_2 = -1$ und $\lambda_3 = 1{,}5$ hat und ermitteln Sie jeweils einen zugehörigen Eigenvektor.

c) Der Vektor $\vec{v_0}$ lässt sich als Linearkombination von Eigenvektoren darstellen. Begründen Sie, ob die Population von $\vec{v_0}$ ausgehend konvergiert.

d) Beschreiben Sie die Entwicklung der Population, wenn es anfangs nur Männchen gibt.

e) Geben Sie einen Anfangszustand an, bei dem das Verhältnis von Weibchen, Männchen und Jungen immer erhalten bleibt.

f) Unter gewissen Umständen kann man davon ausgehen, dass sich insgesamt die Population monatlich um den Faktor 1,5 vergrößert. Stellen Sie dieses Wachstum durch eine geeignete Exponentialfunktion f(t) mit f(0) = 2000 dar (t: Zeit in Monaten). Jedes Individuum verursacht monatlich einen Schaden von 0,001 €. Schätzen Sie ab, welcher Schaden im ersten Jahr entsteht.

g) Die Population kann mangels Ressourcen maximal auf drei Millionen Individuen wachsen. Deshalb wird das Wachstum durch eine Formel für logistisches Wachstum dargestellt: $g(t) = 3\,000\,000 - \frac{3\,000\,000c}{e^{dt} + c}$. Bestimmen Sie die Werte für c und d, sodass g(0) = 2000 gilt und f und g den Wert 1 500 000 nach der gleichen Zeit erreichen.

2.3 Populationsentwicklungen, zyklische Prozesse

Gegeben ist der abgebildete Übergangsgraph.
a) Geben Sie die zugehörige Übergangsmatrix M an.
b) Berechnen Sie M^3 und interpretieren Sie das Ergebnis. Erläutern Sie die Auswirkungen auf den dritten, sechsten, neunten Zustandsvektor usw.
c) Ersetzen Sie im Diagramm den Faktor 8 durch 4 und erstellen Sie die zugehörige Matrix M. Bearbeiten Sie b) für dieses M. Überlegen Sie, wie sich die Zustände langfristig entwickeln.

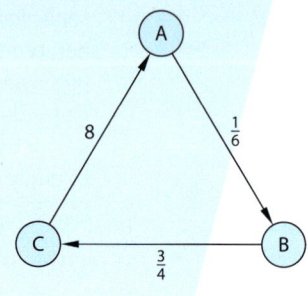

In der Natur treten bestimmte Phänomene periodisch immer wieder auf. Ein Beispiel sind die sogenannten „Maikäferjahre" mit besonders vielen Maikäfern. Diese wurden immer wieder in einem dreijährigen Zyklus beobachtet.

Hinweis

Die Übergangsmatrix M ist nicht stochastisch, da die einzelnen Einträge weder zwischen 0 und 1 liegen noch die Spaltensummen 1 sind.

Im Durchschnitt legt jeder Käfer 6 Eier ab, von denen sich die Hälfte nach einem Jahr zu Larven weiterentwickelt. Von diesen wächst schließlich ein Drittel innerhalb eines Jahres zu Käfern heran, die nun wieder Eier legen können.

Diagramm:

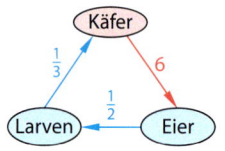

Übergangsmatrix:

$$\text{von}\quad \begin{matrix} E & L & K \end{matrix} \quad\text{nach}$$
$$M = \begin{pmatrix} 0 & 0 & 6 \\ \frac{1}{2} & 0 & 0 \\ 0 & \frac{1}{3} & 0 \end{pmatrix} \begin{matrix} E \\ L \\ K \end{matrix}$$

Wie rechts gezeigt wird, wiederholen sich die Matrixpotenzen M^n immer, wenn n um 3 größer wird. Da für den n-ten Zustand $\vec{v_n} = M^n \cdot \vec{v_0}$ gilt, wiederholen sich die Zustände entsprechend jeweils nach drei Jahren. Dies gilt unabhängig vom Anfangszustand der Population. Man spricht hier von einem **zyklischen Prozess.**

Erinnerung

Einheitsmatrix:
$$E_3 = \begin{pmatrix} 1 & 0 & 0 \\ 0 & 1 & 0 \\ 0 & 0 & 1 \end{pmatrix}$$

$$M^2 = \begin{pmatrix} 0 & 2 & 0 \\ 0 & 0 & 3 \\ \frac{1}{6} & 0 & 0 \end{pmatrix} \qquad M^3 = \begin{pmatrix} 1 & 0 & 0 \\ 0 & 1 & 0 \\ 0 & 0 & 1 \end{pmatrix}$$

Wegen $M^3 = E_3$ und $E_3 \cdot M = M$ gilt:
$M^4 = M^3 \cdot M = E_3 \cdot M = M$
$M^5 = M^3 \cdot M^2 = E_3 \cdot M^2 = M^2$
$M^6 = M^3 \cdot M^3 = E_3 \cdot M^3 = M^3 = E_3$ usw.

Die Tabelle und die Grafik zeigen die Entwicklung, wenn es zu Beginn jeweils 120 Eier, Larven und Käfer gibt.

	Eier	Larven	Käfer
0	120	120	120
1	720	60	40
2	240	360	20
3	120	120	120
4	720	60	40
5	240	360	20
6	120	120	120

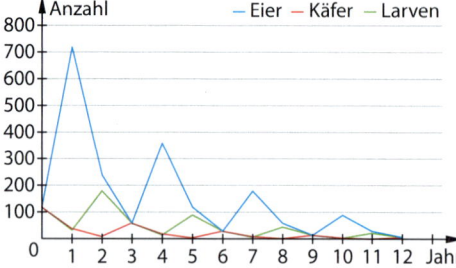

Ändert sich die Übergangsrate von Eiern zu Larven von $\frac{1}{2}$ auf $\frac{1}{4}$, so halbieren sich jeweils die Anzahl der Eier, Larven und Käfer nach drei Jahren. Nach sechs Jahren betragen die Anzahlen nur noch $\left(\frac{1}{2}\right)^2 = \frac{1}{4}$ der Werte zu Beginn. Langfristig verschwindet die Population.

Ändert sich die Übergangsrate von Käfern zu Eiern von 6 auf 12, so verdoppeln sich jeweils die Anzahl der Eier, Larven und Käfer nach drei Jahren. Nach sechs Jahren betragen die Anzahlen schon das $2^2 = 4$-Fache der Werte zu Beginn.
Langfristig explodiert die Population.

Anhand der Matrixelemente kann man die langfristige Entwicklung einer Population vorhersagen.

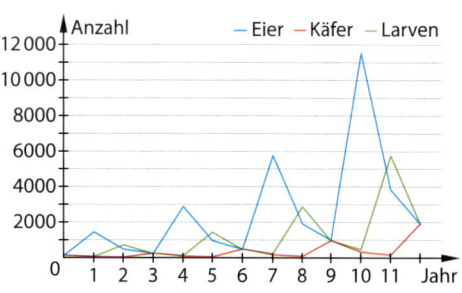

Satz **Entwicklung von Populationen**

Lässt sich die Entwicklung einer Population durch die Übergangsmatrix $M = \begin{pmatrix} 0 & 0 & c \\ a & 0 & 0 \\ 0 & b & 0 \end{pmatrix}$

mit den Überlebensraten a und b und der Vermehrungsrate c beschreiben, dann gilt:
$M^3 = abc \cdot E_3$
Nach jeweils drei Zustandsänderungen ändern sich die Anzahlen der Population um den Faktor abc.
Für abc > 1 **wächst** die Population nach jeweils drei Übergängen exponentiell.
Für abc = 1 verhält sich die Population **zyklisch.**
Für abc < 1 **nimmt** die Population nach jeweils drei Übergängen exponentiell **ab.**

Beispiel 1 **Entwicklung einer Population**

Ein Schmetterling (S) legt im Jahr 80 Eier (E), von denen nur $\frac{1}{12}$ zu Raupen (R) werden.
Von den Raupen entwickeln sich anschließend 75% wieder zu Schmetterlingen.
a) Erstellen Sie ein Übergangsdiagramm und geben Sie die Übergangsmatrix an.
b) Zu Beginn einer Zucht gibt es 600 Eier, 10 Raupen und zwei Schmetterlinge. Berechnen Sie die Anzahl der Eier, Raupen und Schmetterlinge nach drei Übergängen.
c) Berechnen Sie die Anzahl der Eier nach 12 Übergängen.
d) Bestimmen Sie die Überlebensrate von Raupe zu Schmetterling, die notwendig ist, um eine zyklische Entwicklung zu erhalten.

Lösung:

a) Erstellen Sie das Diagramm und die Übergangsmatrix mit den Überlebensraten $a = \frac{1}{12}$ (Ei → Raupe) und $b = \frac{3}{4}$ (Raupe → Schmetterling) und der Vermehrungsrate c = 80.

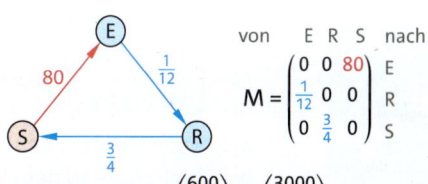

$$\text{von} \quad \begin{matrix} E & R & S \end{matrix} \quad \text{nach}$$
$$M = \begin{pmatrix} 0 & 0 & 80 \\ \frac{1}{12} & 0 & 0 \\ 0 & \frac{3}{4} & 0 \end{pmatrix} \begin{matrix} E \\ R \\ S \end{matrix}$$

Erinnerung

Achten Sie stets darauf, dass die Reihenfolge der Elemente bei Matrix und Vektor gleich ist.

b) Die Population ändert sich nach jeweils drei Übergängen um den Faktor $abc = \frac{1}{12} \cdot \frac{3}{4} \cdot 80 = 5$.

$\vec{v_3} = abc \cdot \vec{v_0} = 5 \cdot \begin{pmatrix} 600 \\ 10 \\ 2 \end{pmatrix} = \begin{pmatrix} 3000 \\ 50 \\ 10 \end{pmatrix}$

Nach drei Übergängen gibt es 3000 Eier, 50 Raupen und 10 Schmetterlinge.

c) Es gibt 4 Mal drei Übergänge. Die Anzahl der Eier verfünffacht sich 4 Mal.

$600 \cdot 5^4 = 375\,000$
Nach 12 Übergängen gibt es 375 000 Eier.

d) Die Population verhält sich zyklisch für abc = 1. Berechnen Sie mit der Gleichung die Entwicklungsrate b von Raupe zu Schmetterling für $a = \frac{1}{12}$ und c = 80.

$\frac{1}{12} \cdot b \cdot 80 = 1 \Rightarrow b = \frac{3}{20} = 0,15$

Die Überlebensrate von Raupe zu Schmetterling muss 15 % betragen.

Beispiel 2 **Berechnung von Matrixpotenzen und Zuständen**

Gegeben ist die Übergangsmatrix $M = \begin{pmatrix} 0 & 0 & 5 \\ \frac{1}{2} & 0 & 0 \\ 0 & \frac{1}{5} & 0 \end{pmatrix}$ und der Anfangszustand $\vec{v_0} = \begin{pmatrix} 32 \\ 40 \\ 8 \end{pmatrix}$.

a) Bestimmen Sie M^8.

b) Bestimmen Sie den Zustand $\vec{v_{10}}$ nach 10 Übergängen.

Lösung:

a) Die Gestalt von M erfüllt die Bedingungen des Satzes, sodass $M^3 = abc \cdot E_3$ gilt.

Zerlegen Sie M^8 in Faktoren, sodass möglichst häufig der Faktor M^3 entsteht, für den $M^3 = \frac{1}{2} \cdot E_3$ gilt.

Berechnen Sie M^2 und damit M^8.

$a = \frac{1}{2}, b = \frac{1}{5}, c = 5$

Faktor: $abc = \frac{1}{2} \cdot \frac{1}{5} \cdot 5 = \frac{1}{2}$

$M^8 = M^3 \cdot M^3 \cdot M^2 = \frac{1}{2}E_3 \cdot \frac{1}{2}E_3 \cdot M^2$

$= \left(\frac{1}{2}\right)^2 \cdot M^2 = \frac{1}{4} \cdot M^2$

Mit $M^2 = \begin{pmatrix} 0 & 1 & 0 \\ 0 & 0 & \frac{5}{2} \\ \frac{1}{10} & 0 & 0 \end{pmatrix}$ folgt $M^8 = \begin{pmatrix} 0 & \frac{1}{4} & 0 \\ 0 & 0 & \frac{5}{8} \\ \frac{1}{40} & 0 & 0 \end{pmatrix}$

b) Ermitteln Sie, wie oft 3 Übergänge nötig sind, damit $\vec{v_{10}}$ aus $\vec{v_0}$, $\vec{v_1}$ oder $\vec{v_2}$ entsteht.

Die Population ändert sich nach jeweils 3 Übergängen um den Faktor $abc = \frac{1}{2}$, bei 9 Übergängen also um $\left(\frac{1}{2}\right)^3$.

$\vec{v_{10}} = M^{10} \cdot \vec{v_0} = (M^3)^3 \cdot M \cdot \vec{v_0} = (M^3)^3 \cdot \vec{v_1}$, also 3 Mal drei Übergänge.

$\vec{v_{10}} = \left(\frac{1}{2}\right)^3 \cdot \vec{v_1} = \frac{1}{8} \cdot \vec{v_1}$

Mit $\vec{v_1} = M \cdot \vec{v_0} = \begin{pmatrix} 32 \\ 40 \\ 8 \end{pmatrix}$ folgt $\vec{v_{10}} = \begin{pmatrix} 4 \\ 5 \\ 1 \end{pmatrix}$.

Basisaufgaben

1 Die Matrix M beschreibt die Entwicklung einer Population. Berechnen Sie M^2 und M^3. Geben Sie an, ob die Population langfristig wächst, abnimmt oder sich zyklisch verhält.

a) $M = \begin{pmatrix} 0 & 0 & 1 \\ 1 & 0 & 0 \\ 0 & 1 & 0 \end{pmatrix}$
b) $M = \begin{pmatrix} 0 & 0 & 2 \\ 0{,}2 & 0 & 0 \\ 0 & 0{,}5 & 0 \end{pmatrix}$
c) $M = \begin{pmatrix} 0 & 0 & 12 \\ \frac{1}{2} & 0 & 0 \\ 0 & \frac{1}{3} & 0 \end{pmatrix}$
d) $M = \begin{pmatrix} 0 & 0 & 8 \\ 0{,}5 & 0 & 0 \\ 0 & \frac{1}{4} & 0 \end{pmatrix}$

2 Die Entwicklung einer Insektenpopulation (Ei - Larve - Insekt) lässt sich durch die Matrix

$M = \begin{pmatrix} 0 & 0 & 12{,}5 \\ 0{,}4 & 0 & 0 \\ 0 & 0{,}2 & 0 \end{pmatrix}$ beschreiben.

a) Zeigen Sie, dass sich die Insektenpopulation zyklisch verhält.

b) Erstellen Sie zu dem Sachverhalt ein Übergangsdiagramm.

c) Stellen Sie in einer Tabelle die ersten sechs Zustände der Population dar, wenn der Prozess mit 1200 Eiern, 100 Larven und 50 Insekten beginnt.

d) Bearbeiten Sie c) für den Anfangszustand 100 Eier, 20 Larven und 10 Insekten.

3 Eine Vogelart legt im Jahr 15 Eier, von denen die Hälfte zu Küken ausgebrütet wird; 40 % der Küken entwickeln sich zu ausgewachsenen Weibchen, die wieder Eier legen können.

a) Erstellen Sie ein Übergangsdiagramm und geben Sie die Übergangsmatrix an.

b) Ein Bauer kauft 100 Eier und 10 Küken. Berechnen Sie die Anzahl der Eier, Küken und fortpflanzungsfähiger Weibchen nach einem, zwei und nach drei Übergängen.

c) Geben Sie an, wie sich die Population langfristig entwickelt.

d) Berechnen Sie die Anzahl der Eier nach 6 und nach 12 Übergängen.

e) Bestimmen Sie die erforderliche Schlupfrate, damit der Vogelbestand des Bauers nicht expandiert und nicht verschwindet.

4 Gegeben sind die folgenden Übergangsmatrizen.

① $M = \begin{pmatrix} 0 & 0 & 10 \\ 0,5 & 0 & 0 \\ 0 & 0,2 & 0 \end{pmatrix}$ ② $M = \begin{pmatrix} 0 & 0 & 10 \\ 0,4 & 0 & 0 \\ 0 & 0,5 & 0 \end{pmatrix}$ ③ $M = \begin{pmatrix} 0 & 0 & 4 \\ \frac{1}{2} & 0 & 0 \\ 0 & \frac{1}{2} & 0 \end{pmatrix}$ ④ $M = \begin{pmatrix} 0 & 0 & 2 \\ \frac{1}{2} & 0 & 0 \\ 0 & \frac{1}{2} & 0 \end{pmatrix}$

a) Bestimmen Sie zu den Matrizen ① bis ④ die Potenzen M^3, M^4, M^9, M^{10} und M^8.

b) Bestimmen Sie für die Übergangsmatrizen ① bis ④ und den Anfangszustand

$$\vec{v_0} = \begin{pmatrix} 40 \\ 200 \\ 80 \end{pmatrix}$$ die Zustände $\vec{v_3}$, $\vec{v_5}$ und $\vec{v_7}$.

5 Das Diagramm zeigt den jährlichen Übergang von drei Stadien einer Populationsentwicklung. Zu Beginn beträgt die Anzahl von A 600, von B 240 und von C 400.

a) Erstellen Sie die Übergangsmatrix zum Diagramm.

b) Bestimmen Sie p so, dass der Prozess zyklisch verläuft.

c) Berechnen Sie für den zyklischen Fall die Anzahlen von A, B und C ① nach 9 Jahren, ② nach 4 Jahren und ③ nach 8 Jahren.

d) Bearbeiten Sie c) für $p = \frac{1}{6}$ und geben Sie an, wie sich die Population in diesem Fall langfristig entwickelt.

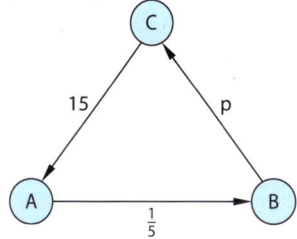

Weiterführende Aufgaben

6 Erläutern Sie die Ausgaben eines CAS.

a) Tina hat Beispiel 1 bearbeitet.

$m := \begin{bmatrix} 0 & 0 & 80 \\ \frac{1}{12} & 0 & 0 \\ 0 & \frac{3}{4} & 0 \end{bmatrix}$ $v := \begin{bmatrix} 600 \\ 10 \\ 2 \end{bmatrix}$ $\begin{bmatrix} 600 \\ 10 \\ 2 \end{bmatrix}$

$m^3 \cdot v$ $\begin{bmatrix} 3000 \\ 50 \\ 10 \end{bmatrix}$

$\det\left(\begin{bmatrix} 0 & 0 & a \\ b & 0 & 0 \\ 0 & c & 0 \end{bmatrix}\right)$ $a \cdot b \cdot c$

$\det(m) \cdot v$ $\begin{bmatrix} 3000 \\ 50 \\ 10 \end{bmatrix}$

b) Casimir hat im *Main*-Menü die Tastatur *Math2* verwendet und dort doppelt die Taste zur Erstellung einer Matrix m1 bzw. eines Vektors v gewählt.

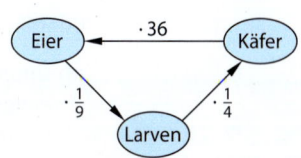

7 **Stolperstelle:** Max hat aus dem Diagramm zum

Zustandsvektor $\begin{pmatrix} \text{Eier} \\ \text{Larven} \\ \text{Käfer} \end{pmatrix}$ die Matrix $M = \begin{pmatrix} 0 & 0 & 36 \\ \frac{1}{4} & 0 & 0 \\ 0 & \frac{1}{9} & 0 \end{pmatrix}$

erstellt. Beschreiben Sie den Fehler.

8 Gegeben ist die Matrix A mit A = $\begin{pmatrix} 0 & 0 & c \\ a & 0 & 0 \\ 0 & b & 0 \end{pmatrix}$ und abc = 1, a, b, c $\in \mathbb{R}$.

a) Da die charakteristische Gleichung vom Grad 3 ist, hat die Matrix A mindestens einen Eigenwert. Erläutern Sie dies.

b) Begründen Sie die folgende Aussage:
Wenn $\vec{v}$ ein Eigenvektor zu einem Eigenwert λ ist, dann gilt: $A^3 \cdot \vec{v} = \lambda^3 \cdot \vec{v}$.

c) Begründen Sie mithilfe der speziellen Form der Matrix A, dass aus a) und b) folgt: $\lambda = 1$

d) Zeigen Sie, dass $\begin{pmatrix} c \\ ac \\ 1 \end{pmatrix}$ ein Eigenvektor zum Eigenwert $\lambda = 1$ ist.

9 Gegeben ist die Matrix M = $\begin{pmatrix} 0 & 0 & c \\ a & 0 & 0 \\ 0 & b & 0 \end{pmatrix}$ einer Populationsentwicklung mit a, b, c > 0 und a, b $\leq$ 1.

a) Bestimmen Sie mithilfe der charakteristischen Gleichung alle Eigenwerte von M.

b) Geben Sie jeweils eine Beispielmatrix an, wenn ein Eigenwert von M den folgenden Wert hat.

① $\lambda = 2$ ② $\lambda = 1$ ③ $\lambda = 0,5$

Beschreiben Sie jeweils auch die Populationsentwicklung, wenn der Anfangszustand ein zugehöriger Eigenvektor ist.

10 Bei einer Tierart wird unterschieden zwischen den Stadien jung (J), erwachsen (E) und alt (A). Jedes Jungtier wird nach einem Schritt erwachsen, jedes erwachsene Tier bekommt genau ein Junges und wird selbst alt. Alte Tiere bekommen keine Jungen und sterben nach einem Schritt.

a) Erstellen Sie ein Übergangsdiagramm und geben Sie die Übergangsmatrix an.

b) Zeigen Sie, dass sich immer eine zyklische Population mit Zykluslänge 2 einstellt.

11 Gegeben ist die Matrix A mit A = $\begin{pmatrix} -\frac{1}{4} & -\frac{1}{4} & \frac{3}{4} \\ \frac{9}{8} & \frac{1}{8} & \frac{1}{8} \\ \frac{1}{8} & \frac{9}{8} & \frac{1}{8} \end{pmatrix}$ und der Vektor $\vec{v_0} = \begin{pmatrix} 1 \\ 3 \\ 4 \end{pmatrix}$.

a) Berechnen Sie ① $\vec{v_1} = A \cdot \vec{v_0}$, ② $\vec{v_2} = A \cdot \vec{v_1}$ und ③ $\vec{v_3} = A \cdot \vec{v_2}$.

b) Es gibt eine natürliche Zahl n > 1, für die $A^n = A$ gilt. Stellen Sie mithilfe der Ergebnisse aus a) eine Vermutung für n auf und bestätigen Sie Ihre Vermutung, indem Sie A^n berechnen.

c) Geben Sie das Ergebnis des Produkts $A^{20} \cdot \vec{v_0}$ an, ohne die Rechnung auszuführen.

12 Ausblick: Bei einer geometrischen Abbildung aller Punkte P(x|y) der Ebene werden die Koordinaten der Bildpunkte P'(x'|y') wie folgt berechnet: $\begin{pmatrix} x' \\ y' \end{pmatrix} = \begin{pmatrix} 0 & -1 \\ 1 & 0 \end{pmatrix} \cdot \begin{pmatrix} x \\ y \end{pmatrix}$.

a) Untersuchen Sie, wie sich die Abbildung geometrisch auswirkt. Berechnen Sie dazu einige Bildpunkte und stellen Sie sie gemeinsam mit den Originalpunkten in einem Koordinatensystem dar.

b) Weisen Sie mithilfe der Matrix $\begin{pmatrix} 0 & -1 \\ 1 & 0 \end{pmatrix}$ nach, dass beim mehrfachen Hintereinanderausführen der Abbildung ein zyklischer Prozess entsteht.

c) Untersuchen Sie, für welche Werte von a die Matrix $\begin{pmatrix} 0 & -a \\ a & 0 \end{pmatrix}$ einen zyklischen Prozess beschreibt.

2.4   Spezielle Abbildungen in der Ebene

Gegeben sind das Dreieck ABC und sein Bilddreieck A'B'C', das durch eine Spiegelung an der 1. Winkelhalbierenden g entstanden ist.

a) Geben Sie die Koordinaten der Punkte A, B und C sowie die der Bildpunkte A', B' und C' an. Beschreiben Sie, wie die Koordinaten der Bildpunkte aus denen von A, B und C hervorgehen.

b) Zur Berechnung der Koordinaten der Bildpunkte können die Gleichungen

$$x' = a \cdot x + b \cdot y$$
$$y' = c \cdot x + d \cdot y$$

oder

$$\begin{pmatrix} x' \\ y' \end{pmatrix} = \begin{pmatrix} a & b \\ c & d \end{pmatrix} \cdot \begin{pmatrix} x \\ y \end{pmatrix}$$

genutzt werden. Bestimmen Sie durch inhaltliche Überlegung die Matrixelemente a, b, c und d.

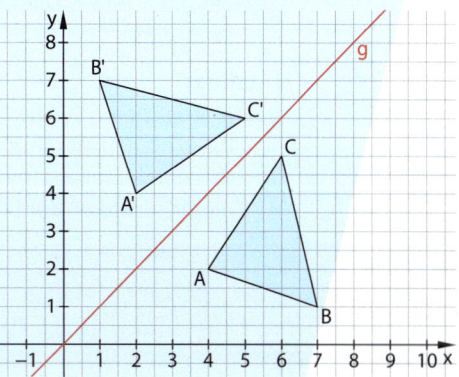

Bei bekannten Abbildungen wie Spiegelungen, Drehungen und zentrischen Streckungen können die Koordinaten der Bildpunkte mithilfe von Matrizen berechnet werden.

Spiegelung an der x- oder y-Achse

Spiegelung an der x-Achse:
Die x-Koordinate bleibt bei der Spiegelung unverändert, die y-Koordinate wird zur Gegenzahl. Also können die Koordinaten des Bildpunktes $P(x'|y')$ mithilfe folgender **Abbildungsgleichungen** bestimmt werden:

$$x' = 1 \cdot x + 0 \cdot y$$
$$y' = 0 \cdot x + (-1) \cdot y \quad \text{oder in Matrixschreibweise}$$

$$\overrightarrow{OP'} = \begin{pmatrix} x' \\ y' \end{pmatrix} = \begin{pmatrix} 1 & 0 \\ 0 & -1 \end{pmatrix} \cdot \begin{pmatrix} x \\ y \end{pmatrix}$$

Abbildungsmatrix

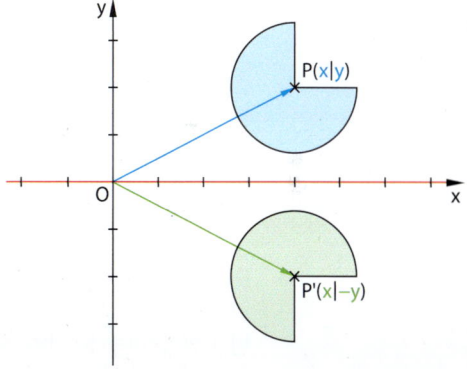

Hinweis

Invarianten einer Abbildung sind geometrische Objekte, die durch diese Abbildung auf sich selbst abgebildet werden, wie die Spiegelachse bei einer Spiegelung.

Spiegelung an der y-Achse:
In diesem Fall wird die x-Koordinate auf die Gegenzahl abgebildet und die y-Koordinate bleibt unverändert. Es gelten analog für die Koordinaten des Bildpunktes $Q'(x'|y')$ die Abbildungsgleichungen

$$x' = (-1) \cdot x + 0 \cdot y$$
$$y' = 0 \cdot x + 1 \cdot y$$
oder $\overrightarrow{OQ'} = \begin{pmatrix} x' \\ y' \end{pmatrix} = \begin{pmatrix} -1 & 0 \\ 0 & 1 \end{pmatrix} \cdot \begin{pmatrix} x \\ y \end{pmatrix}$.

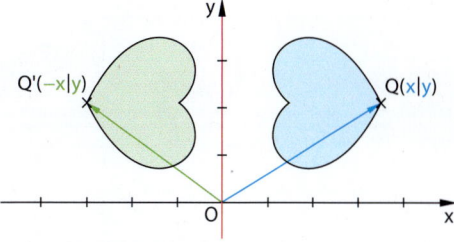

> **Wissen**   **Spiegelung an den Koordinatenachsen in der Ebene**
>
> Zu jedem Punkt $P(x|y)$ erhält man die Koordinaten des Bildpunktes $P'(x'|y')$ durch Multiplikation der Abbildungsmatrix mit dem Ortsvektor von P.
>
> **Spiegelung an der x-Achse**
>
> $$\begin{pmatrix} x' \\ y' \end{pmatrix} = \begin{pmatrix} 1 & 0 \\ 0 & -1 \end{pmatrix} \cdot \begin{pmatrix} x \\ y \end{pmatrix}$$
>
> **Spiegelung an der y-Achse**
>
> $$\begin{pmatrix} x' \\ y' \end{pmatrix} = \begin{pmatrix} -1 & 0 \\ 0 & 1 \end{pmatrix} \cdot \begin{pmatrix} x \\ y \end{pmatrix}$$

Beispiel 1

Das Dreieck ABC mit A(−1|−2), B(3|3) und C(−3|2) wird an der y-Achse gespiegelt.
a) Berechnen Sie mithilfe einer Matrix die Eckpunkte des Bilddreiecks.
b) Zeichnen Sie das Dreieck ABC und sein Bilddreieck A'B'C' in ein gemeinsames Koordinatensystem.

Lösung:

a) Multiplizieren Sie die Ortsvektoren der Punkte A, B bzw. C mit der entsprechenden Abbildungsmatrix. Es ergeben sich die Ortsvektoren der Bildpunkte.

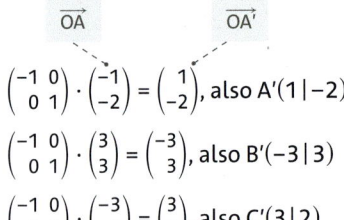

$$\begin{pmatrix} -1 & 0 \\ 0 & 1 \end{pmatrix} \cdot \begin{pmatrix} -1 \\ -2 \end{pmatrix} = \begin{pmatrix} 1 \\ -2 \end{pmatrix},\text{ also A'(1|−2)}$$

$$\begin{pmatrix} -1 & 0 \\ 0 & 1 \end{pmatrix} \cdot \begin{pmatrix} 3 \\ 3 \end{pmatrix} = \begin{pmatrix} -3 \\ 3 \end{pmatrix},\text{ also B'(−3|3)}$$

$$\begin{pmatrix} -1 & 0 \\ 0 & 1 \end{pmatrix} \cdot \begin{pmatrix} -3 \\ 2 \end{pmatrix} = \begin{pmatrix} 3 \\ 2 \end{pmatrix},\text{ also C'(3|2)}$$

b)
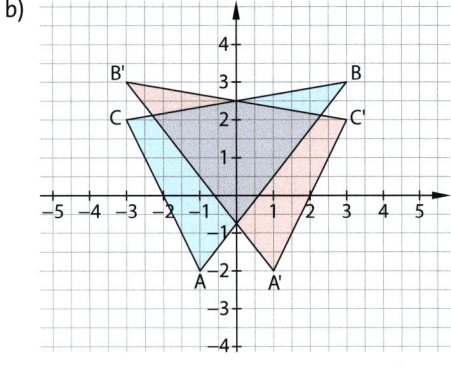

Basisaufgaben

1 Berechnen Sie die Koordinaten der Bildpunkte von A(0|2), B(−4|5), C(−1|−8) und D(2|−2) mithilfe der entsprechenden Matrix bei einer
a) Spiegelung an der x-Achse,
b) Spiegelung an der y-Achse.

2 Gegeben ist ein Viereck ABCD mit A(−2|−3), B(3|−4), C(2|1) und D(−1|2).
a) Zeichnen Sie das Viereck ABCD in ein Koordinatensystem und spiegeln Sie es an der y-Achse.
b) Berechnen Sie mithilfe einer Matrix die Eckpunkte des Bildvierecks. Vergleichen Sie sie mit Ihrer Zeichnung aus a).

3 Die abgebildeten Figuren werden ① an der x-Achse bzw. ② an der y-Achse gespiegelt.
a) Berechnen Sie mithilfe einer Matrix jeweils die Eckpunkte der Bildfigur.
b) Überprüfen Sie Ihre Berechnungen mithilfe eines CAS.

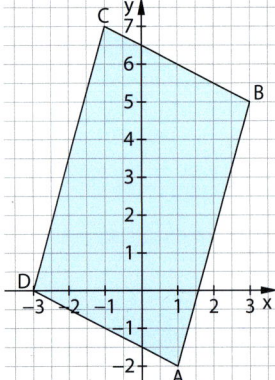
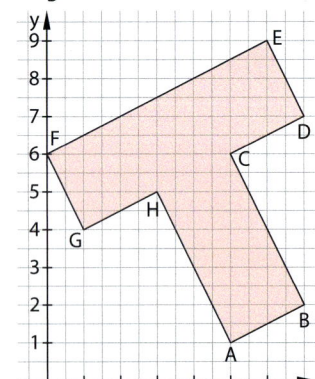
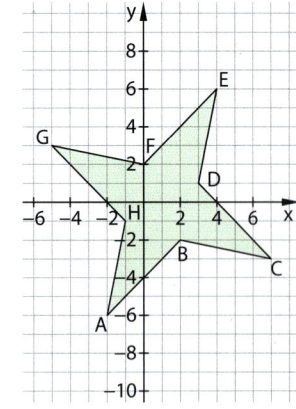

4 Bei einer Abbildung ergibt sich zu jedem Punkt P(x|y) der Bildpunkt P'(x'|y') durch x' = −x und y' = y. Geben Sie an, um welche Abbildung es sich handelt, und schreiben Sie die zugehörige Abbildungsmatrix auf.

Zentrische Streckung mit Ursprung als Streckzentrum

Bei einer Streckung mit dem Streckfaktor k und Streckzentrum O werden Ortsvektoren um den Faktor k verlängert, sodass gilt: $\overrightarrow{OP'} = k \cdot \overrightarrow{OP}$. Für die Koordinaten des Bildpunktes P' gelten somit die Abbildungsgleichungen $x' = k \cdot x$ und $y' = k \cdot y$.

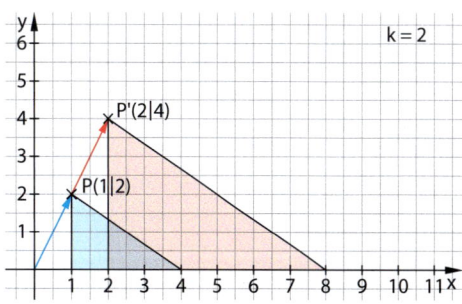

Aus $\begin{pmatrix} x' \\ y' \end{pmatrix} = \begin{pmatrix} kx \\ ky \end{pmatrix} = \begin{pmatrix} a & b \\ c & d \end{pmatrix} \cdot \begin{pmatrix} x \\ y \end{pmatrix}$ und

$\left| \begin{matrix} ax + by = kx \\ cx + dy = ky \end{matrix} \right.$ folgt a = d = k und b = c = 0.

Es ergibt sich die Abbildungsmatrix $A = \begin{pmatrix} k & 0 \\ 0 & k \end{pmatrix}$.

> **Wissen** **Zentrische Streckung mit dem Streckzentrum O in der Ebene**
>
> Bei einer **zentrischen Streckung mit dem Streckungsfaktor k und dem Streckzentrum O** in der Ebene erhält man zu jedem Punkt P(x|y) die Koordinaten des Bildpunktes P'(x'|y') durch:
>
> $$\begin{pmatrix} x' \\ y' \end{pmatrix} = \begin{pmatrix} k & 0 \\ 0 & k \end{pmatrix} \cdot \begin{pmatrix} x \\ y \end{pmatrix}$$

Beispiel 2 Überprüfen Sie, ob es sich bei der Abbildung um eine zentrische Streckung mit dem Streckzentrum O handelt. Geben Sie gegebenenfalls die Abbildungsmatrix an.
a) P(18|−2) wird auf P'(−45|13) abgebildet.
b) Q(16|24) wird auf Q'(14|21) abgebildet.

Lösung:
a) Überprüfen Sie, ob es ein k mit $x' = k \cdot x$ und $y' = k \cdot y$ gibt. Setzen Sie dafür die Koordinaten von P und P' in die Gleichungen ein. Gibt es eine gemeinsame Lösung für k, so handelt es sich um eine zentrische Streckung, sonst nicht.

$\begin{pmatrix} -45 \\ 13 \end{pmatrix} = \begin{pmatrix} k & 0 \\ 0 & k \end{pmatrix} \cdot \begin{pmatrix} 18 \\ -2 \end{pmatrix} \Leftrightarrow \left| \begin{matrix} -45 = 18k \\ 13 = -2k \end{matrix} \right.$

Es handelt sich nicht um eine zentrische Streckung an O, da $-\frac{45}{18} = -\frac{5}{2} \neq -\frac{13}{2}$.

b) Gehen Sie analog für Q und Q' vor.

Die Lösungen für k stimmen überein und ergeben somit den Streckfaktor.

Schreiben Sie die Abbildungsmatrix in der Form $\begin{pmatrix} k & 0 \\ 0 & k \end{pmatrix}$ auf.

$\begin{pmatrix} 14 \\ 21 \end{pmatrix} = \begin{pmatrix} k & 0 \\ 0 & k \end{pmatrix} \cdot \begin{pmatrix} 16 \\ 24 \end{pmatrix} \Leftrightarrow \left| \begin{matrix} 14 = 16k \\ 21 = 24k \end{matrix} \right.$

Es handelt sich um eine zentrische Streckung an O mit Streckfaktor $k = \frac{7}{8}$.

Abbildungsmatrix: $\begin{pmatrix} \frac{7}{8} & 0 \\ 0 & \frac{7}{8} \end{pmatrix}$

Basisaufgaben

5 Ermitteln Sie aus der Zeichnung den Streckungsfaktor der zentrischen Streckung und überprüfen Sie rechnerisch mithilfe einer Abbildungsmatrix die Richtigkeit der Koordinaten der Bildpunkte.

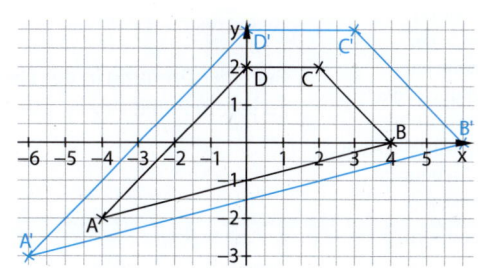

6 Das Viereck mit den Eckpunkten A($-2\,|\,-4$), B($4\,|\,0$), C($3\,|\,4$) und D($-2\,|\,3$) wird mit dem Streckungsfaktor k = $\frac{3}{2}$ zentrisch gestreckt.

a) Berechnen Sie die Koordinaten der Eckpunkte des Bildvierecks mithilfe einer Abbildungsmatrix.

b) Stellen Sie das Bildviereck gemeinsam mit dem ursprünglichen Viereck in einem Koordinatensystem dar.

Erinnerung

Abstand zweier Punkte
P($x_1\,|\,y_1$) und Q($x_2\,|\,y_2$):
$\sqrt{(x_2 - x_1)^2 + (y_2 - y_1)^2}$.

c) Messen Sie die Längen der Strecken $\overline{AB}$ und $\overline{A'B'}$ und stellen Sie den Bezug zum Streckungsfaktor her. Überprüfen Sie Ihr Ergebnis auch rechnerisch.

d) Messen Sie die Innenwinkel der beiden Vierecke und beschreiben Sie Ihre Beobachtung.

e) Bearbeiten Sie die Teilaufgaben a) bis d) auch für k = 0,5.

7 Melanie behauptet: *„Bei einer zentrischen Streckung benötigt man gar keine Abbildungsmatrix, um den Ortsvektor eines Bildpunktes P'($x'\,|\,y'$) zu berechnen. Man kann einfach den Ortsvektor des Punktes P($x\,|\,y$) mit dem Streckfaktor k multiplizieren."* Nehmen Sie dazu Stellung.

8 **Zentrische Streckung**

Prüfen Sie die Aussage: Der Bildpunkt von P($x\,|\,y$) bei zentrischer Streckung mit dem Zentrum Z($a\,|\,b$) mit dem Streckungsfaktor k

wird bestimmt durch $\begin{pmatrix} k & a \\ b & k \end{pmatrix} \cdot \begin{pmatrix} x \\ y \end{pmatrix} = \begin{pmatrix} y \cdot a + x \\ x \cdot b + y \end{pmatrix}$.

a) für a = b = 0, x = 1 und y = 2, k = 2

b) für a = b = 0, x = 1 und y = 2, k ∈ ℝ

c) für a = b = 0 und x, y ∈ ℝ

d) für a, b ∈ ℝ

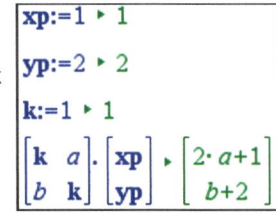

Drehung um den Koordinatenursprung

Auch bei der Drehung in der Ebene um den Koordinatenursprung kann man Bildpunkte mithilfe einer 2×2-Matrix

A = $\begin{pmatrix} a & b \\ c & d \end{pmatrix}$ bestimmen.

Am Einheitskreis erkennt man: Der Punkt ($1\,|\,0$) wird bei einer Drehung mit dem Winkel φ um den Ursprung auf den Punkt ($\cos(\varphi)\,|\,\sin(\varphi)$) abgebildet. Es muss also

gelten: $\begin{pmatrix} \cos(\varphi) \\ \sin(\varphi) \end{pmatrix} = \begin{pmatrix} a & b \\ c & d \end{pmatrix} \cdot \begin{pmatrix} 1 \\ 0 \end{pmatrix} = \begin{pmatrix} a \\ c \end{pmatrix}$.

Entsprechend wird der Punkt ($0\,|\,1$) auf den Punkt ($-\sin(\varphi)\,|\,\cos(\varphi)$) abgebildet, es muss

also $\begin{pmatrix} -\sin(\varphi) \\ \cos(\varphi) \end{pmatrix} = \begin{pmatrix} a & b \\ c & d \end{pmatrix} \cdot \begin{pmatrix} 0 \\ 1 \end{pmatrix} = \begin{pmatrix} b \\ d \end{pmatrix}$ gelten.

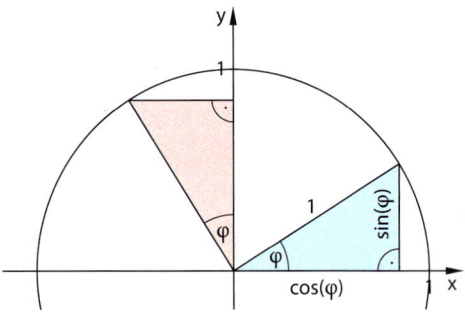

Es ergibt sich die Abbildungsmatrix A = $\begin{pmatrix} \cos(\varphi) & -\sin(\varphi) \\ \sin(\varphi) & \cos(\varphi) \end{pmatrix}$.

Hinweis

Positive Winkel bedeuten in der Mathematik immer eine Drehung gegen den Uhrzeigersinn. Negative Winkel stehen für eine Drehung im Uhrzeigersinn.

> **Wissen**
>
> Bei einer **Drehung in der Ebene mit dem Winkel φ um den Koordinatenursprung** erhält man zu jedem Punkt P($x\,|\,y$) die Koordinaten des Bildpunktes P'($x'\,|\,y'$) durch:
>
> $$\begin{pmatrix} x' \\ y' \end{pmatrix} = \begin{pmatrix} \cos(\varphi) & -\sin(\varphi) \\ \sin(\varphi) & \cos(\varphi) \end{pmatrix} \cdot \begin{pmatrix} x \\ y \end{pmatrix}$$

Die **Punktspiegelung am Ursprung** entspricht einer Drehung um φ = 180°, sie hat wegen sin(180°) = 0 und cos(180°) = −1 die Abbildungsmatrix $\begin{pmatrix} -1 & 0 \\ 0 & -1 \end{pmatrix}$.

Beispiel 3 Eine Figur wird um den Koordinatenursprung gedreht. Bestimmen Sie zur Abbildungsmatrix A den entsprechenden Drehwinkel zwischen 0° und 360° auf eine Nachkommastelle genau.

a) $A = \begin{pmatrix} 0{,}766 & -0{,}643 \\ 0{,}643 & 0{,}766 \end{pmatrix}$

b) $A = \begin{pmatrix} 0{,}574 & 0{,}819 \\ -0{,}819 & 0{,}574 \end{pmatrix}$

Lösung:

a) Entnehmen Sie der Matrix die Werte für cos(φ) und sin(φ). Da beide Werte positiv sind, liegt der gesuchte Winkel zwischen 0° und 90°. Ermitteln Sie den Winkel φ mit der Umkehrfunktion.

cos(φ) = 0,766
⇒ φ = arccos(0,766) ≈ 40,0°

sin(φ) = 0,643
⇒ φ = arcsin(0,643) ≈ 40,0°

b) Lesen Sie die Werte für cos(φ) und sin(φ) aus der Matrix ab. Positiver Kosinuswert und negativer Sinuswert entsprechen einem Winkel zwischen 270° und 360°. Berechnen Sie den Winkel φ mit der Umkehrfunktion Ihres Taschenrechners und nutzen Sie die Eigenschaften der Sinus- bzw. Kosinusfunktion, um den entsprechenden Winkel aus dem IV. Quadrant zu ermitteln.

cos(φ) = 0,574
⇒ φ = arccos(0,574) ≈ 55,0°
Entsprechender Winkel im IV. Quadrant:
≈ 360° − 55,0° = 305,0°

sin(φ) = −0,819
⇒ φ = arcsin(−0,819) ≈ −55,0°
Entsprechender Winkel im IV. Quadrant:
≈ −55,0° + 360° = 305,0°

Hinweis

Der Taschenrechner liefert bei arcsin Winkel zwischen −90° und 90° und bei arccos Winkel zwischen 0° und 180°. Wegen der Periodizität und der Symmetrie von sin und cos sind aber weitere Lösungen vorhanden. Lösen Sie diese Gleichungen daher mit dem *solve*-Befehl.

Basisaufgaben

Hinweis zu 9

Überlegen Sie bei einem negativen Winkel, welchem positiven Winkel zwischen 0° und 360° dieser entspricht.

9 Gegeben ist das Viereck mit den Eckpunkten A(2|0), B(5|0), C(4|3) und D(1|4). Es soll um O mit dem Winkel φ gedreht werden. Berechnen Sie die Eckpunkte des Bildvierecks und zeichnen Sie es gemeinsam mit dem ursprünglichen Viereck in ein Koordinatensystem.

a) φ = 90°   b) φ = −45°   c) φ = 270°   d) φ = −120°

10 Bestimmen Sie zur Abbildungsmatrix D den entsprechenden Drehwinkel auf eine Nachkommastelle genau.

a) $D = \begin{pmatrix} 0{,}6 & -0{,}8 \\ 0{,}8 & 0{,}6 \end{pmatrix}$

b) $D = \begin{pmatrix} \frac{1}{2}\sqrt{3} & -\frac{1}{2} \\ \frac{1}{2} & \frac{1}{2}\sqrt{3} \end{pmatrix}$

c) $D = \begin{pmatrix} 0 & 1 \\ -1 & 0 \end{pmatrix}$

d) $D = \begin{pmatrix} -\frac{1}{2}\sqrt{2} & \frac{1}{2}\sqrt{2} \\ -\frac{1}{2}\sqrt{2} & -\frac{1}{2}\sqrt{2} \end{pmatrix}$

Hinweis

Wenn nicht anders angegeben, erfolgen Drehungen immer um den Koordinatenursprung O.

11 Bei einer Drehung um den Winkel φ wird der Punkt (−4|0) auf den Punkt (0|4) abgebildet. Bestimmen Sie den Drehwinkel φ und die zugehörige Abbildungsmatrix. Stellen Sie dafür aus der Matrixgleichung ein lineares Gleichungssystem mit der Unbekannten φ auf und ermitteln Sie den Winkel φ, der beide Gleichungen des LGS erfüllt.

12 a) Weisen Sie mithilfe entsprechender Abbildungsmatrizen nach, dass eine zentrische Streckung mit Streckfaktor k = −1 einer Drehung um den Winkel φ = 180° entspricht.

b) Lena meint: „Das ist doch eine Punktspiegelung am Ursprung."
Nehmen Sie dazu Stellung.

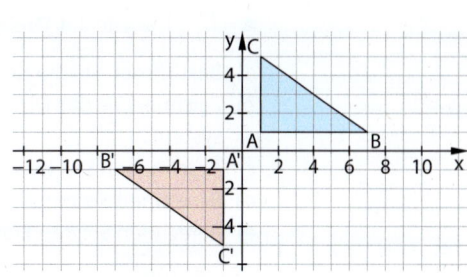

Eine Gerade lässt sich beschreiben durch einen Stützvektor $\overrightarrow{OP}$ zu einem Punkt der Geraden und alle Vielfachen eines Richtungsvektors $\vec{u}$:
$\vec{x} = \overrightarrow{OP} + r \cdot \vec{u}\ (r \in \mathbb{R})$

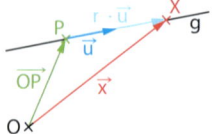

> **Fixpunkt, Fixgerade und Fixpunktgerade**
>
> Für eine Abbildung A gilt: Ein Punkt X heißt **Fixpunkt**, wenn der zugehörige Vektor $\vec{x}$ Fixvektor von A ist, also wenn $A \cdot \vec{x} = \vec{x}$ gilt. Eine Gerade g heißt **Fixgerade**, wenn das Bild der Geraden wieder g ist. Eine Gerade g heißt **Fixpunktgerade**, wenn jeder Punkt der Geraden ein Fixpunkt ist.

Basisaufgaben

13 Beurteilen Sie, welche Geraden bei Spiegelung an einer Koordinatenachse, bei einer zentrischen Streckung oder bei einer Drehung Fixgerade oder Fixpunktgerade sind. Erläutern Sie dies an konkreten Beispielen.

14 Gegeben sind Abbildungen durch die Matrizen $A = \begin{pmatrix} 0 & 1 \\ 1 & 0 \end{pmatrix}$ und $B = \begin{pmatrix} 0 & -1 \\ -1 & 0 \end{pmatrix}$.

Berechnen Sie die Bilder einiger ausgewählter Punkte und beschreiben Sie, was die Abbildungen bewirken.

Weiterführende Aufgaben

15 Stolperstelle: Erläutern Sie die Fehler bei der Verwendung des Taschenrechners und geben Sie die richtige Abbildungsmatrix an.
Hans sagt: „Ich habe für die Drehung um 90° alles noch einmal mit dem Taschenrechner überprüft, die richtige Abbildungsmatrix ist $A \approx \begin{pmatrix} 0,1564 & -0,9877 \\ 0,9877 & 0,1564 \end{pmatrix}$."

Max erwidert: „Bei mir kommt aber $A \approx \begin{pmatrix} -0,4481 & -0,8940 \\ 0,8940 & -0,4481 \end{pmatrix}$ heraus."

16 Senkrechte Projektion auf die x- oder y-Achse:
a) Der Punkt Q bzw. R entsteht durch senkrechte Projektion des Punktes $P(x|y)$ auf die x-Achse bzw. y-Achse. Geben Sie die Koordinaten der Punkte Q und R an.
b) Stellen Sie jeweils die Abbildungsgleichungen auf und bestimmen Sie die Abbildungsmatrix, die als Bild die senkrechte Projektion auf die x- bzw. y-Achse liefert.

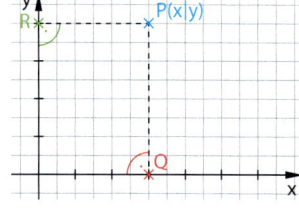

17 Fertigen Sie eine Zusammenfassung in Form einer Tabelle an, in der die verschiedenen bisher behandelten Abbildungen sowie ihre Abbildungsmatrizen aufgelistet sind.

Abbildung	Abbildungsmatrix
Spiegelung an der x-Achse	$\begin{pmatrix} 1 & 0 \\ 0 & -1 \end{pmatrix}$
...	

18 Scherungen: Gegeben ist eine sogenannte **Scherung** durch die Abbildungsmatrix
$A = \begin{pmatrix} 1 & 3 \\ 0 & 1 \end{pmatrix}$, sowie das Dreieck ABC mit A(0|0), B(3|0) und C(2|4).
a) Bestimmen Sie die Koordinaten der Eckpunkte des Bilddreiecks A'B'C'.
b) Zeichnen Sie das Dreieck ABC und sein Bilddreieck in ein gemeinsames Koordinatensystem.
c) Beschreiben Sie, was eine Scherung am Dreieck ABC bewirkt.
d) Berechnen Sie die Seitenlängen des Dreiecks und Bilddreiecks.
e) Berechnen Sie den Flächeninhalt des Dreiecks und Bilddreiecks.

19 Gegeben ist eine Scherung durch ihre Abbildungsmatrix $M = \begin{pmatrix} 1 & r \\ 0 & 1 \end{pmatrix}$, $r \neq 0$.

a) Interpretieren Sie im Sachzusammenhang die Rechnung auf dem CAS-Screenshot.

b) Zu den in Teilaufgabe a gegebenen Stücken kommt noch ein Punkt T(d|e) mit $0 < e < b$ hinzu, der ebenfalls mit Hilfe von M durch Scherung auf einen Punkt T_1 abgebildet wird.
Erläutern Sie, welche Schlussfolgerungen sich aus den Koordinaten der Bildpunkte P_1, Q_1 und T_1 für die Flächeninhalte des Originaldreiecks PQT und alle Bilddreiecke $P_1Q_1T_1$ ergeben.

c) Zeigen Sie, dass ein beliebiges Dreieck flächentreu abgebildet wird.

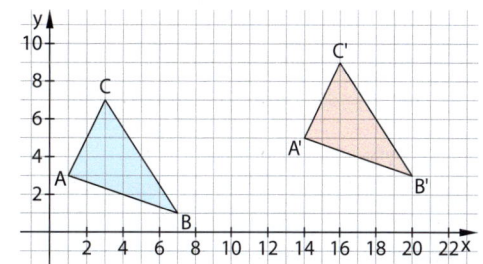

Hinweis zu 19c

Sie können z. B. das Vektorprodukt verwenden.

20 Verschiebung:

a) Beschreiben Sie die Abbildung.

b) Geben Sie Gleichungen an, mit denen sich die Koordinaten der Bildpunkte aus den Koordinaten der Punkte berechnen lassen.

c) Begründen Sie, dass es keine 2×2-Matrix A gibt, sodass $\begin{pmatrix} x' \\ y' \end{pmatrix} = A \cdot \begin{pmatrix} x \\ y \end{pmatrix}$ gilt.

21 Weisen Sie die Behauptung rechnerisch nach.

a) Der Mittelpunkt $M\left(\frac{a+c}{2} \bigm| \frac{b+d}{2}\right)$ einer Strecke $\overline{PQ}$ mit P(a|b) und Q(c|d) wird durch eine senkrechte Projektion auf die y-Achse auf den Mittelpunkt der Bildstrecke abgebildet.

b) Bei einer zentrischen Streckung mit Streckungsfaktor k ändern sich alle Streckenlängen mit dem Faktor |k| und der Flächeninhalt jedes Quadrats mit dem Faktor k^2.

Hinweis zu 21b

Sie können den Satz des Pythagoras verwenden, um zu zeigen, dass die Innenwinkel im Bildviereck wieder rechte Winkel sind.

22 Ausblick: Zur Beschreibung des Raums wird die bekannte xy-Ebene durch eine dritte z-Achse ergänzt, die im Ursprung senkrecht zur xy-Ebene verläuft. Man fasst die xy-Ebene als Grundebene auf und die z-Koordinate als Höhe. Abbildungen im Raum werden durch 3×3-Matrizen beschrieben.

Hinweis

Abbildungen im Raum werden im Abschnitt 2.6 thematisiert.

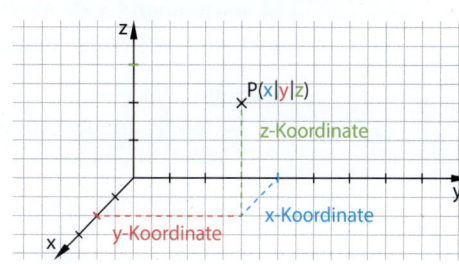

a) Untersuchen Sie, welche Abbildung durch die Matrix $A = \begin{pmatrix} 1 & 0 & 0 \\ 0 & 1 & 0 \\ 0 & 0 & 0 \end{pmatrix}$ beschrieben wird, indem Sie das Dreieck ABC mit A(1|1|2), B(3|3|4) und C(2|6|5) abbilden.

b) Geben Sie zur Spiegelung an der yz-Ebene die entsprechende Abbildungsmatrix an.

c) Untersuchen Sie, welche Abbildung durch die Matrix $A = \begin{pmatrix} \cos(\varphi) & -\sin(\varphi) & 0 \\ \sin(\varphi) & \cos(\varphi) & 0 \\ 0 & 0 & 1 \end{pmatrix}$ beschrieben wird.

2.5 Lineare Abbildungen in der Ebene, Verkettung und Umkehrung

Das Viereck PQRS wird auf das Viereck P'Q'R'S' abgebildet.

a) Geben Sie mithilfe der Bildpunkte P' und S' die Abbildungsmatrix $A = \begin{pmatrix} a & b \\ c & d \end{pmatrix}$ an, die P auf P' und S auf S' abbildet.

b) Überprüfen Sie, ob die Abbildungsmatrix A auch Q auf Q' und R auf R' abbildet.

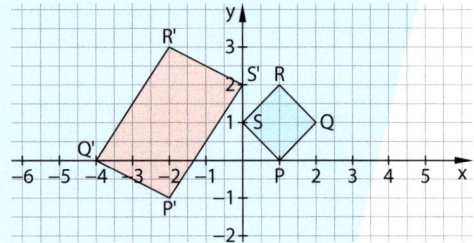

Neben den speziellen Abbildungen wie Spiegelungen, Drehungen und Streckungen gibt es noch beliebig viele weitere Abbildungen, bei denen sich die Bildpunkte jeweils aus der Multiplikation einer Abbildungsmatrix mit den Ortsvektoren der ursprünglichen Punkte ergeben. Solche Abbildungen nennt man **lineare Abbildungen**.

Wissen

Ordnet eine Abbildung in der Ebene jedem Punkt P(x|y) einen Punkt P'(x'|y') der Ebene zu, und erhält man die Koordinaten des Bildpunktes P'(x'|y') durch Multiplikation einer **Abbildungsmatrix** $A = \begin{pmatrix} a & b \\ c & d \end{pmatrix}$ mit dem Ortsvektor von P, so heißt sie **lineare Abbildung**:

$$\begin{pmatrix} x' \\ y' \end{pmatrix} = \begin{pmatrix} a & b \\ c & d \end{pmatrix} \cdot \begin{pmatrix} x \\ y \end{pmatrix} \quad \text{bzw.} \quad \overrightarrow{OP'} = A \cdot \overrightarrow{OP}$$

Wegen $A \cdot \vec{0} = \vec{0}$ wird bei einer linearen Abbildung der Ursprung immer auf den Ursprung abgebildet. Daher ist beispielsweise eine Verschiebung keine lineare Abbildung.

Wenn bei einer linearen Abbildung die Koordinaten der Bildpunkte von (1|0) und (0|1) bekannt sind, ergeben diese direkt die Abbildungsmatrix. Sind die Bildpunkte von zwei beliebigen Punkten (die nicht auf einer Ursprungsgeraden liegen) bekannt, kann man die Abbildungsmatrix durch Lösen eines linearen Gleichungssystems bestimmen.

Beispiel 1 Durch eine lineare Abbildung wird der Punkt P(2|1) auf P'(0|−2) und der Punkt Q(2|2) auf Q'(−2|2) abgebildet.

a) Bestimmen Sie die Abbildungsmatrix $A = \begin{pmatrix} a & b \\ c & d \end{pmatrix}$.

b) Berechnen Sie den Bildpunkt von R(−2|3).

Lösung:

a) Setzen Sie die Koordinaten des Punktes P bzw. Q und zugehöriger Bildpunkte in die Gleichung $\begin{pmatrix} x' \\ y' \end{pmatrix} = \begin{pmatrix} a & b \\ c & d \end{pmatrix} \cdot \begin{pmatrix} x \\ y \end{pmatrix}$ ein. Es ergibt sich ein lineares Gleichungssystem mit 4 Gleichungen und 4 Variablen. Lösen Sie das LGS mit einem geeigneten Verfahren.

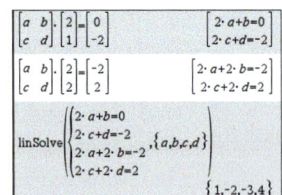

Es folgt

$$A = \begin{pmatrix} 1 & -2 \\ -3 & 4 \end{pmatrix}.$$

b) Berechnen Sie den Bildpunkt, indem Sie die Abbildungsmatrix A mit dem Ortsvektor von R multiplizieren.

$\overrightarrow{OR'} = A \cdot \overrightarrow{OR}$ ergibt $\begin{pmatrix} 1 & -2 \\ -3 & 4 \end{pmatrix} \cdot \begin{pmatrix} -2 \\ 3 \end{pmatrix} = \begin{pmatrix} -8 \\ 18 \end{pmatrix}$.

Bildpunkt: R'(−8|18)

Basisaufgaben

1 Eine lineare Abbildung hat die Abbildungsmatrix A. Berechnen Sie zu dem Viereck PQRS mit den Punkten P(0|0), Q(1|3), R(−1|1) und S(−1|0) die Eckpunkte des Bildvierecks. Stellen Sie das Bildviereck gemeinsam mit dem ursprünglichen Viereck in einem Koordinatensystem dar und vergleichen Sie.

a) $A = \begin{pmatrix} 2 & 1 \\ 1 & -2 \end{pmatrix}$ b) $A = \begin{pmatrix} 2 & 3 \\ -2 & 0 \end{pmatrix}$ c) $A = \begin{pmatrix} 2 & 4 \\ 0 & 2 \end{pmatrix}$ d) $A = \begin{pmatrix} 1 & 4 \\ 2 & 1 \end{pmatrix}$ e) $A = \begin{pmatrix} 0 & 1 \\ 0 & -1 \end{pmatrix}$

2 Der Punkt P wird auf P′ und der Punkt Q auf Q′ linear abgebildet. Bestimmen Sie die Abbildungsmatrix $A = \begin{pmatrix} a & b \\ c & d \end{pmatrix}$.

a) P(1|0); P′(3|9); Q(0|1); Q′(4|−14)   b) P(0|5); P′(10|5); Q(−4|1); Q′(6|−11)
c) P(1|3); P′(9|6,5); Q(3|1); Q′(7|7,5)   d) P(2|5); P′(12|26); Q(−3|−1); Q′(−5|−13)

3 Die Punkte P′ und Q′ sind die Bilder der Punkte P und Q unter einer linearen Abbildung. Bestimmen Sie die Abbildungsmatrix A.

a)
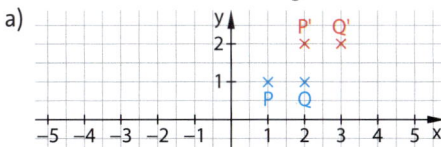

b)
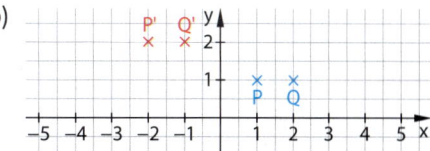

4 Gegeben sind die Punkte P(1|0) und Q(3|0). Erläutern Sie, warum es
a) verschiedene lineare Abbildungen mit den Bildpunkten P′(−1|2) und Q′(−3|6) gibt, und geben Sie zwei Beispiele an.
b) keine lineare Abbildung mit den Bildpunkten P′(−1|2) und Q′(−3|5) gibt.

Verkettung von linearen Abbildungen

Werden zwei lineare Abbildungen hintereinander ausgeführt, so ergibt sich eine **Verkettung** von linearen Abbildungen.

Wird zum Beispiel zunächst eine Spiegelung an der Winkelhalbierenden y = x durchgeführt und anschießend der Bildpunkt dieser Spiegelung um 90° gedreht, dann ergibt die Verkettung eine Spiegelung an der y-Achse.

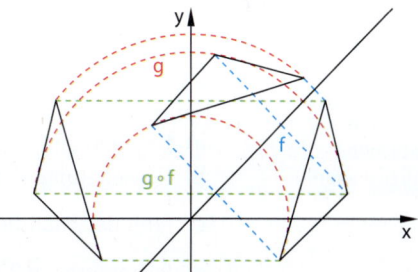

Zur ersten Abbildung f gehört die Matrix A mit $A = \begin{pmatrix} 0 & 1 \\ 1 & 0 \end{pmatrix}$, also $\begin{pmatrix} x' \\ y' \end{pmatrix} = \begin{pmatrix} 0 & 1 \\ 1 & 0 \end{pmatrix} \cdot \begin{pmatrix} x \\ y \end{pmatrix}$.

Zur zweiten Abbildung g gehört die Matrix B mit $B = \begin{pmatrix} 0 & -1 \\ 1 & 0 \end{pmatrix}$, also $\begin{pmatrix} x'' \\ y'' \end{pmatrix} = \begin{pmatrix} 0 & -1 \\ 1 & 0 \end{pmatrix} \cdot \begin{pmatrix} x' \\ y' \end{pmatrix}$.

> **Erinnerung**
>
> Da zunächst die Abbildung f angewendet wird, gilt für die Verkettung: $g\big(f\big((x|y)\big)\big)$. Man schreibt auch: (g ∘ f)(x). Die Abbildung, die zur rechten Matrix gehört, wird zuerst durchgeführt.

Somit gilt: $\begin{pmatrix} x'' \\ y'' \end{pmatrix} = \begin{pmatrix} 0 & -1 \\ 1 & 0 \end{pmatrix} \cdot \begin{pmatrix} x' \\ y' \end{pmatrix} = \begin{pmatrix} 0 & -1 \\ 1 & 0 \end{pmatrix} \cdot \left(\begin{pmatrix} 0 & 1 \\ 1 & 0 \end{pmatrix} \cdot \begin{pmatrix} x \\ y \end{pmatrix} \right) = \left(\begin{pmatrix} 0 & -1 \\ 1 & 0 \end{pmatrix} \cdot \begin{pmatrix} 0 & 1 \\ 1 & 0 \end{pmatrix} \right) \cdot \begin{pmatrix} x \\ y \end{pmatrix}$

Die Abbildungsmatrix der verketteten Abbildung g ∘ f (erst f, dann g; sprich: „g Kringel f" oder „g nach f") ist das Produkt der Abbildungsmatrizen: $B \cdot A = \begin{pmatrix} 0 & -1 \\ 1 & 0 \end{pmatrix} \cdot \begin{pmatrix} 0 & 1 \\ 1 & 0 \end{pmatrix} = \begin{pmatrix} -1 & 0 \\ 0 & 1 \end{pmatrix}$.

> **Wissen**
>
> Sind A und B die Abbildungsmatrizen der linearen Abbildungen f und g, dann gehört zur **Verkettung** der Abbildungen g ∘ f die Abbildungsmatrix B · A.

Beispiel 2 Verkettet werden die Abbildungen f: Spiegelung an der y-Achse und
g: zentrische Streckung mit Streckungsfaktor k = 2.
a) Berechnen Sie die Matrix der verketteten linearen Abbildung g ∘ f.
b) Berechnen Sie die Bildpunkte des Dreiecks PQR mit P(1|1), Q(2|−1), R(3|2) und zeichnen Sie das Dreieck und sein Bilddreieck in ein gemeinsames Koordinatensystem.
c) Untersuchen Sie, ob die Abbildungen vertauscht werden können, also die Abbildung f ∘ g dasselbe Bilddreieck ergibt.

Lösung:

a) Berechnen Sie die Matrix zur verketteten Abbildung, indem Sie die Abbildungsmatrix zur Streckung mit Streckfaktor k = 2 mit der Matrix zur Spiegelung an der y-Achse multiplizieren.

Spiegelung an der y-Achse: $A = \begin{pmatrix} -1 & 0 \\ 0 & 1 \end{pmatrix}$

Streckung mit k = 2: $B = \begin{pmatrix} 2 & 0 \\ 0 & 2 \end{pmatrix}$

$B \cdot A = \begin{pmatrix} 2 & 0 \\ 0 & 2 \end{pmatrix} \cdot \begin{pmatrix} -1 & 0 \\ 0 & 1 \end{pmatrix} = \begin{pmatrix} -2 & 0 \\ 0 & 2 \end{pmatrix}$

b)

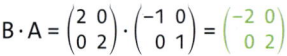

$\overrightarrow{OP'} = \begin{pmatrix} -2 & 0 \\ 0 & 2 \end{pmatrix} \cdot \begin{pmatrix} 1 \\ 1 \end{pmatrix} = \begin{pmatrix} -2 \\ 2 \end{pmatrix}$; P'(−2|2)

$\overrightarrow{OQ'} = \begin{pmatrix} -2 & 0 \\ 0 & 2 \end{pmatrix} \cdot \begin{pmatrix} 2 \\ -1 \end{pmatrix} = \begin{pmatrix} -4 \\ -2 \end{pmatrix}$; Q'(−4|−2)

$\overrightarrow{OR'} = \begin{pmatrix} -2 & 0 \\ 0 & 2 \end{pmatrix} \cdot \begin{pmatrix} 3 \\ 2 \end{pmatrix} = \begin{pmatrix} -6 \\ 4 \end{pmatrix}$; R'(−6|4)

c) Berechnen Sie die Abbildungsmatrix, wenn das Dreieck erst mit k = 2 zentrisch gestreckt und dann an der y-Achse gespiegelt wird.

$A \cdot B = \begin{pmatrix} -1 & 0 \\ 0 & 1 \end{pmatrix} \cdot \begin{pmatrix} 2 & 0 \\ 0 & 2 \end{pmatrix} = \begin{pmatrix} -2 & 0 \\ 0 & 2 \end{pmatrix}$

Es ergibt sich die gleiche Abbildungsmatrix, also sind die Abbildungen vertauschbar.

Hinweis zu c

Allgemein führt eine Vertauschung der Reihenfolge zu unterschiedlichen Ergebnissen. Dieser Aspekt wird in Aufgabe 8 aufgegriffen.

Hinweis zu 5

Es bietet sich hier an, die berechneten Bildpunkte mithilfe eines CAS zu überprüfen.

Basisaufgaben

5 Gegeben ist ein Dreieck mit den Eckpunkten P(2,5|1,5), Q(0,5|−1,5) und R(−2,5|3,5), das durch die Verkettung g ∘ f abgebildet wird. Berechnen Sie die Abbildungsmatrix der verketteten Abbildung und damit die Bildpunkte.
a) f: Spiegelung an der x-Achse und g: Spiegelung an der y-Achse
b) f: Spiegelung an der y-Achse und g: Zentrische Streckung mit Streckfaktor k = 3
c) f mit der Abbildungsmatrix $\begin{pmatrix} 0 & 1 \\ 1 & 0 \end{pmatrix}$ und g mit der Abbildungsmatrix $\begin{pmatrix} 1 & 0 \\ 0 & -1 \end{pmatrix}$
d) f: Drehung um 270° und g: Punktspiegelung am Ursprung

6 Gegeben sind eine Abbildung f mit der Abbildungsmatrix $A = \begin{pmatrix} 1 & 3 \\ -1 & -2 \end{pmatrix}$ und eine weitere Abbildung g mit der Abbildungsmatrix $B = \begin{pmatrix} 0 & 1 \\ -1 & 1 \end{pmatrix}$.

a) Berechnen Sie das Bildfünfeck des abgebildeten Fünfecks schrittweise, indem Sie zuerst die Bildpunkte nach der Durchführung von f ermitteln und danach deren Bildpunkte unter g.
b) Berechnen Sie die Produktmatrix der Gesamtabbildung und damit die Bildpunkte der Verkettung g ∘ f. Vergleichen Sie mit dem Vorgehen in a).

7 Ein Punkt P(−4|−2) wird durch die Verkettung g ∘ f abgebildet. Berechnen Sie die Abbildungsmatrix der verketteten Abbildung und damit den Bildpunkt. Vervollständigen Sie die Zeichnungen. Vergleichen Sie die Ergebnisse.

a) f: Drehung um 90°   b) f: Spiegelung an der y-Achse

    g: Spiegelung an der y-Achse   g: Drehung um 90°

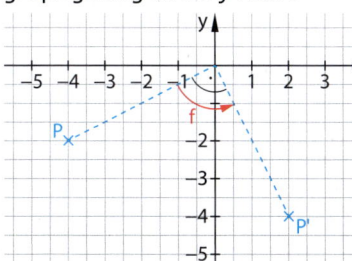 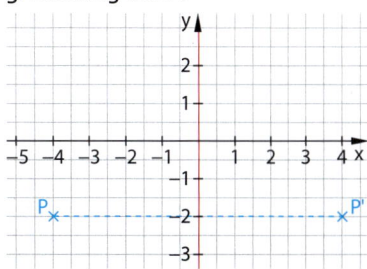

c) Daria behauptet: *„Da Matrixprodukte in der Regel nicht vertauschbar sind, gilt dies auch für lineare Abbildungen."* Nehmen Sie dazu Stellung.

8 Überlegen Sie mithilfe einer Skizze, welche der gegebenen speziellen Abbildungen bei einer Verkettung paarweise vertauscht werden können. Überprüfen Sie anschließend Ihre Einschätzung durch eine Rechnung mit Abbildungsmatrizen.

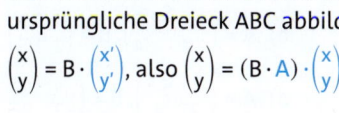

f: Spiegelung an der x-Achse	h: Zentrische Streckung mit Streckfaktor k = 0,5
g: Spiegelung an der y-Achse	i: Drehung um 30°

9 Zeigen Sie, dass sich bei der Verkettung einer beliebigen linearen Abbildung und einer zentrischen Streckung mit Abbildungsmatrix $Z = \begin{pmatrix} k & 0 \\ 0 & k \end{pmatrix}$ unabhängig von der Reihenfolge immer die gleiche Gesamtabbildung ergibt.

Umkehrung von linearen Abbildungen

Hinweis

Die Verkettung einer Abbildung und ihrer Umkehrabbildung ergibt die identische Abbildung.

Eine Abbildung, die eine gegebene Abbildung f rückgängig macht, heißt **Umkehrabbildung f⁻¹**, die Abbildung f heißt **umkehrbar**.

So gehört z. B. zur Drehung um 90° die Umkehrabbildung Drehung um −90° bzw. um 270°. Die Drehung um 90° hat die Matrix

$A = \begin{pmatrix} 0 & -1 \\ 1 & 0 \end{pmatrix}$, also $\begin{pmatrix} x' \\ y' \end{pmatrix} = A \cdot \begin{pmatrix} x \\ y \end{pmatrix}$.

Das Dreieck ABC wird durch die Drehung auf das Bilddreieck A'B'C' abgebildet. Für die Abbildungsmatrix B der linearen Abbildung, die das Bilddreieck A'B'C' wieder auf das ursprüngliche Dreieck ABC abbildet, gilt:

$\begin{pmatrix} x \\ y \end{pmatrix} = B \cdot \begin{pmatrix} x' \\ y' \end{pmatrix}$, also $\begin{pmatrix} x \\ y \end{pmatrix} = (B \cdot A) \cdot \begin{pmatrix} x \\ y \end{pmatrix}$

Erinnerung

Existiert zu einer quadratischen n×n-Matrix A eine Matrix B, sodass A · B = B · A = E gilt, dann heißt B inverse Matrix A⁻¹ zu A.

Damit dies für alle Punkte P(x|y) gilt, muss B · A die Einheitsmatrix sein und somit B die inverse Matrix A⁻¹ von A. Es gilt $A^{-1} = \begin{pmatrix} \cos(270°) & -\sin(270°) \\ \sin(270°) & \cos(270°) \end{pmatrix} = \begin{pmatrix} 0 & 1 \\ -1 & 0 \end{pmatrix}$, dies ist die Abbildungsmatrix der Drehung um 90° in die entgegengesetzte Richtung (Umkehrabbildung).

Jedoch ist nicht jede lineare Abbildung umkehrbar. Zum Beispiel bildet die senkrechte Projektion auf die x-Achse mehrere Punkte wie z. B. (3|1) und (3|2) auf den gleichen Bildpunkt (3|0) ab. Es gibt aber keine Abbildung, die diesem Punkt (3|0) mehrere Punkte wie (3|1) und (3|2) zuordnet. Entsprechend existiert zu der Abbildungsmatrix A = $\begin{pmatrix} 1 & 0 \\ 0 & 0 \end{pmatrix}$ keine inverse Matrix.

> **Wissen**
>
> Eine lineare Abbildung f ist genau dann **umkehrbar,** wenn ihre Abbildungsmatrix A invertierbar ist. In diesem Fall ist die inverse Matrix A^{-1} die Abbildungsmatrix der **Umkehrabbildung f^{-1}.**

Hinweis

Am einfachsten lässt sich die Umkehrbarkeit mit der sogenannten **Determinante** untersuchen. Mehr dazu finden Sie im Streifzug auf Seite 42 bzw. auf Seite 63.

Beispiel 3 Untersuchen Sie, ob die lineare Abbildung mit der Abbildungsmatrix A umkehrbar ist, indem Sie die Abbildungsmatrix der Umkehrabbildung berechnen.

a) A = $\begin{pmatrix} 4 & -3 \\ -2 & 2 \end{pmatrix}$

b) A = $\begin{pmatrix} 1{,}5 & 0{,}15 \\ 5 & 0{,}5 \end{pmatrix}$

Lösung:

a) Führen Sie den Gauß-Jordan-Algorithmus zur Bestimmung inverser Matrizen durch. Wenn die Abbildung umkehrbar ist, erhalten Sie als Ergebnis die Abbildungsmatrix A^{-1} der Umkehrabbildung.

$$\left(\begin{array}{cc|cc} 4 & -3 & 1 & 0 \\ -2 & 2 & 0 & 1 \end{array}\right)\begin{array}{l} \\ {\scriptstyle |\cdot 2} \end{array}+ \Leftrightarrow \left(\begin{array}{cc|cc} 4 & -3 & 1 & 0 \\ 0 & 1 & 1 & 2 \end{array}\right){\scriptstyle |\cdot 3}+$$

$$\Leftrightarrow \left(\begin{array}{cc|cc} 4 & 0 & 4 & 6 \\ 0 & 1 & 1 & 2 \end{array}\right){\scriptstyle :4} \Leftrightarrow \left(\begin{array}{cc|cc} 1 & 0 & 1 & 1{,}5 \\ 0 & 1 & 1 & 2 \end{array}\right)$$

Die lineare Abbildung ist umkehrbar.

$$A^{-1} = \begin{pmatrix} 1 & 1{,}5 \\ 1 & 2 \end{pmatrix}$$

b) Die Berechnung ergibt eine Widerspruchszeile, also existiert keine inverse Matrix zu A.

$$\left(\begin{array}{cc|cc} 1{,}5 & 0{,}15 & 1 & 0 \\ 5 & 0{,}5 & 0 & 1 \end{array}\right){\scriptstyle |\cdot (-0{,}3)}+$$

$$\Leftrightarrow \left(\begin{array}{cc|cc} 1{,}5 & 0{,}15 & 1 & 0 \\ 0 & 0 & 1 & -0{,}3 \end{array}\right)$$

Die Abbildung ist nicht umkehrbar.

Basisaufgaben

10 Interpretieren Sie die Screenshots.

$$\begin{bmatrix} 2 & -1 \\ -1 & 1 \end{bmatrix}^{-1} \blacktriangleright \begin{bmatrix} 1 & 1 \\ 1 & 2 \end{bmatrix}$$

$$\begin{bmatrix} 2 & -1 \\ 4 & -2 \end{bmatrix}^{-1} \blacktriangleright \text{Fehler: Singuläre Matrix}$$

$$\begin{bmatrix} 2 & -1 \\ -1 & 1 \end{bmatrix}^{\wedge}(-1)$$
$$\begin{bmatrix} 1 & 1 \\ 1 & 2 \end{bmatrix}$$

$$\begin{bmatrix} 2 & -1 \\ 4 & -2 \end{bmatrix}^{\wedge}(-1)$$
Undefined

11 Die linearen Abbildungen f und g haben die Abbildungsmatrizen A und B. Prüfen Sie, ob g die Umkehrabbildung zu f ist. Bestimmen Sie für P(−3|2) jeweils die Bildpunkte unter f und g ∘ f, und erläutern Sie den Zusammenhang zur Umkehrabbildung von f.

a) A = $\begin{pmatrix} 2 & 1 \\ 1 & 1 \end{pmatrix}$, B = $\begin{pmatrix} 1 & -1 \\ -1 & 2 \end{pmatrix}$

b) A = $\begin{pmatrix} 1{,}5 & -2{,}5 \\ -2 & 4 \end{pmatrix}$, B = $\begin{pmatrix} 4 & 2{,}5 \\ 2 & 1{,}5 \end{pmatrix}$

c) A = $\begin{pmatrix} 4 & 4 \\ -1 & -3 \end{pmatrix}$, B = $\begin{pmatrix} 0{,}5 & 1{,}5 \\ -0{,}25 & -1{,}5 \end{pmatrix}$

d) A = $\begin{pmatrix} 2{,}5 & 4{,}5 \\ 2 & 4 \end{pmatrix}$, B = $\begin{pmatrix} 4 & -4{,}5 \\ -2 & 2{,}5 \end{pmatrix}$

12 Die senkrechte Projektion auf die y-Achse ist keine umkehrbare Abbildung.
   a) Begründen Sie dies ohne Rechnung.
   b) Zeigen Sie dies mithilfe der Abbildungsmatrix A = $\begin{pmatrix} 0 & 0 \\ 0 & 1 \end{pmatrix}$.

13 Untersuchen Sie, ob die lineare Abbildung mit der Abbildungsmatrix A umkehrbar ist. Geben Sie in diesem Fall die Abbildungsmatrix der Umkehrabbildung an.

a) $A = \begin{pmatrix} 1{,}25 & 0{,}1 \\ -5 & 4 \end{pmatrix}$ b) $A = \begin{pmatrix} 0{,}8 & -0{,}6 \\ 0{,}6 & 0{,}8 \end{pmatrix}$ c) $A = \begin{pmatrix} 0 & 0 \\ 0 & 0 \end{pmatrix}$ d) $A = \begin{pmatrix} 2{,}5 & 4{,}5 \\ 2 & 4 \end{pmatrix}$

e) $A = \begin{pmatrix} 0{,}1 & 0{,}2 \\ -2 & -6 \end{pmatrix}$ f) $A = \begin{pmatrix} 2 & 0{,}5 \\ 5 & 1{,}2 \end{pmatrix}$ g) $A = \begin{pmatrix} 2{,}4 & 0{,}5 \\ -1 & -0{,}2 \end{pmatrix}$ h) $A = \begin{pmatrix} 2{,}5 & 0{,}5 \\ -1 & -0{,}2 \end{pmatrix}$

Weiterführende Aufgaben

14 Die Zeichnung zeigt eine Abbildung, die das kleine blaue Startquadrat schrittweise verändert. So ist das rote Quadrat das Bild des blauen und das grüne Quadrat das Bild des roten Quadrats.

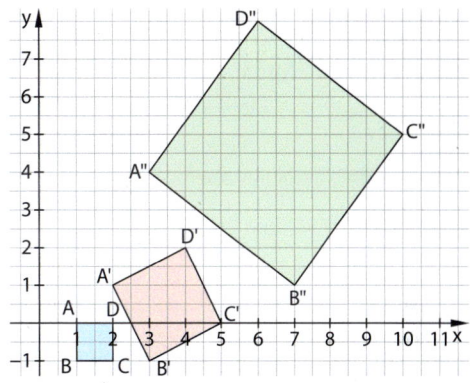

a) Bestimmen Sie die Abbildungsmatrix Q zu Blau → Rot. Zeigen Sie, dass es sich bei Rot → Grün um die gleiche Abbildung handelt. Berechnen Sie dafür mit Q die Eckpunkte des grünen Quadrats, und vergleichen Sie mit der Zeichnung.

b) Berechnen Sie die Matrix einer Abbildung, die das blaue Quadrat direkt auf das grüne abbildet.

c) Ermitteln Sie die Abbildungsmatrix zur Umkehrabbildung Rot → Blau.

15 Begründen Sie, ob die Aussage richtig oder falsch ist.

a) Die Verkettung zweier linearer Abbildungen ist wieder eine lineare Abbildung.

b) Jede Spiegelung an einer Geraden ist eine lineare Abbildung.

c) Eine Verkettung von zwei Abbildungen ist stets vertauschbar.

d) Haben bei einer linearen Abbildung zwei verschiedene Punkte den gleichen Bildpunkt, ist die Abbildung nicht umkehrbar.

⚠ **16 Stolperstelle:** Das Quadrat PQRS in der Abbildung soll

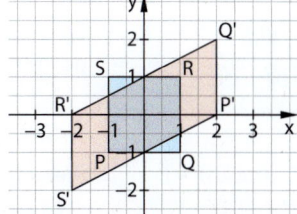

erst durch die Scherung mit der Abbildungsmatrix $\begin{pmatrix} 1 & 1 \\ 0 & 1 \end{pmatrix}$ abgebildet und dann um 135° gedreht und mit dem Faktor $k = \sqrt{2}$ gestreckt werden. Elena berechnet die Abbildungsmatrix G der Verkettung und damit das rote Bildviereck: $G = \begin{pmatrix} 1 & 1 \\ 0 & 1 \end{pmatrix} \cdot \begin{pmatrix} cos(135°) & -sin(135°) \\ sin(135°) & cos(135°) \end{pmatrix} \cdot \begin{pmatrix} \sqrt{2} & 0 \\ 0 & \sqrt{2} \end{pmatrix}$

$= \begin{pmatrix} 1 & 1 \\ 0 & 1 \end{pmatrix} \cdot \begin{pmatrix} -\frac{\sqrt{2}}{2} & -\frac{\sqrt{2}}{2} \\ \frac{\sqrt{2}}{2} & -\frac{\sqrt{2}}{2} \end{pmatrix} \cdot \begin{pmatrix} \sqrt{2} & 0 \\ 0 & \sqrt{2} \end{pmatrix} = \begin{pmatrix} 0 & -\sqrt{2} \\ \frac{\sqrt{2}}{2} & -\frac{\sqrt{2}}{2} \end{pmatrix} \cdot \begin{pmatrix} \sqrt{2} & 0 \\ 0 & \sqrt{2} \end{pmatrix} = \begin{pmatrix} 0 & -2 \\ 1 & -1 \end{pmatrix}$

Erläutern Sie Elenas Fehler und berechnen Sie korrekt.

17 Überlegen Sie, welche Abbildung nach mehrfacher Hintereinanderausführung der gegebenen Abbildung entsteht. Berechnen Sie danach die Abbildungsmatrix der Verkettung und überprüfen Sie somit Ihre Vermutung.

a) zweifache Punktspiegelung   b) dreifache Spiegelung an der x-Achse

c) vierfache Projektion auf die y-Achse   d) dreifache Drehung um 60°

18 Das Dreieck PQR mit $P(0|0)$, $Q(4|0)$ und $R(3|\sqrt{3})$ wurde durch eine Drehung um $-120°$ auf das Dreieck P'Q'R' abgebildet.

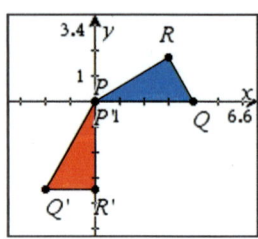

a) Ermitteln Sie die zugehörige Abbildungsmatrix A und mit ihrer Hilfe die Koordinaten der Bildpunkte P', Q' und R'.

b) Berechnen Sie A^3 und begründen Sie das Ergebnis.

c) Beschreiben Sie, für welche weiteren Werte von n die Potenz A^n wieder die Einheitsmatrix ergibt.

19 Die Quadratspirale entsteht durch mehrfache Anwendung einer linearen Abbildung.

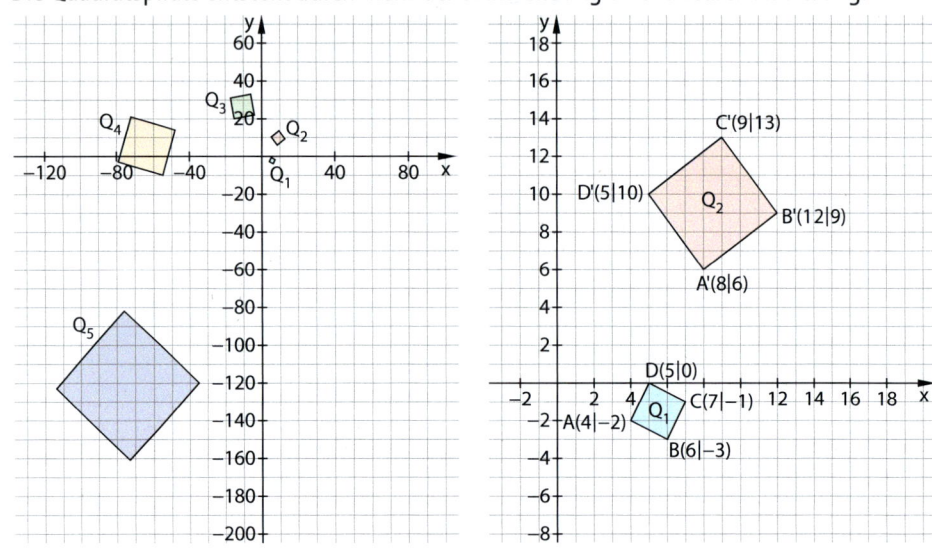

a) Bestimmen Sie die Matrix A der Abbildung und überprüfen Sie Ihr Ergebnis anhand der Koordinaten der Eckpunkte von Q_3 und Q_4.

b) Bestimmen Sie eine Abbildungsmatrix, mit der Sie die Koordinaten der Eckpunkte von Q_{n+2} direkt aus denen der Eckpunkte von Q_n berechnen können.

c) Ermitteln Sie mithilfe einer geeigneten Abbildungsmatrix die Koordinaten von Q_0.

Erinnerung

$\overrightarrow{OM} = \frac{1}{2}\left(\overrightarrow{OP} + \overrightarrow{OQ}\right)$

20 Zeigen Sie, dass bei linearen Abbildungen der Mittelpunkt M einer Strecke $\overline{PQ}$ immer auf den Mittelpunkt der Bildstrecke $\overline{P'Q'}$ abgebildet wird („Mittentreue" gilt).

Hinweis

$(\sin(\alpha))^2 + (\cos(\alpha))^2 = 1$

21 Gegeben ist die Matrix $M = \begin{pmatrix} a & -b \\ b & a \end{pmatrix}$ mit $a, b \in \mathbb{R}$. Zeigen Sie, dass M eine **Drehstreckung** (Verkettung einer zentrischen Streckung mit einer Drehung) um den Winkel α mit $\tan(\alpha) = \frac{b}{a}$ und dem Streckfaktor $k = \sqrt{a^2 + b^2}$ ist.

22 Additionstheoreme mithilfe von Matrizen:

a) Geben Sie die Abbildungsmatrix $D_{\alpha+\beta}$ für die Drehung um den Winkel $\alpha + \beta$ an.

b) Berechnen Sie die Abbildungsmatrix der Verkettung der Drehungen D_α und D_β um den Winkel α bzw. β. Vergleichen Sie die Matrizen $D_{\alpha+\beta}$ und $D_\alpha \cdot D_\beta$, und formulieren Sie die sogenannten **Additionstheoreme** für $\sin(\alpha + \beta)$ und $\cos(\alpha + \beta)$.

23 Untersuchen Sie die geometrischen Auswirkungen der Abbildungsmatrix

$$A(\varphi) = \begin{pmatrix} \cos(\varphi) & -\sin(\varphi) & 0 \\ \sin(\varphi) & \cos(\varphi) & 0 \\ 0 & 0 & 1 \end{pmatrix}$$ mit $0° \le \varphi < 180°$ auf einen Punkt $P(x|y|z)$.

Geben Sie für $\varphi = 90°$ die Koordinaten des Bildpunkts von $P(-1|2|3)$ an.

24 **Allgemeine Spiegelung an einer Ursprungsgeraden:** Eine Spiegelung an der x-Achse wird beschrieben durch die Matrix $S_0 = \begin{pmatrix} 1 & 0 \\ 0 & -1 \end{pmatrix}$. D_α sei die Abbildungsmatrix einer Drehung mit dem Winkel α um den Ursprung. Die Spiegelung an einer Ursprungsgeraden, die mit der x-Achse den Winkel α einschließt, lässt sich durch Hintereinanderausführung der folgenden Abbildungen herleiten:

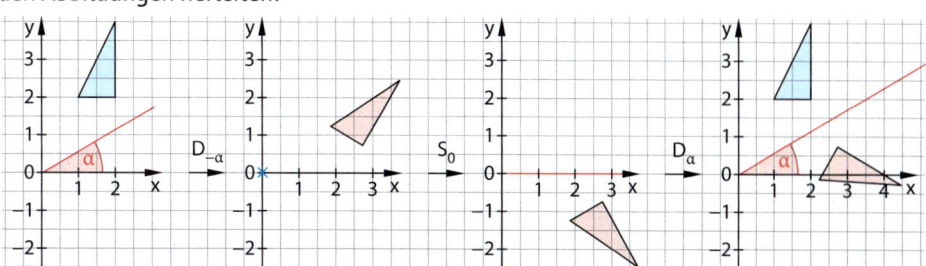

Hinweis

Aus den Additionstheoremen folgt:
$\cos(2\alpha) = (\cos(\alpha))^2 - (\sin(\alpha))^2$
$\sin(2\alpha) = 2\sin(\alpha)\cos(\alpha)$

a) Zeigen Sie durch Multiplikation der entsprechenden Matrizen, dass die Spiegelung an einer Ursprungsgeraden, die mit der x-Achse den Winkel α einschließt, durch die Matrix $S_\alpha = \begin{pmatrix} \cos(2\alpha) & \sin(2\alpha) \\ \sin(2\alpha) & -\cos(2\alpha) \end{pmatrix}$ beschrieben wird. Beachten Sie die Reihenfolge.

b) Für die Steigung m der Ursprungsgeraden, an der gespiegelt wird, gilt $m = \tan(\alpha)$.

Zeigen Sie, dass sich die betrachtete Spiegelung auch darstellen lässt durch die Matrix $S_m = \frac{1}{1+m^2}\begin{pmatrix} 1-m^2 & 2m \\ 2m & -1+m^2 \end{pmatrix}$.

25 **Senkrechte Projektion auf eine Ursprungsgerade:**
a) Geben Sie die Matrix P_0 für die senkrechte Projektion auf die x-Achse an.
b) Weisen Sie mit der Methode aus Aufgabe 24 nach, dass die senkrechte Projektion auf eine beliebige Ursprungsgerade $y = m \cdot x$ durch die Matrix $P_m = \frac{1}{1+m^2}\begin{pmatrix} 1 & m \\ m & m^2 \end{pmatrix}$ beschrieben wird.

26 **Spiegelung an einer beliebigen Geraden:** Julius bestimmt das Bild des Punktes $P(5|1)$ bei Spiegelung an der Geraden $g : \vec{x} = \begin{pmatrix} 0 \\ 2 \end{pmatrix} + t \cdot \begin{pmatrix} 1 \\ 1 \end{pmatrix}$, $t \in \mathbb{R}$, in drei Schritten:

1. $\begin{pmatrix} 5 \\ 1 \end{pmatrix} - \begin{pmatrix} 0 \\ 2 \end{pmatrix} = \begin{pmatrix} 5 \\ -1 \end{pmatrix}$
2. $\begin{pmatrix} 0 & 1 \\ 1 & 0 \end{pmatrix} \cdot \begin{pmatrix} 5 \\ -1 \end{pmatrix} = \begin{pmatrix} -1 \\ 5 \end{pmatrix}$
3. $\begin{pmatrix} -1 \\ 5 \end{pmatrix} + \begin{pmatrix} 0 \\ 2 \end{pmatrix} = \begin{pmatrix} -1 \\ 7 \end{pmatrix}$

Erläutern Sie sein Vorgehen und bestimmen Sie den Bildpunkt von $Q(3| -2)$.

27 **Ausblick:** Wird zusätzlich zu einer linearen Abbildung mit Abbildungsmatrix $A = \begin{pmatrix} a & b \\ c & d \end{pmatrix}$ eine Verschiebung um einen Vektor $\vec{v} = \begin{pmatrix} e \\ f \end{pmatrix}$ ausgeführt, so spricht man von einer **affinen Abbildung.** Es gilt:

$\begin{pmatrix} x' \\ y' \end{pmatrix} = \begin{pmatrix} a & b \\ c & d \end{pmatrix} \cdot \begin{pmatrix} x \\ y \end{pmatrix} + \begin{pmatrix} e \\ f \end{pmatrix}$

Das Dreieck PQR wird durch eine affine Abbildung auf P'Q'R' abgebildet.
a) Berechnen Sie die Koeffizienten von A und die Koordinaten von $\vec{v}$.
b) Weisen Sie rechnerisch nach, dass es bei dieser affinen Abbildung genau einen Punkt gibt, der auf sich selbst abgebildet wird.

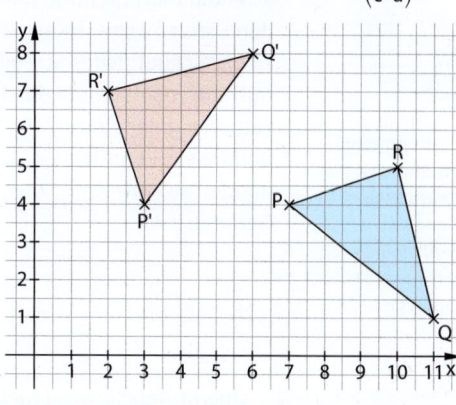

Geometrische Abbildungen mit einem CAS

Geben Sie die Koordinaten der Punkte A, B und C an. Bestimmen Sie ihre Bildpunkte A', B' und C' mithilfe der Abbildungsmatrix $A = \begin{pmatrix} 1 & 0 \\ 0 & -1 \end{pmatrix}$.

Beurteilen Sie, ob es sich um eine Spiegelung, Drehung oder zentrische Streckung handelt.

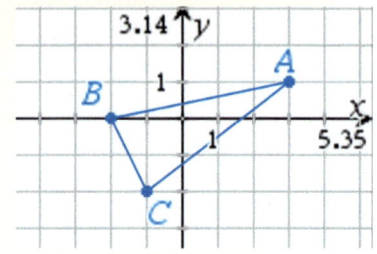

Beim Einsatz eines CAS kann man mit Variablen arbeiten. Wird *Notes* eingesetzt, dann kann man Werte verändern und diese Änderungen direkt auf einer Grafikseite beobachten.

Beispiel 1

Ein Dreieck ABC ist gegeben durch A(1|1), B(3|1) und C(4|3).
Zeichnen Sie das Dreieck ABC als Streudiagramm, das durch die Matrix $A = \begin{pmatrix} 0 & 1 \\ 1 & 0 \end{pmatrix}$ auf das

Bilddreieck A'B'C' abgebildet wird. Untersuchen Sie, um welche Art einer geometrischen Abbildung es sich handelt.

Lösung:

In der Anwendung *Notes* werden die Eckpunkte in einer Matrix M gespeichert, so dass die Figur in einem Zuge gezeichnet werden kann (Anfangspunkt = Endpunkt). Die x-Werte und die y-Werte der Originalpunkte werden in zwei separaten Listen ox bzw. oy gespeichert.

$\mathbf{m}:= \begin{bmatrix} 1 & 1 \\ 3 & 1 \\ 4 & 3 \\ 1 & 1 \end{bmatrix} \blacktriangleright \begin{bmatrix} 1 & 1 \\ 3 & 1 \\ 4 & 3 \\ 1 & 1 \end{bmatrix}$ Matrix Punkte ABC

$\mathbf{ox}:=\text{seq}(\mathbf{m}[k,1],k,1,4) \blacktriangleright \{1,3,4,1\}$

$\mathbf{oy}:=\text{seq}(\mathbf{m}[k,2],k,1,4) \blacktriangleright \{1,1,3,1\}$

Hinweis

M^T ist die Transponierte der Matrix M: Zeilen und Spalten sind vertauscht.

Die Abbildungsmatrix $A = \begin{pmatrix} 0 & 1 \\ 1 & 0 \end{pmatrix}$ und die Bildmatrix $B = A \cdot M^T$ werden gespeichert.

$\mathbf{a}:= \begin{bmatrix} 0 & 1 \\ 1 & 0 \end{bmatrix} \blacktriangleright \begin{bmatrix} 0 & 1 \\ 1 & 0 \end{bmatrix}$ Abbildungsmatrix

Die x-Werte und die y-Werte von B werden als Listen bx bzw. by gespeichert.

$\mathbf{b}:=\mathbf{a} \cdot \mathbf{m^T} \blacktriangleright \begin{bmatrix} 1 & 1 & 3 & 1 \\ 1 & 3 & 4 & 1 \end{bmatrix}$ Bildmatrix

$\mathbf{bx}:=\text{seq}(\mathbf{b}[1,k],k,1,4) \blacktriangleright \{1,1,3,1\}$

$\mathbf{by}:=\text{seq}(\mathbf{b}[2,k],k,1,4) \blacktriangleright \{1,3,4,1\}$

In der Anwendung *Graphs* werden die Originalpunkte mit den Listen ox und oy als Streudiagramm s1 und die Bildpunkte mit den Listen bx bzw. by als Streudiagramm s2 gezeichnet. Jedes Streudiagramm kann mithilfe von *Attribute* durch einen Polygonzug verbunden und so als Original- bzw. Bilddreieck kenntlich gemacht werden. Es handelt sich um eine Spiegelung an der Geraden y = x.

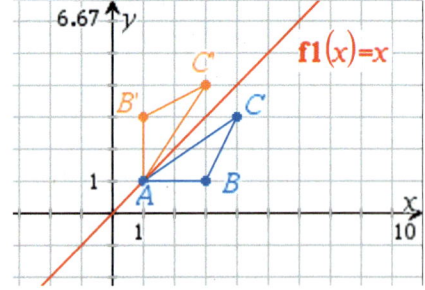

Hinweis

Zur Überprüfung kann die 1. Winkelhalbierende eingezeichnet und anschließend mit *Geometry-Abbildung-Achsenspiegelung* das Dreieck gespiegelt werden.

Aufgaben

1 Überprüfen Sie das Ergebnis für die *Notes*-Seite aus Beispiel 1 mit A(2|1), B(4|3), C(1|5).

⬜ **2** Verändern Sie auf der *Notes*-Seite die Abbildungsmatrix A und untersuchen Sie die Abbildung des Dreiecks ABC aus Beispiel 1 mit $A_1 = \begin{pmatrix} 1 & 0 \\ 0 & -1 \end{pmatrix}$.

⬜ **3** Untersuchen Sie die Abbildung des Dreiecks ABC aus Beispiel 1, die durch Verkettung $A_2 = \begin{pmatrix} 0 & -1 \\ 1 & 0 \end{pmatrix} \cdot \begin{pmatrix} 2 & 0 \\ 0 & 2 \end{pmatrix}$ gegeben ist.

⬜ **4** Untersuchen Sie die Abbildungen eines Quadrates mit der Seitenlänge 4 LE, die durch die Abbildungsmatrix $A_3 = \begin{pmatrix} k \cdot \cos(\alpha) & -\sin(\alpha) \\ \sin(\alpha) & k \cdot \cos(\alpha) \end{pmatrix}$ gegeben sind, für einige Werte von α und k.

⬜ **5** Ermitteln Sie eine Abbildungsmatrix, die das Dreieck ABC in das Bilddreieck A'B'C' überführt.

⬜ **6** Die Abbildungsvorschrift f: $\vec{x'} = \begin{pmatrix} 0 & -1 \\ 1 & 0 \end{pmatrix} \cdot \vec{x} + \begin{pmatrix} 7 \\ -3 \end{pmatrix}$

bildet das Dreieck ABC mit A(7|2), B(11|0) und C(10|5) auf ein Bilddreieck A'B'C' ab.
a) Ermitteln Sie die Koordinaten der Bildpunkte A', B' und C' und zeichnen Sie Original- und Bilddreieck in ein und dasselbe Koordinatensystem.
b) Beschreiben Sie, was die Abbildung f geometrisch bewirkt.
c) Untersuchen Sie rechnerisch, ob der Mittelpunkt der Seite $\overline{AB}$ auf den Mittelpunkt der Seite $\overline{A'B'}$ abgebildet wird.
d) Interpretieren Sie die Rechnung auf dem Screenshot im Sachzusammenhang.

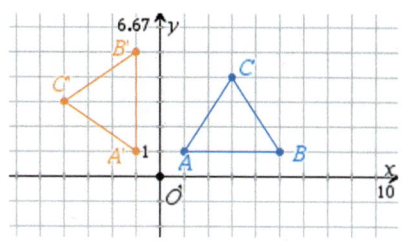

⬜ **7** Untersuchen Sie die Wirkung der Abbildungsmatrix $A = \begin{pmatrix} 1 & -1 \\ -1 & 1 \end{pmatrix}$ auf die Punkte von Beispiel 1. Beschreiben Sie die Menge aller Bildpunkte von P(x|y) zu dieser Abbildung. Untersuchen Sie, welche Auswirkungen es hat, wenn zusätzlich zur Abbildungsmatrix A ein Verschiebungsvektor $\vec{v} = \begin{pmatrix} -2 \\ 2 \end{pmatrix}$ die Abbildung beeinflusst.

⬜ **8** **Forschungsauftrag:** Die Matrix $A = \begin{pmatrix} 2 & -3 \\ 1 & -2 \end{pmatrix}$ beschreibt eine Schrägspiegelung.

a) Wenden Sie diese Abbildung auf das Dreieck ABC mit A(−1|1), B(−3|1) und C(−3|2) an. Ermitteln Sie die Koordinaten der Bildpunkte A', B' und C' und zeichnen Sie Original- und Bilddreieck in ein und dasselbe Koordinatensystem.
b) Bestimmen Sie die Menge aller Fixpunkte (die Spiegelachse) der Schrägspiegelung.
c) Bei einer gewöhnlichen Spiegelung gelten u. a. die folgenden Eigenschaften:
① Die Strecken, die Originalpunkt und Bildpunkt verbinden, sind zueinander parallel und werden durch die Spiegelachse halbiert.
② Die Verbindungsstrecken von Originalpunkt und Bildpunkt schneiden die Spiegelachse senkrecht.
③ Original- und Bilddreieck sind flächengleich und sogar kongruent.
Untersuchen Sie, welche dieser Eigenschaften hier zutreffen bzw. nicht zutreffen.

2.6   Lineare und affine Abbildungen im Raum

a) Beschreiben Sie, welche geometrische Abbildung die Zeichnung darstellt.

b) Geben Sie die Bildpunkte von P(1|0|0), Q(0|1|0), R(0|0|1) und S(a|b|c) an.

c) Beschreiben Sie die Lage aller Fixpunkte.

d) Überlegen Sie, ob es Fixgeraden gibt, die keine Fixpunktgeraden sind.

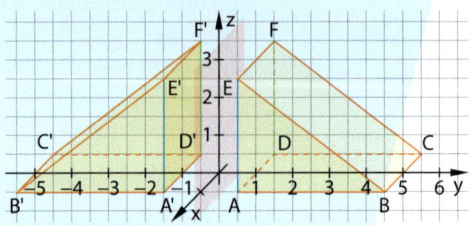

Im dreidimensionalen Raum kann man analog zur zweidimensionalen Ebene ebenfalls affine Abbildungen betrachten.

> **Wissen**
>
> Erhält man bei einer Abbildung im **Raum** zu jedem Punkt P(x|y|z) die Koordinaten des Bildpunktes P′(x′|y′|z′) durch Multiplikation einer **3×3-Abbildungsmatrix** A mit dem Ortsvektor von P und der Addition eines 3-elementigen **Verschiebungsvektors** $\vec{v}$, so heißt sie **affine Abbildung** des dreidimensionalen Raumes:
>
> Matrixdarstellung: $\begin{pmatrix} x' \\ y' \\ z' \end{pmatrix} = \begin{pmatrix} a & b & c \\ d & e & f \\ g & h & i \end{pmatrix} \cdot \begin{pmatrix} x \\ y \\ z \end{pmatrix} + \begin{pmatrix} j \\ k \\ l \end{pmatrix}$ bzw. $\overrightarrow{OP'} = A \cdot \overrightarrow{OP} + \vec{v}$

Gibt es keine Verschiebung $(\vec{v} = \vec{0})$, handelt es sich um eine **lineare Abbildung**.

Die Definitionen und Sätze zu Verkettungen, Umkehrabbildungen, Fixpunkten, Geraden, Fixgeraden, Invarianten und Eigenvektoren in der Ebene gelten genauso im Raum.

Spezielle lineare Abbildungen im Raum

Bei der Spiegelung an der xy-Ebene bleiben die x- und y-Koordinate gleich, die z-Koordinate wechselt das Vorzeichen, also x′ = x, y′ = y, z′ = −z.

Es gilt: $\begin{pmatrix} x' \\ y' \\ z' \end{pmatrix} = \begin{pmatrix} 1 & 0 & 0 \\ 0 & 1 & 0 \\ 0 & 0 & -1 \end{pmatrix} \cdot \begin{pmatrix} x \\ y \\ z \end{pmatrix}$

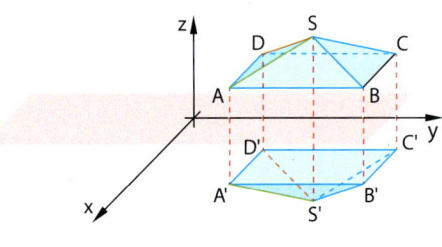

Bei der senkrechten Projektion auf die xy-Ebene bleiben die x- und y-Koordinate gleich, die z-Koordinate wird 0, also x′ = x, y′ = y, z′ = 0.

Es gilt: $\begin{pmatrix} x' \\ y' \\ z' \end{pmatrix} = \begin{pmatrix} 1 & 0 & 0 \\ 0 & 1 & 0 \\ 0 & 0 & 0 \end{pmatrix} \cdot \begin{pmatrix} x \\ y \\ z \end{pmatrix}$

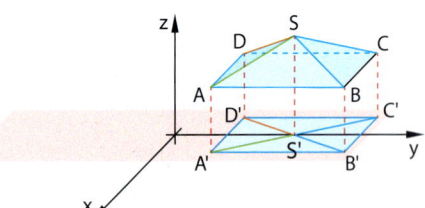

Bei einer Drehung um die z-Achse mit dem Drehwinkel φ bleibt die z-Koordinate gleich, die x- und y-Koordinaten verhalten sich wie bei einer Drehung in der Ebene.

Es gilt: $\begin{pmatrix} x' \\ y' \\ z' \end{pmatrix} = \begin{pmatrix} \cos(\varphi) & \sin(\varphi) & 0 \\ -\sin(\varphi) & \cos(\varphi) & 0 \\ 0 & 0 & 1 \end{pmatrix} \cdot \begin{pmatrix} x \\ y \\ z \end{pmatrix}$

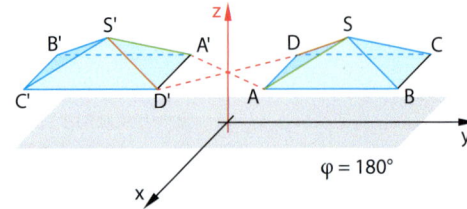

φ = 180°

Abbildungsmatrizen A einiger spezieller linearer Abbildungen $\left(\overrightarrow{OP'} = A \cdot \overrightarrow{OP}\right)$:

Spiegelung an der

xy-Ebene: $\begin{pmatrix} 1 & 0 & 0 \\ 0 & 1 & 0 \\ 0 & 0 & -1 \end{pmatrix}$ **xz-Ebene:** $\begin{pmatrix} 1 & 0 & 0 \\ 0 & -1 & 0 \\ 0 & 0 & 1 \end{pmatrix}$ **yz-Ebene:** $\begin{pmatrix} -1 & 0 & 0 \\ 0 & 1 & 0 \\ 0 & 0 & 1 \end{pmatrix}$

Senkrechte Projektion auf die

xy-Ebene: $\begin{pmatrix} 1 & 0 & 0 \\ 0 & 1 & 0 \\ 0 & 0 & 0 \end{pmatrix}$ **xz-Ebene:** $\begin{pmatrix} 1 & 0 & 0 \\ 0 & 0 & 0 \\ 0 & 0 & 1 \end{pmatrix}$ **yz-Ebene:** $\begin{pmatrix} 0 & 0 & 0 \\ 0 & 1 & 0 \\ 0 & 0 & 1 \end{pmatrix}$

Drehung mit dem Winkel φ um die

z-Achse: $\begin{pmatrix} \cos(\varphi) & -\sin(\varphi) & 0 \\ \sin(\varphi) & \cos(\varphi) & 0 \\ 0 & 0 & 1 \end{pmatrix}$ **y-Achse:** $\begin{pmatrix} \cos(\varphi) & 0 & \sin(\varphi) \\ 0 & 1 & 0 \\ -\sin(\varphi) & 0 & \cos(\varphi) \end{pmatrix}$ **x-Achse:** $\begin{pmatrix} 1 & 0 & 0 \\ 0 & \cos(\varphi) & -\sin(\varphi) \\ 0 & \sin(\varphi) & \cos(\varphi) \end{pmatrix}$

Zentrische Streckung mit dem Streckfaktor k und dem Streckzentrum O: $\begin{pmatrix} k & 0 & 0 \\ 0 & k & 0 \\ 0 & 0 & k \end{pmatrix}$

Punktspiegelung am Ursprung: $\begin{pmatrix} -1 & 0 & 0 \\ 0 & -1 & 0 \\ 0 & 0 & -1 \end{pmatrix}$

Hinweis

Eine Gerade in der Ebene oder im Raum kann mit einer **Parametergleichung** beschrieben werden:
$\vec{x} = \overrightarrow{OP} + r \cdot \vec{u}$ $(r \in \mathbb{R})$
$\overrightarrow{OP}$: Stützvektor
$\vec{u}$: Richtungsvektor

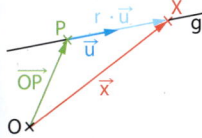

Hinweis

x-Achse: y = z = 0
y-Achse: x = z = 0
z-Achse: x = y = 0
xy-Ebene: z = 0
xz-Ebene: y = 0
yz-Ebene: x = 0

Erinnerung

$\det\begin{pmatrix} a & b & c \\ d & e & f \\ g & h & i \end{pmatrix} =$
$a(ei - fh) - b(di - fg) + c(dh - eg)$

Beispiel 1

Die Drehung mit 180° um die x-Achse ist gegeben durch f: $\begin{pmatrix} x' \\ y' \\ z' \end{pmatrix} = \begin{pmatrix} 1 & 0 & 0 \\ 0 & -1 & 0 \\ 0 & 0 & -1 \end{pmatrix} \cdot \begin{pmatrix} x \\ y \\ z \end{pmatrix}$.

a) Bestimmen Sie alle Fixpunkte von f.

b) Bestimmen Sie die Eigenwerte und zugehörige Eigenvektoren der Abbildungsmatrix.

c) Geben Sie alle Fixgeraden durch den Ursprung an.

d) Untersuchen Sie, ob die Gerade g: $\vec{x} = \begin{pmatrix} 5 \\ 6 \\ 0 \end{pmatrix} + r \cdot \begin{pmatrix} 0 \\ -4 \\ 0 \end{pmatrix}$ Fixgerade von f ist.

Lösung:

a) Setzen Sie den Term der Matrixdarstellung von f gleich $\begin{pmatrix} x \\ y \\ z \end{pmatrix}$, stellen Sie ein lineares Gleichungssystem auf und lösen Sie es.

$\begin{pmatrix} 1 & 0 & 0 \\ 0 & -1 & 0 \\ 0 & 0 & -1 \end{pmatrix} \cdot \begin{pmatrix} x \\ y \\ z \end{pmatrix} = \begin{pmatrix} x \\ y \\ z \end{pmatrix} \Rightarrow \begin{vmatrix} x = x \\ -y = y \\ -z = z \end{vmatrix}$

Es folgt: x ist beliebig und y = z = 0.
Alle Punkte (x | 0 | 0) sind Fixpunkte, die x-Achse ist Fixpunktgerade.

b) Stellen Sie die charakteristische Gleichung $\det(A - \lambda \cdot E) = 0$ mit

$A = \begin{pmatrix} 1 & 0 & 0 \\ 0 & -1 & 0 \\ 0 & 0 & -1 \end{pmatrix}$ auf. Die Lösungen für λ

sind die Eigenwerte von A.
Für einen Eigenvektor $\vec{x} \neq \vec{0}$ zum Eigenwert λ gilt $A \cdot \vec{x} = \lambda \cdot \vec{x}$ und damit $(A - \lambda \cdot E) \cdot \vec{x} = \vec{0}$. Lösen Sie für jeden Eigenwert λ das lineare Gleichungssystem

$\begin{pmatrix} 1-\lambda & 0 & 0 \\ 0 & -1-\lambda & 0 \\ 0 & 0 & -1-\lambda \end{pmatrix} \cdot \begin{pmatrix} x \\ y \\ z \end{pmatrix} = \begin{pmatrix} 0 \\ 0 \\ 0 \end{pmatrix}$.

⚠ charPoly(a,λ) $-\lambda^3 - \lambda^2 + \lambda + 1$

⚠ solve(charPoly(a,λ)=0,λ) $\lambda = -1$ or $\lambda = 1$

solve $\left(\begin{pmatrix} 1-\lambda & 0 & 0 \\ 0 & -1-\lambda & 0 \\ 0 & 0 & -1-\lambda \end{pmatrix} \cdot \begin{pmatrix} x \\ y \\ z \end{pmatrix} = \begin{pmatrix} 0 \\ 0 \\ 0 \end{pmatrix}, x,y,z\right) |\lambda = 1$

$x = c1$ and $y = 0$ and $z = 0$

solve $\left(\begin{pmatrix} 1-\lambda & 0 & 0 \\ 0 & -1-\lambda & 0 \\ 0 & 0 & -1-\lambda \end{pmatrix} \cdot \begin{pmatrix} x \\ y \\ z \end{pmatrix} = \begin{pmatrix} 0 \\ 0 \\ 0 \end{pmatrix}, x,y,z\right) |\lambda = -1$

$x = 0$ and $y = c3$ and $z = c2$

Eigenvektoren zu $\lambda_1 = 1$: $\begin{pmatrix} x \\ 0 \\ 0 \end{pmatrix} \neq \begin{pmatrix} 0 \\ 0 \\ 0 \end{pmatrix}$

Eigenvektoren zu $\lambda_2 = -1$: $\begin{pmatrix} 0 \\ y \\ z \end{pmatrix} \neq \begin{pmatrix} 0 \\ 0 \\ 0 \end{pmatrix}$

c) Eine Ursprungsgerade ist genau dann Fixgerade, wenn ihr Richtungsvektor Eigenvektor ist. Sie ist sogar Fixpunktgerade, wenn der Eigenwert des Eigenvektors 1 ist.

$\lambda_1 = 1$ ergibt: Die x-Achse ist Fixgerade. Sie ist sogar Fixpunktgerade, vergleiche a).
$\lambda_2 = -1$ ergibt: Alle Geraden der Form

$$\vec{x} = r \cdot \begin{pmatrix} 0 \\ y \\ z \end{pmatrix},$$ also alle Ursprungsgeraden in der yz-Ebene, sind Fixgeraden.

d) Multiplizieren Sie die Abbildungsmatrix mit dem Term der Geradengleichung, um die Bildgerade g' zu erhalten. Prüfen Sie die Lage zwischen g und g'. Die Richtungsvektoren sind kollinear. Der Stützpunkt von g' liegt auf g, also sind g und g' identisch.

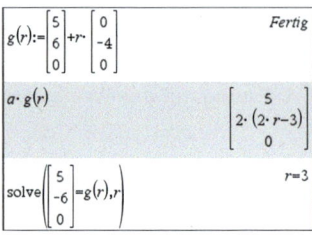

g ist Fixgerade.

Beispiel 2

a) Zeigen Sie mithilfe von Matrizen, dass die Abbildungen f: Spiegelung an der xy-Ebene und g: Spiegelung an der yz-Ebene bei der Verkettung vertauschbar sind.

b) Berechnen Sie für die verkettete Abbildung $h = g \circ f$ den Bildpunkt des allgemeinen Punktes $P(x|y|z)$. Erläutern Sie, wie sich die Abbildung h geometrisch auswirkt.

c) Geben Sie die Abbildungsmatrix der Umkehrabbildung h^{-1} an und zeigen Sie, dass die Verkettung von h und h^{-1} die identische Abbildung ergibt.

Lösung:

a) Geben Sie die Abbildungsmatrizen A und B der beiden Spiegelungen f und g an.

Spiegelung an der

xy-Ebene: A, yz-Ebene: B

Die Verkettungen $g \circ f$ und $f \circ g$ haben die Abbildungsmatrizen $B \cdot A$ und $A \cdot B$. Zeigen Sie, dass $B \cdot A = A \cdot B$ gilt.

$$a := \begin{bmatrix} 1 & 0 & 0 \\ 0 & 1 & 0 \\ 0 & 0 & -1 \end{bmatrix} : b := \begin{bmatrix} -1 & 0 & 0 \\ 0 & 1 & 0 \\ 0 & 0 & 1 \end{bmatrix} \quad \begin{bmatrix} -1 & 0 & 0 \\ 0 & 1 & 0 \\ 0 & 0 & 1 \end{bmatrix}$$

$$b \cdot a = a \cdot b \quad \begin{bmatrix} true & true & true \\ true & true & true \\ true & true & true \end{bmatrix}$$

Hinweis

Die Abbildung h ist ebenfalls eine Drehung mit 180° um die y-Achse.

b) Multiplizieren Sie die Abbildungsmatrix von $h = g \circ f$ mit dem Ortsvektor von P, um den Ortsvektor des Bildpunktes P' zu erhalten.

$$b \cdot a \cdot \begin{bmatrix} x \\ y \\ z \end{bmatrix} \quad \begin{bmatrix} -x \\ y \\ -z \end{bmatrix} \quad P'(-x|y|-z)$$

h ist die Spiegelung an der y-Achse.

c) Bei einer Spiegelung ist die Umkehrabbildung die Abbildung selbst. h und h^{-1} haben die gleiche Abbildungsmatrix C. Zeigen Sie, dass $C \cdot C = E$ gilt.

$$(b \cdot a)^{-1} \quad \begin{bmatrix} -1 & 0 & 0 \\ 0 & 1 & 0 \\ 0 & 0 & -1 \end{bmatrix}$$

$$(b \cdot a)^{-1} \cdot b \cdot a \quad \begin{bmatrix} 1 & 0 & 0 \\ 0 & 1 & 0 \\ 0 & 0 & 1 \end{bmatrix}$$

Basisaufgaben

1 Ein Dreieck hat die Eckpunkte $A(1|-2|0)$, $B(2|3|1)$ und $C(1|0|3)$. Berechnen Sie für die angegebene Abbildung mithilfe einer Matrix die Eckpunkte des Bilddreiecks.

a) Zentrische Streckung mit dem Streckfaktor $k = 2$ und dem Ursprung als Streckzentrum

b) Spiegelung an der xz-Ebene   c) Drehung mit dem Winkel 90° um die y-Achse

2 a) Geben Sie die Abbildungsmatrizen für die folgenden senkrechten Projektionen an.
① Aufrissprojektion: senkrechte Projektion in die yz-Ebene.
② Seitenrissprojektion: senkrechte Projektion in die xz-Ebene.
③ Grundrissprojektion: senkrechte Projektion in die xy-Ebene.

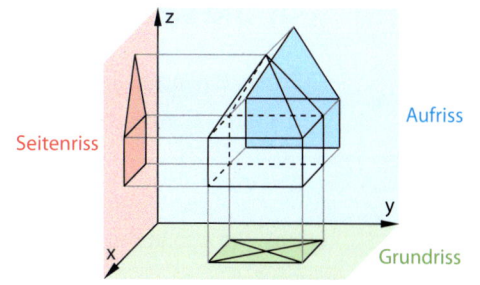

b) Gegeben ist ein Tetraeder ABCD mit A(1|1|1), B(3|3|1), C(1|4|2) und D(2|3|4). Bestimmen Sie für jede Projektion ① bis ③ die Koordinaten der Bildpunkte A', B', C' und D'. Zeichnen Sie diese, die Bildkanten und das Tetraeder in ein Koordinatensystem.

 3 Gegeben sind die Abbildungsmatrizen von vier linearen Abbildungen.

① $\begin{pmatrix} 4 & 0 & 0 \\ 0 & 4 & 0 \\ 0 & 0 & 4 \end{pmatrix}$ ② $\begin{pmatrix} -1 & 0 & 0 \\ 0 & 1 & 0 \\ 0 & 0 & 1 \end{pmatrix}$ ③ $\begin{pmatrix} 0 & -1 & 0 \\ 1 & 0 & 0 \\ 0 & 0 & 1 \end{pmatrix}$ ④ $\begin{pmatrix} -1 & 0 & 0 \\ 0 & -1 & 0 \\ 0 & 0 & 1 \end{pmatrix}$

a) Erläutern Sie, was die Abbildungen geometrisch bewirken.
b) Überlegen Sie, welches jeweils die Fixpunkte der Abbildungen sind und ermitteln Sie alle Fixpunkte anschließend rechnerisch.

 4 a) Bestimmen Sie zu den Abbildungsmatrizen in Aufgabe 3 alle Eigenwerte und Eigenvektoren.
b) Erläutern Sie jeweils, welche Ursprungsgeraden Fixgeraden der Abbildung sind.
c) Überlegen Sie jeweils, ob es auch Fixgeraden gibt, die nicht durch den Ursprung gehen. Prüfen Sie rechnerisch, ob diese Geraden tatsächlich Fixgeraden sind.

 5 Die Punkte im Raum werden an der yz-Ebene gespiegelt.

a) Bestimmen Sie die Bildgeraden von g: $\begin{pmatrix} x \\ y \\ z \end{pmatrix} = \begin{pmatrix} 0 \\ 2 \\ 0 \end{pmatrix} + r \cdot \begin{pmatrix} 0 \\ -2 \\ 3 \end{pmatrix}$ und h: $\begin{pmatrix} x \\ y \\ z \end{pmatrix} = s \cdot \begin{pmatrix} 1 \\ 0 \\ 0 \end{pmatrix}$.

Prüfen Sie, ob g und h Fixpunktgeraden oder Fixgeraden sind.
b) Beschreiben Sie die Lage der Geraden g und h bezüglich der yz-Ebene.

 6 Zeigen Sie mithilfe von Matrizen, dass die Abbildungen f und g bei der Verkettung vertauschbar sind. Geben Sie an, um was für eine Abbildung es sich bei der Verkettung von f und g handelt.
a) f: Spiegelung an der yz-Ebene   g: Spiegelung an der xz-Ebene
b) f: Senkrechte Projektion auf die yz-Ebene   g: Spiegelung an der yz-Ebene
c) f: Drehung um 90° um die y-Achse   g: Drehung um 60° um die y-Achse
d) f: Spiegelung an der yz-Ebene   g: Spiegelung an der x-Achse
e) f: Senkrechte Projektion auf die xy-Ebene g: Senkrechte Projektion auf die xz-Ebene

 7 Überlegen Sie, ob die Abbildung umkehrbar ist. Falls ja, geben Sie die Matrixdarstellung der Umkehrabbildung an und zeigen Sie, dass die Verkettung von Abbildung und Umkehrabbildung die identische Abbildung ergibt. Falls nein, zeigen Sie, dass zur Abbildungsmatrix keine inverse Matrix existiert.
a) Zentrische Streckung mit dem Streckfaktor 5 und dem Ursprung als Streckzentrum
b) Spiegelung an der xz-Ebene
c) Punktspiegelung am Ursprung
d) Senkrechte Projektion auf die yz-Ebene
e) Drehung um 45° um die z-Achse

Affine Abbildungen im Raum

Ergänzt man zu einer linearen Abbildung eine Verschiebung, ergibt sich eine affine Abbildung

---

Beispiel 3

Gegeben ist die affine Abbildung $f: \begin{pmatrix} x' \\ y' \\ z' \end{pmatrix} = \begin{pmatrix} 3 & -1 & 0 \\ -1 & 3 & 0 \\ 0 & 0 & 3 \end{pmatrix} \cdot \begin{pmatrix} x \\ y \\ z \end{pmatrix} + \begin{pmatrix} 3 \\ -3 \\ 6 \end{pmatrix}$.

a) Die Abbildung f hat genau einen Fixpunkt. Berechnen Sie seine Koordinaten.

b) Ein Eigenwert der Abbildungsmatrix $A = \begin{pmatrix} 3 & -1 & 0 \\ -1 & 3 & 0 \\ 0 & 0 & 3 \end{pmatrix}$ ist $\lambda_1 = 2$. Bestimmen Sie einen zugehörigen Eigenvektor $\vec{w_1}$.

c) Die Vektoren $\vec{w_2} = \begin{pmatrix} 0 \\ 0 \\ 1 \end{pmatrix}$ und $\vec{w_3} = \begin{pmatrix} -1 \\ 1 \\ 0 \end{pmatrix}$ sind ebenfalls Eigenvektoren, bestimmen Sie die zugehörigen Eigenwerte λ_2 und λ_3.

d) Begründen Sie, dass $g_1: \vec{x} = \begin{pmatrix} -1 \\ 1 \\ -3 \end{pmatrix} + r \cdot \begin{pmatrix} 1 \\ 1 \\ 0 \end{pmatrix}$ eine Fixgerade, aber keine Fixpunktgerade ist.

e) Geben Sie zwei weitere Fixgeraden g_2 und g_3 an und begründen Sie, dass diese ebenfalls keine Fixpunktgeraden sind.

Lösung:

a) Setzen Sie den Term der Matrixdarstellung von f gleich $\begin{pmatrix} x \\ y \\ z \end{pmatrix}$, stellen Sie ein lineares Gleichungssystem auf und lösen Sie es.

$a := \begin{bmatrix} 3 & -1 & 0 \\ -1 & 3 & 0 \\ 0 & 0 & 3 \end{bmatrix} : b := \begin{bmatrix} 3 \\ -3 \\ 6 \end{bmatrix}$ $\begin{bmatrix} 3 \\ -3 \\ 6 \end{bmatrix}$

$\text{solve}\left(a \cdot \begin{bmatrix} x \\ y \\ z \end{bmatrix} + b = \begin{bmatrix} x \\ y \\ z \end{bmatrix}, x, y, z\right)$

$x = -1 \text{ and } y = 1 \text{ and } z = -3$

Fixpunkt: $(-1 \mid 1 \mid -3)$

b) Lösen Sie das lineare Gleichungssystem $A \cdot \begin{pmatrix} x \\ y \\ z \end{pmatrix} = 2 \begin{pmatrix} x \\ y \\ z \end{pmatrix}$ bzw. $(A - 2E) \cdot \begin{pmatrix} x \\ y \\ z \end{pmatrix} = \begin{pmatrix} 0 \\ 0 \\ 0 \end{pmatrix}$, um die Eigenvektoren zu $\lambda_1 = 2$ zu bestimmen.

$\text{solve}\left(a \cdot \begin{bmatrix} x \\ y \\ z \end{bmatrix} = 2 \cdot \begin{bmatrix} x \\ y \\ z \end{bmatrix}, x, y, z\right)$

$x = c1 \text{ and } y = c1 \text{ and } z = 0$

Eigenvektor zu $\lambda_1 = 2$: z. B. $\vec{w_1} = \begin{pmatrix} 1 \\ 1 \\ 0 \end{pmatrix}$ für $x = 1$

c) Berechnen Sie $A \cdot \vec{w_2}$ bzw. $A \cdot \vec{w_3}$ und stellen Sie das Ergebnis als Vielfaches von $\vec{w_2}$ bzw. $\vec{w_3}$ dar. Das Vielfache ist jeweils der zugehörige Eigenwert.

$\begin{pmatrix} 3 & -1 & 0 \\ -1 & 3 & 0 \\ 0 & 0 & 3 \end{pmatrix} \cdot \begin{pmatrix} 0 \\ 0 \\ 1 \end{pmatrix} = \begin{pmatrix} 0 \\ 0 \\ 3 \end{pmatrix} = 3 \cdot \begin{pmatrix} 0 \\ 0 \\ 1 \end{pmatrix}; \lambda_2 = 3$

$\begin{pmatrix} 3 & -1 & 0 \\ -1 & 3 & 0 \\ 0 & 0 & 3 \end{pmatrix} \cdot \begin{pmatrix} -1 \\ 1 \\ 0 \end{pmatrix} = \begin{pmatrix} -4 \\ 4 \\ 0 \end{pmatrix} = 4 \cdot \begin{pmatrix} -1 \\ 1 \\ 0 \end{pmatrix}; \lambda_3 = 4$

d) Eine Gerade $g: \vec{x} = \overrightarrow{OP} + r \cdot \vec{u}$ ist genau dann Fixgerade, wenn $\vec{u}$ ein Eigenvektor zu einem Eigenwert $\lambda \neq 0$ ist und der Bildpunkt von P auf g liegt.

Der Richtungsvektor von g_1 ist Eigenvektor zu $\lambda_1 = 2$ und der Stützpunkt von g_1 ist Fixpunkt, sodass sein Bildpunkt auch auf g_1 liegt. Also ist g_1 Fixgerade. Da $\lambda_1 \neq 1$ ist, ist g_1 keine Fixpunktgerade.

e) Wählen Sie analog zu d) jeweils den Fixpunkt als Stützpunkt und als Richtungsvektor einen Eigenvektor zum Eigenwert $\lambda_2 = 3$ bzw. zu $\lambda_3 = 4$.

$g_2: \vec{x} = \begin{pmatrix} -1 \\ 1 \\ -3 \end{pmatrix} + r \cdot \begin{pmatrix} 0 \\ 0 \\ 1 \end{pmatrix}; g_3: \vec{x} = \begin{pmatrix} -1 \\ 1 \\ -3 \end{pmatrix} + r \cdot \begin{pmatrix} -1 \\ 1 \\ 0 \end{pmatrix}$

Da die zu den Richtungsvektoren gehörenden Eigenwerte nicht 1 sind, sind die Fixgeraden g_2 und g_3 keine Fixpunktgeraden.

Basisaufgaben

8 Casimir hat zu Beispiel 3 die Eigenvektoren und Eigenwerte bestimmt. Wie Tina verwendet er die Befehle *eigVc()* bzw. *eigVl()*. Erläutern Sie die Ergebnisse. Schreiben Sie eine Musterlösung zu Beispiel 3 mit Ihrem CAS.

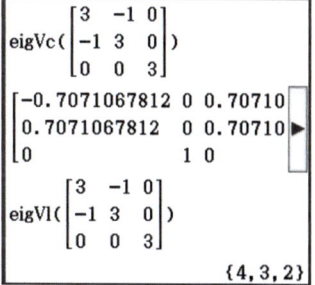

9 Geben Sie die Matrixdarstellung der beschriebenen affinen Abbildung an und berechnen Sie die Bildpunkte von P(−2 | 3 | 1) und Q(4 | −1 | −2).
a) Spiegelung an der yz-Ebene und Verschiebung um 4 Einheiten in x-Richtung
b) Drehung mit 60° um die z-Achse und Verschiebung um −3 Einheiten in y-Richtung
c) Punktspiegelung am Ursprung und Verschiebung um $\begin{pmatrix} 2 \\ -1 \\ 1 \end{pmatrix}$.

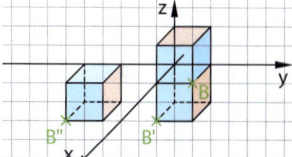

10 Ein Würfel mit einer Kantenlänge von 5 Längeneinheiten wird wie in der Zeichnung in zwei Schritten abgebildet.
a) Geben Sie die Abbildungsmatrix und den Verschiebungsvektor der gesamten affinen Abbildung an.
b) Ermitteln Sie die Koordinaten aller Eckpunkte des Würfels und aller Bildpunkte.

11 Prüfen Sie, welche der gegebenen Punkte Fixpunkte der Abbildung sind.

a) $\begin{pmatrix} x' \\ y' \\ z' \end{pmatrix} = \begin{pmatrix} -1 & 0 & 0 \\ 0 & -2 & 0 \\ 0 & 0 & -4 \end{pmatrix} \cdot \begin{pmatrix} x \\ y \\ z \end{pmatrix} + \begin{pmatrix} 4 \\ -9 \\ 20 \end{pmatrix}$; P(1 | −2 | 5), Q(2 | −3 | 4), R(2 | −3 | −4)

b) $\begin{pmatrix} x' \\ y' \\ z' \end{pmatrix} = \begin{pmatrix} -0,8 & -0,6 & 0 \\ -0,6 & 0,8 & 0 \\ 0 & 0 & 1 \end{pmatrix} \cdot \begin{pmatrix} x \\ y \\ z \end{pmatrix}$; P(1 | −3 | 0), Q(−4 | 12 | 5), R(0 | 0 | 7), S(a | −3a | b)

12 Bestimmen Sie alle Fixpunkte der affinen Abbildung.

a) $\begin{pmatrix} x' \\ y' \\ z' \end{pmatrix} = \begin{pmatrix} -1 & 0 & 0 \\ 0 & 1 & 0 \\ 0 & 0 & 1 \end{pmatrix} \cdot \begin{pmatrix} x \\ y \\ z \end{pmatrix} + \begin{pmatrix} 8 \\ 0 \\ 0 \end{pmatrix}$

b) $\begin{pmatrix} x' \\ y' \\ z' \end{pmatrix} = \begin{pmatrix} 4 & -1 & 0 \\ -1 & 4 & 0 \\ 0 & 0 & 2 \end{pmatrix} \cdot \begin{pmatrix} x \\ y \\ z \end{pmatrix} + \begin{pmatrix} 8 \\ -16 \\ 3 \end{pmatrix}$

c) $\begin{pmatrix} x' \\ y' \\ z' \end{pmatrix} = \begin{pmatrix} -2 & 3 & 0 \\ 3 & -4 & 0 \\ 0 & 5 & -2 \end{pmatrix} \cdot \begin{pmatrix} x \\ y \\ z \end{pmatrix} + \begin{pmatrix} 6 \\ 12 \\ 18 \end{pmatrix}$

d) $\begin{pmatrix} x' \\ y' \\ z' \end{pmatrix} = \begin{pmatrix} 0,1 & 0 & 0,3 \\ 0 & 1 & 0 \\ -0,3 & 0 & 0,1 \end{pmatrix} \cdot \begin{pmatrix} x \\ y \\ z \end{pmatrix} + \begin{pmatrix} 3 \\ 0 \\ 3 \end{pmatrix}$

13 Gegeben ist die affine Abbildung f: $\begin{pmatrix} x' \\ y' \\ z' \end{pmatrix} = \begin{pmatrix} 2 & 0 & 0 \\ 0 & 5 & -1 \\ 0 & -1 & 5 \end{pmatrix} \cdot \begin{pmatrix} x \\ y \\ z \end{pmatrix} + \begin{pmatrix} 2 \\ -2 \\ -7 \end{pmatrix}$.

a) Die Abbildung f hat genau einen Fixpunkt. Berechnen Sie seine Koordinaten.
b) Ein Eigenwert der Abbildungsmatrix von f ist $\lambda_1 = 4$. Bestimmen Sie einen zugehörigen Eigenvektor $\vec{w}_1$.
c) Die Vektoren $\vec{w}_2 = \begin{pmatrix} 1 \\ 0 \\ 0 \end{pmatrix}$ und $\vec{w}_3 = \begin{pmatrix} 0 \\ -1 \\ 1 \end{pmatrix}$ sind ebenfalls Eigenvektoren, bestimmen Sie die zugehörigen Eigenwerte λ_2 und λ_3.
d) Begründen Sie, dass $g_1: \vec{x} = \begin{pmatrix} -2 \\ 1 \\ 2 \end{pmatrix} + r \cdot \begin{pmatrix} 0 \\ 1 \\ 1 \end{pmatrix}$ eine Fixgerade, aber keine Fixpunktgerade ist.
e) Geben Sie zwei weitere Fixgeraden g_2 und g_3 an und zeigen Sie, dass diese ebenfalls keine Fixpunktgeraden sind.

14 Gegeben ist die affine Abbildung f: $\begin{pmatrix} x' \\ y' \\ z' \end{pmatrix} = \begin{pmatrix} 2 & 1 & 0 \\ 1 & 1 & 1 \\ 0 & 1 & 2 \end{pmatrix} \cdot \begin{pmatrix} x \\ y \\ z \end{pmatrix} + \begin{pmatrix} 3 \\ 2 \\ 1 \end{pmatrix}$.

a) Beschreiben Sie, wie Sie mit der begonnenen Rechnung die Eigenwerte der Abbildungsmatrix bestimmen können, und ermitteln Sie auf diesem Wege die Eigenwerte.

$$\text{charPoly}\left(\begin{bmatrix} 2 & 1 & 0 \\ 1 & 1 & 1 \\ 0 & 1 & 2 \end{bmatrix}, x\right)$$

b) Ermitteln Sie mit einem CAS die Eigenvektoren der Abbildungsmatrix.

c) Beschreiben Sie, welche Schlussfolgerungen bezüglich der Abbildung Sie aus der abgebildeten Rechnung ziehen können.

$$\text{solve}\left(\begin{bmatrix} 2 & 1 & 0 \\ 1 & 1 & 1 \\ 0 & 1 & 2 \end{bmatrix} \cdot \begin{bmatrix} x \\ y \\ z \end{bmatrix} + \begin{bmatrix} 3 \\ 2 \\ 1 \end{bmatrix} = \begin{bmatrix} x \\ y \\ z \end{bmatrix}, x, y, z\right)$$
$$x=-2 \text{ and } y=-1 \text{ and } z=0$$

d) Erläutern Sie anhand bisheriger Ergebnisse, ob die

Gerade $g: \vec{x} = \begin{pmatrix} -2 \\ -1 \\ 0 \end{pmatrix} + r \cdot \begin{pmatrix} -1 \\ 0 \\ 1 \end{pmatrix}$ eine Fixgerade, vielleicht sogar eine Fixpunktgerade ist.

Weiterführende Aufgaben

15 Gegeben sind die Punkte A(−1|0|2) und B(0|2|1). Prüfen Sie, ob die gegebenen Bildpunkte A' und B' zu der angegebenen Abbildungsart gehören. Falls ja, geben Sie an, um welche Abbildung es sich genau handelt.

a) A'(3|0|−6); B'(0|−6|−3)   Zentrische Streckung mit dem Ursprung als Streckzentrum

b) A'(−1|0|−2); B'(0|−2|−1)   Spiegelung an einer Koordinatenebene oder -achse

c) A'(0|1|2); B'(2|0|1)   Drehung um eine Koordinatenachse

d) A'(2|−2|0); B'(−2|0|−1)   Spiegelung an einer Koordinatenebene, dann Verschiebung

16 Stolperstelle: Gegeben ist die affine Abbildung f: $\begin{pmatrix} x' \\ y' \\ z' \end{pmatrix} = \begin{pmatrix} 5 & 0 & 2 \\ 0 & 3 & 0 \\ 2 & 0 & 2 \end{pmatrix} \cdot \begin{pmatrix} x \\ y \\ z \end{pmatrix} + \begin{pmatrix} 5 \\ 6 \\ 3 \end{pmatrix}$.

Karl erhält für die Umkehrabbildung: $f^{-1}: \begin{pmatrix} x' \\ y' \\ z' \end{pmatrix} = \frac{1}{6} \cdot \begin{pmatrix} 2 & 0 & -2 \\ 0 & 2 & 0 \\ -2 & 0 & 5 \end{pmatrix} \cdot \begin{pmatrix} x \\ y \\ z \end{pmatrix} - \begin{pmatrix} 5 \\ 6 \\ 3 \end{pmatrix}$

Erläutern Sie Karls Fehler und korrigieren Sie ihn.

17 Schräge Projektion auf eine Koordinatenebene:

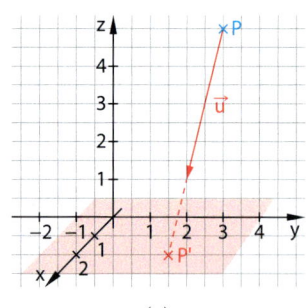

a) Die Abbildung $\begin{pmatrix} x' \\ y' \\ z' \end{pmatrix} = \begin{pmatrix} 1 & 0 & 2 \\ 0 & 1 & 0,5 \\ 0 & 0 & 0 \end{pmatrix} \cdot \begin{pmatrix} x \\ y \\ z \end{pmatrix}$ projiziert jeden

Punkt in Richtung $\vec{u} = \begin{pmatrix} 4 \\ 1 \\ -2 \end{pmatrix}$ in die xy-Ebene. Berechnen

Sie die Koordinaten des Bildpunktes P' von P(−4|1|3). Begründen Sie, dass P' in der xy-Ebene liegt, und zeigen Sie, dass P' auf der Geraden $g: \vec{x} = \overrightarrow{OP} + r \cdot \vec{u}$ liegt.

Hinweis zu 17b

Für den Ortsvektor
$$\overrightarrow{OP'} = \begin{pmatrix} x' \\ y' \\ z' \end{pmatrix} = \begin{pmatrix} x \\ y \\ z \end{pmatrix} + r \begin{pmatrix} a \\ b \\ c \end{pmatrix}$$
des Bildpunktes gilt
$z' = 0$.

b) Eine lineare Abbildung projiziert jeden Punkt P(x|y|z) in Richtung $\vec{u} = \begin{pmatrix} a \\ b \\ c \end{pmatrix}$ mit $c \neq 0$ in

die xy-Ebene. Zeigen Sie, dass $\begin{pmatrix} 1 & 0 & -\frac{a}{c} \\ 0 & 1 & -\frac{b}{c} \\ 0 & 0 & 0 \end{pmatrix}$ die zugehörige Abbildungsmatrix ist.

18 a) Ermitteln Sie die Abbildungsmatrix einer schrägen Projektion in Richtung $\vec{u} = \begin{pmatrix} 6 \\ -2 \\ -3 \end{pmatrix}$ in

die xz-Ebene und das Bild des Dreiecks ABC, A(−3|1,5|4), B(1|2,5|14), C(−5|2|10).

b) Zeigen Sie, dass jede Gerade mit Richtungsvektor $\vec{u}$ auf einen Fixpunkt abgebildet wird.

19 Ein Würfel mit Kantenlänge 6 wird zunächst um die y-Achse mit −45° und anschließend um die x-Achse mit dem Drehwinkel $\varphi = \arcsin\left(\frac{1}{3}\sqrt{3}\right)$ gedreht (siehe Zeichnung).

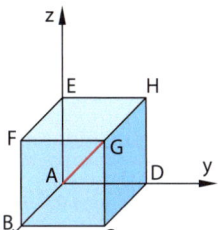 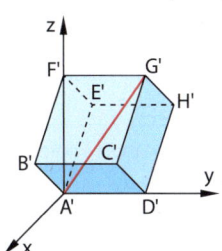 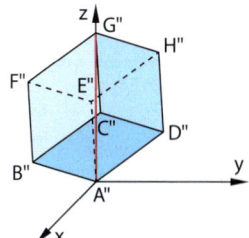

Hinweis zu 19a

Verwenden Sie:

① $\sin(45°) = \cos(45°)$
$= \frac{1}{2}\sqrt{2}$

② $\sin(\varphi) = \frac{1}{3}\sqrt{3}$

③ $(\sin(\varphi))^2 + (\cos(\varphi))^2 = 1.$

a) Projizieren Sie den gedrehten Würfel in die xy-Ebene und bestimmen Sie für seine acht Eckpunkte die Koordinaten der Bildpunkte. Rechnen Sie mit exakten Werten.

b) Zeigen Sie, dass die projizierten Bildpunkte, die nicht der Ursprung sind, ein regelmäßiges Sechseck bilden.

Erinnerung

Eine Gerade durch die Punkte A und B wird mit AB bezeichnet

20 Windschiefe Geraden: In der Ebene sind zwei Geraden entweder identisch, echt parallel zueinander oder sie schneiden einander. Im Raum können sie zusätzlich **windschief** sein, d. h. sie sind nicht parallel zueinander (auch nicht identisch) und sie schneiden einander nicht, wie z. B. AB und DH im dargestellten Würfel.

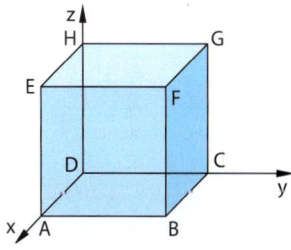

a) Geben Sie an, ob die beiden Geraden parallel zueinander sind, einander schneiden oder windschief sind.
① AD und CG ② CD und EF ③ AH und DE ④ AG und BH ⑤ BH und DG

b) Die Abbildung $\begin{pmatrix} x' \\ y' \\ z' \end{pmatrix} = \begin{pmatrix} 0 & 0 & -2 \\ 1 & 3 & 2 \\ 4 & -1 & 0 \end{pmatrix} \cdot \begin{pmatrix} x \\ y \\ z \end{pmatrix} + \begin{pmatrix} 4 \\ -4 \\ -2 \end{pmatrix}$ bildet die Gerade g: $\vec{x} = \begin{pmatrix} 1 \\ 0 \\ 2 \end{pmatrix} + r \cdot \begin{pmatrix} 2 \\ -1 \\ 0 \end{pmatrix}$ auf

die Bildgerade g' ab. Zeigen Sie, dass g und g' zueinander windschief sind.

Hinweis

Ebenen und Geraden im Raum werden ausführlich in Kapitel 5 und 6 behandelt.

21 Ausblick: Parametergleichung einer Ebene

Eine Ebene E im Raum lässt sich ähnlich wie eine Gerade durch eine Parametergleichung beschreiben. Ist P ein Punkt von E und sind $\vec{u}$ und $\vec{v}$ zwei nicht kollineare Vektoren in Richtung der Ebene, gilt für die Ortsvektoren der Punkte X von E: $\vec{x} = \overrightarrow{OP} + r \cdot \vec{u} + s \cdot \vec{v}$ (r, s ∈ ℝ)

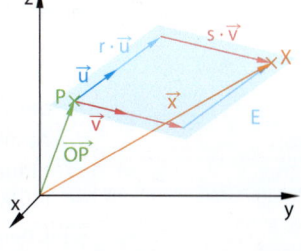

Gegeben ist Ebene E: $\vec{x} = \begin{pmatrix} 0 \\ 0 \\ 3 \end{pmatrix} + r \cdot \begin{pmatrix} 1 \\ 0 \\ 0 \end{pmatrix} + s \cdot \begin{pmatrix} 0 \\ 1 \\ 0 \end{pmatrix}$.

a) Berechnen Sie die Koordinaten des Punktes von E für ① r = 3; s = −2, ② r = 0; s = 0 und ③ r = x; s = y. Beschreiben Sie die Lage von E im Raum.

b) Berechnen für die Abbildung f: $\vec{x'} = \begin{pmatrix} 1 & 0 & 0 \\ 0 & 1 & 0 \\ 0 & 0 & -1 \end{pmatrix} \cdot \vec{x} + \begin{pmatrix} 0 \\ 0 \\ 6 \end{pmatrix}$ eine Parametergleichung der

Bildebene E' von E, indem Sie in der Matrixdarstellung von f für $\vec{x}$ die rechte Seite der Ebenengleichung von E einsetzen. Beschreiben Sie die Lage von E' zu E.

c) Bestimmen Sie alle Fixpunkte von f und vergleichen Sie diese mit den Punkten von E.

d) Beschreiben Sie, um welche spezielle Abbildung es sich bei f handelt.

e) Bestimmen Sie den Schnittpunkt S der Ebene E mit der Geraden g: $\vec{x} = \begin{pmatrix} -8 \\ 0 \\ 7 \end{pmatrix} + t \cdot \begin{pmatrix} 3 \\ -2 \\ -1 \end{pmatrix}$.

f) Die Gerade g' sei die Bildgerade von g unter der Abbildung f. Geben Sie eine Parametergleichung der Ebene F an, welche die Geraden g und g' enthält.

2.7 Klausur- und Abiturtraining

Aufgaben ohne Hilfsmittel

🖊 **1** Gegeben sind die Matrizen $A = \begin{pmatrix} 3 & 4 \\ 1 & 3 \end{pmatrix}$ und $B = \begin{pmatrix} 0{,}6 & -0{,}8 \\ -0{,}2 & 0{,}6 \end{pmatrix}$.

   a) Zeigen Sie rechnerisch, dass $B = A^{-1}$ gilt.
   b) Bestimmen Sie zu A einen Fixvektor $\vec{v}$ mit ganzzahligen Koordinaten. Zeigen Sie, dass $\vec{v}$ auch Fixvektor von B ist.
   c) Zeigen Sie: Wenn $\vec{v}$ Fixvektor zu A ist, also $A \cdot \vec{v} = \vec{v}$ gilt, und $B = A^{-1}$ gilt, dann ist $\vec{v}$ auch Fixvektor zu B.

🖊 **2** a) Geben Sie zum Übergangsdiagramm die zugehörige Übergangsmatrix an.

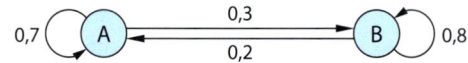

   b) Bestimmen Sie rechnerisch eine stabile Verteilung bei einer Gesamtzahl von 300.
   c) Ermitteln Sie die Eigenwerte der Matrix und jeweils einen zugehörigen Eigenwert.

🖊 **3** Gegeben sind die linearen Abbildungen f mit $A = \begin{pmatrix} 0 & 1 \\ 1 & 0 \end{pmatrix}$ und g mit $B = \begin{pmatrix} -1 & 0 \\ 0 & 1 \end{pmatrix}$.

   a) Bestimmen Sie die Bilder von P bei f und bei g für einen allgemeinen Punkt $P(a\,|\,b)$. Erläutern Sie anhand einer Skizze mit $P(2\,|\,1)$, welcher Art die Abbildungen f und g sind.
   b) Zeigen Sie, dass die Abbildungen h_1 mit der Matrix $A \cdot B$ und h_2 mit $B \cdot A$ nicht identisch sind. Geben Sie an, welches Rechengesetz für reelle Zahlen somit bei Matrizen nicht gilt.
   c) Berechnen Sie die Bilder von P bei h_1 und h_2. Geben Sie eine Matrix C an, so dass gilt: $A \cdot B \cdot C = B \cdot A$ Geben Sie an, zu welcher Abbildung die Matrix C gehört.

Aufgaben mit Hilfsmitteln

🖊 **4** Die Abbildung zeigt, wie die Änderung eines Schriftzugs in kursive Schrift modelliert werden könnte.

   a) Ermitteln Sie die Matrixdarstellung der zugrundeliegenden affinen Abbildung f anhand der Eckpunkte des blauen Buchstaben L und ihrer Bildpunkte.
   b) Überprüfen Sie, ob mit der Matrixdarstellung aus a) auch für die Eckpunkte des blauen Buchstaben N die Bildpunkte ermittelt werden können.
   c) Bestimmen Sie alle Fixpunkte von f.
   d) Zeigen Sie, dass die Grundlinie $y = \frac{1}{2}x - \frac{1}{2}$ Fixgerade ist, aber nicht Fixpunktgerade.
   e) Bestimmen Sie alle Eigenwerte der Abbildungsmatrix von f und alle zugehörigen Eigenvektoren.
   f) Bestimmen Sie alle Fixgeraden von f. Geben Sie sie in der Form $y = mx + n$ und in einer Parametergleichung an.
   g) Begründen Sie, ob die Abbildung f geradentreu ist.
   h) Bestimmen Sie die Matrixdarstellung der Umkehrabbildung f^{-1}. Berechnen Sie für die Eckpunkte des roten kursiven Buchstaben N die Bildpunkte unter der Abbildung f^{-1} und prüfen Sie, ob diese Bildpunkte mit den Eckpunkten des blauen N übereinstimmen.
   i) Beurteilen Sie die hier vorgenommene Modellierung.

Hinweis zu 4g

Eine Abbildung, die Geraden immer auf Geraden abbildet, ist **geradentreu**.

5 In einem sehr einfachen Modell für die jährliche
Populationsdynamik einer Tierart werden drei Entwick-
lungsstufen A, B und C unterschieden. Es ist bekannt,
welche Überlebensraten von Stufe A nach B und von
Stufe B nach C es gibt. Außerdem ist bekannt, wie viel
Nachkommen es pro Individuum im Durchschnitt für
Stufe C und eventuell für Stufe B gibt. Ein Beispiel für ein
solches Modell wird repräsentiert durch die folgende
Übergangsmatrix:

$$M = \begin{pmatrix} 0 & r & s \\ 0{,}1 & 0 & 0 \\ 0 & 0{,}4 & 0 \end{pmatrix}$$

a) Zeichnen Sie das zugehörige Übergangsdiagramm. Erläutern Sie die Bedeutung der
Zahlen in der dritten Zeile der Matrix im Sachzusammenhang.

b) In dieser Teilaufgabe soll r = 0 bei der Matrix M gelten.
  ① Berechnen Sie M^3 und danach auch $M^3 \cdot \vec{v}$ für einen beliebigen Verteilungsvektor
  $$\vec{v} = \begin{pmatrix} x \\ y \\ z \end{pmatrix}.$$
  ② Erläutern Sie, welche Bedeutung es für die langfristige Entwicklung der Population
  hat, wenn s = 50 ist.
  ③ Bestimmen Sie s, sodass sich eine beliebige Verteilung der Population alle drei Jahre
  wiederholt.
  ④ Geben Sie an, für welche Werte von s die Population langfristig aussterben wird.

c) In dieser Teilaufgabe soll r = 8 bei der Matrix M gelten. Bestimmen Sie s, sodass es eine
Verteilung gibt, die sich jährlich reproduziert.

d) Auch für $M = \begin{pmatrix} 0 & 10 & 0 \\ 0{,}1 & 0 & 0 \\ 0 & 0{,}4 & 0 \end{pmatrix}$ gibt es eine stabile Verteilung $\vec{v}$.

  ① Zeichnen Sie auch für diese Matrix das entsprechende Übergangsdiagramm und
  erläutern Sie, welche Besonderheit bei dieser Population auftritt.
  ② Berechnen Sie die stabile Verteilung $\vec{v}$ für diese Population, wenn die Gesamtzahl
  5700 beträgt.

6 Die lineare Abbildung f bildet P(4|3) auf P'(0|5) und Q(5|0) auf Q'(−3|4) ab.

a) Bestimmen Sie rechnerisch die zugehörige Abbildungsmatrix M.

b) Zeigen Sie: $g: \vec{x} = \begin{pmatrix} 0 \\ -5 \end{pmatrix} + r \cdot \begin{pmatrix} 2 \\ -1 \end{pmatrix}$ ist eine Fixgerade, aber keine Fixpunktgerade.

c) Bestimmen Sie rechnerisch alle Fixpunkte der linearen Abbildung f und leiten Sie aus
dem Ergebnis eine Gleichung der Fixpunktgerade h her.

d) Berechnen Sie die Koordinaten der Bildpunkte zu A(1|−3), B(4|−2) und C(2|4).

e) Zeichnen Sie das Dreieck ABC, das Bilddreieck A'B'C' und die Fixgerade h in ein Koordinatensystem. Geben Sie an, um welche Abbildung es sich bei f handelt.

7 In einem Computerspiel mit mehreren Stufen werden drei verschiedene Arten von
Gegenständen gesammelt. Die Gesamtzahl und Verteilung in Stufe 1 werden zufällig
festgelegt. Die Veränderung der Verteilung der Gegenstände von einer Stufe zur nächsten
wird bestimmt durch die Gleichung $\vec{v_{n+1}} = M \cdot \vec{v_n}$ mit

$$M = \begin{pmatrix} 0 & 0 & 40 \\ 0{,}2 & 0 & 0 \\ 0 & 0{,}3 & 0{,}5 \end{pmatrix} \text{ und } \vec{v_1} = \begin{pmatrix} a_n \\ b_n \\ c_n \end{pmatrix} = \begin{pmatrix} 10 \\ 5 \\ 2 \end{pmatrix}.$$

Bestimmen Sie die Stufe, von der an es mindestens 100 Gegenstände der Art c sind.

Lösungen
→ S. 462/463

1 Berechnen Sie zu M einen Fixvektor mit ganzzahligen Koordinaten.

a) $M = \begin{pmatrix} 2 & -1 \\ -1 & 2 \end{pmatrix}$
b) $M = \begin{pmatrix} -3 & 10 \\ 2 & -4 \end{pmatrix}$
c) $M = \begin{pmatrix} 0,2 & 0,7 \\ 0,8 & 0,3 \end{pmatrix}$
d) $M = \begin{pmatrix} 1 & -3 & 2 \\ 3 & 1 & -1 \\ 1 & 1 & 0 \end{pmatrix}$

2 Ein Fahrradverleih mit drei Filialen A, B und C verleiht tageweise Fahrräder, die morgens abgeholt und abends bei einer beliebigen Filiale wieder abgegeben werden. Vereinfachend wird angenommen, dass alle Fahrräder morgens ausgeliehen und abends wieder abgegeben werden und dass das Kundenverhalten sich über einen längeren Zeitraum nicht ändern wird.
Der Wechsel zwischen den Filialen ist in dem Übergangsdiagramm dargestellt.

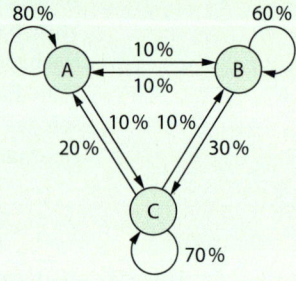

a) Stellen Sie die zugehörige Übergangsmatrix M auf. Begründen Sie, dass M eine stochastische Matrix ist.
b) Zu Saisonbeginn starten alle drei Filialen mit 100 Fahrrädern. Berechnen Sie die Verteilung nach einem und nach zwei Tagen.
c) Ermitteln Sie eine stabile Verteilung auf die Filialen, die sich von Tag zu Tag nicht mehr ändert.
d) Berechnen Sie M^{30} und interpretieren Sie die Bedeutung von M^{30} im Sachkontext.
e) Nach einer Inventur befinden sich alle Fahrräder in Filiale A. Bestimmen Sie, welche Verteilung auf die drei Filialen sich dann langfristig einstellt.
f) Die Geschäftsführung möchte die 300 Fahrräder so auf die drei Filialen verteilt haben, dass abends immer die gleiche Anzahl von 100 Rädern in jeder Filiale vorhanden ist. Aus Personalgründen kann die Verteilung nur von der Filiale A aus beeinflusst werden. Bestimmen Sie diejenigen Übergangsquoten von A aus, mit denen eine stabile Gleichverteilung der Fahrräder auf alle Filialen zu erreichen ist.

3 Biologen beobachten eine Insektenart. Sie kommen zu der Vermutung, dass in einem Monat pro Weibchen acht Junge entstehen und 60 % der Weibchen sterben. Auch von den männlichen Insekten sterben 60 % in einem Monat. Von den Jungen sterben 20 %, bevor sie ausgewachsen sind, je 40 % wachsen zu weiblichen bzw. männlichen Tieren heran.

a) Um diese Vermutung zu bestätigen, wird eine Anfangspopulation $\begin{pmatrix} \text{Weibchen} \\ \text{Männchen} \\ \text{Junge} \end{pmatrix} = \begin{pmatrix} 0 \\ 6000 \\ 2000 \end{pmatrix}$

beobachtet. Nach drei Monaten zählt man ungefähr 2700 Weibchen, 3100 Männchen und 2600 Junge. Erstellen Sie die zugehörige Übergangsmatrix M und zeigen Sie, dass diese Beobachtung in etwa der Vermutung entspricht.

b) Zeigen Sie durch Nachrechnen, dass $\overrightarrow{w_1} = \begin{pmatrix} 0 \\ 1 \\ 0 \end{pmatrix}$ ein Eigenvektor der Übergangsmatrix M

ist, und geben Sie den zugehörigen Eigenwert λ_1 an.

c) Bestimmen Sie zu den Eigenwerten $\lambda_2 = -1,6$ und $\lambda_3 = 2$ von M jeweils einen Eigenvektor.

d) Ermitteln Sie mithilfe von Eigenwerten den Populationszustand nach vier Monaten für folgende Anfangszustände:
① nur 1250 Männchen   ② 1000 Weibchen, 1000 Männchen, 4000 Junge

e) Stellen Sie den Anfangszustand $\overrightarrow{v_0} = \begin{pmatrix} 250 \\ 5250 \\ 1000 \end{pmatrix}$ als Linearkombination der Eigenvektoren

dar und den Zustand nach n Monaten ausgehend von $\overrightarrow{v_0}$ mithilfe der Eigenwerte und Eigenvektoren. Bestimmen Sie den Zustand nach vier Monaten und die langfristige Entwicklung.

Lösungen
→ S. 463

4 Bestimmen Sie die Eigenwerte und die zugehörigen Eigenvektoren der Matrix.

a) $\begin{pmatrix} -2 & 2 \\ 2 & 1 \end{pmatrix}$ b) $\begin{pmatrix} 3 & 2 \\ -3 & 4 \end{pmatrix}$ c) $\begin{pmatrix} 3 & 8 \\ -2 & -5 \end{pmatrix}$ d) $\begin{pmatrix} -1 & 0 \\ 3 & -5 \end{pmatrix}$ e) $\begin{pmatrix} 0 & 0 & 8 \\ 0,5 & 0 & 0 \\ 0 & 0,25 & 0 \end{pmatrix}$

5 Die Entwicklung einer Population mit den Stufen Ei (E), Larve (L), Käfer (K) wird durch die

Matrix $M = \begin{pmatrix} 0 & 0 & a \\ 0,5 & 0 & 0 \\ 0 & 0,4 & 0 \end{pmatrix}$ beschrieben. Dabei hängt die natürliche Zahl a vom Nahrungs-

angebot ab.

a) Beschreiben Sie die Bedeutung der Matrixelemente, die ungleich 0 sind.
b) Berechnen Sie M^2 und M^3. Geben Sie M^6 an.
c) Erläutern Sie den Einfluss verschiedener Werte von a auf die langfristige Entwicklung.
d) Für a = 5 gibt es eine Verteilung, die konstant bleibt. Bestimmen Sie eine solche Verteilung, bei der die Summe der Anzahlen 3400 beträgt.

6 Ermitteln Sie, welche lineare Abbildung durch die Matrix A gegeben ist.
Betrachten Sie dazu die Bildpunkte der Punkte (1|0) und (0|1).

a) $A = \begin{pmatrix} 3 & 0 \\ 0 & 3 \end{pmatrix}$ b) $A = \begin{pmatrix} 0 & 1 \\ 1 & 0 \end{pmatrix}$ c) $A = \begin{pmatrix} 0,6 & -0,8 \\ 0,8 & 0,6 \end{pmatrix}$ d) $A = \begin{pmatrix} 1 & 1 \\ 0 & 1 \end{pmatrix}$ e) $A = \begin{pmatrix} 0 & 0 \\ 0 & 1 \end{pmatrix}$

7 Der Punkt P(72|48) wird abgebildet auf P'(78|52).
Prüfen Sie, ob es sich um eine zentrische Streckung am Ursprung handeln kann.

8 Bei einer Drehung um den Koordinatenursprung wird der Punkt Q(13|0) auf den Punkt Q'(12|5) abgebildet. Bestimmen Sie den Drehwinkel und geben Sie die Abbildungsmatrix auf eine Nachkommastelle gerundet an.

9 Bestimmen Sie die Abbildungsmatrix A einer linearen Abbildung, die die Punkte S und T auf S' bzw. T' abbildet. Überprüfen Sie dann, ob auch die Punkte U und V mit der Matrix A auf U' bzw. V' abgebildet werden.

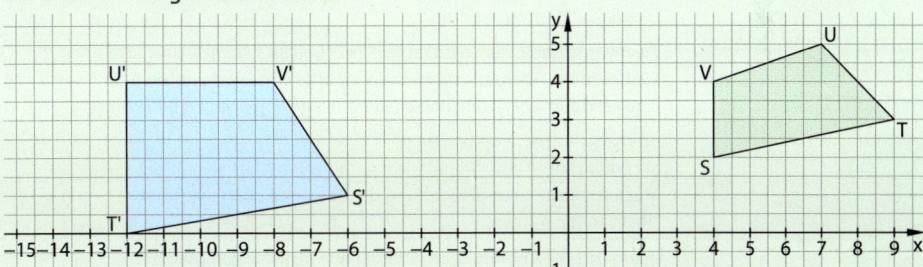

10 Die Matrix A beschreibt eine lineare Abbildung. Prüfen Sie, ob die Abbildung umkehrbar ist, und bestimmen Sie gegebenenfalls die Abbildungsmatrix der Umkehrabbildung.

① $A = \begin{pmatrix} 3 & -5 \\ -2 & 4 \end{pmatrix}$ ② $A = \begin{pmatrix} 2,4 & 6 \\ 1,4 & 3,5 \end{pmatrix}$ ③ $A = \begin{pmatrix} 4 & 9 \\ 3 & 7 \end{pmatrix}$ ④ $A = \begin{pmatrix} 1 & a \\ 0 & 1 \end{pmatrix}$

11 Gegeben ist die Abbildung f: $\vec{x'} = A \cdot \vec{x} + \vec{v}$ mit $A = \begin{pmatrix} 1 & 0 & -1 \\ 0 & 2 & 0 \\ -1 & 0 & 2 \end{pmatrix}$ und $\vec{v} = \begin{pmatrix} 2 \\ 1 \\ -4 \end{pmatrix}$.

Zeigen Sie $A^{-1} = \begin{pmatrix} 2 & 0 & 1 \\ 0 & 0,5 & 0 \\ 1 & 0 & 1 \end{pmatrix}$ und bestimmen Sie die Matrixdarstellung von f^{-1}.

Lösungen
→ S. 463/464

12   Gegeben ist die affine Abbildung f: $\begin{pmatrix} x' \\ y' \\ z' \end{pmatrix} = \begin{pmatrix} -1 & 2 & 1 \\ 0 & 0 & 1 \\ 0 & 0 & -3 \end{pmatrix} \cdot \begin{pmatrix} x \\ y \\ z \end{pmatrix} + \begin{pmatrix} -1 \\ 0 \\ 4 \end{pmatrix}$.

a) Berechnen Sie die Eigenwerte der Abbildungsmatrix von f und geben Sie jeweils einen zugehörigen Eigenvektor an.

b) Die Abbildung f hat genau einen Fixpunkt. Berechnen Sie seine Koordinaten.

c) Bestimmen Sie die Bilder der Geraden g, h und i. Interpretieren Sie Ihre Ergebnisse geometrisch. Geben Sie auch an, ob g, h oder i Fixgeraden oder Fixpunktgeraden sind.

$g: \vec{x} = \begin{pmatrix} 1 \\ 1 \\ 1 \end{pmatrix} + r \cdot \begin{pmatrix} 2 \\ 1 \\ 0 \end{pmatrix}$

$h: \vec{x} = \begin{pmatrix} 1 \\ 1 \\ 1 \end{pmatrix} + s \cdot \begin{pmatrix} -1 \\ -2 \\ 6 \end{pmatrix}$

$i: \vec{x} = \begin{pmatrix} -1 \\ 1 \\ 1 \end{pmatrix} + t \cdot \begin{pmatrix} -5 \\ 0 \\ 0 \end{pmatrix}$

d) Begründen Sie, dass die Abbildung f nicht umkehrbar ist.

Wo stehe ich?

	Ich kann...	Aufgabe	Nachschlagen
2.1	... stochastische Matrizen und Austauschprozesse erkennen. ... Fixvektoren und stationäre Zustände eines Austauschprozesses bestimmen. ... die Grenzmatrix ermitteln und in Bezug auf die langfristige Entwicklung interpretieren.	1, 2	S. 56 Beispiel 1 S. 56 Beispiel 2 S. 58 Beispiel 3
2.2	... Eigenwerte und Eigenvektoren von 2×2- und 3×3-Matrizen ermitteln. ... Zustände bei Übergangsprozessen mithilfe von Eigenwerten und Eigenvektoren darstellen und die langfristige Entwicklung bestimmen.	4	S. 62 Beispiel 1 S. 63 Beispiel 2 S. 64 Beispiel 3
2.3	... zyklische Prozesse erkennen. ... die Entwicklung einer Population mithilfe von Matrizen untersuchen. ... Matrixpotenzen zur Berechnung der Zustände nach mehreren Übergängen nutzen.	3, 5	S. 69 Beispiel 1 S. 70 Beispiel 2
2.4	... geometrische Abbildungen in der Ebene mithilfe von Matrizen beschreiben. ... die Koordinaten der Bildpunkte bei speziellen geometrischen Abbildungen berechnen.	6, 7, 8	S. 74 Beispiel 1 S. 75 Beispiel 2 S. 77 Beispiel 3
2.5	... lineare Abbildungen in der Ebene mithilfe von Matrizen beschreiben. ... Bildpunkte unter einer linearen Abbildung berechnen. ... Abbildungsmatrizen verketteter linearer Abbildungen bestimmen. ... lineare Abbildungen auf Umkehrbarkeit untersuchen und die Abbildungsmatrix der Umkehrabbildung ermitteln.	9, 10	S. 80 Beispiel 1 S. 82 Beispiel 2 S. 84 Beispiel 3
2.6	... lineare und affine Abbildungen im Raum mithilfe von Matrizen beschreiben. ... Matrixdarstellungen verketteter affiner Abbildungen im Raum und von Umkehrabbildungen bestimmen. ... Fixpunkte und Fixpunktgeraden affiner Abbildungen im Raum bestimmen und prüfen, ob eine Gerade Fixgerade ist. ... Eigenwerte und Eigenvektoren der Abbildungsmatrix einer affinen Abbildung im Raum bestimmen und geometrisch deuten.	11, 12	S. 91 Beispiel 1 S. 92 Beispiel 2 S. 94 Beispiel 3

Austauschprozess, stationärer Zustand und Grenzverhalten

Eine quadratische Matrix, bei der alle Elemente nicht negativ sind und in jeder Spalte die Summe der Elemente 1 ist, wird als **stochastische Matrix** bezeichnet.

Der zugehörige Übergangsprozess wird **Austauschprozess** genannt.

Die stochastische Matrix M gibt an, welche Anteile der Fahrzeuge zwischen den Filialen A, B, C eines Autoverleihs täglich wandern.

$$\text{von} \quad A \quad B \quad C \quad \text{nach}$$
$$M = \begin{pmatrix} 0,6 & 0,1 & 0,1 \\ 0,1 & 0,7 & 0,1 \\ 0,3 & 0,2 & 0,8 \end{pmatrix} \begin{matrix} A \\ B \\ C \end{matrix}$$

Die Elementesumme in jeder Spalte ergibt 1 bzw. 100 % der Autos.

Ein Vektor $\vec{v}$ heißt **Fixvektor** zu einer quadratischen Matrix M, wenn $M \cdot \vec{v} = \vec{v}$ gilt. Ist $\vec{v}$ ein Fixvektor zu M, dann ist auch jedes Vielfache $r \cdot \vec{v}$ mit $r \in \mathbb{R}$ ein Fixvektor zu M. Ein Zustand, der bei einem Austauschprozess durch einen Fixvektor beschrieben wird, heißt **stationärer Zustand**.

$$\begin{pmatrix} 0,6 & 0,1 & 0,1 \\ 0,1 & 0,7 & 0,1 \\ 0,3 & 0,2 & 0,8 \end{pmatrix} \cdot \begin{pmatrix} 200 \\ 250 \\ 550 \end{pmatrix} = \begin{pmatrix} 200 \\ 250 \\ 550 \end{pmatrix} \begin{matrix} A \\ B \\ C \end{matrix}$$

Fixvektor von M, er beschreibt beim Autoverleih einen stationären (gleich bleibenden) Zustand

Sind bei einer stochastischen Matrix und ihren Potenzen M^2, M^3, M^4, ... alle Elemente von 0 verschieden, so streben die Potenzen M^n für $n \to \infty$ gegen eine **Grenzmatrix G**. Alle Spalten von G entsprechen dem eindeutigen Fixvektor mit der Elementesumme 1.

$$M^n = \begin{pmatrix} 0,6 & 0,1 & 0,1 \\ 0,1 & 0,7 & 0,1 \\ 0,3 & 0,2 & 0,8 \end{pmatrix}^n$$ strebt für $n \to \infty$ gegen die

$$\text{Grenzmatrix } G = \begin{pmatrix} 0,2 & 0,2 & 0,2 \\ 0,25 & 0,25 & 0,25 \\ 0,55 & 0,55 & 0,55 \end{pmatrix}.$$

Ist $\vec{v_0}$ ein beliebiger Anfangszustand, so strebt der n-te Zustand $\vec{v_n} = M^n \cdot \vec{v_0}$ für $n \to \infty$ gegen den Fixvektor $\vec{v}$ mit der gleichen Elementesumme wie $\vec{v_0}$ und es gilt: $G \cdot \vec{v_0} = \vec{v}$.

Anfangszustand $\vec{v_0}$

stationärer Grenzzustand

$$\begin{pmatrix} 0,2 & 0,2 & 0,2 \\ 0,25 & 0,25 & 0,25 \\ 0,55 & 0,55 & 0,55 \end{pmatrix} \cdot \begin{pmatrix} 200 \\ 300 \\ 500 \end{pmatrix} = \begin{pmatrix} 200 \\ 250 \\ 550 \end{pmatrix}$$

Eigenwerte, Eigenvektoren und Entwicklung von Übergangsprozessen

Ein Vektor $\vec{v} \neq \vec{0}$ heißt **Eigenvektor** einer quadratischen Matrix A, wenn es ein $\lambda \in \mathbb{R}$ gibt, sodass gilt: $A \cdot \vec{v} = \lambda \cdot \vec{v}$. In diesem Fall heißt λ **Eigenwert** der Matrix A.
Die Eigenwerte sind die Lösungen der charakteristischen Gleichung $\det(A - \lambda \cdot E) = 0$.

Für eine 2×2-Matrix gilt: $\det \begin{pmatrix} a & b \\ c & d \end{pmatrix} = ad - bc$

$$A = \begin{pmatrix} 0,6 & 0,5 \\ 0,4 & 0,5 \end{pmatrix}$$

Eigenvektor von A zum Eigenwert 1

$$\begin{pmatrix} 0,6 & 0,5 \\ 0,4 & 0,5 \end{pmatrix} \cdot \begin{pmatrix} 5 \\ 4 \end{pmatrix} = 1 \cdot \begin{pmatrix} 5 \\ 4 \end{pmatrix}$$

Eigenvektor von A zum Eigenwert 0,1

$$\begin{pmatrix} 0,6 & 0,5 \\ 0,4 & 0,5 \end{pmatrix} \cdot \begin{pmatrix} 1 \\ -1 \end{pmatrix} = 0,1 \cdot \begin{pmatrix} 1 \\ -1 \end{pmatrix}$$

$$\det \begin{pmatrix} 0,6 - \lambda & 0,5 \\ 0,4 & 0,5 - \lambda \end{pmatrix} = \lambda^2 - 1,1\lambda + 0,1 = 0$$ hat die Lösungen $\lambda_1 = 1$ und $\lambda_2 = 0,1$.

Es sei A sei eine Übergangsmatrix und $\vec{w_1}$, $\vec{w_2}$, ... $\vec{w_k}$ Eigenvektoren von A zu den Eigenwerten λ_1, λ_2, ... λ_k. Gilt für den Anfangszustand $\vec{v_0} = a_1 \cdot \vec{w_1} + a_2 \cdot \vec{w_2} + \cdots + a_k \cdot \vec{w_k}$ mit $a_1, a_2, \dots a_k \in \mathbb{R}$, dann gilt für den n-ten Zustand:
$$\vec{v_n} = a_1\lambda_1^n \cdot \vec{w_1} + a_2\lambda_2^n \cdot \vec{w_2} + \cdots + a_k\lambda_k^n \cdot \vec{w_k}$$

$$\vec{v_0} = \begin{pmatrix} 6 \\ 12 \end{pmatrix} = 2 \cdot \begin{pmatrix} 5 \\ 4 \end{pmatrix} - 4 \cdot \begin{pmatrix} 1 \\ -1 \end{pmatrix}$$

$$\vec{v_n} = 2 \cdot 1^n \cdot \begin{pmatrix} 5 \\ 4 \end{pmatrix} - 4 \cdot 0,1^n \cdot \begin{pmatrix} 1 \\ -1 \end{pmatrix}$$

Für $n \to \infty$ strebt $\vec{v_n}$ gegen $2 \cdot \begin{pmatrix} 5 \\ 4 \end{pmatrix} = \begin{pmatrix} 10 \\ 8 \end{pmatrix}$, der Prozess konvergiert.

Zyklische Prozesse – Populationsentwicklung

Beschreibt die Übergangsmatrix $M = \begin{pmatrix} 0 & 0 & c \\ a & 0 & 0 \\ 0 & b & 0 \end{pmatrix}$ die Entwicklung einer Population mit den Überlebensraten a und b und der Vermehrungsrate c, dann gilt: $M^3 = abc \cdot E_3$. Nach jeweils drei Übergängen ändern sich die Anzahlen der Population um den Faktor abc. Für abc = 1 verläuft die Entwicklung zyklisch.

Ein Schmetterling legt im Jahr 80 Eier, von denen $\frac{1}{12}$ zu Raupen werden und $\frac{3}{4}$ der Raupen sich zu Schmetterlingen entwickeln.

$$abc = \frac{1}{12} \cdot \frac{3}{4} \cdot 80 = 5$$

$$\text{von} \quad E \quad R \quad S \quad \text{nach}$$
$$M = \begin{pmatrix} 0 & 0 & 80 \\ \frac{1}{12} & 0 & 0 \\ 0 & \frac{3}{4} & 0 \end{pmatrix} \begin{matrix} E \\ R \\ S \end{matrix}$$

Nach jeweils drei Zustandsänderungen verfünffacht sich die Population.

Affine und lineare Abbildungen in der Ebene

Eine **affine Abbildung** ordnet jedem Punkt $P(x|y)$ der Ebene einen Punkt $P'(x'|y')$ zu: $\overrightarrow{OP'} = A \cdot \overrightarrow{OP} + \vec{v}$ mit einer

Abbildungsmatrix $A = \begin{pmatrix} a & b \\ c & d \end{pmatrix}$ und einem

Verschiebungsvektor $\vec{v} = \begin{pmatrix} e \\ f \end{pmatrix}$.

Falls $\vec{v} = \begin{pmatrix} 0 \\ 0 \end{pmatrix}$ gilt, handelt es sich um eine

lineare Abbildung, dabei ist $(a|c)$ Bildpunkt von $(1|0)$, $(b|d)$ von $(0|1)$.

$A = \begin{pmatrix} 1 & -2 \\ -3 & 4 \end{pmatrix}$

Der Punkt $P(1|0)$ wird auf $P'(1|-3)$ und der Punkt $Q(0|1)$ auf $Q'(-2|4)$ linear abgebildet.

Die Punktspiegelung an $Z(1|2)$ hat die

Matrixdarstellung $f: \begin{pmatrix} x' \\ y' \end{pmatrix} = \begin{pmatrix} -1 & 0 \\ 0 & -1 \end{pmatrix} \cdot \begin{pmatrix} x \\ y \end{pmatrix} + \begin{pmatrix} 2 \\ 4 \end{pmatrix}$

Bildpunkt von $R(1|0)$ berechnen: $\begin{pmatrix} -1 & 0 \\ 0 & -1 \end{pmatrix} \cdot \begin{pmatrix} 1 \\ 0 \end{pmatrix} + \begin{pmatrix} 2 \\ 4 \end{pmatrix} = \begin{pmatrix} 1 \\ 4 \end{pmatrix}$

Bildpunkt: $R'(1|4)$

Spiegelung an x- oder y-Achse

x-Achse: $A = \begin{pmatrix} 1 & 0 \\ 0 & -1 \end{pmatrix}$

y-Achse: $A = \begin{pmatrix} -1 & 0 \\ 0 & 1 \end{pmatrix}$

zentrische Streckung mit dem Streckfaktor k und Streckzentrum O

$\begin{pmatrix} x' \\ y' \end{pmatrix} = \begin{pmatrix} k & 0 \\ 0 & k \end{pmatrix} \cdot \begin{pmatrix} x \\ y \end{pmatrix}$

Drehung mit dem Winkel φ um den Ursprung

$A = \begin{pmatrix} \cos\varphi & -\sin\varphi \\ \sin\varphi & \cos\varphi \end{pmatrix}$

Senkrechte Projektion auf...

x-Achse: $A = \begin{pmatrix} 1 & 0 \\ 0 & 0 \end{pmatrix}$

y-Achse: $A = \begin{pmatrix} 0 & 0 \\ 0 & 1 \end{pmatrix}$

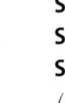

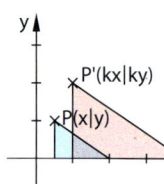

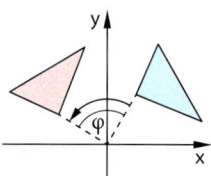

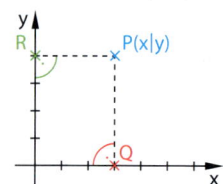

Verkettung und Umkehrung von affinen Abbildungen

Wird erst eine affine Abbildung f mit $\vec{x'} = A \cdot \vec{x} + \vec{v}$ und dann eine affine Abbildung g mit $\vec{x'} = B \cdot \vec{x} + \vec{w}$ ausgeführt, dann ist die **Verkettung** g ∘ f (erst f, dann g) eine affine Abbildung mit der **Abbildungsmatrix** $B \cdot A$ und dem Verschiebungsvektor $B \cdot \vec{v} + \vec{w}$.

$f: \vec{x'} = \begin{pmatrix} -1 & 0 \\ 0 & -1 \end{pmatrix} \cdot \vec{x} + \begin{pmatrix} 2 \\ 4 \end{pmatrix}$, Spiegelung an $Z(1|2)$

$g: \vec{x'} = \begin{pmatrix} -1 & 0 \\ 0 & 1 \end{pmatrix} \cdot \vec{x}$, Spiegelung an der y-Achse

$g \circ f: \vec{x'} = \begin{pmatrix} -1 & 0 \\ 0 & 1 \end{pmatrix} \cdot \left(\begin{pmatrix} -1 & 0 \\ 0 & -1 \end{pmatrix} \cdot \vec{x} + \begin{pmatrix} 2 \\ 4 \end{pmatrix} \right)$

$= \begin{pmatrix} 1 & 0 \\ 0 & -1 \end{pmatrix} \cdot \vec{x} + \begin{pmatrix} -2 \\ 4 \end{pmatrix}$

Eine affine Abbildung f mit $\vec{x'} = A \cdot \vec{x} + \vec{v}$ ist genau dann **umkehrbar**, wenn zu ihrer Abbildungsmatrix A eine **inverse Matrix** A^{-1} existiert. In diesem Fall ist die **Umkehrabbildung** f^{-1} eine affine Abbildung mit der **Abbildungsmatrix** A^{-1} und dem **Verschiebungsvektor** $-A^{-1} \cdot \vec{v}$.

$f: A = \begin{pmatrix} -1 & 0 \\ 0 & -1 \end{pmatrix}$ ist invertierbar, es gilt $A^{-1} = A$.

$-A^{-1} \cdot \begin{pmatrix} 2 \\ 4 \end{pmatrix} = -\begin{pmatrix} -1 & 0 \\ 0 & -1 \end{pmatrix} \cdot \begin{pmatrix} 2 \\ 4 \end{pmatrix} = \begin{pmatrix} 2 \\ 4 \end{pmatrix}$

$f^{-1}: \vec{x'} = \begin{pmatrix} -1 & 0 \\ 0 & -1 \end{pmatrix} \cdot \vec{x} + \begin{pmatrix} 2 \\ 4 \end{pmatrix}$

Die Abbildung f ist umkehrbar, es gilt $f^{-1} = f$.

Lineare und affine Abbildungen im Raum

Sätze für lineare und affine Abbildungen in der Ebene gelten auch im Raum.

Spiegelung an der xy-Ebene:

$\begin{pmatrix} x' \\ y' \\ z' \end{pmatrix} = \begin{pmatrix} 1 & 0 & 0 \\ 0 & 1 & 0 \\ 0 & 0 & -1 \end{pmatrix} \cdot \begin{pmatrix} x \\ y \\ z \end{pmatrix}$

senkrechte Projektion auf die xy-Ebene:

$\begin{pmatrix} x' \\ y' \\ z' \end{pmatrix} = \begin{pmatrix} 1 & 0 & 0 \\ 0 & 1 & 0 \\ 0 & 0 & 0 \end{pmatrix} \cdot \begin{pmatrix} x \\ y \\ z \end{pmatrix}$

Drehung mit dem Winkel φ um die z-Achse:

$\begin{pmatrix} x' \\ y' \\ z' \end{pmatrix} = \begin{pmatrix} \cos(\varphi) & \sin(\varphi) & 0 \\ -\sin(\varphi) & \cos(\varphi) & 0 \\ 0 & 0 & 1 \end{pmatrix} \cdot \begin{pmatrix} x \\ y \\ z \end{pmatrix}$

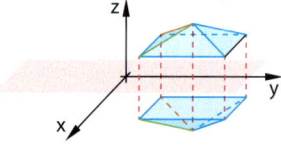

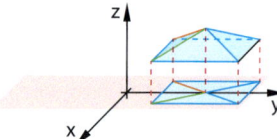

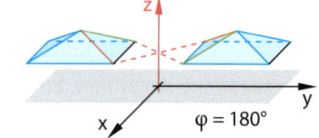

$\varphi = 180°$

3

Grundlagen der analytischen Geometrie

Nach diesem Kapitel können Sie ...

→ Punkte und Vektoren mit dreidimensionalen Koordinaten beschreiben,

→ Vektoren addieren und subtrahieren sowie vervielfachen,

→ Punkte, Strecken, ebene Flächen und Körper mithilfe von Vektoren beschreiben,

→ Längen von Vektoren bestimmen und zwei Vektoren auf Kollinearität überprüfen,

→ Vektoren auf lineare Unabhängigkeit bzw. Komplanarität untersuchen,

→ das Skalarprodukt von Vektoren berechnen und anwenden.

Lösungen
→ S. 464

Dreiecke und Vierecke

1 Gegeben ist ein rechtwinkliges Dreieck ABC.
Berechnen Sie die Länge der fehlenden Seite.
Runden Sie auf Zehntel Zentimeter.
a) a = 2,1 cm; b = 3,9 cm; γ = 90°
b) a = 2,1 cm; b = 3,9 cm; β = 90°
c) a = 5,3 cm; c = 2,1 cm; α = 90°
d) b = 3,9 cm; c = 45 mm; α = 90°

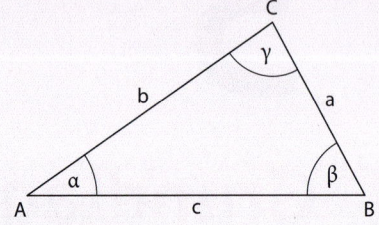

2 Untersuchen Sie, ob das gegebene Dreieck ABC rechtwinklig ist.
Geben Sie gegebenenfalls den Eckpunkt mit dem rechten Winkel an.
a) a = 5 cm; b = 3 cm; c = 4 cm
b) a = 1,2 m; b = 0,5 m; c = 1,3 m
c) a = 5,0 m; b = 7,0 m; c = 4,5 m
d) a = 8 cm; b = 10 cm; c = 6 cm

3 Gegeben sind die folgenden Vierecke.

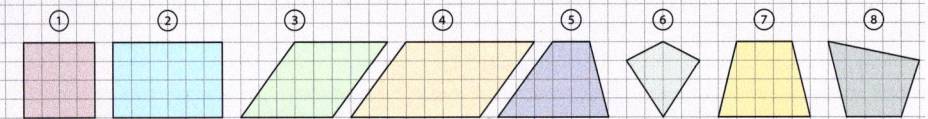

a) Ordnen Sie jedem abgebildeten Viereck eine passende Viereckart zu. Verwenden Sie dabei jede der folgenden Viereckarten genau einmal: gleichschenkliges Trapez, Rechteck, allgemeines Viereck, Parallelogramm, Quadrat, Drachenviereck, Trapez, Raute.
b) Definieren Sie die Vierecke ① bis ⑤ anhand der Eigenschaften ihrer Seiten.
c) Skizzieren Sie die Vierecke ① bis ⑦ im Heft und zeichnen Sie die Diagonalen ein. Nennen Sie Eigenschaften ihrer Diagonalen.
d) Geben Sie an, welche der Vierecke auch Parallelogramme sind.

4 a) Nennen Sie Eigenschaften eines gleichschenkligen und eines gleichseitigen Dreiecks.
b) Berechnen Sie die Höhe eines gleichseitigen Dreiecks mit Seitenlänge a = 5 cm.
c) Begründen Sie: Man kann ein regelmäßiges Sechseck in gleichseitige Dreiecke zerlegen.

5 Beurteilen Sie die Aussage.
a) Jedes Parallelogramm ist ein Trapez.
b) Es gibt Rechtecke, in denen die Diagonalen senkrecht zueinander sind.
c) Wenn ein Dreieck gleichseitig ist, dann sind die Höhen des Dreiecks gleich lang.
d) Die Diagonalen einer Raute halbieren einander.

Punkte und Figuren im Koordinatensystem

6 Gegeben sind die Punkte A(3|1), B(3|4) und C(1|2,5).
a) Zeichnen Sie das Dreieck ABC in ein Koordinatensystem.
b) Spiegeln Sie das Dreieck ABC an der x-Achse und geben Sie die Koordinaten der Spiegelpunkte A', B' und C' an.
c) Verschieben Sie das Dreieck ABC in negative x-Richtung um 3 Einheiten und geben Sie die Koordinaten der Bildpunkte A'', B'' und C'' an.

7 Gegeben sind die Punkte A(3|1), B(3|4) und C(1|2,5).
a) Berechnen Sie die Längen der Strecken $\overline{AB}$, $\overline{BC}$ und $\overline{AC}$.
b) Geben Sie die Koordinaten der Mittelpunkte der Strecken $\overline{AB}$, $\overline{BC}$ und $\overline{AC}$ an.

Lösungen
→ S. 464/465

8 Gegeben ist die nebenstehende Figur ABCDEFGHI.
Der Halbkreis schneidet die y-Achse im Punkt J.
a) Geben Sie die Koordinaten all dieser Punkte an.
b) Ermitteln Sie den Flächeninhalt und den Umfang der
Figur.

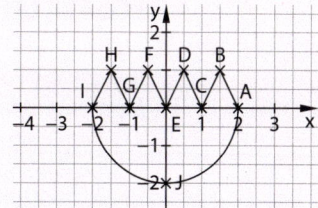

Körper

9 Skizzieren Sie ein Schrägbild des Körpers.
a) Würfel mit Kantenlänge a = 4 cm
b) Quader mit den Kantenlängen a = 3 cm, b = 4 cm und c = 6 cm
c) gerade quadratische Pyramide mit Grundflächenseitenlänge a = 5 cm und Höhe
h = 7 cm

10 Berechnen Sie das Volumen und den Oberflächeninhalt des Körpers.

a)

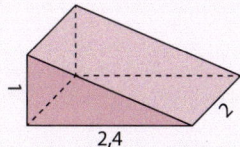

b)

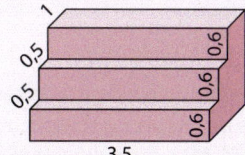

c)

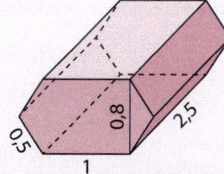

11 Ordnen Sie jedem Körper einen Term zu, mit dem man sein Volumen berechnen kann.

Würfel	Pyramide	Quader
Zylinder	Kegel	Kugel

① $a \cdot b \cdot h$ ② $\frac{1}{3} \cdot a \cdot b \cdot h$ ③ $\pi \cdot r^2 \cdot h$

④ $a \cdot a \cdot a$ ⑤ $\frac{4}{3} \cdot \pi \cdot r^3$ ⑥ $\frac{1}{3} \cdot \pi \cdot r^2 \cdot h$

12 Die Skizze zeigt einen Quader und eine
quadratische Pyramide. Es gilt a = 4,
b = 2 und c = 3.
a) Berechnen Sie die Länge der Raumdiagonalen $\overline{BH}$ des Quaders.
b) Berechnen Sie die Länge der Kante $\overline{AS}$.

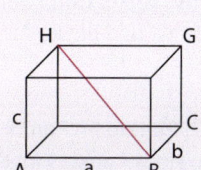

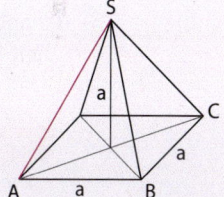

Vermischtes

13 Berechnen Sie. Nutzen Sie das Distributivgesetz, wenn es vorteilhaft ist.

a) $\frac{3}{10} \cdot (1{,}8 + 1{,}2)$ b) $\left(\frac{7}{6} - \frac{5}{6}\right) \cdot 0{,}3$ c) $\frac{1}{3} \cdot \left(\frac{3}{5} + 3\right)$ d) $10 \cdot \left(0{,}1 + \frac{1}{20}\right)$

e) $\frac{1}{4} \cdot \left(\frac{8}{5} + 0{,}8\right)$ f) $(1{,}15 + 0{,}35) \cdot \frac{4}{3}$ g) $\frac{4}{7} \cdot \frac{3}{5} + \frac{3}{7} \cdot \frac{3}{5}$ h) $2{,}25 \cdot 1{,}5 - 0{,}75 \cdot 1{,}5$

14 Zeigen Sie, dass die Gleichung gilt.

a) $\sqrt{(3 \cdot 12)^2 + (3 \cdot 5)^2} = 3\sqrt{12^2 + 5^2}$ b) $\sqrt{(3a)^2 + (3b)^2} = 3\sqrt{a^2 + b^2}$ für a, b ∈ ℝ

15 Berechnen Sie die Lösung des linearen Gleichungssystems.

a) $\begin{vmatrix} -x_3 = & 7 \\ x_1 - 3x_2 - 4x_3 = & 8 \\ 7x_2 + 6x_3 = & -14 \end{vmatrix}$ b) $\begin{vmatrix} -a + 2b - 2c = 5 \\ 2a - 2b + c = 4 \\ 2a - b + 2c = 6 \end{vmatrix}$ c) $\begin{vmatrix} 2x - 2y - 2z = 16 \\ -5x + y - 8z = -1 \\ 10x + 4y - z = 53 \end{vmatrix}$

3.1 Punkte im Raum

Die genaue Position des Balls in dieser Momentaufnahme lässt sich nur erahnen.
a) Beschreiben Sie die Lage des Balls.
b) Erklären Sie, warum die Lage des Balls nicht zweifelsfrei erkennbar ist.
c) Beurteilen Sie, wie viele Zahlenangaben nötig sind, um die momentane Lage genau zu beschreiben.

Hinweis

Ein **kartesisches Koordinatensystem** hat paarweise zueinander senkrechte Achsen mit gleicher Einteilung jeder Achse, in positiver Drehrichtung zueinander angeordnet. Hier wird jeweils ein solches Koordinatensystem betrachtet und kurz Koordinatensystem genannt. Die Achsen können auch mit x, y, z bezeichnet werden.

In der Ebene wird ein Punkt mithilfe zweier Koordinatenachsen festgelegt.
Der Punkt $P(6|3)$ liegt 6 Einheiten in x- bzw. x_1-Richtung und 3 Einheiten in y- bzw. x_2-Richtung vom Ursprung entfernt.

Zur Beschreibung des Raumes wird die bekannte x_1x_2-Ebene durch eine dritte x_3-Achse ergänzt, die im Ursprung senkrecht zur x_1x_2-Ebene verläuft. Man fasst die x_1x_2-Ebene als Grundebene auf und die x_3-Koordinate als Höhe. Die x_1-Achse zeigt dann nach vorn, die x_2-Achse nach rechts und die x_3-Achse nach oben. Der Punkt $P(2|4|3)$ liegt in positiver Richtung 2 Einheiten entlang der x_1-Achse, 4 Einheiten entlang der x_2- und 3 Einheiten entlang der x_3-Achse vom Ursprung entfernt.

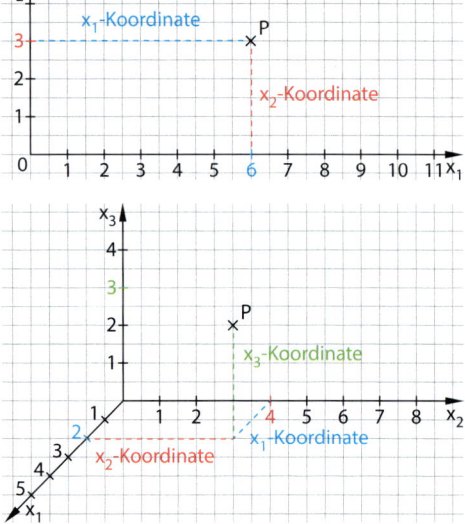

Wie bei einem Schrägbild wird die x_1-Achse diagonal mit verkürzten Einheiten eingezeichnet. Auf Karopapier ist es günstig, als Längeneinheit für die x_2- und die x_3-Achse 1 cm zu wählen und für die x_1-Achse eine Kästchendiagonale.

Wissen / **Punkte im Raum**

Die Lage eines Punktes im Raum gibt man in der Form $P(x_1|x_2|x_3)$ mit **drei Koordinaten** an. Diese beschreiben im **dreidimensionalen Koordinatensystem** (mit dem **Ursprung** O), wo sich der Punkt in Bezug auf die Richtung der jeweiligen **Koordinatenachse** befindet.

Hinweis

Es gibt auch andere Koordinatensysteme (z. B. mit Polarkoordinaten oder schiefwinklig).

Im dreidimensionalen Koordinatensystem spannen je zwei Koordinatenachsen eine **Koordinatenebene** auf. Liegt ein Punkt in einer Koordinatenebene, so ist mindestens eine Koordinate gleich 0:
x_1x_2-Ebene: alle Punkte $P(x_1|x_2|0)$
x_1x_3-Ebene: alle Punkte $P(x_1|0|x_3)$
x_2x_3-Ebene: alle Punkte $P(0|x_2|x_3)$

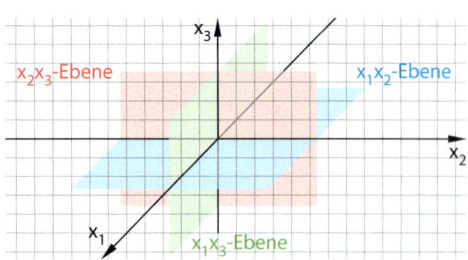

Die ebene Darstellung des Raumes ist mit Verlusten verbunden. Anhand der Skizze lässt sich nicht erkennen, ob die Geraden g und h einander schneiden.

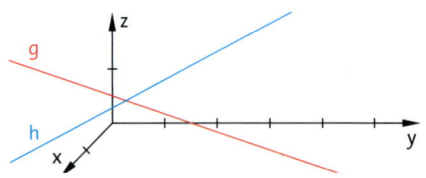

Beispiel 1 | Gegeben sind die Punkte $A(3|2|1)$, $B(-2|-2,5|1,5)$, $C(0|-2|-1)$, $D(0|1,5|0)$.

a) Zeichnen Sie ein Koordinatensystem und tragen Sie die Punkte ein.

b) Beschreiben Sie die besondere Lage der Punkte C und D.

Merkhilfe

Das Vorzeichen einer Koordinate gibt die Richtung an.
„Auf der x_1-Achse:
$+ \to$ vorn; $- \to$ hinten
Auf der x_2-Achse:
$+ \to$ rechts; $- \to$ links
Auf der x_3-Achse:
$+ \to$ oben; $- \to$ unten"

Hinweis

Ein Streckenzug vom Koordinatenursprung entlang bzw. parallel zu den Achsen bis zum Punkt heißt Koordinatenweg des Punktes.

Lösung:

a) Zeichnen Sie die waagerechte x_2-Achse und die senkrechte x_3-Achse mit 1 cm = 1 LE. Ergänzen Sie die x_1-Achse als Diagonale durch den Ursprung. Wählen Sie als Längeneinheit eine Kästchendiagonale.
Gehen Sie vom Ursprung aus 3 Einheiten nach vorn, 2 Einheiten nach rechts und 1 Einheit nach oben. Tragen Sie dort den Punkt $A(3|2|1)$ ein. Wiederholen Sie das Vorgehen für die Punkte B, C und D. Bei negativem Vorzeichen einer Koordinate ändert sich die Laufrichtung.

b) C liegt in einer Koordinatenebene, da eine Koordinate 0 ist. D liegt auf einer der Achsen, da zwei Koordinaten 0 sind.

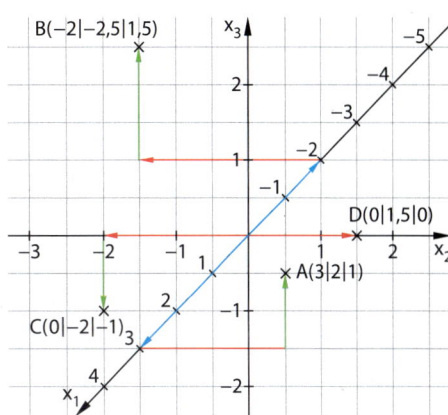

$C(0|-2|-1)$ liegt in der x_2x_3-Ebene.
$D(0|1,5|0)$ liegt auf der x_2-Achse.

Basisaufgaben

Lösungen zu 1

$(3|-1|0)$
$(0|-1|0)$
$(0|-1|3)$

$(0|3|3)$
$(0|3|0)$
$(3|3|0)$
$(3|-1|3)$
$(3|3|3)$

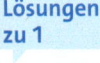 **1** Bestimmen Sie die Koordinaten der Punkte A bis H in der Zeichnung. Der Quader steht auf der x_1-x_2-Ebene.

 **2** Zeichnen Sie ein Koordinatensystem und tragen Sie die Punkte ein.
a) $A(2|3|0)$, $B(-3|2|1)$ und $C(3|-1|2)$
b) $A(3|0|0)$, $B(0|1|0)$ und $C(0|0|2)$
c) $A(3|0|-1)$, $B(-1|1|-1)$, $C(-1|1|3)$ und $D(3|0|3)$

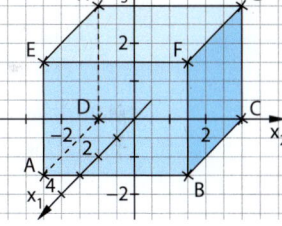

3 Erklären Sie mithilfe der Zeichnung, warum beim Eintragen eines Punktes die Reihenfolge, in der die Koordinaten abgezählt werden, keine Rolle spielt.

  4 Zeichnen Sie die dreiseitige Pyramide mit der Grundfläche ABC mit $A(-1|-4|1)$, $B(3|0|0)$, $C(-2|0|0)$ und der Spitze $S(1|0|5)$ in ein Koordinatensystem.

5 Die fünf Punkte sind Eckpunkte eines Quaders. Zeichnen Sie den Quader in ein Koordinatensystem ein. Geben Sie die Koordinaten der übrigen drei Eckpunkte an.
a) $A(2|-1|-2)$, $B(2|3|-2)$, $C(-2|3|-2)$, $D(-2|-1|-2)$, $E(2|-1|3)$
b) $A(1|-1|0)$, $C(-2|2|0)$, $D(-2|-1|0)$, $F(1|2|2)$, $H(-2|-1|2)$
c) $B(3|3|0)$, $C(0|3|0)$, $E(3|0|3)$, $G(0|3|3)$, $H(0|0|3)$

Hinweis zu 6

Raumdiagonale eines Quaders

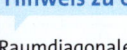

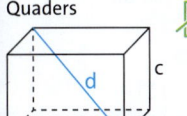

6 Die Punkte A und $O(0|0|0)$ sind Eckpunkte eines Quaders mit achsenparallelen Kanten. Sie liegen sich auf einer Raumdiagonale gegenüber. Zeichnen Sie den Quader in ein Koordinatensystem und geben Sie die Koordinaten der übrigen Eckpunkte an.
a) $A(2|3|3)$ \quad b) $A(-3|2|1)$ \quad c) $A(4|-3|-1)$ \quad d) $A(-2|2|-1)$

7 Geben Sie an, auf welchen der drei Koordinatenachsen und in welchen der drei Koordinatenebenen die Punkte liegen.

$A(0|0|1)$ $B(3|0|-5)$ $C(6|0|0)$ $D(0|-2|0)$ $E(6|6|0)$ $F(0|0|0)$

 8 Geben Sie die Koordinaten zweier Punkte an, die
   a) auf der x_1-Achse liegen,   b) auf der x_3-Achse liegen,
   c) in der x_1x_2-Ebene liegen,   d) in der x_1x_3-Ebene liegen,
   e) in der yz-Ebene, aber auf keiner Koordinatenachse liegen.

 9 Beschreiben Sie die Lage aller Punkte,
   a) deren x_1-Koordinate 0 ist,   b) deren x_2- und x_3-Koordinaten 0 sind,
   c) die in der x_1x_2-Ebene und x_2x_3-Ebene liegen,   d) deren x_3-Koordinate 2 ist,
   e) deren x_1-Koordinate 0 und x_2-Koordinate 1 ist.

 10 Beim Ablesen der Koordinaten des Punktes P gab es verschiedene Ergebnisse.
   Hannah: $P(0|1|-2)$ Ilja: $P(-2|0|-3)$
   Jona: $P(4|3|0)$ Karl: $P(2|2|-1)$
   a) Übertragen Sie das Koordinatensystem in Ihr Heft und tragen Sie die vier Punkte der Schüler ein.
   b) Beschreiben Sie Ihre Beobachtung und beurteilen Sie die Ergebnisse der Schüler.
   c) Formulieren Sie einen Satz über das Ablesen der Koordinaten eines Punktes im dreidimensionalen Koordinatensystem.

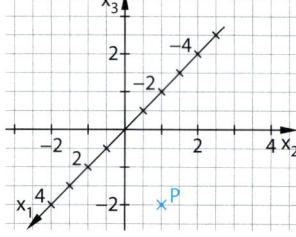

Weiterführende Aufgaben

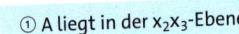 **11** In ein dreidimensionales Koordinatensystem wurde der Punkt A eingezeichnet. Geben Sie die Koordinaten von A unter der folgenden Voraussetzung an.

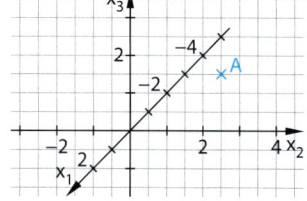

   ① A liegt in der x_2x_3-Ebene.   ② A liegt in der x_1x_2-Ebene.

   ③ A hat die x_1-Koordinate −2.   ④ A hat die x_2-Koordinate 2.

⚠ 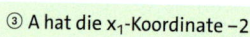 **12 Stolperstelle:** Tobias stellt fest: „*Wenn ich Punkte wie $A(2|1|1)$ oder $B(6|3|3)$, bei denen x_1 doppelt so groß ist wie x_2 und x_3, in ein Koordinatensystem einzeichnen will, lande ich wieder beim Ursprung. Es gibt also viele Möglichkeiten, Koordinaten für den Ursprung anzugeben.*"
Nehmen Sie dazu Stellung.

13 Beurteilen Sie, ob die Aussage wahr oder falsch ist.
   a) Alle Punkte mit $x_1 = 3$ und $x_3 = -1$ liegen auf einer Geraden, die parallel zur x_2-Achse ist.
   b) Die Punkte $P(1|-2|5)$ und $Q(-3|3|1)$ liegen auf verschiedenen Seiten der x_1x_2-Ebene.
   c) Die x_3-Koordinate eines Punktes gibt seinen Abstand zur x_1x_2-Ebene an.

Hinweis zu 13c

Der Abstand wird längs des Lots vom Punkt auf die Ebene gemessen.

14 Der Punkt B soll genau in der Mitte zwischen den Punkten A und C liegen. Geben Sie die fehlenden Koordinaten an.
   a) $A(0|2|0)$, $B(\bullet|\bullet|\bullet)$, $C(0|10|0)$ b) $A(1|1|0)$, $B(4|4|0)$, $C(\bullet|\bullet|\bullet)$
   c) $A(\bullet|\bullet|\bullet)$, $B(5|8|-1)$, $C(0|0|0)$ d) $A(-2|3|10)$, $B(\bullet|\bullet|\bullet)$, $C(4|5|2)$
   e) $A(7|0|3,5)$, $B(5|6|4)$, $C(\bullet|\bullet|\bullet)$ f) $A(\bullet|-6|2)$, $B(4|-1|\bullet)$, $C(7|\bullet|3)$

15 Gegeben ist eine gerade quadratische Pyramide mit den Ecken der Grundfläche $A(1|0|1)$, $B(1|4|1)$, $C(-3|4|1)$ und D sowie der Spitze S. Die Höhe der Pyramide ist 3 LE. Zeichnen Sie die Pyramide in ein Koordinatensystem ein und geben Sie die Koordinaten der übrigen Ecken an. Beurteilen Sie, ob es mehrere Möglichkeiten gibt.

Hinweis zu 16

Gehen Sie davon aus, dass die Pyramide gerade ist. Sie können die Einheit Königselle verwenden oder in Meter umrechnen. 1 Königselle ≙ 52,4 cm. Das Verhältnis von der Seitenlänge zur Höhe der Pyramide beträgt fast genau die Hälfte von π. Das ist kein Zufall. Recherchieren Sie, wie die Maße der Pyramide beim Bau bestimmt wurden, um dieses Rätsel zu lösen.

16 Die bis 2580 v. Chr. erbaute Cheops-Pyramide ist die höchste und am präzisesten gebaute aller ägyptischen Pyramiden. Damals wurde die Längeneinheit Königselle verwendet. Die Pyramide hat eine quadratische Grundfläche mit einer Seitenlänge von 440 Königsellen und sie ist 280 Königsellen hoch.
a) Geben Sie die fünf Eckpunkte der Pyramide in einem geeigneten Koordinatensystem an.
b) Vergleichen Sie Ihre Ergebnisse mit Ihrem Nachbarn, und erklären Sie, warum es verschiedene richtige Ergebnisse geben kann.

17 Punkte auf Geraden: Gegeben sind die Punkte $A(4|1|0)$, $B(0|1|-1)$ und $C(2|3|0,5)$.
a) Zeichnen Sie die Punkte in ein Koordinatensystem ein. Beurteilen Sie, ob die Punkte auf genau einer Geraden liegen.
b) Zeichnen Sie ein Koordinatensystem, das um 90° um die x_3-Achse gedreht wurde und bei dem die x_1-Achse nach rechts und die x_2-Achse nach hinten (wachsende positive Werte) verläuft. Tragen Sie die Punkte ein und überprüfen Sie Ihre Aussage aus a).
c) Wiederholen Sie das Vorgehen aus a) und b) mit $P(-1|-4|-1)$, $Q(5|5|2)$, $R(2|0,5|0,5)$.
d) Formulieren Sie eine allgemeine Aussage über die Darstellung im dreidimensionalen Koordinatensystem (Hinweis: P, Q und R liegen tatsächlich auf einer Geraden).

18 Senkrechte Projektion: Der Punkt B ergibt sich durch eine **senkrechte Projektion** des Punktes A auf die x_1x_2-Ebene; B entspricht dem Schattenpunkt von A auf der x_1x_2-Ebene, wenn das Licht senkrecht von oben auf diese Ebene fällt.
a) Geben Sie die Koordinaten von B an.
b) Die Punkte C und D ergeben sich durch eine Projektion des Punktes A senkrecht auf die x_1x_3-Ebene bzw. auf die x_2x_3-Ebene. Geben Sie die Koordinaten an.

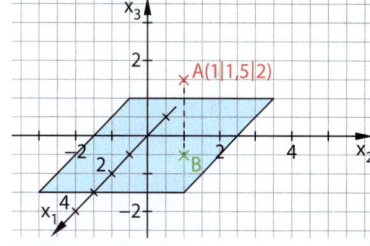

19 Spiegelung an einer Koordinatenebene: Der Punkt B ergibt sich durch **Spiegelung** des Punktes $A(4|-1|3)$ an der x_1x_2-Ebene.
a) Zeichnen Sie Punkt A in ein Koordinatensystem. Ermitteln Sie die Koordinaten von B.
b) Die Punkte C und D ergeben sich durch Spiegelung des Punktes A an der x_1x_3- bzw. an der x_2x_3-Ebene. Ermitteln Sie die Koordinaten von C und D.
c) Ermitteln Sie die Koordinaten des Punktes E, der sich ergibt, wenn A nacheinander an der x_1x_2-, der x_1x_3- und der x_2x_3-Ebene gespiegelt wird.

Info

Diese Koordinaten werden als **Kugelkoordinaten** bezeichnet. Sie werden z. B. bei der Beschreibung von Gravitationsfeldern verwendet.

20 Ausblick: Die Lage eines Punktes im Raum kann auch durch seinen Abstand $r \geq 0$ zum Ursprung sowie zwei Winkel $0 \leq \alpha < 180°$ und $0 \leq \beta < 360°$ beschrieben werden. Die Koordinaten $(r|\alpha|\beta)$ beschreiben dann einen Punkt $P(x_1|x_2|x_3)$. Geben Sie r, α und β für die Punkte $A(1|0|0)$, $B(-2|0|0)$, $C(0|3|0)$, $D(1|1|0)$, $E(1|0|1)$, $F(0|1|-1)$ und $G(0|1|1)$ an.

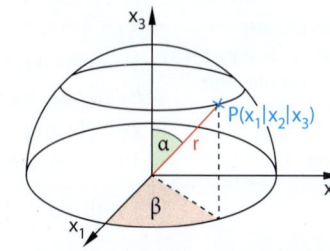

3.2   Vektoren

Auf der Karte sind verschiedene Winde mithilfe von Pfeilen dargestellt.

a) Geben Sie an, welche der Pfeile man als „gleich" bezeichnen könnte. Beschreiben Sie, worin sich die übrigen Pfeile unterscheiden.

b) Erläutern Sie, wie sich die dargestellten Winde unterscheiden und wie dies durch die Pfeile verdeutlicht wird.

Bei der Verschiebung des Dreiecks ABC zu A'B'C' legen seine Eckpunkte den gleichen **Weg** zurück, nämlich 3 Einheiten in x_1-Richtung und 2 Einheiten in x_2-Richtung. Diese Bewegung kann mit dem **Vektor** $\vec{v} = \begin{pmatrix} 3 \\ 2 \end{pmatrix}$ mit den Koordinaten 3 und 2 beschrieben werden.

Im Koordinatensystem stellen die Verbindungspfeile $\overrightarrow{AA'}$, $\overrightarrow{BB'}$ und $\overrightarrow{CC'}$ alle den gleichen **Vektor** $\vec{v}$ dar, also $\overrightarrow{AA'} = \overrightarrow{BB'} = \overrightarrow{CC'} = \vec{v}$.

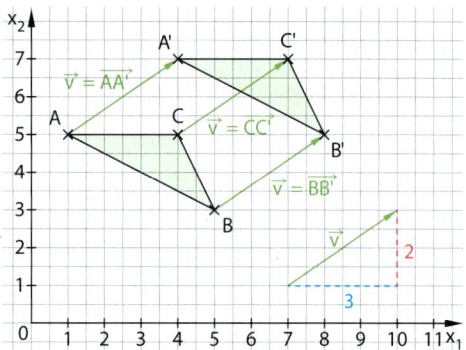

Hinweis

Die abgebildeten Pfeile sind parallel zueinander, aber haben verschiedenen Richtungssinn (Orientierung).

Allgemein werden Vektoren mit Kleinbuchstaben und einem Pfeil darüber bezeichnet und im Koordinatensystem durch **Vektorpfeile** dargestellt. Alle Vektorpfeile mit gleicher **Länge**, gleicher **Richtung** und gleichem **Richtungssinn** beschreiben den gleichen Weg und sind damit Darstellungen ein und desselben Vektors. Ein Vektor ist also nicht an einen Ort gebunden. Gleiche Richtung bedeutet, dass die Vektorpfeile **parallel zueinander** sind, gleicher Richtungssinn oder gleiche **Orientierung**, dass die Vektorpfeile die gleiche Richtung der Pfeilspitze im Koordinatensystem haben. Im Raum hat ein Vektor drei Koordinaten.

Hinweis

Ist eine Koordinate eines Vektors negativ, so erfolgt die Verschiebung entgegen der Orientierung der zugehörigen Koordinatenachse.

Wissen   Vektoren in der Ebene und im Raum

Ein **zweidimensionaler Vektor** $\vec{v} = \begin{pmatrix} v_1 \\ v_2 \end{pmatrix}$ kann eine **Verschiebung in der Ebene** beschreiben.

Ein **dreidimensionaler Vektor** $\vec{v} = \begin{pmatrix} v_1 \\ v_2 \\ v_3 \end{pmatrix}$ kann eine **Verschiebung im Raum** beschreiben.

Geometrisch kann man einen Vektor durch einen **Vektorpfeil** darstellen, der gekennzeichnet ist durch **Länge**, **Richtung** und **Richtungssinn** (Orientierung). Der **Nullvektor** $\vec{0} = \begin{pmatrix} 0 \\ 0 \end{pmatrix}$ bzw. $\vec{0} = \begin{pmatrix} 0 \\ 0 \\ 0 \end{pmatrix}$ hat keine Richtung oder Orientierung.

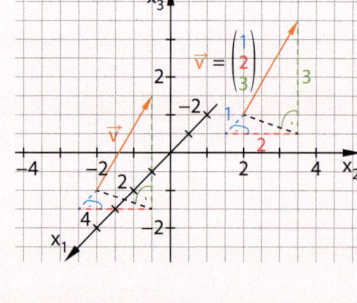

Hinweis

Eingabe im CAS z. B. **Spaltenvektor:** Eckige Klammern, Koordinaten durch Semikolon getrennt: [1;−2;3]. **Zeilenvektor:** [1,−2,3].

Um den Punkt P(2|1) zum Punkt Q(7|4) zu verschieben, muss man $7 - 2 = 5$ Einheiten in x_1-Richtung und $4 - 1 = 3$ Einheiten in x_2-Richtung „gehen". Der zugehörige Vektor $\begin{pmatrix} 5 \\ 3 \end{pmatrix}$ wird als **Verbindungsvektor** $\overrightarrow{PQ}$ bezeichnet.

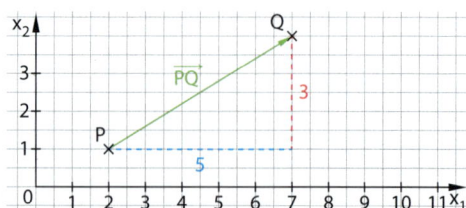

Im zweidimensionalen Fall gilt entsprechend
$\overrightarrow{PQ} = \begin{pmatrix} q_1 - p_1 \\ q_2 - p_2 \end{pmatrix}$ und
$\overrightarrow{OP} = \begin{pmatrix} p_1 \\ p_2 \end{pmatrix}$.

Hinweis

Die Koordinaten des Ortsvektors stimmen mit den Koordinaten des Punktes überein.

Hinweis

Speichern Sie im CAS Vektoren unter Variablen und verwenden Sie diese in der weiteren Rechnung.

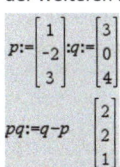

Wissen | **Verbindungsvektoren und Ortsvektoren**

Für den **Verbindungsvektor** von einem Punkt $P(p_1|p_2|p_3)$ zu einem Punkt $Q(q_1|q_2|q_3)$ gilt:

$$\overrightarrow{PQ} = \begin{pmatrix} q_1 - p_1 \\ q_2 - p_2 \\ q_3 - p_3 \end{pmatrix}$$

Der Verbindungsvektor $\overrightarrow{OP}$ vom Koordinatenursprung O zu einem Punkt $P(p_1|p_2|p_3)$ heißt **Ortsvektor** von P:

$$\overrightarrow{OP} = \begin{pmatrix} p_1 \\ p_1 \\ p_1 \end{pmatrix}$$

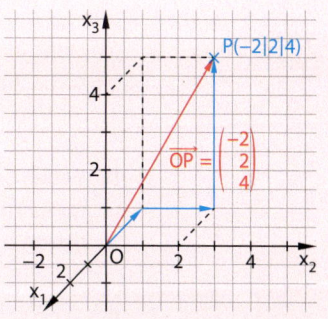

Beispiel 1

Die Punkte A, B, C, D, E, F, G und H sind die Ecken eines Quaders im dreidimensionalen Koordinatensystem, der auf der x_1x_2-Ebene steht.

a) Bestimmen Sie die Koordinaten der Punkte C und H und damit den Verbindungsvektor $\overrightarrow{CH}$.

b) Zeigen Sie, dass zwei weitere Ecken des Quaders denselben Verbindungsvektor haben.

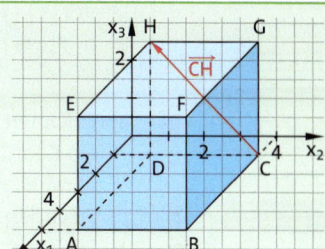

Lösung:

a) Lesen Sie die Koordinaten von C und H aus der Skizze ab. Der Vektor $\overrightarrow{CH}$ zeigt von C in Richtung H. Subtrahieren Sie die Koordinaten von C von denen von H.

$C(1|4|0)$, $H(1|1|3)$

$$\overrightarrow{CH} = \begin{pmatrix} 1-1 \\ 1-4 \\ 3-0 \end{pmatrix} = \begin{pmatrix} 0 \\ -3 \\ 3 \end{pmatrix}$$

b) Wählen Sie eine Diagonale, die parallel zu $\overrightarrow{CH}$ verläuft, und berechnen Sie den Verbindungsvektor der Eckpunkte.

$B(5|4|0)$, $E(5|1|3)$ $\quad \overline{BE}$ parallel zu $\overline{CH}$

$$\overrightarrow{BE} = \begin{pmatrix} 5-5 \\ 1-4 \\ 3-0 \end{pmatrix} = \begin{pmatrix} 0 \\ -3 \\ 3 \end{pmatrix} = \overrightarrow{CH}$$

Basisaufgaben

1 Zeichnen Sie zum Vektor drei Vektorpfeile in ein Koordinatensystem. Geben Sie jeweils die Koordinaten der Anfangs- und Endpunkte der Pfeile an.

a) $\begin{pmatrix} 1 \\ 2 \end{pmatrix}$ b) $\begin{pmatrix} 0 \\ -1 \end{pmatrix}$ c) $\begin{pmatrix} 2 \\ 0 \end{pmatrix}$ d) $\begin{pmatrix} -1 \\ -3 \end{pmatrix}$

e) $\begin{pmatrix} 1 \\ 0 \\ 0 \end{pmatrix}$ f) $\begin{pmatrix} 1 \\ 0 \\ -1 \end{pmatrix}$ g) $\begin{pmatrix} 1 \\ 3 \\ -2 \end{pmatrix}$ h) $\begin{pmatrix} -2 \\ -1 \\ 3 \end{pmatrix}$

2 Zeichnen Sie die Punkte und den Vektor $\overrightarrow{PQ}$ in ein Koordinatensystem. Berechnen Sie die Koordinaten des Vektors $\overrightarrow{PQ}$ und vergleichen Sie mit der Skizze.

a) $P(0|0)$, $Q(5|-2)$ b) $P(2|3)$, $Q(7|4)$ c) $P(-4|-3|-1)$, $Q(0|4|-2)$

d) $P(-1|4|-2)$, $Q(2|-3|-4)$ e) $P(4|6|5)$, $Q(0|0|0)$ f) $P(7|3|1)$, $Q(7|3|1)$

3 Ergänzen Sie die fehlenden Eckpunkte so, dass die Gleichung eine wahre Aussage ist.

a) $\overrightarrow{AB} = \overrightarrow{E\bullet}$ b) $\overrightarrow{AB} = \overrightarrow{\bullet G}$

c) $\overrightarrow{FE} = \overrightarrow{C\bullet}$ d) $\overrightarrow{H\bullet} = \overrightarrow{GC}$

e) $\overrightarrow{EH} = \overrightarrow{A\bullet} = \overrightarrow{\bullet G}$ f) $\overrightarrow{DG} = \overrightarrow{A\bullet}$

g) $\overrightarrow{HF} = \overrightarrow{\bullet\bullet}$ h) $\overrightarrow{\bullet\bullet} = \overrightarrow{AH}$

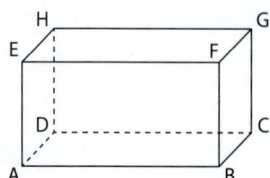

Das Prisma steht auf der x_1x_2-Ebene.

4 Die Zeichnung zeigt ein Prisma im dreidimensionalen Koordinatensystem.

a) Lesen Sie die Koordinaten der Punkte A, B, C und D ab. Bestimmen Sie damit die Verbindungsvektoren $\overrightarrow{AB}$, $\overrightarrow{AC}$, $\overrightarrow{AD}$ und $\overrightarrow{BC}$.

b) Geben Sie zu jedem Verbindungsvektor aus a) zwei weitere Punkte an, die diesen beschreiben.

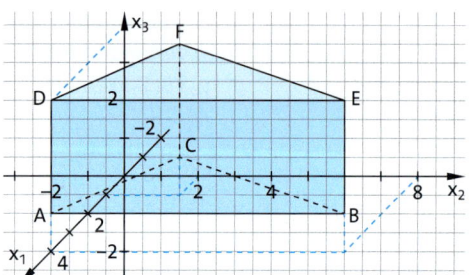

5 Es sei $\overrightarrow{PQ} = \begin{pmatrix} 4 \\ 5 \\ -2 \end{pmatrix}$. Berechnen Sie die Koordinaten des Punktes P bzw. Q.

a) $P(1|1|1)$ b) $P(5|4|7)$ c) $P(0|0|0)$ d) $P(12|-5|-7)$

e) $P(x|y|z)$ f) $Q(2|3|2)$ g) $Q(-8|7|-3)$ h) $Q(x|y|z)$

6 a) Zeichnen Sie die Punkte $P(4|1|0)$ und $Q(3|3|4)$ und den Vektorpfeil von P nach Q in ein Koordinatensystem. Veranschaulichen Sie die Koordinaten von $\overrightarrow{PQ}$ durch Hilfslinien parallel zu den Koordinatenachsen.

b) Zeichnen Sie den Punkt $R(2|-1|1)$ ein und von dort ausgehend den Vektorpfeil von $\overrightarrow{PQ}$. Berechnen Sie die Koordinaten des Endpunktes S, für den $\overrightarrow{PQ} = \overrightarrow{RS}$ gilt.

c) Tarik meint: *„Der Vektor $\overrightarrow{PQ}$ verbindet nicht nur die Punkte P und Q, sondern auch die Punkte R und S."* Hat er recht? Begründen Sie.

d) Geben Sie die Koordinaten eines Punktes T an, dessen Ortsvektor gleich $\overrightarrow{PQ}$ ist.

e) Svea meint: *„Während die Koordinaten eines Punktes einen Ort beschreiben, beschreiben die Koordinaten eines Vektors einen Weg."* Nehmen Sie dazu Stellung. Erläutern Sie den Unterschied zwischen einem Punkt und einem Vektor sowie eines Ortsvektors.

Betrag eines Vektors – Abstand zweier Punkte

Der **Betrag** $|\vec{v}|$ eines Vektors $\vec{v}$ bezeichnet die Länge jedes seiner Pfeile.

Aus den Koordinaten eines zweidimensionalen Vektors $\vec{v} = \begin{pmatrix} v_1 \\ v_2 \end{pmatrix}$ ergeben sich die Kathetenlängen eines rechtwinkligen Dreiecks. Für $|\vec{v}|$ gilt dann nach dem Satz des Pythagoras:

$$|\vec{v}| = \sqrt{v_1^2 + v_2^2}$$

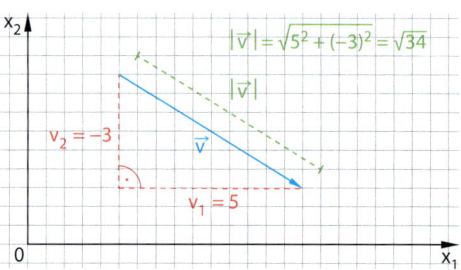

Bei einem dreidimensionalen Vektor $\vec{v} = \begin{pmatrix} v_1 \\ v_2 \\ v_3 \end{pmatrix}$ entspricht ein Pfeil der Raumdiagonale eines Quaders. Um seine Länge zu ermitteln, wird der Satz des Pythagoras zweimal angewendet.

① Flächendiagonale:

$$|\vec{v_0}| = \sqrt{v_1^2 + v_2^2} \text{ mit } \vec{v_0} = \begin{pmatrix} v_1 \\ v_2 \\ 0 \end{pmatrix}$$

② Raumdiagonale:

$$|\vec{v}| = \sqrt{|\vec{v_0}|^2 + v_3^2} = \sqrt{\left(\sqrt{v_1^2 + v_2^2}\right)^2 + v_3^2}$$
$$= \sqrt{v_1^2 + v_2^2 + v_3^2}$$

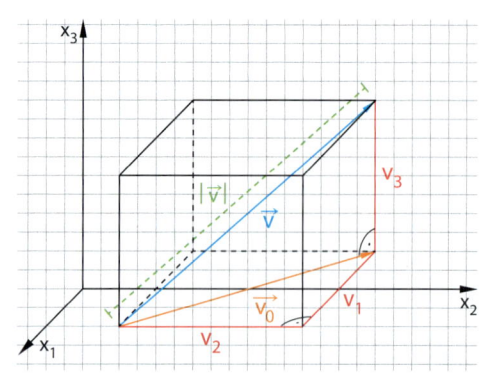

Hinweis

Der Betrag eines Vektors wird auch als **Länge** des Vektors bezeichnet.

Hinweis

Beim CAS verwendet man norm(v) für den **Betrag** des Vektors.

$$\text{norm}\left(\begin{pmatrix} 3 \\ 6 \\ -1 \end{pmatrix}\right) \qquad \sqrt{46}$$

Definition | **Betrag eines Vektors in der Ebene oder im Raum**

Betrag $|\vec{v}|$ eines Vektors $\vec{v}$: Länge eines seiner Vektorpfeile im Koordinatensystem.

Für $\vec{v} = \begin{pmatrix} v_1 \\ v_2 \end{pmatrix}$ gilt: $|\vec{v}| = \sqrt{v_1^2 + v_2^2}$ 　　　　Für $\vec{v} = \begin{pmatrix} v_1 \\ v_2 \\ v_3 \end{pmatrix}$ gilt: $|\vec{v}| = \sqrt{v_1^2 + v_2^2 + v_3^2}$

Der Nullvektor hat damit den Betrag $|\vec{0}| = \sqrt{0^2 + 0^2} = 0$ bzw. $|\vec{0}| = \sqrt{0^2 + 0^2 + 0^2} = 0$.

Beispiel 2 | **Betrag eines Vektors im Raum**

Berechnen Sie den Betrag des Vektors $\vec{v} = \begin{pmatrix} 3 \\ 0 \\ -2 \end{pmatrix}$.

Lösung:
Berechnen Sie die Quadrate der einzelnen Koordinaten. Addieren Sie diese und ziehen Sie anschließend die Quadratwurzel.

$$|\vec{v}| = \sqrt{3^2 + 0^2 + (-2)^2}$$
$$= \sqrt{9 + 0 + 4} = \sqrt{13} \approx 3{,}61$$

Der Abstand zweier Punkte P und Q entspricht der Länge der Strecke $\overline{PQ}$ und somit dem Betrag des Verbindungsvektors $\overrightarrow{PQ}$.

Wissen | **Abstand zweier Punkte im Raum**

Für den **Abstand** zweier Punkte $P(p_1 | p_2 | p_3)$ und $Q(q_1 | q_2 | q_3)$ gilt:

$$|\overrightarrow{PQ}| = \left|\begin{pmatrix} q_1 - p_1 \\ q_2 - p_2 \\ q_3 - p_3 \end{pmatrix}\right| = \sqrt{(q_1 - p_1)^2 + (q_2 - p_2)^2 + (q_3 - p_3)^2}$$

Beispiel 3 | **Abstand zweier Punkte im Raum**

Berechnen Sie den Abstand der Punkte $P(1|-2|3)$ und $Q(3|0|4)$.

Lösung:
Bestimmen Sie den Verbindungsvektor $\overrightarrow{PQ}$ und berechnen Sie seinen Betrag. Die Punkte P und Q haben einen Abstand von 3 LE.

$$p := \begin{bmatrix} 1 \\ -2 \\ 3 \end{bmatrix} ; q := \begin{bmatrix} 3 \\ 0 \\ 4 \end{bmatrix} ; pq := q - p \qquad \begin{bmatrix} 2 \\ 2 \\ 1 \end{bmatrix}$$
$$\text{norm}(pq) \qquad\qquad\qquad\qquad\qquad 3$$

Basisaufgaben

7 Zeichnen Sie einen Vektorpfeil des Vektors $\vec{v}$ in ein Koordinatensystem (LE: 1 cm) und messen Sie die Länge des Pfeils. Vergleichen Sie diese mit dem Betrag des Vektors.

a) $\vec{v} = \begin{pmatrix} 0 \\ 4 \end{pmatrix}$ 　　b) $\vec{v} = \begin{pmatrix} -2 \\ 0 \end{pmatrix}$ 　　c) $\vec{v} = \begin{pmatrix} 3 \\ 4 \end{pmatrix}$ 　　d) $\vec{v} = \begin{pmatrix} 3 \\ -4 \end{pmatrix}$ 　　e) $\vec{v} = \begin{pmatrix} 2 \\ -5 \end{pmatrix}$

Lösungen zu 8

teilweise gerundet

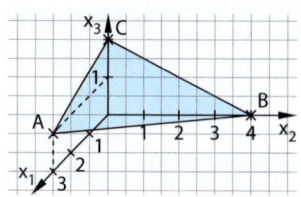

9
0
3
6,16　2,83

8 Berechnen Sie den Betrag des Vektors.

a) $\vec{v} = \begin{pmatrix} 4 \\ 1 \\ 8 \end{pmatrix}$ 　　b) $\vec{v} = \begin{pmatrix} 3 \\ 0 \\ 0 \end{pmatrix}$ 　　c) $\vec{v} = \begin{pmatrix} 2 \\ -2 \\ 0 \end{pmatrix}$ 　　d) $\vec{v} = \begin{pmatrix} 5 \\ -2 \\ -3 \end{pmatrix}$ 　　e) $\vec{v} = \begin{pmatrix} 0 \\ 0 \\ 0 \end{pmatrix}$

9 Berechnen Sie den Abstand der Punkte P und Q.
a) $P(3|-2|6)$, $Q(0|2|6)$ 　　b) $P(4|1)$, $Q(-2|-2)$
c) $P(5|-3|1)$, $Q(6|-2|-1)$ 　　d) $P(3|9|2)$, $Q(0|0|0)$

10 Bestimmen Sie die Seitenlängen des abgebildeten Dreiecks ABC.

Weiterführende Aufgaben

11 Zeigen Sie, dass der Betrag eines Vektors immer mindestens so groß ist wie der Betrag der betragsgrößten Koordinate. Erklären Sie, in welchen Fällen beide Werte gleich sind.

12 Berechnen Sie den Umfang des Dreiecks ABC mit A(2|3|−1), B(0|0|1) und C(−5|6|7). Weisen Sie nach, dass das Dreieck nicht rechtwinklig ist.

13 **Stolperstelle:** Gegeben sind die Punkte P(3|−5|2) und Q(2|2|1). Leon meint: *„Der Vektor $\overrightarrow{PQ}$ kann nicht Ortsvektor eines Punktes sein, weil er nicht am Ursprung beginnt."* Nehmen Sie dazu Stellung.

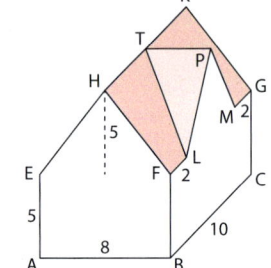

14 Die Maße des abgebildeten Hauses mit einer Dachgaube sind in Meter angegeben.
a) Zeichnen Sie das Haus in ein Koordinatensystem und geben Sie die Vektoren $\overrightarrow{EH}$, $\overrightarrow{HK}$, $\overrightarrow{MP}$ und $\overrightarrow{LT}$ an.
b) Vergleichen Sie Ihre Lösungen aus a) mit Ihrem Nachbarn. Begründen Sie, dass die Lösungen nicht von der Lage des Hauses im Koordinatensystem abhängen.
c) Berechnen Sie die Beträge der Vektoren aus Teil a).

15 a) Führen Sie die Berechnung mit Ihrem CAS aus. Beschreiben Sie Eigenschaften des Dreiecks ABC anhand der ermittelten Ergebnisse.
b) Untersuchen Sie, ob das Dreieck PQR ebenfalls besondere Eigenschaften aufweist: P(3|4+6$\sqrt{3}$|2); Q(0|4 − 3$\sqrt{3}$|2); R(6|4−3$\sqrt{3}$|2).

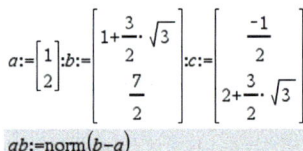

$$a:=\begin{bmatrix}1\\2\end{bmatrix}:b:=\begin{bmatrix}1+\dfrac{3}{2}\cdot\sqrt{3}\\\dfrac{7}{2}\end{bmatrix}:c:=\begin{bmatrix}\dfrac{-1}{2}\\2+\dfrac{3}{2}\cdot\sqrt{3}\end{bmatrix}$$

$ab:=\text{norm}(b-a)$

$ac:=\text{norm}(c-a)$

$bc:=\text{norm}(c-b)$

$ab^2+ac^2=bc^2$

16 Skizzieren Sie das Viereck ABCD in ein Koordinatensystem. Prüfen Sie, ob es eine Raute ist.
a) A(0|−2|1), B(−4|1|−1), C(−4|6|1), D(0|3|3)
b) A(1|−2|1), B(5|1|0), C(3|3|−2), D(−1|0|−1)

17 Eine kleine Biene befindet sich auf dem Rückflug zu ihrem Bienenstock im Koordinatenursprung. Beim Überfliegen von Punkt P(10|10) entdeckt sie drei Blumen auf der Wiese. Ermitteln Sie, in welcher Reihenfolge die Biene diese Blumen anfliegen sollte, damit ihr Weg am kürzesten ist.

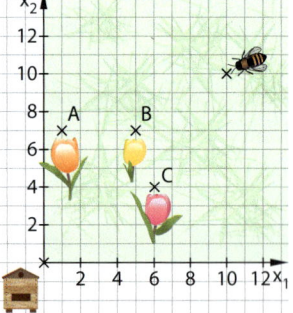

18 Ein mit Helium gefüllter Luftballon bewegt sich durch Wind und seinen Auftrieb durch die Luft. Innerhalb einer Sekunde bewegt er sich von P(0|0|7) nach Q(2|−1|9) (1 m als Längeneinheit im Koordinatensystem). Bestimmen Sie die Geschwindigkeit des Ballons in km/h.

19 **Ausblick:** Beschreiben Sie die Menge aller Punkte P im Raum mit den angegebenen Eigenschaften.

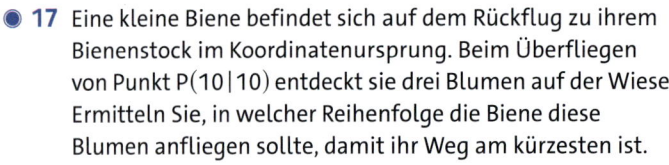

a) $\overrightarrow{OP}=\begin{pmatrix}x_1\\x_2\\x_3\end{pmatrix}$ mit $x_2=-3$ b) $\overrightarrow{OP}=\begin{pmatrix}x_1\\x_2\\x_3\end{pmatrix}$ mit $x_1=x_3$ c) $\overrightarrow{OP}=\begin{pmatrix}x_1\\x_2\\x_3\end{pmatrix}$ mit $|\overrightarrow{OP}|=2$

3.3 # Addition und Subtraktion von Vektoren

Das Viereck ABCD ist ein Parallelogramm.
a) Begründen Sie, dass dann gilt:
$\overrightarrow{BC} = \overrightarrow{AD}$ und $\overrightarrow{DC} = \overrightarrow{AB}$.
b) Bestimmen Sie die Koordinaten des vierten
Punktes C des Parallelogramms.
c) Geben Sie an, wie Sie die Koordinaten von C
mithilfe der Ortsvektoren von B und D berechnen.

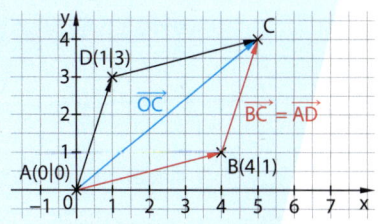

Vektoren kann man addieren. Geht man vom Punkt P
mit $\vec{a} = \begin{pmatrix} 5 \\ 1 \end{pmatrix}$ zum Punkt Q und von dort mit $\vec{b} = \begin{pmatrix} 2 \\ 3 \end{pmatrix}$
zum Punkt R, dann zeigt der Summenvektor $\vec{a} + \vec{b}$ vom
Startpunkt P zum Endpunkt R, es ist $\vec{a} + \vec{b} = \overrightarrow{PR}$ oder
$\overrightarrow{PQ} + \overrightarrow{QR} = \overrightarrow{PR}$. Mit $\vec{a}$ „geht" man 5 LE in x_1-Richtung,
mit $\vec{b}$ danach 2 LE, also insgesamt 7 LE in x_1-Richtung.
Ebenso sind es $1 + 3 = 4$ LE in x_2-Richtung. Zu $\overrightarrow{PR}$ gehört
also der Vektor $\vec{a} + \vec{b} = \begin{pmatrix} 5 + 2 \\ 1 + 3 \end{pmatrix} = \begin{pmatrix} 7 \\ 4 \end{pmatrix}$.

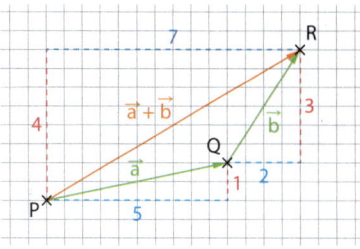

Die Koordinaten des Summenvektors $\vec{a} + \vec{b}$ ergeben sich durch Addition der entsprechenden
Koordinaten von $\vec{a}$ und $\vec{b}$. Dies ist auch bei dreidimensionalen Vektoren der Fall.

> **Wissen**   **Addition von Vektoren**
>
> Vektoren werden koordinatenweise addiert:
>
> $$\begin{pmatrix} a_1 \\ a_2 \end{pmatrix} + \begin{pmatrix} b_1 \\ b_2 \end{pmatrix} = \begin{pmatrix} a_1 + b_1 \\ a_2 + b_2 \end{pmatrix} \qquad \begin{pmatrix} a_1 \\ a_2 \\ a_3 \end{pmatrix} + \begin{pmatrix} b_1 \\ b_2 \\ b_3 \end{pmatrix} = \begin{pmatrix} a_1 + b_1 \\ a_2 + b_2 \\ a_3 + b_3 \end{pmatrix}$$
>
>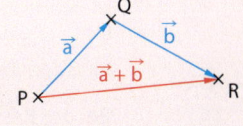
>
> Setzt man an der Pfeilspitze von $\vec{a}$ einen Vektorpfeil von $\vec{b}$ an, so zeigt der Summenvektor
> $\vec{a} + \vec{b}$ vom Anfang von $\vec{a}$ zur Spitze von $\vec{b}$. Es gilt: $\overrightarrow{PQ} + \overrightarrow{QR} = \overrightarrow{PR}$

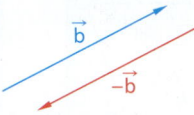

Zu jedem Vektor $\vec{b} = \begin{pmatrix} b_1 \\ b_2 \end{pmatrix}$ ist $-\vec{b} = \begin{pmatrix} -b_1 \\ -b_2 \end{pmatrix}$ der **Gegenvektor**. Seine Pfeile haben die gleiche Länge
wie die Pfeile von $\vec{b}$, aber zeigen in die entgegengesetzte Richtung. Es gilt $\vec{b} + (-\vec{b}) = \vec{0}$.
Mit dem Gegenvektor erhält man eine **Subtraktion von Vektoren**: $\vec{a} - \vec{b} = \vec{a} + (-\vec{b})$.
Man rechnet: $\begin{pmatrix} 5 \\ 1 \end{pmatrix} - \begin{pmatrix} 1 \\ 2 \end{pmatrix} = \begin{pmatrix} 5 \\ 1 \end{pmatrix} + \begin{pmatrix} -1 \\ -2 \end{pmatrix} = \begin{pmatrix} 5 - 1 \\ 1 - 2 \end{pmatrix} = \begin{pmatrix} 4 \\ -1 \end{pmatrix}$

> **Wissen**   **Subtraktion von Vektoren**
>
> Vektoren werden koordinatenweise subtrahiert:
>
> $$\begin{pmatrix} a_1 \\ a_2 \end{pmatrix} - \begin{pmatrix} b_1 \\ b_2 \end{pmatrix} = \begin{pmatrix} a_1 - b_1 \\ a_2 - b_2 \end{pmatrix} \qquad \begin{pmatrix} a_1 \\ a_2 \\ a_3 \end{pmatrix} - \begin{pmatrix} b_1 \\ b_2 \\ b_3 \end{pmatrix} = \begin{pmatrix} a_1 - b_1 \\ a_2 - b_2 \\ a_3 - b_3 \end{pmatrix}$$
>
>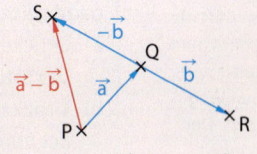
>
> Die Subtraktion eines Vektors entspricht der Addition des Gegenvektors: $\vec{a} - \vec{b} = \vec{a} + (-\vec{b})$

Das Parallelogramm zeigt, dass für die Addition das Kommutativgesetz gilt: $\vec{a} + \vec{b} = \vec{b} + \vec{a}$.
Dies kann man auch rechnerisch zeigen:

$$\begin{pmatrix} a_1 \\ a_2 \\ a_3 \end{pmatrix} + \begin{pmatrix} b_1 \\ b_2 \\ b_3 \end{pmatrix} = \begin{pmatrix} a_1 + b_1 \\ a_2 + b_2 \\ a_3 + b_3 \end{pmatrix} = \begin{pmatrix} b_1 + a_1 \\ b_2 + a_2 \\ b_3 + a_3 \end{pmatrix} = \begin{pmatrix} b_1 \\ b_2 \\ b_3 \end{pmatrix} + \begin{pmatrix} a_1 \\ a_2 \\ a_3 \end{pmatrix}$$

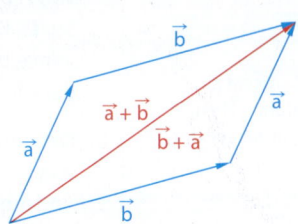

Man führt das Kommutativgesetz für Vektoren also auf jenes
für reelle Zahlen zurück. Ähnlich kann man auch bei anderen
Rechengesetzen vorgehen.

3

Hinweis

$$\vec{a} + \vec{0} = \vec{a}$$
$$\vec{0} + \vec{a} = \vec{a}$$
$$\vec{a} - \vec{0} = \vec{a}$$
$$\vec{0} - \vec{a} = -\vec{a}$$
$$\vec{a} - \vec{a} = \vec{0}$$

Wissen — Rechenregeln

Für Vektoren gelten die folgenden Regeln.

Kommutativgesetz: $\vec{a} + \vec{b} = \vec{b} + \vec{a}$ **Assoziativgesetz:** $(\vec{a} + \vec{b}) + \vec{c} = \vec{a} + (\vec{b} + \vec{c})$

Beispiel 1 — Vektoren addieren und subtrahieren

Gegeben sind die Vektoren $\vec{a} = \begin{pmatrix} 2 \\ 4 \\ 2 \end{pmatrix}$, $\vec{b} = \begin{pmatrix} 1 \\ 3 \\ -1 \end{pmatrix}$ und $\vec{c} = \begin{pmatrix} -2 \\ 0 \\ 3 \end{pmatrix}$.

a) Berechnen Sie $\vec{a} - \vec{b}$ und $\vec{a} + \vec{b} - \vec{c}$.
b) Stellen Sie $\vec{a} - \vec{b}$ zeichnerisch dar und vergleichen Sie mit der Rechnung.

Lösung:

a) Subtrahieren Sie die Koordinaten des Vektors $\vec{b}$ von denen des Vektors $\vec{a}$.

$$\vec{a} - \vec{b} = \begin{pmatrix} 2 \\ 4 \\ 2 \end{pmatrix} - \begin{pmatrix} 1 \\ 3 \\ -1 \end{pmatrix} = \begin{pmatrix} 2-1 \\ 4-3 \\ 2-(-1) \end{pmatrix} = \begin{pmatrix} 1 \\ 1 \\ 3 \end{pmatrix}$$

Rechnen Sie auch bei mehreren Vektoren koordinatenweise.

$$\vec{a} + \vec{b} - \vec{c} = \begin{pmatrix} 2+1-(-2) \\ 4+3-0 \\ 2+(-1)-3 \end{pmatrix} = \begin{pmatrix} 5 \\ 7 \\ -2 \end{pmatrix}$$

b) Zeichnen Sie beginnend an der Spitze von $\vec{a}$ einen Vektorpfeil zu $-\vec{b}$. Der Pfeil vom Anfangspunkt von $\vec{a}$ zur Spitze von $-\vec{b}$ steht für den Differenzvektor $\vec{a} - \vec{b}$.

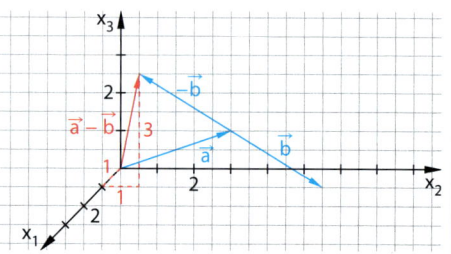

Bei der **Bestimmung eines Verbindungsvektors** $\overrightarrow{AB}$ muss man darauf achten, welcher Ortsvektor von welchem subtrahiert werden muss. Hier hilft die Vorstellung: Um von A nach B zu gelangen, „geht" man zuerst von A zum Ursprung, also $-\overrightarrow{OA}$ und anschließend vom Ursprung zu B: $\overrightarrow{AB} = -\overrightarrow{OA} + \overrightarrow{OB} = \overrightarrow{OB} - \overrightarrow{OA}$

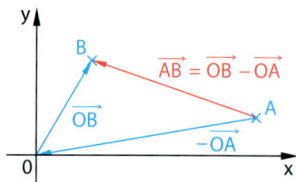

Hinweis

Beim Bestimmen von Vektoren in geometrischen Figuren hilft die Vorstellung, dass man aus bekannten Vektoren einen **Weg** zusammensetzt. Der gesuchte Vektor ist dann die Summe dieser „Wegabschnitte".

Hinweis

Wenn Sie gegen die Pfeilrichtung gehen, müssen Sie den Vektor subtrahieren.

Beispiel 2 — Vektoren in geometrischen Figuren

Die Vektoren $\vec{a}$, $\vec{b}$ und $\vec{c}$ spannen ausgehend vom Punkt A einen sogenannten Spat auf: einen Körper, der von sechs paarweise kongruenten Parallelogrammen begrenzt wird.

a) Drücken Sie die Vektoren $\overrightarrow{AC}$ und $\overrightarrow{HB}$ durch die Vektoren $\vec{a}$, $\vec{b}$ und $\vec{c}$ aus.
b) Drücken Sie $\vec{c} - \vec{b} + \vec{a}$ als Verbindungsvektor zweier Eckpunkte aus.

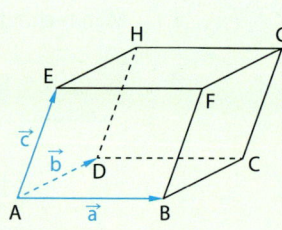

Lösung:

a) Suchen Sie einen Weg von A bis C bzw. von H bis B entlang der Kanten des Spats. Die gekennzeichneten Pfeile von $\vec{a}, \vec{b}, \vec{c}$ können dabei zu den parallelen Kanten verschoben werden.

$$\overrightarrow{AC} = \overrightarrow{AB} + \overrightarrow{BC} = \vec{a} + \vec{b}$$
$$\overrightarrow{HB} = \overrightarrow{HG} + \overrightarrow{GF} + \overrightarrow{FB}$$
$$= \overrightarrow{HG} - \overrightarrow{FG} - \overrightarrow{BF}$$
$$= \vec{a} - \vec{b} - \vec{c}$$

b) Der einzig geeignete Startpunkt ist D; von dort entlang der Vektoren $\vec{c}$, $-\vec{b}$ und $\vec{a}$ gelangen Sie zu H, E und F.

$$\vec{c} - \vec{b} + \vec{a} = \overrightarrow{DH} + \overrightarrow{HE} + \overrightarrow{EF}$$
$$= \overrightarrow{DF}$$

Basisaufgaben

Lösungen zu 1

Koordinaten der Vektoren a)–c)

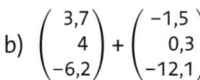

1 Berechnen Sie.

a) $\begin{pmatrix} 2 \\ 3 \\ 6 \end{pmatrix} + \begin{pmatrix} -3 \\ 1 \\ 5 \end{pmatrix}$
b) $\begin{pmatrix} 3{,}7 \\ 4 \\ -6{,}2 \end{pmatrix} + \begin{pmatrix} -1{,}5 \\ 0{,}3 \\ -12{,}1 \end{pmatrix}$
c) $\begin{pmatrix} -4 \\ -11 \\ 3 \end{pmatrix} - \begin{pmatrix} -8 \\ 5 \\ -10 \end{pmatrix}$
d) $\begin{pmatrix} 7 \\ 3 \\ -4 \end{pmatrix} - \begin{pmatrix} 2 \\ 4 \\ 8 \end{pmatrix} + \begin{pmatrix} 0 \\ 1 \\ -2 \end{pmatrix}$

−1   4
  13
    2,2   4
4,3   −18,3
−16   11

2 Ermitteln Sie zeichnerisch und rechnerisch die Vektoren $\vec{a} + \vec{b}$ und $\vec{a} - \vec{b}$.

a) $\vec{a} = \begin{pmatrix} 3 \\ -1 \end{pmatrix}, \vec{b} = \begin{pmatrix} 2 \\ 3 \end{pmatrix}$
b) $\vec{a} = \begin{pmatrix} 5 \\ 2 \end{pmatrix}, \vec{b} = \begin{pmatrix} -4 \\ 2 \end{pmatrix}$
c) $\vec{a} = \begin{pmatrix} 2 \\ -4 \end{pmatrix}, \vec{b} = \begin{pmatrix} 0 \\ 3 \end{pmatrix}$

3 a) Geben Sie den Gegenvektor zu $\vec{v}$ an.   ① $\vec{v} = \begin{pmatrix} 10 \\ 4 \\ -6 \end{pmatrix}$ ② $\vec{v} = \begin{pmatrix} -2 \\ -11 \\ 0 \end{pmatrix}$

b) Beschreiben Sie, wie sich Länge, Richtung und Orientierung (Richtungssinn) von Vektor und Gegenvektor zueinander verhalten.

4 Der Verbindungsvektor $\overrightarrow{PQ}$ zu P(2|−3|1) und Q(−4|2|3) kann auf verschiedene Arten berechnet werden. Entscheiden Sie, welche Art Sie am besten finden.

a) Berechnen Sie $\overrightarrow{PQ}$ mit der Formel aus dem Wissen auf Seite 113.

b) Berechnen Sie $\overrightarrow{PQ}$ mit der Methode, die im Text unter Beispiel 1 auf Seite 118 vorgeschlagen wird. Verdeutlichen Sie den Rechenweg durch eine Skizze.

c) Berechnen Sie $\overrightarrow{PQ}$, indem Sie die Gleichung $\begin{pmatrix} 2 \\ -3 \\ 1 \end{pmatrix} + \overrightarrow{PQ} = \begin{pmatrix} -4 \\ 2 \\ 3 \end{pmatrix}$ lösen. Drücken Sie diese Gleichung in einem Satz aus und veranschaulichen Sie sie an einer Skizze.

5 Berechnen Sie zu den Punkten P(6|−3|9) und Q(−1|−2|3) die Verbindungsvektoren $\overrightarrow{PQ}$ und $\overrightarrow{QP}$. Geben Sie an, welche Beziehung zwischen $\overrightarrow{PQ}$ und $\overrightarrow{QP}$ besteht.

Hinweis zu 6

Für alle Punkte P gilt: $\overrightarrow{PP} = \vec{0}$ und $-\overrightarrow{PQ} = \overrightarrow{QP}$

6 Vereinfachen Sie so, dass das Ergebnis aus einem einzigen Vektor besteht.
Beispiel: $\overrightarrow{CA} - \overrightarrow{BA} = \overrightarrow{CA} + \overrightarrow{AB} = \overrightarrow{CB}$

a) $\overrightarrow{BC} + \overrightarrow{CA}$
b) $\overrightarrow{PQ} - \overrightarrow{RQ}$
c) $\overrightarrow{TS} + \overrightarrow{ST}$
d) $\overrightarrow{DC} + \overrightarrow{CB} + \overrightarrow{BA}$
e) $\overrightarrow{FG} + \overrightarrow{HI} + \overrightarrow{GH}$
f) $-\overrightarrow{PR} + \overrightarrow{ST} + \overrightarrow{PS}$
g) $\overrightarrow{KN} - \overrightarrow{KM} + \overrightarrow{LM}$
h) $\overrightarrow{UV} + \overrightarrow{WU} + \overrightarrow{VW}$

7 Lösen Sie zunächst geometrisch im Heft. Überprüfen Sie die Koordinaten des Ergebnisvektors rechnerisch.

a) $\vec{a} + \vec{b}$
b) $\vec{b} + \vec{a}$
c) $\vec{a} + \vec{a} - \vec{b}$
d) $(\vec{a} + \vec{b}) + \vec{c}$
e) $\vec{a} + (\vec{b} + \vec{c})$
f) $\vec{b} - (\vec{c} + \vec{a})$

8 Ordnen Sie jeder Rechnung das richtige Ergebnis auf den Kärtchen zu bzw. ergänzen Sie.

a) $\vec{a} + \vec{0}$
b) $\vec{0} + \vec{a}$
c) $\vec{a} - \vec{0}$
d) $\vec{0} - \vec{a}$
e) $\vec{a} + (-\vec{a})$
f) $\vec{a} - \vec{a}$
g) $|\vec{0}|$
h) $-|\vec{a} + \vec{a}|$
i) $\vec{0} - (-\vec{a})$

$\boxed{0}$ $\boxed{\vec{a}}$ $\boxed{\vec{0}}$ $\boxed{-\vec{a}}$

9 Gegeben ist das regelmäßige Sechseck ABCDEF.

a) Drücken Sie die Summe $\vec{a} + \vec{b} + \vec{a}$ als Verbindungsvektor zweier Eckpunkte aus.

b) Drücken Sie die Vektoren $\overrightarrow{CD}, \overrightarrow{DE}, \overrightarrow{AC}, \overrightarrow{BE}, \overrightarrow{CF}$ und $\overrightarrow{AD}$ mithilfe von $\vec{a}$ und $\vec{b}$ aus. Verwenden Sie hierzu auch Summen- und Gegenvektoren.

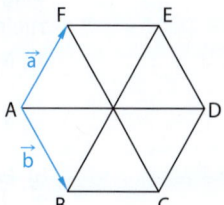

Weiterführende Aufgaben

10 Die Zeichnung zeigt einen aus zwei Würfeln zusammen-
gesetzten Quader.
Drücken Sie die Vektoren $\overrightarrow{OE}$, $\overrightarrow{AC}$, $\overrightarrow{DH}$, $\overrightarrow{EB}$ und $\overrightarrow{BD}$ durch die
drei Vektoren $\vec{a}$, $\vec{b}$ und $\vec{c}$ aus. Verwenden Sie hierzu auch
Summen und Gegenvektoren.

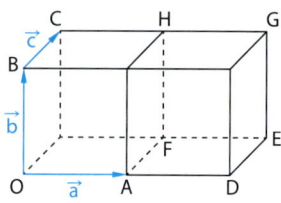

11 ABCD ist ein Parallelogramm. Ergänzen Sie die Koordinaten. Überprüfen Sie grafisch.
a) A(0|−2|1), B(1|2|4), C(−2|−2|4)   b) A(2|−1|−2), B(1|3|1), D(−1|0|2)

⚠ **12** **Stolperstelle:** Erläutern Sie Fehler und Fehlvorstellungen in den Aussagen.
Lea: „Wenn $\vec{a}$ den Betrag 3 und $\vec{b}$ den Betrag 4 hat, dann hat $\vec{a} + \vec{b}$ den Betrag 7."
Tim: „Nein, $\vec{a} + \vec{b}$ muss den Betrag 5 haben, wegen des Satzes des Pythagoras."
Tatjana: „Man weiß nicht, welchen Betrag $\vec{a} + \vec{b}$ hat, aber er kann nicht größer als 7 sein."
Niels: „Und er muss mindestens 1 sein."

13 **Dreiecksungleichung:** Für Vektoren gilt die **Dreiecksungleichung**: $\left|\vec{a} + \vec{b}\right| \leq \left|\vec{a}\right| + \left|\vec{b}\right|$

a) Überprüfen Sie die Ungleichung mit den Vektoren $\begin{pmatrix} 3 \\ 4 \\ 0 \end{pmatrix}$ und $\begin{pmatrix} 8 \\ 0 \\ -6 \end{pmatrix}$.
b) Begründen Sie die Ungleichung anschaulich.
c) Geben Sie Beispiele für Vektoren $\vec{a}$ und $\vec{b}$ an, für die gilt: $\left|\vec{a} + \vec{b}\right| = \left|\vec{a}\right| + \left|\vec{b}\right|$
Erklären Sie, was $\vec{a}$ und $\vec{b}$ allgemein erfüllen müssen, damit diese Gleichung gilt.

14 Die Vektoren $\vec{a}$, $\vec{b}$ und $\vec{c}$ legen eine quadratische Pyramide
fest. Schreiben Sie die Vektoren $\vec{d}$, $\vec{e}$, $\vec{f}$, $\vec{k}$ und $\vec{h}$ als Summen
oder Differenzen von $\vec{a}$, $\vec{b}$, $\vec{c}$.

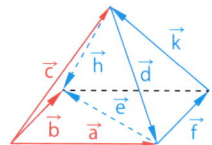

15 Nennen Sie eine Aufgabe und bestimmen Sie die Lösung.

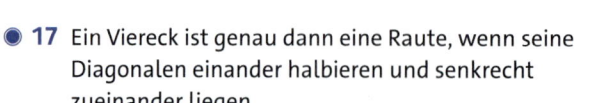

16 Wenn sich die Diagonalen eines Vierecks halbieren, dann
handelt es sich bei dem Viereck um ein Parallelogramm.
a) Beweisen Sie die Aussage mithilfe der Abbildung,
indem Sie zeigen, dass gegenüberliegende Seiten durch
den gleichen Vektor beschrieben werden.
b) Zeigen Sie, dass die Bedingung $\overrightarrow{AB} = \overrightarrow{DC}$ ebenfalls
hinreichend dafür ist, dass ein Viereck ABCD ein Parallelogramm ist.

17 Ein Viereck ist genau dann eine Raute, wenn seine
Diagonalen einander halbieren und senkrecht
zueinander liegen.
a) Nutzen Sie dies, um zu zeigen, dass die Vektoren
$\vec{e} = \begin{pmatrix} -3 \\ 1 \\ 4 \end{pmatrix}$ und $\vec{f} = \begin{pmatrix} 1 \\ -1 \\ 1 \end{pmatrix}$ orthogonal zueinander sind.
b) Erläutern Sie allgemein, wie man prüfen kann, ob
Vektoren orthogonal zueinander sind.

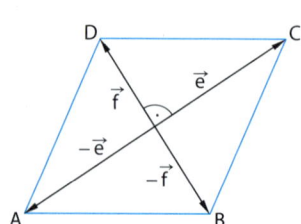

18 Der Körper besteht aus zwei gleich großen Würfeln. Es ist A(1|2|0), B(−5|5|−2), F(3|8|3) und G(−2|0|6).

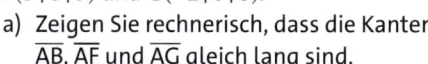

a) Zeigen Sie rechnerisch, dass die Kanten $\overline{AB}$, $\overline{AF}$ und $\overline{AG}$ gleich lang sind.

b) Berechnen Sie die Koordinaten der Punkte C, L und M.

c) Drücken Sie die Vektoren $\overrightarrow{CH}$ und $\overrightarrow{DG}$ durch $\overrightarrow{AB}$, $\overrightarrow{AF}$ und $\overrightarrow{AG}$ aus und berechnen Sie ihre Koordinaten.

d) Prüfen Sie rechnerisch, ob $\overrightarrow{CN}$ doppelt so lang ist wie $\overrightarrow{BN}$.

e) Begründen Sie: $\overrightarrow{FE} + \overrightarrow{ED} + \overrightarrow{DL} = \overrightarrow{AK}$

19 Ein Schiffsarzt schlendert über das Deck eines Kreuzfahrtschiffes. Seine Bewegung entspricht den Vektoren $\vec{a} = \begin{pmatrix} 6 \\ 6 \end{pmatrix}$ gefolgt von $\vec{b} = \begin{pmatrix} -6 \\ 6 \end{pmatrix}$.

a) Drücken Sie die Bewegung des Arztes durch einen einzigen Vektor aus.

b) Im gleichen Zeitraum legt das Schiff einen Weg gemäß $\vec{s} = \begin{pmatrix} 30 \\ 30 \end{pmatrix}$ zurück. Berechnen Sie die Positionsänderung des Arztes relativ zum Heimathafen.

20 Eine Kraft wird durch ihren Betrag und ihre Richtung festgelegt. Daher werden Kräfte durch Vektoren dargestellt. Wirken zwei Kräfte auf einen Körper in unterschiedliche Richtungen, so ist die auf den Körper wirkende Gesamtkraft gleich der Summe der einzelnen Kraftvektoren. Ein aufgehängter Meisenknödel erfährt eine Schwerkraft $\vec{F_G}$ von 1 N. Durch einen anhaltenden Wind wird auf ihn eine Kraft $\vec{F_W}$ von 0,28 N in waagerechte Richtung ausgeübt.

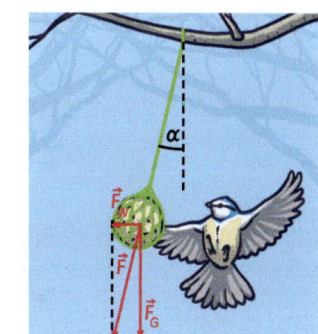

a) Berechnen Sie die Größe der Gesamtkraft $\vec{F}$.

b) Berechnen Sie den Auslenkungswinkel α des Fadens, an dem der Knödel aufgehängt ist.

21 Ein Flugzeug wird so gesteuert, dass es bei Windstille pro Stunde den durch $\vec{v} = \begin{pmatrix} -21 \\ 14 \\ 1,5 \end{pmatrix}$ beschriebenen Weg zurücklegen würde (alle Längeneinheiten in km). Es bewegt sich in einer konstanten Luftströmung, die durch den Vektor $\vec{w} = \begin{pmatrix} 3 \\ 6 \\ 0 \end{pmatrix}$ ausgedrückt wird.

a) Berechnen Sie den effektiven Weg des Flugzeugs in einer Stunde.

b) Prüfen Sie, ob der Betrag seiner Geschwindigkeit über dem Erdboden durch die Luftströmung vergrößert wird.

c) Bestimmen Sie, wie das Flugzeug gesteuert werden muss, wenn es bei gleicher Luftströmung $\vec{w}$ pro Stunde über dem Erdboden den Weg $\vec{s} = \begin{pmatrix} 6 \\ -3 \\ 0 \end{pmatrix}$ zurücklegen soll.

22 Ausblick: Die Zeichnung veranschaulicht die Addition dreier Vektoren.

a) Formulieren Sie das Assoziativgesetz mit den Vektoren
$\vec{a} = \begin{pmatrix} 2 \\ -1 \\ 3 \end{pmatrix}$, $\vec{b} = \begin{pmatrix} -4 \\ 3 \\ 0 \end{pmatrix}$ und $\vec{c} = \begin{pmatrix} 3 \\ -2 \\ 8 \end{pmatrix}$.
Kontrollieren Sie die Gültigkeit durch eine Rechnung.

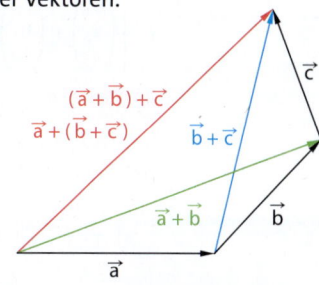

b) Erläutern Sie die allgemeine Gültigkeit des Assoziativgesetzes anhand der Zeichnung.

c) Begründen Sie das Gesetz rechnerisch, indem Sie die Vektoren mit allgemeinen Koordinaten schreiben.

3.4 Vielfache von Vektoren

Ein Flugzeug hebt beim Start genau am Koordinatenursprung ab und befindet sich nach einer Sekunde am Punkt mit dem Ortsvektor $\overrightarrow{OP_1} = \begin{pmatrix} 35 \\ -45 \\ 21 \end{pmatrix}$.

Berechnen Sie, welchen Ortsvektor das Flugzeug bei gleichbleibender Bewegung nach jeweils 2, 3, 5 und 10 Sekunden hat.

Die mehrfache Addition eines Vektors $\vec{a}$ lässt sich (wie bei reellen Zahlen) einfacher durch eine Multiplikation beschreiben.
Für $\vec{a} + \vec{a} + \vec{a}$ schreibt man beispielsweise $3 \cdot \vec{a}$.
Der Vektor $3 \cdot \vec{a}$ hat die dreifache Länge von $\vec{a}$, gleichen Richtungssinn und gleiche Richtung.

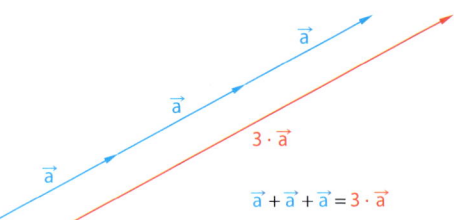

Für $\vec{a} = \begin{pmatrix} a_1 \\ a_2 \\ a_3 \end{pmatrix}$ gilt: $3 \cdot \begin{pmatrix} a_1 \\ a_2 \\ a_3 \end{pmatrix} = \begin{pmatrix} a_1 \\ a_2 \\ a_3 \end{pmatrix} + \begin{pmatrix} a_1 \\ a_2 \\ a_3 \end{pmatrix} + \begin{pmatrix} a_1 \\ a_2 \\ a_3 \end{pmatrix} = \begin{pmatrix} a_1 + a_1 + a_1 \\ a_2 + a_2 + a_2 \\ a_3 + a_3 + a_3 \end{pmatrix} = \begin{pmatrix} 3a_1 \\ 3a_2 \\ 3a_3 \end{pmatrix}$

Hinweis

Der „Malpunkt" hat hier zwei verschiedene Bedeutungen:
$r \cdot a_1$: Multiplikation zweier Zahlen.
$r \cdot \vec{a}$: Multiplikation einer Zahl (**Skalar**) mit einem Vektor.

> **Wissen** **(Skalare) Multiplikation eines Vektors mit einer reellen Zahl**
> Bei der Multiplikation eines Vektors $\vec{a}$ mit einer reellen Zahl r wird jede Koordinate des Vektors mit der Zahl r multipliziert:
> $$r \cdot \begin{pmatrix} a_1 \\ a_2 \end{pmatrix} = \begin{pmatrix} r \cdot a_1 \\ r \cdot a_2 \end{pmatrix}, \quad r \cdot \begin{pmatrix} a_1 \\ a_2 \\ a_3 \end{pmatrix} = \begin{pmatrix} r \cdot a_1 \\ r \cdot a_2 \\ r \cdot a_3 \end{pmatrix}$$

Bei der Multiplikation eines Vektors $\vec{a} \neq \vec{0}$ mit einer Zahl r ergibt sich ein Vektor mit $|r|$-fachem Betrag, seine Vektorpfeile haben $|r|$-fache Länge; $r \cdot \vec{a}$ hat für $r > 0$ den gleichen Richtungssinn wie $\vec{a}$ und für $r < 0$ den entgegengesetzten. In beiden Fällen liegen die Vektorpfeile von $\vec{a}$ und $r \cdot \vec{a}$ parallel zueinander. Man nennt solche Vektoren **kollinear**. $(-1) \cdot \vec{a}$ ergibt den Gegenvektor $-\vec{a}$.

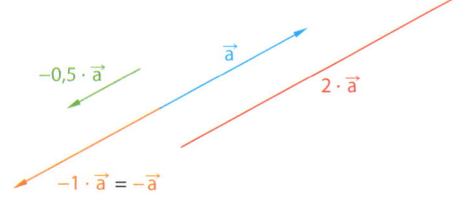

> **Definition** **Kollineare Vektoren**
> Zwei Vektoren $\vec{a} \neq \vec{0}$ und $\vec{b} \neq \vec{0}$ heißen **kollinear**, wenn es eine reelle Zahl r gibt mit $\vec{b} = r \cdot \vec{a}$. Die Vektorpfeile kollinearer Vektoren sind parallel zueinander.

Beim Rechnen mit reellen Zahlen gilt unter anderem das Distributivgesetz $a(b + c) = ab + ac$. Dieses gilt entsprechend auch bei der Multiplikation von Vektoren mit reellen Zahlen:

$$r \cdot \left[\begin{pmatrix} a_1 \\ a_2 \\ a_3 \end{pmatrix} + \begin{pmatrix} b_1 \\ b_2 \\ b_3 \end{pmatrix} \right] = r \cdot \begin{pmatrix} a_1 + b_1 \\ a_2 + b_2 \\ a_3 + b_3 \end{pmatrix} = \begin{pmatrix} r(a_1 + b_1) \\ r(a_2 + b_2) \\ r(a_3 + b_3) \end{pmatrix} = \begin{pmatrix} ra_1 + rb_1 \\ ra_2 + rb_2 \\ ra_3 + rb_3 \end{pmatrix} = \begin{pmatrix} ra_1 \\ ra_2 \\ ra_3 \end{pmatrix} + \begin{pmatrix} rb_1 \\ rb_2 \\ rb_3 \end{pmatrix} = r \cdot \begin{pmatrix} a_1 \\ a_2 \\ a_3 \end{pmatrix} + r \cdot \begin{pmatrix} b_1 \\ b_2 \\ b_3 \end{pmatrix}.$$

> **Wissen** **Rechenregeln**
> Sind $\vec{a}, \vec{b}$ Vektoren und r, s reelle Zahlen, so gelten die Rechenregeln:
> ① $(r + s) \cdot \vec{a} = r \cdot \vec{a} + s \cdot \vec{a}$, $\quad r \cdot (\vec{a} + \vec{b}) = r \cdot \vec{a} + r \cdot \vec{b}$ (Distributivgesetze)
> ② $r \cdot (s \cdot \vec{a}) = s \cdot (r \cdot \vec{a}) = (r \cdot s) \cdot \vec{a}$ $\quad\quad\quad\quad\quad$ (Assoziativgesetz)
> ③ $1 \cdot \vec{a} = \vec{a}$, $\quad (-1) \cdot \vec{a} = -\vec{a}$, $\quad 0 \cdot \vec{a} = \vec{0}$, $\quad r \cdot \vec{0} = \vec{0}$ $\quad\quad$ ④ $|r \cdot \vec{a}| = |r| \cdot |\vec{a}|$

Beispiel 1

Gegeben sind die Vektoren $\vec{a} = \begin{pmatrix} 3 \\ 1,5 \\ -6 \end{pmatrix}$, $\vec{b} = \begin{pmatrix} -2 \\ -1 \\ 4 \end{pmatrix}$ und $\vec{c} = \begin{pmatrix} 9 \\ 4,5 \\ -9 \end{pmatrix}$.

a) Berechnen Sie $(-2) \cdot \vec{a}$.

b) Prüfen Sie, ob $\vec{b}$ und $\vec{c}$ kollinear zu $\vec{a}$ sind.

Lösung:

a) Multiplizieren Sie jede Koordinate des Veklors mit dem Faktor -2.

$$(-2) \cdot \begin{pmatrix} 3 \\ 1,5 \\ -6 \end{pmatrix} = \begin{pmatrix} -2 \cdot 3 \\ -2 \cdot 1,5 \\ -2 \cdot (-6) \end{pmatrix} = \begin{pmatrix} -6 \\ -3 \\ 12 \end{pmatrix}$$

b) Setzen Sie den einen Vektor mit dem r-Fachen des anderen Vektors gleich. Sie erhalten dann für jede Koordinate eine Gleichung. Hat jede Gleichung für r dieselbe Lösung, so ist die Vektorgleichung mit diesem Wert lösbar und die Vektoren sind kollinear.
Sind die Lösungen für r unterschiedlich, so ist die Vektorgleichung nicht lösbar und die Vektoren sind nicht kollinear.

$$\begin{pmatrix} -2 \\ -1 \\ 4 \end{pmatrix} = r \cdot \begin{pmatrix} 3 \\ 1,5 \\ -6 \end{pmatrix} \Leftrightarrow \begin{vmatrix} -2 = 3r \\ -1 = 1,5r \\ 4 = -6r \end{vmatrix} \Leftrightarrow \begin{vmatrix} -\frac{2}{3} = r \\ -\frac{2}{3} = r \\ -\frac{2}{3} = r \end{vmatrix}$$

$$\Leftrightarrow -\frac{2}{3} = r$$

$\vec{a}$ und $\vec{b}$ sind kollinear.

```
solve(c=r*a,r)
                        No Solution
```

$\vec{a}$ und $\vec{c}$ sind nicht kollinear.

Basisaufgaben

1 Es ist $\vec{a} = \begin{pmatrix} 2 \\ -1 \end{pmatrix}$. Zeichnen Sie zu jedem der Vektoren $\vec{a}$, ..., $\vec{e}$ einen Vektorpfeil in ein Koordinatensystem. Geben Sie auch die Koordinaten der Vektoren an.

$\vec{a}$ $\qquad$ $\vec{b} = 2 \cdot \vec{a}$ $\qquad$ $\vec{c} = 1,5 \cdot \vec{a}$ $\qquad$ $\vec{d} = (-1) \cdot \vec{a}$ $\qquad$ $\vec{e} = (-3) \cdot \vec{a}$

2 Berechnen Sie.

a) $5 \cdot \begin{pmatrix} 0 \\ 3 \\ 0 \end{pmatrix}$ $\qquad$ b) $(-4) \cdot \begin{pmatrix} 7 \\ -1 \\ 4 \end{pmatrix}$ $\qquad$ c) $\frac{1}{4} \cdot \begin{pmatrix} 8 \\ -12 \\ 2 \end{pmatrix}$ $\qquad$ d) $0 \cdot \begin{pmatrix} 6 \\ 3,4 \\ -14 \end{pmatrix}$ $\qquad$ e) $3 \cdot \begin{pmatrix} 1 \\ 4 \\ -1 \end{pmatrix} + 2 \cdot \begin{pmatrix} 0 \\ 3 \\ 4 \end{pmatrix}$

3 Geben Sie an, welcher der Vektoren kollinear zum Vektor $\vec{v} = \begin{pmatrix} 1 \\ 3 \\ -4 \end{pmatrix}$ ist.

$\vec{a} = \begin{pmatrix} 2 \\ -6 \\ 8 \end{pmatrix}$, $\vec{b} = \begin{pmatrix} -1,5 \\ -4,5 \\ 6 \end{pmatrix}$, $\vec{c} = \begin{pmatrix} -0,5 \\ -1,5 \\ -2 \end{pmatrix}$, $\vec{d} = \begin{pmatrix} 4 \\ 2 \\ 0 \end{pmatrix} - 2 \cdot \begin{pmatrix} 3 \\ 4 \\ -4 \end{pmatrix}$

Lösungen zu 4

4 Berechnen Sie Werte der Variablen so, dass die Vektoren $\vec{a}$ und $\vec{b}$ kollinear sind.

a) $\vec{a} = \begin{pmatrix} -3 \\ 2 \end{pmatrix}$, $\vec{b} = \begin{pmatrix} 12 \\ a \end{pmatrix}$ $\qquad$ b) $\vec{a} = \begin{pmatrix} 125 \\ 75 \\ v \end{pmatrix}$, $\vec{b} = \begin{pmatrix} u \\ 6 \\ 4 \end{pmatrix}$ $\qquad$ c) $\vec{a} = \begin{pmatrix} x \\ -2 \\ 4 \end{pmatrix}$, $\vec{b} = \begin{pmatrix} 0 \\ y \\ 10 \end{pmatrix}$

Lösungen zu 4: -5, 50, 10, 0, -8

5 Geben Sie die Koordinaten der Punkte $A(-2|5t)$, $B(0|(1-t)5)$ und $C(2|5t)$ in der Anwendung *Lists&Spreadsheets* im CAS ein. Stellen Sie die zu den Listen xx und yy gehören den Punkte mithilfe eines Schiebereglers für den Parameter $t \in \mathbb{R}$, $0 \le t \le 1$, in

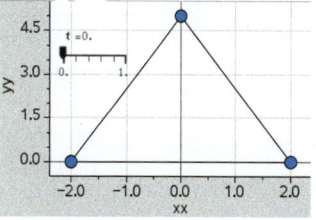

der Anwendung *Data&Statistics* graphisch dar. Verbinden Sie die Punkte zu einem Dreieck (*Datenpunkte verbinden*). Wählen Sie für den Schieberegler t eine Schrittweite von z. B. 0,1. Beobachten Sie, was mit der Figur passiert, wenn Sie den Schieberegler betätigen. (Das ist auch als Animation möglich.) Beschreiben und erklären Sie Ihre Beobachtungen.

Linearkombinationen von Vektoren

Der Ortsvektor des **Mittelpunktes M einer Strecke $\overline{AB}$** kann durch die Ortsvektoren von A und B ausgedrückt werden:

$$\overrightarrow{OM} = \overrightarrow{OA} + \overrightarrow{AM} = \overrightarrow{OA} + \tfrac{1}{2}\overrightarrow{AB} = \overrightarrow{OA} + \tfrac{1}{2}\left(-\overrightarrow{OA} + \overrightarrow{OB}\right)$$

$$= \overrightarrow{OA} - \tfrac{1}{2}\overrightarrow{OA} + \tfrac{1}{2}\overrightarrow{OB} = \tfrac{1}{2}\overrightarrow{OA} + \tfrac{1}{2}\overrightarrow{OB} = \tfrac{1}{2}\left(\overrightarrow{OA} + \overrightarrow{OB}\right)$$

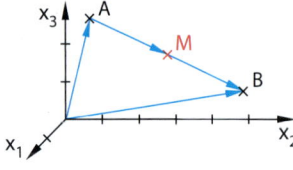

Wird ein Vektor durch andere Vektoren und deren Vielfache ausgedrückt, so nennt man ihn eine **Linearkombination** dieser Vektoren.
In der Abbildung gilt: $\vec{v} = 3\vec{a} + \vec{b} + 2\vec{c}$
Der Vektor $\vec{v}$ ist eine Linearkombination von $\vec{a}$, $\vec{b}$ und $\vec{c}$.

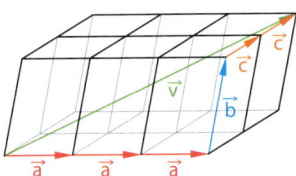

Beispiel 2

Prüfen Sie, ob $\vec{v}$ Linearkombination von $\vec{a} = \begin{pmatrix} 3 \\ 2 \\ -1 \end{pmatrix}$ und $\vec{b} = \begin{pmatrix} 1 \\ 4 \\ 1 \end{pmatrix}$ ist. a) $\vec{v} = \begin{pmatrix} 3 \\ -8 \\ -5 \end{pmatrix}$ b) $\vec{v} = \begin{pmatrix} 4 \\ 6 \\ 3 \end{pmatrix}$

Lösung:

a) Setzen Sie $\vec{v}$ mit der Summe des r-Fachen von $\vec{a}$ und dem s-Fachen von $\vec{b}$ gleich. Sie erhalten damit für jede Koordinate eine Gleichung. Ist dieses Gleichungssystem lösbar, so ist $\vec{v}$ eine Linearkombination von $\vec{a}$ und $\vec{b}$.

$$r \cdot \begin{pmatrix} 3 \\ 2 \\ -1 \end{pmatrix} + s \cdot \begin{pmatrix} 1 \\ 4 \\ 1 \end{pmatrix} = \begin{pmatrix} 3 \\ -8 \\ -5 \end{pmatrix}$$

$$\begin{array}{rl} 3r + s &= 3 \\ 2r + 4s &= -8 \\ -r + s &= -5 \end{array} \begin{array}{l} \\ {\scriptstyle 4\cdot I - II} \\ {\scriptstyle I - III} \end{array} \Longleftrightarrow \begin{array}{rl} 3r + s &= 3 \\ 10r &= 20 \\ 4r &= 8 \end{array}$$

$r = 2$, $s = -3$, also $\vec{v} = 2 \cdot \vec{a} - 3 \cdot \vec{b}$

b) Setzen Sie $\vec{v}$ mit $r \cdot \vec{a} + s \cdot \vec{b}$ gleich und stellen Sie damit ein lineares Gleichungssystem auf. Es ergibt sich ein Widerspruch. Das Gleichungssystem hat keine Lösung.
Somit ist $\vec{v}$ keine Linearkombination von $\vec{a}$ und $\vec{b}$.

$$r \cdot \begin{pmatrix} 3 \\ 2 \\ -1 \end{pmatrix} + s \cdot \begin{pmatrix} 1 \\ 4 \\ 1 \end{pmatrix} = \begin{pmatrix} 4 \\ 6 \\ 3 \end{pmatrix}$$

$$\begin{array}{rl} 3r + s &= 4 \\ 2r + 4s &= 6 \\ -r + s &= 3 \end{array} \Leftrightarrow \begin{array}{rl} 3r + s &= 4 \\ 10r &= 10 \\ 4r &= 1 \end{array} \Leftrightarrow \begin{array}{rl} 3r + s &= 4 \\ r &= 1 \\ r &= \tfrac{1}{4} \end{array}$$

Widerspruch, also keine Darstellung als Linearkombination möglich.

Basisaufgaben

6 Berechnen Sie die Koordinaten der angegebenen Linearkombination der Vektoren $\vec{a} = \begin{pmatrix} -1 \\ 4 \end{pmatrix}$ und $\vec{b} = \begin{pmatrix} 2 \\ 3 \end{pmatrix}$. Stellen Sie die Vektoren in einem Koordinatensystem dar.

a) $\vec{a} + 4 \cdot \vec{b}$ b) $\tfrac{1}{2} \cdot \vec{a} + \tfrac{3}{2} \cdot \vec{b}$ c) $-2 \cdot \vec{a} + 2 \cdot \vec{b}$ d) $2 \cdot \vec{a} - 3 \cdot \vec{b}$

7 Die Vektorpfeile von $\vec{v}$ und $\vec{w}$ verlaufen vom Punkt A aus entlang der Linien des Rasters. Schreiben Sie die folgenden Verbindungsvektoren als Linearkombination der Vektoren $\vec{v}$ und $\vec{w}$:

① $\overrightarrow{AB}$ ② $\overrightarrow{AC}$ ③ $\overrightarrow{AD}$ ④ $\overrightarrow{AE}$ ⑤ $\overrightarrow{AF}$ ⑥ $\overrightarrow{AG}$

8 Untersuchen Sie, ob $\vec{v} = \begin{pmatrix} 11 \\ 8 \\ -3 \end{pmatrix}$ bzw. $\vec{w} = \begin{pmatrix} 12 \\ -3 \\ 4 \end{pmatrix}$ eine Linearkombination der Vektoren ist.

a) $\vec{a} = \begin{pmatrix} 2 \\ 1 \\ 2 \end{pmatrix}, \vec{b} = \begin{pmatrix} -3 \\ 3 \\ 1 \end{pmatrix}$ b) $\vec{a} = \begin{pmatrix} 3 \\ 1 \\ 2 \end{pmatrix}, \vec{b} = \begin{pmatrix} 0 \\ 7 \\ -2 \end{pmatrix}$ c) $\vec{a} = \begin{pmatrix} 1 \\ 1 \\ 0 \end{pmatrix}, \vec{b} = \begin{pmatrix} 1 \\ -1 \\ 0 \end{pmatrix}, \vec{c} = \begin{pmatrix} 0 \\ 0 \\ 1 \end{pmatrix}$

9 a) Geben Sie folgende Verbindungsvektoren als Linearkombinationen
von $\vec{a}$, $\vec{b}$ und $\vec{c}$ an: $\overrightarrow{DF}$; $\overrightarrow{DC}$; $\overrightarrow{DE}$; $\overrightarrow{DI}$;
$\overrightarrow{DJ}$; $\overrightarrow{AH}$; $\overrightarrow{HB}$; $\overrightarrow{AJ}$; $\overrightarrow{IB}$; $\overrightarrow{JE}$.

b) Geben Sie einen Verbindungsvektor
zwischen zwei Punkten an, der durch
die angegebene Linearkombination
dargestellt wird.

① $2\vec{a} + 3\vec{b}$ ② $2\vec{a} - 3\vec{b}$

③ $3\vec{b} - 2\vec{a}$ ④ $2\vec{c}$

⑤ $2\vec{b} + 2\vec{c}$ ⑥ $2\vec{a} - 3\vec{b} - \vec{c}$

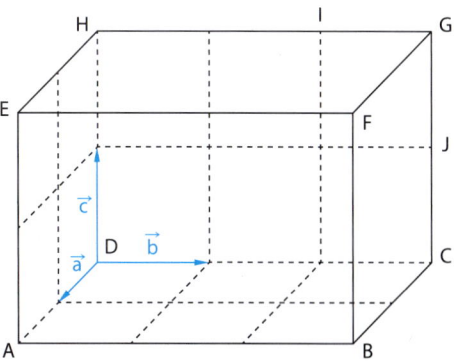

Lineare Abhängigkeit und Unabhängigkeit

Mit den Einheitsvektoren $\vec{e_1} = \begin{pmatrix} 1 \\ 0 \\ 0 \end{pmatrix}$, $\vec{e_2} = \begin{pmatrix} 0 \\ 1 \\ 0 \end{pmatrix}$ und $\vec{e_3} = \begin{pmatrix} 0 \\ 0 \\ 1 \end{pmatrix}$

$$\begin{pmatrix} a \\ b \\ c \end{pmatrix} = \begin{pmatrix} a \\ 0 \\ 0 \end{pmatrix} + \begin{pmatrix} 0 \\ b \\ 0 \end{pmatrix} + \begin{pmatrix} 0 \\ 0 \\ c \end{pmatrix}$$

$$= a \cdot \begin{pmatrix} 1 \\ 0 \\ 0 \end{pmatrix} + b \cdot \begin{pmatrix} 0 \\ 1 \\ 0 \end{pmatrix} + c \cdot \begin{pmatrix} 0 \\ 0 \\ 1 \end{pmatrix}$$

lässt sich jeder Vektor des Raums erzeugen. Dabei lässt sich
keiner der Vektoren $\vec{e_1}$, $\vec{e_2}$ und $\vec{e_3}$ als Linearkombination der
beiden anderen ausdrücken.
Ersetzt man allerdings beispielsweise $\vec{e_3}$ durch $\vec{v} = \begin{pmatrix} 1 \\ 1 \\ 0 \end{pmatrix}$, so kann man mit $\vec{e_1}$, $\vec{e_2}$ und $\vec{v}$ keinen

Vektor außerhalb der x_1x_2-Ebene erzeugen, da die x_3-Koordinate von $\vec{e_1}$, $\vec{e_2}$ und $\vec{v}$ null ist. Dabei
gilt die Gleichung $\vec{e_1} + \vec{e_2} = \vec{v}$ bzw. $\vec{e_1} + \vec{e_2} - \vec{v} = \vec{0}$.

Hinweis

Drei Vektoren, die nicht
der Nullvektor sind,
heißen **komplanar**,
wenn sie linear
abhängig sind.

> **Definition** Mehrere Vektoren $\vec{a_1}$, $\vec{a_2}$, …, $\vec{a_n}$ sind genau dann **linear abhängig,** wenn es
> Zahlen $r_1, r_2, …, r_n \in \mathbb{R}$ gibt, die nicht alle gleich 0 sind, sodass $r_1\vec{a_1} + r_2\vec{a_2} + … + r_n\vec{a_n} = \vec{0}$ gilt.
>
> Die Vektoren $\vec{a_1}$, $\vec{a_2}$, …, $\vec{a_n}$ sind genau dann **linear unabhängig,** wenn $r_1 = r_2 = … = r_n = 0$
> die einzige Lösung der Gleichung $r_1\vec{a_1} + r_2\vec{a_2} + … + r_n\vec{a_n} = \vec{0}$ ist.

> **Beispiel 3** Untersuchen Sie die Vektoren $\vec{u}$, $\vec{v}$ und $\vec{w}$ auf lineare Unabhängigkeit.
>
> a) $\vec{u} = \begin{pmatrix} 1 \\ 2 \\ 4 \end{pmatrix}$, $\vec{v} = \begin{pmatrix} 2 \\ -1 \\ 3 \end{pmatrix}$, $\vec{w} = \begin{pmatrix} -4 \\ 0 \\ -8 \end{pmatrix}$ b) $\vec{u} = \begin{pmatrix} 1 \\ 1 \\ 1 \end{pmatrix}$, $\vec{v} = \begin{pmatrix} 1 \\ 2 \\ 0 \end{pmatrix}$, $\vec{w} = \begin{pmatrix} 0 \\ -1 \\ 2 \end{pmatrix}$

Hinweis zu a

Für $t = 5$ erhält man die
Gleichung
$36\vec{u} - 8\vec{v} + 5\vec{w} = \vec{0}$.
Durch Umstellen der
Gleichung kann man
jeden der drei Vektoren
als Linearkombination
der anderen beiden
schreiben.

Hinweis

Beim CAS löst man das
LGS mit dem Befehl
solve(LGS, Variablen)
oder Sie bringen die
Matrix mit *rref* in ZSF.

> **Lösung:**
> a) Stellen Sie mit $r_1\vec{u} + r_2\vec{v} + r_3\vec{w} = \vec{0}$ ein
> lineares Gleichungssystem auf und
> lösen Sie es. Die letzte Zeile ist eine
> Nullzeile, also hat das LGS unendlich
> viele Lösungen und somit sind die
> Vektoren linear abhängig.
>
> $r_1 \cdot \begin{pmatrix} 1 \\ 2 \\ 4 \end{pmatrix} + r_2 \cdot \begin{pmatrix} 2 \\ -1 \\ 3 \end{pmatrix} + r_3 \cdot \begin{pmatrix} -4 \\ 0 \\ -8 \end{pmatrix} = \begin{pmatrix} 0 \\ 0 \\ 0 \end{pmatrix}$
>
> $\Rightarrow \left(\begin{array}{ccc|c} 1 & 2 & -4 & 0 \\ 2 & -1 & 0 & 0 \\ 4 & 3 & -8 & 0 \end{array}\right) \xRightarrow{\text{ZSF}} \left(\begin{array}{ccc|c} 1 & 2 & -4 & 0 \\ 0 & -5 & 8 & 0 \\ 0 & 0 & 0 & 0 \end{array}\right)$
>
> $L = \left\{ \left(\frac{4}{5}t \mid \frac{8}{5}t \mid t \right); t \in \mathbb{R} \right\}$
> Die Vektoren $\vec{u}$, $\vec{v}$, $\vec{w}$ sind linear abhängig.
>
> b) Stellen Sie wieder ein lineares Glei-
> chungssystem auf und lösen Sie es.
> Es ergibt sich als einzige Lösung
> $r_1 = r_2 = r_3 = 0$. Also sind die Vektoren
> linear unabhängig.
>
> $r_1 \cdot \begin{pmatrix} 1 \\ 1 \\ 1 \end{pmatrix} + r_2 \cdot \begin{pmatrix} 1 \\ 2 \\ 0 \end{pmatrix} + r_3 \cdot \begin{pmatrix} 0 \\ -1 \\ 2 \end{pmatrix} = \begin{pmatrix} 0 \\ 0 \\ 0 \end{pmatrix}$
>
> $\Rightarrow \left(\begin{array}{ccc|c} 1 & 1 & 0 & 0 \\ 1 & 2 & -1 & 0 \\ 1 & 0 & 2 & 0 \end{array}\right) \xRightarrow{\text{ZSF}} \left(\begin{array}{ccc|c} 1 & 0 & 1 & 0 \\ 0 & 1 & 1 & 0 \\ 0 & 0 & 2 & 0 \end{array}\right)$
>
> $L = \{(0 \mid 0 \mid 0)\}$
> Die Vektoren $\vec{u}$, $\vec{v}$, $\vec{w}$ sind linear unabhängig.

Basisaufgaben

 10 Katharina soll die Vektoren ① $\begin{pmatrix} 3 \\ 1 \end{pmatrix}, \begin{pmatrix} 0 \\ 0 \end{pmatrix}$ ② $\begin{pmatrix} 1,5 \\ 1 \\ -2 \end{pmatrix}, \begin{pmatrix} 3 \\ 2 \\ -4 \end{pmatrix}$ ③ $\begin{pmatrix} -1 \\ 2 \\ 0 \end{pmatrix}, \begin{pmatrix} 0 \\ -3 \\ 4 \end{pmatrix}, \begin{pmatrix} -1 \\ -1 \\ 4 \end{pmatrix}$

auf lineare Unabhängigkeit untersuchen. Sie schaut genau hin und freut sich, dass sie dafür kein lineares Gleichungssystem lösen muss. Begründen Sie, warum sie recht hat.

Hinweis zu 11

Es muss nicht immer ein LGS gelöst werden.

11 Untersuchen Sie die Vektoren auf lineare Unabhängigkeit.

a) $\begin{pmatrix} 1 \\ 0 \end{pmatrix}, \begin{pmatrix} 1 \\ 2 \end{pmatrix}$ b) $\begin{pmatrix} -2 \\ 3 \end{pmatrix}, \begin{pmatrix} 4 \\ -6 \end{pmatrix}$ c) $\begin{pmatrix} 1 \\ 2 \end{pmatrix}, \begin{pmatrix} 7 \\ \frac{1}{3} \end{pmatrix}, \begin{pmatrix} 0 \\ 6 \end{pmatrix}$ d) $\begin{pmatrix} 1 \\ -1 \\ 3 \end{pmatrix}, \begin{pmatrix} 2 \\ -1 \\ 4 \end{pmatrix}$

e) $\begin{pmatrix} 3 \\ \frac{5}{6} \\ -7 \end{pmatrix}, \begin{pmatrix} 4 \\ 0 \\ 0,25 \end{pmatrix}, \begin{pmatrix} 0 \\ 0 \\ 0 \end{pmatrix}$ f) $\begin{pmatrix} 1 \\ -1 \\ 3 \end{pmatrix}, \begin{pmatrix} 2 \\ -1 \\ 4 \end{pmatrix}, \begin{pmatrix} 2 \\ 0 \\ 2 \end{pmatrix}$ g) $\begin{pmatrix} 1 \\ \frac{2}{3} \\ \frac{1}{2} \end{pmatrix}, \begin{pmatrix} 1 \\ -2 \\ \frac{3}{2} \end{pmatrix}, \begin{pmatrix} \frac{1}{2} \\ 1 \\ \frac{3}{4} \end{pmatrix},$ h) $\begin{pmatrix} -\frac{3}{2} \\ -1 \\ -\frac{3}{2} \end{pmatrix}, \begin{pmatrix} 1 \\ 0,5 \\ \frac{1}{4} \end{pmatrix}, \begin{pmatrix} -\frac{1}{2} \\ 0 \\ 1 \end{pmatrix}$

 12 Zeigen Sie, dass die Vektoren linear abhängig sind. Beschreiben Sie ihre besondere Lage und formulieren Sie Ihre Beobachtung.

a) $\begin{pmatrix} -3 \\ 1 \end{pmatrix}, \begin{pmatrix} 6 \\ -2 \end{pmatrix}$ b) $\begin{pmatrix} -1 \\ 2 \\ 1 \end{pmatrix}, \begin{pmatrix} 1 \\ -2 \\ -1 \end{pmatrix}, \begin{pmatrix} 0 \\ 0 \\ 1 \end{pmatrix}$ c) $\begin{pmatrix} 4 \\ 0 \\ -3 \end{pmatrix}, \begin{pmatrix} 12 \\ 0 \\ 1 \end{pmatrix}, \begin{pmatrix} 1 \\ 0 \\ 1 \end{pmatrix}$ d) $\begin{pmatrix} 1 \\ 1 \\ 1 \end{pmatrix}, \begin{pmatrix} 1 \\ 2 \\ 0 \end{pmatrix}, \begin{pmatrix} 0 \\ -1 \\ 1 \end{pmatrix}$

 13 Entscheiden Sie begründet, ob die Vektoren linear abhängig oder unabhängig sind.

a) $\overrightarrow{AG}, \overrightarrow{JD}$ b) $\overrightarrow{FE}, \overrightarrow{AC}$
c) $\overrightarrow{HB}, \overrightarrow{HK}, \overrightarrow{KJ}$ d) $\overrightarrow{AC}, \overrightarrow{HK}, \overrightarrow{GJ}$
e) $\overrightarrow{AL}, \overrightarrow{EF}, \overrightarrow{IJ}$ f) $\overrightarrow{AL}, \overrightarrow{BJ}, \overrightarrow{CK}$

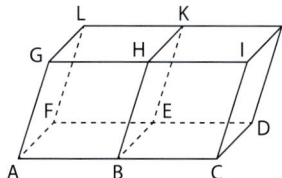

Weiterführende Aufgaben

14 Gegeben sind die Punkte A(3|−7|2), B(5|−11|8), C(5|1|−2), D(0|1|−7) sowie die

Vektoren $\vec{u} = \begin{pmatrix} 1 \\ -2 \\ 3 \end{pmatrix}, \vec{v} = \begin{pmatrix} -1 \\ -3 \\ 2 \end{pmatrix}, \vec{w} = \begin{pmatrix} -0,5 \\ 1 \\ -1,5 \end{pmatrix}$. Prüfen Sie, welche der Vektoren $\overrightarrow{AB}, \overrightarrow{AC}, \overrightarrow{AD},$

$\overrightarrow{BC}, \overrightarrow{BD}, \overrightarrow{CD}, \vec{u}, \vec{v}$ und $\vec{w}$ die gleiche Richtung haben.

15 Stolperstelle: Diskutieren Sie die Aussage. Korrigieren Sie Fehlvorstellungen.

a) Maja: „Das Produkt einer Zahl r und eines Vektors $\vec{a}$ hat immer den r−fachen Betrag von $\vec{a}$."
b) Tom: „Ein Vektor und sein Gegenvektor sind nicht kollinear, da sie in entgegengesetzte Richtungen zeigen."
c) Lena: „Der Vektor $2 \cdot \vec{v}$ ist doppelt so lang wie $\vec{v}$. Also lässt sich jeder Vektor, der doppelt so lang ist wie $\vec{v}$, als Vielfaches $2 \cdot \vec{v}$ oder $(−2) \cdot \vec{v}$ schreiben."
d) Hasan: „Die Vektoren $\vec{u} = \begin{pmatrix} 1 \\ 0 \end{pmatrix}, \vec{v} = \begin{pmatrix} 0 \\ 1 \end{pmatrix}$ und $\vec{w} = \begin{pmatrix} 1 \\ 1 \end{pmatrix}$ sind nicht kollinear, also linear unabhängig."

Erinnerung

Vektoren heißen **komplanar**, wenn sie in einer gemeinsamen Ebene liegen.

16 Begründen Sie die Aussage.

a) Drei zwei- bzw. vier dreidimensionale Vektoren sind immer linear abhängig.
b) Eine Menge von Vektoren, die den Nullvektor enthält, ist immer linear abhängig.
c) Zwei Vektoren $\vec{v} \neq \vec{0}, \vec{w} \neq \vec{0}$ sind genau dann linear abhängig, wenn sie kollinear sind.
d) Der folgende Satz gilt für drei Vektoren im Raum, die nicht der Nullvektor sind:

> **Satz**
>
> Vektoren, die nicht der Nullvektor sind, sind genau dann **komplanar**, wenn sie linear abhängig sind.

17 Für den Betrag des Vielfachen eines Vektors gilt: $|r \cdot \vec{a}| = |r| \cdot |\vec{a}|$

a) Überprüfen Sie die Formel rechnerisch an diesen Beispielen:

① $r = 3; \vec{a} = \begin{pmatrix} 4 \\ 0 \end{pmatrix}$ ② $r = 2; \vec{a} = \begin{pmatrix} 3 \\ 6 \\ 2 \end{pmatrix}$ ③ $r = -4; \vec{a} = \begin{pmatrix} -2 \\ 1 \\ 7 \end{pmatrix}$ ④ $r = 0; \vec{a} = \begin{pmatrix} -6 \\ 8 \\ 0 \end{pmatrix}$

b) Nutzen Sie diese Formel, um mit geringem Rechenaufwand den Betrag von $\vec{v}$ zu berechnen.

① $\vec{v} = \begin{pmatrix} 27 \\ -18 \\ 9 \end{pmatrix}$ ② $\vec{v} = \begin{pmatrix} 0{,}2 \\ 0{,}1 \\ 0{,}4 \end{pmatrix}$ ③ $\vec{v} = \begin{pmatrix} 33 \\ 11 \\ -55 \end{pmatrix}$ ④ $\vec{v} = \begin{pmatrix} \frac{3}{8} \\ \frac{1}{4} \\ \frac{5}{8} \end{pmatrix}$

Hinweis

Einheitsvektor mit einem CAS

$\text{unitV}\begin{pmatrix} x \\ y \\ z \end{pmatrix}$

18 Einheitsvektor: Einen Vektor mit dem Betrag 1 nennt man **Einheitsvektor**. Geben Sie zum gegebenen Vektor alle kollinearen Einheitsvektoren an.

a) $\vec{a} = \begin{pmatrix} 6 \\ 0 \\ 0 \end{pmatrix}$ b) $\vec{a} = \begin{pmatrix} 0 \\ 1 \\ 1 \end{pmatrix}$ c) $\vec{a} = \begin{pmatrix} 3 \\ 0 \\ -4 \end{pmatrix}$ d) $\vec{a} = \begin{pmatrix} 4 \\ -5 \\ -3 \end{pmatrix}$

19 Punkte auf einer Geraden: Es wird untersucht, ob die Punkte $P(5|1|-2)$, $Q(15|9|6)$ und $R(0|-3|-6)$ auf genau einer Geraden liegen.

a) Begründen Sie, weshalb man aus dieser Rechnung schließen kann, dass die Punkte P, Q und R auf ein und derselben Geraden liegen.

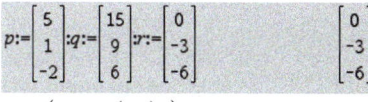

$p:=\begin{bmatrix} 5 \\ 1 \\ -2 \end{bmatrix} \ :q:=\begin{bmatrix} 15 \\ 9 \\ 6 \end{bmatrix} \ :r:=\begin{bmatrix} 0 \\ -3 \\ -6 \end{bmatrix}$ $\begin{bmatrix} 0 \\ -3 \\ -6 \end{bmatrix}$

$\text{solve}(p-q=x\cdot(p-r),x)$ $\qquad x=-2$

b) Prüfen Sie für die Punkte $A(6|-7|4)$, $B(7|-13|5)$ und $C(-1|3{,}5|-2)$, dass die Vektoren $\overrightarrow{AB}$, $\overrightarrow{BC}$ und $\overrightarrow{AC}$ komplanar sind.

Hinweis

Mittelpunkt mit einem CAS

$v:=\begin{bmatrix} a \\ b \end{bmatrix} : u:=\begin{bmatrix} c \\ d \end{bmatrix}$

$m:=\dfrac{v+u}{2}$

20 Mittelpunkt einer Strecke: Gegeben sind die Punkte $P(0|5|-1)$ und $Q(4|-7|5)$.

a) Berechnen Sie den Mittelpunkt M der Strecke $\overline{PQ}$ mithilfe der beiden Formeln $\overrightarrow{OM} = \overrightarrow{OP} + \frac{1}{2} \cdot \overrightarrow{PQ}$ und $\overrightarrow{OM} = \frac{1}{2} \cdot (\overrightarrow{OP} + \overrightarrow{OQ})$ und vergleichen Sie die Ergebnisse.

b) Beschreiben Sie mit Worten, wie die Koordinaten des Mittelpunktes M mit den Koordinaten der Endpunkte P und Q zusammenhängen.

c) Die Diagonalen eines Parallelogramms halbieren einander. Leiten Sie so die Formel $\overrightarrow{OM} = \frac{1}{2} \cdot (\overrightarrow{OP} + \overrightarrow{OQ})$ her.

d) Berechnen Sie die Koordinaten des Mittelpunktes M der Strecke $\overline{PQ}$.

① $P(2|6)$, $Q(1|8)$ ② $P(-3|5|4)$, $Q(2|-3|4)$
③ $P(18|25|-7)$, $Q(0|-15|17)$

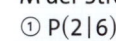

21 Gegeben ist das Viereck $A(4|-4|0)$, $B(2|2|-2)$, $C(0|6|0)$, $D(-4|-2|2)$. Zeigen Sie, dass seine Seitenmitten ein Parallelogramm bzw. eine Raute bilden.

22 a) Zeigen Sie, dass $M(3|2|1)$ der Mittelpunkt der Strecke $\overline{AB}$ ist. Berechnen Sie die Koordinaten des Mittelpunktes N der Strecke $\overline{AC}$.

b) Der Schwerpunkt S eines Dreiecks teilt dessen Seitenhalbierenden im Verhältnis $2:1$. Das heißt: Die Länge der Strecke $\overline{CS}$ beträgt $\frac{2}{3}$ der Länge der Strecke $\overline{CM}$. Die Länge der Strecke $\overline{BS}$ beträgt ebenso $\frac{2}{3}$ der Länge der Strecke $\overline{BN}$. Nutzen Sie dies, um die Koordinaten von S als Punkt der Strecke $\overline{CM}$ zu berechnen. Berechnen Sie S auch als Punkt der Strecke $\overline{BN}$.

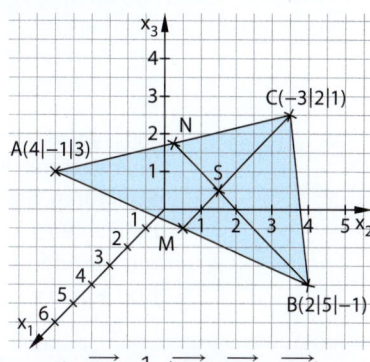

c) Zeigen Sie, dass für den Ortsvektor des Schwerpunktes gilt: $\overrightarrow{OS} = \frac{1}{3} \cdot (\overrightarrow{OA} + \overrightarrow{OB} + \overrightarrow{OC})$

23 a) Zeigen Sie rechnerisch, dass das Dreieck ABC aus der nebenstehenden Abbildung gleichseitig ist.

b) Zeigen Sie, dass S(1|0|2) der Schwerpunkt des Dreiecks ABC ist.

c) Das Dreieck ABC bildet zusammen mit dem Punkt D(9|8|10) ein regelmäßiges Tetraeder, welches, wie in der Skizze, einem Würfel einbeschrieben ist. Ermitteln Sie die Koordinaten des Eckpunktes W des in der Abbildung dargestellten Würfels.

d) Geben Sie die Koordinaten der Mittelpunkte M_{AB}, M_{BC}, M_{CD} und M_{DA} der Strecken $\overline{AB}$, $\overline{BC}$, $\overline{CD}$ und $\overline{DA}$ an.

e) Untersuchen Sie, welche speziellen Eigenschaften das Viereck $M_{AB}M_{BC}M_{CD}M_{DA}$ hat.

Lösungen zu 23c–d

(9|2|4)(−3|8|10)

(3|2|−2)

(3|2|10)(−3|2|4)

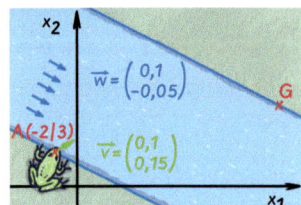

24 Im Punkt A(−2|3) am Rand eines Kanals schwimmt ein Frosch los. Bei stehendem Wasser würde er in 1 Sekunde einen Weg von $\vec{v}$ zurücklegen. Das Wasser fließt pro Sekunde einen Weg von $\vec{w}$ (Längen in m).

a) Geben Sie den Vektor für den tatsächlichen Weg pro Sekunde an. Bestimmen Sie die Geschwindigkeit, mit der der Frosch schwimmt, in Meter pro Stunde.

b) Wenn der Frosch Tempo und Richtung beibehält, wird er in G(14|11) am anderen Ufer ankommen. Bestimmen Sie, nach wie vielen Sekunden das der Fall sein wird.

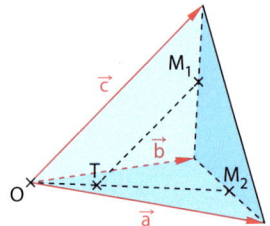

25 Die Vektoren $\vec{a}$, $\vec{b}$ und $\vec{c}$ beschreiben eine dreiseitige Pyramide. Die Punkte M_1 und M_2 sind Kantenmittelpunkte. Ferner ist $\overrightarrow{OT} = \frac{1}{3} \cdot \overrightarrow{OM_2}$.

Beweisen Sie, dass $\overrightarrow{TM_1}$ nicht parallel zu $\vec{c}$ ist.

26 Zeigen Sie, dass sich jeder Vektor $\vec{v} = \begin{pmatrix} v_1 \\ v_2 \end{pmatrix}$ als Linearkombination von $\vec{a} = \begin{pmatrix} 2 \\ 1 \end{pmatrix}$ und $\vec{b} = \begin{pmatrix} 1 \\ 0 \end{pmatrix}$ schreiben lässt.

Begründen Sie, dass dies auch für beliebige vom Nullvektor verschiedene Vektoren $\vec{a} = \begin{pmatrix} a_1 \\ a_2 \end{pmatrix}$ und $\vec{b} = \begin{pmatrix} b_1 \\ b_2 \end{pmatrix}$ gilt, wenn $\vec{a}$ und $\vec{b}$ linear unabhängig sind.

27 Ausblick: Vektorraum

Eine nichtleere Menge V heißt Vektorraum über $\mathbb{R}$, wenn es in V eine Addition und eine skalare Multiplikation bzw. Skalarmultiplikation mit folgenden Eigenschaften gibt:

(A1) $\vec{u} + \vec{v} \in V$ für alle $\vec{u}, \vec{v} \in V$

(A2) Die Addition ist assoziativ und kommutativ

(A3) Es existiert der Nullvektor $\vec{0}$ mit $\vec{u} + \vec{0} = \vec{u}$ für alle $\vec{u} \in V$

(A4) Zu jedem $\vec{u} \in V$ existiert ein Gegenvektor $-\vec{u} \in V$ mit $\vec{u} + (-\vec{u}) = \vec{0}$

(S1) Für alle $\lambda \in \mathbb{R}$ und $\vec{u} \in V$ gilt $\lambda \cdot \vec{u} \in V$

(S2) $1 \cdot \vec{u} = \vec{u}$ für alle $\vec{u} \in V$

(S3) Es gelten die Distributivgesetze:
① $\lambda \cdot (\vec{u} + \vec{v}) = \lambda \cdot \vec{u} + \lambda \cdot \vec{v}$
② $(\lambda + \mu) \cdot \vec{u} = \lambda \cdot \vec{u} + \mu \cdot \vec{u}$
und das Assoziativgesetz: $(\lambda \cdot \mu) \cdot \vec{u} = \lambda \cdot (\mu \cdot \vec{u})$

Die Eigenschaften und Rechengesetze eines Vektorraums gelten nicht nur für die Menge aller Vektoren in der Ebene bzw. im Raum, sondern auch für andere mathematische Strukturen, die als Vektoren aufgefasst werden können.

Betrachten Sie die Menge der Polynome $P_2 = \{p \mid p(x) = a_2x^2 + a_1 x + a_0;\ a_0, a_1, a_2 \in \mathbb{R}\}$ mit der Addition und Skalarmultiplikation, die wie folgt definiert sind:

$p(x) + q(x) = (a_2 + b_2)x^2 + (a_1 + b_1)x + (a_0 + b_0);$ $\qquad \lambda \cdot p(x) = \lambda a_2 x^2 + \lambda a_1 x + \lambda a_0$

für beliebige $p, q \in P_2$ und $\lambda \in \mathbb{R}$. Zeigen Sie, dass es sich um einen Vektorraum handelt.

3.5 Skalarprodukt und orthogonale Vektoren

Zum Vektor $\vec{v} = \begin{pmatrix} 2 \\ 2 \end{pmatrix}$ wird ein Vektor gesucht, dessen Pfeile senkrecht zu denen von $\vec{v}$ sind.

a) Schätzen Sie mithilfe der Zeichnung, welcher der Vektoren $\vec{a}$, $\vec{b}$ und $\vec{c}$ dies erfüllt.

b) Für die Summe der Koordinatenprodukte von $\vec{a}$ und $\vec{v}$ gilt: $(-2) \cdot 2 + 1 \cdot 2 = -2$. Berechnen Sie dies für $\vec{b}$ und $\vec{v}$ sowie $\vec{c}$ und $\vec{v}$. Beschreiben Sie Ihre Beobachtung.

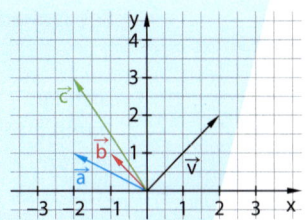

Orthogonale Vektoren

Zwei Vektoren nennt man zueinander **orthogonal** (senkrecht), wenn ihre Vektorpfeile zueinander senkrecht sind.

Nach dem Satz des Pythagoras sind die Vektoren $\vec{a}$ und $\vec{b}$ genau dann zueinander orthogonal, wenn gilt:

$$|\vec{a}|^2 + |\vec{b}|^2 = |\vec{a} - \vec{b}|^2$$

Mit $\vec{a} = \begin{pmatrix} a_1 \\ a_2 \end{pmatrix}$ und $\vec{b} = \begin{pmatrix} b_1 \\ b_2 \end{pmatrix}$ und $\vec{a} - \vec{b} = \begin{pmatrix} a_1 - b_1 \\ a_2 - b_2 \end{pmatrix}$ lässt sich die Gleichung umformen:

$$(a_1^2 + a_2^2) + (b_1^2 + b_2^2) = (a_1 - b_1)^2 + (a_2 - b_2)^2 \qquad | \text{ 2. binomische Formel}$$
$$a_1^2 + a_2^2 + b_1^2 + b_2^2 = a_1^2 - 2a_1b_1 + b_1^2 + a_2^2 - 2a_2b_2 + b_2^2 \qquad |-(a_1^2 + a_2^2 + b_1^2 + b_2^2) \qquad |:(-2)$$
$$0 = a_1b_1 + a_2b_2$$

Erinnerung

Wegen $|\vec{a}| = \sqrt{a_1^2 + a_2^2}$ ist $|\vec{a}|^2 = a_1^2 + a_2^2$.

Der Ausdruck $a_1b_1 + a_2b_2$ entscheidet also darüber, ob die Vektoren $\vec{a}$ und $\vec{b}$ zueinander orthogonal sind. Das gilt auch für den entsprechenden Ausdruck für Vektoren im Raum.

Hinweis

Für Vektoren in der Ebene gilt:
$$\vec{a} \cdot \vec{b} = \begin{pmatrix} a_1 \\ a_2 \end{pmatrix} \cdot \begin{pmatrix} b_1 \\ b_2 \end{pmatrix}$$
$$= a_1b_1 + a_2b_2$$
Die **skalare Multiplikation** einer reellen Zahl (Skalar) mit einem Vektor ist nicht mit dem **Skalarprodukt** zu verwechseln.

Definition | **Skalarprodukt zweier Vektoren**

Für die Vektoren $\vec{a}$ und $\vec{b}$ heißt $\vec{a} \cdot \vec{b} = \begin{pmatrix} a_1 \\ a_2 \\ a_3 \end{pmatrix} \cdot \begin{pmatrix} b_1 \\ b_2 \\ b_3 \end{pmatrix} = a_1b_1 + a_2b_2 + a_3b_3$ das **Skalarprodukt** von $\vec{a}$ und $\vec{b}$.

Das Ergebnis eines Skalarprodukts ist eine reelle Zahl (ein Skalar) und kein Vektor. Es wird auch die Schreibweise $\vec{a} \circ \vec{b}$ verwendet. Mithilfe des Skalarprodukts lässt sich kurz formulieren:

Satz | **Orthogonale Vektoren**

Zwei Vektoren $\vec{a} \neq \vec{0}$ und $\vec{b} \neq \vec{0}$ sind genau dann zueinander orthogonal, wenn ihr Skalarprodukt null ist, also $\vec{a} \cdot \vec{b} = 0$ gilt.

Hinweis

Skalarprodukt mit einem CAS

$v := \begin{bmatrix} a \\ b \end{bmatrix}; u := \begin{bmatrix} c \\ d \end{bmatrix}$

$\mathrm{dotP}(v, u)$

Beispiel 1 | **Orthogonalität prüfen**

Prüfen Sie, ob der Vektor $\vec{a} = \begin{pmatrix} 7 \\ -3 \\ 5 \end{pmatrix}$ orthogonal zu $\vec{b} = \begin{pmatrix} 2 \\ 8 \\ 2 \end{pmatrix}$ oder $\vec{c} = \begin{pmatrix} -1 \\ 5 \\ 4 \end{pmatrix}$ ist.

Lösung:

Berechnen Sie die Skalarprodukte $\vec{a} \cdot \vec{b}$ und $\vec{a} \cdot \vec{c}$. Bilden Sie dazu die Produkte a_1b_1, a_2b_2, a_3b_3 (bzw. a_1c_1, a_2c_2, a_3c_3) und addieren Sie diese.

Ist das Skalarprodukt null, so sind die Vektoren orthogonal zueinander.

$$\vec{a} \cdot \vec{b} = \begin{pmatrix} 7 \\ -3 \\ 5 \end{pmatrix} \cdot \begin{pmatrix} 2 \\ 8 \\ 2 \end{pmatrix} = 7 \cdot 2 - 3 \cdot 8 + 5 \cdot 2 = 0$$

$$\vec{a} \cdot \vec{c} = \begin{pmatrix} 7 \\ -3 \\ 5 \end{pmatrix} \cdot \begin{pmatrix} -1 \\ 5 \\ 4 \end{pmatrix} = -7 - 15 + 20 = -2 \neq 0$$

$\vec{a}$ ist orthogonal zu $\vec{b}$, aber nicht zu $\vec{c}$.

Bestimmen Sie einen Vektor $\vec{n}$, der zu $\vec{a} = \begin{pmatrix} 3 \\ -6 \\ 2 \end{pmatrix}$ und zu $\vec{b} = \begin{pmatrix} -3 \\ 4 \\ 1 \end{pmatrix}$ orthogonal ist.

Lösung:

Damit $\vec{n}$ orthogonal zu $\vec{a}$ und zu $\vec{b}$ ist, muss $\vec{n} \cdot \vec{a} = 0$ und $\vec{n} \cdot \vec{b} = 0$ gelten. Stellen Sie mit diesen Gleichungen ein LGS auf und bilden Sie die ZSF. Wählen Sie eine Variable (hier n_3) als t und stellen Sie den allgemeinen Lösungsvektor $\vec{n_t}$ auf. Ersetzen Sie dort den Faktor t so durch einen Wert, dass der Vektor möglichst bruchfrei wird. So ergibt sich eine konkrete Lösung. Da dieser Rechenweg fehleranfällig ist, sollten Sie immer eine **Probe** machen.

$\vec{n} \cdot \vec{a} = 0 \qquad 3 \cdot n_1 - 6 \cdot n_2 + 2 \cdot n_3 = 0$

$\vec{n} \cdot \vec{b} = 0 \qquad -3 \cdot n_1 + 4 \cdot n_2 + 1 \cdot n_3 = 0$

$\left(\begin{array}{ccc|c} 3 & -6 & 2 & 0 \\ -3 & 4 & 1 & 0 \end{array} \right) \xrightarrow{\text{ZSF}} \left(\begin{array}{ccc|c} 3 & -6 & 2 & 0 \\ 0 & -2 & 3 & 0 \end{array} \right)$

$n_3 = t$ frei wählbar: $n_2 = \frac{3}{2}t \qquad n_1 = \frac{7}{3}t$

$\vec{n_t} = \begin{pmatrix} \frac{7}{3}t \\ \frac{3}{2}t \\ t \end{pmatrix} = t \begin{pmatrix} \frac{7}{3} \\ \frac{3}{2} \\ 1 \end{pmatrix} \qquad$ Mit $t = 6$ folgt $\vec{n} = \begin{pmatrix} 14 \\ 9 \\ 6 \end{pmatrix}$.

$\vec{n} \cdot \vec{a} = 42 - 54 + 12 = 0$

$\vec{n} \cdot \vec{b} = -42 + 36 + 6 = 0$

Basisaufgaben

1 Berechnen Sie.

a) $\begin{pmatrix} 2 \\ -1 \\ 7 \end{pmatrix} \cdot \begin{pmatrix} -3 \\ -5 \\ 1 \end{pmatrix}$

b) $\begin{pmatrix} 6 \\ 2 \\ 3 \end{pmatrix} \cdot \begin{pmatrix} 1 \\ 0 \\ -2 \end{pmatrix}$

c) $\begin{pmatrix} 1 \\ 1 \\ 1 \end{pmatrix} \cdot \begin{pmatrix} 3 \\ -7 \\ 8 \end{pmatrix}$

d) $\begin{pmatrix} 2 \\ 5 \end{pmatrix} \cdot \begin{pmatrix} 4 \\ -1 \end{pmatrix}$

e) $\begin{pmatrix} 3 \\ -1 \\ 4 \end{pmatrix} \cdot \left(\begin{pmatrix} -2 \\ 5 \\ 1 \end{pmatrix} + \begin{pmatrix} 6 \\ 0 \\ 5 \end{pmatrix} \right)$

f) $\begin{pmatrix} 3 \\ -1 \\ 4 \end{pmatrix} \cdot \begin{pmatrix} -2 \\ 5 \\ 1 \end{pmatrix} + \begin{pmatrix} 3 \\ -1 \\ 4 \end{pmatrix} \cdot \begin{pmatrix} 6 \\ 0 \\ 5 \end{pmatrix}$

2 Prüfen Sie, ob die Vektoren $\vec{a}$ und $\vec{b}$ zueinander orthogonal sind.

a) $\vec{a} = \begin{pmatrix} 2 \\ 0 \\ 0 \end{pmatrix} \qquad \vec{b} = \begin{pmatrix} 0 \\ 3 \\ 5 \end{pmatrix}$

b) $\vec{a} = \begin{pmatrix} 2 \\ 3 \\ -9 \end{pmatrix} \qquad \vec{b} = \begin{pmatrix} 5 \\ 1 \\ 1 \end{pmatrix}$

c) $\vec{a} = \begin{pmatrix} 13 \\ 1 \\ -6 \end{pmatrix} \qquad \vec{b} = \begin{pmatrix} -2 \\ 1 \\ -3 \end{pmatrix}$

3 Zeichnen Sie je einen Vektorpfeil von $\vec{a}$ und $\vec{b}$ in ein Koordinatensystem und schätzen Sie, ob die Pfeile senkrecht zueinander sind. Kontrollieren Sie rechnerisch.

a) $\vec{a} = \begin{pmatrix} -1 \\ -2 \end{pmatrix} \quad \vec{b} = \begin{pmatrix} 5 \\ -2 \end{pmatrix}$

b) $\vec{a} = \begin{pmatrix} 2 \\ 3 \end{pmatrix} \quad \vec{b} = \begin{pmatrix} 1,5 \\ -1 \end{pmatrix}$

c) $\vec{a} = \begin{pmatrix} -1 \\ -2 \end{pmatrix} \quad \vec{b} = \begin{pmatrix} 4 \\ -2 \end{pmatrix}$

4 Gegeben sind die Vektoren $\vec{a} = \begin{pmatrix} 0 \\ 7 \\ 5 \end{pmatrix}, \vec{b} = \begin{pmatrix} -7 \\ 0 \\ 2 \end{pmatrix}$ und $\vec{c} = \begin{pmatrix} 5 \\ 2 \\ 0 \end{pmatrix}$ sowie $\vec{v} = \begin{pmatrix} 2 \\ -5 \\ 7 \end{pmatrix}$ und $\vec{w} = \begin{pmatrix} 6 \\ 3 \\ -8 \end{pmatrix}$.

a) Zeigen Sie, dass $\vec{a}$, $\vec{b}$ und $\vec{c}$ orthogonal zu $\vec{v}$ sind.

b) Vergleichen Sie die Koordinaten von $\vec{a}$, $\vec{b}$ und $\vec{c}$ mit denen von $\vec{v}$ und beschreiben Sie Besonderheiten. Geben Sie auf die gleiche Weise drei orthogonale Vektoren zu $\vec{w}$ an.

5 Bestimmen Sie einen zu $\vec{a}$ und $\vec{b}$ orthogonalen Vektor.

a) $\vec{a} = \begin{pmatrix} 5 \\ 0 \\ 0 \end{pmatrix} \quad \vec{b} = \begin{pmatrix} 0 \\ 2 \\ 0 \end{pmatrix}$

b) $\vec{a} = \begin{pmatrix} 2 \\ 1 \\ 0 \end{pmatrix} \quad \vec{b} = \begin{pmatrix} 0 \\ 0 \\ 4 \end{pmatrix}$

c) $\vec{a} = \begin{pmatrix} 3 \\ 0 \\ 1 \end{pmatrix} \quad \vec{b} = \begin{pmatrix} 2 \\ 4 \\ 2 \end{pmatrix}$

d) $\vec{a} = \begin{pmatrix} 1 \\ -1 \\ 4 \end{pmatrix} \quad \vec{b} = \begin{pmatrix} -1 \\ 2 \\ 1 \end{pmatrix}$

e) $\vec{a} = \begin{pmatrix} 2 \\ 6 \\ 4 \end{pmatrix} \quad \vec{b} = \begin{pmatrix} -1 \\ 5 \\ 2 \end{pmatrix}$

f) $\vec{a} = \begin{pmatrix} 3 \\ 5 \\ -1 \end{pmatrix} \quad \vec{b} = \begin{pmatrix} -2 \\ 1 \\ 0 \end{pmatrix}$

Weiterführende Aufgaben

6 Für das Skalarprodukt eines Vektors $\vec{a}$ mit sich selbst gilt: $\vec{a} \cdot \vec{a} = |\vec{a}|^2$
a) Überprüfen Sie die Gleichung an zwei selbst gewählten Beispielen.
b) Zeigen Sie allgemein, dass die Formel für jeden dreidimensionalen Vektor gilt.
c) Begründen Sie, dass für den Betrag eines Vektors $\vec{a}$ gilt: $|\vec{a}| = \sqrt{\vec{a} \cdot \vec{a}}$

7 Prüfen Sie, ob die Aussage wahr ist, und begründen Sie mithilfe einer Skizze.
a) Wenn in der Ebene ein Vektor $\vec{a}$ orthogonal zu einem Vektor $\vec{b}$ ist und $\vec{b}$ orthogonal zu $\vec{c}$, dann sind die Vektoren $\vec{a}$ und $\vec{c}$ kollinear.
b) Wenn im Raum ein Vektor $\vec{a}$ orthogonal zu einem Vektor $\vec{b}$ ist und $\vec{b}$ orthogonal zu $\vec{c}$, dann sind die Vektoren $\vec{a}$ und $\vec{c}$ kollinear. (Prüfen Sie dies an einem Würfel.)
c) Wenn im Raum ein Vektor $\vec{a}$ orthogonal zu einem Vektor $\vec{b}$ ist und die Vektoren $\vec{a}$ und $\vec{c}$ kollinear sind, dann sind die Vektoren $\vec{b}$ und $\vec{c}$ orthogonal zueinander.

⚠️ **8** **Stolperstelle:** Jan berechnet die Skalarprodukte $\begin{pmatrix} 3 \\ 4 \\ 2 \end{pmatrix} \cdot \begin{pmatrix} 1 \\ -1 \\ 4 \end{pmatrix}$ und $\begin{pmatrix} 3 \\ 4 \\ 2 \end{pmatrix} \cdot \begin{pmatrix} 3 \\ 0 \\ -1 \end{pmatrix}$ und wundert

sich, dass das Ergebnis in den beiden Fällen gleich ist. *„Da muss ich mich verrechnet haben."*
a) Erläutern Sie seinen Denkfehler.
b) Begründen Sie allgemein, dass für beliebige Vektoren $\vec{u}, \vec{v}$ und $\vec{w}$ aus $\vec{u} \cdot \vec{v} = \vec{u} \cdot \vec{w}$ nicht notwendigerweise $\vec{v} = \vec{w}$ folgt.

9 **Rechengesetze des Skalarprodukts:**
a) Claudia sagt, dass die Vektoren $\vec{u} = \begin{pmatrix} 14 \\ 21 \\ -28 \end{pmatrix}$ und $\vec{v} = \begin{pmatrix} 7 \\ -2 \\ 2 \end{pmatrix}$ zueinander orthogonal sind,

denn es gilt $\begin{pmatrix} 2 \\ 3 \\ -4 \end{pmatrix} \cdot \begin{pmatrix} 7 \\ -2 \\ 2 \end{pmatrix} = 14 - 6 - 8 = 0$. Erklären Sie ihren Rechenvorteil.

b) Bestätigen Sie am Beispiel $\vec{a} = \begin{pmatrix} 2 \\ 3 \\ -4 \end{pmatrix}, \vec{b} = \begin{pmatrix} 3 \\ 2 \\ -1 \end{pmatrix}$ und r = 7 die Gültigkeit des Gesetzes $(r \cdot \vec{a}) \cdot \vec{b} = r \cdot (\vec{a} \cdot \vec{b})$.
c) Erläutern Sie, inwiefern in a) das Distributivgesetz überprüft wird.

💻 **10** Erläutern Sie, welche Eigenschaften der gesuchte Vektor $\vec{v} = \begin{pmatrix} x \\ y \end{pmatrix}$ hat, der durch die dargestellte Rechnung

$$\text{solve}\left(\text{dotP}\left(\begin{bmatrix} 2 \\ -1 \end{bmatrix}, \begin{bmatrix} x \\ y \end{bmatrix}\right) = 0 \text{ and } x^2 + y^2 = 9, x, y\right)$$

ermittelt werden soll. Ermitteln Sie die Lösungen und führen Sie eine Probe durch.

11 Untersuchen Sie, ob das Dreieck ABC rechtwinklig ist.
a) A(3|0|3), B(−2|6|2), C(−1|2|6)   b) A(−1|1|4), B(1|7|2), C(−3|9|4)

12 Prüfen Sie, ob das Viereck ABCD ein Rechteck, eine Raute oder ein Quadrat ist.
a) A(4|−2|1), B(1|0|1), C(1|0|5), D(4|−2|5)
b) A(1|−3|4), B(3|−4|10), C(−3|−2|11), D(−5|−1|5)
c) A(−3|−2|1), B(2|−2|1), C(2|−5|5), D(−3|−5|5)
d) A(5|0|−1), B(9|−3|1), C(11|3|4), D(9|6|0)

13 Zeigen Sie, dass die Diagonalen des Vierecks ABCD mit A(−5|0|−6), B(2|5|−2), C(5|5|4) und D(−3|−5|8) gleich lang sind und senkrecht aufeinander stehen. Beurteilen Sie, ob ABCD ein Quadrat ist.

14 **Ausblick:** Weisen Sie nach, dass das Skalarprodukt die folgende Eigenschaft erfüllt. Für alle Vektoren $\vec{a}$ und $\vec{b}$ gilt: a) $\vec{a} \cdot \vec{b} = \vec{b} \cdot \vec{a}$, b) ① $\vec{a} \cdot \vec{a} \geq 0$, ② $\vec{a} \cdot \vec{a} = 0 \Leftrightarrow \vec{a} = \vec{0}$.

3.6   Klausur- und Abiturtraining

Aufgaben ohne Hilfsmittel

1   Gegeben sind die Punkte A(1|0|3), B(−1|3|−4) und C(2|6|2).
  a) Berechnen Sie einen Punkt D so, dass A, B, C, D die Ecken eines Parallelogramms bilden. Skizzieren Sie das Parallelogramm in ein Koordinatensystem.
  b) Zeigen Sie, dass A, B und C nicht drei Ecken einer Raute sein können.

2   Gegeben sind die Punkte A(−2|5|3) und B(−4|6|0).
  a) Geben Sie einen Vektor $\vec{v}$ an, der denselben Betrag wie der Vektor $\overrightarrow{AB}$ hat, aber zu diesem nicht kollinear ist.
  b) Es ist $\vec{w} = \begin{pmatrix} a \\ b \\ 4-b \end{pmatrix}$ für a, b ∈ ℝ. Berechnen Sie Werte für a und b so, dass $\vec{w}$ kollinear zu $\overrightarrow{AB}$ ist.

3   Gegeben ist das Dreieck ABC mit A(−1|0|1), B(3|8|−3) und C(−5|6|5).
  a) Berechnen Sie die Koordinaten der Seitenmitten M_a, M_b und M_c des Dreiecks ABC.
  b) Zeigen Sie, dass der Vektor $\overrightarrow{M_aM_b}$ kollinear zu $\overrightarrow{AB}$ und halb so lang wie dieser ist.

4   Drücken Sie die Vektoren $\vec{h}$, $\vec{k}$, $\vec{m}$ und $\vec{n}$ in der Abbildung mithilfe der Vektoren $\vec{a}$, $\vec{b}$ und $\vec{c}$ aus.

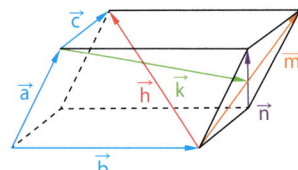

5   Zeichnen Sie A(2|−1|0), B(6|7|4), C_1(−2|3|4), C_2(2|5|6), D(0|1|4) in ein Koordinatensystem.
  a) Prüfen Sie, welches der Vierecke ABC_1D und ABC_2D ein Trapez ist.
  b) Zeigen Sie, dass es sich um ein gleichschenkliges Trapez handelt.
  c) Berechnen Sie die Koordinaten der Seitenmitten der parallelen Trapezseiten.

6   Ein Parallelogramm ist ein Rechteck, wenn seine Diagonalen gleich lang sind.
  a) Gegeben sind A(2|2|5), B(3|−2|8) und D(0|0|3). Berechnen Sie einen Punkt C so, dass ABCD ein Parallelogramm ist. Prüfen Sie, ob ABCD sogar ein Rechteck ist.
  b) Gegeben ist das Dreieck A(6|7|−4), B(1|6|−2), C(5|0|5). Zeigen Sie, dass es bei B einen rechten Winkel hat, indem Sie zuerst einen Punkt D bestimmen, so dass ABCD ein Parallelogramm ist, und dann prüfen, ob dieses Parallelogramm ein Rechteck ist.
  c) Begründen Sie allgemein: Sind Punkte A, B und D gegeben, und gilt $|\overrightarrow{BD}| = |\overrightarrow{AB} + \overrightarrow{AD}|$, so stehen die Strecken $\overline{AD}$ und $\overline{AB}$ senkrecht aufeinander.

7   Gegeben sind die Vektoren $\vec{a} = \begin{pmatrix} 0 \\ 2 \\ 3 \end{pmatrix}$, $\vec{b} = \begin{pmatrix} 0 \\ 1 \\ 0 \end{pmatrix}$ und $\vec{c} = \begin{pmatrix} 0 \\ 0 \\ 1 \end{pmatrix}$.

  a) Untersuchen Sie die Vektoren $\vec{a}$, $\vec{b}$, $\vec{c}$ auf Komplanarität.
  b) Zeigen Sie, dass die Vektoren paarweise linear unabhängig sind.
  c) Begründen Sie allgemein: Lässt man von drei linear unabhängigen Vektoren des Raums einen weg, so sind die zwei restlichen Vektoren ebenfalls linear unabhängig.

8   Die Vektoren $\vec{u} = \begin{pmatrix} 1 \\ 1 \\ -1 \end{pmatrix}$, $\vec{v} = \begin{pmatrix} -1 \\ 2 \\ 1 \end{pmatrix}$ und $\overrightarrow{w_t} = \begin{pmatrix} t \\ 0 \\ t \end{pmatrix}$ spannen für jeden reellen Wert von t ≠ 0 einen Körper auf.
  a) Zeigen Sie, dass die aufgespannten Körper Quader sind.
  b) Berechnen Sie t so, dass der zugehörige Quader das Volumen 42 VE hat.

Aufgaben mit Hilfsmitteln

9 Die Skizze zeigt ein Haus mit Walmdach im Grundriss und im Aufriss. Eine
Längeneinheit entspricht 1 m.

a) Geben Sie die Koordinaten aller
Eckpunkte an und zeichnen Sie das
Haus in ein dreidimensionales
Koordinatensystem.

b) Zeigen Sie, dass das Dreieck RTS
gleichschenklig mit der Basis $\overline{RT}$ ist.
Berechnen Sie den Flächeninhalt
dieses Dreiecks.

c) Stellen Sie $\overrightarrow{SV}$ als Linearkombination
von $\overrightarrow{TS}$, $\overrightarrow{UV}$ und $\overrightarrow{UT}$ dar.
Begründen Sie, dass man $\overrightarrow{SV}$ nicht als
Linearkombination von $\overrightarrow{TS}$, $\overrightarrow{TR}$ und $\overrightarrow{SR}$
darstellen kann.

d) Berechnen Sie die Mittelpunkte der
Strecken $\overline{TU}$ und $\overline{SV}$. Berechnen Sie
damit und mit dem Ergebnis aus b)
den Flächeninhalt der gesamten
Dachfläche.

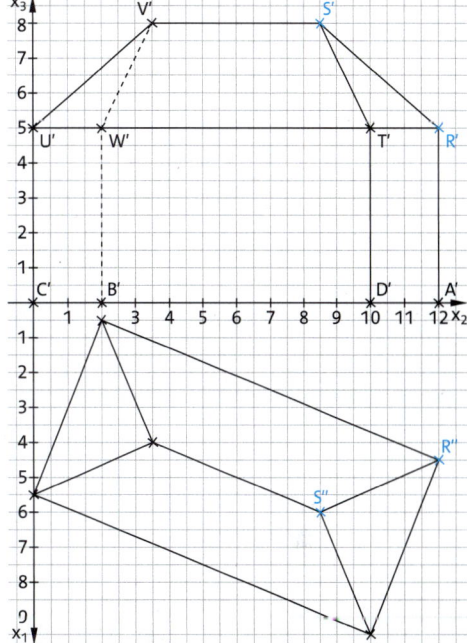

10 An der Mittelmeerküste wird ein unbe-
kanntes Flugobjekt gesichtet, das im
Punkt $A(4\,|\,10\,|\,0)$ aus dem Meer aufsteigt.
Es fliegt zunächst 6 Sekunden lang mit
konstanter Geschwindigkeit geradlinig
bis zur Position $B(-5\,|\,7\,|\,6)$. Dort vollzieht
es einen abrupten Kurswechsel und
bewegt sich geradlinig weiter bis zur
Position $C(-2\,|\,2\,|\,8)$. Es taucht nach einem
weiteren Kurswechsel in Richtung

$\vec{v} = \begin{pmatrix} 2 \\ 1 \\ -2 \end{pmatrix}$ schließlich am Punkt D wieder ins Meer ein. Das Meer wird durch die

x_1x_2-Ebene beschrieben (alle Angaben in km).

a) Skizzieren Sie die Flugbahn des UFOs in einem geeigneten Koordinatensystem für den
Fall $\overrightarrow{CD} = 4\vec{v}$ und lesen Sie die (ganzzahligen) Koordinaten des Eintauchpunktes D ab.

b) Ermitteln Sie rechnerisch die Koordinaten von D und vergleichen Sie sie mit dem
Ergebnis aus a). Berechnen Sie die Länge der Strecke, die das unbekannte Flugobjekt
insgesamt zurückgelegt hat.

c) Der Geschwindigkeitsrekord für ein Flugzeug (Turbojet) liegt bei $3529\,\frac{km}{h}$. Weisen Sie
nach, dass das unbekannte Flugobjekt kein Flugzeug sein kann.

d) Auf der Hälfte der Strecke von B nach C verlässt eine schwarze Kugel das UFO und
schießt mit einer Geschwindigkeit von $5400\,\frac{km}{h}$ senkrecht nach oben in den Himmel.
Berechnen Sie die Position der Kugel 4 Sekunden, nachdem sie das UFO verlassen hat.

e) Weisen Sie nach, dass die abrupte Kursänderung an der Position B in einem rechten
Winkel stattgefunden hat. Hinweis: Für den Nachweis können Sie auch Winkel in
einem Viereck betrachten.

Lösungen
→ S. 465

 1 Bestimmen Sie die Koordinaten der Punkte A, C, D, E, F, G und H in der Zeichnung. Alle Kanten außer $\overline{FG}$ und $\overline{EH}$ sind parallel zu Koordinatenachsen.

 2 Zeichnen Sie ein Koordinatensystem und tragen Sie die Punkte $A(3\,|\,5\,|\,4)$, $B(-2\,|\,5\,|\,4)$, $C(5\,|\,-4\,|\,6)$ und $D(-3\,|\,-3\,|\,-3)$ ein.

 3 Geben Sie an, auf welchen der drei Koordinatenachsen und in welchen der drei Koordinatenebenen der angegebene Punkt liegt.

$A(4\,|\,0\,|\,0)$ $B(0\,|\,-2\,|\,0)$ $C(0\,|\,0\,|\,10)$ $D(0\,|\,0\,|\,0)$ $E(0\,|\,0\,|\,-3)$ $F(-7\,|\,0\,|\,0)$

 4 Beschreiben Sie die Lage aller Punkte,
a) deren x_2-Koordinate 0 ist,   b) deren x_1- und x_3-Koordinaten 0 sind,
c) die in der x_1x_2- und x_1x_3-Ebene liegen,   d) deren x_1-Koordinate -4 ist.

 5 Berechnen Sie die Koordinaten des Vektors $\overrightarrow{PQ}$.
a) $P(1\,|\,2)$; $Q(0\,|\,0)$ b) $P(1\,|\,2\,|\,-2)$; $Q(3\,|\,4\,|\,5)$
c) $P(0\,|\,0)$; $Q(5\,|\,-2)$ d) $P(1\,|\,k\,|\,2k)$; $Q(k\,|\,2\,|\,0)$

 6 Ergänzen Sie die fehlenden Eckpunkte des abgebildeten Quaders im Heft.
a) $\overrightarrow{AE} = \overrightarrow{C\,\square}$ b) $\overrightarrow{DH} = \overrightarrow{\square F}$

c) $\overrightarrow{BG} = \overrightarrow{\square\square}$ d) $\overrightarrow{AG} = \overrightarrow{\square\square}$

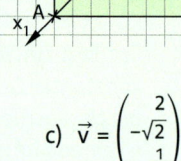

 7 Berechnen Sie den Betrag des Vektors.

a) $\vec{v} = \begin{pmatrix} 1 \\ -1 \\ 1 \end{pmatrix}$ b) $\vec{v} = \begin{pmatrix} \sqrt{6} \\ -1 \\ -3 \end{pmatrix}$ c) $\vec{v} = \begin{pmatrix} 2 \\ -\sqrt{2} \\ \frac{1}{2} \end{pmatrix}$

d) $\vec{v} = \begin{pmatrix} -8 \\ 6 \end{pmatrix}$ e) $\vec{v} = \begin{pmatrix} -4 \\ -3 \end{pmatrix}$ f) $\vec{v} = \begin{pmatrix} 1,2 \\ -0,5 \end{pmatrix}$

8 Berechnen Sie den Abstand der Punkte P und Q.
a) $P(-3\,|\,2)$; $Q(2\,|\,-1)$
b) $P(1\,|\,2\,|\,-1)$; $Q(2\,|\,3\,|\,4)$
c) $P(0\,|\,2\,|\,-1)$; $Q(2\,|\,0\,|\,-4)$

9 Die Punkte $A(-1\,|\,-2\,|\,-3)$, $B(-2\,|\,5\,|\,4)$ und $C(1\,|\,-4\,|\,2)$ bilden das Dreieck ABC.
a) Prüfen Sie für diese Punkte die Gültigkeit der Gleichung $\overrightarrow{AB} + \overrightarrow{BC} = \overrightarrow{AC}$.
b) Berechnen Sie den Umfang des Dreiecks ABC.

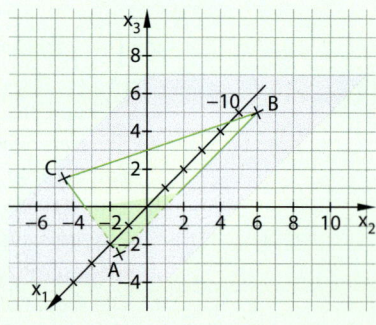

10 Berechnen Sie.

a) $\begin{pmatrix} 2 \\ -3 \\ 5 \end{pmatrix} + \begin{pmatrix} -3 \\ 6 \\ -1 \end{pmatrix}$ b) $\begin{pmatrix} 0,5 \\ -1,2 \\ 0,03 \end{pmatrix} + \begin{pmatrix} 1,07 \\ -0,8 \\ -2 \end{pmatrix}$ c) $\begin{pmatrix} 0 \\ 2 \\ -1 \end{pmatrix} - \begin{pmatrix} -1 \\ 2 \\ -6 \end{pmatrix}$

d) $3 \cdot \begin{pmatrix} -1 \\ 3 \\ 2 \end{pmatrix} + 2 \cdot \begin{pmatrix} 0 \\ 4 \\ -1 \end{pmatrix}$ e) $-4 \cdot \begin{pmatrix} 1 \\ 4 \\ -2 \end{pmatrix} - 3 \cdot \begin{pmatrix} 2 \\ -3 \\ 4 \end{pmatrix}$ f) $-3 \cdot \begin{pmatrix} 1,2 \\ -3,6 \\ -2,1 \end{pmatrix} - 2 \cdot \begin{pmatrix} -1,1 \\ 3,2 \\ -1,7 \end{pmatrix}$

Lösungen
→ S. 465/466

11 Von einem Quadrat ABCD ist die Diagonale $\overline{AC}$ mit $A(-3,5\,|-1)$ und $C(0,5\,|-1)$ gegeben. Ermitteln Sie die Koordinaten der Eckpunkte B und D.

12 Vereinfachen Sie den Term mithilfe der Rechengesetze für Vektoren.
a) $2 \cdot (\vec{a} + \vec{b} - \vec{c}) + 3 \cdot (\vec{a} - \vec{b} + \vec{c}) - 4 \cdot (\vec{a} + 2\vec{b} - 3\vec{c})$
b) $t \cdot (\vec{a} + \vec{b} - \vec{c}) + (1 - t) \cdot (2\vec{a} + 3\vec{b} + \vec{c})$

13 Berechnen Sie auf geschickte Weise den Betrag des Vektors, indem Sie zuerst einen gemeinsamen Faktor der Koordinaten bestimmen.

a) $\vec{v} = \begin{pmatrix} 49 \\ -42 \\ 42 \end{pmatrix}$
b) $\vec{v} = \begin{pmatrix} -0,2 \\ 0,2 \\ 0,1 \end{pmatrix}$
c) $\vec{v} = \begin{pmatrix} 24 \\ -36 \\ 72 \end{pmatrix}$
d) $\vec{v} = \begin{pmatrix} \frac{1}{18} \\ \frac{2}{9} \\ \frac{4}{9} \end{pmatrix}$

14 Geben Sie an, welcher der Vektoren kollinear zum Vektor $\vec{v} = \begin{pmatrix} 2 \\ -1 \\ 5 \end{pmatrix}$ ist.

$\vec{a} = \begin{pmatrix} 1 \\ -2 \\ 10 \end{pmatrix}$; $b = \begin{pmatrix} -4 \\ 2 \\ -10 \end{pmatrix}$; $c = \begin{pmatrix} \frac{1}{3} \\ -\frac{1}{6} \\ \frac{5}{6} \end{pmatrix}$; $d = \begin{pmatrix} 4 \\ -2 \\ 0 \end{pmatrix}$

15 Beim abgebildeten regelmäßigen Oktaeder ist H der Mittelpunkt der Kante $\overline{AB}$. Geben Sie an, welchen Verbindungsvektor zweier Punkte eine Linearkombination von $\vec{a}$, $\vec{b}$ und $\vec{c}$ darstellt.
① $-2\vec{c}$
② $2\vec{a} + \vec{b}$
③ $\vec{c} + \vec{a} + \frac{1}{2}\vec{b}$
④ $-\vec{c} - \vec{a} - \frac{1}{2}\vec{b}$
⑤ $\vec{a} + \frac{1}{2}\vec{b} - \vec{c}$
⑥ $2\vec{a} - \vec{b}$

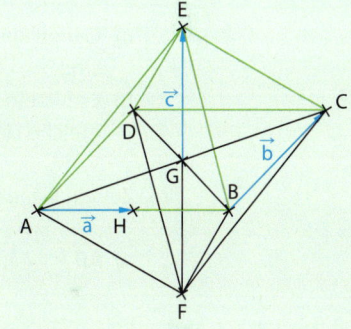

16 Gegeben ist ein Dreieck ABC mit $A(1\,|\,1)$, $B(7\,|\,2)$ und $C(3\,|\,5)$.
a) Beschreiben Sie die Vektoren $\overrightarrow{AB}$, $\overrightarrow{BC}$ und $\overrightarrow{AC}$ als Differenz von Ortsvektoren der Eckpunkte A, B und C.
b) Beschreiben Sie die Ortsvektoren der Mittelpunkte E, F und G der Dreiecksseiten als Linearkombination von Ortsvektoren oder Verbindungsvektoren der Eckpunkte des Dreiecks.

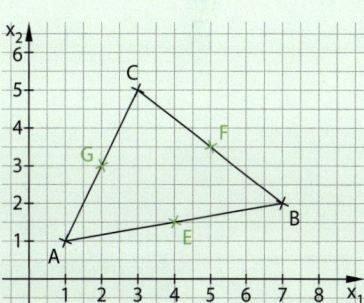

17 Gegeben sind die Punkte $A(-1\,|-2\,|1)$, $B(7\,|2\,|2)$ und $C(11\,|9\,|6)$.
a) Berechnen Sie die Koordinaten des Punktes D so, dass ABCD ein Parallelogramm ist.
b) Prüfen Sie, ob ABCD eine Raute ist.

18 Durch $A(-1\,|-2\,|1)$ und die Seitenvektoren $\overrightarrow{AB} = \begin{pmatrix} 4 \\ 6 \\ -2 \end{pmatrix}$, $\overrightarrow{AD} = \begin{pmatrix} -2 \\ 2 \\ 1 \end{pmatrix}$ und $\overrightarrow{DC} = \begin{pmatrix} 2 \\ 3 \\ a \end{pmatrix}$ ist ein Viereck ABCD gegeben.
a) Berechnen Sie die Variable a so, dass ABCD ein Trapez ist.
b) Geben Sie die Koordinaten aller Eckpunkte an.

19 Die Vektoren $\vec{s} = \begin{pmatrix} -20 \\ 30 \end{pmatrix}$ und $\vec{w} = \begin{pmatrix} 50 \\ 40 \end{pmatrix}$ beschreiben, um wie viel Meter pro Minute Strömung und Wind ein Segelboot bewegen. Ermitteln Sie den Vektor $\vec{v}$ für die Bewegung des Bootes pro Minute und seine Geschwindigkeit in $\frac{km}{h}$.

Lösungen
→ S. 466

20 Stellen Sie den Vektor $\vec{v} = \begin{pmatrix} -7 \\ -11 \\ -3 \end{pmatrix}$ als Linearkombination der Vektoren $\vec{a} = \begin{pmatrix} 1 \\ 1 \\ 1 \end{pmatrix}$, $\vec{b} = \begin{pmatrix} 1 \\ -1 \\ -1 \end{pmatrix}$

und $\vec{c} = \begin{pmatrix} -1 \\ 1 \\ -1 \end{pmatrix}$ dar.

21 Entscheiden Sie begründet, ob die Vektoren linear abhängig oder unabhängig sind.

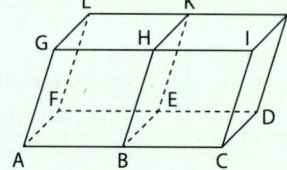

- a) $\overrightarrow{LF}, \overrightarrow{CI}$
- b) $\overrightarrow{HG}, \overrightarrow{FD}$
- c) $\overrightarrow{FC}, \overrightarrow{IK}$
- d) $\overrightarrow{BE}, \overrightarrow{CF}, \overrightarrow{JL}$
- e) $\overrightarrow{AD}, \overrightarrow{JD}, \overrightarrow{GH}$
- f) $\overrightarrow{DL}, \overrightarrow{GL}, \overrightarrow{CL}$

22 Untersuchen Sie die Vektoren auf Komplanarität. Stellen Sie, falls möglich, jeden Vektor als Linearkombination der anderen Vektoren dar.

a) $\begin{pmatrix} 3 \\ -2 \end{pmatrix}, \begin{pmatrix} 0 \\ \frac{1}{3} \end{pmatrix}, \begin{pmatrix} 0,5 \\ 1 \end{pmatrix}$ b) $\begin{pmatrix} 2 \\ 1 \end{pmatrix}, \begin{pmatrix} -1 \\ 2 \end{pmatrix}$ c) $\begin{pmatrix} 1 \\ 2 \\ 3 \end{pmatrix}, \begin{pmatrix} 2 \\ 3 \\ 1 \end{pmatrix}, \begin{pmatrix} -1 \\ 1 \\ 2 \end{pmatrix}$ d) $\begin{pmatrix} 1 \\ 2 \\ 3 \end{pmatrix}, \begin{pmatrix} 2 \\ 3 \\ 2 \end{pmatrix}, \begin{pmatrix} -1 \\ 0 \\ 5 \end{pmatrix}$

23 Gegeben ist der Vektor $\vec{m} = \begin{pmatrix} 12 \\ -3 \\ 4 \end{pmatrix}$.

a) Geben Sie, ohne zu rechnen, zwei unterschiedliche Vektoren an, die orthogonal zu $\vec{m}$ sind.

b) Ermitteln Sie einen zu $\vec{m}$ orthogonalen Vektor $\vec{n}$, der in der $x_2\,x_3$-Ebene liegt und die gleiche Länge wie $\vec{m}$ hat.

24 Zeigen Sie, dass die Vektoren einen Würfel ABCDEFGH aufspannen.

a) $\overrightarrow{AB} = \begin{pmatrix} 1 \\ 2 \\ 2 \end{pmatrix}, \overrightarrow{AD} = \begin{pmatrix} 2 \\ 1 \\ -2 \end{pmatrix}, \overrightarrow{AE} = \begin{pmatrix} 2 \\ -2 \\ 1 \end{pmatrix}$ b) $\overrightarrow{AB} = \begin{pmatrix} 2 \\ 10 \\ 11 \end{pmatrix}, \overrightarrow{AD} = \begin{pmatrix} -14 \\ 5 \\ -2 \end{pmatrix}, \overrightarrow{AE} = \begin{pmatrix} 5 \\ 10 \\ -10 \end{pmatrix}$

Wo stehe ich?

	Ich kann...	Aufgabe	Nachschlagen
3.1	... Koordinaten von Punkten im Raum bestimmen. ... Punkte in ein dreidimensionales Koordinatensystem eintragen.	1, 2, 3, 4	S. 143 Beispiel 1
3.2	... die Koordinaten eines Verbindungsvektors bestimmen. ... Vektorpfeile eines Vektors zeichnen und erkennen. ... den Betrag eines Vektors berechnen. ... den Abstand zweier Punkte im Raum berechnen.	5, 6, 7, 8, 13, 17	S. 147 Beispiel 1 S. 149 Beispiel 2 S. 149 Beispiel 3
3.3	... Vektoren addieren und subtrahieren. ... Summen und Differenzen von Vektoren zeichnerisch darstellen.	9, 17	S. 152 Beispiel 1 S. 152 Beispiel 2
3.4	... Vektoren mit reellen Zahlen multiplizieren. ... mit Vektoren rechnen. ... Vektoren auf Kollinearität und Komplanarität überprüfen. ... Vektoren als Linearkombination darstellen. ... Vektoren auf lineare Unabhängigkeit untersuchen.	10, 11, 12, 14, 15, 16, 18, 19, 20, 21, 22	S. 157 Beispiel 1 S. 158 Beispiel 2 S. 159 Beispiel 3
3.5	... Skalarprodukte von Vektoren berechnen. ... zu einem Vektor einen orthogonalen Vektor bestimmen.	23, 24	S. 163 Beispiel 1 S. 164 Beispiel 2

Punkte im Raum

Die Lage eines Punktes im Raum gibt man in der Form $P(x_1|x_2|x_3)$ mit **drei Koordinaten** an. Diese geben an, wo sich der Punkt im **dreidimensionalen Koordinatensystem** in Bezug auf die **Koordinatenachsen** befindet.

Punkte $P(6|5|1)$ und $Q(6|-2|4)$ im dreidimensionalen Koordinatensystem

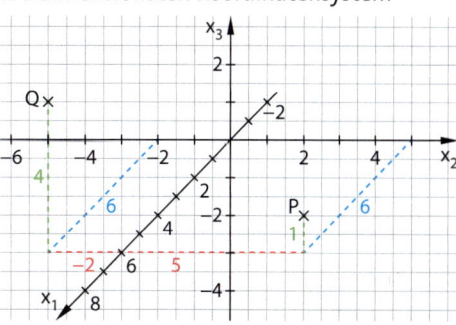

Vektoren

Ein **dreidimensionaler Vektor** $\vec{v} = \begin{pmatrix} v_1 \\ v_2 \\ v_3 \end{pmatrix}$ beschreibt eine **Verschiebung im Raum**. Die zugehörigen **Vektorpfeile** sind durch ihre **Länge**, **Richtung** und **Orientierung (Richtungssinn)** gekennzeichnet.

Der Vektor $\vec{v} = \begin{pmatrix} 2 \\ 4 \\ 2 \end{pmatrix}$ wird durch Pfeile im Koordinatensystem dargestellt.

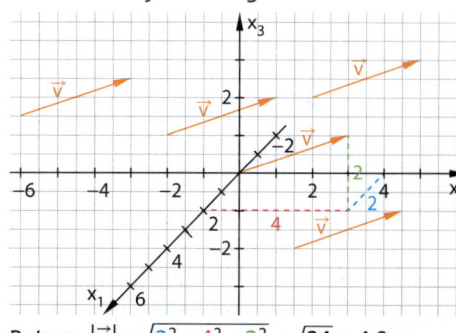

Der **Betrag** $|\vec{v}|$ eines Vektors ist die Länge seiner Vektorpfeile im Koordinatensystem.
$|\vec{v}| = \sqrt{v_1^2 + v_2^2 + v_3^2}$

Betrag: $|\vec{v}| = \sqrt{2^2 + 4^2 + 2^2} = \sqrt{24} \approx 4,9$

Orts- und Verbindungsvektoren

Für den **Verbindungsvektor** vom Punkt $P(p_1|p_2|p_3)$ zum Punkt $Q(q_1|q_2|q_3)$ gilt:
$$\overrightarrow{PQ} = \begin{pmatrix} q_1 - p_1 \\ q_2 - p_2 \\ q_3 - p_3 \end{pmatrix}$$
Der Verbindungsvektor $\overrightarrow{OP}$ vom Koordinatenursprung O zu einem Punkt $P(p_1|p_2|p_3)$ heißt **Ortsvektor** von P: $\overrightarrow{OP} = \begin{pmatrix} p_1 \\ p_2 \\ p_3 \end{pmatrix}$

Punkte: $P(2|-1|6)$; $Q(2|9|3)$

Verbindungsvektor: $\overrightarrow{PQ} = \begin{pmatrix} 2-2 \\ 9-(-1) \\ 3-6 \end{pmatrix} = \begin{pmatrix} 0 \\ 10 \\ -3 \end{pmatrix}$

Ortsvektoren: $\overrightarrow{OP} = \begin{pmatrix} 2 \\ -1 \\ 6 \end{pmatrix}$; $\overrightarrow{OQ} = \begin{pmatrix} 2 \\ 9 \\ 3 \end{pmatrix}$

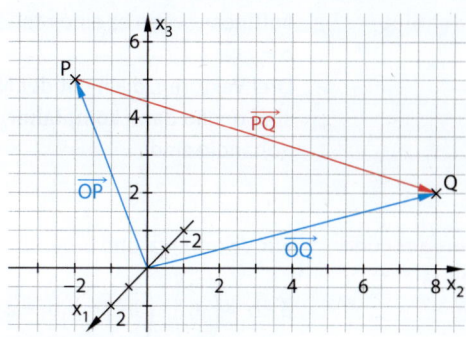

Für den **Abstand** von P und Q gilt:
$$\left|\overrightarrow{PQ}\right| = \sqrt{(q_1 - p_1)^2 + (q_2 - p_2)^2 + (q_3 - p_3)^2}$$

Abstand von P und Q:
$$\left|\overrightarrow{PQ}\right| = \sqrt{(2-2)^2 + (9-(-1))^2 + (3-6)^2}$$
$$= \sqrt{0 + 100 + 9} = \sqrt{109} \approx 10,4$$

Addition von Vektoren	Vektoren werden koordinatenweise addiert: $$\vec{a} + \vec{b} = \begin{pmatrix} a_1 \\ a_2 \\ a_3 \end{pmatrix} + \begin{pmatrix} b_1 \\ b_2 \\ b_3 \end{pmatrix} = \begin{pmatrix} a_1 + b_1 \\ a_2 + b_2 \\ a_3 + b_3 \end{pmatrix}$$ Geometrisch trägt man an die Pfeilspitze von $\vec{a}$ das Pfeilende von $\vec{b}$ an. Für drei Punkte P, Q und R gilt: $\overrightarrow{PQ} + \overrightarrow{QR} = \overrightarrow{PR}$	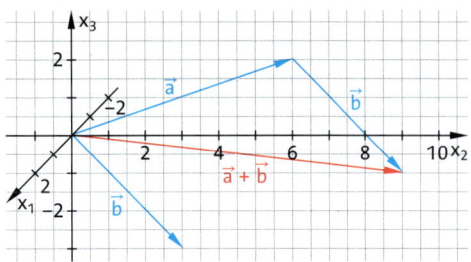 $$\vec{a} + \vec{b} = \begin{pmatrix} 2 \\ 7 \\ 3 \end{pmatrix} + \begin{pmatrix} -2 \\ 2 \\ -4 \end{pmatrix} = \begin{pmatrix} 2 + (-2) \\ 7 + 2 \\ 3 + (-4) \end{pmatrix} = \begin{pmatrix} 0 \\ 9 \\ -1 \end{pmatrix}$$
Vielfache von Vektoren	Bei der Multiplikation eines Vektors $\vec{a}$ mit einer reellen Zahl r wird jede Koordinate des Vektors mit der Zahl r multipliziert: $$r \cdot \vec{a} = r \cdot \begin{pmatrix} a_1 \\ a_2 \\ a_3 \end{pmatrix} = \begin{pmatrix} r \cdot a_1 \\ r \cdot a_2 \\ r \cdot a_3 \end{pmatrix}$$	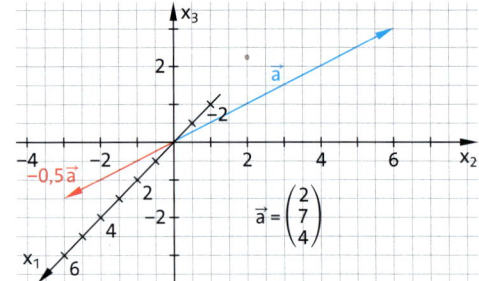 $\vec{a} = \begin{pmatrix} 2 \\ 7 \\ 4 \end{pmatrix}$ $$(-0{,}5) \cdot \vec{a} = \begin{pmatrix} -0{,}5 \cdot 2 \\ -0{,}5 \cdot 7 \\ -0{,}5 \cdot 4 \end{pmatrix} = \begin{pmatrix} -1 \\ -3{,}5 \\ -2 \end{pmatrix}$$
Lineare Abhängigkeit und Unabhängigkeit von Vektoren	Die Vektoren $\overrightarrow{a_1}, \overrightarrow{a_2}, ..., \overrightarrow{a_n}$ sind genau dann **linear unabhängig**, wenn $r_1 = r_2 = ... = r_n = 0$ die einzige Lösung der Gleichung $r_1\overrightarrow{a_1} + r_2\overrightarrow{a_2} + ... + r_n\overrightarrow{a_n} = \vec{0}$ ist. Sind die Vektoren $\overrightarrow{a_1}, \overrightarrow{a_2}, ..., \overrightarrow{a_n}$ **linear abhängig**, so lässt sich mindestens einer von ihnen als **Linearkombination** der anderen darstellen.	Die Vektoren $\vec{u} = \begin{pmatrix} 1 \\ 1 \\ 1 \end{pmatrix}, \vec{v} = \begin{pmatrix} 1 \\ 2 \\ 0 \end{pmatrix}, \vec{w} = \begin{pmatrix} 0 \\ -1 \\ 2 \end{pmatrix}$ sind linear unabhängig, da die Gleichung $r_1 \cdot \vec{u} + r_2 \cdot \vec{v} + r_3 \cdot \vec{w} = 0$ die einzige Lösung $r_1 = r_2 = r_3 = 0$ hat. Die Vektoren $\vec{u} = \begin{pmatrix} 1 \\ 2 \\ 4 \end{pmatrix}, \vec{v} = \begin{pmatrix} 2 \\ -1 \\ 3 \end{pmatrix}, \vec{w} = \begin{pmatrix} -4 \\ 0 \\ -8 \end{pmatrix}$ sind linear abhängig: $36\vec{u} - 8\vec{v} + 5\vec{w} = \vec{0}$
Kollinearität und Komplanarität	Zwei Vektoren $\vec{a} \neq 0$ und $\vec{b} \neq 0$ heißen **kollinear**, wenn es eine reelle Zahl r gibt mit $\vec{b} = r \cdot \vec{a}$. Drei Vektoren, die nicht der Nullvektor sind, sind genau dann **komplanar**, wenn sie linear abhängig sind.	$\vec{a} = \begin{pmatrix} 1 \\ -2 \\ 3 \end{pmatrix}, \vec{b} = \begin{pmatrix} 2 \\ -4 \\ 6 \end{pmatrix}, \vec{c} = \begin{pmatrix} 3 \\ 4 \\ 7 \end{pmatrix}, \vec{d} = \begin{pmatrix} 1 \\ 3 \\ 2 \end{pmatrix}$ $\vec{b} = 2 \cdot \vec{a}$ $\vec{a}$ und $\vec{b}$ sind kollinear. $\left(\frac{1}{2} \cdot r_3\right) \cdot \vec{a} + \left(-\frac{1}{2} \cdot r_3\right) \cdot \vec{c} + r_3 \cdot \vec{d} = \begin{pmatrix} 0 \\ 0 \\ 0 \end{pmatrix}, r_3 \neq 0$ $\vec{a}, \vec{c}$ und $\vec{d}$ sind komplanar.
Skalarprodukt und orthogonale Vektoren	Für Vektoren $\vec{a}$ und $\vec{b}$ heißt $$\vec{a} \cdot \vec{b} = \begin{pmatrix} a_1 \\ a_2 \\ a_3 \end{pmatrix} \cdot \begin{pmatrix} b_1 \\ b_2 \\ b_3 \end{pmatrix} = a_1b_1 + a_2b_2 + a_3b_3$$ das **Skalarprodukt** von $\vec{a}$ und $\vec{b}$. Zwei Vektoren $\vec{a} \neq \vec{0}$ und $\vec{b} \neq \vec{0}$ sind genau dann zueinander **orthogonal** (senkrecht), wenn ihr Skalarprodukt gleich null ist, also $\vec{a} \cdot \vec{b} = 0$ gilt.	Gegeben: $\vec{a} = \begin{pmatrix} 7 \\ -3 \\ 5 \end{pmatrix}, \vec{b} = \begin{pmatrix} 2 \\ 8 \\ 2 \end{pmatrix}, \vec{c} = \begin{pmatrix} -1 \\ 5 \\ 4 \end{pmatrix}$ $\vec{a} \cdot \vec{b} = \begin{pmatrix} 7 \\ -3 \\ 5 \end{pmatrix} \cdot \begin{pmatrix} 2 \\ 8 \\ 2 \end{pmatrix} = 14 - 24 + 10 = 0$ $\vec{a} \cdot \vec{c} = \begin{pmatrix} 7 \\ -3 \\ 5 \end{pmatrix} \cdot \begin{pmatrix} -1 \\ 5 \\ 4 \end{pmatrix} = -7 - 15 + 20 = -2 \neq 0$ $\vec{a}$ ist orthogonal zu $\vec{b}$, aber nicht zu $\vec{c}$

4

Geraden und Ebenen im Raum

Nach diesem Kapitel können Sie...
→ Geraden und Ebenen mit Parametergleichungen beschreiben,
→ Ebenen in Normalen- und Koordinatenform darstellen,
→ Lagebeziehungen von Geraden und Ebenen untersuchen,
→ Spurpunkte und Spurgeraden bestimmen,
→ mithilfe des Vektorprodukts einen zu zwei Vektoren orthogonalen Vektor bestimmen.

Lösungen
→ S. 466/467

Punkte und Vektoren

1 Bestimmen Sie den Vektor, der vom Punkt A aus zum Punkt B verläuft.
a) A(3|2|1)   B(6|7|9)   b) A(2|1|1)   B(7|6|8)
c) A(−2|−4|−2)   B(7|8|5)   d) A(−2|−1|−2)   B(−6|−5|−7)

2 Berechnen Sie den Abstand der Punkte A und B.
a) A(2|3) B(5|−1)   b) A(0|1|2) B(−1|4|2)   c) A(−2|1|−2) B(−6|−5|−7)

3 Betrachten Sie den abgebildeten Quader.
a) Geben Sie die Koordinaten der Eckpunkte an.
b) Bestimmen Sie die Vektoren $\overrightarrow{AB}$ und $\overrightarrow{FG}$.
c) Zeigen Sie, dass die Kanten $\overline{AB}$ und $\overline{EF}$ zueinander parallel verlaufen.

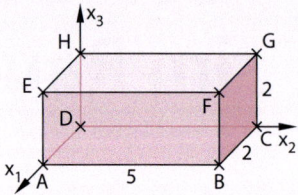

4 Berechnen Sie die Länge des Vektors $\vec{v}$.

a) $\vec{v} = \begin{pmatrix} 2 \\ 4 \\ 5 \end{pmatrix}$
b) $\vec{v} = \begin{pmatrix} 3 \\ 0 \\ 4 \end{pmatrix}$
c) $\vec{v} = \begin{pmatrix} 2 \\ -4 \\ 3 \end{pmatrix}$
d) $\vec{v} = \begin{pmatrix} -2 \\ -4 \\ -5 \end{pmatrix}$

5 Prüfen Sie, ob die Vektoren $\vec{v}$ und $\vec{w}$ kollinear sind.

a) $\vec{v} = \begin{pmatrix} 2 \\ 4 \\ 5 \end{pmatrix}$, $\vec{w} = \begin{pmatrix} 4 \\ 8 \\ 10 \end{pmatrix}$
b) $\vec{v} = \begin{pmatrix} 2 \\ 4 \\ 3 \end{pmatrix}$, $\vec{w} = \begin{pmatrix} 6 \\ 12 \\ 6 \end{pmatrix}$
c) $\vec{v} = \begin{pmatrix} -9 \\ -6 \\ -12 \end{pmatrix}$, $\vec{w} = \begin{pmatrix} 3 \\ 2 \\ 4 \end{pmatrix}$

6 Berechnen Sie.

a) $\begin{pmatrix} 3 \\ 2 \\ -1 \end{pmatrix} \cdot \begin{pmatrix} -5 \\ 0 \\ 2 \end{pmatrix}$
b) $\frac{1}{4} \cdot \begin{pmatrix} 4 \\ -16 \\ 0 \end{pmatrix}$
c) $(-7) \cdot \begin{pmatrix} -11 \\ -3 \\ 5 \end{pmatrix} + (-7) \cdot \begin{pmatrix} 9 \\ 3 \\ -4 \end{pmatrix}$

7 Gegeben sind die Vektoren $\vec{a} = \begin{pmatrix} -1 \\ 3 \\ 5 \end{pmatrix}$, $\vec{b} = \begin{pmatrix} 3 \\ 2 \\ 0 \end{pmatrix}$ und $\vec{c} = \begin{pmatrix} 1 \\ -3 \\ 2 \end{pmatrix}$. Bestimmen Sie $\vec{x}$.

a) $\vec{x} = 2\vec{a}$
b) $\vec{x} = 3,5\,\vec{b}$
c) $\vec{x} = (-2)\vec{c}$
d) $3(\vec{x} - 2\vec{c}) = 2\vec{x} + \vec{b}$
e) $-4\vec{x} + 2\vec{a} = \vec{0}$
f) $4\vec{x} = \vec{a} - 2\vec{c} + \vec{b}$

8 Die Figur ist ein dreiseitiges Prisma.
a) Geben Sie die Koordinaten der Verbindungsvektoren $\overrightarrow{AB}$, $\overrightarrow{BC}$ und $\overrightarrow{AC}$ an.
b) Berechnen Sie die Seitenlängen des Dreiecks ABC.
c) Zeigen Sie: $\overrightarrow{BC} = \overrightarrow{EF}$
d) Berechnen Sie die Koordinaten von D so, dass ABCD ein Parallelogramm ist.

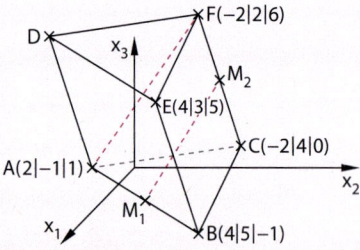

9 Die Punkte M_1 und M_2 sind Seitenmittelpunkte des Prismas aus Aufgabe 8.
a) Zeigen Sie mithilfe einer Skizze, dass für den Ortsvektor von M_1 gilt:
$\overrightarrow{OM_1} = \overrightarrow{OA} + \frac{1}{2}\overrightarrow{AB}$
b) Zeigen Sie durch Umformen, dass gilt:
$\overrightarrow{OM_1} = \overrightarrow{OA} + \frac{1}{2}\overrightarrow{AB} = \frac{1}{2}(\overrightarrow{OA} + \overrightarrow{OB})$
c) Berechnen Sie die Koordinaten von M_1 und M_2.
d) Prüfen Sie rechnerisch, ob $\overline{AF}$ parallel zu $\overline{M_1M_2}$ ist.

Lösungen
→ S. 467/468

10 Untersuchen Sie, ob der Vektor $\vec{v}$ eine Linearkombination der Vektoren $\vec{a}$ und $\vec{b}$ ist.

a) $\vec{v} = \begin{pmatrix} 5 \\ -6 \\ 0 \end{pmatrix}$; $\vec{a} = \begin{pmatrix} 1 \\ -2 \\ 2 \end{pmatrix}$; $\vec{b} = \begin{pmatrix} -6 \\ 4 \\ 8 \end{pmatrix}$
b) $\vec{v} = \begin{pmatrix} 8 \\ 4 \\ 11 \end{pmatrix}$; $\vec{a} = \begin{pmatrix} 1 \\ -2 \\ 4 \end{pmatrix}$; $\vec{b} = \begin{pmatrix} 3 \\ -2 \\ 5 \end{pmatrix}$

11 Geben ist das Dreieck ABC mit A(2|−4|0), B(−5|2|3) und C(4|1|−1).
   a) Zeigen Sie, dass das Dreieck gleichschenklig, aber nicht gleichseitig ist.
   b) Bestimmen Sie die Koordinaten des Seitenmittelpunktes der Basis von ABC. Berechnen Sie mithilfe dessen den Flächeninhalt des Dreiecks.

12 Beschreiben Sie die Menge aller Punkte P(x_1|x_2|x_3) mit der angegebenen Eigenschaft.

① $x_3 = 0$ ② $x_1 = x_2 = 0$ ③ $x_2 = 3$ ④ $x_1 = x_2$

13 Eine Fähre legt im Punkt A(−100|500) am Ufer eines Flusses ab. Bei stehendem Gewässer würde sie sich pro Minute um den Vektor $\vec{v} = \begin{pmatrix} 150 \\ -100 \end{pmatrix}$ bewegen (1 LE = 1 m). Die Fließgeschwindigkeit des Wassers pro Minute ist durch $\vec{w} = \begin{pmatrix} -100 \\ -50 \end{pmatrix}$ gegeben.
   a) Geben Sie den Vektor der tatsächlichen Bewegung der Fähre pro Minute an.
   b) Berechnen Sie die Geschwindigkeit der Fähre in m/min und km/h.
   c) Ermitteln Sie, nach wie vielen Minuten die Fähre den Punkt B(100|−100) am anderen Ufer erreicht.

Lineare Gleichungssysteme

14 Lösen Sie das lineare Gleichungssystem rechnerisch.

a) $\begin{vmatrix} 2x + 3y = 7 \\ 4x + 5y = 11 \end{vmatrix}$
b) $\begin{vmatrix} 3x + 4y = 1 \\ 2x - 4y = 14 \end{vmatrix}$
c) $\begin{vmatrix} x + y = 2 \\ -x + 3y + 2z = 4 \\ 2y - z = 5 \end{vmatrix}$
d) $\begin{vmatrix} 4x - 2y + z = 3 \\ 2x + y - z = 1 \\ x + y + z = 6 \end{vmatrix}$

15 Die drei Matrizen gehören jeweils zu einem linearen Gleichungssystem. Ergänzen Sie sie – wenn möglich – so, dass das zugehörige LGS
   ① eindeutig lösbar ist,   ② keine Lösung hat,   ③ unendlich viele Lösungen hat.

a) $\begin{pmatrix} 1 & 2 & 3 & | & 4 \\ 2 & 3 & 1 & | & -2 \\ \blacksquare & \blacksquare & \blacksquare & | & \blacksquare \end{pmatrix}$
b) $\begin{pmatrix} 2 & 3 & 3 & | & 2 \\ 2 & 2 & 1 & | & 0 \\ \blacksquare & \blacksquare & \blacksquare & | & 4 \end{pmatrix}$
c) $\begin{pmatrix} 3 & 2 & 3 & | & 4 \\ 0 & 0 & 0 & | & 2 \\ \blacksquare & \blacksquare & \blacksquare & | & \blacksquare \end{pmatrix}$

Vermischtes

16 Gegeben ist die Funktion f mit der Gleichung f(x) = mx + 1.
   a) Ermitteln Sie die Steigung m so, dass das Zahlenpaar (−6|4) zur Funktion f gehört.
   b) Geben Sie eine Funktionsgleichung einer Funktion g an, deren Graph parallel zum Graphen der Funktion f durch den Punkt P(1|1,5) verläuft.

17 Gesucht ist der Punkt, auf dem ein Dreieck auf einem Bleistift balanciert werden kann, wie in der Abbildung. Erproben Sie es mit einem Pappdreieck.

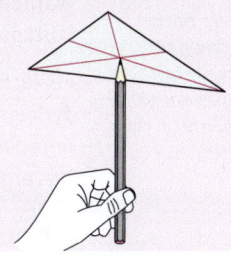

18 Eine 5 cm hohe gerade Pyramide hat eine quadratische Grundfläche (a = 5 cm). Berechnen Sie den Oberflächeninhalt und das Volumen der Pyramide.

4.1 Parametergleichung einer Geraden

Ein Flugzeug befindet sich beim Landeanflug zum Zeitpunkt t = 0 (Zeit in Minuten) über dem Punkt A(6 | 5). Von oben betrachtet bewegt es sich pro Minute um den Vektor

$\vec{u} = \begin{pmatrix} -4 \\ -3 \end{pmatrix}$. Eine LE entspricht 2 km.

Berechnen Sie die Position des Flugzeugs für t = 1, t = 2, t = 0,5 und t = −1. Stellen Sie die Situation in einem Koordinatensystem dar.

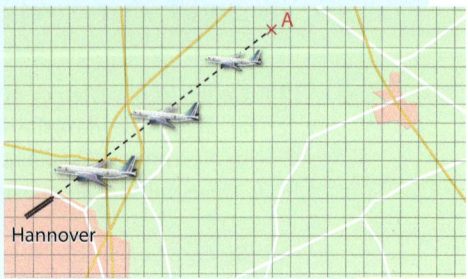

Hannover

Eine Gerade ist durch einen Punkt und ihre Richtung festgelegt. Trägt man am Punkt A(1 | 2 | 3) Vielfache des Vektors $\vec{u} = \begin{pmatrix} 2 \\ 4 \\ 2 \end{pmatrix}$ ab, so erhält man alle Punkte X($x_1 | x_2 | x_3$) der Geraden g durch A, deren Richtung durch $\vec{u}$ festgelegt ist:

$\begin{pmatrix} x_1 \\ x_2 \\ x_3 \end{pmatrix} = \begin{pmatrix} 1 \\ 2 \\ 3 \end{pmatrix} + r \begin{pmatrix} 2 \\ 4 \\ 2 \end{pmatrix}, r \in \mathbb{R}$

Die Koordinaten der Geradenpunkte werden durch den Parameter r bestimmt.

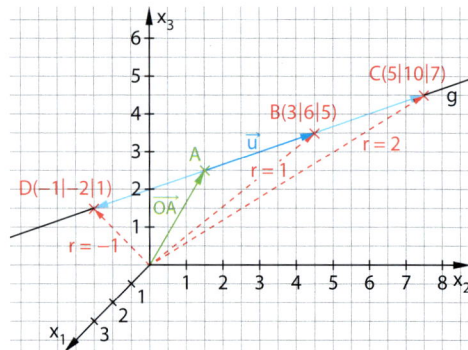

Wissen / **Parametergleichung einer Geraden**

Ist A ein Punkt einer Geraden g und ist $\vec{u}$ ein Vektor in Richtung der Geraden, dann lässt sich die Gerade beschreiben durch die **Parametergleichung**

$$g: \vec{x} = \overrightarrow{OA} + r \cdot \vec{u} \ (r \in \mathbb{R}).$$

Der **Stützvektor** $\overrightarrow{OA}$ ist der Ortsvektor des **Stützpunktes A.**
Der Vektor $\vec{u}$ ist ein **Richtungsvektor** der Geraden.
Für jeden Wert des **Parameters** r erhält man den Ortsvektor $\vec{x}$ eines entsprechenden Punktes X der Geraden.

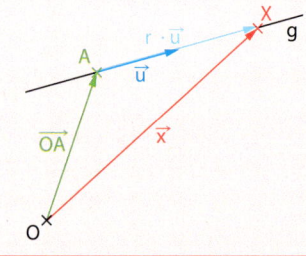

Die Parametergleichung einer Geraden ist nicht eindeutig bestimmt. Jeder Punkt der Geraden kann als Stützpunkt und jeder Vektor in Richtung der Geraden kann als Richtungsvektor gewählt werden.

Beispiel 1 / **Gerade durch zwei Punkte**

Geben Sie eine Parametergleichung der Geraden an, die durch die Punkte B(1 | 1 | 3) und D(−1 | 5 | 1) verläuft.

Lösung:

Wählen Sie einen der beiden Punkte als Stützpunkt.

Als Richtungsvektor eignet sich der Vektor, der vom Stützpunkt B aus zum zweiten Geradenpunkt D verläuft.
Das ergibt eine Gleichung der Geraden.

Stützvektor: $\overrightarrow{OB} = \begin{pmatrix} 1 \\ 1 \\ 3 \end{pmatrix}$

Richtungsvektor: $\overrightarrow{BD} = \begin{pmatrix} -1-1 \\ 5-1 \\ 1-3 \end{pmatrix} = \begin{pmatrix} -2 \\ 4 \\ -2 \end{pmatrix}$

Geradengleichung: $g_{BD}: \vec{x} = \begin{pmatrix} 1 \\ 1 \\ 3 \end{pmatrix} + r \begin{pmatrix} -2 \\ 4 \\ -2 \end{pmatrix}$

Punktprobe

Prüfen Sie, ob der Punkt auf der Geraden g: $\vec{x} = \begin{pmatrix} 2 \\ -1 \\ 4 \end{pmatrix} + r \begin{pmatrix} 1 \\ -2 \\ 1 \end{pmatrix}$, $r \in \mathbb{R}$, liegt.

a) B(1|1|3) b) C(4|−1|6)

Lösung:

a) B liegt auf g, wenn $\overrightarrow{OB}$ Ortsvektor eines Geradenpunktes ist: $\overrightarrow{OB} = \overrightarrow{OA} + r \cdot \vec{u}$
Es ergibt sich ein lineares Gleichungssystem mit dem Parameter r und drei Gleichungen. In allen drei Gleichungen ergibt sich derselbe Wert r = −1.

$$\begin{pmatrix} 1 \\ 1 \\ 3 \end{pmatrix} = \begin{pmatrix} 2 \\ -1 \\ 4 \end{pmatrix} + r \begin{pmatrix} 1 \\ -2 \\ 1 \end{pmatrix} = \begin{pmatrix} 2 + r \\ -1 - 2r \\ 4 + r \end{pmatrix}$$

$1 = 2 + r \qquad \Leftrightarrow r = -1$
$1 = -1 - 2r \qquad \Leftrightarrow r = -1$
$3 = 4 + r \qquad \Leftrightarrow r = -1$
Der Punkt B liegt auf g.

b) Einsetzen von $\overrightarrow{OC}$ in die Geradengleichung ergibt ein Gleichungssystem mit drei Gleichungen für r. Lösen Sie die drei einzelnen Gleichungen. Es ergibt sich kein einheitlicher Wert für r; das LGS ist nicht lösbar.

$$\begin{pmatrix} 4 \\ -1 \\ 6 \end{pmatrix} = \begin{pmatrix} 2 \\ -1 \\ 4 \end{pmatrix} + r \begin{pmatrix} 1 \\ -2 \\ 1 \end{pmatrix} = \begin{pmatrix} 2 + r \\ -1 - 2r \\ 4 + r \end{pmatrix}$$

$4 = 2 + r \qquad \Leftrightarrow r = 2$
$-1 = -1 - 2r \qquad \Leftrightarrow r = 0$
$6 = 4 + r \qquad \Leftrightarrow r = 2$
Der Punkt C liegt nicht auf g.

Basisaufgaben

1 Geben Sie die Koordinaten von vier Punkten an, die auf der Geraden g liegen.

a) $g: \vec{x} = \begin{pmatrix} -6 \\ -1 \end{pmatrix} + r \begin{pmatrix} 3 \\ -2 \end{pmatrix}$, $r \in \mathbb{R}$

b) $g: \vec{x} = \begin{pmatrix} 0 \\ 2 \\ -3 \end{pmatrix} + r \begin{pmatrix} 2 \\ -1 \\ 3 \end{pmatrix}$, $r \in \mathbb{R}$

2 Zeichnen Sie in ein Koordinatensystem diejenigen Punkte, die sich ergeben, wenn Sie in die Geradengleichung für r die Werte 0, 1, 2, 3, 4, 5 einsetzen.

a) $g: \vec{x} = \begin{pmatrix} -6 \\ -1 \end{pmatrix} + r \begin{pmatrix} 3 \\ 1 \end{pmatrix}$, $r \in \mathbb{R}$

b) $g: \vec{x} = \begin{pmatrix} 4 \\ -1 \\ 6 \end{pmatrix} + r \begin{pmatrix} -1 \\ 1 \\ -2 \end{pmatrix}$, $r \in \mathbb{R}$

3 Geben Sie zur Geraden g: $\vec{x} = \begin{pmatrix} -2 \\ 4 \\ 7 \end{pmatrix} + r \begin{pmatrix} 2 \\ -4 \\ -6 \end{pmatrix}$, $r \in \mathbb{R}$, eine weitere Parametergleichung mit einem anderen Stützvektor und einem anderen Richtungsvektor an.

4 Geben Sie eine Parametergleichung der Geraden an, die durch die Punkte A und B geht. Vergleichen Sie Ihre Gleichung mit der Ihres Nachbarn oder Ihrer Nachbarin.
a) A(3|−4|1) B(−6|8|−2) b) A(8|−1|1) B(−4|−3|5)
c) A(2|1|3) B(0|0|0) d) A(0|2|5) B(0|2|−1)

5 Prüfen Sie, ob die Punkte P und Q auf der Geraden g liegen.

a) P(−1|−8) Q(2|−2) $g: \vec{x} = \begin{pmatrix} 2 \\ -5 \end{pmatrix} + r \begin{pmatrix} 3 \\ 3 \end{pmatrix}$, $r \in \mathbb{R}$

b) P(8|3|6) Q(7|−1|−6) $g: \vec{x} = \begin{pmatrix} 7 \\ 2 \\ 3 \end{pmatrix} + s \begin{pmatrix} 0 \\ 1 \\ 3 \end{pmatrix}$, $s \in \mathbb{R}$

c) P(−3|10|5) Q(3|4|−1) $g: \vec{x} = \begin{pmatrix} 3 \\ 4 \\ -1 \end{pmatrix} + t \begin{pmatrix} -1 \\ 1 \\ 1 \end{pmatrix}$, $t \in \mathbb{R}$

d) P(1|6|2) Q(0|0|7) $g: \vec{x} = \begin{pmatrix} 0 \\ 2 \\ 3 \end{pmatrix} + r \begin{pmatrix} 0 \\ 3 \\ -6 \end{pmatrix}$, $r \in \mathbb{R}$

6 Die Gerade durch die Punkte A und B mit dem Stützpunkt A und dem Richtungsvektor $\vec{AB}$ hat die Gleichung $\vec{x} = \vec{OA} + r \cdot \vec{AB}$. Geben Sie an, für welche Werte des Parameters r man die Ortsvektoren der folgenden Punkte auf der Geraden erhält. Verdeutlichen Sie die Lage der Punkte durch eine Skizze.

a) Punkt A   b) Punkt B

c) Punkte der Strecke $\overline{AB}$ d) Mittelpunkt von A und B

e) Punkte, die von A aus gesehen hinter B liegen

f) Punkte, die von B aus gesehen hinter A liegen

 7 **Darstellung einer Strecke:** Eine Strecke $\overline{AB}$ lässt sich durch die Gleichung $\vec{x} = \vec{OA} + r \cdot \vec{AB}$ mit $0 \leq r \leq 1$, $r \in \mathbb{R}$, beschreiben.

a) Erläutern Sie die Parametergleichung der Strecke anhand einer Skizze. Welcher Unterschied besteht zu einer Parametergleichung der Geraden AB?

b) Bestimmen Sie die Parametergleichung der Strecke $\overline{AB}$ für A(−5 | −8 | 11), B(7 | 0 | 7).

c) Bestimmen Sie die Koordinaten von drei Punkten der Strecke $\overline{AB}$ aus b).

 8 Eine Pyramide mit den Eckpunkten A(0 | 0 | 0), B(5 | 0 | 0), C(5 | 3 | 0), D(0 | 3 | 0) und der Spitze E(3 | 2 | 3) wird betrachtet. Die Ortsvektoren zu den Punkten A, B, C, D und E werden unter der Bezeichnung a, b, c, d und e gespeichert. Erläutern Sie, welche geometrischen Objekte durch die Terme g1(t), g1(0,5), g2(r) und g2(1) definiert sind und weshalb g2(1,5) eine Fehlermeldung zurückgibt. Die Parameter t bzw. r stehen für reelle Zahlen.

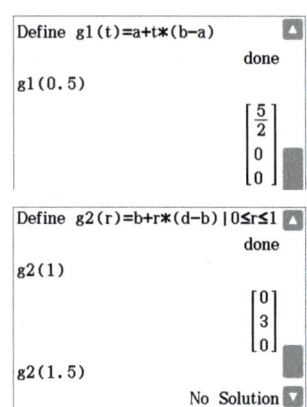

 9 Ein Flugzeug befindet sich zum Zeitpunkt t = 0 im Punkt A(10 | −12 | 1,8) und zum Zeitpunkt t = 1 im Punkt B(7 | −7 | 1,9) (t in Minuten, Längeneinheit 2 km).

a) Geben Sie eine Gleichung der (in den ersten 20 Minuten geradlinigen) Flugbahn an.

b) Im Punkt P(−11 | 23 | 2,5) schwebt ein Luftballon. Prüfen Sie, ob er sich in der Flugbahn befindet.

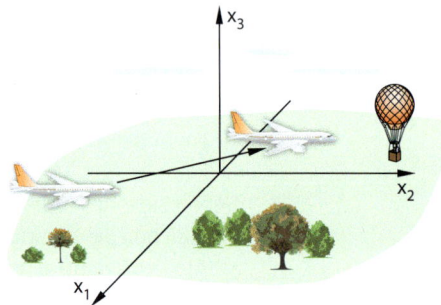

10 Die Punkte A(−1 | 0 | 1), B(3 | 8 | −3) und C(−5 | 6 | 5) sind Eckpunkte des abgebildeten Dreiecks.

a) Geben Sie Parameterformen zu den (blauen) Seitenhalbierenden des Dreiecks an.

b) Geben Sie Parametergleichungen zu den (roten) Mittelparallelen an.

c) Geben Sie die Koordinaten eines inneren Punktes der Strecke $\overline{M_cM_a}$ an.

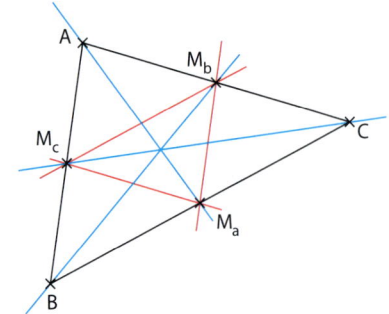

Lage von Geraden im Koordinatensystem – Spurpunkte

Die Schnittpunkte einer Geraden mit den Koordinatenebenen heißen **Spurpunkte**. Sie helfen oft, die Lage einer Geraden im dreidimensionalen Koordinatensystem zu verdeutlichen.

Beispiel 3

a) Bestimmen Sie die Spurpunkte der Geraden $g: \vec{x} = \begin{pmatrix} -2 \\ -4 \\ 4 \end{pmatrix} + r \begin{pmatrix} 2 \\ 2 \\ -1 \end{pmatrix}, r \in \mathbb{R}$.

b) Zeichnen Sie die Gerade g mithilfe der Spurpunkte in ein Koordinatensystem.

Lösung:

Erinnerung

Die x_1x_2-Ebene ist eine Koordinatenebene. Sie besteht aus allen Punkten, deren x_3-Koordinate gleich 0 ist.

a) Der Spurpunkt S_{12} ist der Schnittpunkt von g mit der x_1x_2-Ebene.
Es gilt: $x_3 = 0$, also $4 - r = 0 \Leftrightarrow r = 4$

$$\overrightarrow{OS_{12}} = \begin{pmatrix} -2 \\ -4 \\ 4 \end{pmatrix} + 4 \cdot \begin{pmatrix} 2 \\ 2 \\ -1 \end{pmatrix} = \begin{pmatrix} -2+8 \\ -4+8 \\ 4-4 \end{pmatrix} = \begin{pmatrix} 6 \\ 4 \\ 0 \end{pmatrix}$$

$S_{12}(6\,|\,4\,|\,0)$

$S_{13}: x_2 = 0$, also $-4 + 2r = 0 \Leftrightarrow r = 2$

$$\overrightarrow{OS_{13}} = \begin{pmatrix} -2 \\ -4 \\ 4 \end{pmatrix} + 2 \cdot \begin{pmatrix} 2 \\ 2 \\ -1 \end{pmatrix} = \begin{pmatrix} -2+4 \\ -4+4 \\ 4-2 \end{pmatrix} = \begin{pmatrix} 2 \\ 0 \\ 2 \end{pmatrix}$$

$S_{13}(2\,|\,0\,|\,2)$

Hinweis

Nicht jede Gerade hat drei Spurpunkte. Solche Fälle werden in Aufgabe 17 behandelt.

$S_{23}: x_1 = 0$, also $-2 + 2r = 0 \Leftrightarrow r = 1$

$$\overrightarrow{OS_{23}} = \begin{pmatrix} -2 \\ -4 \\ 4 \end{pmatrix} + 1 \cdot \begin{pmatrix} 2 \\ 2 \\ -1 \end{pmatrix} = \begin{pmatrix} -2+2 \\ -4+2 \\ 4-1 \end{pmatrix} = \begin{pmatrix} 0 \\ -2 \\ 3 \end{pmatrix}$$

$S_{23}(0\,|\,-2\,|\,3)$

b)
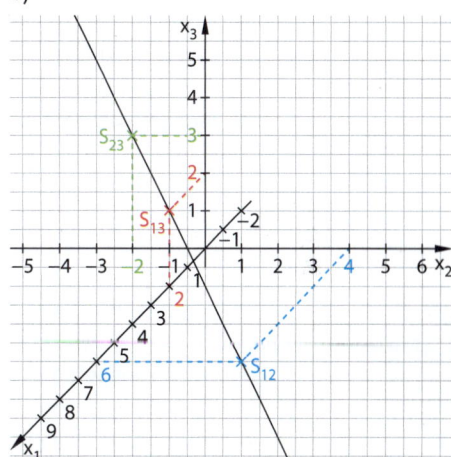

Basisaufgaben

11 Die Zeichnung zeigt die Gerade g und ihre Spurpunkte S_{12}, S_{13} und S_{23}.

a) Lesen Sie die Koordinaten der Spurpunkte ab.

b) Stellen Sie mithilfe der Spurpunkte S_{12} und S_{13} eine Parametergleichung von g auf.

c) Berechnen Sie mithilfe der Gleichung aus b) die Koordinaten des Spurpunktes S_{23}.

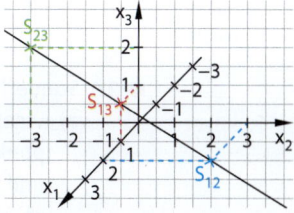

12 Bestimmen Sie die Spurpunkte der Geraden und skizzieren Sie die Gerade, $r \in \mathbb{R}$.

a) $g: \vec{x} = \begin{pmatrix} 2 \\ 1 \\ 2 \end{pmatrix} + r \begin{pmatrix} -1 \\ -1 \\ 2 \end{pmatrix}$

b) $g: \vec{x} = \begin{pmatrix} -4 \\ 3 \\ -3 \end{pmatrix} + r \begin{pmatrix} -2 \\ 1 \\ -2 \end{pmatrix}$

c) $g: \vec{x} = \begin{pmatrix} 1 \\ 2 \\ 2 \end{pmatrix} + r \begin{pmatrix} 2 \\ -4 \\ -2 \end{pmatrix}$

d) h enthält $A(2\,|\,8\,|\,9)$ und $B(-1\,|\,2\,|\,4,5)$.   e) k verläuft parallel zu h durch $P(3\,|\,6\,|\,6)$.

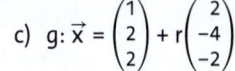

13 Schattenwurf: Im Punkt $P(-2\,|\,2,5\,|\,0)$ der x_1x_2-Ebene steht ein Stab mit der Spitze $S(-2\,|\,2,5\,|\,3)$. Die Sonnenstrahlen fallen in Richtung $\vec{v} = \begin{pmatrix} 2 \\ -0,5 \\ -1 \end{pmatrix}$ ein.

Berechnen Sie den Schattenpunkt S' von S in der x_1x_2-Ebene. Skizzieren Sie den Stab und seinen Schatten in einem Koordinatensystem.

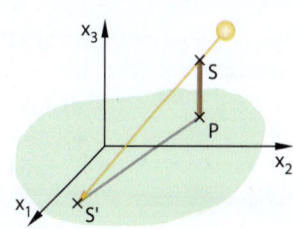

Weiterführende Aufgaben

14 a) Erläutern Sie, welche Informationen Sie über die gegenseitige Lage der Punkte A, B und C aus der CAS-Rechnung unten entnehmen können.

$$a:=\begin{bmatrix}-2\\1\\7\end{bmatrix}\ :b:=\begin{bmatrix}-3\\5\\5\end{bmatrix}\ :c:=\begin{bmatrix}1\\-11\\13\end{bmatrix}\qquad\begin{bmatrix}1\\-11\\13\end{bmatrix}$$

$$g(t):=a+t\cdot(b-a)\qquad\qquad\qquad Fertig$$

$$solve(c=g(t),t)\qquad\qquad\qquad t=-3$$

b) Prüfen Sie, ob die Punkte $A(14|0|2)$, $B(-2|3|8)$ und $C(-10|1{,}5|11)$ auf ein und derselben Geraden liegen.

c) Interpretieren Sie die Rechnung auf dem Screenshot rechts.

$$a:=\begin{bmatrix}-5\\3\\4\end{bmatrix}\ :b:=\begin{bmatrix}2\\0\\3\end{bmatrix}\qquad\begin{bmatrix}2\\0\\3\end{bmatrix}$$

$$g(r):=a+r\cdot(b-a)\qquad\qquad Fertig$$

$$solve(g(r)[3\ \ 1]=0,r)\qquad\qquad r=4$$

$$g(4)\qquad\qquad\qquad\begin{bmatrix}23\\-9\\0\end{bmatrix}$$

⚠ **15 Stolperstelle:** Mia und Moritz untersuchen die Gerade $g\colon\vec{x}=\begin{pmatrix}0\\2\\0\end{pmatrix}+r\begin{pmatrix}0\\1\\-2\end{pmatrix}$, $r\in\mathbb{R}$.

Mia verdoppelt den Richtungsvektor und behauptet, dass die Gleichung $\vec{x}=\begin{pmatrix}0\\2\\0\end{pmatrix}+r\begin{pmatrix}0\\2\\-4\end{pmatrix}$ ebenfalls die Gerade g beschreibt.

Moritz verdoppelt den Stützvektor und meint, dass auch die Gleichung $\vec{x}=\begin{pmatrix}0\\4\\0\end{pmatrix}+r\begin{pmatrix}0\\1\\-2\end{pmatrix}$ zur Geraden g gehört.

Überprüfen Sie die beiden Aussagen. Begründen Sie sie oder widerlegen Sie sie mit einem Gegenbeispiel.

16 Beschreiben Sie die besondere Lage der Geraden im Koordinatensystem ($r\in\mathbb{R}$).

Hinweis

Haben eine Gerade und eine Ebene keine gemeinsamen Punkte, dann verläuft die Gerade (echt) parallel zur Ebene.

a) $g\colon\vec{x}=\begin{pmatrix}-2\\0\\0\end{pmatrix}+r\begin{pmatrix}0\\2\\2\end{pmatrix}$

b) $g\colon\vec{x}=\begin{pmatrix}0\\0\\3\end{pmatrix}+r\begin{pmatrix}0\\1\\0\end{pmatrix}$

c) $g\colon\vec{x}=\begin{pmatrix}2\\2\\2\end{pmatrix}+r\begin{pmatrix}1\\1\\1\end{pmatrix}$

d) $g\colon\vec{x}=r\begin{pmatrix}0\\0\\1\end{pmatrix}$

e) $g\colon\vec{x}=r\begin{pmatrix}5\\0\\-3\end{pmatrix}$

f) $g\colon\vec{x}=\begin{pmatrix}0\\2\\0\end{pmatrix}+r\begin{pmatrix}0\\-3\\5\end{pmatrix}$

17 Sonderfälle für Spurpunkte:

a) Lesen Sie die Koordinaten der Spurpunkte S_{12} und S_{13} der Geraden h ab und geben Sie eine Parametergleichung für h an.

b) Beschreiben Sie die besondere Lage der Geraden h im Koordinatensystem und geben Sie an, weshalb h nur zwei Spurpunkte hat.

c) Berechnen Sie die Spurpunkte der Geraden g_1 bis g_4 ($r\in\mathbb{R}$).

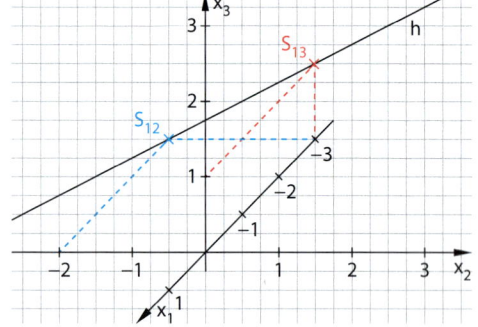

$$g_1\colon\vec{x}=\begin{pmatrix}2\\-4\\6\end{pmatrix}+r\begin{pmatrix}-1\\2\\-3\end{pmatrix},\ g_2\colon\vec{x}=\begin{pmatrix}6\\-8\\-1\end{pmatrix}+r\begin{pmatrix}-3\\8\\1\end{pmatrix},\ g_3\colon\vec{x}=\begin{pmatrix}4\\6\\4\end{pmatrix}+r\begin{pmatrix}0\\3\\2\end{pmatrix},\ g_4\colon\vec{x}=\begin{pmatrix}2\\1\\0\end{pmatrix}+r\begin{pmatrix}0\\0\\1\end{pmatrix}$$

d) Erklären Sie anhand der Ergebnisse aus c) die besondere Lage von g_1 bis g_4.

e) Geben Sie zwei unterschiedliche Möglichkeiten dafür an, dass eine Gerade genau zwei voneinander verschiedene Spurpunkte hat.

Hinweis

Zwei Geraden sind parallel zueinander, wenn ihre Richtungsvektoren linear abhängig (kollinear) sind.

18 Geben Sie eine Parametergleichung für die Gerade mit den angegebenen Eigenschaften an.
a) Die Gerade g verläuft durch A(2|−2|3) und ist parallel zur x_1-Achse.
b) Die Gerade h verläuft durch den Ursprung und hat den Richtungsvektor $\vec{v} = \begin{pmatrix} 2 \\ 5 \\ 3 \end{pmatrix}$.
c) Die Gerade k verläuft durch B(−2|7|−1) und ist parallel zu h.
d) Die Gerade l ist die x_2-Achse.
e) Die Gerade m liegt in der x_1x_2-Ebene und in der x_1x_3-Ebene.
f) Die Gerade n schneidet die x_3-Achse an der Stelle $x_3 = −2$, liegt in der x_2x_3-Ebene und verläuft parallel zur x_1x_2-Ebene.

19 Die Grundfläche der abgebildeten Pyramide ist ein Parallelogramm. Die Punkte B, S und M haben die Koordinaten B(0|8|0), S(−2|3|6) und M(−3|4,5|3). Der Punkt M ist der Mittelpunkt der Kante $\overline{CS}$.
a) Ermitteln Sie die Koordinaten des Punktes C. Geben Sie Parametergleichungen für die Geraden g_{SB}, g_{SC} und g_{CB} an.
b) Es sei A(0|0|0). Zeigen Sie, dass F(−2|3|0) auf der Geraden g_{BD} und senkrecht unterhalb von S liegt.

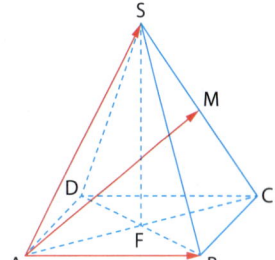

20 An der Zwischenwand wurden mehrere Punkte markiert. Die Wand soll so durchbohrt werden, dass der Punkt Z vom Punkt T aus zu sehen ist. Alle Angaben sind in Meter.
a) Ermitteln Sie, welcher der markierten Punkte A bis D als Bohrstelle gewählt werden sollte.
b) Lösen Sie Teil a) mithilfe einer anderen Methode (wie Ähnlichkeitsbeziehungen oder Strahlensätzen).

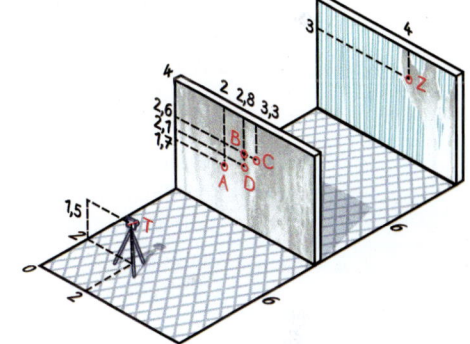

21 Ein quaderförmiger Bungalow wird von der Sonne im Punkt S(−1|−2|4) beschienen und wirft einen Schatten auf den Boden (x_1x_2-Ebene).
a) Berechnen Sie die Koordinaten der Schattenpunkte von F, G und H.
b) Zeichnen Sie den Bungalow und seinen vollständigen Schatten in ein Koordinatensystem.

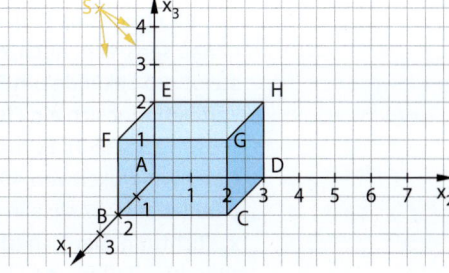

22 Die Punkte A(−7|3|−8), B(−3|5|2) und C(−1|6|7) liegen auf einer Geraden.
a) Bestimmen Sie, welcher der drei Punkte zwischen den beiden anderen liegt. Begründen Sie Ihr Vorgehen.
b) Stina sagt: „Ich kann das ohne Rechnung. Ich schaue mir nur die erste Koordinate an."
Erläutern Sie, was Stina meint.

23 Zwei Jollensegler streben dem Hafen zu, an dem noch eine Anlegestelle im Punkt H(400|−150) frei ist. Einer der Segler befindet sich im Punkt $A_0(−50|75)$. Sein Kurs wird durch $\begin{pmatrix} 100 \\ -50 \end{pmatrix}$ gegeben (zurückgelegter Weg in Meter nach einer Minute). Der zweite Segler befindet sich in $B_0(−200|−350)$. Zwei Minuten später befindet er sich im Punkt $B_2(−50|−300)$.

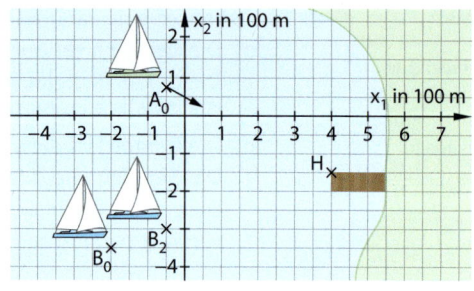

a) Zeigen Sie, dass sich beide Segler auf richtigem Kurs zum Anlegepunkt H befinden.

b) Prüfen Sie, welcher Segler den Anlegeplatz als Erster erreicht.

24 Kurz nach dem Start geht ein Flugzeug im Punkt P(1,5|9|0,5) in eine geradlinige Flugbahn über, wobei sein in einer Minute zurückgelegter Weg dem Vektor

$$\vec{v} = \begin{pmatrix} -1 \\ 5 \\ 0,2 \end{pmatrix}$$ entspricht.

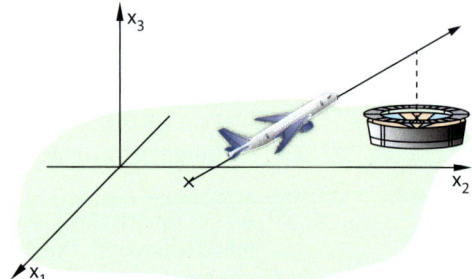

Eine Längeneinheit beträgt 1 km, x_3 gibt die Flughöhe über dem flachen Erdboden an.

a) Nach 4 Minuten erreicht das Flugzeug den Rand einer nahegelegenen Großstadt. Berechnen Sie seine Flughöhe zu diesem Zeitpunkt.

b) Bei einer Flughöhe von 2 500 m ändert der Pilot die Flugrichtung. Berechnen Sie die Koordinaten des Punktes, in dem sich das Flugzeug zu diesem Zeitpunkt befindet. Geben Sie an, welche Zeit vergangen ist, seit sich das Flugzeug im Punkt P befand.

c) Der Punkt A(−4,5|39|0,1) entspricht dem Anstoßpunkt eines Fußballstadions. Ermitteln Sie, in welcher Höhe das Flugzeug diesen Anstoßpunkt überfliegt.

25 Es ist Flugschau auf dem Sportflugplatz. Ein Fesselballon wird im Punkt B(280|600|0) losgelassen (1 Längeneinheit entspricht 1 m). Der Ballon steigt genau senkrecht hoch, es ist windstill. Er steigt pro Sekunde um 5 m. Zur gleichen Zeit befindet sich ein Flugzeug im Punkt F(0|−1 350|650). Es fliegt mit einer Geschwindigkeit von 40 m pro Sekunde parallel zur x_2-Achse in positive x_2-Richtung. Der Sicherheitsabstand zwischen Ballon und Flugzeug sollte jederzeit 500 m betragen.

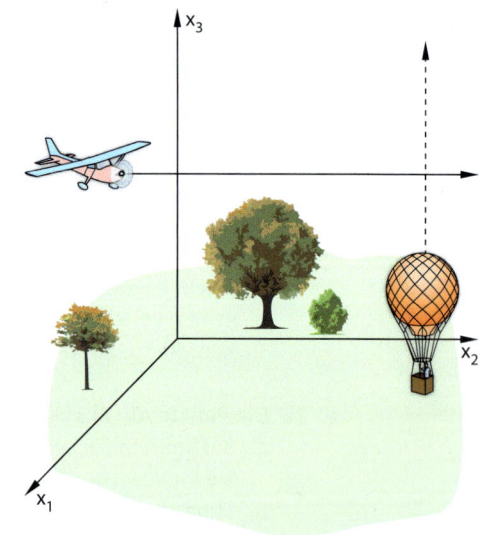

a) Zeigen Sie, dass für jeden Zeitpunkt t (in s) der Abstand beider Flugobjekte

gegeben ist durch $\overrightarrow{FB_t} = \begin{pmatrix} 280 \\ 1\,950 - 40t \\ -650 + 5t \end{pmatrix}$.

b) Berechnen Sie den minimalen Abstand der beiden Flugobjekte, also den minimalen Betrag des Vektors $\overrightarrow{FB_t}$. Beurteilen Sie, ob der Pilot reagieren muss.

c) Bestimmen Sie den Zeitpunkt, in dem der Sicherheitsabstand zwischen Flugzeug und Ballon zum ersten Mal unterschritten wird.

26 Der rote Quader wurde in ein Koordinaten-system gezeichnet, um ein zentralper-spektivisches Bild von ihm zu erhalten. Die x_2x_3-Ebene ist die Bildfläche. Der Quader soll so gezeichnet werden, wie er vom Punkt Z aus gesehen auf dieser Bildfläche erscheint. Für den Eckpunkt A des Quaders ist sein Bildpunkt A' gleich dem Spurpunkt der Geraden ZA in der x_2x_3-Ebene.

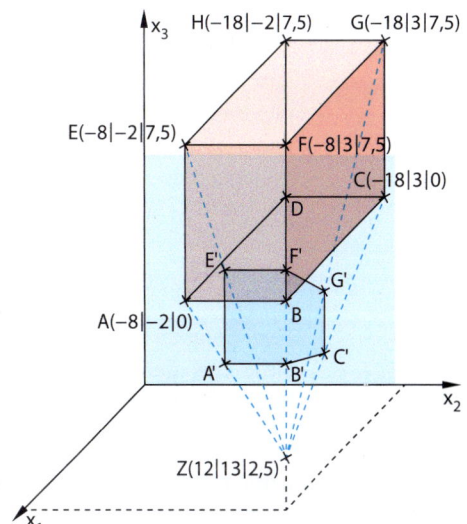

a) Ermitteln Sie die Bildpunkte aller sichtbaren Quaderecken.

b) Zeichnen Sie mithilfe eines zwei-dimensionalen Achsenkreuzes ein perspektivisches Bild des Quaders.

27 Geraden im ebenen Koordinatensystem werden auch durch Gleichungen der Form $y = mx + b$ charakterisiert. Werden die Achsen mit x_1- bzw. x_2-Achse bezeichnet, so wird daraus $x_2 = mx_1 + b$.

a) Skizzieren Sie in ein Koordinatensystem die Gerade g: $x_2 = 2x_1 - 3$. Erklären Sie an diesem Beispiel die Bedeutung von m und b.

b) Gewinnen Sie aus m und b einen Richtungs- und einen Stützvektor und schreiben Sie eine Parametergleichung von g auf.

c) Stellen Sie zu den Geraden h: $x_2 = -\frac{1}{2}x_1 + 1$, j: $x_2 = -x_1$ sowie k: $x_2 = 4$ Parameter-gleichungen auf. Überprüfen Sie Ihre Ergebnisse durch eine Skizze im Koordinaten-system.

28 Gibt es auch für eine Gerade im Raum eine Koordinatengleichung? Wenn ja, dann müsste sie in etwa aussehen wie $x_3 = 2x_1 + \frac{1}{2}x_2 - 1$. Mit einer solchen Gleichung wird jedem Zahlenpaar $(x_1 | x_2)$ ein x_3-Wert zugeordnet. Begründen Sie, weshalb durch diese Gleichung keine Gerade beschrieben wird.

29 Untersucht wird die Gerade g: $\vec{x} = \begin{pmatrix} 2 \\ 4 \\ 2 \end{pmatrix} + r\begin{pmatrix} 1 \\ 1 \\ -1 \end{pmatrix}$, $r \in \mathbb{R}$.

Hinweis zu 29b

Beim Spiegeln einer Geraden an einer Ebene wird jeder Punkt der Geraden an der Ebene gespiegelt.

a) Bestimmen Sie die Spurpunkte von g.

b) Die Gerade h entsteht, indem man die Gerade g an der x_1x_2-Ebene spiegelt. Stellen Sie eine Parametergleichung von h auf.

30 Ausblick: Die Lösung des linearen Gleichungssystems enthält eine frei wählbare Variable.

$$\begin{aligned} x + y + z &= 7 \\ 3x + y + 7z &= 11 \\ 2x + y + 4z &= 9 \end{aligned}$$

a) Bestimmen Sie die Lösungsmenge des Gleichungssystems.

b) Geben Sie vier verschiedene Lösungen des LGS an. Diese kann man als Koordinaten von Punkten im Raum auffassen. Zeichnen Sie diese vier Punkte in ein Koordinatensystem. Beschreiben Sie, was Ihnen dabei auffällt.

c) Schreiben Sie die Lösungsmenge des linearen Gleichungssystems in Form einer Parametergleichung einer Geraden g.

d) Zeigen Sie, dass auch alle Punkte der Geraden h: $\vec{x} = \begin{pmatrix} -1 \\ 7 \\ 1 \end{pmatrix} + r\begin{pmatrix} 6 \\ -4 \\ -2 \end{pmatrix}$ Lösung sind.

e) Mia meint: *„Die Geraden g und h sind gleich."* Nehmen Sie dazu Stellung.

4.2 Lagebeziehungen zwischen Geraden

Beschreiben Sie mithilfe zweier Stifte, wie zwei Geraden im Raum zueinander liegen können.
Welcher dieser Fälle kommt bei zwei Geraden in einer Ebene nicht vor?

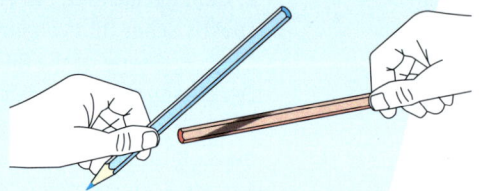

Zwei Geraden im Raum haben zueinander eine von vier möglichen Lagebeziehungen: Sie können genau einen **Schnittpunkt** haben. Nicht-parallele Geraden ohne gemeinsamen Punkt heißen **windschief** zueinander. Parallele Geraden nennt man **echt parallel**, wenn sie keinen gemeinsamen Punkt haben, anderenfalls sind sie **identisch**.

g und h schneiden einander.	g und h sind windschief.	g und h sind echt parallel zueinander.	g und h sind identisch.
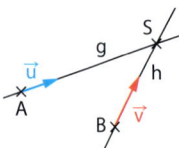	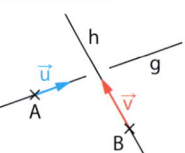	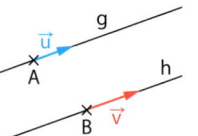	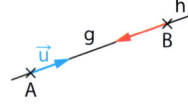
$\vec{u}$ und $\vec{v}$ nicht kollinear; ein gemeinsamer Punkt S	$\vec{u}$ und $\vec{v}$ nicht kollinear; kein gemeinsamer Punkt	$\vec{u}$ und $\vec{v}$ kollinear; kein gemeinsamer Punkt	$\vec{u}$ und $\vec{v}$ kollinear; alle Punkte gemeinsam

Ein möglicher gemeinsamer Punkt muss beide Geradengleichungen erfüllen. Daraus ergibt sich ein lineares Gleichungssystem. Die Lagebeziehung der Geraden ergibt sich aus der Art der Lösungsmenge.

Beispiel 1 **Schnittpunkt**

Zeigen Sie, dass die Geraden g und h einander schneiden. Berechnen Sie die Koordinaten des Schnittpunktes.

$$g: \vec{x} = \begin{pmatrix} 1 \\ 2 \\ -1 \end{pmatrix} + r\begin{pmatrix} 2 \\ -1 \\ 3 \end{pmatrix}, r \in \mathbb{R} \qquad h: \vec{x} = \begin{pmatrix} 3 \\ 6 \\ 6 \end{pmatrix} + s\begin{pmatrix} -2 \\ 6 \\ 1 \end{pmatrix}, s \in \mathbb{R}$$

Lösung:

Durch Gleichsetzen der Geradengleichungen erhalten Sie die Schnittbedingung.

Die Schnittbedingung entspricht einem linearen Gleichungssystem mit drei Gleichungen und zwei Variablen. Stellen Sie das LGS um und bringen Sie es auf Zeilenstufenform.

Das LGS ist eindeutig lösbar, also schneiden die Geraden einander.

Setzen Sie r = 2 in die Gleichung von g ein (oder s = −1 in die Gleichung von h) und berechnen Sie so die Koordinaten des Schnittpunktes S.

Geradengleichungen gleichsetzen:

$$\begin{pmatrix} 1 \\ 2 \\ -1 \end{pmatrix} + r\begin{pmatrix} 2 \\ -1 \\ 3 \end{pmatrix} = \begin{pmatrix} 3 \\ 6 \\ 6 \end{pmatrix} + s\begin{pmatrix} -2 \\ 6 \\ 1 \end{pmatrix}$$

$$\left.\begin{matrix} 1 + 2r = 3 - 2s \\ 2 - r = 6 + 6s \\ -1 + 3r = 6 + s \end{matrix}\right| \xrightarrow{\text{umstellen}} \left.\begin{matrix} 2r + 2s = 2 \\ -r - 6s = 4 \\ 3r - s = 7 \end{matrix}\right|$$

$$\begin{pmatrix} 2 & 2 & | & 2 \\ -1 & -6 & | & 4 \\ 3 & -1 & | & 7 \end{pmatrix} \xrightarrow{\text{ZSF}} \begin{pmatrix} 1 & 1 & | & 1 \\ 0 & -1 & | & 1 \\ 0 & 0 & | & 0 \end{pmatrix} \quad r = 2; \, s = -1$$

Schnittpunkt berechnen:

$$\overrightarrow{OS} = \begin{pmatrix} 1 \\ 2 \\ -1 \end{pmatrix} + 2 \cdot \begin{pmatrix} 2 \\ -1 \\ 3 \end{pmatrix} = \begin{pmatrix} 5 \\ 0 \\ 5 \end{pmatrix}$$

Schnittpunkt: S(5 | 0 | 5)

Hinweis

Zur Lösung eines linearen Gleichungssystems, auch ohne Matrixschreibweise, siehe S. 11 (bzw. S. 10 mit CAS).

Lagebeziehungen

Ermitteln Sie die gegenseitige Lage der Geraden g: $\vec{x} = \begin{pmatrix} 1 \\ 2 \\ -1 \end{pmatrix} + r \begin{pmatrix} 2 \\ -1 \\ 3 \end{pmatrix}$ und h (r, s $\in \mathbb{R}$).

a) h: $\vec{x} = \begin{pmatrix} 3 \\ 6 \\ 6 \end{pmatrix} + s \begin{pmatrix} -4 \\ 2 \\ -6 \end{pmatrix}$ 　　 b) h: $\vec{x} = \begin{pmatrix} 3 \\ 6 \\ 6 \end{pmatrix} + s \begin{pmatrix} 1 \\ -3 \\ 0 \end{pmatrix}$ 　　 c) h: $\vec{x} = \begin{pmatrix} -1 \\ 3 \\ -4 \end{pmatrix} + s \begin{pmatrix} 1 \\ -0,5 \\ 1,5 \end{pmatrix}$

Lösung:

a) Setzen Sie die beiden Geradengleichungen gleich.
Formen Sie diese in ein LGS um und bringen Sie es auf Zeilenstufenform. Die zweite Zeile ist eine Widerspruchszeile, somit hat das LGS keine Lösung.
Also sind die Geraden windschief oder echt parallel. Überprüfen Sie, ob die Richtungsvektoren kollinear sind.
Hier ist das der Fall, also sind die Geraden echt parallel zueinander.

$\begin{pmatrix} 1 \\ 2 \\ -1 \end{pmatrix} + r \begin{pmatrix} 2 \\ -1 \\ 3 \end{pmatrix} = \begin{pmatrix} 3 \\ 6 \\ 6 \end{pmatrix} + s \begin{pmatrix} -4 \\ 2 \\ -6 \end{pmatrix}$

$\left(\begin{array}{cc|c} 2 & 4 & 2 \\ -1 & -2 & 4 \\ 3 & 6 & 7 \end{array} \right) \xrightarrow{\text{ZSF}} \left(\begin{array}{cc|c} 2 & 4 & 2 \\ 0 & 0 & 5 \\ 0 & 0 & 0 \end{array} \right)$

keine Lösung, also kein gemeinsamer Punkt

$\begin{pmatrix} -4 \\ 2 \\ -6 \end{pmatrix} = -2 \cdot \begin{pmatrix} 2 \\ -1 \\ 3 \end{pmatrix}$, also Vielfache

g ist echt parallel zu h.

b) Die Schnittbedingung führt zu einem Gleichungssystem, dessen Matrix in Zeilenstufenform umgewandelt wird. Die letzte Zeile ist eine Widerspruchszeile, also hat das LGS keine Lösung.

Da die Richtungsvektoren nicht kollinear sind, sind die Geraden windschief zueinander.

$\begin{pmatrix} 1 \\ 2 \\ -1 \end{pmatrix} + r \begin{pmatrix} 2 \\ -1 \\ 3 \end{pmatrix} = \begin{pmatrix} 3 \\ 6 \\ 6 \end{pmatrix} + s \begin{pmatrix} 1 \\ -3 \\ 0 \end{pmatrix}$

$\left(\begin{array}{cc|c} 2 & -1 & 2 \\ -1 & 3 & 4 \\ 3 & 0 & 7 \end{array} \right) \xrightarrow{\text{ZSF}} \left(\begin{array}{cc|c} 2 & -1 & 2 \\ 0 & 1 & 2 \\ 0 & 0 & \frac{1}{3} \end{array} \right)$

keine Lösung, also kein gemeinsamer Punkt

$\begin{pmatrix} 1 \\ -3 \\ 0 \end{pmatrix} = k \cdot \begin{pmatrix} 2 \\ -1 \\ 3 \end{pmatrix}$ ergibt $\begin{array}{l} 1 = 2k \Leftrightarrow k = 0,5 \\ -3 = -k \Leftrightarrow k = 3 \\ 0 = 3k \Leftrightarrow k = 0 \end{array}$

Widerspruch, also keine Vielfachen
g und h sind windschief.

c) Die Schnittbedingung führt zu einem Gleichungssystem. In dessen Stufenform ist die Zahl der Nichtnullzeilen kleiner als die Zahl der Variablen. Also hat das LGS unendlich viele Lösungen.
Jeder Punkt von g ist auch ein Punkt von h. Also sind die Geraden identisch.

$\begin{pmatrix} 1 \\ 2 \\ -1 \end{pmatrix} + r \begin{pmatrix} 2 \\ -1 \\ 3 \end{pmatrix} = \begin{pmatrix} -1 \\ 3 \\ -4 \end{pmatrix} + s \begin{pmatrix} 1 \\ -0,5 \\ 1,5 \end{pmatrix}$

$\left(\begin{array}{cc|c} 2 & -1 & -2 \\ -1 & 0,5 & 1 \\ 3 & -1,5 & -3 \end{array} \right) \xrightarrow{\text{ZSF}} \left(\begin{array}{cc|c} 2 & -1 & -2 \\ 0 & 0 & 0 \\ 0 & 0 & 0 \end{array} \right)$

unendlich viele Lösungen
g und h sind identisch.

Hinweis

Ein anderes Schema zur Untersuchung der Lagebeziehung zweier Geraden wird in den Aufgaben 3 und 4 behandelt.

Basisaufgaben

Lösungen zu 1

(−3 | 6 | −2)

(5 | −1 | 2)

(3 | 1 | 2)

1 Berechnen Sie die Koordinaten des Schnittpunktes der beiden Geraden (r, s $\in \mathbb{R}$).

a) g: $\vec{x} = \begin{pmatrix} 1 \\ 0 \\ 2 \end{pmatrix} + r \begin{pmatrix} 2 \\ 1 \\ 0 \end{pmatrix}$ 　 h: $\vec{x} = \begin{pmatrix} 3 \\ 8 \\ -5 \end{pmatrix} + s \begin{pmatrix} 0 \\ 1 \\ -1 \end{pmatrix}$

b) g: $\vec{x} = \begin{pmatrix} -1 \\ 4 \\ 0 \end{pmatrix} + r \begin{pmatrix} 1 \\ -1 \\ 1 \end{pmatrix}$ 　 h: $\vec{x} = \begin{pmatrix} -7 \\ 6 \\ -5 \end{pmatrix} + s \begin{pmatrix} 4 \\ 0 \\ 3 \end{pmatrix}$

c) g: $\vec{x} = \begin{pmatrix} 4 \\ 1 \\ 4 \end{pmatrix} + r \begin{pmatrix} -1 \\ 2 \\ 2 \end{pmatrix}$ 　 h: $\vec{x} = \begin{pmatrix} -1 \\ -1 \\ 0 \end{pmatrix} + s \begin{pmatrix} 3 \\ 0 \\ 1 \end{pmatrix}$

2 Die Geraden g und h haben keinen Punkt gemeinsam (r, s ∈ ℝ). Prüfen Sie, ob sie echt parallel oder windschief zueinander sind.

a) $g: \vec{x} = \begin{pmatrix} 2 \\ -3 \\ 1 \end{pmatrix} + r\begin{pmatrix} 8 \\ -4 \\ 2 \end{pmatrix}$ $h: \vec{x} = \begin{pmatrix} -2 \\ -2 \\ 0 \end{pmatrix} + s\begin{pmatrix} -4 \\ 2 \\ 1 \end{pmatrix}$

b) $g: \vec{x} = \begin{pmatrix} 2 \\ -3 \\ 1 \end{pmatrix} + r\begin{pmatrix} 8 \\ -4 \\ 2 \end{pmatrix}$ $h: \vec{x} = \begin{pmatrix} -2 \\ -1 \\ 6 \end{pmatrix} + s\begin{pmatrix} -4 \\ 2 \\ -1 \end{pmatrix}$

c) $g: \vec{x} = \begin{pmatrix} 0 \\ 2 \\ -5 \end{pmatrix} + r\begin{pmatrix} 2 \\ -4 \\ 1 \end{pmatrix}$ $h: \vec{x} = \begin{pmatrix} -1 \\ 0 \\ 1 \end{pmatrix} + s\begin{pmatrix} -1 \\ -1 \\ 2 \end{pmatrix}$

 3 Samira untersucht die Lage der Geraden g und h. Sie behauptet: *„Ich muss nicht immer eine Schnittbedingung aufstellen. An den Geradengleichungen erkenne ich, ob die Richtungsvektoren Vielfache voneinander sind. Wenn ja, sind die Geraden echt parallel oder identisch. Dann muss ich nur prüfen, ob der Stützvektor von g auch auf h liegt."*

Nehmen Sie Stellung zu Samiras Behauptung. Prüfen Sie möglichst ohne Schnittbedingung die gegenseitige Lage von g und h (r, s ∈ ℝ).

a) $g: \vec{x} = \begin{pmatrix} 1 \\ 0 \\ -5 \end{pmatrix} + r\begin{pmatrix} 2 \\ -4 \\ 2 \end{pmatrix}$ $h: \vec{x} = \begin{pmatrix} 3 \\ -4 \\ -5 \end{pmatrix} + s\begin{pmatrix} 1 \\ -2 \\ 1 \end{pmatrix}$

b) $g: \vec{x} = \begin{pmatrix} 2 \\ 8 \\ 0 \end{pmatrix} + r\begin{pmatrix} -15 \\ 9 \\ 21 \end{pmatrix}$ $h: \vec{x} = \begin{pmatrix} 7 \\ -1 \\ 7 \end{pmatrix} + s\begin{pmatrix} 5 \\ -9 \\ 7 \end{pmatrix}$

c) $g: \vec{x} = \begin{pmatrix} -5 \\ 0 \\ 0 \end{pmatrix} + r\begin{pmatrix} 2 \\ 3 \\ -4 \end{pmatrix}$ $h: \vec{x} = \begin{pmatrix} 0 \\ 7{,}5 \\ 10 \end{pmatrix} + s\begin{pmatrix} -1 \\ -1{,}5 \\ 2 \end{pmatrix}$

 4 Aufgabe 3 führt zu einem anderen Vorgehen bei der Überprüfung der gegenseitigen Lage zweier Geraden. Vervollständigen Sie das Diagramm in Ihrem Heft und erläutern Sie es.

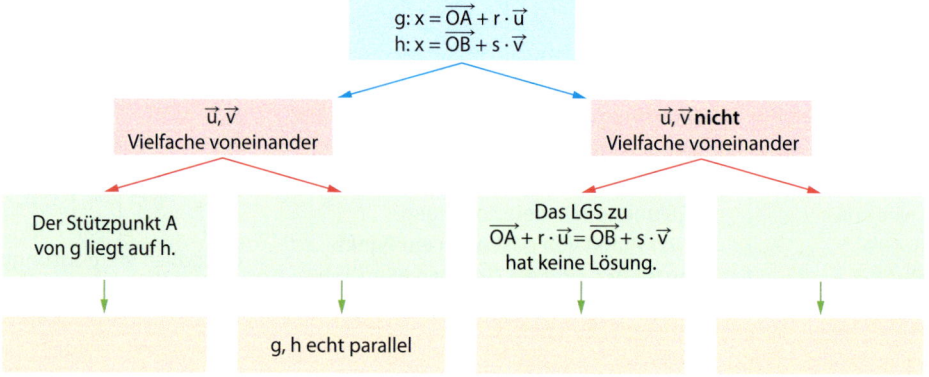

 5 Ermitteln Sie die gegenseitige Lage der Geraden g und h. Berechnen Sie gegebenenfalls ihren Schnittpunkt. Es gilt $g: \vec{x} = \begin{pmatrix} 3 \\ -2 \\ 4 \end{pmatrix} + r\begin{pmatrix} 6 \\ 2 \\ -4 \end{pmatrix}$ (r, s ∈ ℝ).

a) $h: \vec{x} = \begin{pmatrix} 1 \\ 4 \\ 2 \end{pmatrix} + s\begin{pmatrix} -3 \\ -1 \\ 2 \end{pmatrix}$ b) $h: \vec{x} = \begin{pmatrix} 0 \\ -3 \\ 3 \end{pmatrix} + s\begin{pmatrix} 2 \\ 1 \\ -2 \end{pmatrix}$

c) $h: \vec{x} = \begin{pmatrix} -3 \\ -4 \\ 8 \end{pmatrix} + s\begin{pmatrix} 1{,}5 \\ 0{,}5 \\ -1 \end{pmatrix}$ d) $h: \vec{x} = \begin{pmatrix} 3 \\ -2 \\ 4 \end{pmatrix} + s\begin{pmatrix} 1 \\ 0 \\ 1 \end{pmatrix}$

e) h ist die x_1-Achse. f) h geht durch A(0|3|3) und B(−3|2|5).

6 Hier wurde das LGS zur Schnittbedingung mit einem CAS gelöst. Erläutern Sie, was sich anhand des Screenshots über die gegenseitige Lage der beiden Geraden aussagen lässt.

Hinweis

Der Befehl *linSolve()* bzw. *solve()* löst ein LGS, der Befehl *rref()* überführt eine Matrix in reduzierte ZSF.

a)
$$g(r):=\begin{bmatrix}3\\1\\-2\end{bmatrix}+r\cdot\begin{bmatrix}-6\\0\\1\end{bmatrix} \quad h(s):=\begin{bmatrix}1\\2\\4\end{bmatrix}+s\cdot\begin{bmatrix}1\\-1\\-2\end{bmatrix} \qquad \text{Fertig}$$

$\text{solve}(g(r)=h(s),r,s)$ \qquad false

b)
$$g(r):=\begin{bmatrix}2\\1\\-2\end{bmatrix}+r\cdot\begin{bmatrix}-2\\6\\-4\end{bmatrix} \quad h(s):=\begin{bmatrix}3\\-2\\0\end{bmatrix}+s\cdot\begin{bmatrix}1\\-3\\2\end{bmatrix} \qquad \text{Fertig}$$

$\text{solve}(g(r)=h(s),r,s)$ \qquad $r=\dfrac{-(c1+1)}{2}$ and $s=c1$

c)
$$g(r):=\begin{bmatrix}4\\6\\-6\end{bmatrix}+r\cdot\begin{bmatrix}3\\4\\-1\end{bmatrix} \quad h(s):=\begin{bmatrix}-2\\8\\-8\end{bmatrix}+s\cdot\begin{bmatrix}1\\-2\\1\end{bmatrix} \qquad \text{Fertig}$$

$\text{solve}(g(r)=h(s),r,s)$ \qquad $r=-1$ and $s=3$

$(g(-1))^{\mathsf{T}}$ \qquad $\begin{bmatrix}1 & 2 & -5\end{bmatrix}$

$(h(3))^{\mathsf{T}}$ \qquad $\begin{bmatrix}1 & 2 & -5\end{bmatrix}$

d)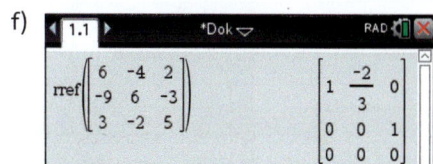

$$\text{linSolve}\begin{cases}3-6\cdot r=1+s\\1=2-s\\-2+r=4-2\cdot s\end{cases},\{r,s\}$$

"Keine Lösung gefunden"

e)
$$\text{rref}\begin{pmatrix}6 & -4 & 2\\-9 & 5 & 7\\3 & -2 & 1\end{pmatrix} \qquad \begin{bmatrix}1 & 0 & \frac{-19}{3}\\0 & 1 & -10\\0 & 0 & 0\end{bmatrix}$$

f)
$$\text{rref}\begin{pmatrix}6 & -4 & 2\\-9 & 6 & -3\\3 & -2 & 5\end{pmatrix} \qquad \begin{bmatrix}1 & \frac{-2}{3} & 0\\0 & 0 & 1\\0 & 0 & 0\end{bmatrix}$$

 7 Ermitteln Sie die gegenseitige Lage beider Geraden ($r, s \in \mathbb{R}$) und ggf. ihren Schnittpunkt.

a) $g: \vec{x} = \begin{pmatrix}2,1\\-0,3\\4\end{pmatrix} + r\begin{pmatrix}1,2\\-0,8\\5,6\end{pmatrix}$ \qquad $h: \vec{x} = \begin{pmatrix}3,7\\-5\\1,1\end{pmatrix} + s\begin{pmatrix}-0,9\\0,6\\-4,2\end{pmatrix}$

b) $g: \vec{x} = \begin{pmatrix}4,6\\2,2\\-3,7\end{pmatrix} + r\begin{pmatrix}5,6\\0,8\\2\end{pmatrix}$ \qquad $h: \vec{x} = \begin{pmatrix}0,8\\2\\0\end{pmatrix} + s\begin{pmatrix}-1,2\\0\\2,1\end{pmatrix}$

c) $g: \vec{x} = \begin{pmatrix}2,7\\0\\1\end{pmatrix} + r\begin{pmatrix}-1,2\\0,4\\1,6\end{pmatrix}$ \qquad $h: \vec{x} = \begin{pmatrix}0,3\\0,8\\4,2\end{pmatrix} + s\begin{pmatrix}30\\-10\\-40\end{pmatrix}$

d) $g: \vec{x} = \begin{pmatrix}2\\0,4\\0\end{pmatrix} + r\begin{pmatrix}1,2\\0\\2,6\end{pmatrix}$ \qquad $h: \vec{x} = \begin{pmatrix}-8,4\\0,1\\-20,5\end{pmatrix} + s\begin{pmatrix}9,8\\2,1\\7\end{pmatrix}$

 8 Gegeben sind die Geraden g, h und k in der Ebene ($r, s, t \in \mathbb{R}$).

$g: \vec{x} = \begin{pmatrix}7\\4\end{pmatrix} + r\begin{pmatrix}2\\-1\end{pmatrix}$ \qquad $h: \vec{x} = \begin{pmatrix}-2\\1\end{pmatrix} + s\begin{pmatrix}1\\1\end{pmatrix}$ \qquad $k: \vec{x} = \begin{pmatrix}3\\0\end{pmatrix} + t\begin{pmatrix}-4\\2\end{pmatrix}$

a) Stellen Sie die drei Geraden in einem Koordinatensystem dar.
b) Berechnen Sie den Schnittpunkt von g und h.
c) Zeigen Sie rechnerisch, dass g und k parallel zueinander sind.
d) Erläutern Sie allgemein, wie man die Lage zweier Geraden in der Ebene ermitteln kann und welche Fälle dabei auftreten können.

9 Gegeben sind die Geraden g, h und k mit

$g: \vec{x} = \begin{pmatrix}1\\3\\3\end{pmatrix} + r\begin{pmatrix}1\\2\\-1\end{pmatrix}$ \qquad $h: \vec{x} = \begin{pmatrix}2\\-1\\0\end{pmatrix} + s\begin{pmatrix}-1\\1\\2\end{pmatrix}$ \qquad $k: \vec{x} = \begin{pmatrix}1\\0\\0\end{pmatrix} + t\begin{pmatrix}-1\\1\\0\end{pmatrix}$ ($r, s, t \in \mathbb{R}$)

Zeichnen Sie die Geraden g und h in ein Koordinatensystem.
Ermitteln Sie anhand der Zeichnung mögliche Werte von r und s für einen Schnittpunkt.
Bestätigen Sie Ihr Ergebnis rechnerisch. Berechnen Sie den Schnittpunkt.

Hinweis zu 10

Beachten Sie, dass die Gleichungen für AB und CD in der Schnittbedingung unterschiedliche Parameter haben müssen.

10 Bestimmen Sie die gegenseitige Lage der Geraden AB und CD. Berechnen Sie gegebenenfalls die Koordinaten des Schnittpunktes.

a) $A(-5\,|\,1\,|\,8)$, $B(-1\,|\,1\,|\,6)$, $C(-5\,|\,7\,|\,2)$, $D(7\,|\,-2\,|\,5)$

b) $A(1\,|\,4\,|\,-1)$, $B(3\,|\,0\,|\,3)$, $C(5\,|\,1\,|\,0)$, $D(4\,|\,3\,|\,-2)$

11 Solange es nur die Leitungen $\overline{DC}$, $\overline{FE}$ und $\overline{HG}$ gab, war alles in Ordnung. Als eine Leitung von A nach B gezogen wurde, gab es einen Knall und der Strom fiel aus.

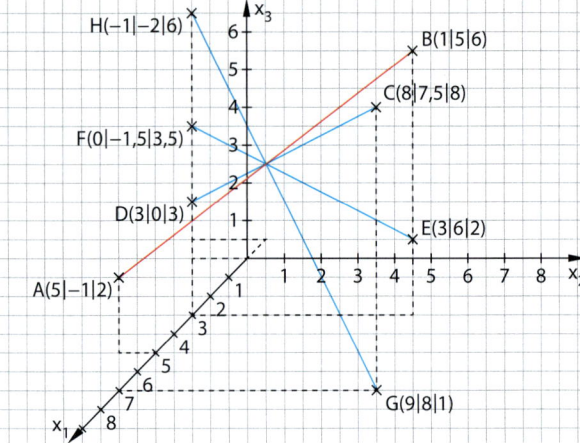

Ermitteln Sie, mit welcher der Leitungen die neue Leitung $\overline{AB}$ in Kontakt kam.

12 Gegeben ist die Gerade $g: \vec{x} = \begin{pmatrix} 2 \\ 3 \\ -1 \end{pmatrix} + r\begin{pmatrix} 5 \\ 0 \\ -2 \end{pmatrix}$, $r \in \mathbb{R}$.

Geben Sie eine Parametergleichung einer Geraden h an, die

a) den Punkt $P(-8\,|\,3\,|\,3)$ enthält und parallel zu g ist,

b) parallel, aber nicht identisch zu g ist,

c) genau einen Schnittpunkt mit g hat,

d) windschief zu g ist.

Weiterführende Aufgaben

13 Beurteilen Sie die Aussage. Veranschaulichen Sie die Situation mit Stiften.

a) Wenn die Geraden g und h parallel zueinander sind und die Gerade k windschief zu g ist, dann können h und k nicht parallel zueinander sein.

b) Wenn die Geraden g und h einander schneiden und ebenso die Geraden g und k, dann können h und k nicht windschief zueinander sein.

c) Wenn im dreidimensionalen Koordinatensystem zwei Geraden parallel aussehen, dann sind sie auch in Wirklichkeit parallel.

14 Ermitteln Sie den Schnittpunkt der Geraden g und h, ohne ein lineares Gleichungssystem aufzustellen ($r, s \in \mathbb{R}$). Beschreiben Sie Ihr Vorgehen.

a) $g: \vec{x} = \begin{pmatrix} 3 \\ 3 \\ 3 \end{pmatrix} + r\begin{pmatrix} 1 \\ 1 \\ 1 \end{pmatrix}$ $h: \vec{x} = \begin{pmatrix} -8 \\ 0 \\ 0 \end{pmatrix} + s\begin{pmatrix} 5 \\ 0 \\ 0 \end{pmatrix}$ b) $g: \vec{x} = r\begin{pmatrix} -1 \\ 5 \\ 3 \end{pmatrix}$ $h: \vec{x} = \begin{pmatrix} 8 \\ 2 \\ 2 \end{pmatrix} + s\begin{pmatrix} 4 \\ 1 \\ 1 \end{pmatrix}$

15 Begründen Sie, dass die beiden Geraden windschief zueinander sind.

$g: \vec{x} = \begin{pmatrix} 3 \\ 0 \\ 0 \end{pmatrix} + r\begin{pmatrix} 0 \\ 1 \\ 0 \end{pmatrix}$ $h: \vec{x} = \begin{pmatrix} -2 \\ 2 \\ 0 \end{pmatrix} + s\begin{pmatrix} 0 \\ 4 \\ -2 \end{pmatrix}$, $r, s \in \mathbb{R}$.

⚠ ◉ **16 Stolperstelle:** Gegeben sind die Geraden g: $\vec{x} = \begin{pmatrix} 2 \\ 6 \\ -1 \end{pmatrix} + r \begin{pmatrix} 5 \\ 0 \\ -2 \end{pmatrix}$ und h: $\vec{x} = s \begin{pmatrix} 1 \\ 3 \\ 9 \end{pmatrix}$, r, s ∈ ℝ.

Die Gerade k verläuft durch die Punkte A(−7 | 7 | 5) und B(−1 | 8 | 5). Überprüfen Sie die Rechnung, erläutern Sie die Fehler und korrigieren Sie diese.

a) Lage von g und h:　　　　　　　　　　b) Lage von g und k:

Schnittbedingung: $\begin{pmatrix} 2 \\ 6 \\ -1 \end{pmatrix} + r \begin{pmatrix} 5 \\ 0 \\ -2 \end{pmatrix} = s \begin{pmatrix} 1 \\ 3 \\ 9 \end{pmatrix}$

An der mittleren Gleichung 6 = 3s erkennt man, dass s = 2 sein muss. Aus 2 + 5r = 2 · 1 erhält man r = 0. Also schneiden sich die Geraden im Punkt S mit

$\overrightarrow{OS} = \begin{pmatrix} 2 \\ 6 \\ -1 \end{pmatrix} + 0 \cdot \begin{pmatrix} 5 \\ 0 \\ -2 \end{pmatrix} = \begin{pmatrix} 2 \\ 6 \\ -1 \end{pmatrix}.$

k: $\vec{x} = \begin{pmatrix} -7 \\ 7 \\ 5 \end{pmatrix} + r \begin{pmatrix} 6 \\ 1 \\ 0 \end{pmatrix}$

$\begin{pmatrix} 2 \\ 6 \\ -1 \end{pmatrix} + r \begin{pmatrix} 5 \\ 0 \\ -2 \end{pmatrix} = \begin{pmatrix} -7 \\ 7 \\ 5 \end{pmatrix} + r \begin{pmatrix} 6 \\ 1 \\ 0 \end{pmatrix}$

$\begin{pmatrix} 9 \\ -1 \\ -6 \end{pmatrix} = r \begin{pmatrix} 1 \\ 1 \\ 2 \end{pmatrix} \quad \begin{cases} r = 9 \\ r = -1 \\ r = -3 \end{cases}$

Das LGS hat keine Lösung. Die Geraden sind windschief oder parallel zueinander.

◉ **17** Die drei Geraden g_1, g_2 und g_3 (r, s, t ∈ ℝ) schließen ein Dreieck ein. Berechnen Sie die Koordinaten seiner Eckpunkte und die Längen seiner Seiten.

$$g_1: \vec{x} = \begin{pmatrix} 3 \\ -3 \\ 2 \end{pmatrix} + r \begin{pmatrix} 2 \\ 1 \\ -3 \end{pmatrix} \qquad g_2: \vec{x} = \begin{pmatrix} 2 \\ 1 \\ -1 \end{pmatrix} + s \begin{pmatrix} 1 \\ -4 \\ 3 \end{pmatrix} \qquad g_3: \vec{x} = \begin{pmatrix} 1 \\ 2 \\ -1 \end{pmatrix} + t \begin{pmatrix} 1 \\ -1 \\ 0 \end{pmatrix}$$

◉ **18** Gegeben sind die Höhen h_1 bzw. h_2 der Dreiecke ABC_1 und ABC_2 (r, s ∈ ℝ): A(1 | −3 | 3), B(−2 | 3 | −3), C_1(−3 | 2 | 1), C_2(3 | 2 | −5),

$$h_1: \vec{x} = \begin{pmatrix} -3 \\ 2 \\ 1 \end{pmatrix} + r \begin{pmatrix} -2 \\ 1 \\ 2 \end{pmatrix} \qquad h_2: \vec{x} = \begin{pmatrix} 3 \\ 2 \\ -5 \end{pmatrix} + s \begin{pmatrix} -2 \\ 1 \\ 0 \end{pmatrix}$$

Berechnen Sie die Schnittpunkte H_1 und H_2 von h_1 bzw. h_2 mit der Grundgeraden AB. Prüfen Sie jeweils, ob der Höhenschnittpunkt innerhalb der Strecke $\overline{AB}$ liegt. Prüfen Sie anschließend Ihr Ergebnis anhand einer Skizze im Koordinatensystem.

◉ **19** Die Punkte L(−4 | 0 | −1), M(−2 | 5 | 1), N(1 | 8 | 3) und P(2 | 6 | 3) sind die Eckpunkte eines Vierecks.
a) Zeigen Sie, dass LMNP ein Trapez ist, das nicht gleichschenklig ist.
b) Berechnen Sie die Koordinaten des Diagonalenschnittpunktes von LMNP.
c) Berechnen Sie die Koordinaten des Schnittpunktes der nicht parallelen Seiten.

◉ **20 Schwerpunkt eines Dreiecks:** Gegeben ist ein Dreieck mit den Eckpunkten A(0 | 0), B(8 | −2) und C(6 | 2). Die Seitenhalbierende s_c ist die Gerade durch C und den Mittelpunkt M_c der Strecke $\overline{AB}$.
a) Stellen Sie Parametergleichungen für die drei Seitenhalbierenden auf. Zeigen Sie, dass sich die Seitenhalbierenden in einem Punkt S schneiden.

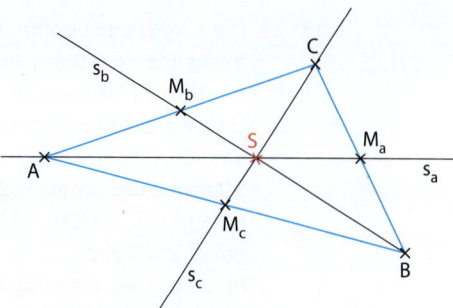

b) Der Punkt S teilt die Strecken $\overline{AM_a}$, $\overline{BM_b}$ und $\overline{CM_c}$ in je zwei Teile. Bestimmen Sie das Verhältnis der beiden Teilstrecken zueinander.
c) Lösen Sie Teil a) und b) für das Dreieck im Raum mit den Eckpunkten A(3 | −1 | −2), B(3 | 5 | 0) und C(−3 | 5 | 2).

21 Bei einem Tetraeder mit den Eckpunkten A(4|0|−4), B(4|4|−4), C(−2|2|−4) und der Spitze O(0|0|0) sind N_a, N_b und N_c die Mittelpunkte der Kanten zur Spitze. M_a, M_b und M_c sind Mittelpunkte der Seiten des Grunddreiecks ABC.
Sei g_a die Gerade durch die Punkte M_a und N_a. Entsprechend sind auch die Geraden g_b und g_c festgelegt.

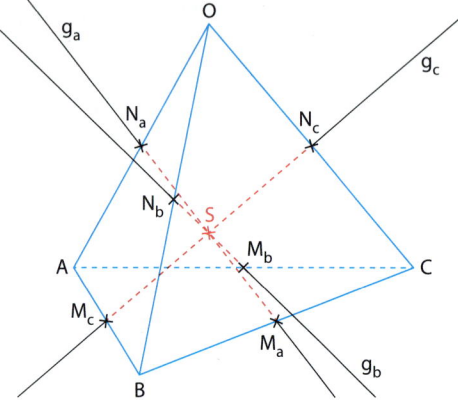

a) Zeigen Sie, dass sich die Geraden g_a, g_b und g_c in einem Punkt S schneiden.

b) Zeigen Sie, dass für diesen Punkt S gilt: $\overrightarrow{OS} = \frac{1}{4}\left(\overrightarrow{OA} + \overrightarrow{OB} + \overrightarrow{OC}\right)$

22 Die Pyramide befindet sich im Bau. Momentan ist der Stumpf 3 m hoch. Die zukünftige Spitze der Pyramide ist der Schnittpunkt der Geraden durch die Seitenkanten.

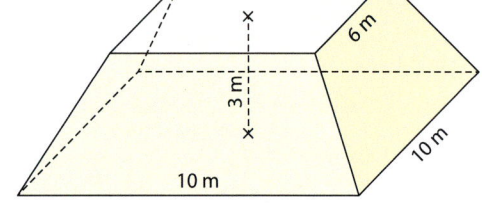

a) Zeichnen Sie die Pyramide in ein Koordinatensystem und berechnen Sie die Koordinaten der Spitze.

b) Berechnen Sie das Volumen der fertiggestellten Pyramide.

c) Berechnen Sie das Volumen des Pyramidenstumpfs.

Hinweis

Ein Viereck ist eben, wenn seine Diagonalen einander schneiden.

23 **Ebene Vierecke im Raum:** Vier Punkte im Raum bilden ein Viereck. Dieses muss aber nicht eben sein. Aus einem ebenen Viereck erhalten Sie ein nicht ebenes Viereck, indem Sie es längs einer Diagonalen knicken.

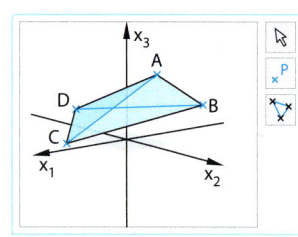

a) Überprüfen Sie rechnerisch, ob das Viereck ABCD eben ist.
  ① A(4|−2|0), B(4|4|−1), C(0|3|−2), D(−4|0|−2)
  ② A(3|0|0), B(5|4|−1), C(1|5|−1), D(−2|1|0)

b) Zeichnen Sie die Vierecke aus a) mit einem CAS und überprüfen Sie Ihre Ergebnisse.

c) Ergänzen Sie einen Punkt C zu A(1|−3|2), B(6|4|0) und D(−2|4|1), sodass das Viereck ABCD eben wird. Beschreiben Sie Ihr Vorgehen.

d) Ergänzen Sie einen Punkt C zu A, B und D aus Teil c), sodass das Viereck ABCD nicht eben wird. Beschreiben Sie Ihr Vorgehen.

24 Die x_1x_2-Ebene beschreibt die Terrasse des abgebildeten Hauses. In den Punkten A(−10|−22|26) und D(−14|−10|24) der Hauswand soll ein Sonnensegel befestigt werden, dessen äußere Eckpunkte bei Straffung des Segels B(20|32|23) und C(19|35|22,5) sind. 1 Längeneinheit entspricht 1 dm.

a) Zeigen Sie, dass das Segel die Form eines Trapezes hat. Prüfen Sie, ob das Trapez gleichschenklig ist.

b) Das Segel wird an einer Stange mit Spitze S befestigt. Berechnen Sie, wie hoch die Stange sein muss und in welchem Punkt der x_1x_2-Ebene sie aufgestellt werden muss.

25 Berechnen Sie den Wert von k so, dass die beiden Geraden einander schneiden.

a) $g: \vec{x} = \begin{pmatrix} 1 \\ -2 \\ 3 \end{pmatrix} + r \begin{pmatrix} -4 \\ 1 \\ 2 \end{pmatrix}, r \in \mathbb{R}$ $h: \vec{x} = \begin{pmatrix} 2 - k \\ k - 9 \\ 4 - k \end{pmatrix} + s \begin{pmatrix} 3 \\ -2 \\ -3 \end{pmatrix}, s \in \mathbb{R}$

b) $g: \vec{x} = \begin{pmatrix} 5 \\ 0 \\ 1 \end{pmatrix} + r \begin{pmatrix} 3 \\ 7 \\ 2 \end{pmatrix}, r \in \mathbb{R}$ $h: \vec{x} = \begin{pmatrix} 7 + 3k \\ 2k \\ 9 - 4k \end{pmatrix} + s \begin{pmatrix} 2 \\ 4 \\ -1 \end{pmatrix}, s \in \mathbb{R}$

26 Die Positionen zweier Flugzeuge zur Zeit t lassen sich in einem geeigneten Koordinatensystem durch die Gleichungen

$g_1: \vec{x} = \begin{pmatrix} 11,4 \\ -2,28 \\ 0,66 \end{pmatrix} + t \begin{pmatrix} -0,45 \\ 0,36 \\ 0,03 \end{pmatrix}$ und

$g_2: \vec{x} = \begin{pmatrix} 0,1 \\ 9 \\ 1,4 \end{pmatrix} + t \begin{pmatrix} 0,32 \\ -0,48 \\ -0,02 \end{pmatrix}$ beschreiben

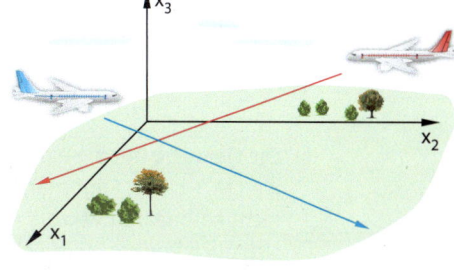

(Längeneinheit 1 km, Zeiteinheit 10 s).
a) Berechnen Sie, in welchen Punkten sich die Flugzeuge nach 10, nach 50 und nach 140 Sekunden befinden und wie weit sie jeweils voneinander entfernt sind.
b) Prüfen Sie, ob die Flugbahnen sich kreuzen.
c) Prüfen Sie, ob es zu einer Kollision kommt.

27 Ein Boot der Küstenwache im Hafen $K(1,5\,|\,0)$ erhält die Nachricht, dass soeben in $E(2\,|\,7)$ ein Schmugglerboot in Richtung des Inselhafens $B(12\,|\,3)$ gestartet ist. Das Wetter erlaubt nur eine Sicht von 1 000 Metern. Nach Einschätzung des vermutlichen Kurses und der Geschwindigkeit

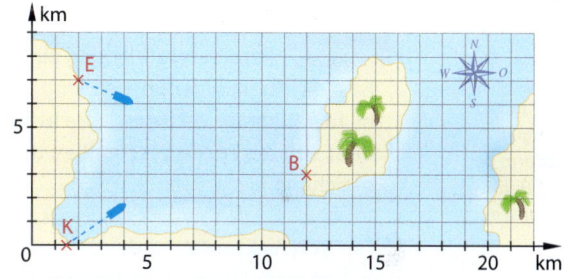

des Schmugglerboots entschließt sich der Kapitän, mit einer Geschwindigkeit zu fahren, welche in 5 Minuten dem Vektor $\begin{pmatrix} 2 \\ 1 \end{pmatrix}$ entspricht. Das Schmugglerschiff legt in 5 Minuten den Weg $\begin{pmatrix} 2,5 \\ -1 \end{pmatrix}$ zurück.
a) Berechnen Sie die Koordinaten des Schnittpunktes der beiden Schiffskurse.
b) Überprüfen Sie, ob die Küstenwache das Schmugglerboot sehen können wird.

28 Ausblick: Soll der Schnittpunkt zweier Seitenhalbierenden eines beliebigen Dreiecks berechnet werden, kann man ein schiefes Koordinatensystem einführen, dessen Ursprung der Punkt A des Dreiecks ist und dessen Achsen durch die (eventuell ungleich langen) Seiten-vektoren $\vec{u} = \overrightarrow{AB} = \begin{pmatrix} 1 \\ 0 \end{pmatrix}$ und $\vec{v} = \overrightarrow{AC} = \begin{pmatrix} 0 \\ 1 \end{pmatrix}$ festgelegt werden. Der Punkt D hat in diesem System die Koordinaten $(2\,|\,-1)$.

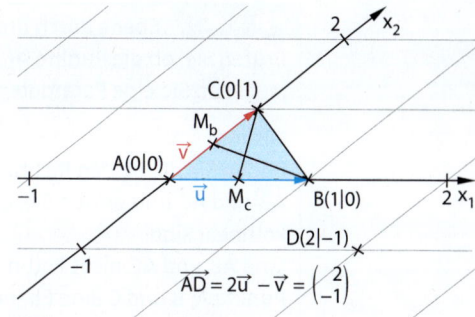

a) Geben Sie in diesem Koordinatensystem die Koordinaten der Seitenmittelpunkte M_c und M_b an und berechnen Sie den Schnittpunkt der beiden Seitenhalbierenden.
b) Im üblichen Koordinatensystem sind die Eckpunkte $A(1\,|\,1)$, $B(4\,|\,1)$ und $C(3\,|\,2)$. Geben Sie die Koordinaten des Schnittpunktes aus a) im üblichen Koordinatensystem an.

4.3   Parametergleichung einer Ebene

Nutzen Sie die Geraden

$$g: \vec{x} = \begin{pmatrix} -1 \\ 0,5 \\ 1 \end{pmatrix} + r \begin{pmatrix} 0 \\ 2 \\ 1 \end{pmatrix} \text{ und } h: \vec{x} = \begin{pmatrix} -1 \\ 0,5 \\ 1 \end{pmatrix} + s \begin{pmatrix} 1 \\ 2,5 \\ 0 \end{pmatrix},$$

um die Koordinaten des Punktes K zu berechnen. Geben Sie an, welche Punkte sich prinzipiell mithilfe von g und h bestimmen lassen.

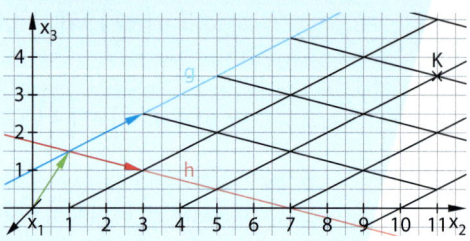

Die Gerade g hat die Parametergleichung $\vec{x} = \overrightarrow{OA} + r \cdot \overrightarrow{AB}$. Fügt man Vielfache des zu $\overrightarrow{AB}$ nicht kollinearen Vektors $\overrightarrow{AC}$ hinzu, so lassen sich auch Punkte „seitlich" der Geraden g erreichen. So gilt etwa

$$\overrightarrow{OP} = \overrightarrow{OA} + 3 \cdot \overrightarrow{AB} + (-1) \cdot \overrightarrow{AC}.$$

Daher wird durch die Punkte A, B und C, die nicht auf einer Geraden liegen, eine **Ebene** im Raum festgelegt. Eine Parametergleichung der Ebene ist $\vec{x} = \overrightarrow{OA} + r \cdot \overrightarrow{AB} + s \cdot \overrightarrow{AC}$.

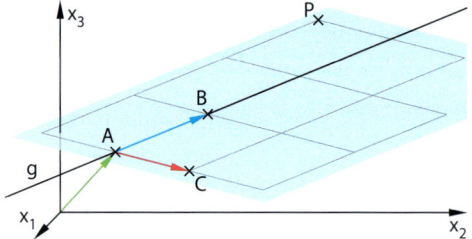

Hinweis

Üblich sind auch die Bezeichnungen **Parameterform der Ebene** oder **Punkt-Richtungsform der Ebene**.

Wissen **Parametergleichung einer Ebene**

Ist A ein Punkt einer Ebene E und sind $\vec{u}$ und $\vec{v}$ zwei nicht kollineare Vektoren in Richtung der Ebene, dann lässt sich die Ebene beschreiben durch die **Parametergleichung**

$$\vec{x} = \overrightarrow{OA} + r \cdot \vec{u} + s \cdot \vec{v} \ (r, s \in \mathbb{R}).$$

Der **Stützvektor** $\overrightarrow{OA}$ ist der Ortsvektor des **Stützpunktes** A. Dabei sind $\vec{u}$ und $\vec{v}$ **Richtungsvektoren** der Ebene. Für jedes Wertepaar der **Parameter** r und s erhält man den Ortsvektor $\vec{x}$ eines Punktes X der Ebene.

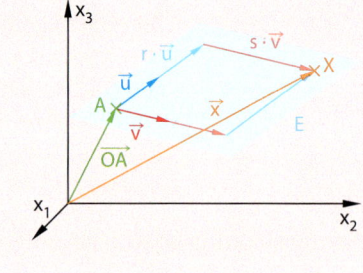

Die Parametergleichung einer Ebene ist nicht eindeutig bestimmt. Als Stützpunkt kann man jeden Punkt der Ebene wählen und als Richtungsvektoren zwei beliebige nicht kollineare Vektoren, deren Vektorpfeile sich in die Ebene legen lassen.

Beispiel 1 **Ebene durch drei Punkte**

Prüfen Sie, ob die Punkte A(1|−5|1), B(3|1|0) und C(0|4|−8) eine Ebene aufspannen. Falls ja, geben Sie eine Parametergleichung der Ebene an.

Lösung:

Bilden Sie die beiden Richtungsvektoren $\overrightarrow{AB}$ und $\overrightarrow{AC}$ und prüfen Sie, ob diese kollinear sind.
Sind $\overrightarrow{AB}$ und $\overrightarrow{AC}$ nicht kollinear, so legen die Punkte A, B und C eine Ebene fest.

$$\overrightarrow{AB} = \begin{pmatrix} 3-1 \\ 1+5 \\ 0-1 \end{pmatrix} = \begin{pmatrix} 2 \\ 6 \\ -1 \end{pmatrix} \quad \overrightarrow{AC} = \begin{pmatrix} 0-1 \\ 4+5 \\ -8-1 \end{pmatrix} = \begin{pmatrix} -1 \\ 9 \\ -9 \end{pmatrix}$$

$\overrightarrow{AC}$ ist kein Vielfaches von $\overrightarrow{AB}$, also sind die beiden Vektoren nicht kollinear.

Wählen Sie zum Beispiel als Stützpunkt den Punkt A und $\overrightarrow{AB}$ und $\overrightarrow{AC}$ als Richtungsvektoren. Stellen Sie damit eine Parametergleichung der Ebene auf.

$$E: \vec{x} = \overrightarrow{OA} + r \cdot \overrightarrow{AB} + s \cdot \overrightarrow{AC}$$

$$= \begin{pmatrix} 1 \\ -5 \\ 1 \end{pmatrix} + r \begin{pmatrix} 2 \\ 6 \\ -1 \end{pmatrix} + s \begin{pmatrix} -1 \\ 9 \\ -9 \end{pmatrix}, r, s \in \mathbb{R}$$

Hinweis

Die Parameter einer Ebenengleichung (hier r, s) stellen immer reelle Zahlen dar.

Beispiel 2 **Punktprobe**

Prüfen Sie, ob der Punkt in der Ebene E: $\vec{x} = \begin{pmatrix} 2 \\ 0 \\ -5 \end{pmatrix} + r\begin{pmatrix} -1 \\ 2 \\ 1 \end{pmatrix} + s\begin{pmatrix} 3 \\ -1 \\ -1 \end{pmatrix}$, r, s $\in$ ℝ, liegt.

a) P(−4 | 7 | −1)   b) Q(−4 | 5 | −3)

Lösung:

a) Der Punkt P liegt in E, wenn $\overrightarrow{OP}$ Ortsvektor eines Ebenenpunktes ist:
$\overrightarrow{OP} = \overrightarrow{OA} + r \cdot \vec{u} + s \cdot \vec{v}$
Es ergibt sich ein lineares Gleichungssystem aus drei Gleichungen für r und s.
Bringen Sie das LGS auf Zeilenstufenform und prüfen Sie, ob es lösbar ist.

$$\begin{pmatrix} -4 \\ 7 \\ -1 \end{pmatrix} = \begin{pmatrix} 2 \\ 0 \\ -5 \end{pmatrix} + r\begin{pmatrix} -1 \\ 2 \\ 1 \end{pmatrix} + s\begin{pmatrix} 3 \\ -1 \\ -1 \end{pmatrix}$$

$$\left(\begin{array}{cc|c} -1 & 3 & -6 \\ 2 & -1 & 7 \\ 1 & -1 & 4 \end{array}\right) \xrightarrow{\text{ZSF}} \left(\begin{array}{cc|c} -1 & 3 & -6 \\ 0 & 5 & -5 \\ 0 & 0 & 0 \end{array}\right)$$

Das LGS ist lösbar, P liegt in E.

Zur Probe kann man die Lösung für r und s berechnen und in die Ebenengleichung einsetzen.

Probe mit r = 3 und s = −1:

$$\begin{pmatrix} -4 \\ 7 \\ -1 \end{pmatrix} = \begin{pmatrix} 2 \\ 0 \\ -5 \end{pmatrix} + 3 \cdot \begin{pmatrix} -1 \\ 2 \\ 1 \end{pmatrix} + (-1) \cdot \begin{pmatrix} 3 \\ -1 \\ -1 \end{pmatrix}$$

b) Einsetzen von $\overrightarrow{OQ}$ in die Ebenengleichung ergibt ein Gleichungssystem mit drei Gleichungen für r und s.
Bringen Sie das LGS auf Zeilenstufenform und prüfen Sie, ob es lösbar ist.
Die letzte Zeile ist eine Widerspruchszeile, also hat das LGS keine Lösung.

$$\begin{pmatrix} -4 \\ 5 \\ -3 \end{pmatrix} = \begin{pmatrix} 2 \\ 0 \\ -5 \end{pmatrix} + r\begin{pmatrix} -1 \\ 2 \\ 1 \end{pmatrix} + s\begin{pmatrix} 3 \\ -1 \\ -1 \end{pmatrix}$$

$$\left(\begin{array}{cc|c} -1 & 3 & -6 \\ 2 & -1 & 5 \\ 1 & -1 & 2 \end{array}\right) \xrightarrow{\text{ZSF}} \left(\begin{array}{cc|c} -1 & 3 & -6 \\ 0 & 5 & -7 \\ 0 & 0 & -5 \end{array}\right)$$

Das LGS ist nicht lösbar, Q liegt nicht in E.

Basisaufgaben

1 Berechnen Sie die Koordinaten des Punktes der Ebene E: $\vec{x} = \begin{pmatrix} -3 \\ 2 \\ 1 \end{pmatrix} + r\begin{pmatrix} 2 \\ 3 \\ 2 \end{pmatrix} + s\begin{pmatrix} -2 \\ 2 \\ -2 \end{pmatrix}$, der

durch r und s festgelegt ist. Zeichnen Sie den Punkt in ein Koordinatensystem.
   a) r = 1; s = 3   b) r = 3; s = 1   c) r = 4; s = −1   d) r = 1; s = 0
   e) r = 0; s = 1   f) r = −1; s = 2   g) r = 2; s = 1,5   h) r = 1,5; s = −1,5

2 Prüfen Sie, ob die Punkte A, B und C eine Ebene aufspannen. Falls ja, geben Sie eine Parametergleichung der Ebene an.
   a) A(2 | −4 | 1); B(1 | 7 | −3); C(−4 | 2 | 1)   b) A(4 | 0 | 0); B(0 | 5 | 0); C(0 | 0 | 6)
   c) A(4 | 6 | 8); B(−3 | 6 | 0); C(−1 | 2 | 0)   d) A(3 | −2 | 4); B(7 | −4 | −2); C(9 | −5 | −5)

3 Begründen Sie, warum die Parametergleichung $\vec{x} = \overrightarrow{OA} + r \cdot \vec{u} + s \cdot \vec{v}$ keine Ebene beschreibt, wenn die Richtungsvektoren $\vec{u}$ und $\vec{v}$ kollinear sind. Was wird durch die Parametergleichung in diesem Fall beschrieben?

4 Geben Sie zur Ebene E: $\vec{x} = \begin{pmatrix} -3 \\ 0 \\ 1 \end{pmatrix} + r\begin{pmatrix} 0,5 \\ -1 \\ 0,25 \end{pmatrix} + s\begin{pmatrix} \frac{2}{3} \\ \frac{1}{3} \\ -2 \end{pmatrix}$ eine weitere Parametergleichung an, sodass
   a) der Stützvektor auf den Punkt gerichtet ist, den man für r = 4 und s = 3 erhält,
   b) die Richtungsvektoren ganzzahlige Koordinaten haben,
   c) kein Richtungsvektor zu $\vec{v} = \begin{pmatrix} \frac{2}{3} \\ \frac{1}{3} \\ -2 \end{pmatrix}$ kollinear ist,
   d) der Stützvektor die x_3-Koordinate 0 hat.

5 Gegeben sind die Punkte $A(1|22|-13)$, $B(3|3|3)$, $P(4|6|-6)$, $R(-2|8|-8)$, $Q(1|2|-5)$. Interpretieren Sie die Rechnungen eines CAS.

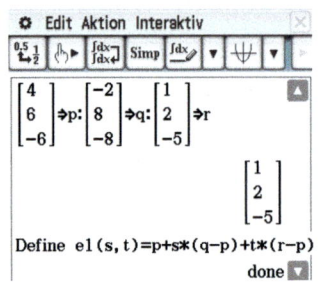

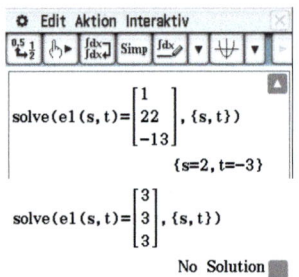

6 Die Ebene E wird vom Punkt $D_4(1|-1|3)$ aus durch die beiden Richtungsvektoren

$$\vec{u} = \begin{pmatrix} -3 \\ 1,5 \\ -3 \end{pmatrix} \text{ und } \vec{v} = \begin{pmatrix} -6 \\ 2 \\ -2 \end{pmatrix} \text{ aufgespannt.}$$

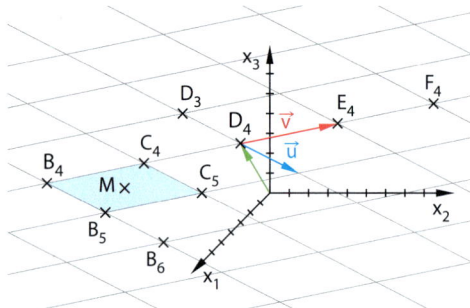

Hinweis zu 6a

Der Punkt M ist Schnittpunkt der Diagonalen im blau markierten Parallelogramm.

a) Bestimmen Sie die Koordinaten von E_4, D_3, C_5, B_5, B_6 und des Punktes M im Parallelogramm $B_5C_5C_4B_4$.

b) Prüfen Sie, ob die Punkte $P(-11|4|-5)$, $Q(-2|1,5|-4)$, $R(-5|1,5|-1)$, $S(-4|-2,5|6)$ und $T(-12|3,5|-2)$ in E liegen. Wenn ja, beschreiben Sie ihre Lage im Parallelogrammgitter.

7 Die Dachfläche ABCD soll mit Solarpaneelen ausgelegt werden. Ein vollautomatischer Hebekran wird verwendet und die rechte obere Ecke jedes Paneels einprogrammiert. Im gewählten Koordinatensystem gilt $P(8|7|11)$. Die Ausmaße und die Ausrichtung jedes Paneels auf dem Dach ist gegeben durch

$$\vec{u} = \begin{pmatrix} -2 \\ 1 \\ 0 \end{pmatrix} \text{ und } \vec{v} = \begin{pmatrix} -2 \\ -4 \\ 2 \end{pmatrix}.$$

Hinweis zu 7

T_1 und T_2 sind die Mittelpunkte der dunkelgrauen Paneele.

a) Geben Sie eine Gleichung der Ebene an, in der die Dachfläche liegt.

b) Berechnen Sie die Koordinaten der Punkte R, S, T_1 und T_2.

c) Prüfen Sie, ob die Punkte $K(10|1|13)$ und $L(2|15|9)$ in der Fläche ABCD liegen.

d) Geben Sie an, für welche Werte für r und s in $\vec{x} = \overrightarrow{OP} + r \cdot \vec{u} + s \cdot \vec{v}$ man Punkte der Dachfläche ABCD erhält.

Hinweis

Zwei Ebenen mit kollinearen Richtungsvektoren sind parallel zueinander.

8 Bestimmen Sie eine Parametergleichung der Ebene E mit diesen Eigenschaften.

a) E ist die x_1x_3-Koordinatenebene.

b) E enthält den Punkt $P(2|-3|5)$ und ist parallel zur x_1x_3-Koordinatenebene.

c) E enthält den Punkt $P(1|-1|4)$ und ist parallel zur Ebene

$$E_0: \vec{x} = \begin{pmatrix} -3 \\ 0 \\ 5 \end{pmatrix} + r \begin{pmatrix} 3 \\ -1 \\ -5 \end{pmatrix} + s \begin{pmatrix} 6 \\ -8 \\ 1 \end{pmatrix}.$$

d) Die Geraden $g: \vec{x} = \begin{pmatrix} -5 \\ 4 \\ -1 \end{pmatrix} + r \begin{pmatrix} 1 \\ 1 \\ 0 \end{pmatrix}$ und $h: \vec{x} = \begin{pmatrix} -5 \\ 4 \\ -1 \end{pmatrix} + r \begin{pmatrix} -3 \\ 0 \\ 5 \end{pmatrix}$ liegen in E.

Weiterführende Aufgaben

9 Beschreiben Sie die besondere Lage der Ebene E bezüglich der Koordinatenebenen und des Koordinatenursprungs.

a) $E: \vec{x} = \begin{pmatrix} 0 \\ 0 \\ 2 \end{pmatrix} + r \begin{pmatrix} 0 \\ 1 \\ 0 \end{pmatrix} + s \begin{pmatrix} 1 \\ 0 \\ 0 \end{pmatrix}, r, s \in \mathbb{R}$

b) $E: \vec{x} = r \begin{pmatrix} 1 \\ -5 \\ 2 \end{pmatrix} + s \begin{pmatrix} -6 \\ 3 \\ 7 \end{pmatrix}, r, s \in \mathbb{R}$

c) $E: \vec{x} = \begin{pmatrix} 5 \\ 3 \\ 7 \end{pmatrix} + r \begin{pmatrix} 0 \\ 2 \\ 2 \end{pmatrix} + s \begin{pmatrix} 0 \\ 0 \\ 1 \end{pmatrix}, r, s \in \mathbb{R}$

d) $E: \vec{x} = \begin{pmatrix} 3 \\ 0 \\ 0 \end{pmatrix} + r \begin{pmatrix} 0 \\ 6 \\ 0 \end{pmatrix} + s \begin{pmatrix} -3 \\ 0 \\ 5 \end{pmatrix}, r, s \in \mathbb{R}$

10 Eine Ebene E enthält die Gerade $g: \vec{x} = \begin{pmatrix} 6 \\ 0 \\ 0 \end{pmatrix} + k \begin{pmatrix} -2 \\ 0 \\ 1 \end{pmatrix}, k \in \mathbb{R}$, und den Punkt P(0|5|0).

a) Zeigen Sie, dass der Punkt A(4|0|1) in E liegt.

b) Begründen Sie, dass die Gerade $h: \vec{x} = \begin{pmatrix} 4 \\ 0 \\ 1 \end{pmatrix} + k \begin{pmatrix} -2 \\ 0 \\ 1 \end{pmatrix}, k \in \mathbb{R}$, in E liegt.

c) Geben Sie eine Gleichung einer weiteren Geraden an, die durch A geht und in E liegt.

11 Die Ebene durch die Punkte A, B und C mit dem Stützpunkt A und den nicht kollinearen Richtungsvektoren $\overrightarrow{AB}$ und $\overrightarrow{AC}$ hat die Gleichung $E: \vec{x} = \overrightarrow{OA} + r \cdot \overrightarrow{AB} + s \cdot \overrightarrow{AC}, r, s \in \mathbb{R}$. Geben Sie an, für welche Werte der Parameter r und s man die Ortsvektoren der angegebenen Punkte erhält.

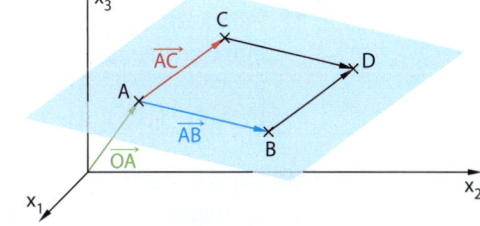

a) Punkt A

b) Punkte B und C

c) Punkte auf der Strecke $\overline{AB}$

d) Punkte auf der Strecke $\overline{AC}$

e) Punkt D des Parallelogramms ABDC

f) Punkte auf der Strecke $\overline{BD}$

g) Punkte auf der Strecke $\overline{CD}$

h) Mittelpunkt der Strecke $\overline{AD}$

i) Punkte im Inneren des Parallelogramms ABDC

⚠ 12 Stolperstelle: Die Ebene E enthält den Punkt A(16|−4|0) und wird durch die Vektoren

$\vec{u} = \begin{pmatrix} 56 \\ 28 \\ -14 \end{pmatrix}$ und $\vec{v} = \begin{pmatrix} 27 \\ 18 \\ 27 \end{pmatrix}$ aufgespannt. Korrigieren und erläutern Sie den Fehler.

a) Lara: „Vereinfacht ist auch $\vec{x} = \begin{pmatrix} 4 \\ -1 \\ 0 \end{pmatrix} + k \begin{pmatrix} 4 \\ 2 \\ -1 \end{pmatrix} + s \begin{pmatrix} 3 \\ 2 \\ 3 \end{pmatrix}$ eine Gleichung für E."

b) Dennis: „Der Punkt P mit $\overrightarrow{OP} = \begin{pmatrix} 16 \\ -4 \\ 0 \end{pmatrix} + 2 \cdot \begin{pmatrix} 4 \\ 2 \\ -1 \end{pmatrix} + 3 \cdot \begin{pmatrix} 3 \\ 2 \\ 3 \end{pmatrix}$ liegt nicht in dem Parallelogramm, das von A aus durch $\vec{u}$ und $\vec{v}$ aufgespannt wird."

13 Prüfen Sie, ob die Punkte A(3|5|6), B(1|0,5|2,5) und C(−1|2|1) in dem Parallelogramm liegen, welches vom Punkt P(−1|−2|1) aus durch die Vektoren $\vec{u} = \begin{pmatrix} 3 \\ 4,5 \\ 3 \end{pmatrix}$ und $\vec{v} = \begin{pmatrix} 2 \\ 2 \\ 1 \end{pmatrix}$ aufgespannt wird. Begründen Sie Ihre Antwort mit einer Skizze.

14 Eine Ebene lässt sich durch drei Punkte A, B und C, die nicht auf derselben Geraden liegen, festlegen. Nennen Sie weitere Möglichkeiten, eine Ebene durch Punkte und/oder Geraden zu beschreiben. Geben Sie jeweils ein Beispiel an (mit Parametergleichung und Skizze).

15 Prüfen Sie, ob es eine eindeutige Ebene gibt, in der die Gerade g ($r \in \mathbb{R}$) und der Punkt P liegen. Falls ja, geben Sie eine Parametergleichung der Ebene an.

a) $g: \vec{x} = \begin{pmatrix} -2 \\ 3 \\ 7 \end{pmatrix} + r \begin{pmatrix} 15 \\ -5 \\ 10 \end{pmatrix}$ P(−8 | 5 | 3)

b) $g: \vec{x} = \begin{pmatrix} 1 \\ 0 \\ -5 \end{pmatrix} + r \begin{pmatrix} 3 \\ -2 \\ 4 \end{pmatrix}$ P(7 | −4 | −1)

16 Prüfen Sie, ob es eine Ebene gibt, in der die Geraden g und h ($r, s \in \mathbb{R}$) liegen. Falls ja, geben Sie eine Parametergleichung der Ebene an.

a) $g: \vec{x} = \begin{pmatrix} 5 \\ 2 \\ -6 \end{pmatrix} + r \begin{pmatrix} -2 \\ 5 \\ 1 \end{pmatrix}$ $h: \vec{x} = \begin{pmatrix} -1 \\ -16 \\ 0 \end{pmatrix} + s \begin{pmatrix} -4 \\ -1 \\ 3 \end{pmatrix}$

b) $g: \vec{x} = \begin{pmatrix} 0 \\ 1 \\ 0 \end{pmatrix} + r \begin{pmatrix} 2 \\ 0 \\ -1 \end{pmatrix}$ $h: \vec{x} = \begin{pmatrix} 0 \\ 0 \\ 5 \end{pmatrix} + s \begin{pmatrix} 1 \\ -1 \\ 0 \end{pmatrix}$

c) $g: \vec{x} = \begin{pmatrix} 2 \\ -1 \\ 0 \end{pmatrix} + r \begin{pmatrix} -2 \\ 0 \\ 1 \end{pmatrix}$ $h: \vec{x} = \begin{pmatrix} 1 \\ 0 \\ 4 \end{pmatrix} + s \begin{pmatrix} 4 \\ 0 \\ -2 \end{pmatrix}$

d) $g: \vec{x} = \begin{pmatrix} 2 \\ 1 \\ 1 \end{pmatrix} + r \begin{pmatrix} -0,5 \\ 2 \\ 1 \end{pmatrix}$ $h: \vec{x} = \begin{pmatrix} 5 \\ -11 \\ -5 \end{pmatrix} + s \begin{pmatrix} 1 \\ -4 \\ -2 \end{pmatrix}$

17 Prüfen Sie, ob die Punkte A, B, C und D in einer gemeinsamen Ebene liegen. Erläutern Sie Ihre Vorgehensweise.

a) A(5 | −7 | 9), B(3 | −7 | 10), C(6 | −4 | 13), D(4 | −4 | 14)

b) A(3 | −1 | 0), B(4 | −1 | 1), C(5 | 0 | 0), D(7 | 1 | 3)

18 Die Skizze zeigt ein Hausdach.

a) Zeigen Sie, dass die Vierecke ABCD, ABEF und DCEF Parallelogramme sind.

b) Prüfen Sie, in welchem dieser Parallelogramme der Punkt P(1 | 4 | 1) liegt.

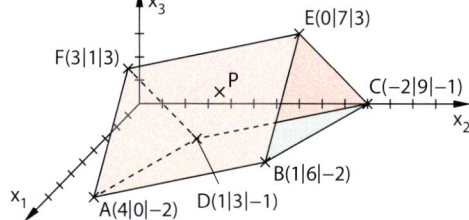

19 Berechnen Sie die Koordinaten der Eckpunkte sowie des Schnittpunktes der Diagonalen des

Parallelogramms, welches durch die Gleichung E: $\vec{x} = \begin{pmatrix} -2 \\ 0 \\ 3 \end{pmatrix} + r \begin{pmatrix} -1 \\ 3 \\ 1 \end{pmatrix} + s \begin{pmatrix} 5 \\ 2 \\ 0 \end{pmatrix}$ mit $0 \le r, s \le 4$, $r, s \in \mathbb{R}$, gegeben ist.

20 Nehmen Sie Stellung zu der Aussage und begründen Sie sie anschaulich.
Wenn ein Richtungsvektor einer Ebene parallel zur x_3-Achse ist, dann haben die Ebene und die x_3-Achse keine gemeinsamen Punkte.

21 Die Abbildung zeigt einen Carport. Sein Boden liegt in der x_1x_2-Ebene. Zwei Längeneinheiten im Koordinatensystem entsprechen 1 m. Die Wand neben dem Baum ist 1 m breiter als die gegenüberliegende. Damit das Dach ein Gefälle hat, sind die Stützen unterschiedlich lang. Berechnen Sie, wie lang die Stütze unter dem Punkt B sein muss, damit das Dach auch hier aufliegt.

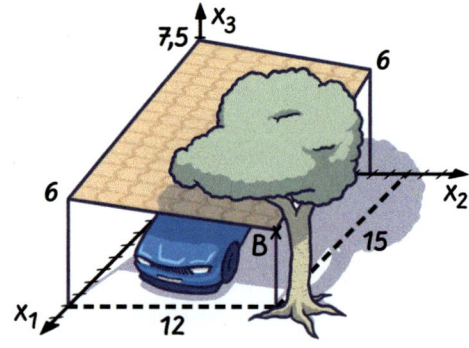

● **22** Gegeben sind die Punkte A(3|0|−3),
B(3|5|−3) und D(−1|0|0).

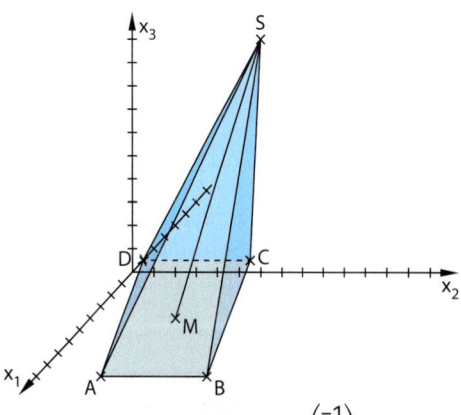

a) Berechnen Sie die Koordinaten des
Punktes C, sodass ABCD ein Parallelogramm ist.

b) Zeigen Sie, dass das Parallelogramm
sogar ein Quadrat ist, indem Sie die
Längen der Seiten miteinander
vergleichen und auch die Längen der
Diagonalen.

c) Berechnen Sie die Koordinaten des
Mittelpunktes M des Quadrats ABCD.
Zeigen Sie, dass M auf der Geraden h
liegt, welche durch S(−7|2,5|6,5) verläuft und den Richtungsvektor $\vec{v} = \begin{pmatrix} -1 \\ 0 \\ 1 \end{pmatrix}$ hat.

d) Zeigen Sie, dass der Punkt S von den vier Eckpunkten des Quadrats gleich weit entfernt
ist. Geben Sie an, welche Bedeutung dann die Strecke $\overline{MS}$ für die Pyramide mit Grundfläche ABCD und Spitze S hat.

e) Berechnen Sie das Volumen der Pyramide.

🖊 **23** **Spurpunkte:** Die Schnittpunkte einer
Ebene mit den Koordinatenachsen
heißen Spurpunkte. Mit ihnen lässt sich
die Lage einer Ebene im Koordinatensystem verdeutlichen. Es sei

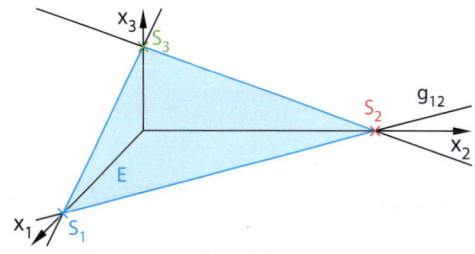

$$E: \vec{x} = \begin{pmatrix} x_1 \\ x_2 \\ x_3 \end{pmatrix} = \begin{pmatrix} 1 \\ -2 \\ 2 \end{pmatrix} + r\begin{pmatrix} 0 \\ 8 \\ -2 \end{pmatrix} + s\begin{pmatrix} -3 \\ 14 \\ -2 \end{pmatrix}.$$

a) Zeigen Sie, dass $S_1(4|0|0)$ der Spurpunkt von E mit der x_1-Achse ist. Erklären Sie,
weshalb zwei der Koordinaten dieses Punktes 0 sind.

b) Berechnen Sie, für welche Werte der Parameter r und s man $x_1 = 0$ und $x_3 = 0$ erhält.
Dazu müssen Sie ein 2×2-LGS lösen. Beschreiben Sie, welche Punkte Sie durch die
ermittelten Parameterwerte angeben können.

c) Bestimmen Sie den Spurpunkt S_3 der Ebene E mit der x_3-Achse.

d) Stellen Sie E mithilfe der Spurpunkte in einem Koordinatensystem dar.

● **24** **Ausblick:** Es seien A, B und C drei beliebige Punkte, die nicht auf einer Geraden
liegen, und $\vec{b}$ und $\vec{c}$ Vektoren wie in der
Abbildung festgelegt. Für einen Punkt Q im
von den Vektoren $\vec{b}$ und $\vec{c}$ von A aus
aufgespannten Parallelogramm gilt
$\overrightarrow{OQ} = \overrightarrow{OA} + r \cdot \vec{b} + s \cdot \vec{c}$ mit r, s ∈ ℝ, 0 ≤ r ≤ 1
und 0 ≤ s ≤ 1. In dieser Aufgabe sollen Sie
ein Kriterium dafür entwickeln, dass ein
gegebener Punkt P im Dreieck ABC liegt.

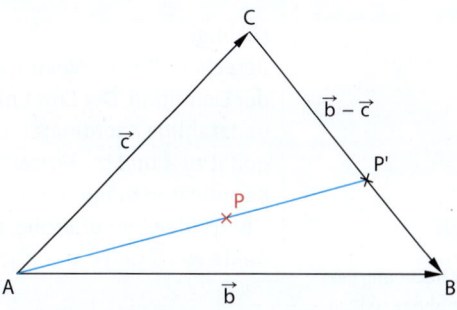

a) Zeigen Sie: Der Punkt P' liegt genau dann auf der Strecke $\overline{CB}$, wenn die Gleichung
$\overrightarrow{OP'} = \overrightarrow{OA} + r \cdot \vec{b} + s \cdot \vec{c}$ mit 0 ≤ r, s und r + s = 1 gilt. Setzen Sie dazu s = 1 − r im Ausdruck für $\overrightarrow{OP'}$ und vereinfachen Sie den Ausdruck.

b) Zu jedem Punkt P im Dreieck ABC gibt es einen Punkt P' auf der Strecke $\overline{CB}$, sodass gilt
$\overrightarrow{AP} = k \cdot \overrightarrow{AP'}$ mit 0 ≤ k ≤ 1. Nutzen Sie das Ergebnis aus Teil a), um herauszufinden, für
welche r, s ein Punkt P mit $\overrightarrow{OP} = \overrightarrow{OA} + r \cdot \vec{b} + s \cdot \vec{c}$ im Dreieck ABC liegt.

4.4 Vektorprodukt

Gegeben sind die Vektoren $\vec{a} = \begin{pmatrix} 2 \\ 1 \\ -5 \end{pmatrix}$ und $\vec{b} = \begin{pmatrix} -3 \\ 4 \\ -2 \end{pmatrix}$.

$\vec{n} = \begin{pmatrix} -2 - (-20) \\ 15 - (-4) \\ 8 - (-3) \end{pmatrix}$

a) Bestimmen Sie mithilfe eines Gleichungssystems alle Vektoren $\vec{n}_t$, die orthogonal zu $\vec{a}$ und zu $\vec{b}$ sind.

b) Zeigen Sie, dass der Vektor $\vec{n}$ eine spezielle Lösung aus a) ist. Beschreiben Sie, wie sich der Vektor $\vec{n}$ aus dem abgebildeten Schema ergibt. Was macht $\vec{n}$ besonders?

$$\begin{array}{cc} 1 & 4 \\ -5 & -2 \\ 2 & -3 \\ 1 & 4 \end{array}$$

Ein Vektor $\vec{n}$, der zu den beiden nicht kollinearen Vektoren $\vec{a}$ und $\vec{b}$ orthogonal sein soll, muss zwei Bedingungen erfüllen: $\vec{a} \cdot \vec{n} = 0$ und $\vec{b} \cdot \vec{n} = 0$
Da das zugehörige LGS unterbestimmt ist, hat es unendlich viele Lösungen. Die Länge von $\vec{n}$ ist somit nicht festgelegt.
Mit dem rechts hergeleiteten Schema zur Bestimmung von $\vec{n}$ wird eine neue Verknüpfung zwischen zwei Vektoren definiert, das sogenannte Vektorprodukt.

$\vec{a} = \begin{pmatrix} a_1 \\ a_2 \\ a_3 \end{pmatrix}, \vec{b} = \begin{pmatrix} b_1 \\ b_2 \\ b_3 \end{pmatrix}, \vec{n} = \begin{pmatrix} n_1 \\ n_2 \\ n_3 \end{pmatrix}$

$\begin{vmatrix} a_1 n_1 + a_2 n_2 + a_3 n_3 = 0 & | \cdot (-b_1) \\ b_1 n_1 + b_2 n_2 + b_3 n_3 = 0 & | \cdot a_1 \end{vmatrix} +$

$\begin{vmatrix} a_1 n_1 + a_2 n_2 + a_3 n_3 = 0 \\ (a_1 b_2 - a_2 b_1) n_2 + (a_1 b_3 - a_3 b_1) n_3 = 0 \end{vmatrix}$

Gleichung II ist erfüllt für:
$n_2 = a_3 b_1 - a_1 b_3$ und $n_3 = a_1 b_2 - a_2 b_1$
Einsetzen in Gleichung I ergibt für $a_1 \neq 0$:
$n_1 = a_2 b_3 - a_3 b_2$

Hinweis

Eine andere Bezeichnung für das Vektorprodukt ist **Kreuzprodukt**. Diese findet sich beispielsweise im CAS.

Definition   **Das Vektorprodukt** (oder **Kreuzprodukt**)

$\vec{a} \times \vec{b} = \begin{pmatrix} a_1 \\ a_2 \\ a_3 \end{pmatrix} \times \begin{pmatrix} b_1 \\ b_2 \\ b_3 \end{pmatrix} = \begin{pmatrix} a_2 b_3 - a_3 b_2 \\ a_3 b_1 - a_1 b_3 \\ a_1 b_2 - a_2 b_1 \end{pmatrix}$ heißt **Vektorprodukt** von $\vec{a}$ und $\vec{b}$.

Satz   **Eigenschaft des Vektorprodukts**

Sind $\vec{a} \neq \vec{0}$ und $\vec{b} \neq \vec{0}$ nicht kollinear, so ist der Vektor $\vec{a} \times \vec{b}$ orthogonal zu $\vec{a}$ und zu $\vec{b}$.

Beispiel 1   Berechnen Sie einen Vektor mit ganzzahligen Koordinaten von möglichst kleinem

Betrag, der zu $\vec{a} = \begin{pmatrix} 3 \\ 2 \\ -4 \end{pmatrix}$ und zu $\vec{b} = \begin{pmatrix} 1 \\ -2 \\ 2 \end{pmatrix}$ orthogonal ist. Machen Sie die Probe.

Lösung:
Berechnen Sie das Vektorprodukt mithilfe der Definition. Der Ergebnisvektor hat ganzzahlige Koordinaten und ist orthogonal zu $\vec{a}$ und $\vec{b}$. „Kürzen" Sie seine Koordinaten möglichst weit.
Überprüfen Sie zur Probe, ob die Skalarprodukte von $\vec{a}$ und $\vec{b}$ mit $\vec{n}$ jeweils 0 ergeben.

$\begin{pmatrix} 3 \\ 2 \\ -4 \end{pmatrix} \times \begin{pmatrix} 1 \\ -2 \\ 2 \end{pmatrix} = \begin{pmatrix} 2 \cdot 2 - (-4) \cdot (-2) \\ (-4) \cdot 1 - 3 \cdot 2 \\ 3 \cdot (-2) - 2 \cdot 1 \end{pmatrix} = \begin{pmatrix} -4 \\ -10 \\ -8 \end{pmatrix}$

$\vec{n} = \begin{pmatrix} 2 \\ 5 \\ 4 \end{pmatrix}$

$\vec{a} \cdot \vec{n} = 6 + 10 - 16 = 0$
$\vec{b} \cdot \vec{n} = 2 - 10 + 8 = 0$

Hinweis

Bei der Berechnung des Vektorprodukts können schnell Fehler passieren. Daher sollten Sie stets eine Probe machen. Das Schema oben auf dieser Seite kann helfen.

Basisaufgaben

1   Berechnen Sie das Vektorprodukt von $\vec{a}$ und $\vec{b}$.

a) $\vec{a} = \begin{pmatrix} 2 \\ -1 \\ 3 \end{pmatrix}$ $\vec{b} = \begin{pmatrix} 1 \\ 4 \\ -1 \end{pmatrix}$ b) $\vec{a} = \begin{pmatrix} 3 \\ -2 \\ 1 \end{pmatrix}$ $\vec{b} = \begin{pmatrix} -6 \\ 4 \\ -2 \end{pmatrix}$ c) $\vec{a} = \begin{pmatrix} 0 \\ 3 \\ -2 \end{pmatrix}$ $\vec{b} = \begin{pmatrix} 2 \\ 5 \\ 4 \end{pmatrix}$

2 Berechnen Sie mithilfe des Vektorprodukts einen zu $\vec{a}$ und $\vec{b}$ orthogonalen Vektor mit möglichst kleinen ganzzahligen Koordinaten. Machen Sie die Probe.

a) $\vec{a} = \begin{pmatrix} 4 \\ -6 \\ 3 \end{pmatrix}$ $\vec{b} = \begin{pmatrix} 2 \\ 4 \\ -1 \end{pmatrix}$ b) $\vec{a} = \begin{pmatrix} 4 \\ -7 \\ 5 \end{pmatrix}$ $\vec{b} = \begin{pmatrix} 8 \\ 3 \\ 3 \end{pmatrix}$ c) $\vec{a} = \begin{pmatrix} -3 \\ -1 \\ 5 \end{pmatrix}$ $\vec{b} = \begin{pmatrix} 1 \\ 7 \\ -3 \end{pmatrix}$

3 Berechnen Sie das Vektorprodukt von $\vec{a}$ und $\vec{b}$ mit einem geeigneten digitalen Hilfsmittel.

> **Hinweis**
>
> Vektorprodukt mit einem CAS:
> **crossP**(v1,v2)

a) $\vec{a} = \begin{pmatrix} 3 \\ -1 \\ -3 \end{pmatrix}$ $\vec{b} = \begin{pmatrix} 4 \\ 2 \\ 1 \end{pmatrix}$ b) $\vec{a} = \begin{pmatrix} 0 \\ -1 \\ 5 \end{pmatrix}$ $\vec{b} = \begin{pmatrix} 9 \\ 13 \\ 28 \end{pmatrix}$ c) $\vec{a} = \begin{pmatrix} 8 \\ 19 \\ -1 \end{pmatrix}$ $\vec{b} = \begin{pmatrix} 16 \\ 11 \\ 7 \end{pmatrix}$

4 Berechnen Sie das Vektorprodukt von $\vec{a}$ und $\vec{b}$ und erklären Sie das Ergebnis.

a) $\vec{a} = \begin{pmatrix} 3 \\ 1 \\ 0 \end{pmatrix}$ $\vec{b} = \begin{pmatrix} 1 \\ -2 \\ 0 \end{pmatrix}$ b) $\vec{a} = \begin{pmatrix} 4 \\ 0 \\ 0 \end{pmatrix}$ $\vec{b} = \begin{pmatrix} 0 \\ 0 \\ 3 \end{pmatrix}$ c) $\vec{a} = \begin{pmatrix} 3 \\ 1 \\ -1 \end{pmatrix}$ $\vec{b} = \begin{pmatrix} -6 \\ -2 \\ 2 \end{pmatrix}$

Weiterführende Aufgaben

> **Hinweis**
>
> Der **Flächeninhalt** des von den Vektoren $\vec{a}$ und $\vec{b}$ aufgespannten **Parallelogramms** ist $|\vec{a} \times \vec{b}|$.
> Die drei Vektoren $\vec{a}, \vec{b}$ und $\vec{a} \times \vec{b}$ bilden ein **Rechtssystem**.

5 Zeigen Sie, dass die Vektoren $\vec{a}$ und $\vec{b}$ ein Quadrat aufspannen.
Bestimmen Sie einen Vektor $\vec{c}$ so, dass $\vec{a}, \vec{b}$ und $\vec{c}$ einen Quader mit dem angegebenen Volumen V aufspannen. Beschreiben Sie die Form des sich ergebenden Quaders.

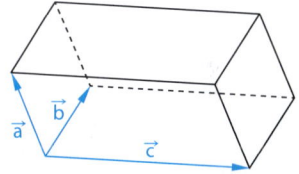

a) $\vec{a} = \begin{pmatrix} 3 \\ 8 \\ 5 \end{pmatrix}; \vec{b} = \begin{pmatrix} 9 \\ -4 \\ 1 \end{pmatrix}; V = 686$ b) $\vec{a} = \begin{pmatrix} 8 \\ 4 \\ 1 \end{pmatrix}; \vec{b} = \begin{pmatrix} -4 \\ 7 \\ 4 \end{pmatrix}; V = 729$

6 **Stolperstelle:** Beschreiben Sie die Fehler, die bei der Berechnung des Vektorprodukts gemacht wurden, und korrigieren Sie diese.

$$\begin{pmatrix} -2 \\ 3 \\ 5 \end{pmatrix} \times \begin{pmatrix} 1 \\ 4 \\ -6 \end{pmatrix} = \begin{pmatrix} 5 \cdot 4 - 3 \cdot (-6) \\ 5 \cdot 1 + 2 \cdot 6 \\ (-2) \cdot 1 - 3 \cdot 4 \end{pmatrix} = \begin{pmatrix} 38 \\ 17 \\ -14 \end{pmatrix}$$

7 Zeigen Sie allgemein, dass der Vektor $\vec{a} \times \vec{b}$ orthogonal zu $\vec{a}$ und $\vec{b}$ ist.

8 **Weitere Eigenschaften des Vektorprodukts:** Für $\vec{a} \neq \vec{0}$ und $\vec{b} \neq \vec{0}$ gelten:
① $\vec{a} \times \vec{b} = -\vec{b} \times \vec{a}$ ② $(r\vec{a}) \times \vec{b} = \vec{a} \times (r\vec{b}) = r(\vec{a} \times \vec{b})$
③ $\vec{a} \times \vec{b} = \vec{0}$, falls $\vec{a}$ und $\vec{b}$ kollinear sind.

> **Hinweis zu 8**
>
> Eigenschaft ① bedeutet, dass das Vektorprodukt antikommutativ ist.
>
>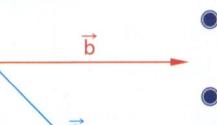
>
>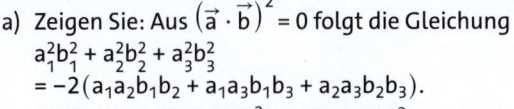

a) Zeigen Sie, dass ① für $\vec{a} = \begin{pmatrix} 3 \\ -1 \\ -3 \end{pmatrix}, \vec{b} = \begin{pmatrix} -1 \\ 2 \\ 3 \end{pmatrix}$ und allgemein für $\vec{a} = \begin{pmatrix} a_1 \\ a_2 \\ a_3 \end{pmatrix}, \vec{b} = \begin{pmatrix} b_1 \\ b_2 \\ b_3 \end{pmatrix}$ gilt.

b) Bestätigen Sie Eigenschaft ② anhand der zwei Beispiele

$r = 2, \vec{a} = \begin{pmatrix} 3 \\ -5 \\ 1 \end{pmatrix}, \vec{b} = \begin{pmatrix} 1 \\ 2 \\ -1 \end{pmatrix}$ und $r = -3, \vec{a} = \begin{pmatrix} 2 \\ 2 \\ -1 \end{pmatrix}, \vec{b} = \begin{pmatrix} -1 \\ 4 \\ 2 \end{pmatrix}$.

c) Beweisen Sie Eigenschaft ③.

9 **Ausblick:** Zwei orthogonale Vektoren $\vec{a}$ und $\vec{b}$ spannen ein Rechteck auf.

a) Zeigen Sie: Aus $(\vec{a} \cdot \vec{b})^2 = 0$ folgt die Gleichung
$a_1^2 b_1^2 + a_2^2 b_2^2 + a_3^2 b_3^2$
$= -2(a_1 a_2 b_1 b_2 + a_1 a_3 b_1 b_3 + a_2 a_3 b_2 b_3)$.

b) Berechnen Sie $|\vec{a} \times \vec{b}|^2$ und $|\vec{a}|^2 \cdot |\vec{b}|^2$.

c) Zeigen Sie, dass $|\vec{a} \times \vec{b}|^2 = |\vec{a}|^2 \cdot |\vec{b}|^2$ gilt. Folgern Sie daraus, dass $|\vec{a} \times \vec{b}|$ dem Flächeninhalt des Rechtecks entspricht.

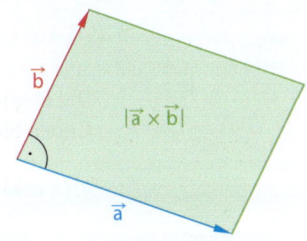

4.5 Normalen- und Koordinatengleichung

Die Gerade g ist senkrecht zu den Ebenen E_1, E_2 und E_3.

a) Beschreiben Sie, was sich daraus für die Lage der Ebenen zueinander ergibt.

b) Geben Sie an, wie viele Ebenen es gibt, die durch den Punkt P und senkrecht zur Geraden g verlaufen.

c) Es sei E_1: $\vec{x} = \begin{pmatrix} 3 \\ -2 \\ 1 \end{pmatrix} + r\begin{pmatrix} 2 \\ -3 \\ 0 \end{pmatrix} + s\begin{pmatrix} 1 \\ 2 \\ 1 \end{pmatrix}$.

Ermitteln Sie einen Richtungsvektor der Geraden g.

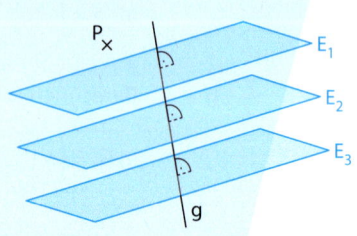

Bei der Parametergleichung wird die Lage einer Ebene durch einen Stützvektor und *zwei* Richtungsvektoren beschrieben. Es genügen jedoch bereits ein Stützvektor und ein zur Ebene orthogonaler Vektor, um die Lage der Ebene festzulegen. Ein zur Ebene orthogonaler Vektor heißt **Normalenvektor der Ebene**.

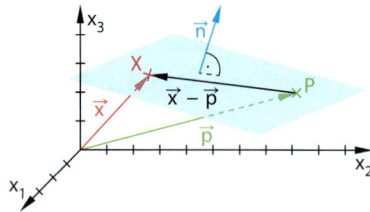

Hinweis

Die Parametergleichung beschreibt einen Weg zu den Punkten der Ebene. Die Normalen- und die Koordinatengleichung formulieren eine Bedingung dafür, dass ein Punkt in der Ebene liegt.

> **Wissen** **Normalen- und Koordinatengleichung**
>
> Eine Ebene E lässt sich durch einen Normalenvektor $\vec{n}$ und einen Stützvektor $\vec{p}$ beschreiben. Jeder Ortsvektor $\vec{x}$ von E erfüllt die Gleichung $(\vec{x} - \vec{p}) \cdot \vec{n} = 0$ (**Normalengleichung** von E) und deren ausmultiplizierte Form $ax_1 + bx_2 + cx_3 = e$ (**Koordinatengleichung** von E). Dabei sind a, b, c die Koordinaten von $\vec{n}$ und e das Skalarprodukt von $\vec{n}$ mit dem Stützvektor $\vec{p}$.

Hinweis

Skalarprodukt mit einem CAS:
dotp(v1,v2)

> **Beispiel 1**
>
> Die Ebene E enthält den Punkt $P(2\,|\,{-4}\,|\,1)$ und ist orthogonal zu $\vec{n} = \begin{pmatrix} 5 \\ -2 \\ 1 \end{pmatrix}$.
>
> a) Geben Sie eine Normalen- und eine Koordinatengleichung von E an.
> b) Prüfen Sie, ob die Punkte $A(3\,|\,4\,|\,{-2})$ und $B(3\,|\,1\,|\,6)$ in E liegen.
>
> **Lösung:**
>
> a) Stellen Sie die Normalengleichung mit den gegebenen Vektoren auf. Multiplizieren Sie die Normalengleichung aus und stellen Sie diese so um, dass auf der rechten Seite das Skalarprodukt von $\overrightarrow{OP}$ und $\vec{n}$ steht.
>
> **Normalengleichung:**
> $$\left(\begin{pmatrix} x_1 \\ x_2 \\ x_3 \end{pmatrix} - \begin{pmatrix} 2 \\ -4 \\ 1 \end{pmatrix} \right) \cdot \begin{pmatrix} 5 \\ -2 \\ 1 \end{pmatrix} = 0$$
>
> **Koordinatengleichung:**
> $5x_1 - 2x_2 + x_3 - (10 + 8 + 1) = 0 \qquad |+19$
> $5x_1 - 2x_2 + x_3 = 19$
>
> b) Setzen Sie die Koordinaten von A und B in die Koordinatengleichung ein und prüfen Sie, ob die Gleichung erfüllt ist.
>
> **Punktprobe:**
> A: $5 \cdot 3 - 2 \cdot 4 - 2 = 5 \neq 19$; A liegt nicht in E.
> B: $5 \cdot 3 - 2 \cdot 1 + 6 = 19$; B liegt in E.

Basisaufgaben

1 Die Ebene E enthält den Punkt P und verläuft orthogonal zum Vektor $\vec{n}$.
Geben Sie eine Normalen- und eine Koordinatengleichung von E an.

a) $P(-2\,|\,1\,|\,4)$ $\vec{n} = \begin{pmatrix} 2 \\ 4 \\ 3 \end{pmatrix}$ b) $P(2\,|\,0\,|\,1)$ $\vec{n} = \begin{pmatrix} 0 \\ 3 \\ 5 \end{pmatrix}$ c) $P(0\,|\,0\,|\,0)$ $\vec{n} = \begin{pmatrix} 1 \\ -1 \\ 0 \end{pmatrix}$

2 Prüfen Sie, ob die Punkte A und B in der Ebene E liegen.

a) $E: \vec{x} \cdot \begin{pmatrix} 3 \\ 1 \\ -6 \end{pmatrix} = 5; A(1|1|1); B(2|5|1)$
b) $E: x_1 + x_2 - 4x_3 = 7; A(5|6|1); B(7|0|0)$

3 Bestimmen Sie die fehlende Koordinate so, dass der Punkt in $E: -4x_1 + 2x_2 - x_3 = 8$ liegt.
a) $A(x_1|1|2)$ 　 b) $B(x_1|0|0)$ 　 c) $C(x_1|8|4)$ 　 d) $D(-3|x_2|1)$ 　 e) $E(2|3|x_3)$

4 Geben Sie drei Punkte an, die in der Ebene $E: 5x_1 - x_2 + 2x_3 = 6$ liegen.

5 Geben Sie eine Koordinatengleichung der Ebene E an.

a) $E: \left(\vec{x} - \begin{pmatrix} 3 \\ -1 \\ 2 \end{pmatrix} \right) \cdot \begin{pmatrix} 6 \\ 1 \\ -2 \end{pmatrix} = 0$
b) $E: \vec{x} \cdot \begin{pmatrix} 0 \\ 1 \\ 0 \end{pmatrix} = 8$
c) $E: \vec{x} \cdot \begin{pmatrix} -1 \\ 5 \\ 8 \end{pmatrix} = \begin{pmatrix} 6 \\ 1 \\ 9 \end{pmatrix} \cdot \begin{pmatrix} -1 \\ 5 \\ 8 \end{pmatrix}$

Hinweis zu 5c

Hier ist die Normalengleichung in der Form $\vec{x} \cdot \vec{n} = \vec{p} \cdot \vec{n}$ gegeben.

6 Geben Sie eine Normalen- und eine Koordinatengleichung der Ebene durch den Punkt A $(-2|0|6)$ an, welche orthogonal zur Geraden g verläuft.

a) $g: \vec{x} = \begin{pmatrix} 2 \\ -5 \\ 1 \end{pmatrix} + r \begin{pmatrix} 4 \\ 3 \\ 1 \end{pmatrix}$
b) g ist die x_3-Achse
c) $g: \vec{x} = r \begin{pmatrix} -2 \\ 3 \\ 1 \end{pmatrix}$
d) $g: \vec{x} = r \begin{pmatrix} -4 \\ 6 \\ 2 \end{pmatrix}$

Zwischen Ebenendarstellungen wechseln

Beispiel 2 **Parametergleichung gegeben**

Ermitteln Sie eine Koordinatengleichung der Ebene $E: \vec{x} = \begin{pmatrix} -2 \\ 4 \\ 1 \end{pmatrix} + r \begin{pmatrix} 3 \\ 0 \\ 1 \end{pmatrix} + s \begin{pmatrix} 3 \\ -2 \\ 2 \end{pmatrix}$.

Lösung:

Berechnen Sie das Vektorprodukt der Richtungsvektoren. Das Ergebnis ist ein Normalenvektor $\vec{n}$ der Ebene E.

Normalenvektor:

$$\vec{n} = \begin{pmatrix} 3 \\ 0 \\ 1 \end{pmatrix} \times \begin{pmatrix} 3 \\ -2 \\ 2 \end{pmatrix} = \begin{pmatrix} 0 - (-2) \\ 3 - 6 \\ -6 - 0 \end{pmatrix} = \begin{pmatrix} 2 \\ -3 \\ -6 \end{pmatrix}$$

Berechnen Sie das Skalarprodukt des Stützvektors mit $\vec{n}$. Dieses steht auf der rechten Seite der Koordinatengleichung. Auf der linken Seite stehen die Koordinaten des Normalenvektors.

Rechte Seite:

$$\begin{pmatrix} -2 \\ 4 \\ 1 \end{pmatrix} \cdot \begin{pmatrix} 2 \\ -3 \\ -6 \end{pmatrix} = -4 - 12 - 6 = -22$$

Koordinatengleichung:
$2x_1 - 3x_2 - 6x_3 = -22$

Hinweis

Um irgendeinen Stützpunkt zu ermitteln, wurde $x_1 = x_2 = 0$ gesetzt. Als Richtungsvektoren wurden $\begin{pmatrix} n_2 \\ -n_1 \\ 0 \end{pmatrix}$ und $\begin{pmatrix} 0 \\ -n_3 \\ n_2 \end{pmatrix}$ gewählt. Man kann zwei Punkte mit $x_1 = x_3 = 0$ bzw. $x_2 = x_3 = 0$ wählen und damit Richtungsvektoren bestimmen.

Beispiel 3 **Koordinatengleichung gegeben**

Ermitteln Sie eine Parametergleichung zur Ebene $E: 3x_1 + 4x_2 - x_3 = 9$.

Lösung:

Bestimmen Sie einen Stützpunkt, der die Koordinatengleichung erfüllt. Lesen Sie aus der Koordinatengleichung den Normalenvektor $\vec{n} = \begin{pmatrix} 3 \\ 4 \\ -1 \end{pmatrix}$ ab.

Bestimmen Sie zwei nicht kollineare Vektoren, die orthogonal zu $\vec{n}$ sind. Schreiben Sie die Parametergleichung auf.

Stützpunkt: $P(0|0|-9)$
Richtungsvektoren:

$$\begin{pmatrix} 4 \\ -3 \\ 0 \end{pmatrix} \cdot \begin{pmatrix} 3 \\ 4 \\ -1 \end{pmatrix} = 0 \text{ und } \begin{pmatrix} 0 \\ 1 \\ 4 \end{pmatrix} \cdot \begin{pmatrix} 3 \\ 4 \\ -1 \end{pmatrix} = 0$$

Parametergleichung:

$$E: \vec{x} = \begin{pmatrix} 0 \\ 0 \\ -9 \end{pmatrix} + r \begin{pmatrix} 4 \\ -3 \\ 0 \end{pmatrix} + s \begin{pmatrix} 0 \\ 1 \\ 4 \end{pmatrix}$$

Basisaufgaben

Hinweis

Sie sollten zur Probe den Normalenvektor mit beiden Richtungsvektoren multiplizieren. Das vermeidet frühe Fehler bei langen Aufgaben.

7 Berechnen Sie eine Koordinatengleichung zur Ebene E.

a) $E: \vec{x} = \begin{pmatrix} -3 \\ 1 \\ 0 \end{pmatrix} + r\begin{pmatrix} 1 \\ -1 \\ 2 \end{pmatrix} + s\begin{pmatrix} 8 \\ 2 \\ 1 \end{pmatrix}$

b) $E: \vec{x} = \begin{pmatrix} 2 \\ 1 \\ 5 \end{pmatrix} + r\begin{pmatrix} -3 \\ 0 \\ 2 \end{pmatrix} + s\begin{pmatrix} 1 \\ -1 \\ 2 \end{pmatrix}$

c) $E: \vec{x} = \begin{pmatrix} 8 \\ 1 \\ 12 \end{pmatrix} + r\begin{pmatrix} 4 \\ 1 \\ 0 \end{pmatrix} + s\begin{pmatrix} 2 \\ 0 \\ 6 \end{pmatrix}$

d) $E: \vec{x} = \begin{pmatrix} 6 \\ -6 \\ 1 \end{pmatrix} + r\begin{pmatrix} 1 \\ -2 \\ 1 \end{pmatrix} + s\begin{pmatrix} 4 \\ 4 \\ 1 \end{pmatrix}$

8 Bestimmen Sie zur Ebene E eine Parametergleichung.
a) $E: 3x_1 + 2x_2 + x_3 = 8$ b) $E: x_1 + x_2 = 0$ c) $E: x_3 = 2$ d) $E: 6x_1 + 4x_2 + 2x_3 = 10$

9 Auf den Karten sind zwei Methoden zur Ermittlung einer Koordinatengleichung derjenigen Ebene beschrieben, die durch die drei Punkte A, B und C geht.

① **Mithilfe der Parameterform:**
Eine Parametergleichung mit Stützvektor $\overrightarrow{OA}$ und Richtungsvektoren $\overrightarrow{AB}$ und $\overrightarrow{AC}$ wird aufgestellt. Der Vektor $\vec{n}$ mit $\vec{n} \cdot \overrightarrow{AB} = 0$ und $\vec{n} \cdot \overrightarrow{AC} = 0$ ist ein Normalenvektor. Eine mögliche Koordinatengleichung ist $\vec{x} \cdot \vec{n} = \overrightarrow{OA} \cdot \vec{n}$

② **Mithilfe eines Gleichungssystems:**
Die Koordinaten der drei Punkte werden für x_1, x_2, x_3 in die Gleichung $ax_1 + bx_2 + cx_3 = d$ eingesetzt. Es ergibt sich ein unterbestimmtes lineares Gleichungssystem. Eine Lösung liefert mögliche Werte für a, b, c und d.

a) Bestimmen Sie mit beiden Verfahren eine Koordinatengleichung für die Ebene durch die Punkte A(1|3|−2), B(2|7|−4) und C(4|−6|−1). Vergleichen Sie den Aufwand.

b) Bestimmen Sie mit dem Verfahren Ihrer Wahl eine Koordinatengleichung einer Ebene durch A(−2|4|2), B(−1|6|5) und C(1|7|1).

c) Prüfen Sie durch Nachrechnen ohne Hilfsmittel, ob die blau unterlegte Koordinatengleichung zur Parametergleichung gehört.

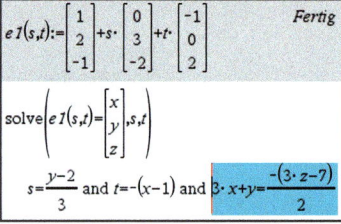

Hinweis

Zwei Ebenen sind parallel zueinander, wenn ihre Normalenvektoren kollinear sind. Weitere Lagebeziehungen zwischen Ebenen werden im Abschnitt 4.7 thematisiert.

10 Gegeben sind vier Ebenen durch ihre Koordinatengleichungen.

$E_1: 2x_1 + x_2 - x_3 = 7$ $E_2: -3x_1 + 6x_2 - 9x_3 = 4$ $E_3: x_1 - 2x_2 + 3x_3 = 2$ $E_4: 2x_2 + x_3 = 6$

Geben Sie eine Normalengleichung an und welche der Ebenen parallel zueinander sind.

11 Die Ebene E_2 enthält den Punkt A(3|−1|6) und verläuft parallel zur Ebene E_1 mit $E_1: x_1 - 3x_2 + 4x_3 = 1$. Geben Sie eine Normalen- und eine Koordinatengleichung zu E_2 an.

12 Gegeben ist die Ebene $E: -2x_1 + 2x_2 + x_3 = 7$.
a) Bestimmen Sie eine Parametergleichung von E.
b) Prüfen Sie anhand der Koordinatengleichung und mithilfe der Parametergleichung von E, ob die Punkte A(3|1|3) und B(−2|2|−1) in E liegen.
c) Vergleichen Sie den Aufwand der Methoden in b).

13 a) Zeigen Sie, dass der von den Vektoren $\overrightarrow{AB}$, $\overrightarrow{BC}$ und $\overrightarrow{AE}$ aufgespannte Körper ein Quader ist.
b) Ermitteln Sie je eine Koordinatengleichung der Ebenen E_{ABE}, E_{CGH} und E_{ACE}.

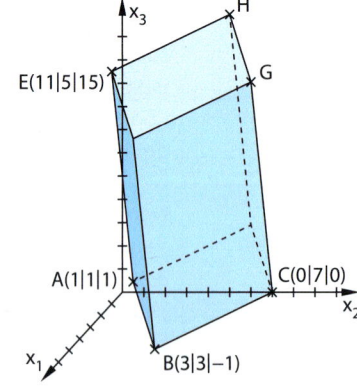

Ebenen im Koordinatensystem – Spurpunkte und Spurgeraden

Die Schnittpunkte einer Ebene mit den Koordinatenachsen heißen **Spurpunkte** der Ebene. Es sind die Punkte der Ebene, bei denen jeweils zwei Koordinaten den Wert null haben. Schneidet eine Ebene die Koordinatenachsen in genau drei Punkten, dann bilden diese ein Dreieck, welches die Lage der Ebene veranschaulicht.

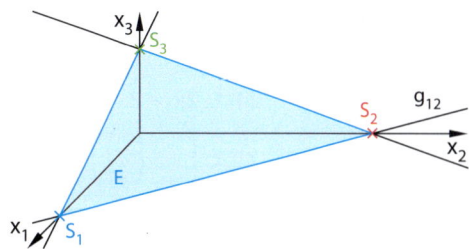

Eine Gerade, die alle gemeinsamen Punkte einer Ebene und einer Koordinatenebene enthält, heißt **Spurgerade**. Die Spurgerade g_{12} enthält alle Punkte, welche die Ebene mit der x_1x_2-Ebene gemeinsam hat. Wenn die Spurpunkte S_1 und S_2 existieren, dann liegen sie auf g_{12}.

Beispiel 4 Gegeben ist die Ebene E: $3x_1 + 2x_2 + 6x_3 = 12$.

a) Berechnen Sie die Spurpunkte und skizzieren Sie die Ebene in ein Koordinatensystem.
b) Geben Sie eine Gleichung der Spurgeraden g_{12} an.

Lösung:

a) Setzen Sie jeweils zwei Koordinaten gleich null und lösen Sie die Gleichung nach der verbleibenden Variablen auf. So ergibt sich die fehlende Koordinate des entsprechenden Spurpunktes. Zeichnen Sie ein Koordinatensystem und tragen Sie die Spurpunkte ein. Verbinden Sie die Spurpunkte zu einem Dreieck und Sie erhalten eine gute Vorstellung von der Lage der Ebene im Koordinatensystem.

Spurpunkt S_1 auf der x_1-Achse:
$x_2 = x_3 = 0 \Rightarrow 3x_1 = 12 \Rightarrow x_1 = 4$, $S_1(4|0|0)$
Spurpunkt S_2 auf der x_2-Achse:
$x_1 = x_3 = 0 \Rightarrow 2x_2 = 12 \Rightarrow x_2 = 6$, $S_2(0|6|0)$
Ebenso erhält man $\qquad S_3(0|0|2)$

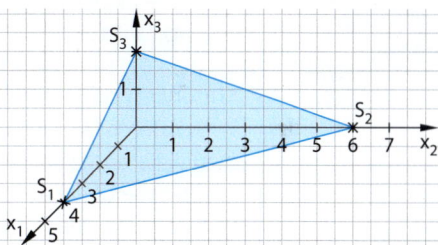

b) Stellen Sie eine Gleichung der Geraden durch S_1 und S_2 auf.

$g_{12}: \vec{x} = \begin{pmatrix} 4 \\ 0 \\ 0 \end{pmatrix} + r \begin{pmatrix} -4 \\ 6 \\ 0 \end{pmatrix}$

Basisaufgaben

14 Lesen Sie die Koordinaten der Spurpunkte ab. Geben Sie eine Parametergleichung und eine Koordinatengleichung der Ebene an.

a)

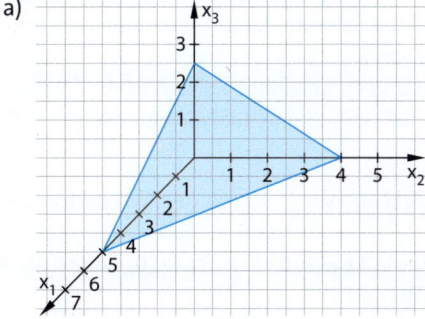

b)

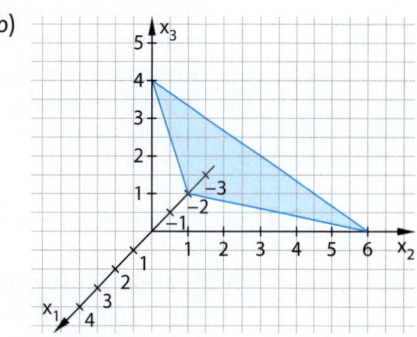

15 Ermitteln Sie die Spurpunkte der Ebene E und skizzieren Sie damit die Ebene in ein Koordinatensystem.

a) E: $x_1 + 2x_2 + 5x_3 = 10$ b) E: $6x_1 + 3x_2 + 2x_3 = 6$ c) E: $4x_1 - 2x_2 + 2x_3 = 8$

 16 Bestimmen Sie die Spurpunkte der Ebene E und je eine Parametergleichung der Spurgeraden.

a) E: $2x_1 - 3x_2 + x_3 = 9$ b) E verläuft durch A(10|5|−6), B(−6|1|6) und C(3|2|0)

c) E: $\left(\vec{x} - \begin{pmatrix} 1 \\ 2 \\ 3 \end{pmatrix} \right) \cdot \begin{pmatrix} -4 \\ 1 \\ 2 \end{pmatrix} = 0$ d) E: $\vec{x} = \begin{pmatrix} 6 \\ 5 \\ 3 \end{pmatrix} + r\begin{pmatrix} 4 \\ 1 \\ 3 \end{pmatrix} + s\begin{pmatrix} 6 \\ 1 \\ 6 \end{pmatrix}$

 17 Beschreiben Sie die besondere Lage der Ebene im Koordinatensystem. Geben Sie jeweils an, welche Konsequenz diese Lage für die Anzahl der Spurpunkte und Spurgeraden hat.

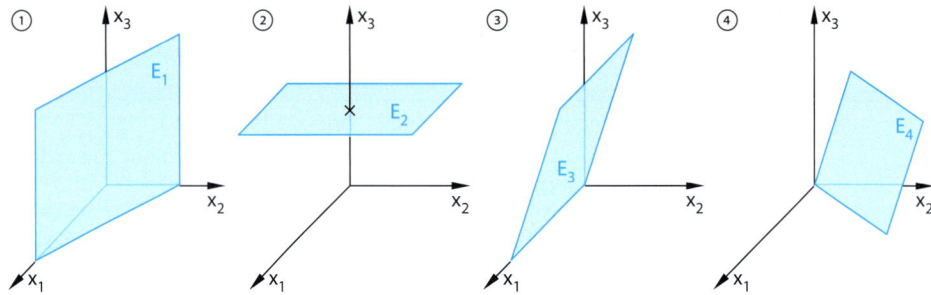

 18 Beschreiben Sie die besondere Lage der Ebene E im Koordinatensystem. Geben Sie an, was sich über die Spurpunkte der Ebene aussagen lässt.

a) E: $x_1 - 2x_2 = 4$ b) E: $x_2 = 6$

c) E: $4x_1 + 3x_2 - x_3 = 0$ d) E: $3x_2 - x_3 = 0$

 19 **Achsenabschnittsgleichung:** Gegeben ist die Ebene E durch E: $4x_1 - 6x_2 + 3x_3 = 12$.

a) Skizzieren Sie die Ebene anhand ihrer Spurpunkte in ein Koordinatensystem.

b) Dividieren Sie beide Seiten der Koordinatengleichung durch 12. Erklären Sie, weshalb die neue Gleichung **Achsenabschnittsgleichung** von E heißt.

c) Bestimmen Sie mithilfe der zugehörigen Achsenabschnittsgleichung die Spurpunkte der Ebenen E_1: $x_1 + 2x_2 - 8x_3 = -8$ und E_2: $12x_1 + x_2 + 3x_3 = 6$

Weiterführende Aufgaben

20 Entscheiden Sie begründet, ob die Aussage wahr oder falsch ist.

a) Zwei zueinander parallele Ebenen haben den gleichen Normalenvektor.

b) Zwei Ebenen mit gleichem Normalenvektor sind parallel.

c) Eine Multiplikation beider Seiten der Koordinatengleichung einer Ebene E mit einer Zahl ungleich null bewirkt eine Parallelverschiebung von E.

d) Eine Vergrößerung der rechten Seite der Koordinatengleichung einer Ebene E bewirkt eine Parallelverschiebung von E.

e) Wenn für Punkte A, B, C, D und einen Vektor $\vec{v} \neq 0$ gilt $\overrightarrow{OA} \cdot \vec{v} = \overrightarrow{OB} \cdot \vec{v} = \overrightarrow{OC} \cdot \vec{v} = \overrightarrow{OD} \cdot \vec{v}$, dann liegen A, B, C und D auf einer Ebene mit Normalenvektor $\vec{v}$.

21 Berechnen Sie das Skalarprodukt von $\vec{v} = \begin{pmatrix} 2 \\ -1 \\ 4 \end{pmatrix}$ mit den Ortsvektoren von A(1|−2|1),

B(5|−2|−2), C(6|0|−1), D(0|−4|1), E(2|0|1), F(3|−2|0) und G(2|−4|2).
Deuten Sie das Ergebnis geometrisch.

22 Gegeben sind die Ebene $E: -2x_1 - x_2 + 4x_3 = 6$, der Vektor $\vec{v} = \begin{pmatrix} 4 \\ 2 \\ -8 \end{pmatrix}$ und die Punkte $P(4|-2|3)$, $Q(-2|2|1)$.

   a) Zeigen Sie, dass P und Q in E liegen und dass $\vec{v}$ zu E orthogonal ist.

   b) Stellen Sie mithilfe von P und $\vec{v}$ eine Koordinatengleichung für E auf. Vergleichen Sie diese mit der ursprünglichen Gleichung für E.

   c) Stellen Sie mithilfe von Q und $\vec{v}$ eine Koordinatengleichung für E auf.

23 Skizzieren Sie die Ebenen anhand ihrer Spurpunkte. Erklären Sie das Ergebnis.

   $E_1: 2x_1 + 3x_2 + 2x_3 = 6$ $E_2: 2x_1 + 3x_2 + 2x_3 = 12$ $E_3: 4x_1 + 6x_2 + 4x_3 = 12$

⚠ **24 Stolperstelle:** Laura sagt: „*Wenn ich bei $E: 4x_1 + 8x_2 - 6x_3 = 9$ den Normalenvektor halbiere, steht er immer noch senkrecht auf E. Deshalb ist $2x_1 + 4x_2 - 3x_3 = 9$ auch eine Gleichung für E.*"
Nehmen Sie dazu Stellung und korrigieren Sie die zweite Gleichung.

25 Eine Architektin plant einen Versammlungsraum mit fünfeckigem Grundriss. Das Dach besteht aus zwei Dreiecken und einem Viereck.

   a) Geben Sie die Koordinaten der Punkte B', C', D', E und F an.

   b) Berechnen Sie eine Koordinatengleichung der Ebene durch B', C' und E'.

   c) Berechnen Sie die Koordinaten des Punktes A' und die Länge der Kante AA'.

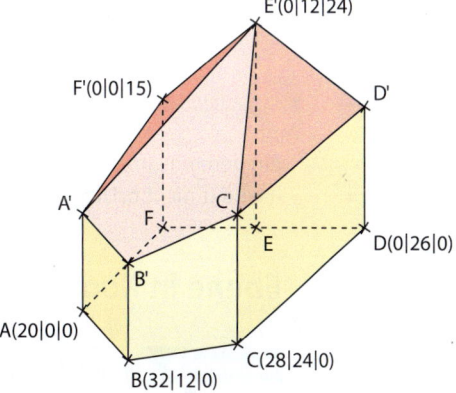

26 Prüfen Sie, ob die Ebenen E_1 und E_2 identisch sind: $E_1: x_1 + 2x_2 - x_3 = 3$,

   $E_2: \vec{x} = \begin{pmatrix} -3 \\ 1 \\ 2 \end{pmatrix} + r\begin{pmatrix} 4 \\ -1 \\ 2 \end{pmatrix} + s\begin{pmatrix} -2 \\ 3 \\ 4 \end{pmatrix}$.

27 Gegeben ist die Gerade $g: \vec{x} = \overrightarrow{OP} + k\begin{pmatrix} 1 \\ 2 \\ 1 \end{pmatrix}$ mit $P(1|1|1)$.

   a) Ermitteln Sie eine Gleichung der Ebene E_1 durch P senkrecht zu g.

   b) Berechnen Sie die Spurpunkte von E_1 und skizzieren Sie E_1 in ein Koordinatensystem.

   c) Die drei Spurpunkte bilden mit dem Ursprung eine dreiseitige Pyramide. Berechnen Sie ihr Volumen.

   d) Zeigen Sie, dass E_2 mit $E_2: \vec{x} = \begin{pmatrix} 2 \\ 3 \\ 2 \end{pmatrix} + r\begin{pmatrix} -3 \\ 1 \\ 1 \end{pmatrix} + s\begin{pmatrix} -1 \\ 1 \\ -1 \end{pmatrix}$ parallel zu E_1 ist.

   e) Zeigen Sie, dass der Stützpunkt $Q(2|3|2)$ von E_2 auf g liegt. Berechnen Sie den Abstand der Ebenen E_1 und E_2.

   f) Berechnen Sie die Spurpunkte von E_2 und das Volumen der von diesen Spurpunkten und dem Ursprung gebildeten Pyramide.

28 Ausblick: Normalengleichung einer Geraden im $\mathbb{R}^2$

   a) Skizzieren Sie die Gerade $g: \vec{x} = \begin{pmatrix} 3 \\ 2 \end{pmatrix} + t\begin{pmatrix} 1 \\ 2 \end{pmatrix}$ in ein Koordinatensystem.

   b) Multiplizieren Sie beide Seiten der Parametergleichung von g mit einem zu g orthogonalen Vektor. Sie erhalten eine Normalengleichung der Geraden.

   c) Lösen Sie die Gleichung nach x_2 auf und überprüfen Sie das Ergebnis an der Skizze.

4.6   Lagebeziehungen zwischen Ebene und Gerade

Beschreiben Sie mit einem Stift und einem
Blatt Papier, wie eine Ebene E und eine
Gerade g zueinander liegen können.
Vergleichen Sie die Fälle mit den Lagebezie-
hungen zwischen zwei Geraden. Beschreiben
Sie Gemeinsamkeiten und Unterschiede.

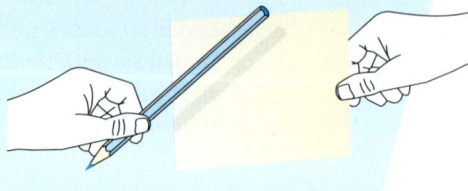

Die Lagebeziehung zwischen E und g kann durch die Anzahl der gemeinsamen Punkte und
durch die gegenseitige Lage von Normalen- und Richtungsvektoren charakterisiert werden.

E und g schneiden einander in einem Punkt S.	**E und g sind echt parallel zueinander.**	**g liegt in E.**
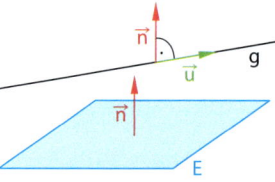		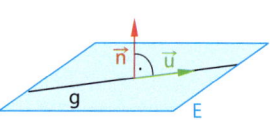
ein gemeinsamer Punkt S; $\vec{n}$ und $\vec{u}$ nicht orthogonal	kein gemeinsamer Punkt; $\vec{n}$ und $\vec{u}$ orthogonal	alle Punkte von g in E; $\vec{n}$ und $\vec{u}$ orthogonal

Ebene in Koordinatenform

> **Beispiel 1**   Ermitteln Sie die gegenseitige Lage der Geraden g und der Ebene E mit
> E: $x_1 - 4x_2 + 3x_3 = 12$.
>
> a) $g: \vec{x} = \begin{pmatrix} 2 \\ -1 \\ -2 \end{pmatrix} + t \begin{pmatrix} -2 \\ 1 \\ -2 \end{pmatrix}$ b) $g: \vec{x} = \begin{pmatrix} 3 \\ 2 \\ -1 \end{pmatrix} + t \begin{pmatrix} 1 \\ 1 \\ 1 \end{pmatrix}$ c) $g: \vec{x} = \begin{pmatrix} 2 \\ -1 \\ 2 \end{pmatrix} + t \begin{pmatrix} -2 \\ 1 \\ 2 \end{pmatrix}$

Lösung:

a) Setzen Sie die Koordinaten von g in die
Gleichung von E ein.
Die Gleichung ist eindeutig lösbar. Also
schneidet g die Ebene in einem Punkt S.
Einsetzen von t = −1 in die Geraden-
gleichung liefert die Koordinaten von S.

Koordinaten von g in E einsetzen:
$(2 - 2t) - 4(-1 + t) + 3(-2 - 2t) = 12$
$$-12t = 12 \Leftrightarrow t = -1$$
Schnittpunkt berechnen:
$$\overrightarrow{OS} = \begin{pmatrix} 2 \\ -1 \\ -2 \end{pmatrix} + (-1) \cdot \begin{pmatrix} -2 \\ 1 \\ -2 \end{pmatrix} = \begin{pmatrix} 4 \\ -2 \\ 0 \end{pmatrix}$$
g schneidet E im Punkt S(4 | −2 | 0).

Erinnerung

Ergibt sich eine falsche
Aussage (f. A.) ist die
Lösungsmenge leer,
bei einer wahren
Aussage (w. A.) ist die
Grundmenge die
Lösungsmenge.

b) Setzen Sie die Koordinaten von g in die
Gleichung von E ein. Die Gleichung hat
keine Lösung. Also gibt es keine
gemeinsamen Punkte von g und E.

Koordinaten von g in E einsetzen:
$(3 + t) - 4(2 + t) + 3(-1 + t) = 12$
$$-8 = 12 \text{ (f. A.)}$$
g ist parallel zu E.

c) Gehen Sie vor wie zuvor. Sie erhalten
eine Gleichung, die allgemeingültig ist.
Also sind alle Punkte von g auch Punkte
von E.

$(2 - 2t) - 4(-1 + t) + 3(2 + 2t) = 12$
$$12 = 12 \text{ (w. A.)}$$
g liegt in E.

Basisaufgaben

1 Berechnen Sie den Schnittpunkt der Geraden $g: \vec{x} = \begin{pmatrix} 4 \\ 0 \\ -1 \end{pmatrix} + t \begin{pmatrix} 3 \\ -2 \\ 5 \end{pmatrix}$ mit der Ebene E.

  a) $E: 2x_1 - x_2 + x_3 = 33$ b) $E: -x_1 + 2x_3 = 1$ c) $E: -4x_1 + 4x_2 + 2x_3 = 2$

2 Ermitteln Sie die gegenseitige Lage der Ebene E und der Geraden g. Berechnen Sie gegebenenfalls den Schnittpunkt.

  a) $E: 4x_1 + 2x_2 - x_3 = 15$ b) $E: x_1 - 5x_2 + 3x_3 = 13$ c) $E: 4x_1 - 2x_2 + 3x_3 = 3$

    $g: \vec{x} = \begin{pmatrix} -8 \\ 4 \\ 1 \end{pmatrix} + t \begin{pmatrix} 3 \\ -1 \\ 10 \end{pmatrix}$ $g: \vec{x} = \begin{pmatrix} 3 \\ 1 \\ -3 \end{pmatrix} + t \begin{pmatrix} -2 \\ 1 \\ 1 \end{pmatrix}$ $g: \vec{x} = \begin{pmatrix} 0 \\ 6 \\ 5 \end{pmatrix} + t \begin{pmatrix} -1 \\ 1 \\ 2 \end{pmatrix}$

3 Zeigen Sie anhand des Normalenvektors von E, dass g parallel zu E oder mit E identisch ist. Unterscheiden Sie zwischen diesen beiden Fällen, indem Sie prüfen, ob der Stützpunkt von g in E liegt.

  a) $E: x_1 - 2x_2 + 3x_3 = 9$ b) $E: 3x_1 + 5x_2 - 2x_3 = 13$ c) $E: -x_2 + 9x_3 = 8$

    $g: \vec{x} = \begin{pmatrix} -5 \\ -7 \\ 0 \end{pmatrix} + t \begin{pmatrix} 1 \\ 2 \\ 1 \end{pmatrix}$ $g: \vec{x} = \begin{pmatrix} 3 \\ 7 \\ 1 \end{pmatrix} + t \begin{pmatrix} -3 \\ 1 \\ -2 \end{pmatrix}$ $g: \vec{x} = \begin{pmatrix} 13 \\ 1 \\ 1 \end{pmatrix} + t \begin{pmatrix} 6 \\ 9 \\ 1 \end{pmatrix}$

4 Berechnen Sie jeweils die Schnittpunkte der Ebene $E: -4x_1 + 2x_2 + 5x_3 = 20$ mit den Geraden

  $g_1: \vec{x} = t \begin{pmatrix} 1 \\ 0 \\ 0 \end{pmatrix}$, $g_2: \vec{x} = t \begin{pmatrix} 0 \\ 1 \\ 0 \end{pmatrix}$ und $g_3: \vec{x} = t \begin{pmatrix} 0 \\ 0 \\ 1 \end{pmatrix}$. Erklären Sie die Bedeutung dieser Punkte.

5 Ermitteln Sie die gegenseitige Lage der Ebene E und der Geraden $g: \vec{x} = \begin{pmatrix} 4 \\ -1 \\ 3 \end{pmatrix} + t \begin{pmatrix} -2 \\ 3 \\ 1 \end{pmatrix}$.

  a) $E: x_1 = 2$ b) $E: x_1 = 0$ c) $E: 3x_1 + 2x_2 = 0$ d) $E: x_1 + x_2 - x_3 = 0$

Ebene in Parameterform

Um die gegenseitige Lage einer durch ihre Parameterform gegebenen Ebene E und einer Geraden g zu untersuchen, setzt man die Parametergleichungen von E und g gleich. Das entsprechende LGS hat 3 Gleichungen mit 3 Variablen. Die Lage ergibt sich aus der Lösungsmenge des LGS:

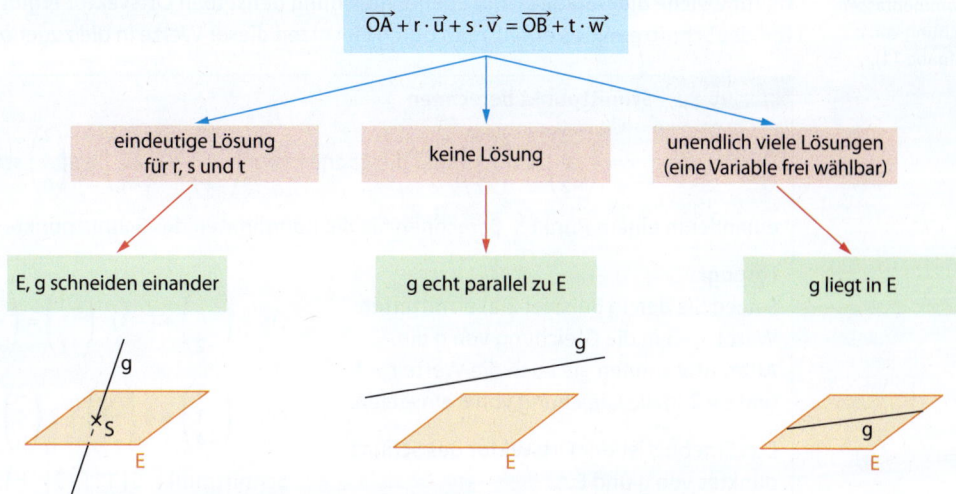

Beispiel 2 **Lagebeziehungen**

Ermitteln Sie die gegenseitige Lage der Geraden g und der Ebene E: $\vec{x} = \begin{pmatrix} 3 \\ 1 \\ -4 \end{pmatrix} + r\begin{pmatrix} 1 \\ -3 \\ -1 \end{pmatrix} + s\begin{pmatrix} 2 \\ 4 \\ 0 \end{pmatrix}$.

a) $g: \vec{x} = \begin{pmatrix} 2 \\ 0 \\ -2 \end{pmatrix} + t\begin{pmatrix} -3 \\ 1 \\ 2 \end{pmatrix}$.
b) $g: \vec{x} = \begin{pmatrix} 4 \\ 0 \\ 5 \end{pmatrix} + t\begin{pmatrix} 2 \\ -1 \\ -1 \end{pmatrix}$
c) $g: \vec{x} = \begin{pmatrix} 3 \\ -9 \\ -6 \end{pmatrix} + t\begin{pmatrix} 2 \\ -1 \\ -1 \end{pmatrix}$

Lösung:

a) Setzen Sie die Parametergleichungen von E und g gleich.
Formen Sie die Gleichung in ein lineares Gleichungssystem mit drei Gleichungen und drei Variablen um.

Parametergleichungen gleichsetzen:

$$\begin{pmatrix} 3 \\ 1 \\ -4 \end{pmatrix} + r\begin{pmatrix} 1 \\ -3 \\ -1 \end{pmatrix} + s\begin{pmatrix} 2 \\ 4 \\ 0 \end{pmatrix} = \begin{pmatrix} 2 \\ 0 \\ -2 \end{pmatrix} + t\begin{pmatrix} -3 \\ 1 \\ 2 \end{pmatrix}$$

$$r\begin{pmatrix} 1 \\ -3 \\ -1 \end{pmatrix} + s\begin{pmatrix} 2 \\ 4 \\ 0 \end{pmatrix} + t\begin{pmatrix} 3 \\ -1 \\ -2 \end{pmatrix} = \begin{pmatrix} -1 \\ -1 \\ 2 \end{pmatrix}$$

Schreiben Sie das LGS als Matrix und bringen Sie diese auf Zeilenstufenform. An der ZSF erkennt man, dass das LGS eindeutig lösbar ist. Somit haben g und E einen gemeinsamen Punkt.

Lineares Gleichungssystem lösen:

$$\left(\begin{array}{ccc|c} 1 & 2 & 3 & -1 \\ -3 & 4 & -1 & -1 \\ -1 & 0 & -2 & 2 \end{array}\right) \xrightarrow{ZSF} \left(\begin{array}{ccc|c} 1 & 2 & 3 & -1 \\ 0 & 10 & 8 & -4 \\ 0 & 0 & 3 & -9 \end{array}\right) \quad \begin{array}{l} r = 4 \\ s = 2 \\ t = -3 \end{array}$$

eindeutige Lösung: g und E schneiden sich

b) Stellen Sie die Schnittbedingung auf, formen Sie die Gleichung in ein LGS um und bringen Sie dieses auf Zeilenstufenform. Das LGS hat keine Lösung, da die ZSF eine Widerspruchszeile (letzte Zeile) enthält. Somit haben g und E keine gemeinsamen Punkte.

$$\begin{pmatrix} 3 \\ 1 \\ -4 \end{pmatrix} + r\begin{pmatrix} 1 \\ -3 \\ -1 \end{pmatrix} + s\begin{pmatrix} 2 \\ 4 \\ 0 \end{pmatrix} = \begin{pmatrix} 4 \\ 0 \\ 5 \end{pmatrix} + t\begin{pmatrix} 2 \\ -1 \\ -1 \end{pmatrix}$$

$$\left(\begin{array}{ccc|c} 1 & 2 & -2 & 1 \\ -3 & 4 & 1 & -1 \\ -1 & 0 & 1 & 9 \end{array}\right) \xrightarrow{ZSF} \left(\begin{array}{ccc|c} 1 & 2 & -2 & 1 \\ 0 & 10 & -5 & 2 \\ 0 & 0 & 0 & -48 \end{array}\right)$$

keine Lösung: g verläuft echt parallel zu E

c) Formen Sie das sich aus der Schnittbedingung ergebende LGS in ZSF um. Da die Anzahl der Nichtnullzeilen kleiner als die Anzahl der Variablen ist, hat das LGS unendlich viele Lösungen. Jeder Punkt der Geraden g ist somit auch ein Punkt der Ebene E.

$$\begin{pmatrix} 3 \\ 1 \\ -4 \end{pmatrix} + r\begin{pmatrix} 1 \\ -3 \\ -1 \end{pmatrix} + s\begin{pmatrix} 2 \\ 4 \\ 0 \end{pmatrix} = \begin{pmatrix} 4 \\ 0 \\ 5 \end{pmatrix} + t\begin{pmatrix} 2 \\ -1 \\ -1 \end{pmatrix}$$

$$\left(\begin{array}{ccc|c} 1 & 2 & -2 & 0 \\ -3 & 4 & 1 & -10 \\ -1 & 0 & 1 & -2 \end{array}\right) \xrightarrow{ZSF} \left(\begin{array}{ccc|c} 1 & 2 & -2 & 0 \\ 0 & 2 & -1 & -2 \\ 0 & 0 & 0 & 0 \end{array}\right)$$

unendlich viele Lösungen: g liegt in E

Hinweis

Die Berechnung des Schnittpunktes finden Sie im Beispiel 3 unten.

Hinweis

Aufgabe 20 behandelt den Vergleich der Vorgehensweisen in Beispiel 1 und Beispiel 2. Zur Probe kann man die Lösung $s = -1 + \frac{1}{2}t$; $r = 2 + t$ in die Gleichung von E einsetzen. Es ergibt sich nach Zusammenfassen eine Gleichung von g (siehe Aufgabe 11).

Schneiden eine Gerade und Ebene einander, so liefert die Schnittbedingung die Parameterwerte, für welche die Geraden- und Ebenengleichung denselben Ortsvektor ergibt. Die Koordinaten des Schnittpunktes erhält man durch Einsetzen dieser Werte in die zugehörige Gleichung.

Beispiel 3 **Schnittpunkt berechnen**

Die Gerade $g: \vec{x} = \begin{pmatrix} 2 \\ 0 \\ -2 \end{pmatrix} + t\begin{pmatrix} -3 \\ 1 \\ 2 \end{pmatrix}$ und die Ebene E: $\vec{x} = \begin{pmatrix} 3 \\ 1 \\ -4 \end{pmatrix} + r\begin{pmatrix} 1 \\ -3 \\ -1 \end{pmatrix} + s\begin{pmatrix} 2 \\ 4 \\ 0 \end{pmatrix}$ schneiden

einander in einem Punkt S. Berechnen Sie die Koordinaten des Schnittpunktes.

Lösung:

Setzen Sie den in Beispiel 2 a) ermittelten Wert t = −3 in die Gleichung von g ein. Alternativ können Sie auch die Werte r = 4 und s = 2 in die Gleichung von E einsetzen.

Das Ergebnis ist der Ortsvektor des Schnittpunktes von g und E.

$$\overrightarrow{OS} = \begin{pmatrix} 2 \\ 0 \\ -2 \end{pmatrix} + (-3) \cdot \begin{pmatrix} -3 \\ 1 \\ 2 \end{pmatrix} = \begin{pmatrix} 11 \\ -3 \\ -8 \end{pmatrix} \text{ oder}$$

$$\overrightarrow{OS} = \begin{pmatrix} 3 \\ 1 \\ -4 \end{pmatrix} + 4\begin{pmatrix} 1 \\ -3 \\ -1 \end{pmatrix} + 2\begin{pmatrix} 2 \\ 4 \\ 0 \end{pmatrix} = \begin{pmatrix} 11 \\ -3 \\ -8 \end{pmatrix}$$

Schnittpunkt: $S(11 \mid -3 \mid -8)$.

Basisaufgaben

6 Berechnen Sie die Koordinaten des Schnittpunktes der Geraden mit der Ebene.

a) $E: \vec{x} = \begin{pmatrix} -1 \\ 3 \\ 1 \end{pmatrix} + r\begin{pmatrix} 1 \\ -1 \\ 2 \end{pmatrix} + s\begin{pmatrix} 4 \\ -5 \\ 7 \end{pmatrix}$ $\qquad$ $g: \vec{x} = \begin{pmatrix} -6 \\ 9 \\ -4 \end{pmatrix} + t\begin{pmatrix} 3 \\ 0 \\ -3 \end{pmatrix}$

b) $E: \vec{x} = \begin{pmatrix} -5 \\ 2 \\ 4 \end{pmatrix} + r\begin{pmatrix} 1 \\ -2 \\ 3 \end{pmatrix} + s\begin{pmatrix} 4 \\ 0 \\ -7 \end{pmatrix}$ $\qquad$ $g: \vec{x} = \begin{pmatrix} -1 \\ 3 \\ 4 \end{pmatrix} + t\begin{pmatrix} 2 \\ -6 \\ -8 \end{pmatrix}$

7 Die Matrix in Zeilenstufenform ergibt sich aus der Schnittbedingung zwischen einer Geraden g und einer Ebene E. Beschreiben Sie die gegenseitige Lage von E und g.

a) $\begin{pmatrix} 1 & 3 & -1 & | & 2 \\ 0 & 2 & 3 & | & -4 \\ 0 & 0 & 0 & | & 1 \end{pmatrix}$ $\qquad$ b) $\begin{pmatrix} 2 & 5 & -1 & | & 2 \\ 0 & 4 & 1 & | & 8 \\ 0 & 0 & 2 & | & 3 \end{pmatrix}$ $\qquad$ c) $\begin{pmatrix} 1 & 0 & 3 & | & 2 \\ 0 & 1 & 0 & | & 9 \\ 0 & 0 & 1 & | & 1 \end{pmatrix}$ $\qquad$ d) $\begin{pmatrix} -2 & 4 & 5 & | & -1 \\ 0 & 1 & 3 & | & 9 \\ 0 & 0 & 0 & | & 0 \end{pmatrix}$

8 Ermitteln Sie die gegenseitige Lage der Ebene $E: \vec{x} = \begin{pmatrix} 4 \\ -8 \\ 1 \end{pmatrix} + r\begin{pmatrix} 2 \\ -4 \\ -2 \end{pmatrix} + s\begin{pmatrix} 1 \\ -1 \\ -4 \end{pmatrix}$ und der

Geraden g. Berechnen Sie gegebenenfalls deren Schnittpunkt.

a) $g: \vec{x} = \begin{pmatrix} 1 \\ -2 \\ 1 \end{pmatrix} + t\begin{pmatrix} 1 \\ -3 \\ 2 \end{pmatrix}$ $\qquad$ b) $g: \vec{x} = \begin{pmatrix} 6 \\ 4 \\ -1 \end{pmatrix} + t\begin{pmatrix} -1 \\ -4 \\ 3 \end{pmatrix}$ $\qquad$ c) $g: \vec{x} = \begin{pmatrix} 5 \\ -9 \\ -3 \end{pmatrix} + t\begin{pmatrix} 0 \\ -1 \\ 3 \end{pmatrix}$

d) g ist die x_3-Achse. $\qquad$ e) g geht durch $A(6|-9|-10)$ und $B(0|-2|11)$.

9 Die Schnittbedingung einer Ebene mit einer Geraden wurde mit einem CAS bearbeitet. Interpretieren Sie das Ergebnis in Bezug auf die Lagebeziehung.

a) 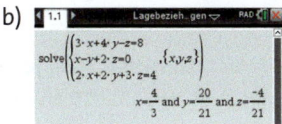 $\qquad$ b) $\qquad$ c)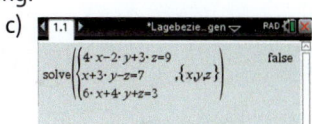

10 Ermitteln Sie die gegenseitige Lage der Geraden g_1, g_2, g_3 und der Ebenen E_1, E_2 mit einem geeigneten digitalen Hilfsmittel. Berechnen Sie gegebenenfalls deren Schnittpunkt.

$g_1: \vec{x} = \begin{pmatrix} -55 \\ -94 \\ -436 \end{pmatrix} + t\begin{pmatrix} 13 \\ 4 \\ 72 \end{pmatrix}$ $\qquad$ $g_2: \vec{x} = \begin{pmatrix} 194 \\ -32 \\ 230 \end{pmatrix} + t\begin{pmatrix} 79 \\ -3 \\ 111 \end{pmatrix}$ $\qquad$ $E_1: \vec{x} = \begin{pmatrix} 94 \\ -38 \\ 80 \end{pmatrix} + r\begin{pmatrix} 50 \\ 3 \\ 75 \end{pmatrix} + s\begin{pmatrix} 58 \\ -12 \\ 72 \end{pmatrix}$

$g_3: \vec{x} = \begin{pmatrix} -9 \\ 30 \\ 52 \end{pmatrix} + t\begin{pmatrix} -8 \\ 15 \\ 3 \end{pmatrix}$ $\qquad$ $E_2: \vec{x} = \begin{pmatrix} -1 \\ 15 \\ -55 \end{pmatrix} + r\begin{pmatrix} -29 \\ 26 \\ -66 \end{pmatrix} + s\begin{pmatrix} -45 \\ 56 \\ -60 \end{pmatrix}$

11 Interpretieren Sie den Sachverhalt der Rechnung auf dem Screenshot.

```
Define e(r,s)= [ 3]  [ 1]   [ 2]
               [-1]+r*[-2]+s*[ 1]
               [ 0]  [ 1]   [-3]
                              done

Define g(t)= [ 5]  [-1]
             [-5]+t*[-8]
             [ 2]  [ 9]
                    done

solve(e(r,s)=g(t),{r,s,t})
        {r=3·t+2, s=-2·t, t=t}
```

Orthogonalität bei Geraden und Ebenen

Da die Richtung einer Geraden durch ihren Richtungsvektor festgelegt ist, kann man anhand der Richtungsvektoren entscheiden, ob zwei Geraden orthogonal zueinander sind.

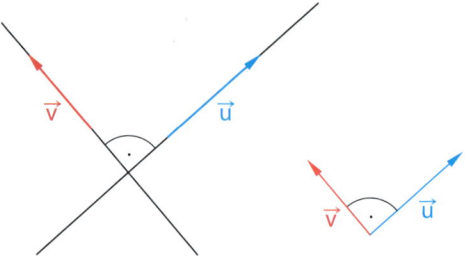

> **Definition** / **Orthogonale Geraden**
> Zwei Geraden verlaufen zueinander senkrecht (orthogonal) genau dann, wenn ihre Richtungsvektoren zueinander orthogonal sind.

Erinnerung

Zwei Vektoren, die nicht der Nullvektor sind, sind genau dann orthogonal zueinander, wenn ihr Skalarprodukt den Wert 0 hat.

Nach dieser Definition können zwei Geraden auch dann orthogonal zueinander sein, wenn sie windschief zueinander sind. Ein Beispiel dafür sind die Geraden g und h entlang der Kanten des abgebildeten Würfels.

Die Gerade g ist auch orthogonal zu der Ebene E, in der die Grundfläche des Würfels liegt, da g zu allen Geraden in E orthogonal ist. Insbesondere ist der Richtungsvektor von g orthogonal zu den Richtungsvektoren von E.

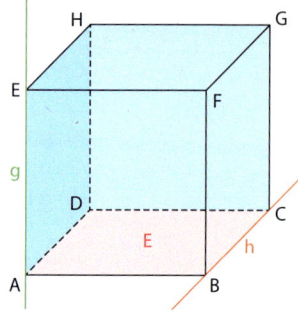

Hinweis

Eine Gerade verläuft orthogonal zu einer Ebene, wenn der Richtungsvektor der Geraden und ein Normalenvektor der Ebene kollinear sind.

> **Definition** / **Gerade orthogonal zu einer Ebene**
> Eine Gerade verläuft orthogonal zu einer Ebene, wenn der Richtungsvektor der Geraden zu beiden Richtungsvektoren der Ebene orthogonal ist.

> **Beispiel 4**
>
> Gegeben ist die Gerade g: $\vec{x} = \begin{pmatrix} -7 \\ 8 \\ 8 \end{pmatrix} + r\begin{pmatrix} 4 \\ 5 \\ 1 \end{pmatrix}$. Prüfen Sie, ob die Gerade g orthogonal verläuft
>
> a) zur Geraden h: $\vec{x} = \begin{pmatrix} 2 \\ -1 \\ 0 \end{pmatrix} + s\begin{pmatrix} 2 \\ 0 \\ -8 \end{pmatrix}$, b) zur Ebene E: $\vec{x} = \begin{pmatrix} 4 \\ 0 \\ 1 \end{pmatrix} + s\begin{pmatrix} 1 \\ -1 \\ 1 \end{pmatrix} + t\begin{pmatrix} -2 \\ -1 \\ 8 \end{pmatrix}$.
>
> **Lösung:**
> a) Prüfen Sie mithilfe des Skalarprodukts, ob die Richtungsvektoren zueinander orthogonal sind. Wenn ja, verlaufen auch die Geraden orthogonal.
>
> $\begin{pmatrix} 4 \\ 5 \\ 1 \end{pmatrix} \cdot \begin{pmatrix} 2 \\ 0 \\ -8 \end{pmatrix} = 8 + 0 - 8 = 0$
>
> Die Geraden g und h verlaufen orthogonal zueinander.
>
> b) Prüfen Sie mithilfe des Skalarprodukts, ob der Richtungsvektor der Geraden zu den Richtungsvektoren der Ebene orthogonal ist. Nur wenn beide Skalarprodukte null sind, ist die Gerade orthogonal zur Ebene.
>
> $\begin{pmatrix} 4 \\ 5 \\ 1 \end{pmatrix} \cdot \begin{pmatrix} 1 \\ -1 \\ 1 \end{pmatrix} = 4 - 5 + 1 = 0$
>
> $\begin{pmatrix} 4 \\ 5 \\ 1 \end{pmatrix} \cdot \begin{pmatrix} -2 \\ -1 \\ 8 \end{pmatrix} = -8 - 5 + 8 = -5$
>
> Die Gerade g verläuft nicht orthogonal zur Ebene E.

Basisaufgaben

 12 Prüfen Sie, ob die Geraden g und h zueinander orthogonal verlaufen.

a) $g: \vec{x} = \begin{pmatrix} 2 \\ -1 \\ 5 \end{pmatrix} + r \begin{pmatrix} 3 \\ 4 \\ -1 \end{pmatrix}$ $\qquad$ $h: \vec{x} = \begin{pmatrix} 5 \\ 0 \\ -2 \end{pmatrix} + s \begin{pmatrix} 1 \\ 1 \\ 5 \end{pmatrix}$

b) $g: \vec{x} = \begin{pmatrix} 3 \\ 1 \\ 0 \end{pmatrix} + r \begin{pmatrix} 4 \\ 5 \\ -2 \end{pmatrix}$ $\qquad$ $h: \vec{x} = \begin{pmatrix} -1 \\ 2 \\ 3 \end{pmatrix} + s \begin{pmatrix} 2 \\ 2 \\ 9 \end{pmatrix}$

c) $g: \vec{x} = \begin{pmatrix} 1 \\ 0 \\ 0 \end{pmatrix} + r \begin{pmatrix} 13 \\ -2 \\ 4 \end{pmatrix}$ $\qquad$ $h: \vec{x} = \begin{pmatrix} 0 \\ 0 \\ 3 \end{pmatrix} + s \begin{pmatrix} -2 \\ -1 \\ 6 \end{pmatrix}$

d) $g: \vec{x} = \begin{pmatrix} 4 \\ 5 \\ 4 \end{pmatrix} + r \begin{pmatrix} 2 \\ 3 \\ 1 \end{pmatrix}$ $\qquad$ $h: \vec{x} = \begin{pmatrix} -2 \\ 1 \\ 1 \end{pmatrix} + s \begin{pmatrix} 2 \\ -4 \\ 3 \end{pmatrix}$

 13 Betrachten Sie die 12 Geraden, die sich durch Verlängerung der 12 Kanten des abgebildeten Würfels ergeben. Geben Sie an, welche dieser Geraden
a) zu $\overline{AB}$ orthogonal verlaufen und $\overline{AB}$ schneiden,
b) zu $\overline{AB}$ orthogonal verlaufen und $\overline{AB}$ nicht schneiden,
c) zur Ebene durch die Punkte A, E und H orthogonal verlaufen.

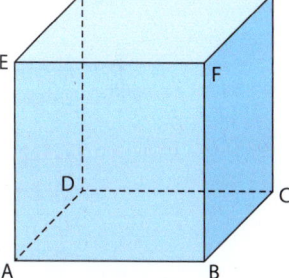

 14 Zeigen Sie, dass sich die Geraden g und h schneiden. Prüfen Sie, ob g und h orthogonal zueinander verlaufen.

a) $g: \vec{x} = \begin{pmatrix} 3 \\ 1 \\ 4 \end{pmatrix} + r \begin{pmatrix} 2 \\ -7 \\ 5 \end{pmatrix}$ $\qquad$ $h: \vec{x} = \begin{pmatrix} 5 \\ -6 \\ 9 \end{pmatrix} + s \begin{pmatrix} 1 \\ 1 \\ 1 \end{pmatrix}$

b) $g: \vec{x} = \begin{pmatrix} 3 \\ 0 \\ 1 \end{pmatrix} + r \begin{pmatrix} -3 \\ 1 \\ -1 \end{pmatrix}$ $\qquad$ $h: \vec{x} = \begin{pmatrix} 0 \\ 1 \\ 0 \end{pmatrix} + s \begin{pmatrix} 1 \\ 2 \\ 2 \end{pmatrix}$

 15 Prüfen Sie, ob die Gerade g orthogonal zur Ebene E verläuft.

a) $g: \vec{x} = \begin{pmatrix} 2 \\ 1 \\ 1 \end{pmatrix} + k \begin{pmatrix} 3 \\ -1 \\ 4 \end{pmatrix}$ $\qquad$ $E: \vec{x} = \begin{pmatrix} -1 \\ 1 \\ 1 \end{pmatrix} + r \begin{pmatrix} 3 \\ 5 \\ -1 \end{pmatrix} + s \begin{pmatrix} 1 \\ 0 \\ -2 \end{pmatrix}$

b) $g: \vec{x} = \begin{pmatrix} 3 \\ 4 \\ -5 \end{pmatrix} + k \begin{pmatrix} 5 \\ -6 \\ 2 \end{pmatrix}$ $\qquad$ $E: \vec{x} = \begin{pmatrix} 1 \\ 0 \\ 3 \end{pmatrix} + r \begin{pmatrix} 2 \\ 2 \\ 1 \end{pmatrix} + s \begin{pmatrix} 6 \\ 4 \\ -3 \end{pmatrix}$

c) $g: \vec{x} = \begin{pmatrix} 3 \\ -6 \\ 1 \end{pmatrix} + k \begin{pmatrix} 3 \\ 0 \\ 5 \end{pmatrix}$ $\qquad$ $E: \vec{x} = \begin{pmatrix} 2 \\ 1 \\ 1 \end{pmatrix} + r \begin{pmatrix} 5 \\ 1 \\ 3 \end{pmatrix} + s \begin{pmatrix} 1 \\ 2 \\ -1 \end{pmatrix}$

 16 Berechnen Sie die Parameterform einer Geraden h, die die Gerade g senkrecht schneidet.

a) $g: \vec{x} = \begin{pmatrix} 4 \\ 1 \\ 1 \end{pmatrix} + k \begin{pmatrix} 3 \\ 0 \\ 4 \end{pmatrix}$ $\qquad$ b) $g: \vec{x} = \begin{pmatrix} 2 \\ 7 \\ -2 \end{pmatrix} + k \begin{pmatrix} 5 \\ 1 \\ -3 \end{pmatrix}$ $\qquad$ c) $g: \vec{x} = \begin{pmatrix} -5 \\ 0 \\ 2 \end{pmatrix} + k \begin{pmatrix} 2 \\ -1 \\ 2 \end{pmatrix}$

 17 a) Bestimmen Sie die Parametergleichungen dreier zueinander nicht paralleler Geraden, die senkrecht zur x_1-Achse verlaufen und diese in $P(3\,|\,0\,|\,0)$ schneiden. Vergleichen Sie.
b) Die Gerade g geht durch den Ursprung und den Punkt $Q(0\,|\,3\,|\,3)$. Bestimmen Sie eine Parametergleichung einer Ebene durch den Punkt Q, die senkrecht zu g verläuft.

Weiterführende Aufgaben

18 Hier werden nochmals die Entscheidungsregeln bei der Untersuchung der Lagebeziehung zwischen einer Geraden und einer Ebene in Parameterform schematisch dargestellt.

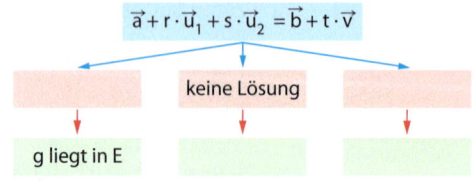

$$\vec{a} + r \cdot \vec{u}_1 + s \cdot \vec{u}_2 = \vec{b} + t \cdot \vec{v}$$

keine Lösung

g liegt in E

  a) Übertragen Sie das Schema in Ihr Heft und vervollständigen Sie es.

  b) Beschreiben Sie für jeden der drei Fälle die Gestalt der Zeilenstufenform der Matrix des zugehörigen LGS.

  c) Erstellen Sie ein solches Schema für eine Ebene in Koordinatenform.

19 Gegeben sind die Ebene E_{ABC} durch die Punkte A(5|−2|1), B(9|2|−1), C(11|4|5) und die Gerade g_{KL} durch die Punkte K(14|−3|6) und L(16|4|8).

  a) Berechnen Sie den Schnittpunkt S von E_{ABC} und g_{KL}.

  b) Prüfen Sie, ob S im von A aus durch $\overrightarrow{AB}$ und $\overrightarrow{AC}$ aufgespannten Parallelogramm liegt und ob S auf der Strecke $\overline{KL}$ liegt.

20 Gegeben sind $g: \vec{x} = \begin{pmatrix} 23 \\ -2 \\ 6 \end{pmatrix} + t \begin{pmatrix} 5 \\ -3 \\ 1 \end{pmatrix}$ und $E: \vec{x} = \begin{pmatrix} -7 \\ 2 \\ 1 \end{pmatrix} + r \begin{pmatrix} 1 \\ 2 \\ 1 \end{pmatrix} + s \begin{pmatrix} -7 \\ -2 \\ 2 \end{pmatrix}$.

  a) Berechnen Sie den Schnittpunkt von g und E mithilfe der Parametergleichung von E.

  b) Ermitteln Sie eine Koordinatengleichung von E und berechnen Sie den Schnittpunkt.

  c) Vergleichen Sie den Rechenaufwand der beiden Berechnungen.

  d) Beurteilen Sie beide Verfahren in Hinblick auf die Fragestellungen in Aufgabe 13b).

21 Seien g eine Gerade und E eine Ebene. Prüfen Sie, ob die Aussage wahr oder falsch ist.

  a) Wenn der Richtungsvektor von g orthogonal zum Normalenvektor von E ist, dann schneidet g die Ebene E.

  b) Wenn der Richtungsvektor von g orthogonal zu den Richtungsvektoren von E ist, dann schneidet g die Ebene E.

  c) Wenn g die Ebene E schneidet, dann ist der Richtungsvektor von g orthogonal zu den Richtungsvektoren von E.

  d) Wenn g parallel zu E ist, dann ist der Richtungsvektor von g orthogonal zum Normalenvektor von E.

22 Stolperstelle: Hannes bestimmt den Schnittpunkt

von $g: \vec{x} = \begin{pmatrix} 2 \\ 1 \\ 3 \end{pmatrix} + t \begin{pmatrix} 1 \\ -2 \\ 1 \end{pmatrix}$ und

$E: \vec{x} = \begin{pmatrix} -1 \\ -1 \\ -2 \end{pmatrix} + r \begin{pmatrix} -1 \\ 1 \\ 1 \end{pmatrix} + s \begin{pmatrix} 1 \\ 1 \\ 7 \end{pmatrix}$

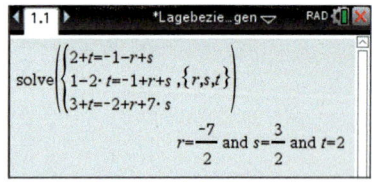

mit einem CAS und schreibt: „*Der Schnittpunkt ist S(−3,5|1,5|2).*"
Nehmen Sie Stellung und korrigieren Sie.

23 Aus einer punktförmigen Lichtquelle in L(10|1|0) scheint Licht auf den abgebildeten Würfel der Kantenlänge 3. Es entsteht ein Schatten auf der zur $x_2 x_3$-Ebene parallelen Ebene E durch P(−4|0|0).
Berechnen Sie die Koordinaten der Schattenpunkte.
Skizzieren Sie den Schatten im Koordinatensystem.

24 Vom Punkt L(13|−11|12) fällt Licht durch den Schlitz mit
den Endpunkten A(1|−3|6) und B(3|−1|6). Auf der
gegenüberliegenden und von den Punkten E(−8|0|0),
F(0|8|0) und S(0|0|12) aufgespannten Zeltwand
entsteht das Bild $\overline{CD}$ des Schlitzes.

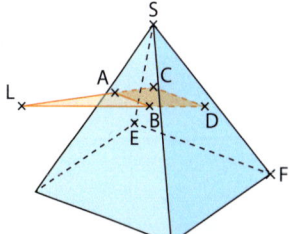

a) Berechnen Sie die Koordinaten von C und D.
b) Vergleichen Sie die Längen der Strecken $\overline{AB}$ und $\overline{CD}$.

25 Gegeben sind die Punkte A(2|1|0), B(8|5|2), C(2|14|5)

und die Gerade $g: \vec{x} = \begin{pmatrix} 3 \\ 19 \\ -23 \end{pmatrix} + t\begin{pmatrix} -1 \\ -5 \\ 13 \end{pmatrix}$.

a) Geben Sie die Koordinaten eines Punktes D an, sodass ABCD ein Parallelogramm ist.
Zeigen Sie, dass der Punkt N(1|9|3) im Parallelogramm ABCD liegt.
b) Zeigen Sie, dass g auf der Ebene E_{ABC} senkrecht steht, und berechnen Sie den Schnittpunkt von g und E_{ABC}.
c) Geben Sie eine Parametergleichung der Ebene E an, welche die Gerade g und den Punkt
B enthält. Zeigen Sie, dass D(−4|10|2) nicht in E liegt.

26 Die Punkte A(0|0|0), B(0|6|0), C(−4|2|0)
und D(−3|−4|5) bilden mit den Punkten
E und F ein schiefes Prisma. Der Punkt
N(−2|3,5|0) befindet sich auf dem Boden
des Prismas. Von N aus wird parallel zur
x_3-Achse durch den Körper gebohrt.

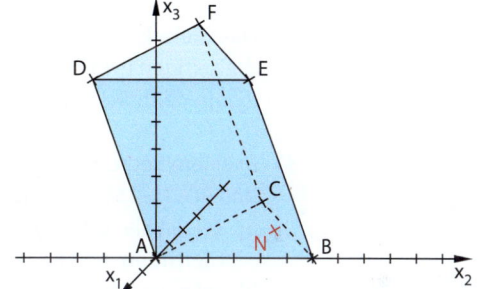

a) Schätzen Sie, aus welcher Seitenwand
des Prismas die Bohrung austritt.
b) Überprüfen Sie Ihre Vermutung rechnerisch.

27 Gegeben sind die Punkte A(5|1|−0,1), B(2|10|0,1) und D(−4|−2|−0,1).
a) Bestimmen Sie den Punkt C so, dass ABCD ein Parallelogramm ist.
Zeigen Sie, dass dieses Parallelogramm sogar ein Rechteck ist.
b) Das Rechteck ABCD beschreibt die
Landebahn eines Sportflugplatzes.
Ein Flugzeug nähert sich auf einer
geradlinigen Flugbahn dem Flug-
platz. Zum Zeitpunkt t befindet es
sich im durch

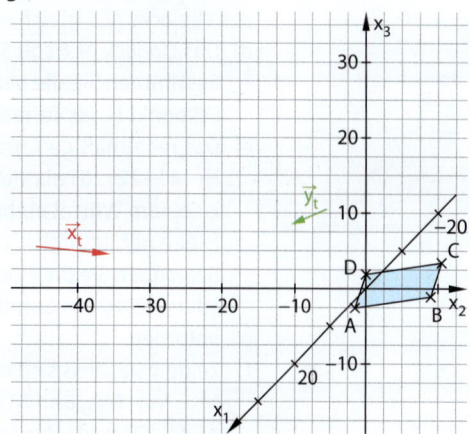

$\vec{x_t} = \begin{pmatrix} -1 \\ -46 \\ 5 \end{pmatrix} + t\begin{pmatrix} 0 \\ 10 \\ -1 \end{pmatrix}$ gegebenen Punkt.

(1 LE = 100 m; 1 ZE = 1 min)
Bestimmen Sie, in welchem Punkt
das Flugzeug die Ebene E_{ABC} erreicht,
wenn sich die Flugbahn nicht ändert.
Zeigen Sie, dass dieser Punkt der
Mittelpunkt der Landebahn ist.
c) Ein zweites Flugzeug befindet sich zur Zeit t im Punkt $\vec{y_t} = \begin{pmatrix} -21 \\ -16 \\ 0 \end{pmatrix} + t\begin{pmatrix} 10 \\ 0 \\ 1 \end{pmatrix}$.
Zeigen Sie, dass beide Flugbahnen einander schneiden.
d) Berechnen Sie den Zeitpunkt, an dem der Abstand beider Flugzeuge minimal ist.

28 Gegeben sind die Punkte A(4|−6|−1), B(0|6|−5) und D(0|−4|9).

a) Zeigen Sie, dass die Vektoren $\overrightarrow{AB}$ und $\overrightarrow{AD}$ von A aus ein Rechteck aufspannen und dass P(−1|4|1) ein innerer Punkt dieses Rechtecks ist.

b) Die geradlinige Flugbahn eines Balls ist gegeben durch g: $\vec{x} = \begin{pmatrix} 31 \\ 18 \\ 11 \end{pmatrix} + r \begin{pmatrix} -16 \\ -7 \\ -5 \end{pmatrix}$.

Zeigen Sie, dass der Ball im Punkt P auf die durch die Punkte A, B und D festgelegte rechteckige Wand trifft.

c) Der Ball fliegt ohne Spin. Zeigen Sie, dass er von der Wand wieder in Richtung des Spielers zurückfliegen wird.

Hinweis zu 28c

Ohne Spin dreht sich ein Ball nicht um die eigene Achse und weicht daher nicht von der geraden Bahn ab.

29 Eine Pyramide hat die rechteckige Grundfläche ABCD mit A(3|1|−1), B(−3|4|2), D(4|−1|3).

a) Zeigen Sie: $\overrightarrow{AB}$ und $\overrightarrow{AD}$ sind orthogonal zueinander. Berechnen Sie Punkt C des Rechtecks ABCD.

b) Zeigen Sie, dass der Punkt P(−0,5|2|3) im Rechteck ABCD liegt, aber nicht dessen Mittelpunkt ist.

c) Ermitteln Sie eine Gleichung der Geraden g, welche durch den Punkt P senkrecht zur Ebene E_{ABD} verläuft.

d) Zeigen Sie, dass die Spitze S(5,5|11|6) der Pyramide auf der Geraden g liegt.

e) Berechnen Sie das Volumen der Pyramide.

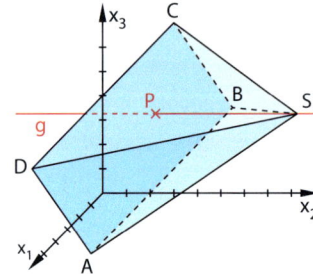

Hinweis zu 29c

E_{ABD} bezeichnet die Ebene durch die Punkte A, B und D.

30 Das Dreieck ABC mit A(−1|2|−2), B(−3|4|−4) und C(−5|6|0) ist die Grundseite einer dreiseitigen Pyramide mit Spitze S(1|10|−2). Der Fußpunkt der durch S verlaufenden Pyramidenhöhe sei H. Berechnen Sie die Koordinaten von H und die Höhe der Pyramide.

31 In einem Koordinatensystem sind die Punkte A(20|−4|−10), C(−22|2|−10), F(2|20|20) und P(−3|−15|15) gegeben.

a) Zeigen Sie rechnerisch, dass das Dreieck ACF gleichseitig ist. Berechnen Sie eine Gleichung der Ebene E_{ACF} durch die Punkte A, C und F.

b) Sei g die Gerade, die durch P und senkrecht zu E_{ACF} verläuft. Berechnen Sie den Schnittpunkt S von g mit E_{ACF}.

c) Zeigen Sie, dass jeder Punkt P_k(−3 + k|−15 + 7k|15 − 5k) auf g gleich weit von A und C entfernt ist.

Ab hier können Sie die Tatsache verwenden, dass jeder Punkt von g von allen Eckpunkten des Dreiecks ACF gleich weit entfernt liegt.

d) Das Dreieck ACF soll Seitenfläche eines regelmäßigen Tetraeders ACFH sein. Bestimmen Sie die beiden Punkte der Geraden g aus Teilaufgabe b), die als vierter Eckpunkt H des Tetraeders ACFH in Frage kommen.

e) Das regelmäßige Tetraeder ACFH mit H(−4|−22|20) als viertem Eckpunkt ist einem Würfel einbeschrieben (siehe Abbildung). Berechnen Sie die Höhe des Tetraeders ACFH und damit auch dessen Volumen.

f) Zeigen Sie, dass sich die Mittelpunkte M_{AF}, M_{FC}, M_{CH} und M_{HA} der Strecken $\overline{AF}$, $\overline{FC}$, $\overline{CH}$ und $\overline{HA}$ zu einem Quadrat verbinden lassen.

g) Berechnen Sie die Koordinaten des Punktes B des abgebildeten Würfels.

Hinweis zu b

Zur Kontrolle: S(0|6|0)

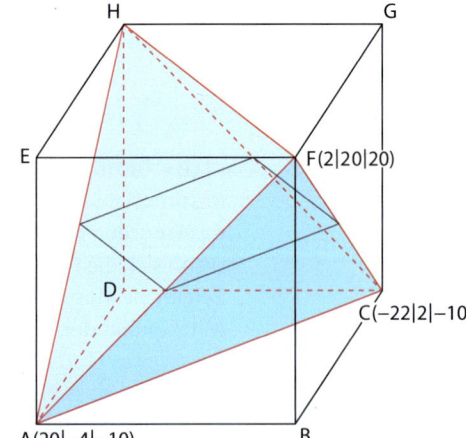

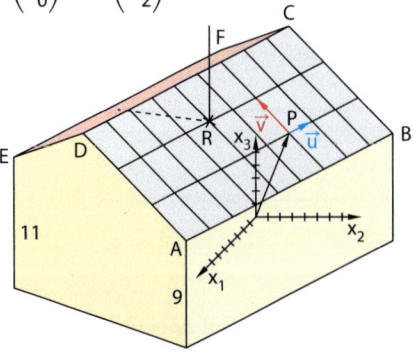

◉ 32 Gegeben sind P(8|7|11), E(12|−15|11) und $\vec{u} = \begin{pmatrix} -2 \\ 1 \\ 0 \end{pmatrix}$, $\vec{v} = \begin{pmatrix} -2 \\ -4 \\ 2 \end{pmatrix}$.

Die Dachvierecke ABCD und EDCF sind Parallelogramme. (1 LE = 1 m)

a) Zeigen Sie, dass die Dachvierecke ABCD und EDCF Rechtecke sind.

b) Die Dachfläche ABCD ist mit 27 gleich großen Paneelen vollständig bedeckt. Berechnen Sie, mit wie vielen dieser Paneele EDCF bedeckt werden kann.

Hinweis zu 32

Die kleineren Dachvierecke werden als Paneele bezeichnet.

c) Im Punkt R(10|1|13) soll ein Mast angebracht werden. Zeigen Sie, dass dieser Punkt im Viereck ABCD, aber nicht im Inneren eines Paneels liegt.

d) Der Mast soll mit einem Drahtseil verbunden werden. Das Seil wird vom Punkt R durch

den Dachboden gespannt und verläuft auf der Geraden g: $\vec{x} = \begin{pmatrix} 10 \\ 1 \\ 13 \end{pmatrix} + t \begin{pmatrix} -2 \\ -9 \\ 0 \end{pmatrix}$.

Berechnen Sie, in welchem Punkt S der Dachfläche EDCF das Seil befestigt wird.

e) Der Mast ist 8 m lang. Entlang des Vektors $\vec{s} = \begin{pmatrix} 0 \\ 1 \\ -2 \end{pmatrix}$ fallen Sonnenstrahlen ein.

Berechnen Sie die Länge des Schattens, den der Mast auf die Dachfläche ABCD wirft.

● 33 Senkrechte Projektion auf eine Ebene: Gegeben sind die Ebene E: $x_1 - x_2 + 2x_3 = 6$ und der Punkt P(3|−5|5). Der Punkt P soll senkrecht auf die Ebene E projiziert werden.

a) Stellen Sie die Ebene anhand ihrer Spurpunkte im Koordinatensystem dar. Zeichnen Sie auch den Punkt P ein.

b) Ermitteln Sie eine Gleichung der Geraden, die durch P und senkrecht zu E verläuft. Der Schnittpunkt P' dieser Geraden mit der Ebene E ist die senkrechte Projektion von P in die Ebene E. Berechnen Sie die Koordinaten von P'.

c) Projizieren Sie ebenso den Ursprung auf die Ebene und berechnen Sie so den Abstand der Ebene vom Ursprung.

● 34 Spiegelung an einer Ebene: Der Punkt
P(−2|−5,5|2) soll an der Ebene
E: $x_1 + 2x_2 - x_3 = 3$ gespiegelt werden.

a) Berechnen Sie die Koordinaten des Spiegelpunktes P'.

b) Stellen Sie die Ebene E anhand ihrer Spurpunkte in einem Koordinatensystem dar und zeichnen Sie die Gerade PP' ein.

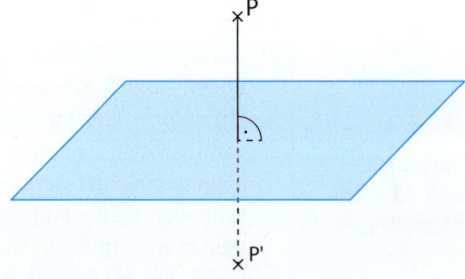

● 35 Ausblick: Gegeben sind die beiden Geraden g_1: $\vec{x} = \begin{pmatrix} 2 \\ -1 \\ 5 \end{pmatrix} + r \begin{pmatrix} 2 \\ 1 \\ 1 \end{pmatrix}$ und g_2: $\vec{x} = \begin{pmatrix} 3 \\ 3 \\ -1 \end{pmatrix} + s \begin{pmatrix} 2 \\ -2 \\ -1 \end{pmatrix}$.

a) Zeigen Sie, dass g_1 und g_2 windschief zueinander sind.

b) Geben Sie eine Gleichung einer Ebene E an, welche g_1 enthält und zu g_2 parallel ist.

c) Geben Sie eine Parametergleichung der Geraden g_3 an, welche durch den Stützpunkt P von g_2 und senkrecht zu E verläuft.

d) Berechnen Sie den Schnittpunkt P' von g_3 und E.

e) Berechnen Sie die Länge der Strecke $\overline{PP'}$ und veranschaulichen Sie sich die Bedeutung dieser Streckenlänge mithilfe von Stiften.

4.7 Lagebeziehungen zwischen Ebenen

Zeigen Sie mithilfe zweier Papierblätter, wie zwei Ebenen zueinander liegen können. Verwenden Sie Stifte als Normalenvektoren. Erläutern Sie, wie die Lagebeziehung der Blätter mit der Lagebeziehung der Stifte zusammenhängt.

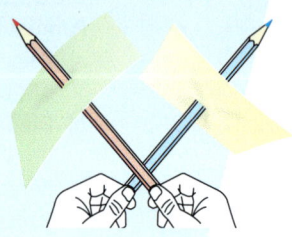

Wenn zwei Ebenen einander schneiden, so entsteht eine Schnittgerade. Die Schnittbedingung hat nie eine eindeutige Lösung. Zur Lageuntersuchung werden Normalenvektoren verglichen und die Existenz gemeinsamer Punkte geprüft.

Hinweis

Wie bei Geraden haben zwei echt parallele Ebenen keine gemeinsamen Punkte. Zwei Ebenen können nicht windschief zueinander verlaufen.

E_1 und E_2 schneiden einander in einer Geraden g.

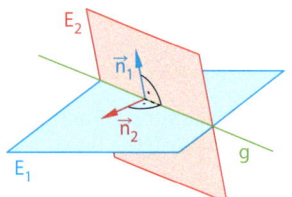

Schnittgerade;
$\vec{n_1}$ und $\vec{n_2}$ nicht kollinear

E_1 und E_2 sind echt parallel zueinander.

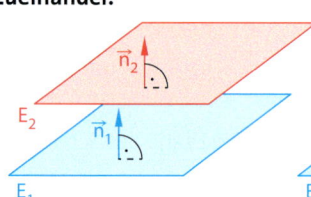

keine gemeinsamen Punkte;
$\vec{n_1}$ und $\vec{n_2}$ kollinear

E_1 und E_2 sind identisch.

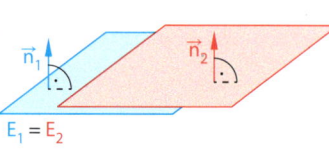

alle Punkte gemeinsam;
$\vec{n_1}$ und $\vec{n_2}$ kollinear

Beide Ebenen in Koordinatenform

Beispiel 1 Ermitteln Sie die gegenseitige Lage von $E_1: -2x_1 + x_2 - 5x_3 = 15$ und E_2.
a) $E_2: 3x_1 + 7x_2 - x_3 = 37$ b) $E_2: -6x_1 + 3x_2 - 15x_3 = 45$ c) $E_2: 4x_1 - 2x_2 + 10x_3 = 7$

Lösung:

Hinweis

Gleichungssysteme können auch mit einem CAS gelöst werden.

a) Die beiden Koordinatengleichungen bilden ein LGS. Bringen Sie es in Zeilenstufenform. Eine Variable ist frei wählbar. Also schneiden die Ebenen einander in einer Geraden. Schreiben Sie die allgemeine Lösung als Vektor und ermitteln Sie so eine Gleichung der Schnittgeraden.

Gleichungssystem aufstellen:

$$\left(\begin{array}{ccc|c} -2 & 1 & -5 & 15 \\ 3 & 7 & -1 & 37 \end{array}\right) \xrightarrow{\text{ZSF}} \left(\begin{array}{ccc|c} -2 & 1 & -5 & 15 \\ 0 & 1 & -1 & 7 \end{array}\right)$$

eine Variable frei wählbar
$L = \{(-4 - 2t \mid 7 + t \mid t); t \in \mathbb{R}\}$

Schnittgerade bestimmen:

$$g: \begin{pmatrix} x_1 \\ x_2 \\ x_3 \end{pmatrix} = \begin{pmatrix} -4 - 2t \\ 7 + t \\ t \end{pmatrix} = \begin{pmatrix} -4 \\ 7 \\ 0 \end{pmatrix} + t \cdot \begin{pmatrix} -2 \\ 1 \\ 1 \end{pmatrix}$$

Hinweis

Im Fall identischer Ebenen sieht man, dass ihre Gleichungen Vielfache voneinander sind. Bei parallelen Ebenen gilt dies für die linken Seiten der Gleichungen, aber nicht für die ganzen Gleichungen.

b) Stellen Sie mit den Koordinatengleichungen ein LGS auf. Beim Umformen entsteht eine Nullzeile. Also sind zwei Variablen frei wählbar, d. h., die Ebenen sind identisch.

Gleichungssystem aufstellen:

$$\left(\begin{array}{ccc|c} -2 & 1 & -5 & 15 \\ -6 & 3 & -15 & 45 \end{array}\right) \xrightarrow{\text{ZSF}} \left(\begin{array}{ccc|c} -2 & 1 & -5 & 15 \\ 0 & 0 & 0 & 0 \end{array}\right)$$

zwei Variablen frei wählbar
E_1 und E_2 sind identisch.

c) Bringen Sie das LGS der beiden Koordinatengleichungen in ZSF. Es entsteht eine Widerspruchszeile. Also haben E_1 und E_2 keine gemeinsamen Punkte.

$$\left(\begin{array}{ccc|c} -2 & 1 & -5 & 15 \\ 4 & -2 & 10 & 7 \end{array}\right) \xrightarrow{\text{ZSF}} \left(\begin{array}{ccc|c} -2 & 1 & -5 & 15 \\ 0 & 0 & 0 & 37 \end{array}\right)$$

keine Lösung
E_1 und E_2 sind echt parallel zueinander.

Basisaufgaben

Hinweis zu 1 und 2

Hier werden Normalengleichungen in der Form $\vec{n} \cdot \vec{x} = d$ angegeben. Dabei ist $\vec{n}$ ein Normalenvektor und d das Skalarprodukt eines beliebigen Ortsvektors der Ebene mit $\vec{n}$.

1 Beurteilen Sie, ohne ein LGS zu lösen, wie die Ebenen E_1 und E_2 zueinander liegen.

a) $E_1: \begin{pmatrix} 5 \\ -2 \\ 7 \end{pmatrix} \cdot \vec{x} = 18 \quad E_2: \begin{pmatrix} 3 \\ 4 \\ 1 \end{pmatrix} \cdot \vec{x} = 18$

b) $E_1: \begin{pmatrix} 4 \\ -2 \\ -6 \end{pmatrix} \cdot \vec{x} = 14 \quad E_2: -2x_1 + x_2 + 3x_3 = 9$

c) $E_1: \begin{pmatrix} 3 \\ 1 \\ -4 \end{pmatrix} \cdot \vec{x} = 7 \quad E_2: \begin{pmatrix} 6 \\ 2 \\ -8 \end{pmatrix} \cdot \vec{x} = 14$

d) $E_1: -2x_1 + 2x_2 + x_3 = 3 \quad E_2: -2x_1 - x_2 - x_3 = 3$

2 Ermitteln Sie die gegenseitige Lage der Ebenen E und F. Falls eine Schnittgerade vorliegt, beschreiben Sie diese mithilfe einer Gleichung.

a) $E: 3x_1 - 2x_2 + 4x_3 = 7 \quad F: 6x_1 - 4x_2 + 8x_3 = 8$

b) $E: 8x_1 + 6x_2 - 5x_3 = 8 \quad F: 2x_1 + 4x_2 - x_3 = 14$

c) $E: \begin{pmatrix} 1 \\ 0 \\ -2 \end{pmatrix} \cdot \vec{x} = 3 \quad F: \begin{pmatrix} 1 \\ 6 \\ -1 \end{pmatrix} \cdot \vec{x} = 2$

d) $E: \begin{pmatrix} 1 \\ 0 \\ 3 \end{pmatrix} \cdot \vec{x} = 5 \quad F: \begin{pmatrix} 3 \\ 0 \\ 9 \end{pmatrix} \cdot \vec{x} = 15$

e) $E: x_3 = 0 \quad F: 4x_1 - x_2 - 2x_3 = 4$

f) $E: 2x_1 - 3x_2 + 5x_3 = 1 \quad F: -2x_1 + 3x_2 - 5x_3 = -1$

3 Hier wurde das LGS aus den Koordinatengleichungen zweier Ebenen mit einem CAS gelöst. Geben Sie die gegenseitige Lage an und berechnen Sie gegebenenfalls die Schnittgerade.

a)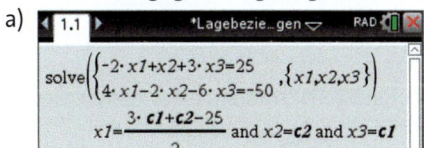

b)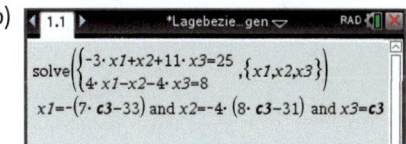

Eine Ebene in Parameterform, die andere in Koordinatenform

Beispiel 2

Ermitteln Sie die gegenseitige Lage von $E_1: \vec{x} = \begin{pmatrix} 3 \\ 1 \\ -4 \end{pmatrix} + r \begin{pmatrix} 1 \\ -3 \\ -1 \end{pmatrix} + s \begin{pmatrix} 2 \\ 4 \\ 0 \end{pmatrix}$ und E_2.

a) $E_2: -2x_1 + x_2 - 5x_3 = 15$

b) $E_2: 3x_1 + 7x_2 - x_3 = 37$

Hinweis

Ergibt sich beim Umformen der Gleichung ein Widerspruch, so sind die Ebenen echt parallel.

Lösung:

a) Setzen Sie die Koordinaten von E_1 in die Gleichung von E_2 ein. Es ergibt sich eine Gleichung mit zwei Parametern. Beim Zusammenfassen verschwinden die Variablen und es entsteht eine Gleichung, die für alle r und s erfüllt ist. Somit liegen alle Punkte von E_1 auch in E_2.

Koordinaten von E_1:

$x_1 = 3 + r + 2s; \ x_2 = 1 - 3r + 4s; \ x_3 = -4 - r$

Einsetzen in E_2:

$-2(3 + r + 2s) + (1 - 3r + 4s) - 5(-4 - r) = 15$

$-6 - 2r - 4s + 1 - 3r + 4s + 20 + 5r = 15$

$15 = 15 \text{ (w. A.)}$

E_1 und E_2 sind identisch.

b) Setzen Sie die Koordinaten von E_1 in die Koordinatengleichung von E_2 ein. Lösen Sie die Gleichung nach r auf. Beim Umstellen der Gleichung bleiben die Variablen erhalten.

Setzen Sie $r = -1 + 2s$ in die Parametergleichung von E_1 ein und bestimmen Sie so eine Gleichung der Schnittgeraden.

Koordinaten von E_1 in E_2 einsetzen:

$3(3 + r + 2s) + 7(1 - 3r + 4s) - (-4 - r) = 37$

$r = -1 + 2s \qquad E_1$ und E_2 schneiden sich.

Schnittgerade bestimmen:

$g: \vec{x} = \begin{pmatrix} 3 \\ 1 \\ -4 \end{pmatrix} + (-1 + 2s) \cdot \begin{pmatrix} 1 \\ -3 \\ -1 \end{pmatrix} + s \cdot \begin{pmatrix} 2 \\ 4 \\ 0 \end{pmatrix}$

$= \begin{pmatrix} 2 \\ 4 \\ -3 \end{pmatrix} + s \cdot \begin{pmatrix} 4 \\ -2 \\ -2 \end{pmatrix} \qquad (s \in \mathbb{R})$

Basisaufgaben

4 Berechnen Sie die Schnittgerade von $E_1: \vec{x} = \begin{pmatrix} 4 \\ 2 \\ -1 \end{pmatrix} + r\begin{pmatrix} 2 \\ 1 \\ 4 \end{pmatrix} + s\begin{pmatrix} -3 \\ 0 \\ 2 \end{pmatrix}$ und E_2.

a) $E_2: x_1 + 2x_2 + x_3 = 5$ b) $E_2: 2x_1 - 4x_2 + 3x_3 = 9$ c) $E_2: -4x_2 + 2x_3 = 2$

5 Ermitteln Sie die gegenseitige Lage der Ebenen E_1 und E_2. Geben Sie gegebenenfalls eine Gleichung der Schnittgeraden an.

a) $E_1: \vec{x} = \begin{pmatrix} 2 \\ -2 \\ 1 \end{pmatrix} + r\begin{pmatrix} 1 \\ -3 \\ 2 \end{pmatrix} + s\begin{pmatrix} 1 \\ -1 \\ 3 \end{pmatrix}$ $E_2: -3x_1 + x_2 + 2x_3 = 2$

b) $E_1: \vec{x} = \begin{pmatrix} 2 \\ 0 \\ 1 \end{pmatrix} + r\begin{pmatrix} 1 \\ -3 \\ 0 \end{pmatrix} + s\begin{pmatrix} 1 \\ -1 \\ 2 \end{pmatrix}$ $E_2: \begin{pmatrix} 3 \\ 1 \\ -1 \end{pmatrix} \cdot \vec{x} = 5$

c) $E_1: \vec{x} = \begin{pmatrix} 1 \\ -3 \\ 4 \end{pmatrix} + r\begin{pmatrix} 4 \\ 1 \\ -2 \end{pmatrix} + s\begin{pmatrix} 1 \\ 0 \\ 2 \end{pmatrix}$ $E_2: 2x_1 - 10x_2 - x_3 = 5$

d) $E_1: \vec{x} = \begin{pmatrix} -2 \\ 8 \\ 2 \end{pmatrix} + r\begin{pmatrix} 1 \\ 1 \\ 1 \end{pmatrix} + s\begin{pmatrix} 1 \\ 3 \\ 0 \end{pmatrix}$ $E_2: \begin{pmatrix} -3 \\ 1 \\ 2 \end{pmatrix} \cdot \vec{x} = \begin{pmatrix} -3 \\ 1 \\ 2 \end{pmatrix} \cdot \begin{pmatrix} 1 \\ 1 \\ 2 \end{pmatrix}$

e) E_1 verläuft durch $A(5|6|7)$, $B(4|6|2)$ und $C(5|4|8)$ $E_2: -5x_1 - 4x_2 + 7x_3 = 15$

6 Zeigen Sie, dass E_1 und E_2 den gleichen Normalenvektor haben. Geben Sie an, was sich daraus für die gegenseitige Lage beider Ebenen ergibt.

$E_1: \vec{x} = \begin{pmatrix} -2 \\ 5 \\ 6 \end{pmatrix} + r\begin{pmatrix} 1 \\ 3 \\ 4 \end{pmatrix} + s\begin{pmatrix} 4 \\ -1 \\ 3 \end{pmatrix}$ $E_2: -x_1 - x_2 + x_3 = 2$

Beide Ebenen in Parameterform

> **Beispiel 3** Ermitteln Sie die gegenseitige Lage der Ebenen
>
> $E_1: \vec{x} = \begin{pmatrix} 3 \\ 1 \\ -4 \end{pmatrix} + r\begin{pmatrix} 1 \\ -3 \\ -1 \end{pmatrix} + s\begin{pmatrix} 2 \\ 4 \\ 0 \end{pmatrix}$ und $E_2: \vec{x} = \begin{pmatrix} 8 \\ 2 \\ 1 \end{pmatrix} + k\begin{pmatrix} 3 \\ -1 \\ 2 \end{pmatrix} + l\begin{pmatrix} 4 \\ -1 \\ 5 \end{pmatrix}$.

Hinweis

Ergibt sich beim Umformen eine Widerspruchszeile, so sind die Ebenen echt parallel.
Sind zwei Variablen frei wählbar, so sind die Ebenen identisch.

Lösung:

Setzen Sie die Ebenengleichungen gleich und erzeugen Sie so ein lineares Gleichungssystem.

Bringen Sie das LGS in Zeilenstufenform. Die Lösung enthält eine frei wählbare Variable. Somit schneiden E_1 und E_2 einander in einer Geraden.

Setzen Sie $k = -2l - 2$ in eine Gleichung von E_2 ein und bestimmen Sie so eine Gleichung der Schnittgeraden g.
Das Einsetzen von $r = -l - 1$ und $s = -\frac{1}{2}l$ in E_1 ist aufwändiger, liefert aber ebenfalls eine Gleichung von g.

Parametergleichungen gleichsetzen:

$\begin{pmatrix} 3 \\ 1 \\ -4 \end{pmatrix} + r\begin{pmatrix} 1 \\ -3 \\ -1 \end{pmatrix} + s\begin{pmatrix} 2 \\ 4 \\ 0 \end{pmatrix} = \begin{pmatrix} 8 \\ 2 \\ 1 \end{pmatrix} + k\begin{pmatrix} 3 \\ -1 \\ 2 \end{pmatrix} + l\begin{pmatrix} 4 \\ -1 \\ 5 \end{pmatrix}$

Lineares Gleichungssystem lösen:

$\left(\begin{array}{ccc|c} 1 & 2 & -3 & -4 \\ -3 & 4 & 1 & 1 \\ -1 & 0 & -2 & -5 \end{array}\middle| \begin{array}{c} 5 \\ 1 \\ 5 \end{array}\right) \xrightarrow{\text{ZSF}} \left(\begin{array}{ccc|c} 1 & 2 & -3 & -4 \\ 0 & 10 & -8 & 11 \\ 0 & 0 & 1 & 2 \end{array}\middle| \begin{array}{c} 5 \\ 16 \\ -2 \end{array}\right)$

$k = -2l - 2; \quad s = -0,5l; \quad r = -l - 1$

Schnittgerade bestimmen:

$g: \vec{x} = \begin{pmatrix} 8 \\ 2 \\ 1 \end{pmatrix} + (-2l - 2) \cdot \begin{pmatrix} 3 \\ -1 \\ 2 \end{pmatrix} + l \cdot \begin{pmatrix} 4 \\ -1 \\ 5 \end{pmatrix}$

$= \begin{pmatrix} 2 \\ 4 \\ -3 \end{pmatrix} + l \cdot \begin{pmatrix} -2 \\ 1 \\ 1 \end{pmatrix}$

Basisaufgaben

7 Berechnen Sie die Schnittgerade von E_1: $\vec{x} = \begin{pmatrix} 3 \\ 0 \\ -2 \end{pmatrix} + r\begin{pmatrix} 1 \\ -1 \\ 4 \end{pmatrix} + s\begin{pmatrix} 3 \\ 5 \\ 2 \end{pmatrix}$ und E_2.

a) E_2: $\vec{x} = \begin{pmatrix} 2 \\ 5 \\ 0 \end{pmatrix} + k\begin{pmatrix} -3 \\ -1 \\ 4 \end{pmatrix} + l\begin{pmatrix} 4 \\ 2 \\ 3 \end{pmatrix}$
b) E_2: $\vec{x} = \begin{pmatrix} 8 \\ 14 \\ -8 \end{pmatrix} + k\begin{pmatrix} 1 \\ 4 \\ 0 \end{pmatrix} + l\begin{pmatrix} -4 \\ -5 \\ 2 \end{pmatrix}$

8 Das lineare Gleichungssystem zur Schnittbedingung zweier Ebenen wurde mit einem CAS gelöst. Interpretieren Sie das Ergebnis in Bezug auf die Lagebeziehung.

a)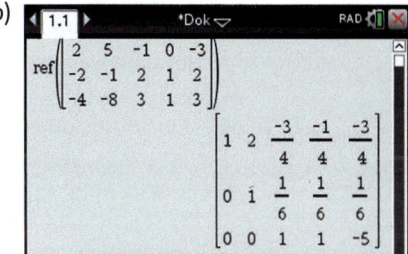

b)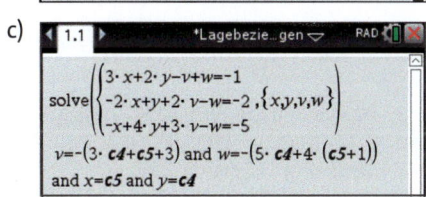

c)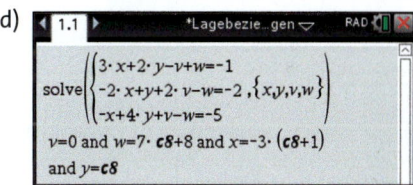

d)

9 Ermitteln Sie die gegenseitige Lage der Ebenen E_1 und E_2. Geben Sie gegebenenfalls eine Gleichung der Schnittgeraden an.

a) E_1: $\vec{x} = \begin{pmatrix} 2 \\ 5 \\ 3 \end{pmatrix} + r\begin{pmatrix} 1 \\ 0 \\ 1 \end{pmatrix} + s\begin{pmatrix} 0 \\ 1 \\ 0 \end{pmatrix}$
E_2: $\vec{x} = \begin{pmatrix} 4 \\ 0 \\ 0 \end{pmatrix} + k\begin{pmatrix} 1 \\ 1 \\ 1 \end{pmatrix} + l\begin{pmatrix} 1 \\ 3 \\ 1 \end{pmatrix}$

b) E_1: $\vec{x} = \begin{pmatrix} 2 \\ 1 \\ 3 \end{pmatrix} + r\begin{pmatrix} 2 \\ 0 \\ 1 \end{pmatrix} + s\begin{pmatrix} 0 \\ -1 \\ -2 \end{pmatrix}$
E_2: $\vec{x} = k\begin{pmatrix} 2 \\ 1 \\ 3 \end{pmatrix} + l\begin{pmatrix} -2 \\ 2 \\ 3 \end{pmatrix}$

c) E_1: $\vec{x} = \begin{pmatrix} 2 \\ 2 \\ 2 \end{pmatrix} + r\begin{pmatrix} 0 \\ 0 \\ 5 \end{pmatrix} + s\begin{pmatrix} 1 \\ 2 \\ -3 \end{pmatrix}$
E_2: $\vec{x} = \begin{pmatrix} 5 \\ 6 \\ 1 \end{pmatrix} + k\begin{pmatrix} 1 \\ 1 \\ 1 \end{pmatrix} + l\begin{pmatrix} 1 \\ 0 \\ 0 \end{pmatrix}$

d) E_1: $\vec{x} = \begin{pmatrix} 4 \\ 4 \\ 4 \end{pmatrix} + r\begin{pmatrix} 2 \\ 1 \\ 0 \end{pmatrix} + s\begin{pmatrix} -1 \\ 0 \\ 3 \end{pmatrix}$
E_2: $\vec{x} = \begin{pmatrix} 2 \\ 0 \\ 2 \end{pmatrix} + k\begin{pmatrix} 1 \\ 1 \\ 3 \end{pmatrix} + l\begin{pmatrix} 5 \\ 2 \\ -3 \end{pmatrix}$

10 Gegeben sind E_1: $\vec{x} = \begin{pmatrix} 5 \\ 3 \\ 2 \end{pmatrix} + r\begin{pmatrix} 1 \\ 2 \\ 5 \end{pmatrix} + s\begin{pmatrix} 0 \\ -1 \\ 1 \end{pmatrix}$ und E_2: $\vec{x} = \begin{pmatrix} -2 \\ 4 \\ 0 \end{pmatrix} + k\begin{pmatrix} 3 \\ 2 \\ 3 \end{pmatrix} + l\begin{pmatrix} 2 \\ 1 \\ 5 \end{pmatrix}$.

a) Berechnen Sie die Schnittgerade mithilfe der Parametergleichungen.
b) Wandeln Sie eine der Parametergleichungen in eine Koordinatengleichung um. Berechnen Sie anschließend erneut die Schnittgerade.
c) Vergleichen Sie den Rechenaufwand beider Vorgehensweisen.

11 Die Ebenen E_1: $-x_1 + x_3 = 3$ und E_2: $4x_1 - 3x_2 + 2x_3 = 9$ schneiden einander. Berechnen Sie die Schnittgerade auf zwei Arten und vergleichen Sie den Aufwand.
① Lösen Sie das LGS aus den beiden Koordinatengleichungen.
② Wandeln Sie eine der Koordinatengleichungen in eine Parametergleichung um und setzen Sie deren Koordinaten in die andere Koordinatengleichung ein.

Weiterführende Aufgaben

12 Die Entscheidungsregeln bei der Untersuchung der Lagebeziehung zweier Ebenen können mithilfe eines Schemas dargestellt werden.

$$\vec{a} + r \cdot \vec{u}_1 + s \cdot \vec{u}_2 = \vec{b} + k \cdot \vec{v}_1 + l \cdot \vec{v}_2$$

keine Lösung

E_1, E_2 identisch

a) Vervollständigen Sie das Schema für zwei Ebenen in Parameterform.

b) Erstellen Sie ein ähnliches Schema für den Fall Parameterform/Koordinatenform.

c) Erstellen Sie für zwei Ebenen in Koordinatenform ein Schema, in dem zuerst die Normalenvektoren betrachtet werden.

13 Wählen Sie den günstigsten Rechenweg zur Bestimmung der gegenseitigen Lage.

a) $E_1: \vec{x} = \begin{pmatrix} 5 \\ 3 \\ 2 \end{pmatrix} + r\begin{pmatrix} 1 \\ 2 \\ 0 \end{pmatrix} + s\begin{pmatrix} 0 \\ 2 \\ 1 \end{pmatrix}$ $E_2: \vec{x} = \begin{pmatrix} -2 \\ 3 \\ 4 \end{pmatrix} + k\begin{pmatrix} -3 \\ 1 \\ 6 \end{pmatrix} + l\begin{pmatrix} 2 \\ 1 \\ 1 \end{pmatrix}$

b) $E_1: \vec{x} = \begin{pmatrix} 1 \\ 1 \\ 4 \end{pmatrix} + r\begin{pmatrix} -1 \\ 0 \\ 1 \end{pmatrix} + s\begin{pmatrix} 0 \\ 1 \\ 1 \end{pmatrix}$ $E_2:$ Ebene durch $A(-1|14|-5)$, $B(2|-7|7)$ und $C(1|9|-4)$

c) $E_1: \vec{x} = \begin{pmatrix} 1 \\ 3 \\ 6 \end{pmatrix} + r\begin{pmatrix} 3 \\ 2 \\ 2 \end{pmatrix} + s\begin{pmatrix} 1 \\ -2 \\ 2 \end{pmatrix}$ $E_2:$ Ebene durch $P(-3|1|3)$, senkrecht zu $g: \vec{x} = \begin{pmatrix} -2 \\ 3 \\ 4 \end{pmatrix} + k\begin{pmatrix} 2 \\ -1 \\ 2 \end{pmatrix}$

14 Seien E_1 und E_2 zwei Ebenen. Beurteilen Sie, ob die Aussage wahr oder falsch ist.

a) Wenn der Normalenvektor von E_1 zu beiden Richtungsvektoren von E_2 orthogonal ist, dann haben E_1 und E_2 keine gemeinsamen Punkte.

b) Wenn der Normalenvektor von E_1 kollinear zu einem Richtungsvektor von E_2 ist, dann haben E_1 und E_2 keine gemeinsamen Punkte.

c) Zwei Ebenen können genau einen gemeinsamen Punkt haben.

d) Drei Ebenen können genau einen gemeinsamen Punkt haben.

e) Der Richtungsvektor der Schnittgeraden zweier Ebenen E_1 und E_2 ist orthogonal zum Normalenvektor von E_1 und zum Normalenvektor von E_2.

15 Stolperstelle: Bei der Ermittlung der Lagebeziehung von $E_1: 2x_1 + 3x_2 - x_3 = 5$ und $E_2: -x_1 + x_2 - 4x_3 = 3$ wählt Mateo den Ansatz: $2x_1 + 3x_2 - x_3 - 5 = -x_1 + x_2 + 4x_3 - 3$
Beurteilen Sie diesen Ansatz.

16 Der abgebildete Körper hat die Eckpunkte $A(-5|-5|0)$, $A'(-3,5|-2|6)$, $B(1|7|0)$, $C(-5|7|0)$ und $C'(-3,5|4|6)$. Die fehlenden Koordinaten des Punktes $B'(x_1|x_2|4)$ sollen ermittelt werden. Berechnen Sie dazu die Schnittgerade von $E_{BCC'}$ und $E_{A'AB}$.

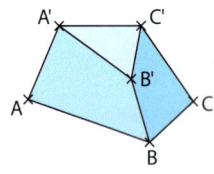

17 Die Gleichungen eines linearen Gleichungssystems mit drei Variablen können als Koordinatengleichungen von Ebenen aufgefasst werden.
Geben Sie an, welche zwei Gleichungssysteme je zwei sich schneidende Ebenen beschreiben. Welche Lagebeziehung haben die Ebenen aus dem dritten LGS?

① $\begin{vmatrix} x_1 + 3x_2 - x_3 = 5 \\ -2x_1 - 6x_2 + x_3 = 9 \end{vmatrix}$ ② $\begin{vmatrix} -2x_1 + 4x_2 + x_3 = 3 \\ 6x_1 - 12x_2 - 3x_3 = 2 \end{vmatrix}$ ③ $\begin{vmatrix} -x_1 + 2x_2 = 0 \\ x_3 = 5 \end{vmatrix}$

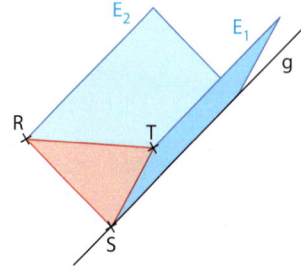

18 Die Seitenflächen einer V-förmigen Rinne liegen in den Ebenen E_1 und E_2. Die Ebene E_1 ist durch die Punkte $A(-3\,|\,9\,|\,8)$, $B(12\,|\,-1\,|\,-3)$ und $C(6\,|\,1\,|\,-1)$ festgelegt. Die Ebene E_2 hat die Gleichung $E_2\colon 2x_1 + 3x_2 + 3x_3 = 12$.

a) Ermitteln Sie eine Gleichung der Geraden g, in der die beiden Seitenflächen zusammenstoßen.

b) Die Rinne wird senkrecht zu E_1 und E_2 durch ein Dreieck RST mit $S(3\,|\,2\,|\,0)$ abgeschlossen, RST liegt in der Ebene E_3. Geben Sie eine Gleichung von E_3 an.

c) Die Kante $\overline{AT}$ verläuft parallel zu g. Berechnen Sie die Koordinaten von T und die Länge der Strecke $\overline{TS}$.

d) Die Gerade h, welche durch S und R verläuft, ist den Ebenen E_2 und E_3 gemeinsam. Berechnen Sie eine Parametergleichung von h.

e) Bestimmen Sie die Koordinaten von R. Nutzen Sie dazu, dass R auf h liegt und dass die Kanten $\overline{ST}$ und $\overline{SR}$ gleich lang sind. Außerdem ist die x_3-Koordinate von R positiv.

19 Zwei Platten ABCD und DEFG sollen aneinander gelehnt werden, sodass sie sich im Punkt D berühren. Dazu müssen sie entlang der Linie DH bzw. DI beschnitten werden. Gegeben sind $A(2\,|\,-4\,|\,0)$, $B(-1\,|\,0\,|\,0)$, $D(6\,|\,-1\,|\,12)$, $E(6\,|\,3\,|\,0)$ und $F(1\,|\,3\,|\,0)$.

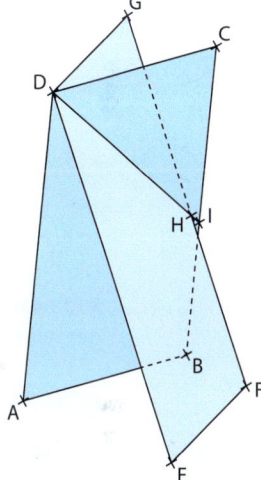

a) Geben Sie die Koordinaten der Punkte C und G an, sodass ABCD und DEFG Parallelogramme sind. Zeigen Sie, dass es sogar Rechtecke sind.

b) Zeigen Sie, dass die Rechtecke gleich breit sind, ihre Grundkanten aber nicht parallel zueinander ausgerichtet sind.

c) Berechnen Sie die Schnittgerade DH.

d) Berechnen Sie die Koordinaten der Punkte H und I mit einem geeigneten digitalen Hilfsmittel.

e) Berechnen Sie nun die Längen der Strecken $\overline{FH}$ und $\overline{BI}$ auf zwei Nachkommastellen genau.

20 Lagebeziehungen zwischen drei Ebenen: Mit einer Tischplatte und zwei Blättern Papier lassen sich die möglichen Lagebeziehungen zwischen drei Ebenen veranschaulichen. Die Lagebeziehungen können anhand von Normalenvektoren $\vec{n_1}$, $\vec{n_2}$, $\vec{n_3}$ sowie der gemeinsamen Schnittmenge S der drei Ebenen charakterisiert werden.

a) Beschreiben Sie acht verschiedene Lagebeziehungen zwischen drei Ebenen. Treffen Sie jeweils Aussagen über die Normalenvektoren und die Schnittmenge der drei Ebenen.

b) Berechnen Sie den Schnittpunkt von $E_1\colon x_1 + 2x_2 - 2x_3 = 1$, $E_2\colon x_1 + x_2 - 4x_3 = 2$ und $E_3\colon -x_1 + x_2 + x_3 = 3$. Kontrollieren Sie Ihr Ergebnis mithilfe eines CAS.

21 Ausblick: Gegeben sind zwei Ebenen $E_1\colon \vec{n_1} \cdot \vec{x} = d_1$ und $E_2\colon \vec{n_2} \cdot \vec{x} = d_2$, die sich in einer Geraden g schneiden.

a) Zeigen Sie, dass der Vektor $\vec{n_1} \times \vec{n_2}$ ein möglicher Richtungsvektor von g ist.

b) Begründen Sie, dass $\vec{n_1}$ und $\vec{n_2}$ eine Ebene E aufspannen.

c) Erklären Sie, warum sich drei Ebenen nur dann in genau einem Punkt schneiden können, wenn sich je zwei der Ebenen in einer Geraden schneiden.

d) Nun wird eine dritte Ebene $E_3\colon \vec{n_3} \cdot \vec{x} = d_3$ betrachtet, deren Normalenvektor $\vec{n_3}$ in der von $\vec{n_1}$ und $\vec{n_2}$ aufgespannten Ebene liegt. Begründen Sie, dass sich die drei Ebenen E_1, E_2 und E_3 nicht in einem Punkt schneiden können.

4.8   Geraden- und Ebenenscharen

Abgebildet ist die Ebene E: $4x_1 + 3x_2 + 5x_3 = 10$ sowie eine zu E parallele Ebene.

a) Begründen Sie, welche Gestalt die Koordinatengleichung einer zu E parallelen Ebene hat, und geben Sie diese mithilfe eines Parameters $a \in \mathbb{R}$ an.

b) Ermitteln Sie eine Gleichung derjenigen zu E parallelen Ebene, die durch den Punkt $P(-3\,|\,-1\,|\,4)$ verläuft.

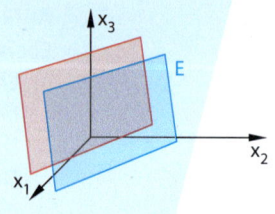

Geradenscharen

Scharen von Geraden (oder Ebenen) können eine besondere Gestalt haben.

Schar echt paralleler Geraden

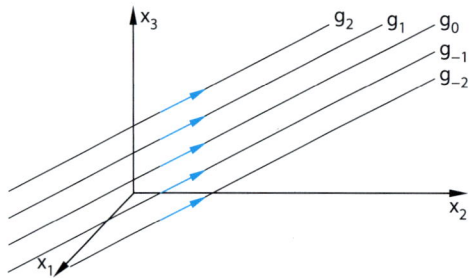

Die Richtungsvektoren der Schargeraden sind kollinear, die Geraden der Schar haben keinen gemeinsamen Punkt.

Geradenbüschel

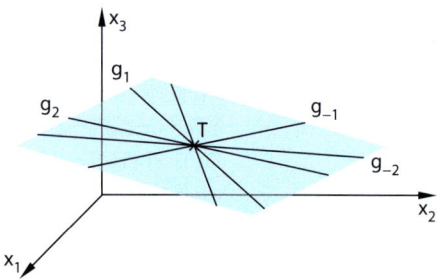

Alle Geraden der Schar schneiden einander in einem gemeinsamen Punkt (**Trägerpunkt**) und liegen in einer Ebene (**Trägerebene**).

Beispiel 1

Gegeben ist die Geradenschar g_a: $\vec{x} = \begin{pmatrix} 1 \\ 5 \\ 0 \end{pmatrix} + r \begin{pmatrix} -2a \\ a \\ a+1 \end{pmatrix}, a \in \mathbb{R}$.

a) Ermitteln Sie diejenige Gerade der Schar, welche den Punkt $A(5\,|\,-8\,|\,-4)$ enthält.

b) Zeigen Sie, dass es sich bei der Schar um ein Geradenbüschel handelt. Bestimmen Sie hierzu die Koordinaten des Trägerpunktes sowie eine Gleichung der Trägerebene.

Lösung:

a) Setzen Sie die Geradengleichung mit dem Ortsvektor von A gleich. Stellen Sie das zugehörige LGS auf. Ermitteln Sie die Lösungen für a und r.

$$\begin{pmatrix} 1 \\ 5 \\ 0 \end{pmatrix} + r \begin{pmatrix} -2a \\ a \\ a+1 \end{pmatrix} = \begin{pmatrix} -3 \\ 7 \\ 1 \end{pmatrix} \Rightarrow \begin{matrix} 1 - 2r \cdot a = -3 \\ 5 + r \cdot a = 7 \\ r \cdot a + r = 1 \end{matrix}$$

Lösung: $a = -2$; $r = -1$

Die Schargerade g_{-2} enthält den Punkt A.

b) Der Scharparameter ist nur im Richtungsvektor enthalten, die Geraden der Schar haben einen gemeinsamen Stützpunkt.

Trägerpunkt:

Der Trägerpunkt ist der gemeinsame Stützpunkt der Schargeraden: $T(1\,|\,5\,|\,0)$

Spalten Sie den Vektor der Geradenpunkte auf und klammern Sie r und $r \cdot a$ aus.

Trägerebene:

$$\vec{x} = \begin{pmatrix} 1 - 2r \cdot a \\ 5 + r \cdot a \\ r \cdot a + r \end{pmatrix} = \begin{pmatrix} 1 \\ 5 \\ 0 \end{pmatrix} + r \begin{pmatrix} 0 \\ 0 \\ 1 \end{pmatrix} + r \cdot a \begin{pmatrix} -2 \\ 1 \\ 1 \end{pmatrix}$$

Setzen Sie $t = r \cdot a$ und $s = r$, und geben Sie eine Gleichung der Trägerebene an

$$E: \vec{x} = \begin{pmatrix} 1 \\ 5 \\ 0 \end{pmatrix} + s \begin{pmatrix} 0 \\ 0 \\ 1 \end{pmatrix} + t \begin{pmatrix} -2 \\ 1 \\ 1 \end{pmatrix}$$

Hinweis

Lässt sich die Geradengleichung nicht so aufspalten, dass zwei nicht kollineare Richtungsvektoren entstehen, bedeutet dies, dass die Schargeraden nicht in einer Ebene liegen.

Basisaufgaben

1 Prüfen Sie, ob die Gerade $h: \vec{x} = \begin{pmatrix} 1 \\ 6 \\ 2 \end{pmatrix} + r\begin{pmatrix} -2 \\ 2 \\ -6 \end{pmatrix}$ zu einer der Geradenscharen gehört.

Begründen Sie, ob die Schargeraden echt parallel oder identisch sind ($a \in \mathbb{R}$, $a \neq 0$).

$g_a: \vec{x} = \begin{pmatrix} -a \\ 6 \\ -2a \end{pmatrix} + r\begin{pmatrix} -1 \\ 1 \\ -3 \end{pmatrix}$ $\quad$ $h_a: \vec{x} = \begin{pmatrix} 4 \\ 0 \\ 3 \end{pmatrix} + r\begin{pmatrix} 2a \\ a \\ 5a \end{pmatrix}$ $\quad$ $k_a: \vec{x} = \begin{pmatrix} a-1 \\ 6 \\ 2 \end{pmatrix} + r\begin{pmatrix} a \\ -a \\ 3a \end{pmatrix}$

2 Gegeben ist die Geradenschar $g_a: \vec{x} = \begin{pmatrix} -1 \\ 2a+1 \\ 5 \end{pmatrix} + r\begin{pmatrix} a \\ 4a \\ -a \end{pmatrix}$, $a \in \mathbb{R}$, $a \neq 0$.

a) Bestimmen Sie alle Geraden der Schar, die durch den Punkt $P(-4\,|\,7\,|\,2)$ verlaufen.
b) Ermitteln Sie, welche Geraden der Schar in der Ebene $E: -3x_1 + x_2 - x_3 = 10$ liegen.
c) Zeigen Sie, dass alle Schargeraden senkrecht auf $E: -2x_1 - 8x_2 + 2x_3 = 5$ stehen.

3 Gegeben sind $g_a: \vec{x} = \begin{pmatrix} 2 \\ 1 \\ 1 \end{pmatrix} + r\begin{pmatrix} a+1 \\ a \\ 1-2a \end{pmatrix}$, $a \in \mathbb{R}$ und $h: \vec{x} = \begin{pmatrix} 1 \\ 0 \\ 9 \end{pmatrix} + t\begin{pmatrix} 5 \\ -2 \\ 1 \end{pmatrix}$.

a) Zeigen Sie, dass es sich bei der Geradenschar g_a um ein Geradenbüschel handelt. Geben Sie eine Gleichung der Trägerebene in Koordinatenform an.
b) Bestimmen Sie diejenige Gerade der Schar, welche parallel zur $x_1 x_2$-Ebene verläuft.
c) Berechnen Sie für welchen Wert von a die Gerade g_a orthogonal zur Geraden h ist.
d) Zeigen Sie, dass keine Gerade der Schar parallel zur Geraden h verläuft.

4 Bestimmen Sie einen Wert $a \in \mathbb{R}$ so, dass eine Gerade der Schar $g_a: \vec{x} = \begin{pmatrix} 2 \\ 1 \\ -1 \end{pmatrix} + r\begin{pmatrix} 1 \\ 0 \\ a-1 \end{pmatrix}$ die Gerade $h: \vec{x} = \begin{pmatrix} 2 \\ 3 \\ 1 \end{pmatrix} + t\begin{pmatrix} 2 \\ -1 \\ 0 \end{pmatrix}$ schneidet. Berechnen Sie den Schnittpunkt.

5 Gegeben ist die Schar $g_a: \vec{x} = \begin{pmatrix} 1 \\ a \\ 0 \end{pmatrix} + t\begin{pmatrix} 2a \\ 1 \\ -a \end{pmatrix}$, $a \in \mathbb{R}$ und die Ebene $E: x_1 + 3x_2 + x_3 = 1$.

a) Zeigen Sie, dass g_a weder eine Schar paralleler Geraden noch ein Geradenbüschel ist.
b) Ermitteln Sie eine Schargerade, die parallel zur Ebene E liegt.
c) Prüfen Sie, ob es eine Gerade der Schar gibt, die orthogonal zur Ebene E verläuft.

Ebenenscharen

Hinweis

Um nachzuweisen, dass es sich um ein Ebenenbüschel handelt, wird die Schnittgerade von zwei beliebigen Scharebenen ermittelt und gezeigt, dass diese in allen Ebenen der Schar enthalten ist.

Schar echt paralleler Ebenen

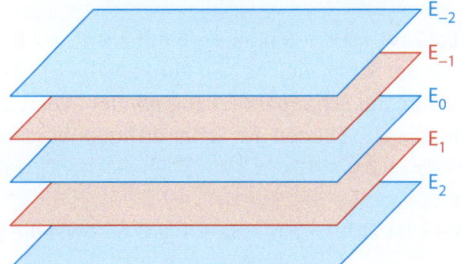

Die Normalenvektoren der Scharebenen sind kollinear, die Ebenen der Schar haben keinen gemeinsamen Punkt.

Ebenenbüschel

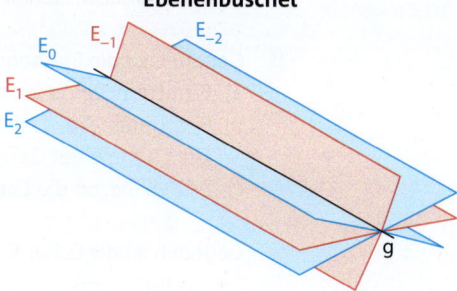

Alle Ebenen der Schar schneiden sich in einer gemeinsamen Gerade (**Trägergerade**).

Beispiel 2

Gegeben ist die Ebenenschar $E_a: (1-a)x_1 + \left(a-\frac{1}{2}\right)x_2 + ax_3 = 3 - a$, $a \in \mathbb{R}$.

a) Prüfen Sie, ob die Ebene $F: 8x_1 - 9x_2 - 10x_3 = 4$ zur Ebenenschar gehört.
b) Weisen Sie nach, dass es sich bei E_a um ein Ebenenbüschel handelt. Bestimmen Sie eine Gleichung der Trägergeraden.

Lösung:

a) Die Ebenengleichung von F kann ein Vielfaches der zugehörigen Gleichung von E_a sein. Multiplizieren Sie die Gleichung von E_a mit einer Zahl k. Vergleichen Sie die Koeffizienten sowie die rechte Seite mit der von F. Bestimmen Sie k und a.

$$k(1-a)x_1 + k\left(a-\frac{1}{2}\right)x_2 + kax_3 = k(3-a)$$

$$8 = k(1-a) \qquad\qquad -9 = k\left(a-\frac{1}{2}\right)$$

$$-10 = ka \qquad\qquad 4 = k(3-a)$$

Lösung: $k = -2$; $a = 5$

F gehört zur Ebenenschar und entspricht E_5.

b) Bestimmen Sie die Schnittgerade zweier beliebiger Ebenen der Schar, hier E_0 und E_1.

$$E_0: x_1 - \frac{1}{2}x_2 = 3 \qquad\qquad E_1: \frac{1}{2}x_2 + x_3 = 2$$

$$\begin{pmatrix} 1 & -\frac{1}{2} & 0 & | & 3 \\ 0 & \frac{1}{2} & 1 & | & 2 \end{pmatrix} \Rightarrow L = \left\{ (5-t\,|\,4-2t\,|\,t); t \in \mathbb{R} \right\}$$

Schnittgerade: $g: \vec{x} = \begin{pmatrix} 5 \\ 4 \\ 0 \end{pmatrix} + t\begin{pmatrix} -1 \\ -2 \\ 1 \end{pmatrix}$

Zeigen Sie, dass die Schnittgerade g in allen Ebenen E_a der Schar liegt.

Einsetzen in die Ebenengleichung von E_a:

$$(1-a)(5-t) + \left(a-\frac{1}{2}\right)(4-2t) + at = 3 - a$$
$$3 - a = 3 - a$$

Die Trägergerade des Ebenenbüschels entspricht der Schnittgeraden g.

Die Schnittgerade g liegt in allen Ebenen E_a. Es handelt sich also um ein Ebenenbüschel mit Trägergerade g.

Basisaufgaben

6 Begründen Sie anhand der Ebenengleichung ($a \in \mathbb{R}$), dass die Ebenen der Schar parallel zueinander liegen.

$E_a: 2x_1 + 3x_2 - x_3 = 2a$

$F_a: \vec{x} = \begin{pmatrix} 2a \\ -1 \\ 4a \end{pmatrix} + r\begin{pmatrix} -2 \\ 1 \\ 6 \end{pmatrix} + s\begin{pmatrix} 4 \\ 0 \\ 1 \end{pmatrix}$

$H_a: \left(\vec{x} - \begin{pmatrix} 2 \\ -a \\ 4 \end{pmatrix} \right) \cdot \begin{pmatrix} 0 \\ 1 \\ 7 \end{pmatrix} = 0$

7 Weisen Sie nach, dass es sich bei $E_a: -ax_1 + (3a+1)x_2 + 5ax_3 = 2$, $a \in \mathbb{R}$ um ein Ebenenbüschel handelt. Geben Sie eine Gleichung der Trägergeraden an.

8 Gegeben ist die Ebenenschar $E_a: 2ax_1 + ax_2 - 5ax_3 = a - 6$ mit $a \in \mathbb{R}$, $a \neq 0$.
a) Ermitteln Sie diejenige Ebene der Schar, welche den Punkt $A(5\,|\,-8\,|\,-3)$ enthält.
b) Begründen Sie, dass alle Ebenen der Schar parallel zueinander liegen. Geben Sie eine Gleichung einer Geraden an, die alle Ebenen der Schar orthogonal schneidet.
c) Prüfen Sie, ob die Ebene $F: -4x_1 + 2x_2 + 10x_3 = 1$ zur Ebenenschar E_a gehört.

9 Gegeben ist die Schar $E_a: 3ax_1 + (1-2a)x_2 - ax_3 = 5a + 1$, $a \in \mathbb{R}$ sowie die Gerade

$g: \vec{x} = \begin{pmatrix} 9 \\ 0 \\ 5 \end{pmatrix} + r\begin{pmatrix} 2 \\ 4 \\ 1 \end{pmatrix}$ und die Ebene $F: 5x_1 + 3x_2 - 3x_3 = 1$.

a) Beurteilen Sie, ob es eine Ebene der Schar gibt, die orthogonal zur Geraden g liegt.
b) Bestimmen Sie alle Ebenen der Schar, die orthogonal zur Ebene F sind.

Weiterführende Aufgaben

10 Gegeben ist das Ebenenbüschel $E_a: -x_1 + ax_2 + (2a - 5)x_3 = a - 3$, $a \in \mathbb{R}$.
   a) Bestimmen Sie eine Gleichung der Trägergeraden.
   b) Zeigen Sie, dass auch die Ebene $F: x_2 + 2x_3 = 1$ die Trägergerade enthält, aber nicht zum Ebenenbüschel gehört.

11 Stolperstelle: Karim prüft, ob die Ebene $F: 3x_1 - 5x_2 - x_3 = -2$ zur Ebenenschar $E_a: -3ax_1 + 5ax_2 + ax_3 = a - 2$ mit $a \in \mathbb{R}$, $a \neq 0$ gehört. Er meint:
„Vergleicht man die Koeffizienten von E_a und F, folgt sofort, dass $a = -1$ gelten muss. Auf der rechten Seite von E_{-1} steht dann aber -3, und nicht -2. Somit gehört F nicht zur Schar."
Erläutern Sie Karims Denkfehler und korrigieren Sie seine Rechnung.

12 Gegeben ist die Ebenenschar $E_a: (-3 - 2a)x_1 - 9x_2 - (a - 3)x_3 = 3$, $a \in \mathbb{R}$, $a \neq 0$.
   a) Bestimmen Sie die Koordinaten der Spurpunkte der Scharebenen in Abhängigkeit von a.
   b) Ermitteln Sie diejenige Ebene der Schar, welche mit den Koordinatenachsen ein gleichseitiges Dreieck einschließt.
   c) Berechnen Sie den Flächeninhalt des Dreiecks aus b).

13 Gegeben ist die Geradenschar $g_a: \vec{x} = \begin{pmatrix} 2a \\ 3-a \\ -1 \end{pmatrix} + r \begin{pmatrix} 2 \\ 3 \\ -1 \end{pmatrix}$, $a \in \mathbb{R}$.

   a) Beschreiben Sie die Lage der Schargeraden zueinander. Zeigen Sie, dass alle Geraden der Schar in einer Ebene liegen. Geben Sie die Koordinatengleichung dieser Ebene an.
   b) Ermitteln Sie eine Gleichung einer Geradenschar h_a so, dass für jeden Wert des Parameters a die Schargerade h_a genau eine Gerade der Schar g_a orthogonal schneidet. Geben Sie die Koordinaten dieses Schnittpunktes in Abhängigkeit von a an.

14 Gegeben sind die Ebene $E: \vec{x} = \begin{pmatrix} -3 \\ -6 \\ 8 \end{pmatrix} + r \begin{pmatrix} 1 \\ 1 \\ -2 \end{pmatrix} + s \begin{pmatrix} 4 \\ 6 \\ -6 \end{pmatrix}$ und für $a \in \mathbb{R}$ die Geradenschar

$g_a: \vec{x} = \begin{pmatrix} 6 \\ 9 \\ a-5 \end{pmatrix} + t \begin{pmatrix} 4-a \\ 1-3a \\ -10-a^2 \end{pmatrix}$. Bestimmen Sie alle Werte von a, sodass gilt:

   ① E und g_a schneiden einander.   ② g_a verläuft in E.   ③ g_a und E verlaufen parallel.

15 Für jedes $a \in \mathbb{R}$ sei $E_a: \vec{x} = \begin{pmatrix} -1 \\ 1 \\ 4 \end{pmatrix} + r \begin{pmatrix} 4 \\ 4 \\ 2 \end{pmatrix} + s \begin{pmatrix} 1 \\ -a \\ a \end{pmatrix}$. Durch $g: \vec{x} = \begin{pmatrix} 1 \\ 3 \\ 5 \end{pmatrix} + t \begin{pmatrix} 2 \\ 2 \\ 1 \end{pmatrix}$ ist eine Gerade und durch $E: -2x_1 + x_2 + 2x_3 = 20$ eine Ebene gegeben.
   a) Berechnen Sie allgemein den Schnitt von E_a und E. Welche Fälle treten für welche a ein? Geben Sie eine Gleichung der Schnittgeraden für $a = 1$ an.
   b) Zeigen Sie, dass alle Ebenen der Schar E_a die Gerade g enthalten.
   c) Ermitteln Sie die gegenseitige Lage von g und E. Erläutern Sie das Resultat anhand der Ergebnisse aus a) und b).

16 Ausblick: Zu einer vorgegebenen Trägergerade soll ein Ebenenbüschel ermittelt werden.
   a) Zeigen Sie unter Verwendung der Eigenschaften des Skalar- und Vektorprodukts, dass die Gerade $g: \vec{x} = \vec{p} + r \cdot \vec{u}$ in jeder Ebene der Schar $E_a: (\vec{x} - \vec{p}) \cdot \vec{n_a} = 0$, $a \in \mathbb{R}$ mit $\vec{n_a} = \vec{p} \times \vec{u} + a \cdot ((\vec{p} \times \vec{u}) \times \vec{u})$ enthalten ist.
   b) Geben Sie ein Ebenenbüschel mit der Trägergeraden $g: \vec{x} = \begin{pmatrix} 5 \\ 4 \\ 1 \end{pmatrix} + r \begin{pmatrix} 0 \\ -2 \\ -1 \end{pmatrix}$ an.

   Weisen Sie rechnerisch nach, dass g in allen Scharebenen dieses Ebenenbüschels enthalten ist.

Dreidimensionale Objekte dynamisch darstellen

Untersuchen Sie, wie sich dreidimensionale Objekte mit Ihrem CAS darstellen lassen.
Geben Sie an, welche der Gleichungen zu dem im Schrägbild dargestellten Objekt passt:

a) $x - y - z = 0$

b) $z = 0{,}5 \cdot (x^2 - y^2)$

c) $z = 0{,}5 \cdot (x^2 + y^2)$

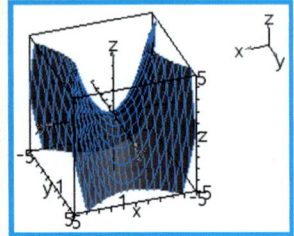

Mit der 3D-Darstellung von Objekten lassen sich deren Eigenschaften gut untersuchen, weil man diese Bilder bewegen und so aus unterschiedlichen Blickwinkeln betrachten kann.

Beispiel 1

Stellen Sie die Ebene E: $\frac{x}{2} + \frac{y}{3} - \frac{z}{4} = 1$ in der 3D-Darstellung Ihres CAS dar.

Lösung mit TI:

Öffnen Sie die Anwendung *Graphs* und wählen Sie unter *Menü-Ansicht* die Option *3D-Darstellungen*.
Geben Sie in der Eingabezeile die Ebenengleichung in der Form $z = f(x, y)$ ein.
Dadurch wird ein Schrägbild der Ebene in einer Box und mit Achsenkreuz erzeugt, das sich in alle Richtungen drehen lässt.

Beim Drehen des Objektes erkennt man sehr gut die Schnittstellen der Ebene mit den Achsen bei $x = 2$, $y = 3$ und $z = -4$.

Lösung mit Casio:

Öffnen Sie die Anwendung *3D-Grafik*.

Geben Sie in der Eingabezeile die Ebenengleichung in der Form $z = f(x, y)$ ein.

Mithilfe der Tasten und ggf. wird ein Schrägbild der Ebene mit Achsenkreuz erzeugt, das sich in alle Richtungen drehen lässt.

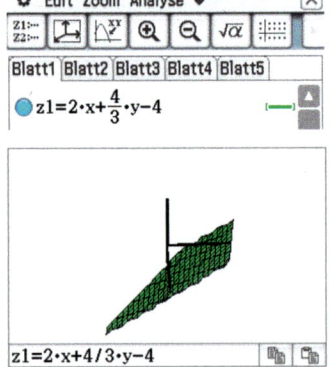

Aufgaben

1 Erzeugen Sie mit Ihrem CAS eine 3D-Darstellung einer Ebene, die in Punkt-Richtungsform gegeben ist. Sowohl für TI als auch für Casio kann die Eingabe entsprechend eingerichtet werden.

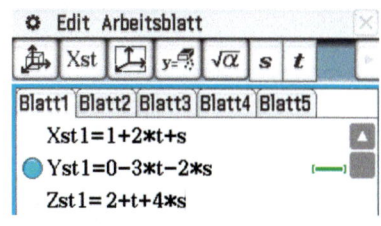

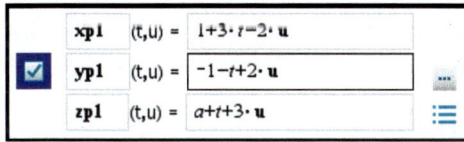

2 Untersuchen Sie, ob sich mit Ihrem CAS mehrere Ebenen gleichzeitig darstellen lassen. Wenn das möglich ist, dann skizzieren Sie
a) zwei Ebenen, die parallel zueinander verlaufen,
b) drei Ebenen, die einen Punkt gemeinsam haben.

3 In diese Ebenengleichung ist ein Parameter a eingefügt. Untersuchen Sie, welchen Einfluss dieser Parameter auf die Lage der Ebene hat.

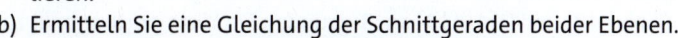

4 Untersuchen Sie, welche Schnittpunkte die Ebene E: $z = -\frac{x}{2} - \frac{2}{5}y + 2$ mit den Koordinatenachsen hat.

5 Die beiden Ebenen sind in einem Quader dargestellt $(0 \le x, y \le 22, 0 \le z \le 28)$. Eine Gleichung der blauen Ebene ist $14x_1 + 14x_2 + 11x_3 = 616$.

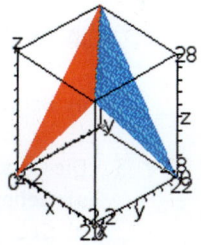

a) Stellen Sie eine Gleichung für die rote Ebene auf. Hinweis: Mit Blick auf die Achsen können Sie die Koordinaten von drei Punkten der Ebene festlegen. Sie können Ihr Ergebnis mit einer 3D-Darstellung kontrollieren.
b) Ermitteln Sie eine Gleichung der Schnittgeraden beider Ebenen.
c) Ermitteln Sie den Schnittwinkel beider Ebenen.

6 **Forschungsauftrag:** Erzeugen Sie eine 3D-Darstellung der Fläche mit der Gleichung $z = x^2 + a \cdot y^2 - 3$ zunächst für a = 1.
a) Betrachten Sie diese Fläche in Richtung der Vektoren $\begin{pmatrix} -1 \\ 0 \\ 0 \end{pmatrix}$, $\begin{pmatrix} 0 \\ -1 \\ 0 \end{pmatrix}$ und $\begin{pmatrix} 0 \\ 0 \\ -1 \end{pmatrix}$

(Vorder-, Seiten und Draufsicht). Beschreiben Sie die Figuren, die Sie dabei sehen.
b) Verwenden Sie für den Parameter a nun andere positive Zahlen und beschreiben Sie deren Auswirkung auf die Form der Fläche.

4.9   Klausur- und Abiturtraining

Aufgaben ohne Hilfsmittel

1 Gegeben sind die Punkte A(5|0|0), B(4|−3|2), D(6|1|1), P(0|9|6) und Q(9|−6|3).
    a) Zeigen Sie, dass die Punkte A, B und D nicht auf einer Geraden liegen.
    b) Geben Sie die Koordinaten des Mittelpunktes der Strecke $\overline{AB}$ an.
    c) Geben Sie eine Parametergleichung der Ebene E durch die Punkte A, B und D an.
    d) Berechnen Sie den Schnittpunkt S von E mit der Geraden durch P und Q.
    e) Prüfen Sie, ob S im Parallelogramm liegt, welches von A aus durch $\overrightarrow{AB}$ und $\overrightarrow{AD}$ aufgespannt wird.

2 Gegeben ist die Gerade g: $\vec{x} = \begin{pmatrix} -1 \\ 4 \\ 9 \end{pmatrix} + r\begin{pmatrix} 2 \\ -3 \\ 6 \end{pmatrix}$ und der Punkt P(−5|10|3). Zeigen Sie, dass P auf g liegt.

3 Gegeben sind die Geraden g_1: $\vec{x} = \begin{pmatrix} -2 \\ 1 \\ 0 \end{pmatrix} + r\begin{pmatrix} 1 \\ -1 \\ 1 \end{pmatrix}$ und g_2: $\vec{x} = \begin{pmatrix} 4 \\ 0 \\ 1 \end{pmatrix} + s\begin{pmatrix} 1 \\ 2 \\ 0 \end{pmatrix}$.

    Die Gerade g_3 verläuft parallel zu g_1 durch P(4|4|2).
    a) Zeigen Sie, dass g_1 und g_2 windschief zueinander sind.
    b) Geben Sie eine Gleichung zu g_3 an.
    c) Geben Sie eine Gleichung der Ebene E_1 an, welche g_2 und den Punkt P enthält.
    d) Geben Sie eine Gleichung der Ebene E_2 an, welche g_1 und g_3 enthält.

4 Die Gerade g verläuft durch A(3|−5|5) und B(2|−3,5|3).
    a) Prüfen Sie, ob P(1|−2|1) auf der Strecke $\overline{AB}$ liegt.
    b) Sei E_1 die Ebene, welche durch P senkrecht zu g verläuft. Geben Sie eine Koordinatengleichung und eine Parametergleichung von E_1 an.
    c) Skizzieren Sie E_1 mithilfe ihrer Spurpunkte in ein Koordinatensystem. Tragen Sie A, B, P und die Gerade g_{AB} in die Skizze ein.
    d) Sei E_2 die Ebene durch den Ursprung und die Punkte P und Q(1|6|−2). Geben Sie eine Parametergleichung von E_2 an und berechnen Sie die Schnittgerade h von E_1 und E_2.
    e) Begründen Sie, dass h parallel zur x_1x_2-Ebene verläuft.

5 Die Gerade g verläuft durch die Punkte A(1|−1|1) und B(3|2|−5).
    a) Geben Sie alle Punkte der Geraden g an, welche von B den Abstand 7 LE haben.
    b) Geben Sie eine Parameter- und eine Normalengleichung der Ebene E durch A, C(4|−1|2) und D(4|1|3) an. Begründen Sie, dass g orthogonal zu E verläuft.
    c) Spiegeln Sie den Punkt B an der Ebene E.

6 Gegeben seien die Punkte A(2|4|−1), B(4|3|2) und R_k(−4|k|−3 − k).
    a) Bestimmen Sie k so, dass R_k auf der Geraden g durch A und B liegt.
    b) Geben Sie die besondere Lage der Ebene E: $x_2 + 3x_3 = 1$ im Koordinatensystem an.
    c) Ermitteln Sie die gegenseitige Lage von E und g.

    d) Die Ebene F ist gegeben durch F: $\left(\vec{x} - \begin{pmatrix} -17 \\ 1 \\ 0 \end{pmatrix} \right) \cdot \begin{pmatrix} 0 \\ 2 \\ 6 \end{pmatrix} = 0$.

    Begründen Sie, dass F mit der Ebene E identisch ist.

Aufgaben mit Hilfsmitteln

7 Gegeben sind die Punkte $A(2|2|-3)$, $B(1|6|-1)$ und $C(-5|3|2)$ und die Ebene
E': $-10x_1 + 5x_2 - x_3 = 35$.

a) Geben Sie die Koordinaten eines Punktes D an, sodass das Viereck ABCD ein Parallelogramm ist. Zeigen Sie, dass es sogar ein Rechteck ist.

b) Ermitteln Sie einen Vektor, welcher auf $\overline{AB}$ und $\overline{AD}$ senkrecht steht.

c) Das Rechteck ABCD soll die Grundfläche eines Quaders sein mit einem Volumen von 252 VE. Geben Sie die Koordinaten der vier weiteren Eckpunkte E, F, G und H des Quaders an. Erläutern Sie, weshalb es zwei Lösungen geben muss.

d) Betrachtet wird nun der Quader aus c), bei dem die x_3-Koordinaten der Punkte E, F, G und H positiv sind. Skizzieren Sie den Quader in ein Koordinatensystem.

e) Zeigen Sie, dass der Mittelpunkt M der Strecke $\overline{CG}$ auf der Ebene E' liegt.

f) Zeigen Sie, dass E' nicht die Kante $\overline{AB}$ schneidet. Berechnen Sie den Schnittpunkt N von E' mit der Kante $\overline{BC}$. Tragen Sie das Dreieck DNM in die Skizze ein.

g) Die Ebene E' schneidet vom Quader eine Pyramide DNMC ab. Berechnen Sie das Volumen dieser Pyramide.

8 Ein Flugzeug befindet sich im Landeanflug auf den Flughafen Köln-Bonn. In einem Koordinatensystem, bei dem der Flughafen sich in der x_1x_2-Ebene befindet, beträgt seine Position um 10:05 Uhr $P(-7|-2|1,5)$ und um 10:06 Uhr $Q(-3,5|1|1,25)$.
Eine Längeneinheit entspricht 1 km.

a) Berechnen Sie, wo sich das Flugzeug bei gleichbleibender Geschwindigkeit und konstantem Kurs um 10:07 Uhr und um 10:08 Uhr befindet.

b) Berechnen Sie, zu welcher Uhrzeit und in welchem Punkt das Flugzeug auf dem Flughafen aufsetzt.

c) Die Spitzen der Türme des Kölner Doms haben die Koordinaten $(7|10|0,16)$. Beurteilen Sie, ob sich der Kurs des Flugzeugs eignet, um den Dom gefahrlos zu überfliegen. Bewerten Sie die Aussicht, die sich den Fluggästen auf den Dom bietet.

d) Berechnen Sie die Geschwindigkeit des Flugzeugs.

e) Auf den Rheinwiesen im Punkt $W(9,25|13|0)$ lassen Kinder um 10:03 Uhr einen Luftballon steigen. Er wird vom Wind etwas abgetrieben und steigt pro Minute um den

Vektor $\begin{pmatrix} 0,25 \\ 0 \\ 0,05 \end{pmatrix}$. Prüfen Sie, ob der Luftballon die Flugbahn des Flugzeugs kreuzt und ob

er mit dem Flugzeug kollidiert.

f) Ermitteln Sie den Zeitpunkt, an dem der Abstand zwischen dem Flugzeug und dem Ballon am kleinsten ist.

g) Eine Ebene E enthält den Punkt $W(-1|-9|0)$ und beschreibt zum Zeitpunkt t = 0 den

Rand einer Schlechtwetterfront. Der Vektor $\begin{pmatrix} -0,6 \\ 0,7 \\ 0 \end{pmatrix}$ beschreibt die Bewegung des Un-

wetters in einer Minute.
Geben Sie eine Gleichung der Ebene E an, und untersuchen Sie die gegenseitige Lage von E und der Flugbahn des Flugzeugs.

Lösungen
→ S. 468/469

1   Die Punkte A(1|−1|0) und B(0|1|1) legen eine Gerade g fest.

    a) Beurteilen Sie, welche der folgenden Gleichungen die Gerade g beschreiben.
       Es gilt jeweils r ∈ ℝ.

$$① \ \vec{x} = \begin{pmatrix} 1 \\ -1 \\ 0 \end{pmatrix} + r\begin{pmatrix} 0 \\ 1 \\ 1 \end{pmatrix} \qquad ② \ \vec{x} = \begin{pmatrix} 0 \\ 1 \\ 1 \end{pmatrix} + r\begin{pmatrix} -1 \\ 2 \\ 1 \end{pmatrix} \qquad ③ \ \vec{x} = \begin{pmatrix} -3 \\ 7 \\ 4 \end{pmatrix} + r\begin{pmatrix} 2 \\ -4 \\ -2 \end{pmatrix}$$

    b) Geben Sie eine weitere Parametergleichung für die Gerade g an.

2   Gegeben sind drei Punkte O(0|0|0), A(1|2|1) und B(2|4|6).

    a) Geben Sie eine Parametergleichung der Geraden g durch A und B an.

    b) Weisen Sie nach, dass der Punkt O nicht auf g liegt.

    c) Erläutern Sie, was durch die Gleichung $\vec{x} = \overrightarrow{OA} + r \cdot \overrightarrow{AB}$ mit r ∈ ℝ und 0 ≤ r ≤ 2
       beschrieben wird.

    d) Der Punkt C liegt auf der Geraden g und ist vom Punkt B doppelt so weit entfernt wie
       vom Punkt A. Beschreiben Sie, wie der Ortsvektor von C mit einer Parametergleichung
       der Geraden g berechnet werden kann.

    e) Die Gerade h geht durch den Punkt D(2|3|4) und verläuft parallel zur Geraden g.
       Geben Sie eine Parametergleichung der Geraden h an.

3   Eine Gleichung der Geraden h ist gegeben durch $\vec{x} = \begin{pmatrix} 2 \\ 1 \\ 1 \end{pmatrix} + r\begin{pmatrix} 1 \\ 1 \\ 0 \end{pmatrix}$.

    a) Geben Sie die Koordinaten zweier Punkte an, die auf h liegen.

    b) Untersuchen Sie, ob die Punkte P(0|−1|1) und Q(3|3|−1) auf h liegen.

    c) Berechnen Sie die Koordinaten der Spurpunkte von h.

    d) Beschreiben Sie die besondere Lage von h bezüglich der Koordinatenebenen.

4   Gegeben sind die Punkte A(−2|1|0) und B(3|4|5).

    a) Geben Sie eine Parametergleichung der Strecke $\overline{AB}$ an.

    b) Berechnen Sie die Länge der Strecke $\overline{AB}$.

    c) Berechnen Sie die Koordinaten des Mittelpunktes M der Strecke $\overline{AB}$.

5   Ermitteln Sie die gegenseitige Lage der Geraden g: $\vec{x} = \begin{pmatrix} 1 \\ -2 \\ 4 \end{pmatrix} + r\begin{pmatrix} 3 \\ 1 \\ 0 \end{pmatrix}$ und h. Berechnen Sie
    gegebenenfalls den Schnittpunkt von g und h.

    a) h: $\vec{x} = \begin{pmatrix} 8 \\ 1 \\ 2 \end{pmatrix} + s\begin{pmatrix} 1 \\ 1 \\ -2 \end{pmatrix}$ b) h: $\vec{x} = \begin{pmatrix} -1 \\ 6 \\ 5 \end{pmatrix} + s\begin{pmatrix} 1 \\ 1 \\ 1 \end{pmatrix}$ c) h: $\vec{x} = \begin{pmatrix} 2 \\ 0 \\ 4 \end{pmatrix} + s\begin{pmatrix} -6 \\ -2 \\ 0 \end{pmatrix}$

6   Gegeben ist der Vektor $\vec{a} = \begin{pmatrix} 4 \\ 2 \\ 1 \end{pmatrix}$.

    a) Bestimmen Sie einen Vektor $\vec{b}$, sodass $\vec{a}$ und $\vec{b}$ senkrecht zueinander sind.

    b) Ermitteln Sie einen dritten Vektor $\vec{c}$, der sowohl zu $\vec{a}$ als auch zu $\vec{b}$ orthogonal ist.

7   Geben Sie eine Parametergleichung der Ebene E an.

    a) E: $x_1 + x_2 - x_3 = 5$ b) E: $x_1 + x_2 - 3x_3 = -3$ c) E: $x_1 + 2x_2 = 4$

    d) E: $\left(\vec{x} - \begin{pmatrix} 1 \\ 2 \\ 3 \end{pmatrix} \right) \cdot \begin{pmatrix} 2 \\ 1 \\ 0 \end{pmatrix} = 0$ e) E: $\vec{x} \cdot \begin{pmatrix} 4 \\ 1 \\ 2 \end{pmatrix} = \begin{pmatrix} 2 \\ 0 \\ 5 \end{pmatrix} \cdot \begin{pmatrix} 4 \\ 1 \\ 2 \end{pmatrix}$ f) E: $\vec{x} \cdot \begin{pmatrix} 3 \\ 1 \\ 9 \end{pmatrix} = 18$

8   Die Ebene E enthält den Punkt P(1|1|1) und verläuft senkrecht zur Geraden

    g: $\vec{x} = \begin{pmatrix} -1 \\ 0 \\ 1 \end{pmatrix} + t\begin{pmatrix} 0 \\ 1 \\ -1 \end{pmatrix}$. Geben Sie eine Koordinaten- und eine Parametergleichung von E an.

Lösungen
→ S. 469/470

9 Die Punkte $P_t(-t\,|\,3+t\,|\,3)$ mit $t \in \mathbb{R}$ liegen auf einer Geraden g.

  a) Geben Sie eine Parametergleichung für die Gerade g an und beschreiben Sie die Lage dieser Geraden im Koordinatensystem.

  b) Geben Sie je eine Parametergleichung einer Geraden h an, die

    ① parallel, aber nicht identisch zu g ist,   ② genau einen Schnittpunkt mit g hat,

    ③ windschief zu g ist.

10 Eine Ebene E enthält die Punkte P, Q und R mit $P(-1\,|\,0\,|\,0)$, $Q(0\,|\,3\,|\,0)$ und $R(0\,|\,0\,|\,2)$.

  a) Begründen Sie, dass die Ebene E durch P, Q und R eindeutig festgelegt ist.

  b) Beurteilen Sie, ob folgende Gleichungen eine Parametergleichung von E beschreiben. Es gilt jeweils $s, t \in \mathbb{R}$.

$$① \ \vec{x} = \begin{pmatrix} -1 \\ 0 \\ 0 \end{pmatrix} + s\begin{pmatrix} 1 \\ 3 \\ 0 \end{pmatrix} + t\begin{pmatrix} 1 \\ 0 \\ 2 \end{pmatrix} \qquad ② \ \vec{x} = \begin{pmatrix} -2 \\ 0 \\ -4 \end{pmatrix} + s\begin{pmatrix} 1 \\ 0 \\ 2 \end{pmatrix} + t\begin{pmatrix} 0 \\ -3 \\ 2 \end{pmatrix}$$

  c) Geben Sie eine weitere Parametergleichung für E an.

  d) Geben Sie eine Normalen- und eine Koordinatengleichung für E an.

11 Ermitteln Sie die gegenseitige Lage der Ebene $E: x_1 + x_2 - x_3 = 0$ und der Geraden g. Berechnen Sie gegebenenfalls den Schnittpunkt.

$$\text{a) } g: \vec{x} = \begin{pmatrix} 1 \\ 4 \\ -1 \end{pmatrix} + t\begin{pmatrix} 1 \\ 1 \\ -1 \end{pmatrix} \qquad \text{b) } g: \vec{x} = \begin{pmatrix} 1 \\ 1 \\ 1 \end{pmatrix} + t\begin{pmatrix} 1 \\ 1 \\ 2 \end{pmatrix} \qquad \text{c) } g: \vec{x} = \begin{pmatrix} 1 \\ 1 \\ 2 \end{pmatrix} + t\begin{pmatrix} 1 \\ 1 \\ 2 \end{pmatrix}$$

12 Ermitteln Sie die gegenseitige Lage der Ebene E und der Geraden g. Berechnen Sie gegebenenfalls deren Schnittpunkt.

$$E: \vec{x} = \begin{pmatrix} 1 \\ 0 \\ 1 \end{pmatrix} + r\begin{pmatrix} 1 \\ 1 \\ 0 \end{pmatrix} + s\begin{pmatrix} 0 \\ 1 \\ 1 \end{pmatrix}$$

$$\text{a) } g: \vec{x} = \begin{pmatrix} 1 \\ 2 \\ 3 \end{pmatrix} + t\begin{pmatrix} 1 \\ 1 \\ 1 \end{pmatrix} \qquad\qquad \text{b) } g: \vec{x} = \begin{pmatrix} 1 \\ 2 \\ 3 \end{pmatrix} + t\begin{pmatrix} 2 \\ 2 \\ 0 \end{pmatrix}$$

  c) g ist die x_1-Achse   d) g geht durch $A(4\,|\,0\,|\,0)$ und $B(0\,|\,0\,|\,4)$.

13 Untersuchen Sie die gegenseitige Lage der Ebenen $E_1: x_1 + x_2 - x_3 = 0$ und E_2. Geben Sie gegebenenfalls eine Gleichung der Schnittgeraden an.

  a) $E_2: x_1 + x_2 - x_3 = 1$ b) $E_2: x_1 + x_2 - x_3 = x_1$

$$\text{c) } E_2: \left(\vec{x} - \begin{pmatrix} 1 \\ 1 \\ 2 \end{pmatrix} \right) \cdot \begin{pmatrix} 1 \\ 1 \\ -1 \end{pmatrix} = 0 \qquad \text{d) } E_2: \vec{x} \cdot \begin{pmatrix} 2 \\ -1 \\ 1 \end{pmatrix} = 3$$

$$\text{e) } E_2: \vec{x} = \begin{pmatrix} 1 \\ -1 \\ -1 \end{pmatrix} + r\begin{pmatrix} 2 \\ -1 \\ 1 \end{pmatrix} + s\begin{pmatrix} 1 \\ 3 \\ 4 \end{pmatrix} \qquad \text{f) } E_2: \vec{x} = \begin{pmatrix} -4 \\ -1 \\ 7 \end{pmatrix} + r\begin{pmatrix} 2 \\ 1 \\ -3 \end{pmatrix} + s\begin{pmatrix} -3 \\ -1 \\ 5 \end{pmatrix}$$

  g) Geben Sie eine Parametergleichung für E_1 an und lösen Sie dann e) und f) durch Gleichsetzen zweier Parameterformen.

14 Gegeben sind die Ebenen $E_1: \begin{pmatrix} 2 \\ 1 \\ -1 \end{pmatrix} \cdot \vec{x} = 7$ und $E_2: \begin{pmatrix} 3 \\ -1 \\ -4 \end{pmatrix} \cdot \vec{x} = 13$.

  a) Begründen Sie, dass E_1 und E_2 nicht parallel sind, und berechnen Sie die Schnittgerade von E_1 und E_2.

  b) Die Ebenen E_3 und E_4 enthalten den Punkt $P(1\,|\,1\,|\,1)$, außerdem ist E_3 zu E_1 und E_4 zu E_2 parallel. Geben Sie zu E_3 und E_4 eine Normalengleichung an.

  c) Geben Sie mithilfe der bisherigen Ergebnisse eine Gleichung der Schnittgeraden von E_3 und E_4 an.

Lösungen
→ S. 470

15 Ein quadratisches Sonnensegel ist 2 m parallel über dem ebenen Boden angebracht. Vereinfachend wird angenommen, dass das Sonnensegel eine ebene Fläche bildet. Die Eckpunkte des Sonnensegels seien A (0 | –2 | 2), B (2 | –2 | 2), C (2 | 0 | 2) und D (0 | 0 | 2). Die parallelen Sonnenstrahlen haben die

Richtung $\begin{pmatrix} -6 \\ 4 \\ -2 \end{pmatrix}$ (1 LE entspricht 1 m).

a) Ermitteln Sie die Koordinaten der Schattenpunkte A', B', C' und D' auf dem Erdboden.

b) Beschreiben Sie die Gestalt des Schattens des Sonnensegels.

c) Berechnen Sie den Inhalt der Schattenfläche.

16 Gegeben sind eine Geradenschar g_a: $\vec{x} = \begin{pmatrix} 2 \\ 0 \\ 2 \end{pmatrix} + r \cdot \begin{pmatrix} a-1 \\ 2a+2 \\ -a \end{pmatrix}$, eine Ebene

F: $\left[\vec{x} - \begin{pmatrix} 4 \\ 0 \\ 0 \end{pmatrix} \right] \cdot \begin{pmatrix} 1 \\ 0 \\ 1 \end{pmatrix} = 0$, eine Ebenenschar E_b : $x_1 + (2-b)x_2 + (b-1)x_3 - 4 = 0$

und eine Gerade h: $\vec{x} = \begin{pmatrix} 0 \\ -4 \\ 2 \end{pmatrix} + t \cdot \begin{pmatrix} 2 \\ -4 \\ 2 \end{pmatrix}$ für a, b, r, t ∈ ℝ.

a) Prüfen Sie, ob die Gerade h zur Geradenschar g_a gehört und ob die Ebene F zur Ebenenschar E_b gehört.

b) Bestimmen Sie den Trägerpunkt der Geradenschar, falls möglich.

c) Bestimmen Sie die Trägergerade der Ebenenschar, falls möglich.

Wo stehe ich?

	Ich kann...	Aufgabe	Nachschlagen
4.1	... eine Parametergleichung einer Geraden aufstellen. ... Punkte von Geraden ermitteln und eine Punktprobe durchführen. ... Spurpunkte bestimmen und Geraden im dreidimensionalen Koordinatensystem darstellen.	1, 2, 3, 4, 9	S. 176 Beispiel 1, S. 177 Beispiel 2, S. 179 Beispiel 3
4.2	... die Lagebeziehung zweier Geraden rechnerisch ermitteln. ... Schnittpunkte von Geraden berechnen.	5, 9	S. 184 Beispiel 1, S. 185 Beispiel 2
4.3	... eine Parametergleichung einer Ebene aufstellen. ... Punkte von Ebenen ermitteln und eine Punktprobe durchführen.	8, 10	S. 192 Beispiel 1, S. 193 Beispiel 2
4.4	... das Vektorprodukt berechnen und seine Eigenschaften zum Aufstellen eines orthogonalen Vektors anwenden.	6	S. 198 Beispiel 1
4.5	... eine Normalen- und Koordinatengleichung einer Ebene ermitteln. ... zwischen Ebenendarstellungen wechseln.	8, 10, 13	S. 200 Beispiel 1, S. 201 Beispiel 2, S. 201 Beispiel 3, S. 203 Beispiel 4
4.6	... die Lagebeziehung zwischen einer Ebene in Koordinatenform und einer Geraden ermitteln. ... die Lagebeziehung zwischen einer Ebene in Parameterform und einer Geraden ermitteln. ... Schnittpunkte von Ebenen und Geraden berechnen. ... prüfen, ob eine Gerade orthogonal zu einer Ebene verläuft.	7, 11, 12, 15	S. 206 Beispiel 1, S. 208 Beispiel 2, S. 208 Beispiel 3, S. 210 Beispiel 4
4.7	... die gegenseitige Lage von zwei Ebenen in beliebiger Darstellung ermitteln.	13, 14	S. 216 Beispiel 1, S. 217 Beispiel 2, S. 218 Beispiel 3
4.8	... Scharen von Geraden oder Ebenen untersuchen.	16	S. 222 Beispiel 1, S. 224 Beispiel 2

Parameter-gleichung einer Geraden

Ist A ein Punkt einer Geraden und $\vec{u}$ ein Vektor in Richtung der Geraden, dann lässt sich die Gerade beschreiben durch die Gleichung:

$$\vec{x} = \overrightarrow{OA} + r \cdot \vec{u} \quad (r \in \mathbb{R})$$

Der **Stützvektor** $\overrightarrow{OA}$ ist der Ortsvektor des **Stützpunktes** A und $\vec{u}$ ist ein **Richtungsvektor** der Geraden.

Für jeden Wert des **Parameters** r erhält man den Ortsvektor $\vec{x}$ des entsprechenden Punktes X der Geraden.

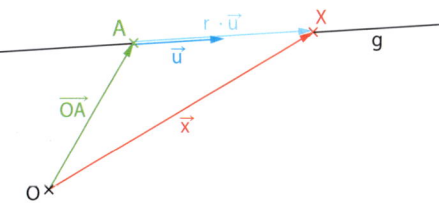

Gesucht ist eine Gleichung der Geraden durch die Punkte A(1|1|3) und B(−1|5|1).

Stützvektor: $\overrightarrow{OA} = \begin{pmatrix} 1 \\ 1 \\ 3 \end{pmatrix}$

Richtungsvektor: $\overrightarrow{AB} = \begin{pmatrix} -1-1 \\ 5-1 \\ 1-3 \end{pmatrix} = \begin{pmatrix} -2 \\ 4 \\ -2 \end{pmatrix}$

Geradengleichung: $g_{AB}: \vec{x} = \begin{pmatrix} 1 \\ 1 \\ 3 \end{pmatrix} + r \begin{pmatrix} -2 \\ 4 \\ -2 \end{pmatrix}$

Vektorprodukt

Für Vektoren $\vec{a}$ und $\vec{b}$ heißt

$$\vec{a} \times \vec{b} = \begin{pmatrix} a_1 \\ a_2 \\ a_3 \end{pmatrix} \times \begin{pmatrix} b_1 \\ b_2 \\ b_3 \end{pmatrix} = \begin{pmatrix} a_2 b_3 - a_3 b_2 \\ a_3 b_1 - a_1 b_3 \\ a_1 b_2 - a_2 b_1 \end{pmatrix}$$

Vektorprodukt von $\vec{a}$ und $\vec{b}$.

Sind $\vec{a} \neq \vec{0}$ und $\vec{b} \neq \vec{0}$ nicht kollinear, so ist der Vektor $\vec{a} \times \vec{b}$ orthogonal zu $\vec{a}$ und zu $\vec{b}$.

$$\begin{pmatrix} 3 \\ 2 \\ -4 \end{pmatrix} \times \begin{pmatrix} 1 \\ -2 \\ 2 \end{pmatrix} = \begin{pmatrix} 2 \cdot 2 - (-4) \cdot (-2) \\ (-4) \cdot 1 - 3 \cdot 2 \\ 3 \cdot (-2) - 2 \cdot 1 \end{pmatrix} = \begin{pmatrix} -4 \\ -10 \\ -8 \end{pmatrix}$$

$$\begin{pmatrix} 3 \\ 2 \\ -4 \end{pmatrix} \cdot \begin{pmatrix} -4 \\ -10 \\ -8 \end{pmatrix} = -12 - 20 + 32 = 0$$

$$\begin{pmatrix} 1 \\ -2 \\ 2 \end{pmatrix} \cdot \begin{pmatrix} -4 \\ -10 \\ -8 \end{pmatrix} = -4 + 20 - 16 = 0$$

Ebenengleichungen

Parametergleichung:
$$E: \vec{x} = \overrightarrow{OA} + r \cdot \vec{u} + s \cdot \vec{v} \quad (r, s \in \mathbb{R})$$

$\overrightarrow{OA}$ ist ein **Stützvektor** der Ebene; $\vec{u}$ und $\vec{v}$ sind nicht kollineare **Richtungsvektoren**.

Normalengleichung:
$$E: \left(\vec{x} - \overrightarrow{OA} \right) \cdot \vec{n} = 0$$

$\overrightarrow{OA}$ ist ein **Stützvektor** der Ebene; $\vec{n}$ ist ein **Normalenvektor**, d. h. zu E orthogonal.

Es muss gelten: $\vec{n} \cdot \vec{u} = 0$ und $\vec{n} \cdot \vec{v} = 0$

Koordinatengleichung:
$$E: a x_1 + b x_2 + c x_3 = e$$

a, b, c sind die Koordinaten von $\vec{n}$ und e ist das Skalarprodukt von $\vec{n}$ mit einem beliebigen Stützvektor von E.

Achsenabschnittsgleichung:
Aus der Koordinatengleichung erhält man durch Division die Achsenabschnitte: Dies sind die Kehrwerte der Faktoren von x_1, x_2 und x_3.

Die Ebene E enthält die Punkte A(1|−5|1), B(3|1|0) und C(0|4|−8).
$\overrightarrow{AB}$ und $\overrightarrow{AC}$ sind nicht kollinear.

Parametergleichung:

$$E: \vec{x} = \begin{pmatrix} 1 \\ -5 \\ 1 \end{pmatrix} + r \begin{pmatrix} 2 \\ 6 \\ -1 \end{pmatrix} + s \begin{pmatrix} -1 \\ 9 \\ -9 \end{pmatrix}$$

Normalenvektor:

$$\vec{n} = \begin{pmatrix} 2 \\ 6 \\ -1 \end{pmatrix} \times \begin{pmatrix} -1 \\ 9 \\ 9 \end{pmatrix} = \begin{pmatrix} -45 \\ 19 \\ 24 \end{pmatrix}$$

Normalengleichung:

$$E: \left(\vec{x} - \begin{pmatrix} 1 \\ -5 \\ 1 \end{pmatrix} \right) \cdot \begin{pmatrix} -45 \\ 19 \\ 24 \end{pmatrix} = 0$$

Koordinatengleichung:
$$E: -45 x_1 + 19 x_2 + 24 x_3 = -116$$

Achsenabschnittsgleichung:
$$E: \frac{45}{116} x_1 - \frac{19}{116} x_2 - \frac{29}{6} x_3 = 1$$
Schnittpunkte der Ebene E mit den Koordinatenachsen: $\left(\frac{116}{45} | 0 | 0 \right)$, $\left(0 | -\frac{116}{19} | 0 \right)$ und $\left(0 | 0 | -\frac{29}{6} \right)$

Punktprobe	Ein Punkt liegt genau dann auf einer Geraden bzw. in einer Ebene, wenn seine Koordinaten die Gleichung erfüllen.	$P(5\mid-7\mid7)$, $g: \vec{x} = \begin{pmatrix} 1 \\ 1 \\ 3 \end{pmatrix} + r\begin{pmatrix} -2 \\ 4 \\ -2 \end{pmatrix}$	

$E: 2x + y + z = 10$, $F: 2x + y - z = 10$
P liegt auf g $(r = -2)$ und in
E $(2 \cdot 5 - 7 + 7 = 10)$, aber nicht in
F $(2 \cdot 5 - 7 - 7 = -4)$

Lagebeziehungen Gerade – Gerade

g und h schneiden einander.	**g und h sind windschief.**	**g und h sind echt parallel zueinander.**	**g und h sind identisch.**
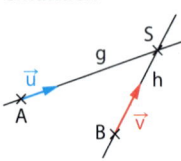	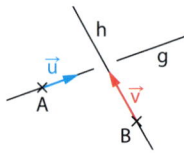	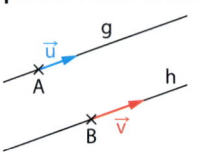	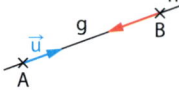
$\vec{u}$ und $\vec{v}$ nicht kollinear; ein gemeinsamer Punkt S	$\vec{u}$ und $\vec{v}$ nicht kollinear; kein gemeinsamer Punkt	$\vec{u}$ und $\vec{v}$ kollinear; kein gemeinsamer Punkt	$\vec{u}$ und $\vec{v}$ kollinear; alle Punkte gemeinsam

---

Lagebeziehungen Gerade – Ebene

E und g schneiden einander in einem Punkt S.	**E und g sind echt parallel zueinander.**	**g liegt in E.**
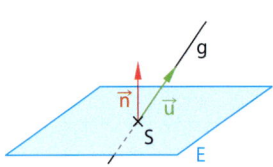	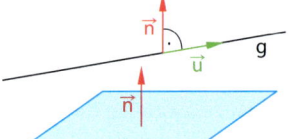	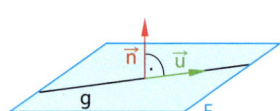 
ein gemeinsamer Punkt S; $\vec{n}$ und $\vec{u}$ nicht orthogonal	kein gemeinsamer Punkt; $\vec{n}$ und $\vec{u}$ orthogonal	alle Punkte von g in E; $\vec{n}$ und $\vec{u}$ orthogonal

---

Lagebeziehungen Ebene – Ebene

E_1 und E_2 schneiden einander in einer Geraden g.	**E_1 und E_2 sind echt parallel zueinander.**	**E_1 und E_2 sind identisch.**
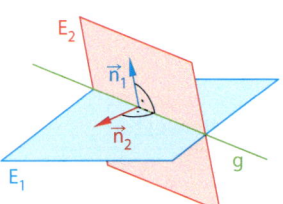	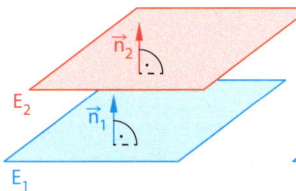	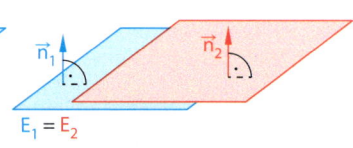
Schnittgerade; $\vec{n_1}$ und $\vec{n_2}$ nicht kollinear	keine gemeinsamen Punkte; $\vec{n_1}$ und $\vec{n_2}$ kollinear	alle Punkte gemeinsam; $\vec{n_1}$ und $\vec{n_2}$ kollinear

---

Geraden- und Ebenenscharen

Geradenbüschel:
Alle Geraden der Schar schneiden einander in einem gemeinsamen Punkt (**Trägerpunkt**) und liegen in einer Ebene (**Trägerebene**).

Ebenenbüschel:
Alle Ebenen der Schar schneiden einander in einer gemeinsamen Gerade (**Trägergerade**).

Schar echt paralleler Geraden:
Die Richtungsvektoren der Schargeraden sind kollinear, die Geraden der Schar haben keinen gemeinsamen Punkt.

Schar echt paralleler Ebenen:
Die Normalenvektoren der Scharebenen sind kollinear, die Ebenen der Schar haben keinen gemeinsamen Punkt.

5
Winkel und Abstände

Nach diesem Kapitel können Sie ...
→ Winkel zwischen Vektoren, Strecken, Geraden und Ebenen bestimmen,
→ Abstände im Raum mithilfe des Lotfußpunktverfahrens und der Hesse'schen Normalenform berechnen,
→ Kreis- und Kugelgleichungen herleiten und damit Lagebeziehungen untersuchen.

Lösungen
→ S. 470

Sinus und Kosinus

1 Gegeben ist ein rechtwinkliges Dreieck ABC.
   a) Stellen Sie Gleichungen für sin(α) und sin(β) sowie für cos(α) und cos(β) auf.
   b) Es gilt α = 35° und c = 5 cm. Berechnen Sie mit dem Sinus die Längen von a und b.
   c) Es gilt α = 60° und b = 3 cm. Berechnen Sie mit dem Kosinus die Längen von a und c.

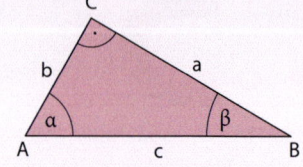

2 Die Zeichnung zeigt einen Einheitskreis, in dem ein Winkel α im Ursprung abgetragen wurde.
   a) Erklären Sie, wie die Werte sin(α) und cos(α) damit ermittelt werden können. Lesen Sie die Werte näherungsweise ab.
   b) Beschreiben Sie, wie die Lage des Punktes P das Vorzeichen der Werte sin(α) und cos(α) bestimmt. Geben Sie für alle vier Quadranten die Vorzeichen von sin(α) und cos(α) an.

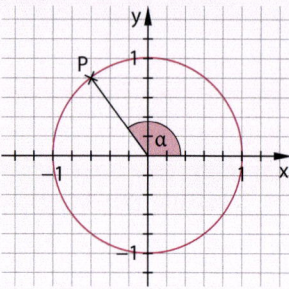

3 Geben Sie ohne Rechnung die Vorzeichen von sin(α) und cos(α) an.
   a) α = 205°   b) α = 67°   c) α = 290°   d) α = 103°

4 Betrachten Sie die Graphen der Funktionen f und g mit f(x) = sin(x) und g(x) = cos(x) im Intervall [0; 2π].
   a) Geben Sie alle Nullstellen und Extrempunkte von f und g an.
   b) Geben Sie die Teilintervalle an, in denen die Graphen monoton fallen bzw. steigen.
   c) Skizzieren Sie die Graphen auf dem Intervall [0; 2π].

Satz des Pythagoras

5 Skizzieren Sie eine Planfigur und berechnen Sie die dritte Seitenlänge des Dreiecks.
   a) a = 8 cm   b) a = 1,3 m   c) b = 60 mm
      b = 15 cm   b = 1,2 m   c = 4,8 cm
      γ = 90°   α = 90°   β = 90°

6 Beurteilen Sie, ob das Dreieck mit den Seiten a, b und c rechtwinklig ist. Wenn ja, geben Sie die Hypotenuse und den rechten Winkel an.
   a) a = 2,9 cm   b) a = 4,8 cm   c) a = 80 dm
      b = 2,1 cm   b = 2,0 cm   b = 10 m
      c = 2,0 cm   c = 1,5 cm   c = 6 m

7 Berechnen Sie die Längen der rot markierten Strecken.
   a) Prisma   b) Zylinder   c) Prisma

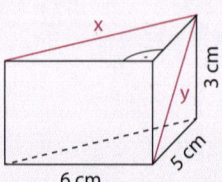

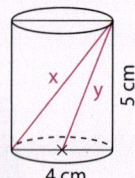

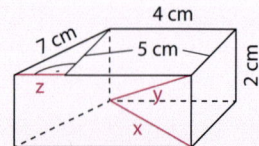

Lösungen
→ S. 470/471

Flächen- und Volumenberechnungen

8 Berechnen Sie den Flächeninhalt der Figur. Entnehmen Sie die erforderlichen Daten der Zeichnung (eine Kästchenlänge entspricht 0,5 cm).

a)
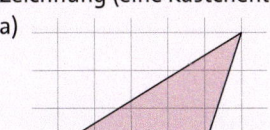
b)
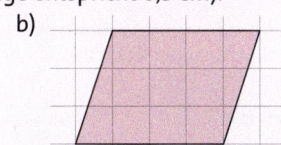
c)
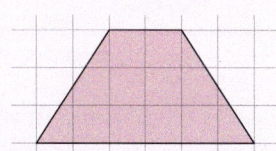

9 Berechnen Sie das Volumen und den Oberflächeninhalt des Körpers.

a)
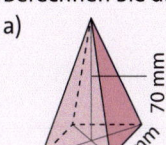
b)
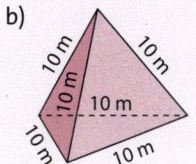
c)
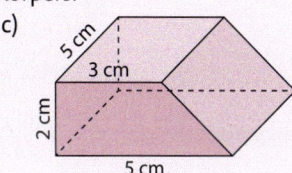

10 Berechnen Sie das Volumen und den Oberflächeninhalt des Körpers (Angaben in mm).

a)
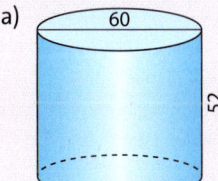
b)
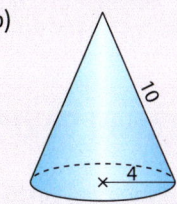
c)
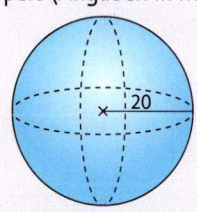

11 Berechnen Sie das Volumen und den Oberflächeninhalt des Körpers (Angaben in mm).

a)
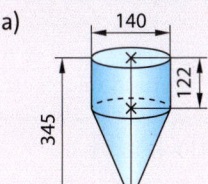
b)
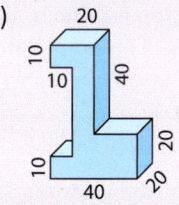
c)
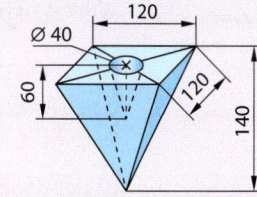

12 Die Abbildung zeigt die schematische Darstellung eines Zementsilos.

a) Ermitteln Sie, wie viele Tonnen Zement mit einer spezifischen Dichte $\rho = 1{,}9\,\frac{g}{cm^3}$ das Silo maximal fasst.

b) Das Silo soll von außen angestrichen werden. Die vier Standfüße werden dabei ausgelassen. Ein Liter Farbe reicht für 4 m². Berechnen Sie, wie viele Liter Farbe für den Anstrich benötigt werden.

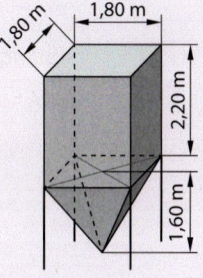

13 Zeigen Sie, dass das Viereck ABCD mit A(-1|-2|1), B(1|4|1), C(-5|6|4) und D(-7|0|4) ein Rechteck ist. Berechnen Sie seinen Flächeninhalt.

Vermischtes

14 Vervollständigen Sie die Gleichung so, dass eine wahre Aussage entsteht.

a) $x^2 + 24x = (x + \blacksquare)^2 - 144$ b) $x^2 + 11x = (x + 5{,}5)^2 - \blacksquare$ c) $x^2 + 15x = \left(x + \frac{\blacksquare}{2}\right)^2 - \bullet$

5.1 Winkel zwischen Vektoren und zwischen Geraden

Im zweidimensionalen Koordinatensystem sei α der Winkel zwischen den Vektoren $\vec{a}$ und $\vec{b}$ aus der Abbildung. Die x_2-Koordinate von $\vec{a}$ ist also gleich 0.

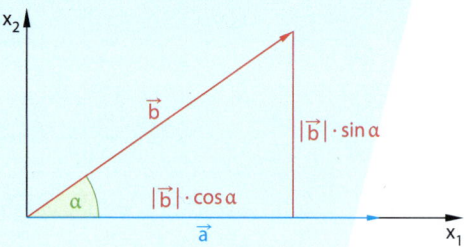

a) Begründen Sie, dass

$$\vec{b} = \begin{pmatrix} |\vec{b}| \cos(\alpha) \\ |\vec{b}| \sin(\alpha) \end{pmatrix} \text{ und } \vec{a} = \begin{pmatrix} |\vec{a}| \\ 0 \end{pmatrix} \text{ gilt, und}$$

berechnen Sie das Skalarprodukt $\vec{a} \cdot \vec{b}$.

b) Es sei α der Winkel zwischen $\vec{a} = \begin{pmatrix} 6 \\ 0 \end{pmatrix}$ und $\vec{b} = \begin{pmatrix} 2 \\ 3 \end{pmatrix}$. Berechnen Sie $\cos(\alpha)$

mithilfe der in a) gewonnenen Formel für $\vec{a} \cdot \vec{b}$. Geben Sie die Größe dieses Winkels an. Überprüfen Sie Ihr Ergebnis an einer Skizze.

Neben der Prüfung auf Orthogonalität können mit dem Skalarprodukt allgemein Winkel zwischen Vektoren, Geraden und Strecken untersucht werden.

Winkel zwischen zwei Vektoren

Stellt man die Vektorpfeile von zwei Vektoren $\vec{a}$ und $\vec{b}$ von einem gemeinsamen Punkt ausgehend dar, entstehen zwei Winkel. Den kleineren Winkel α bezeichnet man als den **Winkel zwischen den Vektoren** $\vec{a}$ und $\vec{b}$.

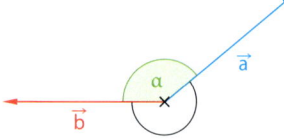

Für kollineare Vektoren $\vec{a}$ und $\vec{b}$, welche in die gleiche Richtung zeigen, ist $\vec{b} = r \cdot \vec{a}$ mit $r > 0$ und es gilt: $|\vec{b}| = |r \cdot \vec{a}| = r \cdot |\vec{a}|$
Es folgt: $\vec{a} \cdot \vec{b} = \vec{a} \cdot (r \cdot \vec{a}) = r \cdot (\vec{a} \cdot \vec{a}) = r \cdot |\vec{a}|^2 = |\vec{a}| \cdot (r \cdot |\vec{a}|) = |\vec{a}| \cdot |\vec{b}|$

Ist der Winkel α zwischen zwei Vektoren $\vec{a}$ und $\vec{b}$ kleiner als 90°, so kann man $\vec{b}$ in einen zu $\vec{a}$ parallelen Vektor $\vec{b_p}$ und einen zu $\vec{a}$ orthogonalen Vektor $\vec{b_o}$ zerlegen: $\vec{b} = \vec{b_p} + \vec{b_o}$

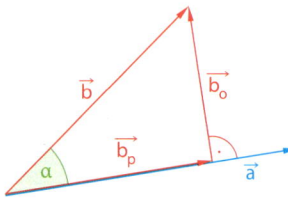

Es folgt:

$\vec{a} \cdot \vec{b} = \vec{a} \cdot (\vec{b_p} + \vec{b_o})$ | Distributivgesetz

$\quad = \vec{a} \cdot \vec{b_p} + \vec{a} \cdot \vec{b_o}$ | $\vec{a} \cdot \vec{b_o} = 0$, da orthogonal

$\quad = \vec{a} \cdot \vec{b_p}$ | $\vec{a}$ und $\vec{b_p}$ zeigen in die gleiche Richtung

$\quad = |\vec{a}| \cdot |\vec{b_p}|$ | $\cos(\alpha) = \dfrac{|\vec{b_p}|}{|\vec{b}|}$, also $|\vec{b_p}| = |\vec{b}| \cdot \cos(\alpha)$

$\quad = |\vec{a}| \cdot |\vec{b}| \cdot \cos(\alpha)$

Man kann in ähnlicher Weise zeigen, dass diese Formel für das Skalarprodukt zweier Vektoren auch für die Fälle α = 0°, α = 90°, α = 180° und für 90° < α < 180° gilt.

> **Wissen**   **Winkel zwischen zwei Vektoren**
>
> Für den Winkel α zwischen zwei Vektoren $\vec{a} \neq \vec{0}$ und $\vec{b} \neq \vec{0}$ gilt:
>
> $\vec{a} \cdot \vec{b} = |\vec{a}| \cdot |\vec{b}| \cdot \cos(\alpha)$ bzw. $\cos(\alpha) = \dfrac{\vec{a} \cdot \vec{b}}{|\vec{a}| \cdot |\vec{b}|}$ ($0° \leq \alpha \leq 180°$)

Beispiel 1

Berechnen Sie den Winkel zwischen $\vec{a} = \begin{pmatrix} -2 \\ 6 \\ 4 \end{pmatrix}$ und $\vec{b} = \begin{pmatrix} 3 \\ 1 \\ -1 \end{pmatrix}$.

Lösung:

In der Formel für cos(α) steht im Zähler das Skalarprodukt von $\vec{a}$ und $\vec{b}$. Das Produkt der Beträge im Nenner ist das Produkt zweier Wurzeln.

Berechnen Sie mit dem Taschenrechner einen Näherungswert für cos(α).

Mit der Taste cos⁻¹ erhalten Sie den Wert des Winkels zwischen $\vec{a}$ und $\vec{b}$.

$$\cos(\alpha) = \frac{\vec{a} \cdot \vec{b}}{|\vec{a}| \cdot |\vec{b}|} = \frac{\begin{pmatrix} -2 \\ 6 \\ 4 \end{pmatrix} \cdot \begin{pmatrix} 3 \\ 1 \\ -1 \end{pmatrix}}{\sqrt{(-2)^2 + 6^2 + 4^2} \cdot \sqrt{3^2 + 1^2 + (-1)^2}}$$

$$= \frac{-6 + 6 - 4}{\sqrt{56} \cdot \sqrt{11}}$$

$$= \frac{-4}{\sqrt{616}} \approx -0{,}161$$

$$\alpha = \arccos\left(\frac{-4}{\sqrt{616}}\right) \approx 99{,}3°$$

Hinweis

Achten Sie darauf, dass das Winkelmaß Ihres Taschenrechners auf DEG (Grad, TI) bzw. beim Casio 360° eingestellt ist.

Hinweis

Winkel zwischen den Vektoren v und w mit einem CAS: angle(v,w) bzw.

$\cos^{-1}\left(\dfrac{\text{dotP}(v,w)}{\text{norm}(v) \cdot \text{norm}(w)}\right)$

Basisaufgaben

1 Berechnen Sie das Skalarprodukt der Vektoren $\vec{a}$ und $\vec{b}$ und den Winkel zwischen ihnen.

a) $\vec{a} = \begin{pmatrix} 2 \\ 4 \\ 1 \end{pmatrix}$ $\vec{b} = \begin{pmatrix} 1 \\ 3 \\ 0 \end{pmatrix}$

b) $\vec{a} = \begin{pmatrix} -4 \\ 7 \\ -2 \end{pmatrix}$ $\vec{b} = \begin{pmatrix} 1 \\ -6 \\ -3 \end{pmatrix}$

c) $\vec{a} = \begin{pmatrix} 3 \\ 6 \\ 5 \end{pmatrix}$ $\vec{b} = \begin{pmatrix} -2 \\ -4 \\ -7 \end{pmatrix}$ d)

$\vec{a} = \begin{pmatrix} 4 \\ 0 \\ -8 \end{pmatrix}$ $\vec{b} = \begin{pmatrix} 1 \\ 1 \\ 1 \end{pmatrix}$

2 Zeichnen Sie je einen Vektorpfeil von $\vec{a}$ und $\vec{b}$ von einem gemeinsamen Punkt ausgehend in ein zweidimensionales Koordinatensystem. Schätzen und messen Sie den Winkel zwischen den Pfeilen. Kontrollieren Sie rechnerisch.

a) $\vec{a} = \begin{pmatrix} 6 \\ 1 \end{pmatrix}; \vec{b} = \begin{pmatrix} 3 \\ 5 \end{pmatrix}$ b) $\vec{a} = \begin{pmatrix} 6 \\ 0 \end{pmatrix}; \vec{b} = \begin{pmatrix} 4 \\ 6 \end{pmatrix}$ c) $\vec{a} = \begin{pmatrix} 5 \\ 2 \end{pmatrix}; \vec{b} = \begin{pmatrix} -3 \\ 4 \end{pmatrix}$ d) $\vec{a} = \begin{pmatrix} 5 \\ 2 \end{pmatrix}; \vec{b} = \begin{pmatrix} 2 \\ -5 \end{pmatrix}$

3 a) Berechnen Sie den Winkel zwischen den Vektoren $\vec{a} = \begin{pmatrix} -4 \\ 0 \\ -3 \end{pmatrix}$ und $\vec{b} = \begin{pmatrix} 2 \\ 4 \\ 1 \end{pmatrix}$.

b) Überlegen Sie anhand einer Skizze, wie groß der Winkel zwischen den folgenden Vektoren ist. Kontrollieren Sie durch eine Rechnung.

① $2\vec{a}$ und $2\vec{b}$ ② $\vec{a}$ und $-\vec{b}$ ③ $-\vec{a}$ und $\vec{b}$ ④ $-\vec{a}$ und $-\vec{b}$

4 a) Begründen Sie: Ist das Skalarprodukt zweier Vektoren größer als 0, so ist der Winkel zwischen ihnen ein spitzer Winkel. Ist das Skalarprodukt kleiner als 0, so ist der Winkel zwischen den Vektoren ein stumpfer Winkel.

b) Sandra meint: *„Je größer der Winkel zwischen zwei Vektoren gleicher Länge ist, desto kleiner ist ihr Skalarprodukt."* Ist das richtig? Begründen Sie.

Erinnerung

cos(α) am Einheitskreis:

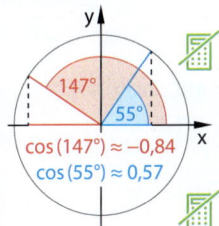

cos (147°) ≈ −0,84
cos (55°) ≈ 0,57

5 Beurteilen Sie, ob der Winkel zwischen $\vec{a}$ und $\vec{b}$ spitz oder stumpf ist.

a) $\vec{a} = \begin{pmatrix} 2 \\ -3 \\ 4 \end{pmatrix}$ $\vec{b} = \begin{pmatrix} 1 \\ -6 \\ -2 \end{pmatrix}$

b) $\vec{a} = \begin{pmatrix} -3 \\ 4 \\ 1 \end{pmatrix}$ $\vec{b} = \begin{pmatrix} 5 \\ 2 \\ 1 \end{pmatrix}$

6 Geben Sie die Koordinaten zweier dreidimensionaler Vektoren $\vec{a}$ und $\vec{b}$ an, für die gilt:

a) $\vec{a} \cdot \vec{b} = |\vec{a}| \cdot |\vec{b}|$

b) $\vec{a} \cdot \vec{b} = -|\vec{a}| \cdot |\vec{b}|$

7 Erläutern Sie den Satz über das Skalarprodukt $\vec{a} \cdot \vec{b}$ für den Fall, dass $\vec{a}$ und $\vec{b}$ kollinear sind. Unterscheiden Sie dabei die Fälle α = 0° und α = 180°.

Winkel zwischen zwei Geraden

Als Schnittwinkel γ zweier einander nicht senkrecht schneidender Geraden g und h wird der entstehende spitze Winkel definiert. Bei jeder Orientierung der Richtungsvektoren $\vec{u}$ und $\vec{v}$ gilt $\cos(\gamma) = |\cos(\alpha)|$.

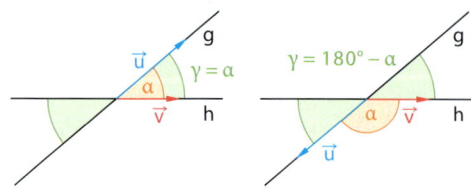

Also gilt für den Winkel zwischen den Geraden: $\cos(\gamma) = \dfrac{|\vec{u} \cdot \vec{v}|}{|\vec{u}| \cdot |\vec{v}|}$

Beispiel 2 Bestimmen Sie den Winkel zwischen den einander schneidenden Geraden

$$g: \vec{x} = \begin{pmatrix} -7 \\ 1 \\ 0 \end{pmatrix} + r\begin{pmatrix} 5 \\ -1 \\ 2 \end{pmatrix} \text{ und } h: \vec{x} = \begin{pmatrix} 3 \\ -1 \\ 4 \end{pmatrix} + s\begin{pmatrix} -3 \\ -2 \\ 1 \end{pmatrix}, r, s \in \mathbb{R}.$$

Lösung:

Setzen Sie die Richtungsvektoren in die obige Formel ein. Achten Sie darauf, im Zähler den Betrag zu nehmen.
Wenden Sie arccos auf das Ergebnis an.

$$\cos(\gamma) = \frac{\left| \begin{pmatrix} 5 \\ -1 \\ 2 \end{pmatrix} \cdot \begin{pmatrix} -3 \\ -2 \\ 1 \end{pmatrix} \right|}{\sqrt{30} \cdot \sqrt{14}} = \frac{|-11|}{\sqrt{30} \cdot \sqrt{14}} \approx 0{,}537$$

$$\gamma = \arccos\left(\frac{|-11|}{\sqrt{30} \cdot \sqrt{14}} \right) \approx 57{,}5°$$

Hinweis

Achten Sie beim CAS auf den Unterschied zwischen dem Betrag einer Zahl und dem Betrag eines Vektors.

Basisaufgaben

Lösungen zu 8

90°

75°

51,3°

0°

8 Bestimmen Sie den Winkel zwischen den einander schneidenden Geraden g und h.

a) $g: \vec{x} = \begin{pmatrix} 4 \\ -7 \\ -1 \end{pmatrix} + r\begin{pmatrix} 3 \\ 0 \\ -1 \end{pmatrix}, r \in \mathbb{R}$ $\qquad$ $h: \vec{x} = \begin{pmatrix} 5 \\ -9 \\ -8 \end{pmatrix} + s\begin{pmatrix} 1 \\ -2 \\ 1 \end{pmatrix}, s \in \mathbb{R}$

b) $g: \vec{x} = \begin{pmatrix} -1 \\ 7 \\ 1 \end{pmatrix} + r\begin{pmatrix} 8 \\ 1 \\ -2 \end{pmatrix}, r \in \mathbb{R}$ $\qquad$ $h: \vec{x} = \begin{pmatrix} -9 \\ 6 \\ 3 \end{pmatrix} + s\begin{pmatrix} -1 \\ 1 \\ 1 \end{pmatrix}, s \in \mathbb{R}$

c) $g: \vec{x} = \begin{pmatrix} -2 \\ 0 \\ 3 \end{pmatrix} + r\begin{pmatrix} 7 \\ -2 \\ 3 \end{pmatrix}, r \in \mathbb{R}$ $\qquad$ $h: \vec{x} = \begin{pmatrix} 0 \\ 4 \\ 1 \end{pmatrix} + s\begin{pmatrix} 1 \\ 2 \\ -1 \end{pmatrix}, s \in \mathbb{R}$

d) $g: \vec{x} = \begin{pmatrix} 4{,}2 \\ 1 \\ -0{,}3 \end{pmatrix} + r\begin{pmatrix} 2{,}1 \\ -3{,}1 \\ 1{,}6 \end{pmatrix}, r \in \mathbb{R}$ $\qquad$ $h: \vec{x} = \begin{pmatrix} 4{,}2 \\ 1 \\ -0{,}3 \end{pmatrix} + s\begin{pmatrix} -6{,}3 \\ 9{,}3 \\ -4{,}8 \end{pmatrix}, s \in \mathbb{R}$

9 Bestimmen Sie den Schnittpunkt und den Schnittwinkel der Geraden g und h.

a) $g: \vec{x} = \begin{pmatrix} 1 \\ -3 \\ -3 \end{pmatrix} + r\begin{pmatrix} 2 \\ 1 \\ -1 \end{pmatrix}, r \in \mathbb{R}$ $\qquad$ $h: \vec{x} = \begin{pmatrix} 0 \\ 0 \\ -8 \end{pmatrix} + s\begin{pmatrix} 3 \\ -2 \\ 4 \end{pmatrix}, s \in \mathbb{R}$

b) $g: \vec{x} = \begin{pmatrix} 1 \\ 0 \\ -2 \end{pmatrix} + r\begin{pmatrix} 1 \\ 3 \\ 0 \end{pmatrix}, r \in \mathbb{R}$ $\qquad$ $h: \vec{x} = \begin{pmatrix} 3 \\ 2 \\ 1 \end{pmatrix} + s\begin{pmatrix} 1 \\ -1 \\ 3 \end{pmatrix}, s \in \mathbb{R}$

10 Berechnen Sie die Seitenlängen und die Größen der Innenwinkel des Dreiecks ABC.
a) A(2|−1), B(−5|0), C(−1|3) $\qquad$ b) A(5|−1|−3), B(1|3|4), C(5|−1|2)

11 Es sei g die Flugbahn eines Flugzeugs beim Landeanflug und g' die Landebahn des Flugzeugs in der $x_1 x_2$-Ebene:

$$g: \vec{x} = \begin{pmatrix} 20 \\ -40 \\ 30 \end{pmatrix} + t\begin{pmatrix} 50 \\ 10 \\ -3 \end{pmatrix}, t \in \mathbb{R} \qquad g': \vec{x} = \begin{pmatrix} 20 \\ -40 \\ 0 \end{pmatrix} + s\begin{pmatrix} 50 \\ 10 \\ 0 \end{pmatrix}, s \in \mathbb{R}$$

Berechnen Sie, mit welchem Winkel das Flugzeug auf die Landebahn auftreffen wird.

Weiterführende Aufgaben

12 Es sei α der Winkel zwischen $\vec{a}$ und $\vec{b}$. Beurteilen Sie die Aussage.

a) Wenn $\vec{a} \cdot \vec{b} = |\vec{a}| \cdot |\vec{b}|$ für $\vec{a} \neq 0$ und $\vec{b} \neq 0$ gilt, dann sind $\vec{a}$ und $\vec{b}$ kollinear.

b) Wenn $\alpha > 90°$ ist, dann ist das Skalarprodukt $\vec{a} \cdot \vec{b}$ negativ.

c) Wenn $\vec{a}$ und $\vec{b}$ beide den Betrag 1 haben, so ist ihr Skalarprodukt gleich $\cos(\alpha)$.

d) Wenn $\vec{a} \cdot \vec{b} = \vec{a} \cdot \vec{c}$ für $\vec{a} \neq \vec{0}$ gilt, dann muss $\vec{b} = \vec{c}$ sein.

e) Es gilt $\vec{a} \cdot \vec{b} = \vec{b} \cdot \vec{a}$.

⚠ 🖉 **13 Stolperstelle:** Mike hat herausgefunden, dass beim Dreieck ABC mit A(−2|1|3), B(−5|5|4) und C(3|2|1) zwei Innenwinkel größer als 90° sind. Begründen Sie, weshalb das nicht stimmen kann. Finden Sie den Fehler in seiner Rechnung und korrigieren Sie.

$$\cos(\alpha) = \frac{\overrightarrow{AB} \cdot \overrightarrow{AC}}{|\overrightarrow{AB}| \cdot |\overrightarrow{AC}|} = \frac{\begin{pmatrix} -3 \\ 4 \\ 1 \end{pmatrix} \cdot \begin{pmatrix} 5 \\ 3 \\ -2 \end{pmatrix}}{\sqrt{26} \cdot \sqrt{30}} \approx -0{,}47$$

$$\alpha \approx 118°$$

$$\cos(\beta) = \frac{\overrightarrow{AB} \cdot \overrightarrow{BC}}{|\overrightarrow{AB}| \cdot |\overrightarrow{BC}|} = \frac{\begin{pmatrix} -3 \\ 4 \\ 1 \end{pmatrix} \cdot \begin{pmatrix} 8 \\ -3 \\ -3 \end{pmatrix}}{\sqrt{26} \cdot \sqrt{82}} \approx -0{,}84$$

$$\beta \approx 147°$$

🖉 **14** Die Abbildung zeigt ein Haus mit einem Walmdach; M ist Mittelpunkt von $\overline{AB}$.

a) Berechnen Sie die eingezeichneten Neigungswinkel der Dachflächen.

b) Gegeben sind Punkte $S_a(0|−1|5 + a)$. Bestimmen Sie den Parameter $a > 0$ so, dass der Winkel zwischen $\overrightarrow{MS_a}$ und $\overrightarrow{BC}$ 60° beträgt.

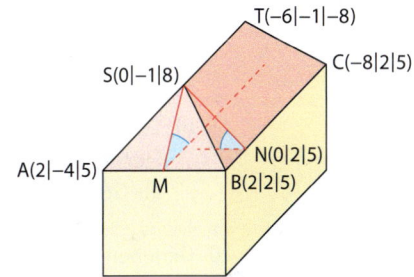

🖉 **15** Zeigen Sie, dass die Vektoren $\vec{a}$, $\vec{b}$ und $\vec{c}$ einen Würfel aufspannen. Ermitteln Sie die Größen der Winkel, die von je zwei Raumdiagonalen des Würfels eingeschlossen werden.

a) $\vec{a} = \begin{pmatrix} 4 \\ 3 \\ 0 \end{pmatrix}$, $\vec{b} = \begin{pmatrix} -3 \\ 4 \\ 0 \end{pmatrix}$, $\vec{c} = \begin{pmatrix} 0 \\ 0 \\ 5 \end{pmatrix}$

b) $\vec{a} = \begin{pmatrix} 2 \\ -14 \\ 5 \end{pmatrix}$, $\vec{b} = \begin{pmatrix} 11 \\ -2 \\ -10 \end{pmatrix}$, $\vec{c} = \begin{pmatrix} -10 \\ -5 \\ -10 \end{pmatrix}$

🖉 **16** Ein Parallelepiped ist ein Körper mit 6 Parallelogrammen als Seitenflächen, bei dem gegenüberliegende Flächen zueinander kongruent sind. Die Vektoren

$$\overrightarrow{AB} = \begin{pmatrix} 7 \\ 24 \\ 0 \end{pmatrix}, \overrightarrow{AD} = \begin{pmatrix} -20 \\ 12 \\ 9 \end{pmatrix} \text{ und } \overrightarrow{AE} = \begin{pmatrix} -12 \\ -15 \\ 16 \end{pmatrix}$$

spannen vom Punkt A(0|0|0) aus ein solches Parallelepiped auf.

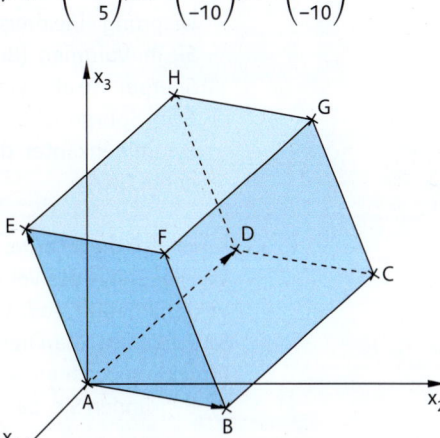

a) Geben Sie die Koordinaten aller Eckpunkte des Körpers an.

b) Zeigen Sie, dass alle Seitenflächen sogar Rauten sind.

c) Berechnen Sie die Innenwinkel jeder Raute und weisen Sie so nach, dass die Figur entgegen dem Anschein kein Würfel ist.

d) Zeigen Sie, dass die Raumdiagonalen $\overline{AG}$, $\overline{BH}$ und $\overline{CE}$ einander in einem Punkt schneiden. Vergleichen Sie den Winkel zwischen $\overline{AG}$ und $\overline{BH}$ mit dem zwischen $\overline{AG}$ und $\overline{CE}$.

17 Gegeben ist das Viereck mit den Eckpunkten
A(2|−1|0), B(0|0|0), C(−2|1|−1), D(−2|2|4).
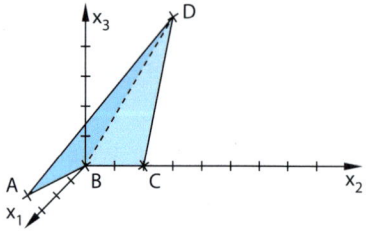
a) Zeigen Sie, dass das Viereck nicht eben ist.
b) Prüfen Sie, ob die Summe der Innenwinkel
dieses Vierecks 360° beträgt.
c) Kann bei einem Dreieck im Raum die Summe
der Innenwinkel von 180° abweichen?
Begründen Sie Ihre Antwort.

18 Gegeben ist das Dreieck ABC mit A(4|−1|−3), B(−2|5|−3) und C(−2|−1|3).
a) Berechnen Sie den Innenwinkel α bei A.
b) Zeigen Sie, dass das Dreieck gleichschenklig ist.
c) Zeigen Sie, dass die Gerade s_c: $\vec{x} = \begin{pmatrix} -2 \\ 5 \\ -3 \end{pmatrix} + t\begin{pmatrix} 1 \\ -2 \\ 1 \end{pmatrix}$, $t \in \mathbb{R}$, eine Seitenhalbierende des

Dreiecks ist. Zeigen Sie auch, dass s_c zur Strecke $\overline{AC}$ orthogonal ist.
d) Berechnen Sie den Flächeninhalt des Dreiecks ABC.

19 In Formelsammlungen findet man für den Flächen-
inhalt eines Dreiecks ABC die Formel $\mathbf{A = \frac{1}{2}ab \cdot sin(\gamma)}$.
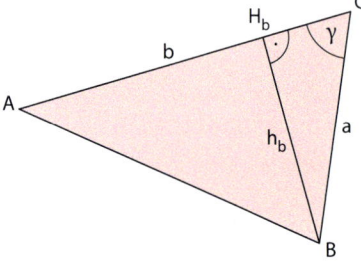
a) Berechnen Sie im Dreieck ABC den Winkel γ und
dann mithilfe dieser Formel den Flächeninhalt.
① A(−1|2), B(5|1), C(3|3)
② A(3|1|4), B(−1|5|−2), C(0|3|7)
b) Zeigen Sie, wie die obige Formel aus der üblichen
Flächenformel $A = \frac{1}{2}gh$ entsteht. Verwenden Sie b
als Grundseite.

Erinnerung

Spurpunkte einer Ebene
sind die Schnittpunkte
der Ebene mit den
Koordinatenachsen.

20 Gegeben ist die Ebene E: $\vec{x} = \begin{pmatrix} 5 \\ -4 \\ 3 \end{pmatrix} + r\begin{pmatrix} -5 \\ -4 \\ 6 \end{pmatrix} + s\begin{pmatrix} 10 \\ -12 \\ 3 \end{pmatrix}$.
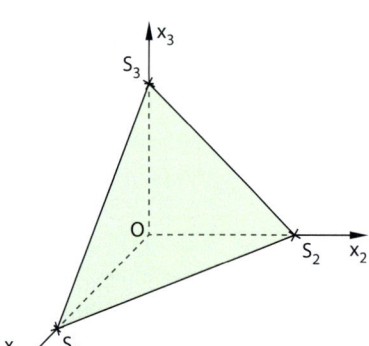

a) Berechnen Sie die Spurpunkte der Ebene E und
skizzieren Sie die Ebene anhand der Spurpunkte
in ein Koordinatensystem.
b) Die drei Spurpunkte bilden zusammen mit dem
Ursprung eine dreiseitige Pyramide. Berechnen
Sie ihr Volumen. (Betrachten Sie einen der
Spurpunkte als Pyramidenspitze.)
c) Beim Spurpunkt S_1 auf der x_1-Achse bilden die
Pyramidenkanten drei Winkel. Berechnen Sie
deren Größe.

21 Geometrische Interpretation des Skalarprodukts:
Von der Spitze des Vektors $\vec{b}$ wurde das Lot auf den
Vektor $\vec{a}$ gefällt, sodass ein rechtwinkliges Dreieck
SB'B entsteht. Man nennt $\vec{b_p} = \overrightarrow{SB'}$ die **senkrechte
Projektion von $\vec{b}$ auf $\vec{a}$**.
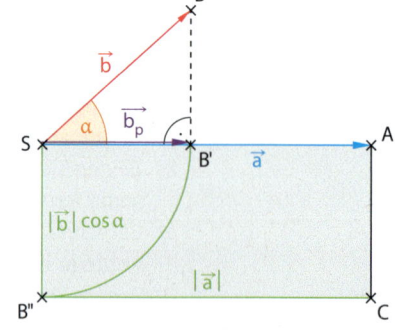
a) Begründen Sie, dass für 0° < α < 90° gilt:

    ① $\left|\vec{b_p}\right| = \left|\vec{b}\right| \cdot cos(\alpha)$ ② $\vec{a} \cdot \vec{b} = \left|\vec{a}\right| \cdot \left|\vec{b_p}\right|$
    ③ $\vec{a} \cdot \vec{b} = \vec{a} \cdot \vec{b_p}$
    ④ Das Skalarprodukt gibt die Fläche des
    Rechtecks SB''CA an.
b) Formulieren Sie ② und ③ aus a) in Worten.

22 a) Berechnen Sie die Skalarprodukte von $\vec{v} = \begin{pmatrix} 8 \\ 4 \end{pmatrix}$ mit den angegebenen Vektoren.

Erklären Sie das Ergebnis anhand einer Skizze.

① $\vec{a} = \begin{pmatrix} 6 \\ -2 \end{pmatrix}, \vec{b} = \begin{pmatrix} 2 \\ 6 \end{pmatrix}, \vec{c} = \begin{pmatrix} 5 \\ 4 \end{pmatrix}, \vec{d} = \begin{pmatrix} 5 \\ 0 \end{pmatrix}, \vec{e} = \begin{pmatrix} 4 \\ 2 \end{pmatrix}$ ② $\vec{a} = \begin{pmatrix} -4 \\ 3 \end{pmatrix}, \vec{b} = \begin{pmatrix} -1 \\ -3 \end{pmatrix}, \vec{c} = \begin{pmatrix} 0 \\ -5 \end{pmatrix}, \vec{d} = \begin{pmatrix} -3 \\ 1 \end{pmatrix}$

b) Geben Sie an, in welchem Zusammenhang diese Aufgabe mit Aufgabe 21 steht.

Hinweis

Einheit der Kraft:
1 N (Newton)
Einheit der Arbeit:
1 Nm = 1 J (Joule)

23 Früher wurden Schiffe auf Kanälen von Pferden gezogen, die auf Treidelpfaden am Ufer gingen. Für die physikalische Arbeit, die dabei verrichtet wird, gilt:
Arbeit = Kraft · Weg
Dabei wird aber nur der Teil der Kraft $\vec{F}$ berücksichtigt, der in Richtung des Weges wirkt. Dieser Teil der Kraft entspricht der senkrechten Projektion von $\vec{F}$ auf den Wegvektor $\vec{s}$. Berechnen Sie, welche Arbeit ein Pferd verrichtet, wenn es mit der in der Abbildung angegebenen Kraft $\vec{F}$ (in N) ziehend den Weg $\vec{s}$ (in m) zurücklegt.

$\vec{F} = \begin{pmatrix} 30 \\ 15 \end{pmatrix}$ $\vec{s} = \begin{pmatrix} 1200 \\ 200 \end{pmatrix}$

Hinweis

Wenn nicht anders angegeben, sind die Parameter r, s, t immer reelle Zahlen.

24 In einem Koordinatensystem, bei dem die ebene Erdoberfläche der x_1x_2-Ebene entspricht, beschreiben die Geraden g_1, g_2 und g_3 näherungsweise die Flugbahnen dreier Flugzeuge F_1, F_2 und F_3 für einen betrachteten Zeitraum. Dabei entspricht eine Längeneinheit 1 km und r, s, t geben die Zeit in Minuten seit 8:00 Uhr an.

$g_1 : \vec{x} = \begin{pmatrix} 0 \\ -5 \\ 1 \end{pmatrix} + r \cdot \begin{pmatrix} 4 \\ 3 \\ 1 \end{pmatrix}$ mit $-1 \le r \le 12$

$g_2 : \vec{x} = \begin{pmatrix} 26 \\ 18 \\ 6 \end{pmatrix} + s \cdot \begin{pmatrix} 3,5 \\ 3,5 \\ 0,5 \end{pmatrix}$ mit $-6 \le s \le 12$

$g_3 : \vec{x} = \begin{pmatrix} -8 \\ -4 \\ 14 \end{pmatrix} + t \cdot \begin{pmatrix} 3 \\ 3 \\ -1 \end{pmatrix}$ mit $0 \le t \le 12$

a) Zeigen Sie, dass g_1 und g_2 einander schneiden, und berechnen Sie den Schnittwinkel.

b) Berechnen Sie den Abstand der Flugzeuge F_1 und F_2 für den Augenblick, in dem F_1 die Flugbahn von F_2 kreuzt.

c) Zeigen Sie, dass die Geraden g_1 und g_3 windschief zueinander sind.
Im Punkt P(10 | 14 | 8) kommt F_3 der Flugbahn von F_1 am nächsten. Bestimmen Sie, zu welchem Zeitpunkt das der Fall ist.

d) h sei die Gerade durch P, welche zu g_1 und g_3 senkrecht verläuft. Geben Sie eine Gleichung von h an.

e) Zeigen Sie, dass h auch die Gerade g_1 schneidet, und bestimmen Sie den Abstand der beiden Flugbahnen g_1 und g_3.

f) Berechnen Sie, zu welchem Zeitpunkt die Flugzeuge F_1 und F_3 den kürzesten Abstand zueinander haben, und vergleichen Sie diesen Abstand mit dem ihrer Flugbahnen.

Erinnerung

$\vec{a} \times \vec{b} = \begin{pmatrix} a_1 \\ a_2 \\ a_3 \end{pmatrix} \times \begin{pmatrix} b_1 \\ b_2 \\ b_3 \end{pmatrix}$
$= \begin{pmatrix} a_2b_3 - a_3b_2 \\ a_3b_1 - a_1b_3 \\ a_1b_2 - a_2b_1 \end{pmatrix}$

heißt Vektorprodukt von $\vec{a}$ und $\vec{b}$.

25 Ausblick: Es soll gezeigt werden, dass $|\vec{a} \times \vec{b}| = |\vec{a}| \cdot |\vec{b}| \cdot \sin(\alpha)$ gilt und dass $|\vec{a} \times \vec{b}|$ gleich der Flächenmaßzahl des von $\vec{a}$ und $\vec{b}$ aufgespannten Parallelogramms ist. Dabei ist α der Winkel zwischen $\vec{a}$ und $\vec{b}$.

a) Berechnen Sie $|\vec{a} \times \vec{b}|^2 = \left| \begin{pmatrix} a_2b_3 - a_3b_2 \\ a_3b_1 - a_1b_3 \\ a_1b_2 - a_2b_1 \end{pmatrix} \right|^2$.

b) Berechnen Sie $|\vec{a}|^2 \cdot |\vec{b}|^2 - |\vec{a} \cdot \vec{b}|^2$ und zeigen Sie so, dass gilt:
$|\vec{a} \times \vec{b}|^2 = |\vec{a}|^2 \cdot |\vec{b}|^2 - |\vec{a} \cdot \vec{b}|^2$

c) Zeigen Sie mithilfe von b) und den Formeln $\vec{a} \cdot \vec{b} = |\vec{a}| \cdot |\vec{b}| \cdot \cos(\alpha)$ und
$(\cos(\alpha))^2 = 1 - (\sin(\alpha))^2$, dass gilt: $|\vec{a} \times \vec{b}| = |\vec{a}| \cdot |\vec{b}| \cdot \sin(\alpha)$

d) Zeigen Sie, dass $|\vec{a}| \cdot |\vec{b}| \cdot \sin(\alpha)$ gleich der Flächenmaßzahl des von $\vec{a}$ und $\vec{b}$ aufgespannten Parallelogramms ist.

5.2 Winkel zwischen Ebenen und Geraden

Mit der Schreibfläche als Ebene und einem Stift als Gerade können Sie sich veranschaulichen, was man unter dem Winkel zwischen Ebene und Gerade versteht. Entwickeln Sie einen Plan, wie man diesen Winkel berechnen könnte.

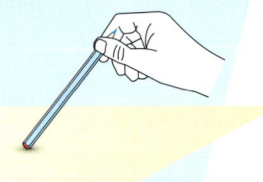

Der Winkel zwischen einer Ebene und einer Geraden

Als **Winkel zwischen einer Ebene und einer Geraden** bezeichnet man den Winkel zwischen der Geraden und ihrer senkrechten Projektion in die Ebene.

Ein Normalenvektor $\vec{n}$ legt die Richtung der Ebene E fest. Die Richtung der Geraden g wird durch einen Richtungsvektor $\vec{u}$ beschrieben. Der Winkel α zwischen E und g ergänzt sich mit dem Winkel zwischen $\vec{n}$ und der Geraden zu 90°.

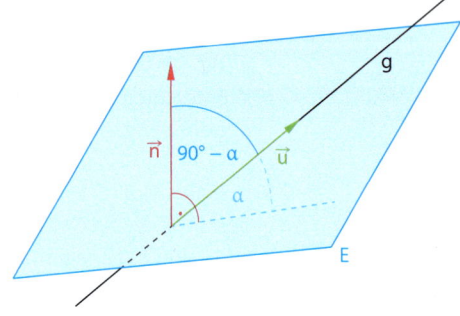

Es gilt: $\cos(90° - \alpha) = \frac{|\vec{n} \cdot \vec{u}|}{|\vec{n}| \cdot |\vec{u}|}$. Mit $\cos(90° - \alpha) = \sin(\alpha)$ ergibt sich eine Formel für α.

Hinweis

Durch die Betragsstriche ist sichergestellt, dass man einen spitzen Winkel erhält.

> **Wissen** **Winkel zwischen Ebene und Gerade**
> Für den Winkel α zwischen einer Ebene E mit dem Normalenvektor $\vec{n}$ und einer Geraden g mit dem Richtungsvektor $\vec{u}$ gilt: $\sin(\alpha) = \frac{|\vec{n} \cdot \vec{u}|}{|\vec{n}| \cdot |\vec{u}|}$ $(0° \leq \alpha \leq 90°)$

> **Beispiel 1**   Berechnen Sie den Winkel zwischen der Ebene E und der Geraden g.
>
> $E: x_1 - 2x_2 + x_3 = 5$ $g: \vec{x} = \begin{pmatrix} 2 \\ 1 \\ 5 \end{pmatrix} + t \begin{pmatrix} 0 \\ 1 \\ -1 \end{pmatrix}, t \in \mathbb{R}$
>
> **Lösung:**
> Lesen Sie aus der Koordinatengleichung der Ebene einen Normalenvektor $\vec{n}$ ab und berechnen Sie damit $\sin(\alpha)$.
>
> $\vec{n} = \begin{pmatrix} 1 \\ -2 \\ 1 \end{pmatrix}$ $\vec{u} = \begin{pmatrix} 0 \\ 1 \\ -1 \end{pmatrix}$
>
> $\sin(\alpha) = \frac{|\vec{n} \cdot \vec{u}|}{|\vec{n}| \cdot |\vec{u}|} = \frac{|1 \cdot 0 - 2 \cdot 1 + 1 \cdot (-1)|}{\sqrt{6} \cdot \sqrt{2}} \approx 0{,}866$
>
> Mit arcsin (Taste $\sin^{-1}$) erhalten Sie einen Näherungswert für den Winkel α.
>
> $\alpha \approx \arcsin(0{,}866) \approx 60°$
> Der Winkel zwischen E und g beträgt etwa 60°.

Basisaufgaben

1 Berechnen Sie den Winkel zwischen der Ebene E und der Geraden g (mit $t \in \mathbb{R}$).

a) $E: x_1 - 3x_2 + x_3 = 1$; $g: \vec{x} = \begin{pmatrix} 3 \\ 1 \\ 7 \end{pmatrix} + t \begin{pmatrix} 1 \\ 4 \\ 1 \end{pmatrix}$ b) $E: x_1 - 3x_3 = 2$; $g: \vec{x} = \begin{pmatrix} 1 \\ 5 \\ 9 \end{pmatrix} + t \begin{pmatrix} -2 \\ 3 \\ 1 \end{pmatrix}$

c) $E: \vec{x} \cdot \begin{pmatrix} 3 \\ -4 \\ 6 \end{pmatrix} = 8$; $g: \vec{x} = \begin{pmatrix} 0 \\ 1 \\ 0 \end{pmatrix} + t \begin{pmatrix} 3 \\ -1 \\ 1 \end{pmatrix}$ d) $E: \vec{x} \cdot \begin{pmatrix} -2 \\ -1 \\ 1 \end{pmatrix} = 11$; $g: \vec{x} = \begin{pmatrix} -7 \\ 4 \\ 1 \end{pmatrix} + t \begin{pmatrix} 2 \\ 1 \\ 5 \end{pmatrix}$

Hinweis

Der Winkel zwischen E und g beträgt genau dann 0°, wenn E und g echt parallel zueinander sind oder wenn g in E liegt.

2 Berechnen Sie den Winkel zwischen der Ebene E und der Geraden g (mit $t \in \mathbb{R}$).

a) $E: x_1 - x_2 + 3x_3 = 9$ $\qquad g: \vec{x} = \begin{pmatrix} 5 \\ 1 \\ -4 \end{pmatrix} + t \begin{pmatrix} -1 \\ 0 \\ 1 \end{pmatrix}$

b) $E: \vec{x} = \begin{pmatrix} 7 \\ 1 \\ -4 \end{pmatrix} + r \begin{pmatrix} -1 \\ 8 \\ 2 \end{pmatrix} + s \begin{pmatrix} 2 \\ 2 \\ -2 \end{pmatrix}$ $\qquad g: \vec{x} = \begin{pmatrix} -3 \\ 0 \\ 2 \end{pmatrix} + t \begin{pmatrix} 2 \\ -1 \\ 0 \end{pmatrix}$

c) $E: \vec{x} = \begin{pmatrix} 5 \\ 5 \\ 1 \end{pmatrix} + r \begin{pmatrix} 2 \\ -2 \\ 1 \end{pmatrix} + s \begin{pmatrix} 6 \\ 8 \\ -1 \end{pmatrix}$ $\qquad g: \vec{x} = \begin{pmatrix} 1 \\ 5 \\ 9 \end{pmatrix} + t \begin{pmatrix} -2 \\ 3 \\ 1 \end{pmatrix}$

d) $E: \begin{pmatrix} 5 \\ -1 \\ 1 \end{pmatrix} \cdot \vec{x} = \begin{pmatrix} 5 \\ -1 \\ 1 \end{pmatrix} \cdot \begin{pmatrix} 2 \\ -1 \\ 0 \end{pmatrix}$ $\qquad g: \vec{x} = \begin{pmatrix} 7 \\ 1 \\ 1 \end{pmatrix} + t \begin{pmatrix} 1 \\ 2 \\ -3 \end{pmatrix}$

e) $E: 2x_1 - 3x_2 + 2x_3 = 7$ $\qquad$ g enthält die Punkte A(3|−4|3) und B(4|−2|5).

3 Die Gerade zu $g: \vec{x} = \begin{pmatrix} 1 \\ 5 \\ 9 \end{pmatrix} + t \begin{pmatrix} -2 \\ 3 \\ 1 \end{pmatrix}$ schließt mit jeder der drei Koordinatenebenen einen

Winkel ein. Berechnen Sie diese Winkel.

Der Winkel zwischen zwei Ebenen

Zwei einander schneidende Ebenen E_1 und E_2 können im Querschnitt durch Geraden g_1 und g_2 dargestellt werden. Diese Geraden schneiden einander und verlaufen orthogonal zur Schnittgerade der Ebenen. Den Winkel α zwischen g_1 und g_2 bezeichnet man als **Winkel zwischen den Ebenen**. Dieser Winkel entspricht dem Winkel α' zwischen zwei Normalenvektoren der Ebenen.

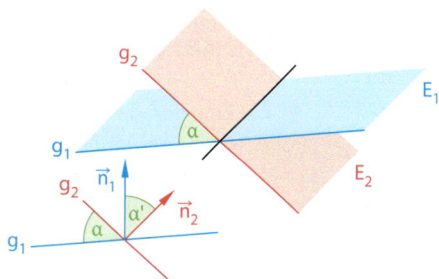

Wissen **Winkel zwischen zwei Ebenen**

Für den Winkel α zwischen den Ebenen E_1 und E_2 mit den Normalenvektoren $\vec{n_1}$ und $\vec{n_2}$ gilt:

$$\cos(\alpha) = \frac{|\vec{n_1} \cdot \vec{n_2}|}{|\vec{n_1}| \cdot |\vec{n_2}|} \quad (0° \le \alpha \le 90°)$$

Durch die Betragsstriche im Zähler spielt die Orientierung der Normalenvektoren keine Rolle, man erhält auf jeden Fall den Kosinus eines spitzen Winkels.

Beispiel 2 Berechnen Sie den Winkel zwischen den Ebenen E_1 und E_2.

$E_1: \vec{x} = \begin{pmatrix} 2 \\ -1 \\ 4 \end{pmatrix} + r \begin{pmatrix} 1 \\ 1 \\ -1 \end{pmatrix} + s \begin{pmatrix} -2 \\ 0 \\ 3 \end{pmatrix}$ $\qquad E_2: \vec{x} \cdot \begin{pmatrix} 3 \\ 4 \\ 2 \end{pmatrix} = \begin{pmatrix} 1 \\ 0 \\ 1 \end{pmatrix} \cdot \begin{pmatrix} 3 \\ 4 \\ 2 \end{pmatrix}$

Lösung:
Bestimmen Sie Normalenvektoren beider Ebenen und berechnen Sie damit $\cos(\alpha)$.

$\vec{n_1} = \begin{pmatrix} 1 \\ 1 \\ -1 \end{pmatrix} \times \begin{pmatrix} -2 \\ 0 \\ 3 \end{pmatrix} = \begin{pmatrix} 3 \\ -1 \\ 2 \end{pmatrix}$ $\qquad \vec{n_2} = \begin{pmatrix} 3 \\ 4 \\ 2 \end{pmatrix}$

Mit der Taste $\cos^{-1}$ auf dem Taschenrechner erhalten Sie einen Näherungswert für α.

$\cos(\alpha) = \frac{|\vec{n_1} \cdot \vec{n_2}|}{|\vec{n_1}| \cdot |\vec{n_2}|} = \frac{|9 - 4 + 4|}{\sqrt{14} \cdot \sqrt{29}} \approx 0{,}4467$

$\alpha = \arccos\left(\frac{|9 - 4 + 4|}{\sqrt{14} \cdot \sqrt{29}}\right) \approx 63{,}5°$

Basisaufgaben

4 Berechnen Sie den Winkel zwischen den Ebenen E_1 und E_2.
a) $E_1: x_1 - 3x_2 + 4x_3 = 9$ $\qquad\qquad$ $E_2: 6x_1 - x_2 + 2x_3 = 4$
b) $E_1: 3x_1 - 4x_2 + x_3 = 10$ $\qquad\qquad$ $E_2: x_1 + x_2 + x_3 = 12$

5 Berechnen Sie den Winkel α zwischen den Ebenen E_1 und E_2 (mit $r, s \in \mathbb{R}$). Erklären Sie, welche Lagebeziehungen zwischen E_1 und E_2 möglich sind, wenn $\alpha = 0°$ ist.

a) $E_1: \vec{x} = \begin{pmatrix} 1 \\ 3 \\ -6 \end{pmatrix} + r \begin{pmatrix} 2 \\ -1 \\ 4 \end{pmatrix} + s \begin{pmatrix} -2 \\ 5 \\ 0 \end{pmatrix}$ $\qquad$ $E_2: \vec{x} \cdot \begin{pmatrix} 1 \\ -2 \\ 1 \end{pmatrix} = 7$

b) $E_1: \vec{x} \cdot \begin{pmatrix} 2 \\ -1 \\ 1 \end{pmatrix} = 4$ $\qquad$ $E_2: \vec{x} = \begin{pmatrix} 0 \\ 2 \\ 1 \end{pmatrix} + r \begin{pmatrix} 4 \\ -1 \\ 3 \end{pmatrix} + s \begin{pmatrix} 1 \\ -2 \\ -1 \end{pmatrix}$

6 Untersuchen Sie, ob die Lösung korrekt ermittelt wurde. Korrigieren Sie ggf. die Lösung.

Gesucht: Winkel zwischen den Ebenen
$E1: x1 + 2x2 - x3 = 1$ $\quad$ $E2: -2x2 - x1 + x3 = 2$

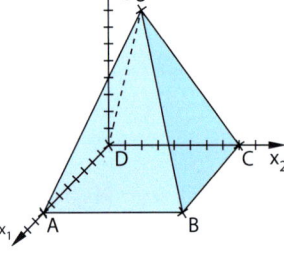

$$\cos^{-1}\left(\frac{\mathrm{dotP}\left(\begin{bmatrix} 1 \\ 2 \\ -1 \end{bmatrix}, \begin{bmatrix} -2 \\ -1 \\ 1 \end{bmatrix}\right)}{6.}\right) \blacktriangleright 146.443$$

Weiterführende Aufgaben

7 Eine gerade Pyramide hat eine quadratische Grundfläche der Seitenlänge 8 LE und eine Höhe von 10 LE.
a) Berechnen Sie den Neigungswinkel einer Seitenfläche gegenüber der Grundfläche.
b) Berechnen Sie den Winkel zwischen zwei Seitenflächen.
c) Berechnen Sie den Winkel zwischen einer zur Spitze führenden Kante und der Grundfläche.
d) Berechnen Sie den Winkel zwischen der Kante $\overline{AS}$ und der x_1-Achse.

8 **Stolperstelle:** Milosz berechnet den Winkel α zwischen zwei Ebenen E_1 und E_2. Er wählt einen Normalenvektor $\vec{n_1}$ von E_1 und einen Richtungsvektor $\vec{v}$ von E_2. Dann verwendet er den Ansatz: $\cos(90° - \alpha) = \dfrac{|\vec{n_1} \cdot \vec{v}|}{|\vec{n_1}| \cdot |\vec{v}|}$

Beurteilen Sie diesen Ansatz.
Prüfen Sie dazu mithilfe von Blättern und Stiften, ob $\vec{n_1}$ mit allen Vektoren, die in E_2 liegen, einen gleich großen Winkel einschließt.

9 **Ebenenschar:** Gegeben ist die Ebenenschar $E_a: ax_1 + (1 - 2a)x_2 + \sqrt{3}x_3 = 1$, $a \in \mathbb{R}$.
a) Ermitteln Sie, welche Ebene aus der Schar mit der x_2x_3-Ebene einen Winkel von 60° einschließt.
b) Bestimmen Sie alle Ebenen der Schar, die mit der Ebene $F: -x_1 + x_2 = 4$ einen Winkel von 45° einschließen.

10 Gegeben ist der Winkel zwischen der xz-Ebene und der Ebene E durch die Punkte $A(0|0|0)$, $B(a|a|0)$ und $C(a|a|a)$ mit $a > 0$.
a) Veranschaulichen Sie dies in einem Schrägbild eines Koordinatensystems.
b) Lesen Sie die Größe von φ aus der Zeichnung ab. Berechnen Sie dann die Größe von φ.

11 Vom Prisma ABCDEFGH sind die Punkte A(2|2|−2), B(−2|4|2), C(0|0|6), und F(4|10|5) gegeben.

a) Beschreiben Sie, welche Schlussfolgerungen bezüg-lich der Eigenschaften des Prismas sich aus der CAS-Rechnung mit den gegebenen Punkten ergeben. Zeichnen Sie ein Schrägbild des Prismas in ein räumliches Koordinatensystem.

Hinweis zu a

Die Variablen a, b, ... stehen für die Ortsvektoren der Punkte A, B, ...

b) Zeigen Sie, dass die Gerade

$$g: \vec{x} = \begin{pmatrix} 2 \\ -1 \\ 4 \end{pmatrix} + r \cdot \begin{pmatrix} 4 \\ 10 \\ -1 \end{pmatrix}$$ die Kante $\overrightarrow{EF}$ in deren

Mittelpunkt S schneidet. Zeichnen Sie den Punkt S in das Schrägbild des Prismas ein.

c) Die Gerade g und die Gerade m durch die Punkte B und F sind windschief zueinander. Erläutern Sie, weshalb der Betrag des Vektors $\overrightarrow{SF}$ den kürzesten Abstand der Geraden g und m zueinander beschreibt.

12 Ein Haus mit Walmdach hat einen Anbau mit Flachdach. Auf dem Flachdach steht ein 7m hoher Mast. Die untere Abbildung zeigt zwei der Dachflächen in einem Koordinatensystem (1 LE = 1m).

a) Zeigen Sie, dass das Viereck ABCD ein gleichschenkliges Trapez ist.

b) Ermitteln Sie eine Normalengleichung der Ebene E_{ABD} und eine Gleichung ihrer Spurgeraden g in der x_1x_2-Ebene, an welcher die beiden Dachflächen aneinanderstoßen.

c) Berechnen Sie den Winkel zwischen den beiden Dachflächen.

d) Berechnen Sie den Winkel, in dem die Sonnenstrahlen entlang des Vektors $\vec{v}$ auf das Trapez ABCD treffen.

e) Der an der Geraden g geknickte Schat-ten des Mastes $\overline{RS}$ auf der Dachfläche soll bestimmt werden:
① Berechnen Sie die Punkte S' und T' als Projektionen von S bzw. T entlang $\vec{v}$ auf die Ebene E_{ABD}.
② Berechnen Sie den Schnittpunkt von $g_{ST'}$ mit der Geraden g. Übertragen Sie die untere Abbildung in Ihr Heft und tragen Sie den „geknickten" Schatten in die Skizze ein.

f) Bestimmen Sie den Winkel am Knick des Schattens und begründen Sie, weshalb er gleich dem Winkel zwischen den Flächen ist.

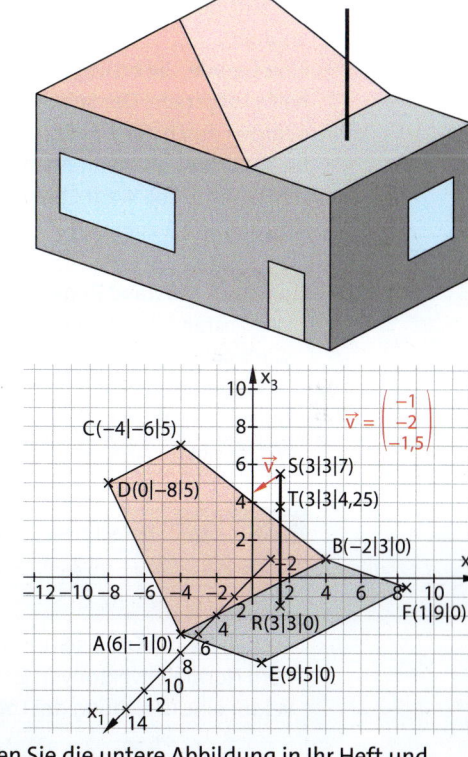

13 Ausblick: Richtungskosinus und Einheitsvektor

Gegeben ist die Ebene E: $3x_1 - 2x_2 + x_3 = 1$ mit einem Normalenvektor $\vec{n}$.

a) Berechnen Sie die Winkel $\alpha_1, \alpha_2, \alpha_3$ zwischen $\vec{n}$ und den Koordinatenachsen.

b) Zeigen Sie am Beispiel, dass für den Vektor $\vec{n_0} = \frac{1}{|\vec{n}|}\vec{n}$ gilt: $\vec{n_0} = \begin{pmatrix} \cos(\alpha_1) \\ \cos(\alpha_2) \\ \cos(\alpha_3) \end{pmatrix}$.

c) Zeigen Sie am Beispiel, dass die Beträge der Koordinaten von $\vec{n_0}$ gleich dem Sinus des Winkels zwischen E und der jeweiligen Koordinatenachse sind.

Hinweis

Der Vektor $\vec{n_0} = \frac{1}{|\vec{n}|}\vec{n}$ hat die Länge 1 und heißt **Normalenein-heitsvektor** der Ebene.

5.3   Abstand eines Punktes von einer Ebene

Die Skizze zeigt einige Repräsentanten einer Schar paralleler
Ebenen E_a: $-0,5x_1 + 2x_2 + x_3 = a$; $a \in \mathbb{R}$.
a) Beschreiben Sie, wie die Ebenen E_a für $a = 2$, $a = 4$ und
   $a = 6$ zueinander liegen.
b) Beschreiben Sie, was sich mit wachsendem a ändert.
c) Berechnen Sie mithilfe einer geeigneten Ursprungsgeraden den Abstand dieser Ebenen zum Ursprung.

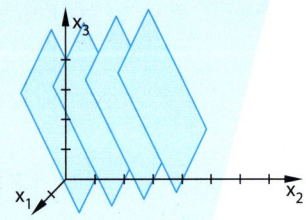

Abstandsbestimmung mit einer Lotgeraden

Ein Punkt A, der außerhalb einer Ebene E
liegt, hat zu jedem Punkt der Ebene einen
Abstand. Der kürzeste dieser Abstände wird
als **Abstand des Punktes A von der Ebene E**
definiert.
Eine Gerade, die orthogonal zu E verläuft,
heißt **Lotgerade**. Der Schnittpunkt F der Lotgeraden durch den Punkt A mit der Ebene
heißt **Lotfußpunkt von A auf E**.
Der Abstand von A zur Ebene entspricht dem
Abstand von A zum Lotfußpunkt.

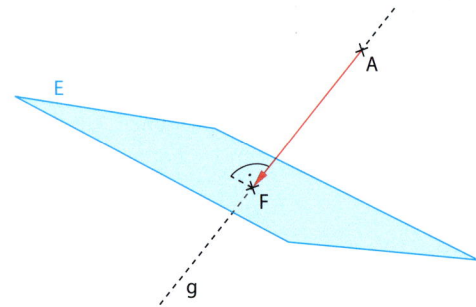

> **Wissen**   **Abstand Punkt–Ebene mit dem Lotfußpunktverfahren**
>
> Der Abstand d(A, E) eines Punktes A zu einer Ebene E mit dem Normalenvektor $\vec{n}$ lässt sich
> wie folgt berechnen.
> ① Parametergleichung der Lotgeraden g durch A mit dem Richtungsvektor $\vec{n}$ aufstellen.
> ② Die Schnittbedingung für E und g liefert den Lotfußpunkt F.
> ③ Der Abstand ist gleich der Länge des Vektors $\overrightarrow{AF}$, also d(A, E) = $|\overrightarrow{AF}|$.

> **Beispiel 1**   Berechnen Sie den Abstand des Punktes A(9|−3|2) zur Ebene
> E: $3x_1 + x_2 - 2x_3 = -12$.
>
> **Lösung:**
>
> Stellen Sie mit $\overrightarrow{OA}$ als Stützvektor und ei-
> nem Normalenvektor von E als Richtungs-
> vektor eine Gleichung der Lotgeraden auf.
>
> **Lotgerade:**
> $$g: \vec{x} = \begin{pmatrix} 9 \\ -3 \\ 2 \end{pmatrix} + t\begin{pmatrix} 3 \\ 1 \\ -2 \end{pmatrix}, t \in \mathbb{R}$$
>
> Das Einsetzen der Koordinaten von g in die
> Koordinatengleichung von E liefert die
> Schnittbedingung. Lösen Sie nach t auf. Be-
> rechnen Sie den Ortsvektor des Lotfußpunk-
> tes F, indem Sie t in die Geradengleichung
> von g einsetzen.
>
> **Lotfußpunkt:**
> $$3(9 + 3t) + (-3 + t) - 2(2 - 2t) = -12$$
> $$20 + 14t = -12 \Leftrightarrow t = -\frac{16}{7}$$
> $$\overrightarrow{OF} = \begin{pmatrix} 9 \\ -3 \\ 2 \end{pmatrix} - \frac{16}{7}\begin{pmatrix} 3 \\ 1 \\ -2 \end{pmatrix} = \frac{1}{7}\begin{pmatrix} 15 \\ -37 \\ 46 \end{pmatrix}$$
>
> Berechnen Sie den Betrag von $\overrightarrow{AF}$ und damit
> den Abstand von A zur Ebene E.
>
> **Abstand:**
> $$d(A, E) = |\overrightarrow{AF}| = |\overrightarrow{OF} - \overrightarrow{OA}|$$
> $$= \left| \begin{pmatrix} 9 \\ -3 \\ 2 \end{pmatrix} - \frac{16}{7}\begin{pmatrix} 3 \\ 1 \\ -2 \end{pmatrix} - \begin{pmatrix} 9 \\ -3 \\ 2 \end{pmatrix} \right| \approx 8,6$$

Hinweis

Das Beispiel zeigt:
$|\overrightarrow{AF}| = |t \cdot \vec{n}|$
Die Koordinaten von F
müssen für d(A, E)
somit nicht explizit
berechnet werden.

Basisaufgaben

1 Gegeben sind die Ebene E: $\begin{pmatrix} 3 \\ 0 \\ -1 \end{pmatrix} \cdot \vec{x} = 8$ und der Punkt

P(−6|−1|4). Interpretieren Sie in diesem Sachzusammenhang die Rechnung auf dem Screenshot.

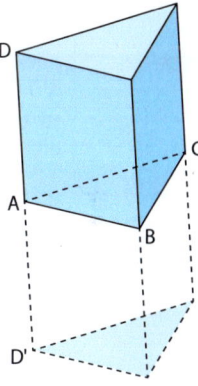

2 Berechnen Sie den Abstand des Punktes P zur Ebene E.

a) E: $\begin{pmatrix} 2 \\ -7 \\ 3 \end{pmatrix} \cdot \vec{x} = 4$ P(5|−6|2)   b) E: $x_1 - 8x_2 + 4x_3 = 9$ P(−1|−8|0)

3 Ermitteln Sie die Koordinaten des Lotfußpunktes von P auf die Ebene E.

a) E: $\vec{x} = \begin{pmatrix} 3 \\ 5 \\ -2 \end{pmatrix} + r\begin{pmatrix} 1 \\ -1 \\ 1 \end{pmatrix} + s\begin{pmatrix} 0 \\ 2 \\ 1 \end{pmatrix}$ P(5|2|−7)

b) E: $\vec{x} = \begin{pmatrix} 1 \\ 0 \\ 1 \end{pmatrix} + r\begin{pmatrix} 1 \\ 4 \\ 3 \end{pmatrix} + s\begin{pmatrix} 0 \\ 0 \\ 1 \end{pmatrix}$ P(3,5|1,5|1)

4 Das Dreieck A(5|0|−2), B(10|−5|−2), C(2|−4|2) ist die Grundfläche eines dreiseitigen Prismas. Die Kante $\overline{AD}$ soll senkrecht zur Grundfläche verlaufen und 18 LE lang sein. Bestimmen Sie alle möglichen Koordinaten des Punktes D.

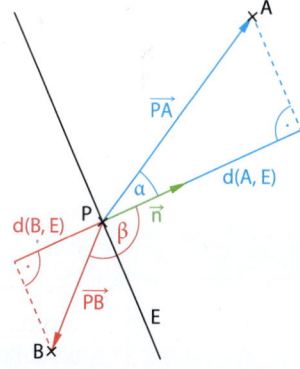

Die Hesse'sche Normalenform

Erinnerung

Im rechtwinkligen Dreieck gilt:
$\cos(\alpha) = \frac{\text{Ankathete}}{\text{Hypotenuse}}$

Ist P ein Stützpunkt und $\vec{n}$ ein Normalenvektor einer Ebene E, so gilt für den Winkel α > 0 zwischen $\overrightarrow{PA}$ und $\vec{n}$:

$\cos(\alpha) = \frac{d(A, E)}{|\overrightarrow{PA}|}$, also $d(A, E) = \cos(\alpha) \cdot |\overrightarrow{PA}|$

$\cos(\alpha)$ lässt sich anhand der Winkelformel aus Abschnitt 6.1 ersetzen:

$d(A, E) = \cos(\alpha) \cdot |\overrightarrow{PA}|$

$\qquad = \frac{\vec{n} \cdot \overrightarrow{PA}}{|\vec{n}| \cdot |\overrightarrow{PA}|} \cdot |\overrightarrow{PA}|$

$\qquad = \frac{1}{|\vec{n}|} \cdot \vec{n} \cdot \overrightarrow{PA}$

Hinweis

Das Vorzeichen von $\vec{n} \cdot \vec{p} = |\vec{n}| \cdot |\vec{p}| \cdot \cos(\alpha)$ hängt nur von $\cos(\alpha)$ ab, da die Beträge positiv sind. Für α < 90° ist das Skalarprodukt positiv, für α > 90° negativ.

Dies ist gültig für α < 90°. Die Punkte A und B in der Zeichnung liegen auf unterschiedlichen Seiten der Ebene E. Für B gilt $\vec{n} \cdot \overrightarrow{PB} < 0$, weil β > 90° ist. Für den Abstand spielt dieser Vorzeichenunterschied keine Rolle, man setzt den Ausdruck für d(A, E) in Betragsstriche:

$d(A, E) = \left| \frac{1}{|\vec{n}|} \cdot \vec{n} \cdot \overrightarrow{PA} \right| = \left| \frac{1}{|\vec{n}|} \cdot \vec{n} \cdot (\overrightarrow{OA} - \overrightarrow{OP}) \right| = \left| \vec{n_0} \cdot (\overrightarrow{OA} - \overrightarrow{OP}) \right|$ für $\vec{n_0} = \frac{1}{|\vec{n}|} \cdot \vec{n}$.

Der Vektor $\vec{n_0} = \frac{1}{|\vec{n}|} \vec{n}$ hat stets die Länge 1 und heißt **Normaleneinheitsvektor** der Ebene.

Satz **Abstand Punkt – Ebene**

Sei E eine Ebene durch den Punkt P und mit dem Normalenvektor $\vec{n}$. Für den Abstand eines Punktes A zur Ebene E gilt: $d(A, E) = \left| \vec{n_0} \cdot (\overrightarrow{OP} - \overrightarrow{OA}) \right|$

Definition **Hesse'sche Normalenform (HNF)**

Ist $\vec{n} \cdot \vec{x} - \vec{n} \cdot \overrightarrow{OP} = 0$ eine Normalengleichung einer Ebene E, so heißt $\frac{1}{|\vec{n}|}(\vec{n} \cdot \vec{x} - \vec{n} \cdot \overrightarrow{OP}) = 0$
Hesse'sche Normalenform (HNF) der Ebene E.

Beispiel 2 **Abstand eines Punktes zu einer Ebene**

Berechnen Sie den Abstand des Punktes $A(9|-3|2)$ zur Ebene $E: 3x_1 + x_2 - 2x_3 = -12$.

Lösung:

Stellen Sie eine Normalengleichung auf und formen Sie diese so um, dass die rechte Seite null ist. Dividieren Sie die Gleichung durch den Betrag des Normalenvektors.

$$\begin{pmatrix} 3 \\ 1 \\ -2 \end{pmatrix} \cdot \vec{x} = -12 \qquad \left| \begin{pmatrix} 3 \\ 1 \\ -2 \end{pmatrix} \right| = \sqrt{14}$$

HNF: $\frac{1}{\sqrt{14}}\left[\begin{pmatrix} 3 \\ 1 \\ -2 \end{pmatrix} \cdot \vec{x} + 12 \right] = 0$

Den Abstand des Punktes A zur Ebene E erhalten Sie, indem Sie die Koordinaten von A in die Hesse'sche Normalenform einsetzen und Betragsstriche ergänzen.

Abstand berechnen:

$$d(A, E) = \frac{1}{\sqrt{14}} \left| \begin{pmatrix} 3 \\ 1 \\ -2 \end{pmatrix} \cdot \begin{pmatrix} 9 \\ -3 \\ 2 \end{pmatrix} + 12 \right| = \frac{32}{\sqrt{14}} \approx 8{,}6$$

Der Abstand beträgt rund 8,6 LE.

Für den Abstand einer Ebene E durch den Punkt P zum Koordinatenursprung O gilt:

$$d(O, E) = \frac{1}{|\vec{n}|} \left| \vec{n} \cdot \begin{pmatrix} 0 \\ 0 \\ 0 \end{pmatrix} - \vec{n} \cdot \overrightarrow{OP} \right| = \frac{1}{|\vec{n}|} \left| \vec{n} \cdot \overrightarrow{OP} \right| = \left| \vec{n_0} \cdot \overrightarrow{OP} \right|$$

Die Hesse'sche Normalenform enthält also unmittelbar den Ursprungsabstand der Ebene.

Beispiel 3 **Abstand zum Ursprung und zu parallelen Ebenen**

a) Berechnen Sie den Ursprungsabstand der Ebene $E: -2x_1 + x_2 - 2x_3 = -12$.
b) Ermitteln Sie Gleichungen der beiden zu E parallelen Ebenen im Abstand 2.

Lösung:

a) Lesen Sie einen Normalenvektor $\vec{n}$ ab. Berechnen Sie $|\vec{n}|$. Entnehmen Sie der Koordinatengleichung von E das Skalarprodukt $\vec{n} \cdot \overrightarrow{OP}$ für jeden Punkt P in E.

$$\vec{n} = \begin{pmatrix} -2 \\ 1 \\ -2 \end{pmatrix}; \quad |\vec{n}| = 3; \quad \vec{n} \cdot \overrightarrow{OP} = -12$$

$$d(O, E) = \frac{1}{|\vec{n}|} \left| \vec{n} \cdot \overrightarrow{OP} \right| = \frac{1}{3} \cdot 12 = 4$$

b) Die Koordinatengleichungen der gesuchten Ebenen stimmen mit der von E bis auf das Skalarprodukt $\vec{n} \cdot \overrightarrow{OP}$ überein. Setzen Sie die Abstandsformel gleich 2 und bestimmen Sie die Werte für a. Geben Sie die Ebenengleichungen an.

$$F: -2x_1 + x_2 - 2x_3 = a; \qquad \vec{n} \cdot \overrightarrow{OA} = a$$

$$\frac{1}{|\vec{n}|} \left| \vec{n} \cdot \overrightarrow{OA} - \vec{n} \cdot \overrightarrow{OP} \right| = \frac{1}{3} |a - (-12)| = 2$$

$$\Leftrightarrow |a + 12| = 6$$

also $a_1 = -6$ und $a_2 = -18$

$F_1: -2x_1 + x_2 - 2x_3 = -6$
$F_2: -2x_1 + x_2 - 2x_3 = -18$

Basisaufgaben

5 Geben Sie eine Hesse'sche Normalenform der Ebene E an.

a) $E: \begin{pmatrix} 5 \\ 1 \\ 2 \end{pmatrix} \cdot \vec{x} - \begin{pmatrix} 5 \\ 1 \\ 2 \end{pmatrix} \cdot \begin{pmatrix} 4 \\ 5 \\ 0 \end{pmatrix} = 0$

b) $E: \vec{x} = \begin{pmatrix} 2 \\ 1 \\ 0 \end{pmatrix} + r\begin{pmatrix} 3 \\ 4 \\ -4 \end{pmatrix} + s\begin{pmatrix} -1 \\ -2 \\ 1 \end{pmatrix}$, $r, s \in \mathbb{R}$

6 Bestimmen Sie den Abstand des Punktes A von der Ebene E.

a) $E: x_1 + 2x_2 + 2x_3 = -6$ $\quad$ $A(-3\,|\,1\,|\,-4)$ $\quad$ b) $E: x_1 + x_2 - x_3 = -2$ $\quad$ $A(-2\,|\,1\,|\,4)$

c) $E: \vec{x} = \begin{pmatrix} 2 \\ 5 \\ 1 \end{pmatrix} + r\begin{pmatrix} 1 \\ 1 \\ 1 \end{pmatrix} + s\begin{pmatrix} -1 \\ 1 \\ 2 \end{pmatrix}$ $\quad$ $A(5\,|\,0\,|\,6)$ $\quad$ d) $E: \begin{pmatrix} -1 \\ 5 \\ -2 \end{pmatrix} \cdot \vec{x} = \begin{pmatrix} -1 \\ 5 \\ -2 \end{pmatrix} \cdot \begin{pmatrix} 4 \\ 1 \\ 4 \end{pmatrix}$ $\quad$ $A(0\,|\,0)$

7 Gegeben sind die Ebene $E: \begin{pmatrix} 3 \\ 0 \\ -1 \end{pmatrix} \cdot \vec{x} = 8$ und der Punkt
$P(-6\,|\,-1\,|\,4)$.
Beurteilen Sie, ob der Abstand von P zu E mithilfe der
Hesse'schen Normalenform richtig berechnet wurde.

$\begin{vmatrix} 3 \\ 0 \\ -1 \end{vmatrix} \Rightarrow n: \begin{bmatrix} -6 \\ -1 \\ 4 \end{bmatrix} \Rightarrow p$

$\texttt{abs((dotp(n,p)-8)/norm(n))}$
$3\cdot\sqrt{10}$

Abstand Punkt **P** *– Ebene E mit*
Normalenvektor **n** *und* $dotp(\mathbf{n},x)=a$ *für X in E*

$\mathbf{p} := \begin{bmatrix} -6 \\ -1 \\ 4 \end{bmatrix} : \mathbf{n} := \begin{bmatrix} 3 \\ 0 \\ -1 \end{bmatrix} : a := 8 \cdot 8$

$\left| \dfrac{dotP(\mathbf{n},\mathbf{p})-a}{norm(\mathbf{n})} \right| \cdot 3\cdot\sqrt{10}$

8 Gegeben sind $E: -2x_1 + x_2 + 2x_3 = 5$ und der Punkt $P(12\,|\,1\,|\,-4)$. Berechnen Sie den Abstand
von P zu E einmal mithilfe der Hesse'schen Normalenform und einmal mithilfe der
Lotgeraden. Vergleichen Sie den Aufwand und den Ertrag beider Verfahren.

9 Geben Sie zwei Ebenen an, die zu E parallel sind und von E den Abstand d haben.

a) $E: 8x_1 - 4x_2 + x_3 = 18$ $\quad$ $d = 5$ $\qquad$ b) $E: 5x_1 - x_2 + 3x_3 = 6$ $\quad$ $d = 3$

Weiterführende Aufgaben

10 Gegeben sind die Punkte $R(3\,|\,1\,|\,7)$, $S(6\,|\,-8\,|\,1)$ und die Ebene $E: x_1 - 2x_2 + 2x_3 = 6$.
Berechnen Sie die Punkte der Strecke $\overline{RS}$, die von E den Abstand 4 haben.

Hinweis zu 11 und 12

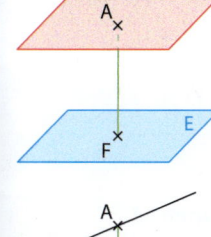

11 Abstand Ebene – Ebene: Begründen Sie, dass die Ebenen E_1 und E_2 parallel zueinander
sind, und berechnen Sie ihren Abstand.

a) $E_1: 3x_1 - 5x_2 + 2x_3 = 5$ $\qquad$ b) $E_1: -x_1 + 4x_2 - 2x_3 = 11$
 $E_2: 6x_1 - 10x_2 + 4x_3 = 8$ $\qquad$ $E_2: x_1 - 4x_2 + 2x_3 = 13$

12 Abstand Gerade – Ebene: Zeigen Sie, dass die Gerade g parallel zur Ebene E verläuft, und
berechnen Sie den Abstand von g und E.

a) $g: \vec{x} = \begin{pmatrix} 2 \\ 1 \\ 4 \end{pmatrix} + t\begin{pmatrix} 4 \\ 3 \\ -6 \end{pmatrix}, t \in \mathbb{R}$ $\qquad$ b) $g: \vec{x} = \begin{pmatrix} -2 \\ 1 \\ 1 \end{pmatrix} + t\begin{pmatrix} 1 \\ 1 \\ 1 \end{pmatrix}, t \in \mathbb{R}$

 $E: 3x_1 - 2x_2 + x_3 = 9$ $\qquad$ $E: \vec{x} = \begin{pmatrix} 4 \\ 1 \\ -1 \end{pmatrix} + r\begin{pmatrix} 2 \\ -1 \\ 1 \end{pmatrix} + s\begin{pmatrix} 3 \\ 0 \\ 2 \end{pmatrix}, r, s \in \mathbb{R}$

13 Entscheiden Sie begründet, ob die Aussage wahr oder falsch ist.

a) Der Abstand paralleler Ebenen kann auf die Grundaufgabe „Abstand Punkt – Ebene"
zurückgeführt werden.

b) Der Abstand paralleler Geraden im Raum kann auf die Grundaufgabe „Abstand
Punkt – Ebene" zurückgeführt werden.

c) Der Abstand Punkt – Ebene kann mithilfe einer Lotgeraden der Ebene durch den Punkt
ermittelt werden.

14 Stolperstelle: Teresa soll Ebenen bestimmen, die parallel zur Ebene $E: 2x_1 - 6x_2 + 3x_3 = 14$
im Abstand 3 verlaufen.

$E_1: 2x_1 - 6x_2 + 3x_3 = 14 + 3$ $\qquad\qquad$ *$E_2: 2x_1 - 6x_2 + 3x_3 = 11$*

Finden und korrigieren Sie Teresas Fehler.

15 Die Ebene E sei gegeben durch E: $\vec{x} \cdot \vec{n} = \vec{p} \cdot \vec{n}$. Der Winkel zwischen $\vec{p}$ und $\vec{n}$ heiße α.

a) Zeigen Sie anhand einer Skizze:

Ist $e = \vec{p} \cdot \vec{n} > 0$, so ist $\alpha < 90°$ und $\vec{n}$ zeigt vom Ursprung in Richtung der Ebene.

Ist $e = \vec{p} \cdot \vec{n} < 0$, so ist $\alpha > 90°$ und $\vec{n}$ zeigt vom Ursprung von der Ebene weg.

b) $\vec{n} = \begin{pmatrix} -1 \\ 3 \\ -6 \end{pmatrix}$ ist Normalenvektor einer Ebene, die den Punkt P(−2|3|5) enthält.

Prüfen Sie, ob $\vec{n}$ vom Ursprung aus zur Ebene zeigt.

16 Die Ebenen E_1 und E_2 sind parallel zueinander. Berechnen Sie den Abstand zwischen den Ebenen sowie deren Ursprungsabstände. Vergleichen Sie die Ursprungsabstände mit dem Abstand $d(E_1, E_2)$. Erklären Sie das Ergebnis anhand einer Skizze.

① E_1: $2x_1 − 9x_2 − 6x_3 = 33$
  E_2: $2x_1 − 9x_2 − 6x_3 = 55$

② E_1: $x_1 − 3x_2 + 6x_3 = 6$
  E_2: $2x_1 − 6x_2 + 12x_3 = 0$

③ E_1: $2x_1 − x_2 + 2x_3 = 12$
  E_2: $−2x_1 + x_2 − 2x_3 = 6$

17 Spiegelung an einer Ebene:

a) Der Punkt P wird an der Ebene E gespiegelt. Beschreiben Sie, wie sich mithilfe der Lotgeraden zu E durch P der Spiegelpunkt P′ ergibt.

b) Die Punkte A(8|25|−10) und B(−5|−12|−4) werden

an der Ebene E_1: $\vec{x} = \begin{pmatrix} 2 \\ 1 \\ -2 \end{pmatrix} + r \begin{pmatrix} 4 \\ -1 \\ 0 \end{pmatrix} + s \begin{pmatrix} 0 \\ 1 \\ 3 \end{pmatrix}$ gespiegelt.

Ermitteln Sie die Koordinaten der Spiegelpunkte A′ und B′.

c) Der Punkt P(2|−5|8) wird an einer Ebene E_2 auf den Punkt P′(4|−1|2) gespiegelt. Ermitteln Sie eine Gleichung der Spiegelebene E_2.

18 Die Objekte werden an der Ebene E_1: $3x_1 + 12x_2 − 4x_3 = 26$ gespiegelt.
Ermitteln Sie eine Gleichung der Geraden oder der Ebene, die sich dabei ergibt.

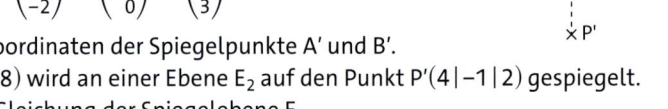

Gerade g_1: $\vec{x} = \begin{pmatrix} 9 \\ 12 \\ -6 \end{pmatrix} + t \begin{pmatrix} 8 \\ -1 \\ 3 \end{pmatrix}$ parallel zu E_1

Ebene E_2: $3x_1 + 12x_2 − 4x_3 = 39$ parallel zu E_1

Ebene E_3: $3x_1 − x_2 − 4x_3 = a$ durch P(3|−13|−1)

Gerade g_2: $\vec{x} = \begin{pmatrix} -7 \\ -37 \\ 4 \end{pmatrix} + t \begin{pmatrix} -1 \\ 14 \\ -1 \end{pmatrix}$

19 Gegeben sind die Punkte A(10|−8|1), B(−2|−2|−3) und D(14|4|7).

a) Geben Sie die Koordinaten eines Punktes C an, sodass ABCD ein Parallelogramm ist. Weisen Sie nach, dass es sich um ein Quadrat handelt.

b) Das Quadrat ABCD ist die Grundfläche einer quadratischen Pyramide mit Spitze S(3|−1|8). Berechnen Sie die Höhe dieser Pyramide und ihr Volumen.

c) g sei die Lotgerade zum Quadrat ABCD durch S. Bestimmen Sie zwei Punkte S_1 und S_1' auf g, sodass die Pyramiden mit der Grundfläche ABCD und der Spitze S_1 bzw. S_1' ein Volumen von 1372 VE haben.

20 Orientierung im Raum: Eine Ebene teilt den Raum in zwei Halbräume.

Hinweis zu 20a

Geben Sie an, was dieses Vorzeichen über den Winkel zwischen $\vec{PA}$ und $\vec{n}$ aussagt.

a) Begründen Sie: Ist eine Ebene E gegeben durch E: $\vec{x} \cdot \vec{n} = \vec{p} \cdot \vec{n}$, so entscheidet für einen Punkt A das Vorzeichen von $\vec{OA} \cdot \vec{n} − \vec{p} \cdot \vec{n}$, auf welcher Seite der Ebene A liegt.

b) Gegeben sind E: $3x_1 + 2x_2 + x_3 = 6$ und die Punkte A(1|1|2) und B(1|−1|3). Beurteilen Sie mit der Methode aus a), welcher der Punkte A und B auf derselben Seite der Ebene liegt wie der Koordinatenursprung. Skizzieren Sie E anhand der Spurpunkte und tragen Sie A und B in die Skizze ein.

21 Gegeben sind das Parallelogramm ABCD mit A(2|1|3), B(0|5|1), C(−3|5|4), D(−1|1|6) sowie die Punkte N(−1,5|4|3,5) und S(4|8|9).
a) Zeigen Sie, dass ABCD ein Rechteck ist und dass N im Inneren dieses Rechtecks liegt.
b) S sei die Spitze einer Pyramide, deren Grundfläche das Rechteck ABCD ist. Skizzieren Sie die Pyramide in ein Koordinatensystem und berechnen Sie ihr Volumen.
c) Die Pyramide wird vom Punkt N aus senkrecht zur Grundfläche durchbohrt. Untersuchen Sie, ob dabei das Dreieck ABS oder das Dreieck BCS durchstoßen wird.

Hinweis zu 21c

Prüfen Sie, ob A und N auf der gleichen Seite derjenigen Ebene E liegen, welche B und S enthält und senkrecht auf der Grundfläche steht.

22 Es wird mit Bällen vom Punkt P(5|−1|−2) auf eine ebene Wand geschossen, welche durch die Punkte A(−2|−1|2), B(0|6|−1) und C(0|5|0) gegeben ist.

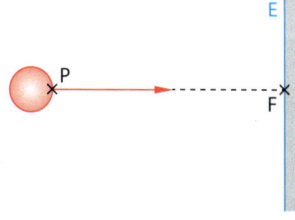

a) Ermitteln Sie eine Normalenform der Ebene E_{ABC} und berechnen Sie den Abstand von P zu E_{ABC}.
b) Bestimmen Sie die Koordinaten des Punktes F von E_{ABC}, in dem ein von P aus senkrecht gegen E_{ABC} geworfener Ball auftrifft.
c) Nun wird ein Ball von P aus entlang der Geraden

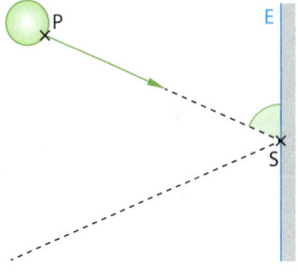

$$g: \vec{x} = \begin{pmatrix} 5 \\ -1 \\ -2 \end{pmatrix} + r \begin{pmatrix} -8 \\ 10 \\ 10 \end{pmatrix}$$ gegen die Ebene E_{ABC} geworfen.

Berechnen Sie den Punkt S und den Winkel α zur Wand, in dem der Ball auf E_{ABC} trifft.
d) Geben Sie eine Gleichung der Geraden g_{FS} durch S und den Lotfußpunkt F von P auf E_{ABC} an. Erläutern Sie ihre Bedeutung in Bezug auf die Flugbahn g aus Teilaufgabe c) und die Ebene.
e) Geben Sie eine Gleichung der Ebene E an, welche in S senkrecht auf g_{FS} aus Teilaufgabe d) steht.
f) Nach dem Abprall von der Wand fliegt der Ball längs einer Geraden g' weiter: Geben Sie eine Gleichung an.

23 Das Dach eines Turms hat die Form einer quadratischen Pyramide mit Eckpunkten auf den Koordinatenachsen.
a) Im Punkt R$(\sqrt{2}|-\sqrt{2}|0)$ wird ein Mast der Höhe 7 LE aufgestellt. Berechnen Sie, an welchem Punkt P und in welchem Winkel der Mast das Dach durchstößt.
b) Berechnen Sie den Abstand der Spitze T des Mastes zur Dachfläche, die durchstoßen wird.
c) In die Dachpyramide soll eine möglichst große Kugel eingebaut werden. Ihr Mittelpunkt liegt auf der x_3-Achse und ist von allen 5 Flächen der Pyramide gleich weit entfernt. Ermitteln Sie seine Koordinaten.
d) Prüfen Sie, ob der Mast entfernt werden muss, damit die Kugel Platz hat.

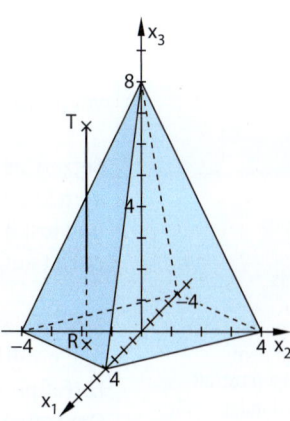

Hinweis zu 24

Diese Aufgabe setzt das Thema von Aufgabe 20 fort.

24 Ausblick: Gegeben sind der Punkt P(−12|12|8) und die Ebene E: $-4x_1 + 7x_2 + 4x_3 = 2$.
a) Berechnen Sie den Abstand von P zu E. Geben Sie anhand der Abstandsformel an, ob P auf derselben Seite der Ebene E liegt wie der Ursprung.
b) Begründen Sie: Ist die rechte Seite der Koordinatenform positiv, so ist jeder Normalenvektor so orientiert, dass er vom Ursprung in Richtung der Ebene zeigt.
c) Spiegeln Sie den Punkt P an der Ebene E mithilfe des Normaleneinheitsvektors und den Informationen aus a) und b).

5.4 Abstand von einer Geraden im Raum

Verdeutlichen Sie sich mit Stiften, was man unter dem Abstand eines Punktes von einer Geraden im Raum verstehen kann. Klären Sie ebenso, was der Abstand zweier paralleler Geraden und was der Abstand zweier windschiefer Geraden sein könnte.

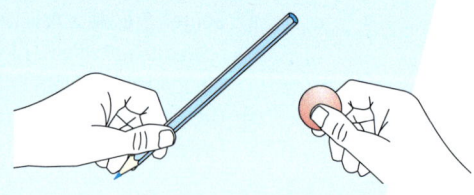

Abstand eines Punktes von einer Geraden im Raum

Ein Punkt A außerhalb einer Geraden g hat zu jedem Punkt von g einen Abstand. Der kürzeste dieser Abstände wird als **Abstand des Punktes zur Geraden** definiert.

Dieser Abstand kann am Fußpunkt F des Lotes von A auf g gemessen werden.

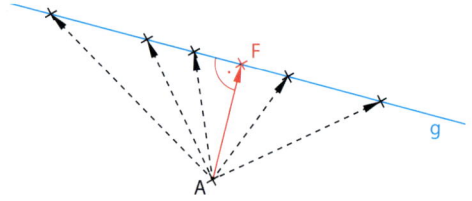

Wissen / **Abstand Punkt – Gerade mit dem Lotfußpunktverfahren**

Der Abstand $d(A, g)$ eines Punktes A zu einer Geraden $g: \vec{x} = \overrightarrow{OP} + t \cdot \vec{v}, t \in \mathbb{R}$, lässt sich wie folgt berechnen.

① Parameter t ermitteln, für den der Verbindungsvektor $\overrightarrow{AX_t}$ senkrecht zu $\vec{v}$ ist.
② t in die Gleichung von g einsetzen und so den Lotfußpunkt F ermitteln.
③ Der Abstand ist gleich der Länge des Vektors $\overrightarrow{AF}$, also $d(A, g) = |\overrightarrow{AF}|$.

Beispiel 1

Gegeben sind der Punkt $A(-17 | -17 | 2)$ und die Gerade $g: \vec{x} = \begin{pmatrix} -4 \\ 3 \\ 8 \end{pmatrix} + t \begin{pmatrix} 9 \\ 2 \\ -6 \end{pmatrix}, t \in \mathbb{R}$.

Geben Sie den Fußpunkt des Lotes von A auf g an. Bestimmen Sie den Abstand von A und g.

Lösung:

Bilden Sie den allgemeinen Verbindungsvektor $\overrightarrow{AX_t} = -\overrightarrow{OA} + \overrightarrow{OX_t}$ zwischen A und g.

Parameter ermitteln:

$$\overrightarrow{AX_t} = -\begin{pmatrix} -17 \\ -17 \\ 2 \end{pmatrix} + \begin{pmatrix} -4 \\ 3 \\ 8 \end{pmatrix} + t \begin{pmatrix} 9 \\ 2 \\ -6 \end{pmatrix} = \begin{pmatrix} 13 + 9t \\ 20 + 2t \\ 6 - 6t \end{pmatrix}$$

Setzen Sie das Skalarprodukt von $\overrightarrow{AX_t}$ und dem Richtungsvektor der Geraden gleich 0 und lösen Sie die resultierende Gleichung nach t auf.

$$\begin{pmatrix} 13 + 9t \\ 20 + 2t \\ 6 - 6t \end{pmatrix} \cdot \begin{pmatrix} 9 \\ 2 \\ -6 \end{pmatrix} = 0$$

$$(117 + 40 - 36) + (81 + 4 + 36)t = 0$$
$$121 + 121t = 0 \quad \text{also } t = -1$$

Setzen Sie $t = -1$ in die Gleichung von g ein und ermitteln Sie so den Ortsvektor des Lotfußpunktes F.
Der Lotvektor ist gleich $\overrightarrow{AF}$.

Fußpunkt und Lotvektor ermitteln:

$$\overrightarrow{OF} = \begin{pmatrix} -4 - 9 \\ 3 - 2 \\ 8 + 6 \end{pmatrix} = \begin{pmatrix} -13 \\ 1 \\ 14 \end{pmatrix}$$

$$\overrightarrow{AF} = \overrightarrow{OF} - \overrightarrow{OA} = \begin{pmatrix} -13 \\ 1 \\ 14 \end{pmatrix} - \begin{pmatrix} -17 \\ -17 \\ 2 \end{pmatrix} = \begin{pmatrix} 4 \\ 18 \\ 12 \end{pmatrix}$$

Berechnen Sie den Betrag des erhaltenen Lotvektors $\overrightarrow{AF}$.

Abstand berechnen:

$$d(A, g) = |\overrightarrow{AF}| = \left| \begin{pmatrix} 4 \\ 18 \\ 12 \end{pmatrix} \right| = \sqrt{484} = 22$$

Basisaufgaben

1 Berechnen Sie den Abstand des Punktes A von der Geraden g und geben Sie den Fußpunkt des Lotes von A auf g (mit $t \in \mathbb{R}$) an.

a) $A(8|-12|17)$ $\quad g: \vec{x} = \begin{pmatrix} 5 \\ -7 \\ 2 \end{pmatrix} + t \begin{pmatrix} 1 \\ 3 \\ -2 \end{pmatrix}$ $\quad$ b) $A(15|1|-3)$ $\quad g: \vec{x} = \begin{pmatrix} 1 \\ 0 \\ -3 \end{pmatrix} + t \begin{pmatrix} 4 \\ 2 \\ 3 \end{pmatrix}$

2 Ermitteln Sie die Koordinaten des Lotfußpunktes von P auf g (mit $t \in \mathbb{R}$).

a) $P(-7|9|-14)$ $\quad g: \vec{x} = \begin{pmatrix} 3 \\ 1 \\ 7 \end{pmatrix} + t \begin{pmatrix} 6 \\ -7 \\ 6 \end{pmatrix}$ $\quad$ b) $P(8|10|9)$ $\quad g: \vec{x} = \begin{pmatrix} -10 \\ -2 \\ -3 \end{pmatrix} + t \begin{pmatrix} -1 \\ 2 \\ 1 \end{pmatrix}$

3 **Abstandsberechnung mit einer Hilfsebene:**
Gegeben sind der Punkt $A(10|-18|11)$ und die Gerade g mit $g: \vec{x} = \begin{pmatrix} 8 \\ 0 \\ -8 \end{pmatrix} + t \begin{pmatrix} 2 \\ 6 \\ -1 \end{pmatrix}$, $t \in \mathbb{R}$.

a) E sei die Ebene, die durch A orthogonal zu g verläuft. Veranschaulichen Sie die Lage von g, E und A durch eine Skizze oder durch ein Blatt-Stift-Modell. Geben Sie an, welche Bedeutung der Schnittpunkt von g und E hat.
b) Berechnen Sie den Abstand von A zu g mithilfe der in a) beschriebenen Hilfsebene E.
c) Berechnen Sie nun den Abstand von A und g mithilfe des Lotfußpunktverfahrens. Vergleichen Sie den Rechenaufwand beider Verfahren.

4 Im Dreieck $A(2|0|3)$, $B(11|-12|9)$, $C(-1|-6|10)$ entspricht die Länge der Höhe h_C dem Abstand des Punktes C von der Geraden g_{AB}. Berechnen Sie den Flächeninhalt des Dreiecks.

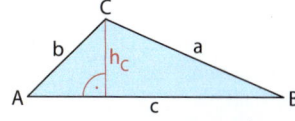

5 Begründen Sie, dass das auf dem Screenshot dargestellte Verfahren geeignet ist, den Abstand eines Punktes von einer Geraden zu ermitteln.

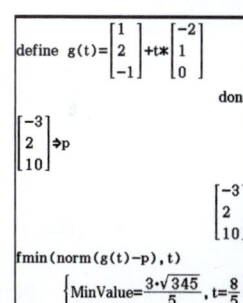

Hinweis

Der Abstand wind-schiefer Geraden kann auch mithilfe einer Hilfsebene bestimmt werden (siehe Aufgabe 7 und 8).

Abstand windschiefer Geraden

Zwei beliebige Punkte der windschiefen Geraden g_1 und g_2 haben einen Abstand zueinander. Der kürzeste dieser Abstände wird als **Abstand der windschiefen Geraden** definiert.

Dieser Abstand kann mit den Fußpunkten F_1 und F_2 des gemeinsamen Lotes der Geraden bestimmt werden.

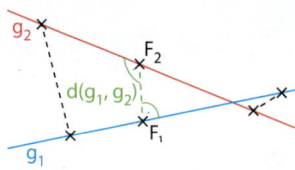

> **Wissen** **Abstand windschiefer Geraden mit dem Lotfußpunktverfahren**
> Der Abstand $d(g_1, g_2)$ zweier windschiefer Geraden $g_1: \vec{x} = \overrightarrow{OP_1} + r \cdot \vec{v}_1$ und $g_2: \vec{x} = \overrightarrow{OP_2} + s \cdot \vec{v}_2$ (mit $r, s \in \mathbb{R}$) lässt sich wie folgt berechnen.
> ① Parameter r und s ermitteln, sodass der Verbindungsvektor $\overrightarrow{X_r X_s}$ senkrecht zu $\vec{v}_1$ und $\vec{v}_2$ ist.
> ② r und s in $\overrightarrow{X_r X_s}$ einsetzen und die Lotfußpunkte F_1 und F_2 ermitteln.
> ③ Der Abstand ist gleich der Länge des Vektors $\overrightarrow{F_1 F_2}$, also $d(g_1, g_2) = \left| \overrightarrow{F_1 F_2} \right|$.

Beispiel 2

Die Geraden $g_1: \vec{x} = \begin{pmatrix} -2 \\ -7 \\ 9 \end{pmatrix} + r \begin{pmatrix} 2 \\ 3 \\ -4 \end{pmatrix}$ und $g_2: \vec{x} = \begin{pmatrix} 29 \\ -9 \\ -5 \end{pmatrix} + s \begin{pmatrix} -1 \\ 0 \\ 4 \end{pmatrix}$ sind windschief zueinander.

Bestimmen Sie den Abstand der Geraden und geben Sie die Koordinaten der Fußpunkte des gemeinsamen Lotes an.

Lösung:

Bilden Sie den Verbindungsvektor $\overrightarrow{X_r X_s}$ zwischen beliebigen Punkten

$\overrightarrow{OX_r} = \begin{pmatrix} -2 + 2r \\ -7 + 3r \\ 9 - 4r \end{pmatrix}$ und $\overrightarrow{OX_s} = \begin{pmatrix} 29 - s \\ -9 \\ -5 + 4s \end{pmatrix}$ der

Geraden g_1 bzw. g_2.
Setzen Sie das Skalarprodukt von $\overrightarrow{X_r X_s}$ mit dem Richtungsvektor von g_1 und mit dem von g_2 jeweils gleich null.
Es ergibt sich ein Gleichungssystem mit 2 Gleichungen und 2 Variablen.
Ermitteln Sie die Lösung.

Setzen Sie $r = 2$ und $s = 3$ in den Verbindungsvektor ein und berechnen Sie den gemeinsamen Lotvektor.

Setzen Sie den Wert $r = 2$ in die Gleichung von g_1 ein und $s = 3$ in die Gleichung von g_2. Bestimmen Sie so die Fußpunkte.

Berechnen Sie den Betrag des gemeinsamen Lotvektors $\overrightarrow{X_2 X_3}$.

Parameter bestimmen:

$\overrightarrow{X_r X_s} = \overrightarrow{OX_s} - \overrightarrow{OX_r} = \begin{pmatrix} 31 - 2r - s \\ -2 - 3r \\ -14 + 4r + 4s \end{pmatrix}$

$\begin{pmatrix} 31 - 2r - s \\ -2 - 3r \\ -14 + 4r + 4s \end{pmatrix} \cdot \begin{pmatrix} 2 \\ 3 \\ -4 \end{pmatrix} = 0$

Gleichung I: $-29r - 18s = -112$

$\begin{pmatrix} 31 - 2r - s \\ -2 - 3r \\ -14 + 4r + 4s \end{pmatrix} \cdot \begin{pmatrix} -1 \\ 0 \\ 4 \end{pmatrix} = 0$

Gleichung II: $18r + 17s = 87$
Lösung: $r = 2$ und $s = 3$

Lotvektor und Fußpunkte bestimmen:

$\overrightarrow{X_2 X_3} = \begin{pmatrix} 31 - 2 \cdot 2 - 3 \\ -2 - 3 \cdot 2 \\ -14 + 4 \cdot 2 + 4 \cdot 3 \end{pmatrix} = \begin{pmatrix} 24 \\ -8 \\ 6 \end{pmatrix}$

$\overrightarrow{OF_1} = \begin{pmatrix} -2 \\ -7 \\ 9 \end{pmatrix} + 2 \cdot \begin{pmatrix} 2 \\ 3 \\ -4 \end{pmatrix} = \begin{pmatrix} 2 \\ -1 \\ 1 \end{pmatrix}$ $F_1(2|-1|1)$

$\overrightarrow{OF_2} = \begin{pmatrix} 29 \\ -9 \\ -5 \end{pmatrix} + 3 \cdot \begin{pmatrix} -1 \\ 0 \\ 4 \end{pmatrix} = \begin{pmatrix} 26 \\ -9 \\ 7 \end{pmatrix}$ $F_2(26|-9|7)$

Abstand berechnen:

$d(g_1, g_2) = |\overrightarrow{F_1 F_2}| = \left| \begin{pmatrix} 24 \\ -8 \\ 6 \end{pmatrix} \right| = \sqrt{676} = 26$

Hinweis

Wenn nur nach dem Abstand gefragt ist, kann man auf das Bestimmen der Fußpunkte verzichten.

Basisaufgaben

6 Berechnen Sie den Abstand der windschiefen Geraden g und h (mit $r, s \in \mathbb{R}$) sowie die Koordinaten der Fußpunkte des gemeinsamen Lotes.

a) $g: \vec{x} = \begin{pmatrix} -5 \\ 5 \\ -8 \end{pmatrix} + r \begin{pmatrix} 2 \\ 1 \\ 2 \end{pmatrix}$; $h: \vec{x} = \begin{pmatrix} 10 \\ -5 \\ 3 \end{pmatrix} + s \begin{pmatrix} 7 \\ 1 \\ 0 \end{pmatrix}$ b) $g: \vec{x} = \begin{pmatrix} -2 \\ -7 \\ 9 \end{pmatrix} + r \begin{pmatrix} 2 \\ 3 \\ -4 \end{pmatrix}$; $h: \vec{x} = \begin{pmatrix} 29 \\ -9 \\ -5 \end{pmatrix} + s \begin{pmatrix} -1 \\ 0 \\ 4 \end{pmatrix}$

7 **Abstandsberechnung mit einer Hilfsebene:**

a) Stellen Sie mit Stiften zwei windschiefe Geraden dar. Drehen und verschieben Sie beide Stifte, ohne ihre gegenseitige Lage zu verändern, bis ein Stift auf dem Tisch liegt und der andere parallel zur Tischplatte verläuft. Begründen Sie an diesem Modell, dass die Bestimmung des Abstands windschiefer Geraden auf den Abstand Punkt – Ebene zurückgeführt werden kann.

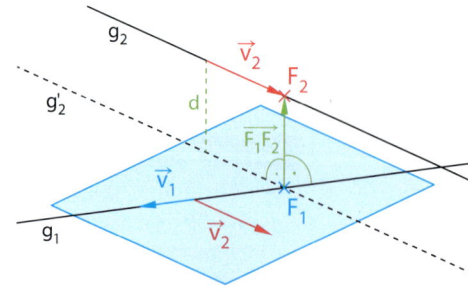

b) Berechnen Sie $d(g_1, g_2)$ mithilfe einer Hilfsebene für g_1 und g_2 aus Beispiel 2.

8 In dieser Aufgabe soll das Verfahren zur Abstandsberechnung mittels Hilfsebene mit dem Lotfußpunktverfahren verglichen werden.

a) Berechnen Sie die Abstände der Geraden g und h (s, t ∈ ℝ) jeweils mithilfe einer Hilfsebene (vgl. Aufgabe 7) sowie mit dem Lotfußpunktverfahren (vgl. Beispiel 2).

① $g: \vec{x} = \begin{pmatrix} 2 \\ 0 \\ 1 \end{pmatrix} + s \begin{pmatrix} -1 \\ -4 \\ 3 \end{pmatrix}$

$h: \vec{x} = \begin{pmatrix} 2 \\ -1 \\ -1 \end{pmatrix} + t \begin{pmatrix} -1 \\ 0 \\ 2 \end{pmatrix}$

② $g: \vec{x} = \begin{pmatrix} 2 \\ -1 \\ 7 \end{pmatrix} + s \begin{pmatrix} 4 \\ 1 \\ -2 \end{pmatrix}$

$h: \vec{x} = \begin{pmatrix} 9 \\ -7 \\ 6 \end{pmatrix} + t \begin{pmatrix} 6 \\ 1 \\ -4 \end{pmatrix}$

b) Erläutern Sie, welches Verfahren günstiger ist, wenn die Fußpunkte des gemeinsamen Lotes nicht bestimmt werden sollen.

Weiterführende Aufgaben

9 Entscheiden Sie begründet, ob die Aussage wahr oder falsch ist.

a) Die Bestimmung der Höhe eines Dreiecks im Raum kann auf die Grundaufgabe „Abstand Punkt – Gerade" zurückgeführt werden.

b) Der Abstand Punkt – Ebene kann sowohl mit der Hesse'schen Normalenform als auch mit dem Lotfußpunktverfahren berechnet werden.

c) Ist der Abstand des Punktes A von der Geraden g gleich null, so liegt A auf g.

d) Der Abstand Punkt – Gerade im Raum kann mithilfe einer Ebene berechnet werden, die durch den Punkt und parallel zur Geraden verläuft.

e) Die Bestimmung der Höhe einer Pyramide kann auf die Grundaufgabe „Abstand Punkt – Ebene" zurückgeführt werden.

10 Zeigen Sie, dass die Punkte A(−3|1|1), B(5|3|3), C(5|0|0), D(1|−1|−1) ein Trapez bilden, und berechnen Sie seinen Flächeninhalt.

Hinweis zu 11

Veranschaulichen Sie sich Ducs Lösungsansatz mithilfe von Stiften und Papier.

11 Stolperstelle: Duc möchte den Abstand vom Punkt A(−3|7|0) zur Geraden

$g: \vec{x} = \begin{pmatrix} 7 \\ 3 \\ 14 \end{pmatrix} + t \begin{pmatrix} 4 \\ 2 \\ 3 \end{pmatrix}$ ermitteln.

a) Begründen Sie, warum sein Ergebnis nicht dem gesuchten Abstand entspricht, auch wenn Duc keine Rechenfehler unterlaufen sind.

b) Bestimmen Sie d(A, g).

Die Ebene E: $\vec{x} = \begin{pmatrix} -3 \\ 7 \\ 0 \end{pmatrix} + r \begin{pmatrix} 4 \\ 2 \\ -3 \end{pmatrix} + s \begin{pmatrix} 1 \\ 0 \\ 0 \end{pmatrix}$

verläuft durch A parallel zu g. Die Koordinatengleichung ist E: $3x_2 - 2x_3 = 21$. Es gilt:

$d(A, g) = d(E, g) = \dfrac{1}{\sqrt{13}} \left| \begin{pmatrix} 0 \\ 3 \\ -2 \end{pmatrix} \begin{pmatrix} 7 \\ 3 \\ 14 \end{pmatrix} - 21 \right| \approx 11,1$

12 Auf ebener Erde (x_1x_2-Ebene) stehen drei Masten mit den Fußpunkten $A_b(1|-2|0)$, $B_b(9|10|0)$, $C_b(-1|3|0)$. Die Masten sind 8 m, 4 m bzw. 5 m hoch. An ihnen ist ein Sonnensegel befestigt. Die Sonnenstrahlen fallen in

Richtung des Vektors $\vec{v} = \begin{pmatrix} -1 \\ -1 \\ -1 \end{pmatrix}$ ein, sodass sich am

Erdboden das Schattendreieck A'B'C' bildet.

a) Berechnen Sie den Flächeninhalt des Segels.

b) Berechnen Sie die Eckpunkte des Schattendreiecks. Vergleichen Sie seinen Flächeninhalt mit dem des Segels.

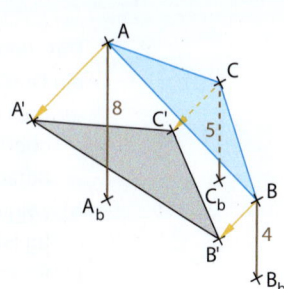

13 Eine Rakete bewegt sich entlang der Geraden zu

$g: \vec{x} = \begin{pmatrix} 8 \\ 8 \\ 1 \end{pmatrix} + t \begin{pmatrix} 2 \\ 4 \\ 1 \end{pmatrix}$. Der Planet mit dem Mittelpunkt

M(38|98|1) hat den Radius r = 6. (1 LE = 1 km)

a) Bestimmen Sie die Koordinaten desjenigen Punktes T_1 der Geraden g, in dem die Entfernung zwischen der Rakete und der Oberfläche des Planeten am geringsten ist. Berechnen Sie den Abstand von T_1 zur Oberfläche des Planeten.

b) In T_1 biegt die Rakete ein in eine Kreisbahn um den Planeten. In T_2 hat sie ihn halb umrundet. Geben Sie die Koordinaten von T_2 sowie die Länge der Flugbahn von T_1 bis T_2 an.

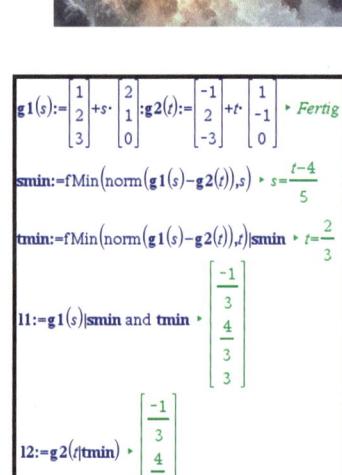

14 Erläutern Sie die in den Screenshots dargestellten Verfahren zur Bestimmung des Abstands zweier windschiefer Geraden.

windschiefe Geraden g1, g2 mit den Stütz-
vektoren u1,u2, Richtungsvektoren v1,v2

$\mathbf{u1} := \begin{bmatrix} -2 \\ -7 \\ 9 \end{bmatrix} : \mathbf{v1} := \begin{bmatrix} 2 \\ 3 \\ -4 \end{bmatrix} : \mathbf{u2} := \begin{bmatrix} 29 \\ -9 \\ -5 \end{bmatrix} : \mathbf{v2} := \begin{bmatrix} -1 \\ 0 \\ 4 \end{bmatrix} \blacktriangleright \begin{bmatrix} -1 \\ 0 \\ 4 \end{bmatrix}$

$\mathbf{g1}(r) := \mathbf{u1} + r \cdot \mathbf{v1} : \mathbf{g2}(s) := \mathbf{u2} + s \cdot \mathbf{v2} \blacktriangleright$ *Fertig*

solve(dotP($\mathbf{g2}(s) - \mathbf{g1}(r), \mathbf{v1}$)=0
and dotP($\mathbf{g2}(s) - \mathbf{g1}(r), \mathbf{v2}$)=0,$\{r,s\}$)
$\blacktriangleright r=2$ and $s=3$

norm($\mathbf{g1}(2) - \mathbf{g2}(3)$) $\blacktriangleright$ 26 Abstand

15 Zwei Flugzeuge bewegen sich geradlinig. Das eine

befindet sich zum Zeitpunkt t im Punkt $\overrightarrow{OP_t} = \begin{pmatrix} 5 \\ -2 \\ 4 \end{pmatrix} + t \begin{pmatrix} 1 \\ -2 \\ 1 \end{pmatrix}$,

das andere im Punkt $\overrightarrow{OH_t} = \begin{pmatrix} -1 \\ 3 \\ 2 \end{pmatrix} + t \begin{pmatrix} 1 \\ 1 \\ 1 \end{pmatrix}$.

a) Berechnen Sie den Abstand beider Flugbahnen und ermitteln Sie eine Gleichung der gemeinsamen Lotgeraden.

b) Berechnen Sie den Zeitpunkt, an dem der Abstand beider Flugzeuge minimal ist.

c) Erläutern Sie den Unterschied der Aufgaben a) und b).

16 Das Viereck ABCD der Versammlungshalle ist ein Drachen mit Symmetrieachse $\overline{AC}$.

a) Die Dachspitze S befindet sich 6 Einheiten oberhalb (in x_3-Richtung) des Punktes F. Berechnen Sie die Koordinaten von S und D.

b) Zeigen Sie, dass das Dreieck BSF rechtwinklig ist, das Dreieck AFS aber nicht.

c) Berechnen Sie, welche Winkel die Kanten $\overline{AS}$ bzw. $\overline{CS}$ mit $\overline{AC}$ einschließen.

d) Berechnen Sie den Flächeninhalt von ABCD.

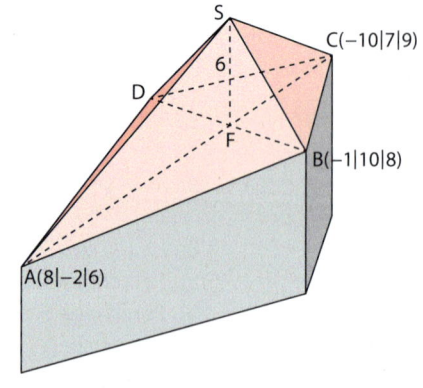

17 Eine dreiseitige Pyramide hat die Eckpunkte A(−12|−3|−6), B(−3|6|3), C(4|1|2) und D(1|−5|11). Berechnen Sie ihr Volumen.

18 Spiegelungen: Bei Spiegelungen eines Punktes P an einer Ebene E oder einer Geraden g können die Koordinaten des Spiegelpunktes P′ mithilfe des Lotvektors von P auf E bzw. P auf g ermittelt werden. Berechnen Sie die Koordinaten des Spiegelpunktes von P(0|−11|18) bei einer Spiegelung (k ∈ ℝ)

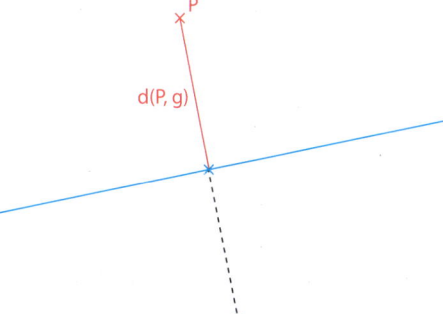

a) an der Geraden g: $\vec{x} = \begin{pmatrix} -6 \\ 1 \\ 5 \end{pmatrix} + k\begin{pmatrix} 6 \\ -3 \\ 2 \end{pmatrix}$,

b) an der Ebene E: $-3x_1 - 6x_2 + 5x_3 = 16$.

19 Auf den Karten sind verschiedene Methoden zur Bestimmung des Lotfußpunktes F von einem Punkt P auf eine Gerade g beschrieben.
Ermitteln Sie den Lotfußpunkt F für P(5|5|−1) und g: $\vec{x} = \begin{pmatrix} 0 \\ -5 \\ 1 \end{pmatrix} + t\begin{pmatrix} 4 \\ 3 \\ -1 \end{pmatrix}$, t ∈ ℝ, mit allen vier Methoden. Vergleichen Sie die Rechenaufwände.

① F mit dem Lotfußpunktverfahren wie in Beispiel 1 bestimmen.

② F mithilfe der Ebene E durch P, die senkrecht zu g verläuft, bestimmen.

Hinweis zu 19

Bestimmen Sie in ③ die Gerade h mithilfe eines Normalenvektors von E.

③ Die Ebene E, die P und g enthält, ermitteln. F mithilfe der Geraden h durch P, die in E liegt und senkrecht zu g verläuft, bestimmen.

④ $P_t(4t|−5 + 3t|1 − t)$ ist ein beliebiger Punkt von g. F ergibt sich für dasjenige t, für welches die Funktion f mit $f(t) = |\overrightarrow{PP_t}|$ ein Minimum hat.

20 Gegeben sind die Geraden g_1: $\vec{x} = \begin{pmatrix} 1 \\ 2 \\ 0 \end{pmatrix} + r\begin{pmatrix} 1 \\ 0 \\ 2 \end{pmatrix}$ und g_2: $\vec{x} = \begin{pmatrix} 6 \\ 10 \\ 0 \end{pmatrix} + s\begin{pmatrix} -1 \\ 4 \\ -2 \end{pmatrix}$ (mit r, s ∈ ℝ).

a) Zeigen Sie, dass die beiden Geraden windschief zueinander sind.
b) Berechnen Sie ihren Abstand mit dem Lotfußpunktverfahren.
c) Berechnen Sie ihren Abstand mithilfe einer Ebene E_1, welche g_1 enthält und zu g_2 parallel ist.
d) E_2 sei die Ebene, welche g_2 enthält und zu E_1 orthogonal ist. Berechnen Sie den Schnittpunkt F_1 von E_2 und g_1 und zeigen Sie an einem Blatt-Stift-Modell, dass F_1 auf der gemeinsamen Lotgeraden von g_1 und g_2 liegt.
e) Berechnen Sie mithilfe dieser gemeinsamen Lotgeraden den Abstand von g_1 und g_2.

21 Ausblick: Der Abstand der windschiefen Geraden g: $\vec{x} = r\begin{pmatrix} 1 \\ 0 \\ 2 \end{pmatrix}$ und h: $\vec{x} = \begin{pmatrix} 2 \\ 10 \\ 0 \end{pmatrix} + s\begin{pmatrix} 0 \\ -1 \\ 1 \end{pmatrix}$

(mit r, s ∈ ℝ) soll als Extremwertaufgabe berechnet werden.
Der allgemeine Verbindungsvektor $\overrightarrow{X_rX_s}$ zwischen einem Punkt X_r von g und einem Punkt X_s von h enthält zwei Variablen. Gesucht sind Werte für r und s, sodass der Abstand $|\overrightarrow{X_rX_s}|$ minimal wird. Dieses Problem lässt sich folgendermaßen angehen.

Hinweis zu 21a

Hier ist (ähnlich wie bei Funktionenscharen) s eine Variable und r ein Parameter.

a) Wählen Sie zunächst einen beliebigen, aber festen Punkt $X_r(r|0|2r)$ von g. Bestimmen Sie, für welches s der Verbindungsvektor $\overrightarrow{X_rX_s}$ einen minimalen Betrag hat.
b) In Teil a) erhält man s = r + 5. Setzen Sie s = r + 5 in den Verbindungsvektor ein und zeigen Sie, dass er für alle r auf h senkrecht steht.
c) Ermitteln Sie nun dasjenige r, für welches der Betrag des Verbindungsvektors aus b) minimal ist. Nutzen Sie dieses r, um den Abstand der beiden Geraden anzugeben.

5.5 Kreise und Kugeln

Ein GPS-Gerät im Punkt P empfängt von einem Satelliten dessen Position sowie Angabe zur Ermittlung der Entfernung zu diesem Satelliten. Aus der Entfernung r_1 zu einem Satelliten s_1 ergibt sich, dass sich das GPS-Gerät auf der Oberfläche einer Kugel mit dem Radius r_1 um s_1 befindet. Geben Sie an, welche Information sich aus der Entfernung zu 2, 3 und 4 Satelliten ergibt.

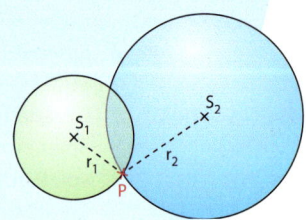

Die Kreisgleichung und die Kugelgleichung

Ein Kreis K in der Ebene und eine Kugel K im dreidimensionalen Raum werden durch einen Mittelpunkt M $(m_1 | m_2)$ bzw. M$(m_1 | m_2 | m_3)$ und einen Radius r eindeutig festgelegt.

Ein Punkt P$(x_1 | x_2)$ liegt genau dann auf der Kreislinie, wenn sein Abstand vom Mittelpunkt gleich dem Radius r ist:
$|\overrightarrow{OP} - \overrightarrow{OM}| = r = \sqrt{(x_1 - m_1)^2 + (x_2 - m_2)^2}$

Entsprechend liegt im Raum ein Punkt P$(x_1 | x_2 | x_3)$ genau dann auf der Kugeloberfläche, wenn gilt:
$|\overrightarrow{OP} - \overrightarrow{OM}| = r = \sqrt{(x_1 - m_1)^2 + (x_2 - m_2)^2 + (x_3 - m_3)^2}$

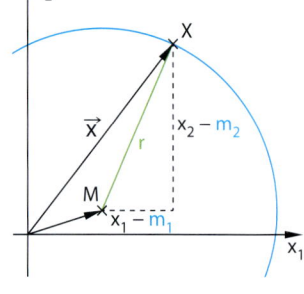

Für $|\overrightarrow{OP} - \overrightarrow{OM}| < r$ liegt P innerhalb des Kreises/der Kugel, für $|\overrightarrow{OP} - \overrightarrow{OM}| > r$ außerhalb.

Definition / Gleichungen von Kreis und Kugel

Im $\mathbb{R}^2$ wird ein **Kreis** mit dem Mittelpunkt M$(m_1 | m_2)$ und dem Radius r beschrieben durch die Gleichung: $(x_1 - m_1)^2 + (x_2 - m_2)^2 = r^2$

Im Raum wird eine **Kugel** mit dem Mittelpunkt M$(m_1 | m_2 | m_3)$ und dem Radius r beschrieben durch die Gleichung: $(x_1 - m_1)^2 + (x_2 - m_2)^2 + (x_3 - m_3)^2 = r^2$

Beispiel 1 / Kreis- und Kugelgleichung

a) Prüfen Sie die Lage von A$(3|7|4)$ und B$(2|9|3)$ bezüglich der Kugel K um M$(-1|3|5)$ mit r = 7.

b) Geben Sie Radius und Mittelpunkt des Kreises an zu K: $x_1^2 + 6x_1 + x_2^2 - 2x_2 - 6 = 0$.

Lösung:

a) Stellen Sie die Kugelgleichung auf und setzen Sie die Koordinaten der Punkte ein. Punkt A liegt im Inneren von K, da sein Abstand zu M kleiner als r ist.

K: $(x_1 + 1)^2 + (x_2 - 3)^2 + (x_3 - 5)^2 = 49$
A: $(3 + 1)^2 + (7 - 3)^2 + (4 - 5)^2 = 16 + 16 + 1$
$= 33 < 49$

A liegt im Inneren der Kugel.

Punkt B erfüllt die Gleichung, liegt also auf der Kugeloberfläche.

B: $(2 + 1)^2 + (9 - 3)^2 + (3 - 5)^2 = 9 + 36 + 4$
$= 49$

B liegt auf der Kugel.

b) Mithilfe der quadratischen Ergänzung lassen sich die binomischen Formeln anwenden. Bringen Sie alle Konstanten außerhalb der Klammern auf die rechte Seite.

$x_1^2 + 6x_1 + 3^2 - 9 + x_2^2 - 2x_2 + 1^2 - 1 - 6 = 0$
$(x_1 + 3)^2 - 9 + (x_2 - 1)^2 - 1 - 6 = 0$
$(x_1 + 3)^2 + (x_2 - 1)^2 = 16$
Mittelpunkt: M$(-3|1)$
Radius: r = 4

Basisaufgaben

 1 a) Geben Sie eine Gleichung eines Kreises um den Ursprung mit r = 5 an.
   b) Geben Sie eine Gleichung einer Kugel um M(1|−5|2) durch den Punkt P(2|−7|4) an.

 2 Prüfen Sie die Lage von $P_1(3|-2)$ und $P_2(2|6)$ zum Kreis K: $\left(\vec{x} - \begin{pmatrix} -1 \\ 2 \end{pmatrix} \right)^2 = 25$.
   Überprüfen Sie ihr Ergebnis anhand einer Skizze.

 3 Prüfen Sie die Lage von A und B zur Kugel mit dem Radius r und dem Mittelpunkt M.
   a) M(3|2|1); r = 5   b) M(7|−9|2); r = 9
      A(0|5|7); B(0|6|1)   A(8|−1|6); B(1|−6|−5)

 4 Formen sie mithilfe quadratischer Ergänzung in eine Gleichung eines Kreises um.
   a) $x_1^2 + x_2^2 + 6x_1 - 2x_2 - 6 = 0$ b) $x_1^2 - 4x_1 + x_2^2 - 8x_2 + 15 = 4$

 5 Prüfen Sie, ob es sich um eine Kugelgleichung handelt. Geben Sie, falls ja, Mittelpunkt und
   Radius der Kugel an.
   a) $x_1^2 + x_2^2 - 6x_1 + x_3^2 + 2x_2 - 2x_3 - 2 = 0$ b) $x_1^2 - 2x_1 + x_2^2 + 2x_2 + x_3^2 - 4x_3 + 6 = 0$
   c) $x_1^2 + x_2^2 + x_3^2 = 1$ d) $x_1^2 + x_2^2 + x_3^2 - 10x_1 + 2x_3 = -22$
   e) $x_1^2 - 4x_1 + x_2^2 + 6x_2 - 2x_3 - 2 = 0$ f) $x_1^2 + x_2^2 + x_3^2 + 6x_2 = 0$

Schnitte von Geraden mit Kreisen oder Kugeln

Erinnerung

Den Abstand Punkt - Gerade berechnet man in der Ebene mit der HNF, im Raum zum Beispiel mit dem Lotfußpunktverfahren.

Für einen Kreis in der Ebene oder eine Kugel im Raum gilt: Ist d der Abstand einer Geraden zum Mittelpunkt, so ist bei d < r die Gerade eine **Sekante,** bei d = r eine **Tangente** und bei d > r eine **Passante.**
Zur Berechnung der eventuellen Schnittpunkte setzt man die Parameterform der Geraden in die Kreis- bzw. Kugelgleichung ein. Es ergibt sich eine quadratische Gleichung für den Parameter, welche keine (Passante) oder eine (Tangente) oder zwei (Sekante) Lösungen hat.

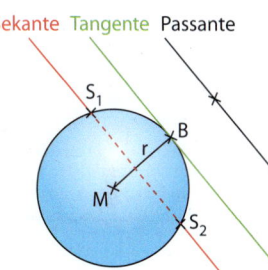

Beispiel 2 **Schnitt von Gerade und Kugel**
Ermitteln Sie die gemeinsamen Punkte der Geraden g und der Kugel K: $\left(\vec{x} - \begin{pmatrix} 2 \\ 3 \\ 3 \end{pmatrix} \right)^2 = 27$

a) $g: \vec{x} = \begin{pmatrix} 5 \\ 0 \\ -1 \end{pmatrix} + s \begin{pmatrix} 2 \\ -1 \\ 4 \end{pmatrix}, s \in \mathbb{R}$ b) $g: \vec{x} = \begin{pmatrix} -3 \\ 4 \\ -10 \end{pmatrix} + s \begin{pmatrix} 2 \\ -1 \\ 4 \end{pmatrix}, s \in \mathbb{R}$

Lösung:

a) Setzen Sie die Koordinaten eines allgemeinen Punktes der Geraden in die Kugelgleichung ein und fassen Sie zusammen.

   Berechnen Sie die Quadrate.
   Nach Zusammenfassen und Ordnen erhalten Sie eine quadratische Gleichung in Normalform. Die Gleichung ist nicht lösbar, da die Diskriminante negativ ist. g ist eine Passante.

Schnittbedingung:

$$\left(\begin{pmatrix} 5 \\ 0 \\ -1 \end{pmatrix} + s \begin{pmatrix} 2 \\ -1 \\ 4 \end{pmatrix} - \begin{pmatrix} 2 \\ 3 \\ 3 \end{pmatrix} \right)^2 = 27$$

$$\begin{pmatrix} 3 + 2s \\ -3 - s \\ -4 + 4s \end{pmatrix}^2 = 27$$

$(3 + 2s)^2 + (-3 - s)^2 + (-4 + 4s)^2 = 27$
$21s^2 - 14s + 34 = 27 \qquad |-27$
$21s^2 - 14s + 7 = 0 \Leftrightarrow s^2 - \frac{2}{3} \cdot s + \frac{1}{3} = 0$

$\Leftrightarrow s = \frac{1}{3} \pm \sqrt{\frac{1}{9} - \frac{1}{3}}$, keine Lösung
g ist Passante

b) Setzen Sie die Koordinaten eines allgemeinen Punktes der Geraden in die Kugelgleichung ein und fassen Sie zusammen.

Schnittbedingung:

$$\left(\begin{pmatrix} -3 \\ 4 \\ -10 \end{pmatrix} + s \begin{pmatrix} 2 \\ -1 \\ 4 \end{pmatrix} - \begin{pmatrix} 2 \\ 3 \\ 3 \end{pmatrix} \right)^2 = 27$$

Multiplizieren Sie mithilfe der binomischen Formeln aus und fassen Sie zusammen, um eine quadratische Gleichung in Normalform zu erhalten. Die Gleichung hat zwei Lösungen, g ist also eine Sekante.

$$(-5 + 2s)^2 + (1 - s)^2 + (-13 + 4s)^2 = 27$$
$$21s^2 - 126s + 168 = 0 \qquad | : 21$$
$$s^2 - 6s + 8 = 0 \Leftrightarrow s = 3 \pm \sqrt{9 - 8}$$
Mit $s_1 = 2$ und $s_2 = 4$ ist g eine Sekante.

$$\overrightarrow{OS_1} = \begin{pmatrix} -3 \\ 4 \\ -10 \end{pmatrix} + 2 \begin{pmatrix} 2 \\ -1 \\ 4 \end{pmatrix} = \begin{pmatrix} 1 \\ 2 \\ -2 \end{pmatrix}$$

Setzen Sie die Lösungen in die Parameterform von g ein, um die Schnittpunkte zu erhalten.

$$\overrightarrow{OS_2} = \begin{pmatrix} -3 \\ 4 \\ -10 \end{pmatrix} + 4 \begin{pmatrix} 2 \\ -1 \\ 4 \end{pmatrix} = \begin{pmatrix} 5 \\ 0 \\ 6 \end{pmatrix}$$

Die **Tangente g zu einem gegebenen Kreis in einem Punkt B** des Kreises steht senkrecht auf dem Berührradius $\overline{MB}$ und verläuft durch B.

Beispiel 3   **Tangente an einen Kreis im Berührpunkt**

Ermitteln Sie eine Tangentengleichung an den Kreis K um M(3|−1) im Berührpunkt B(4|1).

Lösung:

Berechnen Sie den Vektor $\overrightarrow{MB}$. Wählen Sie einen Richtungsvektor $\vec{v}$ so, dass er senkrecht auf $\overrightarrow{MB}$ steht, also das Skalarprodukt null ist. Stützvektor ist $\overrightarrow{OB}$.

$$\overrightarrow{MB} = \begin{pmatrix} 4 - 3 \\ 1 - (-1) \end{pmatrix} = \begin{pmatrix} 1 \\ 2 \end{pmatrix} \quad \vec{v} = \begin{pmatrix} 2 \\ -1 \end{pmatrix}$$

$$t: \vec{x} = \begin{pmatrix} 4 \\ 1 \end{pmatrix} + s \begin{pmatrix} 2 \\ -1 \end{pmatrix}, s \in \mathbb{R}$$

Basisaufgaben

 6   Erläutern Sie die Ausgabe eines CAS.

$$\text{solve} \left(\begin{cases} (x-1)\text{^}2+(y)\text{^}2=4 \\ x-y=0 \end{cases} \middle| x, y \right)$$
$$\left\{ \left\{ x = \frac{-\sqrt{7}}{2} + \frac{1}{2}, y = \frac{-\sqrt{7}}{2} + \frac{1}{2} \right\}, \left\{ x = \frac{\sqrt{7}}{2} + \frac{1}{2}, y = \frac{\sqrt{7}}{2} + \frac{1}{2} \right\} \right\}$$

7   Prüfen Sie, ob die Gerade g eine Sekante, Tangente oder Passante des Kreises K ist. Berechnen Sie gegebenenfalls die gemeinsamen Punkte von K und g.

a) K: $(x_1 - 2)^2 + (x_2 - 3)^2 = 17$ g: $\vec{x} = \begin{pmatrix} 5 \\ 3 \end{pmatrix} + s \begin{pmatrix} 1 \\ -1 \end{pmatrix}, s \in \mathbb{R}$

b) K: $x_1{}^2 + (x_2 - 2)^2 = 5$ g: $-\frac{1}{2}x_1 + x_2 = 5$

c) K: $\left(\vec{x} - \begin{pmatrix} -2 \\ 1 \end{pmatrix} \right)^2 = 13$ g: $\vec{x} = \begin{pmatrix} -1 \\ 6 \end{pmatrix} + s \begin{pmatrix} 2 \\ -3 \end{pmatrix}, s \in \mathbb{R}$

Hinweis zu 7b

Bestimmen Sie zu g eine Parametergleichung oder setzen Sie direkt in die Kreisgleichung ein.

8   K sei der Kreis um M(2|3) mit Radius r = $\sqrt{10}$.
    a) Zeigen Sie, dass A(1|1) innerhalb von K liegt und B(5|−1) außerhalb.
    b) Berechnen Sie die Schnittpunkte der Geraden g durch A und B mit dem Kreis K.
    c) Geben Sie eine Gleichung der Tangente an K im Punkt P(5|4) des Kreises an.

9   Die Kugel K hat den Mittelpunkt M(7|−1|2) und verläuft durch B(5|3|3).
    a) Geben Sie eine Gleichung der Kugel an. Die Gerade g_1 verläuft durch B und P(8|−3|12). Berechnen Sie ihren anderen gemeinsamen Punkt mit der Kugel.
    b) Die Gerade g_2 verläuft durch B. Die Kugel K schneidet aus g_2 einen Durchmesser aus. Geben Sie eine Gleichung von g_2 an und den zweiten Schnittpunkt von g_2 und K.
    c) Geben Sie Gleichungen zweier verschiedener Tangenten an K im Punkt B an.

Kugeln und Ebenen

Eine Ebene E schneidet eine Kugel K genau dann, wenn der Abstand d ihres Mittelpunktes M_K zur Ebene kleiner ist als der Radius R der Kugel. Das Schnittgebilde ist dann ein Kreis. Sein Mittelpunkt M ist der Fußpunkt des Lots von M_K auf E. Der Kugelradius R, der Abstand d und der Radius r des **Schnittkreises** bilden ein rechtwinkliges Dreieck, in welchem sich der Schnittkreisradius berechnen lässt: $r = \sqrt{R^2 - d^2}$.

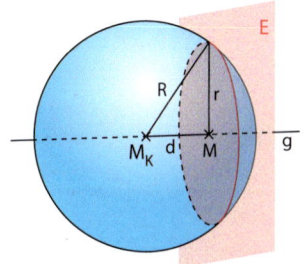

Beispiel 4 **Schnitt von Kugel und Ebene**

Gegeben sind die Kugel K mit $M_K(2\,|\,2\,|\,3)$, R = 2 und die Ebene E: $2x_1 + 4x_2 + 2x_3 = 9$.
a) Zeigen Sie, dass die Ebene E die Kugel K schneidet.
b) Berechnen Sie den Mittelpunkt und den Radius des Schnittkreises.

Lösung:

a) Berechnen Sie mithilfe der Hesse'schen Normalenform den Abstand $d(M_K, E)$ und vergleichen Sie diesen mit dem Radius R = 2.

$$d(M_K, E) = \frac{1}{\sqrt{24}}\left|\begin{pmatrix}2\\2\\3\end{pmatrix}\begin{pmatrix}2\\4\\2\end{pmatrix} - 9\right| = \frac{9}{\sqrt{24}} \approx 1,8$$

$d(M_K, E) < 2 = R$
E schneidet die Kugel.

b) Stellen Sie eine Gleichung der orthogonalen Geraden g zu E durch M_K auf. Berechnen Sie den Schnittpunkt dieser Orthogonalen mit der Ebene E, um den Mittelpunkt des Schnittkreises zu ermitteln.
Berechnen Sie den Radius r mit dem Satz des Pythagoras.

$$g: \vec{x} = \begin{pmatrix}2\\2\\3\end{pmatrix} + t\begin{pmatrix}2\\4\\2\end{pmatrix}, t \in \mathbb{R}$$

Einsetzen in E:
$2(2+2t) + 4(2+4t) + 2(3+2t) = 9 \Leftrightarrow t = -\frac{3}{8}$,
$M(1,25\,|\,0,5\,|\,2,25)$

$$r = \sqrt{R^2 - d^2} = \sqrt{4 - \left(\frac{9}{\sqrt{24}}\right)^2} = \sqrt{\frac{5}{8}} \approx 0,79$$

Haben eine Kugel und eine Ebene E genau einen Punkt B gemeinsam, dann ist E eine **Tangentialebene** der Kugel. Sie steht senkrecht auf dem Berührradius $\overline{MB}$. Damit ist es besonders einfach, eine Normalengleichung für die Tangentialebene anzugeben.
Im Punkt B gibt es unendlich viele Tangenten, sie liegen alle in der Tangentialebene.

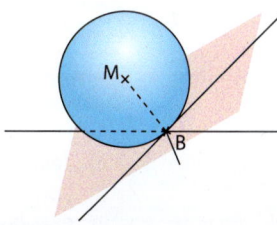

Erinnerung

Ebenengleichung in Normalenform:
$E: (\vec{x} - \vec{p}) \cdot \vec{n} = 0$

Satz **Tangentialebene einer Kugel im Berührpunkt B**

Eine Tangentialebene E an die Kugel K im Punkt B mit dem Normalenvektor $\overrightarrow{MB}$ hat die Gleichung $E: \vec{x} \cdot \overrightarrow{MB} = \overrightarrow{OB} \cdot \overrightarrow{MB}$

Beispiel 5 **Tangentialebene im Berührpunkt**

Die Kugel K hat den Mittelpunkt $M(-2\,|\,1\,|\,-5)$ und verläuft durch $B(1\,|\,-1\,|\,-3)$. Bestimmen Sie die Tangentialebene an K in B.

Lösung:

Berechnen Sie einen Normalenvektor $\overrightarrow{MB}$. Bestimmen Sie mithilfe von $\overrightarrow{MB}$ und B als Punkt der Ebene eine Koordinatengleichung von E.

$$\overrightarrow{MB} = \begin{pmatrix}1+2\\-1-1\\-3+5\end{pmatrix} = \begin{pmatrix}3\\-2\\2\end{pmatrix} \quad \overrightarrow{OB} = \begin{pmatrix}1\\-1\\-3\end{pmatrix}$$

$E: 3x - 2y + 2z = -1$, denn
$$\begin{pmatrix}1\\-1\\-3\end{pmatrix} \cdot \begin{pmatrix}3\\-2\\2\end{pmatrix} = -1$$

Basisaufgaben

10 Prüfen Sie die Lage der Kugel K und der Ebene E. Geben Sie, falls möglich, Mittelpunkt und Radius des Schnittkreises an.

a) $K: (x_1 + 2)^2 + (x_2 - 5)^2 + (x_3 - 1)^2 = 53$ $E: 6x_1 - 4x_2 - x_3 = 73$

b) $K: (x_1 - 3)^2 + (x_2 - 1)^2 + x_3{}^2 = 24$ $E: 2x_1 + x_2 + 4x_3 = 28$

c) $K: (x_1 - 4)^2 + (x_2 - 2)^2 + (x_3 + 4)^2 = 44$ $E: x_1 + x_2 - 3x_3 = 7$

d) K hat den Mittelpunkt $M(5|0|1)$ und den Radius $r = 7$ $E: -3x_1 + 6x_2 - 2x_3 = 32$

11 Geben Sie eine Tangentialebene an die Kugel K im Punkt B der Kugel an.

a) $K: \left(\vec{x} - \begin{pmatrix} 1 \\ 7 \\ -3 \end{pmatrix} \right)^2 = 25$, $B(5|4|-3)$ b) K hat den Mittelpunkt $M(1|-2|-3)$, $B(3|-1|-1)$

Schnitt zweier Kugeln, Schnitt zweier Kreise

Die **Lagebeziehung zweier Kugeln** (Kreise) hängt vom Abstand $\left| \overrightarrow{M_1M_2} \right|$ ihrer Mittelpunkte ab.

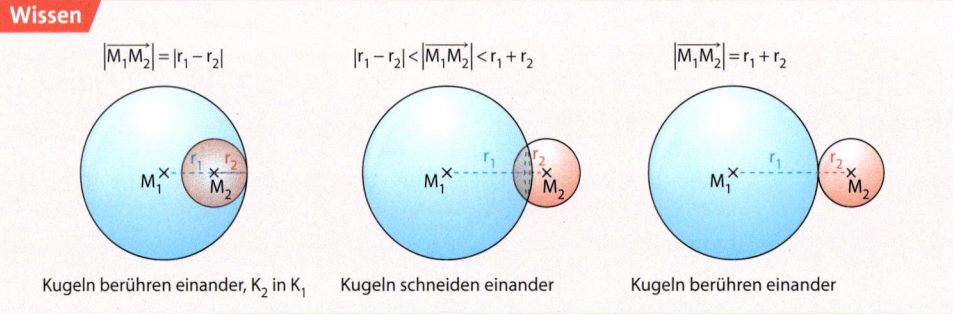

Wissen

$\left| \overrightarrow{M_1M_2} \right| = |r_1 - r_2|$ $|r_1 - r_2| < \left| \overrightarrow{M_1M_2} \right| < r_1 + r_2$ $\left| \overrightarrow{M_1M_2} \right| = r_1 + r_2$

Kugeln berühren einander, K_2 in K_1 Kugeln schneiden einander   Kugeln berühren einander

Zwei Kreise können zwei Schnittpunkte haben. Die Differenz beider Kreisgleichungen liefert eine Gleichung der Geraden, auf welcher die Schnittpunkte liegen.

Beispiel 6   **Schnitt zweier Kreise**

Gegeben sind die Kreise $K_1: (x_1 + 1)^2 + (x_2 + 3)^2 = 13$ und $K_2: (x_1 - 9)^2 + (x_2 + 1)^2 = 65$.

a) Zeigen Sie, dass die Kreise einander schneiden.

b) Ermitteln Sie eine Gleichung der Geraden g, in welcher die Schnittpunkte liegen.

c) Berechnen Sie die Schnittpunkte.

Lösung:

a) Lesen Sie M_1, r_1 und M_2, r_2 aus den Gleichungen ab. Berechnen Sie den Abstand $\left| \overrightarrow{M_1M_2} \right|$ der Mittelpunkte und vergleichen Sie diesen mit $r_1 + r_2$ und $|r_1 - r_2|$.

$M_1(-1|-3)$, $r_1 = \sqrt{13} \approx 3{,}6$
$M_2(9|-1)$, $r_2 = \sqrt{65} \approx 8$
$\left| \overrightarrow{M_1M_2} \right| = \sqrt{(9+1)^2 + (-1+3)^2} \approx 10{,}2$
$|r_1 - r_2| = 4{,}4 < \left| \overrightarrow{M_1M_2} \right| < 11{,}6 = r_1 + r_2$
Die Kreise schneiden einander.

b) Die gemeinsamen Punkte müssen beide Kreisgleichungen erfüllen. Stellen Sie ein Gleichungssystem mit zwei quadratischen Gleichungen auf. Subtrahieren Sie beide Gleichungen. Alle Quadrate fallen weg und Sie erhalten die Koordinatengleichung der Geraden g, in welcher die Schnittpunkte liegen.

$K_1: (x_1 + 1)^2 + (x_2 + 3)^2 = 13$
$K_2: (x_1 - 9)^2 + (x_2 + 1)^2 = 65$
$x_1^2 + 2x_1 + 1 + x_2^2 + 6x_2 + 9 = 13$
$x_1^2 - 18x_1 + 81 + x_2^2 + 2x_2 + 1 = 65$
$\overline{\hspace{2cm}}$
$20x_1 - 80 + 4x_2 + 8 = -52$
$\Leftrightarrow g: 4x_2 = -20x_1 + 20$
$\Leftrightarrow g: x_2 = -5x_1 + 5$

c) Alle Punkte von g haben die Koordinaten $(x_1 \mid -5x_1 + 5)$. Schneiden Sie g mit K_1, indem Sie die Koordinaten in die Gleichung von K_1 einsetzen. Es ergibt sich eine quadratische Gleichung. Ihre Lösungen sind die x_1-Koordinaten der Schnittpunkte. Setzen Sie anschließend jeweils x_1 in die Geradengleichung ein, um die x_2-Koordinate zu erhalten.

Einsetzen von $(x_1 \mid -5x_1 + 5)$ in K_1:
$(x_1 + 1)^2 + (-5x_1 + 5 + 3)^2 = 13 \Leftrightarrow$
$x_1{}^2 + 2x_1 + 1 + 25x_1{}^2 - 80x_1 + 64 = 13 \Leftrightarrow$
$26x_1{}^2 - 78x_1 + 52 = 0 \Leftrightarrow$
$x_1{}^2 - 3x_1 + 2 = 0 \Leftrightarrow x_1 = 1$ oder $x_1 = 2$

$x_2 = -5 \cdot 1 + 5 = 0$ oder $x_2 = -5 \cdot 2 + 5 = -5$
Die Kreise schneiden einander in $S_1(1 \mid 0)$ und $S_2(2 \mid -5)$.

Der Schnitt **zweier Kugeln** ist ein Kreis. Für diesen lassen sich nur sein Mittelpunkt und Radius bestimmen. Seine Lage ist durch die Ebene E (durch ihren Normalenvektor) festgelegt.

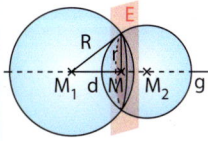

Beispiel 7 | Schnitt zweier Kugeln

Gegeben sind die Kugeln K_1 mit $M_1(2 \mid 2 \mid 3)$, $r_1 = 2$ und K_2 mit $M_2(1 \mid 0 \mid 2)$, $r_2 = 1$.
a) Zeigen Sie, dass die Kugeln einander schneiden.
b) Ermitteln Sie eine Gleichung der Ebene E, in welcher der Schnittkreis liegt.
c) Berechnen Sie den Mittelpunkt und den Radius des Schnittkreises.

Lösung:

a) Berechnen Sie den Abstand $\left| \overrightarrow{M_1 M_2} \right|$ der Mittelpunkte und vergleichen Sie diesen mit $r_1 + r_2$ und $|r_1 - r_2|$.

$\left| \overrightarrow{M_1 M_2} \right| = \sqrt{(1-2)^2 + (0-2)^2 + (2-3)^2}$
$\approx 2{,}5$
$|r_1 - r_2| = 1 < \left| \overrightarrow{M_1 M_2} \right| < 3 = r_1 + r_2$
Die Kugeln schneiden einander.

Hinweis zu b

Jeder Normalenvektor von E ist kollinear zu $\overrightarrow{M_1 M_2}$. Das erlaubt eine Kontrolle der Rechnung.

b) Die gemeinsamen Punkte müssen beide Kugelgleichungen erfüllen. Stellen Sie ein Gleichungssystem mit zwei quadratischen Gleichungen auf. Subtrahieren Sie beide Gleichungen. Sie erhalten die Koordinatengleichung der Ebene E, in welcher der Schnittkreis liegt.

$K_1: (x_1 - 2)^2 + (x_2 - 2)^2 + (x_3 - 3)^2 = 2^2$
$K_2: (x_1 - 1)^2 + x_2{}^2 + (x_3 - 2)^2 = 1^2$
$x_1{}^2 - 4x_1 + x_2{}^2 - 4x_2 + x_3{}^2 - 6x_3 = -13$
$x_1{}^2 - 2x_1 + x_2{}^2 \qquad + x_3{}^2 - 4x_3 = -4$
$\overline{\quad -2x_1 \quad -4x_2 \quad -2x_3 = -9 \quad}$
$\Leftrightarrow E: 2x_1 + 4x_2 + 2x_3 = 9$

c) Berechnen Sie für die Lotgerade g zu E durch M_1 ihren Schnittpunkt mit der Ebene E, um M zu erhalten. Berechnen Sie den Radius r mit $d = \left| \overrightarrow{M_1 M} \right|$ und R mit dem Satz des Pythagoras.

$g: \vec{x} = \begin{pmatrix} 2 \\ 2 \\ 3 \end{pmatrix} + t \begin{pmatrix} 2 \\ 4 \\ 2 \end{pmatrix} \ (t \in \mathbb{R}) \qquad$ Einsetzen in E:
$2(2 + 2t) + 4(2 + 4t) + 2(3 + 2t) = 9 \Leftrightarrow t = -\frac{3}{8}$,
$M(1{,}25 \mid 0{,}5 \mid 2{,}25) \qquad d = \left| \overrightarrow{M_1 M} \right| = \frac{3}{4}\sqrt{6}$
$r = \sqrt{R^2 - d^2} = \sqrt{4 - \left(\frac{3}{4}\sqrt{6} \right)^2} = \sqrt{\frac{5}{8}} \approx 0{,}79$

Basisaufgaben

12 Untersuchen Sie die Lage der Kugeln mit den Mittelpunkten M_1, M_2 und Radien r_1, r_2.
a) $M_1(3 \mid -2 \mid 6)$; $r_1 = 2$ $M_2(0 \mid 2 \mid 6)$; $r_2 = 3$ b) $M_1(1 \mid -7 \mid 8)$; $r_1 = 4$ $M_2(3 \mid -3 \mid 12)$; $r_2 = 3$

13 a) Ermitteln Sie die Schnittpunkte der Kreise.

① $K_1: (x_1 + 1)^2 + (x_2 + 1)^2 = 25$
$K_2: (x_1 - 4)^2 + (x_2 + 3)^2 = 5$

② $K_1: (x_1 - 8)^2 + (x_2 - 6)^2 = 20$
$K_2: (x_1 - 3)^2 + (x_2 + 4)^2 = 45$

b) Berechnen Sie Radius und Mittelpunkt des Schnittkreises der Kugeln.

① $M_1(0 \mid -4 \mid 3)$, $r = \sqrt{68}$
$M_2(3 \mid 2 \mid -6)$, $r = \sqrt{26}$

② $M_1(2 \mid 1 \mid 3)$, $r = \sqrt{50}$
$M_2(6 \mid -7 \mid -1)$, $r = \sqrt{98}$

Weiterführende Aufgaben

14 Der Kreis K_1 hat den Mittelpunkt $M(3|1)$ und verläuft durch $D(5|2)$. Die Gerade g verläuft durch $A(1|5)$ und $C(5|7)$.
   a) Zeigen Sie, dass g eine Passante zu K_1 ist. Ermitteln Sie Gleichungen der beiden Tangenten an K_1, welche zu g parallel sind.
   b) Der Kreis K_2 hat den Mittelpunkt A und den Radius $r = \sqrt{45}$. Berechnen Sie, falls vorhanden, die gemeinsamen Punkte von K_1 und K_2.
   c) Berechnen Sie die Schnittpunkte von K_2 und g.

15 **Stolperstelle:** Oleksii und Irma haben zur Kugel um $M(7|-1|1)$ eine Gleichung einer Tangente im Berührpunkt $B(5|0|2)$ aufgestellt (mit $s \in \mathbb{R}$).

Oleksii: $g\colon \vec{x} = \begin{pmatrix} 5 \\ 0 \\ 2 \end{pmatrix} + s\begin{pmatrix} 0 \\ -1 \\ 1 \end{pmatrix}$ Irma: $g\colon \vec{x} = \begin{pmatrix} 5 \\ 0 \\ 2 \end{pmatrix} + s\begin{pmatrix} 1 \\ 0 \\ 2 \end{pmatrix}$

Begründen Sie, welche der beiden Gleichungen richtig ist.

16 Der abgebildete Turm besteht aus der Kugel
   $K\colon (x_1 - 1)^2 + (x_2 - 3)^2 + (x_3 - 6)^2 = 9$, einem Kegel mit
   Spitze $S(1|3|12)$ und einem Zylinder.
   a) Die Grundfläche des Kegels liegt in der Ebene $E\colon x_3 = 7$.
      Berechnen Sie den Radius dieses Kreises. Zeigen Sie,
      dass $A(3|5|7)$ auf diesem Kreis liegt. Prüfen Sie, ob die
      Gerade g_{SA} eine Tangente an die Kugel K ist.
   b) Der Zylinder steht auf der x_1x_2-Ebene. Sein Grundkreis
      ist so groß wie der des Kegels. Geben Sie die Höhe des
      Zylinders an.
   c) Berechnen Sie den Punkt $S'(1|3|z)$, sodass die $S'A$ eine
      Tangente an K ist.

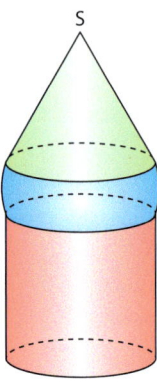

17 Gegeben ist die Kugel $K\colon x_1^2 + (x_2 - 1)^2 + x_3^2 = 36$ und die Gerade $h\colon \vec{x} = \begin{pmatrix} 8 \\ -3 \\ 10 \end{pmatrix} + t\begin{pmatrix} -2 \\ 1 \\ 2 \end{pmatrix}$.
   a) Prüfen Sie die gegenseitige Lage der Kugel K und der Geraden h.
   b) Zeigen Sie, dass die Ebene $E_1\colon 2x_1 + 2x_2 + x_3 = 20$ mit der Kugel K nur den Punkt $B_1(4|5|2)$ gemeinsam hat.
   c) Zeigen Sie, dass die Gerade h in E_1 liegt.
   d) Die Ebene E enthält die Gerade h und den Mittelpunkt M der Kugel. Ermitteln Sie eine Gleichung von E in Koordinatenform. [Zur Kontrolle: $E\colon x_1 + 2x_2 = 2$]
      Geben Sie Mittelpunkt und Radius des Schnittkreises von E und K an.
   e) Der Punkt B_2 entsteht durch Spiegelung von B_1 an E. Berechnen Sie die Koordinaten von B_2.
   f) Zeigen Sie, dass die Tangentialebene an K in B_2 auch die Gerade h enthält.
   g) Es gibt unendlich viele Kugeln, welche die Ebenen E_1 und E_2 berühren. Beschreiben Sie, wo die Mittelpunkte dieser Kugeln liegen. (Skizzieren Sie die Situation in der Ebene.)

18 Gegeben sind die Kugel $K\colon (x_1 - 1)^2 + (x_2 - 1)^2 + (x_3 - 2)^2 = 14$, der Punkt $P(3|2|5)$ und

die Gerade $g\colon \vec{x} = \begin{pmatrix} -5 \\ 5 \\ 0 \end{pmatrix} + s\begin{pmatrix} -3 \\ 2 \\ -1 \end{pmatrix}$, $s \in \mathbb{R}$. S_1 und S_2 seien die Schnittpunkte von g und K.

   a) Prüfen Sie die Lage von P und K.
   b) Berechnen Sie die Punkte S_1 und S_2, in denen die Gerade g die Kugel K schneidet.
   c) Berechnen Sie die Länge der Sehne $\overline{S_1S_2}$. Begründen Sie, dass das Dreieck S_1PS_2 rechtwinklig ist. (Skizzieren Sie die Situation in der Ebene.)

19 Gegeben ist der Kreis K: $(x_1 + 2)^2 + (x_2 + 3)^2 = 200$.

a) Zeigen Sie, dass der Punkt S(28|7) außerhalb von K liegt.

b) Von S aus sollen zwei Tangenten an den Kreis gelegt werden. Zwischen Tangente und Berührradius ist ein rechter Winkel. Deshalb liegen die Berührpunkte B_1 und B_2 auf dem Thaleskreis über $\overline{MS}$.
Ermitteln Sie B_1, B_2 und ihre Tangentengleichungen.

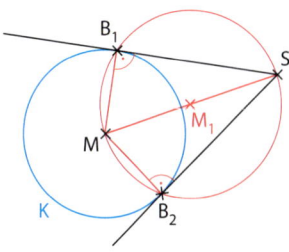

20 Gegeben sind die Kugel K: $(x_1 - 1)^2 + (x_2 + 1)^2 + (x_3 - 2)^2 = 242$ und der Punkt S(19|11|6).

a) Zeigen Sie, dass S außerhalb von K liegt. M_1 sei der Mittelpunkt der Strecke $\overline{MS}$. Geben Sie eine Gleichung der „Thaleskugel" K_1 über $\overline{MS}$ an.

b) Ermitteln Sie die Ebene, in welcher der Schnittkreis von K und K_1 liegt, und dessen Mittelpunkt und Radius.

c) Zeigen Sie, dass $B_1(12|-1|13)$ auf dem Schnittkreis liegt. Prüfen Sie rechnerisch, ob der Punkt S auf der Tangentialebene E_1 zu K in B_1 liegt.

d) Ermitteln Sie die gemeinsamen Punkte von K und der

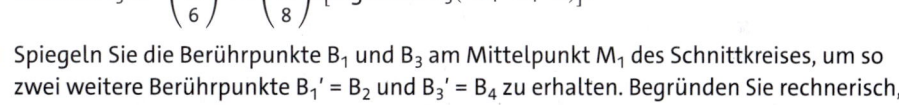

Geraden t_3: $\vec{x} = \begin{pmatrix} 19 \\ 11 \\ 6 \end{pmatrix} + s \begin{pmatrix} 3 \\ 13 \\ 8 \end{pmatrix}$. [Ergebnis: $B_3(16|-2|-2)$].

e) Spiegeln Sie die Berührpunkte B_1 und B_3 am Mittelpunkt M_1 des Schnittkreises, um so zwei weitere Berührpunkte $B_1' = B_2$ und $B_3' = B_4$ zu erhalten. Begründen Sie rechnerisch, dass der Punkt S auf den entsprechenden Tangentialebenen E_2, E_3, E_4 liegt.

f) Die vier Tangentialebenen legen eine vierseitige Pyramide fest, der die Kugel einbeschrieben ist. Die Berührpunkte B_1 bis B_4 sind Seitenmittelpunkte des Grundvierecks. Zeigen Sie, dass das Grundviereck quadratisch ist, und geben Sie seine Seitenlänge an.

21 Global-Positioning-System (GPS):

In dieser Aufgabe wird die Erde als Kugel mit Radius $r_0 = 1$ (1 LE = 6370 km) betrachtet. Der Erdmittelpunkt M_0 sei Ursprung eines Koordinatensystems.
Ein GPS-Gerät wertet Signale von drei Satelliten aus:

Sat1: Position: $M_1(2|3|1)$ Entfernung: $r_1 = 3$

Sat2: Position $M_2(2|2|2)$ Entfernung: $r_2 = 3$

Sat3: Position: $M_3(2,5|3|0,8)$ Entfernung: $r_3 = 3,3$

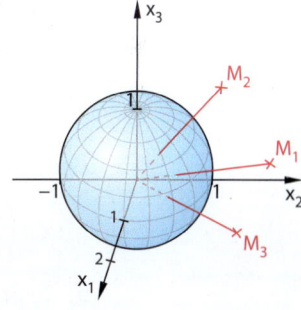

a) Ermitteln Sie die Ebenen E_1, E_2, E_3, auf denen der Schnittkreis der Erdkugel mit den Kugeln um M_1, M_2 bzw. M_3 liegt.

b) Die Position P ist der Schnittpunkt dieser drei Ebenen. Berechnen Sie P.

c) Nach 2 Stunden Fahrt befindet sich das GPS-Gerät im Punkt Q(0,0169|0,9998|0,0107). Nutzen Sie den Winkel zwischen $\overrightarrow{OP}$ und $\overrightarrow{OQ}$, um die Länge des Kreisbogens $\overset{\frown}{PQ}$ auf der Erdkugel in Kilometern zu berechnen.

22 Ausblick: Für die Tangentialebene im Punkt B einer Kugel um M mit Radius r finden Sie in Formelsammlungen die Gleichung $\overrightarrow{MX} \cdot \overrightarrow{MB} = r^2$, wobei X ein beliebiger Punkt der Tangentialebene ist.

a) Leiten Sie diese Gleichung mithilfe der Skizze her.

b) Überprüfen Sie die Gleichung für $M(-3|4|1)$ und $B(1|-1|2)$.

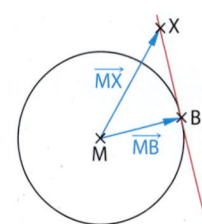

5.6 Klausur- und Abiturtraining

Aufgaben ohne Hilfsmittel

1 Berechnen Sie das Skalarprodukt der Vektoren $\vec{a}$ und $\vec{b}$. Beurteilen Sie damit, ob der Winkel zwischen den Vektoren ein spitzer, ein stumpfer oder ein rechter Winkel ist.

a) $\vec{a} = \begin{pmatrix} 2 \\ 0 \\ -3 \end{pmatrix}$ $\vec{b} = \begin{pmatrix} 3 \\ 4 \\ 1 \end{pmatrix}$ b) $\vec{a} = \begin{pmatrix} 2 \\ 0 \\ -3 \end{pmatrix}$ $\vec{b} = \begin{pmatrix} -3 \\ 4 \\ 1 \end{pmatrix}$ c) $\vec{a} = \begin{pmatrix} 2 \\ 0 \\ -3 \end{pmatrix}$ $\vec{b} = \begin{pmatrix} 3 \\ 4 \\ 2 \end{pmatrix}$

2 Geben Sie zwei Vektoren so an, dass der Winkel zwischen ihnen 45° beträgt.

3 In dieser Aufgabe wird der Flächeninhalt von Dreiecken im Raum berechnet.
   a) Zeigen Sie, dass das Dreieck mit den Eckpunkten $A(1|-2|4)$, $B(5|3|6)$, $C(3|-1|2)$ rechtwinklig ist. Nutzen Sie dies, um seinen Flächeninhalt zu berechnen.
   b) Zeigen Sie, dass das Dreieck mit den Eckpunkten $A(-2|3|6)$, $B(1|9|2)$, $C(4|3|-2)$ gleichschenklig ist. Geben Sie die Koordinaten des Mittelpunktes M der Basis dieses Dreiecks an. Nutzen Sie M, um den Flächeninhalt des Dreiecks zu berechnen.
   c) Das Dreieck mit den Eckpunkten $A(-2|-1|8)$, $B(7|2|-4)$, $C(6|7|3)$ ist weder rechtwinklig noch gleichschenklig. Seine Höhe h_c ist gleich dem Abstand von C zur Geraden g_{AB}. Berechnen Sie h_c und zeigen Sie, dass für den Flächeninhalt des Dreiecks gilt: $A = \frac{21}{2}\sqrt{26}$

4 Gegeben sind die Punkte $A(3|-2|2)$, $B(7|0|1)$ und $C(5|2|-3)$.
   a) Zeigen Sie, dass das Dreieck ABC rechtwinklig ist, und geben Sie einen Punkt D an, sodass das Viereck ABCD ein Rechteck ist.
   b) Ermitteln Sie einen Vektor $\vec{n}$ mit ganzzahligen Koordinaten, welcher auf $\overrightarrow{AB}$ und $\overrightarrow{AD}$ senkrecht steht und einen möglichst kleinen Betrag hat.
   c) Zeigen Sie, dass das Rechteck ABCD einen Flächeninhalt von $6 \cdot \sqrt{14}$ FE hat. Das Rechteck soll die Grundfläche eines Quaders mit der Höhe $h = r \cdot |\vec{n}|$ sein ($r > 0$). Bestimmen Sie r so, dass der Quader ein Volumen von 168 Einheiten hat. Geben Sie die Koordinaten der vier weiteren Eckpunkte des Quaders an.
   d) Begründen Sie, dass es zu c) zwei Lösungen geben muss.

5 Gegeben sind der Punkt $P(5|-6|12)$ sowie die Geraden g_1 und g_2 mit den Gleichungen

$g_1: \vec{x} = \begin{pmatrix} -1 \\ -3 \\ 3 \end{pmatrix} + r \cdot \begin{pmatrix} -2 \\ -4 \\ 5 \end{pmatrix}$ und $g_2: \vec{x} = \begin{pmatrix} -15 \\ -1 \\ 8 \end{pmatrix} + s \cdot \begin{pmatrix} 8 \\ 1 \\ -5 \end{pmatrix}$ (mit $r, s \in \mathbb{R}$).

   a) Zeigen Sie, dass die Geraden einander schneiden, und geben Sie den Schnittpunkt an.
   b) E sei die Ebene, die die Geraden g_1 und g_2 enthält.
      Ermitteln Sie eine Parameter- und eine Normalengleichung von E.
   c) g_3 sei die Gerade, die g_1 und g_2 schneidet und senkrecht zu diesen Geraden verläuft. Geben Sie eine Gleichung von g_3 an.
   d) Berechnen Sie den Abstand des Punktes P zur Ebene E.
   e) Berechnen Sie den Abstand des Punktes P zur Geraden g_1.

6 a) Geben Sie eine Gleichung der Kugel K mit Mittelpunkt $M(1|-1|2)$ an, welche durch $B_1(9|3|3)$ verläuft. Prüfen Sie, ob $A(4|2|1)$ innerhalb von K liegt.
   b) Berechnen Sie die Länge der Sehne, welche K aus der Geraden, die durch $C(1|5|5)$ und $D(-7|7|7)$ verläuft, ausschneidet.
   c) Ermitteln Sie die zu $E: x_1 - 4x_2 + 8x_3 = 50$ parallelen Tangentialebenen an K.

Aufgaben mit Hilfsmitteln

7 Gegeben ist das gleichseitige Dreieck ABC mit den Eckpunkten A(−2|−1|−3), B(4|5|−3) und C(4|−1|3).

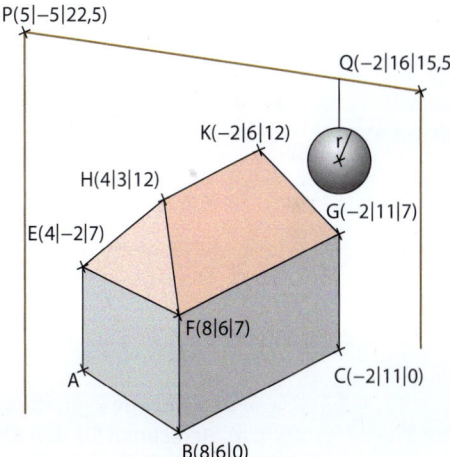

a) Zeigen Sie, dass der Flächeninhalt des Dreiecks $18 \cdot \sqrt{3}$ FE beträgt.

b) Geben Sie die Koordinatengleichung der Ebene E_{ABC} an, in der das Dreieck ABC liegt.

c) Der Punkt S(−2|5|3) wird an der Ebene E_{ABC} gespiegelt. Bestimmen Sie die Koordinaten des Spiegelpunktes S'.

d) Berechnen Sie das Volumen der Pyramide mit Grundfläche ABC und Spitze S.

e) E_{ABC} gehört zur Ebenenschar E_a mit der Gleichung E_a: $x_1 − x_2 − x_3 = a$. Ermitteln Sie, für welche Werte von a die Ebene E_a den Tetraeder ABCS schneidet.

f) Berechnen Sie den Winkel zwischen den Kanten $\overline{CS}$ und $\overline{CB}$ sowie den Winkel zwischen E_{ABC} und der Geraden g_{CS} durch C und S.

g) Zeigen Sie rechnerisch, dass die Gerade g_{CS} windschief zur Geraden g_{AB} durch A und B verläuft.

h) Berechnen Sie den Abstand der beiden windschiefen Geraden g_{CS} und g_{AB}.

8 Ein Haus mit Walmdach steht auf leicht abschüssigem Gelände. Der Boden wird durch die Ebene E: $x_1 + 2x_2 + 10x_3 = 20$ beschrieben. (1 LE entspricht 1 m.)

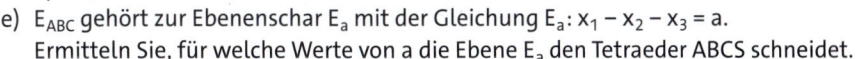

a) Der Punkt A liegt in der Ebene E. Berechnen Sie seine Koordinaten und geben Sie die Länge der Kante $\overline{AE}$ an. Zeigen Sie, dass die Strecke $\overline{AB}$ orthogonal zur Strecke $\overline{BC}$ ist.

b) Berechnen Sie die Winkel, welche die Dachflächen EFH und FGKH mit der x_1x_2-Ebene einschließen.

c) Das Dach soll neu gedeckt werden. Berechnen Sie den Flächeninhalt des Daches.

d) Die Spitzen der Masten, über welche das Drahtseil einer Materialseilbahn gespannt ist, sind die Punkte P(5|−5|22,5) und Q(−2|16|15,5). Berechnen Sie, wie hoch dieses Drahtseil über dem Dachfirst HK verläuft.

e) Für eine Fabrik soll an dem Drahtseil eine Kugel mit Radius r = 3 m zum Transport von Gasen gezogen werden. Die Kugel hängt 3 m unterhalb des Seils (siehe Skizze). Begründen Sie, dass die Kugel zu tief hängt, und berechnen Sie den Punkt S, an dem die Kugel die Dachfläche FGKH berühren würde.

f) Das Seil, an dem die Kugel hängt, lässt sich auf 1,50 m kürzen. Zusätzlich soll der Mast mit der Spitze Q so weit erhöht werden, dass die Kugel in 1,50 m Abstand über dem Dachfirst HK schwebt. Berechnen Sie die Höhe des neuen Mastes.

g) Eine Kugel K mit Radius r = 3 und Mittelpunkt M(4|1|3) in einer Werkstatt soll so angeschnitten werden, dass der Schnitt in der Ebene zu E: $x_2 + x_3 = 6$ verläuft. Geben Sie eine Gleichung für K an und berechnen Sie den Radius des Schnittkreises.

Lösungen
→ S. 471/472

1 Ermitteln Sie den Schnittpunkt und den Schnittwinkel der Geraden

$$g: \vec{x} = \begin{pmatrix} -1 \\ 0 \\ -1 \end{pmatrix} + r\begin{pmatrix} 3 \\ 1 \\ -2 \end{pmatrix} \text{ und } h: \vec{x} = \begin{pmatrix} 2 \\ 1 \\ -3 \end{pmatrix} + t\begin{pmatrix} 1 \\ 1 \\ 1 \end{pmatrix} \text{ (mit } r, t \in \mathbb{R}).$$

2 Untersuchen Sie, ob das Dreieck ABC einen rechten Innenwinkel hat, und berechnen Sie die Größe aller Innenwinkel.
a) $A(3|4|1); B(7|4|3); C(1|5|15)$
b) $A(1|2|4); B(2|-3|1); C(5|6|4)$

3 Berechnen Sie den Winkel zwischen der Geraden g und der Ebene E (mit r, s, t ∈ ℝ).

a) $E: x_1 + x_2 + x_3 = 1$
$g: \vec{x} = \begin{pmatrix} 1 \\ 0 \\ 0 \end{pmatrix} + t\begin{pmatrix} 1 \\ 1 \\ 1 \end{pmatrix}$

b) $E: \begin{pmatrix} 2 \\ 0 \\ 0 \end{pmatrix} \cdot \vec{x} = \begin{pmatrix} -1 \\ 2 \\ -1 \end{pmatrix} \cdot \begin{pmatrix} 2 \\ 2 \\ 2 \end{pmatrix}$
$g: \vec{x} = \begin{pmatrix} 3 \\ -2 \\ 4 \end{pmatrix} + t\begin{pmatrix} 0 \\ 1 \\ 0 \end{pmatrix}$

c) $E: \vec{x} = \begin{pmatrix} 1 \\ 0 \\ 2 \end{pmatrix} + r\begin{pmatrix} 1 \\ 2 \\ 0 \end{pmatrix} + s\begin{pmatrix} 0 \\ 1 \\ 2 \end{pmatrix}$
$g: \vec{x} = \begin{pmatrix} 1 \\ 3 \\ 1 \end{pmatrix} + t\begin{pmatrix} -2 \\ -2 \\ 2 \end{pmatrix}$

4 Berechnen Sie den Winkel zwischen den Ebenen E_1 und E_2 (mit r, s, k, l ∈ ℝ).
a) $E_1: x_1 + 2x_2 + x_3 = 3$
$E_2: x_1 + x_2 = 0$

b) $E_1: \vec{x} = \begin{pmatrix} 1 \\ 2 \\ 4 \end{pmatrix} + r\begin{pmatrix} 2 \\ 0 \\ 1 \end{pmatrix} + s\begin{pmatrix} 4 \\ -1 \\ 5 \end{pmatrix}$
$E_2: \vec{x} \cdot \begin{pmatrix} 6 \\ -3 \\ 4 \end{pmatrix} = 5$

c) $E_1: \vec{x} = \begin{pmatrix} 0 \\ 2 \\ -1 \end{pmatrix} + r\begin{pmatrix} 2 \\ 1 \\ 3 \end{pmatrix} + s\begin{pmatrix} 5 \\ 2 \\ 1 \end{pmatrix}$
$E_2: \vec{x} = \begin{pmatrix} 1 \\ 0 \\ 0 \end{pmatrix} + k\begin{pmatrix} 3 \\ 3 \\ 1 \end{pmatrix} + l\begin{pmatrix} -2 \\ 1 \\ 2 \end{pmatrix}$

5 Bestimmen Sie den Abstand des Punktes A von der Ebene E.
a) $E: x_1 + x_2 = 1$
$A(1|1|1)$

b) $E: \vec{x} \cdot \begin{pmatrix} 2 \\ 1 \\ -3 \end{pmatrix} = 5$
$A(1|-1|2)$

c) $E: \vec{x} = \begin{pmatrix} -3 \\ 2 \\ -1 \end{pmatrix} + r\begin{pmatrix} 1 \\ 0 \\ 0 \end{pmatrix} + s\begin{pmatrix} 0 \\ -1 \\ 0 \end{pmatrix}, r, s \in \mathbb{R}$
$A(2|1|-1)$

d) $E: 4x - 2z = 2$
A in $F: 2x - z = 0$ mit minimalem Abstand

 6 Für die Ebene E gilt die Gleichung $2x_1 + x_2 - 2x_3 = 12$.
a) Berechnen Sie den Abstand der Ebene E vom Ursprung.
b) Bestimmen Sie die beiden parallelen Ebenen, die zu E einen Abstand von 5 haben.

7 Berechnen Sie den Abstand des Punktes A zur Geraden g, und geben Sie den Lotfußpunkt von A auf g (mit t ∈ ℝ) an.

a) $A(1|0|-1)$
$g: \vec{x} = \begin{pmatrix} 1 \\ 1 \\ 3 \end{pmatrix} + t\begin{pmatrix} 0 \\ 1 \\ 0 \end{pmatrix}$
b) $A(5|4|1)$
$g: \vec{x} = \begin{pmatrix} 3 \\ 5 \\ -1 \end{pmatrix} + t\begin{pmatrix} 2 \\ -1 \\ -4 \end{pmatrix}$

8 Berechnen Sie den Abstand der windschiefen Geraden g und h (mit s, t ∈ ℝ).

① $g: \vec{x} = \begin{pmatrix} 1 \\ 2 \\ 3 \end{pmatrix} + s\begin{pmatrix} 4 \\ -4 \\ -1 \end{pmatrix}$

$h: \vec{x} = \begin{pmatrix} -1 \\ 3 \\ 1 \end{pmatrix} + t\begin{pmatrix} 3 \\ -1 \\ 0 \end{pmatrix}$

② $g: \vec{x} = \begin{pmatrix} -8 \\ 2 \\ 3 \end{pmatrix} + s\begin{pmatrix} 13 \\ -4 \\ -1 \end{pmatrix}$

$h: \vec{x} = \begin{pmatrix} 4 \\ 3 \\ 5 \end{pmatrix} + t\begin{pmatrix} 1 \\ 5 \\ 4 \end{pmatrix}$

Lösungen
→ S. 472–474

9 Gegeben ist ein Würfel ABCDEFGH der Kantenlänge 6. Der Punkt I ist Mittelpunkt der Kante $\overline{FG}$.
Der Punkt J ist Mittelpunkt der Kante $\overline{EH}$.

a) Berechnen Sie das Volumen der Pyramide ACDJ.

b) Ermitteln Sie die Innenwinkel des Dreiecks ACJ.

c) Berechnen Sie den Abstand des Punktes I von der Geraden g_{AC} durch A und C. Geben Sie die Koordinaten des Lotfußpunktes von I auf g_{AC} an.

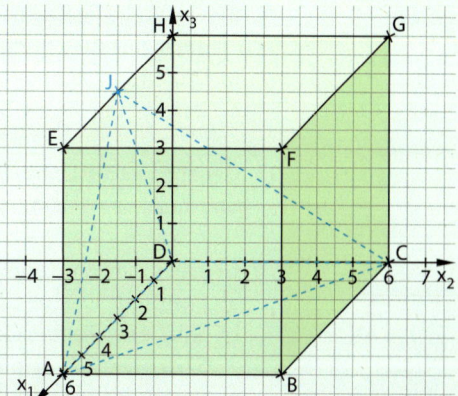

10 Prüfen Sie, um welches besondere Viereck es sich bei ABCD handelt. Berechnen Sie seinen Flächeninhalt. Das Viereck hat die Eckpunkte $A(1|-8|-4)$, $B(5|0|4)$,

a) $C(13|-8|8)$, $D(9|-16|0)$.　　b) $C(9|-6|8)$, $D(5|-14|0)$.　　c) $C(5|0|16)$, $D(1|-8|8)$.

11 Gegeben sind die Ebenen $E_1: x_1 + 2x_2 + 2x_3 = 23$ und $E_2: x_3 = 4$.

a) Bestimmen Sie $z > 0$, sodass $P_z(0|0|z)$ von E_1 und E_2 den gleichen Abstand hat.

b) Zeigen Sie, dass $E_3: x_1 + 2x_2 + 5x_3 = 35$ den in a) errechneten Punkt P und die Schnittgerade von E_1 und E_2 enthält.

c) Geben Sie an, welche Eigenschaft E_3 demnach bezüglich E_1 und E_2 hat.

d) Berechnen Sie den Winkel zwischen E_1 und E_3 und den Winkel zwischen E_2 und E_3.

12 Zwei Flugzeuge bewegen sich geradlinig vom Flughafen weg bzw. zum Flughafen hin. Ihre Bahnen lassen sich durch die Geraden g und h beschreiben (Angaben in km). Die Parameter s und t beschreiben die Zeit. Die x_1x_2-Ebene beschreibt die Erdoberfläche.

Flugzeug ①

$g: \vec{x} = \begin{pmatrix} 4 \\ 3 \\ 5 \end{pmatrix} + s \begin{pmatrix} 2 \\ 2 \\ -1 \end{pmatrix}$

Flugzeug ②

$h: \vec{x} = \begin{pmatrix} 3 \\ 5 \\ 1 \end{pmatrix} + t \begin{pmatrix} 2 \\ 2 \\ 1 \end{pmatrix}$

a) Begründen Sie, welches Flugzeug startet und welches landet.

b) Ermitteln Sie für beide Flugzeuge die Koordinaten des Start- bzw. Landepunktes.

c) Berechnen Sie für beide Flugzeuge den Winkel, in dem es startet bzw. landet.

d) Bestimmen Sie den minimalen Abstand der beiden Flugbahnen.

e) Berechnen Sie den minimalen Abstand der beiden Flugzeuge.

13 Auf eine Pyramide mit den Eckpunkten $A(6|1|1)$, $B(6|5|1)$, $C(2|5|1)$, $D(2|1|1)$ und $S(4|3|6)$ fällt parallel zum Vektor

$\vec{v} = \begin{pmatrix} -3 \\ 2 \\ -1 \end{pmatrix}$ Sonnenlicht.

Das Schattenbild der Pyramide in der x_2x_3-Ebene soll bestimmt werden.

a) Berechnen Sie die Eckpunkte des Schattens in der x_2x_3-Ebene.

b) Zeigen Sie, dass der Schatten kein Drachenviereck ist.

c) Berechnen Sie den Winkel zwischen den Kanten $\overline{DS}$ und $\overline{BS}$.

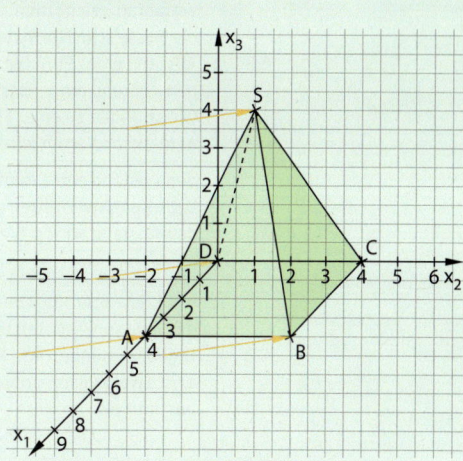

Lösungen
→ S. 474

14 a) Ermitteln Sie Radius und Mittelpunkt der Kugel zu K: $\left(\vec{x} - \begin{pmatrix} 1 \\ -1,5 \\ 3 \end{pmatrix} \right)^2 = 6{,}25$. Geben Sie auch eine Gleichung in Koordinatenform an.

b) Prüfen Sie, ob der Punkt $Q(4 \mid 0{,}5 \mid 1)$ auf der Kugel liegt.

c) Bestimmen Sie die Tangentialebene an K im Berührpunkt $B(3 \mid 1 \mid 2)$.

15 Gegeben ist die Ebene E: $-3x_1 + 4x_2 + x_3 = 1$ sowie eine Kugel mit Mittelpunkt $M(1 \mid 7 \mid 2)$ und Radius $r = 5$. Untersuchen Sie rechnerisch, ob die Kugel die Ebene schneidet.

16 Gegeben sind die Kugeln $K_1: x_1^2 + x_2^2 + x_3^2 = 16$ und $K_2: x_1^2 + (x_2 - 4)^2 + x_3^2 = 4$.

a) Ermitteln Sie eine Gleichung der Ebene E, die den Schnittkreis von K_1 und K_2 enthält.

b) Skizzieren Sie den Querschnitt der $x_1 x_2$-Ebene durch beide Kugeln. Markieren Sie in der Skizze den Schnittpunkt S von E mit der Geraden durch M_1 und M_2.

c) Berechnen Sie Mittelpunkt und Radius des Schnittkreises.

d) Lösen Sie a) und c) für $K_1: (x_1 - 2)^2 + (x_2 + 3)^2 + (x_3 + 1)^2 = 16$ und $K_2: (x_1 - 3)^2 + (x_2 - 2)^2 + (x_3 - 1)^2 = 4$.

Wo stehe ich?

	Ich kann...	Aufgabe	Nachschlagen
5.1	... den Winkel zwischen zwei Vektoren bzw. zwei Geraden ermitteln.	1, 2, 9, 13	S. 237 Beispiel 1 S. 238 Beispiel 2
5.2	... den Winkel zwischen einer Ebene und einer Geraden berechnen. ... den Winkel zwischen zwei Ebenen berechnen.	3, 4, 11, 12	S. 242 Beispiel 1 S. 243 Beispiel 2
5.3	... den Abstand eines Punktes zu einer Ebene mit dem Lotfußpunktverfahren bestimmen. ... die Hesse'sche Normalenform einer Ebene aufstellen und damit den Abstand eines Punktes zur Ebene ermitteln. ... den Abstand einer Ebene zum Koordinatenursprung berechnen. ... Gleichungen zu einer Ebene paralleler Ebenen in einem vorgegebenen Abstand ermitteln.	5, 6, 11	S. 246 Beispiel 1 S. 248 Beispiel 2 S. 248 Beispiel 3
5.4	... den Abstand eines Punktes zu einer Geraden im Raum mit dem Lotfußpunktverfahren berechnen. ... den Abstand windschiefer Geraden bestimmen.	7, 8, 9, 10, 12	S. 252 Beispiel 1 S. 254 Beispiel 2
5.5	... mit Kreis- bzw. Kugelgleichung Mittelpunkt und Radius angeben. ... die Lage von Punkten bezüglich des Kreises bzw. der Kugel ermitteln. ... Lagebeziehungen von Kugel und Ebene sowie von zwei Kugeln bzw. zwei Kreisen untersuchen und gegebenenfalls den Schnitt bestimmen.	14, 15, 16	S. 258 Beispiel 1 S. 259 Beispiel 2 S. 260 Beispiel 3 S. 261 Beispiel 4 S. 261 Beispiel 5 S. 262 Beispiel 6 S. 263 Beispiel 7

Winkel
Vektor – Vektor
und
Gerade – Gerade

Für den **Winkel α zwischen zwei Vektoren** $\vec{a} \neq \vec{0}$ und $\vec{b} \neq \vec{0}$ und für den **Winkel γ** zwischen zwei einander schneidenden Geraden gilt:

$$\cos(\alpha) = \frac{\vec{a} \cdot \vec{b}}{|\vec{a}| \cdot |\vec{b}|} \qquad \cos(\gamma) = \frac{|\vec{u} \cdot \vec{v}|}{|\vec{u}| \cdot |\vec{v}|}$$

$\vec{u}, \vec{v}$ sind Richtungsvektoren der Geraden.

$$g: \vec{x} = \begin{pmatrix} -7 \\ 1 \\ 0 \end{pmatrix} + r \begin{pmatrix} 5 \\ -1 \\ 2 \end{pmatrix}; \quad h: \vec{x} = \begin{pmatrix} 3 \\ -1 \\ 4 \end{pmatrix} + r \begin{pmatrix} -3 \\ -2 \\ 1 \end{pmatrix}$$

$$\cos(\gamma) = \frac{\left| \begin{pmatrix} 5 \\ -1 \\ 2 \end{pmatrix} \cdot \begin{pmatrix} -3 \\ -2 \\ 1 \end{pmatrix} \right|}{\sqrt{30} \cdot \sqrt{14}} \approx 0{,}537$$

$\gamma \approx \arccos(0{,}537) \approx 57{,}5°$

Winkel
Gerade – Ebene
und
Ebene – Ebene

Für den **Winkel α zwischen einer Geraden g und einer Ebene E** und für den **Winkel γ** zwischen zwei Ebenen E_1 und E_2 gilt:

$$\sin(\alpha) = \frac{|\vec{n} \cdot \vec{u}|}{|\vec{n}| \cdot |\vec{u}|} \qquad \cos(\gamma) = \frac{|\vec{n_1} \cdot \vec{n_2}|}{|\vec{n_1}| \cdot |\vec{n_2}|}$$

$\vec{n}, \vec{n_1}, \vec{n_2}$ sind Normalenvektoren von E, E_1, E_2.
$\vec{u}$ ist ein Richtungsvektor von g.

$$E_1: x_1 - 2x_2 + x_3 = 5; \quad E_2: \vec{x} \cdot \begin{pmatrix} 3 \\ 4 \\ 2 \end{pmatrix} = 5$$

γ ist der Schnittwinkel zwischen E_1 und E_2.

$$\cos(\gamma) = \frac{|1 \cdot 3 - 2 \cdot 4 + 1 \cdot 2|}{\sqrt{6} \cdot \sqrt{29}} \approx 0{,}227$$

$\gamma \approx \arccos(0{,}227) \approx 76{,}9°$

Abstand
Punkt – Ebene

Für den **Abstand eines Punktes A zur Ebene E** gilt:

$$d(A, E) = \frac{1}{|\vec{n}|} \left| \vec{n} \cdot \overrightarrow{OA} - \vec{n} \cdot \overrightarrow{OP} \right|$$

P ist ein Punkt auf E.
$\vec{n}$ ist ein Normalenvektor von E.

Die Gleichung $\frac{1}{|\vec{n}|} (\vec{n} \cdot \vec{x} - \vec{n} \cdot \overrightarrow{OP}) = 0$ heißt **Hesse'sche Normalenform** der Ebene E.

$A(9 \mid -3 \mid 2); \quad E: 3x_1 + x_2 - 2x_3 = 12$

$$d(A, E) = \frac{1}{\sqrt{14}} \left| \begin{pmatrix} 3 \\ 1 \\ -2 \end{pmatrix} \cdot \begin{pmatrix} 9 \\ -3 \\ 2 \end{pmatrix} - 12 \right| = \frac{8}{\sqrt{14}} \approx 2{,}14$$

Hesse'sche Normalenform:

$$\frac{1}{\sqrt{14}} \left[\begin{pmatrix} 3 \\ 1 \\ -2 \end{pmatrix} \cdot \vec{x} - 12 \right] = 0$$

Abstand
Punkt – Gerade

Der **Abstand eines Punktes A zu einer Geraden g** ist der kürzeste Abstand von A zu einem Punkt auf g. Dieser Abstand entspricht der Länge des Lotvektors von A auf g.

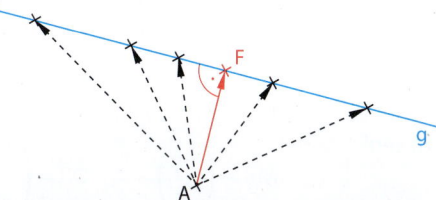

$A(-17 \mid -17 \mid 2); \quad g: \vec{x} = \begin{pmatrix} -4 \\ 3 \\ 8 \end{pmatrix} + t \begin{pmatrix} 9 \\ 2 \\ -6 \end{pmatrix}$

$$\overrightarrow{AX_t} = \begin{pmatrix} -4 + 9t - (-17) \\ 3 + 2t - (-17) \\ 8 - 6t - 2 \end{pmatrix} = \begin{pmatrix} 13 + 9t \\ 20 + 2t \\ 6 - 6t \end{pmatrix}$$

$$\begin{pmatrix} 13 + 9t \\ 20 + 2t \\ 6 - 6t \end{pmatrix} \cdot \begin{pmatrix} 9 \\ 2 \\ -6 \end{pmatrix} = 0 \text{ ergibt } t = -1$$

$$d(A, g) = \left| \overrightarrow{AX_{-1}} \right| = \left| \begin{pmatrix} 4 \\ 18 \\ 12 \end{pmatrix} \right| = 22$$

Abstand
windschiefer
Geraden

Abstand zweier windschiefer Geraden g_1 und g_2: kürzester Abstand zwischen zwei Punkten: auf g_1 bzw. auf g_2; er entspricht dem Abstand zwischen g_2 und der Ebene E, die parallel zu g_2 verläuft und g_1 enthält.

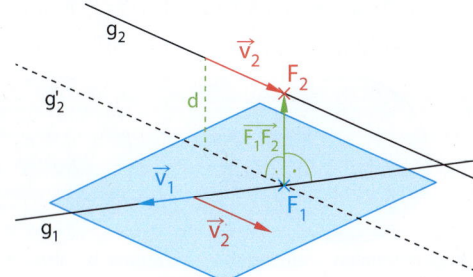

$$g_1: \vec{x} = \begin{pmatrix} 29 \\ -9 \\ -5 \end{pmatrix} + r \begin{pmatrix} -1 \\ 0 \\ 4 \end{pmatrix}; \quad g_2: \vec{x} = \begin{pmatrix} -2 \\ -7 \\ 9 \end{pmatrix} + s \begin{pmatrix} 2 \\ 3 \\ -4 \end{pmatrix}$$

Ebene E durch g_1 parallel zu g_2 bestimmen:

$$\vec{n} = \begin{pmatrix} -1 \\ 0 \\ 4 \end{pmatrix} \times \begin{pmatrix} 2 \\ 3 \\ -4 \end{pmatrix} = \begin{pmatrix} 0 - 12 \\ 8 - 4 \\ -3 - 0 \end{pmatrix} = \begin{pmatrix} -12 \\ 4 \\ -3 \end{pmatrix}$$

HNF von E: $\frac{1}{13} \left[\begin{pmatrix} -12 \\ 4 \\ -3 \end{pmatrix} \cdot \vec{x} - \begin{pmatrix} -12 \\ 4 \\ -3 \end{pmatrix} \cdot \begin{pmatrix} 29 \\ -9 \\ -5 \end{pmatrix} \right] = 0$

Ortsvektor von g_2 einsetzen:

$d(g_1, g_2) = d(E, g_2)$

$$= \frac{1}{13} \left| \begin{pmatrix} -12 \\ 4 \\ -3 \end{pmatrix} \cdot \begin{pmatrix} -2 \\ -7 \\ 9 \end{pmatrix} + 369 \right| = \frac{338}{13} = 26$$

Kreis- und Kugelgleichungen	**Kreis** im $\mathbb{R}^2$ mit dem Mittelpunkt $M(m_1 \mid m_2)$ und dem Radius r: $(x_1 - m_1)^2 + (x_2 - m_2)^2 = r^2$	Kreis um den Ursprung mit dem Radius r = 3: $x_1^2 + x_2^2 = 9$ bzw. $(\vec{x})^2 = 9$

Kreis- und Kugelgleichungen

Kreis im $\mathbb{R}^2$ mit dem Mittelpunkt $M(m_1 \mid m_2)$ und dem Radius r:
$$(x_1 - m_1)^2 + (x_2 - m_2)^2 = r^2$$

Im Raum wird eine **Kugel** mit dem Mittelpunkt $M(m_1 \mid m_2 \mid m_3)$ und dem Radius r beschrieben durch die Gleichung:
$$(x_1 - m_1)^2 + (x_1 - m_2)^2 + (x_1 - m_3)^2 = r^2$$

Mithilfe des Skalarprodukts lassen sich Kreis- und Kugelgleichung vektoriell schreiben:
$$\left(\vec{x} - \overrightarrow{OM}\right)^2 = r^2$$

Kreis um den Ursprung mit dem Radius r = 3:
$$x_1^2 + x_2^2 = 9 \quad\quad \text{bzw.} \quad\quad (\vec{x})^2 = 9$$

Kugel um $M(-1 \mid 3 \mid 5)$ mit dem Radius r = 7:
$$(x_1 + 1)^2 + (x_2 - 3)^2 + (x_3 - 5)^2 = 49 \text{ bzw.}$$
$$\left(\vec{x} - \begin{pmatrix} -1 \\ 3 \\ 5 \end{pmatrix}\right)^2 = 49$$

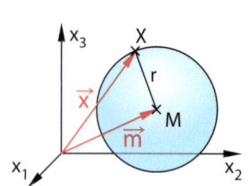

Lagebeziehungen von Kugel bzw. Kreis und Gerade

Ist d der Abstand einer Geraden zum Mittelpunkt eines Kreises in der Ebene bzw. einer Kugel im Raum, so ist bei d < r die Gerade eine **Sekante**, bei d = r eine **Tangente** und bei d > r eine **Passante**.

Zur Bestimmung der Schnittpunkte werden die Koordinaten der Geradengleichung in die Kreis- bzw. Kugelgleichung eingesetzt.

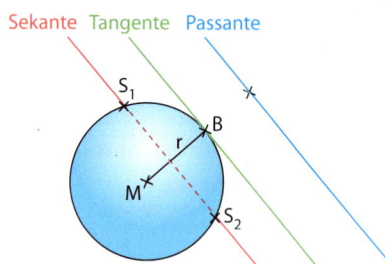

Schnittkreis von Kugel und Ebene

Eine Ebene E schneidet eine Kugel K genau dann, wenn der Abstand d ihres Mittelpunktes M_1 zur Ebene kleiner ist als der Radius R der Kugel: $d(M_1, E) < R$

Der Mittelpunkt M des Schnittkreises ist der Lotfußpunkt von M_1 auf E.

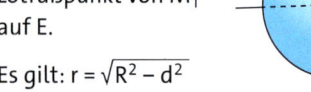

Es gilt: $r = \sqrt{R^2 - d^2}$

$$K: \left(\vec{x} - \begin{pmatrix} 2 \\ 2 \\ 3 \end{pmatrix}\right)^2 = 4 \quad\quad E: 2x_1 + 4x_2 + 2x_3 = 9$$

$$d(M_1, E) = \frac{1}{\sqrt{24}} \left| \begin{pmatrix} 2 \\ 2 \\ 3 \end{pmatrix} \begin{pmatrix} 2 \\ 4 \\ 2 \end{pmatrix} - 9 \right| = \frac{9}{\sqrt{24}} \approx 1,8$$

$d(M_1, E) < 2 = R \Rightarrow E$ schneidet die Kugel

Mit dem Lotfußpunktverfahren erhält man den Mittelpunkt $M(1,25 \mid 0,5 \mid 2,25)$ des Schnittkreises.

Tangentialebene einer Kugel

Haben eine Kugel K und eine Ebene E genau einen Punkt B gemeinsam, dann ist E eine **Tangentialebene** der Kugel. Sie steht senkrecht auf dem Berührradius $\overrightarrow{MB}$.

Eine Tangentialebene E an die Kugel K im Punkt B hat den Normalenvektor $\overrightarrow{MB}$ und die Gleichung $E: x \cdot \overrightarrow{MB} = \overrightarrow{OB} \cdot \overrightarrow{MB}$

Gegeben ist die Kugel K mit dem Mittelpunkt $M(-2 \mid 1 \mid -5)$ durch $B(1 \mid -1 \mid -3)$.

$$\overrightarrow{MB} = \begin{pmatrix} 3 \\ -2 \\ 2 \end{pmatrix} \quad\quad \overrightarrow{OB} = \begin{pmatrix} 1 \\ -1 \\ -3 \end{pmatrix}$$

Tangentialebene an K im Berührpunkt B:

$$E: \vec{x} \cdot \begin{pmatrix} 3 \\ -2 \\ 2 \end{pmatrix} = \begin{pmatrix} 1 \\ -1 \\ -3 \end{pmatrix} \cdot \begin{pmatrix} 3 \\ -2 \\ 2 \end{pmatrix} = -1$$

Lagebeziehungen zweier Kugeln bzw. Kreise

Die Lagebeziehung zweier Kugeln (Kreise) hängt vom Abstand $\left|\overrightarrow{M_1 M_2}\right|$ ihrer Mittelpunkte ab.

$\left|\overrightarrow{M_1 M_2}\right| = |r_1 - r_2|$ $|r_1 - r_2| < \left|\overrightarrow{M_1 M_2}\right| < r_1 + r_2$ $\left|\overrightarrow{M_1 M_2}\right| = r_1 + r_2$

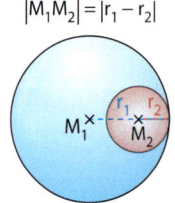

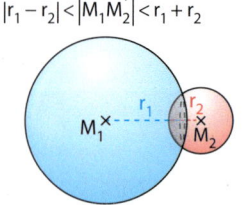

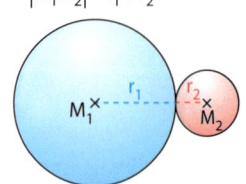

Kugeln berühren einander, K_2 in K_1 Kugeln schneiden einander   Kugeln berühren einander

6

Wahrscheinlichkeits-rechnung

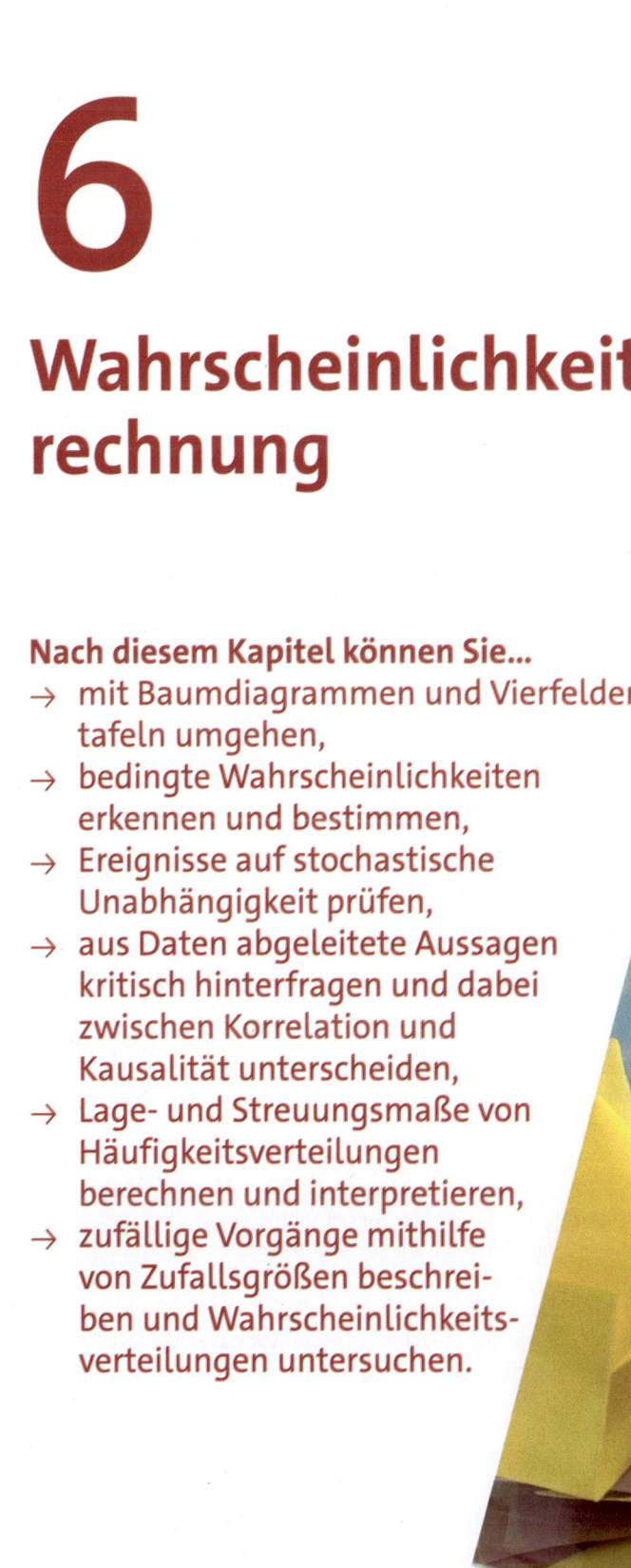

Nach diesem Kapitel können Sie...
- → mit Baumdiagrammen und Vierfelder-tafeln umgehen,
- → bedingte Wahrscheinlichkeiten erkennen und bestimmen,
- → Ereignisse auf stochastische Unabhängigkeit prüfen,
- → aus Daten abgeleitete Aussagen kritisch hinterfragen und dabei zwischen Korrelation und Kausalität unterscheiden,
- → Lage- und Streuungsmaße von Häufigkeitsverteilungen berechnen und interpretieren,
- → zufällige Vorgänge mithilfe von Zufallsgrößen beschrei-ben und Wahrscheinlichkeits-verteilungen untersuchen.

Lösungen
→ S. 474/475

Erinnerung

Einen möglichen Ausgang eines Zufallsexperiments nennt man Ergebnis.

Einstufige Zufallsexperimente

1 Geben Sie alle möglichen Ausgänge des Zufallsexperiments an.
a) einmaliges Drehen eines Glücksrads mit den ersten sechs Primzahlen
b) gleichzeitiges Werfen einer 10-Cent-Münze und einer Ein-Euro-Münze
c) Test der vier Triebwerke eines Flugzeugs auf fehlerfreies Funktionieren

2 Geben Sie zur angegebenen Ergebnismenge ein geeignetes Zufallsexperiment an.
a) {Kreuz; Pik; Herz; Karo} b) {1; 2; 3; 4; 5; 6; 7; 8}
c) {rot; gelb; grün; weiß; blau; schwarz} d) {2; 3; 4; 5; 6; 7; 8; 9; 10; 11; 12}

3 Überprüfen Sie, ob es sich um ein Laplace-Experiment handelt. Wenn ja, ermitteln Sie die Wahrscheinlichkeit für das angegebene Ereignis E.
a) Ein Glücksrad mit 9 gleich großen Sektoren, die mit den Zahlen 1 bis 9 bezeichnet sind, wird gedreht. E: Eine gerade Zahl wird gedreht.
b) Aus dem Wort ABITUR wird zufällig ein Buchstabe ausgewählt. E: Der Buchstabe T wird gewählt.
c) Ein Elfmeter wird geschossen. E: Der Schuss wird gehalten.

4 Die Tabelle zeigt die Wahrscheinlichkeiten beim Drehen eines Glücksrads mit den Sektoren 1 bis 5.

Sektor X	1	2	3	4	5
P(X)	$\frac{1}{5}$	$\frac{1}{4}$	$\frac{1}{3}$	$\frac{1}{6}$	

a) Vervollständigen Sie die Tabelle und zeichnen Sie das Glücksrad.
b) Ermitteln Sie die Wahrscheinlichkeit für das Ereignis
E: Eine ungerade Zahl wird gedreht.
Geben Sie die Ergebnisse zum Gegenereignis $\overline{E}$ und die Wahrscheinlichkeit $P(\overline{E})$ an.

Mehrstufige Zufallsexperimente

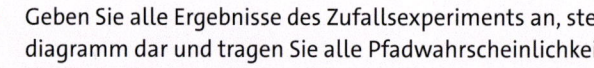

5 Geben Sie alle Ergebnisse des Zufallsexperiments an, stellen Sie diese in einem Baumdiagramm dar und tragen Sie alle Pfadwahrscheinlichkeiten ein.
a) zweimaliges Werfen einer Münze
b) zweimaliges Würfeln mit einem „Ich-du-wir-Würfel"

Gegenüberliegende Seiten sind gleich beschriftet.

6 Ein Rubbellos enthält 6 Felder. Hinter zwei Feldern verbirgt sich „GEWINN" und hinter vier Feldern „NIETE". Es werden zufällig zwei Felder freigerubbelt. Ein Los, bei dem zweimal GEWINN erscheint, gewinnt. Erstellen Sie dazu ein Baumdiagramm und tragen Sie alle Pfadwahrscheinlichkeiten ein.

Hinweis

Unter „Würfel" ist im Folgenden, wenn nicht anders angegeben, immer ein idealer Hexaederwürfel zu verstehen.

7 Ein Spielwürfel wird dreimal geworfen. Berechnen Sie die Wahrscheinlichkeit, dass
a) genau zweimal eine 6 gewürfelt wird,
b) keine 6 gewürfelt wird,
c) mindestens zweimal eine 6 gewürfelt wird,
d) mindestens einmal eine 6 gewürfelt wird,
e) höchstens zweimal eine 6 gewürfelt wird.

8 In einer Klasse sind 14 Mädchen (M) und 12 Jungen (J). 10 Jungen und 9 Mädchen dieser Klasse haben als 2. Fremdsprache Französisch.
Ein Mitglied der Klasse soll zufällig ausgewählt werden. Stellen Sie diesen Zufallsversuch unter Angabe aller Pfadwahrscheinlichkeiten mithilfe eines Baumdiagramms dar, das zuerst nach dem Geschlecht und anschließend nach der Fremdsprache verzweigt.

Datenreihen auswerten

Lösungen
→ S. 475/476

9 Ermitteln Sie das arithmetische Mittel und den Median der Datenreihe.

a) 2; 4; 8; 11; 12; 9; 7; 7

b) 5,1 m; 4,8 m; 5,6 m; 4,6 m; 5,4 m; 4,5 m

c) 102; 96; 89; 111; 104; 95

d) 1; 2; 2; 3; 3; 3; 4; 4; 5; 6

 10 Bei einer Befragung nach der Anzahl der Kinder in der Familie ergab sich folgender Datensatz: 1 2 0 1 0 3 2 1 0 1 2 2 1 4 1 2 1 1 2 3 1 2 1 2 1

Erstellen Sie zu den Daten eine Häufigkeitstabelle und ein Säulendiagramm.

 11 Die Tabelle zeigt, wie häufig in 16 Spielen Sonja kein Tor, ein Tor bzw. 2 oder 3 Tore erzielt hat.

Anzahl Tore pro Spiel	0	1	2	3
absolute Häufigkeit	7	5	1	3

a) Berechnen Sie die Gesamtzahl der Tore und das arithmetische Mittel der Tore pro Spiel.

b) Sonja berechnet das arithmetische Mittel mithilfe der relativen Häufigkeiten:

$$\frac{7}{16} \cdot 0 + \frac{5}{16} \cdot 1 + \frac{1}{16} \cdot 2 + \frac{3}{16} \cdot 3 = \ldots$$

Führen Sie Sonjas Rechnung aus und erläutern Sie, ob ihre Vorgehensweise korrekt ist.

Vermischtes

 12 Mit einem Spielwürfel wird gewürfelt.

A: Die Augenzahl ist größer als 1.   B: Die Augenzahl ist ungerade.

a) Formulieren Sie die Gegenereignisse von A und B.

b) Geben Sie alle Ergebnisse für das Ereignis C an, bei dem sowohl A als auch B eintritt.

c) Bestimmen Sie die Wahrscheinlichkeiten $P(A)$, $P(\overline{A})$, $P(B)$, $P(\overline{B})$, $P(C)$ und $P(\overline{C})$.

 13 a) Bei einem Glücksspiel erhält man mit einer Wahrscheinlichkeit von 4 % einen Gewinn. Berechnen Sie, mit wie vielen Gewinnen man bei 50 Spielen etwa rechnen kann.

b) Eine Spielfigur wurde 40-mal geworfen. Dabei landete sie 6-mal auf den Füßen. Schätzen Sie die Wahrscheinlichkeit, dass die Figur beim Werfen auf den Füßen landet.

 14 Ein NBA-Basketballer hatte in der letzten Saison eine Freiwurfquote von nahezu 85 % (er traf also im Schnitt etwa 85 von 100 Freiwürfen). Während eines Spiels hat er bereits 9 von 9 Freiwürfen verwandelt. Ein Fan sagt daraufhin: „Den nächsten Freiwurf wird er nicht treffen." Nehmen Sie dazu Stellung.

15 Zwei Würfel werden geworfen.

a) Berechnen Sie mithilfe eines Baumdiagramms die Wahrscheinlichkeit, dass die Augensumme 7 beträgt.

b) In der Tabelle können alle möglichen Ergebnisse dargestellt werden. Zum Beispiel zeigt das rote Feld das Ergebnis 5 und 3, das blaue Feld zeigt das Ergebnis 4 und 6. Beschreiben Sie, wie man hiermit die Wahrscheinlichkeit für die Augensumme 7 berechnen kann.

c) Berechnen Sie mithilfe der Tabelle die Wahrscheinlichkeit, dass die Augensumme größer als 10 ist.

	1	2	3	4	5	6
1						
2						
3						
4						
5						
6						

 16 Berechnen Sie.

a) $0{,}2 \cdot 0{,}8 + 0{,}1 \cdot 0{,}2$

b) $\frac{1}{4} \cdot \frac{1}{3} + \frac{2}{4} \cdot \frac{2}{3}$

c) $\frac{1 - 0{,}4 \cdot 0{,}7}{0{,}9}$

d) $\frac{1}{3} : \frac{2}{3} + \frac{1}{5} : \frac{7}{10}$

6.1 Grundlagen

Elias und Laura wollen mit einem der
Gegenstände bestimmen, wer das neue
Tablet zuerst ausprobieren darf.
Beschreiben Sie, wie sie vorgehen könnten.

Zufallsversuch

> **Wissen** / **Zufallsversuch**
>
> Ein **Zufallsversuch** hat diese Merkmale:
> ① Es sind verschiedene Ergebnisse (Versuchsausgänge) möglich.
> ② Die möglichen Ergebnisse kann man vor dem Versuch angeben.
> ③ Es lässt sich nicht mit Sicherheit vorhersagen, welches Ergebnis eintreten wird.
> ④ Der Versuch kann unter gleichen Bedingungen beliebig oft wiederholt werden.

> **Wissen** / **Ergebnismenge und Ereignis**
>
> Die **Ergebnismenge** Ω eines Zufallsversuchs enthält alle möglichen Ergebnisse als
> Elemente. Ein **Ereignis** ist eine Teilmenge der Ergebnismenge.
> Enthält ein Ereignis nur ein Element, so wird es als **Elementarereignis** bezeichnet.

> **Beispiel 1** / **Ergebnismenge und Ereignis eines Zufallsversuchs angeben**
>
> Ein idealer Hexaederwürfel wird einmal geworfen. Geben Sie die Ergebnismenge Ω an.
> Geben Sie folgende Ereignisse an: A: Das Ergebnis ist eine Primzahl; B: Eine durch 6 teilbare
> Zahl wird gewürfelt. Prüfen Sie, ob es sich um Elementarereignisse handelt.
>
> **Lösung:**
>
> Die Zahlen von 1 bis 6 liegen in Ω. $\Omega = \{1;2;3;4;5;6\}$
> In Ω gibt es drei Primzahlen: 2;3;5. $A = \{2;3;5\}$ ist kein Elementarereignis.
> Zur Ergebnismenge gehört nur eine durch $B = \{6\}$ ist ein Elementarereignis.
> 6 teilbare Zahl: 6.

Basisaufgaben

1 Ein idealer Hexaederwürfel wird einmal geworfen. Geben Sie die Ereignisse an. Prüfen Sie,
ob es sich um ein Elementarereignis handelt.
A: Das Ergebnis ist eine ungerade Zahl.   B: Das Ergebnis ist eine gerade Primzahl.
C: Das Ergebnis ist kleiner als 7.   D: Das Ergebnis ist größer als 6.

2 Aus einer Schale mit 5 roten, 3 blauen und 1 gelben Kugel wird zufällig gezogen.
a) Geben Sie die Ergebnismenge für das einmalige Ziehen einer Kugel an. Geben Sie das
Ereignis A an: Die gezogene Kugel ist rot oder blau.
b) Geben Sie die Ergebnismenge für das gleichzeitige Ziehen zweier Kugeln an. Geben Sie
das Ereignis E an: Von den beiden gleichzeitig gezogenen Kugeln ist eine gelb.

Zwei Aussagen A_1 und A_2 kann man zu einer neuen Aussage verknüpfen.

$A_1 \wedge A_2$ (A_1 **und** A_2): $A_1 \wedge A_2$ ist genau dann wahr, wenn sowohl A_1 als auch A_2 wahr sind.

$A_1 \vee A_2$ (A_1 **oder** A_2): $A_1 \vee A_2$ ist genau dann wahr, wenn A_1 oder A_2 wahr ist.

(Achtung: $A_1 \vee A_2$ ist auch wahr, wenn A_1 und A_2 wahr sind.)

$\neg A_1$ (**nicht** A_1): $\neg A_1$ ist genau dann wahr, wenn A_1 nicht wahr ist.

Ist $M \subseteq \Omega$, dann gilt für jedes $x \in M$ auch $x \in \Omega$.

Ist $M \subseteq \Omega$, dann gilt für jedes $x \in \Omega$: $x \in M \vee x \notin M$. ($x \notin M$ bedeutet: $\neg(x \in M)$)

Basisaufgaben

3 A_1: Die natürliche Zahl 3 ist eine Primzahl. A_2: Die natürliche Zahl 3 ist durch 6 teilbar.
Geben Sie die Aussage in Worten wieder und beurteilen Sie, ob sie wahr ist:
a) $A_1 \wedge A_2$ b) $A_1 \vee A_2$ c) $\neg A_2$ d) $\neg(A_1 \wedge A_2)$
e) $A_1 \wedge \neg A_1$ f) $A_1 \vee \neg A_1$ g) $\neg(A_1 \vee A_2)$ h) $\neg(\neg A_1)$

| Wissen | Verknüpfung von Ereignissen |

Hinweis

Diese Art der Darstellung von Mengenbeziehungen heißt **Venndiagramm**.

Zu zwei Ereignissen $A \subseteq \Omega$ und $B \subseteq \Omega$ kann man weitere Ereignisse bestimmen:

Das Ereignis $A \cap B$ (die **Schnittmenge**) besteht aus allen Elementen der Ergebnismenge, die sowohl zu A als auch zu B gehören: $A \cap B = \{x \in A \wedge x \in B\}$. Sprechweise: A geschnitten mit B.

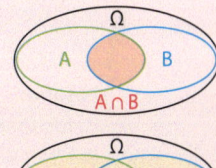

Das Ereignis $A \cup B$ (die **Vereinigungsmenge**) besteht aus allen Elementen der Ergebnismenge, die zu A oder zu B gehören: $A \cup B = \{x \in A \vee x \in B\}$. Sprechweise: A vereinigt mit B.

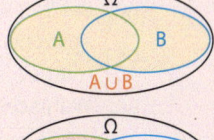

Das Ereignis $A \backslash B$ (die **Differenz**) besteht aus allen Elementen der Ergebnismenge, die zu A, aber nicht zu B gehören: $A \backslash B = \{x \in A \wedge x \notin B\}$. Sprechweise: A ohne B.

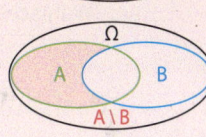

| Beispiel 2 | Verknüpfung von Ereignissen |

Ein idealer Hexaederwürfel wird geworfen. Geben Sie die Ergebnismenge und folgende Ereignisse an:

A: Eine 3 wird gewürfelt. B: Eine Zahl größer als 5 wird gewürfelt.
C: Eine Zahl kleiner als 4 wird gewürfelt. D: Eine gerade Zahl wird gewürfelt.
Bestimmen Sie damit die Ereignisse $\overline{D}$, $C \cup D$, $A \cap C$, $D \backslash B$, $A \cap B$, $A \cup B$, $D \backslash A$ und $A \cup C$.

Lösung:

Schreiben Sie zuerst die Ergebnismenge auf. $\Omega = \{1; 2; 3; 4; 5; 6\}$
Notieren Sie jedes Ereignis als Menge. $A = \{3\}, B = \{6\}, C = \{1; 2; 3\},$
Bestimmen Sie dann die Verknüpfungen. $D = \{2; 4; 6\}$
$\overline{D}$: Das Ergebnis ist eine ungerade Zahl. $\overline{D} = \{1; 3; 5\}$
$C \cup D$: Das Ergebnis ist nicht 5. $C \cup D = \{1; 2; 3; 4; 6\}$
$A \cap C$: Das Ergebnis ist 3. $A \cap C = \{3\}, A \cap C = A$
$D \backslash B$: Das Ergebnis ist 2 oder 4. $D \backslash B = \{2; 4\}$
$A \cap B$: 3 ist nicht größer als 5. $A \cap B = \{\,\}$
$A \cup B$: Das Ergebnis ist 3 oder 6. $A \cup B = \{3; 6\}$
$D \backslash A$: Das Ergebnis ist eine gerade Zahl. $D \backslash A = D$
$A \cup C$: Das Ergebnis ist kleiner als 4. $A \cup C = C$

Basisaufgaben

4 Ein Tetraederwürfel mit den Zahlen von 1 bis 4 wird geworfen.

A: Das Ergebnis ist eine gerade Zahl.   B: Das Ergebnis ist eine Primzahl.

C: Das Ergebnis ist kleiner als 3.   D: Das Ergebnis ist nicht 2.

a) Bestimmen Sie die Ereignisse $\overline{B}$, $B \cup C$, $A \cap B$, $C \backslash D$.

b) Geben Sie ein Ereignis E an mit $A \cap E = \{2\}$.

c) Geben Sie ein Ereignis F an mit $B \cup F = B$.

Hinweis

Es gibt auch vierseitige Spielwürfel. Sie haben die Form eines Tetraeders (Körper mit vier gleichseitigen Dreiecken als Seitenflächen). Das Tetraeder ist mit den Zahlen 1 bis 4 beschriftet. Es zählt die Zahl an der Spitze, die nach oben zeigt.

Wissen / Empirisches Gesetz der großen Zahlen

Wenn ein Zufallsversuch sehr oft durchgeführt wird, dann stabilisiert sich die relative Häufigkeit eines Ereignisses A um einen festen Wert.

Dieser Wert heißt **Wahrscheinlichkeit des Ereignisses A**, geschrieben P(A) (sprich: „P von A"). Die **stabilisierte relative Häufigkeit** liegt in der Nähe von P(A). Sie kann deshalb als **Schätzwert** für die Wahrscheinlichkeit des Ereignisses A verwendet werden.

Beispiel 3 / Wahrscheinlichkeiten schätzen

Der Baustein wurde 300-mal geworfen.

Er landete 102-mal mit den Noppen nach oben.

Schätzen Sie die Wahrscheinlichkeit, dass er beim nächsten Wurf mit den Noppen nach oben landet.

Lösung:

Berechnen Sie die relative Häufigkeit. Bei 300 Würfen können Sie davon ausgehen, dass sich die berechnete relative Häufigkeit in der Nähe der Wahrscheinlichkeit stabilisiert hat.

A: Landung mit Noppen nach oben

$\frac{102}{300} = 0,34$

Schätzung für die Wahrscheinlichkeit:

$P(A) = 0,34 \triangleq 34\%$

Basisaufgaben

5 Von 200 zufällig ausgewählten Schülern sagten 81, dass sie im Internet schon einmal beleidigt oder bedroht wurden. Schätzen Sie die Wahrscheinlichkeit, dass der nächste befragte Schüler schon einmal online beleidigt oder bedroht wurde.

6 Bernstein enthält Einschlüsse. Ein Spielwürfel aus Bernstein wurde 240-mal geworfen.

Würfelzahl	1	2	3	4	5	6
Absolute Häufigkeit	34	32	47	38	46	43

a) Begründen Sie, dass Zweifel daran berechtigt sind, dass der Würfel ideal ist.

b) Geben Sie begründet eine mögliche Wahrscheinlichkeitsverteilung an.

Wissen / Sicheres Ereignis, unmögliches Ereignis und Gegenereignis

Ein Ereignis S, das immer eintritt, heißt **sicheres Ereignis**. Für das sichere Ereignis gilt: $S = \Omega$.

Ein Ereignis E, das niemals eintritt, heißt **unmögliches Ereignis**. Es enthält kein Element. Für das unmögliche Ereignis gilt: $E = \{\ \}$.

Das **Gegenereignis** $\overline{A}$ besteht aus allen Elementen der Ergebnismenge, die nicht zu A gehören:

$\overline{A} = \Omega \backslash A = \{x \in \Omega \mid x \notin A\}$.

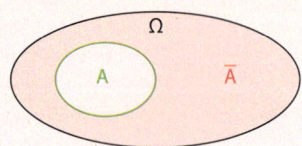

Basisaufgaben

7 Geben Sie an, welches der Ereignisse ein sicheres oder unmögliches Ereignis ist.
$\Omega = \{1; 2; 3\}, A = \{x < 0\}, B = \{x < 7\}, C = \{x > 0\}, D = \{x > 1\}, E = \{x > 3\}$

8 Nennen Sie zum Zufallsversuch Würfeln mit einem Tetraederwürfel ein sicheres und ein unmögliches Ereignis.

9 $\Omega = \{1; 2; 3; 4; 5; 6\}, A = \{2; 4; 6\}, B = \{2; 3; 4; 5\}, C = \{1; 3; 5\}, D = \{1; 6\}$
Verknüpfen Sie die Ereignisse zu einem sicheren und zu einem unmöglichen Ereignis.

10 $\Omega = \{n \in \mathbb{N} \mid 0 < n < 11\}$. Bestimmen Sie das Gegenereignis zu den Ereignissen
$A = \{x < 2\}, B = \{x < 0\}, C = \{x < 10\}, D = \{x > 1\}, E = \{x < 20\}$

Wissen / **Wahrscheinlichkeit**

Wenn Ω Ergebnismenge eines Zufallsversuchs ist und $A, B \subseteq \Omega$ Ereignisse, dann heißt eine Funktion P, die jedem Ereignis eine reelle Zahl zuordnet, eine Wahrscheinlichkeitsfunktion, wenn für alle Ereignisse A und B folgende Bedingungen erfüllt sind:
1. $0 \leq P(A) \leq 1$
2. $P(\Omega) = 1$
3. $P(A \cup B) = P(A) + P(B)$, falls $A \cap B = \{ \}$

Basisaufgaben

11 Erläutern Sie die drei Bedingungen am Beispiel des Würfelns mit einem Tetraeder.

12 Zeigen Sie, dass für ein Ereignis E und das Gegenereignis $\overline{E}$ gilt: $P(\overline{E}) = 1 - P(E)$.

13 Zeigen Sie, dass für zwei Ereignisse $A \subseteq \Omega$ und $B \subseteq \Omega$ gilt:
$P(A \cup B) = P(A) + P(B) - P(A \cap B)$.

Wissen / **Wahrscheinlichkeiten bei Laplace-Experimenten**

Ein Zufallsexperiment, bei dem alle Elementarereignisse gleich wahrscheinlich sind, nennt man **Laplace-Experiment**. Für die Wahrscheinlichkeit eines Ereignisses E gilt: $P(E) = \frac{|E|}{|\Omega|}$.

Basisaufgaben

14 Berechnen Sie für das Würfeln mit einem fairen Würfel die Wahrscheinlichkeit des Ereignisses.
a) A: Eine Primzahl wird gewürfelt.   b) B: Eine Zahl größer als 4 wird gewürfelt.

15 Ein Tetraederwürfel wird geworfen. Bestimmen Sie die Wahrscheinlichkeit des Ereignisses
E: Eine Zahl kleiner als 3 wird geworfen.

16 Ein abgebildete Glücksrad wird einmal gedreht. Betrachtet werden die Ereignisse A: eine „Acht", B: ein blauer Sektor, C: eine Zahl kleiner als „Sechs", D: eine Zweierpotenz, E: ein roter Sektor.
a) Berechnen Sie die Wahrscheinlichkeit für jedes der Ereignisse A, B und C.
b) Begründen Sie, was mit größerer Wahrscheinlichkeit eintritt: D oder E.

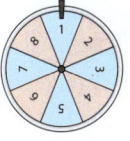

Wissen | **Mehrstufiger Zufallsversuch, Baumdiagramm und Pfadregeln**

Werden mehrere Zufallsversuche nacheinander durchgeführt, so kann man dies in einem **Baumdiagramm** darstellen. An jedem Ast steht die Einzelwahrscheinlichkeit. Die Summe der Wahrscheinlichkeiten der Äste, die von ein und demselben Verzweigungspunkt ausgehen, ist 1.

Pfadmultiplikationsregel: Die Wahrscheinlichkeit eines Pfades ist das Produkt der Wahrscheinlichkeiten der Äste entlang des Pfades.

Pfadadditionsregel: Die Wahrscheinlichkeit eines Ereignisses ist die Summe der Wahrscheinlichkeiten aller Pfade, die zu diesem Ereignis führen.

Beispiel: Zuerst wird zufällig ein üblicher Würfel oder aber ein Würfel, der mit den Zahlen 1, 2 und 3 jeweils zweimal beschriftet ist, gewählt, dann wird damit gewürfelt.

Gesucht ist die Wahrscheinlichkeit dafür, dass eine gerade Zahl gewürfelt wird.

Betrachtet werden die Ereignisse: W: Würfel wird gewählt, S: Spezialwürfel wird gewählt; G: Eine gerade Zahl wird gewürfelt.

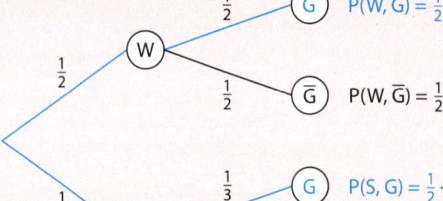

Pfadmultiplikationsregel:

$P(W, G) = \frac{1}{2} \cdot \frac{1}{2} = \frac{1}{4}$

$P(W, \overline{G}) = \frac{1}{2} \cdot \frac{1}{2} = \frac{1}{4}$

$P(S, G) = \frac{1}{2} \cdot \frac{1}{3} = \frac{1}{6}$

$P(S, \overline{G}) = \frac{1}{2} \cdot \frac{2}{3} = \frac{1}{3}$

Pfadadditionsregel:

$P(G) = P(W, G) + P(S, G)$

$= \frac{1}{4} + \frac{1}{6} = \frac{10}{24} = \frac{5}{12}$

Vierfeldertafel: Darin werden zwei Merkmale in jeweils zwei Ausprägungen und die jeweiligen Summen in einer Tabelle mit vier Zeilen und vier Spalten dargestellt. Die Werte in der Tabelle sind entweder absolute oder relative Häufigkeiten.

Basisaufgaben

17 Aus einem Skat-Kartenspiel (32 Karten mit 4 Farben) werden nacheinander zwei Karten gezogen, ohne dass die erste Karte zurückgesteckt wird. Für jede Karte wird ausschließlich geprüft, ob sie die Farbe Herz hat oder nicht.
   a) Erstellen Sie ein Baumdiagramm für dieses Zufallsexperiment.
   b) Bestimmen Sie die Wahrscheinlichkeit, dass die erste Karte Herz zeigt und die zweite Karte kein Herz.
   c) Bestimmen Sie die Wahrscheinlichkeit, dass beide Karten Herz zeigen.
   d) Bestimmen Sie die Wahrscheinlichkeit, dass eine Karte Herz zeigt und eine Karte nicht. Die Reihenfolge ist dabei egal.

Lösungen zu 16

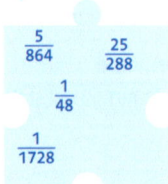

$\frac{5}{864}$ $\frac{25}{288}$

$\frac{1}{48}$

$\frac{1}{1728}$

18 Die Zahlen im abgebildeten Glücksrad geben die Winkelgrößen der Farbfelder an. Bestimmen Sie die Wahrscheinlichkeiten der folgenden Ereignisse beim dreimaligen Drehen.
   a) erst rot, dann lila, dann blau
   b) erst grün, dann zweimal lila
   c) rot, lila, orange ohne Beachtung der Reihenfolge
   d) rot und zweimal blau ohne Beachtung der Reihenfolge

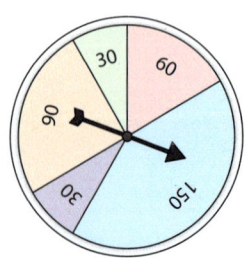

Beispiel 4 In einer Umfrage werden 1000 Personen aus zwei Altersgruppen (bis 25, ab 25) gefragt, ob sie lieber das Fernsehen oder Streaming-Dienste nutzen. Von 550 Personen im Alter bis 25 Jahre nutzen 190 und von den über 25-jährigen nutzen 310 Personen lieber das Fernsehen. Erstellen Sie dazu eine Vierfeldertafel mit absoluten und eine mit relativen Häufigkeiten.

Lösung:

Es sind zwei Merkmale in jeweils zwei Ausprägungen gegeben. Erstellen Sie eine Tabelle mit vier Zeilen und vier Spalten. Tragen Sie die gegebenen Werte ein und bestimmen Sie in der unteren Zeile und in der letzten Spalte die Summen. Ergänzen Sie fehlende Werte.

Zur Bestimmung der relativen Häufigkeiten dividieren Sie jeden Wert durch die Gesamtzahl der befragten Personen.

	Fernsehen	Streaming	gesamt
bis 25	190	360	550
über 25	310	140	450
gesamt	500	500	1000

	Fernsehen	Streaming	gesamt
bis 25	19 %	36 %	55 %
über 25	31 %	14 %	45 %
gesamt	50 %	50 %	100 %

Hinweis

Relative Häufigkeiten können auch als Dezimalzahlen angegeben werden. In der Regel werden dabei nicht mehr als 4 Nachkommastellen angegeben.

Basisaufgaben

19 Vervollständigen Sie die Vierfeldertafel in Ihrem Heft.

a)

	mögen Avocado		gesamt
	ja	nein	
Männer			40 %
Frauen	42 %		
gesamt		26 %	

b)

	Vegetarier		gesamt
	ja	nein	
Männer			115
Frauen	625		670
gesamt		62	

20 Verwenden Sie folgende Annahmen: Der Anteil der 18–24-Jährigen an allen Personen mit einer Fahrerlaubnis liegt in Deutschland bei etwa 9,7 %. Die Wahrscheinlichkeit für einen Unfall mit Personenschaden liegt bei etwa 0,9 % pro Jahr. Pro Jahr stellen die mindestens 25-Jährigen 89,58 % aller Personen, die keinen Unfall mit Personenschaden haben.
a) Erstellen Sie eine Vierfeldertafel mit den relativen Häufigkeiten.
b) Zeichnen Sie ein Baumdiagramm, in dem zunächst nach Alter verzweigt wird.
c) Entscheiden Sie, welche Personengruppe im Straßenverkehr häufiger Unfälle mit Personenschaden verursacht.

Weiterführende Aufgaben

21 Ein Zufallsversuch wurde wiederholt durchgeführt. Das Diagramm zeigt, wie sich die relativen Häufigkeiten eines Ergebnisses entwickelt haben.

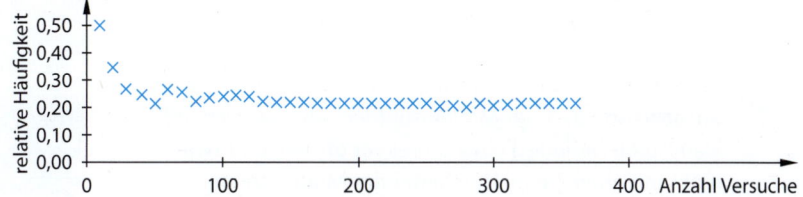

a) Beschreiben Sie, wie man erkennt, dass sich die relative Häufigkeit stabilisiert.
b) Beschreiben Sie, passend zu dem Diagramm, einen Zufallsversuch sowie ein Ereignis, und schätzen Sie seine Wahrscheinlichkeit.

22 Axiome von Kolmogorow: Betrachten Sie das Wissen zur Wahrscheinlichkeit auf Seite 247. Dort werden drei Bedingungen für eine Wahrscheinlichkeitsfunktion genannt. Zeigen Sie, dass für jede Wahrscheinlichkeitsfunktion P gilt:

a) Statt Bedingung 1 reicht die **Nichtnegativität**: $0 \leq P(A)$ für jedes Ereignis $A \subseteq \Omega$. Erläutern Sie auch, warum Bedingung 2 **Normiertheit** genannt wird.

b) Bedingung 3 folgt aus der **Additivität**: $P(A_1 \cup A_2 \cup \ldots \cup A_n) = \sum_{i=1}^{n} P(A_i)$, falls $A_i \cap A_j = \{\ \}$ für alle $i, j \in \mathbb{N}$, $1 \leq i, j \leq n$, $i \neq j$.

23 Jakob hat einen Spielwürfel 10-mal geworfen und dabei 5-mal die Augenzahl Sechs erhalten. Er behauptet: „Bei diesem Würfel beträgt die Wahrscheinlichkeit für eine Sechs $\frac{5}{10}$, also 50 %." Untersuchen Sie, ob Jakob recht hat.

24 Am Bernoulli-Gymnasium sind 52 % aller Oberstufenschüler in der 11. Klasse. Von den Schülern der 12. Klasse mögen 70 % das Thema Stochastik, während es unter allen Schülern sogar von 72 % gemocht wird. Bestimmen Sie die Wahrscheinlichkeit, dass ein Schüler der 11. Klasse das Thema Stochastik mag.

25 Stolperstelle: Die Insel Fuerteventura ist ein Paradies für Wind- und Kitesurfer. Dort liegt die Wahrscheinlichkeit für gute Windbedingungen (ab Windstärke 3) im Februar an jedem Tag bei ca. 75 %. Nachdem Johnny schon zwei Tage gute Windbedingungen hatte, überlegt er, den dritten Tag für Ausflüge zu nutzen. Er berechnet, dass die Wahrscheinlichkeit für „kein Wind am dritten Tag" niedriger ist als sonst, und entscheidet, auch am dritten Tag wieder Kitesurfen zu gehen.

a) Beurteilen Sie Johnnys Vorgehen.

b) Berechnen Sie die Wahrscheinlichkeit, dass an 2 von 3 Tagen gute Windbedingungen zum Kite- oder Windsurfen sind.

P(kein Wind am dritten Tag)
$= 0{,}75 \cdot 0{,}75 \cdot 0{,}25 \approx 0{,}14$

26 Für eine Studie wurden 200 Personen auf ihre Intelligenz untersucht und nach ihrem Musikgeschmack (Pop oder Klassik) befragt. In dieser Studie waren 113 Personen auffallend intelligent (d. h. sie überschritten einen bestimmten Intelligenzquotienten). Außerdem gaben 159 Personen an, dass sie Pop bevorzugen, von ihnen waren 86 auffallend intelligent.

a) Stellen Sie die Daten in einer Vierfeldertafel dar.

b) Diskutieren Sie anhand der Zahlen in der Vierfeldertafel, ob es einen Zusammenhang zwischen der Intelligenz einer Person und ihrem Musikgeschmack gibt.

27 Ausblick: Das **Ziegenproblem** ist eine in der Stochastik bekannte Fragestellung, deren Lösung verblüfft. In einer Spielshow hat der Kandidat die Wahl zwischen drei Toren, von denen er eines auswählen soll. Hinter einem Tor verbirgt sich der Hauptpreis, hinter den anderen beiden Toren jeweils eine Ziege. Hat der Kandidat ein Tor ausgewählt, lässt der Moderator (der weiß, wo sich der Hauptpreis befindet) ein anderes Tor öffnen, und zwar eines mit einer Ziege. Nun bietet der Moderator dem Kandidaten an, statt des ursprünglich gewählten Tores das dritte, noch ungeöffnete Tor zu nehmen. Entscheiden Sie, ob der Kandidat sein Tor wechseln sollte.

Simulationen mit einem CAS

Zielt Alexander bei Dart auf das Feld „Doppel-20", trifft er im Schnitt mit 2 von 6 Pfeilen. In einem Training wirft er 30 Pfeile auf die Doppel-20.

Führen Sie mit einem CAS eine Simulation durch mit dem Befehl randInt(1, 6, 30) bzw. randList(30, 1, 6) beim TI bzw. Casio. Bestimmen Sie die Anzahl der Versuche mit einem Treffer.

Ein CAS kann man zur Berechnung von Anzahlen, relativen Häufigkeiten oder Wahrscheinlichkeiten, aber auch zur Erzeugung von Zufallszahlen und für Simulationen einsetzen.

Zufallszahlen und Simulationen

> **Wissen** | **Befehle für Zufallszahlen bei Casio und TI**
>
> Erzeugung einer zufälligen Zahl zwischen 1 und 33: *rand(1,33)* bzw. *randInt(1,33)*
> Zehnfaches Ziehen einer Zahl zwischen 0 und 5: *randList(10,0,5)* bzw. *randInt(0,5,10)*
> Speichern einer Liste: *Ans ⇒ list1.* bzw. *list1:=randInt(0,5,10)* mit Auswahl von 5 Zahlen mit Wiederholung: *randSamp(list1,5)* bzw. ohne Wiederholung: *randSamp(list1,5,0)*.

> **Beispiel 1** | **Simulation des Werfens zweier Münzen**
>
> Zwei Münzen werden gleichzeitig geworfen. Ermitteln Sie einen Schätzwert für die Wahrscheinlichkeit, dass genau eine der Münzen „Zahl" zeigt. Führen Sie dazu 500 Simulationen mit einem CAS durch.

Lösung:

Tina geht so vor: Das Werfen von „Zahl" kann durch die Zufallszahl 1, das Werfen von „Kopf" durch die Zufallszahl 0 simuliert werden.
Bilden Sie die Summe der beiden Zufallszahlen. Ist sie 1, entspricht das dem Fall, dass genau eine der Münzen „Zahl" zeigt. Nutzen Sie beim TI den Befehl *countif(summe,1),* um die Häufigkeit des Wertes 1 für die Summe zu erhalten. Dividieren Sie sie durch die Anzahl der Versuche, um die relative Häufigkeit zu bestimmen.
Als Schätzwert für die Wahrscheinlichkeit kann etwa 0,50 ≙ 50 % angegeben werden.
Casimir kann ähnlich wie Tina vorgehen, wenn er jede Summe modulo 2 rechnet (also den Rest bei der Division durch 2). Erläutern Sie, dass *sum(mod(randList (500,0,1)+randList(500,0,1),2))/500* eine Lösung des Problems ist.

Tina gibt in einer Tabelle folgendes ein:

A muenze1	B muenze2	C summe	D genau1
=randInt(0,1,500)	=randInt(0,1,500)	=a[]+b[]	=countif(summe,1)

Dann gibt sie in E1 = *D1/500* bzw. = *D1/500.0* oder = *1.*D1/dim(summe)* ein. Mit *ctrl + R* wiederholt sie die Simulation.

Casimir wählt unter *Main* oben die Taste mit dem Pfeil nach unten neben der Taste mit dem Graphen. Dort wählt er „Würfel mit %" und „2 Würfel +". Er gibt 500 für die Anzahl der Versuche ein und für die Anzahl der Flächen 2. Da 1 für Zahl und 2 für Kopf steht, interessiert ihn die Augensumme 3. Ihre Anzahl wird direkt darunter angezeigt: In einer Matrix stehen unter den möglichen Augensummen in der ersten Zeile jeweils die entsprechenden Anzahlen. Für eine weitere Simulation wird das Vorgehen wiederholt.

Aufgaben

1 Ordnen Sie die Befehle *rand()*, *rand(1,6)/randInt(1,6)*, *randlist(10) / rand(10)*, *rand(0,1)/ randint(0,1)*, *randlist(6,1,4),/ randInt(1,4,6)*, *randList(4,1,6)/ randInt(1,6,4)* begründet den Zufallsversuchen zu: Ein Spielwürfel wird einmal bzw. viermal geworfen, ein Tetraeder wird sechsmal geworfen, eine der Zahlen 0 oder 1 wird gewählt, eine Zahl zwischen 0 und 1 wird einmal bzw. zehnmal gewählt.

2 Bestimmen Sie verschiedene Zufallszahlen zwischen 0 und 1 mit dem Befehl *rand()* und verwenden Sie zwischendurch beim TI den Befehl *RandSeed(1)*. Beschreiben Sie die Wirkung dieses Befehls.

3 Bei einem Spiel hat man drei Versuche, eine Sechs zu würfeln und damit eine Figur ins Spiel zu bringen. Die Frage lautet, ob die Wahrscheinlichkeit, dass man mit drei Versuchen eine Figur ins Spiel bringen kann, kleiner, größer oder gleich $\frac{1}{2}$ ist.
   a) Antworten Sie zunächst intuitiv, nach Ihrer Erfahrung. Führen Sie dann eine entsprechende Simulation durch.
   b) Erläutern Sie die Antwort mithilfe mathematischer Fachbegriffe wie „Gegenereignis".

4 In einer Tabelle werden in den Spalten A und B Ergebnisse von zehnmaligem Würfeln simuliert. Casimir gibt in Zelle C1 über *Calc, Zelle-Berechnen =cellIf(A1 = 6 or B1 = 6,1,0)* ein. Er markiert C1 und wählt *Edit, Füllen, Mit Wert füllen*, für den Bereich C1:C10. In Zelle D1 gibt er *=sum(C1:C10)/10* ein. Tina gibt in Zelle C1 = *a[1] = 6 or b[1] = 6* ein, kopiert dies und verwendet in Zelle D1 den Befehl *=countif(c[],true)*. Führen Sie die Simulation mit einem CAS durch und erläutern Sie die Anzeige.

5 Gesucht ist die Wahrscheinlichkeit, mit zwei Würfeln mindestens eine 6 zu werfen. Nele sagt: „Es gibt die Fälle (6,6), (6,1), (6,2), (6,3), (6,4) und (6,5), das sind 6 von 36 möglichen Fällen, daher ist die gesuchte Wahrscheinlichkeit $P(A) = \frac{6}{36} = \frac{1}{6}$." Paula meint: „Nein, jeder dieser Fälle kommt zweimal vor, also musst du die Wahrscheinlichkeit verdoppeln." Joris hat eine Simulation begonnen.

Hinweis zu 5a

Orientieren Sie sich an Aufgabe 4.

   a) Setzen Sie diese Simulation ebenfalls um, nutzen Sie in Spalte C den Operator „**or**". Casimir verwendet in Zelle C1: *=cellIf(A1=6 or B1=6,1,0)*. Tina verwendet in Zelle C1: *=countif(a [] or b[],6)*. Beschreiben Sie die Wirkungsweise mit eigenen Worten. Führen Sie die Simulation mit 500 Versuchen durch, nutzen Sie dazu *randint(1,6,500)* bzw. *randList(500,1,6)*. Geben Sie den Befehl für Zelle D1 an.

⚙	Datei	Edit	Grafik	Calc		✕
0.5 ½	B	∫dx	≡ ▼	⊢⊣	⊞ ▼	▶

	A	B	C	D	
1	2	6	WAHR	0.31	▲
2	3	1	FALSCH		
3	1	3	FALSCH		
4	1	2	FALSCH		
5	3	6	WAHR		
6	3	3	FALSCH		
7	3	4	FALSCH		
8	4	2	FALSCH		

   b) Berechnen Sie die Wahrscheinlichkeit des gesuchten Ereignisses mithilfe der Wahrscheinlichkeit des Gegenereignisses.
   c) Im Screenshot sehen Sie Joris' Simulationsergebnis. Beurteilen Sie die Lösungen von Nele, Paula und Joris.

6 Der Chevalier de Méré hatte folgende Frage an den Mathematiker Blaise Pascal: „Was ist wahrscheinlicher, mit einem Würfel in 4 Würfen mindestens eine 6 oder mit 2 Würfeln bei 24 Würfen mindestens eine Doppelsechs zu werfen?" Verwenden Sie eine Simulation zur Beantwortung der Frage. Argumentieren Sie dann mit dem Gegenereignis.

7 Augensummen beim Würfeln: Die Verteilung der Augensumme beim Würfeln mit mehreren Würfeln soll simuliert werden.

	E3	▾	✕ ✓ f_x	=ZÄHLENWENN(C:C;E1)		
	A	B	C	D	E	F	G
1	Zahl 1	Zahl 2	Differenz	Differenz	0	1	2
2	3	3	0				
3	2	6	4	Anzahl	12	0	0

a) Erstellen Sie eine solche Tabelle für die Augensumme bei drei Würfeln mit einem CAS. Erklären Sie den Unterschied zwischen C1 und D1.

b) Führen Sie insgesamt fünf Durchgänge mit je 1500 Simulationen durch. Bestimmen Sie jeweils die absolute und relative Häufigkeit der Würfe, in denen die Augensumme zwischen 8 und 13 liegt.

c) Erklären Sie, warum die Ergebnisse aus b) in jedem Durchgang zwar unterschiedlich, aber doch sehr ähnlich sind.

d) Simulieren Sie mit möglichst wenig Änderungen an der Tabelle
   ① das Produkt der Augenzahlen beim dreifachen Würfelwurf,
   ② die Augensumme beim Werfen von fünf Würfeln.

Hinweis zu 8

Der Befehl = ABS(A1) bestimmt den absoluten Betrag des Eintrags in Zelle A1.

8 In den Spalten A und B einer Tabellenkalkulation simuliert Tina zwei ganzzahlige Zufallszahlen zwischen 1 und 6. In Spalte C bestimmt sie den Betrag der Differenz. Um die Häufigkeiten der verschiedenen Differenzbeträge (E1 bis J1) zu zählen, trägt sie in Zelle E2 den Befehl =countif(c[];e1) ein und kopiert dies bis Zelle J2.

B za...	C diff	D	E	F
=randi	=abs(a[]–b[])			
5	1	diff:	0	1
6	0	anz:	2	4

a) Erklären Sie, warum das Zählen nicht wie gewünscht funktioniert.

b) Beschreiben Sie, wie man den Fehler korrigieren kann.

9 Karl arbeitet mit einer Tabellenkalkulation. Er verwendet den Befehl =ZUFALLSBEREICH(n;m) für eine ganzzahlige Zufallszahl zwischen n und m und den *Befehl* =ZUFALLSZAHL() für eine Zufallszahl zwischen 0 und 1. Vergleichen Sie dies mit dem Vorgehen bei Ihrem CAS.

10 Karl hat eine Liste für ein Tabellenkalkulationsprogramm am PC angelegt. Erstellen Sie eine Übersicht für das CAS, das Sie verwenden.

Befehl	Bedeutung	Beispiel
=ZÄHLENWENN(Bereich; Kriterium)	zählt die Anzahl der Zellen in einem Bereich, die ein vorgegebenes Kriterium erfüllen	=ZÄHLENWENN(A2:A100;3) In den Zellen A2 bis A100 wird die Anzahl der „3" gezählt.
=WENN(Wahrheitstest; [Wert_wenn_wahr]; [Wert_wenn_falsch])	testet eine Bedingung und gibt abhängig vom Ergebnis einen Wert bzw. Text aus	=WENN(A1>0,5;"ja"; „nein") Gibt *ja* aus, wenn der Wert in A1 größer als 0,5 ist, sonst *nein*.
=SUMME(Bereich)	addiert alle Werte in einem Bereich	=SUMME(A1:A3) Berechnet die Summe A1+A2+A3.
=MAX(Bereich) bzw. =MIN(Bereich)	gibt den größten bzw. kleinsten Wert in einem Bereich an	=MAX(A:A) *Gibt den größten Wert in Spalte A aus.*

11 Forschungsauftrag: Entwerfen Sie eine Simulation, bei der eine beliebige Startzahl so lange um eine beliebige Zahl zwischen a und b erhöht wird, bis sie eine vorgegebene Grenze erreicht. Die Simulation soll zusätzlich die Anzahl der benötigten Schritte zählen.

6.2 Bedingte Wahrscheinlichkeit

Aylin und Ben wollen beim Schulfest Lose aus einer Lostrommel ziehen. Es sind noch 2 Gewinne und 3 Nieten in der Trommel. Ben sagt: „Ich will zuerst ziehen, dann habe ich bessere Gewinnchancen!"
Untersuchen Sie mithilfe eines Baumdiagramms, ob Ben recht hat.

Manchmal ändern sich Wahrscheinlichkeiten dadurch, dass man zusätzliche Informationen erhält.
Es ist bekannt, dass ca. 9 % aller Männer und ca. 0,8 % der Frauen unter einer Rot-Grün-Sehschwäche leiden. Weiter ist bekannt, dass ca. 51 % aller Neugeborenen männlich sind.

Die erste Stufe des Baumdiagramms zeigt die Wahrscheinlichkeiten des Geschlechts. In der zweiten Stufe stehen die Wahrscheinlichkeiten dafür, dass eine Person eine Rot-Grün-Sehschwäche hat (Ereignis S). Die Wahrscheinlichkeiten für das Ereignis S ändern sich in Abhängigkeit vom Geschlecht.
Man spricht deshalb von **bedingten Wahrscheinlichkeiten** und schreibt $P_M(S) = 0,09$ bzw. $P_W(S) = 0,008$.

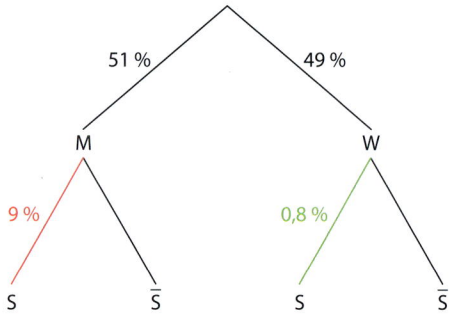

> **Definition**
>
> $P_A(B)$ ist die **bedingte Wahrscheinlichkeit dafür**, dass das Ereignis B eintritt unter der Bedingung, dass das Ereignis A bereits eingetreten ist.

> **Beispiel 1** Leonie will eine 6 würfeln. Dabei ist der Würfel unter das Sofa gefallen. Ihr kleiner Bruder Max schaut hinunter und sagt: „Ich sehe auf der Seite eine 3."
> a) Erstellen Sie ein Baumdiagramm zur Situation. Beschriften Sie es mit Wahrscheinlichkeiten der Form $P_A(B)$.
> b) Berechnen Sie die Wahrscheinlichkeit, dass Leonie eine 6 gewürfelt hat.

Lösung:
a) Zeichnen Sie ein Baumdiagramm für die Ereignisse D und S:
   D: Die 3 liegt auf der Seite.
   S: Es wurde eine 6 gewürfelt.

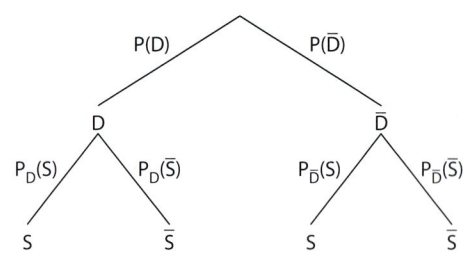

b) Geben Sie an, wie sich durch Max' Beobachtung die Ergebnismenge Ω ändert. Alle Ergebnisse aus Ω_D sind gleich wahrscheinlich. Bestimmen Sie damit $P_D(S)$.

Die 4 liegt der 3 gegenüber, also auch auf der Seite.
Reduzierte Ergebnismenge: $\Omega_D = \{1; 2; 5; 6\}$
$P_D(S) = \frac{1}{4} = 0,25$

Basisaufgaben

 1 Auf dem Oktoberfest kommen die meisten Besucher aus Bayern (B). Viele Besucher tragen eine Tracht (T).
a) Formulieren Sie die bedingten Wahrscheinlichkeiten $P_B(T)$, $P_B(\overline{T})$, $P_{\overline{B}}(T)$ und $P_{\overline{B}}(\overline{T})$ in Worten.
b) Zeichnen Sie das zugehörige Baumdiagramm und beschriften Sie es mit diesen Wahrscheinlichkeiten.
c) Formulieren Sie die Wahrscheinlichkeit $P(B \cap T)$ in Worten und erklären Sie den Unterschied zu $P_B(T)$.

 2 Bei einem zweifachen Würfelwurf wird die Augensumme betrachtet.
a) Begründen Sie, dass die Wahrscheinlichkeit für die Augensumme 10 hier $\frac{3}{36}$ beträgt.
b) Bestimmen Sie die Wahrscheinlichkeiten für die Augensumme 10 unter den folgenden Bedingungen.

① Der erste Würfel zeigt eine 6.
② Der erste Würfel zeigt eine 2.
③ Beide Augenzahlen sind gerade.
④ Kein Würfel zeigt eine 6.

c) Geben Sie eine Bedingung für einen der Würfel an, sodass die Wahrscheinlichkeit für die Augensumme 5 größer (kleiner) wird als ohne diese Bedingung.

Bedingte Wahrscheinlichkeiten mit absoluten Häufigkeiten

Vierfeldertafeln kann man auch mit absoluten Häufigkeiten aufstellen und damit bedingte Wahrscheinlichkeiten berechnen. Ereignisse enthalten verschiedene Ergebnisse. Fasst man die Ereignisse A und B als Mengen der zugehörigen Ergebnisse auf, so ist |A| bzw. |B| die Anzahl der Ergebnisse, die das Ereignis A bzw. B bilden. Die Wahrscheinlichkeit von A unter der Bedingung B erhält man durch $P_B(A) = \frac{|A \cap B|}{|B|}$.

Beispiel 2

In einer Umfrage wurden Personen aus zwei Altersgruppen befragt, ob sie Mobile-Banking nutzen.
Bestimmen Sie die Wahrscheinlichkeit, dass eine zufällig ausgewählte befragte Person, die höchstens 50 Jahre alt ist, Mobile-Banking nutzt.

	Mobile-Banking		gesamt
	ja	nein	
über 50 Jahre	270	330	600
bis 50 Jahre	380	20	400
gesamt	650	350	1000

Lösung:

Hinweis

Zu Vierfeldertafeln siehe Beispiel 4 auf S. 249.

Lesen Sie aus der Vierfeldertafel ab, wie viele der Befragten bis 50 Jahre (reduzierte Ergebnismenge) Mobile-Banking nutzen. Berechnen Sie damit die bedingte Wahrscheinlichkeit.

B: Befragte Person ist bis 50 Jahre alt
M: Befragte Person nutzt Mobile-Banking
Ablesen aus der Vierfeldertafel:
$|B| = 400$ und $|B \cap M| = 380$

$$P_B(M) = \frac{|B \cap M|}{|B|} = \frac{380}{400} = 0,95$$

Basisaufgaben

3 Die Vierfeldertafel zeigt die Merkmale „Geschlecht" und „rote Fellfarbe" einer Katzenzüchtung. Da die Vererbung der Fellfarbe nur über das X-Chromosom erfolgt, haben Kater häufiger rotes Fell als weibliche Katzen. Eines der 49 Tiere wird zufällig ausgewählt.

	Katze	Kater	gesamt
rote Fellfarbe	3	17	20
andere Fellfarbe	19	10	29
gesamt	22	27	49

a) Bestimmen Sie mithilfe der Vierfeldertafel die Wahrscheinlichkeit, dass das Tier weiblich ist unter der Bedingung, dass es rotes Fell hat.

b) Bestimmen Sie die Wahrscheinlichkeit, dass das Tier rotes Fell hat unter der Bedingung, dass es weiblich (männlich) ist.

4 Die Vierfeldertafel zeigt das Resultat einer medizinischen Untersuchung.

a) Bestimmen Sie zu den Merkmalen Diabetes und Übergewicht alle acht bedingten Wahrscheinlichkeiten, die sich für einen zufällig gewählten Probanden bilden lassen.

	Diabetes	kein Diabetes	gesamt
Übergewicht	736	5684	6420
kein Übergewicht	185	3967	4152
gesamt	921	9651	10572

b) Zeichnen Sie die beiden möglichen Baumdiagramme zu a) und markieren Sie die bedingten Wahrscheinlichkeiten.

Formel für die bedingte Wahrscheinlichkeit

Statt ein Baumdiagramm zu erstellen oder Vierfeldertafeln zu nutzen, kann man bedingte Wahrscheinlichkeiten auch mit einer Formel berechnen.

In einem Kurs mit gleich vielen Mädchen und Jungen haben 70 % der Mädchen und 60 % der Jungen ein Haustier. Das Baumdiagramm zeigt: Die bedingte Wahrscheinlichkeit, dass ein Mädchen (Ereignis M) ein Haustier besitzt (Ereignis H), beträgt $P_M(H) = 0{,}7$. Sie steht in der zweiten Stufe.

Nach der Pfadmultiplikationsregel gilt für den linken Pfad: $0{,}5 \cdot 0{,}7 = 0{,}35$ bzw.

$$P(M) \cdot P_M(H) = P(M \cap H) \quad | : P(M)$$

$$P_M(H) = \frac{P(M \cap H)}{P(M)}$$

Analog gilt für die bedingte Wahrscheinlichkeit, dass ein Junge kein Haustier besitzt (rechter Pfad im Baumdiagramm): $P_J(\overline{H}) = \frac{P(J \cap \overline{H})}{P(J)} = \frac{0{,}2}{0{,}5} = 0{,}4$

Hinweis

Häufig wird auch die umgeformte Gleichung $P(A \cap B) = P(A) \cdot P_A(B)$ verwendet.

Wissen

Für die bedingte Wahrscheinlichkeit $P_A(B)$ gilt: $P_A(B) = \frac{P(A \cap B)}{P(A)}$ mit $P(A) > 0$.

Beispiel 3

a) Bestimmen Sie die Wahrscheinlichkeit für Kariesbildung unter der Bedingung, dass regelmäßig die Zähne geputzt werden.

b) Zeichnen Sie ein passendes Baumdiagramm mit Wahrscheinlichkeiten, das zuerst nach dem Zähneputzen verzweigt.

	Karies (K)	kein Karies ($\overline{K}$)	gesamt
regelmäßig geputzt (R)	6%	71%	77%
unregelmäßig geputzt ($\overline{R}$)	13%	10%	23%
gesamt	19%	81%	100%

Lösung:

a) Wenden Sie die Formel zur Berechnung der bedingten Wahrscheinlichkeit an.

$$P_R(K) = \frac{P(R \cap K)}{P(R)} = \frac{0{,}06}{0{,}77} \approx 0{,}08$$

b) Lesen Sie die Wahrscheinlichkeiten für die Pfadenden aus der Vierfeldertafel ab, z. B. P(R ∩ K).
Berechnen Sie die bedingten Wahrscheinlichkeiten für die Äste der zweiten Stufe, z. B. $P_R(K)$.

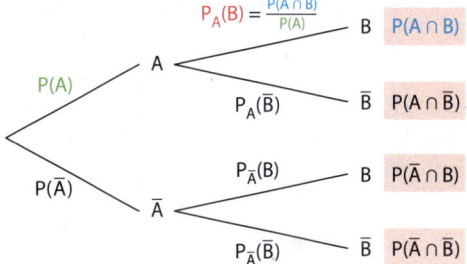

Aus einer Vierfeldertafel erhält man bedingte Wahrscheinlichkeiten, indem man einen Eintrag in einem inneren Feld durch einen zugehörigen Eintrag in einem äußeren Feld dividiert.
Beispiel: $P_A(B) = \frac{P(A \cap B)}{P(A)}$

	B	$\overline{B}$	gesamt
A	P(A ∩ B)	P(A ∩ $\overline{B}$)	P(A)
$\overline{A}$	P($\overline{A}$ ∩ B)	P($\overline{A}$ ∩ $\overline{B}$)	P($\overline{A}$)
gesamt	P(B)	P($\overline{B}$)	1

In einem Baumdiagramm stehen die bedingten Wahrscheinlichkeiten an den Ästen der 2. Stufe.

Basisaufgaben

5 Die Vierfeldertafel zeigt die Ergebnisse einer Impfstudie.

a) Bestimmen Sie die Wahrscheinlichkeit, dass eine Person erkrankt (nicht erkrankt) unter der Bedingung, dass sie geimpft wurde.

b) Zeichnen Sie zu a) ein Baumdiagramm mit allen zugehörigen Wahrscheinlichkeiten.

	krank	gesund	gesamt
geimpft	6%	26%	32%
nicht geimpft	13%	55%	68%
gesamt	19%	81%	100%

6 a) Erstellen Sie mit den Daten Ihres Kurses eine Vierfeldertafel mit relativen Häufigkeiten zu den Ereignissen
W: ist weiblich, M: ist männlich,
F: kommt meistens mit dem Fahrrad, $\overline{F}$: kommt selten oder nie mit dem Fahrrad.

b) Notieren Sie Wahrscheinlichkeiten mit Bedingungen wie $P_M(F)$. Tauschen Sie untereinander und geben Sie die Wahrscheinlichkeiten in Worten wieder.

c) Formulieren Sie Fragen nach Wahrscheinlichkeiten in Worten. Tauschen Sie untereinander und berechnen Sie die Wahrscheinlichkeiten.

7 Aus einem Gefäß mit 10 Gewinnen und 40 Nieten werden zufällig zwei Lose gezogen. Bestimmen Sie mit der Formel $P(A \cap B) = P(A) \cdot P_A(B)$ die Wahrscheinlichkeit, dass es zwei Gewinne sind. Geben Sie an, was Sie als Ereignisse A und B gewählt haben.

Lösungen zu 8

$\frac{1}{5}$ $\quad \frac{4}{5}$

$\frac{1}{10}$ $\quad \frac{4}{5}$

$\frac{1}{2}$ $\quad \frac{1}{10}$

8 Beim Drehen des Glücksrads werden die Ereignisse A und B betrachtet:
A: Die Farbe des Felds ist grün.
B: Die Zahl des Felds ist gerade.
Bestimmen Sie die angegebene Wahrscheinlichkeit und beschreiben Sie das Ereignis mit Worten.

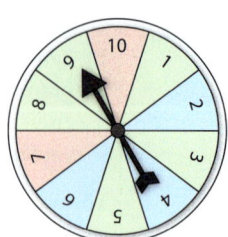

a) $P(A \cap B)$
b) $P_A(B)$
c) $P_A(\overline{B})$
d) $P(\overline{A} \cap \overline{B})$
e) $P(\overline{B})$
f) $P_{\overline{B}}(A)$
g) $P(A \cap B)$
h) $P(\overline{A} \cap B)$
i) $P(\overline{A} \cup B)$

Weiterführende Aufgaben

9 Die zwölf Seitenflächen eines Dodekaeder-Spielwürfels sind mit den Zahlen 1 bis 12 beschriftet. Die oben ange-zeigte Augenzahl bei einem Wurf ist ungerade (Ereignis U).

a) Berechnen Sie die Wahrscheinlichkeit dafür, dass die geworfene Augenzahl eine Primzahl ist (Ereignis P) unter der Bedingung U. Verwenden Sie hierzu einmal die reduzierte Ergebnismenge und einmal die Berechnungsformel mit Wahrscheinlichkeiten.

b) Vergleichen Sie die beiden Berechnungen.

10 Stolperstelle: Leon hat aus der Vierfeldertafel ein Baumdiagramm erstellt.

	Raucher	Nicht-raucher	gesamt
Bronchitis	40%	6%	46%
keine Br.	10%	44%	54%
gesamt	50%	50%	100%

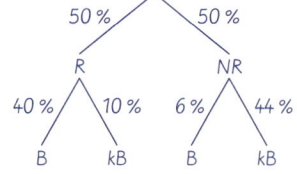

Beschreiben Sie seinen Fehler und korrigieren Sie das Baumdiagramm.

11 Ein Kartenspiel für „Schafkopf" besteht aus 32 Karten. Jede der vier „Farben" Herz (H), Schellen (S), Grün (G) und Eichel (E) besteht aus einem Satz der Karten 7, 8, 9, 10, Unter (U), Ober (O), König (K) und Ass (A). Die Karten 7, 8 und 9 zählen keine Punkte, daher wer-den sie auch als „Luschen" (L) bezeichnet.

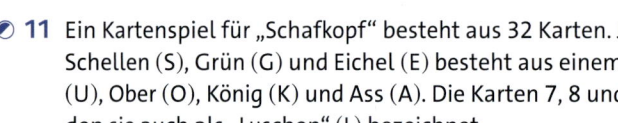

Toni zieht eine Karte. Berechnen Sie die bedingte Wahrscheinlichkeit, dass die Karte
a) ein Ass ist, wenn sie ein Herz ist,
b) ein Herz ist, wenn sie ein Ass ist,
c) eine 7 ist, wenn sie eine Lusche ist,
d) eine Lusche ist, wenn sie eine 7 ist,
e) eine 7 oder eine 8 ist, wenn sie eine Lusche ist.
Beschreiben Sie die angegebene Wahrscheinlichkeit in Worten und berechnen Sie sie.
f) $P(L)$
g) $P(\overline{L})$
h) $P_H(L)$
i) $P_H(\overline{L})$
j) $P_L(H)$
k) $P_L(\overline{H})$
l) $P_L(9)$
m) $P_9(L)$
n) $P_{\overline{L}}(A)$
o) $P_L(A)$
p) $P_{\overline{L}}(H)$
q) $P_A(\overline{L})$

Hinweis

$P(A \cap B) + P(A \cap \overline{B})$
$= P(A)$

12 Zeigen Sie mithilfe der Formel für bedingte Wahrscheinlichkeiten, dass gilt:
$P_A(B) + P_A(\overline{B}) = 1$.

13 Zeigen Sie, dass die Formel für bedingte Wahrscheinlichkeiten auch für Vierfeldertafeln mit absoluten Häufigkeiten gilt.

14 Die Vierfeldertafel zeigt einen Teil der Auswertung einer Umfrage zum Wahlverhalten.

a) Ergänzen Sie die Vierfeldertafel.

b) Nehmen Sie Stellung zu den Aussagen.

Anton: *„Die meisten Wähler von Partei B sind Frauen."*

Bella: *„Die meisten Frauen haben Partei B gewählt."*

Caro: *„Unter der Bedingung, dass Partei B genannt wurde, ist die Wahrscheinlichkeit höher, dass ein Mann befragt wurde."*

Djamila: *„Befragte Männer haben sich häufiger für Partei B entschieden."*

	Mann	Frau	gesamt
Partei A	125	350	475
Partei B		340	
gesamt	280		

15 Prüfen Sie, ob die beiden Zeitungsmeldungen einander widersprechen. Beurteilen Sie sie hinsichtlich ihrer Aussagen und der Wirkung, die mit statistischen Daten erzielt werden kann.

> Nach Angaben der Bundesagentur für Arbeit betrug im Juli 2018 die Arbeitslosenquote in Ostdeutschland 6,8 %, in Westdeutschland dagegen nur 4,8 %. Circa 20 % der arbeitsfähigen Bevölkerung leben derzeit in Ostdeutschland.

> Im Juli 2018 betrug die deutschlandweite Arbeitslosenquote 5,2 %. Etwa jeder vierte Arbeitslose (26,2 %) lebt in den östlichen Bundesländern. Jedoch leben 80 % der erwerbsfähigen Bevölkerung in den westlichen Bundesländern.

16 In einer Urne befinden sich 7 rote und 3 weiße Kugeln. Es werden nacheinander zwei Kugeln ohne Zurücklegen gezogen.

Die folgenden Ereignisse werden betrachtet:

R1: Die erste gezogene Kugel ist rot.

R2: Die zweite gezogene Kugel ist rot.

R: Mindestens eine gezogene Kugel ist rot.

a) Formulieren Sie die bedingten Wahrscheinlichkeiten $P_{R1}(R2)$, $P_{R1}(\overline{R2})$, $P_{\overline{R1}}(R2)$ und $P_{\overline{R1}}(\overline{R2})$ in Worten.

b) Zeichnen Sie das zugehörige Baumdiagramm und beschriften Sie es mit den Wahrscheinlichkeiten aus a).

c) Formulieren Sie die Wahrscheinlichkeit $P(R1 \cap R2)$ in Worten und erklären Sie den Unterschied zu $P_{R1}(R2)$ sowie zu $P(R)$.

d) Berechnen Sie die bedingten Wahrscheinlichkeiten aus a) und $P(R)$.

17 Die Alarmanlage eines Autos gibt bei einem Einbruch mit einer Wahrscheinlichkeit von 99 % Alarm. Allerdings kann es in einer Nacht auch mit einer Wahrscheinlichkeit von 0,2 % zu Fehlalarm kommen. Von 10 000 abgestellten Autos wird im Mittel pro Nacht eines aufgebrochen.

a) Erstellen Sie für eine Zahl von 1 000 000 Autos eine Vierfeldertafel.

b) Berechnen Sie die Wahrscheinlichkeit, dass bei einem zufällig ausgewählten Auto ein Alarm ertönt.

c) Berechnen Sie die Wahrscheinlichkeit, dass tatsächlich eingebrochen wurde, wenn der Alarm ertönt.

d) Berechnen Sie die Wahrscheinlichkeit, dass kein Alarm ertönt, wenn tatsächlich eingebrochen wurde.

18 Bei Gepäckkontrollen werden gezielt Koffer geöffnet. Dadurch wird transportierte Schmuggelware mit einer Wahrscheinlichkeit von 80 % entdeckt. Einer von 250 Koffern enthält Schmuggelware. Ein Koffer wird mit einer Wahrscheinlichkeit von 16,9 % fälschlicherweise geöffnet. Bestimmen Sie,

a) mit welcher Wahrscheinlichkeit ein geöffneter Koffer Schmuggelware enthält,
b) wie viele von 1 000 000 Koffern Schmuggelware enthalten und unerkannt durch die Kontrolle kommen.

19 Sechsfeldertafel:

Die Sechsfeldertafel zeigt die Anzahl der geborenen Zwillingspaare in einer Stadt. Eineiige Zwillinge sind immer zwei Mädchen (MM) oder zwei Jungen (JJ), zweieiige können auch gemischtgeschlechtlich (MJ) sein.

	MM	MJ	JJ	gesamt
eineiig (E)	200	0	200	400
zweieiig (Z)	300	600	300	1200
gesamt	500	600	500	1600

a) Geben Sie an, wie viel Prozent der Zwillingspaare eineiig bzw. zweieiig sind.
b) Geben Sie den Anteil der Zwillingspaare aus zwei Mädchen unter den eineiigen Paaren (den Anteil der Zwillingspaare aus zwei Jungen unter den zweieiigen Paaren) an.
c) Erstellen Sie ein Baumdiagramm zur Sechsfeldertafel. Beschriften Sie es mit den Wahrscheinlichkeiten.
d) Stellen Sie sich vor, Sie sehen einen Kinderwagen mit Zwillingen. Bestimmen Sie die Wahrscheinlichkeit, dass es sich um eineiige Mädchen handelt.

20 Nach dem Besuch eines neuen Kinofilmes wurde eine Befragung unter den Zuschauern mehrerer großer Kinos durchgeführt. Unter den Befragten waren 45 % männlich. Der Anteil der Befragten, die den Film gut fanden, betrug unter den männlichen Zuschauern 75 %; der entsprechende Anteil unter den nicht männlichen Zuschauern wird mit w bezeichnet. Aus der Gruppe aller Befragten wird eine

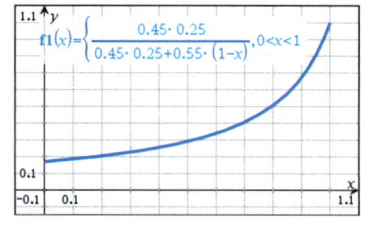

Person zufällig ausgewählt. Betrachtet werden die folgenden Ereignisse: M: Die Person ist männlich, G: Die Person fand den Film gut.

a) Stellen Sie den Zusammenhang in einem beschrifteten Baumdiagramm dar. Ermitteln Sie denjenigen Wert von w, für den die Wahrscheinlichkeit dafür, dass die ausgewählte Person den Film gut fand, 76,5 % beträgt.
b) Weisen Sie nach, dass es für w = 0,8 weniger männliche als nicht männliche Personen geben würde, die den Film gut fanden.
c) Die ausgewählte Person fand den Film nicht gut. Begründen Sie mithilfe der bedingten Wahrscheinlichkeit, dass die Wahrscheinlichkeit dafür, dass die Person männlich ist, mit zunehmendem Wert von w größer wird. Interpretieren Sie in diesem Zusammenhang auch die nebenstehende Grafik.

21 Ausblick: Im Baumdiagramm soll gelten $P(\overline{B}) = 0,175$. Berechnen Sie alle fehlenden Wahrscheinlichkeiten und ergänzen Sie das Baumdiagramm.

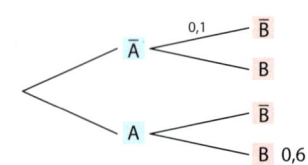

6.3 Umgedrehte Baumdiagramme

Für die Werbekampagne eines neuen Proteinriegels wurde eine Umfrage durchgeführt. Dabei beurteilten 45 % der befragten Männer und 75 % der befragten Frauen den Riegel positiv. Von den 400 insgesamt Befragten waren 15 % Frauen und gaben ein negatives Urteil ab.
Erstellen Sie dazu ein Baumdiagramm und begründen Sie, warum auf der ersten Stufe das Geschlecht und nicht das Urteil der Befragten stehen muss.

Oft ist eine bedingte Wahrscheinlichkeit $P_A(B)$ gegeben, man interessiert sich aber für die bedingte Wahrscheinlichkeit $P_B(A)$. Dabei helfen Vierfeldertafeln.

Beispiel 1

Ein Schnelltest zeigt bei 96 % der mit einer Krankheit Infizierten ein positives Testergebnis, zu 99 % werden Nicht-Infizierte korrekt erkannt. Nach einer Feier sind 10 % der Teilnehmer infiziert. Berechnen Sie die Wahrscheinlichkeit, dass eine Person, die ein positives Testergebnis erhält, auch tatsächlich infiziert ist.

Lösung:

Erstellen Sie ein Baumdiagramm mit den relativen Häufigkeiten, das zuerst nach der Infektion (I bzw. $\bar{I}$) und dann nach dem Testurteil (N bzw. $\bar{N}$) verzweigt. Ergänzen Sie die fehlenden Werte.

I: Die getestete Person ist infiziert.
N: Das Testergebnis ist negativ.

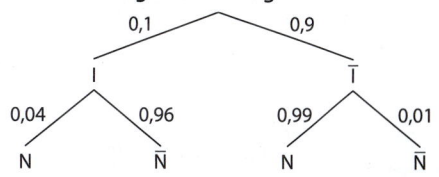

Erstellen Sie aus dem Baumdiagramm eine Vierfeldertafel, indem Sie die multiplizierten Wahrscheinlichkeiten der Äste in die inneren Felder eintragen. Berechnen Sie damit die gesuchte Wahrscheinlichkeit. Die Wahrscheinlichkeit, dass eine Person mit positivem Testergebnis tatsächlich infiziert ist, beträgt 91,4 %.

	I	$\bar{I}$	gesamt
N	0,004	0,891	0,895
$\bar{N}$	0,096	0,009	0,105
gesamt	0,100	0,900	1

$$P_{\bar{N}}(I) = \frac{P(I \cap \bar{N})}{P(\bar{N})} = \frac{0,096}{0,105} \approx 0,914$$

Basisaufgaben

1 In einem Kurs mit gleich vielen Mädchen und Jungen haben 70 % der Mädchen und 60 % der Jungen ein Fahrrad. Erstellen Sie eine Vierfeldertafel zur Situation. Berechnen Sie die Wahrscheinlichkeit, dass eine zufällig ausgewählte Person mit Fahrrad ein Junge ist.

2 Rund 65 % aller Haushalte in Deutschland haben mindestens ein Haustier. Singles stellen etwa 32 % der Haustierhaushalte, während rund 13,8 % aller Haushalte Familienhaushalte ohne Haustier sind.
   a) Erstellen Sie ein Baumdiagramm zur Situation.
   b) Ermitteln Sie die Wahrscheinlichkeit, dass ein Single kein Haustier hat.

3 Bei einem Online-Rollenspiel spielen 20 % aller Spielerinnen und Spieler einen Magier. Von ihnen sind 70 % Mitglieder in einer Gilde; 65 % aller Spielerinnen und Spieler sind Mitglieder in einer Gilde.

a) Berechnen Sie die Wahrscheinlichkeit, dass eine zufällig ausgewählte Person, die Mitglied einer Gilde ist, einen Magier spielt.

b) Berechnen Sie die Wahrscheinlichkeit, dass eine zufällig ausgewählte Person keinen Magier spielt und nicht Mitglied in einer Gilde ist.

Umgedrehte Baumdiagramme und absolute Häufigkeiten

Baumdiagramme können auch mit absoluten Häufigkeiten erstellt werden. Manchmal hilft es, die Reihenfolge der Merkmale in einem Baumdiagramm zu vertauschen.

> **Beispiel 2**
>
> Um die Zuverlässigkeit eines Corona-Schnelltests zu überprüfen, wurden 10 000 Menschen ohne Krankheitssymptome getestet, von denen 50 Menschen mit Covid-19 infiziert waren. Dabei gab es 125 positive Testergebnisse, von denen 72 % falsch positive Resultate waren. 15 an Covid-19 erkrankte Personen erhielten ein negatives Testergebnis.
> Überprüfen Sie, ob der Schnelltest die von der Weltgesundheitsorganisation (WHO) vorgegebenen minimalen Anforderungen erfüllt: Er soll mindestens 80 % der Infizierten identifizieren und bei zumindest 97 % der nicht Infizierten die Infektion korrekt ausschließen.
>
> **Lösung:**
>
> Erstellen Sie ein Baumdiagramm mit absoluten und relativen Häufigkeiten, das zuerst nach dem Testurteil (N bzw. $\overline{\text{N}}$) verzweigt und dann nach der Infektion (I bzw. $\overline{\text{I}}$). Tragen Sie die gegebenen Werte ein und ergänzen Sie die fehlenden Werte auf der linken Seite. Berechnen Sie dann die fehlenden Werte auf der rechten Seite.
>
> N: Das Testergebnis ist negativ.
> I: Die getestete Person ist infiziert.
>
>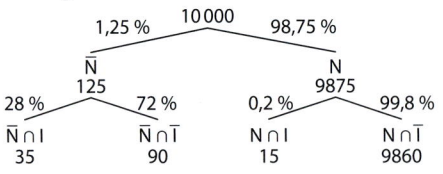
>
> Erstellen Sie aus dem Baumdiagramm eine Vierfeldertafel. Leiten Sie daraus ein neues Baumdiagramm ab, das zuerst nach der Infektion und dann nach dem Testergebnis verzweigt.
>
> | | N | $\overline{\text{N}}$ | gesamt |
> |---|---|---|---|
> | I | 15 | 35 | 50 |
> | $\overline{\text{I}}$ | 9860 | 90 | 9950 |
> | gesamt | 9875 | 125 | 10 000 |
>
> Entnehmen Sie aus dem Baumdiagramm die bedingten Wahrscheinlichkeiten:
>
> $P_I(\overline{\text{N}}) = \dfrac{P(I \cap \overline{\text{N}})}{P(I)} = \dfrac{35}{50} = 0,7 < 0,8$
>
> $P_{\overline{\text{I}}}(\text{N}) = \dfrac{P(\overline{\text{I}} \cap \text{N})}{P(\overline{\text{I}})} = \dfrac{9860}{9950} \approx 0,991 > 0,97$
>
>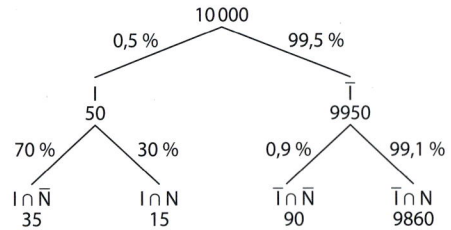
>
> Die erste Forderung der WHO wird von diesem Test nicht erfüllt.

Basisaufgaben

4 a) Erstellen Sie zum Baumdiagramm eine zugehörige Vierfeldertafel.
   b) Erstellen Sie ein Baumdiagramm, das zuerst nach B und $\overline{B}$ verzweigt.

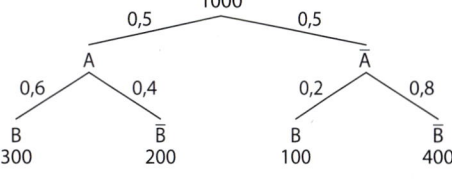

5 Die Besitzer von 200 Meerschweinchen wurden gefragt, ob sie die Tiere in Ställen auf dem Boden (B) oder in erhöhten Ställen halten sowie ob sich die Tiere verstecken (V), wenn ein Mensch den Raum betritt. Erstellen Sie ein Baumdiagramm, das zuerst nach V verzweigt.

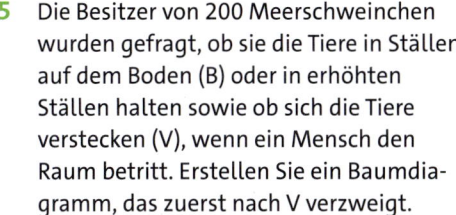

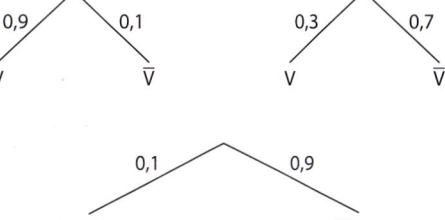

6 Eine Lostrommel mit 800 Losen enthält rote und blaue Lose. Gewinne und Nieten verteilen sich auf beide Farben, wie das Baumdiagramm zeigt. Bestimmen Sie
   a) die Anzahl der Nieten in der Trommel,
   b) die Anzahl blauer Lose, die Gewinne sind,
   c) die Anzahl roter Lose in der Trommel,
   d) die Gewinnwahrscheinlichkeiten, wenn vor dem Ziehen nach Farben sortiert wurde.

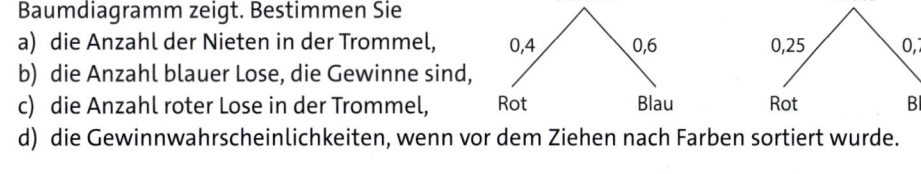

7 Das Baumdiagramm gehört zu einer Testreihe auf Brustkrebs.
   a) Erstellen Sie das umgekehrte Baumdiagramm.
   b) Ermitteln Sie die Wahrscheinlichkeit, dass eine zufällig ausgewählte negativ getestete Frau der Testreihe trotzdem Brustkrebs hat.
   c) Nehmen Sie Stellung zu den absoluten Zahlen bei den positiven Tests.

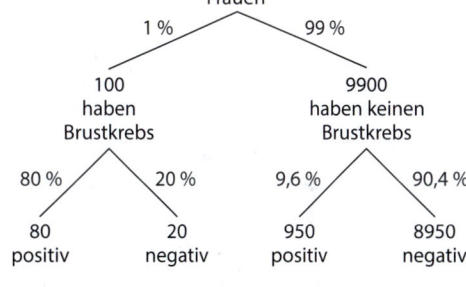

8 2000 Teilnehmer eines Festivals mussten sich einem Drogentest unterziehen. Die Vierfeldertafel zeigt das Ergebnis. Ein Teilnehmer wird zufällig ausgewählt.
   a) Erstellen Sie ein Baumdiagramm, das zunächst nach „Drogen" und „keine Drogen" verzweigt, sowie eins, das zuerst nach „Test positiv" und „Test negativ" verzweigt.
   b) Bestimmen Sie die Wahrscheinlichkeit, dass ein Festivalteilnehmer, der keine Drogen genommen hat, ein positives Testergebnis erhält.
   c) Bestimmen Sie die Wahrscheinlichkeit, dass ein Festivalteilnehmer mit einem positiven Testergebnis in Wirklichkeit keine Drogen genommen hat.

	Drogen genommen	
	ja	nein
Test positiv	57	39
Test negativ	3	1901

9 Mia befürchtet, sich im Urlaub mit einer tropischen Krankheit angesteckt zu haben. Sie macht einen Test, der beim Vorliegen der Krankheit in 98 % der Fälle positiv ausfällt. Der Test ist aber auch zu 4 % positiv, wenn die Person nicht erkrankt ist. Aus Erfahrung weiß man, dass 0,1 % der Getesteten die Krankheit haben. Mia erhält ein positives Testergebnis.

a) Schätzen Sie die Wahrscheinlichkeit, dass Mia tatsächlich erkrankt ist.

b) Erstellen Sie ein Baumdiagramm, das zuerst nach „krank" bzw. „nicht krank" verzweigt.

c) Erstellen Sie eine Vierfeldertafel und ein Baumdiagramm, das zuerst nach „positives Testergebnis" und „negatives Testergebnis" verzweigt.

d) Bestimmen Sie die Wahrscheinlichkeit, dass Mia tatsächlich erkrankt ist, und vergleichen Sie Ihr Ergebnis mit der Schätzung.

e) Erstellen Sie eine Vierfeldertafel mit absoluten Häufigkeiten für 100 000 getestete Personen. Erläutern Sie anhand der absoluten Werte das Ergebnis von d).

Weiterführende Aufgaben

10 Auch bei der Überführung von Tätern mit DNA-Tests kann es zu Fehlern bei der Entnahme der Proben oder der Testanalyse kommen. Das Diagramm zeigt ein mögliches Ergebnis. Dabei bedeutet „Test positiv", dass eine Übereinstimmung der DNA der getesteten Person mit der am Tatort gefundenen DNA erkannt wurde. Gehen Sie davon aus, dass der Test kein falsch-negatives Ergebnis liefert.

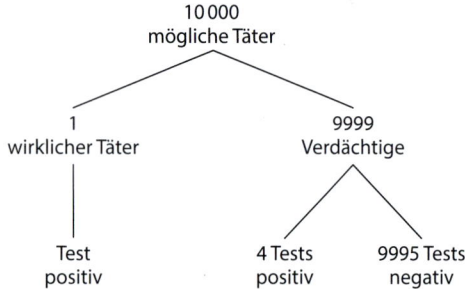

a) Berechnen Sie den Anteil der Personen mit einem positiven Testergebnis unter den zu Unrecht Verdächtigten.

b) Erstellen Sie eine Vierfeldertafel mit relativen Häufigkeiten.

c) Jemand aus dem Kreis der möglichen Täter wird positiv getestet. Bestimmen Sie die Wahrscheinlichkeit, dass er tatsächlich der Täter ist.

11 Stolperstelle: Lena hat zum linken Baumdiagramm das umgekehrte Baumdiagramm rechts erstellt. Erläutern Sie ihre Fehler und korrigieren Sie das Baumdiagramm.

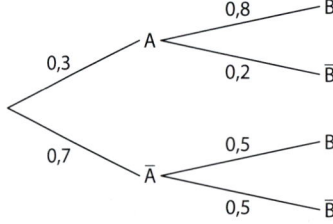

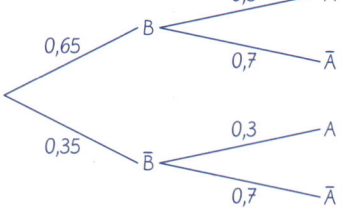

Hinweis zu 12

Bestimmen Sie die Wahrscheinlichkeit, dass die Kugel schwarz oder blau ist, als arithmetisches Mittel dieser Wahrscheinlichkeiten pro Urne.

12 Eine der abgebildeten Urnen wird zufällig ausgewählt und aus ihr verdeckt eine Kugel entnommen. Die gezogene Kugel ist schwarz oder blau. Bestimmen Sie die Wahrscheinlichkeit, dass die Kugel aus der linken Urne stammt.

13 Ein Prüfer beim TÜV hat festgestellt, dass 15 % aller vorgeführten Pkw nicht verkehrssicher sind und deshalb keine
TÜV-Plakette bekommen. Dabei waren 86 % dieser Pkw
ohne Plakette älter als sieben Jahre. Insgesamt haben
45,1 % der vorgeführten Pkw eine Plakette erhalten und
waren älter als sieben Jahre.
Verwenden Sie die folgenden Bezeichnungen:
T: Erhält eine TÜV-Plakette.   J: Ist sieben Jahre alt oder jünger.

a) Fertigen Sie eine Vierfeldertafel an.
b) Bestimmen Sie den Anteil der vorgeführten Pkw, die sieben Jahre alt oder jünger waren
und die Plakette aufgrund von Mängeln nicht erhalten haben.
c) Erstellen Sie ein Baumdiagramm, in dem der Wert von $P_T(\bar{J})$ eingetragen ist. Formulieren Sie in Worten, was $P_T(\bar{J})$ angibt.
d) Bestimmen Sie die Wahrscheinlichkeit, dass ein Pkw, der älter als sieben Jahre ist, die
TÜV-Plakette nicht erhält.
e) Formulieren Sie ein Ereignis im Sachkontext, dessen Wahrscheinlichkeit 5 % beträgt.

14 In einer Spielshow haben zwei Kandidaten Geld für ihr gemeinsames Konto
„erspielt". Im Finale, in dem beide nicht
mehr miteinander sprechen dürfen,
entscheidet sich in zwei Runden, wer
von beiden wie viel Geld erhält. In jeder
Runde wird um die Hälfte ihres erspiel-

	A wählt Teilen	A wählt Behalten
B wählt Teilen	A und B erhalten jeweils 50 %	A erhält alles
B wählt Behalten	B erhält alles	A und B erhalten nichts

ten Geldes gespielt. In den Finalrunden wählen beide Spieler verdeckt die Entscheidung
„Behalten" oder „Teilen". Wählen beide Spieler in der ersten Runde „Behalten", endet das
Spiel sofort. Gehen Sie davon aus, dass in der ersten Runde beide mit je 50 %
Wahrscheinlichkeit „Behalten" oder „Teilen" wählen. Wählt ein Kandidat jedoch „Behalten" und der andere nicht, so wird sich dieser in der zweiten Runde mit einer Wahrscheinlichkeit von 80 % für „Behalten" entscheiden.
a) Bestimmen Sie die Wahrscheinlichkeiten der möglichen Gewinnbeträge beider
Kandidaten nach der ersten Runde (es gibt vier Möglichkeiten).
b) Bestimmen Sie die Wahrscheinlichkeit, dass ein Kandidat alles gewinnt.
c) Bestimmen Sie die Wahrscheinlichkeiten für alle möglichen Gewinne eines Kandidaten
nach zwei Runden. Geben Sie die scheinbar sinnvollste Strategie an.

15 Das Baumdiagramm ① soll umgekehrt werden. Bestimmen Sie Terme für die Zweigwahr-
scheinlichkeiten c, d, c_A, c_B, d_A, d_B des umgekehrten Baumdiagramms ②.

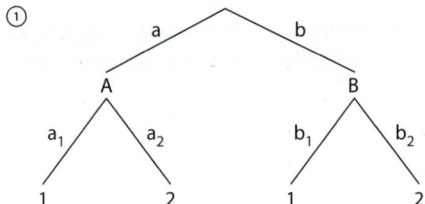
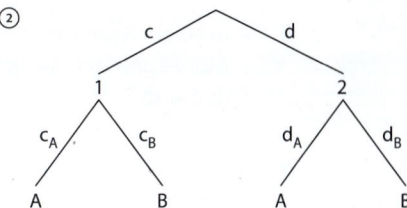

16 Drei Spielwürfel sehen zwar gleich aus, aber nur zwei davon sind Laplace-Würfel, der dritte
ist manipuliert und zeigt mit einer Wahrscheinlichkeit von 0,5 eine 6.
Einer der drei Würfel wird zufällig ausgewählt und geworfen: Er zeigt eine 6.
a) Erstellen Sie ein Baumdiagramm, das zuerst nach der Wahl des Würfels verzweigt.
b) Bestimmen Sie mit einem umgekehrten Baumdiagramm die Wahrscheinlichkeit, dass
der manipulierte Würfel verwendet wurde.

Wissen

Satz von der totalen Wahrscheinlichkeit:
Wenn A, B ⊆ Ω Ereignisse sind mit P(A) ≠ 0 und
P($\overline{A}$) ≠ 0, dann gilt:
P(B) = P(A) · P_A(B) + P($\overline{A}$) · $P_{\overline{A}}$(B).

Satz von Bayes:
Wenn A, B ⊆ Ω Ereignisse sind mit P(A) ≠ 0 und
P(B) ≠ 0, dann gilt: $P_B(A) = \frac{P(A) \cdot P_A(B)}{P(B)}$

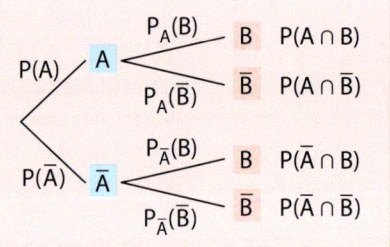

17 Erläutern Sie die beiden Sätze am Baumdiagramm.

18 Wenden Sie den Satz von der totalen Wahrscheinlichkeit auf die folgende Situation an.
In einer Bevölkerungsgruppe leiden ca. 0,2 % der Menschen an einer seltenen Krankheit.
Ein Test zeigt die Krankheit bei 97 % der an dieser Krankheit leidenden Menschen korrekt
an, während er bei 5 % der Gesunden irrtümlich diese Krankheit anzeigt. Berechnen Sie, mit
welcher Wahrscheinlichkeit dieser Test bei einer zufällig ausgewählten Person dieser
Bevölkerungsgruppe ein positives Resultat anzeigt.

19 Weisen Sie den Satz über die totale Wahrscheinlichkeit mithilfe der Pfadregeln nach.

20 Urne U_1 enthält 10 blaue und 5 gelbe Kugeln, Urne U_2 enthält 3 blaue und 7 gelbe Kugeln.
Jemand wählt mit verbundenen Augen einer der Urnen aus und entnimmt ihr zufällig
genau eine Kugel.
Ermitteln Sie die Wahrscheinlichkeit, dass diese Kugel gelb ist.

21 Weisen Sie nach, dass sich der Satz von Bayes auch in der folgenden Form schreiben lässt:
$P_B(A) = \frac{P(A) \cdot P_A(B)}{P(A) \cdot P_A(B) + P(\overline{A}) \cdot P_{\overline{A}}(B)}$.
Zeichnen Sie dazu für die Ereignisse A und B das zweistufige Baumdiagramm sowie das
zugehörige umgekehrte Baumdiagramm und vergleichen Sie die Wahrscheinlichkeiten
P(A ∩ B) und P(B ∩ A).

22 Im Durchschnitt erkranken zwei von zehntausend Personen an einer seltenen Krankheit.
Für diese Krankheit gibt es einen Test, der bei Erkrankten mit einer Wahrscheinlichkeit von
95 % und bei Gesunden mit einer Wahrscheinlichkeit von 98 % die korrekte Diagnose liefert. Eine Person, die sich dem Test unterzieht, erhält ein positives, d. h. für das Vorliegen
der Krankheit sprechendes Testergebnis. Ermitteln Sie die Wahrscheinlichkeit, dass diese
Person wirklich an dieser Krankheit leidet.

23 In einem Beutel sind fünf Münzen im Wert von zusammen 50 Cent. Zufällig wird eine
Münze gezogen. Berechnen Sie die Wahrscheinlichkeit, dass eine 10 Cent-Münze gezogen wird.

24 Ausblick: Bilden die Ereignisse A_k mit A_k ≠ 0 ; k ∈ ℕ, 1 ≤ k ≤ n eine Zerlegung von Ω
und ist B ein Ereignis mit P(B) ≠ 0, so gilt der **Satz von Bayes in verallgemeinerter Form**:
$P_B(A_k) = \frac{P_{A_k}(B) \cdot P(A_k)}{\sum_{j=1}^{n} P(A_j) \cdot P_{A_j}(B)}$. Lösen Sie damit die folgende Aufgabe.
In drei Urnen sind jeweils 50 Kugeln. Die Anzahl der roten Kugeln in der Urne U_1 beträgt 15,
in der Urne U_2 25 und in der Urne U_3 35.
Es wird zufällig eine der Urne ausgewählt, und aus dieser Urne wird gezogen:
a) genau eine Kugel, b) mit einem Griff zwei Kugeln.
Berechnen Sie die Wahrscheinlichkeit dafür, dass alle gezogenen Kugeln rot sind.

6.4 Stochastische Unabhängigkeit

Ein Fußballspieler hat in seiner Karriere 90 % aller Elfmeter verwandelt. Er tritt an, um den entscheidenden Elfmeter im Pokalfinale zu schießen. Diskutieren Sie, ob die Wahrscheinlichkeit für einen Treffer 90 % beträgt und was dafür und was dagegen spricht.

Man nennt zwei Ereignisse eines Zufallsexperiments **(stochastisch) unabhängig**, wenn das Eintreten des einen Ereignisses die Wahrscheinlichkeit des Eintretens des anderen Ereignisses nicht beeinflusst. Den Unterschied zwischen stochastischer Abhängigkeit und stochastischer Unabhängigkeit kann man gut erkennen, wenn man einen Urnenversuch mit und ohne Zurücklegen betrachtet.

In einer Urne befinden sich 3 grüne und 4 rote Kugeln. Es werden nacheinander zwei Kugeln zufällig gezogen. Man betrachtet die Ereignisse G: „Grüne Kugel beim ersten Zug" und R: „Rote Kugel beim zweiten Zug" und unterscheidet:

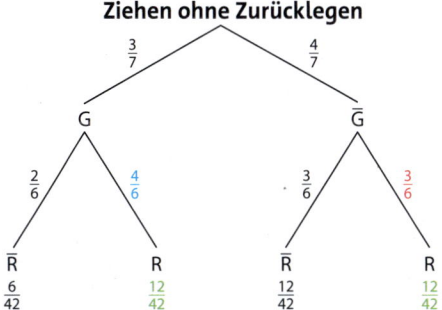

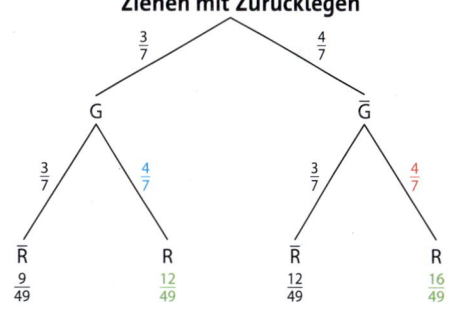

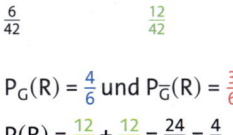

$P_G(R) = \frac{4}{6}$ und $P_{\overline{G}}(R) = \frac{3}{6}$

$P(R) = \frac{12}{42} + \frac{12}{42} = \frac{24}{42} = \frac{4}{7}$

Die beiden Teilbäume der zweiten Stufe sind verschieden. Daher sind beim Ziehen ohne Zurücklegen die bedingten Wahrscheinlichkeiten beim zweiten Zug vom Ergebnis des ersten Zugs **abhängig**.

$P_G(R) = \frac{4}{7}$ und $P_{\overline{G}}(R) = \frac{4}{7}$

$P(R) = \frac{12}{49} + \frac{16}{49} = \frac{28}{49} = \frac{4}{7}$

Die beiden Teilbäume der zweiten Stufe sind gleich. Daher sind beim Ziehen mit Zurücklegen die bedingten Wahrscheinlichkeiten beim zweiten Zug vom Ergebnis des ersten Zugs **unabhängig**.

Info

Man kann zeigen: Wenn B stochastisch unabhängig von A ist, dann ist auch A stochastisch unabhängig von B.

Beim Ziehen mit Zurücklegen ist P(R) mit den bedingten Wahrscheinlichkeiten $P_G(R)$ und $P_{\overline{G}}(R)$ identisch. Allgemein gilt: Wenn für zwei Ereignisse A und B gilt $P_A(B) = P(B)$, so nennt man B **stochastisch unabhängig** von A.
Aus der Pfadregel $P(A \cap B) = P(A) \cdot P_A(B)$ folgt für unabhängige Ereignisse unmittelbar $P(A \cap B) = P(A) \cdot P(B)$.

> **Wissen**
>
> Zwei Ereignisse A und B mit P(A) > 0 und P(B) > 0 heißen **stochastisch unabhängig**, wenn gilt: $P_A(B) = P(B)$ bzw. $P_B(A) = P(A)$
>
> Mit der **Multiplikationsregel** überprüft man Ereignisse auf stochastische Unabhängigkeit: Die Ereignisse A und B sind genau dann stochastisch unabhängig, wenn gilt: $P(A \cap B) = P(A) \cdot P(B)$

Ist im Folgenden von Abhängigkeit oder Unabhängigkeit die Rede, so ist die stochastische Abhängigkeit bzw. die stochastische Unabhängigkeit gemeint.

Beispiel 1

Die Vierfeldertafel zeigt die Ergebnisse einer Umfrage zu Schlafqualität und Arbeitszeit. Prüfen Sie, ob die Ereignisse A: „eine zufällig ausgewählte Person schläft ruhig" und B: „eine zufällig ausgewählte Person arbeitet mehr als 40 h/Woche" stochastisch unabhängig sind, indem Sie

a) die Wahrscheinlichkeiten $P_A(B)$ und $P(B)$ berechnen,

b) die Multiplikationsregel verwenden.

	schläft ruhig	schläft unruhig	gesamt
arbeitet mehr als 40 h/Woche	213	132	345
arbeitet bis zu 40 h/Woche	126	50	176
gesamt	339	182	521

Lösung:

a) Bestimmen Sie beide Wahrscheinlichkeiten. Da die Wahrscheinlichkeiten nicht gleich sind, sind A und B abhängig.

$P_A(B) = \frac{213}{339} \approx 0{,}63; \quad P(B) = \frac{345}{521} \approx 0{,}66$

$P_A(B) \neq P(B)$

b) Prüfen Sie, ob das Produkt aus $P(A)$ und $P(B)$ mit der Wahrscheinlichkeit $P(A \cap B)$ übereinstimmt. Nach der Multiplikationsregel sind A und B abhängig.

$P(A) \cdot P(B) = \frac{339}{521} \cdot \frac{345}{521} \approx 0{,}43$

$P(A \cap B) = \frac{213}{521} \approx 0{,}41$

$P(A \cap B) \neq P(A) \cdot P(B)$

Basisaufgaben

1 Die Vierfeldertafel zeigt die Ergebnisse einer Untersuchung zu Handynutzung und Intelligenzquotient. Prüfen Sie, ob die Ereignisse A: „eine zufällig ausgewählte Person hat einen IQ > 130" und B: „eine zufällig ausgewählte Person nutzt das Handy intensiv" stochastisch unabhängig sind, indem Sie

a) die Wahrscheinlichkeiten $P_A(B)$ und $P(B)$ berechnen,

b) die Multiplikationsregel verwenden.

	Handynutzung		gesamt
	intensiv	nicht intensiv	
IQ > 130	60	90	150
IQ ≤ 130	140	110	250
gesamt	200	200	400

2 An einem Test zum Farbensehen nehmen 10 000 Personen teil, 9340 bestehen den Test. Von den 3000 teilnehmenden Frauen waren 30 farbenfehlsichtig.

a) Überprüfen Sie folgende Ereignisse auf stochastische Unabhängigkeit:
F: „Eine aus den Getesteten zufällig ausgewählte Person ist farbenfehlsichtig."
W: „Eine aus den Getesteten zufällig ausgewählte Person ist weiblich."

b) Eine aus den Getesteten zufällig ausgewählte Person ist farbenfehlsichtig. Berechnen Sie die Wahrscheinlichkeit, dass es sich um eine Frau handelt.

3 Die Vierfeldertafel ist nicht vollständig.
  a) Ergänzen Sie die fehlenden Werte einmal so, dass die Merkmale A und B abhängig sind, und einmal so, dass sie unabhängig sind.
  b) Vergleichen Sie Ihre Ergebnisse aus a) untereinander.

	B	$\overline{B}$	gesamt
A			
$\overline{A}$		40	160
gesamt			400

Interpretation der stochastischen Abhängigkeit

Die stochastische Abhängigkeit von zwei Merkmalen bedeutet nicht, dass die Merkmale sich direkt beeinflussen. Selbst wenn die Zahlen Abhängigkeiten zeigen (**Korrelation**), heißt dies nicht, dass sich die Merkmale im Sachzusammenhang direkt beeinflussen (**Kausalität**). Es ist auch möglich, dass beide Merkmale von einem oder mehreren weiteren Merkmalen beeinflusst werden. Dies macht Interpretationen in Sachzusammenhängen schwierig. Ein bekanntes Beispiel ist der gleichzeitige Anstieg bzw. Rückgang der Anzahl der Störche und der Anzahl neugeborener Kinder: Hier liegt eine Korrelation, aber keine Kausalität vor - auch wenn in Geschichten behauptet wird, dass Störche Babys bringen.

Beispiel 1

Die Vierfeldertafel zeigt die Ergebnisse einer im Herbst durchgeführten Befragung des Gesundheitsamts. 100 Personen wurden befragt, ob sie erkältet sind (E). Bei der Befragung wurde auch erfasst, ob die befragte Person einen Schal trägt (S).

	E	$\overline{E}$	gesamt
S	35	15	50
$\overline{S}$	5	45	50
gesamt	40	60	100

a) Überprüfen Sie die Merkmale auf Abhängigkeit.
b) Begründen Sie, ob ein kausaler Zusammenhang zwischen den Merkmalen besteht.

Lösung:

a) Lesen Sie z. B. $P(E)$ und $P_S(E)$ aus der Vierfeldertafel ab und vergleichen Sie diese.

$P(E) = \frac{40}{100} = 40\,\%$, $P_S(E) = \frac{35}{50} = 70\,\%$
$P(E) \neq P_S(E)$, also sind E und S abhängig.

b) Bestimmen Sie alle bedingten Wahrscheinlichkeiten für eine Erkältung und das Schaltragen.
Interpretieren Sie das Ergebnis. Argumentieren Sie, warum bestimmte Abhängigkeiten im Sachzusammenhang sinnvoll oder nicht sinnvoll sein können.

$P_E(S) = \frac{35}{40} = 87,5\,\%$, $P_{\overline{E}}(S) = \frac{15}{60} = 25\,\%$
$P_S(E) = \frac{35}{50} = 70\,\%$, $P_{\overline{S}}(E) = \frac{5}{50} \approx 10\,\%$

Man könnte erwarten, dass Schalträger seltener erkältet sind als Nichtschalträger, das ist jedoch nicht der Fall. Es könnte also sein, dass umgekehrt eine Erkältung eine Ursache für das Tragen eines Schals ist.

Basisaufgaben

4 Es wurden 8000 Menschen befragt, ob sie auf dem Land (L) oder in der Stadt (S) wohnen und ob sie Heuschnupfen-Allergiker (A) sind oder nicht ($\overline{A}$). Die Vierfeldertafel zeigt das Ergebnis der Befragung.
  a) Prüfen Sie, ob die Merkmale abhängig sind.
  b) Berechnen Sie alle bedingten Wahrscheinlichkeiten. Finden Sie mögliche Zusammenhänge für Ihre Beobachtungen.

	L	S	gesamt
A	220	348	568
$\overline{A}$	3106	4326	7432
gesamt	3326	4674	8000

Weiterführende Aufgaben

5 Bei einer Prüfung sind erfahrungsgemäß 25 % der Prüflinge Wiederholer. 15 % der Wiederholer und 28 % der anderen Prüflinge treten von der Prüfung zurück.

a) Berechnen Sie die Wahrscheinlichkeit, dass ein zufällig ausgewählter Prüfling ein Wiederholer und von der Prüfung zurückgetreten ist.

b) Berechnen Sie die Wahrscheinlichkeit, dass ein zufällig ausgewählter Prüfling Wiederholer ist, wenn er an der Prüfung teilgenommen hat.

c) Überprüfen Sie die Ereignisse W: „ein zufällig ausgewählter Prüfling ist Wiederholer" und R: „ein zufällig ausgewählter Prüfling ist von der Prüfung zurückgetreten" auf stochastische Unabhängigkeit.

d) Stellen Sie eine Vermutung auf, warum der Anteil der zurücktretenden Prüflinge bei Wiederholern so viel geringer ist.

6 **Stolperstelle:** Eine Umfrage hat ergeben, dass 53 % der Befragten weiblich waren und 39 % lange Haare hatten. Erik sagt: *„47 % der Befragten sind also männlich und 61 % haben kurze Haare. Also beträgt der Anteil an Männern mit kurzen Haaren nach der Multiplikationsregel $0,47 \cdot 0,61 \approx 0,29$."* Nehmen Sie Stellung zu Eriks Gedanken.

7 Die Ereignisse A und B sind unabhängig. Weisen Sie mithilfe der Vierfeldertafel und den gegebenen Wahrscheinlichkeiten nach, dass dann auch A und $\overline{B}$, $\overline{A}$ und B sowie $\overline{A}$ und $\overline{B}$ unabhängig voneinander sind.

	B	$\overline{B}$	gesamt
A	$a \cdot b$		a
$\overline{A}$			
gesamt	b	$1 - b$	1

8 In einer Urne befinden sich 18 Lose mit den Zahlen 1 bis 18. Ein Los wird zufällig gezogen und die gezogene Zahl notiert.

a) Zeigen Sie, dass die Ereignisse A: „Die zufällig gezogene Zahl ist kleiner als 7." und B: „Die zufällig gezogene Zahl ist eine ungerade Primzahl." unabhängig sind.

b) Ermitteln Sie zum Ereignis A ein unabhängiges Ereignis C mit P(C) = 50 %.

c) Begründen Sie, warum zwei Ereignisse X und Y mit $P(X) = P(Y) = \frac{2}{3}$ bei diesem Experiment abhängig sein müssen.

9 **Ausblick:** Drei Ereignisse A, B und C sind **stochastisch unabhängig**, wenn die Ereignisse jeweils paarweise unabhängig sind (d. h., dass je zwei von ihnen unabhängig sind) und außerdem gilt $P(A \cap B \cap C) = P(A) \cdot P(B) \cdot P(C)$. Für den Nachweis sind alle Bedingungen zu prüfen.
Aus einem Pokerspiel mit 52 Karten (in jeder Spielfarbe die Werte 2 bis 10, Bube, Dame, König und Ass) wird eine Karte zufällig ausgewählt.

a) Zeigen Sie, dass die Ereignisse A, B und C stochastisch unabhängig sind.

A: Die Karte ist schwarz.   B: Die Karte ist eine Dame.   C: Die Karte zeigt Pik oder Herz.

b) Entwickeln Sie am Beispiel des Pokerspiels ein neues Ereignis B so, dass alle Ereignisse A, B und C paarweise stochastisch unabhängig sind, nicht jedoch A, B, C zusammen.

Das Simpson-Paradoxon

Im Jahr 1973 wurde der University of Berkeley vorgeworfen, frauenfeindlich zu sein. An den 101 Departements der Universität hatten sich insgesamt 8442 Männer beworben, von denen 44 % angenommen wurden. Von 4321 Bewerberinnen erhielten dagegen nur 35 % eine Zusage. Begründen Sie, ob man aus diesen Daten auf die Frauenfeindlichkeit der Universität schließen kann.

Das Simpson-Paradoxon (benannt nach dem britischen Statistiker Edward Hugh Simpson) beschreibt den Effekt, dass eine Gruppe in einer Bewertung scheinbar deutlich schlechter (oder besser) abschneidet als eine andere, sofern man verschiedene Kategorien zusammenfasst. Untersucht man jedoch die Kategorien einzeln, kann sich ein gegensätzliches Bild ergeben.

In einer Fahrschule haben zuletzt 75 % der Frauen, aber nur knapp 64 % der Männer die praktische Prüfung bestanden. Sind die Männer also schlechtere Autofahrer? Die Tabelle zeigt, dass man dies so nicht sagen kann:

Hinweis

Diese Prozentsätze ergeben sich aus der Tabelle unten, so haben 1 + 8 von insgesamt 1 + 1 + 8 + 2 Frauen die Prüfung bestanden, das sind 3/4 bzw. 75 %.

	Männer		Frauen	
	bestanden	nicht bestanden	bestanden	nicht bestanden
Prüfer 1	3	3	1	1
Prüfer 2	4	1	8	2

Männer und Frauen haben beim gleichen Prüfer die gleichen Durchfallquoten. In den letzten Prüfungen wurden jedoch mehr Männer als Frauen vom strengeren Prüfer geprüft. Frauen schneiden also nicht generell besser ab als Männer.

Aufgaben

1 Eine Großstadt hat die nebenstehende Kriminalstatistik veröffentlicht.
Eine Zeitschrift schreibt dazu:
„Ausländer weisen mit 2,76 % ein deutlich höheres Kriminalitätspotential auf als Einheimische mit 1,67 %."
Im Stadtanzeiger steht hingegen:
„Ausländische Männer werden genauso oft verurteilt wie einheimische."
Nehmen Sie zu den Aussagen Stellung.

	Einheimische	Ausländer
Bewohner insgesamt	211 630	23 042
davon männlich	103 419	20 913
wegen einer Straftat verurteilte Bewohner	3532	635
davon männlich	3102	627

2 Ein neues Medikament wird in klinischen Tests mit dem alten Medikament verglichen.

	Klinik A		Klinik B	
Medikament	Anzahl der Testpersonen	Anzahl der Erfolge	Anzahl der Testpersonen	Anzahl der Erfolge
alt	20	15	100	35
neu	100	65	20	5

a) Beurteilen Sie das neue Medikament.
b) Zeigen Sie, dass die Zusammenführung der Daten aus den zwei beteiligten Kliniken zu dem Ergebnis führt, dass das neue Medikament „um über 38 % wirksamer" ist.

3 In einer Studie zu Operationen von Gallensteinen wurden zwei Methoden A und B verglichen. Die Daten sind in der Tabelle rechts aufbereitet. Stellen Sie sich vor, Sie sind beauftragt, Methode A bzw. B mit einem geeigneten Werbeslogan besonders gut darzustellen.

erfolgreiche Operationen	Methode A	Methode B
kleiner Gallenstein	162 von 174	468 von 540
großer Gallenstein	384 von 526	110 von 160

   a) Losen Sie, wer welche Methode vertritt, und formulieren Sie einen passenden Werbeslogan für Ihre Methode unter Verwendung der Daten.

   b) Vergleichen Sie Ihr Vorgehen und bewerten Sie gemeinsam beide Methoden.

   c) Beurteilen Sie folgendes Vorgehen: Das arithmetische Mittel der relativen Häufigkeiten beträgt bei Methode A 83 % und bei Methode B nur 78 %, weshalb die Methode A immer den Vorzug bekommen sollte.

4 In einem Internetforum werden zwei Krankenhäuser hinsichtlich der Überlebenswahrscheinlichkeit bei einer Herzoperation verglichen. Bei je 1000 Herzoperationen haben im Krankenhaus A 50 % der Patienten nicht überlebt, im Krankenhaus B nur 10 %. Daher wird Krankenhaus B als Klinik der ersten Wahl für Herzoperationen empfohlen.

Bei genauerer Recherche stellt sich aber Folgendes heraus: Krankenhaus A ist eine Spezialklinik für schwere Fälle. 90 % der Operationen sind schwere Fälle. Bei den leichten Fällen überleben alle Patienten die Operation. Krankenhaus B hat nur 10 % schwere Fälle, bei denen 70 % der Patienten die Operation nicht überleben.

   a) Übertragen Sie die nebenstehende Tabelle zweimal in Ihr Heft, und vervollständigen Sie sie einmal für die schweren und einmal für die leichten Fälle mit den zugehörigen absoluten Häufigkeiten.

schwere/ leichte Fälle	Krankenhaus A	Krankenhaus B
überlebt die Operation		
überlebt nicht		

   b) Berechnen Sie für die schweren und für die leichten Fälle für beide Krankenhäuser die Wahrscheinlichkeit, dass ein zufällig ausgewählter Patient nicht überlebt.

   c) Geben Sie eine begründete Empfehlung für ein Krankenhaus ab.

5 **Gender Pay Gap 2020:**
Laut Statistischem Bundesamt verdienten Frauen im Jahr 2020 etwa 18 % weniger als Männer. Recherchieren Sie zu den Gehaltsunterschieden zwischen Männern und Frauen und erläutern Sie, inwiefern die Gehaltsunterschiede teilweise mit dem Simpson-Paradoxon erklärbar sind.

6 In der Presse und in Internetforen ist immer wieder zu lesen, dass Migranten einerseits eine höhere Abiturquote haben und andererseits krimineller sind als Einheimische.

   a) Erläutern Sie, wie es zu diesen Ergebnissen kommt und was zur Entkräftung dieser Aussagen angeführt werden kann.

   b) Recherchieren Sie zu Ihren Gegenargumenten und suchen Sie Daten als Belege.

6.5 Lage- und Streuungsmaße von Stichproben

Max möchte wissen, wie viel die Schüler seiner Jahrgangsstufe durchschnittlich pro Monat für ihre Handygebühren ausgeben.
a) Beschreiben Sie ein mögliches Vorgehen.
b) Erläutern Sie, ob es reicht, wenn Max 3, 10 oder 25 Mitschüler befragt.

Lagemaße

Kennzahlen wie der Median oder das arithmetische Mittel zählen zu den **Lagemaßen**. Sie geben Auskunft über den „typischen Wert" oder das Zentrum einer Liste.

Ein Kurs mit 20 Tänzern erzielte das nebenstehende Ergebnis. Das arithmetische Mittel gibt den Punktdurchschnitt an.

Punkte	1	2	3	4	5	6
Anzahl	0	3	8	3	4	2

Liegt die Häufigkeitsverteilung vor, so ist es einfacher, die Werte mit ihren absoluten Häufigkeiten zu multiplizieren statt alle einzeln aufzusummieren. Man kann das arithmetische Mittel auch mithilfe von relativen Häufigkeiten bestimmen, indem man die absoluten Häufigkeiten durch die Gesamtzahl $n = 20$ teilt, alle Werte also mit ihrem „Anteil am Ganzen" gewichtet.

arithmetisches Mittel:

$$\bar{x} = \frac{2+2+2+3+3+\ldots+6+6}{20} = \frac{74}{20} = 3,7$$

jeweils Anzahl mal Note

$$\bar{x} = \frac{0 \cdot 1 + 2 \cdot 3 + 8 \cdot 3 + 3 \cdot 4 + 4 \cdot 5 + 2 \cdot 6}{20}$$

$$= \frac{6 + 24 + 12 + 20 + 12}{20} = \frac{74}{20}$$

$$\bar{x} = \frac{0}{20} \cdot 1 + \frac{3}{20} \cdot 2 + \frac{8}{20} \cdot 3 + \frac{3}{20} \cdot 4 + \frac{4}{20} \cdot 5 + \frac{2}{20} \cdot 6$$

$$= 0,15 \cdot 2 + 0,4 \cdot 3 + 0,15 \cdot 4 + 0,2 \cdot 5 + 0,1 \cdot 6$$

$$= 3,7$$

Erinnerung

Merkmale sind die Eigenschaften von Daten, die untersucht, gemessen oder beobachtet werden sollen.

> **Definition** | **Arithmetisches Mittel**
>
> Bei einer Liste mit n Daten $x_1, x_2, \ldots, x_n$ gilt für das **arithmetische Mittel**: $\bar{x} = \frac{x_1 + x_2 + \ldots + x_n}{n}$
> Das arithmetische Mittel eines Merkmals mit den Werten x_i und ihren relativen Häufigkeiten h_i wird berechnet sich durch: $\bar{x} = h_1 \cdot x_1 + h_2 \cdot x_2 + \ldots + h_k \cdot x_k$

> **Beispiel 1**
>
> Bei einem Quiz wurden 34 Kandidaten fünf Fragen gestellt. Die Tabelle zeigt, wie viele richtige Antworten von wie vielen Kandidaten gegeben wurden.
>
> | Anzahl richtiger Antworten | 1 | 2 | 3 | 4 | 5 |
> |----------------------------|---|---|----|---|---|
> | Anzahl Kandidaten | 4 | 7 | 12 | 9 | 2 |
>
> Berechnen Sie die relativen Häufigkeiten und ermitteln Sie damit, wie viele richtige Antworten im Mittel gegeben wurden.
>
> **Lösung:**
> Insgesamt haben 34 Kandidaten teilgenommen (Summe der Kandidaten). Teilen Sie die absoluten Häufigkeiten durch die Gesamtzahl. Setzen Sie die relativen Häufigkeiten in die Formel ein. Im Mittel wurden knapp 3 Fragen richtig beantwortet.
>
> $h_1 = \frac{4}{34}$; $h_2 = \frac{7}{34}$; $h_3 = \frac{12}{34}$; $h_4 = \frac{9}{34}$; $h_5 = \frac{2}{34}$
>
> $\bar{x} = h_1 \cdot x_1 + h_2 \cdot x_2 + \ldots + h_5 \cdot x_5$
>
> $= \frac{4}{34} \cdot 1 + \frac{7}{34} \cdot 2 + \frac{12}{34} \cdot 3 + \frac{9}{34} \cdot 4 + \frac{2}{34} \cdot 5$
>
> $= \frac{100}{34} = \frac{50}{17} \approx 2,94$

Basisaufgaben

1 Bestimmen Sie den Median und das arithmetische Mittel.

a) 5; 6; 8; 7; 1; 2; 4; 6
b) 8; 9; 7; 7; 7; 0; 5; 2; 3; 4
c) 120 g; 508 g; 407 g; 256 g; 845 g; 87 g
d) 3 m; 45 cm; 65 cm; 2,5 m; 80 cm; 1 m

2 Das Diagramm zeigt das Ergebnis eines Tests.

a) Geben Sie an, wie viele Schüler am Test teilgenommen haben.
b) Ermitteln Sie das arithmetische Mittel der erteilten Zensuren.

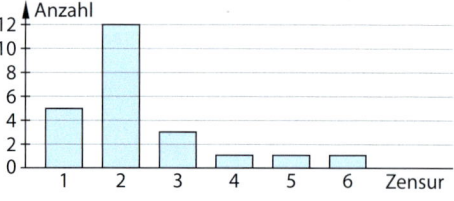

3 Die Tabelle zeigt einen Notenspiegel.

a) Berechnen Sie das arithmetische Mittel, indem Sie jeden Wert mit seiner absoluten Häufigkeit multiplizieren und die Summe durch die Gesamtzahl teilen.
b) Berechnen Sie das arithmetische Mittel mithilfe der relativen Häufigkeiten.
c) Vergleichen Sie die beiden Methoden.

Note	1	2	3	4	5	6
Anzahl	2	3	10	11	7	2

4 **Median bei einer Häufigkeitsverteilung:**

Eine Gruppe von Personen wurde nach der Anzahl ihrer Geschwister befragt.

a) Geben Sie die Gesamtzahl an.

Geschwister	0	1	2	3	4	7
Nennungen	34	56	21	11	4	1

b) Erläutern Sie, wie man den Median berechnen kann, und geben Sie seinen Wert an.

5 Gegeben ist eine Häufigkeitsverteilung.

a) Zeichnen Sie ein Säulendiagramm.
b) Berechnen Sie das arithmetische Mittel.
c) Ermitteln Sie den Median.

Messwert	3	1	8	4	0	6
Häufigkeit	2	7	7	4	3	0

Streuungsmaße

Neben den Lagemaßen als komprimierte, aussagekräftige Maßzahlen für Daten gibt es **Streuungsmaße**. Sie geben Auskunft darüber, wie stark die Daten um einen Mittelwert streuen bzw. von ihm abweichen. Ein bereits bekanntes Streuungsmaß ist die **Spannweite**. Diese berücksichtigt aber nur den größten und kleinsten Wert der Datenliste.

Trotz gleichem Mittelwert kann die Streuung variieren. Die Diagramme zeigen die Anzahl der Fehler zweier Schüler in den letzten sechs Vokabeltests. Das arithmetische Mittel beträgt für beide Schüler 5.

Für ein aussagekräftiges Streuungsmaß um den Mittelwert sollen große Abweichungen stärker ins Gewicht fallen als kleine. Ferner sollen sich die Abweichungen nicht aufheben können, alle Werte sollen positiv sein. Daher geht man zum Quadrat der Differenz zwischen dem jeweiligen Wert x_i und dem Mittelwert $\bar{x}$ über, also zu $(x_i - \bar{x})^2$.

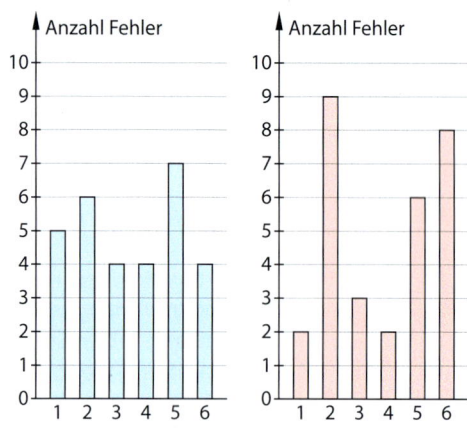

Die **mittlere quadratische Abweichung** (die **Varianz**) der Werte vom arithmetischen Mittel berechnet sich für die Diagramme wie folgt:

blau: $s^2 = \frac{1}{6} \cdot \left((5-5)^2 + (6-5)^2 + (4-5)^2 + (4-5)^2 + (7-5)^2 + (4-5)^2 \right) = \frac{8}{6} = \frac{4}{3}$

rot: $s^2 = \frac{1}{6} \cdot \left((2-5)^2 + (9-5)^2 + (3-5)^2 + (2-5)^2 + (6-5)^2 + (8-5)^2 \right) = \frac{48}{6} = 8$

Hinweis

Der Begriff „empirisch" bedeutet, dass sich die Daten auf Stichproben beziehen.

> **Definition** / Empirische Varianz und empirische Standardabweichung
>
> Bei einer Liste mit n Daten $x_1, x_2, ..., x_n$ und dem arithmetischen Mittel $\overline{x}$ heißt die mittlere quadratische Abweichung s^2 der Daten vom Mittelwert **empirische Varianz**:
>
> $$s^2 = \frac{1}{n-1} \cdot \left((x_1 - \overline{x})^2 + (x_2 - \overline{x})^2 + ... + (x_n - \overline{x})^2 \right)$$
>
> Die Wurzel s aus der empirischen Varianz ist die **empirische Standardabweichung**.

Oft wird die Standardabweichung anstelle der Varianz betrachtet, damit das Streuungsmaß und die Daten die gleiche Einheit haben.

Hinweis

Die quadratischen Abweichungen der Werte von $\overline{x}$ werden mit ihren relativen Häufigkeiten gewichtet.

> **Wissen** / Empirische Standardabweichung mit relativen Häufigkeiten
>
> Bei einer Liste mit Daten x_i, ihren relativen Häufigkeiten h_i (Achtung: bezogen auf n − 1, nicht auf n!) und dem arithmetischen Mittel $\overline{x}$ gilt für die empirische Standardabweichung:
>
> $$s = \sqrt{h_1 \cdot (x_1 - \overline{x})^2 + h_2 \cdot (x_2 - \overline{x})^2 + ... + h_k \cdot (x_k - \overline{x})^2}$$

Hinweis

Beim Casio und beim TI liefert *mean* das arithmetische Mittel. Beim TI liefert *varSamp*(note,anz) die empirische Varianz, *stDevSamp* bzw. beim Casio *stdDev* die empirische Standardabweichung.

Beispiel 2

Die Tabelle zeigt das Ergebnis der letzten Mathematikarbeit von zwei Klassen.

a) Berechnen Sie jeweils das arithmetische Mittel.

Note	1	2	3	4	5	6
10 a	3	5	16	12	3	1
10 b	8	10	5	5	5	7

b) Vergleichen Sie die Ergebnisse mithilfe der empirischen Standardabweichungen.

Lösung:

a) Beide Klassen haben trotz deutlicher Unterschiede in der Notenverteilung die gleiche Durchschnittsnote.

10 a:
$$\overline{x} = \frac{3 \cdot 1 + 5 \cdot 2 + 16 \cdot 3 + 12 \cdot 4 + 3 \cdot 5 + 1 \cdot 6}{40} = 3{,}25$$

10 b:
$$\overline{x} = \frac{8 \cdot 1 + 10 \cdot 2 + 5 \cdot 3 + 5 \cdot 4 + 5 \cdot 5 + 7 \cdot 6}{40} = 3{,}25$$

b) Die unterschiedliche Notenverteilung wird in der deutlichen Abweichung im Streuungsmaß sichtbar.
Die empirische Standardabweichung s ist in der 10 a geringer als in der 10 b.
Es gibt in der 10 a mehr Noten in der Nähe des arithmetischen Mittels und weniger Ausreißer (Einsen und Sechsen).

10 a: $s^2 = \frac{3}{39} \cdot (1 - 3{,}25)^2 + \frac{5}{39} \cdot (2 - 3{,}25)^2$
$+ \frac{16}{39} \cdot (3 - 3{,}25)^2 + \frac{12}{39} \cdot (4 - 3{,}25)^2$
$+ \frac{3}{39} \cdot (5 - 3{,}25)^2 + \frac{1}{39} \cdot (6 - 3{,}25)^2 \approx 1{,}218$

$s \approx 1{,}1$

10 b: $s^2 = \frac{8}{39} \cdot (1 - 3{,}25)^2 + \frac{10}{39} \cdot (2 - 3{,}25)^2$
$+ \frac{5}{39} \cdot (3 - 3{,}25)^2 + \frac{5}{39} \cdot (4 - 3{,}25)^2$
$+ \frac{5}{39} \cdot (5 - 3{,}25)^2 + \frac{7}{39} \cdot (6 - 3{,}25)^2 \approx 3{,}269$

$s \approx 1{,}8$

Lösungen zu 6

Die Werte sind gerundet.

11
3,14
73,33
3,14
8,56   1,95

Basisaufgaben

6 Bestimmen Sie das arithmetische Mittel, die empirische Varianz und die empirische Standardabweichung der Daten.

a) 1; 5; 6; 10; 10; 25; 20

b) 2 cm; 3 cm; 5 cm; 1 cm; 1 cm; 6 cm; 40 mm

7 Eine schulinterne Vergleichsarbeit ergab in zwei Klassen das untenstehende Ergebnis.

Klasse 1:	Klasse 2:
1; 1; 1; 2; 2; 2; 3; 3; 3; 3; 3; 4; 4; 5; 5; 5; 5; 5; 5; 5; 5; 6; 6; 6; 6	2; 2; 2; 2; 3; 3; 3; 3; 3; 3; 3; 3; 3; 3; 3; 4; 4; 4; 4; 4; 5; 5; 5; 5

a) Schätzen Sie begründet, welche der Klassen eine größere Standardabweichung haben wird. Erläutern Sie, worauf Sie dabei besonders achten.

b) Überprüfen Sie Ihre Vermutung aus a) mit einer Rechnung.

8 Berechnen Sie das arithmetische Mittel, die Varianz sowie die empirische Standardabweichung der Häufigkeitsverteilung. Stellen Sie die Häufigkeitsverteilung anschließend in einer geeigneten Form dar.

a)

x	1	2	3	4
f(x)	$\frac{1}{8}$	$\frac{2}{8}$	$\frac{3}{8}$	$\frac{2}{8}$

b)

x	−1	0	4	5	6
f(x)	$\frac{1}{8}$	$\frac{2}{8}$	$\frac{3}{8}$	$\frac{1}{8}$	$\frac{1}{8}$

9 Dargestellt sind die Testergebnisse einer Klasse mit 31 Schülerinnen und Schülern.

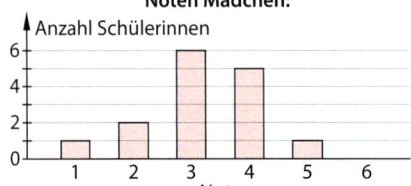

Noten Mädchen:

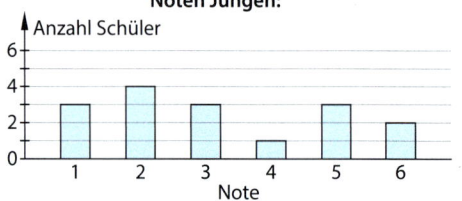

Noten Jungen:

a) Berechnen Sie Durchschnittsnote und Spannweite für beide Geschlechter.

b) Bestimmen Sie die Standardabweichung für beide Geschlechter und interpretieren Sie sie. Begründen Sie, ob die Mädchen oder die Jungen besser abgeschnitten haben.

10 Zwei Sportler vergleichen ihre Leistungen im Kniebeugen mit Gewichten über das letzte Trainingshalbjahr hinweg. Die Tabelle zeigt die erreichten Ergebnisse.

Monat	1	2	3	4	5	6
Sportler A	150 kg	170 kg	175 kg	175 kg	180 kg	180 kg
Sportler B	180 kg	183 kg	185 kg	184 kg	188 kg	180 kg

a) Vergleichen Sie die Ergebnisse der beiden Sportler hinsichtlich der Kenngrößen Median, arithmetisches Mittel, Standardabweichung und Spannweite. Interpretieren Sie diese Größen, bewerten Sie ihre Aussagekraft und geben Sie mögliche Ursachen für die unterschiedliche Entwicklungskurve der beiden Sportler im Sachkontext an.

b) Verglichen werden ein professioneller Gewichtheber und ein Hobbysportler in diesem Bereich.
Begründen Sie, welcher der beiden jeweils die größere Spannweite, den größeren Mittelwert, die größere Standardabweichung und das größere Maximum haben wird.

11 Die 30 Schüler zweier Leistungskurse haben ein Durchschnittsgewicht von 70 kg. Nach langer Krankheit hat einer der Schüler 20 kg abgenommen.

a) Geben Sie an, wie sich dadurch das arithmetische Mittel ändert.

b) Tom behauptet, dass auch die Standardabweichung kleiner wird.
Beurteilen Sie seine Aussage. Geben Sie verschiedene Beispiele an.

Weiterführende Aufgaben

✏ **12** Im Pfadfinderlager gibt es einen Hindernislauf durch den Wald. Die schnellere Gruppe soll einen Preis bekommen. Die Zeiten aller Teilnehmer wurden notiert.

Gruppe A: 50 s; 58 s; 1 min 2 s; 53 s   Gruppe B: 59 s; 51 s; 1 min 23 s; 45 s; 52 s

Begründen Sie, warum beide Gruppen den Preis verdienen.

⚠ ✏ **13 Stolperstelle:** Chris erzählt seinen Freunden von seiner letzten Klausur in Mathematik. Er hat 8 Notenpunkte bekommen und behauptet: *„Ich war besser als der Durchschnitt, also gibt es mehr Schüler mit einer schlechteren Note als Schüler mit einer besseren Note."*

Beurteilen Sie die Aussage von Chris. Finden Sie verschiedene Beispiele für die Situation.

✏ **14** Die 20 Schrauben in einer Kiste wiegen durchschnittlich 5 g.
  a) Eine 7 g schwere Schraube wird in die Kiste gelegt. Berechnen Sie das neue Durchschnittsgewicht der Schrauben.
  b) Ermitteln Sie, wie schwer die neue Schraube sein müsste, um das Durchschnittsgewicht um 1 g anzuheben.
  c) Bearbeiten Sie Teilaufgabe b) für den Fall, dass in der Kiste 15 Schrauben mit einem Durchschnittsgewicht von 6 g liegen.

✏ **15** Nehmen Sie Stellung zu der folgenden Aussage.
  „Bei zwei Datenreihen hat die mit der größeren Spannweite auch die größere empirische Standardabweichung."

✏ **16** In vielen Sportarten erfolgt eine Einteilung in Gewichtsklassen. Beim Karate gibt es für 16- und 17-jährige Kämpferinnen die Gewichtsklassen unter 48 kg, 48–53 kg, 53–59 kg und über 59 kg. Es werden 40 Kämpferinnen gemeldet, 10 pro Gewichtsklasse. Diskutieren Sie die Problematiken, die hier bei der Berechnung des Mittelwerts der Körpergewichte der 40 Kämpferinnen auftreten, und schlagen Sie eine Lösung vor.

● **17 Histogramm:** Während eines Sportfests wurden beim Weitsprung die angegebenen Weiten erreicht.
  a) Teilen Sie die Daten in Klassen mit gleicher Breite ein und bestimmen Sie die absoluten Häufigkeiten.
  b) Informieren Sie sich über Histogramme, und stellen Sie die Erhebung mithilfe eines Histogramms dar.
  c) Reflektieren Sie die Unterschiede zu Balken- und Säulendiagrammen. Erläutern Sie, warum die Klassenbreite dafür entscheidend ist.

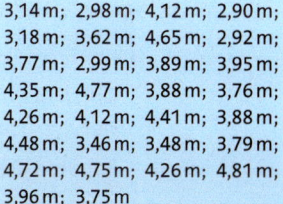

3,14 m; 2,98 m; 4,12 m; 2,90 m;
3,18 m; 3,62 m; 4,65 m; 2,92 m;
3,77 m; 2,99 m; 3,89 m; 3,95 m;
4,35 m; 4,77 m; 3,88 m; 3,76 m;
4,26 m; 4,12 m; 4,41 m; 3,88 m;
4,48 m; 3,46 m; 3,48 m; 3,79 m;
4,72 m; 4,75 m; 4,26 m; 4,81 m;
3,96 m; 3,75 m

● **18 Ausblick:** Zwei unterschiedlich farbige Würfel werden geworfen.
  a) Nehmen Sie an, dass bei 36 Würfen jedes mögliche Resultat genau einmal vorkommt.
    Erstellen Sie eine Tabelle und ein Säulendiagramm mit den relativen Häufigkeiten der Augensummen.
  b) Was fällt Ihnen am Säulendiagramm auf? Erläutern Sie, welche Schlussfolgerungen man anhand dieser besonderen Verteilung direkt ziehen kann.
  c) Berechnen Sie das arithmetische Mittel, den Median und die Standardabweichung.
  d) Es wird folgendes Spiel vorgeschlagen: Sie würfeln mit beiden Würfeln und gewinnen 1 €, falls Ihre Augensumme 6, 7 oder 8 beträgt. Andernfalls verlieren Sie 1 €. Entscheiden Sie begründet, ob Sie sich auf das Spiel einlassen sollten.

6.6 Zufallsgrößen und ihre Parameter

Die beiden Würfel werden geworfen und es wird das Produkt der beiden Augenzahlen gebildet.
a) Nennen Sie die möglichen Produkte.
b) Geben Sie zu jedem möglichen Produkt die zugehörigen Ergebnisse der Würfel an.
c) Bestimmen Sie die Wahrscheinlichkeiten der auftretenden Produkte.

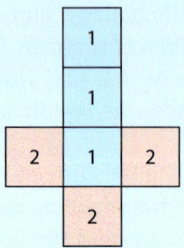 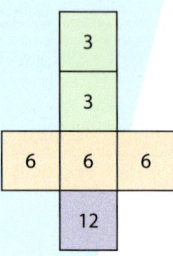

Häufig interessiert man sich bei einem Zufallsexperiment nicht für jedes einzelne Ergebnis, sondern für eine Größe, die vom Ausgang des Experiments abhängt, zum Beispiel für die Höhe eines Gewinns bei einem Glücksspiel oder für die Häufigkeit von Ereignissen.

Beim Werfen zweier normaler Spielwürfel gibt es 36 verschiedene Ergebnisse. Addiert man die beiden Augenzahlen, so ergibt sich eine Zahl zwischen 2 und 12. Die Augensumme ist eine **Zufallsgröße X**, die jedem Ergebnis einen Wert von 2 bis 12 zuordnet.

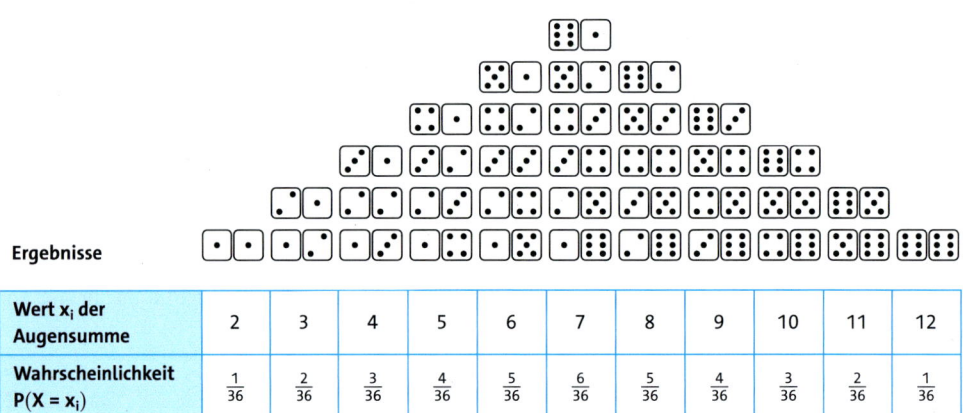

Wert x_i der Augensumme	2	3	4	5	6	7	8	9	10	11	12
Wahrscheinlichkeit $P(X = x_i)$	$\frac{1}{36}$	$\frac{2}{36}$	$\frac{3}{36}$	$\frac{4}{36}$	$\frac{5}{36}$	$\frac{6}{36}$	$\frac{5}{36}$	$\frac{4}{36}$	$\frac{3}{36}$	$\frac{2}{36}$	$\frac{1}{36}$

Durch die Zufallsgröße werden meist mehrere Ergebnisse zusammengefasst.
Mit X = 4 bezeichnet man z. B. das Ereignis, dass die Augensumme 4 ist. Zu diesem Ereignis gehören die Ergebnisse ⚀⚂, ⚁⚁ und ⚂⚀. Da dies 3 von 36 möglichen, gleich wahrscheinlichen Ergebnissen sind, gilt für die Wahrscheinlichkeit, dass die Augensumme 4 ist:

$P(X = 4) = \frac{3}{36} = \frac{1}{12}$

Hinweis

$P(X = x_i)$ ist die Wahrscheinlichkeit, dass die Zufallsgröße X den Wert x_i annimmt.

Hinweis

Wenn eine Zufallsgröße nicht unendlich viele Werte annehmen kann, dann wird sie **diskrete Zufallsgröße** genannt.

Definition / **Zufallsgröße und Wahrscheinlichkeitsverteilung**
Eine **Zufallsgröße X** ist eine Zuordnung, die jedem Ergebnis eines Zufallsexperiments eine reelle Zahl x zuordnet.
Die Zuordnung, die jedem Wert x_i, den eine Zufallsgröße X annehmen kann, die Wahrscheinlichkeit $P(X = x_i)$ zuordnet, heißt **Wahrscheinlichkeitsverteilung** von X.

Alle Wahrscheinlichkeiten einer Wahrscheinlichkeitsverteilung addieren sich zu 1. Wahrscheinlichkeitsverteilungen können mit Tabellen dargestellt werden. Wenn die Zufallsgröße nur ganzzahlige Werte annimmt, verwendet man auch spezielle Säulendiagramme, sogenannte **Histogramme**. Die Säulen mit der Breite 1 werden im Koordinatensystem dargestellt. Die Höhe bzw. der Flächeninhalt einer Säule im Histogramm entspricht der Wahrscheinlichkeit des zugehörigen Werts. Die Summe der Flächeninhalte aller Säulen ist gleich 1.

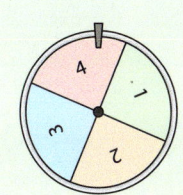

Beispiel 2

Das Glücksrad wird zweimal gedreht und der Betrag der Differenz der beiden Ergebnisse berechnet. Die Zufallsgröße X gibt diesen Betrag an.
a) Bestimmen Sie, welche Werte die Zufallsgröße annehmen kann, und geben Sie die zugehörigen Ergebnisse an.
b) Bestimmen Sie die Wahrscheinlichkeitsverteilung der Zufallsgröße.
c) Stellen Sie die Wahrscheinlichkeitsverteilung in einem Histogramm dar.

Lösung:

a) Die grüne Zeile steht für das Ergebnis beim ersten Drehen, die grüne Spalte für das Ergebnis beim zweiten Drehen. Die weißen Zellen geben den Betrag x der Differenz an. Möglich sind die Werte 0, 1, 2, 3.

	1	2	3	4
1	0	1	2	3
2	1	0	1	2
3	2	1	0	1
4	3	2	1	0

Erinnerung

Bei einem **Laplace-Experiment** ergibt sich die Wahrscheinlichkeit eines Ereignisses, indem man die Anzahl der Ergebnisse, die zu diesem Ereignis gehören, durch die Anzahl aller möglichen Ergebnisse teilt.

b) Berechnen Sie die Wahrscheinlichkeiten P(X = x) mithilfe der Laplace-Regel. Alle Wahrscheinlichkeiten der Wahrscheinlichkeitsverteilung addieren sich zu 1.

$P(X = 0) = \frac{4}{16} = \frac{1}{4}$ $\qquad P(X = 1) = \frac{6}{16} = \frac{3}{8}$

$P(X = 2) = \frac{4}{16} = \frac{1}{4}$ $\qquad P(X = 3) = \frac{2}{16} = \frac{1}{8}$

x	0	1	2	3
P(X = x)	$\frac{1}{4}$	$\frac{3}{8}$	$\frac{1}{4}$	$\frac{1}{8}$

c) Zeichnen Sie eine x- und eine y-Achse. Tragen Sie auf der x-Achse für jeden möglichen Wert x der Zufallsgröße eine Säule ein. Es ist günstig, die Säule für x = 0 rechts neben die y-Achse zu zeichnen. Wählen Sie als Säulenbreite 1 und als Höhe die Wahrscheinlichkeit P(X = x).

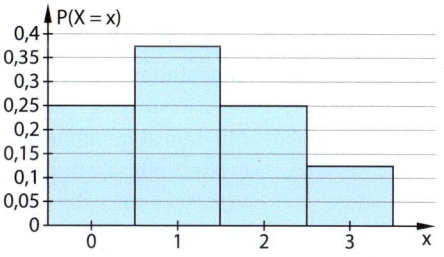

Basisaufgaben

 1 Ein Glücksrad mit 20 gleich großen Feldern von 1 bis 20 wird einmal gedreht. Ist die gedrehte Zahl gerade, so bekommt man 1 €. Bei einer einstelligen ungeraden Zahl bekommt man 2 €, bei einer zweistelligen ungeraden Zahl bekommt man 3 €. Die Zufallsgröße X gibt den ausgezahlten Betrag in Euro an.
a) Bestimmen Sie, welche Werte die Zufallsgröße X annehmen kann, und geben Sie die zugehörigen Ergebnisse an.
b) Bestimmen Sie die Wahrscheinlichkeitsverteilung der Zufallsgröße X.
c) Addieren Sie alle Wahrscheinlichkeiten der Wahrscheinlichkeitsverteilung und erklären Sie das Ergebnis.

Lösungen zu 2

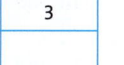

0,15

0,5

0,3

0,2

 2 Die angegebene Wahrscheinlichkeitsverteilung ist unvollständig. Ergänzen Sie begründet die fehlende Wahrscheinlichkeit. Geben Sie ein passendes Zufallsexperiment an.

a)

x	1	2	3
P(X = x)	0,5	0,2	

b)

x	2	3	5	7	11
P(X = x)	0,2		0,2	0,2	0,2

c)

x	0	1	2
P(X = x)	0,25		0,25

d)

x	0	1	2	3	4
P(X = x)	0,1	0,45	0,25		0,05

3 Stellen Sie die Wahrscheinlichkeitsverteilung in einem Histogramm dar.

a)

x	0	1	2	3
P(X = x)	0,25	0,2	0,15	0,4

b)

x	0	3	5	10
P(X = x)	0,3	0,2	0,45	0,05

4 Informieren Sie sich, wie Sie mit einem geeigneten digitalen Hilfsmittel ein Histogramm erzeugen können. Stellen Sie die Wahrscheinlichkeitsverteilung in einem Histogramm dar.

a)

x	0	1	2	3
P(X = x)	0,3	0,3	0,2	0,2

b)

x	0	5	10	15
P(X = x)	0,6	0,3	0,05	0,05

Hinweis

Das Tetraeder ist mit den Zahlen 1 bis 4 beschriftet. Es zählt die Zahl an der Spitze, die nach oben zeigt.

5 Mit einem Tetraeder-Würfel können Zahlen von 1 bis 4 gewürfelt werden. Der Würfel wird zweimal geworfen. Die Zufallsgröße X beschreibt die Augensumme.
Die Zufallsgröße Y beschreibt das Produkt der beiden gewürfelten Zahlen.

a) Geben Sie an, welche Werte die Zufallsgrößen jeweils annehmen können.
b) Bestimmen Sie die Wahrscheinlichkeitsverteilungen der beiden Zufallsgrößen.
c) Stellen Sie die Wahrscheinlichkeitsverteilungen in Histogrammen dar.

6 In einer Urne sind 2 rote und 8 grüne Kugeln. Nacheinander werden drei Kugeln
① mit Zurücklegen,   ② ohne Zurücklegen
gezogen. Die Zufallsgröße X gibt die Anzahl der roten Kugeln an.
a) Stellen Sie das Zufallsexperiment für beide Fälle in einem Baumdiagramm dar.
b) Bestimmen Sie jeweils die Wahrscheinlichkeitsverteilung der Zufallsgröße X.
c) Erstellen Sie für beide Fälle jeweils ein Histogramm.

7 Mit dem abgebildeten Quader wird gewürfelt. Die Zufallsgröße X gibt die Augenzahl an. Die Tabelle zeigt die Wahrscheinlichkeitsverteilung von X.

x	1	2	3	4	5	6
P(X = x)	0,1	0,15	0,25	0,25	0,15	0,1

Ordnen Sie jedem Ereignis das passende Kärtchen zu und berechnen Sie die zugehörige Wahrscheinlichkeit.
Beispiel: Die Augenzahl ist höchstens 2.
$P(X \leq 2) = P(X = 1) + P(X = 2) = 0,1 + 0,15 = 0,25$
Die Augenzahl ist
① höchstens 3,   ② mindestens 3,   ③ größer als 3,   ④ kleiner als 3,
⑤ mindestens 3 und höchstens 5,   ⑥ größer als 3 und kleiner als 5.

3 < X < 5	X < 3	X ≥ 3	X ≤ 3	3 ≤ X ≤ 5	X > 3

8 Das Histogramm steht für die Wahrscheinlichkeitsverteilung einer Zufallsgröße X. Stellen Sie das Ereignis wie in Aufgabe 7 mithilfe von X dar und berechnen Sie seine Wahrscheinlichkeit.
Der Wert der Zufallsgröße X ist

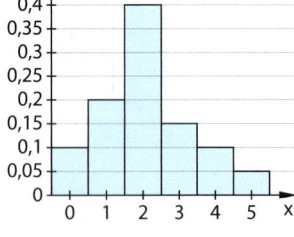

a) höchstens 2,
b) kleiner als 3,
c) nicht größer als 3,
d) zwischen 1 und 4,
e) größer als 4,
f) höchstens 5,
g) mindestens 2,
h) 0,
i) nicht 0,
j) höchstens 4.

Hinweis zu 8d

„Zwischen 1 und 4" bedeutet hier „mindestens 1 und höchstens 4".

Erwartungswert, Varianz und Standardabweichung

Hinweis

empirisch = statistisch

In Analogie zum arithmetischen Mittel und der empirischen Standardabweichung, werden auch in der Wahrscheinlichkeitsrechnung Kenngrößen für Zufallsexperimente herangezogen.

Ein Spielwürfel wird geworfen. Ist die Augenzahl 2 oder 4, so bekommt man 2 €, ist die Augenzahl 6, so bekommt man 8 €, sonst 0 €. Die Zufallsgröße X beschreibt die Auszahlung.

X: Höhe der Auszahlung in €
Wahrscheinlichkeitsverteilung von X:

x	0	2	8
P(X = x)	$\frac{1}{2}$	$\frac{1}{3}$	$\frac{1}{6}$

Bei häufiger Wiederholung, kann man davon ausgehen, dass die relativen Häufigkeiten der Ergebnisse in der Nähe der theoretischen Wahrscheinlichkeiten liegen. Dass also die Hälfte der Würfe 1, 3 oder 5, ein Drittel der

arithmetisches Mittel:

$$0 \cdot \frac{1}{2} + 2 \cdot \frac{1}{3} + 8 \cdot \frac{1}{6} = 2$$

Langfristig ist mit einer Auszahlung von durchschnittlich 2 € pro Spiel zu rechnen.

Würfe 2 oder 4 und ein Sechstel der Würfe 6 ergeben. Mit diesen Werten lässt sich ein (theoretisches) arithmetisches Mittel für die Auszahlung berechnen. Dieses wird als **Erwartungswert** der Zufallsgröße bezeichnet.

Hinweis

Den Erwartungswert E(X) bezeichnet man auch mit μ („mü"), wenn klar ist, welche Zufallsgröße X gemeint ist.

> **Definition** / **Erwartungswert einer Zufallsgröße**
> Für den **Erwartungswert** einer diskreten Zufallsgröße X, die die Werte $x_1, x_2, ..., x_n$ ($n \in \mathbb{N}$) annehmen kann, gilt: $E(X) = x_1 \cdot P(X = x_1) + x_2 \cdot P(X = x_2) + ... + x_n \cdot P(X = x_n)$

Der Erwartungswert stellt eine Prognose für das arithmetische Mittel der Zufallsgröße dar. Das tatsächliche arithmetische Mittel kann vom Erwartungswert abweichen. Es wird sich aber dem Erwartungswert annähern, wenn das Experiment sehr häufig durchgeführt wird.

Der Erwartungswert einer Zufallsgröße allein ist aber oft nicht sehr aussagekräftig. Es werden die einfachen Würfe eines normalen Spielwürfels und eines Quader-Würfels verglichen.

Spielwürfel
X: Augenzahl

E(X) = 3,5

Quader-Würfel
Y: Augenzahl

E(Y) = 3,5

x	1	2	3	4	5	6
P(X = x)	$\frac{1}{6}$	$\frac{1}{6}$	$\frac{1}{6}$	$\frac{1}{6}$	$\frac{1}{6}$	$\frac{1}{6}$

y	1	2	3	4	5	6
P(Y = y)	0,05	0,1	0,35	0,35	0,1	0,05

Die Zufallsgrößen haben beide einen Erwartungswert von 3,5. Anhand der Histogramme sieht man, dass Werte, die deutlich vom Erwartungswert abweichen, beim Spielwürfel wahrscheinlicher sind als beim Quader-Würfel. Die Werte von X streuen also stärker als die Werte von Y.

Um die Streuung der Wahrscheinlichkeitsverteilung einer Zufallsgröße X um den Erwartungswert zu beschreiben, definiert man eine (theoretische) **Varianz** bzw. **Standardabweichung**. Sie stellt eine Prognose für die empirische Varianz bzw. Standardabweichung der Werte dar, die X bei vielen Versuchsdurchführungen annimmt.

Definition | **Varianz und Standardabweichung einer Zufallsgröße**

Für eine diskrete Zufallsgröße X, die die Werte $x_1, x_2, ..., x_n$ $(n \in \mathbb{N})$ annehmen kann und den Erwartungswert $\mu = E(X)$ hat, heißt

$V(X) = (x_1 - \mu)^2 \cdot P(X = x_1) + (x_2 - \mu)^2 \cdot P(X = x_2) + ... + (x_n - \mu)^2 \cdot P(X = x_n)$ **Varianz** von X und

$\sigma(X) = \sqrt{V(X)}$ **Standardabweichung** von X.

Hinweis

Die Abweichungen $(x_i - \mu)$ werden quadriert, damit sich positive und negative Abweichungen nicht gegenseitig aufheben.

Beispiel 2 | **Erwartungswert**

Bei einem Glücksspiel würfelt man einmal mit einem normalen Spielwürfel.
Ist die Augenzahl gerade, so bekommt man den gewürfelten Betrag in Euro ausgezahlt.
Ist die Augenzahl ungerade, so bekommt man nichts.
a) Berechnen Sie den Erwartungswert der Auszahlung.
b) Geben Sie einen Einsatz für das Spiel so an, dass das Spiel fair ist.

Lösung:

a) Die Zufallsgröße X beschreibt die Höhe der Auszahlung. Sie kann die Werte 0, 2, 4 und 6 annehmen. Drei Ergebnisse führen zu X = 0 und je ein Ergebnis zu X = 2, X = 4 und X = 6. Daraus ergeben sich die Wahrscheinlichkeiten. Multiplizieren Sie die Auszahlungen mit den zugehörigen Wahrscheinlichkeiten und addieren Sie diese Produkte.

X: Höhe der Auszahlung in €

$P(X = 0) = \frac{3}{6} = \frac{1}{2}$ $P(X = 2) = \frac{1}{6}$

$P(X = 4) = \frac{1}{6}$ $P(X = 6) = \frac{1}{6}$

x	0	2	4	6
P(X = x)	$\frac{1}{2}$	$\frac{1}{6}$	$\frac{1}{6}$	$\frac{1}{6}$

$E(X) = 0 \cdot \frac{1}{2} + 2 \cdot \frac{1}{6} + 4 \cdot \frac{1}{6} + 6 \cdot \frac{1}{6} = 2$

Hinweis

Ein Spiel ist **fair,** wenn weder Spieler noch Anbieter langfristig einen Vorteil erwarten können.

b) Das Spiel ist fair, wenn die langfristig zu erwartende durchschnittliche Auszahlung dem Einsatz entspricht.

Langfristig erwartet man eine durchschnittliche Auszahlung von 2 € pro Spiel. Das Spiel ist also bei einem Einsatz von 2 € fair.

Beispiel 3 | **Varianz und Standardabweichung**

Gegeben sind die Wahrscheinlichkeitsverteilungen der Zufallsgrößen X und Y.

x	1	2	3	4
P(X = x)	0,3	0,3	0,2	0,2

y	1	2	3	4
P(Y = y)	0,5	0,1	0	0,4

X und Y haben beide den gleichen Erwartungswert $E(X) = E(Y) = 2,3$.
a) Berechnen Sie die Varianz und die Standardabweichung von X bzw. von Y.
b) Vergleichen Sie die Ergebnisse und erklären Sie ihre Bedeutung für die Wahrscheinlichkeitsverteilungen.

Lösung:

a) Berechnen Sie für jedes x (bzw. y) die Differenz x − 2,3 (bzw. y − 2,3), quadrieren Sie die Ergebnisse und multiplizieren Sie sie mit den zugehörigen Wahrscheinlichkeiten. Die Summe dieser Produkte ergibt die Varianz von X (bzw. Y). Durch Ziehen der Wurzel erhalten Sie die Standardabweichung.

$V(X) = (1 - 2,3)^2 \cdot 0,3 + (2 - 2,3)^2 \cdot 0,3 +$
$\qquad (3 - 2,3)^2 \cdot 0,2 + (4 - 2,3)^2 \cdot 0,2 = 1,21$

$\sigma(X) = \sqrt{V(X)} = 1,1$

$V(Y) = (1 - 2,3)^2 \cdot 0,5 + (2 - 2,3)^2 \cdot 0,1 +$
$\qquad (3 - 2,3)^2 \cdot 0 + (4 - 2,3)^2 \cdot 0,4 = 2,01$

$\sigma(Y) = \sqrt{V(Y)} \approx 1,418$

Hinweis

Bei Casio und TI können Sie zu zwei Listen *li1* und *li2* mit *sum* $((li1\text{-}my)^2 \cdot li2)$ die **Varianz** berechnen.

b) Die Ergebnisse aus a) geben einen Eindruck, welche Verteilung stärker streut.

Es gilt $V(Y) > V(X)$ und $\sigma(Y) > \sigma(X)$. Die Wahrscheinlichkeitsverteilung von Y streut stärker um den Erwartungswert 2,3 als die von X.

Basisaufgaben

9 Berechnen Sie den Erwartungswert und die Varianz der Zufallsgröße X.

a)

x	1	2	4	5	6
P(X = x)	0,3	0,3	0,1	0,1	0,2

b)

x	5	10	15	20	25
P(X = x)	0,1	0,3	0,2	0,3	0,1

c)

x	−2	−1	0	1	2
P(X = x)	0,6	0,1	0,1	0,1	0,1

d)

x	1	2	3	4	8
P(X = x)	0,5	0,3	0,1	0,05	0,05

10 Bei einem Glücksspiel würfelt man einmal mit einem Oktaeder-Würfel mit den Zahlen von 1 bis 8. Bei einer 1, 2 und 3 bekommt man 1 €, bei einer 4, 5 und 6 bekommt man 2 €, bei einer 7 gibt es 5 € und bei einer 8 gibt es 10 €.
Geben Sie einen Einsatz für das Spiel an, sodass das Spiel fair ist.

11 Die angegebenen Wahrscheinlichkeitsverteilungen haben den gleichen Erwartungswert.

①

x	1	2	3	4	5	6
P(X = x)	$\frac{1}{6}$	$\frac{1}{6}$	$\frac{1}{6}$	$\frac{1}{6}$	$\frac{1}{6}$	$\frac{1}{6}$

②

x	1	2	3	4	5	6
P(X = x)	0	0	0,5	0,5	0	0

③

x	1	2	3	4	5	6
P(X = x)	0,5	0	0	0	0	0,5

④

x	1	2	3	4	5	6
P(X = x)	0,05	0,15	0,3	0,3	0,15	0,05

a) Berechnen Sie den Erwartungswert.
b) Ordnen Sie die Verteilungen ① bis ④ ohne weitere Berechnungen nach der Größe ihrer Standardabweichung. Begründen Sie ihre Entscheidung.
c) Berechnen Sie die Standardabweichungen der Wahrscheinlichkeitsverteilungen und vergleichen Sie sie mit den Ergebnissen aus b).

12 Die Histogramme stellen vier unterschiedliche Wahrscheinlichkeitsverteilungen dar.

①
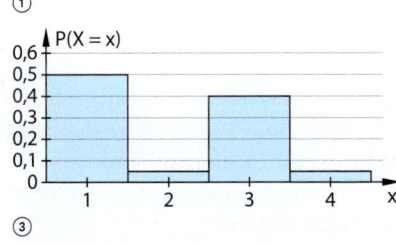

②
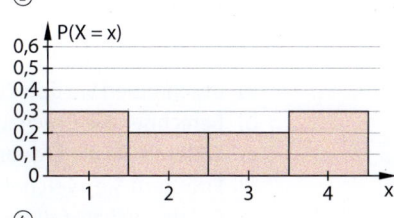

③
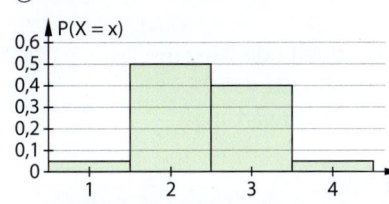

④
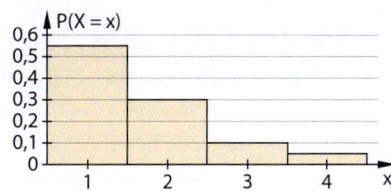

a) Schätzen Sie den Erwartungswert der Wahrscheinlichkeitsverteilungen ① bis ④ und berechnen Sie ihn zur Kontrolle.
b) Ordnen Sie die Wahrscheinlichkeitsverteilungen ① bis ④ ohne konkrete Berechnungen nach dem Wert ihrer Standardabweichung von groß nach klein.
c) Lesen Sie aus den Histogrammen die Wahrscheinlichkeitsverteilungen ab und bestimmen Sie die Standardabweichungen. Überprüfen Sie damit ihre Einschätzung aus b).

Weiterführende Aufgaben

13 Ein Glücksrad mit 10 Feldern von 1 bis 10 wird einmal gedreht. Ist die gedrehte Zahl durch 2, 3 bzw. 5 teilbar, so bekommt man 2 €, 3 € bzw. 5 €. Ist die Zahl durch zwei dieser Zahlen teilbar, so bekommt man die Summe dieser Beträge ausgezahlt. Die Zufallsgröße X beschreibt den ausgezahlten Betrag in Euro.

a) Bestimmen Sie, welche Werte die Zufallsgröße X annehmen kann, und geben Sie die zugehörigen Ergebnisse an.

b) Bestimmen Sie die Wahrscheinlichkeitsverteilung von X.

c) Berechnen Sie den langfristig zu erwartenden durchschnittlichen Auszahlungsbetrag.

14 Bei einem Anbieter stehen zwei Arten von Glücksspielen zur Auswahl. Die Tabellen zeigen den Einsatz und die Wahrscheinlichkeitsverteilungen der Auszahlungen.

Spiel 1: Einsatz 0,60 €, X: Auszahlung in €

x	0	1	2
P(X = x)	0,3	0,6	0,1

Spiel 2: Einsatz 2 €, Y: Auszahlung in €

y	0	1	2	5	8
P(Y = y)	0,3	0,25	0,2	0,15	0,1

a) Untersuchen Sie für beide Glücksspiele, ob sie fair sind.

b) Untersuchen Sie, welches der beiden Glücksspiele riskanter ist.

c) Formulieren Sie konkrete Spielregeln für Glücksspiele, die zu den beiden gegebenen Wahrscheinlichkeitsverteilungen passen.

15 Für einen Einsatz von 4 € werden zwei Spielwürfel geworfen. Ist die Augensumme ungerade, so werden 0 € ausgezahlt. Ist die Augensumme gerade, so bekommt man die Augensumme ausgezahlt. Betrachten Sie die Zufallsgrößen X und Y.

x	0	2	4	6	8	10	12
P(X = x)	$\frac{1}{2}$	$\frac{1}{36}$	$\frac{3}{36}$	$\frac{5}{36}$	$\frac{5}{36}$	$\frac{3}{36}$	$\frac{1}{36}$

y	−4	−2	0	2	4	6	8
P(Y = y)	$\frac{1}{2}$	$\frac{1}{36}$	$\frac{3}{36}$	$\frac{5}{36}$	$\frac{5}{36}$	$\frac{3}{36}$	$\frac{1}{36}$

a) Beschreiben Sie den Zusammenhang zwischen den Zufallsgrößen und dem Spiel.

b) Berechnen Sie Erwartungswert, Varianz und Standardabweichung zu X und Y.

c) Erklären Sie die Ergebnisse aus b) im Sachzusammenhang.

d) Erläutern Sie, welchen Erwartungswert die Zufallsgröße Y haben müsste, damit das Glücksspiel als fair bezeichnet werden könnte.

16 Stolperstelle: Die Zufallsgröße X beschreibt die Auszahlung bei einem Glücksspiel mit einem Einsatz von 2 €. Timo, Michelle und André berechnen den Erwartungswert und bewerten das Spiel.

x	0	4	10
P(X = x)	$\frac{6}{10}$	$\frac{3}{10}$	$\frac{1}{10}$

Beurteilen Sie die Lösungen der Schüler.

a) Timo:
$E(X) = \frac{\left(0 \cdot \frac{6}{10} + 4 \cdot \frac{3}{10} + 10 \cdot \frac{1}{10}\right)}{3} \approx 0{,}733 < 2$ *Der Spieler wird benachteiligt.*

b) Michelle:
$E(X) = 0 \cdot \frac{6}{10} + 4 \cdot \frac{3}{10} + 10 \cdot \frac{1}{10} = \frac{22}{10} = 2{,}2$ *Durchschnittlich gewinnt man 2,20 € bei dem Spiel.*

c) André:
$E(X) = -2 \cdot \frac{6}{10} + 2 \cdot \frac{3}{10} + 8 \cdot \frac{1}{10} = 0{,}20 < 2$ *Das Spiel ist zum Nachteil des Spielers.*

17 In einer Urne sind 2 rote und 3 schwarze Kugeln. Aus der Urne wird dreimal ohne Zurücklegen gezogen.

a) Stellen Sie das Zufallsexperiment in einem Baumdiagramm dar.

b) Es werden die Zufallsgrößen X und Y mit den angegebenen Wahrscheinlichkeitsverteilungen betrachtet. Untersuchen Sie, was die jeweilige Zufallsgröße beschreibt.

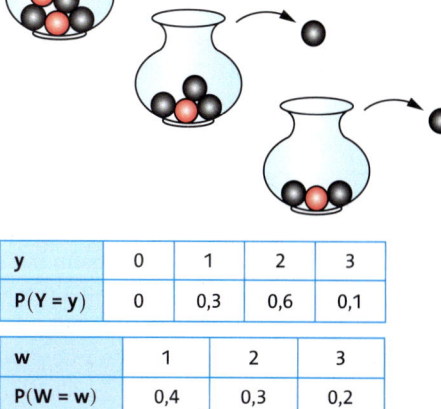

x	0	1	2	3
P(X = x)	0,1	0,6	0,3	0

y	0	1	2	3
P(Y = y)	0	0,3	0,6	0,1

c) Die Größe W beschreibt die Anzahl der Ziehungen bis zur ersten roten Kugel. Die Wahrscheinlichkeiten in der Tabelle addieren sich nicht zu 1. Erläutern Sie dies und beschreiben Sie die Problematik.

w	1	2	3
P(W = w)	0,4	0,3	0,2

18 Beurteilen Sie die Aussage. Geben Sie bei einer falschen Aussage ein Gegenbeispiel an.

a) Wenn eine Zufallsgröße nur ganze Zahlen als Werte annimmt, dann ist auch der Erwartungswert der Zufallsgröße ganzzahlig.

b) Der Erwartungswert liegt in der Nähe des Werts, den die Zufallsgröße mit der größten Wahrscheinlichkeit annimmt.

c) Je kleiner die Standardabweichung ist, desto wahrscheinlicher ist es, dass der Wert einer Zufallsgröße in der Nähe des Erwartungswerts liegt.

19 In einer Urne sind jeweils zwei gelbe und eine unbekannte Anzahl roter Kugeln. Es wird zweimal aus der Urne gezogen. Sind beide Kugeln gelb, so gewinnt man 5 €.

a) Legt man die erste gezogene Kugel wieder zurück, so ist das Spiel bei einem Einsatz von 0,80 € fair. Bestimmen Sie die Anzahl der roten Kugeln in dieser Urne.

b) Wird das Spiel ohne Zurücklegen der ersten gezogenen Kugel gespielt, so ist es bei einem Einsatz von 0,50 € fair. Bestimmen Sie die Anzahl der roten Kugeln in der Urne.

c) Untersuchen Sie, welche der beiden Varianten risikoreicher ist.

20 Ein Glücksrad besteht aus fünf unterschiedlich großen Sektoren, die mit 0 €, 4 €, 8 €, 12 € und 16 € beschriftet sind. Für

x	0	4	8	12	16
P(X = x)	c	$\frac{1}{4}$	$\frac{1}{8}$	$\frac{1}{4}$	d

das einmalige Drehen des Glücksrades beschreibt die Zufallsgröße X die Auszahlung in €. Das einmalige Drehen des Glücksrades ist bei einem Einsatz von 7 € fair.

a) Bestimmen Sie die Wahrscheinlichkeiten P(X = 0) und P(X = 16).

b) Beim zweimaligen Drehen wird der höhere der beiden gedrehten Beträge ausgezahlt. Bestimmen Sie einen fairen Einsatz für dieses Glücksspiel.

21 Ausblick: Die **Tschebyscheff-Ungleichung** besagt, dass bei einer Zufallsgröße X für jede Zahl k > 0 gilt: $P(|X - E(X)| > k) \leq \frac{V(X)}{k^2}$.

a) Begründen Sie, dass die Tschebyscheff-Ungleichung äquivalent ist zu $P(|X - E(X)| \leq k) \geq 1 - \frac{V(X)}{k^2}$.

b) Ein Verlag lässt die Verkaufsaussichten eines neuen Buchs erforschen. Die Marktforschung liefert die Aussage, dass mit einem Verkauf von 75 000 Büchern bei einer zu erwartenden Standardabweichung von 2500 Büchern zu rechnen sei. Schätzen Sie die Wahrscheinlichkeit ab, dass der Verlag zwischen 70 000 und 80 000 Bücher verkauft.

Diskrete Zufallsgrößen mit einem CAS

In einer Urne sind 2 rote und 5 blaue Kugeln. Nacheinander werden 2 Kugeln mit Zurücklegen gezogen. Beschreiben Sie, wie der Erwartungswert für die Anzahl der gezogenen roten Kugeln bestimmt werden kann.

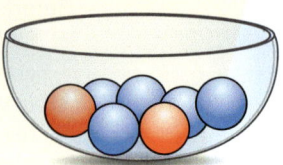

Beispiel 1 | **Umgang mit Listen in einem CAS**

Aus einer Urne mit 2 roten und 5 blauen Kugeln werden nacheinander 3 Kugeln ohne Zurücklegen gezogen.
Die Zufallsgröße X beschreibt die Anzahl der gezogenen roten Kugeln.
a) Bestimmen Sie die Wahrscheinlichkeitsverteilung der Zufallsgröße X.
b) Erstellen Sie mit einem CAS ein Histogramm zur Wahrscheinlichkeitsverteilung von X.
c) Ermitteln Sie Erwartungswert und Standardabweichung mit einem CAS.

Lösung:

a) Die Wahrscheinlichkeitsverteilung kann mithilfe eines Baumdiagramms und der Pfadregeln bestimmt werden.

x_i	0	1	2
$P(X = x_i)$	$\frac{2}{7}$	$\frac{4}{7}$	$\frac{1}{7}$

Mit einem **Casio**:

b) Im *Statistik-Menü* können diese Werte in list1 bzw. list2 eingegeben werden. Über *Grafik einst, Einstellung …* wählt man unter *Typ Histogramm* aus und trägt als *X-List list1* und für *Häufigk. list 2* ein.
Zeichnen erfolgt über das Symbol [⬛]. (*H-Start: 0, H-Schr.: 1*)

c) Wenn der Tabellenbereich wie in der Abbildung blau umrandet ist, kann über *Calc, Eindim. Variable* eingestellt werden, dass als *X-List* die Liste *list1* verwendet wird und bei *Häufigk. list2* steht. Nach Bestätigen mit *OK* erfolgt die rechts dargestellte Ausgabe. Dabei beschreibt x̄ den Erwartungswert und σ_X die Standardabweichung der Zufallsgröße X. Alternativ ist die Berechnung im *Main-Menü* mithilfe von Listen möglich, genau wie auf der nächsten Seite im letzten Screenshot zu diesem Beispiel abgebildet. Für wiederholten Einsatz kann auch eine *eActivity* geschrieben werden.

Stat–Grafik einst.
1 2 3 4 5 6 7 8 9
Zeichn.: ● Ein ○ Aus
Typ: Histogramm ▼
X-List: list1 ▼
Häufigk: list2 ▼

	list 1	list 2	list 3
1	0	2/7	
2	1	4/7	
3	2	1/7	
4			
5			
6			

Cal▶
[4]=

0.4 0.8 1.2 1.6 2 2.4 2.8

Stat. Berechnung

Eindim. Variable

x̄ = 0.8571429
$\sum x$ = 0.8571429
$\sum x^2$ = 1.1428571
σ_X = 0.6388766
s_X =
n = 1
$minX$ = 0
Q_1 = 1
Med = 1

Mit einem **TI**:

b) Die entsprechenden Werte werden in *Lists&Spreadsheet* eingegeben und mithilfe des Befehls *Daten - Ergebnisdiagramm* sofort auf der gleichen Seite dargestellt.

c) Die statistischen Kennwerte der Verteilung kann man mittels *Statistik – Statistische Berechnungen – Statistik mit einer Variablen* ermitteln.

Alternativ können solche Werte auch unter Verwendung einer *Notes*-Applikation ermittelt werden; dann muss man für andere Verteilungen nur die entsprechenden Werte ändern. Die Definitionen von Erwartungswert *my*, Varianz *var* und Standardabweichung *sigma* ergeben sich aus deren Berechnungsvorschrift.

$$xliste:=\{0,1,2\} \triangleright \{0,1,2\}$$

$$yliste:=\left\{\frac{2}{7},\frac{4}{7},\frac{1}{7}\right\} \triangleright \left\{\frac{2}{7},\frac{4}{7},\frac{1}{7}\right\}$$

$$my:=sum(xliste \cdot yliste) \triangleright \frac{6}{7}$$

$$var:=sum((xliste-my)^2 \cdot yliste) \triangleright \frac{20}{49}$$

$$sigma:=\sqrt{var} \triangleright \frac{2 \cdot \sqrt{5}}{7}$$

Aufgaben

1 In einer Urne sind 3 rote und 5 blaue Kugeln. Nacheinander werden 3 Kugeln mit Zurücklegen gezogen. Die Zufallsgröße X beschreibt die Anzahl der gezogenen roten Kugeln.

a) Bestimmen Sie die Wahrscheinlichkeitsverteilung der Zufallsgröße X.

b) Zeichnen Sie mit einem CAS ein Histogramm zur Wahrscheinlichkeitsverteilung von X.

c) Ermitteln Sie Erwartungswert und Standardabweichung mit einem CAS.

Hinweis zu 2

Tina gibt die Listen durch $list1:=\{0,1,2\}$ ein. Der Befehl für den Erwartungswert ist identisch, für die Stichprobenstandardabweichung lautet er *stDevPop*. Auch beim Casio kann man Listen mithilfe der Syntax $list1:=\{0,1,2\}$ definieren.

2 Casimir und Tina wollen den Erwartungswert und die Standardabweichung direkt berechnen. Sie geben die Daten aus Beispiel 1 als Listen ein.

a) Berechnen Sie damit erneut den Erwartungswert aus Beispiel 1.

b) Prüfen Sie, ob man die Standardabweichung mit einem Casio wie in der Abbildung mit einem TI berechnen kann.

c) Prüfen Sie, ob sich auf diesem Wege die Standardabweichung mit der Liste der relativen Häufigkeiten berechnen lässt.

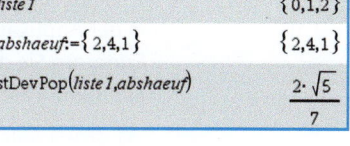

liste1	$\{0,1,2\}$
abshaeuf$:=\{2,4,1\}$	$\{2,4,1\}$
stDevPop(*liste1,abshaeuf*)	$\frac{2 \cdot \sqrt{5}}{7}$

3 Erklären Sie, wie man mit Ihrem CAS die Varianz berechnen kann.

4 **Stolperstelle:** Casimir wollte Erwartungswert und Standardabweichung folgender Verteilung bestimmen:

x_i	0	1	2
$P(X = x_i)$	$\frac{1}{12}$	$\frac{7}{12}$	$\frac{4}{12}$

Er hat die Listen korrekt eingegeben und nebenstehende Ausgabe erhalten. Kontrollieren Sie seine Berechnungen; geben Sie ihm eventuell Hinweise zur Berechnung dieser Kenngröße.

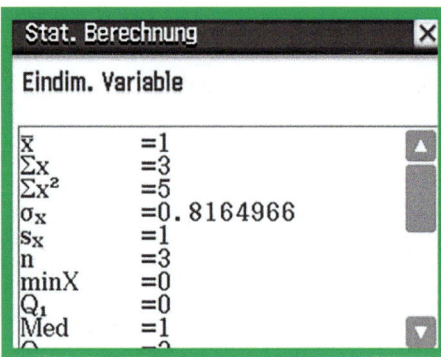

Stat. Berechnung

Eindim. Variable

$\bar{x}$ = 1
Σx = 3
Σx^2 = 5
σ_x = 0.8164966
s_x = 1
n = 3
$minX$ = 0
Q_1 = 0
Med = 1

5 Es wird ein normaler Spielwürfel geworfen und ein Glücksrad mit vier gleich großen Feldern mit den Zahlen 0, 2, 4 und 6 als Aufschrift gedreht. Die Zufallsgröße X gibt die größere Zahl an.
a) Erstellen Sie eine Tabellenkalkulation zur Simulationen dieses Zufallsexperiment.
b) Erhöhen Sie schrittweise die Anzahl der Wiederholungen von 50 auf 100, 200, 500 und 1000. Notieren Sie jeweils die relative Häufigkeitsverteilung von X.
c) Bestimmen Sie die theoretische Wahrscheinlichkeitsverteilung von X.
d) Benjamin behauptet: „Mit ansteigender Anzahl an Wiederholungen nähert sich die relative Häufigkeitsverteilung in jedem Fall immer mehr der theoretischen Wahrscheinlichkeitsverteilung an."
Nehmen Sie Stellung zu dieser Aussage.

6 Drei Glücksräder mit je vier gleich großen Feldern mit den Werten 1, 2, 3 und 4 werden gleichzeitig gedreht. Die Zufallsgröße X gibt den kleinsten der drei gedrehten Werte an.
a) Simulieren Sie 1000 Drehungen der Glücksräder und bestimmen Sie die absolute und relative Häufigkeitsverteilung von X.
b) Bestimmen Sie die theoretische Wahrscheinlichkeitsverteilung von X und erklären Sie die Unterschiede zu den Werten der Verteilung aus a).
c) Die Zufallsgröße Y gibt die Summe des größten und des kleinsten gedrehten Wertes an. Wiederholen Sie die Teilaufgaben a) und b) für die Zufallsgröße Y.

7 Entscheiden Sie, welche Werte ohne Hilfsmittel bestimmt werden können. Erläutern Sie, wie man den Wert mit (bzw. ohne) CAS bestimmt, und geben Sie den Wert an.

a) $13!$ b) $\binom{13}{11}$ c) $0!$ d) $\binom{19}{0}$

8 Tina hat für das Beispiel das Ziehen in der Applikation *Notes* simuliert. Erläutern Sie dies. Simulieren Sie dann selbst.

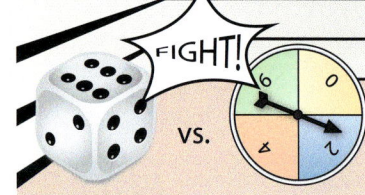

urne:=$\{r,r,b,b,b,b,b\}$ ▸ $\{r,r,b,b,b,b,b\}$
randSamp(urne,3,0) ▸ $\{b,b,r\}$
countIf(randSamp(urne,3,0),r) ▸ 1
seq(countIf(randSamp(urne,3,0),r),k,1,100)
▸ $\{1,1,1,1,1,0,2,2,1,2,0,1,1,1,1,2,3,0,0,2,0,0,$
sum(seq(countIf(randSamp(urne,3,0),r),k,1,
100))/100
▸ $\frac{19}{25}$

9 Lia, Mia und Pia überlegen, wie viele Möglichkeiten es gibt, aus ihrer Klasse mit 28 Schülern genau zwei für die Planung eines Wandertags auszuwählen. Lia meint: „Es sind $\frac{28!}{2!}$." Mia sagt: „Das kann man mit dem Taschenrechnerbefehl $nCr(28,2)$ berechnen." Pia erwidert: „Nein, mit dem Taschenrechnerbefehl $nPr(28,2)$!"
a) Erklären Sie den Unterschied zwischen den Befehlen $nCr(28,2)$ und $nPr(28,2)$.
b) Beurteilen Sie, welche Aussage wahr ist. Nennen Sie sonst eine passende Aufgabe.

10 Finn weiß, dass er noch 8 gelbe, 15 rote, 6 weiße und 4 grüne Gummibärchen in seiner Tüte hat. Finn wählt mit einem Griff zufällig genau 2 Gummibärchen aus der Tüte aus. Die Zufallsgröße X beschreibt die Anzahl der roten Gummibärchen, die Finn zieht.
a) Ermitteln Sie eine Wahrscheinlichkeitsverteilung für die Zufallsgröße X.
b) Stellen Sie die Verteilungsfunktion für die Zufallsgröße X grafisch dar.
c) Ermitteln Sie Erwartungswert und Standardabweichung für die Zufallsgröße X.

11 Bei einem Glücksspiel mit 2 € Einsatz dreht man ein Glücksrad

Farbe	rot	gelb	blau
Wahrscheinlichkeit	0,5	0,3	0,2

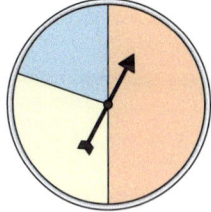

mit einem roten, gelben und blauen Sektor genau zweimal. Ist ein roter Sektor dabei, hat man verloren. Bei genau einem blauen Sektor erhält man eine Auszahlung von 0,20 €. Bei zwei blauen Sektoren erhält man eine Auszahlung von 10 €.
a) Stellen Sie eine Vermutung auf, ob das Glücksspiel fair ist. Prüfen Sie Ihre Vermutung durch Berechnungen.
b) Ermitteln Sie den Auszahlungsbetrag bei zwei blauen Sektoren für ein faires Spiel.
c) Ermitteln Sie einen Einsatz so, dass das Glücksspiel fair ist.

12 Die farbig gedruckte Wahrscheinlichkeitsverteilung einer Zufallsgröße X beschreibt den Reingewinn eines Glücksspiels. Bea hat eine Tabellenkalkulation verwendet.

	x_i	−2	−1	0	1	2	Σ
①	$P(X = x_i)$	$\frac{1}{10}$	$\frac{4}{10}$	$\frac{1}{10}$	$\frac{1}{10}$	$\frac{3}{10}$	$\frac{10}{10}$
②	$x_i \cdot P(X = x_i)$	$-\frac{2}{10}$		0	$\frac{1}{10}$		$\frac{1}{10}$
③	$x_i - \mu$	$-\frac{21}{10}$	$-\frac{11}{10}$	$-\frac{1}{10}$	$\frac{9}{10}$	$\frac{19}{10}$	
④		$\frac{441}{100}$	$\frac{121}{100}$	$\frac{1}{100}$	$\frac{81}{100}$	$\frac{361}{100}$	
⑤	$(x_i - \mu)^2 \cdot P(X = x_i)$		$\frac{484}{1000}$			$\frac{1083}{1000}$	

a) Erläutern Sie die Berechnungen in Zeile ② und den letzten Eintrag in dieser Zeile. Ergänzen Sie dabei fehlende Werte.
b) Erklären Sie, was Bea mithilfe der Zeilen ③, ④ und ⑤ berechnet, ergänzen Sie fehlende Werte und nennen Sie das Ergebnis.
c) Beurteilen Sie, ob das Glücksspiel fair ist und Sie sich darauf einlassen würden.

13 **Forschungsauftrag:** Ein Glücksrad hat einen grünen und einen roten Sektor. Der grüne Sektor wird mit einer Wahrscheinlichkeit von p = 0,3 erreicht. Betrachtet wird die Zufallsgröße X, die bei n-maligem Drehen die Anzahl der grünen Sektoren zählt. Das Glücksrad wird 3-mal (5-mal) gedreht. Erstellen Sie eine Wahrscheinlichkeitsverteilung für die Zufallsgröße X. Vergleichen Sie die Werte mit den CAS-Ausgaben bei den Befehlen *binomialPDf(0,5.0.3)*, *binomialPDf(1,5.0.3)* usw. für **Casio** bzw. *binomPdf(5.0.3,0)*, *binomPdf(5.0.3,1)* usw. für **TI**. Bereiten Sie einen Vortrag über Binomialverteilung vor.

6.7 Klausur- und Abiturtraining

Aufgaben ohne Hilfsmittel

1 Die abgebildete Vierfeldertafel beschreibt den Zusammenhang zwischen zwei Ereignissen A und B.

	A	$\overline{A}$	Summe
B			350
$\overline{B}$	100		
Summe		300	500

a) Vervollständigen Sie die Vierfeldertafel.

b) Berechnen Sie die Wahrscheinlichkeiten $P(A), P(A \cap B), P_B(A), P_A(B)$.

c) Stellen Sie die Daten der Vierfeldertafel in einem Baumdiagramm, das zuerst nach dem Ereignis A verzweigt, dar.

d) Entscheiden Sie begründet, ob die Ereignisse A und B stochastisch unabhängig sind.

2 An zwei verschiedenen Orten wird 10 Tage in Folge um 12 Uhr mittags die Außentemperatur gemessen. Die Tabelle enthält die Ergebnisse in °C.

Tag	1	2	3	4	5	6	7	8	9	10
Ort A	12	12	13	18	19	20	19	19	14	14
Ort B	15	16	16	14	16	18	18	15	16	16

a) Zeigen Sie, dass an beiden Orten das arithmetische Mittel der Temperaturen gleich ist. Erläutern Sie, warum dieser Wert nur bedingt aussagekräftig ist.

b) Entscheiden Sie begründet, an welchem Ort die empirische Standardabweichung der Daten höher ist.

3 Ein Glücksrad hat ein rotes, ein blaues und ein grünes Feld (siehe Abbildung).

a) Berechnen Sie die Wahrscheinlichkeit, dass

① beim dreimaligen Drehen die Kombination (rot, blau, grün) gedreht wird.

② beim zweimaligen Drehen zwei unterschiedliche Farben gedreht werden.

③ beim vierten Dreh das erste Mal grün gedreht wird.

b) Beschreiben Sie in diesem Sachzusammenhang die Bedeutung des Terms $2 \cdot 0{,}25^2 + 0{,}5^2$.

c) Geben Sie einen Term an, mit dem die Wahrscheinlichkeit dafür, dass beim dreimaligen Drehen des Glücksrads alle drei Farben erscheinen, berechnet werden kann.

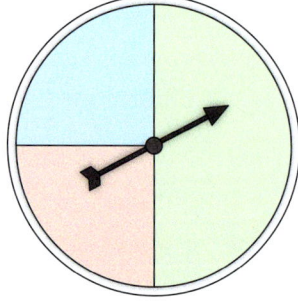

4 Die Zufallsgröße X steht für die Auszahlung bei einem Glücksspiel. Der Einsatz beträgt 2 €.

k	0 €	1 €	3 €	10 €
$P(X = k)$	0,4	0,3	0,2	0,1

a) Zeigen Sie, dass das Spiel nicht fair ist.

b) Der Auszahlungsbetrag von 10 € soll so durch einen neuen Betrag ersetzt werden, dass das Spiel fair ist. Bestimmen Sie den gesuchten Auszahlungsbetrag.

c) Die Zufallsgröße Y beschreibt die Auszahlung in einer neuen Variante des Glücksspiels. Diese Variante soll bei einem Einsatz von 1,50 € fair sein. Bestimmen Sie die passenden Werte für a und b.

k	0 €	1 €	3 €	10 €
$P(Y = k)$	a	0,3	0,2	b

Aufgaben mit Hilfsmitteln

5 Die Abbildung zeigt die Körpernetze zweier Würfel A und B.

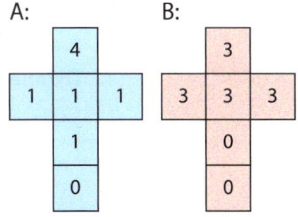

a) Bestimmen Sie für den Würfel A die Wahrscheinlichkeiten der folgenden Ereignisse.
 ① Es wird zweimal hintereinander eine „1" gewürfelt.
 ② Es wird dreimal in Folge keine „4" gewürfelt.
 ③ Es wird dreimal gewürfelt. Dabei werden drei unterschiedliche Augenzahlen gewürfelt.

b) Tim und Martin spielen mit den Würfeln A und B gegeneinander. Derjenige, der die höhere Zahl würfelt, gewinnt das Spiel. Würfeln beide die gleiche Zahl, so endet das Spiel unentschieden. Vor Spielbeginn darf Tim einen Würfel auswählen.
 Untersuchen Sie, ob Tim durch die Auswahlmöglichkeit des Würfels im Vorteil ist.

c) Mit dem Würfel B wird ein Glücksspiel in zwei unterschiedlichen Varianten angeboten. Der Spieler muss vor Spielbeginn eine Variante auswählen und einen (noch unbekannten) Einsatz zahlen. Dann wird der Würfel B zweimal geworfen. Die Auszahlung erfolgt je nach Variante nach den folgenden Regeln:
 Variante A: ausgezahlt wird die Augensumme der beiden Würfe in Euro.
 Variante B: ausgezahlt wird das Produkt der Augenzahlen der beiden Würfe in Euro.
 Zeigen Sie, dass der faire Einsatz für dieses Glücksspiel unabhängig von der gewählten Variante ist. Untersuchen Sie, ob eine der beiden Varianten risikoreicher ist.

d) Bei Würfel A wird die „0" durch eine weitere „4" ersetzt. Die Abbildung zeigt das angepasste Körpernetz des Würfels. Mit dem neuen Würfel A wird so lange gewürfelt, bis die Augensumme insgesamt mindestens 6 beträgt. Bestimmen Sie die Wahrscheinlichkeitsverteilung der Zufallsgröße Z, die die Anzahl der Würfe zählt.

6 Um eine Ausbreitung der BSE-Seuche unter Rindern zu verhindern, wurden in Deutschland im Jahr 2000 etwa 500 000 Rinder geschlachtet. 500 der Tiere waren tatsächlich erkrankt. Der dabei verwendete Schnelltest identifiziert mit einer Wahrscheinlichkeit von 95 % die erkrankten Rinder korrekt. Ein gesundes Tier wird mit einer Wahrscheinlichkeit von 3 % als „BSE-krank" identifiziert.

a) Stellen Sie die Situation in einer Vierfeldertafel mit absoluten Zahlen und in einem Baumdiagramm mit Wahrscheinlichkeiten dar. Bestimmen Sie die Wahrscheinlichkeit,
 ① dass ein Rind gesund und das Testergebnis negativ ist,
 ② dass ein Rind krank ist und das Testergebnis positiv ist,
 ③ dass ein Rind mit dem Testergebnis „BSE-krank" wirklich an BSE erkrankt war.

b) Bestimmte Gebiete der Bundesrepublik galten als besondere Risikobereiche für BSE. In diesen Bereichen kann angenommen werden, dass die relative Häufigkeit von BSE-erkrankten Rindern teilweise deutlich erhöht war. Nehmen Sie nun an, dass der Anteil p der tatsächlich an BSE erkrankten Rinder variabel sei.
 Erläutern Sie, dass die Funktion f mit $f(p) = \dfrac{p \cdot 0{,}95}{p \cdot 0{,}95 + (1-p) \cdot 0{,}03}$ die bedingte Wahrscheinlichkeit $P_{\text{Test positiv}}(\text{„krank"})$ in Abhängigkeit von p beschreibt.
 Geben Sie den Funktionswert f(0,01) an und deuten Sie diesen im Sachzusammenhang. Bestimmen Sie mithilfe der Funktion f, wie hoch der Anteil p der erkrankten Rinder sein müsste, damit die Wahrscheinlichkeit, dass ein positiv getestetes Rind tatsächlich krank war, größer als 50 % ist.

Lösungen
→ S. 476

1 Die Vierfeldertafeln beschreiben mit Anzahlen bzw. Anteilen für zwei Gymnasien Zusammenhänge zwischen dem Geschlecht und der Aktivität in einem Sportverein.
Ereignis A: Eine zufällig ausgewählte Person ist männlich.
Ereignis B: Eine zufällig ausgewählte Person ist in einem Sportverein aktiv.

Gymnasium 1

	B	$\overline{B}$	gesamt
A	100		330
$\overline{A}$			
gesamt	150		600

Gymnasium 2

	B	$\overline{B}$	gesamt
A		28 %	
$\overline{A}$	18 %		60 %
gesamt			100 %

a) Übertragen Sie die Vierfeldertafeln in Ihr Heft und ergänzen Sie die fehlenden Felder.
b) Prüfen Sie mit der Multiplikationsregel für jedes Gymnasium, ob die Ereignisse A und B stochastisch unabhängig sind.

2 Ein Spielwürfel wird zweimal nacheinander geworfen.
a) Berechnen Sie die Wahrscheinlichkeit, dass die erste Augenzahl eine 6 ist unter der Bedingung, dass die erste Augenzahl gerade ist.
b) Berechnen Sie die Wahrscheinlichkeit, dass die Augensumme beider Würfe 8 ist unter der Bedingung, dass die erste Augenzahl eine 6 ist.
c) Berechnen Sie die Wahrscheinlichkeit, dass die erste Augenzahl eine 6 ist unter der Bedingung, dass die Augensumme beider Würfe 8 ist.

Info

Als Placeboeffekt bezeichnet man in der Medizin das Auftreten einer therapeutischen Wirkung durch die Gabe von Tabletten ohne Wirkstoff (Placebos).

3 Ein Pharmaunternehmen testet einen neuen Wirkstoff. Um einen Placeboeffekt auszuschließen, bekommen 25 % der Testpersonen ein Medikament ohne Wirkstoff. Bei 72 % der Testpersonen, die den Wirkstoff erhielten, trat eine Linderung ein. Aber auch bei 18 % derjenigen, die keinen Wirkstoff erhielten. Betrachten Sie die Ereignisse:
L: Bei einer zufällig ausgewählten Person trat eine Linderung ein.
W: Eine zufällig ausgewählte Person erhielt das Medikament mit Wirkstoff.
a) Stellen Sie den Sachverhalt in einem vollständig beschrifteten Baumdiagramm und einer Vierfeldertafel dar.
b) Erstellen Sie das umgekehrte Baumdiagramm zu Ihrem Diagramm aus a) und erläutern Sie es.
c) Bestimmen Sie die Wahrscheinlichkeit, dass eine zufällig ausgewählte Versuchsperson, die eine Linderung angab, ein Medikament mit Wirkstoff erhalten hatte.
d) Berechnen Sie $P(\overline{W} \cap \overline{L})$ und $P_{\overline{L}}(\overline{W})$ und erklären Sie die inhaltliche Bedeutung beider Ergebnisse im Sachzusammenhang.

4 In einer Schale liegen vier gleichartige Kugeln, die mit den Zahlen 1, 2, 3 und 4 beschriftet sind. Es wird nacheinander mit Zurücklegen zweimal genau je eine Kugel gezogen. Betrachten Sie folgende Ereignisse:
A: Im 1. Zug wird die 2 gezogen.   B: Im 2. Zug wird die 2 gezogen.
C: Im 1. Zug wird eine Primzahl gezogen.   D: Die Summe ist 4.
a) Schätzen Sie, ob Ereignis A von Ereignis B (von C; von D) stochastisch unabhängig ist.
b) Überprüfen Sie Ihre Schätzungen rechnerisch und begründen Sie die Ergebnisse.

5 An der Hörerbefragung eines Rundfunksenders nahmen 1000 Personen teil. Von den 600 teilnehmenden Männern beurteilten 450 die Sendung positiv, von den 400 Frauen gaben 75 % ein positives Urteil ab. Untersuchen Sie die Ereignisse M: „Eine zufällig ausgewählte teilnehmende Person ist ein Mann." und P: „Eine zufällig ausgewählte teilnehmende Person beurteilt die Sendung positiv." auf stochastische Unabhängigkeit.

Lösungen
→ S. 476/477

6 Das Diagramm zeigt die Anzahl richtiger Antworten von 20 Schülern bei einem Quiz mit 10 Fragen. Bestimmen Sie den Median und das arithmetische Mittel der Anzahl der richtigen Antworten.

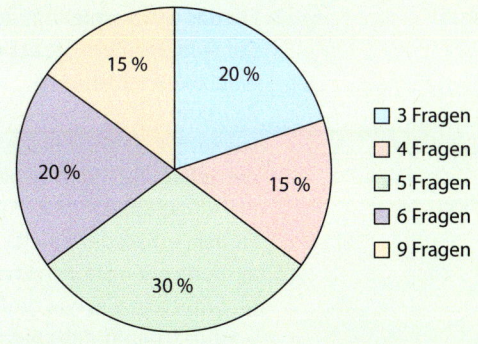

- ☐ 3 Fragen
- ☐ 4 Fragen
- ☐ 5 Fragen
- ☐ 6 Fragen
- ☐ 9 Fragen

7 Bestimmen Sie das arithmetische Mittel, die empirische Varianz und die empirische Standardabweichung.
a) 2; 5; 7; 7; 8; 8; 10; 12; 12; 14
b) 2,5 g; 3,0 g; 2,5 g; 1,8 g; 3,0 g

8 Die Tabelle zeigt die Anzahl richtig gegebener Antworten der Kurse Ma1 und Ma2 in einem Multiple-Choice-Test in Mathematik mit fünf Aufgaben.

Anzahl der richtigen Antworten	0	1	2	3	4	5
Ma1	0	4	6	4	4	2
Ma2	2	4	5	1	3	5

Vergleichen Sie die Ergebnisse der beiden Kurse mithilfe von Lage- und Streuungsmaßen, und interpretieren Sie das Ergebnis.

9 Die Histogramme stellen drei verschiedene Wahrscheinlichkeitsverteilungen dar.

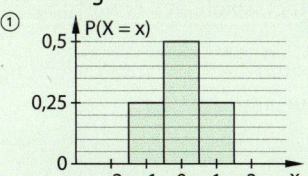
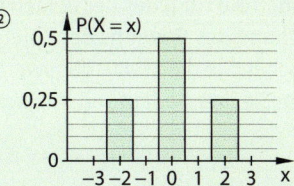
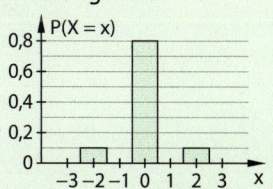

a) Entscheiden Sie, ohne zu rechnen, welche der Zufallsgrößen die größte Standardabweichung hat.
b) Berechnen Sie die Standardabweichungen. Vergleichen Sie mit Ihrem Ergebnis aus a).

10 Die angegebene Wahrscheinlichkeitsverteilung ist unvollständig. Füllen Sie die Lücken und begründen Sie Ihre Wahl.

a)
x	1	2	3	4	5	6
P(X = x)	0,1	0,1	0,1	0,1		0,1

b)
x	20	25	30	35	40
P(X = x)		0,1	0,1	0,2	

11 In einer Urne befinden sich 4 blaue und 6 gelbe Kugeln. Daraus werden nacheinander zwei Kugeln ① mit Zurücklegen und ② ohne Zurücklegen gezogen. Die Zufallsgröße X gibt die Anzahl der gezogenen blauen Kugeln an.
a) Stellen Sie das Zufallsexperiment für beide Fälle mit einem Baumdiagramm dar.
b) Bestimmen Sie jeweils die Wahrscheinlichkeitsverteilung der Zufallsgröße X.

12 Das Histogramm stellt die Wahrscheinlichkeitsverteilung einer Zufallsgröße X dar. Beschreiben Sie die folgenden Ereignisse mithilfe einer Ungleichung (z. B. X > 3) und ermitteln Sie deren Wahrscheinlichkeiten.
Der Wert der Zufallsgröße X

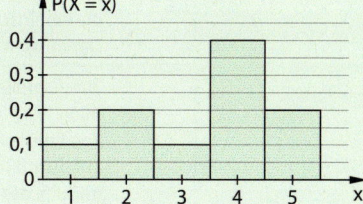

a) ist kleiner als 5,
b) ist höchstens 2,
c) liegt zwischen 2 und 5,
d) ist mindestens 1.

Hinweis zu 12c

„Zwischen 2 und 5" bedeutet hier „mindestens 2 und höchstens 5"

Lösungen
→ S. 477

13 Für das Glücksspiel mit dem abgebildeten Glücksrad muss der Spieler einen Einsatz von 1 € bezahlen. Das Glücksrad wird zweimal gedreht.

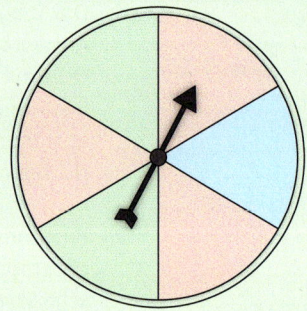

Zeigt der Zeiger beide Male auf ein rotes Feld, erhält der Spieler 5 €. Zeigt er beide Male auf ein grünes Feld, erhält der Spieler 8 €. Zeigt er beide Male auf das blaue Feld, erhält der Spieler 13 €. Zeigt der Zeiger auf verschiedene Farben, erhält der Spieler nichts.

a) Berechnen Sie den Erwartungswert der Auszahlung.
b) Ermitteln Sie, wie groß der Einsatz des Spielers sein muss, damit das Spiel fair ist.

14 Zwei sechsseitige Spielwürfel werden geworfen. Für einen Einsatz von 1 € werden zwei Glücksspiele angeboten.

> Glücksspiel 1: Fallen zwei gleiche Augenzahlen (Pasch), so erhält der Spieler 6 € ausgezahlt. In allen anderen Fällen ist der Einsatz verloren.

> Glücksspiel 2: Ist die Augensumme 12, so werden dem Spieler 14 € ausgezahlt, bei der Augensumme 11 werden 11 € ausgezahlt. Sonst gibt es keine Auszahlung.

a) Entscheiden Sie sich aus der Sicht des Spielers spontan für eines der Glücksspiele und begründen Sie Ihre Entscheidung.
b) Bestimmen Sie für jedes der beiden Glücksspiele die Wahrscheinlichkeitsverteilung des Gewinns des Spielers.
c) Berechnen Sie für jedes der beiden Glücksspiele den Erwartungswert und die Standardabweichung des Gewinns des Spielers.
d) Vergleichen Sie die Erwartungswerte und die Standardabweichungen beider Spiele. Erklären Sie ihre Bedeutung im Sachzusammenhang.

Wo stehe ich?

	Ich kann...	Aufgabe	Nachschlagen
6.1	... Ergebnismenge, Ereignisse und Verknüpfungen von Ereignissen bestimmen. ... Wahrscheinlichkeiten schätzen und Zufallsexperimente mithilfe von Baumdiagrammen darstellen.	1, 3, 11	S. 244 Beispiel 2 S. 245 Beispiel 3 S. 246 Beispiel 4
6.2	... bedingte Wahrscheinlichkeiten berechnen. ... Problemstellungen im Kontext bedingter Wahrscheinlichkeiten mithilfe von Baumdiagrammen und Vierfeldertafeln lösen.	2, 3	S. 254 Beispiel 1 S. 256 Beispiel 2 S. 257 Beispiel 3
6.3	... umgedrehte Baumdiagramme aufstellen.	3	S. 261 Beispiel 1 S. 262 Beispiel 2
6.4	... Ereignisse auf stochastische Unabhängigkeit untersuchen.	1, 4, 5	S. 268 Beispiel 1 S. 269 Beispiel 2
6.5	... das arithmetische Mittel einer Datenliste (mit relativen Häufigkeiten) berechnen. ... die empirische Varianz und die empirische Standardabweichung von Datenlisten berechnen und die Ergebnisse interpretieren.	6, 7, 8	S. 273 Beispiel 1 S. 275 Beispiel 2
6.6	... Zufallsgrößen und Wahrscheinlichkeitsverteilungen zur Beschreibung stochastischer Prozesse nutzen. ... den Erwartungswert, die Varianz und die Standardabweichung von Zufallsgrößen berechnen. ... mithilfe des Erwartungswerts faire Spiele erkennen.	9, 10, 11, 12, 13, 14	S. 279 Beispiel 1 S. 282 Beispiel 2 S. 282 Beispiel 3

Wahrscheinlichkeit	Für eine **Wahrscheinlichkeit** P mit der Ergebnismenge Ω muss für alle Ereignisse A, B $\subseteq \Omega$ gelten:

1. $0 \le P(A) \le 1$ 2. $P(\Omega) = 1$
3. $P(A \cup B) = P(A) + P(B)$, falls $A \cap B = \{\}$

Vergleichen Sie für A: eine Zahl kleiner als 5 und B: eine Primzahl wird gewürfelt $P(A \cup B)$ und $P(A) + P(B)$.

$\Omega = \{1,2,3,4,5,6\}$, A = $\{1,2,3,4\}$,

B = $\{2,3,5\}$, A $\cup$ B = $\{1,2,3,4,5\}$,

$P(A \cup B) = \frac{5}{6} < P(A) + P(B) = \frac{4}{6} + \frac{3}{6} = \frac{7}{6}$

Bedingte Wahrscheinlichkeit

$P_A(B)$ ist die **bedingte Wahrscheinlichkeit,** dass das Ereignis B eintritt unter der Bedingung, dass das Ereignis A bereits eingetreten ist. Es gilt für P(A) > 0:

$P_A(B) = \frac{P(A \cap B)}{P(A)}$ bzw.

$P(A \cap B) = P(A) \cdot P_A(B)$

Aus einer **Vierfeldertafel** erhält man bedingte Wahrscheinlichkeiten, indem man einen Eintrag in einem inneren Feld durch einen zugehörigen Eintrag in einem äußeren Feld dividiert.
Beispiel: $P_A(B) = \frac{P(A \cap B)}{P(A)}$

	B	$\overline{B}$	gesamt
A	$P(A \cap B)$	$P(A \cap \overline{B})$	$P(A)$
$\overline{A}$	$P(\overline{A} \cap B)$	$P(\overline{A} \cap \overline{B})$	$P(\overline{A})$
gesamt	$P(B)$	$P(\overline{B})$	1

Totale Wahrscheinlichkeit eines Ereignisses B
Satz von **Bayes** für bedingte Wahrscheinlichkeiten

Ein Spielwürfel wird geworfen.
A: Primzahl   B: gerade Augenzahl
A $\cap$ B: gerade Primzahl

$P(A) = \frac{3}{6} = \frac{1}{2}$ $P(A \cap B) = \frac{1}{6}$

Wahrscheinlichkeit für eine gerade Augenzahl unter der Bedingung Primzahl:

$P_A(B) = \frac{P(A \cap B)}{P(A)} = \frac{\frac{1}{6}}{\frac{1}{2}} = \frac{2}{6} = \frac{1}{3}$

In einem Baumdiagramm stehen die bedingten Wahrscheinlichkeiten an den Ästen der 2. Stufe.

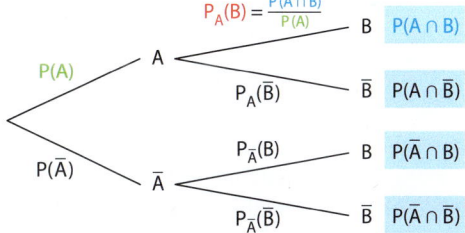

$P(B) = P(A) \cdot P_A(B) + P(\overline{A}) \cdot P_{\overline{A}}(B)$

$P_B(A) = \frac{P(A) \cdot P_A(B)}{P(B)}$

Stochastische Unabhängigkeit

Zwei Ereignisse A und B mit P(A) > 0 und P(B) > 0 heißen **stochastisch unabhängig,** wenn gilt:
$P_A(B) = P(B)$ bzw. $P_B(A) = P(A)$

Dies ist genau dann der Fall, wenn die **Multiplikationsregel** gilt:
$P(A \cap B) = P(A) \cdot P(B)$

Sind zwei Merkmale stochastisch abhängig, müssen sie sich nicht gegenseitig beeinflussen. Selbst wenn die Zahlen Abhängigkeiten zeigen (**Korrelation**), heißt dies nicht, dass sich die Merkmale im Sachzusammenhang direkt beeinflussen (**Kausalität**). Dies macht Interpretationen in Sachzusammenhängen schwierig.

Zwei Spielwürfel werden geworfen.
A: Erster Würfel zeigt eine 4.
B: Zweiter Würfel zeigt eine 2.
C: Die Augensumme ist 5.

$P(A) = \frac{1}{6}$ $P(B) = \frac{1}{6}$ $P(C) = \frac{4}{36}$

$P(A \cap B) = \frac{1}{36} = P(A) \cdot P(B)$
A und B sind stochastisch unabhängig.

$P(A \cap C) = \frac{1}{36} \neq P(A) \cdot P(C)$
A und C sind stochastisch abhängig.

E: Person ist erkältet $P(E) = \frac{40}{100} = 0,4$

S: Person trägt einen Schal $P(S) = \frac{50}{100} = 0,5$
$P_S(E) = \frac{35}{50} = 0,7$, $P(E) \neq P_S(E)$: E, S abhängig

$P_E(S) = \frac{35}{40}$, $P_{\overline{E}}(S) = \frac{15}{60}$, $P_S(E) = \frac{35}{50}$, $P_{\overline{S}}(E) = \frac{5}{50}$

Ob Schaltragen Erkältungen verursacht oder umgekehrt, lässt sich nicht sagen.

Mittelwerte

Bei einer Reihe mit n Daten $x_1, x_2, ..., x_n$ ($n \in \mathbb{N}$) gilt für das **arithmetische Mittel**:

$$\overline{x} = \frac{x_1 + x_2 + ... + x_n}{n}$$

Das arithmetische Mittel eines Merkmals bei einer Häufigkeitsverteilung mit den Werten x_i und ihren relativen Häufigkeiten h_i wird berechnet durch
$$\overline{x} = h_1 \cdot x_1 + h_2 \cdot x_2 + ... + h_n \cdot x_n.$$

Ergebnisse einer Messreihe (in mm):
58; 57; 57; 55; 54; 56; 55; 57; 55; 54

$$\overline{x} = \frac{58 + 57 + 57 + 55 + 54 + 56 + 55 + 57 + 55 + 54}{10}$$
$$= 55,8$$

Messreihe als Häufigkeitsverteilung:

x_i (in mm)	54	55	56	57	58
Anzahl a_i	2	3	1	3	1
$h_i = \frac{a_i}{n}$	0,2	0,3	0,1	0,3	0,1

$$\overline{x} = 0,2 \cdot 54 + 0,3 \cdot 55 + 0,1 \cdot 56 + 0,3 \cdot 57$$
$$+ 0,1 \cdot 58 = 55,8$$

Streuungsmaße

Die **empirische Varianz** bei einer Liste mit n Daten $x_1, x_2, ..., x_n$ und dem arithmetischen Mittel $\overline{x}$ ist die mittlere quadratische Abweichung s^2 der Daten vom Mittelwert:

$$s^2 = \frac{1}{n-1}\left((x_1 - \overline{x})^2 + (x_2 - \overline{x})^2 + ... + (x_n - \overline{x})^2\right)$$

Die **empirische Standardabweichung** ist die Wurzel s aus der empirischen Varianz.

Sind die Daten als Häufigkeitsverteilung gegeben (relative Häufigkeiten h_i, bezogen auf n − 1), gilt die Formel:
$$s = \sqrt{h_1 \cdot (x_1 - \overline{x})^2 + h_2 \cdot (x_2 - \overline{x})^2 + ... + h_n \cdot (x_n - \overline{x})^2}$$

$$\frac{1}{9}\left((58 - 55,8)^2 + (57 - 55,8)^2 + (57 - 55,8)^2\right.$$
$$+ (55 - 55,8)^2 + (54 - 55,8)^2 + (56 - 55,8)^2$$
$$+ (55 - 55,8)^2 + (57 - 55,8)^2 + (55 - 55,8)^2$$
$$\left.+ (54 - 55,8)^2\right) = \frac{88}{45} \approx 1,956$$
(Daten in mm)
Empirische Varianz dieser Messreihe:
$$s^2 \approx 1,956 \, \text{mm}^2$$
Empirische Standardabweichung dieser Messreihe: $s \approx \sqrt{1,956 \, \text{mm}^2} \approx 1,398 \, \text{mm}$

Zufallsgrößen und Wahrscheinlichkeitsverteilungen

Eine **Zufallsgröße X** ist eine Zuordnung, die jedem Ereignis eines Zufallsexperiments eine reelle Zahl x zuordnet.

Die Zuordnung, die jedem Wert x, den eine Zufallsgröße X annehmen kann, die Wahrscheinlichkeit $P(X = x)$ zuordnet, heißt **Wahrscheinlichkeitsverteilung** von X.

Ein Glücksrad mit drei gleich großen Feldern mit Werten 1, 2 und 3 wird zweimal gedreht.
X: Betrag der Differenz der gedrehten Werte

Ergebnisse	(1;1), (2;2), (3;3)	(1;2), (2;3), (2;1), (3;2)	(1;3), (3;1)
x	0	1	2
$P(X = x)$	$\frac{3}{9}$	$\frac{4}{9}$	$\frac{2}{9}$

Erwartungswert

Der **Erwartungswert** einer Zufallsgröße X, die die Werte $x_1, x_2, ..., x_n$ ($n \in \mathbb{N}$) annehmen kann, ist gegeben durch:
$$E(X) = x_1 \cdot P(X = x_1) + ... + x_n \cdot P(X = x_n)$$
Der Erwartungswert gibt den langfristig zu erwartenden Durchschnittswert von X an.

Wahrscheinlichkeitsverteilung von X:

x	1	2	3	4
$P(X = x)$	0,3	0,3	0,2	0,2

Erwartungswert:
$$E(X) = 1 \cdot 0,3 + 2 \cdot 0,3 + 3 \cdot 0,2 + 4 \cdot 0,2 = 2,3$$

Varianz und Standardabweichung

Für eine Zufallsgröße X, die die Werte $x_1, x_2, ..., x_n$ ($n \in \mathbb{N}$) annehmen kann und den Erwartungswert $\mu = E(X)$ hat, heißt
$$V(X) = (x_1 - \mu)^2 \cdot P(X = x_1)$$
$$+ (x_2 - \mu)^2 \cdot P(X = x_2) + ...$$
$$+ (x_n - \mu)^2 \cdot P(X = x_n)$$
Varianz von X und
$\sigma(X) = \sqrt{V(X)}$ **Standardabweichung** von X. Beide Kenngrößen sind ein Maß für die Streuung der Verteilung um ihren Erwartungswert.

x	1	2	3	4
$P(X = x)$	0,3	0,3	0,2	0,2

$\mu = E(X) = 2,3$
Varianz:
$$V(X) = (1 - 2,3)^2 \cdot 0,3 + (2 - 2,3)^2 \cdot 0,3$$
$$+ (3 - 2,3)^2 \cdot 0,2 + (4 - 2,3)^2 \cdot 0,2 = 1,21$$
Standardabweichung:
$$\sigma(X) = \sqrt{1,21} = 1,1$$

7

Binomialverteilung

Nach diesem Kapitel können Sie...

→ Bernoulli-Experimente von anderen Zufallsversuchen unterscheiden,

→ Situationen mit Bernoulli-Ketten beschreiben und Wahrscheinlichkeiten für die Anzahl von Treffern berechnen,

→ Wahrscheinlichkeiten und Parameter bei binomialverteilten Zufallsgrößen bestimmen,

→ grafische Darstellungen von binomialverteilten Zufallsgrößen erstellen und interpretieren,

→ Erwartungswert und Standardabweichung von binomialverteilten Zufallsgrößen berechnen und am Histogramm erläutern.

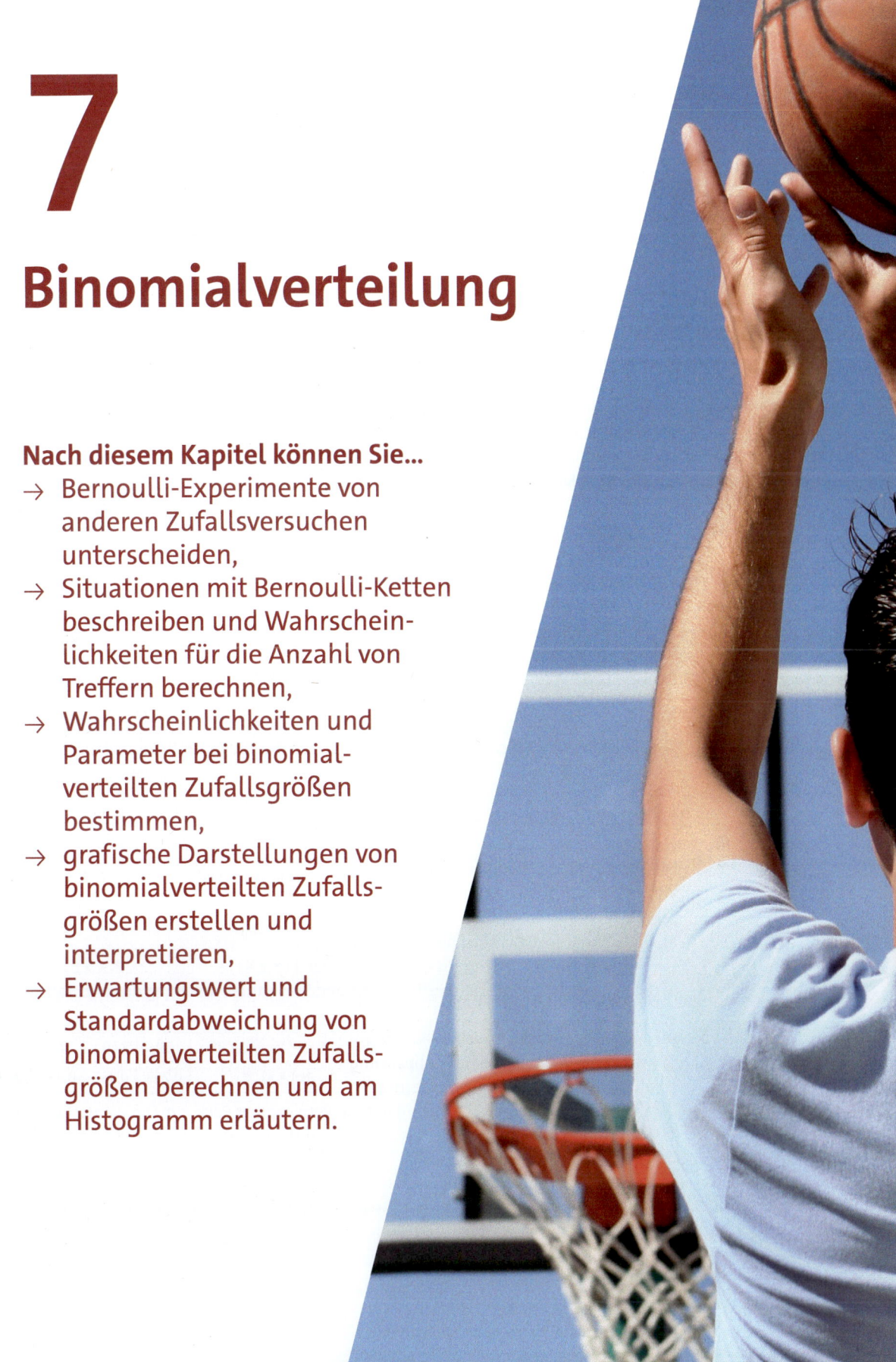

Lösungen
→ 477/478

Baumdiagramme und Wahrscheinlichkeit

1 Bei einem Glücksrad mit sechs gleich großen Sektoren ergibt die Farbe „Rot" einen Hauptgewinn. Es wird dreimal gedreht.

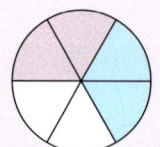

  a) Vervollständigen Sie das Baumdiagramm und geben Sie alle zugehörigen Pfadwahrscheinlichkeiten an.
  b) Berechnen Sie die Wahrscheinlichkeit, dass genau zweimal ein Hauptgewinn „erdreht" wird.

2 In einer Urne befinden sich 3 weiße Kugeln und 9 rote Kugeln. Es werden nacheinander zwei Kugeln ohne Zurücklegen gezogen.

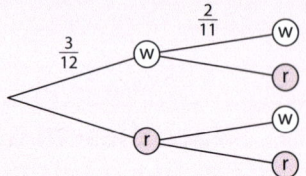

  a) Vervollständigen Sie das Baumdiagramm durch Angabe aller Pfadwahrscheinlichkeiten.
  b) Erläutern Sie eine Kontrollmöglichkeit.

3 Auf einem Flughafen werden für Reisen innerhalb der EU stichprobenartig Pass- und Zollkontrollen unabhängig voneinander durchgeführt.
Es wird angenommen, dass Passkontrollen mit einer Wahrscheinlichkeit von 0,1 und Zollkontrollen mit einer Wahrscheinlichkeit von 0,2 stattfinden.

  a) Zeichnen Sie ein passendes Baumdiagramm mit allen Pfadwahrscheinlichkeiten.
  b) Mit einem Flugzeug kommen 200 Fluggäste an. Berechnen Sie, wie viele dieser Fluggäste wahrscheinlich sowohl die Pass- als auch die Zollkontrolle durchlaufen werden.

Zufallsgrößen und Wahrscheinlichkeitsverteilungen

4 Die Zufallsgröße X wird durch die Wahrscheinlichkeitsverteilung in der Tabelle beschrieben.

mögliche Werte x	2	4	6	8
P(X = x)	$\frac{1}{2}$	$\frac{1}{4}$	$\frac{1}{8}$	$\frac{1}{8}$

  a) Berechnen Sie die Wahrscheinlichkeiten.
    ① $P(X < 4)$ ② $P(X \leq 4)$ ③ $P(X \geq 4)$ ④ $P(X > 6)$
  b) Berechnen Sie Erwartungswert, Varianz und Standardabweichung dieser Zufallsgröße.

5 Die Anzahl der Muttern in einer Packung schwankt bei der maschinellen Abpackung zufällig zwischen 38 und 42 Muttern. Die

x	38	39	40	41	42
P(X = x)		0,253	0,362	0,231	0,054

Zufallsgröße X beschreibt die Anzahl der Muttern in einer Packung. Die Wahrscheinlichkeitsverteilung der Zufallsgröße X ist aus langjähriger Erfahrung bekannt und in der Tabelle unvollständig dargestellt.

  a) Berechnen Sie die Wahrscheinlichkeit $P(X = 38)$ sowie den Erwartungswert $E(X)$.
  b) Interpretieren Sie die Ergebnisse aus a) in diesem Sachzusammenhang.

6 Erstellen Sie ein Histogramm für die Zufallsgröße X. Erläutern Sie, wie in diesem Fall der Erwartungswert am Histogramm abgelesen werden kann.

x	0	1	2	3	4
P(X = x)	0,1	0,2	0,4	0,2	0,1

Lösungen
→ 478

7 Das Histogramm stellt die Wahrscheinlichkeitsverteilung einer Zufallsgröße X dar.

a) Erstellen Sie eine passende Tabelle zur Wahrscheinlichkeitsverteilung von X.

b) Ordnen Sie jedem Ereignis ein passendes Kärtchen zu und berechnen Sie die zugehörige Wahrscheinlichkeit. Der Wert von X ist

① mindestens 4, ② kleiner als 3, ③ höchstens 3, ④ größer als 4,

⑤ mindestens 2 und höchstens 5, ⑥ größer als 2 und kleiner als 5.

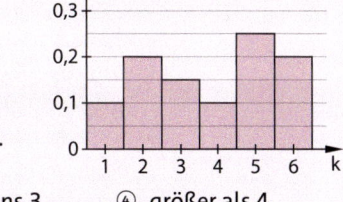

| $X < 3$ | $X > 4$ | $2 < X < 5$ | $2 \leq X \leq 5$ | $X \geq 4$ | $X \leq 3$ |

8 Bei einem Spiel mit zwei Würfeln, die gleichzeitig geworfen werden, erhält man für jede gewürfelte „6" 1 €. Wird keine „6" gewürfelt, so muss der Spieler 1 € zahlen. Die Zufallsgröße X beschreibt den Gewinn bzw. Verlust bei einem Spiel und kann folglich die Werte −1 €, 1 € und 2 € annehmen.

a) Ermitteln Sie die Wahrscheinlichkeitsverteilung sowie den Erwartungswert von X.

b) Stellen Sie die Wahrscheinlichkeitsverteilung von X in einem Histogramm dar.

c) Erläutern Sie, warum dieses Spiel nicht als fair bezeichnet werden kann.

d) Berechnen Sie, wie viel der Spieler statt 1 € zahlen muss, damit das Spiel fair ist.

9 Das abgebildete Glücksrad hat 8 gleich große Segmente.

a) Es wird einmal gedreht. Geben Sie die theoretischen Wahrscheinlichkeiten für ein rotes, gelbes bzw. grünes Segment an.

b) Simulieren Sie mit einem CAS 100 Drehungen des Glücksrads. Ermitteln Sie die relativen Häufigkeiten. Vergleichen Sie diese mit den theoretischen Wahrscheinlichkeiten.

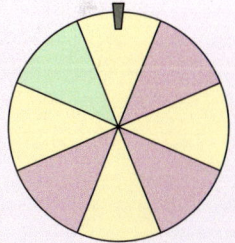

Vermischtes

10 Bestimmen Sie die Anzahl der möglichen dreistelligen Zahlen, die sich aus den Ziffern 1, 2 und 3 bilden lassen, wenn in jeder dreistelligen Zahl jede Ziffer

a) genau einmal vorkommen soll, b) mehrfach vorkommen kann.

11 Berechnen Sie ohne Taschenrechner möglichst vorteilhaft.

a) $\frac{7 \cdot 6 \cdot 5 \cdot 4}{4 \cdot 3 \cdot 2 \cdot 1}$ b) $\frac{10 \cdot 9 \cdot 8 \cdot 7 \cdot 6}{5 \cdot 4 \cdot 3 \cdot 2 \cdot 1}$ c) $\frac{6^2 \cdot 4^2}{2^4}$ d) $\frac{(5 \cdot 4 \cdot 3)^2}{10 \cdot 9 \cdot 8}$

12 Berechnen Sie.

a) $\frac{2 \cdot 1 + 5 \cdot 2 + 8 \cdot 3 + 6 \cdot 4 + 3 \cdot 5 + 1 \cdot 6}{25}$ b) $2 \cdot \frac{2}{5} + 3 \cdot \frac{1}{5} + 4 \cdot \frac{1}{10} + 5 \cdot \frac{3}{10}$

c) $\sqrt{0,4 \cdot (2 - 2,6)^2 + 0,6 \cdot (3 - 2,6)^2}$

d) $\frac{3}{25}(1 - 3,24)^2 + \frac{5}{25}(2 - 3,24)^2 + \frac{8}{25}(3 - 3,24)^2 + \frac{6}{25}(4 - 3,24)^2 + \frac{3}{25}(5 - 3,24)^2$

Erinnerung

Die Abkürzung lg steht für den Logarithmus zur Basis 10:
$\lg(x) = \log_{10}(x)$

13 Ermitteln Sie den Termwert.

a) $\lg(2) \cdot \lg(0,2)$ b) $\lg(2^4)$ c) $\frac{\lg(10)}{\lg(0,5)}$ d) $\lg(10^{-1}) \cdot \lg(10^{-2})$

14 Lösen Sie die Gleichung. Runden Sie gegebenenfalls auf 2 Nachkommastellen.

a) $12^x = 324$ b) $0,4^x = 0,01$ c) $0,6^n = 0,07776$ d) $x^4 = 256$

7.1 Binomialkoeffizienten

Bei einem 100-m-Lauf treten 8 Sprinter an.
a) Ermitteln Sie, wie viele Möglichkeiten es für die Verteilung der ersten drei Plätze gibt.
b) Nach dem Lauf werden die ersten drei Läufer – ohne Berücksichtigung ihrer Platzierung – einem Dopingtest unterzogen. Zeigen und begründen Sie, dass die Anzahl der Möglichkeiten für diese Auswahl deutlich kleiner ist als das Ergebnis aus a).

Viele Zufallsexperimente lassen sich auf das Ziehen von Kugeln aus einer Urne zurückführen. Dabei wird unterschieden, ob mit oder ohne Zurücklegen gezogen wird und ob die Reihenfolge beim Ziehen beachtet werden muss.

Hier wird eine Urne mit 5 verschiedenen Kugeln betrachtet. Es wird dreimal gezogen.

Ziehen mit Zurücklegen:

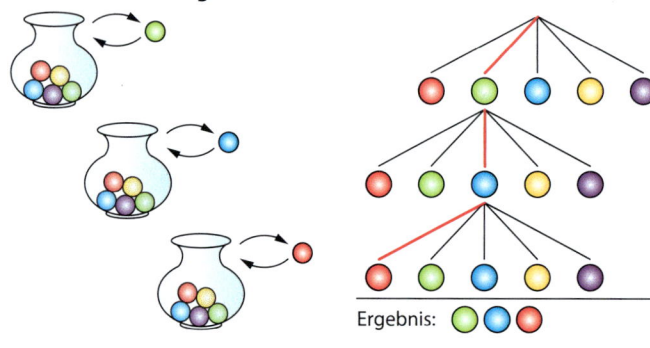

Ergebnis:

Anzahl der möglichen Ergebnisse:
$5 \cdot 5 \cdot 5 = 125$
verschiedene Ergebnisse

Ziehen ohne Zurücklegen:

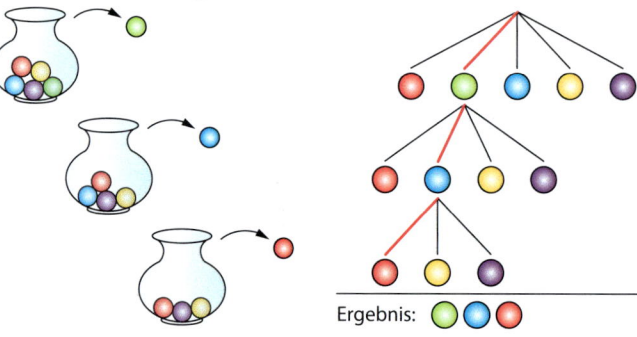

Ergebnis:

Anzahl der möglichen Ergebnisse:
$5 \cdot 4 \cdot 3 = 60$
verschiedene Ergebnisse

Hinweis

Beim Ziehen mit Zurücklegen gibt es deutlich mehr mögliche Ergebnisse, da ein Objekt mehrfach gezogen werden kann.

Beim Ziehen mit und ohne Zurücklegen wurde jeweils die **Reihenfolge berücksichtigt**. Alle rechts abgebildeten Ergebnisse wurden einzeln gezählt, obwohl in allen Ergebnissen die gleichen Farben auftreten.

Ergebnisse mit ●, ● und ●

●–●–●   ●–●–●   ●–●–●
●–●–●   ●–●–●   ●–●–●
$3 \cdot 2 \cdot 1 = 6$ Möglichkeiten.

Wird die **Reihenfolge nicht berücksichtigt**, werden alle Ergebnisse, in denen die gleichen Farben gezogen wurden, als ein Ergebnis gezählt. Beim Ziehen ohne Zurücklegen wird die Anzahl aller Ergebnisse also durch **6** geteilt.
Der Bruch lässt sich erweitern und umschreiben. Dabei steht n! für das Produkt $n \cdot (n-1) \cdot \ldots \cdot 2 \cdot 1$.

Ziehen ohne Zurücklegen ohne Berücksichtigung der Reihenfolge:
$\frac{5 \cdot 4 \cdot 3}{3 \cdot 2 \cdot 1} = \frac{60}{6} = 10$ Möglichkeiten
$\frac{5 \cdot 4 \cdot 3}{3 \cdot 2 \cdot 1} = \frac{5 \cdot 4 \cdot 3 \cdot 2 \cdot 1}{3 \cdot 2 \cdot 1 \cdot 2 \cdot 1} = \frac{5!}{3! \cdot 2!}$

Es wird festgelegt, dass
$0! = 1$ gilt. Daraus folgt
$\binom{n}{0} = 1$ und $\binom{n}{n} = 1$.
Sprechweise für
n! n Fakultät,
$\binom{n}{k}$ n über k.

Hinweis

$\binom{n}{k}$ ist die Anzahl der
Möglichkeiten, aus
einer Menge mit n
Elementen k Elemente
auszuwählen.

Definition | **Fakultät und Binomialkoeffizient**

Für natürliche Zahlen n und k mit $k \leq n$ ist die **Fakultät** durch $n! = n \cdot (n-1) \cdot ... \cdot 2 \cdot 1$ und der
Binomialkoeffizient durch $\binom{n}{k} = \frac{n!}{k! \cdot (n-k)!}$ definiert. (CAS-Befehle: n! und nCr(n,k))

Damit lässt sich die vorangegangene Rechnung für eine Urne mit n Kugeln verallgemeinern.

Satz | **Ziehen ohne Zurücklegen und ohne Berücksichtigung der Reihenfolge**

Es gibt $\binom{n}{k}$ Möglichkeiten, aus einer Urne mit insgesamt n verschiedenen Kugeln k Kugeln
ohne Zurücklegen zu entnehmen, wenn die Reihenfolge nicht berücksichtigt wird.

Beispiel 1 | Auf einem Parkplatz sind sechs Plätze frei. Nacheinander steuern drei Autos den
Parkplatz an und stellen sich auf jeweils einen der freien Plätze. Berechnen Sie, wie viele
Möglichkeiten es gibt, drei der sechs Plätze zu belegen.

Lösung:

Modellieren Sie die Situation mit einer
Ziehung aus einer Urne.
Ein Platz kann nicht zweimal als belegt
markiert werden (Ziehen ohne Zurücklegen). Die Reihenfolge, in der die Plätze
ausgewählt werden, spielt keine Rolle.
Berechnen Sie den Binomialkoeffizienten
n = 6 über k = 3.

Aus n = 6 Kugeln (freie Plätze) werden k = 3
Kugeln (Plätze, die belegt werden) ohne
Zurücklegen und ohne Berücksichtigung
der Reihenfolge gezogen.
$$\binom{6}{3} = \frac{6!}{3! \cdot (6-3)!} = \frac{6!}{3! \cdot 3!}$$
$$= \frac{6 \cdot 5 \cdot 4 \cdot 3 \cdot 2 \cdot 1}{3 \cdot 2 \cdot 1 \cdot 3 \cdot 2 \cdot 1} = \frac{6 \cdot 5 \cdot 4}{3 \cdot 2 \cdot 1} = 20$$
Es gibt 20 Möglichkeiten.

Basisaufgaben

1 Berechnen Sie den Wert.
  a) 3!   b) 2!   c) 5!   d) 4!   e) $\binom{4}{2}$ f) $\binom{5}{3}$ g) $\binom{10}{1}$ h) $\binom{10}{10}$

2 a) Zeigen Sie mit der Definition von $\binom{n}{k}$, dass $\binom{11}{3} = \frac{11 \cdot 10 \cdot 9}{3 \cdot 2 \cdot 1}$ und $\binom{15}{4} = \frac{15 \cdot 14 \cdot 13 \cdot 12}{4 \cdot 3 \cdot 2 \cdot 1}$ gilt.
  b) Formulieren Sie eine Regel, wie man in a) die Produkte im Zähler und Nenner bildet.
  c) Berechnen Sie mit der Regel aus b).   ① $\binom{7}{3}$ ② $\binom{12}{2}$ ③ $\binom{12}{10}$ ④ $\binom{10}{6}$

3 Nach einem 100-m-Lauf werden drei der ersten vier Läufer für eine Dopingkontrolle
ausgewählt. Berechnen Sie die Anzahl der Möglichkeiten für die Auswahl.

4 Fakultäten und Binomialkoeffizienten können mit allen gängigen digitalen Hilfsmitteln
direkt berechnet werden. Informieren Sie sich, wie das bei Ihrem Modell funktioniert und
berechnen Sie den Wert.
  a) 7!   b) 10!   c) $\binom{8}{3}$ d) $\binom{15}{10}$

5 In einer Kleinstadt gibt es 5500 Telefonanschlüsse. Berechnen Sie die Anzahl der möglichen
Gesprächspaarungen.

6 Bei einem Spiel soll ein vierstelliger Code aus gelben,
roten, grünen und blauen Kugeln geknackt werden.
Ermitteln Sie die Anzahl der möglichen Kombinationen,
  a) wenn jede Farbe genau einmal benutzt wird,
  b) wenn die Farben beliebig oft verwendet werden.

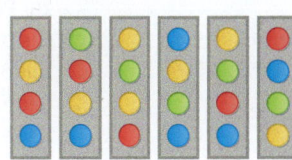

Weiterführende Aufgaben

7 a) Beurteilen Sie, welche der Situationen ① bis ⑤ als das Ziehen aus einer Urne ohne Zurücklegen und ohne Berücksichtigung der Reihenfolge interpretiert werden können.

> ① Anzahl aller Möglichkeiten, 7 verschiedene Bücher in ein Bücherregal zu stellen.

> ② Anzahl der vierstelligen Zahlen mit den Ziffern 1, 2, 3, 4, 5.

> ③ Von den Buchstaben M, A, T, H, E werden 3 verschiedene ausgewählt.

> ④ Anzahl der vierstelligen Zahlen mit den Ziffern 1, 2, 3, 4, 5, bei denen jede Ziffer genau einmal auftritt.

> ⑤ In einer Schublade sind 10 Paar Socken. Es werden zufällig zwei Socken ausgewählt.

b) Schreiben Sie für die in a) gefundenen Situationen die gesuchte Anzahl als Binomialkoeffizienten und berechnen Sie den Wert.

c) Schreiben Sie zu Situation ③ alle Möglichkeiten auf. Vergleichen Sie diese mit b).

⚠ **8** **Stolperstelle:** Mark, Lisa und Franz berechnen die Anzahl der Möglichkeiten, 4 aus 10 Kugeln ohne Zurücklegen und ohne Berücksichtigung der Reihenfolge zu ziehen. Beschreiben Sie ihre Fehler und korrigieren Sie die Rechnungen.

> Mark:
> $$\binom{4}{10} = \frac{4!}{4! \cdot 6!} = \frac{1}{6!} = \frac{1}{720}$$

> Lisa:
> $$\binom{10}{4} = \frac{10}{4 \cdot 6} = \frac{10}{24}$$

> Franz:
> $$\binom{10}{4} = \frac{10!}{4!} = 151\,200$$

9 Der Weg von $A(0\,|\,0)$ nach $B(5\,|\,4)$ soll durch Vektoren $\vec{v} = \binom{1}{0}$ und $\vec{w} = \binom{0}{1}$ beschrieben werden. Das Bild zeigt die Kombination

$$\vec{v} \to \vec{v} \to \vec{w} \to \vec{v} \to \vec{w} \to \vec{w} \to \vec{v} \to \vec{w} \to \vec{v}.$$

a) Berechnen Sie die Anzahl aller möglichen Kombinationen aus $\vec{v}$ und $\vec{w}$.

b) Geben Sie begründet eine Formel für die Anzahl aller möglichen Wege von $A(0\,|\,0)$ nach $B(m\,|\,n)$ für $m, n \in \mathbb{N}$ an.

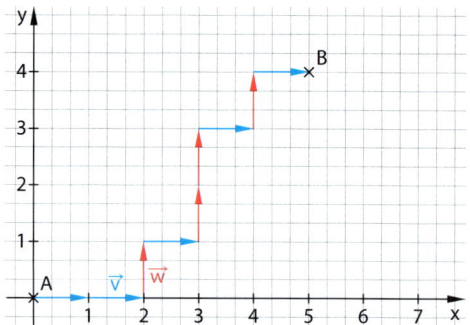

10 **Pascal'sches Dreieck:** Das Pascal'sche Dreieck ist nach dem französischen Mathematiker Blaise Pascal (17. Jh.) benannt.

a) Beschreiben Sie den Aufbau des Pascal'schen Dreiecks auf der blauen Karte. Tipp: Achten Sie dabei besonders auf Additionen.

b) Zeigen Sie anhand mehrerer Beispiele, inwieweit jede Zahl interpretiert werden kann als die Anzahl der Wege, die zur Position der Zahl im Dreieck führen.

c) Die untere Abbildung zeigt das Dreieck mit Binomialkoeffizienten. Begründen Sie, dass die beiden Dreiecke die gleichen Werte enthalten.

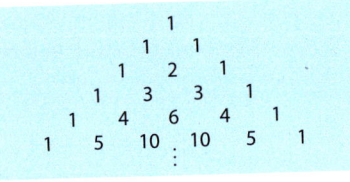

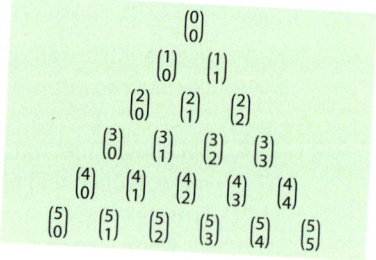

11 Untersuchen Sie, ob die Aussage wahr ist.

a) Für festes n gilt: Je größer k ist, desto größer ist $\binom{n}{k}$.

b) Für jedes n gilt: Es gibt genau ein k, bei dem $\binom{n}{k}$ den größten Wert hat.

12 Rechenregeln für Binomialkoeffizienten: Es gelten folgende Regeln:

$$① \binom{n}{0} = \binom{n}{n} = 1 \qquad ② \binom{n}{1} = \binom{n}{n-1} \qquad ③ \binom{n}{k} = \binom{n}{n-k} \qquad ④ \binom{n}{k} + \binom{n}{k+1} = \binom{n+1}{k+1}$$

a) Erklären Sie die Rechenregeln anhand des Pascal'schen Dreiecks.

Erinnerung

$0! = 1$

b) Setzen Sie den folgenden Beweis der Rechenregel ③ fort.

$$\binom{n}{n-k} = \frac{n!}{(n-k)! \cdot (n-(n-k))!} = \dots$$

c) Beweisen Sie die Rechenregeln ①, ② und ④.

Hinweis

Eine Summe mit vielen Summanden gleicher Art kann kurz mit dem Summenzeichen geschrieben werden.

$$\sum_{k=0}^{n} \binom{n}{k} a^{n-k} b^k$$
$$= \binom{n}{0} a^n b^0 + \binom{n}{1} a^{n-1} b^1$$
$$+ \dots + \binom{n}{n} a^0 b^n$$

13 Der allgemeine binomische Lehrsatz lautet: $(a+b)^n = \sum_{k=0}^{n} \binom{n}{k} \cdot a^{n-k} \cdot b^k$

a) Zeigen Sie, dass für n = 2 die bekannte 1. binomische Formel entsteht.

b) Begründen Sie, warum der Binomialkoeffizient in dieser Formel vorkommt.

c) Geben Sie $(a+b)^5$, $(a+b)^8$ und $(a-1)^{10}$ als Summe an.

14 Laura und ihre Freundin Melissa gehören zu einem Handballteam. Unter allen 20 Mitgliedern des Teams werden zwei Freikarten für ein Bundesligaspiel verlost. Berechnen Sie mit einem Binomialkoeffizienten die Wahrscheinlichkeit, dass Laura und Melissa die beiden Karten gewinnen.

15 Geburtstagsparadoxon: Wenn sich zwei Personen zufällig treffen, dann ist es sehr unwahrscheinlich, dass beide am selben Tag (ohne Berücksichtigung des Geburtsjahrs) Geburtstag haben. Die Wahrscheinlichkeit wird aber erstaunlich schnell größer, wenn mehr und mehr Personen dazukommen. Die Wahrscheinlichkeit für das Gegenereignis lässt sich leichter berechnen.

E: „Von n Personen haben mindestens zwei am gleichen Tag Geburtstag."
Ē: „Von n Personen haben alle n an verschiedenen Tagen Geburtstag."

Erinnerung

Für die Wahrscheinlichkeit des Gegenereignisses Ē zu einem Ereignis E gilt:
$P(\bar{E}) = 1 - P(E)$

a) Erläutern Sie die folgende Berechnung der Wahrscheinlichkeiten für n = 2 und n = 3.

$$n = 2: P(E) = 1 - \frac{365 \cdot 364}{365^2} \approx 0{,}003 \qquad n = 3: P(E) = 1 - \frac{365 \cdot 364 \cdot 363}{365^3} \approx 0{,}008$$

b) Zeigen Sie, dass für die Wahrscheinlichkeit P(E) gilt: $P(E) = 1 - \frac{n! \cdot \binom{365}{n}}{365^n}$

c) Zeigen Sie, dass bei 23 Personen die Wahrscheinlichkeit, dass mindestens zwei Personen am gleichen Tag Geburtstag haben, bereits über 0,5 liegt.

d) Bestimmen Sie die Personenzahl, ab der die Wahrscheinlichkeit dafür, dass mindestens zwei Personen am gleichen Tag Geburtstag haben, größer als 0,99 ist.

16 Ausblick: Ein Skatspiel wird mit 3 Spielern und 32 Karten gespielt. Zu Beginn erhält jeder Spieler 10 Karten. Die übrigen 2 Karten werden extra abgelegt.
Bestimmen Sie die Anzahl aller Möglichkeiten, die 32 Karten zu verteilen.

7.2   Urnenmodelle

Die Brailleschrift besteht aus den
beiden Zeichen „eingestanzter Punkt" und
„Nicht-Punkt". Für einen Buchstaben oder ei-
ne Ziffer stehen sechs dieser Zeichen in fol-
gendem Anordnungsschema:
Dieses Muster lässt sich mit den
Fingerspitzen ertasten.
Wie viel unterschiedliche
Zeichen lassen sich auf diese
Weise darstellen?

Urnenmodelle eignen sich zur Simulation von Zufallsversuchen: Aus einem Gefäß, einer Urne,
werden Kugeln zufällig gezogen. Dabei wird unterschieden, ob die Kugel nach jedem Ziehen
wieder zurückgelegt wird oder nicht.

Die Anzahl der Möglichkeiten, 3 verschiedene Jacken mit 4 verschiedenen Hosen und 2
verschiedenen Schuhpaaren zu kombinieren, erhält man mit der **Produktregel**: $3 \cdot 4 \cdot 2 = 24$.

> **Wissen** | **Anzahl der Möglichkeiten beim vollständigen Ziehen von n aus n Elementen mit
> Beachtung der Reihenfolge (bzw. Anzahl der Anordnungen der n Elemente, Variationen)**
> a) ohne Zurücklegen bzw. ohne Wiederholung, auch **Permutation** genannt: **n!**
>   Beispiel: $3 \cdot 2 \cdot 1 = 6$ Anordnungen der 3 Buchstaben ORT: ROT, ORT, TOR, TRO, RTO, OTR
> b) mit Zurücklegen bzw. mit Wiederholung, d. h. von den n Elementen sind jeweils n_1 bzw.
> n_2 bzw. n_3 gleich: $\frac{n!}{n_1! \cdot n_2! \cdot n_3!}$
>   Beispiel: $\frac{4!}{2! \cdot 1! \cdot 1!} = 12$ Anordnungen der 4 Buchstaben OOMS, von denen 2 gleich sind:
>   MOOS, SOOM, OMOS, OSOM, SMOO, MSOO, OMSO, OSMO, OOMS, OOSM, MOSO,
>   SOMO

Basisaufgaben

1   Erläutern Sie die Screenshots.

$nPr(3,3) \triangleright 6 \quad nPr(4,2) \triangleright 12$

```
npr(3,3)
                          6
npr(4,2)
                         12
```

2   Bestimmen Sie die Anzahl der verschiedenen Anordnungsmöglichkeiten:
   a) ABITUR   b) ARAHAT   c) SESSEL   d) WARTEZIMMER

> **Wissen** | **Anzahl der Möglichkeiten beim Ziehen von k aus n Elementen mit Beachtung der
> Reihenfolge (Variationen)**
> a) mit Zurücklegen bzw. mit Wiederholung, d.h. auf n Plätze kann jeweils eines der n
>   Elemente sortiert werden: **n^k**.
>   Beispiel: $2^3 = 8$ dreistellige Zahlen mit den beiden Ziffern 0 und 1: 000, 001, 010, 100,
>   011, 101, 110, 111.
> b) ohne Zurücklegen bzw. ohne Wiederholung: **$n \cdot (n-1) \ldots \cdot (n-k+1) = \frac{n!}{(n-k)!}$**
>   Beispiel: Es gibt $10 \cdot 9 \cdot 8 = \frac{10!}{(10-3)!}$ Möglichkeiten für die Belegung der ersten drei Plätze
>   bei 10 Läufern (ohne Berücksichtigung der Leistungsfähigkeit).

> **Beispiel 1** Auf 12 Karten befinden sich die Zahlen von Eins bis Zwölf. Drei Karten werden der Reihe nach mit Zurücklegen gezogen. Berechnen Sie die Anzahl der Möglichkeiten.
>
> **Lösung:**
>
> | | |
> |---|---|
> | Es gibt 12 Karten mit Zahlen. Es wird dreimal hintereinander gezogen. | $n = 12, k = 3$
Es gibt $n^k = 12^3 = 1728$ Möglichkeiten. |

Basisaufgaben

3 Ein Ziffernschloss hat vier Positionen, jeweils für die Ziffern 0 bis 9.
Berechnen Sie die Anzahl der Ziffernkombinationen.

4 Berechnen Sie die Anzahl aller dreistelligen Zahlen aus den Ziffern 3, 5, 6 und 8.

> **Wissen**   **Anzahl der Möglichkeiten beim Ziehen von k aus n Elementen ohne Beachtung der Reihenfolge (Kombinationen)**
>
> a) ohne Zurücklegen bzw. ohne Wiederholung: $\frac{n!}{(n-k)!} \cdot k! = \binom{n}{k}$
>
>   Beispiel: $\binom{3}{2} = 3$ Möglichkeiten zur Wahl zweier verschiedener Obstsorten aus den drei
>
>   Sorten Apfel, Birne, Orange: {Apfel, Birne}, {Apfel, Orange}, {Birne, Orange}
>
> b) mit Zurücklegen bzw. mit Wiederholung, als würde man k Elemente aus insgesamt
>
> $n + k - 1$ Elementen (mit den zurückgelegten) ziehen: $\binom{n+k-1}{k}$
>
>   Beispiel: Aus 5 Kugeln mit den Ziffern 1 bis 5 werden zwei zufällig gezogen, es gibt
>
> $\binom{5+2-1}{2} = \binom{6}{2} = 15$ Möglichkeiten: {1,1}, {1,2}, {1,3}, {1,4}, {1,5}, {2,2}, {2,3}, {2,4}, {2,5}, {3,3}, {3,4}, {3,5}, {4,4}, {4,5}, {5,5}

> **Beispiel 2** Berechnen Sie die Wahrscheinlichkeit für 3 Richtige beim Lotto „3 aus 7".
>
> **Lösung:**
>
> | | |
> |---|---|
> | Die Lottoziehung lässt sich modellieren: Aus einer Urne, in der sich sieben Kugeln mit den Nummern 1 bis 7 befinden, werden drei Kugeln mit einem Griff gezogen. Beim Zählen der Ergebnisse kommt es nicht auf die Reihenfolge an. | $n = 7, k = 3$
Es gibt „7 über 3" mögliche Ziehungen:
$\binom{7}{3} = \frac{7!}{3! \cdot (7-3!)} = \frac{7 \cdot 6 \cdot 5}{3 \cdot 2 \cdot 1} = 35$
Die Wahrscheinlichkeit für 3 Richtige beträgt also $P(\text{„3 Richtige"}) = \frac{1}{35} \approx 0{,}03$. |

Basisaufgaben

5 Berechnen Sie die Wahrscheinlichkeit für 4 Richtige beim Lotto „4 aus 6".

6 In einer Kleinstadt gibt es 5500 Telefonanschlüsse. Berechnen Sie die Anzahl der möglichen Gesprächspaarungen.

7 Erläutern Sie die Screenshots im Sachzusammenhang.

26 Buchstaben, 2 auszuwählen	ncr(26,2)
n:=26 ▸ 26 k:=2 ▸ 2	325
nCr(n,k) ▸ 325	ncr(26+2−1,2)
nCr(n+k−1,k) ▸ 351	351

Zur besseren Übersicht sind hier alle Fälle in einer Tabelle dargestellt.

Wissen Anzahl beim Ziehen von k Kugeln aus einer Urne mit n Kugeln		
Zufälliges Ziehen	mit Zurücklegen / mit Wiederholung	ohne Zurücklegen / ohne Wiederholung
mit Reihenfolge / Variationen	n^k	$\binom{n}{k} \cdot k! = \frac{n!}{(n-k)!}$
ohne Reihenfolge / Kombinationen	$\binom{n+k-1}{k}$	$\binom{n}{k}$

Weiterführende Aufgaben

8 Luca und Lina berechnen die Anzahl der Möglichkeiten, 4 Kugeln aus 10 Kugeln ohne Zurücklegen und ohne Berücksichtigung der Reihenfolge zu ziehen. Korrigieren Sie Fehler.

Luca: $\binom{10}{4} = \frac{4!}{4! \cdot 6!} = \frac{1}{6!}$ $\qquad$ Lina: $\binom{10}{4} = \frac{10}{4 \cdot 6} = \frac{5}{12}$

9 Die fünf besten Schüler bei einem Sportwettbewerb erhalten einen Preis. Diese werden aus einer Liste mit acht Preisen ausgesucht. Berechnen Sie, wie viele Möglichkeiten der Preisverteilung es gibt, wenn die fünf Preise a) gleich, b) verschieden sind.

10 Stolperstelle: Aus einem Topf, der drei Kugeln enthält, wird dreimal hintereinander eine Kugel gezogen. Beurteilen Sie Leonies Lösung:

Es gibt genau sechs Möglichkeiten: Bei der ersten Ziehung gibt es drei Optionen, bei der zweiten gibt es zwei Optionen und bei der dritten Ziehung nur eine Option. Also: 3 + 2 + 1 = 6.

11 Betrachtet werden alle Anordnungen aller 26 Buchstaben des Alphabets. Ein Computer kann eine Million Anordnungen in einer Millisekunde speichern. Berechnen Sie, wie lange der Computer für die Speicherung aller Anordnungen benötigt.

12 Zeigen Sie, dass gilt: $\binom{n}{k} \cdot k! = \frac{n!}{(n-k)!}$

13 Der Leiter eines Montagebetriebes will sich über den Einsatz seiner Mitarbeiter einen ständigen Überblick verschaffen. Er bedient sich dabei einer Magnettafel mit Symbolen, die jeweils einzelne Mitarbeiter repräsentieren. Es sind verschiedene Farben bzw. Farbzusammenstellungen erforderlich, und zwar für 8 Ingenieure, 28 Meister und 55 Facharbeiter. Berechne die Anzahl der verschiedenen Farben für folgende Varianten (wie in der Abbildung):
a) einfarbige Symbole,
b) zweigeteilte Symbole, die gleich- oder verschiedenfarbig sein können,
c) dreigeteilte Symbole, die gleich- oder verschiedenfarbig sein können,
d) viergeteilte Symbole, die gleich- oder verschiedenfarbig sein können,
e) Ingenieure: einfarbig, Meister: zweifarbig und auch gedreht eindeutig zuzuordnen, zweigeteilt, Facharbeiter: dreifarbig, dreigeteilt.

14 Ausblick: Eine Urne enthält sechs verschiedenfarbige Kugeln. Es wird 4-mal nacheinander je eine Kugel mit Zurücklegen gezogen. Berechnen Sie, wie viele verschiedene Fälle es gibt, in denen unter den vier gezogenen Kugeln genau zwei Kugeln mit gleicher Farbe sind.

Lottomodell

Bei einer Tombola werden aus einer Urne mit fünf nummerierten Kugeln drei Kugeln ohne Zurücklegen gezogen. Wer die drei gezogenen Nummern richtig tippt, gewinnt.
a) Berechnen Sie die Wahrscheinlichkeit eines Hauptgewinns.
b) Berechnen Sie die Wahrscheinlichkeiten dafür, dass nur zwei oder eine der drei Nummern richtig vorhergesagt werden.

Hinweis

Die Wahrscheinlichkeit für 6 Richtige ist ungefähr so groß wie die Wahrscheinlichkeit,
• auf einer 150 km langen Strecke zufällig einen 1 cm breiten Stock mit einem Kaugummi zu treffen,
• aus 1000 kg Reis genau ein bestimmtes Reiskorn zu ziehen,
• aus der Lebenszeit einer 27 Jahre alten Person zufällig genau eine bestimmte Minute zu wählen.

Beim LOTTO „6 aus 49" werden aus 49 nummerierten Kugeln 6 Kugeln ohne Zurücklegen gezogen. Ziel ist es, vorher alle Zahlen richtig zu tippen („6 Richtige").

Es werden auch schon Gewinne ausgezahlt, wenn weniger als 6 Zahlen richtig getippt wurden. Mit der Ziehung der 6 Kugeln werden die 49 Zahlen gedanklich in einen Topf mit Gewinnzahlen und einen Topf mit Nicht-Gewinnzahlen eingeteilt. Ein Tipp mit zum Beispiel genau 4 Richtigen bedeutet, dass 4 Zahlen aus der Menge der Gewinnzahlen und 2 Zahlen aus der Menge der Nicht-Gewinnzahlen ausgewählt wurden. Hierfür gibt es insgesamt $\binom{6}{4} \cdot \binom{43}{2}$ Möglichkeiten. Daraus ergibt sich die Wahrscheinlichkeit.

$$\binom{49}{6} = \frac{49!}{6! \cdot 43!} = 13\,983\,816 \text{ Möglichkeiten}$$

Wahrscheinlichkeit für „6 Richtige"

$$P(\text{„6 Richtige"}) = \frac{1}{13\,983\,816} \approx 0{,}00000007$$

Wahrscheinlichkeit für „4 Richtige"

6 Gewinnzahlen („richtige" Kugeln)   43-Nicht-Gewinnzahlen („falsche" Kugeln)

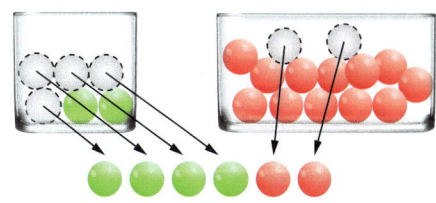

$$P(\text{„4 Richtige"}) = \frac{\binom{6}{4} \cdot \binom{43}{2}}{\binom{49}{6}} = \frac{15 \cdot 903}{13\,983\,816} \approx 0{,}001$$

Für weitere Situationen kann das Modell auch allgemeiner formuliert werden.

Hinweis

Das obige Modell zum Lotto ist ein Spezialfall, bei dem r = k gilt.

> **Wissen**   **Verallgemeinertes Lottomodell**
>
> In einer Urne mit n Kugeln sind r Kugeln als „Richtige" gekennzeichnet. Für die Wahrscheinlichkeit, dass beim Ziehen ohne Zurücklegen von k Kugeln genau N Richtige gezogen werden, gilt: $P(\text{„N Richtige"}) = \frac{\binom{r}{N} \cdot \binom{n-r}{k-N}}{\binom{n}{k}}$ mit r, n, N, k $\in \mathbb{N}$ mit $N \leq k \leq n$.

> **Beispiel 1**
>
> a) Berechnen Sie die Wahrscheinlichkeit für 2 Richtige beim LOTTO „6 aus 49".
> b) Von 25 LEDs in einem Karton sind 7 defekt. Berechnen Sie die Wahrscheinlichkeit dafür, dass bei einer Qualitätskontrolle genau 3 von 4 getesteten LEDs defekt sind.
>
> **Lösung:**
>
> a) Wählen Sie k, n (6 aus 49) und N (2 Richtige). Es werden 6 Zahlen getippt (r = k). Setzen Sie die Werte in die Formel ein.
>
>   N = 2; k = r = 6; n = 49
>
> $$P(\text{„2 Richtige"}) = \frac{\binom{6}{2} \cdot \binom{43}{4}}{\binom{49}{6}} = \frac{15 \cdot 123\,410}{13\,983\,816} \approx 0{,}13$$
>
> b) Es werden 4 von 25 LEDs getestet, dafür gibt es $\binom{25}{4}$ Möglichkeiten. Gedanklich werden aus Topf eins mit 7 defekten LEDs 3 gewählt und aus Topf zwei mit 18 nicht defekten LEDs wird eine gezogen.
>
>   N = 3; r = 7; k = 4; n = 25
>
> $$P(\text{„3 defekte LEDs"}) = \frac{\binom{7}{3} \cdot \binom{18}{1}}{\binom{25}{4}} = \frac{35 \cdot 18}{12\,650} \approx 0{,}05$$
>
> Die Wahrscheinlichkeit beträgt etwa 5 %.

Aufgaben

1 Berechnen Sie die Wahrscheinlichkeit für das Ereignis.
   a) 5 Richtige beim Lotto „6 aus 49"   b) 3 Richtige beim Lotto „6 aus 49"
   c) 2 Richtige beim Lotto „8 aus 25"   d) 5 Richtige beim Lotto „7 aus 35"

2 Berechnen Sie beim Lotto „6 aus 49" die Wahrscheinlichkeiten der Ereignisse:

| eine Richtige | keine Richtigen | mindestens zwei Richtige | höchstens vier Richtige |

3 Aus den 18 Schülerinnen und Schülern eines Kurses werden zufällig 5 für die Teilnahme an einem Wettbewerb ausgewählt. Daniel und sein Freund hoffen, beide dabei zu sein.
   a) Erklären Sie, wie dieses Problem mit dem Lottomodell beschrieben werden kann.
   b) Berechnen Sie die Wahrscheinlichkeit, dass Daniel und sein Freund beim Wettbewerb dabei sind.

4 Im Abi-Jahrgang eines Gymnasiums sind unter 100 Personen 55 Mädchen. Gesucht ist die Wahrscheinlichkeit dafür, dass bei einer Umfrage unter 10 zufällig aus den 100 ausgewählten Personen genau 6 Mädchen sind.
Beschreiben und korrigieren Sie den Fehler, der bei der Berechnung gemacht wurde.

   a) $P(\text{„6 Mädchen"}) = \dfrac{\binom{55}{6}}{\binom{100}{10}} \approx 0$ b) $P(\text{„6 Mädchen"}) = \dfrac{\binom{55}{6} \cdot \binom{45}{4}}{\binom{100}{55}} \approx 0$

5 Unter den 87 Fahrgästen einer Straßenbahn haben 20 eine Monatskarte und der Rest einen Fahrschein. Ein zugestiegener Kontrolleur kann bis zur nächsten Haltestelle 20 Fahrgäste kontrollieren.
   a) Berechnen Sie die Anzahl der Möglichkeiten, 20 Fahrgäste für eine Kontrolle auszuwählen.
   b) Berechnen Sie die Wahrscheinlichkeit, dass der Kontrolleur ausschließlich Fahrgäste mit einer Monatskarte kontrolliert.
   c) Berechnen Sie die Wahrscheinlichkeit, dass unter den kontrollierten Fahrgästen genau vier mit einer Monatskarte sind.
   d) Berechnen Sie die Wahrscheinlichkeit, dass der Kontrolleur nur Fahrgäste mit einem Fahrschein kontrolliert.

   e) Unter den Fahrgästen ohne Monatskarte haben vier Fahrgäste einen Fahrschein, der nach dem Tarifwechsel nicht mehr gültig ist, sie gelten daher als „Schwarzfahrer". Berechnen Sie die Wahrscheinlichkeit, dass der Kontrolleur keinen (mindestens einen) der Schwarzfahrer kontrolliert.

● 6 An einem Sportwettbewerb nehmen 10 Deutsche, 5 Italiener und 8 Spanier teil. Berechnen Sie jeweils die Anzahl der Möglichkeiten.
   a) Alle Teilnehmer stellen sich vor dem Anmeldebüro in einer Schlange auf.
   b) Die Teilnehmer stellen sich nach Nationen sortiert in einer Schlange auf.
   c) Für einen Dopingtest werden 7 der Teilnehmer ausgewählt.
   d) Aus allen Teilnehmern werden 3 aus Deutschland und 2 aus Italien für einen Dopingtest ausgewählt.
   e) Pro Nation werden 4 Teilnehmer für einen Dopingtest ausgewählt.

7.3 Bernoulli-Ketten

Ein Tourist steht in Manhattan an der Metro Ecke 50th Street/8th Avenue. Er ist ohne Stadtplan unterwegs und bewegt sich nur auf „Streets" und „Avenues" und dem „Broadway". An jeder Ecke entscheidet er per Münzwurf, ob er in östliche oder in nördliche Richtung weitergeht. Das führt er 7-mal aus.

a) Geben Sie alle Kreuzungen an, die der Tourist mit drei Richtungsentscheidungen erreichen kann.

b) Der Tourist möchte zur Metro am Museum of Modern Art. Bestimmen Sie, mit welcher Wahrscheinlichkeit er genau den eingezeichneten Weg geht.

c) Bestimmen Sie, mit welcher Wahrscheinlichkeit der Tourist nach sieben Richtungsentscheidungen an der Metro am Museum ankommt.

Bernoulli-Experiment und Bernoulli-Kette

Bei Zufallsexperimenten wird häufig nur beobachtet, ob ein bestimmtes Ereignis eintritt oder nicht. Tritt das Ereignis ein, spricht man von einem **Treffer**. Insbesondere ist interessant, wie oft ein Treffer bei mehrmaligen Wiederholungen des gleichen Experiments erzielt wird.

Beim Würfeln mit einem Spielwürfel kann man sich nur für das Ereignis „6 gewürfelt" interessieren und untersuchen, wie viele Sechsen bei 10 Würfen gewürfelt werden.

> **Definition** / **Bernoulli-Experiment und Bernoulli-Kette**
> Ein **Bernoulli-Experiment** ist ein Zufallsexperiment, bei dem nur zwei mögliche Ausgänge („Treffer" und „kein Treffer") unterschieden werden. Die Wahrscheinlichkeit für das Eintreten eines Treffers wird **Trefferwahrscheinlichkeit p** ($p \in \mathbb{R}$, $0 \leq p \leq 1$) genannt.
> Wird ein Bernoulli-Experiment n-mal mit konstanter Trefferwahrscheinlichkeit wiederholt, dann spricht man von einer **Bernoulli-Kette der Länge n** ($n \in \mathbb{N}$).

Für Treffer wird auch der Begriff „Erfolg" verwendet. Tritt bei einem Bernoulli-Experiment kein Treffer ein, so spricht man auch von „Nichttreffer", „Niete" oder „Fehlversuch". Die Wahrscheinlichkeit für das Eintreten eines Fehlversuchs ist die **Gegenwahrscheinlichkeit** zu p, sie beträgt $1 - p$.

> **Beispiel 1** / Es wird mit einem Spielwürfel zehnmal gewürfelt. Das Würfeln einer „6" wird als Treffer bezeichnet. Begründen Sie, dass eine Bernoulli-Kette vorliegt, und geben Sie die Trefferwahrscheinlichkeit p, die Wahrscheinlichkeit für einen Fehlversuch bei einem Wurf sowie die Länge der Bernoulli-Kette an.
>
> **Lösung:**
> Beim Würfeln wird hier nur unterschieden, ob eine „6" gewürfelt wird (Treffer) oder nicht. Die Trefferwahrscheinlichkeit $p = \frac{1}{6}$ gilt für jeden Wurf, sie ist unabhängig vom Ausgang vorheriger Würfe. Die Wahrscheinlichkeit für einen Fehlversuch ist die Gegenwahrscheinlichkeit $1 - p = \frac{5}{6}$. Da zehnmal gewürfelt wird, hat die Bernoulli-Kette die Länge $n = 10$.

Basisaufgaben

 1 Begründen Sie, ob ein Bernoulli-Experiment vorliegt. Geben Sie, wenn möglich, die Treffer-wahrscheinlichkeit p an sowie die Wahrscheinlichkeit, dass es keinen Treffer gibt.
  a) Eine Münze wird geworfen. Es wird notiert, ob „Zahl" oben liegt.
  b) Es wird festgestellt, ob eine Person die Blutgruppe A, B, AB oder 0 hat.
  c) Es wird so lange gewürfelt, bis eine 6 kommt. Die Anzahl der Würfe wird notiert.
  d) Beim Werfen zweier Würfel wird notiert, ob die Augensumme 8 beträgt.
  e) Beim Werfen eines Würfels wird notiert, ob die Augenzahl größer als 2 ist.
  f) Beim Werfen dreier Münzen wird notiert, wie viele Münzen „Zahl" zeigen.

 2 Begründen Sie, ob man das Zufallsexperiment als Bernoulli-Kette auffassen kann. Falls ja, beschreiben Sie, was ein Treffer ist, und geben Sie die Länge der Bernoulli-Kette an.
  a) Ein Würfel wird viermal geworfen. Bei jedem Wurf wird notiert, ob die Augenzahl gerade ist.
  b) Fünf Spieler einer Fußballmannschaft treten zum Elfmeterschießen an.
  c) Bei der Herstellung eines Bauteils ist ein Bauteil zu 2 % fehlerhaft. Zehn hergestellte Bauteile werden auf Fehler überprüft.
  d) Aus der abgebildeten Urne werden nacheinander drei Kugeln ohne Zurücklegen gezogen.
  e) Aus der abgebildeten Urne werden nacheinander drei Kugeln mit Zurücklegen gezogen.

 3 Geben Sie an, unter welchen Bedingungen eine Bernoulli-Kette vorliegt. Legen Sie fest, was ein Treffer ist. Geben Sie die Länge n der Bernoulli-Kette und, wenn möglich, die Trefferwahrscheinlichkeit p an.
  a) Vier Münzen werden gleichzeitig geworfen.
  b) Aus einer Urne mit fünf blauen und drei roten Kugeln wird viermal nacheinander eine Kugel gezogen.
  c) In einem Land sind 21 % der Bevölkerung älter als 60 Jahre. Es werden 100 zufällig ausgewählte Personen nach ihrem Alter befragt.
  d) Ein Fußballer schießt dreimal auf das untere Loch einer Torwand.
  e) Es werden 100 Neugeborene betrachtet.

 4 Die Zufallsgröße X gibt die Anzahl der Treffer bei einer Bernoulli-Kette der Länge n an.
  a) Es sei n = 5. Geben Sie alle Werte k an, die X annehmen kann.
  b) Geben Sie an, wie viele verschiedene Werte X für beliebiges n annehmen kann.

 5 Eine Basketballspielerin hat beim Freiwurf eine Trefferquote von 75 %. Zum Abschluss des Trainings wirft sie immer drei Freiwürfe und zählt die Anzahl ihrer Treffer.
  a) Stellen Sie das Werfen dieser drei Freiwürfe in einem Baumdiagramm dar und tragen Sie die Wahrscheinlichkeiten an den Zweigen und den Enden der Pfade ein.
  b) Berechnen Sie die Wahrscheinlichkeit für 0, 1, 2 und 3 Treffer.
  c) Beschreiben Sie, unter welchen Bedingungen das Werfen der Freiwürfe eine Bernoulli-Kette ist.

Wahrscheinlichkeiten bei Bernoulli-Ketten

Der Baum zeigt alle Pfade einer Bernoulli-Kette der Länge n = 3. Alle Pfade mit 2 Treffern (X = 2) haben die gleiche Wahrscheinlichkeit $p^2 \cdot (1 - p)$. Es gibt $\binom{3}{2}$ Möglichkeiten, 2 Treffer auf 3 Abschnitte zu verteilen. Insgesamt ergibt sich daraus:

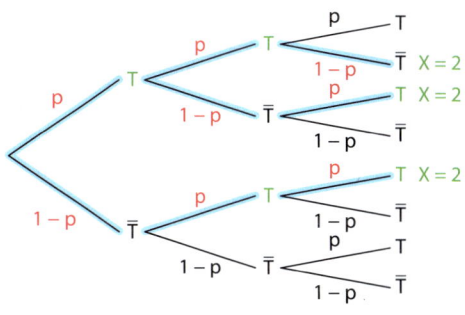

$$P(X = 2) = \binom{3}{2} \cdot p^2 \cdot (1 - p)$$

Anzahl der Pfade --------- Pfadwahrscheinlichkeit

Trefferanzahl k	3	2	1	0
Wahrscheinlichkeit eines Pfades	p^3	$p^2 \cdot (1 - p)$	$p \cdot (1 - p)^2$	$(1 - p)^3$
Anzahl der Pfade	$\binom{3}{3} = 1$	$\binom{3}{2} = 3$	$\binom{3}{1} = 3$	$\binom{3}{0} = 1$
$P(X = k)$	$1 \cdot p^3$	$3 \cdot p^2 \cdot (1 - p)$	$3 \cdot p \cdot (1 - p)^2$	$1 \cdot (1 - p)^3$

Erinnerung

Der **Binomialkoeffizient** $\binom{n}{k} = \frac{n!}{k! \cdot (n-k)!}$ gibt die Anzahl der Möglichkeiten an, aus n Objekten ohne Zurücklegen und ohne Berücksichtigung der Reihenfolge k Objekte zufällig auszuwählen. Die Bernoulli-Formel ist nach **Jakob Bernoulli** (27.12.1654–6.1.1655), einem Schweizer Mathematiker und Physiker, benannt.

Satz | **Bernoulli-Formel**

Gibt die Zufallsgröße X bei einer Bernoulli-Kette der Länge n mit der Trefferwahrscheinlichkeit p die Anzahl der Treffer an, so gilt für die Wahrscheinlichkeit, dass es genau k Treffer gibt:
$$P(X = k) = \binom{n}{k} \cdot p^k (1 - p)^{n-k} \qquad (k = 0, 1, ..., n)$$

Häufig werden Ereignisse mit mehreren Trefferzahlen betrachtet.

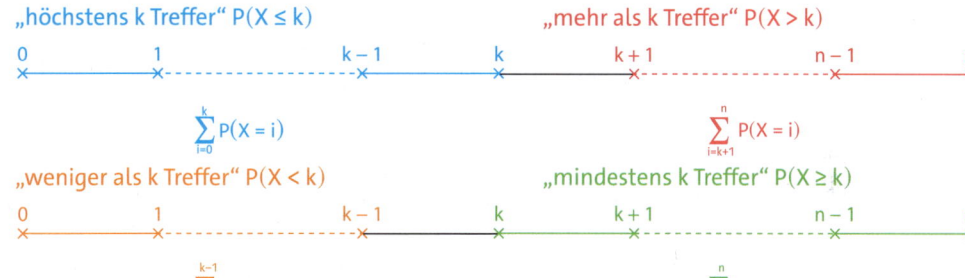

„höchstens k Treffer" $P(X \leq k)$ „mehr als k Treffer" $P(X > k)$

$$\sum_{i=0}^{k} P(X = i) \qquad\qquad \sum_{i=k+1}^{n} P(X = i)$$

„weniger als k Treffer" $P(X < k)$ „mindestens k Treffer" $P(X \geq k)$

$$\sum_{i=0}^{k-1} P(X = i) \qquad\qquad \sum_{i=k}^{n} P(X = i)$$

Beispiel 2 Die Zufallsgröße X zählt bei 10 Würfen eines Tetraeder die Anzahl der Einsen. Berechnen Sie die Wahrscheinlichkeit für X
a) genau 3, b) höchstens 2, c) mindestens 3, d) weniger als 6, aber mehr als 2.

Lösung:

a) Wenden Sie die Bernoulli-Formel mit n = 10, k = 3 und $p = \frac{1}{4} = 0{,}25$ an.

$$P(X = 3) = \binom{10}{3} \cdot 0{,}25^3 \cdot (1 - 0{,}25)^{10-3}$$
$$= \binom{10}{3} \cdot 0{,}25^3 \cdot 0{,}75^7 \approx 0{,}250$$

b) Addieren Sie die einzelnen Wahrscheinlichkeiten für 0-, 1- und 2-mal die „1".

$$P(X \leq 2) = P(X = 0) + P(X = 1) + P(X = 2)$$
$$\approx 0{,}056 + 0{,}188 + 0{,}282 = 0{,}526$$

c) „Mindestens 3 Einsen" ist das Gegenereignis zu „höchstens 2 Einsen".

$$P(X \geq 3) = 1 - P(X \leq 2) \approx 1 - 0{,}526 = 0{,}474$$

d) Addieren Sie die einzelnen Wahrscheinlichkeiten für 3-, 4- und 5-mal die „1".

$$P(2 < X < 6) = P(X = 3) + P(X = 4) + P(X = 5)$$
$$\approx 0{,}250 + 0{,}146 + 0{,}058 = 0{,}454$$

Basisaufgaben

Hinweis

Bei einer **fairen Münze** haben Kopf und Zahl jeweils die Wahrscheinlichkeit $\frac{1}{2}$.

Lösungen zu 7a–7e

Die Werte sind gerundet.

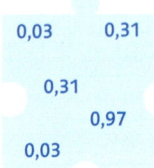

0,03   0,31

0,31

0,97

0,03

6 Eine faire Münze wird sechsmal geworfen. Die Zufallsgröße X zählt, wie oft die Zahl oben liegt. Berechnen Sie die Wahrscheinlichkeit, dass die Zahl
a) genau 3-mal oben liegt,   b) genau 4-mal oben liegt,   c) keinmal oben liegt.

7 Die Zufallsgröße X gibt die Anzahl der Treffer bei einer Bernoulli-Kette mit n = 5 und p = 0,5 an. Berechnen Sie die Wahrscheinlichkeit.
a) $P(X = 2)$ b) $P(X = 5)$ c) $P(X = 3)$ d) $P(X = 0)$ e) $P(X > 0)$
f) $P(X \leq 1)$ g) $P(X > 1)$ h) $P(X \geq 4)$ i) $P(0 < X < 4)$ j) $P(2 \leq X \leq 4)$

8 Die Zufallsgröße X gibt die Anzahl der Treffer bei einer Bernoulli-Kette mit n = 8 und p = 0,6 an. Berechnen Sie die Wahrscheinlichkeit für die Anzahl der Treffer.

① höchstens 3   ② mehr als 5   ③ weniger als 3   ④ mindestens 4

9 In einer Schule kommen durchschnittlich 40 % aller Kinder mit dem Fahrrad zur Schule.
a) Erklären Sie die Bedeutung des Terms $\binom{10}{3} \cdot 0{,}4^3 \cdot 0{,}6^7$ in diesem Zusammenhang.
b) Es werden 5 Kinder der Schule befragt. Berechnen Sie die Wahrscheinlichkeit, dass davon genau 3 (mehr als 3; weniger als 2) mit dem Fahrrad zur Schule kommen.

10 In einem Multiple-Choice-Test mit insgesamt 25 Fragen gibt es zu jeder Frage 4 Antwortmöglichkeiten, von denen genau eine richtig ist.
a) Erklären Sie, unter welchen Umständen das Ausfüllen des Tests eine Bernoulli-Kette ist. Geben Sie die Werte von n und p an.
b) Beschreiben Sie in dieser Sachsituation die Bedeutung des Terms
$\binom{25}{3} \cdot 0{,}25^3 \cdot 0{,}75^{22} + \binom{25}{2} \cdot 0{,}25^2 \cdot 0{,}75^{23} + \binom{25}{1} \cdot 0{,}25^1 \cdot 0{,}75^{24} + \binom{25}{0} \cdot 0{,}25^0 \cdot 0{,}75^{25}$.
c) Berechnen Sie die Wahrscheinlichkeit, dass ein Prüfling mehr als 10, aber weniger als 15 Antworten richtig hat, wenn er bei jeder Frage rät.

11 Aus den Ziffern 0 bis 9 wird zufällig ein sechsstelliger Code gebildet. Es soll die Wahrscheinlichkeit berechnet werden, dass genau vier Ziffern des Codes nicht 0 sind. Erläutern Sie die Vorgehensweise von Yannik und Fabian, überprüfen Sie ihre Richtigkeit und vergleichen Sie sie. Bestimmen Sie auch die gesuchte Wahrscheinlichkeit.

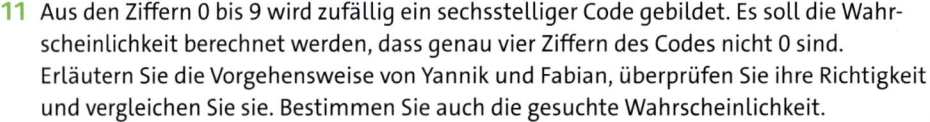

Yannik:
X: Anzahl der Ziffern ungleich 0.
$p = \frac{9}{10} = 0{,}9$ und $n = 6$
$P(X = 4) = \binom{6}{4} \cdot 0{,}9^4 \cdot 0{,}1^2$

Fabian:
Y: Anzahl der Ziffern gleich 0.
$p = \frac{1}{10} = 0{,}1$ und $n = 6$
$P(Y = 2) = \binom{6}{2} \cdot 0{,}1^2 \cdot 0{,}9^4$

12 Ein normaler Spielwürfel wird insgesamt 10-mal geworfen.
a) Berechnen Sie die Wahrscheinlichkeit, dass die „6" 3- oder 4-mal geworfen wird.
b) Beschreiben Sie das Ereignis E, dessen Wahrscheinlichkeit mit dem Term
$1 - \left(\binom{10}{10} \cdot \left(\frac{1}{6}\right)^{10} \cdot \left(\frac{5}{6}\right)^0 + \binom{10}{9} \cdot \left(\frac{1}{6}\right)^9 \cdot \left(\frac{5}{6}\right)^1 \right)$ berechnet wird.
c) Bestimmen Sie die Wahrscheinlichkeit, dass genau 7-mal keine „6" geworfen wird.
d) Berechnen Sie die Wahrscheinlichkeit: Erst fällt 3-mal die „6", dann 7-mal keine „6".

Weiterführende Aufgaben

⊘ **13** Ein Glücksrad wird gedreht.

    a) Beschreiben Sie, unter welchen Bedingungen das Drehen des Glücksrads ein Bernoulli-Experiment ist.

    b) Skizzieren Sie ein Glücksrad und geben Sie ein Ereignis dazu an, dessen Wahrscheinlichkeit durch den Term $\binom{5}{2} \cdot 0{,}2^2 \cdot 0{,}8^3$ berechnet wird.

    c) Betrachten Sie den Term
$\binom{10}{4} \cdot p^4 \cdot (1-p)^6$ für $p = \frac{1}{5}$, $p = \frac{2}{5}$, $p = \frac{3}{5}$
und $p = \frac{4}{5}$. Stellen Sie ohne Berechnung eine Vermutung auf, für welchen Wert von p der Term den größten Wert hat.

    d) Überprüfen Sie Ihre Vermutung aus c) durch Berechnung des Terms.

⚠ ⊘ **14 Stolperstelle:** Lina, Kai und Anna haben in einer Studie gelesen, dass etwa 63,5 % der Deutschen eine Brille tragen. Unter dieser Annahme berechnen sie im Vorfeld einer Befragung die Wahrscheinlichkeiten unterschiedlicher Ereignisse.

Lina:	Anna:	Kai:
„Unter 10 Befragten sind genau 8 Brillenträger." $P(X=8) = \binom{10}{8} \cdot 0{,}635^8$ $\approx 1{,}19$	„Unter 6 Befragten ist mehr als ein Brillenträger." $P(X>1) = 1 - P(X<1)$ $= 1 - P(X=0)$ $= 1 - 0{,}0024$ $= 0{,}9976$	„Unter 5 Befragten sind mehr als 3 Brillenträger." $P(X \geq 3) = P(X=3) + P(X=4) + P(X=5)$ $\approx 0{,}341 + 0{,}297 + 0{,}103 = 0{,}741$

    a) Beschreiben Sie die Fehler in den Rechnungen der Schüler.

    b) Berechnen Sie die korrekten Wahrscheinlichkeiten.

● **15** Bei einem Glücksspiel sind in einer Box 40 rote und 60 gelbe Kugeln. Es wird dreimal eine Kugel gezogen. Die Höhe des Preisgeldes richtet sich nach der Anzahl der gezogenen roten Kugeln. Der Einsatz beträgt 2 €.

rote Kugeln	Preis- geld
0	2,00 €
1	1,00 €
2	1,50 €
3	10,00 €

    a) Erklären Sie, warum es sich nur dann um eine Bernoulli-Kette handelt, wenn das Spiel mit Zurücklegen der gezogenen Kugel gespielt wird.

    b) Das Spiel wird mit Zurücklegen der gezogenen Kugel gespielt. Bestimmen Sie die Wahrscheinlichkeitsverteilung des Preisgeldes.

    c) Weisen Sie rechnerisch nach, dass das Spiel nicht fair ist. Erklären Sie dabei, ob das Spiel langfristig für den Anbieter oder den Spieler lukrativ ist.

    d) Passen Sie den Gewinn für drei gezogene rote Kugeln so an, dass das Spiel fair wird.

● **16 Ausblick:** Betrachten Sie eine Urne mit 40 roten und 60 gelben Kugeln. Es wird dreimal ohne Zurücklegen gezogen und die Anzahl X der gezogenen roten Kugeln gezählt.

    a) Erklären Sie, warum $P(X=2) = \binom{3}{2} \cdot \frac{40 \cdot 39 \cdot 60}{100 \cdot 99 \cdot 98}$ gilt.

    b) Bestimmen Sie die Wahrscheinlichkeitsverteilung für die Anzahl der roten Kugeln.

    c) Vergleichen Sie die Wahrscheinlichkeitsverteilung aus b) mit den Wahrscheinlichkeiten, die in Aufgabe 15 b) mit der Bernoulli-Formel berechnet wurden. Erläutern Sie, warum die Abweichungen gering sind, obwohl das Ziehen ohne Zurücklegen keine Bernoulli-Kette darstellt.

7.4 Binomialverteilung

Bei einem Würfelexperiment ist es unerheblich, ob ein Würfel fünfmal hintereinander geworfen wird oder fünf Würfel einmal gleichzeitig geworfen werden.
Bei diesem Würfelspiel gilt eine geworfene 6 als Treffer.

a) Schätzen Sie, welche Trefferzahl am wahrscheinlichsten ist. Berechnen Sie anschließend die Wahrscheinlichkeiten für alle möglichen Trefferzahlen.

b) Stellen Sie die in a) berechneten Wahrscheinlichkeiten als Histogramm dar.

Binomialverteilte Zufallsgrößen

Ein Galtonbrett ist ein mechanisches Modell zur Veranschaulichung von Bernoulli-Ketten. Es besteht aus regelmäßig angeordneten Hindernissen, an denen von oben eingeworfene Kugeln jeweils nach links oder rechts abprallen. Unten angekommen werden die Kugeln, wie nach dem Durchlaufen der gesamten Bernoulli-Kette, in Fächern aufgefangen und können gezählt werden.

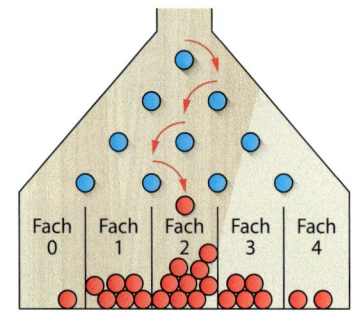

Steht ein Galtonbrett mit 4 Stufen von Hindernissen gerade und bezeichnet man „nach rechts ablenken" als Treffer, erhält man eine Bernoulli-Kette der Länge n = 4 mit Trefferwahrscheinlichkeit p = 0,5.

Die Wahrscheinlichkeiten für die jeweiligen Fächer lassen sich mit der Bernoulli-Formel berechnen.
Die zugehörige Wahrscheinlichkeitsverteilung heißt **Binomialverteilung**. Sie kann mithilfe einer Tabelle oder eines Histogramms dargestellt werden.

Ablenkung k nach rechts	0	1	2	3	4
P(X = k)	0,06	0,25	0,38	0,25	0,06

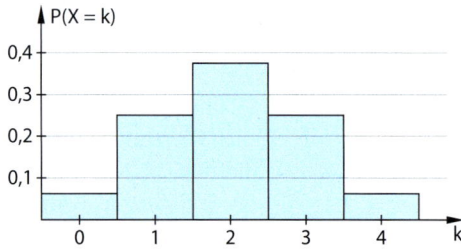

Definition / **Binomialverteilung, binomialverteilte Zufallsgrößen**

Eine Zufallsgröße X heißt **binomialverteilt** mit den Parametern n und p (kurz $X \sim B_{n;\,p}$), wenn sie die Werte k = 0, 1, 2, ..., n mit den Wahrscheinlichkeiten

$$B_{n;\,p}(k) = P(X = k) = \binom{n}{k} \cdot p^k \cdot (1 - p)^{n-k} \qquad (n \in \mathbb{N},\ p \in \mathbb{R},\ 0 < p < 1)$$

annimmt. Die zugehörige Wahrscheinlichkeitsverteilung heißt **Binomialverteilung**.

Beispiel 1 / Ein Tetraeder-Würfel wird 50-mal geworfen. Die Zufallsgröße X zählt dabei die Anzahl der Einsen. Bestimmen Sie die Wahrscheinlichkeit, dass die „1" genau 15-mal geworfen wird.

Lösung:

a) Berechnen Sie die Wahrscheinlichkeit P(X = 15).

$P(X = 15) = B_{50;\,0,25}(15) \approx 0,089$

Basisaufgaben

🖥

1 Erstellen Sie eine Tabelle zur Binomialverteilung mit den gegebenen Werten n und p. Stellen Sie diese in einem Histogramm dar.

  a) n = 8; p = 0,6 b) n = 12; p = 0,8 c) n = 10; p = 0,5 d) n = 15; p = 0,4

Hinweis

Eine Summe mit vielen Summanden gleicher Art kann kurz mit dem Summenzeichen geschrieben werden.

$$\sum_{i=0}^{k} P(X = i)$$
$$= P(X = 0) + P(X = 1)$$
$$\quad + ... + P(X = k)$$

Häufig interessiert man sich nicht für die Wahrscheinlichkeit einer konkreten Trefferzahl, sondern für die Wahrscheinlichkeit, dass höchstens k Treffer erzielt werden.

> **Definition** **Kumulierte Wahrscheinlichkeit**
> Bei einer binomialverteilten Zufallsgröße X nennt man die Wahrscheinlichkeit, dass die Anzahl der Treffer höchstens k ist, **kumulierte Wahrscheinlichkeit**:
> $F_{n;\,p}(k) = P(X \le k) = P(X = 0) + P(X = 1) + ... + P(X = k)$

Auch die kumulierte Binomialverteilung lässt sich als Histogramm darstellen. Die Höhe einer Säule zum Wert k ergibt sich durch Aufstapeln der ersten k + 1 Säulen der Binomialverteilung.

Somit steigen die Werte mit größer werdendem k und es gilt
$F_{n;\,p}(k) = P(X \le k) \le P(X \le n) = 1$.

Im Beispiel rechts gilt n = 4 und p = 0,5.

k	0	1	2	3	4
$B_{4;\,0,5}(k)$	0,06	0,25	0,38	0,25	0,6
$F_{4;\,0,5}(k)$	0,06	0,31	0,69	0,94	1

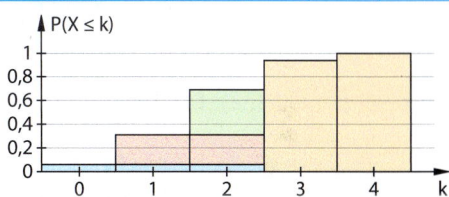

> **Beispiel 2** Ein Tetraeder-Würfel wird 50-mal geworfen. Die Zufallsgröße X zählt dabei die Anzahl der Einsen. Bestimmen Sie die Wahrscheinlichkeit, dass die „1" so oft gewürfelt wird:
> a) mindestens 1-mal, b) höchstens 10-mal,
> c) mindestens 15-mal, d) höchstens 20-mal, aber mindestens 15-mal.

Hinweis

TI: *binomCdf(n,p,k)* für 1 bis k, *binomCdf(n,p,a,e)* von a bis e; Casio: *binomialCDf(a,e,n,p)* bzw. im Menü *Statistik, Calc, Verteilung, Binom. Vert.-fkt.* Eingabe von a, e, n, p. Dabei steht cdf für *Cumulative Density Function*.

Lösung:

a) Berechnen Sie den Wert mithilfe der Gegenwahrscheinlichkeit P(X = 0).

$P(X \ge 0) = 1 - P(X = 0) \approx 0,999$

b) Berechnen Sie die kumulierte Wahrscheinlichkeit P(X ≤ 10).

c) Das Ereignis „mindestens 15 Treffer" können Sie auch als Gegenereignis zu „höchstens 14 Treffer" berechnen.

b)	$\text{binomCdf}(50,0.25,0,10)$	0.262202
c)	$\text{binomCdf}(50,0.25,15,50)$	0.251919
d)	$\text{binomCdf}(50,0.25,15,20)$	0.245656

d) Das Ereignis „höchstens 20-mal, aber mindestens 15-mal" bedeutet X ≤ 20 und X ≥ 15. Sie können auch
$P(15 \le X \le 20) = P(X \le 20) - P(X \le 14)$ rechnen.

```
prob  0.2456559
Unterer  15
Oberer  20
Umfang n  50
pos  0.25
```

Hinweis

Eine Zahl „zwischen x und y" soll hier als „mindestens x, höchstens y" verstanden werden.

Basisaufgaben

2 Gegeben ist eine Binomialverteilung mit n = 40 und p = 0,4. Schreiben Sie die Wahrscheinlichkeit für die Trefferzahl als kumulierte Wahrscheinlichkeit und berechnen Sie diese.

  a) höchstens 25 Treffer b) mindestens 10 Treffer c) zwischen 15 und 30 Treffer
  d) mindestens 1 Treffer e) höchstens 39 Treffer f) zwischen 1 und 40 Treffer

3 Für eine Binomialverteilung mit n = 10 und p = 0,6 sind die folgenden Werte gegeben:
① $P(X \leq 5)$ ② $P(X > 6)$ ③ $P(4 < X < 8)$ ④ $1 - P(X = 6)$
Erläutern Sie diese Werte. Ordnen Sie diese aufsteigend nach ihrer Größe.

4 Die Abbildungen zeigen Histogramme unterschiedlicher Wahrscheinlichkeitsverteilungen.

a) Begründen Sie, welches der Histogramme ① bis ③ zu einer Bernoulli-Kette mit n = 5 und p = 0,25 passt.

b) Das Histogramm ④ gehört auch zu einer Bernoulli-Kette. Begründen Sie, ob die Trefferwahrscheinlichkeit p größer, kleiner oder gleich 0,5 ist.

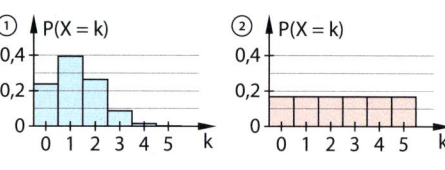
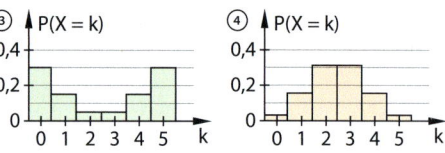

5 Die Abbildung zeigt das Histogramm einer kumulierten Wahrscheinlichkeitsverteilung einer binomialverteilten Zufallsgröße X mit n = 6. Bestimmen Sie mithilfe der Abbildung näherungsweise die Wahrscheinlichkeit.

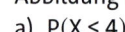
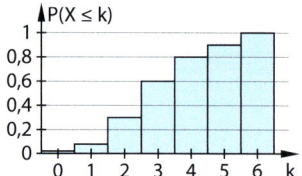

a) $P(X \leq 4)$ b) $P(X > 3)$
c) $P(X \geq 5)$ d) $P(X = 3)$

6 Jeder Term berechnet eine Wahrscheinlichkeit zu einer binomialverteilten Zufallsgröße X.

① $\binom{25}{3} \cdot 0,25^3 \cdot 0,75^{25-3}$

② $\binom{10}{0} \cdot 0,3^0 \cdot 0,7^{10} + \binom{10}{1} \cdot 0,3^1 \cdot 0,7^9$

③ $1 - \left(\binom{15}{13} \cdot 0,8^{13} \cdot 0,2^2 + \binom{15}{14} \cdot 0,8^{14} \cdot 0,2 + 0,8^{15} \right)$

④ $\binom{60}{20} \cdot 0,6^{20} \cdot 0,4^{40} + \binom{60}{21} \cdot 0,6^{21} \cdot 0,4^{39} + ... + \binom{60}{39} \cdot 0,6^{39} \cdot 0,4^{21} + \binom{60}{40} \cdot 0,6^{40} \cdot 0,4^{20}$

a) Geben Sie jeweils n und p an und formulieren Sie das betrachtete Ereignis in Worten.
b) Berechnen Sie die Wahrscheinlichkeiten möglichst einfach mit dem Taschenrechner.

7 Die Produktionsabteilung einer Elektronikfirma gibt an, dass ein Bauteil nur mit einer Wahrscheinlichkeit von 0,1 % einen Fehler aufweist.

a) Erklären Sie in diesem Zusammenhang die Bedeutung des folgenden Terms.

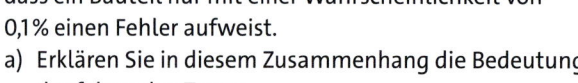

① $0,999^{10} + \binom{10}{1} \cdot 0,001 \cdot 0,999^9 + \binom{10}{2} \cdot 0,001^2 \cdot 0,999^8$

② $\binom{50}{48} \cdot 0,999^{48} \cdot 0,001^2 + \binom{50}{49} \cdot 0,999^{49} \cdot 0,001 + 0,999^{50}$

b) In einer Woche produziert die Firma am Montag 5000 und am Dienstag 7500 Bauteile. Berechnen Sie die Wahrscheinlichkeit, dass
① am Montag höchstens 10 Bauteile fehlerhaft sind,
② am Dienstag mindestens 7450 Bauteile in Ordnung sind,
③ an beiden Tagen zusammen mindestens 12450 Bauteile in Ordnung sind,
④ am Montag höchstens 5 und am Dienstag höchstens 10 Bauteile fehlerhaft sind.

8 Gegeben ist eine Trefferwahrscheinlichkeit p zu einer Binomialverteilung mit n = 20. Schätzen Sie, welche Trefferanzahl k die größte Wahrscheinlichkeit hat. Erstellen Sie mit einem CAS eine Liste bzw. ein Histogramm und überprüfen Sie Ihre Schätzung.
a) p = 0,5 b) p = 0,3 c) p = 0,8 d) p = 0,1

Erwartungswert und Standardabweichung

Eine binomialverteilte Zufallsgröße X: *Anzahl der Erfolge* kann die Werte 0, 1, ..., n annehmen.
Daher gilt: $\mu = 0 \cdot P(X = 0) + 1 \cdot P(X = 1) + ... + n \cdot P(X = n)$.
Für n=1: $\mu = 0 \cdot P(X = 0) + 1 \cdot P(X = 1) = 0 \cdot (1 - p) + 1 \cdot p = 1 \cdot p$
Für n=2: $\mu = 0 \cdot (1 - p)^2 + 2 \cdot 1 \cdot p \cdot (1 - p) + 2 \cdot p^2 = 2 \cdot p$

Satz **Erwartungswert und Standardabweichung bei der Binomialverteilung**

Für eine binomialverteilte Zufallsgröße X mit den Parametern n und p gilt:

Erwartungswert $\quad\quad\quad\quad \mu = E(X) = n \cdot p$

Standardabweichung $\quad\quad \sigma = \sqrt{V(X)} = \sqrt{n \cdot p \cdot (1 - p)}$

Der Erwartungswert $\mu = E(X)$ einer binomial-verteilten Zufallsgröße X liegt immer in der Nähe des größten Werts der Verteilung. Die Standardabweichung σ ist ein Maß für die Streuung der Daten. Mit deutlich mehr als 50 % Wahrscheinlichkeit liegt die Trefferzahl innerhalb eines Intervalls der Breite 2σ um den Erwartungswert μ.

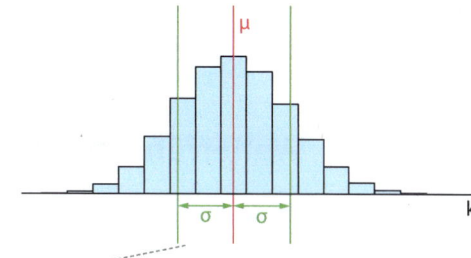

Intervall mit mehr als der Hälfte der Gesamtfläche

Beispiel 3 Das abgebildete Glücksrad wird 20-mal gedreht. Bei jeder Drehung erhält der Spieler 2 €, wenn das Rad bei „rot" stehen bleibt.
a) Der Einsatz beträgt 15 €. Beurteilen Sie, ob das Spiel fair ist.
b) Berechnen Sie die Standardabweichung der Binomialverteilung und erklären Sie ihre Bedeutung im Sachzusammenhang.

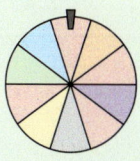

Lösung:

Hinweis

Ein Spiel heißt **fair**, wenn bei häufiger Durchführung die durchschnittliche Auszahlung dem Einsatz entspricht. Weder Spieler noch Anbieter können also im Mittel einen Gewinn erwarten.

a) Das Spiel kann als Bernoulli-Kette modelliert werden. Es wird ein Treffer erzielt, wenn das Ereignis „rotes Feld" eintritt. Multiplizieren Sie den Erwartungswert μ der Trefferanzahl mit 2 €, um die mittlere erwartete Auszahlung zu erhalten.
Prüfen Sie, ob diese Auszahlung dem Einsatz entspricht.

X: Anzahl der Treffer
X ist binomialverteilt mit n = 20 und p = 0,4

$\mu = n \cdot p = 20 \cdot 0,4 = 8$
Mittlere erwartete Auszahlung: $8 \cdot 2€ = 16€$

Dieser Betrag entspricht nicht dem Einsatz von 15 €, also ist das Spiel nicht fair.

b) Die Standardabweichung ist ein Maß für die Streuung der Trefferanzahl und somit auch für das Risiko des Glücksspiels.

$\sigma = \sqrt{n \cdot p \cdot (1 - p)}$

$\quad = \sqrt{20 \cdot 0,4 \cdot 0,6} \approx 2,2$

Lösungen zu 8

20   4   4
  200
10   80
  30
    1000

Basisaufgaben

9 Berechnen Sie den Erwartungswert μ und die Standardabweichung σ einer binomialver-teilten Zufallsgröße X mit den angegebenen Parametern n und p.
a) n = 100; p = 0,2   b) n = 400; p = 0,5   c) n = 100; p = 0,8   d) n = 10 000; p = 0,1

10 Luna meint: „Mit einem Spielwürfel würfle ich bei etwa einem Sechstel aller Würfe eine Sechs. Bei 60 Würfen erhalte ich im Schnitt $\frac{1}{6} \cdot 60 = 10$ Sechsen." Nehmen Sie dazu Stellung und erläutern Sie, was dies mit dem Erwartungswert einer Zufallsgröße zu tun hat.

11 Bei einem Spiel wird 10-mal mit einem fairen Würfel gewürfelt. Für jede geworfene 6 erhält der Spieler 1€. Prüfen Sie, ob das Spiel bei einem Einsatz von 2€ fair ist.

12 Ein Glücksspiel wird in zwei Varianten angeboten.
Variante A: Ein Spielwürfel wird 20-mal geworfen. Jedes Mal, wenn der Würfel eine 5 oder eine 6 zeigt, bekommt der Spieler 1,50€. Der Einsatz beträgt 10€.
Variante B: Ein Spielwürfel wird 4-mal geworfen. Jedes Mal, wenn der Würfel eine 6 zeigt, bekommt der Spieler 1,50€. Der Einsatz beträgt 10€.
   a) Erklären Sie, warum beide Varianten auf eine Bernoulli-Kette zurückzuführen sind. Geben Sie jeweils n und p an.
   b) Weisen Sie durch geeignete Rechnungen nach, dass beide Spielvarianten fair sind.
   c) Bestimmen Sie die Standardabweichungen beider Binomialverteilungen, vergleichen Sie die Werte und erklären Sie ihre Bedeutung im Sachzusammenhang.
   d) Bei einer Variante C werden zwei Würfel 20-mal geworfen und man bekommt 3€, wenn die Augensumme 8 oder größer ist. Bestimmen Sie einen fairen Einsatz für dieses Spiel.

Weiterführende Aufgaben

13 Bestimmen Sie für eine binomialverteilte Zufallsgröße X mit n = 3 und Trefferwahrscheinlichkeit p den Erwartungswert μ wie im ersten Abschnitt auf Seite 317 für n=1 und n=2.
Tipp: Sie können ein Baumdiagramm zur Veranschaulichung verwenden.

14 Betrachten Sie den Screenshot.
   a) Erläutern Sie ihn, gehen Sie dabei auf die Bezeichnungen und Berechnungen ein.
   b) Beurteilen Sie die Verwendung einer *Notes*-Seite gegenüber einer *Calculator*-Seite beim TI.
   c) Geben Sie beim Casio im Menü *Statistik* die Werte in *list1* und *list2* ein. Ist der Tabellenbereich durch Anklicken blau umrandet, können Sie über *Calc.*, *Eindim.Variable*, als X-List *list1* und als Häufigkeit *list2* wählen, mit OK bestätigen, dann werden der Erwartungswert $\bar{x}$ und die Standardabweichung σ_x angezeigt.

> Erwartungswert, Varianz und Standardabweichung
>
> xliste:=$\{1,2,3\}$ ▸ $\{1,2,3\}$
>
> yliste:=$\{0.3,0.4,0.3\}$ ▸ $\{0.3,0.4,0.3\}$
>
> ex:=sum(**xliste· yliste**) ▸ 2.
>
> va:=sum(($(\textbf{xliste−ex})^2$· **yliste**) ▸ 0.6
>
> sta:=$\sqrt{\textbf{va}}$ ▸ 0.774597

 15 Stolperstelle: Bei einer Wahl bekam eine Partei 32 % der Stimmen. Nach der Wahl werden 200 zufällig ausgesuchte Wähler befragt. Erklären Sie, welche Fehler Tim und Sabrina beim Berechnen der Wahrscheinlichkeiten machen, und korrigieren Sie diese.
   a) Tim: *„Die Wahrscheinlichkeit, dass unter den Befragten weniger als 70 Wähler der Partei sind, ist P(X ≤ 70) = P(X = 0) + P(X = 1) + ... + P(X = 70) ≈ 0,838."*
   b) Sabrina: *„Die Wahrscheinlichkeit, dass zwischen 60 und 80 Wähler der Partei befragt wurden, ist P(60 ≤ X ≤ 80) = P(X ≤ 80) − P(X ≤ 60) ≈ 0,693."*

 **16** In der Schulmensa können alle Personen der Schule ein warmes Mittagessen bestellen. Die Bestellungen müssen bis zum Vortag abgegeben werden. Die Erfahrung zeigt, dass durchschnittlich nur 90 % der bestellten Essen auch tatsächlich gekauft werden.
   a) Es gehen 550 Vorbestellungen ein. Untersuchen Sie, mit welcher Wahrscheinlichkeit die Zubereitung von 500 Mittagessen ausreichen würde.
   b) Prüfen Sie, ob die Wahrscheinlichkeit, dass bei 450 Vorbestellungen 410 zubereitete Essen nicht ausreichen, unter 20 % liegt.
   c) Interpretieren Sie die abgebildete Rechnung in diesem Sachkontext.

> binomialCDf(350, 400, 400, 0.9)
>
> 0.9563555718

Hinweis

CAS: Nutzen Sie beim TI oder Casio den Befehl *randbin(n,p,k)* und vergleichen Sie diese theoretisch bestimmten Werte mit experimentell ermittelten.

17 Zehn Reißzwecken werden gleichzeitig geworfen. Eine Reißzwecke landet beim Werfen mit einer Wahrscheinlichkeit von $p = 0,4$ mit der Spitze nach oben. Die Zufallsgröße X beschreibt bei diesem Bernoulli-Experiment die Anzahl der Reißzwecken, die mit der Spitze nach oben landen.

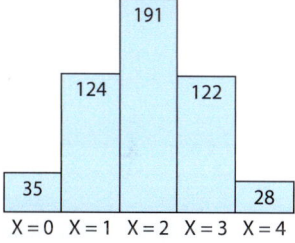

a) Berechnen Sie die Verteilung von X und erstellen Sie ein Histogramm.

b) Berechnen Sie $P(X < 2)$ und $P(X \geq 2)$ und markieren Sie diese Wahrscheinlichkeiten als Flächen im Histogramm.

c) Erstellen Sie ein Histogramm der kumulierten Verteilung.

d) Bestimmen Sie den Wert, welchem sich die durchschnittliche Zahl der Reißzwecken, die mit der Spitze nach oben landen, bei häufiger Wiederholung des Experiments nähert.

Hinweis

Die **empirische Standardabweichung** bezieht sich auf die Versuchsdaten: Man verwendet statt der Wahrscheinlichkeiten $P(X = x_i)$ die relativen Häufigkeiten h_i der Versuchsdaten $x_1, x_2, ..., x_n$.

18 Beim Werfen von 4 fairen Münzen gibt X die Anzahl an, die Wappen zeigen. Das Diagramm zeigt, wie sich die Wappenanzahl bei 500 Versuchen einer Gruppe verteilt.

a) Berechnen Sie das arithmetische Mittel und die empirische Standardabweichung der Wappenanzahl.

b) Berechnen Sie für jede Wappenanzahl die relative Häufigkeit sowie die Wahrscheinlichkeitsverteilung von X. Erklären Sie den Unterschied und den Zusammenhang zwischen einer Häufigkeits- und einer Wahrscheinlichkeitsverteilung.

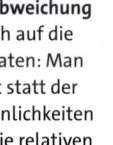

c) Berechnen Sie den Erwartungswert und die Standardabweichung von X und vergleichen Sie sie mit den Werten aus a). Experimentieren Sie. Vergleichen Sie Ihre Werte mit den gegebenen Werten.

d) Erläutern Sie den Screenshot. Vergleichen Sie die Ergebnisse mit den Ergebnissen oben.

Hinweis zu 17d

Der Befehl *stDevSamp(wurf)* liefert die empirische Standardabweichung sx; der Befehl *stDevPop(wurf)* liefert σx.

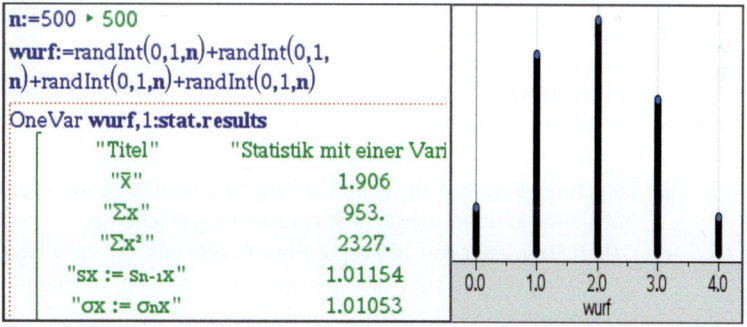

19 X ist eine binomialverteilte Zufallsgröße mit den Parametern n und p. Begründen Sie, ob die Aussage wahr oder falsch ist. Korrigieren Sie, wenn nötig.

a) $P(X \leq n) = 1$ b) $P(X \leq 0) = 0$ c) $P(X \leq k) + P(X \geq k) = 1$

d) Für $k = 0, 1, ..., n$ gilt: Je größer k ist, desto größer ist $P(X \leq k)$.

e) Für $k = 1, 2, ..., n$ gilt: Je größer n ist, desto größer ist $P(X \geq k)$.

f) $P(X = k) = P(X = n - k)$ für $p = 0,5$ und für $p \neq 0,5$.

20 Betrachten Sie eine binomialverteilte Zufallsgröße mit der Kettenlänge n und der Trefferwahrscheinlichkeit p. Untersuchen Sie, wie sich μ und σ verändern, wenn sich

a) n vervierfacht,   b) n verneunfacht,   c) n auf ein Viertel verringert.

21 Maximalstelle der Binomialverteilung:

a) Untersuchen Sie, bei welcher Trefferanzahl k das Maximum der Binomialverteilung mit den Parametern n und p liegt. Vergleichen Sie die Anzahl k mit dem Erwartungswert.

① n = 20; p = 0,7   ② n = 10; p = 0,6   ③ n = 40; p = 0,25

④ n = 10; p = 0,25   ⑤ n = 15; p = 0,75   ⑥ n = 16; p = 0,6

b) Stellen Sie eine Regel für die Lage des Maximums auf, wenn

① n · p eine natürliche Zahl ist,   ② n · p keine natürliche Zahl ist.

22 Es sei X eine binomialverteilte Zufallsgröße mit n = 25 bzw. n = 50.

a) Berechnen Sie die Standardabweichung σ für p = 0,4, p = 0,5 und p = 0,6.

b) Begründen Sie, dass σ für jeden beliebigen Wert von n für p = 0,5 maximal wird.

23 Ein Bio-Bauer beliefert einen Großmarkt mit Bio-Eiern. Dabei garantiert er, dass 95 % der Eier unbeschädigt sind. Der Großhändler überprüft bei Eintreffen der Lieferung eine Stichprobe von 50 Eiern. Wenn er mehr als 5 beschädigte Eier findet, dann braucht er nur 50 % des Preises zu bezahlen.

a) Berechnen Sie die Wahrscheinlichkeit, dass der Großhändler

① eine Lieferung mit 95 % unbeschädigten Eiern zum halben Preis bekommt,

② für eine Lieferung mit nur 85 % unbeschädigten Eiern den vollen Preis bezahlt.

b) Der Großhändler entnimmt einer Lieferung nun eine Stichprobe von 200 Eiern und akzeptiert dabei höchstens 20 beschädigte Eier. Untersuchen Sie, wie sich die Wahrscheinlichkeiten aus a) verändern.

24 Bei einer überwiegend von Geschäftsleuten genutzten Flugverbindung treten durchschnittlich nur 95 % der Kunden einen gebuchten Flug auch an. Deshalb verkauft die Fluggesellschaft mehr Tickets als die 150 zur Verfügung stehenden Sitzplätze. Ein Flugticket kostet 100 €. Passagiere, die wegen einer Überbuchung nicht mitfliegen können, verursachen Kosten (inkl. Entschädigung) in Höhe von 300 €.

a) Berechnen Sie die Wahrscheinlichkeit, dass bei einem ausgebuchten Flug

① alle 150,   ② mehr als 145,   ③ weniger als 140 Passagiere erscheinen.

b) Berechnen Sie die Wahrscheinlichkeit, dass bei 160 verkauften Tickets alle Passagiere mitfliegen können, die tatsächlich zum Flug erscheinen.

c) Gehen Sie wieder von 160 verkauften Tickets aus. Die Zufallsgröße Z zählt die Anzahl der Passagiere, die aufgrund der Überbuchung nicht mitfliegen können.

① Bestimmen Sie die Wahrscheinlichkeitsverteilung von Z.

② Bestimmen Sie die zu erwartenden Kosten bei einem Verkauf von 160 Tickets.

③ Beurteilen Sie, ob sich der Verkauf von 160 Tickets wirtschaftlich lohnt.

25 Ausblick: Manchmal interessiert man sich nicht für die Anzahl an Treffern, sondern für die Anzahl der Versuche bis zum ersten Treffer. Beim Würfeln kann man sich zum Beispiel fragen, wie oft gewürfelt werden muss, bis zum ersten Mal eine „6" auftritt.

Zu einer Bernoulli-Kette mit Trefferwahrscheinlichkeit p = $\frac{1}{6}$ zählt die Zufallsgröße X die Anzahl der notwendigen Bernoulli-Versuche, bis der erste Treffer erzielt wird.

a) Berechnen Sie die Wahrscheinlichkeiten P(X = 2) und P(X = 10).

b) Erläutern Sie, dass gilt: P(X = k) = p · (1 − p)$^{k-1}$.

c) Richtig oder falsch? Beurteilen Sie: P(X = k) > 0 gilt für alle Werte k ∈ ℕ mit k ≥ 1.

d) Erklären Sie am Beispiel eines Spielwürfels, dass für den Erwartungswert gilt: E(X) = $\frac{1}{p}$

7.5 Parameter der Binomialverteilung

An einer Schule kommen durchschnittlich 30 % der Schüler mit dem Fahrrad zum Unterricht. Ein Kurs mit 20 Schülern wird hierzu als Stichprobe befragt.

a) Zeigen Sie, dass bei einer Anzahl von 9 Radfahrenden in dieser Stichprobe zum ersten Mal die kumulierte Wahrscheinlichkeit von 90 % überschritten wird.

b) Beschreiben Sie, welchen Einfluss eine Vergrößerung der Stichprobe (n) oder eine Veränderung des Anteils der Radfahrenden (p) auf die kumulierte Wahrscheinlichkeit hat, wenn höchstens 9 Radfahrende in der Stichprobe sein sollen.

Häufig ergeben sich Fragestellungen nach den Parametern n und k einer binomialverteilten Zufallsgröße. Die Parameter können durch Anlegen einer Tabelle, systematisches Probieren oder mit einem CAS bestimmt werden.

Der Parameter k ist gesucht

Wird eine Problemstellung mit einer binomialverteilten Zufallsgröße X modelliert, so ergeben sich die Parameter n und p häufig aus dem Kontext. Dann kann man nach einer Mindesttrefferzahl k suchen, die mit einer gegebenen **Mindestwahrscheinlichkeit** eintritt. In den Abbildungen und in der Tabelle ist zu sehen, dass bei einer Stichprobe der Länge n = 20 bei einer Trefferzahl k = 10 erstmals $P(X \le k) > 0{,}8$ gilt.

k	...	8	9	10	11	12	...
P(X ≤ k)	...	0,59	0,75	0,87	0,94	0,97	...

P(X ≤ k)

```
1
0,8
0,6
0,4
0,2
0
   2   4   6   8   10  12  14  16  18  20  k
```

Beispiel 1 Eine Firma hat 200 Mitarbeiter. Jeder Mitarbeiter kommt unabhängig von den anderen mit einer Wahrscheinlichkeit von 70 % mit dem Auto zur Arbeit. Die binomialverteilte Zufallsgröße X zählt die Anzahl der Autofahrer an einem zufällig ausgewählten Tag.

a) Bestimmen Sie die Wahrscheinlichkeit, dass an einem beliebigen Tag 145 Parkplätze ausreichend sind.

b) Bestimmen Sie, wie viele Parkplätze mindestens nötig sind, damit diese mit einer Wahrscheinlichkeit von mindestens 90 % ausreichen.

Lösung:

a) Gesucht ist die kumulierte Wahrscheinlichkeit P(X ≤ 145). Berechnen Sie diese.

$P(X \le 145) \approx 0{,}801$
Die Parkplätze reichen mit einer Wahrscheinlichkeit von ca. 80 % aus.

b) Das Ergebnis in a) zeigt, dass die Wahrscheinlichkeit dafür, dass 145 Parkplätze ausreichen, nur 80 % beträgt. Berechnen Sie die Wahrscheinlichkeiten P (X ≤ k) für k > 145, bis der Wert über 0,9 liegt.

binomCdf(200,0.7,k) ▸ 0.906564
k = 148.
0.   200.

Es sind mindestens 148 Parkplätze nötig.

Basisaufgaben

1 Betrachten Sie eine binomialverteilte Zufallsgröße X mit n = 70 und p = 0,35.
  a) Erstellen Sie eine Wertetabelle zu P(X ≤ k) für 20 ≤ k ≤ 30.
  b) Bestimmen Sie mithilfe der Wertetabelle aus a) den kleinsten Wert von k, sodass gilt:
     ① P(X ≤ k) ≥ 0,7   ② P(X ≤ k) > 0,9   ③ P(X > k) < 0,5
  c) Bestimmen Sie den größten Wert von k, sodass gilt:
     ① P(X > k) ≥ 0,4   ② P(X > k) > 0,75   ③ P(X ≤ k) < 0,5

Lösungen zu 1b und 1c

21   27
   24
      23
24
      30

2 In einer Kiste mit Schrauben ist jede Schraube mit 10 % Wahrscheinlichkeit defekt.
  a) Berechnen Sie die Wahrscheinlichkeit, dass in einer Stichprobe von 40 Schrauben höchstens 3 defekte Schrauben sind.
  b) Berechnen Sie den kleinsten Wert k, sodass in einer Stichprobe von 40 Schrauben mit einer Wahrscheinlichkeit von mindestens 99 % höchstens k Schrauben defekt sind.

3 Im Stehplatzblock L eines Handballvereins sind alle 350 Plätze an Dauerkarteninhaber vergeben. Erfahrungsgemäß ist Block L während eines Spiels nur zu 85 % gefüllt. Daher überlegt der Verein, für diesen Block zusätzlich Tageskarten anzubieten.
  a) Bestimmen Sie, mit welcher Wahrscheinlichkeit mehr als 300 Dauerkarteninhaber an einem Spieltag in Block L sind.
  b) Untersuchen Sie, wie viele Plätze der Verein in Block L freihalten sollte, damit sie mit einer Wahrscheinlichkeit von mindestens 95 % (90 %) ausreichen.
  c) Erläutern Sie die Bedeutung des folgenden Terms in diesem Sachzusammenhang:
  $$\binom{350}{k} \cdot 0{,}85^k \cdot 0{,}15^{350-k} + \binom{350}{k+1} \cdot 0{,}85^{k+1} \cdot 0{,}15^{350-(k+1)} + \ldots + \binom{350}{350} \cdot 0{,}85^{350} \cdot 0{,}15^0$$

4 Eine Firma hat 3 Telefonleitungen, die von 10 Angestellten in einem Großraumbüro genutzt werden. Jeder Angestellte belegt eine Leitung durchschnittlich für 15 Minuten pro Stunde.
  a) Die Anzahl der benötigten Leitungen kann man als binomialverteilt mit n = 10 und p = $\frac{1}{4}$ betrachten. Erläutern Sie dies.
  b) Bestimmen Sie die Wahrscheinlichkeit, dass die vorhandenen Leitungen zu einem bestimmten Zeitpunkt ausreichen.

  c) Die Firma plant den Zukauf einer vierten Leitung. Beurteilen Sie, ob dies die Erreichbarkeit der Firma deutlich verbessert.
  d) Untersuchen Sie, wie viele Leitungen die Firma mindestens benötigt, damit sie mit einer Wahrscheinlichkeit von mindestens 98 % ausreichen.
  e) Die Firma stellt fünf neue Mitarbeiter ein. Bestimmen Sie die Anzahl der notwendigen Leitungen, damit diese mit einer Wahrscheinlichkeit von mindestens 98 % ausreichen.

 5 Ein Basketballspieler hat bei 3-Punkt-Würfen eine Trefferquote von 40 %. Die Abbildung zeigt einen Screenshot: Blau ist der Graph der Funktion f mit f(x) = P(X ≤ x) für n = 50 und p = 0,4 dargestellt.
  a) Erklären Sie, warum der Graph einen treppenartigen und keinen stetigen Verlauf nimmt.
  b) Erläutern Sie im Sachzusammenhang die Bedeutung der roten Geraden und des schwarzen Punktes.

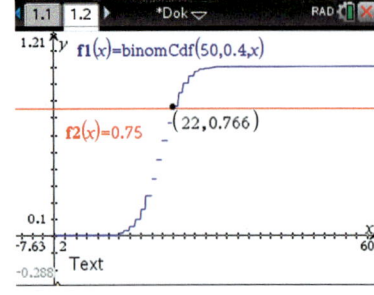

Der Parameter n ist gesucht

Wenn sowohl die Erfolgswahrscheinlichkeit p als auch die Trefferzahl k vorgegeben ist, so führt eine Vergrößerung der Stichprobe (n) auch zu einer Vergrößerung der Wahrscheinlichkeit, dass mindestens k Treffer in der Stichprobe enthalten sind. Mit größer werdendem n vergrößern sich auch der Erwartungswert µ und die Standardabweichung σ.

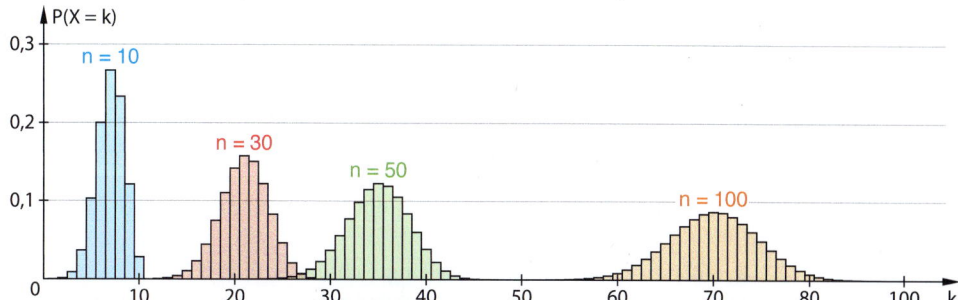

Eine rechnerische Bestimmung eines Mindeststichprobenumfangs n ist nur möglich, wenn nach mindestens einem Treffer gefragt wird. In allen anderen Fällen ist das Anlegen einer Tabelle, eine grafische Untersuchung, systematisches Probieren oder CAS-Einsatz notwendig.

Beispiel 2

Von den Mitarbeitern einer Firma kommen durchschnittlich 70 % mit dem Auto zur Arbeit. An einem Tag wird eine Umfrage unter den Mitarbeitern durchgeführt.
Die Befragung wird als Bernoulli-Kette modelliert.

a) Bestimmen Sie, wie viele Mitarbeiter mindestens befragt werden müssen, damit mit einer Wahrscheinlichkeit von mindestens 95 % mindestens einer der Befragten mit dem Auto zur Arbeit gekommen ist.

b) Bestimmen Sie, wie viele Mitarbeiter mindestens befragt werden müssen, damit mit einer Wahrscheinlichkeit von mindestens 80 % mindestens 5 der Befragten mit dem Auto zur Arbeit gekommen sind.

Lösung:

a) Gesucht ist das kleinste n, für das gilt:
$P(X \geq 1) \geq 0{,}95$.
Drücken Sie $P(X \geq 1)$ mit der Gegenwahrscheinlichkeit aus und stellen Sie nach $P(X = 0)$ um. Ersetzen Sie $P(X = 0) = 0{,}3^n$ und lösen Sie nach n auf. Beim Logarithmieren dreht sich das Ungleichheitszeichen um, da die Basis zwischen 0 und 1 liegt. Runden Sie das Ergebnis auf, damit $P(X \geq 1) \geq 0{,}95$ gilt. Oder verwenden Sie ein CAS.

X: Anzahl der Befragten, die mit dem Auto kommen; X ist binomialverteilt mit $p = 0{,}7$

$P(X \geq 1) \geq 0{,}95$ Gegenwahrscheinlichkeit
$1 - P(X = 0) \geq 0{,}95$ | $-0{,}95$ | $+P(X = 0)$
$n \geq \log_{0{,}3}(0{,}05) \approx 2{,}49$

```
binomCdf(n,0.7,1,n) ▸ 0.973
  n =3.
```

Es müssen mindestens 3 Mitarbeiter befragt werden.

b) Gesucht ist das kleinste n, für das gilt:
$P(X \geq 5) \geq 0{,}8$
Sie können auch die Gegenwahrscheinlichkeit verwenden und umstellen. Berechnen Sie $P(X \leq 4)$ für einen Testwert. Erhöhen Sie n und berechnen Sie $P(X \geq 5)$ so lange, bis das Ergebnis erstmals größer als 0,8 ist.

$P(X \geq 5) \geq 0{,}8$
$1 - P(X \leq 4) \geq 0{,}8$ Wert kleiner 0,8, dann n erhöhen
$P(X \leq 4) \leq 0{,}2$

```
binomCdf(n2,0.7,5,n2) ▸ 0.805896
  n2 =8.
```

Mindestens 8 Mitarbeiter müssen befragt werden.

Basisaufgaben

6 Die Histogramme zeigen Binomialverteilungen mit p = 0,4 für unterschiedliche n.

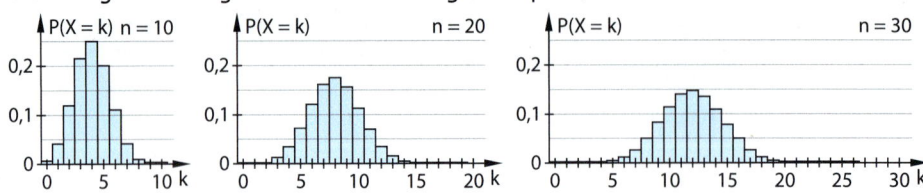

a) Beschreiben Sie, wie sich die Gestalt der Verteilung in Abhängigkeit von n verändert.
b) Erstellen Sie Histogramme für p = 0,3 (p = 0,9) für verschiedene n. Prüfen Sie, ob die Beobachtungen aus a) auch hier gelten.
c) Erläutern Sie, welche Beobachtungen man mit den Formeln für μ und σ erklären kann.

Lösungen zu 7

7 Berechnen Sie, für welche n die Ungleichung erfüllt ist.
a) $0,1^n \leq 0,001$
b) $0,85^n \leq 0,3$
c) $1 - 0,7^n \geq 0,9$

8 Berechnen Sie, wie oft man mit einem fairen Spielwürfel mindestens würfeln muss, um mit einer Wahrscheinlichkeit von mindestens 99 % mindestens einmal eine Sechs zu würfeln.

9 Linda nimmt jede Woche an einem Gewinnspiel teil. Da es etwa 1000 Teilnehmer gibt, kann davon ausgegangen werden, dass sie jede Woche mit einer Wahrscheinlichkeit von 0,1 % den Preis gewinnt. Berechnen Sie, wie lange Linda mindestens teilnehmen muss, um mit einer Wahrscheinlichkeit von 90 % oder mehr den Preis wenigstens einmal zu gewinnen.

10 Betrachtet werden binomialverteilte Zufallsgrößen mit p = 0,25.
a) Erstellen Sie eine Wertetabelle für P(X ≤ 6) für 10 < n < 30.
b) Bestimmen Sie das größte n, sodass P(X ≤ 6) ≥ 0,9.
c) Bestimmen Sie das kleinste n, sodass P(X ≤ 6) ≤ 0,75.
d) Bestimmen Sie das kleinste n, sodass P(X ≥ 7) ≥ 0,6.

11 Maltes Trefferquote beim Torwandschießen ist 30 %.
a) Berechnen Sie, wie oft Malte mindestens schießen muss, um mit einer Wahrscheinlichkeit von mindestens 99 % mindestens einmal zu treffen.
b) Berechnen Sie, wie viele Versuche Malte mindestens benötigt, um mit einer Wahrscheinlichkeit von mindestens 90 % mindestens 4 Treffer zu landen.
c) Lösen Sie die Fragestellung in b) mit einer Mindestwahrscheinlichkeit von 80 %.

12 Betrachtet werden binomialverteilte Zufallsgrößen X mit p = 0,2.
Die Abbildung zeigt die Wahrscheinlichkeiten 1 − P(X ≤ 1) in Abhängigkeit vom Parameter n.
Lesen Sie die „Schnittpunkte" mit den Geraden y = 0,4, y = 0,6 und y = 0,8 ab, und geben Sie ihre Bedeutung in einem möglichen Sachzusammenhang an.

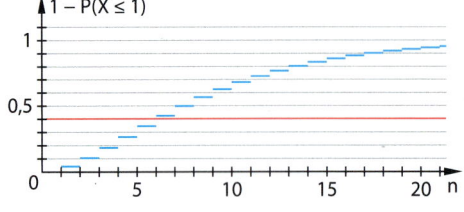

Informationen über den Parameter p sind gesucht

Das Histogramm einer binomialverteilten Zufallsgröße X ähnelt einem Hügel. Das Maximum liegt etwa bei $\mu = n \cdot p$ und nach links und rechts fallen die Werte ab. Der Parameter p legt also fest, wo sich die Trefferzahlen mit den größten Wahrscheinlichkeiten (der „Hügel") im möglichen Bereich 1, …, n aufhalten.

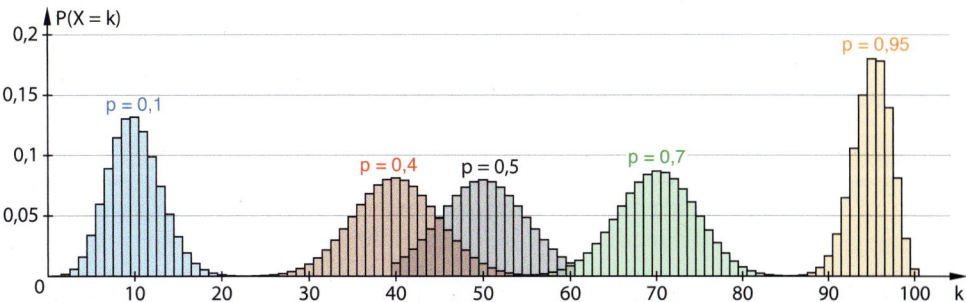

Eine rechnerische Bestimmung von p ist auch hier nur möglich, wenn nach mindestens einem Treffer gefragt wird. In allen anderen Fällen ist wieder das Anlegen einer Tabelle, eine grafische Untersuchung, systematisches Probieren oder Einsatz eines CAS notwendig.

Beispiel 3 In einer Firma ist der Anteil p der Mitarbeiter, die mit dem Auto zur Arbeit kommen, unbekannt. Es werden 20 Mitarbeiter dazu befragt.
a) Berechnen Sie, wie groß der Anteil p mindestens sein muss, damit mit einer Wahrscheinlichkeit von mindestens 80 % mindestens ein Befragter mit dem Auto kommt.
b) Berechnen Sie, wie groß der Anteil p mindestens sein muss, damit mit einer Wahrscheinlichkeit von mindestens 80 % mindestens 3 Befragte mit dem Auto kommen.

Lösung:

a) Gesucht ist das kleinste p, für das gilt:
$P(X \geq 1) \geq 0,8$
Drücken Sie $P(X \geq 1)$ mit der Gegenwahrscheinlichkeit aus und stellen Sie nach $P(X = 0)$ um.
Ersetzen Sie den Term für $P(X = 0)$ und wenden Sie die 20-te Wurzel an.
Lösen Sie die Ungleichung nach p auf und formulieren Sie eine Antwort.

b) Gesucht ist das kleinste p, für das gilt:
$P(X \geq 3) \geq 0,8$
Bestimmen Sie zunächst mit einem CAS einen Näherungswert, für den $P(X \geq 3) = 0,8$ gilt. Geben Sie dabei ggf. p = 0,5 als Startwert an, damit ein Ergebnis aus dem Intervall [0;1] berechnet wird.
Runden Sie den Näherungswert auf und ab und prüfen Sie jeweils, ob die Bedingung $P(X \geq 3) \geq 0,8$ erfüllt ist.

X: Anzahl der Befragten, die mit dem Auto kommen; X ist binomialverteilt mit n = 20
$P(X \geq 1) \geq 0,8$
$1 - P(X = 0) \geq 0,8 \mid + P(X = 0) \mid - 0,8$
$P(X = 0) \leq 0,2$
$\binom{20}{0} \cdot p^0 \cdot (1 - p)^{20} \leq 0,2$
$1 - p \leq \sqrt[20]{0,2} \mid + p \mid - \sqrt[20]{0,2}$
$p \geq 1 - \sqrt[20]{0,2} \approx 0,077$
Unter den Befragten müssten mindestens 7,7 % angeben, mit dem Auto zu kommen.

Näherungslösung für p mit $P(X \geq 3) = 0,8$:

```
nSolve(binomCdf(20,p,3,20)=0.8,p)|0<p<1
▸ 0.201998
```

Gerundete Näherungswerte prüfen:

```
binomialCDf(3,20,20,0.2)
            0.7939152811
binomialCDf(3,20,20,0.21)
            0.8230147288
```

Ab einem Anteil von ca. 21 % kommen mit einer Wahrscheinlichkeit von mindestens 80 % mindestens 3 Befragte mit dem Auto.

Basisaufgaben

13 Die Histogramme gehören zu Binomialverteilungen mit n = 10.

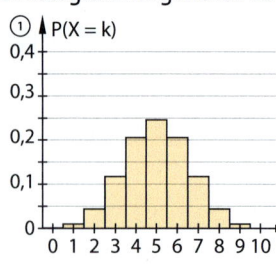 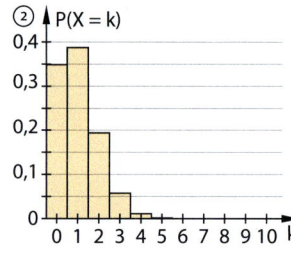 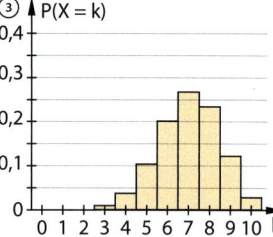

a) Ordnen Sie die Trefferwahrscheinlichkeiten p = 0,5 und p = 0,7 den Histogrammen zu.

b) Schätzen Sie begründet eine Trefferwahrscheinlichkeit für das übrige Histogramm.

c) Beschreiben Sie, wie sich die Gestalt der Verteilung in Abhängigkeit von p verändert.

14 Betrachtet wird eine binomialverteilte Zufallsgröße X mit n = 50. Bestimmen Sie näherungsweise die Trefferwahrscheinlichkeit p mit der angegebenen Eigenschaft.

a) kleinstes p mit $P(X < 11) \leq 0{,}7$
b) kleinstes p mit $P(X \leq 18) \leq 0{,}4$
c) größtes p mit $P(X \geq 30) \leq 0{,}8$
d) größtes p mit $P(X \geq 10) \leq 0{,}9$

Hinweis zu 14

Bestimmen Sie p bis auf zwei Nachkommastellen.

15 Ein Süßwarenhersteller wirbt damit, dass ein bestimmter Prozentsatz seiner Überraschungseier eine Spielfigur enthält.

a) Berechnen Sie, wie groß der Prozentsatz mindestens sein muss, um in 7 Eiern mit einer Wahrscheinlichkeit von mindestens 90 % mindestens eine Figur zu finden.

b) Berechnen Sie, wie groß der Prozentsatz mindestens sein muss, um in 35 Eiern mit einer Wahrscheinlichkeit von mindestens 95 % mindestens 5 Figuren zu finden.

16 Eine Befragung von 150 Vegetariern ist geplant. Um diese zu finden, sollen 2000 zufällig ausgewählte Personen angesprochen werden. Bestimmen Sie den Anteil, den Vegetarier mindestens in der Bevölkerung haben müssten, damit unter 2000 Personen mit einer Wahrscheinlichkeit von mindestens 85 % mindestens 150 Vegetarier sind.

Hinweis zu 17

Der Graph kann mit einem CAS durch den Befehl *binomCdf(25,x,20,25)* bei TI bzw. durch *y1 = binomialCDf(20,25,25,x)* beim Casio erzeugt werden.

17 Mark trainiert für einen Wettkampf beim Tontaubenschießen. Im Training hat er eine Trefferquote von p = 0,8. Um beim Wettkampf die erste Runde zu überstehen, muss er mindestens 20 von 25 Scheiben treffen.

a) Berechnen Sie die Wahrscheinlichkeit, dass Mark die erste Runde übersteht.

b) Die Abbildung zeigt den Graphen der Funktion f mit $f(p) = P(X \geq 20)$ in Abhängigkeit von der unbekannten Trefferwahrscheinlichkeit p. Erklären Sie, warum der Graph nur für 0 < p < 1 definiert ist und monoton steigt.

c) Erklären Sie die Bedeutung des Punktes (0,869 | 0,9) im Sachzusammenhang.

Weiterführende Aufgaben

18 Mithilfe von Tabellen lassen sich binomial-verteilte Zufallsgrößen darstellen. In einer Tabelle sind zu n = 250, p = 0,4 in Spalte A die Zahlen k von 0 bis 250 notiert. In Spalte B werden die Werte P(X ≤ k) berechnet.

A k	B pk
=seq(n,n,80,120,1)	=binomcdf(250,0.4,'k[])
107	0.833608
108	0.863588
109	0.889625
110	0.911875
111	0.930584

pk:=binomcdf(250,0.4,'k[ ]) ◀ ▶

a) Legen Sie die Tabelle an (80 ≤ k ≤ 120).
b) Bestimmen Sie den Erwartungswert und die Standardabweichung σ.
   Geben Sie alle Werte k an, die maximal um σ vom Erwartungswert abweichen.
   Bestimmen Sie die Wahrscheinlichkeit, dass die Zufallsgröße einen dieser Werte k annimmt.
c) Bestimmen Sie
   ① den kleinsten Wert von k mit P(X ≤ k) > 0,5,
   ② den größten Wert von k mit P(X > k) < 0,1.

19 Die Abbildungen zeigen je einen Abschnitt eines Histogramms einer Binomialverteilung mit p = 0,15 und unterschiedlichem n.

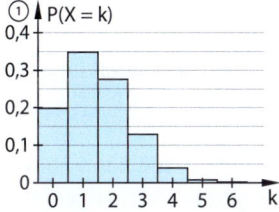 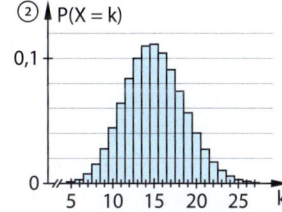 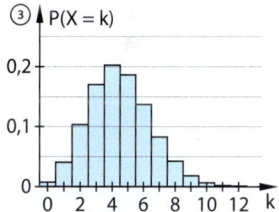

a) Ordnen Sie begründet die Histogramme aufsteigend nach dem Wert von n.
b) Beschreiben Sie, wie sich die Form der Histogramme mit steigendem n verändert.

⚠ **20 Stolperstelle:** Ein Kurs für Sozialwissenschaften möchte eine Wahlprognose machen. Dazu befragen die Kursteilnehmer an einem Dienstagvormittag 186 Passanten. Dabei geben 94 Befragte an, dass sie am kommenden Wahlsonntag die Partei A wählen.
a) Beurteilen Sie die Vorgehensweise allgemein.
b) Beurteilen Sie die folgende Aussage, die der Kurs aufgrund der Befragung in einem Thesenpapier vertritt: „Die Partei A wird die absolute Mehrheit bekommen."

21 Beim Bogenschießen trifft ein Schütze mit einer Wahrscheinlichkeit von 85 % ins Ziel. In einer Trainingseinheit schießt er so lange, bis er mindestens 10 Treffer erzielt hat.

a) Beschreiben Sie in diesem Zusammenhang die Gleichung P(X ≥ 10) = 1 − P(X ≤ 9).
b) Untersuchen Sie, wie viele Versuche der Schütze ausführen muss, damit er mit einer Wahrscheinlichkeit von mindestens 95 % mindestens 10 Treffer erzielt.
c) Ein zweiter Schütze mit einer geringeren durchschnittlichen Trefferquote möchte ebenfalls mindestens 10 Treffer erzielen. Berechnen Sie, wie hoch seine Trefferquote mindestens sein muss, damit dies bei 20 Versuchen mit einer Wahrscheinlichkeit von mindestens 95 % gelingt.

22 In Deutschland werden 42 % aller Haushalte von einem Single bewohnt. Für eine Umfrage unter Singles werden Haushalte zufällig ausgesucht.
  a) Berechnen Sie die Wahrscheinlichkeit dafür, dass von 100 zufällig ausgewählten Haushalten mindestens 50 Single-Haushalte sind.
  b) Berechnen Sie, wie viele Haushalte ausgesucht werden müssen, um mit einer Wahrscheinlichkeit von mindestens 90 % mindestens einen Single-Haushalt vorzufinden.
  c) Berechnen Sie, wie viele Haushalte ausgesucht werden müssen, um mit einer Wahrscheinlichkeit von mindestens 90 % mindestens 40 Single-Haushalte vorzufinden.

23 Mira ist Mittelfeldspielerin. Sie hat eine durchschnittliche Passquote von 85 %.

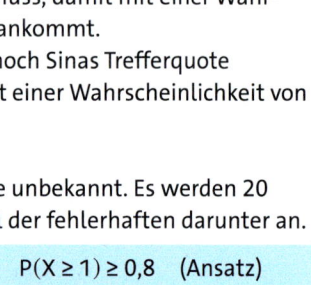

  a) In einem Spiel spielt sie insgesamt 75 Pässe. Berechnen Sie die Wahrscheinlichkeit dafür, dass davon höchstens 70 Pässe, mindestens 60 Pässe bzw. zwischen 55 und 65 Pässe ankommen.
  b) Die Zufallsgröße Y zählt die Anzahl der Fehlpässe, die Mira in einem Spiel mit 80 eigenen Pässen spielt. Berechnen Sie $P(Y \leq 10)$ und erklären Sie die Bedeutung der Wahrscheinlichkeit.
  c) Bestimmen Sie den kleinsten Wert von k mit $P(Y \leq k) > 0,9$. Erläutern Sie das Ergebnis.
  d) Berechnen Sie, wie viele Pässe Mira mindestens spielen muss, damit mit einer Wahrscheinlichkeit von mindestens 90 % mindestens ein Pass ankommt.
  e) Miras Freundin Sina spielt im Sturm. Berechnen Sie, wie hoch Sinas Trefferquote mindestens sein müsste, damit sie bei 10 Torschüssen mit einer Wahrscheinlichkeit von mindestens 99 % mindestens dreimal trifft.

Hinweis

Eine Zahl „zwischen x und y" soll hier als „mindestens x, höchstens y" verstanden werden.

24 In einer Produktion ist der Anteil p der fehlerhaften Produkte unbekannt. Es werden 20 Produkte zufällig geprüft. Die Zufallsgröße X gibt die Anzahl der fehlerhaften darunter an.
  a) In der nebenstehenden Rechnung wird ermittelt, wie groß der Anteil p mindestens sein muss, damit mit einer Wahrscheinlichkeit von mindestens 80 % mindestens ein fehlerhaftes Produkt in der Stichprobe ist. Erläutern Sie den Ansatz sowie die einzelnen Rechenschritte. Formulieren Sie auch einen Antwortsatz zur Rechnung.

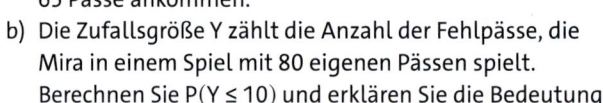
$$P(X \geq 1) \geq 0,8 \quad \text{(Ansatz)}$$
$$1 - P(X = 0) \geq 0,8$$
$$P(X = 0) \leq 0,2$$
$$\binom{20}{0} \cdot p^0 \cdot (1 - p)^{20} \leq 0,2$$
$$1 - p \leq \sqrt[20]{0,2}$$
$$p \geq 1 - \sqrt[20]{0,2} \approx 0,077$$

  b) Geben Sie zur abgebildeten Berechnung mit einem CAS eine Frage und passende Antwort in diesem Sachkontext an.

$\text{nSolve}(\text{binomCdf}(20,p,1,20)=0.9,p)|0<p<1$
▸ 0.108749

25 Ausblick: Das abgebildete Glücksrad besteht aus blauen, roten und grünen Sektoren. Bei 10 Drehungen soll insgesamt r-mal ein roter, b-mal ein blauer und g-mal ein grüner Sektor gedreht werden.
  a) Beschreiben Sie, welche Eigenschaften einer Bernoulli-Kette das beschriebene Zufallsexperiment erfüllt und welche nicht.
  b) Begründen Sie, dass es für dieses Ereignis $\binom{10}{r} \cdot \binom{10 - r}{b} \cdot \binom{10 - r - b}{g}$ Möglichkeiten gibt.
  c) Zeigen Sie: $\binom{10}{r} \cdot \binom{10 - r}{b} \cdot \binom{10 - r - b}{g} = \frac{10!}{r! \cdot b! \cdot g!}$
  d) Berechnen Sie mithilfe der Ergebnisse aus b) und c) die Wahrscheinlichkeit für das Ereignis, dass 5-mal rot, 3-mal blau und 2-mal grün gedreht wird.

Weitere Verteilungen

Mia meint: „Hier ist die Punkteverteilung der Abiturklausur des letzten Jahres abgebildet. Das ist natürlich eine Normalverteilung."
Nehmen Sie begründet Stellung dazu.

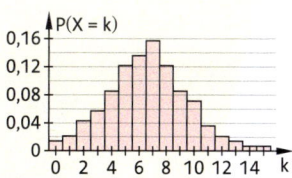

Hinweis

Die Normalverteilung wird in Kapitel 8 behandelt.

Neben der Binomial- und Normalverteilung gibt es weitere Verteilungen.

Gleichverteilung

> **Wissen**
>
> Handelt es sich um einen Laplace-Versuch, d. h. sind $A_i \in \Omega$ Elementarereignisse und ist $\Omega = \{A_i \mid 0 \le i \le n, i \in \mathbb{N}\}$ mit $P(A_i) = \frac{1}{n}$ für alle i, dann heißt die Zufallsgröße X gleichverteilt.

> **Beispiel 1**
>
> Ein fairer Spielwürfel wird 1000-mal geworfen. Erstellen Sie mit der Tabellenkalkulation eine Simulation und beurteilen Sie das Ergebnis.
>
> **Lösung:**
> Obwohl die Wahrscheinlichkeit für jede Würfelseite $\frac{1}{6}$ ist, gibt es auch bei 1000 Würfen noch Unterschiede bei der relativen Häufigkeit für die einzelnen Würfelseiten.
>
>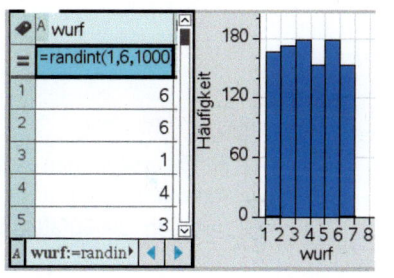

Poisson-Verteilung

Hinweis

Die Poisson-Verteilung ergibt gute Näherungswerte für Binomialverteilungen mit $n \ge 100$ und $p \le 0{,}1$. Mit ihr kann die Anzahl von Ereignissen beschrieben werden, die bei konstanter mittlerer Rate unabhängig voneinander in einem festen Zeitintervall eintreten.

> **Wissen**
>
> Ist $\lambda \in \mathbb{R}$, $\lambda > 0$, Erwartungswert und Varianz der Verteilung, dann ist der Wert der Verteilungsfunktion für $k \in \mathbb{N}$:
> $$P_\lambda(k) = \frac{\lambda^k}{k!} \cdot e^{-\lambda}.$$

> **Beispiel 2**
>
> Für eine radioaktive Probe werden pro Sekunde im Mittel 4,5 Zerfallsereignisse gemessen. Bestimmen Sie die Wahrscheinlichkeit, dass in einem Zeitintervall von 1 Sekunde 0, 2 oder 4 Zerfallsereignisse gemessen werden.
>
> **Lösung:**
> Bestimmen Sie für die Werte 0, 2 und 4 von k den Wert von $P_{4,5}(k) = \frac{4{,}5^k}{k!} \cdot e^{-4{,}5}$.
>
> | k | 0 | 2 | 4 |
> |---|---|---|---|
> | $P_{4,5}(k)$ | 0,0111 | 0,1125 | 0,1898 |

Aufgaben

1 Führen Sie eine Simulation wie im Beispiel 1 durch für eine Münze und ein Tetraeder.

2 Es gilt: 3 % aller Fluggäste, die gebucht haben, erscheinen nicht zum Flug. Eine Fluggesell-schaft verkauft daher 155 Tickets für 150 Plätze. Bestimmen Sie die Wahrscheinlichkeit dafür, dass alle Fluggäste einen Platz bekommen, sowohl mit der Binomialverteilung als auch mit der Poisson-Verteilung.

3 Betrachten Sie Beispiel 2.
   a) Bestimmen Sie die Wahrscheinlichkeit, dass in einem Zeitintervall von 1 Sekunde die folgende Anzahl von Zerfallsereignissen gemessen wird: 1, 3, 5, 10, 12 oder 14.
   b) Erstellen Sie ein Diagramm für k von 0 bis 15. Vergleichen Sie dieses mit dem Diagramm der Binomialverteilung mit n = 15, p = 0,3.

4 Zeigen Sie, dass $P_\lambda(0) = e^{-\lambda}$; $P_\lambda(k) = \frac{\lambda}{k} \cdot P_\lambda(k-1)$ für $k \in \mathbb{N}$, k > 0, eine rekursive Darstellung von $P_\lambda(k)$ ist.

5 Zeigen Sie: Ist eine Zufallsgröße X Poisson-verteilt, dann ist λ ihr Erwartungswert.

6 Ein Versuch mit der Erfolgswahrscheinlichkeit p = 0,02 wird n-mal durchgeführt. Bestim-men Sie das kleinste n, für das gilt, dass die Wahrscheinlichkeit für mindestens 2 Treffer größer als 0,6 wird, mithilfe der Binomial- sowie der Poissonverteilung.

Hypergeometrische Verteilung

> **Wissen**
>
> Bei Ziehvorgängen ohne Wiederholung benötigt man die hypergeometrische Verteilung. Aus einer Urne mit N Kugeln, von denen R Kugeln rot sind, wird n-mal ohne Zurücklegen gezogen. Die Zufallsgröße X beschreibt die Anzahl der roten Kugeln unter den n gezogenen.
>
> Es gilt: $P(X = k) = \dfrac{\binom{R}{k} \cdot \binom{N-R}{n-k}}{\binom{N}{n}}$.
>
> Die zugehörige Verteilung nennt man **hypergeometrisch**.

Hinweis

Die hypergeometrische Verteilung ist nicht zu verwechseln mit der geometrischen Verteilung auf Seite 331!

> **Beispiel 3**
>
> Aus einer Urne mit 10 schwarzen und 20 roten Kugeln werden 3 Kugeln ohne Zurücklegen gezogen. Die Zufallsgröße X beschreibt die Anzahl der gezogenen schwarzen Kugeln unter den 3 Kugeln. Berechnen Sie die Wahrscheinlichkeitsverteilung.
>
> **Lösung:**
> Mit N = 30, R = 10 und n = 3 kann die Verteilung mit der obigen Formel bestimmt werden. Sollte ihr CAS bzw. MMS keine Formel für die hypergeometrische Vertei-lung haben, so bietet es sich an, dafür eine entsprechende Anwendung zu schreiben. So erhält man für P(X = 0) ≈ 0,28.
>
> ```
> Hypergeometrische Verteilung
> n_ges:=30 ▸ 30   n:=3 ▸ 3   r:=10 ▸ 10
> hg(n_ges,r,n,k):= nCr(r,k)·nCr(n_ges-r,n-k)
>                   ───────────────────────────
>                        nCr(n_ges,n)
>    ▸ Fertig
> hg(n_ges,r,n,0)· 1. ▸ 0.280788
> hg(n_ges,r,n,1)· 1. ▸ 0.46798
> hg(n_ges,r,n,2)· 1. ▸ 0.221675
> hg(n_ges,r,n,3)· 1. ▸ 0.029557
> ```

Aufgaben

7 Aus 1000 Schülern, von denen 540 Mädchen sind, sollen durch ein Losverfahren 12 ausgewählt werden. Bestimmen Sie die Wahrscheinlichkeit dafür, dass unter den 12 Ausgewählten 8 Mädchen sind. Vergleichen Sie die Ergebnisse, wenn die Wahrscheinlichkeit bestimmt wird mit dem Ansatz
a) der hypergeometrischen Verteilung,   b) der Binomialverteilung.

8 Aus einem Skatblatt werden 10 Karten gezogen. Berechnen Sie die Wahrscheinlichkeit dafür, dass unter diesen 10 Karten 2 der vier Asse sind.

Geometrische Verteilung

> **Wissen**
>
> Wird ein Bernoulli-Experiment mit der Trefferwahrscheinlichkeit p so lange durchgeführt, bis zum ersten Mal ein Treffer auftritt, so gilt für die Zufallsvariable X, die die Anzahl der notwendigen Durchführungen angibt: $P(X = k) = (1 - p)^{k-1} \cdot p$ mit $k \in \mathbb{N}$, $k > 0$.
> Die zugehörige Zufallsgröße nennt man **geometrisch verteilt**.

Aufgaben

9 Zeigen Sie, dass für eine geometrisch verteilte Zufallsgröße $E(X) = \frac{1}{p}$ gilt.

10 Ein Versuch mit der Erfolgswahrscheinlichkeit p = 0,05 wird n-mal durchgeführt. Bestimmen Sie das kleinste n, für das gilt, dass die Wahrscheinlichkeit für mindestens 2 Treffer größer als 0,7 wird, mithilfe der Binomial- sowie der Poisson-Verteilung.

11 Bestimmen Sie die Wahrscheinlichkeit, mit der beim Werfen eines fairen Würfels eine ungerade Zahl erst im 5. Versuch auftritt.

12 In einem Computerspiel wird das seltene Schwert „Verhängnisbote" nur mit einer Wahrscheinlichkeit von etwa 0,01% der Fälle in den Überresten von Feinden gefunden. Bestimmen Sie die durchschnittliche Anzahl an Gegnern, deren Überreste benötigt werden, um das Schwert zu erhalten.

13 Zwei faire Würfel werden so lange geworfen, bis beide gleichzeitig Eins zeigen. Die Zufallsvariable X beschreibt die Anzahl der dazu erforderlichen Würfe.
a) Begründen Sie, dass X geometrisch verteilt ist, und geben Sie die Trefferwahrscheinlichkeit an.
b) Bestimmen Sie die Wahrscheinlichkeit dafür, dass man höchstens 3-mal werfen muss. Lösen Sie die Aufgabe direkt mit der Formel bzw. unter Betrachtung der Gegenwahrscheinlichkeit.

14 **Forschungsauftrag:** In vielen Fällen (wie bei Sammelbildern) möchte man von jedem Objekt mindestens eines haben. Man bezeichnet dies auch als **Problem der vollständigen Serie**. Man kann zeigen, dass $E(X) = n \cdot \left(1 + \frac{1}{2} + ... + \frac{1}{n}\right)$ gilt.
a) Berechnen Sie, wie oft man im Mittel einen Würfel werfen muss, bis jede Augenzahl mindestens einmal auftritt.
b) Erstellen Sie hierzu auch eine Simulation mit einer Tabellenkalkulation bzw. durch Programmierung.

Klausur- und Abiturtraining

Aufgaben ohne Hilfsmittel

1 Nach 120 Minuten steht es bei einem Fußballspiel unentschieden und es kommt zu einem Elfmeterschießen. Dabei treten zunächst 5 Spieler aus jedem Team als Schützen an. Die Versuche der Spieler aus Mannschaft A können modellhaft durch eine Bernoulli-Kette der Länge 5 mit der Trefferwahrscheinlichkeit p modelliert werden. Die Zufallsgröße X zählt die Anzahl der Treffer.
a) Beschreiben Sie die Ereignisse, deren Wahrscheinlichkeiten mit $P(X \leq 4)$ und $P(X > 2)$ bestimmt werden können.
b) Entscheiden Sie begründet, mit welchem der Terme die Wahrscheinlichkeit für genau 3 Treffer bestimmt werden kann.

   ① $\binom{5}{3} \cdot p^2 \cdot (1-p)$ ② $\binom{5}{3} \cdot p^3 \cdot (1-p)^2$ ③ $\binom{5}{2} \cdot p^2 \cdot (1-p)^3$

c) Erläutern Sie beispielhaft, warum diese Modellierung eines Elfmeterschießens mit einer Bernoulli-Kette nicht der Realität entspricht.

2 An einem Gymnasium ist bekannt, dass 30 % der Schüler mit dem Fahrrad zur Schule kommen. An einem ausgewählten Tag werden alle 20 Schüler eines Mathematikkurses dieser Schule befragt, wie sie zur Schule gekommen sind. Die Zufallsgröße X beschreibt die Anzahl der Schüler, die mit dem Fahrrad gefahren sind.
a) Beschreiben Sie, unter welchen Annahmen die Zufallsgröße X als binomialverteilt angenommen werden kann.
b) Die Zufallsgröße X wird als binomialverteilt angenommen. Geben Sie Ereignisse an, die mit den folgenden Termen berechnet werden können.

   ① $\binom{20}{3} \cdot 0{,}3^3 \cdot 0{,}7^{17}$ ② $1 - \binom{20}{0} \cdot 0{,}3^0 \cdot 0{,}7^{20}$ ③ $\sum_{k=3}^{10} \binom{20}{k} \cdot 0{,}3^k \cdot 0{,}7^{20-k}$

c) Beschreiben Sie in diesem Sachzusammenhang ein Zufallsexperiment, bei dem die Wahrscheinlichkeit eines Ereignisses mit dem Term $1 - \left(\binom{15}{14} \cdot 0{,}3^{14} \cdot 0{,}7^1 + \binom{15}{15} \cdot 0{,}3^{15} \right)$ berechnet werden kann, und geben Sie das Ereignis an.

3 Eine binomialverteilte Zufallsgröße X beschreibt bei 6 Versuchen die Anzahl der Treffer. Die Trefferwahrscheinlichkeit liegt bei p = 0,6.
a) Geben Sie einen Term an, mit dem die Wahrscheinlichkeit für das Ereignis „genau fünf Treffer" berechnet werden kann.
b) Geben Sie das Gegenereignis zum Ereignis „höchstens ein Treffer" an. Entscheiden Sie begründet, welcher der Terme die Wahrscheinlichkeit dieses Ereignisses angibt.

   ① $1 - \left(\binom{6}{1} \cdot 0{,}6^1 \cdot 0{,}4^5 + \binom{6}{0} \cdot 0{,}6^0 \cdot 0{,}4^6 \right)$ ② $1 - \left(\binom{6}{1} \cdot 0{,}6^5 \cdot 0{,}4^1 + \binom{6}{0} \cdot 0{,}6^6 \cdot 0{,}4^0 \right)$

c) Geben Sie ein Ereignis an, dessen Wahrscheinlichkeit mit dem folgenden Term berechnet werden kann:

$$\binom{6}{3} \cdot 0{,}6^3 \cdot 0{,}4^3 + \binom{6}{4} \cdot 0{,}6^4 \cdot 0{,}4^2 + \binom{6}{5} \cdot 0{,}6^5 \cdot 0{,}4^1$$

d) Beurteilen Sie, welche der Abbildungen die Wahrscheinlichkeitsverteilung von X darstellt.

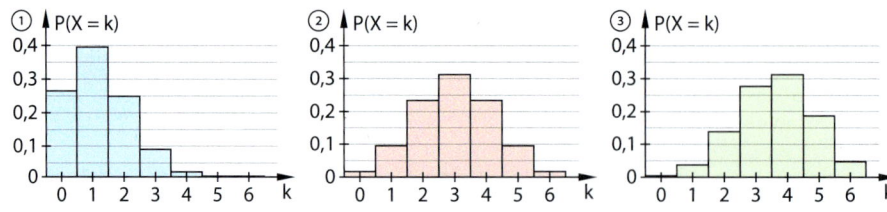

Aufgaben mit Hilfsmitteln

4 Die Abbildungen zeigen Ausschnitte aus Histogrammen zu Binomialverteilungen, bei denen der Erwartungswert und die Standardabweichung ganzzahlig sind.

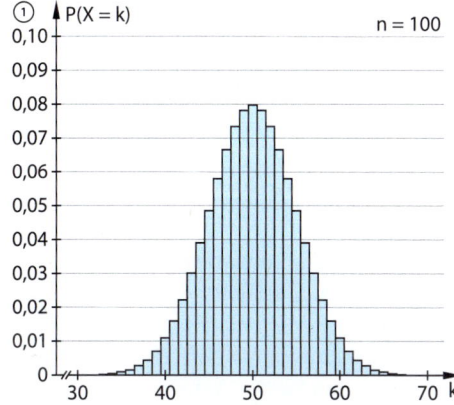 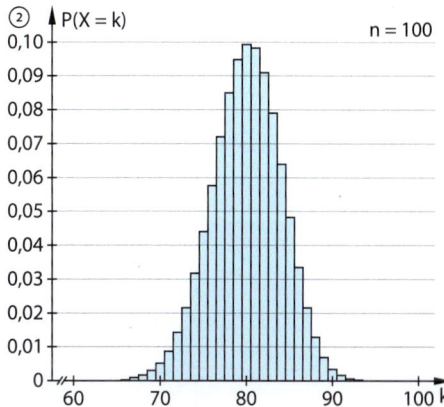

a) Geben Sie für beide Histogramme die Trefferwahrscheinlichkeit, den Erwartungswert und die Standardabweichung der dargestellten Zufallsgröße an.

b) Ermitteln Sie für beide dargestellten Zufallsgrößen die Wahrscheinlichkeit, dass die Trefferanzahl mehr als 65 beträgt (zwischen 60 und 70 liegt).

5 Anlässlich der anstehenden Europameisterschaft produziert ein Hersteller von Überraschungseiern eine Sonderserie. Jedes zehnte Ei soll ein sogenanntes EM-Ei sein und eine witzige EM-Figur enthalten. Äußerlich unterscheiden sich die EM-Eier nicht von den normalen Überraschungseiern. Zum Versand werden Paletten zufällig mit Eiern bestückt.

a) Vor der Auslieferung wird die Verteilung der EM-Eier in Stichproben geprüft.
   ① Es werden 50 Eier zufällig ausgewählt. Bestimmen Sie die Wahrscheinlichkeit dafür, dass sich darunter mindestens 5 EM-Eier befinden.
   ② Es werden 400 Eier zufällig ausgewählt. Bestimmen Sie die Wahrscheinlichkeit dafür, dass die Anzahl der EM-Eier vom Erwartungswert der Anzahl der EM-Eier um höchstens 20 % abweicht.

b) Wer 10 EM-Figuren gesammelt hat, kann an einem Gewinnspiel teilnehmen. Mia hat bereits neun Figuren. Bestimmen Sie, wie viele der Überraschungseier Mia mindestens noch kaufen muss, um mit einer Wahrscheinlichkeit von mindestens 99 % eine weitere EM-Figur zu bekommen.

c) An einer Palette mit 25 Überraschungseiern hatte ein Supermarkt bisher 5 € Gewinn gemacht. In einer Werbeaktion werden jedem Kunden 50 € versprochen, der eine ganze 25er Palette kauft und keine einzige EM-Figur findet. Der Marktleiter geht vom ungünstigsten Fall aus, dass alle Kunden, die keine EM-Figur finden, sich auch melden und die Prämie einfordern.
Bestimmen Sie den mittleren Gewinn pro Palette, den der Supermarkt während der Werbeaktion erwarten kann.

d) Ein Hobby-Sammler kauft 50 Überraschungseier und stellt jede EM-Figur, die er darin findet, auf einen freien Platz in seinem Setzkasten.
Bestimmen Sie, wie viele freie Plätze mindestens nötig sind, damit diese mit einer Wahrscheinlichkeit von mindestens 90 % ausreichen.

e) Erläutern Sie den Screenshot in diesem Sachzusammenhang. Geben Sie eine mögliche Fragestellung und passende Antwort dazu an.

```
nSolve(binomCdf(100,p,0,9)=0.99,p)|0<p<1
  ▸ 0.042352
```

Lösungen
→ S. 478/479

1 Berechnen Sie den Wert.

a) $3!$ b) $\frac{10!}{9!}$ c) $\frac{n!}{(n-2)!}$ d) $\binom{10}{2}$ e) $\binom{100}{0}$ f) $\binom{3}{2} \cdot \left(\frac{1}{3}\right)^2 \cdot \frac{2}{3}$

2 Zweitausendeinhundert zufällig ausgewählte Bundesbürger wurden befragt, ob sie Probleme mit dem Schlaf haben. Etwa jeder Dritte der Befragten bejahte diese Frage.

a) Erläutern Sie, unter welchen Voraussetzungen bei diesem Sachverhalt eine Bernoulli-Kette vorliegt. Geben Sie an, was man dann als Treffer zählen kann und wie groß die Länge der Bernoulli-Kette ist.

b) Geben Sie einen plausiblen Wert für die Trefferwahrscheinlichkeit an.

3 Der Urne werden mit Zurücklegen zufällig drei Kugeln entnommen und deren Farben notiert.

a) Die Zufallsgröße X zählt die Anzahl der schwarzen Kugeln. Begründen Sie, dass X binomialverteilt ist.

b) Zeichnen Sie ein Baumdiagramm, mit dem man die Berechnung der Wahrscheinlichkeiten für die Zufallsgröße X nachvollziehen kann. Stellen Sie die Wahrscheinlichkeitsverteilung von X tabellarisch und in einem Histogramm dar.

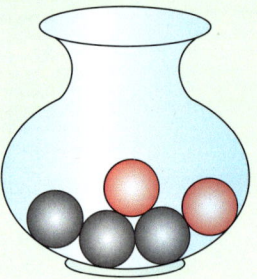

4 Gegeben ist eine binomialverteilte Zufallsgröße X mit n = 4 und p = 0,1. Berechnen Sie die Wahrscheinlichkeit.

a) $P(X = 0)$ b) $P(X > 0)$ c) $P(X < 2)$ d) $P(1 \le X \le 3)$

5 Beschreiben Sie den angegebenen Zufallsversuch so, dass es sich um eine Bernoulli-Kette der Länge 5 handelt, und geben Sie die Trefferwahrscheinlichkeit an. Stellen Sie zur Zufallsgröße X Terme für die Wahrscheinlichkeiten $P(X = 2)$, $P(X \le 3)$ und $P(X > 3)$ auf.

a) Werfen eines regelmäßigen Tetraeders,   X: Anzahl der „3en"

b) Werfen von drei 1-Euro-Münzen,   X: Anzahl „alle drei gleichzeitig Kopf"

c) An einer Losbude gewinnt jedes fünfte Los,   X: Anzahl der Gewinne

6 Bei einem Aufnahmetest werden 10 Fragen mit jeweils drei Antworten gestellt, von denen genau eine richtig ist. Ein Prüfling kreuzt bei jeder Frage zufällig eine Antwort an. Berechnen Sie, mit welcher Wahrscheinlichkeit er

a) genau 3 richtige Antworten hat,   b) mindestens fünf richtige Antworten hat,

c) mehr als drei richtige Antworten hat,   d) höchstens 5 richtige Antworten hat,

e) keine richtige Antwort hat,   f) nur die letzten beiden Fragen richtig hat.

7 Die Abbildungen zeigen Histogramme zu einer binomialverteilten Zufallsgröße X mit n = 10 und p = 0,2, p = 0,5 sowie p = 0,8.

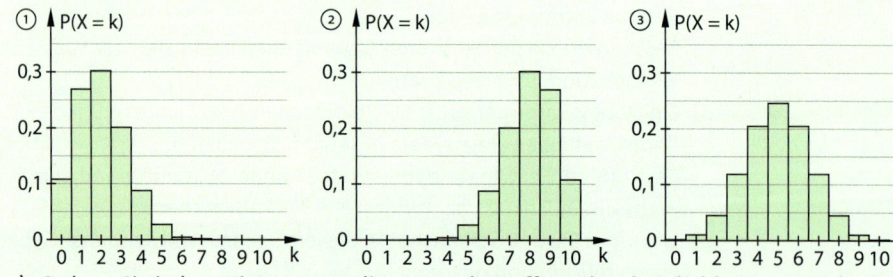

a) Ordnen Sie jedem Histogramm die passende Trefferwahrscheinlichkeit p zu und geben Sie den Erwartungswert und die Standardabweichung an.

b) Beschreiben Sie zu jedem Histogramm einen passenden Zufallsversuch und geben Sie die Zufallsgröße X an.

Lösungen
→ S. 479/480

8 Die Zufallsgröße X ist binomialverteilt mit dem Erwartungswert μ = 4 und der Standardabweichung σ = √3. Berechnen Sie n und p.

9 Ein Hersteller von Teegläsern rechnet bei der Produktion mit einem Ausschuss von 5 %.
a) Berechnen Sie, mit welcher Wahrscheinlichkeit eine Stichprobe von 60 Gläsern weniger als fünf fehlerhafte Gläser enthält.
b) Berechnen Sie, wie viele Gläser man mindestens entnehmen müsste, um mit einer Wahrscheinlichkeit von mindestens 95 % mindestens zwei fehlerhafte Gläser zu erhalten.
c) Berechnen Sie, wie hoch die Ausschussquote mindestens wäre, wenn mit einer Wahrscheinlichkeit von mindestens 90 % mindestens 10 fehlerhafte Gläser in einer Stichprobe von 60 Gläsern sind.

10 Ein Bauer verkauft seine Äpfel für 50 Cent pro Stück an einen Obsthändler; 5 % seiner Äpfel haben Druckstellen. Der Händler überprüft die Äpfel stichprobenartig und vereinbart mit dem Bauer: „Wenn mehr als 10 % der Äpfel einer Stichprobe Druckstellen haben, verringert sich der Preis für die gesamte Lieferung auf 30 Cent pro Stück."
a) Bestimmen Sie die Wahrscheinlichkeit einer Preisreduzierung bei einem Stichprobenumfang von ① n = 20 und ② n = 50.
b) Berechnen Sie den Erwartungswert für die Kosten einer Lieferung von 1000 Äpfeln bei einem Stichprobenumfang von ① n = 20 und ② n = 50.

11 Bestimmen Sie Anzahl der Möglichkeiten.
a) Eine PIN mit vier Ziffern (jeweils 0 bis 9) wird zufällig eingegeben.
b) Die Buchstaben FUNDAMENTE werden zufällig angeordnet.
c) Aus 61 Klassen werden 2 zufällig für eine Aktion ausgewählt.
d) Aus einem kleinen Sack mit einer roten, einer grünen, einer weißen und einer blauen Murmel werden zufällig nacheinander drei Murmeln ① ohne Zurücklegen, ② mit Zurücklegen gezogen. Dabei wird die Reihenfolge beachtet bzw. nicht beachtet.

Wo stehe ich?

	Ich kann…	Aufgabe	Nachschlagen
7.1	… Binomialkoeffizienten und Fakultäten berechnen.	1	S.301 Beispiel 1
7.2	… Anzahlen und Wahrscheinlichkeiten mithilfe von Urnenmodellen bestimmen.	11	S.305 Beispiel 1 S.305 Beispiel 2
7.3	… Bernoulli-Experimente und Bernoulli-Ketten erkennen. … Trefferwahrscheinlichkeiten bestimmen. … die Wahrscheinlichkeit für eine bestimmte Trefferzahl bei Bernoulli-Ketten mit der Bernoulli-Formel berechnen.	2, 4, 5	S.309 Beispiel 1 S.311 Beispiel 2
7.4	… binomialverteilte Zufallsgrößen erkennen und in einem Histogramm darstellen. … kumulierte Wahrscheinlichkeiten berechnen. … den Erwartungswert und die Standardabweichung einer binomialverteilten Zufallsgröße berechnen und im Sachkontext interpretieren.	3, 6, 7, 8, 10	S.314 Beispiel 1 S.315 Beispiel 2 S.317 Beispiel 3
7.5	… die Mindesttrefferzahl k zu einer gegebenen Mindestwahrscheinlichkeit berechnen. … den Mindeststichprobenumfang n bei einer gegebenen Erfolgswahrscheinlichkeit und Trefferzahl bestimmen. … den Anteil p zu einer gegebenen Mindestwahrscheinlichkeit und Mindesttrefferzahl ermitteln.	9	S.321 Beispiel 1 S.323 Beispiel 2 S.325 Beispiel 3

Fakultät und Binomialkoeffizient

Für $n \in \mathbb{N}$, $n \geq 2$ ist
$n! = n \cdot (n-1) \cdot (n-2) \cdot \ldots \cdot 3 \cdot 2 \cdot 1$
(Sprechweise: n **Fakultät**)
Man definiert $1! = 0! = 1$.

Der Term $\binom{n}{k} = \frac{n!}{k! \cdot (n-k)!}$ für n, k $\in \mathbb{N}$ mit

$k \leq n$ heißt **Binomialkoeffizient** (Sprechweise: n über k).
Aus der Definition folgt $\binom{n}{0} = \binom{n}{n} = 1$.

$4! = 4 \cdot 3 \cdot 2 \cdot 1 = 24$
$5! = 5 \cdot 4 \cdot 3 \cdot 2 \cdot 1 = 5 \cdot 24 = 120$

Allgemein: $n! = n \cdot (n-1)!$

$\binom{5}{3} = \frac{5!}{3! \cdot (5-3)!} = \frac{5 \cdot 4 \cdot 3 \cdot 2 \cdot 1}{3 \cdot 2 \cdot 1 \cdot 2 \cdot 1} = \frac{5 \cdot 4}{2 \cdot 1} = 10$

$\binom{5}{4} = \frac{5!}{4! \cdot (5-4)!} = \frac{5 \cdot 4!}{4! \cdot 1} = 5$

Bernoulli-Ketten

Ein **Bernoulli-Experiment** ist ein Zufallsexperiment, bei dem nur die Ausgänge „Treffer" und „kein Treffer" unterschieden werden. Das Ereignis „Treffer" tritt mit gleichbleibender **Trefferwahrscheinlichkeit p** ein.

Eine **Bernoulli-Kette** der **Länge n** stellt eine n-fache Wiederholung eines Bernoulli-Experiments dar.
Zählt die Zufallsgröße X dabei die Anzahl der Treffer, so gilt die **Bernoulli-Formel**:
$P(X = k) = \binom{n}{k} \cdot p^k \cdot (1-p)^{n-k}$ (k = 0, 1, ..., n)

Ein Würfel wird fünfmal geworfen und das Ergebnis „6" wird als Treffer gewertet.

Die Ergebnisse der einzelnen Würfe sind unabhängig voneinander, bei jedem Wurf ist die Wahrscheinlichkeit für eine Sechs $\frac{1}{6}$. Also liegt eine Bernoulli-Kette der Länge n = 5 mit Trefferwahrscheinlichkeit p = $\frac{1}{6}$ vor.

Wahrscheinlichkeit für 3 Treffer:
$P(X = 3) = \binom{5}{3} \cdot \left(\frac{1}{6}\right)^3 \cdot \left(\frac{5}{6}\right)^2$
$= 10 \cdot \frac{5^2}{6^5} = \frac{250}{7776} \approx 0{,}032$

Binomialverteilte Zufallsgrößen

Eine Zufallsgröße X, die die Anzahl der Treffer in einer Bernoulli-Kette der Länge n beschreibt, heißt **binomialverteilt** mit den Parametern n und p. Die zugehörige Wahrscheinlichkeitsverteilung heißt **Binomialverteilung**.

Die Wahrscheinlichkeit, dass die Anzahl der Treffer höchstens k ist, heißt **kumulierte Wahrscheinlichkeit**. Es gilt:

$P(X \leq k) = P(X = 0) + P(X = 1) + \ldots + P(X = k)$

Für den **Erwartungswert** μ und die **Standardabweichung** σ gilt:
$\mu = E(X) = n \cdot p \qquad \sigma = \sqrt{n \cdot p \cdot (1-p)}$

Es wird eine binomialverteilte Zufallsgröße X mit n = 10 und p = 0,5 betrachtet.
$P(X = 0) = \binom{10}{0} \cdot 0{,}5^0 \cdot 0{,}5^{10} \approx 0{,}001$

$P(X = 1) = \binom{10}{1} \cdot 0{,}5^1 \cdot 0{,}5^9 \approx 0{,}010$

$P(X \leq 1) = P(X = 0) + P(X = 1) \approx 0{,}011$

Kenngrößen:
$\mu = 10 \cdot 0{,}5 = 5$
$\sigma = \sqrt{5 \cdot 0{,}5}$
$ = \sqrt{2{,}5} \approx 1{,}58$

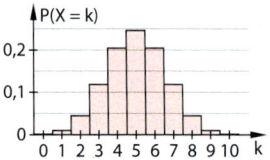

Der Erwartungswert liegt in der Nähe des Maximums, die Standardabweichung ist ein Maß für die Streuung der Daten.

Parameter einer binomialverteilten Zufallsgröße

Eine binomialverteilte Zufallsgröße ist gekennzeichnet durch die Parameter n (Länge der Bernoulli-Kette), p (Trefferwahrscheinlichkeit) und k (Trefferanzahl).

Sind zwei dieser drei Parameter gegeben, so kann man den dritten Parameter bestimmen (durch Logarithmieren, Umformungen, systematisches Probieren oder CAS-Einsatz).

p = 0,7; k = 1; n mit P(X $\geq$ 1) $\geq$ 0,95 bzw.
P(X = 0) $\leq$ 0,05, also
$\binom{n}{0} \cdot 0{,}7^0 \cdot 0{,}3^n \leq 0{,}05$
$n \geq \log_{0{,}3}(0{,}05) \approx 2{,}49$: ab **n = 3**

n = 5; p = 0,25; k mit P(X = k) > 0,3 bzw.
$\binom{5}{k} \cdot 0{,}25^k \cdot 0{,}75^{(5-k)} > 0{,}3$
P(X = k) < 0,3 für k = 0; 2; 3; 4; 5
P(X = 1) $\approx$ 0,3955 > 0,3: **k = 1**

n = 30; k = 10; p mit P(X $\geq$ k) $\geq$ 0,9
$nSolve(binomCdf(30,p,10,30) = 0.9,p)|0 < p < 1$
p $\geq$ 0,4319

8

Normalverteilung

Nach diesem Kapitel können Sie...
→ diskrete und stetige Zufallsgrößen unterscheiden,
→ Erwartungswert, Standardabweichung und Verteilungsfunktionen für normalverteilte Zufallsgrößen bestimmen und interpretieren,
→ Wahrscheinlichkeiten und Intervalle zu gegebenen Wahrscheinlichkeiten bestimmen,
→ Intervalle für die Prognose für binomialverteilte Zufallsgrößen mithilfe der Normalverteilung bestimmen.

Lösungen
→ S. 480/481

Daten darstellen und auswerten

1 Entscheiden Sie, ob das Merkmal von Objekten qualitativ oder quantitativ ist. Geben Sie mögliche Merkmalsausprägungen an.
   a) Ferientage im Jahr
   b) Haarfarbe
   c) Beliebtheit einer Lehrkraft
   d) Entfernung zwischen Wohnung und Schule

2 Berechnen Sie das arithmetische Mittel und den Median der Datenreihe. Vergleichen Sie die beiden Werte und kommentieren Sie das Ergebnis.
   a) 13; 14; 8; 12; 9; 5; 7
   b) 1,8 m; 65 cm; 1,45 m; 40 cm; 1,5 m; 115 cm
   c) 18 g; 67 g; 35 g; 25 g; 93 g; 17 g
   d) 18; 15; 14; 13; 14; 15; 16

3 Berechnen Sie die empirische Varianz und die empirische Standardabweichung.
   a) 27; 30; 33; 36; 41
   b) 18 m; 20 m; 21 m; 25 m; 26 m; 27 m
   c) 19,1°; 18,7°; 19,3°; 18,9°
   d) 2; 3; 3; 4; 4; 4; 5

4 Die Ergebnisse eines Tests aus zwei Geographiekursen sollen verglichen werden.

Zensuren	1	2	3	4	5	6
Anzahl in Kurs A	1	3	4	2	1	0
Anzahl in Kurs B	0	2	5	0	1	1

   a) Ermitteln und vergleichen Sie jeweils Mittelwert (arithmetisches Mittel) und Standardabweichung.
   b) Stellen Sie die Daten in einem geeigneten Diagramm dar und erklären Sie, wie sich die unterschiedlichen Kennzahlen in dem Diagramm widerspiegeln.

5 Bei 20 Neugeborenen wurden folgende Körpergewichte festgestellt (alle Angaben in g):

3692 3782 4028 2992 3414 3899 3080 4115 3334 3570

2865 3972 3768 3155 4199 3331 3459 3733 4087 3066

   a) Erklären Sie, warum eine Darstellung einzelner Werte in einem Diagramm ungünstig ist.
   b) Nehmen Sie eine Klasseneinteilung in 4 Klassen mit einer Klassenbreite von 500 g vor. Berechnen Sie die relativen Häufigkeiten und stellen Sie diese Daten grafisch dar.
   c) Wiederholen Sie das Vorgehen aus b) für eine Klasseneinteilung in 7 Klassen mit einer Klassenbreite von 200 g.
   d) Vergleichen Sie die Ergebnisse von b) und c).

Zufallsgrößen und Wahrscheinlichkeitsverteilungen

6 In einer Urne liegen drei blaue und eine weiße Kugel. Für einen Einsatz von zwei Euro gibt es zwei Spielangebote.
Angebot A: Es wird eine Kugel gezogen. Ist diese blau, erhält der Spieler einen Euro. Ist die Kugel weiß, so werden drei Euro ausbezahlt.
Angebot B: Es werden zwei Kugeln mit Zurücklegen gezogen. Sind beide Kugeln blau, so erhält der Spieler einen Euro. Sind beide Kugeln weiß, so werden drei Euro ausbezahlt. In jedem anderen Fall geht der Spieler leer aus.
   a) Der Auszahlungsbeträge werden als Zufallsgröße betrachtet. Geben Sie die Wahrscheinlichkeitsverteilungen dieser Zufallsgröße für beide Angebote an.
   b) Berechnen Sie für beide Angebote Erwartungswert und Standardabweichung und beurteilen Sie die Spielangebote.

Lösungen
→ S. 481/482

7 Die Zufallsgröße X wird durch die Wahrscheinlichkeitsverteilung in der Tabelle beschrieben.

x_i	2	4	6	8	10	12
$P(X = x_i)$	0,1	0,15	0,2	0,3	0,15	0,1

a) Ermitteln Sie die Wahrscheinlichkeit:
   ① $P(X < 5)$ ② $P(X \leq 8)$ ③ $P(X = 6)$ ④ $P(X > 5)$
b) Berechnen Sie Erwartungswert, Varianz und Standardabweichung der Zufallsgröße X.

8 Von den 850 Schülern eines Gymnasiums nutzen durchschnittlich 70 % die Schulbusse. Die Zufallsgröße X gibt an, wie viele Schüler an einem ausgewählten Tag in einem der Schulbusse sitzen.
a) Berechnen Sie den Erwartungswert μ sowie die Standardabweichung σ und interpretieren Sie diese Kennzahlen im Sachkontext.
b) Berechnen Sie die Wahrscheinlichkeit, dass an einem beliebigen Tag 580 Sitzplätze in den Schulbussen ausreichen.
c) Ermitteln Sie die Platzkapazität, die mindestens notwendig ist, damit mit einer Wahrscheinlichkeit von mindestens 90 % alle Schüler, die einen Schulbus nutzen wollen, auch einen Sitzplatz dort erhalten können.
d) Bestimmen Sie ein symmetrisches Intervall um den Erwartungswert, sodass der Wert von X mit einer Wahrscheinlichkeit von 95,5 % in diesem Intervall liegt.

Integralrechnung

9 Berechnen Sie das Integral.

a) $\int_0^3 2x\, dx$

b) $\int_0^5 \frac{1}{10}x^2\, dx$

c) $\int_{-1}^1 \left(\frac{1}{5} + 3x^2\right) dx$

d) $\int_0^3 3(4 - x^2)\, dx$

e) $\int_0^2 e^{3x-2}\, dx$

f) $\int_{-3}^0 e^{-\frac{1}{3}x}\, dx$

10 Berechnen Sie das uneigentliche Integral.

a) $\int_1^\infty \frac{2}{x^3}\, dx$

b) $\int_0^2 \frac{1}{\sqrt{x}}\, dx$

c) $\int_{-\infty}^{-1} \frac{\pi}{x^2}\, dx$

11 Der Graph der Funktion f mit $f(x) = e^{-x} + 2$ schließt mit den Koordinatenachsen und einer zur y-Achse parallelen Geraden $x = a$ $(a < 0)$ eine Fläche vollständig ein. Geben Sie eine Funktion für die Maßzahl des Flächeninhaltes dieser Fläche an.

12 Bestimmen Sie die Integralfunktion I_{-2} zur Funktion f mit $f(x) = x^4 + 2x^2$ zur unteren Grenze −2. Begründen Sie, dass I_{-2} eine Stammfunktion von f ist.

Vermischtes

13 Gegeben sind drei Kreise mit den Radien 3 cm, 4 cm und 5 cm und dem gemeinsamen Mittelpunkt M. Berechnen Sie den Flächeninhalt der drei Kreisringe. Ermitteln Sie jeweils den prozentualen Anteil der Fläche des Kreisrings an der Fläche des äußeren Kreises.

14 Gegeben ist die Funktion f mit $f(x) = 3x^3 - x$.
a) Untersuchen Sie, ob der Graph der Funktion f punkt- oder achsensymmetrisch ist.
b) Ermitteln Sie vom Graphen der Funktion f die Koordinaten der lokalen Extrempunkte und der Wendepunkte, falls diese vorhanden sind.

8.1 Histogramme klassierter Daten

Das Diagramm zeigt, welche Zeit 25 Schüler für den Schulweg benötigt haben.
a) Erläutern Sie, welche Nachteile die Darstellung hat.
b) Fassen Sie jeweils mehrere Zeiten zu Klassen zusammen und erstellen Sie damit ein anschauliches Diagramm.

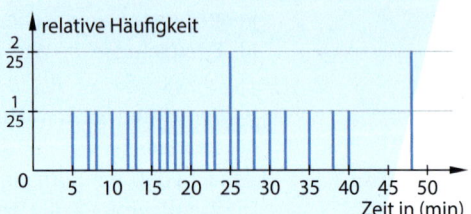

Zur Darstellung von Daten mit reellen Werten aus einem Intervall bildet man häufig eine **Klasseneinteilung**. Das betrachtete Intervall wird in Teilintervalle (**Klassen**) eingeteilt.

Auf einer Landstraße mit einer erlaubten Höchstgeschwindigkeit von 50 km/h wurde bei einer Radarkontrolle die Geschwindigkeit der Fahrzeuge gemessen. Die Geschwindigkeiten lagen zwischen 40 km/h und 70 km/h. In der Tabelle wurde dieser Bereich in vier Klassen eingeteilt. Dabei fuhren 33 % der Fahrzeuge mehr als 55 km/h, sodass ein Bußgeld zu zahlen war.

Geschwindigkeit X in km/h	relative Häufigkeit
$40 \leq X \leq 45$	15 %
$45 < X \leq 50$	27 %
$50 < X \leq 55$	25 %
$55 < X \leq 70$	33 %

Im Diagramm ist zu jeder Klasse eine Säule dargestellt, deren Höhe der relativen Häufigkeit entspricht. Es entsteht der falsche Eindruck, dass mehr als die Hälfte der Fahrzeuge schneller als 55 km/h war, da man sich intuitiv am Flächeninhalt orientiert. So ein falscher Eindruck entsteht immer, wenn die **Klassenbreite** (Intervallbreite) der Klassen unterschiedlich ist.
Die letzte Klasse ist mit 15 LE dreimal so breit wie die anderen Klassen. Würde man diese Klasse in drei Klassen mit je 11 % relativer Häufigkeit aufteilen (im oberen Diagramm rot), wäre die Wirkung angemessener.

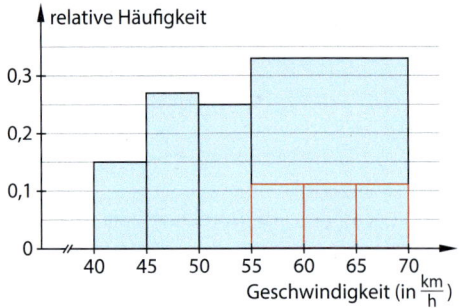

Erinnerung

Histogramme mit Säulenbreite 1 sind bereits aus Kapitel 6 bekannt.

In einem **Histogramm** (rechts) wählt man die Höhe einer Säule so, dass ihr Flächeninhalt der relativen Häufigkeit der Klasse entspricht. Diese Höhe heißt **Häufigkeitsdichte**. Man erhält sie, indem man die relative Häufigkeit jeder Klasse durch die Klassenbreite teilt.

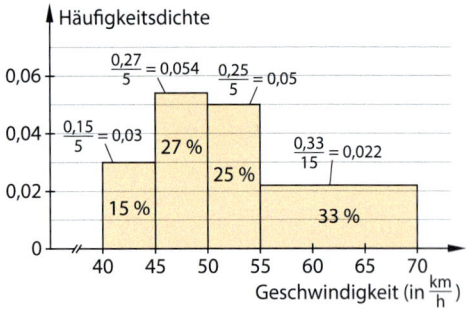

> **Wissen** | **Häufigkeitsdichte und Histogramme klassierter Daten**
> Bei der Darstellung von relativen Häufigkeiten klassierter Daten in einem Histogramm entspricht bei jeder Säule die Breite der **Klassenbreite**, die Höhe der **Häufigkeitsdichte** und der Flächeninhalt der **relativen Häufigkeit** der zugehörigen Klasse.
>
> Für jede Klasse gilt: Häufigkeitsdichte = $\dfrac{\text{relative Häufigkeit der Klasse}}{\text{Klassenbreite}}$

Der Gesamtflächeninhalt aller Säulen ist 1 (Summe der relativen Häufigkeiten).

Beispiel 1

Bei Vergleichen in verschiedenen Supermärkten wurden für einen Joghurt die folgenden
10 Preise in Cent ermittelt: 49, 65, 39, 22, 49, 49, 39, 79, 60, 35
Bilden Sie für den Preis X in Cent die Klassen 20 ≤ X < 40, 40 ≤ X < 50 und 50 ≤ X < 80 und
stellen Sie die relative Häufigkeit der Klassen in einem Histogramm dar.

Lösung:

Berechnen Sie die relative Häufigkeit jeder
Klasse und teilen Sie diese durch die
zugehörige Klassenbreite.

Zeichnen Sie im Histogramm zu jeder
Klasse eine Säule mit der Häufigkeitsdichte
als Höhe.

Preis in Cent	relative Häufigkeit	Klassen-breite	Häufigkeits-dichte
20 ≤ X < 40	$\frac{4}{10}=0{,}4$	20	$\frac{0{,}4}{20}=0{,}02$
40 ≤ X < 50	$\frac{3}{10}=0{,}3$	10	$\frac{0{,}3}{10}=0{,}03$
50 ≤ X < 80	$\frac{3}{10}=0{,}3$	30	$\frac{0{,}3}{30}=0{,}01$

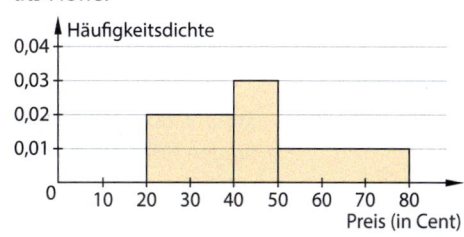

Basisaufgaben

1 Bei Bauer Norden liegt die Masse eines Hühnereis zwischen 45 g und 75 g.
Eine Messung der Masse in g bei 10 Eiern ergab:

48,1	60,2	74,7	46	70	45,1	55,5	68,7	52,4	71,1

Güteklasse	Masse in g
S	unter 53
M	53 bis unter 63
L	63 bis unter 73
XL	mindestens 73

a) Teilen Sie die Masse in die 4 Güteklassen (S, M, L, XL) ein
und berechnen Sie für jede Klasse die relative Häufigkeit.
b) Stellen Sie die relative Häufigkeit der Klassen aus a) in
einem Histogramm dar.

2 In einem Unternehmen hängt das Gehalt der Mitarbeiter von der bisherigen Tätigkeits-
dauer ab. Das Histogramm zeigt die Verteilung.
a) Geben Sie an, welche Klassen gebildet wurden.
b) Begründen Sie, ob es mehr Mitarbeiter im
ersten Jahr oder mit mindestens 7 Jahren gibt.
c) Berechnen Sie den Anteil der Mitarbeiter, die
zwischen 2 und 4 Jahren im Unternehmen sind.
d) Erstellen Sie ein Histogramm mit den beiden
Klassen „bis 4 Jahre" und „mindestens 4 Jahre".

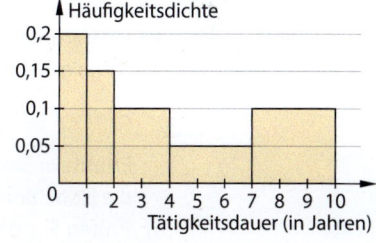

Hinweis zu 3 und 4

Informationen zum
CAS-Einsatz finden Sie
auf den Seiten
343–344.

3 Eine Messung bei 16 Schmetterlingen ergab die folgenden Flügelspannweiten in cm:

6,2	5,1	6,9	6,8	4,0	10,2	8,3	7,6	5,9	4,6	6,5	5,7	3,4	5,1	6,3	7,5

a) Erstellen Sie mit einem CAS ein Histogramm zur Verteilung der Flügelspannweiten.
Teilen Sie die Daten in fünf Klassen mit den Klassengrenzen 3, 5, 6, 7, 8 und 11 ein.
b) Erstellen Sie mit einem CAS ein Histogramm mit vier gleich breiten Klassen.

4 Die Häufigkeitstabelle zeigt die in einem Test erzielten Punkte von 100 Teilnehmern.

Anzahl der Punkte	1	2	3	4	5	6	7	8	9	10	11	12
absolute Häufigkeit	0	4	7	9	12	9	11	16	11	10	5	6

Stellen Sie mit einem CAS die relative Häufigkeit der erzielten Punkte in einem Histogramm mit 12 Klassen bzw. mit 6 gleich breiten Klassen dar. Vergleichen Sie.

Weiterführende Aufgaben

5 Bei einer Hausaufgabe haben 20 Schüler ihre Bearbeitungszeit in Minuten notiert:

| 8 | 10 | 12 | 13 | 15 | 18 | 19 | 21 | 24 | 24 | 25 | 27 | 29 | 33 | 36 | 37 | 39 | 45 | 45 | 58 |

a) Teilen Sie die Zeit von 60 Minuten in ① 30, ② 6 und ③ 2 gleich breite Klassen ein und stellen Sie jeweils die relative Häufigkeit der Klassen in einem Histogramm dar.

b) Entscheiden Sie, welches Histogramm die Verteilung der Bearbeitungszeiten am besten veranschaulicht. Begründen Sie Ihre Meinung.

c) Erläutern Sie, warum es sinnvoll ist, bei der Darstellung von Daten mit vielen verschiedenen Werten eine Klasseneinteilung zu bilden, und worauf man bei der Wahl der Klassen achten sollte.

⚠ **6** **Stolperstelle:** Bei der Herstellung von 600 mm langen Holzbrettern kann die Länge geringfügig von 600 mm abweichen. Das Histogramm zeigt die Verteilung der Länge. Überprüfen Sie die Aussage und korrigieren Sie, wenn nötig.

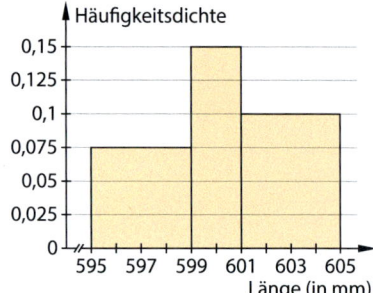

a) Die Säulenhöhe von 0,15 zeigt, dass 15 % der Bretter zwischen 599 mm und 601 mm lang sind.

b) Es sind mehr Bretter zwischen 599 mm und 601 mm als mindestens 601 mm lang.

7 **Histogramme mit Wahrscheinlichkeiten:** In einem Histogramm lassen sich nicht nur relative Häufigkeiten, sondern auch Wahrscheinlichkeiten darstellen. Dann entspricht die Wahrscheinlichkeit, dass der Wert einer Zufallsgröße in einer Klasse liegt, dem Flächeninhalt der Säule, die zu dieser Klasse gehört.

Pia wirft auf eine Kreisscheibe (50 cm Radius, aus fünf Kreisringen mit 10 cm Breite). Es wird angenommen, dass der Pfeil die Scheibe an einer zufälligen Stelle trifft. Die Zufallsgröße X gibt den Abstand des Pfeils vom Mittelpunkt der Scheibe in cm an.

a) Pia berechnet mithilfe des Flächenanteils die Wahrscheinlichkeit, dass der Pfeil den äußeren Kreisring trifft:

$$P(40 \leq X \leq 50) = \frac{\pi \cdot 50^2 - \pi \cdot 40^2}{\pi \cdot 50^2} = \frac{900}{2500} = 0,36$$

Erläutern Sie die Rechnung und berechnen Sie die Höhe der rechten Säule im Histogramm.

b) Prüfen Sie, ob die Flächeninhalte der anderen Säulen mit den Wahrscheinlichkeiten für die anderen Kreisringe übereinstimmen.

c) Zeichnen Sie ein entsprechendes Histogramm mit 10 Klassen für eine Kreisscheibe, die aus zehn Kreisringen mit 5 cm Breite besteht.

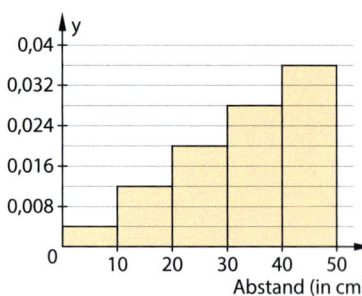

8 **Ausblick:** Für eine Liste mit n Daten kann man das arithmetische Mittel $\bar{x}$ bilden.

a) Aus einem Histogramm, das die Verteilung dieser Daten in m Klassen zeigt, lassen sich nicht die einzelnen Daten, sondern die relativen Häufigkeiten $h_1, h_2, ..., h_m$ der Klassen und die Klassenmitten $k_1, k_2, ..., k_m$ bestimmen. Geben Sie mithilfe dieser Werte eine Formel für einen Näherungswert des arithmetischen Mittels $\bar{x}$ an.

b) Untersuchen Sie, wie stark der Näherungswert höchstens von $\bar{x}$ abweicht, wenn ① die Klassen gleich breit sind, ② die Klassen unterschiedlich breit sind.

Hinweis

Die Klassenmitte einer Klasse ist das arithmetische Mittel der beiden Klassengrenzen.

Klassenbreite bei Histogrammen mit einem CAS

Die beiden Histogramme veranschaulichen die Körpergröße von Neugeborenen
(in cm). Beurteilen Sie, ob es sich um die
gleiche Population handeln kann.

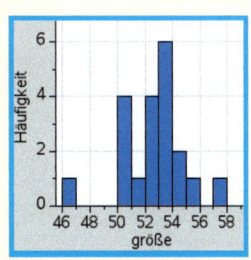 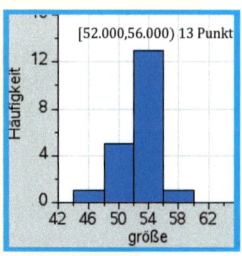

Zur Darstellung von Daten mit reellen Werten aus einem Intervall teilt man die Daten häufig
in Teilintervalle auf. Man spricht dann von einer Klasseneinteilung. Die Klassen [a; b) werden
so gebildet, dass die linke Intervallgrenze a zum Teilintervall gehört, die rechte Intervallgrenze
b aber eine offene Grenze darstellt. Der Wert für b ist dann der erste Wert, der zum nachfolgenden Teilintervall gehört. Beim letzten Teilintervall muss die rechte Grenze so festgelegt
werden, dass alle Daten berücksichtigt werden.

Beispiel 1   **Histogramme gleicher Klassenbreite**

Bei einer Prüfungsklausur konnten 100 Punkte erreicht werden. Mit weniger als 40 Punkten
gilt die Prüfung als nicht bestanden. Es gab folgende Ergebnisse:
24; 19; 68; 12; 56; 40; 98; 72; 91; 34;
30; 45; 77; 82; 44; 54; 57; 18; 66; 58

a) Erstellen Sie ein Histogramm mit der Klassenbreite 5.
b) Erstellen Sie ein Histogramm mit der Klassenbreite 1.
c) Erstellen Sie ein Histogramm, das auf einen Blick die Unterscheidung „Prüfung bestan-
    den", „Prüfung nicht bestanden" erkennen lässt.

Lösung mit Casio:

a),b) *Tabellenkalkulation* öffnen, Werte in
die Spalte A eintragen, Spalte A markieren,
Grafik-Histogramm wählen, unter *Calc* die
gewünschte *Klassenbreite* eintragen (hier
5 bzw. 1).

c) Unter *Calc* werden die Optionen *Klassen-
start* mit 0 und *Klassenbreite* mit 40
eingestellt. Klickt man eine Säule an, so
werden die Intervallgrenzen und die Anzahl
der Werte angezeigt.

Lösung mit TI:
Daten in eine Tabellenspalte eingeben, Wahl von *Daten, SchnellGraph, Histogramm,* dann unter *Plot-Eigenschaften, Histogramm-Eigenschaften Säuleneinstellungen, gleiche Säulenbreite* wählen, dort die Säulenbreite (hier 5 bzw. 1) sowie die linke Grenze (−2,5) der ersten Säule eintragen, mit *Zoom Daten* Fenster anpassen.

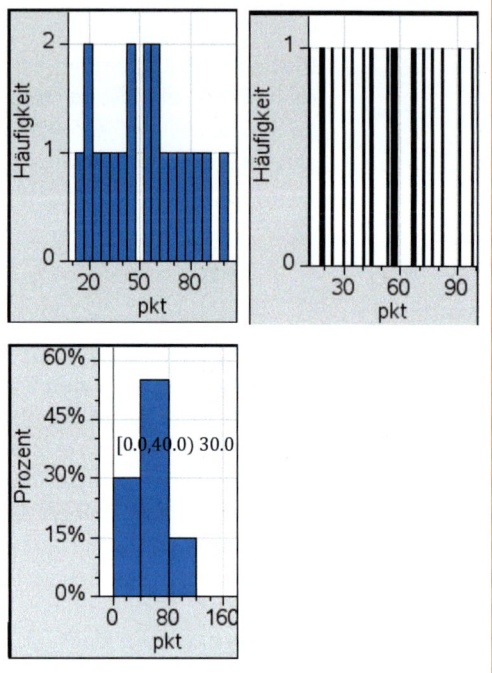

Unter *Plot-Eigenschaften, Histogramm-Eigenschaften Säuleneinstellungen, gleiche Säulenbreite* wählen, dort die Säulenbreite 40 sowie die linke Grenze (0) der ersten Säule eintragen, außerdem als Maßstab *Prozent* wählen, mit *Zoom Daten* Fenster anpassen. Klickt man eine Säule an, so werden die Intervallgrenzen und die Anzahl der Werte angezeigt.

Aufgaben

1 Eine Messung der Masse (in Gramm) bei Äpfeln ergab folgende Ergebnisse:
224; 119; 168; 112; 156; 140; 98; 72; 91; 234;
130; 245; 77; 182; 144; 154; 157; 118; 166; 158.

a) Erstellen Sie ein Histogramm mit der Klassenbreite 50 g.

b) Erstellen Sie ein Histogramm, dass die relativen Häufigkeiten (in Prozent) der Messergebnisse den Klassen „klein" (0 g; 100 g), „mittelgroß" [100 g; 200 g) und „groß" [200 g; 300 g) zuordnet.

2 Forschungsauftrag:
Das Histogramm stellt die Messergebnisse des Geburtsgewichts (korrekt: der Masse, in Gramm) von Neugeborenen dar.

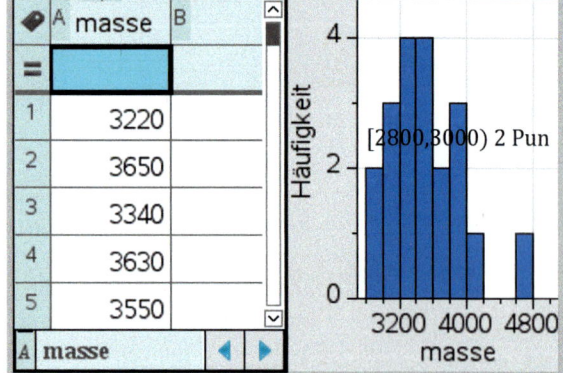

a) Entnehmen Sie der Darstellung die Klasseneinteilung sowie die absoluten und relativen Häufigkeiten der Neugeborenen in jeder Klasse.

b) Erstellen Sie mit Ihrem CAS eine Tabelle mit den Klassen und den absoluten Häufigkeiten sowie ein zugehöriges Histogramm zum gleichen Sachverhalt mit der Klassenbreite 400 g.

c) Untersuchen Sie, wie Sie den Maßstab „Häufigkeitsdichte" in die Darstellung einbringen können.

8.2 Stetige Zufallsgrößen

Die Zufallsgröße X gibt eine zufällige reelle Zahl aus dem Intervall [1; 6] an.

a) Erläutern Sie, warum nicht wie beim Werfen eines Würfels $P(X = 1) = \frac{1}{6}$ gilt.

b) Es gilt $P(1 \leq X \leq 3) = \frac{2}{5}$. Machen Sie dies mithilfe von Intervalllängen plausibel.

c) Überlegen Sie, wie man analog $P(2 \leq X \leq 4{,}5)$ und allgemein $P(a \leq X \leq b)$ berechnen kann. Vergleichen Sie dazu auch den Inhalt der farbigen Fläche in der Abbildung.

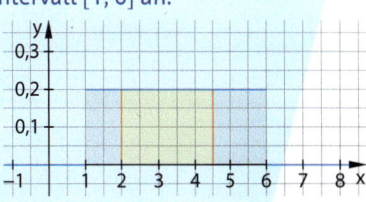

Bisher wurden **diskrete** Zufallsgrößen betrachtet, die nur einzelne Werte annehmen können, wie etwa beim Würfeln die Augenzahlen 1 bis 6. Kann eine Zufallsgröße dagegen alle reellen Zahlen aus einem Intervall annehmen, wie etwa bei Körpergrößen oder Wartezeiten auf einen Bus, dann nennt man die Zufallsgröße **stetig**.

Dichtefunktion und Wahrscheinlichkeiten

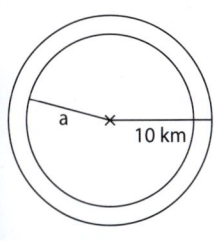

Ein seltenes Tier befindet sich irgendwo zufällig auf einer kreisförmigen Insel mit 10 km Radius. Ein Forscher, der sich in der Mitte der Insel befindet, möchte wissen, mit welcher Wahrscheinlichkeit sich das Tier in bestimmten Entfernungen aufhält. Die Zufallsgröße X gibt den Abstand des Tiers vom Kreismittelpunkt in km an.

Um die Wahrscheinlichkeitsverteilung von X zu untersuchen, kann man die Kreisfläche in Kreisringe einteilen. Die Wahrscheinlichkeit, dass sich das Tier in einem Kreisring mit innerem Radius a und äußerem Radius b befindet, ergibt sich aus dem Inhalt der Fläche des Kreisrings im Verhältnis zur Gesamtfläche:

$$P(a \leq X \leq b) = \frac{\pi \cdot b^2 - \pi \cdot a^2}{\pi \cdot 10^2} = \frac{1}{100}(b^2 - a^2)$$

Wählt man Kreisringe der Breite 1 wie im oberen Histogramm, erhält man beispielsweise
$$P(2 \leq X \leq 3) = \frac{1}{100}(3^2 - 2^2) = 0{,}05.$$

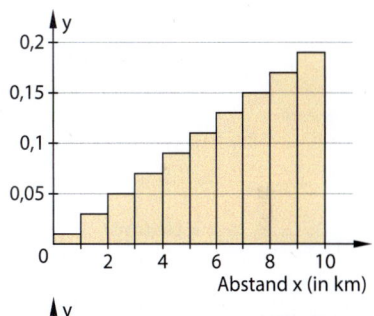

Das zweite Histogramm zeigt die Wahrscheinlichkeitsverteilung, wenn man als Breite der Kreisringe 0,5 wählt. Die Wahrscheinlichkeiten der Kreisringe entsprechen den Flächeninhalten der Säulen.

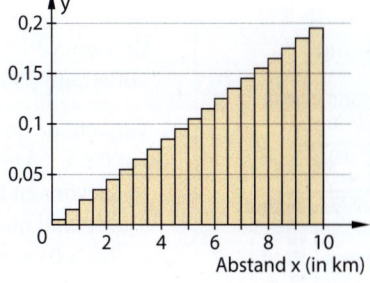

Für eine noch genauere Untersuchung der Verteilung von X wählt man die Breite der Kreisringe immer kleiner. Die Histogramme nähern sich dann dem Graphen einer Funktion f mit $f(x) = \frac{1}{50}x$ an und die Säulen der Fläche unter dem Graphen von f. Es ist naheliegend, dass für die Wahrscheinlichkeit, dass X zwischen a und b liegt, gilt:

$$P(a \leq X \leq b) = \int_a^b f(x)\,dx.$$

Man kann dies leicht nachprüfen:

$$P(a \leq X \leq b) = \int_a^b \frac{1}{50}x\,dx = \left[\frac{1}{100}x^2\right]_a^b = \frac{1}{100}(b^2 - a^2)$$

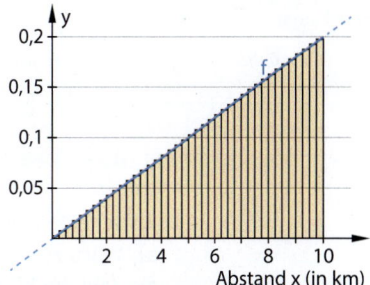

Der Term $f(x) = \frac{1}{50}x$ beschreibt nur für $x \in [0; 10]$ die Verteilung von X. Da X nur Werte zwischen 0 und 10 annimmt, muss $f(x) = 0$ für $x < 0$ und $x > 10$ gelten. Die Funktion f mit

$$f(x) = \begin{cases} \frac{1}{50}x & \text{für } 0 \leq x \leq 10 \\ 0 & \text{sonst} \end{cases}$$ nennt man die **Dichtefunktion** der Zufallsgröße X.

Für die Dichtefunktion gilt: $\int\limits_{-\infty}^{\infty} f(x)\,dx = \int\limits_{0}^{10} \frac{1}{50}x\,dx = \left[\frac{1}{100}x^2\right]_0^{10} = \frac{1}{100}(10^2 - 0^2) = 1$

Das bedeutet, dass die Zufallsgröße X zu 100 % irgendeinen reellen Wert zwischen 0 und 10 annimmt.

Hinweis

Ist $f(x)$ nur auf einem Intervall [a; b] ungleich 0, gilt:

$\int\limits_{-\infty}^{\infty} f(x)\,dx = \int\limits_{a}^{b} f(x)\,dx$

Wissen | **Dichtefunktion einer stetigen Zufallsgröße**

Eine auf $\mathbb{R}$ definierte Funktion f heißt **Dichtefunktion**, wenn gilt:

1. $f(x) \geq 0$ für alle $x \in \mathbb{R}$ 2. $\int\limits_{-\infty}^{\infty} f(x)\,dx = 1$

Die Funktion f ist die Dichtefunktion der **stetigen Zufallsgröße** X, wenn für alle a, b $\in \mathbb{R}$ mit

$a \leq b$ gilt: $P(a \leq X \leq b) = \int\limits_{a}^{b} f(x)\,dx$

Erinnerung

Zur Änderungsrate siehe Band 1, Kapitel 5.

Der Funktionswert $f(x)$ der Dichtefunktion gibt keine Wahrscheinlichkeit, sondern die Änderungsrate der Wahrscheinlichkeit an. Die Wahrscheinlichkeit, dass X genau einen Wert x annimmt, ist für jedes $x \in \mathbb{R}$ null, es gilt $P(X = x) = \int\limits_{x}^{x} f(t)\,dt = 0$. Dennoch kann X natürlich den Wert x annehmen.

Wegen $P(X = x) = 0$ ist es für die Wahrscheinlichkeit von Intervallen egal, ob die Intervallgrenzen dazugehören, es gilt $P(a \leq X \leq b) = P(a < X < b) = P(a \leq X < b) = P(a < X \leq b)$.

Beispiel 1

Gegeben ist die Funktion f mit $f(x) = \begin{cases} kx & \text{für } 0 \leq x \leq 4 \\ 0 & \text{sonst} \end{cases}$ und $k \in \mathbb{R}$.

a) Bestimmen Sie den Wert von k, für den f eine Dichtefunktion ist.
b) Berechnen Sie.   ① $P(1 \leq X \leq 3)$ ② $P(0 < X < 2)$ ③ $P(X \geq 3)$

Lösung:

a) Bestimmen Sie den Wert von k so, dass $\int\limits_{-\infty}^{\infty} f(x)\,dx = 1$ gilt. Sie können in den Grenzen von 0 bis 4 integrieren, da außerhalb $f(x) = 0$ gilt.

$\int\limits_{-\infty}^{\infty} f(x)\,dx = \int\limits_{0}^{4} kx\,dx = \left[\frac{1}{2}kx^2\right]_0^4 = 8k$

Aus $8k = 1$ folgt $k = \frac{1}{8}$.

Wegen $\frac{1}{8}x \geq 0$ für $x \in [0; 4]$ gilt $f(x) \geq 0$ für alle $x \in \mathbb{R}$.

b) Verwenden Sie $P(a \leq X \leq b) = \int\limits_{a}^{b} f(x)\,dx$.
Für $0 \leq x \leq 4$ gilt $f(x) = \frac{1}{8}x$.
② Sie können 0 und 2 zum Intervall hinzunehmen, da $P(X = 0) = P(X = 2) = 0$.
③ Aus $f(x) = 0$ für $x > 4$ folgt $P(X > 4) = 0$ und man muss nur den Bereich von 3 bis 4 berücksichtigen.

① $P(1 \leq X \leq 3) = \int\limits_{1}^{3} \frac{1}{8}x\,dx = \left[\frac{1}{16}x^2\right]_1^3 = \frac{1}{2}$

② $P(0 < X < 2) = P(0 \leq X \leq 2) = \int\limits_{0}^{2} \frac{1}{8}x\,dx = \frac{1}{4}$

③ $P(X \geq 3) = P(3 \leq X \leq 4) = \int\limits_{3}^{4} \frac{1}{8}x\,dx = \frac{7}{16}$

Erinnerung

Integrale mit einem CAS: Casio, Tastatur

Math2: $\int_\square^\square$, TI

menu, Analysis, Integral

oder *Katalog:* [∫□d□]

oder direkte Eingabe

z. B. *integral (k*x,x,0,4).*

Basisaufgaben

1 Entscheiden Sie, ob die angegebene Zufallsgröße diskret oder stetig ist.
a) Wartezeit beim Arzt
b) Lebensdauer einer Katze
c) Zahl der Klicks auf einer Internetseite
d) Preis einer Schachtel Pralinen

2 Gegeben ist die Funktion f mit $f(x) = \begin{cases} \frac{3}{32}(4 - x^2) & \text{für } -2 \le x \le 2 \\ 0 & \text{sonst} \end{cases}$.

a) Zeigen Sie, dass f eine Dichtefunktion ist.

b) Die Zufallsgröße X hat die Dichtefunktion f. Berechnen Sie die Wahrscheinlichkeit.

① $P(-1 \le X \le 1)$ ② $P(X \le 1,5)$ ③ $P(X = 0)$ ④ $P(X \ge 0,5)$

3 Bei der Herstellung von 20 mm langen Schrauben kann die tatsächliche Länge etwas vom exakten Wert 20 mm abweichen. Die Schraubenlänge in mm lässt sich durch die Zufalls-

größe X mit der Dichtefunktion f mit $f(x) = \begin{cases} \frac{3}{4}(x - 19)(21 - x) & \text{für } 19 \le x \le 21 \\ 0 & \text{sonst} \end{cases}$ beschreiben.

a) Zeigen Sie, dass f eine Dichtefunktion ist.

b) Geben Sie einen Bereich an, in dem die Schraubenlänge mit 100 % Wahrscheinlichkeit liegt.

c) Berechnen Sie die Wahrscheinlichkeit, dass die Länge einer Schraube

① zwischen 19,9 mm und 20,1 mm liegt,

② um mehr als 0,5 mm von 20 mm abweicht,

③ exakt 20 mm beträgt,

④ größer als 20 mm ist.

4 **Gleichverteilte Zufallsgröße:** Gegeben ist die Funktion f mit $f(x) = \begin{cases} k & \text{für } 0 \le x \le 15 \\ 0 & \text{sonst} \end{cases}$.

a) Bestimmen Sie den Wert des Parameters k, für den f eine Dichtefunktion ist.

b) Die Zufallsgröße X hat die Dichtefunktion f. Berechnen Sie $P(2 \le X \le 5)$ und markieren Sie in einer Skizze die entsprechende Fläche unter dem Graphen von f.

c) Geben Sie ein Sachbeispiel für eine gleichverteilte Zufallsgröße an.

5 Alicia trifft zu einem zufälligen Zeitpunkt an einer Bushaltestelle ein, an der der Bus alle 20 Minuten fährt. Die Zufallsgröße X gibt die Zeitdauer an, die Alicia auf den nächsten Bus warten muss.

a) Bestimmen Sie eine Dichtefunktion zu X.

b) Berechnen Sie die Wahrscheinlichkeit, dass Alicia auf den Bus

① höchstens 5 min wartet, ② mehr als 10 min wartet,

③ 5 min wartet, wenn man die Wartezeit auf Minuten rundet.

c) Ermitteln Sie, wie sich die Wahrscheinlichkeiten in b) ändern, wenn der Bus alle 10 Minuten fährt.

Erwartungswert und Standardabweichung

Für die Bestimmung des Erwartungswerts einer stetigen Zufallsgröße X kann man die Dichtefunktion f durch ein Histogramm mit einer geringen Klassenbreite Δx und den Klassenmitten $x_1, ..., x_n$ annähern. Ordnet man den Klassenmitten x_i die Wahrscheinlichkeiten $p_i = f(x_i) \cdot \Delta x$ der i-ten Klasse zu, kann man den Erwartungswert näherungsweise wie im diskreten Fall berechnen:

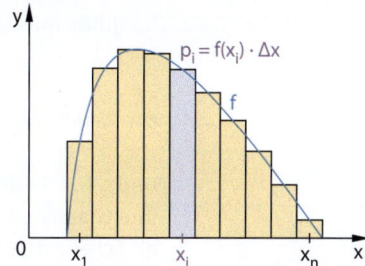

$x_1 \cdot p_1 + ... + x_n \cdot p_n = x_1 \cdot f(x_1) \cdot \Delta x + ... + x_n \cdot f(x_n) \cdot \Delta x$

Man erhält eine Produktsumme zu der Funktion g mit $g(x) = x \cdot f(x)$. Für $\Delta x \to 0$ strebt die Produktsumme gegen das Integral von g.

Für den Erwartungswert von X legt man daher fest: $\mu = \displaystyle\int_{-\infty}^{\infty} x \cdot f(x)\, dx$

Ähnlich begründet man die Definition der Standardabweichung einer stetigen Zufallsgröße.

Definition | **Erwartungswert und Standardabweichung**

Für eine stetige Zufallsgröße mit der Dichtefunktion f gilt:

Erwartungswert $\mu = \int_{-\infty}^{\infty} x \cdot f(x)\, dx$ **Standardabweichung** $\sigma = \sqrt{\int_{-\infty}^{\infty} (x-\mu)^2 \cdot f(x)\, dx}$

Beispiel 2

Gegeben ist die Dichtefunktion f mit $f(x) = \begin{cases} \frac{1}{50}x & \text{für } 0 \le x \le 10 \\ 0 & \text{sonst} \end{cases}$.

Berechnen Sie den Erwartungswert und die Standardabweichung einer stetigen Zufallsgröße mit der Dichtefunktion f.

Lösung:

Verwenden Sie die Formeln der Definition. Sie können jeweils in den Grenzen von 0 bis 10 integrieren, da außerhalb f(x) = 0 gilt.

$$\mu = \int_{-\infty}^{\infty} x \cdot f(x)\, dx = \int_0^{10} \frac{1}{50}x^2\, dx$$

$$= \left[\frac{1}{150}x^3\right]_0^{10} = \frac{1}{150}(10^3 - 0^3) = \frac{20}{3} \approx 6{,}67$$

Bei der Standardabweichung σ ist es für die Notation zweckmäßig, erst σ^2 zu berechnen und am Ende die Wurzel zu ziehen.

$$\sigma^2 = \int_{-\infty}^{\infty} (x-\mu)^2 \cdot f(x)\, dx = \int_0^{10} \left(x - \frac{20}{3}\right)^2 \cdot \frac{1}{50}x\, dx$$

$$= \int_0^{10} \left(\frac{1}{50}x^3 - \frac{4}{15}x^2 + \frac{8}{9}x\right) dx = \frac{50}{9}$$

$$\sigma = \sqrt{\frac{50}{9}} \approx 2{,}36$$

Basisaufgaben

6 Berechnen Sie den Erwartungswert und die Standardabweichung einer stetigen Zufallsgröße mit der Dichtefunktion f.

a) $f(x) = \begin{cases} \frac{3}{32}(4-x^2) & \text{für } -2 \le x \le 2 \\ 0 & \text{sonst} \end{cases}$
b) $f(x) = \begin{cases} \frac{1}{10} & \text{für } -3 \le x \le 7 \\ 0 & \text{sonst} \end{cases}$

7 Die Abbildung zeigt den Graphen der abschnittsweise definierten Funktion f mit f(4) = 0,1 und f(19) = 0.
   a) Bestimmen Sie die Zuordnungsvorschrift von f und weisen Sie nach, dass es sich bei der Funktion f um eine Dichtefunktion handelt.
   b) Berechnen Sie den Erwartungswert und die Standardabweichung einer stetigen Zufallsgröße mit der Dichtefunktion f.

8 Die Funktionen f mit $f(x) = \begin{cases} x+1 & \text{für } -1 \le x \le 0 \\ 1-x & \text{für } 0 \le x \le 1 \\ 0 & \text{sonst} \end{cases}$

und g sind Dichtefunktionen von Zufallsgrößen. Ihre Graphen sind rechts abgebildet.
   a) Schätzen Sie, bei welcher Dichtefunktion die Standardabweichung der Zufallsgröße größer ist.
   b) Stellen Sie eine Funktionsgleichung zu g auf und überprüfen Sie Ihre Schätzung aus b) rechnerisch.

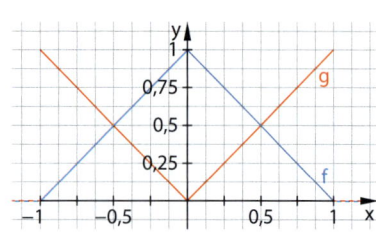

Weiterführende Aufgaben

9 Die Weite beim Weitsprung von 16-jährigen Jungen lässt sich näherungsweise durch eine Zufallsgröße X mit der Dichtefunktion f mit $f(x) = \begin{cases} \frac{3}{4}(-x^2 + 8x - 15) & \text{für } 3 \le x \le 5 \\ 0 & \text{sonst} \end{cases}$

beschreiben. Berechnen Sie die Wahrscheinlichkeit, dass die Weite 4 Meter beträgt, wenn die gesprungene Weite wie folgt gerundet wird.

a) auf Dezimeter   b) auf Zentimeter   c) auf Millimeter   d) gar nicht

⚠ **10 Stolperstelle:** Die Zufallsgröße X mit der Dichtefunktion f gibt eine zufällige reelle Zahl aus dem Intervall [0; 10] an.
Lara sagt: *„Die Wahrscheinlichkeit, dass die zufällige Zahl 5 ist, ist P(X = 5) = f(5) = 0,1."*
Kira widerspricht: *„Die Wahrscheinlichkeit, dass die Zahl exakt 5 ist, ist null."*
Darauf Lara: *„Das kann nicht sein, dann könnte die Zahl 5 ja gar nicht vorkommen."*
Nehmen Sie Stellung zu dem Dialog und korrigieren Sie die falschen Aussagen.

11 Verteilungsfunktion: Ist f die Dichtefunktion einer stetigen Zufallsgröße X, dann heißt die Funktion F mit $F(x) = P(X \le x) = \int_{-\infty}^{x} f(t)\,dt$ die **Verteilungsfunktion** von X. Gegeben sind die

Dichtefunktion f mit $f(x) = \begin{cases} 0{,}2 & \text{für } 1 \le x \le 6 \\ 0 & \text{sonst} \end{cases}$ und

F mit $F(x) = \begin{cases} 0 & \text{für } x < 1 \\ 0{,}2x - 0{,}2 & \text{für } 1 \le x \le 6. \\ 1 & \text{für } x > 6 \end{cases}$

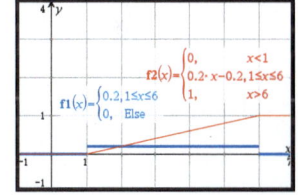

a) Zeigen Sie, dass die Funktion F Verteilungsfunktion zu f ist. Erläutern Sie dazu die folgende Rechnung und setzen Sie sie fort:

Verteilungsfunktion für x > 6 : $\int_{-\infty}^{x} f(t)\,dt = \int_{-\infty}^{1} 0\,dt + \int_{1}^{6} 0{,}2\,dt + \int_{6}^{x} 0\,dt = \dots$

Untersuchen Sie auch die Fälle x < 1 und 1 ≤ x ≤ 6.
b) Zeichnen Sie die Graphen von f und F in ein Koordinatensystem und erläutern Sie ihren Zusammenhang.
c) Zeigen Sie, dass F'(x) = f(x) für x < 1, für 1 < x < 6 und für x > 6 gilt.

d) Ermitteln Sie die Verteilungsfunktion zu f mit $f(x) = \begin{cases} 2 - 2x & \text{für } 0 \le x \le 1 \\ 0 & \text{sonst} \end{cases}$.

12 Die Zufallsgröße X gibt eine zufällige reelle Zahl zwischen und 0 und 1 an.

Hinweis

Verwenden Sie für die **empirische Standardabweichung** den Befehl *stDevSamp* beim TI bzw. *stdDev* beim Casio.

a) Erzeugen Sie mit einem CAS 100 zufällige Zahlen zwischen 0 und 1. Berechnen Sie das arithmetische Mittel und die empirische Standardabweichung der Zahlen.
b) Berechnen Sie den Erwartungswert und die Standardabweichung von X und vergleichen Sie mit den Ergebnissen in a).

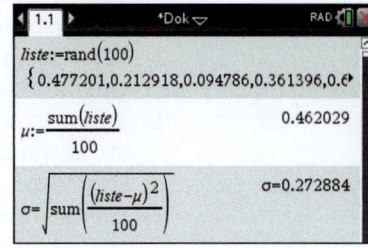

13 Bernd fährt mit dem Bus und dann mit der Straßenbahn. Beide Verkehrsmittel kommen rein zufällig, der Bus alle 10 Minuten, die Straßenbahn alle 20 Minuten.
a) Führen Sie eine 1000-fache Simulation für die Summe der Wartezeiten durch.
b) Stellen Sie anhand eines Histogramms eine Vermutung für die Dichtefunktion f auf.
c) Vergleichen Sie den Erwartungswert und die Standardabweichung der theoretischen Verteilung mit dem arithmetischen Mittel und der empirischen Standardabweichung.

14 Die Zufallsgröße X gibt die Wartezeit in einer Arztpraxis in Minuten an. Die Wartezeit beträgt maximal 60 min. Für die Dichtefunktion f gilt f(0) = k für ein k ∈ ℝ und f(60) = 0, im Intervall [0; 60] nimmt f linear ab.

a) Bestimmen Sie den Wert von k und eine Gleichung der Dichtefunktion.

b) Berechnen Sie, mit welcher mittleren Wartezeit die Patienten rechnen können.

c) In einem Monat kommen 600 Patienten in die Praxis. Bestimmen Sie einen Wert als Prognose für die Anzahl derer, die mindestens eine halbe Stunde warten.

d) Der Arzt möchte werben: *„In meiner Praxis warten 90 % der Patienten höchstens ... Minuten."* Bestimmen Sie, welche Wartezeit der Arzt in diesem Satz angeben sollte, damit die Prognose den Wahrscheinlichkeiten entspricht.

15 Im Mittelpunkt eines kreisrunden Platzes mit Radius 20 m steht ein Redner. Die Zuhörer erhalten ihre Plätze rein zufällig. Jeder möchte möglichst nahe beim Redner stehen.

a) Der Platz sei in Kreisringe der Breite 1 m eingeteilt. Die diskrete Zufallsgröße X mit den Werten 0,5, 1,5, 2,5, ..., 19,5 gibt näherungsweise an, wie viele Meter entfernt vom Kreismittelpunkt ein Platz im entsprechenden Kreisring ist. Erstellen Sie eine Verteilung von X und zeichnen Sie das Histogramm mit einem CAS.

b) Nun wird der Platz ohne Kreisringe betrachtet. Die Zufallsgröße Y ordnet jedem Platz seine Entfernung zum Mittelpunkt in Meter zu.
Finden Sie aus der Gestalt des Histogramms eine Funktionsgleichung für die Dichtefunktion f von Y. Berechnen Sie mit ihr die Wahrscheinlichkeit P(0 ≤ Y ≤ 1) und vergleichen Sie mit dem Flächeninhalt der entsprechenden Säule im Histogramm.

c) Bestimmen Sie die Verteilungsfunktion F zur Dichtefunktion f und erläutern Sie den Zusammenhang zwischen F und f für 0 < x < 20. Bestimmen Sie mithilfe von Kreisflächenanteilen die Wahrscheinlichkeit, dass ein Zuhörer höchstens x Meter vom Mittelpunkt entfernt ist, und zeigen Sie, dass sie F(x) entspricht.

d) Prüfen Sie, ob X und Y den gleichen Erwartungswert haben.

16 Ausblick: Einen zufälligen Punkt in einem Quadrat mit der Seitenlänge 10 kann man durch zwei Zufallsgrößen X (x-Koordinate) und Y (y-Koordinate) beschreiben, die gleichverteilt im Intervall [0; 10] sind. Die Zufallsgröße Z = X + Y gibt die Summe der x- und y-Koordinate an.

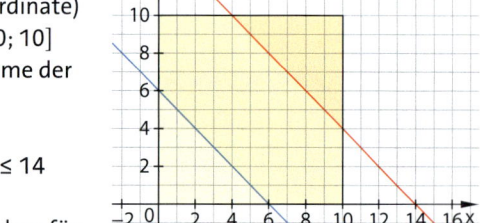

a) Beschreiben Sie die Lage der Punkte im Koordinatensystem, für die Z ≤ 6 bzw. Z ≤ 14 gilt.

b) Zeigen Sie mithilfe von Flächenanteilen, dass für die Verteilungsfunktion F von Z gilt:

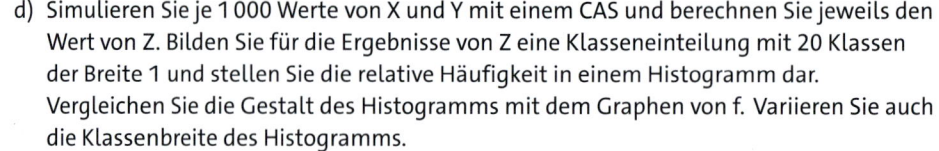

$$F(a) = P(Z \le a) = \frac{1}{200}a^2 \text{ für } 0 \le a \le 10 \qquad F(a) = P(Z \le a) = -\frac{1}{200}a^2 + \frac{1}{5}a - 1 \text{ für } 10 \le a \le 20$$

c) Ermitteln Sie die Dichtefunktion f von Z durch Ableiten von F für 0 < a < 10 und 10 < a < 20. Geben Sie auch Werte für f(0), f(10) und f(20) an. Zeichnen Sie den Graphen von f.

d) Simulieren Sie je 1 000 Werte von X und Y mit einem CAS und berechnen Sie jeweils den Wert von Z. Bilden Sie für die Ergebnisse von Z eine Klasseneinteilung mit 20 Klassen der Breite 1 und stellen Sie die relative Häufigkeit in einem Histogramm dar. Vergleichen Sie die Gestalt des Histogramms mit dem Graphen von f. Variieren Sie auch die Klassenbreite des Histogramms.

8.3 Normalverteilung

Ohne zu messen sollten 100 Personen zwei Punkte in einem Abstand von möglichst genau 10 cm auf ein leeres Blatt zeichnen. Dann wurden alle Abstände gemessen. Das Histogramm zeigt die relativen Häufigkeiten der Ergebnisse (Klassenbreite von 1 cm).

a) Begründen Sie, dass der gemessene Abstand als eine stetige Zufallsgröße X aufgefasst werden kann.

b) Skizzieren Sie den Graphen der Dichtefunktion von X und erläutern Sie seinen Verlauf.

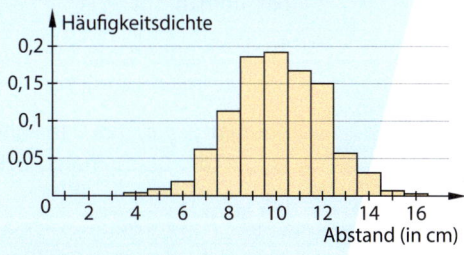

Es wurden 10 000 erwachsene Männer nach ihrer Körpergröße befragt. Das Histogramm rechts zeigt die relativen Häufigkeiten bei einer Klassenbreite von 5 cm. Die Gestalt des Histogramms erinnert an eine Binomialverteilung. Die Körpergröße X in cm kann aber auch nichtganzzahlige Werte annehmen.

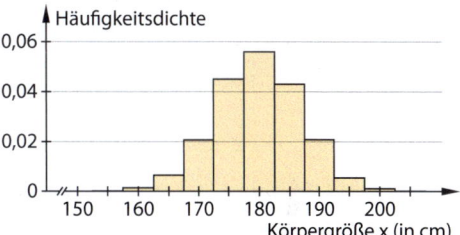

Mit verringerter Klassenbreite (1 cm im zweiten Histogramm), nähert sich die Gestalt des Histogramms einer stetigen Verteilung, der **Normalverteilung**. Die Dichtefunktion der Normalverteilung ist die **Gaußsche Glockenfunktion** $\varphi_{\mu;\sigma}$ mit

$\varphi_{\mu;\sigma}(x) = \frac{1}{\sigma\sqrt{2\pi}} \cdot e^{-\frac{(x-\mu)^2}{2\sigma^2}}$. Dabei ist μ der Erwartungswert (dort liegt das Maximum der Verteilung) und σ die Standardabweichung von X (ein Maß für ihre Breite).

Man kann $\int_{-\infty}^{\infty} \varphi_{\mu;\sigma}(x)\,dx = 1$ zeigen.

Da außerdem $\varphi_{\mu;\sigma}(x) > 0$ für alle $x \in \mathbb{R}$ gilt, folgt, dass $\varphi_{\mu;\sigma}$ eine Dichtefunktion ist.

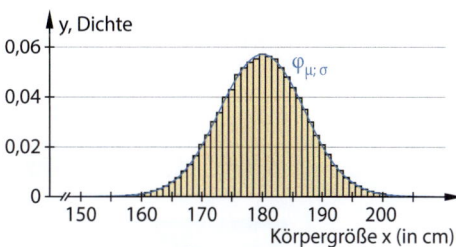

Hier gilt $\mu = 180$ und $\sigma = 7$.

$\varphi_{180;7}(x) = \frac{1}{7\sqrt{2\pi}} \cdot e^{-\frac{(x-180)^2}{2 \cdot 7^2}}$

Körpergröße zwischen 173 cm und 187 cm:

$P(173 \leq X \leq 187) = \int_{173}^{187} \varphi_{180;7}(x)\,dx \approx 0{,}683$

Hinweis

In Aufgabe 10 auf Seite 356 wird an Beispielen gezeigt, dass μ der Erwartungswert und σ die Standardabweichung einer Zufallsgröße mit Dichtefunktion $\varphi_{\mu;\sigma}$ ist.

Hinweis

In Aufgabe 9 auf Seite 356 wird an Beispielen gezeigt, dass $\varphi_{\mu;\sigma}$ eine Dichtefunktion ist.

Hinweis

Den Graphen der Gaußschen Glockenfunktion nennt man **Gaußsche Glockenkurve**.

Wissen **Normalverteilung – Gaußsche Glockenfunktion**

Eine stetige Zufallsgröße X heißt **normalverteilt** mit dem Erwartungswert μ und der Standardabweichung σ, wenn ihre Dichtefunktion die **Gaußsche Glockenfunktion** $\varphi_{\mu;\sigma}$

mit $\varphi_{\mu;\sigma}(x) = \frac{1}{\sigma\sqrt{2\pi}} \cdot e^{-\frac{(x-\mu)^2}{2\sigma^2}}$ ist.

Für $a, b \in \mathbb{R}$ mit $a \leq b$ gilt: $P(a \leq X \leq b) = \int_{a}^{b} \varphi_{\mu;\sigma}(x)\,dx$

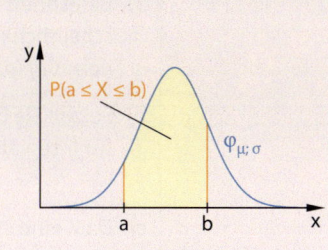

Die **Verteilungsfunktion** von X bezeichnet man als **Gaußsche Integralfunktion** $\Phi_{\mu;\sigma}$.

Es gilt: $\Phi_{\mu;\sigma}(x) = P(X \leq x) = \int_{-\infty}^{x} \varphi_{\mu;\sigma}(t)\,dt$. Die Gaußsche

Integralfunktion $\Phi_{\mu;\sigma}$ ist eine Stammfunktion der Gaußschen Glockenfunktion $\varphi_{\mu;\sigma}$.

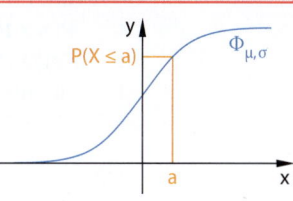

Wahrscheinlichkeiten berechnen

Für die Stammfunktion der Gaußschen Glockenfunktion $\varphi_{\mu;\sigma}$ kann man keinen Funktionsterm angeben. Man muss die Integrale, mit denen man Wahrscheinlichkeiten berechnet, numerisch bestimmen.

Zur Berechnung von Funktionswerten $\varphi_{\mu;\sigma}(x)$ und von Wahrscheinlichkeiten kann man auf Befehle im CAS zurückgreifen.

normPdf(x,μ,σ) gibt den Funktionswert $\varphi_{\mu;\sigma}(x)$ der Gaußschen Glockenfunktion an.

Für $\varphi_{8;1}(9) = \frac{1}{\sqrt{2\pi}} \cdot e^{-\frac{(9-8)^2}{2}}$

verwenden Sie *normPdf (9,8,1)* ≈ 0,242.

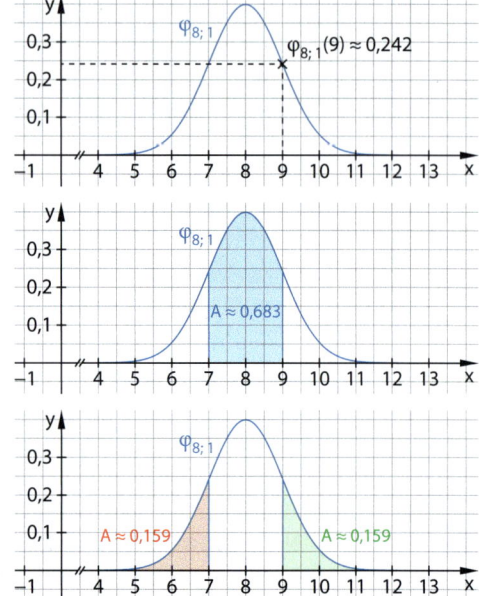

Der Befehl *normCdf (a,b,μ,σ)* gibt die Wahr-scheinlichkeit für das Intervall [a; b] an.

Es sei X normalverteilt mit $\mu = 8$ und $\sigma = 1$:

$$P(7 \leq X \leq 9) = \int_{7}^{9} \varphi_{8;1}(x)\,dx$$
normCdf (7,9,8,1) ≈ 0,683

$$P(X \leq 7) = \int_{-\infty}^{7} \varphi_{8;1}(x)\,dx$$
normCdf (−∞,7,8,1) ≈ 0,159

$$P(X \geq 9) = \int_{9}^{\infty} \varphi_{8;1}(x)\,dx$$
normCdf (9,∞,8,1) ≈ 0,159

Beispiel 1

Die Körpergröße von erwachsenen Frauen in Deutschland ist näherungsweise normalver-teilt mit dem Erwartungswert 166 cm und der Standardabweichung 6,2 cm.
Bestimmen Sie die Wahrscheinlichkeit, dass eine zufällig ausgewählte Frau
a) zwischen 160 cm und 170 cm,   b) höchstens 160 cm,   c) über 180 cm groß ist.

Lösung:
Die Körpergröße X in cm ist normalverteilt mit $\mu = 166$ und $\sigma = 6,2$

a) Berechnen Sie die Intervallwahr-scheinlichkeit mit dem Befehl *normCdf (a,b,μ,σ)*.

$P(160 \leq X \leq 170) \approx 0,574$

normCdf(160,170,166.2)	0.574002

b) Setzen Sie beim Befehl *normCdf (a,b,μ,σ)* für Intervalle für die linke Grenze −∞.

$P(X \leq 160) \approx 0,167$

normCdf(−∞,160,166,6.2)	0.166587

c) Da X eine stetige Zufallsgröße ist, gilt $P(X = 180) = 0$ und $P(X > 180) = P(X \geq 180)$.
Setzen Sie beim Befehl *normCdf (a,b,μ,σ)* für Intervalle für die rechte Grenze ∞.

$P(X > 180) = P(X \geq 180) \approx 0,012$

normCDf(180,∞,6.2,166)	0.0119708

Basisaufgaben

1 In einer Bäckerei ist das Gewicht einer Brotsorte normalverteilt mit dem Erwartungswert 760 g und der Standardabweichung 8 g. Bestimmen Sie die Wahrscheinlichkeit, dass ein zufällig ausgewähltes Brot dieser Sorte
a) zwischen 752 g und 768 g,
b) mindestens 750 g,
c) weniger als 745 g,
d) genau 760 g wiegt.

2 Die Zufallsgröße X gibt die Höchsttemperatur an einem Tag im Juni in °C an. Aufgrund langjähriger Messungen nimmt man an, dass sie normalverteilt ist mit $\mu = 22$ und $\sigma = 3{,}5$.
a) Geben Sie eine Funktionsgleichung der Dichtefunktion von X an.
b) Zeichnen Sie den Graphen der Dichtefunktion mit einem CAS.
c) Stellen Sie die Wahrscheinlichkeit, dass die Höchsttemperatur an einem zufälligen Junitag zwischen 20 °C und 25 °C liegt, mit einem Integral dar und berechnen Sie es.
d) Überprüfen Sie die Wahrscheinlichkeit aus c) mit dem *normCdf*-Befehl.

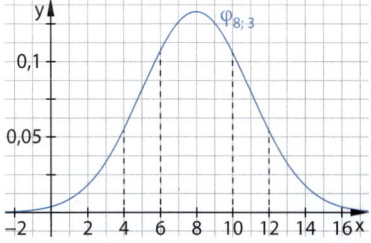

3 Abgebildet ist der Graph der Dichtefunktion einer normalverteilten Zufallsgröße X mit $\mu = 8$ und $\sigma = 3$.
a) Schätzen Sie mithilfe des Graphen die Wahrscheinlichkeiten.
① $P(4 \le X \le 12)$ ② $P(X \le 6)$ ③ $P(X > 10)$
b) Berechnen Sie die Wahrscheinlichkeiten aus a) und überprüfen Sie Ihre Schätzung.

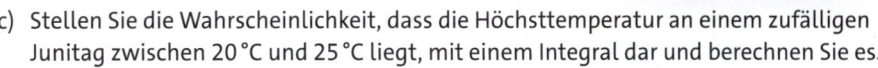

4 Bei einer Zeitmessung gibt die normalverteilte Zufallsgröße X mit dem Erwartungswert $\mu = 40$ und der Standardabweichung $\sigma = 2$ den Messwert in Sekunden an.

a) Beschreiben Sie die Bedeutung des Terms $1 - \int_{35}^{45} \frac{1}{2\sqrt{2\pi}} \cdot e^{-\frac{(x-40)^2}{8}}\, dx$ im Sachzusammenhang.

b) Entscheiden Sie, welche der Ausdrücke ① bis ③ den gleichen Wert haben wie der Term in a). Begründen Sie Ihre Entscheidung.
① $P(X \le 34) + P(X \ge 46)$ ② $P(X < 35) + P(X > 45)$ ③ $P(-45 \le X \le -35)$

5 Ein Pharmaunternehmen füllt seinen Impfstoff in kleinen Ampullen ab. Die Zufallsvariable X beschreibt die Menge an Impfstoff in mℓ in einer Ampulle; X ist normalverteilt mit den Parametern $\mu = 1{,}8$ und $\sigma = 0{,}2$. In der Abbildung ist die zugehörige Verteilungsfunktion abgebildet.
a) Ermitteln Sie mithilfe der Abbildung näherungsweise die folgenden Wahrscheinlichkeiten:
In der Ampulle befinden sich weniger als 1,5 mℓ.
In der Ampulle befinden sich zwischen 1,6 mℓ und 1,8 mℓ.
In der Ampulle befinden sich mehr als 2 mℓ.
b) Formulieren Sie ein Ereignis mit der Wahrscheinlichkeit 0,8 im Sachkontext.

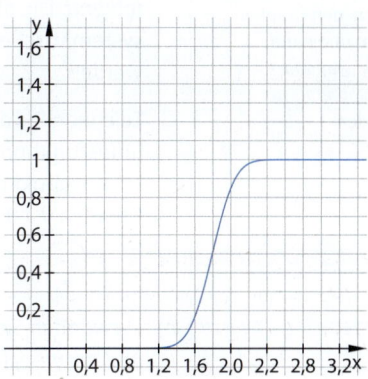

Ermittlung der Intervallgrenze bei gegebener Wahrscheinlichkeit

Hinweis

Eine **Dreiecksverteilung** ist eine stetige Verteilung mit dem Graphen einer stückweise linearen Funktion in dreieckiger Form.

Der blaue Graph gehört zur Dichtefunktion f einer Dreiecksverteilung X mit der Gleichung

$$f(x) = \begin{cases} x - 1, & 1 \leq x < 2 \\ 3 - x, & 2 \leq x \leq 3. \\ 0, & \text{sonst} \end{cases}$$

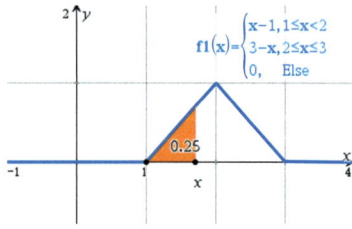

Gesucht ist derjenige Wert x, für den gilt: $P(X \leq x) = 0{,}25$. Man betrachtet das farbige Dreieck: Es ist gleichschenklig rechtwinklig mit der Kathetenlänge a und dem Flächeninhalt $A = \frac{1}{2} \cdot a^2 = \frac{1}{4}$. Daraus ergibt sich $a = \frac{1}{\sqrt{2}}$ und damit $x = 1 + \frac{\sqrt{2}}{2} \approx 1{,}7$.

Ist bei einer normalverteilten Zufallsgröße X die Grenze eines Intervalls gesucht, in dem X mit einer gegebenen Wahrscheinlichkeit p liegt, so kann diese mit einem CAS grafisch oder rechnerisch ermittelt werden.

Beispiel 2

Gegeben ist die Wahrscheinlichkeit $p = P(X < a)$ bzw. $p = P(X \leq a)$.

Gesucht wird die zugehörige obere Grenze a mit $\int_{-\infty}^{a} \frac{1}{\sqrt{2 \cdot \pi} \cdot \sigma} \cdot e^{-\frac{(x-\mu)^2}{2 \cdot \sigma^2}} \, dx = p$.

Es sei X normalverteilt mit $\mu = 40$ und $\sigma = 4{,}9$ und es gilt $P(X \leq a) = 0{,}8$.
a) Ermitteln Sie a mithilfe des bestimmten Integrals.
b) Ermitteln Sie a mithilfe des Graphen der Gaußschen Glockenkurve.
c) Ermitteln Sie a mithilfe des Graphen der Verteilungsfunktion.
d) Ermitteln Sie die Lösung für a rechnerisch mit *normcdf*.

Lösung:

a) Stellen Sie die Dichtefunktion auf und berechnen Sie a durch Lösen der Gleichung

$$\int_{-\infty}^{a} \frac{1}{\sqrt{2 \cdot \pi} \cdot \sigma} \cdot e^{-\frac{(x-\mu)^2}{2 \cdot \sigma^2}} \, dx = p$$

mit dem *solve*-Befehl.

Hinweis zu b

Beim Casio können Sie y2 = *normPDf(40, 4.9, x)* eingeben, den Graphen zeichnen und dann *Analyse, Grafische Lösung, Integral,* $\int dx$ verwenden.

b) Zeichnen Sie den Graphen der Gaußschen Glockenkurve. Verwenden Sie die Option *Graph analysieren-Integral*. Die obere Grenze kann durch systematisches Probieren ermittelt werden.

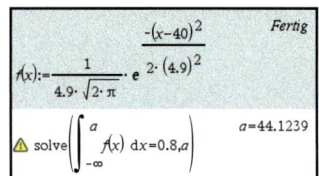

c) Zeichnen Sie den Graphen der Verteilungsfunktion. Bestimmen Sie den Schnittpunkt des Graphen mit der Geraden y = 0,8.

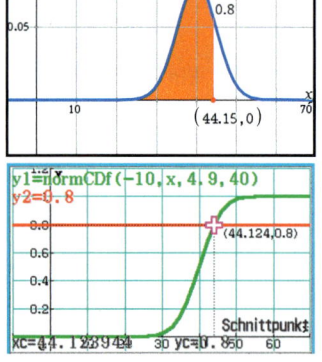

d) Verwenden Sie die Befehle *solve* und *normCdf (a,b,μ,σ)* bei TI bzw. *normCdf (a,b,σ,μ)* bei Casio.

solve(normCDf(−∞, a, 4.9, 40)=0.8, a)
{a=44.12394404}

solve(normCdf(−∞,a,40,4.9)=0.8,a)
a=44.1239

Basisaufgaben

1   Eine Zufallsgröße X ist normalverteilt mit μ = 25 und σ = 3.
    a) Ermitteln Sie auf grafischem Wege den Wert für a, für den P(X < a) = 0,4 gilt. Kontrollieren Sie das Ergebnis auf rechnerischem Wege.
    b) Berechnen Sie mithilfe von *normcdf* den Wert für a, für den P(X < a) = 0,8 gilt.
    d) Beschreiben Sie, wie Sie mithilfe der Gegenwahrscheinlichkeit denjenigen Wert a bestimmen können, für den P(X > a) = 0,2 gilt.

2   Erläutern Sie die Lösung zu Beispiel 1 mit dem Befehl *invnorm*(p,μ,σ) bei TI bzw. bei Casio *invnormCdf*(„L" oder „0" oder „R", p,σ,μ).
    Hinweis: Bei Casio zeigen L, 0, R an, ob a links, zentral oder rechts liegt.

invNorm(0.8,40,4.9)	44.1239

invNormCDf("L",0.8,4.9,40)	44.12394404

3   Ein Supermarkt interessiert sich für die Greifhöhe seiner Kunden, in der sie ein Produkt im Regal noch erreichen können. Es wird angenommen, dass diese Greifhöhe normalverteilt ist mit dem Erwartungswert 178 cm und der Standardabweichung 9 cm.
    a) Bestimmen Sie, in welcher Höhe sich ein Produkt befinden muss, damit es ein zufällig ausgewählter Kunde mit 90 % Wahrscheinlichkeit greifen kann.
    b) Bestimmen Sie die Höhe des Produkts so, dass es für 5 % der Kunden zu hoch ist.

Weiterführende Aufgaben

4   **Stolperstelle:** Die Milchmenge in einer 200-mℓ-Flasche Milch sei normalverteilt mit einem Erwartungswert μ = 200 mℓ und einer Standardabweichung σ = 3 mℓ.
    Britta meint: *„Die Wahrscheinlichkeit, dass 200 ml Milch in der Flasche sind, ist 0, denn es gilt*
    $\int_a^b \varphi_{200;\,3}(x)\,dx = 0$ *für a = b = 200."* Philipp sagt: *„Es sollte doch aber am wahrscheinlichsten sein, dass 200 ml drin sind oder vielleicht 199 oder 201."*
    Karl erwidert: *„Ja, wenn du auf Ganze rundest. Dann bedeutet 200 ml, dass es ja auch 200,1 oder 200,2 sein können."*
    Darauf Britta: *„Aber die Wahrscheinlichkeit für 200,1 ml oder 200,2 ml ist doch auch 0, oder nicht?"*
    Nehmen Sie zu diesem Dialog begründet Stellung.

Erinnerung

Bei einer großen Anzahl von Werten, die eine Zufallsgröße X annimmt, liegt das arithmetische Mittel x̄ in der Nähe des Erwartungswerts μ und die empirische Standardabweichung s in der Nähe der Standardabweichung σ von X.

5   **Erwartungswert μ und Standardabweichung σ aus Daten schätzen:**
    Die Tabelle zeigt die Füllmengen in Gramm von 25 Packungen Salz, die von einer Maschine abgefüllt wurden. Die Angaben sind auf Gramm gerundet.
    a) Stellen Sie die relativen Häufigkeiten der Füllmengen in einem Histogramm dar.
    b) Bestimmen Sie das arithmetische Mittel x̄ und die empirische Standardabweichung s der Daten.
    c) Verwenden Sie x̄ und s als Schätzwerte für den Erwartungswert und die Standardabweichung einer Normalverteilung und geben Sie eine Gleichung der zugehörigen Dichtefunktion an.
    d) Stellen Sie den Graphen der Dichtefunktion gemeinsam mit dem Histogramm dar.

498	503	494	499	500
503	501	506	507	505
497	495	498	505	497
494	504	503	500	508
498	501	502	493	505

6   Es sei X eine normalverteilte Zufallsgröße mit dem Erwartungswert μ und der Standardabweichung σ. Es ist bekannt, dass P(μ − 2σ ≤ X ≤ μ + 2σ) ≈ 0,954 ist. Bestimmen Sie a so, dass P(x ≥ μ + a) ≈ 0,023 gilt.

7 Eine normalverteilte Zufallsgröße X hat die Dichtefunktion $f(x) = \frac{1}{\sqrt{8\pi}} \cdot e^{-\frac{(x-8)^2}{8}}$.

a) Geben Sie den Erwartungswert und die Standardabweichung von X an.

b) Bestimmen Sie jeweils a. Skizzieren Sie den Sachverhalt mithilfe der Glockenkurve.

① $\int_{-\infty}^{a} f(x)dx = 0{,}5$ ② $\int_{a}^{\infty} f(x)dx = 0{,}7$ ③ $\int_{\mu-a}^{\mu+a} f(x)dx = 0{,}68$

Hinweis zu 8

Das Stockmaß eines Pferdes gibt den Abstand des Widerrists (des Übergangs zwischen Hals und Rücken) vom Boden an.

8 Die Größe eines Pferds wird mit dem Stockmaß gemessen. Die Tabelle zeigt die Stockmaße (gerundet auf cm) von 400 Rassepferden (Hannoveranern) eines Gestüts.

Stockmaß in cm	160	161	162	163	164	165	166	167	168	169	170	171	172	173	174	175
Anzahl	3	10	14	23	31	41	50	53	50	41	34	22	13	8	4	3

a) Stellen Sie die relativen Häufigkeiten der Stockmaße in einem Histogramm dar.

b) Bestimmen Sie das arithmetische Mittel und die empirische Standardabweichung der Daten und verwenden Sie sie als Erwartungswert und Standardabweichung einer Normalverteilung. Geben Sie eine Gleichung der zugehörigen Dichtefunktion an.

c) Fügen Sie den Graphen der Dichtefunktion dem Histogramm von Teilaufgabe a) hinzu.

d) Berechnen Sie mit der Normalverteilung die Wahrscheinlichkeit, dass das Stockmaß höchstens um das 1,5-Fache der Standardabweichung vom Erwartungswert abweicht, und vergleichen Sie den Wert mit der relativen Häufigkeit bei den gemessenen Werten.

9 Erwartungswert μ bestimmen: Der Hersteller möchte sicherstellen, dass bei der Abfüllung einer Infusion in Flaschen mit maximal 550 ml Fassungsvermögen die Flaschen zu 99 % mindestens mit 500 ml gefüllt sind. Die Abfüllung ist normalverteilt mit der Standardabweichung 2 ml. Ermitteln Sie, wie der Erwartungswert einzustellen ist, damit die Forderung erfüllt ist.

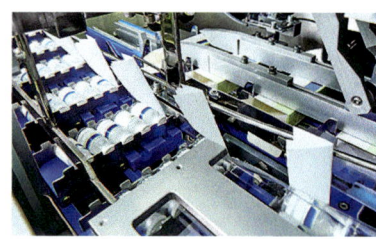

Erinnerung

Im Histogramm entspricht die relative Häufigkeit einer Klasse dem Flächeninhalt der zugehörigen Säule.

10 Abgebildet ist eine Häufigkeitsverteilung für das Körpergewicht von 500 Neugeborenen (in kg).

a) Entnehmen Sie der Darstellung die Einteilung der Klassen und die Häufigkeitsdichten.

b) Ermitteln Sie die Klassenmitten und die relativen Häufigkeiten der Klassen. Bestimmen Sie damit das arithmetische Mittel $\bar{x}$ und die empirische Standardabweichung s der Gewichte.

c) Stellen Sie mithilfe von $\bar{x}$ und s die Dichtefunktion $\varphi_{\mu;\sigma}$ einer Normalverteilung auf.

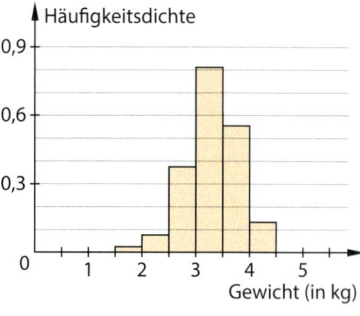

d) Testen Sie, ob $\varphi_{\mu;\sigma}$ eine brauchbare Näherung der Häufigkeitsverteilung ist.

11 Ausblick: Für symmetrisch um den Erwartungswert gelegene Intervalle gibt es Regeln für den Zusammenhang von Standardabweichung und Wahrscheinlichkeit.

a) Untersuchen Sie für verschiedene Werte von μ und σ, ob für normalverteilte Zufallsgrößen X~N(μ ; σ) die Aussage $P(\mu - 2\sigma \le X \le \mu + 2\sigma) \approx 0{,}95$ zutrifft.

b) Finden Sie ganzzahlige Werte für k, sodass die folgenden Ungleichungen für normalverteilte Zufallsgrößen näherungsweise gelten:

① $P(\mu - k \cdot \sigma \le X \le \mu + k \cdot \sigma) \approx 0{,}682$ ② $P(\mu - k \cdot \sigma \le X \le \mu + k \cdot \sigma) \approx 0{,}997$

8.4 Eigenschaften der Normalverteilung

Geben Sie Eigenschaften des Graphen der Gaußschen Glockenfunktion $\varphi_{\mu;\,\sigma}$ an, die sich aus der Abbildung erkennen lassen. Überlegen Sie, wie Sie mit einem CAS ein um den Erwartungswert symmetrisches Intervall bestimmen können, in dem der Wert einer normalverteilten Zufallsgröße mit 70 % Wahrscheinlichkeit liegt.

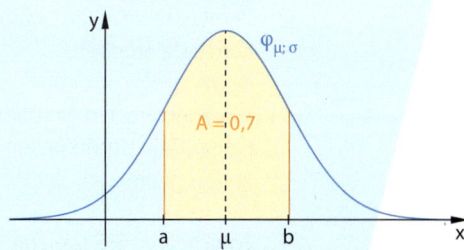

Der Graph der Gaußschen Glockenfunktion $\varphi_{\mu;\,\sigma}$ hat an der Stelle des Erwartungswerts μ einen Hochpunkt. Die Standardabweichung σ bestimmt direkt die Lage der beiden Wendepunkte, sie liegen bei $x = \mu - \sigma$ und $x = \mu + \sigma$.

Folgende Eigenschaften lassen sich zeigen.

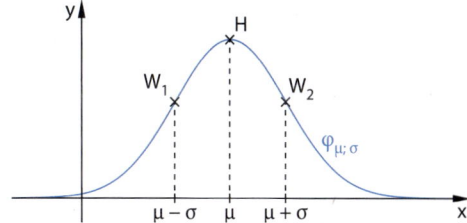

Hinweis

Die Eigenschaften der Gaußschen Glockenfunktion werden in Aufgabe 14 gezeigt.

> **Satz** **Eigenschaften der Gaußschen Glockenfunktion**
>
> Die Gaußsche Glockenfunktion $\varphi_{\mu;\,\sigma}$ mit $\varphi_{\mu;\,\sigma}(x) = \frac{1}{\sigma\sqrt{2\pi}} \cdot e^{-\frac{(x-\mu)^2}{2\sigma^2}}$ hat eine Maximalstelle bei $x = \mu$ und Wendestellen bei $x = \mu - \sigma$ und $x = \mu + \sigma$. Ihr Graph ist symmetrisch zur Geraden mit der Gleichung $x = \mu$. Für $x \to \infty$ und $x \to -\infty$ gilt $\varphi_{\mu;\,\sigma}(x) \to 0$.

> **Beispiel 1** Berechnen Sie die Koordinaten des Hochpunktes und der Wendepunkte der Gaußschen Glockenfunktion $\varphi_{8;\,3}$ und skizzieren Sie ihren Graphen.
>
> **Lösung:**
>
> Geben Sie die Maximalstelle x_E und die Wendestellen x_{W1} und x_{W2} mithilfe des Satzes über die Gaußsche Glockenfunktion an.
>
> Setzen Sie diese Stellen in den Funktionsterm $\varphi_{8;\,3}(x) = \frac{1}{3\sqrt{2\pi}} \cdot e^{-\frac{(x-8)^2}{2\cdot 3^2}}$ ein, um die y-Koordinaten zu bestimmen.
>
> Tragen Sie den Hochpunkt H und die Wendepunkte W_1 und W_2 in ein Koordinatensystem ein. Skizzieren Sie den Verlauf des Graphen durch diese Punkte. Beachten Sie, dass für alle $x \in \mathbb{R}$ gilt: $\varphi_{8;\,3}(x) > 0$, $\varphi_{8;\,3}(8-x) = \varphi_{8;\,3}(8+x)$, $\lim\limits_{x \to +\infty} \varphi_{8;\,3}(x) = \lim\limits_{x \to -\infty} \varphi_{8;\,3}(x) = 0$.
>
> Maximalstelle: $x_E = \mu = 8$
> Wendestellen: $x_{W1} = \mu - \sigma = 8 - 3 = 5$
> $x_{W2} = \mu + \sigma = 8 + 3 = 11$
>
> $$\varphi_{8;\,3}(8) = \frac{1}{3\sqrt{2\pi}} \cdot e^{-\frac{(8-8)^2}{2\cdot 3^2}} = \frac{1}{3\sqrt{2\pi}} \approx 0{,}133$$
>
> $$\varphi_{8;\,3}(5) = \varphi_{8;\,3}(11) = \frac{1}{3\sqrt{2\pi}} \cdot e^{-\frac{1}{2}} \approx 0{,}081$$
>
> $H(8 \,|\, 0{,}133)$, $W_1(5 \,|\, 0{,}081)$, $W_2(11 \,|\, 0{,}081)$
>
>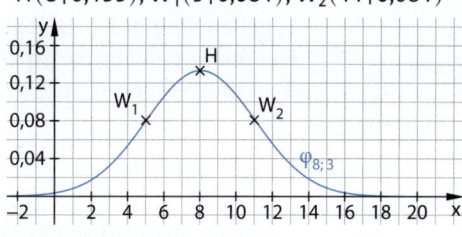

Hinweis

Mit einem CAS können Sie die Funktionswerte $\varphi_{8;\,3}(x)$ auch mit dem *normPdf(x,μ,σ)*-Befehl bestimmen.

Basisaufgaben

1 Skizzieren Sie den Graphen der Gaußschen Glockenfunktion.

  a) $\varphi_{5;\,1}$ b) $\varphi_{0;\,1}$ c) $\varphi_{7;\,3}$ d) $\varphi_{-5;\,1}$ e) $\varphi_{100;\,10}$ f) $\varphi_{-6;\,6}$

2 Zeichnen Sie den Graphen der Gaußschen Glockenfunktion $\varphi_{\mu;\,\sigma}$ für $\mu = 4$ und $\sigma = 8$ mit einem CAS und bestimmen Sie im Grafikmenü den Hochpunkt und die Wendepunkte. Vergleichen Sie die Ergebnisse mit der Maximalstelle und den Wendestellen, die sich aus dem Satz ergeben.

3 Zeichnen Sie den Graphen der Gaußschen Glockenfunktion $\varphi_{\mu;\,\sigma}$ für $\mu = 50$ und $\sigma = 10$ mit einem CAS. Untersuchen und beschreiben Sie, wie sich die Gestalt der Glockenkurve ändert, wenn sich der Wert von μ bzw. der Wert von σ ändert.

4 Entscheiden Sie, welche der Graphen ① bis ④ zu Gaußschen Glockenfunktionen $\varphi_{\mu;\,\sigma}$ gehören können.
Lesen Sie in diesem Fall näherungsweise die Werte von μ und σ ab.

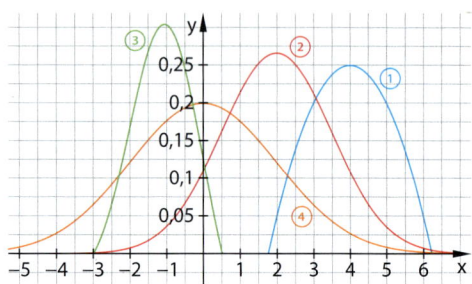

5 Eine Zufallsgröße X ist normalverteilt mit den Parametern $\mu = 60$ und $\sigma = 8$ und es gilt $a = 55$ und $b = 65$. Entscheiden Sie, ob die Wahrscheinlichkeit $P(a \le X \le b)$ größer oder kleiner wird, wenn sich der Wert des angegebenen Parameters um 5 vergrößert. Überprüfen Sie mit einem CAS.

a) a   b) b   c) μ d) σ

σ-Regeln und Prognosen

Ähnlich wie bei der Binomialverteilung liegt eine normalverteilte Zufallsgröße X mit dem Erwartungswert μ und der Standardabweichung σ mit bestimmten Wahrscheinlichkeiten in den σ-Umgebungen $[\mu - c\sigma;\, \mu + c\sigma]$.

Wie die Tabelle verdeutlicht, ist die Wahrscheinlichkeit, dass die normalverteilte Zufallsgröße X in der 1σ-Umgebung liegt, für alle Werte von μ und σ gleich. Dies gilt ebenfalls für die 2σ-Umgebung.

$P(\mu - \sigma \le X \le \mu + \sigma) \approx 68{,}3\,\%$
$P(\mu - 2\sigma \le X \le \mu + 2\sigma) \approx 95{,}5\,\%$

Es gelten die gleichen σ-Regeln wie bei der Binomialverteilung, die Laplace-Bedingung $\sigma > 3$ muss nicht erfüllt sein.

μ	σ	$[\mu - \sigma;\, \mu + \sigma]$	$P(\mu - \sigma \le X \le \mu + \sigma)$
10	2	[8; 12]	0,683
0	1	[−1; 1]	0,683
2,5	0,2	[2,3; 2,7]	0,683

μ	σ	$[\mu - 2\sigma;\, \mu + 2\sigma]$	$P(\mu - 2\sigma \le X \le \mu + 2\sigma)$
10	2	[6; 14]	0,955
0	1	[−2; 2]	0,955
2,5	0,2	[2,1; 2,9]	0,955

Satz | **σ-Regeln**

Sei X eine normalverteilte Zufallsgröße mit dem Erwartungswert μ und der Standardabweichung σ. Der Wert von X liegt mit den folgenden Wahrscheinlichkeiten in den angegebenen σ-Umgebungen (Werte mit Nachkommastellen gerundet).

σ-Umgebung	Wahrscheinlichkeit		Wahrscheinlichkeit	σ-Umgebung
$[\mu - \sigma;\, \mu + \sigma]$	68,3 %		90 %	$[\mu - 1{,}64\sigma;\, \mu + 1{,}64\sigma]$
$[\mu - 2\sigma;\, \mu + 2\sigma]$	95,5 %		95 %	$[\mu - 1{,}96\sigma;\, \mu + 1{,}96\sigma]$
$[\mu - 3\sigma;\, \mu + 3\sigma]$	99,7 %		99 %	$[\mu - 2{,}58\sigma;\, \mu + 2{,}58\sigma]$

Häufig möchte man eine Prognose angeben, in welchem Bereich der Wert der Zufallsgröße mit einer vorgegebenen Wahrscheinlichkeit (z. B. 95 %) liegt. Zu 95 % liegt dieser Wert nach den σ-Regeln in der 1,96σ-Umgebung. Die 1,96σ-Umgebung ist das 95 %-Intervall für die Prognose. Als **Prognosen** verwendet man um den Erwartungswert symmetrische Intervalle, in denen der Wert der Zufallsgröße mit der entsprechenden Wahrscheinlichkeit liegt.

Beispiel 2

Auf einem Bauernhof ist das Gewicht der Hühnereier näherungsweise normalverteilt mit dem Erwartungswert 58 g und der Standardabweichung 6 g. Bestimmen Sie
a) das 90 %-Intervall mithilfe der σ-Regeln,   b) das 50 %-Intervall.

Lösung:

a) Das Gewicht X in g ist normalverteilt mit μ = 58 und σ = 6.
Das 90 %-Intervall entspricht der 1,64σ-Umgebung [μ − 1,64σ; μ + 1,64σ].

μ − 1,64σ = 48,16   μ + 1,64σ = 67,84
90 %-Intervall für das Gewicht in g:
[48,16; 67,84]

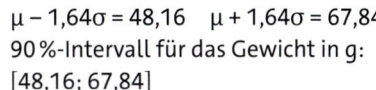

b) Da der Graph der Gaußschen Glockenfunktion symmetrisch zur senkrechten Geraden bei x = μ ist, liegen außerhalb des 50 %-Intervalls [a; b] zwei 25 %-Bereiche.
Für die Grenzen des gesuchten Intervalls gilt also: P(X ≤ a) = 0,25 und P(X ≤ b) = 0,75

Bestimmen Sie die Werte von a und b mit dem Befehl *invNorm(p,μ,σ)*.

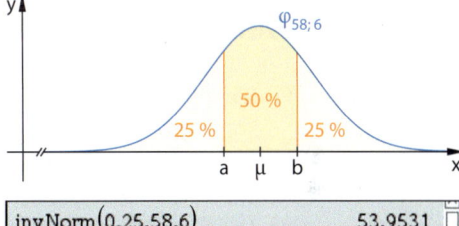

| invNorm(0.25,58,6) | 53.9531 |
| invNorm(0.75,58,6) | 62.0469 |

50 %-Intervall für das Gewicht in g:
[53,95; 62,05]

Basisaufgaben

6 Bei einem Pkw-Modell geht man davon aus, dass der Benzinverbrauch im Stadtverkehr in Liter pro 100 km näherungsweise normalverteilt ist mit μ = 7,4 und σ = 1,1.
  a) Berechnen Sie die σ-Umgebung und die 2σ-Umgebung.
  b) Erläutern Sie, was die entsprechenden σ-Regeln im Sachzusammenhang aussagen.

7 Das Gewicht von 60 cm großen Babys ist etwa normalverteilt mit dem Erwartungswert 6 kg und der Standardabweichung 0,4 kg.
  a) Bestimmen Sie das 95 %-Intervall für die Prognose mithilfe der σ-Regeln.
  b) Ermitteln Sie ein um den Erwartungswert symmetrisches Intervall, in dem das Gewicht eines 60 cm großen Babys mit einer Wahrscheinlichkeit von 90 % liegt.

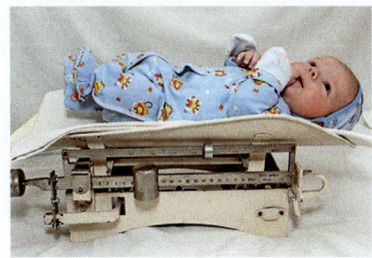

8 Der Intelligenzquotient X in der Bevölkerung ist normalverteilt mit dem Erwartungswert 100. Bei 68,3 % der Bevölkerung liegt der IQ zwischen 85 und 115.
  a) Ermitteln Sie aus den Angaben die Standardabweichung σ der Normalverteilung.
  b) Bestimmen Sie a mit P(100 − a ≤ X ≤ 100 + a) = 0,95 und formulieren Sie das Ergebnis in Worten.
  c) Angenommen, eine Gruppe enthält die 34 % eines Jahrgangs mit den höchsten Intelligenzquotienten. Ermitteln Sie, welches dann der kleinste IQ in der Gruppe wäre.

9 Eine Zufallsgröße X ist normalverteilt mit den Parametern μ = 20 und σ = 5. Bestimmen Sie die angegebene Wahrscheinlichkeit mithilfe der σ-Regeln. Fertigen Sie dazu eine Skizze an. Nutzen Sie auch die Symmetrie der Normalverteilung.

a) P(15 < X < 25) b) P(20 ≤ X ≤ 30) c) P(X ≥ 25) d) P(X < 10)

10 In einem Museum wird angenommen, dass die Aufenthaltsdauer der Besucher im Museum etwa normalverteilt ist mit dem Erwartungswert 60 min und der Standardabweichung 20 min.

a) Bestimmen Sie ein Intervall als Prognose, in dem die Aufenthaltsdauer zu 80 % liegt.

b) Bestimmen Sie das 99,9 %-Intervall und nehmen Sie zum Ergebnis Stellung.

Weiterführende Aufgaben

11 Die Abbildung zeigt eine Häufigkeitsverteilung der Körpergrößen von über 1700 neugeborenen Babys. Es ist außerdem der Graph der Dichtefunktion einer Normalverteilung beigefügt, die den Zusammenhang näherungsweise beschreibt.

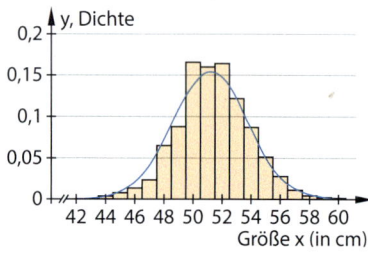

a) Entnehmen Sie der Darstellung näherungsweise den Erwartungswert μ sowie die Standardabweichung σ der Dichtefunktion.

b) Berechnen Sie mithilfe dieser Kenngrößen die Wahrscheinlichkeiten der Ereignisse:
   A: Ein Neugeborenes ist höchstens 56 cm groß.
   B: Ein Neugeborenes ist zwischen 48 cm und 54 cm groß.
   C: Ein Neugeborenes ist auf Zentimeter gerundet 53 cm groß.

c) Bestimmen Sie ein um den Erwartungswert symmetrisches Intervall, in dem die Körpergröße eines Neugeborenen mit einer Wahrscheinlichkeit von 95 % liegt.

12 **Stolperstelle:** Die genaue Länge von 4 cm langen Nägeln kann etwas von 4 cm abweichen. Das Histogramm zeigt die relative Häufigkeit der Abweichungen. Aus dem Histogramm ergibt sich für die Abweichung das arithmetische Mittel 0,8 mm und die empirische Standardabweichung 0,35 mm. Björn meint: *„Nach der σ-Regel liegt die Abweichung zu etwa 68,3 % zwischen 0,45 mm und 1,15 mm."*
Erläutern Sie Björns Denkfehler.

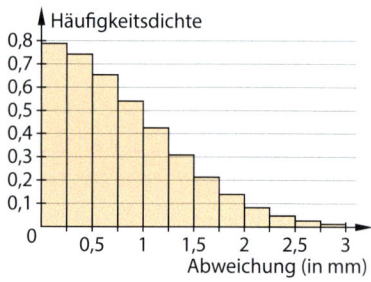

13 Bei einem Test von Autofahrern war die Reaktionszeit beim Bremsen normalverteilt. Bei 5 % der Probanden lag sie unter 0,6 Sekunden, bei 5 % lag sie über 1,6 Sekunden.

a) Bestimmen Sie den Erwartungswert und die Standardabweichung der Reaktionszeit.

b) Geben Sie ein Intervall als Prognose an, in dem die Länge der Strecke, die jemand in der Reaktionszeit bei einer Geschwindigkeit von 50 km/h zurücklegt, zu 95 % liegt.

c) Bestimmen Sie, welchen Sicherheitsabstand man bei 50 km/h einhalten sollte, damit bei 99 % der Probanden die in der Reaktionszeit zurückgelegte Strecke kleiner ist als dieser Sicherheitsabstand.

14 Gegeben ist die Gaußsche Glockenfunktion $\varphi_{\mu;\sigma}$ mit $\varphi_{\mu;\sigma}(x) = \frac{1}{\sigma\sqrt{2\pi}} \cdot e^{-\frac{(x-\mu)^2}{2\sigma^2}}$.

a) Bestimmen Sie den Definitionsbereich, den Wertebereich und das Verhalten der Funktionswerte für $x \to \infty$ und $x \to -\infty$.

b) Zeigen Sie, dass der Graph von $\varphi_{\mu;\sigma}$ symmetrisch zur Geraden bei $x = \mu$ ist.

c) Bestimmen Sie die Nullstellen und mithilfe der 1. und 2. Ableitung die Extrempunkte und die Wendepunkte. Bei den Wendepunkten genügt es, die notwendige Bedingung zu untersuchen.

15 **Standardnormalverteilung:** Die Normalverteilung mit dem Erwartungswert $\mu = 0$ und der Standardabweichung $\sigma = 1$ heißt **Standardnormalverteilung**.
Mithilfe der Standardnormalverteilung lassen sich Funktionswerte und Wahrscheinlichkeiten von beliebigen Normalverteilungen berechnen.

a) Geben Sie für die Standardnormalverteilung den Term der Gaußschen Glockenfunktion $\varphi_{0;1}$ an.
Zeigen Sie, dass für alle μ, σ, $x \in \mathbb{R}$ mit $\sigma > 0$ gilt: $\varphi_{\mu;\sigma}(x) = \frac{1}{\sigma}\varphi_{0;1}\left(\frac{x-\mu}{\sigma}\right)$

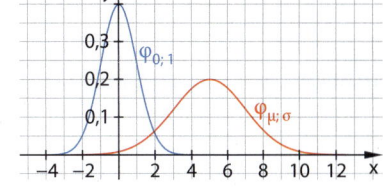

b) Beschreiben Sie, wie der Graph von $\varphi_{\mu;\sigma}$ durch Verschiebung und Streckung aus dem Graphen der Standardnormalverteilung hervorgeht.

c) Zeigen Sie mit der Kettenregel, dass die Funktion Φ mit $\Phi(x) = \Phi_{0;1}\left(\frac{x-\mu}{\sigma}\right)$ eine Stammfunktion von $\varphi_{\mu;\sigma}$ ist.

d) Begründen Sie mithilfe von c), dass für alle μ, σ, a, $b \in \mathbb{R}$ mit $\sigma > 0$ und $a \le b$ gilt:

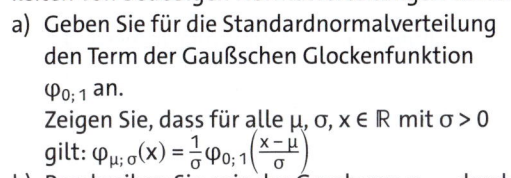

$$① \int_a^b \varphi_{\mu;\sigma}(x)\,dx = \int_{\frac{a-\mu}{\sigma}}^{\frac{b-\mu}{\sigma}} \varphi_{0;1}(x)\,dx = \Phi_{0;1}\left(\frac{b-\mu}{\sigma}\right) - \Phi_{0;1}\left(\frac{a-\mu}{\sigma}\right) \qquad ② \Phi_{\mu;\sigma}(b) = \Phi_{0;1}\left(\frac{b-\mu}{\sigma}\right)$$

16 Die Zufallsgröße X sei normalverteilt mit Erwartungswert μ und Standardabweichung σ.

a) Zeigen Sie mithilfe von Aufgabe 15d), dass für alle $c \in \mathbb{R}$ mit $c \ge 0$ gilt:

$$P(\mu - c \cdot \sigma \le X \le \mu + c \cdot \sigma) = \int_{-c}^{c} \varphi_{0;1}(x)\,dx$$

b) Überprüfen Sie mithilfe von a) die σ-Regeln aus dem Satz auf Seite 358.

c) Formulieren Sie eine $4 \cdot \sigma$-Regel und eine $0{,}5 \cdot \sigma$-Regel.

17 **Ausblick:** Die Zufallsgröße X sei normalverteilt mit dem Erwartungswert μ und der Standardabweichung σ.

a) Begründen Sie mithilfe von Aufgabe 16a), dass für die Wahrscheinlichkeit einer $c\sigma$-Umgebung gilt: $P(\mu - c \cdot \sigma \le X \le \mu + c \cdot \sigma) = \Phi_{0;1}(c) - \Phi_{0;1}(-c) = 2\Phi_{0;1}(c) - 1$

b) Bestimmen Sie den Wert von c mit $P(\mu - c \cdot \sigma \le X \le \mu + c \cdot \sigma) = 0{,}75$ und formulieren Sie eine entsprechende σ-Regel.

c) Der Anteil der Wähler der Partei A beträgt 10 %. Geben Sie mithilfe der σ-Regel aus b) ein Intervall als Prognose an, in dem der Anteil der Wähler von Partei A bei einer Umfrage von 1 000 Personen mit einer Wahrscheinlichkeit von 75 % liegt.

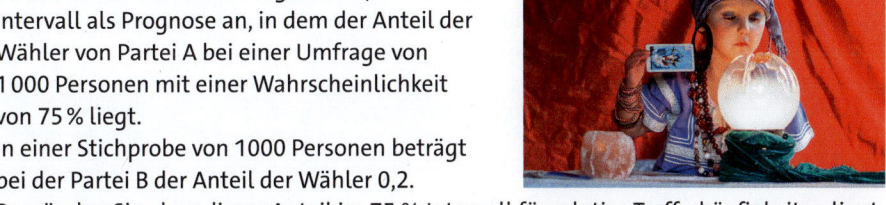

d) In einer Stichprobe von 1000 Personen beträgt bei der Partei B der Anteil der Wähler 0,2. Begründen Sie, dass dieser Anteil im 75 %-Intervall für relative Trefferhäufigkeiten liegt, wenn für den Anteil p der Wähler von Partei B insgesamt $0{,}186 \le p \le 0{,}215$ gilt. Nutzen Sie dazu auch die σ-Regel aus b).

8.5 Approximation der Binomialverteilung

Das Histogramm zeigt die Binomialverteilung mit n = 50 und p = 0,6. Es wird angenähert durch den Graphen einer Gaußschen Glockenfunktion $\varphi_{\mu;\,\sigma}$.
Stellen Sie eine Vermutung für die Werte von μ und σ der Glockenfunktion auf. Überprüfen Sie Ihre Vermutung, indem Sie mit einem CAS das Histogramm gemeinsam mit dem Graphen von $\varphi_{\mu;\,\sigma}$ darstellen.

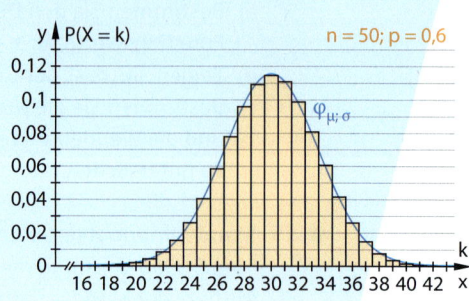

Info

Ohne digitale Hilfsmittel ist die Berechnung von Wahrscheinlichkeiten bei Binomialverteilungen für großes n sehr aufwendig.

Früher nutzte man dazu die Approximation durch Normalverteilungen. Werte der Standardnormalverteilung waren tabelliert.

Histogramme der Binomialverteilung sind glockenförmig, insbesondere für großes n bzw. großes σ. Man kann daher eine Binomialverteilung durch eine Normalverteilung annähern.

Eine binomialverteilte Zufallsgröße X mit den Parametern n = 50 und p = 0,3 hat den Erwartungswert μ = n · p = 15 und die Standardabweichung $\sigma = \sqrt{n \cdot p \cdot (1-p)} \approx 3,24$. Die Abbildung zeigt, dass der Graph der Gaußschen Glockenfunktion der Normalverteilung mit diesen Werten μ = 15 und σ = 3,24 das Histogramm der Binomialverteilung gut annähert.

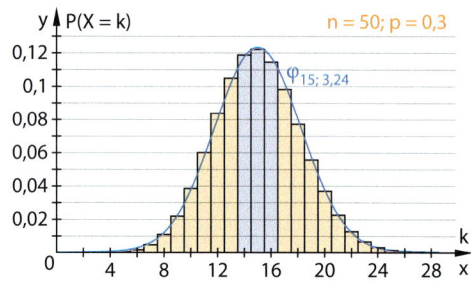

Die Wahrscheinlichkeit P(X = k) für genau k Treffer entspricht etwa dem Funktionswert $\varphi_{15;\,3,24}(k)$ der Gaußschen Glockenfunktion.
Für die Wahrscheinlichkeit, dass die Trefferanzahl X zwischen 14 und 16 liegt, gilt
P(14 ≤ X ≤ 16) = P(X = 14) + P(X = 15) + P(X = 16). Da P(X = k) wegen der Säulenbreite 1 sowohl der Höhe als auch dem Flächeninhalt der zu k gehörenden Säule entspricht, ist
P(14 ≤ X ≤ 16) gleich dem Flächeninhalt der Säulen, die zu k = 14, k = 15 und k = 16 gehören. Insgesamt liegen diese drei Säulen im Bereich 13,5 ≤ x ≤ 16,5. Ihre Fläche entspricht etwa der Fläche zwischen dem Graphen der Normalverteilung von $\varphi_{15;\,3,24}$ und der x-Achse in diesem

Bereich. Es gilt also $P(14 \leq X \leq 16) \approx \int\limits_{13,5}^{16,5} \varphi_{15;\,3,24}(x)\,dx$.

Erinnerung

Die Faustregel σ > 3 nennt man **Laplace-Bedingung**.

Die Anpassung der Integrationsgrenzen um den Wert 0,5 nennt man **Stetigkeitskorrektur**.

Die Annäherung einer Binomialverteilung durch eine Normalverteilung ist für σ > 3 so gut, dass man damit Wahrscheinlichkeiten der Binomialverteilung berechnen kann.

Satz von Moivre-Laplace **Binomialverteilung durch Normalverteilung annähern**

Es sei X eine binomialverteilte Zufallsgröße mit den Parametern n und p, dem Erwartungswert μ = n · p und der Standardabweichung $\sigma = \sqrt{n \cdot p \cdot (1-p)}$. Falls σ > 3 erfüllt ist, gilt für die ganzzahligen Trefferanzahlen k, a und b mit a ≤ b näherungsweise:

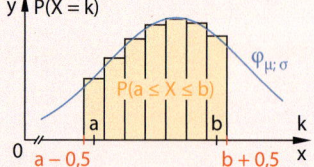

① $P(X = k) \approx \varphi_{\mu;\,\sigma}(k)$ ② $P(a \leq X \leq b) \approx \int\limits_{a-0,5}^{b+0,5} \varphi_{\mu;\,\sigma}(x)\,dx$

Für mindestens a Treffer bzw. höchstens b Treffer gilt entsprechend:

$$P(X \geq a) \approx \int\limits_{a-0,5}^{\infty} \varphi_{\mu;\,\sigma}(x)\,dx \qquad P(X \leq b) \approx \int\limits_{-\infty}^{b+0,5} \varphi_{\mu;\,\sigma}(x)\,dx$$

Beispiel 1 Die Zufallsgröße X ist binomialverteilt mit den Parametern n = 150 und p = 0,6. Bestimmen Sie näherungsweise mit einer Normalverteilung die angegebene Wahrscheinlichkeit. Bestimmen Sie zum Vergleich die exakten Werte.

a) $P(X = 80)$ b) $P(80 \leq X \leq 90)$ c) $P(X < 80)$

Lösung:

Berechnen Sie den Erwartungswert μ und die Standardabweichung σ. Prüfen Sie, ob $\sigma > 3$ gilt.

$\mu = n \cdot p = 150 \cdot 0,6 = 90$

$\sigma = \sqrt{np(1-p)} = \sqrt{150 \cdot 0,6 \cdot 0,4} = 6 > 3$

a) Berechnen Sie $P(X = 80)$ mit dem Befehl *normPdf (x,µ,σ)*.
Berechnen Sie den exakten Wert mit dem Befehl *binomPdf (n,p,k)*.

$P(X = 80) \approx \varphi_{90;\,6}(80) \approx 0{,}01658$

normPdf(80,90,6)	0.01658
binomPdf(150,0.6,80)	0.016598

b) Berechnen Sie $P(80 \leq X \leq 90)$ mit dem Befehl *normCdf (a,b,µ,σ)*. Verwenden Sie für die Grenzen die Stetigkeitskorrektur: a = 80 − 0,5 = 79,5 und b = 90 + 0,5 = 90,5
Berechnen Sie den exakten Wert mit dem Befehl *binomCdf (n,p,a,b)* mit a = 80, b = 90.

$P(80 \leq X \leq 90) \approx \int_{79,5}^{90,5} \varphi_{90;\,6}(x)\,dx \approx 0{,}49315$

normCdf(79.5,90.5,90,6)	0.493148
binomCdf(150,0.6,80,90)	0.490125

c) Da X nur ganzzahlige Werte annehmen kann, gilt $P(X < 80) = P(X \leq 79)$. Berechnen Sie $P(X \leq 79)$ mit dem Befehl *normCdf(a,b,µ,σ)*. Verwenden Sie für die untere Grenze a = −∞ und für die obere Grenze die Stetigkeitskorrektur: b = 79 + 0,5 = 79,5. Berechnen Sie den exakten Wert mit dem Befehl *binomCdf (n,p,a,b)* mit a = 0, b = 79.

$P(X < 80) = P(X \leq 79) \approx \int_{-\infty}^{79.5} \varphi_{90;\,6}(x)\,dx$
$\approx 0{,}04006$

normCDf (−∞, 79. 5, 6, 90)	0.040059
binomCdf(150,0.6,0,79)	0.040861

prob	0.0408614
Unterer	0
Oberer	79
Umfang n	150
pos	0.6

Hinweis

Reihenfolge der Parameter bei Casio für *normPDf* bzw. *normCDf*: σ vor µ. Im Menü *Statistik* kann man unter *Calc* zuerst *Verteilung* wählen, dann die gewünschte Verteilung, und die Parameter eingeben.

Basisaufgaben

1 Ein Hockey-Team hat bei Strafecken eine Trefferquote von 40 %. Bestimmen Sie näherungsweise mit einer Normalverteilung und zum Vergleich exakt die Wahrscheinlichkeit, dass die Anzahl der Treffer bei 50 Strafecken
a) genau 20, b) mindestens 15 und höchstens 25, c) kleiner als 20 ist.

2 Die Zufallsgröße X gibt an, wie oft beim 100-maligen Drehen des Glücksrads „Blau" kommt. Bestimmen Sie näherungsweise mit einer Normalverteilung und exakt die angegebene Wahrscheinlichkeit.
a) $P(X = 30)$ b) $P(20 \leq X \leq 30)$ c) $P(X \geq 25)$
d) $P(X < 25)$ e) $P(25 < X < 30)$ f) $P(X > 35)$

3 Erstellen Sie mit einem CAS ein Histogramm der Binomialverteilung mit den Parametern n und p. Berechnen Sie den Erwartungswert μ und die Standardabweichung σ und fügen Sie dem Histogramm den Graphen der Gaußschen Glockenfunktion $\varphi_{\mu;\,\sigma}$ hinzu. Beurteilen Sie, wie gut die Normalverteilung die Binomialverteilung annähert. Prüfen Sie auch, ob die Bedingung $\sigma > 3$ erfüllt ist.
a) n = 100, p = 0,5 b) n = 15, p = 0,5 c) n = 100, p = 0,9 d) n = 15, p = 0,9

4 Die Abbildung zeigt das Histogramm der Binomialverteilung für die Anzahl X der Sechsen beim
120-fachen Würfelwurf und die Annäherung mit
einer Normalverteilung mit $\mu = 20$ und $\sigma \approx 4{,}08$.
Lara und Finn berechnen die Wahrscheinlichkeit
für 17 Sechsen mit der Normalverteilung:

Lara: $P(X = 17) \approx \varphi_{20;\,4,08}(17)$

Finn: $P(17 \le X \le 17) \approx \displaystyle\int_{17-0,5}^{17+0,5} \varphi_{20;\,4,08}(x)\,dx$

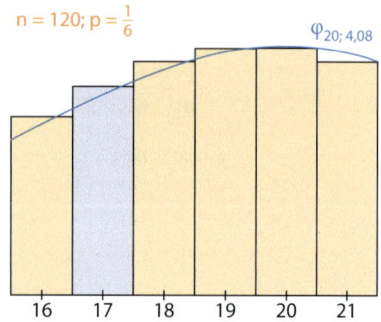

$n = 120;\ p = \frac{1}{6}$ $\varphi_{20;\,4,08}$

a) Begründen Sie die beiden Vorgehensweisen und erläutern Sie mithilfe der Abbildung,
was jeweils berechnet wird.
b) Führen Sie beide Rechnungen aus und vergleichen Sie die Werte mit dem exakten
Ergebnis.
c) Begründen Sie, welche der beiden Methoden für die Wahrscheinlichkeit von 20 Sechsen
einen größeren Wert liefert. Berechnen Sie dann die Werte sowie das exakte Ergebnis.

Weiterführende Aufgaben

5 Ein Verein hat 200 Mitglieder. Es wird angenommen, dass jedes Mitglied mit einer Wahrscheinlichkeit von 60 % zur Mitgliederversammlung kommt.
a) Bestimmen Sie näherungsweise mit einer
Normalverteilung, wie viele Stühle aufgestellt
werden müssen, damit sie mit einer Wahrscheinlichkeit von 90 % für alle Mitglieder der
Versammlung reichen.

b) Berechnen Sie mit einer Binomialverteilung die Wahrscheinlichkeit, dass die Anzahl der
Stühle aus a) ausreicht. Diese Wahrscheinlichkeit soll mindestens 90 % betragen. Prüfen
Sie, ob dafür auch weniger Stühle ausreichen bzw. mehr Stühle nötig sind.

6 **Stolperstelle:** Es sei X eine binomialverteilte Zufallsgröße mit n = 25 und p = 0,5. Erläutern
Sie die Fehler in Sebastians Rechnungen und korrigieren Sie sie.
a) $\mu = 25 \cdot 0{,}5 = 12{,}5$ $\sigma = \sqrt{25 \cdot 0{,}5 \cdot (1 - 0{,}5)} = 2{,}5$
b) $P(X = \mu) = P(X = 12{,}5) \approx \varphi_{12,5;\,2,5}(12{,}5) \approx 0{,}16$

c) $P(10 < X < 15) \approx \displaystyle\int_{9,5}^{15,5} \varphi_{12,5;\,2,5}(x)\,dx \approx 0{,}77$

7 Ein französischer Student geht zu einer Veranstal-
tung einer deutschen Universität mit 100 Personen.
Er überlegt, mit wie vielen er sich wohl auf Franzö-
sisch unterhalten kann. Er nimmt an, dass jeder
Anwesende mit einer Wahrscheinlichkeit von 20 %
Französisch spricht.
a) Bestimmen Sie näherungsweise mit einer
Normalverteilung ein Intervall als Prognose, in

dem die Anzahl der Französisch sprechenden Personen zu etwa 50 % liegt. Verwenden
Sie einmal die Stetigkeitskorrektur und einmal nicht.
b) Berechnen Sie zum Vergleich mit einer Binomialverteilung die Wahrscheinlichkeit für
die Intervalle aus a). Untersuchen Sie, ob die Stetigkeitskorrektur die Prognose
verbessert.

8 Ganzzahlige näherungsweise normalverteilte Zufallsgrößen: Wenn eine Zufallsgröße X, die nur ganzzahlige Werte annimmt, näherungsweise normalverteilt ist mit dem Erwartungswert μ und der Standardabweichung σ, kann man Wahrscheinlichkeiten mit den Formeln aus dem Satz auf Seite 362 berechnen.
Die Zufallsgröße X, welche die Anzahl der Äpfel auf einem zufällig ausgewählten Baum einer Plantage angibt, sei näherungsweise normalverteilt mit μ = 142,6 und σ = 5,8. Berechnen Sie die angegebene Wahrscheinlichkeit näherungsweise. Begründen Sie, warum bei b) und c) die Stetigkeitskorrektur um den Wert 0,5 nötig ist.
a) P(X = 143)   b) P(135 ≤ X ≤ 150)   c) P(X ≥ 143)   d) P(X = 142,6)

Info

Die große Bedeutung der Normalverteilung liegt am **Zentralen Grenzwertsatz**. Dieser besagt vereinfacht, dass Verteilungen, die einer Summe von vielen unabhängigen Einflüssen unterliegen, häufig annähernd normalverteilt sind.

9 Nach dem Zentralen Grenzwertsatz ist der Summe von zehn ganzzahligen „Würfelzufallszahlen" von 1 bis 6 annähernd normalverteilt. Dies soll nun untersucht werden.
a) Erzeugen Sie in zehn Spalten der Tabellenkalkulation eines CAS jeweils 200 Würfelzufallszahlen. Bilden Sie in einer weiteren Spalte die Summen dieser Zufallszahlen.

❖	I wü9	J wü10	K summe
=	=randint(	=randint(1,6,200)	=wü1+wü2+w
1	2	5	38
2	6	1	22

b) Ermitteln Sie das arithmetische Mittel und die empirische Standardabweichung der Summen und verwenden Sie sie als Parameter μ und σ einer Normalverteilung.
c) Stellen Sie die Häufigkeitsverteilung der Summen in einem Histogramm dar und prüfen Sie, ob die Normalverteilung aus b) eine gute Näherung darstellt.
d) Berechnen Sie mithilfe der Normalverteilung näherungsweise die Wahrscheinlichkeit, dass die Augensumme von zehn Würfeln zwischen 30 und 40 liegt.

10 Approximation mit der Standardnormalverteilung: Die Wahrscheinlichkeiten P(X = k) und P(a ≤ X ≤ b) der Binomialverteilung aus dem Satz auf Seite 362 lassen sich auch näherungsweise mit der Standardnormalverteilung berechnen.
a) Geben Sie mithilfe der folgenden Umformungen solche Näherungen an.

$$① \quad \varphi_{\mu;\sigma}(x) = \frac{1}{\sigma}\varphi_{0;1}\left(\frac{x-\mu}{\sigma}\right) \qquad ② \quad \int_a^b \varphi_{\mu;\sigma}(x)\,dx = \int_{\frac{a-\mu}{\sigma}}^{\frac{b-\mu}{\sigma}} \varphi_{0;1}(x)\,dx = \Phi_{0;1}\left(\frac{b-\mu}{\sigma}\right) - \Phi_{0;1}\left(\frac{a-\mu}{\sigma}\right)$$

b) Begründen Sie $P(X \geq k) \approx 1 - \Phi_{0;1}\left(\frac{k-0,5-\mu}{\sigma}\right) = 1 - \Phi_{0;1}\left(\frac{k-0,5-np}{\sqrt{np(1-p)}}\right)$

c) Ermitteln Sie mithilfe von b), wie oft man mindestens eine Münze werfen muss, um mit mindestens 90 % Wahrscheinlichkeit mindestens 25-mal „Zahl" zu erhalten.

11 Ausblick: Exponentialverteilung

Hinweis

Eine Exponentialverteilung wird z. B. für den radioaktiven Zerfall von Atomen, für Warte- oder Ausfallzeiten verwendet.

Eine stetige Zufallsgröße X heißt **exponentialverteilt** mit dem Parameter λ ∈ ℝ⁺, wenn sie die Dichtefunktion f mit $f(x) = \begin{cases} \lambda e^{-\lambda x} & \text{für } x \geq 0 \\ 0 & \text{für } x < 0 \end{cases}$ hat.

a) Zeigen Sie, dass für die Verteilungsfunktion von X gilt: $F(x) = \begin{cases} 1 - e^{-\lambda x} & \text{für } x \geq 0 \\ 0 & \text{für } x < 0 \end{cases}$.

b) Zeigen Sie mit einem CAS für einige selbst gewählte Werte von λ, dass $\frac{1}{\lambda}$ der Erwartungswert von X ist.

c) Moderne LED-Lampen haben eine mittlere Lebensdauer von 30 000 h, herkömmliche Glühlampen von nur 1 000 h. Modellieren Sie die Lebensdauer jeweils durch eine Exponentialverteilung. Zeichnen Sie für jede der beiden Lampen den Graphen von f und berechnen Sie die Wahrscheinlichkeit, dass die Lampe mindestens 1 000 h hält.

d) Informieren Sie sich, warum man sagt, dass die Exponentialverteilung kein „Gedächtnis" hat. Weisen Sie dies allgemein oder am Beispiel der Glühlampe nach.

8.6 Klausur- und Abiturtraining

Aufgaben ohne Hilfsmittel

1 Der Graph der Funktion f mit
f(x) = cos(x) + 1 hat im Intervall [−π; π]
eine glockenförmige Gestalt.
a) Begründen Sie, weshalb diese
Funktion in diesem Intervall nicht als
Dichtefunktion einer stetigen
Zufallsgröße in Frage kommt.
b) Verändern Sie den Funktionsterm so,
dass er als Dichtefunktion einer
stetigen Zufallsgröße in Frage kommt.

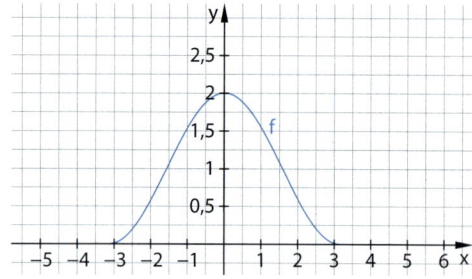

2 Ein Bus fährt vom Busbahnhof alle 10 Minuten zur Universität.
a) Modellieren Sie die Zufallsgröße X als Wartezeit eines zufällig eintreffenden Fahrgastes
unter der Voraussetzung, dass die Ankunftszeit gleichverteilt ist. Geben Sie die zugehörige Dichtefunktion an und stellen Sie diese grafisch dar.
b) Bestimmen Sie die Wahrscheinlichkeit, dass ein zufällig eintreffender Fahrgast mindestens 4 und höchstens 6 Minuten auf den Bus warten muss.
c) Bestimmen Sie den Erwartungswert für die Wartezeit.

3 Im Risikomanagement sind oft nur drei Werte einer Größe bekannt, das Minimum, das
Maximum und der wahrscheinlichste Wert (Median). Als einfachste Verteilung wird hierbei
oft eine **Dreiecksverteilung** genutzt. Die Kursentwicklung einer Aktie in den kommenden
drei Monaten soll auf diese Weise als stetige Zufallsgröße X beschrieben werden. Dabei
gilt:
pessimistischster Wert: −2 %
optimistischster Wert: +5 %
wahrscheinlichster Wert: 2 %
a) Die Abbildung zeigt den Graphen
einer Funktion f. Geben Sie eine
Funktionsgleichung von f abschnittsweise an und zeigen Sie, dass f eine
Dichtefunktion zu X ist.
b) Berechnen Sie die Inhalte der farbig
markierten Flächen und erklären Sie
die Bedeutung dieser Werte im
Sachzusammenhang.

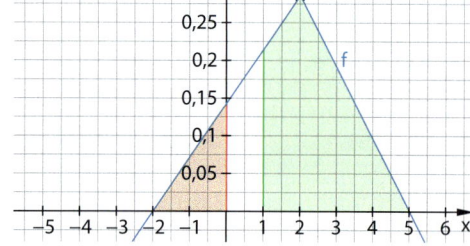

4 Die Abbildung zeigt den Graphen der
Dichtefunktion φ einer normalverteilten
Zufallsgröße X. Der Flächeninhalt der
gefärbten Fläche beträgt ca. 0,16 FE.
a) Geben Sie den Erwartungswert von
X an.
b) Ermitteln Sie folgende Wahrscheinlichkeiten:
① P(X ≥ 13)   ② P(X ≤ 10)
③ P(7 < X < 13)

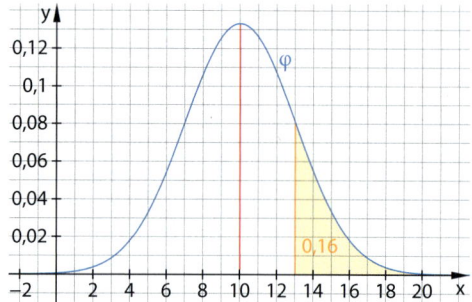

Aufgaben mit Hilfsmitteln

5 Die Tabelle enthält eine Häufigkeitsverteilung der Anzahl von Lebendgeburten in Deutschland im Jahr 2014 bezogen auf Altersgruppen (Klassen) der Mütter.

Alter in Jahren	< 15	[15; 20)	[20; 25)	[25; 30)	[30; 35)	[35; 40)	[40; 45)	≥ 45
Anzahl	66	12 023	72 519	191 908	256 630	146 222	33 433	2 126

a) Erstellen Sie eine Tabelle, in der die relativen Häufigkeiten der Lebendgeburten jeder Klassenmitte zugeordnet sind. (Verwenden Sie für die Altersgruppe unter 15 Jahre die Klassenmitte 12,5 und für die Altersgruppe ab 45 Jahren die Klassenmitte 47,5.)

b) Ermitteln Sie anhand der Klassenmitten und ihrer relativen Häufigkeiten das arithmetische Mittel und die empirische Standardabweichung des Alters der Mütter als Näherungswerte für den Erwartungswert und die Standardabweichung einer normalverteilten Zufallsgröße X und geben Sie eine Gleichung der Dichtefunktion an.

c) Ermitteln Sie anhand der relativen Häufigkeiten die zu jeder Klassenmitte gehörende Dichte. Stellen Sie die Dichten in Abhängigkeit von den Klassenmitten grafisch dar. Zeichnen Sie die Dichtefunktion von Teilaufgabe b) in das Diagramm ein.

d) Berechnen Sie mit der Normalverteilung die Wahrscheinlichkeiten der Ereignisse:
A: Eine Mutter ist jünger als 35 Jahre.
B: Eine Mutter ist mindestens 22 und höchstens 33 Jahre alt.
C: Eine Mutter ist 27 Jahre alt.

e) Bestimmen Sie, welches Alter 30 % der Mütter höchstens haben.

f) Unabhängig vom betrachteten Sachverhalt gilt für eine normalverteilte Zufallsgröße Y:
$P(Y \leq 5) = P(Y \geq 10) = 0{,}1$.
Bestimmen Sie den Erwartungswert und die Standardabweichung von Y.

6 Eine Fluglinie bietet in einem Flugzeug für die Economy Class 520 Plätze an. Erfahrungsgemäß treten 96 % aller Fluggäste der Economy Class einen gebuchten Flug auch tatsächlich an.

a) Erklären Sie, unter welchen Voraussetzungen die Zufallsgröße X „Anzahl der zum Abflug erscheinenden Passagiere der Economy Class" vereinfacht als binomialverteilt bzw. normalverteilt betrachtet werden kann.

b) Verwenden Sie das Modell der Binomial- bzw. der Normalverteilung und bestimmen Sie jeweils einen symmetrischen Bereich um den Erwartungswert, in dem mit mindestens 95 % -iger Wahrscheinlichkeit die Anzahl der tatsächlich zum Abflug erscheinenden Passagiere der Economy Class liegt, wenn Tickets für alle 520 Plätze verkauft wurden.

c) Berechnen Sie die Wahrscheinlichkeit, dass mindestens 500 Passagiere bei einem ausgebuchten Flug erscheinen, jeweils unter Verwendung des Modells der Binomial- bzw. der Normalverteilung. Interpretieren Sie die Resultate.

d) Da die Fluglinie an der maximalen Auslastung interessiert ist, erfolgt eine Überbuchung des Flugs mit 535 verkauften Tickets. Berechnen Sie die Wahrscheinlichkeit, mit der Passagiere umgebucht werden müssen. Lösen Sie die Aufgabe unter Verwendung der Binomial- bzw. der Normalverteilung.

e) Ermitteln Sie, wie viele Tickets die Airline höchstens anbieten sollte, wenn das Risiko, mindestens einen Passagier umbuchen zu müssen, kleiner als 3 % sein soll.

Lösungen
→ S. 483/484

1 Bei einem Weitsprungwettbewerb wurden die folgenden Resultate (in cm) erzielt:

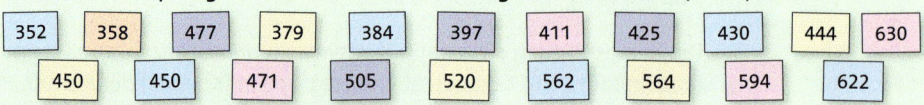

| 352 | 358 | 477 | 379 | 384 | 397 | 411 | 425 | 430 | 444 | 630 |

| 450 | 450 | 471 | 505 | 520 | 562 | 564 | 594 | 622 |

a) Teilen Sie die Weiten ① in 10 gleich breite, ② in 5 gleich breite Klassen ein und stellen Sie jeweils die relative Häufigkeit der Klassen in einem Histogramm dar.

b) Entscheiden Sie, welches Histogramm die Verteilung der Sprungweiten besser veranschaulicht. Begründen Sie Ihre Meinung.

c) Ermitteln Sie den Mittelwert aus den gegebenen Weiten und Schätzungen des Mittelwertes, wenn man nur die absoluten Häufigkeiten in der 5-Klasseneinteilung kennt.

2 Für eine Zufallsgröße X gilt folgende Funktion: $f(x) = \begin{cases} \frac{1}{5} + b \cdot x^2 & \text{für } 0 \leq x \leq 1 \\ 0 & \text{sonst} \end{cases}$

a) Bestimmen Sie b so, dass f eine Dichtefunktion ist.

b) Bestimmen Sie die Verteilungsfunktion zu f.

c) Ermitteln Sie den Erwartungswert dieser Zufallsgröße.

3 Familie Schulz bekommt ein neues Boxspringbett. Die Lieferung ist für Samstag zwischen 9 und 10 Uhr angekündigt und es wird vorausgesetzt, dass die Lieferung innerhalb dieses Zeitraums zufällig erfolgt.
Gregor behauptet, dass die Wahrscheinlichkeit dafür, genau 30 Minuten zu warten, gleich 0 ist. Maya sagt, das könne nicht stimmen, denn dies könnte man ja dann auch für 0, 1, ..., 59 oder 60 Minuten behaupten. Sie erwähnt noch, dass man „genau" noch genauer definieren müsste.
Erläutern Sie das Gespräch der beiden und verwenden Sie dazu die Dichtefunktion und Verteilungsfunktion des genannten Zufallsprozesses.

4 Die Zufallsgröße X gibt die Augenzahl beim Werfen eines Würfels und die Zufallsgröße Y eine zufällige reelle Zahl aus dem Intervall [0; 6] an. Vergleichen Sie die beiden Zufallsgrößen hinsichtlich Wahrscheinlichkeitsverteilung/Dichtefunktion, kumulierter Wahrscheinlichkeit/Verteilungsfunktion und Erwartungswert.

5 Der Graph der Funktion $f(x) = 2^{-x^2}$ verläuft ähnlich wie die Gaußsche Glockenkurve. Er hat eine Glockenform. Er verläuft symmetrisch zur y-Achse und asymptotisch zur x-Achse. Begründen Sie, weshalb die Funktion f trotzdem nicht Dichtefunktion für eine normalverteilte Zufallsgröße sein kann.

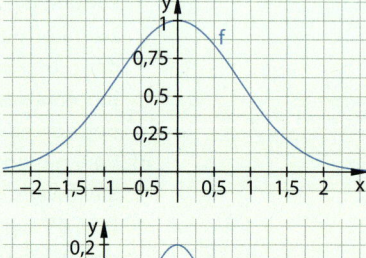

6 Gegeben ist der Graph der Dichtefunktion φ einer normalverteilten Zufallsgröße X.

a) Ermitteln Sie Näherungswerte für folgende Wahrscheinlichkeiten:
① $P(1 \leq X \leq 2)$ ② $P(3 \leq X \leq 6)$

b) Geben Sie den Wert von $P(X = 2{,}5)$ an.

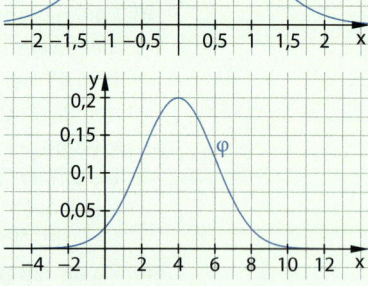

7 Der systolische Blutdruck bei einer großen Gruppe von Menschen sei eine normalverteilte Zufallsgröße X mit μ = 120 mmHg und σ = 15 mmHg (mmHg: Millimeter Quecksilbersäule).

a) Geben Sie ein Intervall in mmHg an, für das gilt μ − 2 · σ ≤ X ≤ μ + 2 · σ.

b) Bestimmen Sie näherungsweise folgende Wahrscheinlichkeiten:
① $P(μ - 2 \cdot σ \leq X \leq μ + 2 \cdot σ)$ ② $P(μ - 3 \cdot σ \leq X \leq μ + 3 \cdot σ)$ ③ $P(X \leq μ + σ)$

Lösungen
→ S. 484/485

8 Angenommen, die Wartezeit für Patienten in einer Arztpraxis ist normalverteilt mit $\mu = 40$ Minuten und $\sigma = 10$ Minuten. Die Abbildung zeigt den Graphen der zugehörigen Dichtefunktion. Der Inhalt der gefärbten Fläche beträgt ca. 0,159 FE.

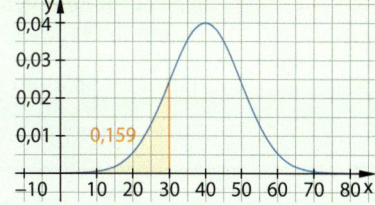

a) Interpretieren Sie diesen Flächeninhalt im Sachzusammenhang.

b) Berechnen Sie die Wahrscheinlichkeiten der folgenden Ereignisse:
   A: Die Wartezeit beträgt mindestens 50 Minuten.
   B: Die Wartezeit liegt zwischen 30 und 50 Minuten.

9 Die Größe von Frauen im Alter von 16 bis 40 Jahren ist annähernd normalverteilt mit dem Erwartungswert 165 cm und der Standardabweichung 7 cm.

a) Bestimmen Sie das 95 %-Intervall mithilfe der σ-Regeln.

b) Bestimmen Sie ein um den Erwartungswert symmetrisches Intervall, in dem die Größe mit einer Wahrscheinlichkeit von 90 % liegt.

c) Bestimmen Sie den prozentualen Anteil der Frauen, die größer als 180 cm sind.

d) Angenommen, in Deutschland leben 20 Millionen Frauen, die zwischen 16 und 40 Jahre sind. Ermitteln Sie, wie viele Frauen kleiner als 150 cm sind.

10 Die Skifirma Aspi geht davon aus, dass wie im vergangenen Jahr 30 % der verkauften Abfahrtski aus ihrer Produktion kommen.

a) Berechnen Sie die 1σ- und die 2σ-Umgebung für die Anzahl der von Aspi verkauften Ski bei einem Verkauf von insgesamt 800 Abfahrtski.

b) Bestimmen Sie mithilfe einer Normalverteilung die Wahrscheinlichkeit, dass die Anzahl der verkauften Ski von Aspi zwischen 230 und 250 liegen wird, wenn vom Verkauf von 800 Abfahrtski ausgegangen wird.

Wo stehe ich?

	Ich kann...	Aufgabe	Nachschlagen
8.1	... klassierte Daten in einem Histogramm darstellen.	1	S. 341 Beispiel 1
8.2	... mit Dichtefunktionen umgehen. ... Erwartungswert und Standardabweichung einer stetigen Zufallsgröße bestimmen.	2, 3, 4	S. 346 Beispiel 1 S. 348 Beispiel 2
8.3	... normalverteilte Zufallsgrößen erkennen, anwenden und darstellen.	5, 6	S. 352 Beispiel 1 S. 354 Beispiel 2
8.4	... besondere Punkte der Gaußschen Glockenkurve bestimmen. ... σ-Umgebungen einer normalverteilten Zufallsgröße bestimmen.	7, 8, 9, 10	S. 357 Beispiel 1 S. 359 Beispiel 2
8.5	... Näherungswerte einer binomialverteilten Zufallsgröße bestimmen.	11	S. 363 Beispiel 1

Stetige Zufallsgrößen

Eine auf $\mathbb{R}$ definierte Funktion f heißt **Dichtefunktion**, wenn gilt:

1. $f(x) \geq 0$ für alle $x \in \mathbb{R}$ 2. $\int_{-\infty}^{\infty} f(x)\,dx = 1$

Die Funktion f ist die Dichtefunktion der **stetigen Zufallsgröße** X, wenn für alle a, b $\in \mathbb{R}$ mit $a \leq b$ gilt: $P(a \leq X \leq b) = \int_a^b f(x)\,dx$.

Erwartungswert: $\mu = \int_{-\infty}^{\infty} x \cdot f(x)\,dx$

Standardabweichung:

$\sigma = \sqrt{\int_{-\infty}^{\infty} (x - \mu)^2 \cdot f(x)\,dx}$

Zufallsgröße X mit Dichtefunktion f mit

$f(x) = \begin{cases} \frac{1}{50}x & \text{für } 0 \leq x \leq 10 \\ 0 & \text{sonst} \end{cases}$.

Es gilt: $\int_{-\infty}^{\infty} f(x)\,dx = \int_0^{10} \frac{1}{50}x\,dx = \left[\frac{1}{100}x^2\right]_0^{10} = 1$

$P(1 \leq X \leq 3) = \int_1^3 \frac{1}{50}x\,dx = \left[\frac{1}{100}x^2\right]_1^3 = \frac{8}{100}$

$\mu = \int_{-\infty}^{\infty} f(x)\,dx = \int_0^{10} \frac{1}{50}x^2\,dx = \frac{20}{3} \approx 6{,}67$

$\sigma^2 = \int_{-\infty}^{\infty} (x - \mu)^2 \cdot f(x)\,dx = \int_0^{10} \left(x - \frac{20}{3}\right)^2 \cdot \frac{1}{50}x\,dx = \frac{50}{9}$

$\sigma = \sqrt{\frac{50}{9}} \approx 2{,}36$

Normalverteilte Zufallsgrößen

Eine stetige Zufallsgröße X heißt **normalverteilt** mit dem Erwartungswert μ und der Standardabweichung σ, wenn ihre Dichtefunktion die **Gaußsche Glockenfunktion**

$\varphi_{\mu;\,\sigma}$ mit $\varphi_{\mu;\,\sigma}(x) = \frac{1}{\sigma\sqrt{2\pi}} \cdot e^{-\frac{(x-\mu)^2}{2\sigma^2}}$ ist.

Für a, b $\in \mathbb{R}$ mit $a \leq b$ gilt:

$P(a \leq X \leq b) = \int_a^b \varphi_{\mu;\,\sigma}(x)\,dx$

Die Zufallsgröße X (in m) beschreibe die Wurfweite in einem Kugelstoßwettbewerb. Sie sei normalverteilt mit $\mu = 7$ und $\sigma = 0{,}7$.

$P(6 \leq X \leq 8) = \int_6^8 \varphi_{7;\,0{,}7}(x)\,dx$

Mit einem CAS (normCdf(6,8,7,0.7)) ergibt sich $P(6 \leq X \leq 8) \approx 0{,}8468$. Die Wahrscheinlichkeit für eine Weite zwischen 6 m und 8 m beträgt etwa 85 %.

σ-Regeln

Es sei X eine normalverteilte Zufallsgröße mit dem Erwartungswert μ und der Standardabweichung σ. Der Wert von X liegt mit den folgenden Wahrscheinlichkeiten in den angegebenen σ-Umgebungen.

σ-Umgebung	Wahrscheinlichkeit
$[\mu - \sigma;\ \mu + \sigma]$	68,3 %
$[\mu - 2\sigma;\ \mu + 2\sigma]$	95,5 %
$[\mu - 3\sigma;\ \mu + 3\sigma]$	99,7 %

Wahrscheinlichkeit	σ-Umgebung
90 %	$[\mu - 1{,}64\sigma;\ \mu + 1{,}64\sigma]$
95 %	$[\mu - 1{,}96\sigma;\ \mu + 1{,}96\sigma]$
99 %	$[\mu - 2{,}58\sigma;\ \mu + 2{,}58\sigma]$

Auf einem Hof ist das Gewicht der Hühnereier näherungsweise normalverteilt mit dem Erwartungswert 58 g und der Standardabweichung 6 g.
Als Prognose lassen sich Intervalle um den Erwartungswert bestimmen, in denen das Gewicht eines zufällig entnommenen Eies mit einer vorgegebenen Sicherheitswahrscheinlichkeit liegt.
Sicherheitswahrscheinlichkeit 90 %:
Aus den σ-Regeln ergibt sich [48,16; 67,84].

Approximation der Binomialverteilung

Es sei X eine binomialverteilte Zufallsgröße mit den Parametern n und p, dem Erwartungswert μ und der Standardabweichung σ. Falls $\sigma > 3$ erfüllt ist, gilt für die ganzzahligen Trefferanzahlen k, a und b mit $a \leq b$ näherungsweise:

① $P(X = k) \approx \varphi_{\mu;\,\sigma}(k)$

② $P(a \leq X \leq b) \approx \int_{a-0,5}^{b+0,5} \varphi_{\mu;\,\sigma}(x)\,dx$

Gegeben ist eine binomialverteilte Zufallsgröße X mit den Parametern n = 150 und p = 0,6. Es gilt: $\mu = n \cdot p = 150 \cdot 0{,}6 = 90$ und $\sigma = \sqrt{np(1-p)} = \sqrt{150 \cdot 0{,}6 \cdot 0{,}4} = 6 > 3$
Mithilfe einer Normalverteilung können Wahrscheinlichkeiten näherungsweise bestimmt werden:

$P(80 \leq X \leq 90) \approx \int_{79,5}^{90,5} \varphi_{90;\,6}(x)\,dx \approx 0{,}49$

9

Prognose- und Konfidenzintervalle

Nach diesem Kapitel können Sie ...

→ Eigenschaften der Binomialverteilung nutzen und Prognosen aufstellen,

→ die Verträglichkeit einer Trefferwahrscheinlichkeit mit einer Stichprobe prüfen,

→ Konfidenzintervalle bestimmen,

→ von Stichproben auf die Gesamtheit schließen.

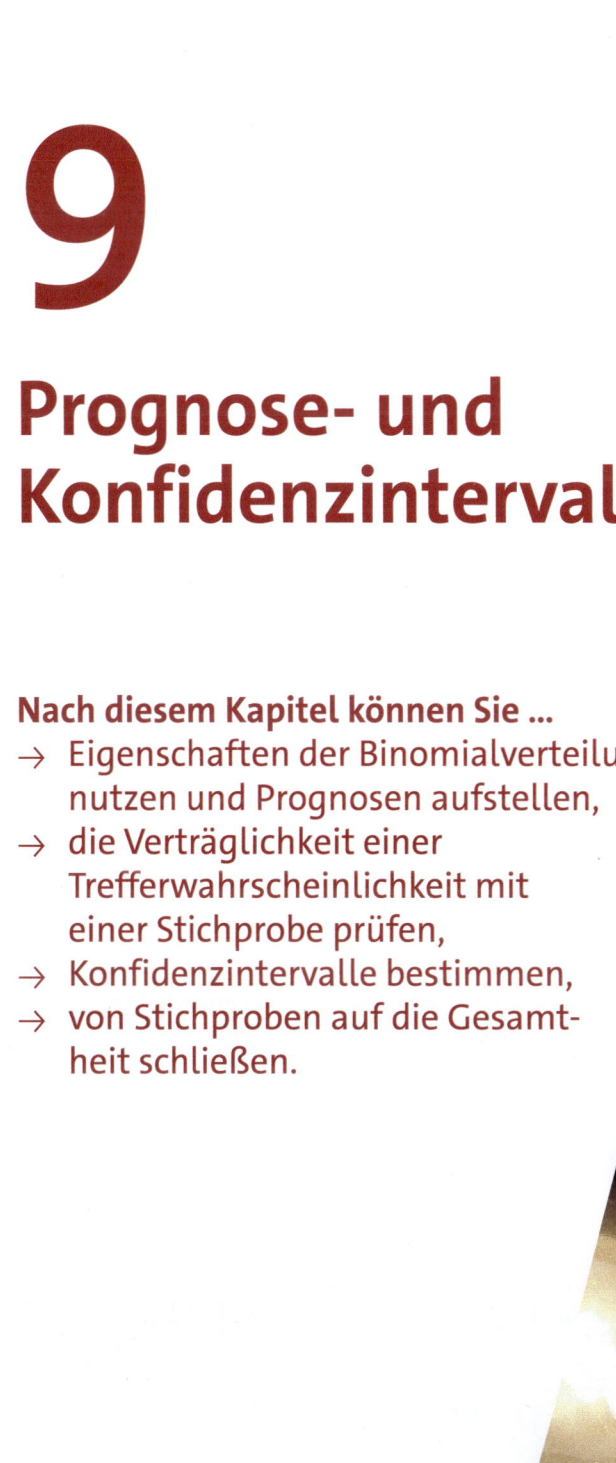

Lösungen
→ S. 485

Funktionsgraphen strecken und verschieben

1 Um den Graphen der Funktion f mit $f(x) = -2(x+1)^3 - 1$ zu skizzieren, wurden fünf Schritte durchgeführt. Geben Sie zu jedem Schritt eine Funktionsgleichung an und beschreiben Sie, wie sich der Graph von Schritt zu Schritt verändert hat.

1. Schritt	2. Schritt	3. Schritt	4. Schritt	5. Schritt

2 Die rechts abgebildeten Graphen entstehen aus dem Graphen der Funktion f mit $f(x) = x^5$ durch Stauchung, Spiegelung oder Verschiebung.
Bestimmen Sie zu jedem der drei Graphen eine passende Funktionsgleichung.

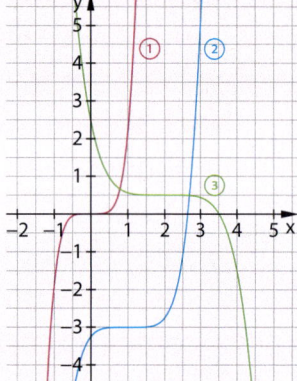

3 Gegeben ist die Funktion von f mit $f(x) = 5e^{-x^2}$.

a) Bestimmen Sie die Nullstellen von f.
Untersuchen Sie den Graphen von f auf Symmetrie und sein Globalverhalten.

b) Ermitteln Sie die Koordinaten des Hochpunktes sowie der Wendepunkte des Graphen.

c) Skizzieren Sie den Graphen.

d) Der Graph von f wird nun so verschoben und anschließend gestaucht bzw. gestreckt, dass der Hochpunkt des Graphen die Koordinaten $(-2\,|\,1)$ hat.
Geben Sie eine Funktionsgleichung des transformierten Graphen an. Weisen Sie rechnerisch nach, dass sein Hochpunkt diese Koordinaten hat.

Integralrechnung

4 Berechnen Sie das Integral.

a) $\displaystyle\int_0^3 2x\,dx$

b) $\displaystyle\int_0^5 \frac{1}{10}x^2\,dx$

c) $\displaystyle\int_{-1}^1 \left(\frac{1}{5} + 3x^2\right)dx$

d) $\displaystyle\int_0^3 3(4 - x^2)\,dx$

e) $\displaystyle\int_0^2 e^{3x-2}\,dx$

f) $\displaystyle\int_{-3}^0 e^{-\frac{1}{3}x}\,dx$

5 Die Abbildung zeigt den Graphen der Funktion f mit $f(x) = e^{-\frac{x}{2}}$.

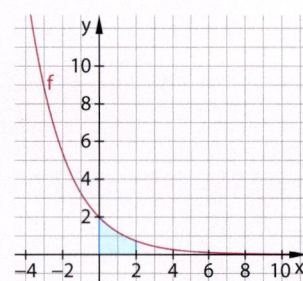

a) Berechnen Sie den Inhalt der eingefärbten Fläche.

b) Der Graph von f schließt mit den Koordinatenachsen und der zur y-Achse parallelen Geraden $x = a$ $(a < 0)$ eine Fläche ein.
Ermitteln Sie eine Gleichung einer Funktion A, die den Inhalt dieser Fläche in Abhängigkeit von a angibt.
Bestimmen Sie den Wert von a, für den $A(a) = 10$ gilt.

c) Zeigen Sie, dass A streng monoton fallend ist.

Lösungen
→ S. 485/486

Binomialverteilung

6 Die Abbildung zeigt das Histogramm einer Binomialverteilung.
a) Lesen Sie aus dem Histogramm den ganzzahligen
Erwartungswert μ ab.
b) Bestimmen Sie mithilfe des Histogramms näherungsweise die Wahrscheinlichkeiten P(4 ≤ X ≤ 6) und
P(X > 2).

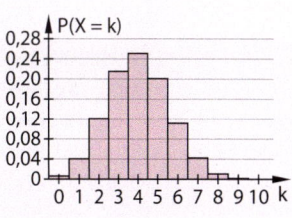

7 Gegeben sei eine binomialverteilte Zufallsgröße X. Ordnen Sie jeweils alle Kärtchen zu,
deren Ausdrücke sich ineinander umformen lassen.

P(X < 12)   1 − P(X ≤ 11)   P(X ≥ 12)   1 − P(X ≥ 12)   P(X < 11)

1 − P(X > 11)   P(X ≤ 11)   1 − P(X < 12)   1 − P(X ≥ 11)

P(X > 12)   1 − P(X ≤ 12)   P(X > 11)

8 Von den 850 Schülern eines Gymnasiums nutzen durchschnittlich 70 % den Schulbus. Die
Zufallsgröße X gibt an, wie viele Schüler an einem ausgewählten Tag mit dem Bus kommen.
a) Berechnen Sie den Erwartungswert μ sowie die Standardabweichung σ und interpretieren Sie diese Kennzahlen im Sachkontext.
b) Berechnen Sie die Wahrscheinlichkeit, dass an einem beliebigen Tag 580 Plätze im
Schulbus ausreichen.
c) Ermitteln Sie die Platzkapazität, die mindestens notwendig ist, damit mit einer
Wahrscheinlichkeit von mindestens 90 % alle Schüler, die den Bus nutzen wollen, auch
befördert werden können.

Vermischtes

9 Bei 20 Neugeborenen wurden folgende Körpergewichte festgestellt (alle Angaben in g):

3692	3782	4028	2992	3414	3899	3080	4115	3334	3570
2865	3972	3768	3155	4199	3331	3459	3733	4087	3066

a) Begründen Sie, warum eine Darstellung der einzelnen Werte in einem Diagramm nicht
sinnvoll ist.
b) Nehmen Sie eine Klasseneinteilung in 4 Klassen mit einer Klassenbreite von 500 g vor.
Berechnen Sie die relativen Häufigkeiten und stellen Sie diese Daten in einem Histogramm dar. Wählen Sie als Säulenbreite die Klassenbreite und die Säulenhöhe so, dass
der Flächeninhalt der Säule der zugehörigen relativen Häufigkeit entspricht.
c) Wiederholen Sie das Vorgehen aus b) für eine Klasseneinteilung in 7 Klassen mit einer
Klassenbreite von 200 g.
d) Vergleichen Sie die Ergebnisse von b) und c).

10 Bestimmen Sie alle Lösungen der Gleichung.

a) $\sqrt{\frac{1}{2}x - 8} + 8 = 9$
b) $\sqrt{\frac{x-5}{x+7}} = 12$
c) $\sqrt{x^2 - \frac{x}{2}} = x + \frac{1}{2}$

d) $\sqrt{\frac{980}{n}} = a \cdot \sqrt{\frac{5}{n}}$
e) $2 \cdot \sqrt{\frac{1}{n}} = \sqrt{\frac{c}{n}}$
f) $\sqrt{\frac{2401}{625} \cdot \frac{\frac{1}{4}}{100}} = z \cdot \sqrt{\frac{\frac{1}{4}}{100}}$

9.1 Prognosen

Die Abbildung zeigt das amtliche Endergebnis der Bundestagswahl 2021. Im Wahlkreis Hannover II wurden 148 090 Stimmen abgegeben.

a) Bestimmen Sie die 2σ-Umgebung für die Anzahl an Unions- und an SPD-Wählern im Wahlkreis Hannover II. Geben Sie näherungsweise die Wahrscheinlichkeit zu dieser Umgebung an.

b) Im Wahlkreis Hannover II bekamen die SPD 37 911 und die Union 36 134 Stimmen. „Signifikante Abweichungen in Hannover", urteilte am nächsten Tag ein politischer Wahlbeobachter. Beurteilen Sie die Aussage anhand der Ergebnisse aus a).

Ein Bereich der beurteilenden Statistik beschäftigt sich mit dem **Schluss von der Gesamtheit auf die Stichprobe**. Der Anteil p der Objekte mit einer bestimmten Eigenschaft innerhalb einer Gesamtheit ist bekannt. Es werden Prognosen über den Anteil innerhalb einer Stichprobe abgegeben. Dazu wird die Situation mit einer Bernoulli-Kette beschrieben.

Gesamtheit	Eigenschaft	Anteil	Stichprobe
Bevölkerung Deutschlands	weiblich	51 %	1000 Personen

Eine plausible Prognose für den zu erwartenden Wert von X liefert der Erwartungswert μ. Die Wahrscheinlichkeit für einzelne Werte wie μ ist jedoch sehr gering.
Aussagekräftiger sind Intervalle, die in der Regel symmetrisch um den Erwartungswert sind und in denen der Wert von X mit einer vorgegebenen Mindestwahrscheinlichkeit (**Sicherheitswahrscheinlichkeit**) liegt. Im Beispiel liegt die Zahl der Frauen mit einer Wahrscheinlichkeit von mindestens 80 % zwischen 490 und 530. Üblicherweise werden Sicherheitswahrscheinlichkeiten von 90 %, 95 % und 99 % verwendet. Die zugehörigen Intervalle lassen sich auch mithilfe von **σ-Regeln** bestimmen.

X: Anzahl der Frauen innerhalb der Stichprobe (X ~ B$_{1000; 0,51}$)

Wert als Prognose:
μ = 1000 · 0,51 = 510   P (X = μ) ≈ 0,025

Intervall als Prognose:

k	[μ − k; μ + k]	P (μ − k ≤ X ≤ μ + k)
1	[509; 511]	0,0756
2	[508; 512]	0,1256
3	[507; 513]	0,1752
...	...	...
19	[491; 529]	0,7826
20	[490; 530]	0,8053
21	[489; 531]	0,8262

Hinweis

Ist μ nicht ganzzahlig, kann man im ersten Schritt die nächstkleinere und die nächstgrößere ganze Zahl als Intervallgrenzen wählen. Beispiel: n = 100, p = $\frac{1}{6}$, μ = 16,$\overline{6}$

[a; b]	P (a ≤ X ≤ b)
[16; 17]	0,2117
[15; 18]	0,4090
[14; 19]	0,5802
...	...

Hinweis

Je nach Sachkontext kann beim Prognoseintervall gerundet werden.

> **Satz** | **Prognoseintervalle**
>
> Sei X eine binomialverteilte Zufallsgröße mit den Parametern n und p, dem Erwartungswert μ und der Standardabweichung σ.
> Falls die **Laplace-Bedingung** σ > 3 erfüllt ist, liegt die Trefferanzahl näherungsweise mit den Wahrscheinlichkeiten **90 %, 95 % und 99 %** in den folgenden **Prognoseintervallen**.
>
> | Wahrscheinlichkeit | Prognoseintervall |
> |---|---|
> | 90 % | [μ − 1,64σ; μ + 1,64σ] |
> | 95 % | [μ − 1,96σ; μ + 1,96σ] |
> | 99 % | [μ − 2,58σ; μ + 2,58σ] |

Stichprobenergebnisse außerhalb des 95 %- bzw. 99 %-Prognoseintervalls sind sehr unwahrscheinlich (signifikante bzw. hochsignifikante Abweichung).

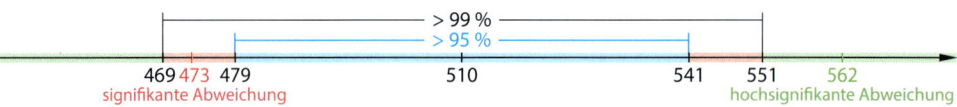

Beispiel 1

Der Anteil an Linkshändern beträgt deutschlandweit etwa 12 %. In einem Tennisverein mit 150 Mitgliedern wird die Anzahl der Linkshänder gezählt.
Gesucht sind Prognosen für die zu erwartende Anzahl an Linkshändern im Verein.
a) Geben Sie als Prognose einen Wert an und beurteilen Sie diese Prognose.
b) Geben Sie als Prognose ein Intervall um den Erwartungswert an, in dem die Anzahl der Linkshänder im Verein mit einer Wahrscheinlichkeit von mindestens 95 % bzw. 99 % liegt.
c) Die Zählung ergibt 27 Linkshänder. Beurteilen Sie diesen Wert mithilfe von b).

Lösung:

a) Berechnen Sie für n = 150 und p = 0,12 den Erwartungswert μ. Dieser ist eine plausible Prognose. Eine Berechnung von $P(X = μ)$ zeigt, dass dieses Einzelereignis jedoch unwahrscheinlich ist.

X: Anzahl Linkshänder unter 150 Personen
n = 150, p = 0,12
μ = 150 · 0,12 = 18 $P(X = 18) ≈ 0,0998$
Es sind 18 Linkshänder zu erwarten.
Die Wahrscheinlichkeit dafür ist gering.

b) Die Laplace-Bedingung σ > 3 ist erfüllt. Berechnen Sie die Grenzen des 95 %-Prognoseintervalls. Runden Sie nach innen und prüfen Sie die Wahrscheinlichkeit des Intervalls. Diese liegt hier unter 95 %. Die Intervallgrenzen müssen also nach außen gerundet werden.

$σ = \sqrt{150 · 0,12 · 0,88} ≈ 3,98 > 3$
$μ − 1,96σ ≈ 10,2$; $μ + 1,96σ ≈ 25,8$
95 %-Prognoseintervall: [10,2; 25,8]
$P(11 ≤ X ≤ 25) ≈ 0,9421 < 95 %$
$P(10 ≤ X ≤ 26) ≈ 0,9684 > 95 %$
Prognose zu mindestens 95 %: zwischen 10 und 26 Linkshänder

Berechnen Sie die Grenzen des 99 %-Prognoseintervalls und runden Sie nach innen. Die Wahrscheinlichkeit des Intervalls liegt bereits über 99 %. Für das nächstkleinere Intervall gilt das nicht.

$μ − 2,58σ ≈ 7,7$; $μ + 2,58σ ≈ 28,3$
99 %-Prognoseintervall: [7,7; 28,3]
$P(8 ≤ X ≤ 28) ≈ 0,9918 > 99 %$
$P(9 ≤ X ≤ 27) ≈ 0,9833 < 99 %$
Prognose zu mindestens 99 %: zwischen 8 und 28 Linkshänder

c) 27 liegt außerhalb des 95 %-Prognoseintervalls, aber innerhalb des 99 %-Prognoseintervalls.

Die Zahl der Linkshänder weicht signifikant, aber nicht hochsignifikant vom Durchschnitt in Deutschland ab.

> **Hinweis**
>
> Beim „Runden nach innen" wird die untere Grenze auf- und die obere Grenze abgerundet. Das Intervall wird kleiner. Beim „Runden nach außen" wird die untere Grenze ab- und die obere Grenze aufgerundet. Das Intervall wird größer.

Basisaufgaben

1 Der Anteil an Rechtshändern beträgt in Deutschland etwa 88 %. Ein Handballverein hat insgesamt 250 Mitglieder.
   a) Geben Sie einen Wert als Prognose für die Anzahl an Rechtshändern im Verein an.
   b) Bestimmen Sie das 95 %- und das 99 %-Prognoseintervall.
   c) Im Verein gibt es 215 Rechtshänder. Beurteilen Sie diesen Wert mithilfe von b).

2 Erläutern Sie die Screenshots. Formulieren Sie eine Aufgabenstellung und einen Antwortsatz.

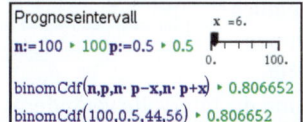

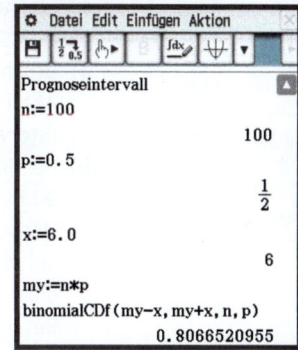

Lösungen zu 3

[223;277]
[70; 90]
[85;115]
[215; 285]
[72; 88]
[80;120]

3 Gegeben sind ein Stichprobenumfang n und eine Trefferwahrscheinlichkeit p.

① n = 250; p = 0,4   ② n = 1000; p = 0,25   ③ n = 100; p = 0,8

a) Bestimmen Sie für ①, ② und ③ das 95 %- und das 99 %-Prognoseintervall.
b) Geben Sie jeweils eine Trefferanzahl an, welche vom Erwartungswert signifikant bzw. hochsignifikant abweicht.

4 Max ist sich sicher, dass er beim Würfeln immer Pech hat und selten eine 6 würfelt. Deswegen hat er heute mitgezählt, wie viele Sechsen er tatsächlich gewürfelt hat. Nach jeweils 100 Würfen hat er den Zwischenstand notiert.

Würfe	1–100	101–200	201–300	301–400	401–500
Anzahl „6"	11	8	12	19	24

a) Bestimmen Sie für n = 100 und p = $\frac{1}{6}$ das 95 %- und das 99 %-Prognoseintervall.
b) Beurteilen Sie anhand der Intervalle aus a), in welchem Block von 100 Würfen Max tatsächlich „Pech gehabt hat".

5 In Deutschland beträgt der Anteil der Jungen etwa 49 %. Die Tabelle zeigt die Schülerzahlen der Jahrgänge 5 bis 10 eines Gymnasiums und die jeweilige Anzahl an Jungen.

a) Bestimmen Sie für jeden Jahrgang das 95 %- und das 99 %-Prognoseintervall.
b) Beschreiben Sie die Bedeutung der Intervalle aus a).
c) Beurteilen Sie für jeden Jahrgang, ob die tatsächliche Anzahl der Jungen signifikant oder hochsignifikant vom Erwartungswert abweicht.
d) Beurteilen Sie die Zahl der Jungen der gesamten Mittelstufe bezüglich der 49 %.

Jahrgang	Schülerzahl	Anzahl Jungen
5	120	46
6	135	60
7	110	66
8	90	41
9	95	38
10	85	52

Hinweis

Bei einer Prognose zur Sicherheitswahrscheinlichkeit S gibt man als Prognose häufig das kleinste um den Erwartungswert symmetrische Intervall an, für das die Wahrscheinlichkeit mindestens S ist.

6 Gegeben ist eine binomialverteilte Zufallsgröße X mit n = 100 und p = 0,5.

a) Interpretieren Sie den Screenshot.
b) Ermitteln Sie 60 %-, 70 %- und 80 %-Prognoseintervalle für:

① n = 100; p = 0,15   ② n = 150; p = 0,7

③ n = 200; p = 0,9

	untere - obere Grenze	
B	C	D
k	[50 - k; 50 + k]	P(µ-k ≤X≤ µ+k)
1	[49;51]	0,235646566
2	[48;52]	0,382700586
3	[47;53]	0,515881586
4	[46;54]	0,631798383
5	[45;55]	0,728746976
6	[44;56]	0,806652096

Hinweis

Verwendet man *Notes* bzw. *eActivity*, so kann man gleichartige Berechnungen immer wieder mit verschiedenen Werten durchführen.

7 Tina bestimmt im Grafikmenü des CAS für den 100-fachen Wurf einer Münze ein Prognoseintervall zur Sicherheitswahrscheinlichkeit von 80 %.

a) Beschreiben Sie Tinas Vorgehen anhand der Abbildung und geben Sie das 80 %-Prognoseintervall an.
b) Bestimmen Sie mit Tinas Methode auch das 90 %- und das 99 %-Prognoseintervall.
c) Verwenden Sie nun als Trefferwahrscheinlichkeit p = 0,1 (p = 0,3; p = 0,9) und bestimmen Sie das 95 %-Prognoseintervall für n = 100. Beschreiben Sie, wie sich die Graphen und die Intervalle verändern.

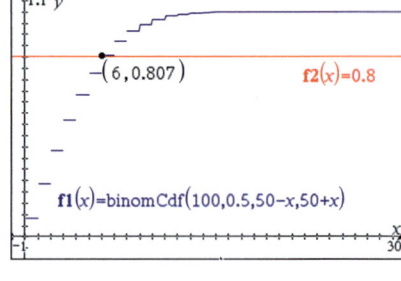

Verträglichkeit von p mit einer Stichprobe

Der genaue Wert der Trefferwahrscheinlichkeit p ist häufig nicht bekannt. Oft aber gibt es für p eine Angabe aus früheren Untersuchungen oder Umfragen. Dieser Wert von p kann mithilfe einer Stichprobe beurteilt werden. **(Schluss von der Stichprobe auf die Gesamtheit)**

Hinweis

Die Verträglichkeit von p wird stets zu einer Sicherheitswahrscheinlichkeit angegeben. Neben den üblichen 95 % oder 99 % können auch andere Werte auftreten.

> **Definition** | **Verträglichkeit von p mit einer Stichprobe**
>
> Ein vermuteter Wert für den Parameter p heißt **verträglich mit einer Stichprobe** zur Sicherheitswahrscheinlichkeit von 95 %, wenn die Trefferanzahl der Stichprobe im 95 %-Prognoseintervall von p liegt.

Ist ein vermuteter Wert von p nicht verträglich mit einer Stichprobe, so kann dessen Gültigkeit angezweifelt werden.

> **Beispiel 2** | Bei der letzten Erhebung lag der Anteil an Vegetariern bei p = 0,06. In einer aktuellen Umfrage von 300 Personen geben 25 Personen an, Vegetarier zu sein.
> Prüfen Sie, ob der Wert von p bei einer Sicherheitswahrscheinlichkeit von 95 % mit der Stichprobe verträglich ist.
>
> **Lösung:**
>
> Berechnen Sie für n = 300 und p = 0,06 das 95 %-Prognoseintervall (Laplace-Bedingung $\sigma > 3$ ist erfüllt).
> Das Stichprobenergebnis 25 ist im Intervall enthalten. Also ist p verträglich mit der Stichprobe.
>
> $\mu = 300 \cdot 0,06 = 18 \qquad \sigma \approx 4,11 > 3$
> $\mu - 1,96\sigma \approx 9,94; \quad \mu + 1,96\sigma \approx 26,06$
> 95 %-Prognoseintervall: [9,94; 26,06]
> $25 \in [9,94; 26,06]$
> p = 0,06 ist verträglich mit der Stichprobe.

Basisaufgaben

8 Auf einem Jahrmarkt wirbt eine Losbude damit, dass 20 % aller Lose Gewinne seien. Eine Schülergruppe beobachtet den Stand eine Stunde lang. In dieser Zeit werden 255 Lose verkauft und dabei 42 Gewinne ausgegeben.
a) Bestimmen Sie unter der Annahme von p = 0,2 und n = 255 das 95 %-Prognoseintervall.
b) Beurteilen Sie p = 0,2 anhand des konkreten Stichprobenergebnisses.
c) Untersuchen Sie, ob der Wert von p = 0,2 mit den Beobachtungen in den folgenden drei Stunden verträglich ist (Sicherheitswahrscheinlichkeit 95 %).

① 205 Lose, 33 Gewinne   ② 310 Lose, 42 Gewinne   ③ 280 Lose, 71 Gewinne

9 Eine Süßigkeitenfirma produziert Kaubonbons in unterschiedlichen Geschmacksrichtungen. Zum Firmenjubiläum gibt es eine Sondermischung mit 50 % Erdbeerbonbons. Thomas kauft gleich zwei Familienpackungen mit jeweils 40 Bonbons und zählt die Anzahl der Erdbeerbonbons.
a) Berechnen Sie P (X = 40) sowie P (X ≥ 40) für eine geeignete Zufallsvariable X und deuten Sie die Ergebnisse im Sachzusammenhang.
b) In beiden Familienpackungen zusammen findet Thomas 50 Erdbeerbonbons. Begründen Sie, dass er aufgrund dieser Stichprobe den Anteil von 50 % Erdbeerbonbons anzweifeln sollte.
c) Untersuchen Sie, ob Thomas den Anteil von 50 % auch aufgrund eines 99 %-Prognoseintervalls anzweifeln sollte.

10 Ein Würfel soll darauf getestet werden, ob er ideal ist. Er wird 800-mal geworfen.

a) Bestimmen Sie ein 95%-Prognoseintervall für die Anzahl an Sechsen.

b) Geben Sie zwei Intervalle für die Anzahl an Sechsen an, innerhalb derer der Würfel als „nicht ideal" bezeichnet werden muss.

c) Wiederholen Sie das Vorgehen in a) und b) mit einer Sicherheitswahrscheinlichkeit von 80% statt 95%. Beschreiben Sie, wie sich die Ergebnisse verändern.

11 Es wird angenommen, dass 30% der Bevölkerung Deutschlands an einer Allergie leiden. In einer aktuellen Umfrage werden in verschiedenen Bundesländern jeweils 1000 Personen befragt.

Bundesland	Allergiker in der Umfrage
Sachsen	321
Berlin	617
Hamburg	235
Bremen	262
Sachsen-Anhalt	317
Saarland	285
Thüringen	305

a) Begründen Sie, dass die Anzahl der Allergiker in einer Stichprobe als binomialverteilt angenommen werden kann.

b) Überprüfen Sie, mit welchen Umfrageergebnissen der vermutete Anteil an Allergikern verträglich ist (bei einer Sicherheitswahrscheinlichkeit von 99%).

c) Die Umfrage in Berlin wurde vor einem Ärztezentrum für Allergologie durchgeführt. Erklären Sie damit das Ergebnis der Umfrage aus Berlin. Begründen Sie, dass diese Stichprobe nicht repräsentativ ist und daher vernachlässigt werden sollte.

Weiterführende Aufgaben

12 Nehmen Sie begründet Stellung zu der Aussage.

a) Das 90%-Prognoseintervall ist immer im 95%-Prognoseintervall enthalten.

b) Wenn ein Ergebnis signifikant vom Erwartungswert abweicht, dann gilt dies auch für alle Ergebnisse, die noch weiter vom Erwartungswert entfernt liegen.

c) Wenn ein vermuteter Wert von p nicht verträglich mit dem Ergebnis einer Stichprobe ist, dann bedeutet das, dass der Wert von p falsch ist.

d) Wird ein Wert von p anhand einer Stichprobe verworfen, so entspricht der Anteil der Treffer beim Stichprobenergebnis dem richtigen Wert von p.

13 Jeder von der Firma Untec in Massenproduktion hergestellte Mikrochip ist mit einer Wahrscheinlichkeit von 7,5% fehlerhaft. In Stichproben von jeweils 300 Chips wird geprüft, ob sich der Anteil fehlerhafter Chips verändert.

a) Geben Sie einen Wert als Prognose für die zu erwartende Anzahl an fehlerhaften Chips in einer Stichprobe von 300 Exemplaren an.

b) Simon sagt: *„Wenn in einer Stichprobe nicht genau 7,5% der Chips fehlerhaft sind, dann deutet das auf eine Veränderung des Anteils hin."* Beurteilen Sie diese Aussage.

c) Bestimmen Sie das kleinstmögliche Intervall mit dem Mittelpunkt 22,5, in dem bei einer Stichprobe von 300 Chips die Anzahl der fehlerhaften Chips mit einer Wahrscheinlichkeit von mindestens 95% liegt.

d) Beschreiben Sie, wie Sie das Intervall aus c) nutzen können, um Stichproben von 300 Chips zu beurteilen. Nutzen Sie dabei auch den Begriff „Streuung".

⚠ ⊘ **14 Stolperstelle:** Nehmen Sie Stellung zu den folgenden Aussagen von Max und Julia.

Max:
„Wenn das Ergebnis einer Stichprobe im 95 %- Prognoseintervall liegt, dann bedeutet dies, dass der angenommene Wert von p zu 95 % stimmt."

Julia:
„Man kann jeden beliebigen Wert von p immer anzweifeln. Man muss nur so viele Stichproben erheben, bis der Wert von p mit einer von ihnen nicht mehr verträglich ist."

💻 ⊘ **15 Testen von p:** Die Vermutung, dass eine Reißzwecke mit einer Wahrscheinlichkeit von p = 0,4 mit der Spitze nach oben landet, soll mit einer Stichprobe von 200 Würfen zur Sicherheitswahrscheinlichkeit von 95 % überprüft werden. **Entscheidungsregel**: Der Wert von p wird verworfen, wenn er nicht mit dem Stichprobenergebnis verträglich ist.
a) Vervollständigen Sie die folgende Entscheidungsregel: „Der angenommene Wert p = 0,4 wird genau dann verworfen, wenn in der Stichprobe …"
b) Bei den 200 Würfen landet die Reißzwecke 74-mal (94-mal) mit der Spitze nach oben. Entscheiden Sie mit der Regel aus a), ob p = 0,4 verworfen werden sollte.
c) Erläutern Sie, welche Fehler auftreten können, wenn man sich nach der Regel in a) anhand einer konkreten Stichprobe für bzw. gegen den Wert von p entscheidet.
d) Beim Testen von p liefert eine Stichprobe ein Ergebnis, welches signifikant vom Erwartungswert abweicht. Geben Sie zwei mögliche Gründe für solch ein Ergebnis an.

💻 ⊘ **16** Erfahrungsgemäß essen in einer Kantine einer Firma durchschnittlich 40 % der Belegschaft zum Mittag das Nudelgericht. Es kommen 360 Personen zum Mittagessen.
a) Bestimmen Sie Prognoseintervalle, in denen die Anzahl der Nudelesser zu

① mindestens 95 %, ② mindestens 99 %, ③ mindestens 90 % liegen.

b) Die Anzahl der Nudelesser wird eine Woche lang stichprobenartig untersucht. Formulieren Sie auf der Grundlage der Intervalle aus Aufgabenteil a) Entscheidungsregeln, wann der Anteil von 40 % Nudelessern verworfen werden sollte.

💻 ◉ **17** In einem Supermarkt kann jeder Kunde, der für mindestens 20 € einkauft, ein Los ziehen und mit etwas Glück ein Getränk oder einen 10-€-Gutschein gewinnen. Der Supermarkt behauptet, die Chancen für ein Getränk und einen Gutschein seien gleich hoch. An einem Tag gibt es insgesamt 48 Gewinne, darunter sind nur 18 Gutscheine. Prüfen Sie, ob diese Anzahl so signifikant abweichend ist (Sicherheitswahrscheinlichkeit 95 %), dass man die Behauptung des Supermarkts anzweifeln sollte.

💻 ◉ **18** Ein Spielwürfel wird 240-mal geworfen. Die Zufallsgröße X zählt die Anzahl der Sechsen.
a) Berechnen Sie die Prognoseintervalle für (hoch-) signifikante Abweichungen.
b) Führen Sie das Zufallsexperiment für 100 Versuche zu 240 Würfen durch und interpretieren Sie die Grafik. Erläutern Sie die Befehlszeile im *Notes*-Fenster.

Hinweis

Wählen Sie beim Casio für Spalte A der Tabelle: *Edit, Füllen, Füllen mittels Reihe, x,x,1,100,1,A1, OK;* für Spalte B: *Edit, Füllen, Mit Wert füllen: randbin(240,1/6,1),* Taste oben für Grafik, Spalten A und B markieren, Streuplot auswählen

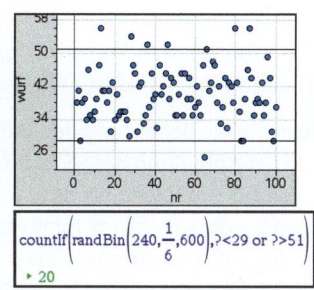

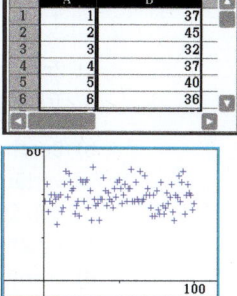

19 Einseitiger Test: Im Jahr 2018 besaßen laut einer Studie 66 % der Weltbevölkerung ein Smartphone. Man möchte testen, ob der Anteil in Deutschland höher ist. Der Anteil von 66 % soll mit einem Test mit einer Sicherheitswahrscheinlichkeit von 95 % überprüft und nur dann verworfen werden, wenn die Umfrage signifikant zu viele Smartphonenutzer ergibt. Dazu werden 1000 Leute in Deutschland befragt.

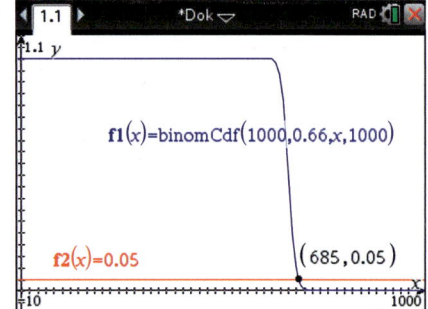

a) Erklären Sie in diesem Zusammenhang die Abbildung.

b) Formulieren Sie auf der Grundlage der Abbildung eine Entscheidungsregel.

c) Drei unterschiedliche Umfragen unter 1000 Leuten haben die folgenden Anzahlen an Smartphonenutzern ergeben: ① 805 ② 670 ③ 745
Überprüfen Sie jeweils, ob der Anteil von p = 0,66 verworfen werden sollte.

20 Prognoseintervalle für die relative Trefferhäufigkeit:
Etwa 41 % der Deutschen haben die Blutgruppe 0.

a) Bestimmen Sie 95 %-Prognoseintervalle für die Anzahl der Personen mit Blutgruppe 0, wenn n = 100, n = 1000 oder n = 10 000 Personen zufällig ausgewählt werden.

b) Teilen Sie die Grenzen der Intervalle aus a) durch n, um 95 %-Prognoseintervalle für relative Häufigkeiten zu erhalten. Beschreiben Sie, was solche Intervalle aussagen.

c) Bestimmen Sie jeweils die Breite der Prognoseintervalle in a) und b) und beschreiben Sie, wie sich die Breite mit wachsendem n verändert.

21 Gegeben ist eine Bernoulli-Kette der Länge n mit der Trefferwahrscheinlichkeit p.

a) Zeigen Sie, dass die relative Trefferhäufigkeit für $\sigma > 3$ zu etwa 95 % im folgenden

Intervall liegt: $\left[p - 1{,}96 \cdot \sqrt{\frac{p \cdot (1-p)}{n}}\,;\; p + 1{,}96 \cdot \sqrt{\frac{p \cdot (1-p)}{n}} \right]$

b) Begründen Sie, dass mit steigendem Stichprobenumfang n die Intervallbreite mit dem Faktor $\frac{1}{\sqrt{n}}$ abnimmt.

22 Ausblick: Die 95 %-Prognoseintervalle der relativen Trefferhäufigkeiten für p = 0,5 in Abhängigkeit von n werden in der Grafik durch die blaue Markierung, sozusagen einen zweidimensionalen „Trichter", veranschaulicht.

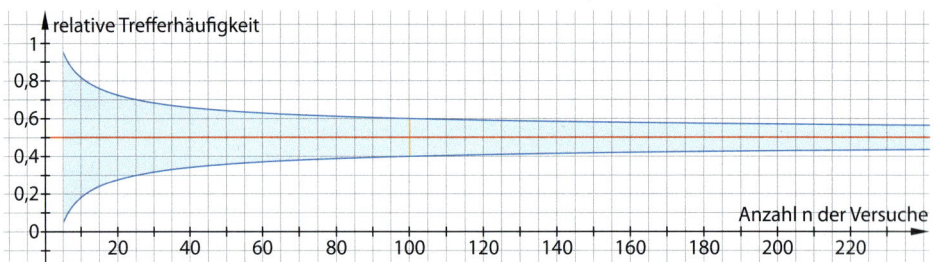

a) Zeigen Sie mithilfe von Aufgabe 21, dass sich die obere und untere Randkurve des Trichters näherungsweise durch $f(n) = \frac{1}{2} - \frac{1}{\sqrt{n}}$ und $g(n) = \frac{1}{2} + \frac{1}{\sqrt{n}}$ beschreiben lassen.

b) Beschreiben Sie die Bedeutung der gelben Strecke, die senkrecht zur roten Geraden verläuft, in der Abbildung des 95 %-Trichters. Bestimmen Sie die Länge der entsprechenden Strecken für n = 25 und n = 400.

c) Beschreiben Sie die Lage eines Trichters bei 90% (99%) relativ zum 95 %-Trichter.

d) Formulieren Sie das empirische Gesetz der großen Zahlen für die relative Häufigkeit von „Zahl" beim Münzwurf und erläutern Sie den Zusammenhang mit dem 95 %-Trichter.

9.2 Konfidenzintervalle

Gesucht ist der Anteil der Linkshänder an der Südschule.

a) Geben Sie begründet einen Schätzwert für diesen Anteil an. Entscheiden Sie, ob es ein Schätzwert für eine Stichprobe oder für die Grundgesamtheit ist.

b) Prüfen Sie, ob ein Anteil von 15 % bzw. 20 % Linkshändern an der Schule verträglich ist mit dem Stichprobenergebnis des 12. Jahrgangs (Sicherheitswahrscheinlichkeit 95 %).

> **Südschule:** 1075 Schüler, im 12. Jahrgang 100 Schüler, davon 17 Linkshänder

Bei einer Bernoulli-Kette der Länge n mit Trefferwahrscheinlichkeit p gilt nach der 1,96σ-Regel für die Trefferanzahl k mit einer Wahrscheinlichkeit von 95 % etwa:

$$n \cdot p - 1{,}96 \sqrt{n \cdot p \cdot (1-p)} \le k \le n \cdot p + 1{,}96 \sqrt{n \cdot p \cdot (1-p)} \quad \text{(falls } \sigma > 3\text{)}$$

Die Division der Ungleichung durch n ergibt, dass für die relative Trefferhäufigkeit $h = \frac{k}{n}$ zu etwa 95 % gilt: $p - 1{,}96 \sqrt{\frac{p \cdot (1-p)}{n}} \le h \le p + 1{,}96 \sqrt{\frac{p \cdot (1-p)}{n}}$. Diese Aussage liefert bei einer bekannten Trefferwahrscheinlichkeit p ein 95 %-Prognoseintervall um p für die relative Trefferhäufigkeit h. Man kann diese Aussage auch umgekehrt nutzen, um mithilfe einer relativen Trefferhäufigkeit, die eine Stichprobe ergibt, den Wert von p zu schätzen, wenn dieser unbekannt ist. In der Regel interessiert man sich für einen Bereich, in dem der Wert von p mit einer gewissen Sicherheit liegt. Hier spricht man vom **Schluss von der Stichprobe auf die Gesamtheit**.

Der unbekannte Anteil p der Anhänger einer Partei unter allen Wählern soll mithilfe einer Stichprobe geschätzt werden. Bei einer Umfrage unter 1000 Wählern gaben 80 an, die Partei wählen zu wollen. Man fasst die Umfrage als Bernoulli-Kette der Länge n = 1000 mit der Trefferwahrscheinlichkeit p auf.

Als Schätzwert für p kann man die relative Häufigkeit $h = \frac{80}{1000} = 0{,}08$ nehmen.

Hinweis

Alle Werte von p, für die h im 95 %-Prognoseintervall von p liegt, nennt man **verträglich** mit h bei einer Sicherheitswahrscheinlichkeit von 95 %.

Der feste, aber unbekannte Wert von p könnte auch in der Nähe von 0,08 liegen. Daher prüft man für weitere mögliche Werte von p, ob diese mit dem Stichprobenergebnis h = 0,08 verträglich sind und h = 0,08 im 95 %-Prognoseintervall um p liegt:

$$\left[p - 1{,}96 \sqrt{\frac{p \cdot (1-p)}{1000}} \; ; \; p + 1{,}96 \sqrt{\frac{p \cdot (1-p)}{1000}} \right].$$

p	95 %-Prognose-intervall um p	p verträglich mit h = 0,08?
0,06	[0,045; 0,075]	nein
0,07	[0,054; 0,086]	ja
0,08	[0,063; 0,097]	ja
0,09	[0,072; 0,108]	ja
0,10	[0,081; 0,119]	nein

Man kann Konfidenzintervalle in einer Tabelle oder Zahlengeraden veranschaulichen. Eine andere Darstellung ist die **Konfidenzellipse**. Diese erhält man, wenn man

$$h_u(p) = p - c \sqrt{\frac{p(1-p)}{n}} \quad \text{bzw.}$$

Hinweis

Das Konfidenzintervall nennt man auch **Vertrauensintervall**. Es enthält alle p, denen man mit einer bestimmten Sicherheitswahrscheinlichkeit „vertraut", da sie verträglich mit h sind.

$$h_o(p) = p + c \sqrt{\frac{p(1-p)}{n}} \quad \text{für } c = 1{,}96 \text{ in einem}$$

Koordinatensystem mit waagerechter p-Achse und senkrechter h-Achse darstellt. Die Grenzen des Konfidenzintervalls sind dann die Schnittstellen der beiden Randkurven h_u bzw. h_o mit der Geraden h = 0,08. Damit kann man zu jeder ermittelten relativen Häufigkeit h das zugehörige Konfidenzintervall ablesen. Das ermittelte Intervall enthält alle mit h = 0,08 verträglichen Werte von p.

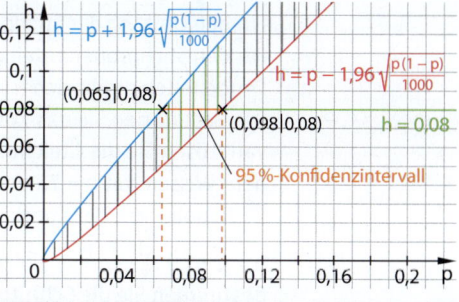

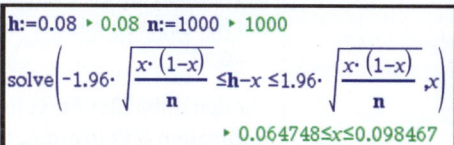

Konfidenzintervall

Bei einer Bernoulli-Kette der Länge n mit Trefferwahrscheinlichkeit p ergibt eine Stichprobe die relative Trefferhäufigkeit h. Dann enthält das **95 %-Konfidenzintervall** zu h alle Werte von p, für die h im 95 %-Prognoseintervall $\left[p - 1{,}96 \sqrt{\frac{p \cdot (1-p)}{n}} \; ; \; p + 1{,}96 \sqrt{\frac{p \cdot (1-p)}{n}} \right]$ liegt. Die Grenzen des Konfidenzintervalls erhält man, indem man die folgenden Gleichungen für p löst:

① $p + 1{,}96 \sqrt{\frac{p \cdot (1-p)}{n}} = h$ ② $p - 1{,}96 \sqrt{\frac{p \cdot (1-p)}{n}} = h$

Hinweis

Der Faktor c für beliebige Sicherheitswahrscheinlichkeiten kann auch so berechnet werden:

$ww := 0{,}95 \triangleright 0{,}95$

$\text{invNorm}\left(\frac{1 + ww}{2} \right) \triangleright 1{,}96$

Möchte man ein Konfidenzintervall zu einer anderen **Sicherheitswahrscheinlichkeit S** als 95 % bestimmen, muss man 1,96 durch den Faktor c der entsprechenden σ-Regel ersetzen.

Die Grenzen eines Konfidenzintervalls sind Zufallsgrößen, da sie vom zufälligen Stichprobenergebnis h abhängen.

Die Abbildung zeigt 40 konkrete Konfidenzintervalle, welche sich aus 40 Stichprobenergebnissen ergeben haben. Mit einer Wahrscheinlichkeit von 95 % liegt das relative Stichprobenergebnis h im 95 %-Prognoseintervall von p. Genau in diesem Fall liegt p im 95 %-Konfidenzintervall von h (in der Abbildung blau). Man sagt, dass das 95 %-Konfidenzintervall den wahren Wert von p zu 95 % überdeckt.

Sicherheitswahr-scheinlichkeit S	Faktor c
90 %	1,64
95 %	1,96
99 %	2,58

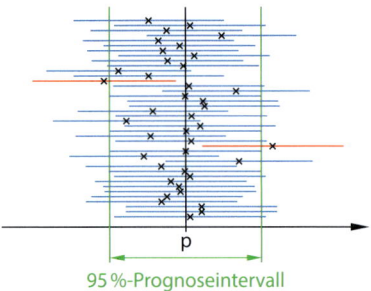

95 %-Prognoseintervall

Hinweis

Da die σ-Regeln nur näherungsweise und für σ > 3 gelten, gilt dies auch für den Satz.

Interpretation der Sicherheitswahrscheinlichkeit

Die Grenzen eines Konfidenzintervalls sind Zufallsgrößen. Ein 95 %-Konfidenzintervall überdeckt den festen, unbekannten Wert von p mit einer Sicherheitswahrscheinlichkeit von 95 %.

Ein Supermarkt bekommt eine große Lieferung von Äpfeln. In einer Stichprobe von 75 Äpfeln haben 9 Äpfel eine Druckstelle. Bestimmen Sie ein 95 %-Konfidenzintervall für den Anteil der Äpfel mit Druckstellen unter allen Äpfeln ① algebraisch und ② grafisch.

Lösung:

Für den Umfang der Stichprobe gilt n = 75.
Für den Stichprobenanteil der Äpfel mit Druckstellen ergibt sich h = $\frac{9}{75}$ = 0,12.
① Bestimmen Sie das Konfidenzintervall: Lösen Sie die Gleichungen für p aus dem Wissen mit n = 75 und h = 0,12.
② Randkurven der Konfidenzellipse:

$h = p + 1{,}96 \sqrt{\frac{p(1-p)}{75}}$ $h = p - 1{,}96 \sqrt{\frac{p(1-p)}{75}}$

Bestimmen Sie die Schnittstellen der Randkurven mit der Geraden bei h = 0,12.

Für den Anteil der Äpfel mit Druckstellen unter allen Äpfeln ergibt sich das 95 %-Konfidenzintervall [0,064; 0,213].

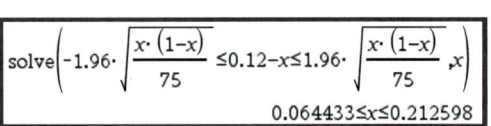

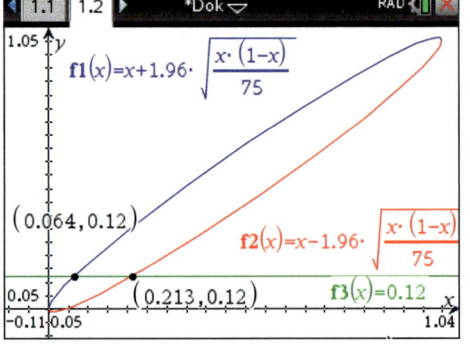

Basisaufgaben

1 Der Chef einer Kfz-Werkstatt möchte, dass mindestens 85 % seiner Kunden mit dem Service seiner Firma zufrieden sind. Von den ersten 750 befragten Kunden geben 620 Kunden an, zufrieden zu sein.
a) Bestimmen Sie ein 95 %-Konfidenzintervall für den Anteil der zufriedenen Kunden.
b) Interpretieren Sie das Intervall aus a) mit Blick auf die Zielsetzung des Chefs.

2 Im Vorfeld einer Landratswahl lässt der aktuelle Amtsinhaber stichprobenartig seine Zustimmungswerte überprüfen. In einer ersten Umfrage unter 455 Personen würden ihn 53 % wählen, in einer zweiten Umfrage unter 680 Personen würden ihn 52 % wählen.
a) Bestimmen Sie für beide Umfragen ein 95 %-Konfidenzintervall für die Zustimmungswerte des Landrates. Wählen Sie dabei einmal einen algebraischen und einmal einen grafischen Lösungsweg.
b) Untersuchen Sie anhand der Intervalle aus a), ob der Amtsinhaber mit seiner Wiederwahl rechnen kann.

3 Eine Lieferung von Tomaten enthält einen unbekannten Anteil p an Tomaten mit Druckstellen. Bei einer stichprobenartigen Überprüfung von 200 Tomaten werden 31 Tomaten mit Druckstellen gefunden.
a) Überprüfen Sie für p = 0,05; p = 0,1; p = 0,15 und p = 0,2, ob das relative Stichprobenergebnis im 95 %-Prognoseintervall $\left[p - 1{,}96\sqrt{\frac{p \cdot (1-p)}{200}}; p + 1{,}96\sqrt{\frac{p \cdot (1-p)}{200}} \right]$ um p liegt.
b) Bestimmen Sie anhand der Stichprobe das 95 %-Konfidenzintervall für den Anteil an Tomaten mit Druckstellen. Beschreiben Sie, was für die Werte von p gilt, die im 95 %-Konfidenzintervall liegen. Vergleichen Sie mit den Ergebnissen in a).
c) Erklären Sie den Unterschied zwischen den Intervallen in a) und dem Intervall in b).

Hinweis

Die Sicherheitswahrscheinlichkeit bei einem Konfidenzintervall nennt man auch **Vertrauenswahrscheinlichkeit**.

4 Nach einem Handballspiel mit 8000 Zuschauern gaben bei einer Umfrage 759 an, dass sie mit dem Spiel zufrieden waren, 688 gaben an, dass sie nicht zufrieden mit dem Spiel waren. Überprüfen Sie, ob anhand dieser Stichprobe mit einer Vertrauenswahrscheinlichkeit von 95 % geschlossen werden kann, dass die Mehrheit der Zuschauer mit dem Spiel zufrieden war.

5 Die Abbildung zeigt eine Konfidenzellipse für eine Sicherheitswahrscheinlichkeit von 95 % und einen Stichprobenumfang n = 100.
a) Die Abbildung zeigt ein 95 %-Prognoseintervall. Geben Sie den Wert von p dafür sowie das Intervall selber an.
b) Die Abbildung zeigt ein 95 %-Konfidenzintervall. Geben Sie das Intervall und den zugehörigen Stichprobenanteil an.
c) Erläutern Sie die Deutung der beiden Intervalle aus a) und b) anhand des Beispiels einer Schülersprecherwahl. Gehen Sie dabei insbesondere auf die Begriffe Stichprobe und Grundgesamtheit ein.

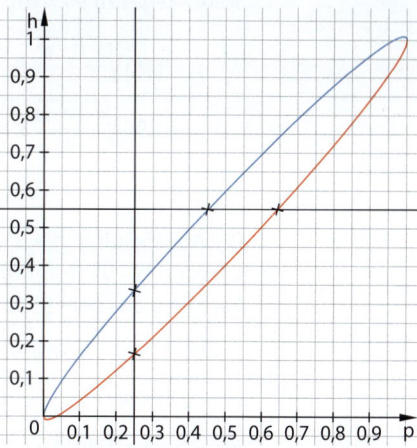

6 Interpretation der Sicherheitswahrscheinlichkeit: Die Abbildungen zeigen jeweils Konfidenzintervalle, die aus verschiedenen Stichprobenergebnissen resultieren.

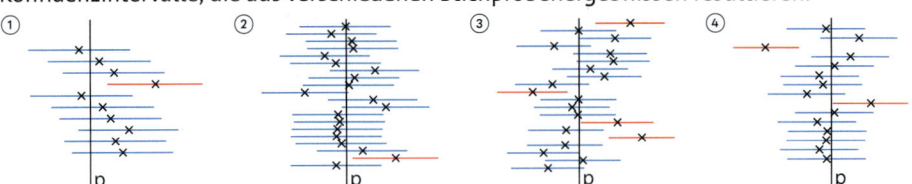

a) Erläutern Sie anhand der Abbildungen, dass die Stichprobenergebnisse und die Grenzen eines Konfidenzintervalls Zufallsgrößen sind.

b) Erläutern Sie den Zusammenhang zwischen den Konfidenzintervallen und der Sicherheitswahrscheinlichkeit.

c) Geben Sie zu jeder Abbildung begründet eine näherungsweise mögliche Sicherheitswahrscheinlichkeit passend zu den Konfidenzintervallen an.

7 Mit einer Umfrage wird die Zustimmung der Bevölkerung zu einer Aussage überprüft. Von 300 Befragten stimmten der Aussage genau 165 zu.

a) Bestimmen Sie das zugehörige Konfidenzintervall bei einer Sicherheitswahrscheinlichkeit von 90 %, von 95 % und von 99 %. (Hinweis: c = 1,64 für 90 %.)

b) Beschreiben Sie den Zusammenhang zwischen der Sicherheitswahrscheinlichkeit und der Länge der Konfidenzintervalle. Begründen Sie ihn ① anhand der Sachsituation und ② anhand der Funktionsgleichungen der Konfidenzellipse.

8 a) Vergleichen Sie bei einem Stichprobenanteil von h = 0,4 die Länge der 95 %-Konfidenzintervalle für n = 100, n = 200, n = 400 und n = 1000.

b) Erläutern Sie den Zusammenhang zwischen der Länge eines Konfidenzintervalls und dem Stichprobenumfang n ① qualitativ am Beispiel einer Umfrage und ② anhand der Funktionsgleichungen der Konfidenzellipse.

Mindestumfang der Stichprobe

Vergrößert man beim Schätzen der Trefferwahrscheinlichkeit p mit einer Stichprobe den Stichprobenumfang n, wird das Konfidenzintervall kleiner und die Schätzung genauer. Es soll nun untersucht werden, wie groß der Stichprobenumfang n sein muss, um eine bestimmte Genauigkeit mit großer Sicherheit (meist 95 %) zu erreichen.

Bei einer Bernoulli-Kette ($\sigma > 3$) liegt die relative Trefferhäufigkeit h einer Stichprobe nach der $1,96\sigma$-Regel zu 95 % im 95 %-Prognoseintervall um p. Das bedeutet:

$$p - 1,96\sqrt{\frac{p \cdot (1-p)}{n}} \leq \quad h \quad \leq p + 1,96\sqrt{\frac{p \cdot (1-p)}{n}} \qquad | -p$$

$$-1,96\sqrt{\frac{p \cdot (1-p)}{n}} \leq h - p \leq 1,96\sqrt{\frac{p \cdot (1-p)}{n}} \qquad | \text{ Definition des Betrags}$$

$$|h - p| \leq 1,96\sqrt{\frac{p \cdot (1-p)}{n}}$$

Die Abweichung $|h - p|$ ist maximal an den Grenzen des 95 %-Konfidenzintervalls zu h. Für alle p aus dem 95 %-Konfidenzintervall zu h gilt: $|h - p| \leq 1,96\sqrt{\frac{p \cdot (1-p)}{n}}$; zu 95 % überschreitet $|h - p|$ einen gegebenen Wert d nicht, wenn $1,96\sqrt{\frac{p \cdot (1-p)}{n}} \leq d$ gilt.

Auflösen von $1,96\sqrt{\frac{p \cdot (1-p)}{n}} \leq d$ nach n:

$$n \geq \frac{1,96^2}{d^2} \cdot p \cdot (1-p)$$

Da $p \cdot (1-p) \leq 0,25$ und $1,96 < 2$ ist dies erfüllt, falls $n \geq \frac{2^2}{d^2} \cdot 0,25 = \frac{1}{d^2}$

> **Satz** | **Mindestumfang einer Stichprobe**
>
> Bei einer Bernoulli-Kette mit Trefferwahrscheinlichkeit p weicht die relative Trefferhäufig keit einer Stichprobe vom Umfang n zu 95 % höchstens um einen Wert d von p ab, wenn gilt:
>
> $$n \geq \left(\frac{1,96}{2d}\right)^2 \left(\text{bzw. als gröbere Abschätzung: } n \geq \frac{1}{d^2}\right)$$

Für andere **Sicherheitswahrscheinlichkeiten S** als 95 % muss man 1,96 durch den Faktor c der entsprechenden σ-Regel ersetzen.

> **Beispiel 2**
>
> Vor einer Wahl möchte der Amtsinhaber seinen Stimmenanteil mit einer Abweichung von maximal 4 Prozentpunkten bei einer Sicherheitswahrscheinlichkeit von 95 % vorhergesagt bekommen.
> a) Bestimmen Sie den dafür notwendigen Stichprobenumfang n.
> b) Bestimmen Sie ein 95 %-Konfidenzintervall für den Wert von n aus a) und das Stichprobenergebnis h = 0,5. Zeigen Sie, dass die Grenzen des Intervalls um etwa 4 Prozentpunkte von h abweichen.
>
> **Lösung:**
>
> **Hinweis**
>
> Die Länge eines Konfidenzintervalls ist für h = 0,5 am größten.
>
> a) Bei 4 Prozentpunkten ist die Genauig- keit d = 0,04. Verwenden Sie ohne weitere Informationen über p die Ungleichung aus dem Satz.
>
> $$n \geq \frac{1,96^2}{d^2} \cdot 0,25 = \frac{1,96^2}{0,04^2} \cdot 0,25 = 600,25$$
> Der Umfang der Stichprobe muss mindes- tens 601 sein.
>
> b) Bestimmen Sie für n = 601 und h = 0,5 die Grenzen p_1 und p_2 des 95 %-Kon- fidenzintervalls. Wegen $|p_1 - 0,5| = |p_2 - 0,5|$ gilt: Die beiden Grenzen des 95 %-Konfidenzintervalls weichen gleich stark von h = 0,5 ab.
>
> $$\text{solve}\left(0.5 - 1.96 \cdot \sqrt{\frac{p1 \cdot (1-p1)}{601}} = p1, p1\right)$$
> ▸ $p1 = 0.460152$
> $$\text{solve}\left(0.5 + 1.96 \cdot \sqrt{\frac{p2 \cdot (1-p2)}{601}} = p2, p2\right)$$
> ▸ $p2 = 0.539848$

Basisaufgaben

9 Eine Schulmensa möchte mit einer Umfrage bei einer Sicherheitswahrscheinlichkeit von 95 % untersuchen, wie viele Schüler mit ihrem Essensangebot zufrieden sind. Bestimmen Sie den dafür mindestens notwendigen Stichprobenumfang, falls die Abweichung maximal ① 5 Prozentpunkte und ② 2,5 Prozentpunkte betragen soll.

10 Der unbekannte Anteil in der Bevölkerung, der eine bestimmte App nutzt, sei p. Bei einer Stich- probe soll der Anteil h in der Stichprobe, der diese App nutzt, um höchstens 5 Prozentpunkte von p abweichen (Sicherheitswahrscheinlichkeit 95 %).
a) Bestimmen Sie, wie groß der Umfang n der Stichprobe mindestens sein muss.
b) Zeigen Sie für den Wert von n aus a) und das Stichprobenergebnis h = 0,5, dass die Grenzen des 95 %-Konfidenzintervalls um etwa 5 Prozentpunkte von h abweichen.
c) Bestimmen Sie für den Stichprobenumfang n = 350 und die angegebenen relativen Stichprobenergebnisse h, um welchen Wert die Grenzen des 95 %-Konfidenzintervalls von h abweichen. Vergleichen Sie diese untereinander. Prüfen Sie, ob die Abweichungen größer als 5 Prozentpunkte sind.
① h = 0,3   ② h = 0,4   ③ h = 0,5   ④ h = 0,6   ⑤ h = 0,7

18 Eine Untersuchung zur Einstellung der Bevölkerung zum Tempolimit auf Autobahnen ergab, dass 60 % der Frauen, aber nur 50 % der Männer eine solche Regelung befürworten.
   a) Bestimmen Sie die 95 %-Konfidenzintervalle für die Zustimmung der Frauen und der Männer für einen Stichprobenumfang der Befragung von n = 200 bzw. n = 800.
   b) Untersuchen Sie, wie hoch der Stichprobenumfang sein muss, damit bei einer Sicherheitswahrscheinlichkeit von 95 % davon ausgegangen werden kann, dass Frauen ein Tempolimit auf Autobahnen stärker befürworten als Männer.

19 Die Anzahl der Karpfen in einem See ist unbekannt. Es werden 100 Karpfen gefangen und markiert. Eine Woche später werden 75 Karpfen gefangen, darunter 41 markierte.
   a) Bestimmen Sie anhand des Stichprobenanteils ein 95 %-Konfidenzintervall.
   b) Schätzen Sie die Anzahl aller Karpfen im See. Ermitteln Sie für diese Anzahl ein Intervall zu einer Sicherheitswahrscheinlichkeit von 95 %.

20 a) Erzeugen Sie mit einem CAS möglichst viele zufällige Stichprobenergebnisse für eine Bernoulli-Kette mit n = 200 und p = 0,3 und berechnen Sie zu jedem Stichprobenergebnis das 90 %-Konfidenzintervall.

> randBin(200,0.3,20)
> {63,59,53,62,64,57,60,47,58,49,55,58,54,60,54,64,65,61,56,58}

   b) Ermitteln Sie, welcher Anteil der Konfidenzintervalle aus a) den Wert p = 0,3 überdeckt. Beurteilen Sie, inwieweit das Ergebnis Ihren Erwartungen entspricht.

21 Bei einer Bernoulli-Kette mit Trefferwahrscheinlichkeit p sei k die Trefferanzahl einer Stichprobe vom Umfang n. Der Erwartungswert ist $\mu = n \cdot p$. Begründen Sie, dass die folgenden Aussagen gleichbedeutend sind.
   ① p liegt im 95 %-Konfidenzintervall zu $\frac{k}{n}$.
   ② $\frac{k}{n}$ liegt im 95 %-Prognoseintervall $p - 1{,}96\sqrt{\frac{p \cdot (1-p)}{n}}$; $p + 1{,}96\sqrt{\frac{p \cdot (1-p)}{n}}$ um p.
   ③ k liegt im 95 %-Prognoseintervall $[np + 1{,}96\sqrt{np(1-p)}$; $np + 1{,}96\sqrt{np(1-p)}$ um μ.
   ④ k liegt in der 1,96σ-Umgebung um μ.

22 Ausblick: Es gibt weitere Möglichkeiten zur grafischen Bestimmung von Konfidenzintervallen als Alternativen zur Konfidenzellipse. Die obere Abbildung zeigt die Graphen der Funktionen f und g mit $f(p) = |110 - 300p|$ und $g(p) = 1{,}96\sqrt{300p(1-p)}$.
   a) Geben Sie mithilfe der Abbildung und der Funktionsgleichungen die Sicherheitswahrscheinlichkeit, den Stichprobenumfang n und den Stichprobenanteil h sowie das zugehörige Konfidenzintervall an.
   b) Leiten Sie die Gleichungen von f und g aus dem Ansatz $p \pm 1{,}96\sqrt{\frac{p \cdot (1-p)}{n}} = h$ her.
   c) Eine weitere Möglichkeit liefert die Parabel mit der Gleichung
   $k(p) = (110 - 300p)^2 - 1{,}96^2 \cdot 300(p - p^2)$.
   Erläutern Sie, wie mithilfe der Parabel das passende Konfidenzintervall bestimmt wird und wie eine Funktionsgleichung von k entsteht.

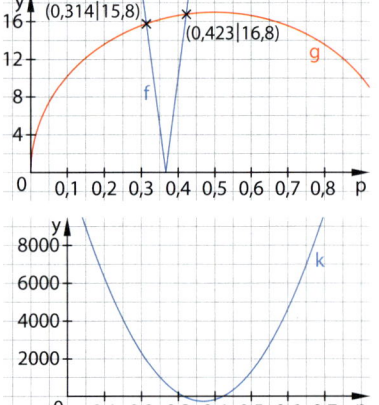

Abschätzen mit Konfidenzintervallen

Wenn am Sonntag Bundestagswahl wäre? – Bei solchen oder ähnlichen Befragungen werden zu den Ergebnissen immer Abweichungen angegeben. Erläutern Sie, woher diese stammen und wie man deren Größe beeinflussen kann.

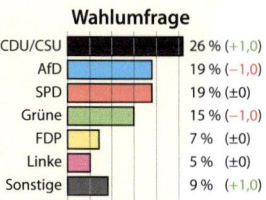

Wahlumfrage

CDU/CSU		26 % (+1,0)
AfD		19 % (−1,0)
SPD		19 % (±0)
Grüne		15 % (−1,0)
FDP		7 % (±0)
Linke		5 % (±0)
Sonstige		9 % (+1,0)

Die quadratische Funktion $f(p) = p \cdot (1 - p)$ hat an der Stelle $p = \frac{1}{2}$ ihren Scheitelpunkt und nimmt dort ihren größten Wert an. Wenn man in der Ungleichung

$|h - p| \leq 1{,}96 \cdot \sqrt{\frac{p \cdot (1 - p)}{n}}$ unter der Wurzel die Wahrscheinlichkeit p durch ihren größten Wert $p = \frac{1}{2}$ sowie den Wert 1,96 durch 2 ersetzt, so erhält man $|h - p| \leq 2 \cdot \sqrt{\frac{1}{4n}} \Rightarrow |h - p| \leq \sqrt{\frac{1}{n}}$:

Das ist eine grobe Abschätzung für ein Konfidenzintervall.

Wissen

Mit einer Sicherheitswahrscheinlichkeit von 95% kann $|h - p|$ nach dem sogenannten

$\sqrt{\frac{1}{n}}$ - **Gesetz** näherungsweise abgeschätzt werden durch $|\mathbf{h} - \mathbf{p}| \leq \sqrt{\frac{1}{n}}$

Beispiel 1

Unter dem Ergebnis einer Umfrage unter 1250 Personen zu einer Parteienwahl stand die Aussage rechts. Untersuchen Sie die Aussage mithilfe geeigneter 95%-Konfidenzintervalle. Nutzen Sie dafür

> Die Werte sind bei einem Anteil von 40% rund drei Prozentpunkte genau.

a) das $\sqrt{\frac{1}{n}}$ - Gesetz,
b) eine Doppelungleichung,
c) eine Näherungsformel.

Lösung:

a) Mit dem $\sqrt{\frac{1}{n}}$ -Gesetz können Sie mit besonders wenig Aufwand eine grobe Näherung bestimmen.
Das Intervall ist zwar gröber, aber oft genügt es für den betrachteten Sachverhalt.

```
n:=1250 ▸ 1250    h:=0.4 ▸ 0.4

h − ─── · 1. ▸ 0.371716   h+ ─── · 1. ▸ 0.428284
    √n                       √n
```

Diese Methode bestätigt die Aussage noch nicht.

b) Nutzen Sie die aus den Sigmaregeln folgende Doppelungleichung:

$$p - c \cdot \sqrt{\frac{p \cdot (1 - p)}{n}} \leq h \leq p + c \cdot \sqrt{\frac{p \cdot (1 - p)}{n}},$$

folglich gilt $|p - h| \leq c \cdot \sqrt{\frac{p \cdot (1 - p)}{n}}$.

```
c:=1.96
                                    1.96
solve(|p−h1|<c*√ (p*(1−p))/n,p)
{0.3731877359<p<0.4274250369}
```

Diese Methode bestätigt in etwa die oben getroffene Aussage.

c) Verwenden Sie die vordefinierte Funktion zur Berechnung des Konfidenzintervalls. Hier wird eine Näherungsformel verwendet, bei der auf der rechten Seite der Ungleichung die Wahrscheinlichkeit p durch h ersetzt wurde. Dies geschieht bzw. geschah in Zeiten ohne Einsatz von CAS, um die Berechnung zu vereinfachen.

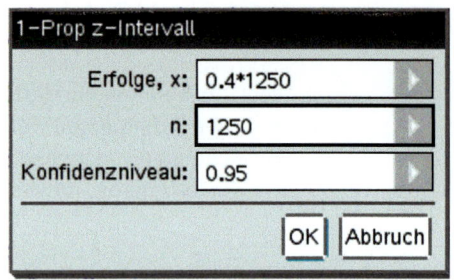

zInterval_1Prop 0.4· 1250,1250,0.95: **stat.results**

$$\begin{bmatrix} \text{"Titel"} & \text{"1-Prop z-Intervall"} \\ \text{"CLower"} & 0.372842 \\ \text{"CUpper"} & 0.427158 \\ \text{"}\hat{p}\text{"} & 0.4 \\ \text{"ME"} & 0.027158 \\ \text{"n"} & 1250. \end{bmatrix}$$

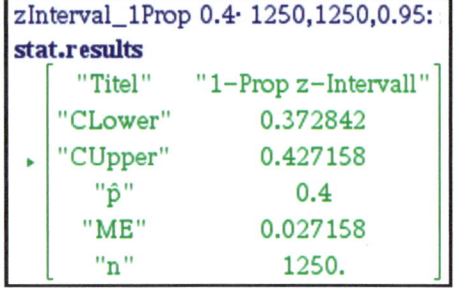

$$h-c\cdot\sqrt{\frac{h\cdot(1-h)}{n}} \quad \blacktriangleright \ 0.372841$$

$$h+c\cdot\sqrt{\frac{h\cdot(1-h)}{n}} \quad \blacktriangleright \ 0.427159$$

Die ermittelten Werte weichen für $0{,}3 < p < 0.7$ nur wenig von den mit der Doppelungleichung berechneten Werten ab.

Aufgaben

1 Interpretieren Sie die Screenshots und formulieren Sie eine Aussage wie in Beispiel 1.

$n:=1250 \ \blacktriangleright \ 1250 \quad h:=0.1 \ \blacktriangleright \ 0.1$

$h-\dfrac{1}{\sqrt{n}}\cdot 1. \ \blacktriangleright \ 0.071716 \quad h+\dfrac{1}{\sqrt{n}}\cdot 1. \ \blacktriangleright \ 0.128284$

$c:=1.96 \ \blacktriangleright \ 1.96$

$\text{solve}\left(|p-h|<c\cdot\sqrt{\dfrac{p\cdot(1-p)}{n}},p\right)$

$\blacktriangleright \ 0.084575<p<0.117876$

zInterval_1Prop 0.4· 1250,1250,0.95: **stat.results**

$$\begin{bmatrix} \text{"Titel"} & \text{"1-Prop z-Intervall"} \\ \text{"CLower"} & 0.372842 \\ \text{"CUpper"} & 0.427158 \\ \text{"}\hat{p}\text{"} & 0.4 \\ \text{"ME"} & 0.027158 \\ \text{"n"} & 1250. \end{bmatrix}$$

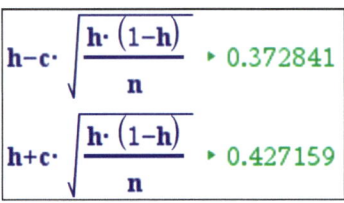

$$h-c\cdot\sqrt{\frac{h\cdot(1-h)}{n}} \quad \blacktriangleright \ 0.083369$$

$$h+c\cdot\sqrt{\frac{h\cdot(1-h)}{n}} \quad \blacktriangleright \ 0.116631$$

2 Untersuchen Sie für Beispiel 1, wie groß der Stichprobenumfang sein müsste, damit die Abweichung bei einem Anteil von 40% nur noch maximal 2 Prozentpunkte beträgt.

3 Halbierung des Konfidenzintervalls:
a) Untersuchen Sie an Beispielen, um welchen Faktor sich der Umfang einer Stichprobe vergrößern muss, damit die Länge des Konfidenzintervalls halbiert bzw. gedrittelt wird.
b) Begründen Sie ihre Erkenntnisse.

4 Bei einer Wahlumfrage soll eine möglichst genaue Prognose für den Anteil p bestimmt werden, mit dem eine neue Bürgermeister-Kandidatin einer Stadt bei der nächsten Wahl gewählt wird. Das 95%-Konfidenzintervall soll eine Länge von höchstens vier Prozentpunkten haben, d.h. $p_o - p_u \leq 0{,}04$. Bestimmen Sie die Anzahl der Personen, die mindestens befragt werden müssen, damit diese Bedingung erfüllt ist. Verwenden Sie die Näherungsformel $h \pm 1{,}96 \sqrt{\frac{h \cdot (1-h)}{n}}$.

5 Eine Fischereigenossenschaft möchte abschätzen, wie viele Forellen in einem großen Teich sind. Es werden 50 Forellen gefangen, markiert und wieder frei gelassen. Am folgenden Tag werden 200 Forellen gefangen, von denen 20 die Markierung haben. Bestimmen Sie ein 95%-Konfidenzintervall für den Anteil markierter Fische im See und daraus eine Abschätzung für die Anzahl der Forellen im Teich insgesamt.

6 Wenn man beide Seiten der Ungleichung $|p - h| \leq c \cdot \sqrt{\frac{p \cdot (1-p)}{\sqrt{n}}}$ als Funktionsgraphen darstellt (hier für c = 1,96, h = 0,7 und n = 200), ergibt sich eine Darstellung wie die rechts abgebildete.
a) Ermitteln Sie graphisch und rechnerisch mit einem CAS das zugehörige Konfidenzintervall.
b) Geben Sie an, wann das Konfidenzintervall symmetrisch zum h-Wert ist.
c) Beschreiben Sie Veränderungen an den Graphen, wenn n bzw. c verändert wird.

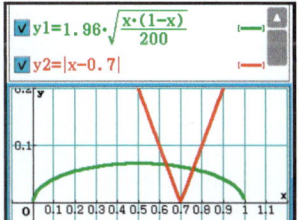

7 Forschungsauftrag: Konfidenzintervalle grafisch darstellen und untersuchen
a) Erzeugen Sie 20 zufällige Stichproben für eine Bernoulli-Kette der Länge n = 100 mit p = 0,5. Nutzen Sie dazu den Befehl *randbin*().
b) Ermitteln Sie rechnerisch mithilfe einer Tabellenkalkulation, welcher Anteil der Intervalle den Wert von p = 0,5 überdeckt. Nutzen Sie die unten abgebildete Grafik.
c) Erzeugen Sie eine grafische Darstellung der Intervalle wie die dargestellte.
d) Erstellen Sie eine Zusammenfassung zu Konfidenzintervallen und den verschiedenen grafischen und rechnerischen Lösungsmethoden. Speichern Sie im CAS eine Datei, die Sie für weitere Aufgaben verwenden können.

9.3 Klausur- und Abiturtraining

Aufgaben ohne Hilfsmittel

1 Der unbekannte Anteil p an Rauchern in der Bevölkerung soll durch ein Konfidenzintervall mit einer Sicherheitswahrscheinlichkeit von 95 % geschätzt werden.

a) In einer Stichprobe von 1000 Personen waren 180 Raucher. Entscheiden Sie begründet, welches der folgenden Intervalle als 95 %-Konfidenzintervall infrage kommt.
① [0,0532; 0,1482]   ② [0,1574; 0,205]   ③ [0,2278; 0,3601]

b) Ermitteln Sie, wie groß der Stichprobenumfang mindestens sein muss, damit der maximale Fehler nicht mehr als 1 Prozentpunkt beträgt.

2 Ein Würfel wird 180-mal geworfen. Die binomialverteilte Zufallsgröße X zählt dabei die Anzahl der geworfenen Sechsen.

a) Berechnen Sie den Erwartungswert und die Standardabweichung von X.

b) Ermitteln Sie, mit wie vielen Sechsen mit einer Wahrscheinlichkeit von etwa 99,7 % gerechnet werden kann.

c) Es werden 47 Sechsen geworfen. Entscheiden Sie begründet, ob es berechtigt ist daran zu zweifeln, dass der Würfel fair ist.

3 Betrachtet werden die beiden folgenden Situationen.

Ⓐ Aus einer Schüssel mit einem unbekannten Anteil an schwarzen und weißen Perlen wird 100-mal eine Perle mit Zurücklegen gezogen.	Ⓑ Aus einer Schüssel mit schwarzen und weißen Perlen wird 100-mal eine Perle mit Zurücklegen gezogen. Der Anteil der schwarzen Perlen in der Schüssel ist bekannt.

a) Erläutern Sie, in welcher der beiden Situationen von der Stichprobe auf die Gesamtheit und in welcher von der Gesamtheit auf die Stichprobe geschlossen werden soll. Geben Sie auch an, in welcher Situation das 95 %-Intervall und in welcher das 95 %-Konfidenzintervall ermittelt werden sollte.

b) Der Anteil der schwarzen Perlen betrage $p = \frac{1}{5}$. Begründen Sie, welches der angegebenen Intervalle als 95 %-Intervall für die Stichprobe infrage kommt.
① [13; 30]   ② [11; 27]   ③ [13; 27]   ④ [15; 32]

c) Das 95 %-Konfidenzintervall für den Anteil der schwarzen Perlen lautet [0,15; 0,31]. Ermitteln Sie einen Bereich für die Anzahl der schwarzen Perlen in der Stichprobe.

4 Abgebildet ist der Graph der Funktion

$$f(x) = \frac{1}{\sigma \cdot \sqrt{2\pi}} \cdot e^{-\frac{(x-\mu)^2}{2 \cdot \sigma^2}}.$$ Damit kann,

falls $\sigma > 3$, eine binomialverteilte Zufallsgröße angenähert werden. Der Flächeninhalt der gefärbten Fläche beträgt ca. 0,16 FE.
X sei eine binomialverteilte Zufallsgröße mit $\mu = 10$ und $\sigma = 4$.

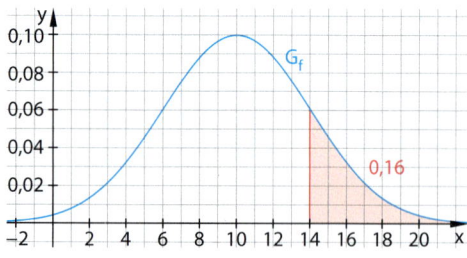

a) Erläutern Sie die Bedeutung der Funktion f und der gefärbten Fläche für die Zufallsgröße X.

b) Bestimmen Sie mithilfe der Abbildung näherungsweise die angegebenen Wahrscheinlichkeiten.
① P(X < 14)   ② P(X > 6)   ③ P(6 < X < 14)

Aufgaben mit Hilfsmitteln

5 Das abgebildete Oktaeder ist mit den Zahlen 1 bis 8 beschriftet und wird 100-mal geworfen. Die Zufallsgröße X zählt dabei die Anzahl der geworfenen Einsen. Es wird zunächst davon ausgegangen, dass es sich um ein regelmäßiges Oktaeder handelt.

a) Bestimmen Sie ein um den Erwartungswert symmetrisches Intervall, in dem die Anzahl der Einsen mit einer Wahrscheinlichkeit von etwa 95 % liegt.

b) Ermitteln Sie, mit wie vielen Einsen man mit einer Wahrscheinlichkeit von etwa 99,7 % rechnen kann.

Entgegen dem ersten Anschein ist das Oktaeder nicht regelmäßig. Die Tabelle zeigt die Anzahl k der geworfenen Einsen bei 100 bzw. bei 500 Würfen.

n	100	500
k	21	82

c) Zeigen Sie, dass beide Stichprobenergebnisse mit einer Sicherheitswahrscheinlichkeit von 95 % nicht verträglich mit der Annahme sind, dass das Oktaeder regelmäßig ist.

d) Bestimmen Sie mithilfe der jeweiligen Stichprobenergebnisse für n = 100 und n = 500 einen Bereich für die Wahrscheinlichkeit für eine Eins zu einer Sicherheitswahrscheinlichkeit von 95 %.

e) Geben Sie an, wie viele Würfe mit dem Oktaeder mindestens durchgeführt werden müssen, damit das relative Stichprobenergebnis mit einer Wahrscheinlichkeit von 95 % höchstens um 2 % vom anfangs angenommenen Wert von p für ein regelmäßiges Oktaeder abweicht.

6 Mithilfe einer Stichprobe soll der unbekannte Anteil p der Mädchengeburten an allen Geburten in Deutschland mit einer Wahrscheinlichkeit von 95 % ermittelt werden.
In der Stichprobe wurden 300 zufällig ausgesuchte Mütter von Neugeborenen nach dessen Geschlecht befragt.
Tatsächlich kommen in Deutschland im statistischen Mittel 1000 Mädchengeburten auf 1055 Jungengeburten.

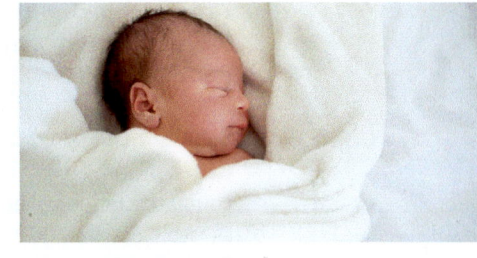

a) Erläutern Sie im Sachzusammenhang die Bedeutung der quadratischen Gleichung
$$(0,52 - p)^2 = \frac{1,96^2}{300} \cdot (p - p^2).$$
Ermitteln Sie, wie viele Mädchengeburten es in der Stichprobe gab.

b) Geben Sie zu einer Sicherheitswahrscheinlichkeit von 95 % einen Bereich für den Anteil der Mädchengeburten unter allen Geburten des Landes an.

c) Ermitteln Sie für das Ergebnis aus b) die maximale Abweichung von der relativen Häufigkeit der Mädchengeburten in der Stichprobe.
Untersuchen Sie, ob eine maximale Abweichung von höchstens 0,1 % durch die Erhöhung des Stichprobenumfangs realistischerweise erreicht werden kann.

d) In einer Region Deutschlands werden in einem Jahr 10 000 Kinder geboren. Berechnen Sie mithilfe der Gaußschen Integralfunktion Näherungswerte für die Wahrscheinlichkeit, dass darunter
① genauso viele Mädchen wie Jungen waren,
② mindestens 4800, aber nicht mehr als 4900 Mädchen waren.

Lösungen
→ S. 486/487

1 Eine Gärtnerei erhält eine Lieferung von 500 Blumenzwiebeln. Der Lieferant garantiert eine Keimfähigkeit von 90 %.
  a) Ermitteln Sie einen Prognosewert und das 95 %-Intervall für die Anzahl der keimenden Zwiebeln.
  b) Von den gelieferten Zwiebeln keimen 57 nicht. Untersuchen Sie, ob die Angabe des Lieferanten angezweifelt werden sollte.

2 In der deutschen Sprache kommt der Kleinbuchstabe „e" mit einer Wahrscheinlichkeit von etwa 17,4 % vor.
  a) Zählen Sie alle Buchstaben in dieser Aufgabe und berechnen Sie anschließend die 2σ-Umgebung für die Anzahl des Buchstaben „e".
  b) Zählen Sie alle Buchstaben „e" in dieser Aufgabe und überprüfen Sie, ob diese Anzahl in dem in a) berechneten Intervall liegt.
  c) Formulieren Sie einen deutschen Satz, in dem die Anzahl des Buchstaben „e" signifikant vom Erwartungswert abweicht.

3 In einer Fabrik werden Drohnen hergestellt, von denen erfahrungsgemäß 1,5 % defekt ausgeliefert werden.
  a) Berechnen Sie, mit wie vielen defekten Geräten bei einer Lieferung von 200 Drohnen zu rechnen ist.
  b) Ein Großhändler benötigt 1500 funktionierende Drohnen. Ermitteln Sie, wie viele Drohnen er bestellen sollte.
  c) Bestimmen Sie das 2σ-Intervall für die zu erwartende Anzahl an fehlerhaften Geräten, wenn 500 Drohnen bestellt werden.

4 a) Die Münze wird 100-mal geworfen.
    Geben Sie an, ab wann man von einer signifikanten bzw. hochsignifikanten Abweichung des Ergebnisses vom Erwartungswert sprechen kann.
  b) Die Münze wird 400-mal geworfen, es fällt 170-mal „Zahl".
    Beurteilen Sie, ob es berechtigt ist, signifikant daran zu zweifeln, dass die Münze fair ist.

5 X sei eine binomialverteilte Zufallsgröße mit den Parametern n und p, dem Erwartungswert μ und der Standardabweichung σ. Berechnen Sie jeweils die fehlenden Größen.
  a) $\mu = 20$; $\sigma = 4$ b) $n = 300$; $\mu = 75$ c) $p = 0,2$; $\sigma = 6$
  d) Verwenden Sie ein CAS möglichst geschickt zur Bestimmung der fehlenden Parameter:
    ① $n = 720, \sigma = 10$ ② $p = 0,5, \mu = 200$ ③ $1 - p = 0,9, \sigma = 12$

6 Es gibt den Verdacht, dass Euromünzen nicht fair sind, also die Wahrscheinlichkeit p für Kopf bzw. Zahl nicht gleich ist. Bei 250 Würfen einer 1-Euro-Münze fällt 140-mal Kopf.
  a) Bestimmen Sie das zugehörige Konfidenzintervall bei einer Sicherheitswahrscheinlichkeit von 90 %, von 95 % und von 99 %.
  b) Beschreiben Sie den Zusammenhang zwischen der Sicherheitswahrscheinlichkeit und der Länge der Konfidenzintervalle.
  c) Begründen Sie den Zusammenhang aus b) anhand der Sachsituation.
  d) Untersuchen Sie für jede Sicherheitswahrscheinlichkeit, ob das Stichprobenergebnis Anlass gibt, den Wert $p = 0,5$ in Zweifel zu ziehen.

Lösungen
→ S. 487

7 In Deutschland beträgt der Anteil der Linkshänder etwa 12 %. Die Tabelle zeigt die Schülerzahlen der Jahrgänge 11 bis 13 eines Gymnasiums und die jeweilige Anzahl an Linkshändern.

Jahr-gang	Schüler-zahl	Links-händer
11	120	17
12	135	5
13	110	20

a) Bestimmen Sie für jeden Jahrgang das 95 %- und das 99 %-Intervall für die Anzahl der Linkshänder.

b) Beurteilen Sie für jeden Jahrgang, ob die tatsächliche Anzahl der Linkshänder signifikant oder hochsignifikant vom Erwartungswert abweicht.

c) Bestimmen Sie für die drei Jahrgänge zusammen das 95 %- und das 99 %-Intervall für die Anzahl der Linkshänder und beurteilen Sie, ob die tatsächliche Anzahl der Linkshänder signifikant oder hochsignifikant vom Erwartungswert abweicht.

8 Eine Meinungsumfrage zur Beliebtheit einer Serie soll mit einer Sicherheitswahrscheinlichkeit von 95 % durchgeführt werden. Bestimmen Sie den dafür mindestens notwendigen Stichprobenumfang, falls die Abweichung des Stichprobenergebnisses von der unbekannten Wahrscheinlichkeit maximal ① 5 Prozentpunkte bzw. ② 2,5 Prozentpunkte betragen soll.

9 Ein Hersteller von Teegläsern rechnet bei der Produktion mit einem Ausschuss von 5 %.

a) Berechnen Sie, mit welcher Wahrscheinlichkeit eine Stichprobe von 60 Gläsern weniger als fünf fehlerhafte Gläser enthält.

b) Ermitteln Sie, wie viele Gläser man mindestens entnehmen müsste, um mit einer Wahrscheinlichkeit von mindestens 95 % mindestens zwei fehlerhafte Gläser zu erhalten.

c) Ein Konkurrent bezweifelt die Aussage des Herstellers. In einer Stichprobe von 250 Gläsern fand der Konkurrent 25 fehlerhafte Gläser. Geben Sie an, welche Aussagen der Konkurrent bei einem Sicherheitsniveau von 95 % treffen kann.

Wo stehe ich?

	Ich kann...	Aufgabe	Nachschlagen
9.1	... die Sigma-Regeln anwenden. ... Intervalle zur Prognose von Trefferanzahlen bestimmen. ... signifikante und hochsignifikante Abweichungen vom Erwartungswert erkennen. ... vermutete Werte für die Trefferwahrscheinlichkeit auf Verträglichkeit mit einer Stichprobe prüfen.	1, 2, 3, 4, 7	S. 375 Beispiel 1 S. 377 Beispiel 2
9.2	... Konfidenzintervalle bestimmen und im Sachzusammenhang interpretieren. ... den Mindestumfang einer Stichprobe zu einer vorgegebenen Genauigkeit ermitteln.	9, 11, 12	S. 382 Beispiel 1 S. 385 Beispiel 2

Stichprobe, empirische Varianz, empirische Standardabweichung

Für eine Stichprobe mit den Werten x_i und der jeweils zugehörigen Häufigkeit H_i gilt:

arithmetisches Mittel: $\bar{x} = \dfrac{\sum_{i=1}^{n}(x_i \cdot H_i)}{\sum_{i=1}^{n} H_i}$

empirische Varianz: $V = \dfrac{\sum_{i=1}^{n}(x_i - \bar{x})^2 \cdot H_i}{\sum_{i=1}^{n} H_i - 1}$

empirische Standardabweichung: $s = \sqrt{V}$

Anzahl der Geschwister	0	1	2	3
H_i	8	7	4	1

$\bar{x} = \dfrac{0 \cdot 8 + 1 \cdot 7 + 2 \cdot 4 + 3 \cdot 1}{8 + 7 + 4 + 1} = \dfrac{18}{20} = 0{,}9$

$V = \dfrac{(0 - 0{,}9)^2 \cdot 8 + (1 - 0{,}9)^2 \cdot 7 + (2 - 0{,}9)^2 \cdot 4 + (3 - 0{,}9)^2 \cdot 1}{19}$

$\approx 0{,}83$

$s = \sqrt{V} \approx 0{,}91$

Laplace-Bedingung

Für die Standardabweichung einer binomialverteilten Zufallsgröße X gilt:

$\sigma > 3$

X binomialverteilt mit $n = 600$, $p = 0{,}1$
Erwartungswert $\mu = n \cdot p = 60$
Varianz: $V = n \cdot p \cdot (1 - p) = 54$
Standardabweichung: $\sigma = \sqrt{V} \approx 7{,}35 > 3$

σ-Regeln, Prognoseintervalle und Verträglichkeit

Für eine binomialverteilte Zufallsgröße X mit den Parametern n und p, dem Erwartungswert μ und der Standardabweichung σ liegt, falls die Laplace-Bedingung erfüllt ist, die Trefferanzahl näherungsweise mit der angegebenen Wahrscheinlichkeit in dem zugehörigen Prognoseintervall:

Wahrscheinlichkeit	Prognoseintervall
90%	$[\mu - 1{,}64\sigma; \mu + 1{,}64\sigma]$
95%	$[\mu - 1{,}96\sigma; \mu + 1{,}96\sigma]$
99%	$[\mu - 2{,}58\sigma; \mu + 2{,}58\sigma]$

Ein vermuteter Wert für die Trefferwahrscheinlichkeit p heißt **verträglich** mit einer Stichprobe zur Sicherheitswahrscheinlichkeit von 95%, wenn das Stichprobenergebnis k im Intervall $[\mu - 1{,}96\sigma; \mu + 1{,}96\sigma]$ (95%-Intervall von p) liegt.

Der Anteil der 1100 Schüler einer Schule, die mit dem Bus zur Schule kommen, beträgt 40%.
X: Anzahl Busfahrende an einem Tag
X binomialverteilt mit $n = 1100$, $p = 0{,}4$
$\mu = 440$; $\qquad$ $\sigma \approx 16{,}25 > 3$
$\mu - 1{,}96 \cdot \sigma = 408{,}15$; $\quad$ $\mu + 1{,}96 \cdot \sigma = 471{,}85$
$1{,}96 \cdot \sigma$-Umgebung $[409; 471]$ (gerundet)
Mit etwa 95% Wahrscheinlichkeit kommen zwischen 409 und 471 Schüler mit dem Bus.

Bei einer Umfrage im Abiturjahrgang mit 200 Schülern geben 72 an, mit dem Bus zu kommen.
X binomialverteilt mit $n = 200$ und $p = 0{,}4$
$\mu = 80$; $\qquad$ $\sigma \approx 6{,}93 > 3$
$\mu - 1{,}96\sigma \approx 66{,}42$; $\quad$ $\mu + 1{,}96\sigma \approx 93{,}58$
95%-Intervall: $[67; 93]$ und $72 \in [67, 93]$
$p = 0{,}4$ ist verträglich mit der Stichprobe.

Konfidenzintervall und Mindestumfang der Stichprobe

Für das Stichprobenergebnis k einer binomialverteilten Zufallsgröße mit den Parametern n und p enthält das **95%-Konfidenzintervall** zu $h = \frac{k}{n}$ alle Werte von p, die mit der Stichprobe verträglich sind. Die Grenzen des Konfidenzintervalls sind die Lösungen der Gleichungen

① $h = p - 1{,}96\sqrt{\dfrac{p \cdot (1 - p)}{n}}$ und

② $h = p + 1{,}96\sqrt{\dfrac{p \cdot (1 - p)}{n}}$.

Die relative Häufigkeit h weicht zu 95% höchstens um einen Wert d von p ab, wenn für den Stichprobenumfang n gilt: $n \geq \frac{1}{d^2}$.

In einer Stichprobe von 75 Äpfeln haben 9 Äpfel eine Druckstelle. Gesucht ist der unbekannte Anteil der Äpfel mit Druckstellen unter allen Äpfeln.
X: Anzahl der Äpfel mit Druckstelle
X binomialverteilt mit $n = 75$ und p unbekannt
Stichprobenanteil: $h = \frac{9}{75} = 0{,}12$

$0{,}12 = p \pm 1{,}96\sqrt{\dfrac{p \cdot (1 - p)}{75}}$ hat die Lösungen

$p_1 \approx 0{,}213$ und $p_2 \approx 0{,}064$.
95%-Konfidenzintervall: $[0{,}064; 0{,}213]$

Soll h um höchstens 6 Prozentpunkte von p abweichen, muss für den Umfang der Stichprobe gelten: $n \geq \frac{1}{0{,}06^2} \approx 277{,}78$, also $n \geq 278$.

10

Testen von Hypothesen

Nach dem Kapitel können Sie ...
→ das Konzept erläutern, das Hypothesentests zugrunde liegt,
→ einseitige Hypothesentests durchführen,
→ anhand der Zielsetzung die Art des
   Tests und eine geeignete Nullhypothese wählen,
→ die Wahrscheinlichkeiten für
   Fehler 1. und 2. Art bestimmen
   und ihre Bedeutungen im
   Sachzusammenhang erläutern.

Lösungen
→ S. 487

Bernoulli-Formel

1 Die Formel von Bernoulli $P(X = k) = \binom{n}{k} \cdot p^k \cdot (1 - p)^{n-k}$ wird verwendet, um Wahrscheinlichkeiten bei binomialverteilten Zufallsgrößen zu berechnen.

a) Erklären Sie die Bedeutung der Parameter n, k und p.

b) In den folgenden Formeln von Bernoulli haben sich Fehler eingeschlichen. Korrigieren Sie diese jeweils durch möglichst wenige Veränderungen.

$$P(X = 8) = \binom{10}{8} \cdot (0{,}5)^{10} \cdot (0{,}5)^2 \qquad P(X \leq 5) = \binom{7}{5} \cdot p^5 \cdot (1 - p)^2$$

$$P(X = 6) = \binom{8}{6} \cdot \left(\frac{4}{5}\right)^6 \cdot \left(\frac{2}{5}\right)^2 \qquad P(X = 10) = \binom{10}{9} \cdot \left(\frac{3}{5}\right)^9 \cdot \left(\frac{2}{5}\right)^1$$

2 Geben Sie an, welche der folgenden Kärtchen zusammenpassen.

mindestens 23 %	mehr als 23 %	weniger als 23 %	höchstens 23 %	maximal 23 %

genau 23 %	p = 0,23	p ≤ 0,23	p > 0,23	p ≥ 0,23	p < 0,23

3 Begründen Sie, ob man das Zufallsexperiment als Bernoulli-Kette modellieren kann. Geben Sie gegebenenfalls die Länge der Kette n und die Trefferwahrscheinlichkeit p an.

a) Eine Münze wird 50-mal geworfen. Dabei wird gezählt, wie oft die Münze auf der Seite „Kopf" zum Liegen kommt.

b) Die Ziehung der Lotto-Zahlen.

c) Ein Würfel wird 20-mal hintereinander geworfen. Dabei wird gezählt, wie oft eine Augenzahl kleiner als drei geworfen wird.

d) Ein Würfel wird 20-mal hintereinander geworfen. In den ersten zehn Würfen zählt man die Anzahl geworfener „Sechser", danach zählt man die „Einser".

4 Ein Würfel wird 15-mal geworfen. Berechnen Sie die Wahrscheinlichkeit des Ereignisses.

a) A: Bei genau vier Würfen fällt eine Sechs.

b) B: Bei höchstens zwei Würfen fällt eine Sechs.

c) C: Es fällt mindestens einmal, aber höchstens fünfmal eine Sechs.

d) D: In den ersten beiden und im letzten Wurf fällt eine Sechs.

Binomialverteilung

5 Die Kärtchen zeigen die Parameter einer Binomialverteilung. Drei Kärtchen und Histogramme gehören zusammen. Ordnen Sie begründet zu.

① p = 0,7   ② p = 0,7   ③ p = 0,52   ④ p = 0,5
   n = 20   n = 19   n = 20   n = 20

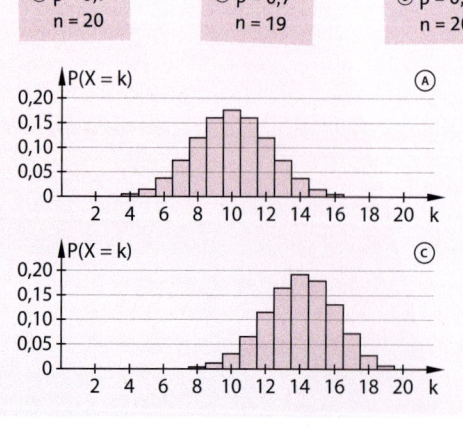

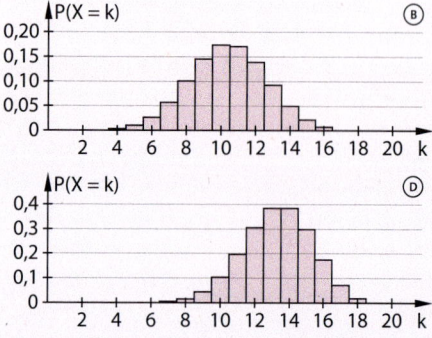

Lösungen
→ S. 487/488

6 Gegeben ist das Histogramm einer binomialverteilten Zufallsgröße X mit den Parametern n = 30 und p = 0,4.
a) Bestimmen Sie mithilfe des Histogramms näherungsweise
  ① P(X ≤ 7),
  ② P(X > 16),
  ③ die Wahrscheinlichkeit, dass X einen Wert innerhalb des Intervalls [8; 16] annimmt.
b) Überprüfen Sie Ihre Ergebnisse rechnerisch.

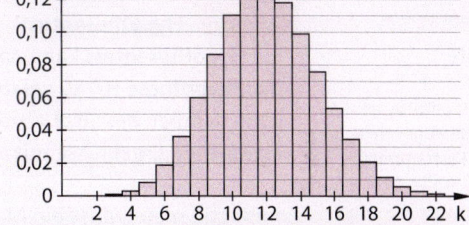

7 Gegeben ist das Histogramm einer binomialverteilten Zufallsgröße mit n = 60 und unbekannter Trefferwahrscheinlichkeit p. Der Erwartungswert ist ganzzahlig. Begründen Sie, ob die Aussage wahr oder falsch ist.
a) Es gilt p = 0,2.
b) Die Erwartungswerte aller binomialverteilten Zufallsgrößen mit n = 100 und p < 0,2 liegen weiter rechts.
c) Im Intervall [9; 15] liegen die Trefferzahlen, die höchstens um die Standardabweichung σ vom Erwartungswert abweichen.

8 Für ein Glücksspiel wird nebenstehendes Glücksrad verwendet, das in acht gleich große Sektoren unterteilt ist. Für eine Spielrunde wird das Glücksrad zweimal hintereinander gedreht. Bleibt es beide Male auf einem weißen Feld stehen, so gilt die Runde als gewonnen. Es werden 30 Runden gespielt; X zählt die gewonnenen Spielrunden.
a) Geben Sie die Wahrscheinlichkeit dafür an, eine Runde zu gewinnen.
b) Begründen Sie, dass X binomialverteilt ist.
c) Bestimmen Sie die fehlenden Wahrscheinlichkeiten.

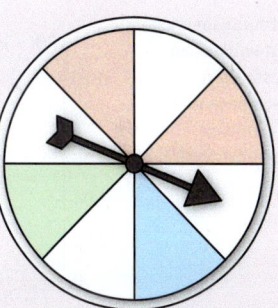

Anzahl gewonnener Spielrunden k	1	2	3	4	11	12
P(X ≤ k)						

d) Bestimmen Sie die größtmögliche Zahl l, für die P(X ≤ l) ≤ 0,05 gilt.
e) Bestimmen Sie die kleinstmögliche Zahl r, für die P(X ≥ r) ≤ 0,05 gilt.
f) Es wird vermutet, dass die vier weißen Sektoren etwas kleiner als die restlichen Sektoren sind. Erläutern Sie, wie sich dies auf die Wahrscheinlichkeitswerte aus Aufgabenteil c) auswirken würde.

9 Ein Multiple-Choice-Test besteht aus 25 Fragen mit jeweils fünf Antwortmöglichkeiten, von denen immer genau eine richtig ist.
a) Die Wahrscheinlichkeit, dass der Test durch Raten bestanden werden kann, soll weniger als 1 % betragen. Bestimmen Sie, wie viele richtige Aufgaben für diese Vorgabe mindestens verlangt werden müssen.
b) Ein Prüfling beantwortet genau 10 der 25 Fragen richtig. Der Korrektor schlussfolgert: „Der Prüfling hat also nur geraten." Beurteilen Sie die Aussage.

10.1 Grundlagen von Hypothesentests

„Lady tasting tea": Der Statistiker Ronald Fisher bot eines Tages seiner Kollegin Muriel Bristol Tee an, den er frisch aus einem Kännchen eingeschenkt hatte. Sie lehnte ab, denn für den besten Geschmack müsse er zunächst die Milch und erst danach den Tee einschenken. Da Fisher nicht an einen Unterschied im Geschmack glauben wollte, führten die beiden einen Test durch.
Beschreiben Sie, wie der Test ausgesehen haben könnte.

In der Forschung werden anhand von Stichproben Schlussfolgerungen gezogen, die man auch anzweifeln kann.

> **Wissen** / **Hypothesentest**
>
> Ein **Hypothesentest** kann dazu verwendet werden, **begründete Zweifel** an einer Annahme (**Nullhypothese H_0**) **zu verstärken**. Eine gegenteilige Annahme (**Alternativhypothese H_A**) kann dadurch **gestützt** werden. Die zentrale Idee des Tests ist es, die für die Nullhypothese erwarteten Ergebnisse mit den tatsächlichen Ergebnissen einer Stichprobe zu vergleichen.

Hinweis

Wann ein Zweifel als begründet angesehen wird, ist Festlegungssache.

Eine Ärztin meint, dass ein Medikament eine bessere Wirkung hat als höchstens 40 %, wie angegeben. Da sie an der Behauptung $p_0 \leq 0{,}4$ begründete Zweifel hat, ist die Nullhypothese H_0: $p_0 \leq 0{,}4$. Ihr Verdacht ist, dass die tatsächliche Wirksamkeit größer ist, nämlich $p > 0{,}4$. Die Alternativhypothese ist H_A: $p > 0{,}4$. Ein solcher Verdacht lässt sich durch die Untersuchung von beispielsweise 100 Patientinnen und Patienten statistisch testen.

Hinweis

Der Ablehnungsbereich wird nicht willkürlich gewählt, sondern rechnerisch nach einer Vorgabe ermittelt. Siehe hierzu Seite 407.

Ein Stichprobenergebnis aus dem Bereich [0; 48] liefert keine verwertbare Information, denn viele dieser Ergebnisse sind durch beide Hypothesen erklärbar. Auch bestehen die begründeten Zweifel an H_0 weiterhin.

Ein Ergebnis aus dem Ablehnungsbereich A = [49; 100] ist unwahrscheinlich, wenn H_0 zutrifft. Es gilt maximal $P(X \geq 49) \approx 0{,}042$.

Beobachtet die Ärztin bei 100 Patienten mindestens 49 Erfolge, so lehnt sie H_0 für die vorliegende Stichprobe ab, ansonsten nicht (**Entscheidungsregel**). Der Grund ist, dass dieses Ergebnis bei gültiger Nullhypothese nur mit geringer Wahrscheinlichkeit eingetreten wäre.

Hinweis: Zu $p \leq 0{,}4$ kann man eine Fallunterscheidung treffen: $p < 0{,}4$ oder $p = 0{,}4$. Der Fall $p_0 = 0{,}4$ ist in der Abbildung hervorgehoben. Für alle Verteilungen mit $p < 0{,}4$ ist die Wahrscheinlichkeit des Ablehnungsbereichs kleiner als für $p_0 = 0{,}4$ (H_0). Für alle Verteilungen mit $p > 0{,}4$ ist sie dagegen größer (H_A). Siehe dazu Aufgabe 11 auf S. 404.

Hinweis

In diesem Kapitel werden nur Tests zu Aussagen über die Trefferwahrscheinlichkeit binomialverteilter Zufallsgrößen betrachtet. Dieser Spezialfall wird auch **Binomialtest** genannt.

> **Wissen** **Einseitige Hypothesentests**
>
> Vermutet man, dass die Trefferwahrscheinlichkeit p einer binomialverteilten Zufallsgröße größer oder kleiner als ein angenommener Wert p_0 ist, so kann man einen **einseitigen Hypothesentest** durchführen. Die Durchführung folgt einem festen Ablauf:
>
> ① entweder **Nullhypothese H_0** (Zweifel) oder **Alternativhypothese H_A** (Verdacht) formulieren
> ② Binomialverteilung der Stichprobe für p_0 (**Grenzfall der Nullhypothese**) betrachten
> ③ Ein Intervall A als **Ablehnungsbereich** ermitteln und damit die **Entscheidungsregel** formulieren
> ④ Stichprobenergebnis ermitteln und prüfen, ob die Nullhypothese H_0 für die Stichprobe zugunsten der Alternativhypothese H_A abgelehnt werden kann

Ein einzelner, isolierter Test prüft nur, ob sich für eine vorliegende Stichprobe ein Ergebnis einstellt, das unwahrscheinlich wäre, wenn H_0 tatsächlich zutrifft. Ein solches Verfahren ist fehlerbehaftet und die Aussagekraft eines einzelnen Tests muss unter Berücksichtigung anderer Faktoren beurteilt werden, darunter beispielsweise: Welchen Umfang hat die Stichprobe? Lässt sich das Testergebnis auch in anderen Studien reproduzieren?

> **Beispiel 1**
>
> Der Betreiber gibt die Gewinnchance seines Glücksspielautomaten mit mindestens 13 % an. Ein Stammgast hat durch ausdauernde Beobachtung den Verdacht, dass die Gewinnchance niedriger ist. Er führt einen Test mit einer Stichprobe von 100 Spielrunden durch. Für die Anzahl der Gewinne X ergibt sich für den Grenzfall der Nullhypothese $p_0 = 0{,}13$ und n = 100 das abgebildete Histogramm.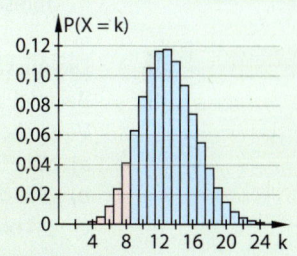
>
> a) Geben Sie eine geeignete Nullhypothese H_0 und Alternativhypothese H_A an.
> b) Der Ablehnungsbereich lautet A = [0; 8]. Formulieren Sie die Entscheidungsregel.
> c) Begründen Sie, weshalb H_0 für die Stichprobe abgelehnt werden kann, wenn die Stichprobe ein Ergebnis aus dem Ablehnungsbereich A zeigt.
> d) In der Stichprobe werden 11 Gewinne beobachtet. Der Betreiber folgert: „Damit ist bewiesen, dass der Automat wie beworben funktioniert." Nehmen Sie Stellung.
>
> **Lösung:**
>
> a) Legen Sie die angezweifelte Größe für p als Nullhypothese und die vermutete Größe für p als Alternativhypothese fest.
>
> H_0: p ≥ 0,13 (Nullhypothese)
> H_A: p < 0,13 (Alternativhypothese)
>
> b) Geben Sie anhand des Ablehnungsbereichs an, für welche Stichprobenergebnisse H_0 verworfen wird.
>
> Ergeben sich bei 100 Runden höchstens 8 Gewinne, so wird H_0 zugunsten von H_A abgelehnt. Sonst wird H_0 nicht abgelehnt.
>
> c) Das Histogramm zeigt, dass 8 oder weniger Gewinne bei 100 Runden unwahrscheinlich sind, sofern H_0: p ≥ 0,13 zutrifft. Eine solch geringe Anzahl an Gewinnen würde man dagegen für H_A: p < 0,13 häufiger beobachten.
>
> Trifft H_0 zu, so ist die Wahrscheinlichkeit für höchstens 8 Gewinne klein.
> Für p = 0,13 gilt: $P(X \le 8) \approx 0{,}085$
> Für p ≤ 0,13 gilt: $P(X \le 8) \le 0{,}085$
> Ein Ergebnis aus dem Ablehnungsbereich ist also unwahrscheinlich.
>
> d) Mit einem Hypothesentest lässt sich nichts beweisen. Der Test prüft lediglich, ob sich für eine Stichprobe ein Ergebnis einstellt, das unwahrscheinlich wäre, wenn H_0 tatsächlich zutrifft.
>
> Die Behauptung des Betreibers ist falsch. Ein Test macht keine Aussage darüber, ob H_0 insgesamt zutrifft oder nicht. Er kann höchstens begründete Zweifel an der Nullhypothese verstärken.

Hinweis

Ein Ergebnis aus dem Ablehnungsbereich ist mathematisch zwar möglich, aber so unwahrscheinlich, dass in diesen Fällen eher dazu tendiert wird, die Grundannahme (H_0) anzuzweifeln.

Basisaufgaben

1 Bringen Sie die Schritte eines Hypothesentests in eine sinnvolle Reihenfolge.

| Entscheidungsregel bestimmen | Stichprobenergebnis ermitteln | Ablehnungsbereich festlegen |

| Nullhypothese und Alternativhypothese formulieren | Binomialverteilung für Zufallsgröße X auf Basis von H_0 definieren |

2 Simulieren sie mit Ihrem CAS eine „gezinkte" Münze, also eine Münze, die eine Seite mit einer höheren Wahrscheinlichkeit zeigt als die andere. Entwickeln Sie einen Hypothesentest, der zeigt, dass der Verdacht verstärkt wird, dass die Münze gezinkt ist.

a) Berechnen Sie zunächst den Ablehnungsbereich und die Entscheidungsregel für einen Stichprobenumfang von $n = 500$ und einer Wahrscheinlichkeit von mindestens 95 %.

b) Simulieren Sie im Anschluss daran den Test 100-mal mit einem CAS und interpretieren Sie ihre Ergebnisse. Tipp: Besonders leicht lässt sich eine Simulation auswerten, wenn nur die Werte 0 und 1 vorkommen, denn dann können Sie aus der Summe direkt ablesen, wie oft das Ergebnis gefallen ist.

Hinweis

Zur Simulation können Sie beim Casio oder TI den Befehl *randbin(n,p,k)* verwenden.

3 Die Aussage wird angezweifelt. Formulieren Sie H_0 und H_A.
Beispiel: Lautet die Nullhypothese eines Hypothesentests „Höchstens acht von zehn Versuchen sind erfolgreich", so gilt H_0: $p \leq 0,8$ und H_A: $p > 0,8$.

a) „Die Trefferwahrscheinlichkeit beträgt mindestens 0,25."

b) „Für die Trefferwahrscheinlichkeit p gilt: $p \leq p_0$."

c) „Maximal sieben von zehn Kunden sind überzeugt von der Leistung."

4 Erläutern Sie, ob ein Hypothesentest in der folgenden Situation weiterhelfen kann. Formulieren Sie gegebenenfalls geeignete Hypothesen.

a) Ein Lieferant gibt an, dass höchstens 1 % der gelieferten Ware defekt ist.

b) Die Wahrheit einer Aussage soll bewiesen werden.

c) Für ein neu zugelassenes Medikament werden häufiger Nebenwirkungen beobachtet, als dies vom Hersteller angegeben wird.

d) Ein Hotelier vermutet, dass durch den Hinweis auf Baustellenlärm höchstens 20 % aller Reservierungen storniert werden.

5 Korrigieren Sie die Aussage.

a) Mittels eines statistischen Tests wird überprüft, welche Hypothese richtig ist.

b) Da es einen Ablehnungsbereich für H_0 gibt, gibt es auch einen Annahmebereich.

6 Ein Forscher möchte einen Hypothesentest durchführen. In jeder Zeile ist dazu jeweils nur eine der beiden Möglichkeiten sinnvoll. Begründen Sie, welche.

Der Forscher hat vor dem Test begründete Zweifel an einer Annahme.	Der Forscher testet solange Nullhypothesen, bis er eine ablehnen kann.
Die Annahme, die er anzweifelt, wird die Alternativhypothese.	Die Annahme, die er anzweifelt, wird die Nullhypothese.
Er untersucht die Stichprobe und überlegt sich danach einen Ablehnungsbereich für die Nullhypothese.	Er bestimmt theoretisch einen Ablehnungsbereich für die Nullhypothese, bevor er die Stichprobe untersucht.
Liegt das Stichprobenergebnis nicht im Ablehnungsbereich, so erhält er keine verwertbare Information.	Liegt das Stichprobenergebnis nicht im Ablehnungsbereich, so kann er seine Zweifel an H_0 zurücknehmen.

Linksseitiger und rechtsseitiger Hypothesentest

Der Ablehnungsbereich eines einseitigen Hypothesentests kann links oder rechts liegen.

Linksseitiger Hypothesentest

$H_0: p \geq p_0$ und **$H_A: p < p_0$**

Man vermutet, dass ein Würfel zu wenig Einsen liefert (p kleiner als p_0). Da dies zu **weniger Treffern** führen würde, lehnt man eine Verteilung gemäß H_0 dann ab, wenn die Stichprobe wenige Treffer zeigt.

Der **Ablehnungsbereich liegt** also **links**.

Rechtsseitiger Hypothesentest

$H_0: p \leq p_0$ und **$H_A: p > p_0$**

Man vermutet, dass ein Würfel zu viele Einsen liefert (p größer als p_0). Da dies zu **mehr Treffern** führen würde, lehnt man eine Verteilung gemäß H_0 dann ab, wenn die Stichprobe viele Treffer zeigt.

Der **Ablehnungsbereich liegt** also **rechts**.

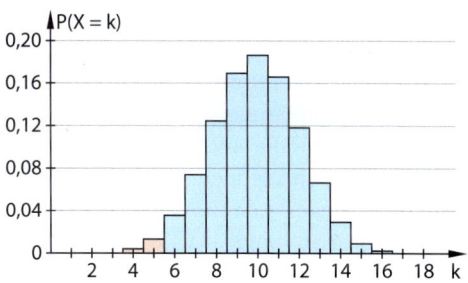
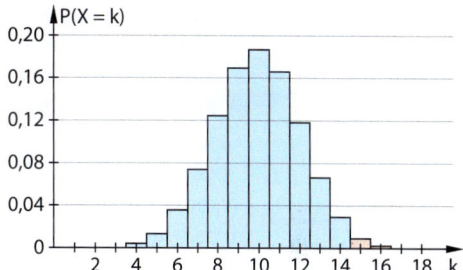

Basisaufgaben

7 Entscheiden Sie, ob es sich um einen links- oder rechtsseitigen Hypothesentest handelt. Geben Sie an, ob besonders hohe oder niedrige Trefferzahlen zur Ablehnung von H_0 führen.

a) $H_0: p \geq 0,2$ und $H_A: p < 0,2$ b) $H_0: p \leq 0,6$ und $H_A: p > 0,6$

c) $H_0: p \leq p_0$ und $H_A: p > p_0$ d) $H_0: p \geq 0,5$

8 Begründen Sie, welche Nullhypothese zu welchem Histogramm gehört.

① $H_0: p \leq 0,35$ ② $H_0: p \geq 0,5$ ③ $H_0: p \geq 0,35$

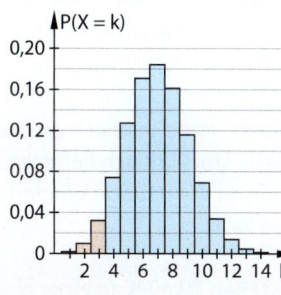
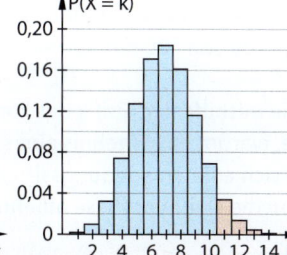
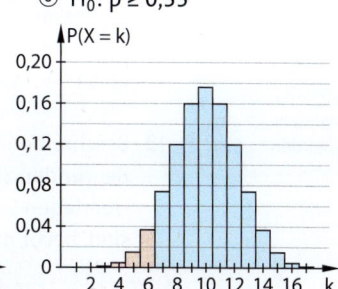

9 Begründen Sie, ob der Ablehnungsbereich zu einem linksseitigen oder rechtsseitigen Test mit dem Stichprobenumfang n = 150 gehören kann.

a) $A = [125; 150]$ b) $A = [0; 100]$ c) $A = [125; 145]$

10 Bilden Sie jeweils richtige Sätze, und vervollständigen Sie gegebenenfalls entsprechend.

Bei einem linksseitigen Test ...   ... liegt der Ablehnungsbereich rechts.

Bei einem rechtsseitigen Test ...   ... vermutet man, dass p kleiner ist als ein Wert p_0.

... lehnt man H_0 für die Stichprobe ab, wenn zu wenige Treffer beobachtet werden.

Weiterführende Aufgaben

11 Für einen Hypothesentest lautet die Nullhypothese H_0: $p \geq 0,1$ und die Alternative H_A: $p < 0,1$. Die Stichprobengröße beträgt n = 100 und die Entscheidungsregel lautet: „Werden höchstens 5 Treffer beobachtet, so wird H_0 für die Stichprobe abgelehnt, sonst nicht." Abgebildet sind drei mögliche Binomialverteilungen der Stichprobe (Säulen im Ablehnungsbereich sind rot unterlegt). Trifft die Nullhypothese zu, so könnte die Wahrscheinlichkeit der Stichprobe gemäß Abbildung ② oder ③ verteilt sein. Für H_A könnte Abbildung ① gültig sein.

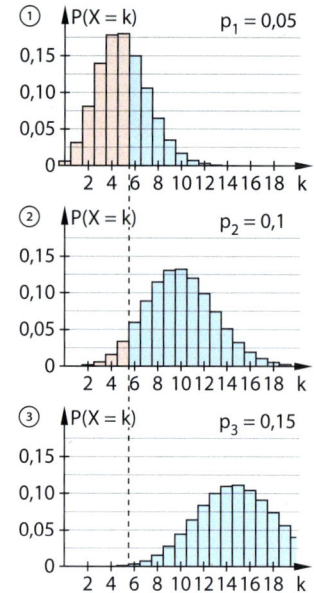

a) Bestimmen Sie jeweils die Wahrscheinlichkeit, mit der man ein Ergebnis aus dem Ablehnungsbereich (außerhalb des Ablehnungsbereichs) beobachten würde.

b) Begründen Sie: Beobachtet man ein Ergebnis aus dem Ablehnungsbereich, so ist es plausibel, für die vorliegende Stichprobe H_0 zugunsten von H_A abzulehnen.
Hypothesentests werden aufgrund begründeter Zweifel an der Nullhypothese durchgeführt. Diese stammen häufig aus Beobachtungen oder Überlegungen.

c) Begründen Sie: Ein Ergebnis außerhalb des Ablehnungsbereichs kann nicht dazu verwendet werden, die Nullhypothese zu stützen.

d) In manchen Büchern liest man: „Ein Ergebnis außerhalb des Ablehnungsbereichs führt dazu, dass H_0 angenommen wird." Beurteilen Sie diese Formulierung.

Hinweis zu 12

Die Wahl der Nullhypothese und ihrer Alternative hängt davon ab, welche der Annahmen durch den Test abgelehnt (Nullhypothese) und welche als Alternative dazu gestützt werden soll.

12 Formulieren Sie jeweils eine Null- und eine Alternativhypothese. Geben Sie dabei an, welche der beiden Hypothesen abgelehnt und welche gestützt werden soll.

a) Es soll die Beobachtung gestützt werden, dass ein gewöhnlicher Würfel zu häufig die Augenzahl 6 anzeigt.

b) Ein Käufer geht davon aus, dass mehr als 10 % der eingekauften Waren defekt sind. Der Verkäufer meint, dass es höchstens 10 % sind.

c) Im Beipackzettel: „Höchstens einer von tausend Patienten zeigt Nebenwirkungen."

d) Die Aussage „99 von 100 Kunden sind zufrieden" wird begründet angezweifelt.

13 Beschreiben Sie mithilfe der Grafik das konkrete Vorgehen bei Hypothesentests. Begründen Sie, warum das Ergebnis eines Tests stets kritisch betrachtet werden muss. Überlegen Sie sich eine Anwendungssituation, in der häufige Wiederholungen angebracht sind, bevor man die Nullhypothese ablehnen kann.

Zweifel haben zugenommen ←

Durch Vorüberlegungen/Beobachtungen bestehen Zweifel an einer bisherigen Annahme.

Die Annahme, deren Gültigkeit angezweifelt wird, wird als Nullhypothese H_0 angegeben. Die gegenteilige Annahme wird als Alternativhypothese H_A formuliert.

Anhand des Grenzfalls der Nullhypothese H_0 wird der Ablehnungsbereich für die Stichprobe ermittelt und die Entscheidungsregel formuliert.

Das Ergebnis der Stichprobe fällt in den Ablehnungsbereich.

Das Ergebnis der Stichprobe fällt nicht in den Ablehnungsbereich.

→ nur bei zusätzlichen Indizien

⚠ 🔎 **14 Stolperstelle:** Das Histogramm zeigt die Binomialverteilung eines rechtsseitigen Hypothesentests (n = 35). Die Wahrscheinlichkeit des Ablehnungsbereichs ist rot markiert. Korrigieren Sie die Fehler in den Aussagen.

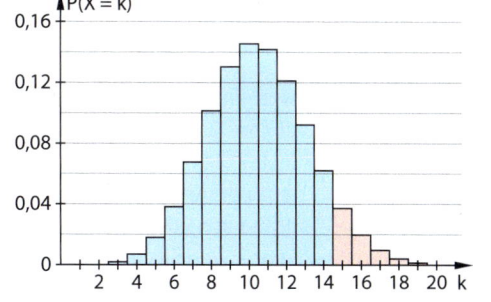

Moritz: *„Der Ablehnungsbereich lautet A = [15; 19]".*
Jasmin: *„Gibt es für die Stichprobe mindestens 15 Treffer, so ist H_0 falsch".*
Esra: *„Beobachtet man für die Stichprobe höchstens 14 Treffer, so kann H_0 angenommen werden".*
Janosz: *„Ergeben sich in der Stichprobe mindestens 15 Treffer, so kann H_0 für diese Stichprobe nicht zutreffen".*
Lukas: *„Die Wahrscheinlichkeit, dass die Nullhypothese wahr ist, lautet $P(X \geq 15)$".*

Erinnerung

Schematischer Ablauf eines Tests:

> Nullhypothese H_0 und Alternativhypothese H_A formulieren.

↓

> Binomialverteilung der Stichprobe so betrachten, als ob die Nullhypothese zutreffend ist.

↓

> Anhand der Binomialverteilung einen Ablehnungsbereich und eine Entscheidungsregel bestimmen.

↓

> Stichprobenergebnis ermitteln und prüfen, ob die Nullhypothese zugunsten der Alternative abgelehnt werden kann.

● **15** Die folgenden Aussagen umschreiben die Idee eines Hypothesentests. Erläutern Sie die Bedeutung der Aussagen in Bezug auf die konkrete Durchführung eines Tests.

> Zunächst setzt man sich die *„Nullhypothese als Brille auf"* und betrachtet damit die Stichprobe. Im Anschluss daran wird die Brille abgenommen und die tatsächliche Stichprobe betrachtet. Passt die tatsächliche Stichprobe nicht zum Bild, das man durch die Brille bekommen hat, so wird die Nullhypothese als Brille abgelehnt.

> Der Ablauf eines Hypothesentests kann mit dem Grundprinzip eines rechtsstaatlichen Gerichtsverfahrens verglichen werden: Es wird immer von der Unschuld des Verdächtigen ausgegangen. Nur, wenn die Tatsachen mit aller Deutlichkeit gegen die Unschuldsvermutung sprechen, wird diese abgelehnt und von der Schuld ausgegangen. Ob der Angeklagte tatsächlich schuldig ist oder nicht, bleibt aber oftmals ungeklärt.

● **16** In einigen Sportarten werden inzwischen Videosequenzen eingesetzt, um Fehlentscheidungen zu vermeiden. Der Schiedsrichter eines Fußballspiels könnte zum Beispiel entscheiden, dass ein Foul im Strafraum stattgefunden hat. Ist der Videoassistent anderer Meinung, so spielt er ihm Videos aus verschiedenen

Positionen vor, die ihn vom Gegenteil überzeugen sollen. Der Schiedsrichter wird die getroffene Entscheidung „Foul im Strafraum" aber nur dann ablehnen, wenn die Videosequenzen eindeutig gegen seine Entscheidung sprechen.
Vergleichen Sie dieses Beispiel mit dem Ablauf eines Hypothesentests. Verwenden und vervollständigen Sie dabei die folgenden Sätze:
① „Die Nullhypothese des Schiedsrichters lautet …"
② „Um zu prüfen, ob er die Nullhypothese ablehnen kann, …"
③ „Lehnt er die Nullhypothese durch die Betrachtung der Videosequenzen ab, so bedeutet dies nicht, …"
④ „Lehnt er die Nullhypothese nicht ab, so bedeutet dies nicht, …"

● **17 Ausblick:** Beim Testen einer Hypothese wird für den Anfangsverdacht sowie für den nachfolgenden Test dieselbe Stichprobe bzw. Datenmenge verwendet.
Erläutern Sie, weshalb ein solcher Test keine Aussagekraft hat.

10.2 Einseitige Hypothesentests

Eine Lieferung elektronischer Bauteile soll kontrolliert werden. Die Defektrate darf laut Vertrag bei höchstens 7 % liegen. Da eine vollständige Überprüfung zu aufwendig wäre, testet die Firma gegen die Nullhypothese H_0: $p \le 0,07$ und legt den Ablehnungsbereich von H_0 bei einer Stichprobengröße von 200 Teilen auf A = [16; 200] fest.
Begründen Sie, weshalb der Zulieferer mit der Wahl nicht einverstanden sein wird.

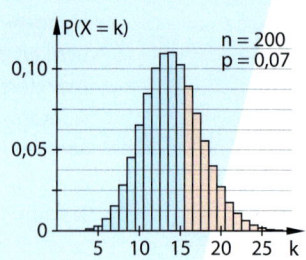

Auch wenn die Nullhypothese H_0 zutrifft, wird ein bestimmter Anteil der Tests zur irrtümlichen Ablehnung der Nullhypothese führen, da das Stichprobenergebnis zufällig in den Ablehnungsbereich fallen kann. Die **Irrtumswahrscheinlichkeit** gibt an, wie groß die Wahrscheinlichkeit für eine solche Fehlentscheidung ist.

Hinweis

Die hier behandelten Hypothesentests werden häufig auch als **Signifikanztests** bezeichnet.

> **Definition** / **Irrtumswahrscheinlichkeit und Signifikanzniveau**
>
> Bei einem einseitigen Hypothesentest gibt die **Irrtumswahrscheinlichkeit** α die Wahrscheinlichkeit an, mit der eine zutreffende Nullhypothese abgelehnt wird.
> Das **Signifikanzniveau** S ist eine Obergrenze für α, die zu Beginn des Tests festgelegt wird.

Die Irrtumswahrscheinlichkeit α kann nur dann bestimmt werden, wenn der Wert für $p \le p_0$ bekannt ist. Im Grenzfall $p = p_0$ von H_0 entspricht die **maximale Irrtumswahrscheinlichkeit** α_{max} der Wahrscheinlichkeit, dass ein Stichprobenergebnis im Ablehnungsbereich liegt.

Maximale Irrtumswahrscheinlichkeit berechnen

> **Beispiel 1** / Für einen Hypothesentest mit der Nullhypothese H_0: $p \ge 0,75$ und Stichprobengröße n = 150 wird der Ablehnungsbereich auf A = [0; 105] festgelegt. Berechnen Sie die maximale Irrtumswahrscheinlichkeit und erläutern Sie ihre Bedeutung.
>
> **Lösung:**
> Die Irrtumswahrscheinlichkeit ist maximal für den Grenzfall $p_0 = 0,75$ von H_0.
> Berechnen Sie die Wahrscheinlichkeit dafür, dass ein Stichprobenergebnis im Ablehnungsbereich liegt.
>
> X ist binomialverteilt mit n = 150 und $p_0 = 0,75$
> $\alpha_{max} = P(X \le 105) \approx 0,095$
>
>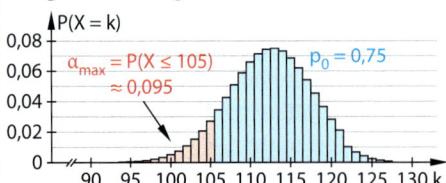
>
> Trifft die Nullhypothese H_0 zu, so kommt es mit einer Wahrscheinlichkeit von höchstens etwa 9,5 % zu einer irrtümlichen Ablehnung der Nullhypothese.

Hinweis

Liegt das Ergebnis der Stichprobe bei α = 5 % (1 % bzw. 0,1 %) im Ablehnungsbereich, so spricht man von einem signifikanten (sehr signifikanten bzw. hoch signifikanten) Ergebnis.

Basisaufgaben

1 Die Hypothesen eines linksseitigen Tests lauten H_0: $p \ge 0,8$ und H_A: $p < 0,8$. Die Stichprobengröße beträgt n = 50. Bestimmen Sie die maximalen Irrtumswahrscheinlichkeiten für die Ablehnungsbereiche [0; 34] und [0; 36].

2 Die Hypothesen eines linksseitigen Tests lauten H_0: $p \geq 0,5$ und
H_A: $p < 0,5$. Die Tabelle zeigt die Wahrscheinlichkeiten $P(X \leq l)$
verschiedener Ablehnungsbereiche für den Grenzfall der
Nullhypothese $p_0 = 0,5$ und den Stichprobenumfang $n = 120$.

A = [0; l]	P(X ≤ l)
[0; 49]	0,0274
[0; 50]	0,0412
[0; 51]	0,0602
[0; 52]	0,0853
[0; 53]	0,1176

   a) Der Ablehnungsbereich wird auf A = [0; 50] festgelegt.
      Geben Sie die maximale Irrtumswahrscheinlichkeit an.
   b) Bestimmen Sie den größtmöglichen Ablehnungsbereich
      zum Signifikanzniveau 10 % (5 %).
   c) Formulieren Sie die Entscheidungsregel für den Ablehnungsbereich A = [0; 50].

 3 Für einen rechtsseitigen Test gilt
H_0: $p_0 \leq 0,25$. Das Histogramm zeigt die
Binomialverteilung für die Stichproben-
größe $n = 45$ und $p_0 = 0,25$.

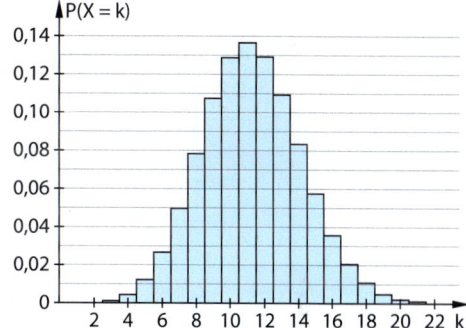

   a) Bestimmen Sie mithilfe des Histo-
      gramms näherungsweise die maxi-
      male Irrtumswahrscheinlichkeit für
      den Ablehnungsbereich A = [17; 45].
   b) Das Signifikanzniveau beträgt 10 %.
      Bestimmen Sie den Ablehnungs-
      bereich.

4 Für einen Hypothesentest wird gegen die Nullhypothese H_0: $p \leq 0,6$ getestet. Der Ablehnungsbereich der Stichprobe mit $n = 80$ wird auf A = [55; 80] festgelegt.
   a) Berechnen Sie die maximale Irrtumswahrscheinlichkeit.
   b) In Wirklichkeit gilt für die Stichprobe $p = 0,55$. Berechnen Sie die tatsächliche Irrtums-
      wahrscheinlichkeit.

Ablehnungsbereich bestimmen

Aus dem festgelegten Signifikanzniveau ergibt sich die Wahl des Ablehnungsbereichs.
Am Beispiel H_0: $p \geq 0,6$ mit $n = 100$ erkennt man, dass die Irrtumswahrscheinlichkeit für $p = 0,6$
maximal ist. Es gilt $P(X \leq 51) \approx 0,042$ und $P(X \leq 52) \approx 0,064$. Für den Ablehnungsbereich
A = [0; 51] ist die Irrtumswahrscheinlichkeit damit kleiner als das Signifikanzniveau von 5 %.

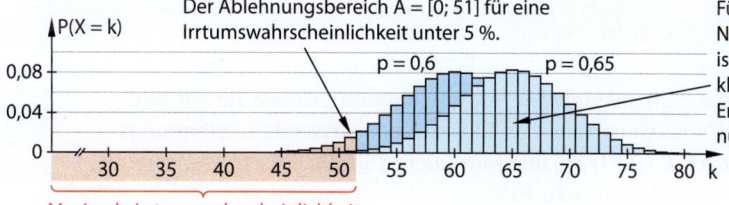

Der Ablehnungsbereich A = [0; 51] für eine
Irrtumswahrscheinlichkeit unter 5 %.

Für andere Werte der
Nullhypothese, z. B. p = 0,65,
ist die Wahrscheinlichkeit
kleiner als für p = 0,6, ein
Ergebnis aus dem Ableh-
nungsbereich zu beobachten.

Maximale Irrtumswahrscheinlichkeit
$P(X \leq 51) \approx 0,042 \leq 0,05$ (Signifikanzniveau)

> **Wissen** **Wahl des Ablehnungsbereichs**
> Bei einem einseitigen Hypothesentest mit Signifikanzniveau S wird der Ablehnungsbereich
> A größtmöglich gewählt, so dass die Wahrscheinlichkeit dafür, dass ein Stichprobenergeb-
> nis in A liegt, höchstens S beträgt.
>
> Linksseitiger Test: A = [0; l] | Rechtsseitiger Test: A = [r; n]
> mit größtmöglichem $l \in \mathbb{N}$, | mit kleinstmöglichem $r \in \mathbb{N}$,
> so dass $P(X \leq l) \leq S$ | so dass $P(X \geq r) \leq S$

Beispiel 2

Für einen Hypothesentest mit der Stichprobengröße n = 75 und einem Signifikanzniveau von 5 % ist die Nullhypothese gegeben. Bestimmen Sie den Ablehnungsbereich A.

a) $H_0: p \geq 0{,}3$ b) $H_0: p \leq 0{,}2$

Lösung:

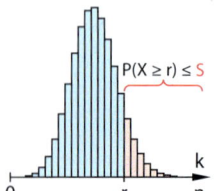

$P(X \leq l) \leq S$

a) Da $H_A: p < 0{,}3$ lautet, handelt es sich um einen linksseitigen Test mit Ablehnungsbereich A = [0, l].
Ermitteln Sie mit Testwerten den größten Wert für $l \in \mathbb{N}$, für den die Wahrscheinlichkeit dafür, dass ein Stichprobenergebnis in A liegt höchstens 5 % beträgt.

X sei binomialverteilt mit n = 75, $p_0 = 0{,}3$
Gesucht ist der größte Wert von $l \in \mathbb{N}$ mit $P(X \leq l) \leq 0{,}05$:

```
n:=75 ▸ 75    s:=0.05 ▸ 0.05
binomCdf(75,0.3,15)≤s ▸ true
binomCdf(75,0.3,16)≤s ▸ false
binomCdf(75,0.3,15) ▸ 0.035287
```
Ablehnungsbereich: A=[0;15]

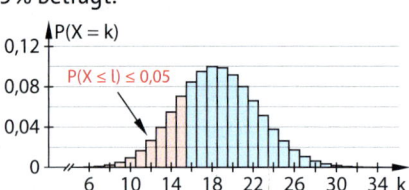

b) Es handelt sich um einen rechtsseitigen Test mit Ablehnungsbereich A = [r, 75]. Bestimmen Sie den kleinsten Wert $r \in \mathbb{N}$, der die Bedingung $P(X \geq r) \leq 0{,}05$ erfüllt. Formen Sie die Ungleichung zunächst so um, dass sich eine kumulierte Wahrscheinlichkeit ergibt. Nutzen Sie hierfür die Gleichung $P(X \geq r) + P(X \leq r - 1) = 1$. Ermitteln Sie r mithilfe von Testwerten.

X sei binomialverteilt mit n = 75, $p_0 = 0{,}2$
Gesucht ist der kleinste Wert von $r \in \mathbb{N}$ mit $P(X \geq r) \leq 0{,}05$:

$$\begin{aligned} 1 - P(X \leq r - 1) &\leq 0{,}05 \quad | -1 \\ -P(X \leq r - 1) &\leq -0{,}95 \quad | \cdot (-1) \\ P(X \leq r - 1) &\geq 0{,}95 \end{aligned}$$

$P(X \leq 20) \approx 0{,}9397 < 0{,}95$
$P(X \leq 21) \approx 0{,}9655$

Aus r − 1 = 21 folgt r = 22.
Der Ablehnungsbereich lautet A = [22; 75].

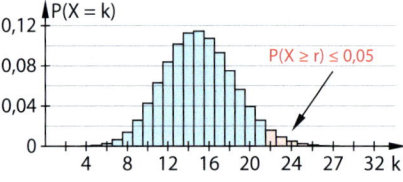

Basisaufgaben

5 Es wird ein linksseitiger Test durchgeführt. Geben Sie mithilfe der Tabelle den zum Signifikanzniveau passenden Ablehnungsbereich A = [0; l] an, und formulieren Sie die Entscheidungsregel.

a) Signifikanzniveau 10 %
b) Signifikanzniveau 1 %
c) Signifikanzniveau 5 %

l	$P(X \leq l)$
3	0,0019
4	0,0093
5	0,0338
6	0,0950
7	0,2131

6 Erläutern Sie die Screenshots im Kontext von Beispiel 2b.

```
binomialCDf(0,20,75,0.2)
          0.9396645626
binomialCDf(0,21,75,0.2)
          0.9654538295
```

```
n=75

p0=0.2

P(X≥r)≤0.05
```

```
        n=75

        p0=0.2

        P(X≥r)≤0.05
```

7 Das Histogramm zeigt die Binomialverteilung mit p = 0,25 und n = 70, die bei einem Hypothesentest für die Bestimmung
des Ablehnungsbereichs verwendet wird.
a) Geben Sie die Nullhypothese an, und
   bestimmen Sie mithilfe des Histogramms den Ablehnungsbereich für
   ① einen linksseitigen Test bei einem
      Signifikanzniveau von 5%.
   ② einen rechtsseitigen Test bei einem
      Signifikanzniveau von 0,1%.
b) Überprüfen Sie Ihre Ergebnisse aus a) rechnerisch.

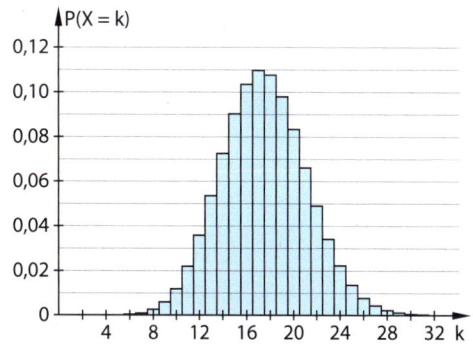

8 Für einen rechtsseitigen Hypothesentest sucht man bei
einem Signifikanzniveau von 10% die kleinste natürliche
Zahl r mit $P(X \geq r) \leq 0,1$.
a) Begründen Sie, dass $P(X \leq r - 1) \geq 0,9$ gilt.
b) Bestimmen Sie mithilfe der Tabelle den Ablehnungsbereich für ein Signifikanzniveau von 10% (5%).

r – 1	P(X ≤ r – 1)
133	0,8899
134	0,9183
135	0,9409
136	0,9583
137	0,9714

9 Für einen Hypothesentest lautet die Nullhypothese
H_0: p ≥ 0,3 und die Alternative H_A: p < 0,3. Die Stichprobengröße wird auf n = 80 und der Ablehnungsbereich
auf A = [0;16] festgelegt. Geben Sie begründet an, ob die
Aussage wahr oder falsch ist. Korrigieren Sie sie gegebenenfalls.
a) Es handelt sich um einen linksseitigen Test.
b) Die Zufallsgröße X ist für den Test binomialverteilt
   mit dem kleinstmöglichen Wert der Nullhypothese
   p = 0,3 und n = 80 (siehe Histogramm).
c) Die Wahrscheinlichkeit des Ablehnungsbereichs dieser Verteilung beträgt $P(X \leq 16) \approx 0,3$.
d) Die maximale Irrtumswahrscheinlichkeit α_{max} entspricht der Wahrscheinlichkeit der im
   Histogramm rot unterlegten Säulen.
e) Das Signifikanzniveau ist höchstens so groß wie die Irrtumswahrscheinlichkeit.
f) Gilt für die Stichprobe p = 0,4, so lautet der Erwartungswert E(X) = 32 und die Wahrscheinlichkeit, dass das Ergebnis in den Ablehnungsbereich fällt, ist größer als die
   Wahrscheinlichkeit des rot gefärbten Bereichs.
g) Trifft die Nullhypothese zu, so gibt α_{max} den maximalen Anteil der Tests an, die mit der
   Fehlentscheidung enden.

10 Für einen Hypothesentest mit Nullhypothese H_0: p ≥ 0,4 und Alternative H_A: p < 0,4
beträgt der Ablehnungsbereich A = [0;60] und die Stichprobengröße n = 180.
a) Geben Sie an, wie die Zufallsgröße X für den Test verteilt ist.
   Bestimmen Sie damit die maximale Irrtumswahrscheinlichkeit des Tests.
b) Die Irrtumswahrscheinlichkeit soll höchstens 5% betragen. Berechnen Sie, ob der
   Ablehnungsbereich auf [0;61] vergrößert werden könnte.

11 Für einen Hypothesentest mit Stichprobengröße n = 500 und einem Signifikanzniveau von
3% lautet die Nullhypothese
a) H_0: p ≥ 0,2. Bestimmen Sie den Ablehnungsbereich und die Entscheidungsregel.
b) H_0: p ≤ 0,2. Bestimmen Sie den Ablehnungsbereich und die Entscheidungsregel.

Einseitige Hypothesentests durchführen

Zusammenfassend ist hier noch einmal der schematische Ablauf eines vollständigen einseitigen Hypothesentests dargestellt.

Gegeben: angezweifelte Aussage, Stichprobenumfang n, Signifikanzniveau S

	Hypothesen formulieren	
$H_0: p \geq p_0$ $H_A: p < p_0$ **Linksseitiger Test**		$H_0: p \leq p_0$ $H_A: p > p_0$ **Rechtsseitiger Test**

Binomialverteilte Zufallsgröße X mit p_0 und Länge n definieren

	Ablehnungsbereich festlegen	
$A = [0; l]$ mit größtmöglichem $l \in \mathbb{N}$, so dass $P(X \leq l) \leq S$		$A = [r; n]$ mit kleinstmöglichem $r \in \mathbb{N}$, so dass $P(X \geq r) \leq S$

	Entscheidungsregel formulieren	
Treten in der Stichprobe höchstens l Treffer auf, so wird H_0 abgelehnt, ansonsten nicht.		Treten in der Stichprobe mindestens r Treffer auf, so wird H_0 abgelehnt, ansonsten nicht.

Stichprobe untersuchen und Testergebnis formulieren

Beispiel 3 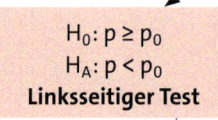 Für ein Pen-&-Paper Rollenspiel wird ein zwanzigseitiger Spielwürfel (Ikosaeder) verwendet. Einer der Spieler behauptet, dass der Würfel zu selten die Zwanzig zeigt. Er führt einen Test mit 500 Würfen bei einem Signifikanzniveau von 1 % durch.
Formulieren Sie die Entscheidungsregel und das Testergebnis, wenn in der Stichprobe 14 Zwanziger auftreten.

Lösung:

Formulieren Sie die Nullhypothese und die Alternativhypothese. Beachten Sie dabei, dass die Nullhypothese alle Wahrscheinlichkeiten umfasst, die nicht zur Alternativhypothese gehören.

$H_0: p \geq \frac{1}{20}$

$H_A: p < \frac{1}{20}$ (linksseitiger Test)

Definieren Sie die binomialverteilte Zufallsgröße X mit p_0 und n.

X: Anzahl der geworfenen Zwanziger
X binomialverteilt mit $p_0 = \frac{1}{20}$ und n = 500

Bestimmen Sie den Ablehnungsbereich.

$A = [0; l]$ mit größtmöglichem $l \in \mathbb{N}$, sodass
$P(X \leq l) \leq 0{,}01: P(X \leq 13) \approx 0{,}0055$
$P(X \leq 14) \approx 0{,}0108 > 0{,}01$
Ablehnungsbereich: $A = [0; 13]$

Formulieren Sie die zugehörige Entscheidungsregel.

Tritt in 500 Spielrunden höchstens 13-mal die Zwanzig auf, so wird H_0 für die Stichprobe abgelehnt, ansonsten nicht.

Wenden Sie die Entscheidungsregel an, und formulieren Sie das Testergebnis.

Da mehr als 13 Treffer erzielt wurden, wird H_0 für diese Stichprobe nicht abgelehnt.

Hinweis

Für große Stichprobenwerte bietet der Erwartungswert eine Orientierung: Dieser beträgt hier $E(X) = n \cdot p = 25$. Die Grenze des linken Ablehnungsbereichs l muss also kleiner als 25 sein.

Basisaufgaben

12 Ein gewöhnlicher sechsseitiger Würfel steht unter Verdacht, zu selten die Eins anzuzeigen. Die Nullhypothese lautet daher: „Der Würfel zeigt die Eins mit der Wahrscheinlichkeit $p \geq \frac{1}{6}$ an." Für den Test soll 500-mal geworfen werden. Das Signifikanzniveau wird auf 1% festgelegt.
Führen Sie die folgenden Schritte durch. Bestimmen Sie den Ablehnungsbereich dabei mithilfe der Tabelle.

1) Nullhypothese und Alternativhypothese formulieren
2) Zufallsgröße X definieren
3) Angeben, ob links- oder rechtsseitig getestet wird
4) Rechnerischen Ansatz zur Bestimmung des Ablehnungsbereichs angeben
5) Ablehnungsbereich bestimmen
6) Entscheidungsregel formulieren

l	$P(X \leq l)$
61	0,0034
62	0,0049
63	0,0071
64	0,0101
65	0,0141

13 Ein gewöhnlicher sechsseitiger Würfel steht unter Verdacht, zu häufig die Eins anzuzeigen. Die Nullhypothese lautet daher: „Der Würfel zeigt die Eins mit der Wahrscheinlichkeit $p \leq \frac{1}{6}$ an." Für den Test soll 500-mal geworfen werden. Das Signifikanzniveau wird auf 1% festgelegt.

a) Führen Sie den Test mithilfe der Tabelle durch. Befolgen Sie dabei die Schrittfolge aus Aufgabe 12.
b) Vergleichen Sie den Ablehnungsbereich mit dem Ablehnungsbereich aus Aufgabe 12. Erläutern Sie, was Ihnen auffällt.

$r - 1$	$P(X \leq r - 1)$
100	0,9782
101	0,9835
102	0,9877
103	0,9909
104	0,9933

Hinweis

Beachten Sie, dass sich der Ansatz $P(X \geq r) \leq 0,01$ umformen lässt zu $P(X \leq r - 1) \geq 0,99$.

14 Bei einer Firma häufen sich in letzter Zeit die Reklamationen innerhalb des Garantiezeitraums. Im Verdacht stehen die elektronischen Bauteile eines Zulieferers. Die nachfolgende Charge von 1000 Stück soll daraufhin überprüft werden. Der Zulieferer garantiert, dass mindestens 99% der gelieferten Bauteile wie beschrieben funktionieren.

Bestimmen Sie den Ablehnungsbereich für die Nullhypothese H_0: $p \geq 0,99$ auf einem Signifikanzniveau von 1% (5%; 0,1%). Formulieren Sie anschließend die Entscheidungsregel.

15 Ein Online-Händler geht davon aus, dass mehr als 5% der Waren, die retourniert werden, auf Transportschäden beim Versand zurückzuführen sind. Bevor es deshalb zu einem Wechsel des Transportdienstleisters kommt, soll die Vermutung zunächst durch die Statistikabteilung weiter geprüft werden. Für die nächsten 750 Retouren wird daher im Nachgang

der Rücksendegrund ermittelt. Die Nullhypothese „Höchstens 5% retournieren aufgrund von Transportschäden" wird auf einem Signifikanzniveau von 5% getestet.

a) Bestimmen Sie den Ablehnungsbereich und formulieren Sie die Entscheidungsregel.
b) Bestimmen Sie die maximale Irrtumswahrscheinlichkeit α_{max}. Erläutern Sie die Bedeutung dieses Werts im Sachzusammenhang.

Weiterführende Aufgaben

🔵 **16** Für einen Hypothesentest mit der Nullhypothese H_0: $p \leq 0,6$ und einem Stichprobenumfang n = 300 bilden die Kärtchen verschiedene mögliche Situationen ab. Ordnen Sie ohne Rechnung die Kärtchen passend einander zu.

a)

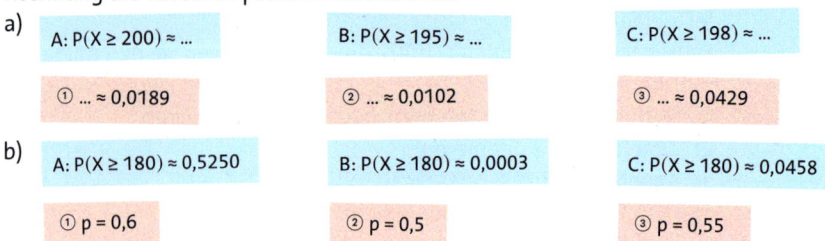

A: $P(X \geq 200) \approx \ldots$	B: $P(X \geq 195) \approx \ldots$	C: $P(X \geq 198) \approx \ldots$
① $\ldots \approx 0,0189$	② $\ldots \approx 0,0102$	③ $\ldots \approx 0,0429$

b)

A: $P(X \geq 180) \approx 0,5250$	B: $P(X \geq 180) \approx 0,0003$	C: $P(X \geq 180) \approx 0,0458$
① $p = 0,6$	② $p = 0,5$	③ $p = 0,55$

🔵 **17** Die Nullhypothese eines Tests lautet H_0: $p \leq 0,45$, die Alternative H_A: $p > 0,45$. Die Stichprobengröße beträgt n = 300.
a) Berechnen Sie den Ablehnungsbereich für ein Signifikanzniveau von 1 %.
b) Begründen Sie ohne Rechnung, ob sich der Ablehnungsbereich für ein Signifikanzniveau von 0,1 % vergrößert. Überprüfen Sie anschließend rechnerisch.
c) Der Ablehnungsbereich für ein Signifikanzniveau von 5 % lautet A = [150; 300].
Begründen Sie ohne Rechnung, ob der Ablehnungsbereich für einen linksseitigen Test mit H_0: $p \geq 0,45$ entsprechend A = [0; 150] lautet. Überprüfen Sie anschließend rechnerisch.

🔵 **18** Ein Gebrauchtwagenhändler wirbt damit, dass höchstens 15 % seiner Autos in den ersten beiden Jahren nach dem Verkauf in die Werkstatt müssen. Nachdem er mit Kundenbeschwerden konfrontiert wird, möchte er einen Hypothesentest auf einem Signifikanzniveau von 10 % durchführen. Seine Nullhypothese lautet: „Höchstens 15 % der verkauften Autos müssen innerhalb von zwei Jahren in die Werkstatt." Jeder der folgenden Schritte enthält einen Fehler. Geben Sie diesen an und korrigieren Sie ihn.

① Der Händler wählt für seine Untersuchung eine Stichprobe von 30 zufällig ausgewählten Autos aus, die nicht älter als vier Jahre sind und von drei bestimmten Herstellern stammen.
② Seine Testhypothesen lauten H_0: $p \geq 0,15$ und H_A: $p < 0,15$.
③ Der Händler testet rechtsseitig. Er bestimmt die kleinstmögliche natürliche Zahl r, für die gilt $P(X \geq r) \leq 0,1$. Der Ablehnungsbereich lautet dann A = [0; r].
④ Der Händler formt den Ansatz folgendermaßen um:
$P(X \geq r) \leq 0,1 \quad \rightarrow \quad 1 - P(X \leq r) \leq 0,1 \quad \rightarrow \quad P(X \leq r) \geq 0,9$
⑤ Der Händler erkennt einige seiner Fehler und verwendet zur Bestimmung des Ablehnungsbereichs nun den Ansatz $P(X \leq r - 1) \geq 0,9$. Mit dem Taschenrechner berechnet er $P(X \leq 6) \approx 0,8474$ und $P(X \leq 7) \approx 0,9302$.
Er schlussfolgert: Die Grenze des Ablehnungsbereichs lautet also r = 7.
Die Entscheidungsregel lautet also: Fällt das Ergebnis der Stichprobe nicht in den Ablehnungsbereich, so ist die Nullhypothese damit bestätigt.

⚠ 🖊 **19 Stolperstelle:** Erläutern Sie die Fehler und korrigieren Sie die Rechnung.

Amira wählt für einen linksseitigen Test bei einem Signifikanzniveau von 1 % den folgenden Ansatz:
$$P(X \le l) \le 0,1$$

Luisa formt den Ansatz für den rechtsseitigen Hypothesentest um:
$$P(X \ge r) \le 0,05$$
$$1 - P(X \le r) \le 0,05$$
$$P(X \le r) \le 0,95$$

🖊 **20** Die Abbildung zeigt die Binomialverteilung eines rechtsseitigen Tests. Der Ablehnungsbereich zum Signifikanzniveau 5 % lautet A = [45; 50].

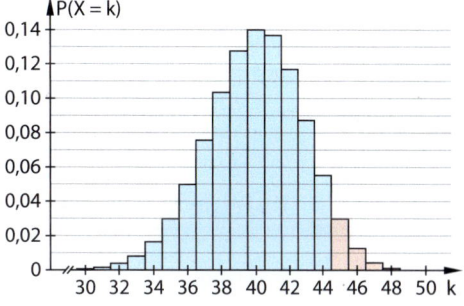

a) Die maximale Irrtumswahrscheinlichkeit des Tests beträgt etwa 4,8 %. Geben Sie den Ablehnungsbereich für das Niveau 10 % an.

b) Die maximale Irrtumswahrscheinlichkeit entspricht der Wahrscheinlichkeit des Ablehnungsbereichs. Erklären Sie den Unterschied zum Signifikanzniveau.

🖊 **21** Ein Spielautomat enthält zwei identische Glücksräder, die jeweils zwei blaue, zwei grüne und drei rote Sektoren gleicher Größe enthalten. Bewegt man den Hebel, so werden beide Räder zufällig und unabhängig voneinander in Bewegung versetzt. Am Ende ist jeweils ein Feld jedes Rades im Sichtfenster zu sehen. Die Spielrunde ist gewonnen, wenn entweder beide Felder grün sind oder ein blaues und ein grünes Feld angezeigt werden.

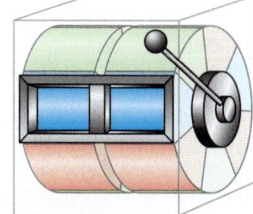

a) Bestimmen Sie, mit welcher Wahrscheinlichkeit man die Spielrunde gewinnt.

b) Es besteht der Verdacht, dass die Gewinnwahrscheinlichkeit niedriger ist als angegeben. Der Betreiber erklärt sich einverstanden mit einem Test. Die Nullhypothese lautet H_0: $p \ge \frac{12}{49}$. Es sollen 400 Spielrunden bei einem Signifikanzniveau von 5 % durchgeführt werden. Bestimmen Sie die Entscheidungsregel.

c) Das Ergebnis der Stichprobe lautet „80-mal Gewinn". Nehmen Sie Stellung zu folgenden Aussagen, die nach dem Ergebnis getätigt werden:

① „Das Stichprobenergebnis fällt in den Ablehnungsbereich. Damit ist bewiesen, dass der Automat nicht korrekt funktioniert."

② „Das Stichprobenergebnis liegt nur sehr knapp im Ablehnungsbereich. Daraus lassen sich keine weiteren Schlussfolgerungen ziehen."

d) Eine nachträgliche Prüfung des Herstellers zeigt, dass der Automat sogar mit der Wahrscheinlichkeit $p = \frac{13}{49}$ Gewinn anzeigt. Berechnen Sie, mit welcher Wahrscheinlichkeit es beim Test zu einer fälschlichen Ablehnung von H_0 kommen konnte.

🖊 **22 Ausblick: Zweiseitiger Hypothesentest**
Eine Münze soll darauf getestet werden, ob sie fair ist, d.h. ob Kopf mit einer Wahrscheinlichkeit von 50 % auftritt. Hierzu wird ein zweiseitiger Hypothesentest durchgeführt, bei dem die Nullhypothese H_0: $p = \frac{1}{2}$, und die Alternative H_A: $p \ne \frac{1}{2}$ lautet.

a) Begründen Sie, dass der Ablehnungsbereich die Gestalt A = [0; l] ∪ [r; n] haben muss.

b) Es wird ein Test mit 100 Münzwürfen bei einem Signifikanzniveau von 5 % durchgeführt. Beim zweiseitigen Test wird das Signifikanzniveau hälftig aufgeteilt, d.h. [0; l] und [r; n] haben jeweils ein Signifikanzniveau von 2,5 %. Ermitteln Sie den Ablehnungsbereich A.

c) Formulieren Sie die Entscheidungsregel.

10.3   Fehlentscheidungen beim Testen

Neugeborenen werden einige Blutstropfen aus der Ferse entnommen, um sie auf angeborene Stoffwechsel- und Hormonerkrankungen zu testen. Hierbei kann es zu zweierlei Fehlern kommen: Das Kind hat eine Erkrankung und diese wird übersehen. Oder aber das Kind ist gesund, der Test zeigt aber fälschlicherweise eine Erkrankung an.
Bei einem positiven Testergebnis wird daher erneut getestet.

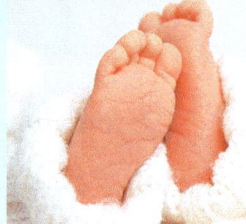

a) Erläutern Sie, welcher Fehler folgenschwerer ist.
b) Das Signifikanzniveau begrenzt die Wahrscheinlichkeit, eine zutreffende Nullhypothese irrtümlich abzulehnen. Geben Sie an, wie die Nullhypothese daher lauten sollte.

Fehler 1. und 2. Art

Bei Hypothesentests kann es zu zwei grundlegenden Arten von Fehlern kommen.

> **Definition**   **Fehler 1. und 2. Art**
> Ein **Fehler 1. Art** liegt vor, wenn die Nullhypothese zutrifft, aber abgelehnt wird.
> Ein **Fehler 2. Art** liegt vor, wenn die Nullhypothese nicht zutrifft, aber nicht abgelehnt wird.

Erinnerung

Die Formulierung „Ein Fehler 2. Art liegt vor, wenn H_0 nicht zutrifft, aber angenommen wird", wäre problematisch, da H_0 beim Testen nur als unwahrscheinlich verworfen, aber nicht als wahr angenommen werden kann.

Ein Hypothesentest liefert keine Antwort auf die Frage, mit welcher Wahrscheinlichkeit die Nullhypothese zutrifft bzw. deren Ablehnung ein Fehler ist. Denn für die Berechnung des Ablehnungsbereichs wird die Gültigkeit der Nullhypothese bereits vorausgesetzt. Die Wahrscheinlichkeiten für Fehler 1. und 2. Art sind daher bedingte Wahrscheinlichkeiten der Form „Wenn H_0 zutrifft, dann..." bzw. „Wenn H_0 nicht zutrifft, dann..." Die Wahrscheinlichkeit der Gegenrichtung „Wenn abgelehnt wird, dann ..." bleibt unbekannt.

Fall 1: H_0 trifft zu
Der Fehler 1. Art α kann nur berechnet werden, wenn die tatsächliche Trefferwahrscheinlichkeit bekannt ist. Der größtmögliche dieser Werte entspricht der Wahrscheinlichkeit des Ablehnungsbereichs für den Grenzfall p_0 von H_0 (maximale Irrtumswahrscheinlichkeit).
$\alpha = P(X < 19) \approx 0{,}03$

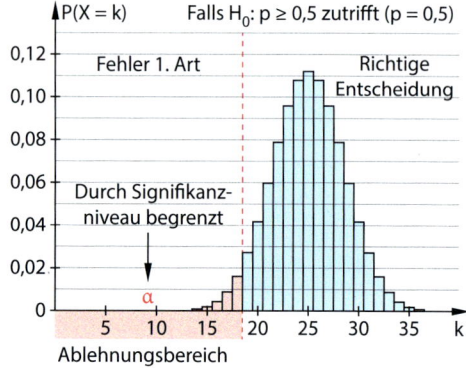

Fall 2: H_0 trifft nicht zu
Die Berechnung von β ist nur möglich, wenn der tatsächliche Wert von p aus H_A bekannt ist.
$\beta = P(X \geq 19) \approx 0{,}87$.

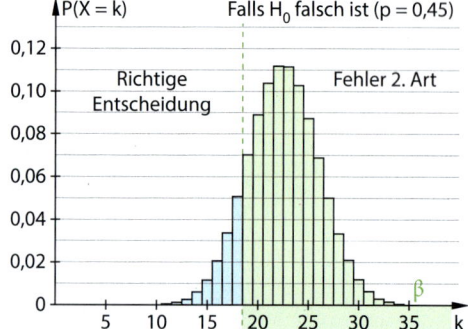

Die Größe des Ablehnungsbereichs wirkt sich auf die Größe der Fehlerwahrscheinlichkeit aus: Je kleiner der Ablehnungsbereich, desto kleiner wird bei zutreffender Nullhypothese die maximale Irrtumswahrscheinlichkeit α_{max}. Trifft die Nullhypothese jedoch nicht zu, so erhöht sich bei dieser Verkleinerung einzig die Wahrscheinlichkeit β für Fehler 2. Art.
Der tatsächliche Wert von β kann in der Regel aufgrund der Unkenntnis von p nicht berechnet werden. Man kann ihn jedoch durch eine Vergrößerung der Stichprobe reduzieren.

Hinweis

In realen Testsituationen kann eine Vergrößerung der Stichprobe mit zu hohen Kosten verbunden sein. Außerdem besteht die Gefahr, dass unbedeutende Unterschiede signifikant werden (siehe S. 421, Aufgabe 18.)

Wissen **Fehlerwahrscheinlichkeiten**

Die Wahrscheinlichkeiten für Fehler 1. und 2. Art hängen vom tatsächlichen Wert von p ab und setzen die Gültigkeit bzw. Ungültigkeit der Nullhypothese voraus.
Die **Wahrscheinlichkeit α für einen Fehler 1. Art** entspricht der Irrtumswahrscheinlichkeit.
Die **Wahrscheinlichkeit β für einen Fehler 2. Art** ist die Wahrscheinlichkeit, dass ein Stichprobenergebnis für den tatsächlichen Wert von p aus H_A nicht im Ablehnungsbereich liegt.

Beispiel 1 Eine Notebookreihe fällt dadurch auf, dass häufig ein bestimmter Chip auf dem Mainboard überhitzt. Um die Ausfallwahrscheinlichkeit p abschätzen zu können, testet der Hersteller die Vorgabe H_0: $p \leq 0{,}01$ für 200 Chips bei einem Signifikanzniveau von 5 %. Der Ablehnungsbereich lautet somit A = [6; 200].
a) Erläutern Sie die Bedeutung von Fehlern 1. und 2. Art im Sachzusammenhang.
b) Berechnen Sie die größtmögliche Wahrscheinlichkeit für Fehler 1. Art.
Später stellt sich heraus, dass 3 % aller Notebooks der Reihe defekte Chips aufweisen.
c) Bestimmen Sie, wie groß die Wahrscheinlichkeit einer Fehlentscheidung gewesen ist.
d) Untersuchen Sie, ob eine Stichprobengröße von 500 Chips ausgereicht hätte, um beide Fehlerwahrscheinlichkeiten von vornherein jeweils auf höchstens 10 % zu begrenzen.

Lösung:

a) Bei einem Fehler 1. Art wird H_0 zugunsten von H_A abgelehnt, obwohl H_0 zutrifft. Bei einem Fehler 2. Art wird H_0 nicht abgelehnt, obwohl H_0 nicht zutrifft.

Bei einem Fehler 1. Art geht der Hersteller von $p > 0{,}01$ aus, obwohl $p \leq 0{,}01$ gilt. Bei einem Fehler 2. Art geht er weiterhin von $p \leq 0{,}01$ aus, obwohl $p > 0{,}01$ gilt.

b) Die maximale Wahrscheinlichkeit für Fehler 1. Art entspricht der maximalen Irrtumswahrscheinlichkeit. Berechnen Sie für den Grenzfall $p_0 = 0{,}01$ die Wahrscheinlichkeit des Ablehnungsbereichs.

X: Anzahl Notebooks mit defektem Chip
X binomialverteilt mit $p_0 = 0{,}01$ und n = 200
$\alpha_{max} = P(X \geq 6) = 1 - P(X \leq 5)$
$\approx 0{,}016$
Die Wahrscheinlichkeit ist höchstens 1,6 %.

c) Wegen $p = 0{,}03 > 0{,}01$ trifft H_0 nicht zu. Es kann also nur zu einem Fehler 2. Art kommen. Berechnen Sie für $p = 0{,}03$ die Wahrscheinlichkeit dafür, dass das Ergebnis außerhalb von A liegt.

Y: Anzahl Notebooks mit defektem Chip
Y binomialverteilt mit $p = 0{,}03$ und n = 200
$\beta = P(Y \leq 5) \approx 0{,}443$
Die Wahrscheinlichkeit einer Fehlentscheidung betrug etwa 44,3 %.

d) Berechnen Sie den Ablehnungsbereich für die neue Testsituation: n = 500 bei einem Signifikanzniveau von 10 %. Berechnen Sie anschließend für $p = 0{,}03$ die Wahrscheinlichkeit für Fehler 2. Art.

Z: Anzahl defekter Chips (passend zu H_0)
Z binomialverteilt mit $p = 0{,}01$ und n = 500
Gesucht ist der kleinste Wert von $r \in \mathbb{N}$ mit $P(Z \geq r) \leq 0{,}1$, also $P(Z \leq r-1) \geq 0{,}9$:
$P(Z \leq 7) \approx 0{,}87$; $P(Z \leq 8) \approx 0{,}93 > 0{,}9$
Also r = 9 und $A_{neu} = [9; 500]$
W: Anzahl defekter Chips (Realität)
W binomialverteilt mit $p = 0{,}03$ und n = 500
$\beta = P(W \leq 8) \approx 0{,}035 < 0{,}1$
Die Stichprobengröße hätte ausgereicht.

Basisaufgaben

 1 Beim Testen von Hypothesen kann es zu Fehlentscheidungen, also zu Fehlern 1. oder 2. Art, kommen. Übertragen Sie die Tabelle in Ihr Heft und vervollständigen Sie sie mit den passenden Begriffen.

H_0	wird abgelehnt	
trifft nicht zu	richtige Entscheidung	

 2 Geben Sie an, ob ein Fehler 1. Art oder 2. Art vorliegt.
a) Die Nullhypothese trifft (nicht) zu und wird abgelehnt.
b) Die Nullhypothese H_0: $p \geq 0,4$ wird abgelehnt und in Wirklichkeit gilt $p = 0,42$.
c) Der Ablehnungsbereich lautet $A = [0; 72]$. Die Stichprobe ergibt 95 Treffer und die Nullhypothese ist in Wirklichkeit falsch.

 3 In medizinischen Tests spricht man häufig von „falsch positiv" und „falsch negativ".
a) Erläutern Sie die Bedeutung der Begriffe in Bezug auf H_0: „Der Patient ist gesund."
b) Geben Sie an, in welchem Fall es sich um einen Fehler 1. bzw. Fehler 2. Art handelt.

 4 Für die Nullhypothese H_0: $p \geq 0,3$ werden ein Signifikanzniveau von 5 % und der Stichprobenumfang 50 gewählt. Der Ablehnungsbereich lautet damit $A = [0; 9]$. Es werden drei verschiedene Situationen für p betrachtet: ① $p = 0,32$; ② $p = 0,3$; ③ $p = 0,28$
a) Geben Sie an, in welcher Situation es zu Fehlern 1. Art oder 2. Art kommen kann.
b) Bestimmen Sie die Wahrscheinlichkeiten α für den Fehler 1. Art und β für den Fehler 2. Art mithilfe der Abbildungen. Kontrollieren Sie rechnerisch.

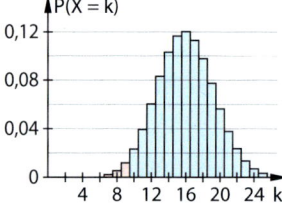 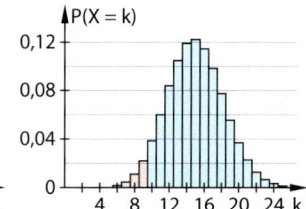 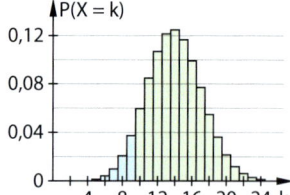

5 Für einen rechtsseitigen Hypothesentest mit der Nullhypothese H_0: $p \leq 0,3$ werden ein Signifikanzniveau von 1 % und der Stichprobenumfang 100 gewählt. Der Ablehnungsbereich lautet damit $A = [42; 100]$.
a) Bestimmen Sie die maximale Irrtumswahrscheinlichkeit α.
b) Beschreiben Sie eine Situation, in der es zu einem Fehler 1. Art (2. Art) kommt.
c) Bestimmen Sie die Wahrscheinlichkeit β für einen Fehler 2. Art, wenn tatsächlich $p = 0,35$ $(p = 0,45)$ gilt.
d) Geben Sie mithilfe der Tabelle einen Wert für die Stichprobengröße n an, für den die Wahrscheinlichkeit β für Fehler 2. Art unter Einhaltung des Signifikanzniveaus von 1 % auf unter 10 % fällt.

Stichprobengröße	Ablehnungsbereich	Irrtumswahrscheinlichkeit α (falls $p = 0,3$ gilt)	Wahrsch. Fehler 2. Art β (falls $p = 0,35$ gilt)
100	$A = [42; 100]$	$\alpha \approx 0,0072$	$\beta \approx 0,9123$
500	$A = [164; 500]$	$\alpha \approx 0,0946$	$\beta \approx 0,1403$
1000	$A = [325; 1000]$	$\alpha \approx 0,0462$	$\beta \approx 0,0448$
1010	$A = [334; 1010]$	$\alpha \approx 0,0188$	$\beta \approx 0,0931$
1150	$A = [382; 1150]$	$\alpha \approx 0,0099$	$\beta \approx 0,0967$

6 Begründen Sie, ob ein Fehler 1. oder 2. Art vorliegt.

a) Ein Lebendimpfstoff soll in höchstens einem von zehn Fällen Fieber als Impfreaktion hervorrufen. Die Nullhypothese H_0: $p \leq 0,1$ wird daraufhin bei einer Stichprobe von 1000 Patienten getestet. Obwohl für den Impfstoff in Wirklichkeit $p \approx 0,125$ gilt, wird die Nullhypothese nicht abgelehnt.

b) Ein gewöhnlicher Würfel wird daraufhin überprüft, ob er zu häufig die Sechs zeigt. Der Würfel ist tatsächlich in Ordnung, aber dennoch fällt das Stichprobenergebnis in den Ablehnungsbereich der Nullhypothese H_0: $p \leq \frac{1}{6}$.

c) Eine Lieferung Schrauben wird daraufhin geprüft, ob sie höchstens 2 % Ausschuss enthält. Der Anteil unbrauchbarer Schrauben beträgt tatsächlich 2,5 %, das Stichprobenergebnis fällt allerdings nicht in den Ablehnungsbereich von H_0: $p \leq 0,02$.

7 Ein großer Feinkosthändler schließt einen neuen Vertrag über die monatliche Lieferung von Oliven ab. Dabei wird vereinbart, dass höchstens 2 % der gelieferten Oliven bitter schmecken dürfen. Der Händler lässt die erste Lieferung probehalber mit H_0: $p \leq 0,02$ auf einem Signifikanzniveau von 5 % testen. Dazu werden zufällig 150 Oliven entnommen und verkostet. Der Ablehnungsbereich lautet $A = [7; 150]$.

a) Beschreiben Sie im Sachzusammenhang, welche Fehlentscheidungen möglich sind, und geben Sie jeweils ein konkretes Zahlenbeispiel an.

b) Zu jeder der folgenden Situationen passt mindestens einer der vier farblich markierten Wahrscheinlichkeitsbereiche. Ordnen Sie begründet zu:
① Fehler 1. Art
② Fehler 2. Art
③ richtige Entscheidung

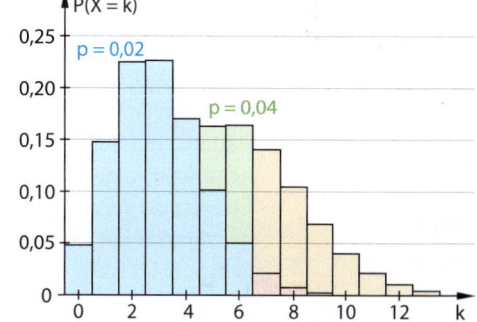

c) Bestimmen Sie die Wahrscheinlichkeiten für ① und ② mithilfe des Histogramms. Kontrollieren Sie Ihre Ergebnisse anschließend rechnerisch.

d) Untersuchen Sie, ob die Wahrscheinlichkeit für einen Fehler 2. Art im dargestellten Fall abnimmt, wenn das Signifikanzniveau auf 1 % reduziert, der Stichprobenumfang aber auf 300 Oliven erhöht wird.

Wahl der Nullhypothese

Die Nullhypothese und die Alternativhypothese nehmen beim Testen verschiedene Rollen ein. Eine Ablehnung der Nullhypothese kann unter Ausschluss anderer Fehlerquellen als Unterstützung der Alternativhypothese gewertet werden. Die Nullhypothese selbst kann durch den Test dagegen nicht gestützt werden.

Durch das Signifikanzniveau kann zudem nur eine Obergrenze für die Irrtumswahrscheinlichkeit α festgelegt werden. Also für die Wahrscheinlichkeit von Fehlern 1. Art, mit der man eine zutreffende Nullhypothese auf Dauer höchstens ablehnt. Für die Wahrscheinlichkeit von Fehlern 2. Art kann dagegen keine sinnvolle Obergrenze gesetzt werden.

Hinweis

Welcher der beiden Fehler (1. Art oder 2. Art) folgenschwerer ist, hängt immer von den Umständen ab.

> **Wissen** / **Wahl der Nullhypothese**
>
> Abhängig von den Testumständen wird für die Wahl der Nullhypothese eine der folgenden beiden Regeln beachtet:
> **Regel 1:** Die Hypothese, die gestützt werden soll, wird als Alternativhypothese formuliert.
> **Regel 2:** Die folgenschwerste Fehlentscheidung soll der Fehler 1. Art sein.

Beispiel 2 / **Regel 1**

Der Hersteller eines Impfstoffs versucht, den in einer Vorstudie gewonnenen Verdacht von über 90 % Wirksamkeit zu untermauern. Bestimmen Sie eine geeignete Nullhypothese und Alternativhypothese.

Lösung:

Da nur die Alternativhypothese gestützt werden kann, muss der Verdacht als Alternativhypothese formuliert werden (Regel 1).

Der Verdacht wird zur Alternativhypothese H_A: $p > 0{,}9$. Kommt es zur Ablehnung der Nullhypothese H_0: $p \leq 0{,}9$, so wird dies als Bestätigung von H_A gewertet.

Beispiel 3 / **Regel 2**

Ein Hersteller von LED-Lampen nimmt regelmäßig Prüfungen von einzelnen Chargen vor. Dabei gilt eine Charge als gut, wenn die Defektwahrscheinlichkeit der Lampen höchstens p_0 beträgt. Minderwertige Chargen werden vor dem Verkauf aussortiert.
Geben Sie an, wie die Nullhypothese im angegebenen Fall zu wählen ist, wenn der Fehler 1. Art als folgenschwerster vermieden werden soll.
a) Die LED-Lampen werden in Privathaushalten eingesetzt.
b) Die LED-Lampen werden in Medizingeräten eingesetzt.

Hinweis

Das Fehlerrisiko kann bei Fehlern 1. Art begrenzt werden. Im Beispiel wird in a) das Produzentenrisiko und in b) das Konsumentenrisiko begrenzt.

Lösung:

a) Der folgenschwerste Fehler entsteht, wenn gute Chargen irrtümlich aussortiert werden.
Dadurch entstehen hohe Kosten. Die negativen Folgen, minderwertige Chargen zu verkaufen, sind dagegen gering. Wählen Sie H_0 so, dass dies der Fehler 1. Art ist.

Wählen Sie H_0: $p \leq p_0$
Der zu vermeidende Fehler 1. Art lautet: Die Charge ist gut (da $p \leq p_0$ zutrifft), wird aber aussortiert.

b) Der folgenschwerste Fehler entsteht, wenn minderwertige Chargen irrtümlich nicht aussortiert werden. Dadurch können gesundheitliche Folgen entstehen. Wählen Sie H_0 so, dass dies der Fehler 1. Art ist.

Wählen Sie H_0: $p \geq p_0$
Der zu vermeidende Fehler 1. Art lautet: Die Charge ist minderwertig (da $p \geq p_0$ zutrifft), wird aber nicht aussortiert.

Basisaufgaben

8 Ordnen Sie passende Kärtchen einander zu.

① H_0: $p \geq 0{,}9$

② Die Hypothese, die gestützt werden soll, geht von $p < 0{,}9$ aus.

③ Die Alternativhypothese lautet $p > 0{,}9$.

④ H_0: $p \leq 0{,}9$

⑤ Fehler 1. Art bestehen darin, dass H_0 zutrifft, man aber irrtümlich von einer geringeren Wahrscheinlichkeit ausgeht.

⑥ Der folgenschwerere Fehler lautet: H_0 trifft zu, aber man geht fälschlicherweise von einer zu hohen Wahrscheinlichkeit aus.

⑦ Es soll der Verdacht untermauert werden, dass die Trefferwahrscheinlichkeit größer ist.

⑧ Es soll der Fehler begrenzt werden, dass die Trefferwahrscheinlichkeit in Wirklichkeit höchstens 0,9 beträgt, man dies aber ablehnt.

9 Geben Sie eine geeignete Null- und Alternativhypothese an.
  a) Es wird vermutet, dass ein Würfel zu selten die Sechs anzeigt.
  b) Es soll die Annahme gestützt werden, dass durchschnittlich weniger als 9 von 10 Personen einverstanden sind.
  c) Die Annahme $p > p_0$ soll gestützt werden.
  d) Eine Firma erhält von einem ihrer Zulieferer die Aussage, dass 98 % der gefertigten Bauteile in Ordnung sind. Die Firma möchte begründen können, dass die Quote niedriger liegt. Sowohl der Zulieferer als auch die Firma führen einen Test durch.

 10 Entscheiden Sie begründet, ob $H_0: p \geq 0{,}5$ oder $H_0: p \leq 0{,}5$ als Nullhypothese geeignet ist.
  a) Es soll das Risiko begrenzt werden, irrtümlich von $p > 0{,}5$ auszugehen.
  b) Es soll das Risiko begrenzt werden, irrtümlich von einer zu kleinen Wahrscheinlichkeit auszugehen.
  c) Durch den Test soll entschieden werden, ob bei einer Charge eines Produkts Güteklasse A oder B vorliegt. Gilt $p > 0{,}5$, wird die Produktcharge als Güteklasse A eingestuft.
    ① Durch den Test soll vermieden werden, irrtümlich von Güteklasse A auszugehen.
    ② Die Wahrscheinlichkeit, dass durch den Test fälschlicherweise von Güteklasse B ausgegangen wird, soll höchstens 2 % betragen.

 11 Es soll eine Umfrage zur Beliebtheit eines Politikers durchgeführt werden. Geben Sie jeweils geeignete Hypothesen an.
  a) Der Test soll untermauern, dass der Politiker bei mehr als 80 % der Wähler beliebt ist.
  b) Es soll das Risiko gering gehalten werden, dass man aufgrund des Tests irrtümlich von einem geringeren Zustimmungswert als 80 % ausgeht.

 12 Geben Sie jeweils im Sachzusammenhang eine Möglichkeit für die Zielsetzung an, die der Wahl der Nullhypothese zugrunde gelegen haben könnte.
  a) Es wird die Erfolgswahrscheinlichkeit einer Therapie getestet. Die Nullhypothese lautet $H_0: p \leq 0{,}8$.
  b) Die Qualität einer Lieferung wird überprüft, wobei die Defektwahrscheinlichkeit höchstens $p_0 = 0{,}025$ betragen soll. Die Nullhypothese lautet $H_0: p \geq 0{,}025$.
  c) Es wird ein Test bezüglich der Nebenwirkungen eines Impfstoffs durchgeführt. Die Nullhypothese lautet: „Höchstens einer von zehntausend Geimpften zeigt hohes Fieber als Nebenwirkung."

Weiterführende Aufgaben

13 Ein Impfstoffhersteller prüft regelmäßig, ob die Dosen den gesetzten Anforderungen an die Konzentrationsgenauigkeit genügen. Für die Wahrscheinlichkeit fehlerhafter Dosen wird ein Wert p_0 angesetzt.
  a) Ordnen Sie passende Kärtchen einander zu.

> Eine gute Charge wird eliminiert.   Eine fehlerhafte Charge wird nicht eliminiert.
>
> Fehler 1. Art $H_0: p \leq p_0$ $H_0: p \geq p_0$ Fehler 2. Art

  b) Geben Sie an, welcher Fehler bei einem linksseitigen (rechtsseitigen) Test durch das Signifikanzniveau begrenzt werden kann.
  c) Erläutern Sie, ob links- oder rechtsseitig getestet werden sollte.

14 Stolperstelle: Paul hat erfahren, dass es zwei mögliche Fehlentscheidungen bei Hypothesentests gibt: den Fehler 1. Art und den Fehler 2. Art. Er wundert sich: *„Bei so einem Test können doch allerhand Fehler passieren. Man könnte sich zum Beispiel bei der Bestimmung des Ablehnungsbereichs verrechnen oder die Stichprobe für den Test nicht zufällig auswählen. Also gibt es doch noch mehr Fehlerarten beim Testen!"*
Erklären Sie, worin Pauls Irrtum besteht.

15 Alternativtests: Bei Alternativtests geht es nur um die Bestätigung einer der beiden Hypothesen, der Nullhypothese oder aber der Alternativhypothese.
Beispiel: Es besteht der Verdacht, dass in einem Spielkasino Würfel verwendet werden, bei denen die Sechs mit einer Wahrscheinlichkeit von $\frac{1}{4}$ statt $\frac{1}{6}$ fällt.
Es soll eine Stichprobe von 100 Würfeln getestet werden.
Nullhypothese H_0: $p = \frac{1}{4}$, Alternativhypothese H_A: $p = \frac{1}{6}$.
Die Zufallsgröße X gibt die Anzahl der Sechsen beim 100-fachen Werfen eines Würfels an.
Entscheidungsregel: Angenommen wird H_0, falls $X > 20$, und H_A, falls $X \leq 20$.
Fehler 1. Art (Nullhypothese trifft zu und wird trotzdem abgelehnt):
$n = 100$, $p = \frac{1}{4}$, $P(X \leq 20) \approx 14,88\,\%$
Fehler 2. Art (Nullhypothese trifft nicht zu und wird trotzdem angenommen):
$n = 100$, $p = \frac{1}{6}$, $P(X > 20) \approx 15,19\,\%$
a) Prüfen Sie für das gegebene Beispiel, ob die Entscheidungsregel sinnvoll gewählt ist.
b) Formulieren Sie eine Entscheidungsregel und untersuchen Sie die Fehler 1. und 2. Art für den Verdacht, dass die folgende Behauptung eines Herstellers falsch ist:
Das neue Medikament hilft in 80% der Fälle, nicht wie das bisher verwendete nur in 60% der Fälle. Eine Stichprobe von 20 Patienten soll blind getestet werden.

16 Nachdem die Verkaufszahlen eines neuen Computerspiels leicht unter den Erwartungen lagen, möchte ein Spielehersteller durch eine Umfrage testen, ob das Interesse an einem Nachfolger groß genug ist. Das neue Spiel soll nur dann produziert werden, wenn mindestens 80% der Käufer des 1. Teils auch den Nachfolger kaufen würden. Trifft dies zu, kann der Nachfolger mit Gewinn verkauft werden.
a) Übertragen Sie die Tabelle ins Heft und vervollständigen Sie sie passend.

Hypothesen bei linksseitigem Test	Hypothesen bei rechtsseitigem Test
	H_0: $p \leq 0,8$ und H_A: $p > 0,8$
Fehler 1. Art und dessen Konsequenzen	Fehler 1. Art und dessen Konsequenzen
Das Interesse für einen Nachfolger ist groß genug, der Hersteller produziert aber keinen Nachfolger. Dem Hersteller entgehen hierdurch Gewinne und die Chance auf eine erfolgreiche Spieleserie.	
Fehler 2. Art und dessen Konsequenzen	Fehler 2. Art und dessen Konsequenzen

b) Erläutern Sie, was Ihnen beim Vergleich beider Testrichtungen auffällt.
c) Der Hersteller ist finanziell schlecht gestellt und darf sich keine weiteren Verluste erlauben. Begründen Sie, ob links- oder rechtsseitig getestet werden sollte.
d) Bearbeiten Sie a) erneut für folgende Situation: Ein Autohersteller prüft, ob er eine Rückrufaktion wegen eines defekten Bauteils starten muss. Der Rückruf soll bei einer Ausfallrate von mindestens $p = 0,01$ gestartet werden.
e) Geben Sie für beide Testrichtungen des Autoherstellers eine Situation an, in der der Fehler 1. Art der folgenschwerere Fehler ist.

● **17** Korrigieren Sie die Aussage.

  a) Das Signifikanzniveau gibt an, wie häufig auf Dauer Fehler 1. Art bei einem Hypothesentest vorkommen.

  b) Die Irrtumswahrscheinlichkeit entspricht der Wahrscheinlichkeit, dass die Nullhypothese wahr ist.

  c) Wenn das Testergebnis bei einem Signifikanzniveau von 5 % im Ablehnungsbereich liegt, dann ist die Nullhypothese höchstens mit 5 % Wahrscheinlichkeit richtig.

  d) Ein Ergebnis aus dem Ablehnungsbereich bedeutet, dass die Nullhypothese abgelehnt werden muss.

  e) Liegt das Testergebnis nicht im Ablehnungsbereich, so kann die Nullhypothese angenommen werden.

  f) Wenn das Testergebnis bei einem Signifikanzniveau von 5 % im Ablehnungsbereich liegt, dann ist die Wahrscheinlichkeit, H_0 irrtümlich abzulehnen, höchstens 5 %.

● **18** Ein erprobtes Medikament weist eine Wirksamkeit von $p_{alt} = 0,8$ auf. Ein neues, vielversprechendes Medikament soll die Wirksamkeit deutlich übertreffen. Es wird mit der Nullhypothese H_0: $p \leq 0,8$ und den Stichprobengrößen 30, 300 und 3000 auf dem Signifikanzniveau 5 % getestet.

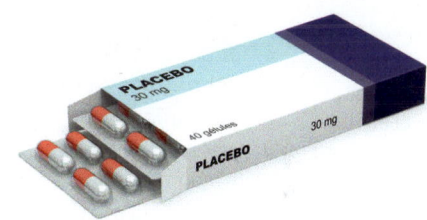

  a) Beschreiben Sie mögliche Zielsetzungen, die zur Wahl der Nullhypothese geführt haben können.

  b) Begründen Sie, dass die Ablehnungsbereiche wie angegeben lauten. Ermitteln Sie auch jeweils die maximale Irrtumswahrscheinlichkeit.

$A_1 = [28; 30]$ $A_2 = [252; 300]$ $A_3 = [2437; 3000]$

  c) Tatsächlich stellt sich später in zahlreichen Folgestudien heraus, dass das neue Medikament wirksamer ist. Jedoch ist der Unterschied mit $p_{neu} = 0,81$ sehr gering. Bestimmen Sie für alle drei Stichprobengrößen die Wahrscheinlichkeit β für Fehler 2. Art und auch die sogenannte „Power" $1 - \beta$.

  d) Beschreiben Sie die Bedeutung der „Power" im Sachzusammenhang.

  e) „Ein Hypothesentest gibt keine Auskunft darüber, wie groß tatsächliche Abweichungen von der Nullhypothese sind. Wählt man die Stichprobengröße nur groß genug, so führen auch vernachlässigbare Unterschiede zu signifikanten Ergebnissen."
  Erläutern Sie die Problematik der Aussage in Bezug auf die Möglichkeit, dass das neue Medikament größere Nebenwirkungen aufweisen könnte als das alte.

Hinweis

Der Stichprobenumfang sollte mit Bedacht gewählt werden. Damit bleibt die Notwendigkeit, dass Hypothesentests wiederholt durchgeführt werden müssen, um an Aussagekraft zu gewinnen, bestehen.

● **19** **Ausblick:** Ein Anspruch an wissenschaftliches Arbeiten ist, dass Ergebnisse reproduzierbar sind. Nur wenn die wesentlichen Aussagen auch bei wiederholter Durchführung der Experimente oder Messungen übereinstimmen, erlangen Studien Glaubwürdigkeit. Seit einigen Jahren wird darüber diskutiert, ob Hypothesentests in manchen Wissenschaften für zu niedrige Raten reproduzierbarer Ergebnisse sorgen. Bekannt ist dieses Phänomen unter dem Namen

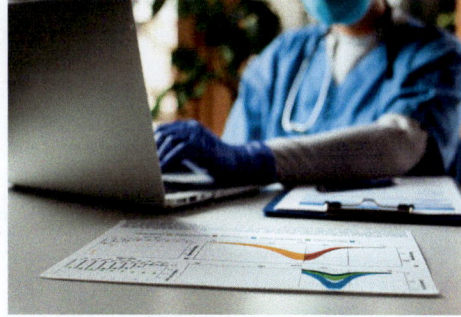

„**replication crisis**". Ein Problem dabei ist das sogenannte p-Hacking. Informieren Sie sich über den Begriff und die damit verbundenen Probleme.

10.4 Zweiseitige Hypothesentests

Ein Unternehmen hat einen neuen Impfstoff entwickelt und untersucht, ob dieser wirksamer als das Konkurrenzprodukt ist, das 90 % Wirksamkeit aufweist. Beurteilen Sie folgendes Vorgehen: Es wird rechtsseitig mit H_0: p ≤ 0,9 getestet und

a) der neue Impfstoff hat in Vorstudien bereits eine Wirksamkeit von über 90 % gezeigt,

b) der neue Impfstoff hat noch keine Tests auf Wirksamkeit durchlaufen. Die Wirksamkeit ist also noch ungeklärt.

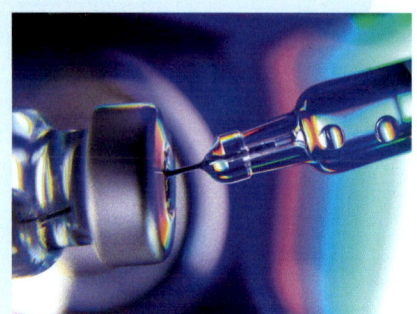

Hinweis

Ein einseitiger Test ist sensitiv für eine Seite, dabei aber „blind" für die andere.

Ein einseitiger Test ist nur für Abweichungen in eine Richtung, die der Alternativhypothese, empfindlich. Wird beispielsweise für einen gewöhnlichen Würfel die Wahrscheinlichkeit für das Werfen der „Sechs" rechtsseitig mit H_0: $p \leq \frac{1}{6}$ und H_A: $p > \frac{1}{6}$ getestet, so kann der Test nur ein zu häufiges Auftreten der „Sechser" erkennen, ein zu seltenes Auftreten bleibt aber unentdeckt. Soll der Test prüfen, ob der Würfel fair ist, so sind Abweichungen von $p = \frac{1}{6}$ in beide Richtungen relevant. Es kann dann nicht einseitig getestet werden. Der Test erfolgt in diesem Fall zweiseitig mit den Hypothesen H_0: $p = \frac{1}{6}$ und H_A: $p \neq \frac{1}{6}$.

Da die Nullhypothese des zweiseitigen Tests sowohl für zu kleine also auch zu große Stichprobenergebnisse verworfen wird, umfasst der Ablehnungsbereich beide äußeren Enden der Verteilung. Das Signifikanzniveau von beispielsweise 5 % wird in zwei Hälften aufgeteilt: Man bestimmt die linke Grenze l so, dass P(X ≤ l) ≤ 2,5 % gilt, und entsprechend P(X ≥ r) ≤ 2,5 %.

Für das Beispiel H_0: $p = \frac{1}{6}$ und H_A: $p \neq \frac{1}{6}$ mit n = 100 folgt A = [0; 9] ∪ [25; 100] mit P(X ≤ 9) ≈ 2,1 % und P(X ≥ 25) ≈ 2,2 %. Die Irrtumswahrscheinlichkeit entspricht der Summe α = P(X ≤ 9) + P(X ≥ 25) ≈ 4,3 %.

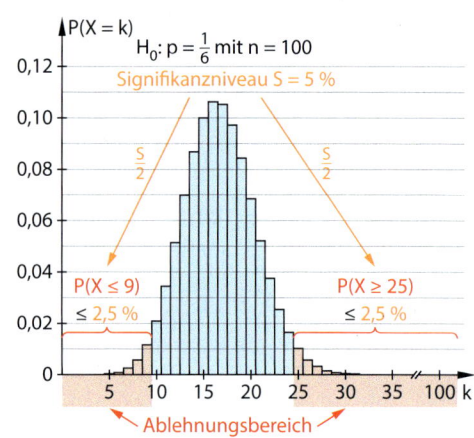

Wissen | **Zweiseitige Hypothesentests durchführen**

Sind das **Signifikanzniveau S** und der Stichprobenumfang n eines zweiseitigen Hypothesentests festgelegt, so führt man die folgenden Schritte durch:

Hypothesen formulieren	Nullhypothese:	**H_0: p = p_0**
	Alternativhypothese:	**H_A: p ≠ p_0**
Zufallsgröße X definieren	X: Anzahl der „Treffer"; X ist für den Test binomialverteilt mit der Nullhypothese p_0 und n.	
Ablehnungsbereich bestimmen	**A = [0; l] ∪ [r; n]**	
	l ∈ ℕ maximal mit	r ∈ ℕ minimal mit
	P(X ≤ l) ≤ $\frac{S}{2}$	P(X ≥ r) ≤ $\frac{S}{2}$
Entscheidungsregel formulieren	Beobachtet man höchstens l oder mindestens r Treffer, so wird H_0 für die Stichprobe abgelehnt, ansonsten nicht.	

Hinweis

Betrachten Sie Aufgabe 3 auf Seite 424 für einen Vergleich zwischen einseitigem und zweiseitigem Test.

Abhängig von den Voraussetzungen wird vorab entschieden, welcher Test geeignet ist. Der einseitige Test hat eine größere „Power", Abweichungen der Trefferwahrscheinlichkeit in eine Richtung zu erkennen. Liegt also ein begründeter Verdacht über die Abweichungsrichtung der Trefferwahrscheinlichkeit vor, so kann einseitig getestet werden. Führt aber das Übersehen eines Effekts in Gegenrichtung der Alternativhypothese zu Konsequenzen, die vermieden werden sollen, so muss zweiseitig getestet werden.

Beispiel 1 Geben Sie an, welcher Test geeignet ist, und formulieren Sie die Hypothesen.
a) Eine Münze soll daraufhin getestet werden, ob die Seite „Kopf" zu häufig geworfen wird.
b) Ein Bauteil wird durch ein neues ersetzt. Ein Test soll stützen, dass die Defektrate kleiner als $p = 0{,}05$ ist, jedoch darf eine höhere Defektrate auf keinen Fall übersehen werden.

Lösung:
a) Es kann einseitig getestet werden, da nur interessiert, ob zu häufig „Kopf" erscheint.

Es kann rechtsseitig mit $H_0: p \leq \frac{1}{2}$ und $H_A: p > \frac{1}{2}$ getestet werden. Dabei ist p die Wahrscheinlichkeit für „Kopf".

b) Es wird $p < 0{,}05$ vermutet (linksseitiger Test). Dabei darf $p > 0{,}05$ nicht übersehen werden.

Es sollte zweiseitig mit $H_0: p = 0{,}05$ und $H_A: p \neq 0{,}05$ getestet werden.

Beispiel 2 Eine Glücksspielautomat wird vor Auslieferung darauf getestet, ob die Gewinnwahrscheinlichkeit bei $p = 0{,}45$ liegt. Für den Test werden 250 Spielrunden durchgeführt.
a) Bestimmen Sie den Ablehnungsbereich und die Irrtumswahrscheinlichkeit α für einen zweiseitigen Hypothesentest mit einem Signifikanzniveau von 1 %.
b) Eine spätere Prüfung ergibt, dass die Gewinnwahrscheinlichkeit nur bei $p = 0{,}43$ gelegen hat. Bestimmen Sie die Wahrscheinlichkeit β für Fehler 2. Art.

Lösung:
a) Der Test erfolgt zweiseitig, da die Gewinnwahrscheinlichkeit in beide Richtungen von $p = 0{,}45$ abweichen kann. Formulieren Sie die beiden Hypothesen und definieren Sie die Zufallsgröße X. Für den Ablehnungsbereich bestimmen Sie die beiden einseitigen Ablehnungsbereiche für das halbe Signifikanzniveau, also 0,5 %. Beachten Sie: Der Ablehnungsbereich des zweiseitigen Tests setzt sich aus beiden Randbereichen zusammen. Die Irrtumswahrscheinlichkeit ist auch beim zweiseitigen Test die Wahrscheinlichkeit des Ablehnungsbereichs. Addieren Sie hierzu die Wahrscheinlichkeiten der beiden Teile des Ablehnungsbereichs.

$H_0: p = 0{,}45$ und $H_A: p \neq 0{,}45$
X : Anzahl Gewinne; X ist für den Test binomialverteilt mit $p = 0{,}45$ und $n = 250$.

Ablehnungsbereich:
$l \in \mathbb{N}$ maximal mit $P(X \leq l) \leq 0{,}005$
$P(X \leq 91) \approx 0{,}0036 \leq 0{,}005$
$P(X \leq 92) \approx 0{,}0052 > 0{,}005$
$r \in \mathbb{N}$ minimal mit $P(X \geq r) \leq 0{,}005$,
also $P(X \leq r - 1) \geq 0{,}995$
$P(X \leq 132) \approx 0{,}9944 \leq 0{,}995$
$P(X \leq 133) \approx 0{,}9961 > 0{,}995$
Somit $r - 1 = 133$ und $r = 134$.
Also gilt: $A = [0; 91] \cup [134; 250]$.

Irrtumswahrscheinlichkeit:
$\alpha = P(X \leq 91) + P(X \geq 134) \approx 0{,}0075$

Hinweis

Entscheidungsregel:
Zeigt der Automat höchstens 91 Gewinne oder mindestens 134 Gewinne, so wird H_0 für die Stichprobe abgelehnt, ansonsten nicht.

Erinnerung

CAS-Befehle:
binomCdf(n,p,a,b) bei TI
und bei Casio
binomialCDf(a,e,n,p)

b) Definieren Sie eine neue Zufallsgröße mit $p = 0{,}43$. Bestimmen Sie die Wahrscheinlichkeit, dass das Stichprobenergebnis nicht im Ablehnungsbereich liegt.

Y: Anzahl Gewinne; Y ist binomialverteilt mit $n = 250$ und $p = 0{,}03$.
$\beta = P(92 \leq Y \leq 133) \approx 0{,}980$

Basisaufgaben

1 Geben Sie beide Hypothesen für den zweiseitigen Test an.
a) Es wird untersucht, ob die Annahme $p = 0,7$ abgelehnt werden kann.
b) Die relativen Einschaltquoten einer Fernsehshow lagen zuletzt bei etwa 7 %. Eine Umfrage soll ergeben, ob sich die Quote verändert hat.
c) Eine Roulette-Rad hat insgesamt 37 Felder. Die Bank sichert sich einen Vorteil durch das Feld mit der Ziffer 0. Es soll untersucht werden, ob dieses Feld mit der zu erwarteten Wahrscheinlichkeit auftritt.
d) Ein Glücksrad ist in zwei Felder der Farben Rot und Grün unterteilt. Die rote Fläche ist dabei doppelt so groß wie die grüne. Es soll getestet werden, ob das Rad fair ist.
e) Die Anteile der Jungen- und Mädchengeburten an einem großen Klinikum ist seit Jahren stabil. Nun wird angenommen, dass sich dies verändert hat.

2 Es soll untersucht werden, ob die tatsächliche Trefferwahrscheinlichkeit p vom angenommenen Wert p_0 abweicht. Die Aussage beschreibt eine mögliche Testvoraussetzung. Begründen Sie, ob einseitig oder zweiseitig getestet werden sollte.
a) Es gibt keinen Verdacht darüber, ob und in welche Richtung p von p_0 abweicht.
b) Es gibt einen starken Verdacht, dass p größer als p_0 sein könnte. Das Übersehen einer Abweichung in die andere Richtung hat keinerlei Konsequenzen.
c) Es gibt einen starken Verdacht, dass p kleiner als p_0 sein könnte. Das Übersehen einer Abweichung in die andere Richtung hat schwerwiegende Konsequenzen.
d) Es ist ausschließlich von Interesse, ob p größer als p_0 sein könnte. Eine Abweichung von p_0 ist nur in eine Richtung möglich.

3 Eines der abgebildeten Histogramme gehört zu einem linksseitigen, eines zu einem rechtsseitigen und eines zu einem zweiseitigen Test. Es gilt jeweils $n = 50$. Die Wahrscheinlichkeit der Ablehnungsbereiche ist rot unterlegt.

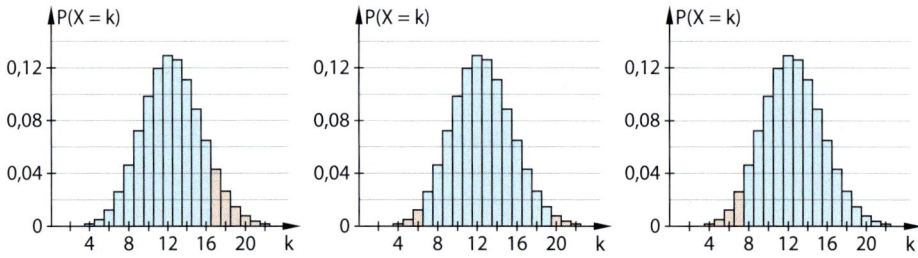

a) Ordnen Sie passend zu und geben Sie die Ablehnungsbereiche an.
b) Bestimmen Sie die Irrtumswahrscheinlichkeiten und geben Sie jeweils an, ob das Signifikanzniveau bei 1 %, 5 % oder 10 % gelegen hat.

4 Ein gewöhnlicher sechsseitiger Würfel steht unter dem Verdacht, die Sechs nicht mit der Wahrscheinlichkeit $p = \frac{1}{6}$ anzuzeigen. Für einen zweiseitigen Test soll 150-mal gewürfelt werden. Das Signifikanzniveau wird auf 5 % festgelegt.
Führen Sie jeden der folgenden Schritte durch. Bestimmen Sie den Ablehnungsbereich dabei mithilfe der Tabelle.
① Nullhypothese und Alternativhypothese formulieren
② Zufallsgröße X definieren
③ Ablehnungsbereich bestimmen (achten Sie darauf, das Signifikanzniveau für beide Seiten zu halbieren)
④ Entscheidungsregel formulieren

l	$P(X \leq l)$
13	0,0036
14	0,0075
15	0,0145
16	0,0264
r	$P(X \geq r)$
33	0,0539
34	0,0350
35	0,0220
36	0,0134

Weiterführende Aufgaben

 5 **Stolperstelle:** Elisa behauptet, blind den Unterschied zwischen einer Marken-Schokolade und ihrer Nachahmung schmecken zu können. Irina bezweifelt dies und möchte einen einseitigen Test mit H_0: p = 0,5 und H_A: p > 0,5 durchführen. Beurteilen Sie Irinas Vorschlag.

6 Ronald Fisher führte das Experiment „Lady tasting tea" (siehe Einstieg auf Seite 400) wie folgt durch: In vier Tassen schenkte er zunächst Milch und erst dann Tee ein. Vier weitere Tassen bereitete er in umgekehrter Reihenfolge zu. Seine Kollegin Muriel Bristol kostete die acht Tassen nacheinander in zufälliger Reihenfolge. Im Folgenden wird davon ausgegangen, dass das Kosten der Tassen als eine Bernoulli-Kette dargestellt werden kann.

a) Bestimmen Sie den Ablehnungsbereich eines zweiseitigen Tests bei acht Tassen für ein Signifikanzniveau von 5 % und die Nullhypothese H_0: p = 0,5.

b) Für einen rechtsseitigen Test mit H_0: p ≤ 0,5 und Alternative H_0: p > 0,5 ergibt sich auf dem Signifikanzniveau von 5 % der Ablehnungsbereich A = [7; 8]. Ein Ergebnis von null richtig zugeordneten Tassen würde also nicht zur Ablehnung der Nullhypothese führen. Beurteilen Sie, ob dies sinnvoll ist.

c) Die Abbildung zeigt die Binomialverteilungen zur Nullhypothese H_0: p = 0,5 mit Stichprobengrößen n = 5, n = 6 und n = 8. Begründen Sie, welche Stichprobengröße für ein Signifikanzniveau von 5 % (1 %) geeignet ist.

Hinweis

Damit es sich um eine Bernoulli-Kette handelt, darf die Testperson nicht wissen, wie viele Tassen von welcher Sorte zubereitet wurden.

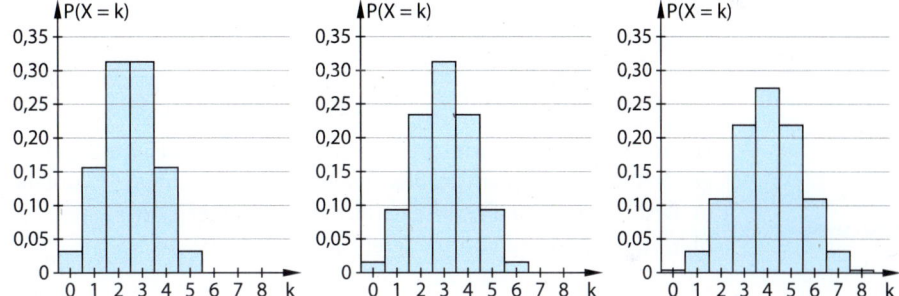

7 Ein Online-Händler stellt fest, dass im Durchschnitt jeder 25. Besucher seiner Homepage ein Produkt bestellt. Nachdem die Homepage überarbeitet wurde, soll geprüft werden, ob sich diese Zahl verändert hat. Es werden 500 Besucher und ihr Kaufverhalten betrachtet.

a) Der Ablehnungsbereich des Tests mit der Nullhypothese H_0: p = 0,04 und der Alternative H_A: p ≠ 0,04 lautet A = [0; 9] ∪ [33; 500]. Geben Sie an, ob das Signifikanzniveau 1 % oder 5 % betragen haben kann.

b) Beschreiben Sie Fehler 1. Art und Fehler 2. Art im Sachzusammenhang.

c) Erklären Sie, welches Risiko der Händler eingehen würde, wenn er nicht zweiseitig, sondern rechtsseitig testet.

d) Die Wahrscheinlichkeit für Fehler 2. Art soll bei häufigen Wiederholungen kleiner als 25 % sein. Beschreiben Sie ein Verfahren, um den Wertebereich für p zu bestimmen, sowie ein Verfahren, bei dem die Summe der Fehler minimiert wird.

8 **Ausblick:** Eine Münze steht unter Verdacht, nicht fair zu sein. Jan vermutet, dass die Wahrscheinlichkeit für „Zahl" kleiner als 50 % ist. Roy formuliert vorsichtiger: „Die Trefferwahrscheinlichkeit liegt nicht bei p = 0,5." Für den Test soll die Münze 100-mal geworfen werden. Jan testet einseitig und erhält den Ablehnungsbereich A = [0; 41]. Roy testet zweiseitig und erhält A = [0; 39] ∪ [61; 100]. In der Stichprobe erscheint 40-mal „Zahl". Obwohl Roys Aussage vorsichtiger ist, kann er die Nullhypothese nicht ablehnen, Jan dagegen schon. Das Testergebnis stützt also die „schärfere", gerichtete Aussage, nicht aber die „schwächere", ungerichtete Aussage. Erläutern Sie dieses Paradoxon.

Operationscharakteristik

Ein Würfel ist ideal mit $P(X = 6) \approx 0{,}17$ oder ein „Sechsenwürfel" mit $P(X = 6) = 0{,}22$. Er wird 20-mal geworfen. Berechnen Sie den Fehler 2. Art. Geben Sie an, wie dieser verkleinert werden könnte.

$$p0:=\frac{1}{6} \;\blacktriangleright\; \frac{1}{6} \quad p1:=0.22 \;\blacktriangleright\; 0.22 \quad n:=20$$

$\alpha:=0.05 \;\blacktriangleright\; 0.05$ Fehler 1. Art:

$k = 7.$

$0. \qquad 50.$

$\text{binomCdf}(20,\mathbf{p0},\mathbf{k},20) \;\blacktriangleright\; 0.037135$

Ablehnungsbereich: $A=\{7,8,9,\ldots,20\}$

Fehler 2.Art: binomCdf()

Die **Qualität eines Signifikanztests** ist nicht nur abhängig vom Signifikanzniveau α, das die Wahrscheinlichkeit für den Fehler erster Art begrenzt, sondern auch vom Fehler 2. Art. Daher wird eine Funktion eingeführt, die die Qualität eines Signifikanztests bezüglich des Fehlers 2. Art angibt. Sie wird Operationscharakteristik (abgekürzt: OC) genannt.

Wissen / **Fehler 2. Art und Operationscharakteristik**

Der Fehler 2. Art hängt von der i. d. R. unbekannten Wahrscheinlichkeit p ab. Die OC-Funktion (**Operationscharakteristik**) ordnet jedem Wert von p die Wahrscheinlichkeit β für einen Fehler 2. Art zu.

Beispiel 1 / Es wird vermutet, dass die Wahrscheinlichkeit für das Werfen einer „6" bei einem bestimmten Würfel größer als $p_0 = \frac{1}{6}$ ist. Es wird 50-mal gewürfelt und ein rechtsseitiger Test mit einer Irrtumswahrscheinlichkeit von maximal 5 % durchgeführt.
a) Bestimmen Sie die Wahrscheinlichkeit für Fehler 1 Art.
b) Untersuchen und interpretieren Sie den Fehler 2. Art

Lösung:

a) Bestimmen Sie k so, dass die Irrtumswahrscheinlichkeit von diesem Wert an unter 5 % liegt. Bestimmen Sie damit den Ablehnungsbereich A.
Fehler 1. Art: Nullhypothese wird abgelehnt, obwohl sie zutrifft. Das bedeutet hier, dass tatsächlich nur $p = \frac{1}{6}$ gilt, man aber mehr Sechsen als erwartet gewürfelt hat.

Hinweis

Zu Casio siehe Beispiel 2 auf Seite 427.

b) Fehler 2. Art: Nullhypothese wird angenommen, obwohl sie nicht zutrifft.
Das bedeutet, dass der Würfel zwar tatsächlich häufiger eine 6 liefert als ein regulärer Würfel, aber in diesem Experiment zu wenig Sechsen geliefert hat.
Verwenden Sie die OC-Funktion (Operationscharakteristik). Interpretieren Sie das Ergebnis.

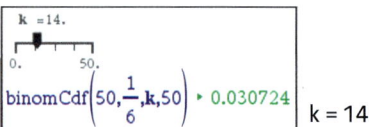

$k = 14.$

$0. \qquad 50.$

$\text{binomCdf}\left(50,\dfrac{1}{6},\mathbf{k},50\right) \;\blacktriangleright\; 0.030724$ $k = 14$

$A= \{14, 15, \ldots,50\}$
Fehler 1. Art: 0,0307

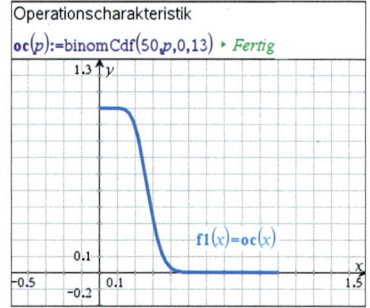

Operationscharakteristik

$\text{oc}(p):=\text{binomCdf}(50,p,0,13) \;\blacktriangleright\; \textit{Fertig}$

$f1(x)=\text{oc}(x)$

Der Fehler 2. Art ist abhängig von der unbekannten (bedingten) Wahrscheinlichkeit p. Er wird umso kleiner, je mehr p nach oben von p_0 abweicht: Je stärker die Realität von der Nullhypothese abweicht, desto eher wird die Abweichung entdeckt.

Beispiel 2

Untersuchen Sie den Einfluss der Stichprobengröße auf die OC-Funktion:
Betrachten Sie Beispiel 1 für n = 200 statt n = 50.
Berechnen Sie den Ablehnungsbereich und vergleichen Sie die zugehörigen Graphen der OC-Funktion.

Lösung:
Bestimmen Sie den Ablehnungsbereich wie in Beispiel 1.
Lassen Sie zum Graphen der OC-Funktion für n = 50 den Graphen der OC-Funktion für n = 200 zeichnen.
Interpretieren Sie das Ergebnis.

A = {43, 44, ..., 200}

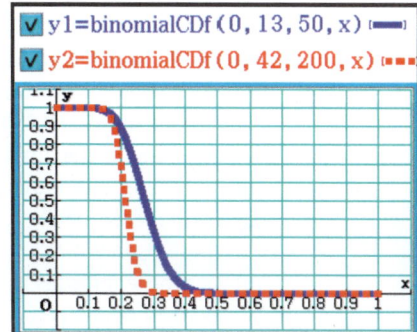

Je größer der Versuchsumfang n gewählt wird, desto schneller fällt der Graph der Operationscharakteristik OC(p) für $p > p_0$ ab, d. h. die Wahrscheinlichkeit, einen Fehler 2. Art zu begehen, ist für alle $p > p_0$ bei größerem n kleiner. Damit führen bereits kleinere Abweichungen von der Nullhypothese zu einer Entscheidung für die „wahre" Alternativhypothese.

Aufgaben

1 Untersuchen Sie den Einfluss von n und α auf den Graphen der OC-Funktion und interpretieren Sie Ihre Ergebnisse mit der Nullhypothese H_0: p = 0,5 zur Alternativhypothese H_A:p > 0,5. Nutzen Sie
a) n = 20 und n = 100 bei α = 0,05,   b) α = 0,05 und α= 0,01 bei n = 100.

2 Eine verbeulte Münze wird 50-mal geworfen.
a) Führen Sie einen zweiseitigen Signifikanztest mit dem Signifikanzniveau α = 0,05 durch. Bestimmen Sie den Ablehnungsbereich und zeichnen Sie die OC-Funktion.
b) Berechnen Sie den Fehler zweiter Art, wenn P(„Zahl") = 0,65 ist.
c) Nutzen Sie nun eine Stichprobengröße von n = 100 und vergleichen Sie die Ergebnisse mit denen der kleineren Stichprobe.

3 Eine Partei befürchtet, nicht mehr die nötigen 5 % Stimmen für den Einzug in das Parlament zu bekommen. Sie möchte einen linksseitigen Test mit n = 1000 und α = 0,05 durchführen. Bestimmen Sie den Ablehnungsbereich und zeichnen Sie die OC-Funktion.

4 **Forschungsauftrag:** Die sogenannte **Gütefunktion** G(p) eines Hypothesentests gibt die Wahrscheinlichkeit an, die Nullhypothese zu verwerfen, wenn die wahre Erfolgswahrscheinlichkeit p ist. Es gilt: G(p) = 1 − OC(p).
Stellen Sie für Beispiel 1 die Funktion dar und erläutern Sie daran die Bedeutung dieser Funktion.

Klausur- und Abiturtraining

Aufgaben ohne Hilfsmittel

1 Für einen Hypothesentest lautet die Nullhypothese H_0: $p \leq 0{,}4$. Die Stichprobengröße beträgt $n = 40$ und der Ablehnungsbereich der Nullhypothese lautet $[22; 40]$. Abgebildet sind vier mögliche Binomialverteilungen der Stichprobe mit $p_1 = 0{,}3$, $p_2 = 0{,}4$, $p_3 = 0{,}41$ und $p_4 = 0{,}5$ (Säulen im Ablehnungsbereich sind rot unterlegt).

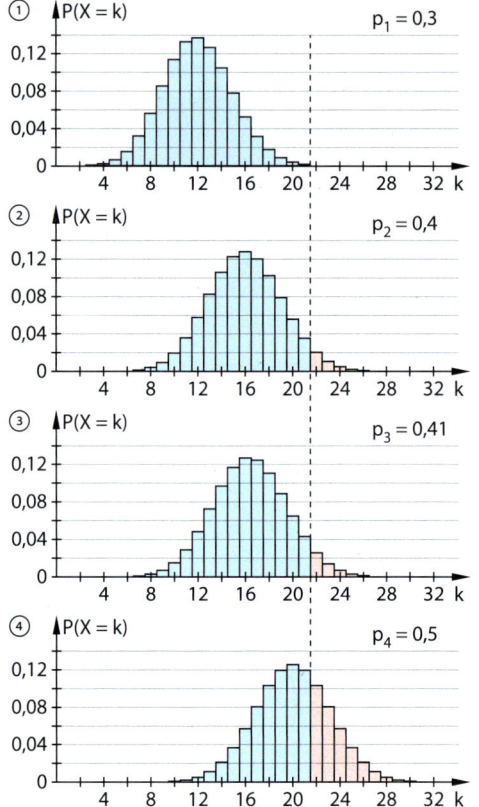

a) Formulieren Sie die Alternativhypothese H_A in Worten.

b) Geben Sie für jedes Histogramm an, ob es zu H_0 oder zu H_A passt.

c) Bestimmen Sie für jede Verteilung die Wahrscheinlichkeit des Ablehnungsbereichs.

d) Begründen Sie: Trifft H_0 für die Stichprobe zu, so ist ein Ergebnis aus dem Ablehnungsbereich unwahrscheinlich. Trifft die Alternativhypothese zu, so ist dies deutlich wahrscheinlicher.

e) Begründen Sie, dass die Nullhypothese zugunsten der Alternativhypothese abgelehnt wird, wenn die Stichprobe ein Ergebnis aus dem Ablehnungsbereich liefert.

2 Ein Pharmahersteller untersucht mithilfe eines Hypothesentests, wie sich sein neues Medikament bezüglich einer gesetzten Wirksamkeitsgrenze von 80 % positioniert. Die Nullhypothese lautet daher entweder H_0: $p \geq 0{,}8$ oder H_0: $p \leq 0{,}8$.

a) Beschreiben Sie im Sachkontext für beide Nullhypothesen, worin Fehler 1. Art bestehen.

b) Die Wirksamkeit des Medikaments muss gegen die Nebenwirkungen abgewogen werden. Beurteilen Sie, welcher Fehler folgenschwerer ist und wie die Nullhypothese folglich gewählt werden sollte.

   ① Das Medikament wird zur Behandlung einer schweren Krankheit eingesetzt und verursacht kaum Nebenwirkungen.

   ② Das Medikament wird zur Behandlung einer schweren Krankheit eingesetzt, verursacht aber auch schwere Nebenwirkungen.

3 Begründen Sie, ob ein Fehler 1. oder 2. Art vorliegt.

a) Ein Lebendimpfstoff soll in höchstens einem von zehn Fällen Fieber als Impfreaktion hervorrufen. Die Nullhypothese H_0: $p \leq 0{,}1$ wird daraufhin bei einer Stichprobe von 1000 Patienten getestet. Obwohl für den Impfstoff in Wirklichkeit $p \approx 0{,}125$ gilt, wird die Nullhypothese nicht abgelehnt.

b) Ein gewöhnlicher Würfel wird daraufhin überprüft, ob er zu häufig die Sechs zeigt. Der Würfel ist tatsächlich fair, aber dennoch fällt das Stichprobenergebnis in den Ablehnungsbereich der Nullhypothese H_0: $p \leq \frac{1}{6}$.

Aufgaben mit Hilfsmitteln

4 In Deutschland sind etwa 3 von 1000 Menschen von der durch Glutenunverträglichkeit verursachten Autoimmunerkrankung Zöliakie betroffen. Eine zufällig ausgewählte Person wird auf Zöliakie getestet. Der Test zeigt mit einer Wahrscheinlichkeit von 90 % ein positives Ergebnis, wenn die Person erkrankt ist, und mit einer Wahrscheinlichkeit von 95 % ein negatives Ergebnis, wenn die Person nicht erkrankt ist.

a) Bestimmen Sie die Wahrscheinlichkeiten der folgenden Ereignisse.
   A: Eine Person ist an Zöliakie erkrankt und das Testergebnis ist negativ.
   B: Das Testergebnis ist negativ.

b) Ermitteln Sie wie viele Personen mindestens getestet werden müssen, um mit einer Wahrscheinlichkeit von mindestens 99 % mindestens ein falsch negatives Testergebnis zu erhalten.

c) Der Test steht unter Verdacht, eine höhere Quote an falsch positiven Testergebnissen aufzuweisen als angegeben. Um diesen Verdacht zu verstärken, wird ein Hypothesentest mit der Stichprobengröße n = 150 bei einem Signifikanzniveau von 1 % durchgeführt.
   ① Geben Sie eine geeignete Nullhypothese und Alternativhypothese an.
   ② Formulieren Sie die Entscheidungsregel.
   ③ Beschreiben Sie im Sachzusammenhang Fehler 1. und 2. Art.
   ④ Berechnen Sie die Wahrscheinlichkeit für einen Fehler 2. Art, wenn der Anteil falsch positiver Testergebnisse tatsächlich 10 % beträgt.

5 Ein Hersteller von Autoreifen variiert seine Reifenmischung mit der Vermutung, dass sich dadurch die Verschleißbeständigkeit erhöht. Die neue Reifenmischung hat etwas höhere Herstellungskosten. Bei bisherigen Tests haben erfahrungsgemäß 10% seiner Reifen den Abnutzungstest nicht bestanden. Um die neue Reifenmischung zu testen, wird ein Hypothesentest mit der Nullhypothese „Der Anteil der Reifen, die den Test nicht bestehen, beträgt mindestens 10 %." anhand einer Stichprobe von 100 Reifen bei einem Signifikanzniveau von 5 % durchgeführt.

a) Erläutern Sie, welche Überlegung zur Wahl der Nullhypothese geführt haben könnte.

b) Formulieren Sie die Entscheidungsregel und das Testergebnis, wenn 94 Reifen aus der Stichprobe den Abnutzungstest bestanden haben.

c) Berechnen Sie die maximale Irrtumswahrscheinlichkeit. Erläutern Sie die Bedeutung dieses Werts im Sachzusammenhang.

d) Die Tabelle zeigt für verschiedene Werte von p die Wahrscheinlichkeit y, dass das Ergebnis der Stichprobe in den Ablehnungsbereich fällt.

p	0,07	0,08	0,09	0,1	0,11	0,12	0,13
y	0,163	0,090	0,047	0,024	0,011	0,005	0,002

Ermitteln Sie für zwei geeignete Werte von p die Wahrscheinlichkeit des Fehlers 2. Art.

e) Für die Konzeption des Tests wurde die Stichprobengröße zunächst auf n = 25 festgesetzt. Beurteilen Sie diese Wahl und bestimmen Sie, wie groß n mindestens gewählt werden muss.

Lösungen
→ S. 488/489

1 Geben Sie das Testergebnis an.
a) Ablehnungsbereich A = [0; 18];   Ergebnis der Stichprobe: 23 Treffer
b) Ablehnungsbereich A = [88; 130];   Ergebnis der Stichprobe: 88 Treffer
c) Ablehnungsbereich A = [0; 999];   Ergebnis der Stichprobe: 1000 Treffer

2 Begründen Sie, ob die Aussage wahr oder falsch ist.
a) Ein Hypothesentest ist nicht dazu geeignet, etwas zu beweisen.
b) Ein Hypothesentest eignet sich dazu, die Nullhypothese zu stützen.
c) Ein Hypothesentest eignet sich dazu, die Alternativhypothese zu stützen.
d) Ein Hypothesentest testet, ob und welche der beiden Hypothesen richtig ist.
e) Ein Hypothesentest kann einen vermuteten Wertebereich für p untermauern.

3 Zur Nullhypothese H_0 wird ein einseitiger Hypothesentest mit der Stichprobengröße n = 300 bei einem Signifikanzniveau von 2 % durchgeführt. Bestimmen Sie den Ablehnungsbereich, und formulieren Sie die Entscheidungsregel.
a) H_0: p ≥ 0,4   b) H_0: p ≤ 0,4

4 Für einen Hypothesentest ist eine Hypothese gegeben. Getestet wird mit n = 120 Versuchen auf einem Signifikanzniveau von 2 %. Formulieren Sie die Entscheidungsregel.

① H_0: Höchstens 3 von 100 Bauteilen sind defekt.

② H_0: Eine verbeulte Münze fällt in höchstens 60 % aller Fälle auf die Seite „Wappen".

③ H_A: Weniger als 90 % der Besucher waren zufrieden mit der Ausstellung.

5 Laut einem Report fallen etwa 21,5 % der geprüften Fahrzeuge mit erheblichen Mängeln durch die Hauptuntersuchung. Ein Autohändler möchte prüfen, ob diese Angabe auch für sein Autohaus zutrifft. Er notiert sich für die nächsten 500 Untersuchungen im Haus, ob die Autos durchfallen.

a) Geben Sie die Nullhypothese an, wenn der Händler den Test für Werbezwecke nutzen will.
b) Bestimmen Sie den Ablehnungsbereich bei einem Signifikanzniveau von 5 %.
c) Berechnen Sie die maximale Irrtumswahrscheinlichkeit. Erläutern Sie die Bedeutung dieses Werts im Sachzusammenhang.
d) Beschreiben Sie im Sachzusammenhang einen Fehler 2. Art.

6 Korrigieren Sie die Aussage.
a) Das Signifikanzniveau gibt an, wie häufig auf Dauer Fehler 1. Art bei einem Test sind.
b) Wenn das Testergebnis bei einem Signifikanzniveau von 5 % im Ablehnungsbereich liegt, dann ist die Nullhypothese höchstens mit 5 % Wahrscheinlichkeit richtig.
c) Ein Ergebnis aus dem Ablehnungsbereich bedeutet, dass die Nullhypothese abgelehnt werden muss.

7 Begründen Sie, ob links- oder rechtsseitig getestet werden sollte.
a) Der Grenzfall der Nullhypothese lautet p_0 = 0,2. Der Fehler „Obwohl p in Wirklichkeit größer als 0,2 ist, geht man von weniger aus" soll kontrolliert werden.
b) Für die Herstellung eines Sensors wird eine hohe Konstanz in der Produktion gefordert. Nicht einwandfreie Chargen müssen rechtzeitig erkannt und aussortiert werden. Hierfür werden jeden Tag 250 Sensoren entnommen und getestet. Die Ausfallrate darf höchstens bei $p = \frac{1}{50}$ liegen.

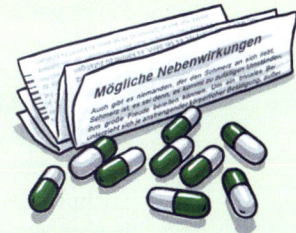

Lösungen
→ S.489

8 In einer medizinischen Studie soll untersucht werden, ob die geringfügigen Nebenwirkungen eines Medikaments eventuell häufiger auftreten als vom Hersteller angegeben. Laut Angaben sollen diese nur „gelegentlich", also höchstens bei 10 von 1000 Behandelten auftreten. Die Angabe des Herstellers wird für eine Stichprobe von 300 zufällig ausgewählten Patienten auf einem Signifikanzniveau von 1 % als Nullhypothese getestet.
a) Bestimmen Sie den Ablehnungsbereich und formulieren Sie die Entscheidungsregel.
b) Bestimmen Sie die maximale Irrtumswahrscheinlichkeit α.

9 Die Bewohner eines Stadtteils fordern von der Stadt den Bau einer Umgehungsstraße für eine vielbefahrene Strecke. Die Bewohner behaupten, dass mindestens 70 % der Autofahrer die Umgehungsstraße nutzen würden. Das Bauamt geht hingegen von höchstens 70 % aus. Auf Grundlage einer Befragung von 250 Autofahrern führen beide Parteien jeweils einen Test bei einem Signifikanzniveau von 5 % durch.
a) Die Kärtchen zeigen einzelne Schritte beider Tests. Bringen Sie diese jeweils in die richtige Reihenfolge und ergänzen Sie fehlende Kärtchen.

Es handelt sich um einen rechtsseitigen Test.	Ablehnungsbereich: A = [0; 162]

H_A: p > 0,7   X: Anzahl der Autofahrer, die die Umgehungsstraße nutzen würden

$P(X \geq 187) \approx 0,0545$
$P(X \geq 188) \approx 0,0404$ | X ist für den Test binomialverteilt mit dem Grenzfall der Nullhypothese $p_0 = 0,7$ und n = 250. | Es handelt sich um einen linksseitigen Test.

Gesucht ist $l \in \mathbb{N}$ maximal, so dass $P(X \leq l) \approx 0,05$. | $P(X \leq 162) \approx 0,0437$
$P(X \leq 163) \approx 0,0577$

b) Formulieren Sie jeweils die Entscheidungsregel.

10 Stefanie behauptet, etwa 10 % aller Produkte aus Biomärkten seien von Mehlmotten befallen. Viet möchte prüfen, ob die Behauptung für seinen Laden zutreffen könnte, und untersucht die nächsten 500 Produkte.
a) Erläutern Sie, welche Art von Hypothesentest geeignet ist.
b) Bestimmen Sie den Ablehnungsbereich und die Irrtumswahrscheinlichkeit für das Signifikanzniveau 5 %. In der Stichprobe sind 37 Produkte befallen.

Wo stehe ich?

	Ich kann...	Aufgabe	Nachschlagen
10.1	... den Ablauf von Hypothesentests erläutern. ... zwischen linksseitigem und rechtsseitigem Testen unterscheiden.	1, 2, 9	S.401 Beispiel 1
10.2	... maximale Irrtumswahrscheinlichkeiten berechnen. ... Ablehnungsbereiche und ihre Wahrscheinlichkeiten bestimmen. ... Entscheidungsregeln formulieren. ... einseitige Hypothesentests anhand der Zielsetzung durchführen.	3, 4, 5, 8, 9	S.406 Beispiel 1 S.408 Beispiel 2 S.410 Beispiel 3
10.3	... mögliche Fehlentscheidungen bei Hypothesentests erkennen und Fehlerwahrscheinlichkeiten ermitteln. ... abhängig von den Umständen und unter Berücksichtigung denkbarer Fehler eine passende Nullhypothese wählen.	5, 6, 7	S.415 Beispiel 1 S.418 Beispiel 2 S.418 Beispiel 3
10.4	... zweiseitige Hypothesentests begründet wählen und anwenden.	10	S.423 Beispiel 1 S.423 Beispiel 2

Hypothesentests

Ein **Hypothesentest** kann begründete Zweifel an einer Annahme (**Nullhypothese H_0**) verstärken und eine gegenteilige Annahme (**Alternativhypothese H_A**) stützen. Die für H_0 erwarteten Ergebnisse werden mit den tatsächlichen Ergebnissen einer Stichprobe für den **Grenzfall p_0 der Nullhypothese** verglichen und entschieden, ob H_0 verworfen wird.

Linksseitiger Hypothesentest: H_A: $p < p_0$
Ablehnungsbereich liegt links: $A = [0; l]$
Rechtsseitiger Hypothesentest: H_A: $p > p_0$
Ablehnungsbereich liegt rechts: $A = [r; n]$

Zweiseitiger Hypothesentest: Ablehnungsbereich: $A = [0; l] \cup [r; n]$; $l, r \in \mathbb{N}$, $0 \le l \le r \le n$
Für höchstens l oder mindestens r Treffer wird H_0 abgelehnt, sonst nicht.

Die Wirksamkeit von höchstens 40 % einer medizinischen Behandlung wird angezweifelt.
Nullhypothese $\qquad$ H_0: $p \le 0,4$ (Zweifel)
Alternativhypothese $\quad$ H_A: $p > 0,4$ (Verdacht)

X: Anzahl erfolgreicher Behandlungen
X binomialverteilt mit $n = 100$ und $p_0 = 0,4$

Ablehnungsbereich: $A = [49; 100]$ (rechts)
Entscheidungsregel:
$k \ge 49$: H_0 wird zugunsten von H_A verworfen
$k < 49$: H_0 wird nicht verworfen

Stichprobenergebnis: $k = 52$
Testergebnis: H_0 wird für diese Stichprobe zugunsten von H_A abgelehnt.

H_0: $p = 0,4$, H_A: $p \ne 0,4$, Signifikanzniveau 1 %: $A = [0; 27] \cup [54; 100]$
Für höchstens 27 oder mindestens 54 Treffer wird H_0 abgelehnt.

Irrtumswahrscheinlichkeit

Mit der **Irrtumswahrscheinlichkeit α** wird eine zutreffende Nullhypothese abgelehnt. α hängt vom tatsächlichen Wert von p ab und ist **maximal** für den Grenzfall p_0 von H_0.

X binomialverteilt mit $n = 100$ und $p_0 = 0,4$
Ablehnungsbereich $A = [49; 100]$
maximale Irrtumswahrscheinlichkeit:
$\alpha_{max} = P(X \ge 49) = 1 - P(x < 49) \approx 0,0423$

Signifikanzniveau und Ablehnungsbereich

Das **Signifikanzniveau S** ist eine zu Beginn des Tests festgelegte Obergrenze für α. Das Signifikanzniveau bestimmt die Wahl des **Ablehnungsbereichs A**.
Linksseitiger Test: $A = [0; l]$ mit größtmöglichem $l \in \mathbb{N}$, so dass $P(X \le l) \le S$
Rechtsseitiger Test: $A = [r; n]$ mit kleinstmöglichem $r \in \mathbb{N}$, so dass $P(X \ge r) \le S$

X binomialverteilt mit $n = 100$ und $p_0 = 0,4$
Signifikanzniveau: 5 % $\qquad$ $A = [r; 100]$
Gesucht ist das kleinste r mit $P(X \ge r) \le 0,05$:
$1 - P(X \le r - 1) \le 0,05$
$\qquad P(X \le r - 1) \ge 0,95$
$P(X \le 47) \approx 0,9362$
$P(X \le 48) \approx 0,9577 > 0,95$
$\Rightarrow r - 1 = 48$, also $r = 49$ $\qquad$ $A = [49; 100]$

Einseitige Hypothesentests durchführen

Schritte: 1. angezweifelte Aussage, Stichprobenumfang n, Signifikanzniveau S notieren, 2. Hypothesen H_0 und H_A formulieren, 3. Binomialverteilte Zufallsgröße X mit p_0 (Grenzfall von H_0) und Länge n definieren, 4. Ablehnungsbereich festlegen, 5. Entscheidungsregel formulieren, 6. Stichprobe untersuchen und Testergebnis bestimmen

Fehler 1. und 2. Art

H_0	abgelehnt, $p \in A$	angenommen, $p \notin A$
trifft zu	①	korrekt
trifft nicht zu	korrekt	②

① Fehler 1. Art, Wahrscheinlichkeit α,
② Fehler 2. Art, Wahrscheinlichkeit β
A: Ablehnungsbereich

Fehler 1. Art: Es gilt $p \le 0,4$, aber $p > 0,4$ wird angenommen. Tatsächlich sei $p = 0,35$:
$\alpha = P(X \ge 49) \approx 0,0027$

Fehler 2. Art: Es gilt $p > 0,4$, aber $p \le 0,4$ wird nicht verworfen. Tatsächlich sei $p = 0,45$:
$\beta = P(X < 49) \approx 0,7596$

Wahl der Nullhypothese

① H_A: Hypothese, die gestützt werden soll
② Die folgenschwerste Fehlentscheidung (abhängig von den Testumständen) soll der Fehler 1. Art sein.

① H_A: $p > 0,4$, H_0: $p \le 0,4$
② Folgenschwerste Fehlentscheidung: Es wird irrtümlich von einer höheren Wirksamkeit ($p > 0,4$) ausgegangen.

11 Vorbereitung auf die Abiturprüfung

In diesem Kapitel finden Sie Hinweise und Aufgaben zur Vorbereitung auf die Abiturprüfung.

11.1 Hinweise zur schriftlichen Prüfung

Die Abiturprüfung im Leistungsfach Mathematik wird wie alle Klausuren als schriftliche Prüfung durchgeführt. Daneben gibt es im Grund- und Leistungskurs ggf. mündliche Prüfungen. Den Schwerpunkt der Prüfung bilden dabei jeweils Aufgaben aus den Gebieten Analysis, Stochastik, Lineare Algebra bzw. Analytische Geometrie. Es wird zwischen hilfsmittelfreien Aufgaben und Aufgaben mit CAS unterschieden.

Sachgebiete/Wahlbereiche		enthalten in
1	Analysis	Band 1
2	Lineare Algebra	Band 2, Kapitel 1 – 2
	Analytische Geometrie	Band 2, Kapitel 3 – 5
3	Stochastik	Band 2, Kapitel 6 – 10

Vorbereitung auf die Prüfung

Hinweis

Die Aufgaben mit bzw. ohne Einsatz von Hilfsmitteln zum Sachgebiet Analysis finden Sie in Band 1 im Kapitel 12.

Zur Vorbereitung empfiehlt es sich zunächst die **Aufgaben ohne Hilfsmittel (11.2)** zu den entsprechenden Wahlbereichen ausführlich zu bearbeiten. Dadurch können Sie Ihre Grundkenntnisse überprüfen. Die **Aufgaben mit Hilfsmitteln (11.3)** dienen dazu, sich auf die Prüfung umfassend vorzubereiten. Zudem können zur Prüfungsvorbereitung insbesondere die folgenden Bestandteile jedes Kapitels genutzt werden:

Üben:
Prüfen Sie Ihr neues Fundament

Vertiefendes Üben:
Klausur- und Abiturtraining

Selbsteinschätzung:
„Wo stehe ich?"

Nachschlagen:
Zusammenfassung

auf der letzten Seite von „Prüfen Sie Ihr neues Fundament"

Bearbeiten Sie die Aufgaben mit Hilfsmitteln einzeln und setzen Sie sich für jede Aufgabe ein Zeitlimit von 90 Minuten. Das Zeitmanagement ist sehr wichtig. Sollten Sie bei der Bearbeitung einer Teilaufgabe nicht weiterkommen, dann stellen Sie diese zunächst zurück und fahren Sie mit der Bearbeitung der nächsten Teilaufgabe fort. Achten Sie darauf, dass Sie Ihre Lösungswege ausreichend ausführlich darstellen, da diese auch in die Bewertung einfließen. Wenn Sie hier unsicher sind, dann fragen Sie Ihre Lehrkraft. Auch eine gut strukturierte Datei im CAS kann Ihnen in der Prüfung helfen. Beachten Sie bei der Lösung die Operatoren, die ganz hinten im Buch aufgeführt sind.

11.2 Aufgaben ohne Hilfsmittel

Lineare Algebra

1 a) Begründen Sie ohne Rechnung, dass das nebenstehende lineare Gleichungssystem (LGS) unendlich viele Lösungen hat.

$$\begin{vmatrix} 3x - & y + 2z = & 1 \\ & y + & z = & 5 \\ -6x + & 2y - 4z = & -2 \end{vmatrix}$$

    b) Prüfen Sie, ob $(-6\,|-5\,|\,7)$ eine Lösung des LGS ist.

    c) Ermitteln Sie die Lösungsmenge des LGS.

2 Gegeben sind $A = \begin{pmatrix} -3 & 1 & -2 & | & -1 \\ 6 & a-2 & 2a & | & 4 \\ 3 & -2 & a & | & 0 \end{pmatrix}$ und $B = \begin{pmatrix} -3 & 1 & -2 & | & -1 \\ 0 & a & 2a-4 & | & 2 \\ 0 & 0 & a^2-4 & | & -a+2 \end{pmatrix}$ mit $a \neq 0$.

    a) Zeigen Sie, dass sich ein LGS mit der Matrix A zur Zeilenstufenform B umformen lässt.

    b) Geben Sie an, für welche $a \in \mathbb{R}$, $a \neq 0$ das LGS eine, keine, unendlich viele Lösungen hat.

3 Gegeben sind $A = \begin{pmatrix} 1 \\ -1 \\ 2 \end{pmatrix}$, $B = \begin{pmatrix} -3 \\ 1 \\ -1 \end{pmatrix}$, $C = \begin{pmatrix} 11 \\ -5 \\ 7 \end{pmatrix}$, $D = \begin{pmatrix} 2 \\ -4 \\ 9 \end{pmatrix}$ und $E = \begin{pmatrix} 0 \\ 0 \\ 5 \end{pmatrix}$.

    a) Berechnen Sie die Determinante der Matrix, deren Spalten aus A, B und C gebildet werden, und begründen Sie, dass A, B und C linear abhängig sind.

    b) Ermitteln Sie alle Arten, D durch A, B, C darzustellen.

    c) Zeigen Sie, dass man E nicht durch A, B und C ausdrücken kann.

4 Die Kundschaft der drei Online-Lebensmittelhändler A, B und C fluktuiert von Monat zu Monat stark. Bei A und C sind es nur 20 %, die im nächsten Monat wieder dort bestellen, bei B sind es 40 %. A gibt 60 % seiner Kunden an C ab, B gibt 50 % an C ab und C gibt 50 % an B ab.

    a) Zeichnen Sie das Übergangsdiagramm zu diesem Austauschprozess.

    b) Erstellen Sie die Matrix zu diesem Austauschprozess und berechnen Sie, wie sich die Kunden bei konstantem Wechselverhalten langfristig auf die drei Händler verteilen.

    c) Der Service beim Händler A verschlechtert sich. Bestimmen Sie die Werte a, b und c der entsprechenden Prozessmatrix $M = \begin{pmatrix} a & 0,1 & 0,3 \\ b & 0,4 & 0,5 \\ c & 0,5 & 0,2 \end{pmatrix}$ so, dass die Kundenverteilung sich einem Vielfachen des Vektors $\begin{pmatrix} 1 \\ 3 \\ 2 \end{pmatrix}$ annähert.

5 Die jährliche Entwicklung einer Tierpopulation mit Männchen (M), Weibchen (W) und Jungtieren (J) lässt sich durch die Matrix $\begin{pmatrix} 0,4 & 0 & 0,1 \\ 0 & 0,4 & 0,1 \\ 0 & 6 & 0 \end{pmatrix} \begin{matrix} M \\ W \\ J \end{matrix}$ beschreiben.

    a) Fertigen Sie das Übergangsdiagramm an und beschreiben Sie den Prozess.

    b) Für die Anfangspopulation $\vec{v_0} = \begin{pmatrix} 200 \\ 160 \\ 160 \end{pmatrix}$ gilt $\vec{v_0} = 40 \begin{pmatrix} 1 \\ 0 \\ 0 \end{pmatrix} + 110 \begin{pmatrix} 1 \\ 1 \\ 6 \end{pmatrix} - 50 \begin{pmatrix} -1 \\ -1 \\ 10 \end{pmatrix}$.

    Zeigen Sie, dass $\begin{pmatrix} 1 \\ 1 \\ 6 \end{pmatrix}$, $\begin{pmatrix} -1 \\ -1 \\ 10 \end{pmatrix}$ und $\begin{pmatrix} 1 \\ 0 \\ 0 \end{pmatrix}$ Eigenvektoren der Prozessmatrix sind.

    Berechnen Sie $\vec{v_1}$ mithilfe der Eigenwerte. Beschreiben Sie anhand obiger Darstellung und der Eigenwerte die von $\vec{v_0}$ ausgehende Entwicklung der Population.

6 Die abgebildete Dreiecksspirale wurde aus dem Dreieck ABC durch mehrfach hintereinander ausgeführte Anwendung einer linearen Abbildung f erzeugt.

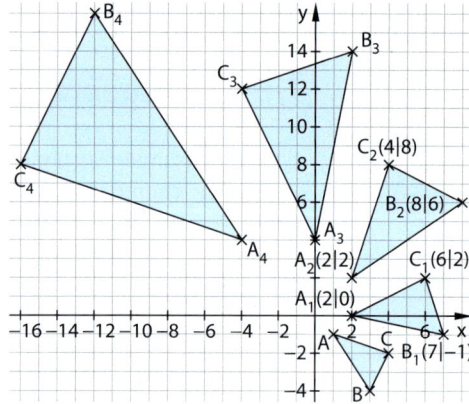

a) Bestimmen Sie anhand der Dreiecke $A_1B_1C_1$ und $A_2B_2C_2$ die Abbildungsmatrix zu f.

b) Es sei $M = \begin{pmatrix} 1 & -1 \\ 1 & 1 \end{pmatrix}$ die Matrix zu f.

Geben Sie eine Matrix an, mit der man unmittelbar aus den Koordinaten von $A_2B_2C_2$ die Koordinaten von $A_4B_4C_4$ berechnen kann.

c) Bestimmen Sie die Koordinaten des Punktes A des ersten Dreiecks ABC.

d) Die zweite Spalte der Matrix M entspricht dem Bild von $(0\,|\,1)$. Nutzen Sie dies, um das Bild von $A_3(0\,|\,2)$ zu berechnen.

e) Bestimmen Sie zwei Matrizen Z und D, sodass $M = Z \cdot D$ gilt und Z zu einer zentrischen Streckung, D zu einer Drehung gehört.

7 Die Gerade a: $y = -x + 2$ sei die Spiegelachse einer Achsenspiegelung f.

a) Bilden Sie den Koordinatenursprung O, $E_1(1\,|\,0)$ und $E_2(0\,|\,1)$ zeichnerisch durch f ab und erstellen Sie anhand der Bilder O', E_1' und E_2' eine Abbildungsgleichung von f. Bilden Sie zur Kontrolle den Punkt $A(-1\,|\,4)$ zeichnerisch und rechnerisch ab.

b) Gegeben sind eine zweite affine Abbildung g und eine Gerade h durch

$$g: \begin{pmatrix} x' \\ y' \end{pmatrix} = \begin{pmatrix} 0 & -1 \\ -1 & 0 \end{pmatrix}\begin{pmatrix} x \\ y \end{pmatrix} + \begin{pmatrix} 6 \\ 6 \end{pmatrix} \qquad h: \vec{x} = \begin{pmatrix} 2 \\ 6 \end{pmatrix} + k\begin{pmatrix} 1 \\ 1 \end{pmatrix}, k \in \mathbb{R}.$$

Bilden Sie die Gerade h durch g ab und zeigen Sie, dass h zwar eine Fixgerade, aber nicht eine Fixpunktgerade von g ist.

c) Zeigen Sie rechnerisch, dass $f = f^{-1}$ gilt und dass $f \circ g$ eine Verschiebung ist.

8 Gegeben ist f durch $\begin{pmatrix} x' \\ y' \end{pmatrix} = \begin{pmatrix} 1 & 1 \\ -1 & 3 \end{pmatrix}\begin{pmatrix} x \\ y \end{pmatrix}$.

a) Bilden Sie die Geraden g_1, g_2, g_3 durch f ab und untersuchen Sie, welche dieser Geraden Fixgerade bzw. Fixpunktgerade von f ist.

$$g_1: \vec{x} = r\begin{pmatrix} 1 \\ 1 \end{pmatrix} \qquad g_2: \vec{x} = \begin{pmatrix} 3 \\ 0 \end{pmatrix} + s\begin{pmatrix} 1 \\ 1 \end{pmatrix} \qquad g_3: \vec{x} = \begin{pmatrix} 2 \\ 1 \end{pmatrix} + t\begin{pmatrix} 1 \\ -1 \end{pmatrix} \ (r, s, t \in \mathbb{R})$$

b) Bestimmen Sie die Eigenwerte und Eigenvektoren von f und vergleichen Sie diese mit dem Ergebnis von Aufgabe a).

9 Gegeben sind die Punkte $A(2\,|\,4)$, $B(-4\,|\,1)$, $C(-5\,|\,-2)$, $D(2\,|\,-2)$ und die Gerade h: $y = 0{,}5x - 3$.

a) Die Gerade durch A und B sei g_{AB}. Prüfen Sie, ob die Punkte C und D auf g_{AB} liegen, und untersuchen Sie die gegenseitige Lage von h und g_{AB}.

b) Bilden Sie die Gerade g_{AB} rechnerisch und zeichnerisch ab durch ① eine Spiegelung an der Hauptdiagonalen ② eine Drehung mit 90° um das Zentrum $Z(2\,|\,3)$.

10 Gegeben ist die lineare Abbildung f mit der Abbildungsmatrix $A = \begin{pmatrix} a & b \\ c & d \end{pmatrix}$.

Geben Sie die Matrix A an, sodass f

a) eine zentrische Streckung mit dem Faktor 2 um den Ursprung ist.

b) eine Drehung um 45° im Uhrzeigersinn um den Ursprung ist.

c) den Punkt $E_1(1\,|\,0)$ auf $E_1'(-2\,|\,0)$ und den Punkt $E_2(0\,|\,1)$ auf $E_2'(1\,|\,-1)$ abbildet.

11 Gegeben ist die Abbildung f durch f: $\begin{pmatrix} x' \\ y' \end{pmatrix} = \begin{pmatrix} 2 & 1 \\ -1 & 0 \end{pmatrix}\begin{pmatrix} x \\ y \end{pmatrix} + \begin{pmatrix} -3 \\ 3 \end{pmatrix}$.

a) Ermitteln Sie die Fixpunkte von f.

b) Bilden Sie das Dreieck A(0|3), B(4|−1), C(4|3) durch f ab und skizzieren Sie die Dreiecke ABC und A'B'C' in ein Koordinatensystem. Begründen Sie, dass die beiden Dreiecke flächengleich sind.

c) $\begin{pmatrix} 1 & 2 \\ 0 & 1 \end{pmatrix}$ ist die Matrix einer Scherung mit der x-Achse als Fixpunktgeraden. Es gilt:

$$M = \begin{pmatrix} 2 & 1 \\ -1 & 0 \end{pmatrix} = \begin{pmatrix} \cos(-45°) & -\sin(-45°) \\ \sin(-45°) & \cos(-45°) \end{pmatrix} \cdot \begin{pmatrix} 1 & 2 \\ 0 & 1 \end{pmatrix} \cdot \begin{pmatrix} \cos(45°) & -\sin(45°) \\ \sin(45°) & \cos(45°) \end{pmatrix}$$

Geben Sie an, was sich aus dieser Gleichung bezüglich der Abbildung f folgern lässt.

d) Es gilt cos (45°) = sin (45°) = cos(−45°) = $\frac{1}{2}\sqrt{2}$ und sin(−45°) = $-\frac{1}{2}\sqrt{2}$.
Nutzen Sie dies, um das Matrixprodukt in Teil c) zu berechnen.

12 Gegeben ist f_a: $\begin{pmatrix} x' \\ y' \end{pmatrix} = \begin{pmatrix} -a & 1+a \\ 1-a & a \end{pmatrix}\begin{pmatrix} x \\ y \end{pmatrix} + \begin{pmatrix} -1-a \\ 1-a \end{pmatrix}$ für a ∈ ℝ, a ≠ ±1.

a) Zeigen Sie, dass die Gerade g mit g: y = x + 1 Fixpunktgerade aller f_a ist.

b) Berechnen Sie die Eigenwerte und Eigenvektoren von f_a für a ≠ ±1. Ermitteln Sie die Werte von a, für die f_a eine Achsenspiegelung ist.

c) Zeichnen Sie die Fixpunktgerade g und den Punkt P(1|4) in ein Koordinatensystem. Zeigen Sie, wie man den Punkt P' = f_2(P) mithilfe der Eigenvektoren von f_2 gewinnen kann.

d) Für die affine Abbildung f' gilt: f' ∘ f_2 = f_0. Bestimmen Sie eine Gleichung von f'.

13 Die Matrix M der affinen Abbildung f hat den Eigenvektor $\vec{v_1} = \begin{pmatrix} 1 \\ 2 \end{pmatrix}$ zum Eigenwert $\lambda_1 = 2$ und den Eigenvektor $\vec{v_2} = \begin{pmatrix} 1 \\ -2 \end{pmatrix}$ zum Eigenwert $\lambda_2 = 3$. Der Punkt Z(3|2) ist Fixpunkt der Abbildung f.

a) Konstruieren Sie im Koordinatensystem aus diesen Angaben das Bild des Punktes P(6|4). Wählen Sie −1 ≤ x ≤ 11; −4 ≤ y ≤ 10; 1 LE ≙ 0,5 cm.

b) Begründen Sie, dass f keine Fixpunktgerade hat. Geben Sie die Fixgeraden von f an.

c) Geben Sie die Eigenwerte und Eigenvektoren der Umkehrabbildung f^{-1} an.

d) Bestimmen Sie mithilfe der Angaben zu Eigenwerten und Eigenvektoren die Matrix M von f. Ermitteln Sie dann eine Abbildungsgleichung von f.

e) Ermitteln Sie eine Abbildungsgleichung von f^{-1}.

14 Das Diagramm beschreibt einen zweistufigen Produktionsprozess. Aus den Rohstoffen R_1 und R_2 werden die Zwischenprodukte Z_1, Z_2 und Z_3 hergestellt. Diese werden zu den Endprodukten E_1 und E_2 weiterverarbeitet. Die für die beiden Produktionsschritte nötigen Mengeneinheiten an Rohstoffen bzw. Zwischenprodukten sind im Diagramm angegeben.

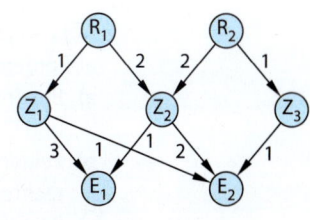

Die Vektoren $\vec{r} = \begin{pmatrix} r_1 \\ r_2 \end{pmatrix}$, $\vec{z} = \begin{pmatrix} z_1 \\ z_2 \\ z_3 \end{pmatrix}$ und $\vec{e} = \begin{pmatrix} e_1 \\ e_2 \end{pmatrix}$ geben die Mengeneinheiten der Rohstoffe, Zwischen- bzw. Endprodukte an.

a) Begründen Sie, dass der zweite Produktionsschritt durch $\vec{e} = \begin{pmatrix} 0 & 3 & 1 \\ 1 & 2 & 1 \end{pmatrix} \cdot \vec{z}$ beschrieben werden kann. Ermitteln Sie, wie viele Mengeneinheiten der Endprodukte E_1 bzw. E_2 aus 20 Einheiten von Z_1, 10 Einheiten von Z_2 und 5 Einheiten von Z_3 hergestellt werden.

b) Geben Sie eine Matrix M an, so dass der erste Produktionsschritt durch die Gleichung $\vec{z} = M \cdot \vec{r}$ beschrieben wird.

c) Es sollen 40 Einheiten von E_1 und 70 Einheiten von E_2 produziert werden. Ermitteln Sie, welche Mengeneinheiten der Rohstoffe R_1 und R_2 hierfür benötigt werden.

Analytische Geometrie

15 Durch $E: \vec{x} = \begin{pmatrix} 1 \\ 2 \\ -4 \end{pmatrix} + r\begin{pmatrix} 1 \\ 0 \\ 1 \end{pmatrix} + s\begin{pmatrix} 2 \\ 1 \\ 0 \end{pmatrix}$ und $g_a: \vec{x} = \begin{pmatrix} 3 \\ 2 \\ 2 \end{pmatrix} + k\begin{pmatrix} 1 \\ a \\ 3 \end{pmatrix}$, a, r, s, k ∈ ℝ, sind eine Ebene E

und eine Geradenschar g_a gegeben.

a) Berechnen Sie den Schnittpunkt von g_0 und E.

b) Die Schnittbedingung für E und g_a führt zu einem LGS mit der Zeilenstufenform:

$$\begin{array}{ccc} r & s & k \\ \end{array}$$
$$\begin{pmatrix} 1 & 2 & -1 & | & 2 \\ 0 & 1 & a & | & 0 \\ 0 & 0 & a-1 & | & 2 \end{pmatrix}$$

Geben Sie an, für welche a das LGS eindeutig lösbar bzw. nicht lösbar ist.

c) Weisen Sie nach, dass keine Gerade der Schar g_a in der Ebene E liegt.

16 Gegeben sind die Punkte A(0|0|0), D(−1|4|8) und B_a(−4|a|−4) für a ∈ ℝ.

a) Ermitteln Sie die Koordinaten der Punkte C_a, sodass AB_aC_aD ein Parallelogramm ist.

b) Geben Sie an, für welches a der Punkt C_a in der x_1x_3-Ebene liegt.

c) Bestimmen Sie ein a ∈ ℝ so, dass das Parallelogramm AB_aC_aD ein Quadrat ist.

17 Ein Flugzeug befindet sich zum Zeitpunkt t = 0 im Punkt
P(4| −1|5). Die Bewegung des Flugzeugs innerhalb

einer Minute wird durch den Vektor $\vec{v} = \begin{pmatrix} 3 \\ 4 \\ 0 \end{pmatrix}$ beschrieben

(1 LE = 1 km).

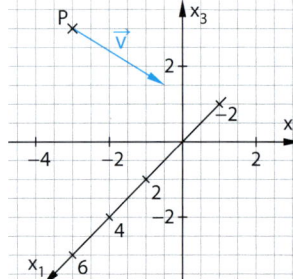

a) Ermitteln Sie die Position des Flugzeugs nach
2 Minuten und nach 10 Minuten (unveränderte
Bedingungen vorausgesetzt).

b) Überprüfen Sie, welche der Punkte Q(1|5|0) und
R(−0,5| −7|0) senkrecht unter der Flugbahn liegen.

c) Begründen Sie, dass das Flugzeug auf diesem Kurs niemals den Erdboden in der
x_1x_2-Ebene berührt.

d) Zeigen Sie, dass sich das Flugzeug mit einer Geschwindigkeit von 300 km/h bewegt.

18 Die Abbildung zeigt das Dreieck ABC mit den Eckpunkten
A(1| −1|6), B(10|8|6) und C(4|5|0). Gegeben ist
außerdem der Punkt P(2|y|4) mit y ∈ ℝ.

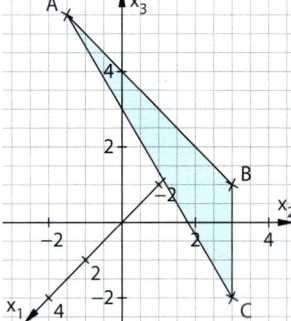

a) Bestimmen Sie y so, dass P auf der Geraden g durch A
und C liegt.

b) Zeigen Sie, dass das Dreieck ABC im Punkt C einen
rechten Winkel besitzt und gleichschenklig ist.

c) Berechnen Sie mithilfe des Ergebnisses aus b) den
Flächeninhalt des Dreiecks ABC.

d) Bestimmen Sie den Punkt D so, dass das Dreieck ABC
zum Quadrat ergänzt wird.

19 Gegeben sind die Ebene $E: \vec{x} = \begin{pmatrix} 3 \\ 2 \\ 3 \end{pmatrix} + r \cdot \begin{pmatrix} 1 \\ 1 \\ 1 \end{pmatrix} + s \cdot \begin{pmatrix} 2 \\ 1 \\ 2 \end{pmatrix}$ und die Gerade $h: \vec{x} = u \cdot \begin{pmatrix} 1 \\ 1 \\ 1 \end{pmatrix}$, r, s, u ∈ ℝ.

a) Zeigen Sie, dass der Punkt P(0|0|0) in der Ebene E liegt.

b) Begründen Sie ohne weitere Berechnungen, dass alle Punkte der Geraden h in der
Ebene E enthalten sind.

c) Ermitteln Sie eine Koordinatengleichung zu E.

20 In einem kartesischen Koordinatensystem modelliert die x_1x_2-Ebene eine Dachfläche. Eine Längeneinheit entspricht 1 m. Im Punkt P(9|2|0) ist eine 5 m lange Antenne senkrecht zur Dachfläche angebracht. Der Vektor $\vec{v} = \begin{pmatrix} -1 \\ 1 \\ -1 \end{pmatrix}$ gibt die Richtung der Sonnenstrahlen an.

 a) Geben Sie die Koordinaten des Punktes S, der die Spitze des Mastes darstellt, an, und berechnen Sie die Koordinaten seines Schattens S' in der x_1x_2-Ebene.

 b) Zeigen Sie, dass die Länge des Schattens, den die Antenne auf die Dachfläche wirft, $\sqrt{50}$ m ≈ 7,07 m beträgt.

 c) Die Gerade g: $\vec{x} = \begin{pmatrix} 5 \\ 3 \\ 5 \end{pmatrix} + t \cdot \begin{pmatrix} 4 \\ -1 \\ -3 \end{pmatrix}$, t ∈ ℝ, schneidet die Gerade g_{PS} durch P und S, auf der die Antenne liegt. Weisen Sie nach, dass der Schnittpunkt auf der Strecke $\overline{PS}$ und somit auf der Antenne liegt.

21 Vom Koordinatenursprung O aus spannen die Vektoren $\overrightarrow{OA}$, $\overrightarrow{OC}$ und $\overrightarrow{OE}$ einen Spat auf, dessen Seitenflächen Parallelogramme sind. Für die Punkte R(−2|3|2), S(−1|3|4) und T(−4|3|4) gelte:

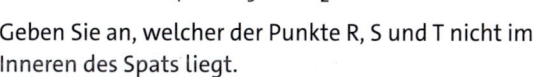

$$\overrightarrow{OR} = \tfrac{1}{2}\,\overrightarrow{OA} + \tfrac{2}{3}\,\overrightarrow{OC} + \tfrac{1}{4}\,\overrightarrow{OE}$$
$$\overrightarrow{OS} = \tfrac{1}{4}\,\overrightarrow{OA} + \tfrac{1}{3}\,\overrightarrow{OC} + \tfrac{1}{2}\,\overrightarrow{OE}$$
$$\overrightarrow{OT} = \tfrac{1}{4}\,\overrightarrow{OA} + \tfrac{4}{3}\,\overrightarrow{OC} + \tfrac{1}{2}\,\overrightarrow{OE}$$

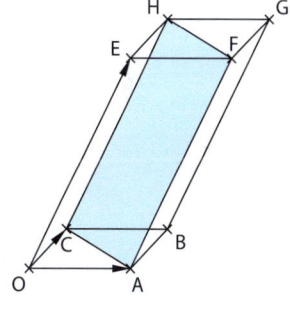

 a) Geben Sie an, welcher der Punkte R, S und T nicht im Inneren des Spats liegt.

 b) Die Ebene E_{HCA} mit der Gleichung
 E_{HCA}: $-8x_1 + 6x_2 - 3x_3 = 24$ teilt den Spat in zwei schiefe dreiseitige Prismen. Prüfen Sie, welcher der drei Punkte R, S, T in demjenigen dreiseitigen Prisma liegt, das nicht den Ursprung O als Eckpunkt hat.

22 Gegeben sind die Ebene E mit E: $-x_1 + 2x_2 - 2x_3 = 12$ und der Punkt P(−1|−4|4).

 a) Die Gerade durch P senkrecht zu E sei g. Geben Sie eine Gleichung von g an.

 b) Berechnen Sie die Koordinaten der Punkte Q_1 und Q_2 auf g, welche von E den Abstand 6 LE haben.

23 Gegeben sind zwei Geraden g_1 und g_2 durch folgende Gleichungen:

$$g_1: \vec{x} = \begin{pmatrix} 3 \\ 1 \\ 4 \end{pmatrix} + r \cdot \begin{pmatrix} 5 \\ 4 \\ 3 \end{pmatrix}, r \in \mathbb{R} \qquad \text{und} \qquad g_2: \vec{x} = \begin{pmatrix} 3 \\ 1 \\ 4 \end{pmatrix} + s \cdot \begin{pmatrix} 0 \\ 3 \\ -4 \end{pmatrix}, s \in \mathbb{R}$$

 a) Zeigen Sie, dass der Punkt A(8|5|7) auf der Geraden g_1 liegt und dass S(3|1|4) der Schnittpunkt von g_1 und g_2 ist.

 b) Bestimmen Sie x und z so, dass der Punkt B(x|7|z) auf der Geraden g_2 liegt.

 c) Zeigen Sie, dass das Dreieck ABS rechtwinklig ist.

 d) Zeigen Sie, dass für den Flächeninhalt des Dreiecks ABS gilt: $A = 5 \cdot \sqrt{50}$

24 Gegeben sind zwei Geraden g_1 und g_2 durch

$$g_1: \vec{x} = \begin{pmatrix} 2 \\ 1 \\ 0 \end{pmatrix} + r \cdot \begin{pmatrix} 1 \\ -1 \\ 0 \end{pmatrix}, r \in \mathbb{R} \qquad \text{und} \qquad g_2: \vec{x} = \begin{pmatrix} 3 \\ 1 \\ 1 \end{pmatrix} + s \cdot \begin{pmatrix} 1 \\ 0 \\ 1 \end{pmatrix}, s \in \mathbb{R}.$$

 a) Begründen Sie, dass g_1 und g_2 nicht parallel sind, und zeigen Sie, dass man durch Einsetzen von s = −1 in die Gleichung von g_2 den Schnittpunkt S von g_1 und g_2 erhält.

 b) Die Ebene, die g_1 und g_2 enthält, sei E. Geben Sie eine Parametergleichung von E an.

 c) Geben Sie eine Koordinatengleichung von E an.

 d) Geben Sie einen Normalenvektor zu E an, der die Länge 1 hat.

25 Gegeben ist die Ebenenschar E_a mit E_a: $ax_1 + (2 - a)x_2 - 4x_3 = 8$ ($a \in \mathbb{R}$).

a) Zeigen Sie, dass keine Ebene der Schar den Koordinatenursprung enthält.

b) Bestimmen Sie ein $a \in \mathbb{R}$ so, dass die Ebene E_a den Punkt $P(1|3|-2)$ enthält.

c) Zeigen Sie, dass die Gerade g mit g: $\vec{x} = \begin{pmatrix} 4 \\ 4 \\ 0 \end{pmatrix} + r\begin{pmatrix} 2 \\ 2 \\ 1 \end{pmatrix}$ ($r \in \mathbb{R}$) in allen Ebenen der Schar enthalten ist.

d) E_4 ist die Schar-Ebene für $a = 4$. Ermitteln Sie ein $a \in \mathbb{R}$ so, dass E_a orthogonal zu E_4 ist.

e) Zeigen Sie, dass keine Ebene der Schar zu E_1 orthogonal ist.

26 Gegeben sind die Vektoren $\vec{a} = \begin{pmatrix} -5 \\ 4 \\ 3 \end{pmatrix}$, $\vec{b} = \begin{pmatrix} 0 \\ -4 \\ -3 \end{pmatrix}$ und $\vec{v}_a = \begin{pmatrix} a + 1 \\ a \\ 3 \end{pmatrix}$, $a \in \mathbb{R}$.

Der Winkel zwischen $\vec{a}$ und $\vec{b}$ sei α.

a) Zeigen Sie: $\cos(\alpha) = \dfrac{-25}{5 \cdot \sqrt{50}}$

b) Geben Sie an, ob α stumpf oder spitz ist.

c) Bestimmen Sie ein $a \in \mathbb{N}$ so, dass für den Winkel β zwischen $\vec{b}$ und $\vec{v}_a$ gilt:
$\cos(\beta) = \cos(\alpha)$

27 Gegeben ist die Ebene E laut Abbildung.

a) Geben Sie für E eine Koordinatenglei-chung an.

b) Geben Sie eine Koordinatengleichung für die Ebene F an, die den Punkt $P(4|5|7)$ enthält und parallel zu E liegt.

c) Die Gerade g, die P enthält und E senkrecht schneidet, durchstößt E im Punkt Q.
Bestimmen Sie die Koordinaten von Q.

d) Zeigen Sie, dass der Abstand der Ebenen E und F kleiner als 8 LE ist.

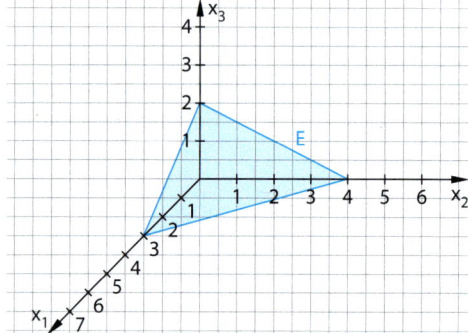

28 Die Punkte $A(2|-3|-1)$, $B(-2|13|3)$ und $C(-4|7|7)$ sollen zu einem gleichschenkligen Trapez ergänzt werden.

a) Geben Sie eine Gleichung der Ebene E an, welche durch den Mittelpunkt von $\overline{AB}$ senkrecht zu AB verläuft.

b) Spiegeln Sie nun den Punkt C an der Ebene E, um den Punkt D zu erhalten.

c) Begründen Sie, dass ABCD ein gleichschenkliges Trapez ist.

29 Gegeben ist die Gerade g_a durch g_a: $\vec{x} = \begin{pmatrix} a \\ 2a \\ 0 \end{pmatrix} + r\begin{pmatrix} a \\ -1 \\ 4 - a \end{pmatrix}$ ($a, r \in \mathbb{R}$).

Außerdem ist eine Ebene E gegeben durch E: $2x_1 - x_2 + 2x_3 = 9$.

a) Zeigen Sie, dass alle Geraden g_a mit E den Punkt $B_a(2a|2a - 1|4 - a)$ gemeinsam haben. Bestimmen Sie das a, für welches g_a senkrecht zu E verläuft.

b) Zeigen Sie, dass $M(0|5|-2)$ auf g_2 liegt, und geben Sie eine Gleichung der Kugel K um M an, zu der E Tangentialebene ist.

c) Ermitteln Sie die Schnittpunkte von g_2 mit K.

30 Berechnen Sie Radius und Mittelpunkt des Schnittkreises der Kugeln K_1 und K_2. Geben Sie eine Gleichung der Ebene an, in welcher der Schnittkreis liegt.
K_1: $(x_1 - 3)^2 + (x_2 - 1)^2 + (x_3 - 2)^2 = 9$ K_2: $(x_1 - 9)^2 + (x_2 + 2)^2 + (x_3 - 5)^2 = 27$

Stochastik

31 In einem Kartendeck befinden sich 12 Karten, darunter sechs Joker, vier Asse und zwei Buben. Es wird nacheinander je eine Karte ohne Zurücklegen gezogen. Es werden die folgenden Ereignisse betrachtet.

A: Nach zweimaligem Ziehen wurde mindestens ein Joker gezogen.

B: Unter drei gezogenen Karten befindet sich höchstens ein Bube.

a) Formulieren Sie die Gegenereignisse $\overline{A}$ und $\overline{B}$.

b) Berechnen Sie die Wahrscheinlichkeiten von A und $\overline{B}$.

c) Geben Sie einen Term an, mit dem die Wahrscheinlichkeit berechnet werden kann, dass nach sechsmaligem Ziehen alle Asse gezogen wurden.

32 Von zwei Ereignissen A und B ist die Wahrscheinlichkeit dafür, dass beide eintreffen, gegeben durch $P(A \cap B) = \frac{1}{20}$.

a) Übertragen Sie das Baumdiagramm in Ihr Heft und ergänzen Sie die fehlenden Wahrscheinlichkeiten.

b) Bestimmen Sie die Wahrscheinlichkeiten dafür, dass

① B eintrifft und A nicht eintrifft

② B eintrifft, nachdem $\overline{A}$ eingetroffen ist

③ B eintrifft

④ A eintrifft, nachdem B eingetroffen ist

c) Ermitteln Sie, ob die Ereignisse A und B stochastisch unabhängig sind.

33 Die 20 Angestellten eines Unternehmens wenden etwa 20 % ihrer Arbeitszeit für Kundentelefonate auf. Dafür stehen 10 Leitungen bereit.

a) Erläutern Sie in diesem Zusammenhang die Bedeutung des Terms $0{,}8^{20} \approx 0{,}01$.

b) Der Arbeitstag ist 480 Minuten lang. Geben Sie an, wie viele Minuten am Tag durchschnittlich keine Leitung benötigt wird.

c) Geben Sie an, wie viele Leitungen im Durchschnitt gleichzeitig benötigt werden.

d) Die Anzahl der Leitungen soll auf 3 reduziert werden. Erläutern Sie in diesem Zusammenhang die Bedeutung des Terms

$$0{,}8^{20} + 20 \cdot 0{,}2^1 \cdot 0{,}8^{19} + \binom{20}{2} \cdot 0{,}2^2 \cdot 0{,}8^{18} + \binom{20}{3} \cdot 0{,}2^3 \cdot 0{,}8^{17}$$

34 Es sei X eine binomialverteilte Zufallsgröße mit den Parametern n und p.

a) Erklären Sie in diesem Zusammenhang die Bedeutung der Terme ①, ② und ③.

$$① \ (1-p)^3 \qquad ② \ \binom{n}{5} \cdot p^5 \cdot (1-p)^{n-5} \qquad ③ \ 1 - \left((1-p)^n + n \cdot p \cdot (1-p)^{n-1}\right)$$

b) Gegeben sind $\mu = 20$ und $\sigma = 2$. Bestimmen Sie n und p.

35 Durch die Menschenmenge eines Volksfestes bewegen sich zehn Losverkäufer. Vier von ihnen haben rote Lostrommeln, in denen der Anteil der Gewinne 0,1 beträgt. In den blauen Lostrommeln der restlichen sechs Verkäufer befinden sich 20 % Gewinne.

a) Berechnen Sie die Wahrscheinlichkeit dafür, dass jemand bei einem zufällig angetroffenen Losverkäufer einen Gewinn zieht.

b) Eine Festbesucherin hat einen Gewinn gezogen. Berechnen Sie, mit welcher Wahrscheinlichkeit sie diesen aus einer blauen Trommel gezogen hat.

c) Es werden zwei weitere Verkäufer mit grünen Lostrommeln losgeschickt, in denen der Anteil der Gewinne p beträgt. Bestimmen Sie p so, dass die Wahrscheinlichkeit dafür, bei einem zufällig ausgewählten Losverkäufer ein Gewinnlos zu ziehen, $\frac{1}{6}$ beträgt.

36 Zum Karneval produziert ein Konditor Pfannkuchen; 5 % der Pfannkuchen enthalten Senf statt Marmelade. Nacheinander kaufen zehn Kunden je einen Pfannkuchen.

a) Die Größe X zählt die Anzahl der Kunden, die einen Pfannkuchen mit Senf bekommen. Begründen Sie, dass X eine binomialverteilte Zufallsgröße ist, und geben Sie die Länge n und die Trefferwahrscheinlichkeit p an.

b) Geben Sie je einen Term an, mit dem die Wahrscheinlichkeit der Ereignisse A, B und C berechnet werden kann.

A: Die ersten zwei Kunden bekommen einen Pfannkuchen mit Marmelade.

B: Genau zwei der zehn Kunden erwischen einen Pfannkuchen mit Senf.

C: Mindestens zwei Kunden bekommen einen Pfannkuchen mit Senf.

c) Entscheiden Sie, welche Abbildung zur binomialverteilten Zufallsgröße X gehört.

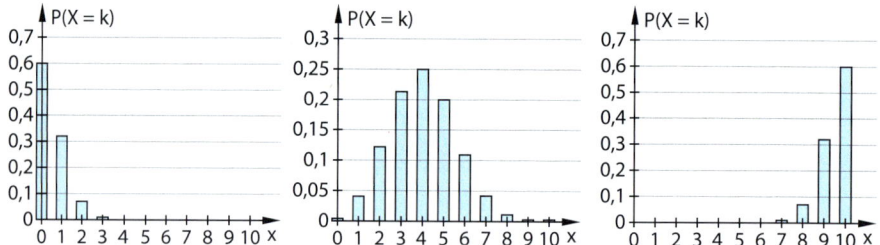

Begründen Sie, dass eine der anderen Abbildungen die Verteilung der Anzahl der Kunden mit einem Marmeladen-Pfannkuchen beschreibt.

37 Die Abbildung zeigt das Histogramm einer binomialverteilten Zufallsgröße X mit n = 25.

a) Entnehmen Sie dem Histogramm den Erwartungswert μ. Berechnen Sie die Erfolgswahrscheinlichkeit p und die Standardabweichung σ.

b) Entnehmen Sie dem Histogramm die Wahrscheinlichkeit $P(20 - 2 \leq X \leq 20 + 2)$. Runden Sie beim Ablesen der Werte jeweils auf zwei Nachkommastellen.

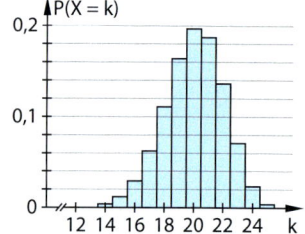

38 Bei einer Umfrage wurden 200 Personen nach den Merkmalen (A) und (B) befragt. Die Vierfeldertafel zeigt die Ergebnisse.

a) Bestimmen Sie die Wahrscheinlichkeit, dass eine zufällig ausgewählte Person
   ① Merkmal (B) angegeben hat.
   ② beide Merkmale angegeben hat.

	B	$\overline{B}$	gesamt
A	16		
$\overline{A}$			
gesamt	64		200

b) Übertragen Sie die Vierfeldertafel in Ihr Heft und vervollständigen Sie sie so, dass die Merkmale (A) und (B) stochastisch unabhängig sind.

c) Ermitteln Sie, mit welcher Wahrscheinlichkeit auf eine zufällig ausgewählte Person, auf die das Merkmal (A) nicht zutrifft, auch das Merkmal (B) nicht zutrifft.

39 Bei einem Glücksspiel wird eine faire Münze 100-mal geworfen. Für jeden Wurf mit „Zahl" erhält der Spieler 1 €, bei „Kopf" erhält er nichts.

a) Bestimmen Sie einen Einsatz, bei dem das Spiel fair ist.

b) Entscheiden Sie, in welchen Intervallen die Auszahlung nach 100 Würfen mit einer Wahrscheinlichkeit von mindestens 95,5 % liegt. Begründen Sie Ihre Entscheidung.
   ① [45; 55]   ② [47; 53]   ③ [40; 60]   ④ [42; 58]   ⑤ [38; 62]

c) Bei einer Beobachtung von 10 000 Würfen mit der Münze tritt „Kopf" 5200-mal auf. Beurteilen Sie, ob die Fairness der Münze aufgrund dieser Beobachtung angezweifelt werden sollte.

40 Gegeben ist eine binomialverteilte Zufallsgröße X mit dem Erwartungswert μ und der Standardabweichung σ > 3. Die Abbildung zeigt den Graphen der Gaußschen Glockenfunktion φ.

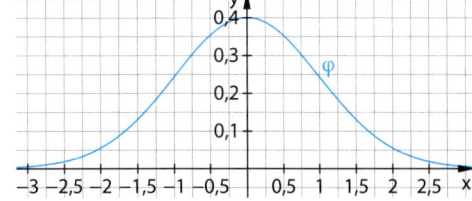

a) Zeigen Sie mithilfe der Abbildung, dass gilt: $P(X = μ) ≈ \frac{0,4}{σ} < 0,134$

b) Es sei μ = 20 und σ = 4. Bestimmen Sie mithilfe der Abbildung Näherungswerte für die Wahrscheinlichkeiten P(X = 16) und P(X = 20).

c) Begründen Sie, dass die Gaußsche Integralfunktion Φ mit $Φ(x) = \int_{-∞}^{x} φ(t)\, dt$ die folgenden Eigenschaften hat:

    ① Φ(0) = 0,5

    ② Φ ist streng monoton steigend.

d) Gegeben sei der Näherungswert P(16 ≤ X ≤ 24) ≈ 0,76. Begründen Sie, dass dann gilt: P(X > 24) ≈ 0,13

41 Eine Befragung soll die Einstellung der Bevölkerung zum Tempolimit auf Autobahnen untersuchen. Bei einer Umfrage unter 800 Personen gab die Hälfte an, eine solche Regelung zu befürworten. Gesucht ist der Anteil p der Befürworter des Tempolimits innerhalb der Gesamtbevölkerung.

a) Erläutern Sie in diesem Zusammenhang die Bedeutung der Gleichung
$(0,5 - p)^2 = \frac{1,96^2}{800} \cdot p \cdot (1 - p)$.

b) Lösen Sie die Gleichung aus a) ohne Verwendung digitaler Hilfsmittel und interpretieren Sie das Ergebnis im Sachzusammenhang.

c) Das Unternehmen, das die Befragung durchführt, wirbt damit, dass die Abweichung ihrer Umfrageergebnisse höchstens 1 Prozentpunkt bei einer Sicherheitswahrscheinlichkeit von 95 % beträgt. Prüfen Sie, ob dies hier der Fall ist. Geben Sie an, wie viele Personen hierfür mindestens befragt werden müssen.

42 Eine Abiturientin beschwert sich beim Schulamt darüber, dass ihre Abiturprüfung in Mathematik im Vergleich zu den Prüfungen vorheriger Jahre unverhältnismäßig schwer war. Sie behauptet, dass mindestens 80 % der Fachlehrer ihre Einschätzung teilen. Das Schulamt möchte ihre Behauptung auf einem Signifikanzniveau von 5 % testen und befragt hierzu 1000 Mathematiklehrer.

a) Formulieren Sie eine geeignete Nullhypothese und begründen Sie Ihre Wahl.

b) Ermitteln Sie, wie viele der befragten Lehrer der Abiturientin mindestens zustimmen müssen, damit das Schulamt ihre Behauptung nicht verwirft.

c) Entscheiden Sie begründet, welche Fehlentscheidung beim Testen (Fehler 1. oder 2. Art) nachteiliger für die Abiturientin wäre.

43 Ein Hersteller von Smartphones steht unter Verdacht, die Daten der Benutzer seiner Geräte auszuspionieren. Ein Datenschutzverein führt hierzu einen Test durch.
Dabei wird ein Smartphone als unsicher eingestuft, wenn der Anteil der Daten, die ohne ausdrückliche Zustimmung des Benutzers an den Hersteller versendet werden, mindestens 10 % beträgt.

a) Erläutern Sie den Begriff „Konsumentenrisiko" im Sachzusammenhang.

b) Formulieren Sie die Nullhypothese, wenn das Konsumentenrisiko begrenzt werden soll.

c) Der Datenschutzverein testet 100 Smartphones des Herstellers auf einem Signifikanzniveau von 3 %. Zeigen Sie, dass der Ablehnungsbereich A = [0; 4] lautet und formulieren Sie die zugehörige Entscheidungsregel.

d) Beschreiben Sie den Fehler zweiter Art im Sachzusammenhang.

11.3 Aufgaben mit Hilfsmitteln

Lineare Algebra

1 **Mischungsaufgabe**

Die Tabelle gibt den Nährstoffgehalt von vier Sorten Hundefutter A, B, C und D an.

	A	B	C	D
Kohlenhydrate	10	20	14	15
Eiweiß	70	50	62	60
Fett	20	30	24	25

a) Ermitteln Sie alle Möglichkeiten, D aus A, B und C zu mischen. Stellen Sie dazu ein LGS auf und berechnen Sie seine Lösungsmenge. Geben Sie anhand der Lösungsmenge an,

① wie eine Mischung von D hergestellt werden kann, die zu 20 % aus A besteht.

② in welchem Bereich sich die Anteile der Sorten A, B und C beim Mischen von D bewegen müssen.

③ auf welche der Substanzen A, B, C man eventuell verzichten kann, auf welche nicht.

b) Begründen Sie, dass die Spaltenvektoren $\vec{a} = \begin{pmatrix} 10 \\ 70 \\ 20 \end{pmatrix}$, $\vec{b} = \begin{pmatrix} 20 \\ 50 \\ 30 \end{pmatrix}$ und $\vec{c} = \begin{pmatrix} 14 \\ 62 \\ 24 \end{pmatrix}$ linear abhängig sind. Drücken Sie $\vec{c}$ durch $\vec{a}$ und $\vec{b}$ aus.

c) Nun sei $\vec{c}' = \begin{pmatrix} 50 \\ 40 \\ 10 \end{pmatrix}$ gegeben. Zeigen Sie, dass $\vec{a}$, $\vec{b}$, $\vec{c}'$ linear unabhängig sind.

Es sei M die Matrix, deren Spalten aus $\vec{a}$, $\vec{b}$ und $\vec{c}'$ gebildet sind. Berechnen Sie die zu M inverse Matrix M^{-1}.

$$\left[\text{Zum Weiterarbeiten: } M^{-1} = \frac{1}{500} \begin{pmatrix} -7 & 13 & -17 \\ 1 & -9 & 31 \\ 11 & 1 & -9 \end{pmatrix} \right]$$

d) Multiplizieren Sie M^{-1} mit $\vec{e} = \begin{pmatrix} 37 \\ 46 \\ 17 \end{pmatrix}$ und $\vec{f} = \begin{pmatrix} 10 \\ 60 \\ 30 \end{pmatrix}$ und interpretieren Sie die Ergebnisse im Sachkontext.

2 Drehung und Streckung

Gegeben sind die Punkte $A(-1|-1)$, $B(3|-5)$, $C(1|3)$ und der Punkt $D(0|-2)$ auf der Strecke $\overline{AB}$. Dem Dreieck ABC soll ein rechtwinkliges Dreieck DEF einbeschrieben werden mit folgenden Bedingungen:

Der rechte Winkel liegt bei D und $\dfrac{|\overline{DE}|}{|\overline{DF}|} = \dfrac{3}{4}$.

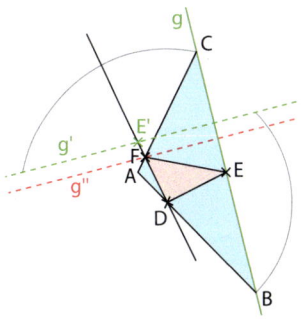

Lösungsprinzip: Es sei g die Gerade durch B und C. Um das Verhältnis der Seiten $\overline{DE}$ und $\overline{DF}$ zu berücksichtigen, wird die Gerade g, auf der E liegt, um 90° gedreht. Der Bildpunkt E′ liegt dann auf g′ und D, F, E liegen auf einer Geraden. Dann muss F auf der Geraden g″ liegen, die durch zentrische Streckung mit dem Faktor $\frac{3}{4}$ und dem Zentrum D entsteht. Führen Sie im Einzelnen aus:

a) Zeichnen Sie das Dreieck ABC und den Punkt D in ein Koordinatensystem.
   Ermitteln Sie eine Abbildungsgleichung der Drehung f_1 um 90° mit dem Zentrum D.

b) Geben Sie eine Parametergleichung der Geraden g an und berechnen Sie $g' = f_1(g)$.
   [Zur Kontrolle: $g'\colon y = \frac{1}{4}x + \frac{1}{4}$]
   Tragen Sie die Gerade g′ in das Koordinatensystem ein.

c) Ermitteln Sie eine Abbildungsgleichung der zentrischen Streckung f_2 von D aus mit dem Faktor $\frac{3}{4}$. Bilden Sie g′ mit f_2 ab, um die Gerade g″ zu erhalten.

d) Der Schnittpunkt von g″ mit der Geraden durch A und C sei F. Berechnen Sie die Koordinaten von F. Tragen Sie den Punkt F in das Koordinatensystem ein.
   $\left[$Zur Kontrolle: $F\left(-\frac{3}{4}\middle|-\frac{1}{2}\right)\right]$

e) Den Punkt E kann man nun erhalten, indem man F von D aus mit dem Faktor $\frac{4}{3}$ streckt und dann um −90° dreht. Führen Sie dies in folgenden Schritten aus:
   ① Ermitteln Sie Gleichungen der Umkehrabbildungen von f_1 und f_2.
   ② Berechnen Sie $\left(f_1^{-1} \circ f_2^{-1}\right)$.
   ③ Bilden Sie den Punkt F durch $\left(f_1^{-1} \circ f_2^{-1}\right)$ ab.
      Tragen Sie nun das Dreieck DEF in Ihre Skizze ein.

f) Eine affine Abbildung h mit Fixpunkt $Z(0|-1,5)$ bildet den Punkt $P(2|0)$ auf $P'(0|1)$ ab und P' auf $P''(-2|0)$. Ermitteln Sie die Abbildungsgleichung von h.

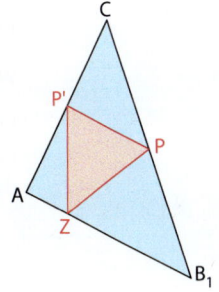

g) Zeigen Sie, dass Z der einzige Fixpunkt von h ist.
   Geben Sie an, um was für eine Abbildung es sich bei h handelt.
   Das Dreieck ZPP′ ist dem Dreieck AB_1C einbeschrieben.
   Geben Sie an, welche Eigenschaften des Dreiecks ZPP′ sich aus $P' = h(P)$ ergeben.

3 Affindrehung

Gegeben ist ein Dreieck ABC und eine geradentreue affine Abbildung

$$f: \begin{pmatrix} x' \\ y' \end{pmatrix} = M \cdot \begin{pmatrix} x \\ y \end{pmatrix} + \vec{v} \text{ derart, dass gilt:}$$

$$f(A) = B, f(B) = C, f(C) = A.$$

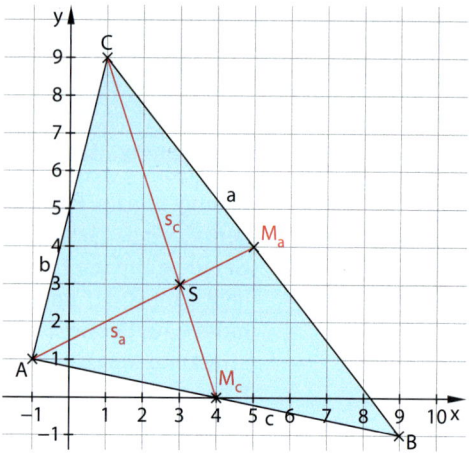

a) Es seien M_c und M_a Seitenmitten der Dreiecksseiten c bzw. a. Das Bild einer Seitenmitte ist wieder eine Seitenmitte. Nutzen Sie dies, um zu begründen, dass $f(s_c) = s_a$ ist, und dass der Schwerpunkt S des Dreiecks Fixpunkt von f ist. Geben Sie an, welche Bedingung ein Dreieck ABC erfüllen müsste, damit f eine Drehung um S ist.

b) Ab hier sei das Dreieck ABC gegeben durch A(−1|1), B(9|−1) und C(1|9). Bestimmen Sie eine Abbildungsgleichung von f, sodass f(A) = B, f(B) = C, f(C) = A gilt.

$$\left[\text{Zur Weiterarbeit: } f : \begin{pmatrix} x' \\ y' \end{pmatrix} = \begin{pmatrix} -1 & -1 \\ 1 & 0 \end{pmatrix} \begin{pmatrix} x \\ y \end{pmatrix} + \begin{pmatrix} 9 \\ 0 \end{pmatrix} \right]$$

c) Zeigen Sie, dass f keine Eigenwerte und nur einen Fixpunkt hat.
Geben Sie die Koordinaten des Schwerpunktes S des Dreiecks ABC an.
Begründen Sie, dass f keine Drehung um S ist.
Zeigen Sie, dass (f ∘ f) zu f invers ist (auch ohne ausführliche Rechnung).

d) Es sei D die Matrix einer Drehung um −45° und $N = \begin{pmatrix} -\sqrt{2} & -\frac{1}{2}\sqrt{2} \\ 0 & -\frac{1}{2}\sqrt{2} \end{pmatrix}$.

Bestätigen Sie durch Nachrechnen, dass M = D · N gilt, f also einer Drehung kombiniert mit der zu N gehörenden Matrix entspricht. Berechnen Sie die Eigenwerte von N und ordnen Sie diese Eigenwerte den

Eigenvektoren $\vec{w_1} = \begin{pmatrix} 1 \\ 0 \end{pmatrix}$ und

$\vec{w_2} = \begin{pmatrix} 1 \\ -1 \end{pmatrix}$ zu.

Erläutern Sie anhand der Skizze, wie der Punkt A durch M = D · N abgebildet wird.

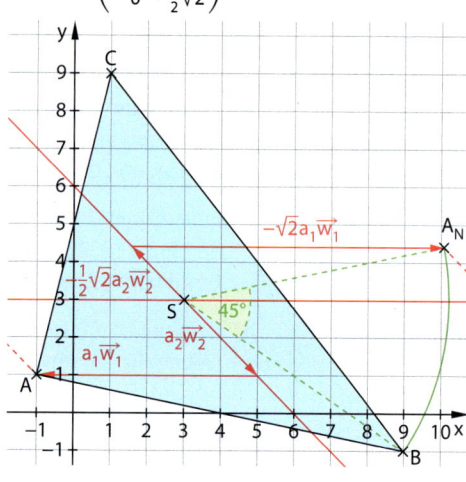

e) Nun ist eine zweite Abbildung g gegeben durch g: $\begin{pmatrix} x' \\ y' \end{pmatrix} = \begin{pmatrix} \frac{3}{7} & \frac{8}{7} \\ \frac{5}{7} & -\frac{3}{7} \end{pmatrix} \begin{pmatrix} x \\ y \end{pmatrix} + \begin{pmatrix} -\frac{12}{7} \\ \frac{15}{7} \end{pmatrix}$.

Berechnen Sie die Eigenwerte und Eigenvektoren von g. Vergleichen Sie die Eigenvektoren mit $\overrightarrow{AM_a}$ und $\overrightarrow{M_aB}$ und zeigen Sie durch Nachrechnen, dass g(A) = A gilt. Begründen Sie anhand dieser Ergebnisse, dass

① die Seitenhalbierende s_a Fixpunktgerade von g ist.

② die Gerade durch B und C Fixgerade von g ist.

③ g den Punkt B auf C abbildet und den Punkt C auf B.

④ g zu sich selbst invers ist. Ermitteln Sie auf möglichst einfache Weise, um was für eine Abbildung es sich bei (f ∘ g ∘ f) handelt.

4 Kundenwanderung

Das Diagramm zeigt die monatliche Kundenwanderung zwischen den Online-händlern A, B und C.

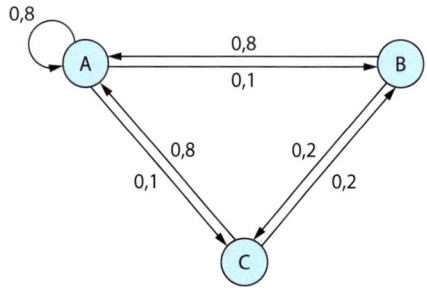

a) Erstellen Sie die Matrix M zum Diagramm. Begründen Sie, dass es sich um einen Austauschprozess handelt, und stellen Sie anhand des Diagramms eine Vermutung über die langfristige Entwicklung auf.

b) Überprüfen Sie Ihre Vermutung rechnerisch mithilfe des Fixvektors des Prozesses.

c) Berechnen Sie die charakteristische Gleichung der Matrix M und ermitteln Sie die Eigenwerte von M. $\left[\text{Zwischenergebnis: } \lambda^3 - 0,8\,\lambda^2 - 0,2\,\lambda = 0\right]$
Bestimmen Sie die Eigenvektoren von M.
Geben Sie an, welche dieser Eigenvektoren im Kontext realistisch sind.
Zeigen Sie rechnerisch, dass diese Eigenvektoren linear unabhängig sind.

d) Gegeben sei der Vektor $\vec{v_0} = \begin{pmatrix} 20\,000 \\ 30\,000 \\ 50\,000 \end{pmatrix}$. Drücken Sie $\vec{v_0}$ durch die Eigenvektoren aus und

berechnen Sie $M^4 \cdot \vec{v}$ mithilfe dieser Eigenvektoren.
Beschreiben Sie, was sich aus dieser Rechnung über das Verhalten des Prozesses sagen lässt. Geben Sie insbesondere an, ab welchem n sich $M^n \cdot \vec{v}$ nicht mehr ganzzahlig vom Grenzvektor des Prozesses unterscheidet.

e) Zeigen Sie anhand der Ergebnisse zu $M \cdot \begin{pmatrix} 10 \\ 10 \\ 10 \end{pmatrix}$ und $M \cdot \begin{pmatrix} 20 \\ 5 \\ 5 \end{pmatrix}$, dass sich beim durch die

Matrix M festgelegten Prozess zu einem gegebenen Zustandsvektor nicht eindeutig der vorige Zustand ermitteln lässt.

f) Nach einer Werbeaktion von B gibt C nun einen größeren Anteil seiner Kunden an B ab.

Das veränderte Wanderverhalten ist durch die Matrix $N = \begin{pmatrix} 0,8 & 0,8 & 0,5 \\ 0,1 & 0 & 0,5 \\ 0,1 & 0,2 & 0 \end{pmatrix}$ gegeben.

Bestätigen Sie durch Nachrechnen folgende Eigenwerte und Eigenvektoren von N:

$$\lambda_1 = -0,3 \text{ zu } \vec{e_1} = \begin{pmatrix} 1 \\ -2 \\ 1 \end{pmatrix}, \lambda_2 = 0,1 \text{ zu } \vec{e_2} = \begin{pmatrix} -3 \\ 2 \\ 1 \end{pmatrix}, \lambda_3 = 1 \text{ zu } \vec{e_3} = \begin{pmatrix} 30 \\ 5 \\ 4 \end{pmatrix}.$$

Begründen Sie, dass beim durch N beschriebenen Kundenverhalten die Firma A langfristig einen kleineren Anteil der Kunden behält als beim durch M festgelegten Prozess.

g) Weisen Sie nach, dass gilt: $N^{-1} = \frac{1}{3} \begin{pmatrix} 10 & -10 & -40 \\ -5 & 5 & 35 \\ -2 & 8 & 8 \end{pmatrix}$.

Geben Sie ohne weitere Rechnung die Eigenwerte und Eigenvektoren zu N^{-1} an.

Berechnen Sie auf möglichst einfache Weise $N^{-1} \cdot \begin{pmatrix} 300 \\ 50 \\ 40 \end{pmatrix}$ und $N^{-1} \cdot \begin{pmatrix} 600 \\ 60 \\ 120 \end{pmatrix}$, wobei gilt:

$\begin{pmatrix} 600 \\ 60 \\ 120 \end{pmatrix} = 30 \cdot \vec{e_1} + 10 \cdot \vec{e_2} + 20 \cdot \vec{e_3}$

Analytische Geometrie

5 Doppelpyramide

Gegeben ist eine Pyramide mit der Spitze S und quadratischer Grundfläche ABCD.

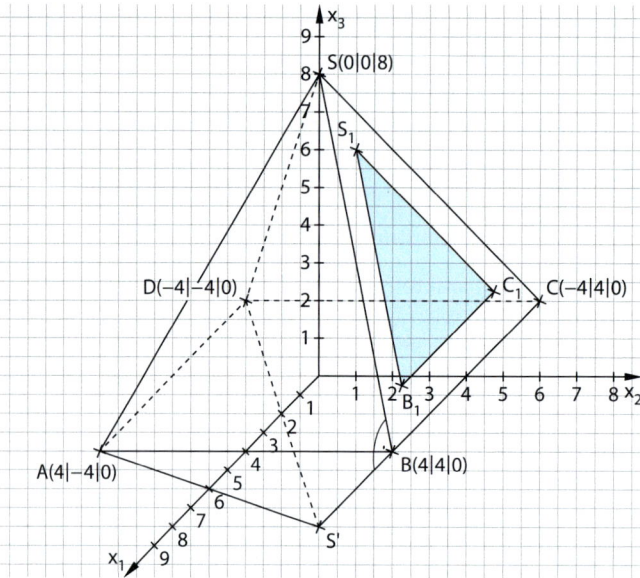

a) Die Ebene E_1 verläuft durch C und durch die Mittelpunkte der beiden Pyramidenkanten $\overline{BS}$ und $\overline{DS}$. Die Gerade g_{AS} enthält die Punkte A und S.
Bestimmen Sie zur Ebene E_1 und zur Geraden g_{AS} jeweils eine Gleichung.
Zeigen Sie, dass die Gerade g_{AS} zur Ebene E_1 orthogonal ist.

b) Berechnen Sie den Schnittpunkt T von E_1 und g_{AS}.
Zeigen Sie, dass die Strecke $\overline{AS}$ dreimal so lang ist wie die Strecke $\overline{TS}$.

c) Bestimmen Sie die Koordinaten des Spiegelpunktes A' von A an der Ebene E_1.

d) Berechnen Sie das Volumen und den Oberflächeninhalt der Pyramide.

e) Bestimmen Sie die Größe aller Innenwinkel des Dreiecks BCS.

f) Die Seiten des Dreiecks $B_1 C_1 S_1$ mit $B_1(2,5\,|\,3,5\,|\,1)$ und $C_1(-2,5\,|\,3,5\,|\,1)$ sind parallel zu den entsprechenden Seiten des Dreiecks BCS.
Berechnen Sie die Koordinaten des Punktes S_1.

g) Die Pyramide soll zu einer Doppelpyramide erweitert werden.
Bestimmen Sie die Koordinaten des Punktes S' auf der x_3-Achse, sodass das Dreieck SS'B bei B einen rechten Winkel hat.

h) Es sei E_2 die Ebene durch B, C und S'.
Ermitteln Sie die Koordinaten des Punktes P auf der Strecke $\overline{AS}$, der von E_2 den Abstand $d(P, E_2) = \frac{11}{\sqrt{2}}$ hat.

6 Flugbahnen

Betrachtet werden ein Propellerflugzeug und ein Verkehrsflugzeug. Das Propellerflugzeug startet um 9:00 Uhr im Punkt $A(1\,|\,8\,|\,0)$ und befindet sich um 9:04 Uhr im Punkt $B(7\,|\,12\,|\,2)$.

Das Verkehrsflugzeug befindet sich um 9:02 Uhr im Punkt $C(-10\,|\,-5\,|\,3)$. Im hier betrachteten Zeitraum legt es pro Minute einen dem Vektor $\vec{v} = \begin{pmatrix} 5 \\ 3 \\ 0 \end{pmatrix}$ entsprechenden Weg zurück.

(Alle Längenangaben in km.)

Der Erdboden wird durch die x_1x_2-Ebene modelliert.

a) Die Flugbahn des Propellerflugzeugs entspricht, bis es eine Höhe von 3 km über dem Erdboden erreicht hat, einer Geraden g_1.
Geben Sie eine Parametergleichung von g_1 an und berechnen Sie den Steigungswinkel des Propellerflugzeugs.

b) Ab dem Punkt $P(x_1\,|\,x_2\,|\,3)$ fliegt das Propellerflugzeug in gleicher Richtung, aber die Höhe von 3 km beibehaltend, weiter, entlang einer Geraden g_2.
Geben Sie eine Parametergleichung von g_2 an.

c) Geben Sie für den Horizontalflug des Propellerflugzeugs und für das Verkehrsflugzeug die Geschwindigkeit in $\frac{km}{h}$ an.
Berechnen Sie den Abstand beider Flugzeuge um 9:02 Uhr.

d) Die Gerade, welche der Flugbahn des Verkehrsflugzeugs entspricht, sei h.
Berechnen Sie den Abstand der Geraden g_1 und h.
Die Punkte F_1 und F_h seien die Fußpunkte des gemeinsamen Lots beider Geraden.
Geben Sie an, zu welcher Uhrzeit sich die beiden Flugzeuge in F_1 bzw. in F_h befinden.
[Kontrollergebnis: $d(g_1, h) \approx 5{,}9\,\text{km}$]

e) Berechnen Sie den Schnittpunkt der Flugbahnen g_2 und h.
Begründen Sie ohne weitere Rechnung, dass die Flugbahn g_1 bzw. g_2 des Propellerflugzeugs einen Mindestabstand von 5,9 km zur Flugbahn h einhält.

f) Im Punkt $Z(38\,|\,34\,|\,3)$ ist das Zentrum eines Gewitters.
Berechnen Sie die beiden Punkte K_1 und K_2 der Flugbahn h, welche 17 km von Z entfernt liegen.

g) Begründen Sie, dass für den Mittelpunkt M der Strecke $\overline{K_1K_2}$ gilt: $d(h, Z) = d(Z, M)$.
Zeigen Sie, dass h mehr als 8 km vom Zentrum des Gewitters entfernt bleibt.

7 Schatten

Die Skizze zeigt ein Haus mit einem Spitzdach. Der Erdboden entspricht der x_1x_2- Ebene. Neben dem Haus steht ein Mast. Das Sonnenlicht fällt in Richtung des Vektors

$$\vec{v} = \begin{pmatrix} -1 \\ 2 \\ -1 \end{pmatrix} \text{ ein.}$$

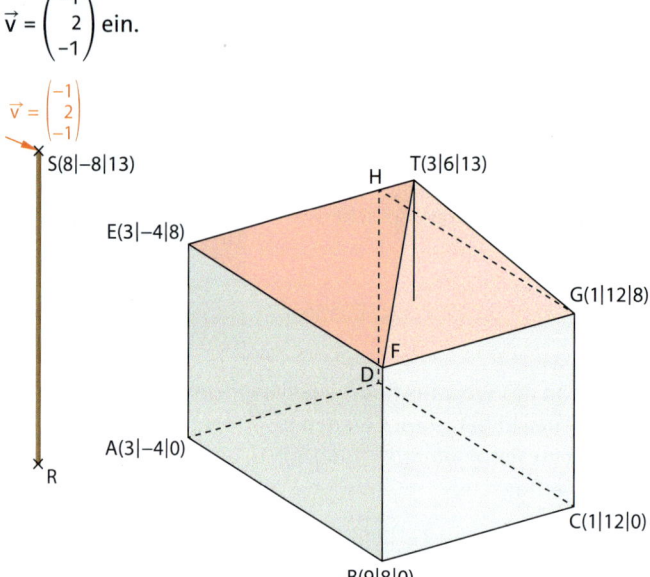

a) Berechnen Sie die Koordinaten des Punktes D so, dass das Viereck ABCD ein Parallelogramm ist, und weisen Sie nach, dass ABCD sogar ein Rechteck ist.
Geben Sie auch die Koordinaten der Punkte F und H an.

b) Prüfen Sie, ob die Dachdreiecke EFT und FGT gleichschenklig sind.

c) Es sei E_1 die Ebene durch T orthogonal zur Geraden g_{EF} durch die Punkte E und F.
Berechnen Sie den Schnittpunkt L von E_1 und g_{EF} und geben Sie an, in welchem Verhältnis E_1 die Strecke $\overline{EF}$ teilt.
Geben Sie an, welche Bedeutung die Strecke $\overline{TL}$ für das Dreieck EFT hat, und berechnen Sie den Flächeninhalt dieses Dreiecks.

d) Der Schatten des Mastes mit der Spitze S soll ermittelt werden.
Führen Sie dazu die folgenden Schritte durch:
① Skizzieren Sie das Haus in einem Koordinatensystem.
(Es bietet sich an, ein DIN-A4-Blatt querliegend zu verwenden.)
② Der Punkt S wird in Richtung von $\vec{v}$ auf einen Punkt S' der x_1x_2-Ebene projiziert.
Berechnen Sie die Koordinaten von S'.
③ Berechnen Sie den Schnittpunkt der Geraden $g_{RS'}$ und g_{AB} und zeichnen Sie den Schatten des Mastes auf dem Boden und auf der Hauswand ein.
④ Der Schatten S'' der Mastspitze S fällt auf das Dach.
Prüfen Sie, in welchem Dachdreieck S'' liegt. (Es reicht nicht zu zeigen, in welcher Ebene S'' liegt, sondern die Lage innerhalb eines Dreiecks muss nachgewiesen werden.) Zeichnen Sie den in diesem Dreieck liegenden Teil des Schattens ein.

e) Berechnen Sie den Neigungswinkel der Ebenen E_{EFT} und E_{FGT} gegen den in der Ebene E_{EFG} liegenden Dachboden.

f) Im Speicher soll eine möglichst große Kugel untergebracht werden. Diese berührt die Dachdreiecke EFT, FGT und GHT sowie den Dachboden EFGH.
Berechnen Sie die Koordinaten des Mittelpunktes M dieser Kugel und geben Sie ihren Radius an.

8 Kugelrinne

Eine Kugel K mit Radius r = 7 LE rollt in einer Rinne. Dabei beweget sich ihr Mittelpunkt auf der Geraden m mit

$$m: \vec{x} = \begin{pmatrix} -10 \\ 5 \\ 10 \end{pmatrix} + s \cdot \vec{v} \text{ mit } \vec{v} = \begin{pmatrix} -6 \\ 3 \\ 2 \end{pmatrix}, s \in \mathbb{R}.$$

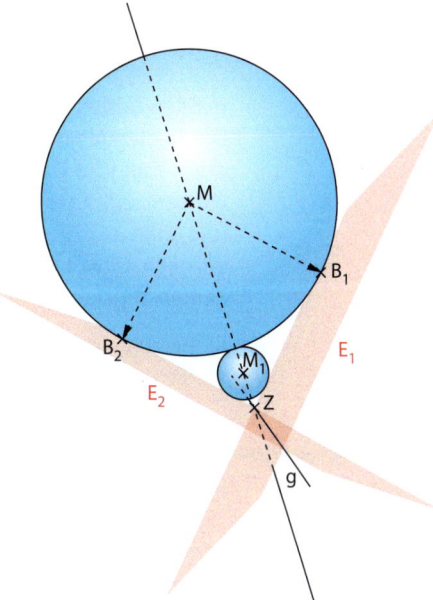

a) Die Kugel wurde angehalten durch einen Gegenstand, den sie im Punkt P(0|−7|3) berührt. Berechnen Sie den Punkt M, der nun der Mittelpunkt der Kugel ist.
[Zur Weiterarbeit: M(2|−1|6)]

b) Die rechte Seite der V-förmigen Rinne liegt in der Ebene E_1 mit
$E_1: 2 x_1 + 6 x_2 - 3 x_3 = 29$.
Zeigen Sie, dass E_1 tatsächlich Tangentialebene an K ist, und berechnen Sie den Berührpunkt B_1.
[Zur Weiterarbeit: $B_1(4|5|3)$]

c) Die beiden Seitenflächen der Rinne stoßen in der Geraden g zusammen: Diese verläuft durch den Punkt Z(1|3|−3) und ist parallel zur Geraden m.
Zeigen Sie, dass g in E_1 liegt.
Spiegeln Sie den Punkt B_1 an der Ebene E_m, welche g und den Mittelpunkt M enthält. Ermitteln Sie die Gleichung der Ebene E_2, in welcher die zweite Seitenfläche der Rinne liegt.

d) Die Frage ist nun, wie groß eine zweite Kugel K_1 sein darf, sodass sie eben noch in der Rinne unter K hindurchrollen kann. Wenn diese Kugel genau unter K liegt, dann befindet sich ihr Mittelpunkt M_1 auf der Geraden durch M und Z:
$\overrightarrow{OM_1} = \overrightarrow{OM} + k \cdot \overrightarrow{MZ}, k \in \mathbb{R}$.
Geben Sie an, welche Bedingungen M_1 erfüllen muss, und zeigen Sie, dass diese Bedingungen für $k = 2\sqrt{2} - 2$ erfüllt werden.

e) In die Rinne wird ein Rohr mit Radius r = 7 LE (die Dicke des Materials wird nicht berücksichtigt) gelegt. Gegeben sei ein Punkt R auf der Geraden m. Die Parallele durch R zu $\overline{MZ}$ schneidet „unten" das Rohr im Punkt R_u. Das Rohr soll in einem Winkel von 45° schräg abgeschnitten werden, die Schnittfläche ist spiegelsymmetrisch zur Ebene E_m aus c). Die Ebene E_s, in welcher der Schnittkreis liegt, soll mithilfe dreier Punkte von E_s bestimmt werden:

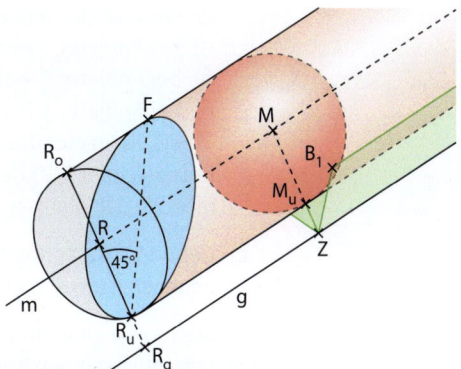

① Für E_s gilt $\overrightarrow{RR_u} = k \cdot \overrightarrow{MZ}, k \in \mathbb{R}$. Geben Sie k an. Drücken Sie die Ortsvektoren der Punkte F und R_u (allgemein) durch $\overrightarrow{OR}$, $\overrightarrow{MZ}$ und den Richtungsvektor $\vec{v}$ von g bzw. m aus.

② Beschreiben Sie, wie man einen dritten geeigneten Punkt der Ebene E_s gewinnen könnte. (Eine Gleichung von E_s muss nicht angegeben werden.)

Aufgaben zur Stochastik

9 Lotto „3 aus 5"

Das Lottospiel „3 aus 5" wird mit fünf Kugeln gespielt, die
mit den Zahlen 1 bis 5 beschriftet sind.
Die Spieler geben einen Wettschein ab, auf dem sie zuvor
drei dieser fünf Zahlen angekreuzt haben. Bei der Ziehung
werden zufällig drei der fünf Kugeln ohne Zurücklegen
und ohne Beachtung der Reihenfolge aus einer Urne
gezogen. Gewonnen hat, wer auf dem Wettschein diese
Zahlen angekreuzt hat.

a) Berechnen Sie, wie hoch die Gewinnwahrscheinlichkeit beim Lotto „3 aus 5" ist.
Bestimmen Sie die Wahrscheinlichkeit der folgenden Ereignisse.
A: „Ein zufällig ausgesuchter Spieler hat mindestens zwei Zahlen richtig getippt."
B: „Ein zufällig ausgesuchter Spieler hat höchstens zwei Zahlen richtig getippt."

b) Ein Wettanbieter bietet dieses Spiel zu einem Preis von 3,60 € pro Wettschein an. Tippt
man alle drei Zahlen richtig, so erhält man 9 €. Hat man zwei Zahlen richtig getippt,
erhält man seinen vollen Einsatz, bei einer richtigen Zahl ein Drittel seines Einsatzes
zurück.
Zeigen Sie mithilfe einer geeigneten Rechnung, dass sich das Spiel langfristig für den
Spieler nicht lohnt. Ermitteln Sie den Betrag für den Einsatz, für den das Spiel fair wäre.

Auf einem Jahrmarkt wird das Spiel von zwei verschiedenen Anbietern angeboten.
Anbieter A bietet das Spiel stündlich mit jeweils 100 Spielern an. Ein anderer Anbieter B
spielt nur einmal am letzten Tag mit 10 000 Spielern.
Die Größe Y zählt dabei die Anzahl an Spielern mit drei Richtigen bei Anbieter A, die Größe
Z dieselbe Anzahl bei Anbieter B.

c) Erklären Sie, welche Voraussetzungen erfüllt sein müssen, damit Y und Z als binomialverteilte Zufallsgrößen angenommen werden können. Gehen Sie im Folgenden davon
aus, dass diese Voraussetzungen erfüllt sind.
Erläutern Sie die Bedeutung des Terms $\binom{100}{8} \cdot 0{,}1^8 \cdot 0{,}9^{92}$ im Sachzusammenhang.

d) Berechnen Sie die Wahrscheinlichkeit, dass
① bei Anbieter A in einer Stunde mehr als 10 Spieler drei Richtige haben.
② bei Anbieter B mindestens 950, aber höchstens 1050 Spieler drei Richtige haben.
③ bei Anbieter B weniger als 1000 Spieler drei Richtige haben.
④ bei Anbieter A in einer Stunde genau 10 Spieler und in der nächsten Stunde weniger
als 10 Spieler drei Richtige haben.
Es bezeichnet $E(Z)$ den Erwartungswert der binomialverteilten Zufallsgröße Z. Bestimmen Sie den kleinsten Wert für c, sodass $P(E(Z) - c \leq Z \leq E(Z) + c) \geq 0{,}75$ ist.

e) Geben Sie im Kontext ein Ereignis an, dessen Wahrscheinlichkeit durch $1 - P(5 \leq Y \leq 15)$
gegeben ist, wenn gilt: $Y \sim B_{100;\,0{,}1}$.

f) Stellen Sie eine Prognose für die Anzahl der Spieler auf, so dass diese mit einer Wahrscheinlichkeit von etwa 99,7 % bei Anbieter B drei Richtige haben.

10 Busunternehmen

Der Bus eines Reiseunternehmens bietet Platz für 58 Reisende. Erfahrungsgemäß treten nur 90 % (p) der Personen, die eine Reise gebucht haben, diese auch wirklich an. Der Anbieter verkauft deshalb mehr als 58 Reiseplätze (Überbuchung). Die Zufallsgröße X gibt an, wie viele Personen ihre gebuchte Reise tatsächlich antreten. Dabei kann davon ausgegangen werden, dass die Zufallsgröße X binomialverteilt ist.

a) Es wurden 60 Buchungen für eine Reise angenommen.
Berechnen Sie die Wahrscheinlichkeit dafür, dass
① genau 58 Personen die Reise tatsächlich antreten.
② mehr als 58 Personen die Reise tatsächlich antreten wollen.
③ mehr als 55, aber höchstens 58 Personen die Reise tatsächlich antreten.

b) Die Reise kostet pro Person 350 Euro. Dem Unternehmen entstehen für die Reise Kosten in Höhe von 19 000 Euro. Zusätzlich zahlt es jeder Person, die wegen Überbuchung die Fahrt nicht antreten kann, eine Entschädigung in Höhe von insgesamt 500 Euro (inklusive Erstattung der Reisekosten).
Begründen Sie, dass der zu erwartende Gewinn bei 60 verkauften Reisen mit dem folgenden Term berechnet werden kann:

$$60 \cdot 350 - 19\,000 - 1 \cdot 500 \cdot \binom{60}{59} \cdot 0{,}9^{59} \cdot 0{,}1^1 - 2 \cdot 500 \cdot 0{,}9^{60}$$

Berechnen und vergleichen Sie den zu erwartenden Gewinn für den Fall, dass 58, 60 oder sogar 61 Buchungen angenommen werden.

c) Das Unternehmen erwägt, künftig 61 Reiseplätze zu verkaufen. Allerdings leidet der Ruf des Unternehmens, wenn zu viele Kunden bei Reiseantritt abgewiesen werden.
① Berechnen Sie die Wahrscheinlichkeit dafür, dass bei 61 verkauften Plätzen Kunden bei Reiseantritt abgewiesen werden müssen.
② Ermitteln Sie, wie groß der Anteil p derjenigen unter den Buchungen, die wirklich wahrgenommen werden, höchstens sein dürfte, damit auch bei 61 verkauften Plätzen die Wahrscheinlichkeit für Abweisungen bei 1,4 % liegt.

d) Nur, wenn der Anteil derer, die ihre Buchung wahrnehmen, deutlich zurückgegangen ist, möchte der Veranstalter dazu übergehen, sogar 61 Plätze zu verkaufen. Anhand der nächsten 1000 Buchungen soll die Hypothese H_0: $p \geq 0{,}875$ auf einem Signifikanzniveau von 5 % getestet werden.
① Geben Sie die Entscheidungsregel zu diesem Test an.
② Beschreiben Sie im Sachkontext, welches Risiko der Veranstalter bei der Auswahl von H_0 gering halten möchte.
③ Es sei $p = 0{,}9$. Ermitteln Sie, wie viele Buchungen man mindestens beobachten müsste, damit man mit einer Sicherheit von 95 % mindestens 800 gefunden hat, bei denen die Reise tatsächlich angetreten wurde.

e) Laut einem internen Qualitätsbericht des Unternehmens kommt es bei 12 % der Reisen zu einer verspäteten Abfahrt des Reisebusses.
Ermitteln Sie, wie viele Reisen eine Person mindestens durchführen muss, damit sie mit einer Wahrscheinlichkeit von mindestens 96 % mindestens eine Verspätung erlebt.

11 Diabetes

Diabetes mellitus ist eine chronische Stoffwechselkrankheit, die auf einem Mangel des in der Bauchspeicheldrüse produzierten Insulin beruht.
In Deutschland sind etwa 10 von 100 Erwachsenen an Diabetes erkrankt. Beim medizinischen Test auf Diabetes wird ein Glukosetoleranztest durchgeführt. Dieser erkennt Diabetes in 72 % aller Fälle korrekt (Sensitivität). Gesunde Personen werden in 73 % aller Fälle korrekt erkannt (Spezifität).

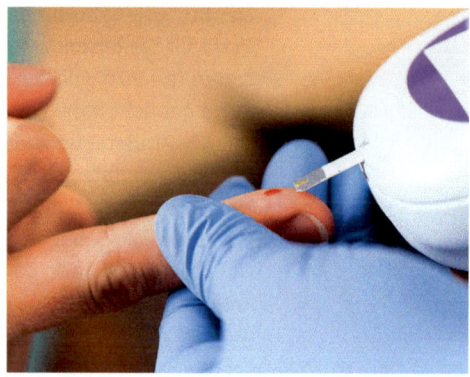

a) Bestimmen Sie anhand eines Baumdiagramms die Wahrscheinlichkeit dafür, dass eine zufällig ausgewählte Person
  ① an Diabetes erkrankt ist und ein positives Testergebnis bekommt.
  ② gesund ist und ein negatives Testergebnis bekommt.
  ③ krank ist, wenn der Test positiv ausfällt.
  ④ gesund ist, wenn der Test negativ ausfällt.

b) In Teil a) ergibt sich eine erstaunlich geringe Wahrscheinlichkeit dafür, dass man bei einem positiven Testergebnis tatsächlich krank ist. Deshalb wird bei positiv getesteten Personen der Glukosetoleranztest wiederholt. Ergänzen Sie das Baumdiagramm aus a) und prüfen Sie mit seiner Hilfe, ob sich die Aussagekraft positiver Tests verbessern lässt, wenn alle positiv getesteten Personen ein zweites Mal getestet werden. Berechnen Sie dazu die Wahrscheinlichkeit dafür, dass eine zweimal positiv getestete Person tatsächlich an Diabetes erkrankt ist.
Berechnen Sie auch die Wahrscheinlichkeit dafür, dass eine beliebige Person gesund ist, wenn sie erst einen positiven und dann einen negativen Test bekommt.

c) Die Zufallsgröße X zählt die Anzahl der an Diabetes Erkrankten in einer Stichprobe von 5000 Erwachsenen.
  ① Begründen Sie, dass X als binomialverteilt angenommen werden kann.
  ② Bestimmen Sie das kleinste um den Erwartungswert symmetrische Intervall, in dem die Werte von X mit einer Wahrscheinlichkeit von mindestens 95,5 % liegen.
  ③ Als Länge L einer 2σ-Umgebung des Erwartungswerts wird die Differenz zwischen der oberen und der unteren Grenze der Umgebung bezeichnet. Bei unbekanntem Umfang n einer Stichprobe hat die 2σ-Umgebung eine Länge von L = 84. Bestimmen Sie den Umfang n der Stichprobe.

d) Es soll untersucht werden, ob Diabetes bei gesunder („mediterraner") Ernährung seltener auftritt. 5000 Personen, die angeben, sich gesund zu ernähren, werden auf Diabetes getestet. Tritt in dieser Gruppe Diabetes seltener auf, so sollen entsprechende Empfehlungen zur Ernährung veröffentlicht werden. (Gehen Sie jetzt davon aus, dass eindeutig festgestellt wird, ob ein Proband Diabetes hat.)
  ① Geben Sie eine Entscheidungsregel an, bei der das Risiko einer Entscheidung für diese Ernährungsempfehlung, obwohl sie unnütz ist, maximal 5 % beträgt.
  ② Beschreiben Sie den Fehler 2. Art bei diesem Test im Sachzusammenhang.
  ③ Angenommen, der wirkliche Anteil Diabeteskranker in der untersuchten Bevölkerungsgruppe betrage 9 %. Berechnen Sie für diesen Fall den Fehler 2. Art.
  ④ Geben Sie zwei Möglichkeiten für einen Test mit diesem H_0 so an, dass das Risiko für einen Fehler 2. Art kleiner wird. (Rechnerischer Nachweis nicht erforderlich.)

12 Glücksspiel „Tor" oder „Rot"

Ein Glücksrad ist in drei Felder mit den Bezeichnungen
T, O und R geteilt.
Es gelten die folgenden Spielregeln:
Das Glücksrad darf maximal dreimal gedreht werden.
Gewinne gibt es für die Ergebnisse „TOR", „ROT" sowie für
„TTT", „OOO" und „RRR".
Wenn kein Gewinn mehr möglich ist, endet das Spiel
vorzeitig.

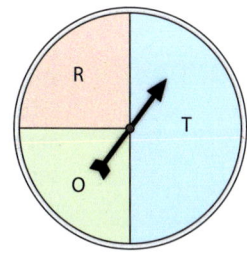

a) Erläutern Sie, dass man aus der Beschreibung des Glücksspiels entnehmen kann, dass
die Reihenfolge der „erdrehten" Buchstaben beachtet wird.
Geben Sie die Anzahl der möglichen Ergebnisse an.
Begründen Sie, dass mit $2 \cdot 0{,}5 \cdot 0{,}25^2 + 0{,}5^3 + 2 \cdot 0{,}25^3$ die Wahrscheinlichkeit bestimmt
wird, dass ein Gewinn erzielt wird.
Geben Sie die beiden fehlenden Wahrscheinlichkeiten in der Tabelle an.

Ergebnis	TOR	ROT	TTT	OOO	RRR	sonstige
Wahrscheinlichkeit	$\frac{1}{32}$		$\frac{1}{8}$	$\frac{1}{64}$		$\frac{50}{64}$

b) Das Spiel wird mit einem Einsatz von 3,50 € gespielt.
Die Tabelle enthält die Auszahlungsbeträge im Fall eines Gewinns.

Ergebnis	TOR	ROT	TTT	OOO	RRR	sonstige
Auszahlung	20 €	20 €	5 €	50 €	50 €	0 €

Weisen Sie rechnerisch nach, dass ein Spieler langfristig einen Verlust von 6,25 Cent pro
Spiel macht.
Bestimmen Sie eine veränderte Auszahlung für den Fall „TTT", sodass das Spiel fair ist.

c) Die Wahrscheinlichkeit p steht für die Wahrscheinlichkeit, dass ein Spiel vorzeitig nach
dem zweiten Drehen endet.
Bestimmen Sie die Wahrscheinlichkeit p.
$\left[\text{Kontrollergebnis: } p = \frac{7}{16}\right]$
Es werden 2000 Spiele betrachtet. Die Zufallsgröße X zählt die Anzahl an Spielen, die
vorzeitig nach dem zweiten Drehen enden.
Begründen Sie, dass die Zufallsgröße X binomialverteilt ist.
Bestimmen Sie das kleinste um den Erwartungswert symmetrische Intervall, in dem die
Werte von X mit einer Wahrscheinlichkeit von mindestens 95,5 % liegen.
Ermitteln Sie, wie viele Durchgänge des Spiels ein Spieler spielen müsste, damit er mit
einer Wahrscheinlichkeit von mindestens 95 % das Spiel mindestens einmal vorzeitig
nach der zweiten Drehung beenden muss.

d) Betrachten Sie nun die folgenden Ereignisse.
T: Bei der ersten Drehung zeigt der Zeiger auf den Buchstaben T.
G: Der Spieler gewinnt das Spiel.
Beschreiben Sie die unten angegebenen Wahrscheinlichkeiten in Worten, und berech-
nen Sie sie anschließend.
① $P(\overline{T} \cap G)$ ② $P_T(\overline{G})$ ③ $P_G(\overline{T})$
Weisen Sie rechnerisch nach, dass die Ereignisse T und G stochastisch abhängig sind.

13 Knieprothese

In einer großen Rehaklinik werden jährlich 1500 Patienten nach einer Knieprothesenoperation behandelt. Erfahrungsgemäß kommt es bei ca. 0,4 % der Patienten zu Problemen mit infektiösen Nacherkrankungen. Unabhängig davon haben etwa 3 % aller Patienten Probleme mit dem Sitz der Prothese. Im Weiteren werden diese relativen Häufigkeiten als Wahrscheinlichkeiten interpretiert.

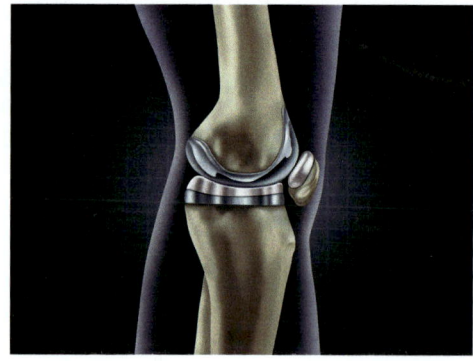

a) Beschreiben Sie, unter welchen Annahmen die Zufallsgröße X: „Anzahl der Patienten, die an mindestens einem der beiden Probleme leiden" als binomialverteilt betrachtet werden kann.
Ermitteln Sie unter der Annahme, dass X eine binomialverteilte Zufallsgröße ist, die Wahrscheinlichkeit für das Ereignis A.
A: „Ein zufällig ausgewählter Patient leidet an mindestens einem der Probleme „Infektion" oder „schlechter Sitz der Prothese"."
[Kontrollergebnis: $P(A) \approx 0,034$]
Berechnen Sie ein Intervall als Prognose für die Anzahl der Patienten, die an mindestens einem der beiden Probleme leiden, in einer Stichprobe unter 300 zufällig ausgewählten Patienten. Verwenden Sie als Sicherheitswahrscheinlichkeit 95,5 %.

b) Ermitteln Sie die Wahrscheinlichkeiten der folgenden Ereignisse unter Annahme der Binomialverteilung und durch Näherung mithilfe der Gaußschen Glockenfunktion.
B: „Von den 1500 Patienten haben höchstens zwei Patienten Probleme mit infektiösen Nacherkrankungen."
C: „Von den 1500 Patienten haben mehr als 20 und weniger als 40 Patienten Probleme mit dem Sitz der Knieprothese."
Begründen Sie, weshalb bei der Berechnung von $P(B)$ das durch die Approximation bestimmte Ergebnis ziemlich stark von dem mit der Binomialverteilung berechneten Resultat abweicht.

c) Bei der Anfangsuntersuchung von 350 Patienten, die in ein und demselben Krankenhaus ihre Knieprothese erhielten, wurden bei zehn Patienten Probleme mit dem Sitz der Prothese festgestellt. Ermitteln Sie ein Konfidenzintervall für die Wahrscheinlichkeit, dass ein in diesem Krankenhaus operierter Patient Probleme mit dem Sitz der Prothese hat (Sicherheitswahrscheinlichkeit 95 %).

Hinweis zu d

Bei dieser Teilaufgabe werden Kenntnisse der Normalverteilung vorausgesetzt (siehe Seite 351 ff.).

d) Die Haltbarkeit von künstlichen Kniegelenken hängt von vielen Faktoren ab. Angenommen, die Lebensdauer von Knieprothesen eines bestimmten Herstellers sei normalverteilt mit einem Erwartungswert von 15,0 Jahren und einer Standardabweichung von 2,5 Jahren.
① Berechnen Sie, wie viel Prozent dieser Prothesen eine Lebensdauer von mehr als 18 Jahren haben.
② Ermitteln Sie ein zum Erwartungswert symmetrisches Intervall, in dem die Lebensdauer von 80 % der Prothesen liegt.
③ Der Hersteller testet eine neue Sorte von Knieprothesen. In Simulationen wurde herausgefunden, dass bei 5 % der neuen Prothesen mit einer Lebensdauer von höchstens 14 Jahren und bei ebenfalls 5 % mit mindestens 22 Jahren zu rechnen ist. Bestimmen Sie aus diesen Angaben den Erwartungswert und die Standardabweichung für die Lebensdauer der neuen Prothesen.

12

Anhang

Lösungen zu
→ Ihr Fundament
→ Prüfen Sie Ihr neues Fundament
Stichwortverzeichnis
Bildnachweis

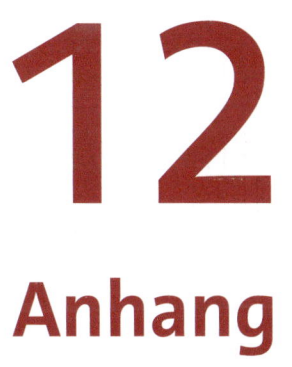

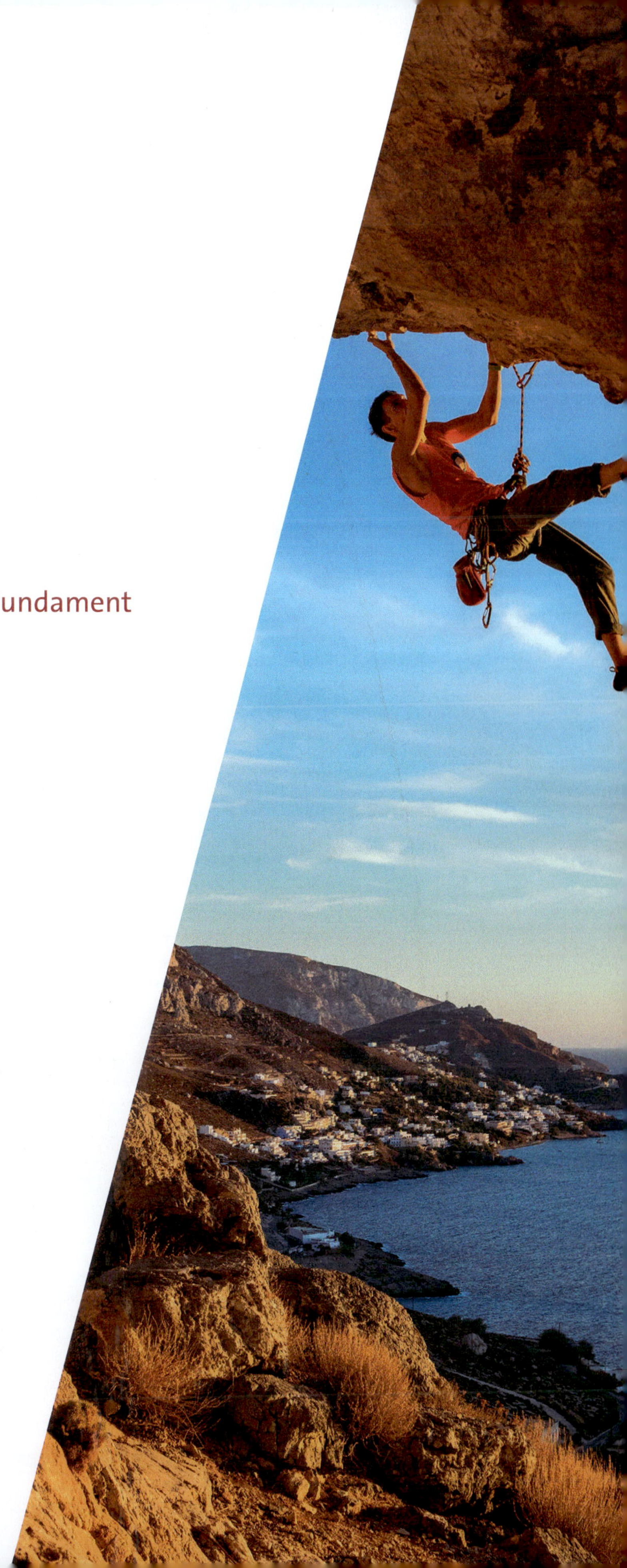

Lösungen zu Kapitel 1: Grundlagen der linearen Algebra

Ihr Fundament (S. 8/9)

S. 8, 1.

a) $\frac{9}{10} = 0,9$ b) $\frac{1}{10} = 0,1$

c) $\frac{6}{5} = 1,2$ d) $\frac{3}{2} = 1,5$

e) $\frac{3}{5} = 0,6$ f) 2

g) $\frac{3}{5} = 0,6$ h) $\frac{9}{4} = 2,25$

S. 8, 2.

a) $4x$ b) $3x - 3$ c) $-2a - 2,5$

d) $-2 - a$ e) $3,5 - 3,8y$ f) $1,3 - 1,5x$

S. 8, 3.

a) $6a - 6b$ b) $35 + 28x$

c) $a - 5$ d) $-3 + x$

e) $-10m + 4n$ f) $8x - 4y + 6z$

g) $0,6a - 0,9b$ h) $6x - 5xy$

S. 8, 4.

a) $6(x + y)$ b) $2u(v + 8w)$

c) $3vw(3u - 1)$ d) $7(4m - n)$

e) $5b(2a - 1 + 2)$ f) $0,3(a + 5b + 12c)$

g) $xy(xyz + 1)$ h) $x(xyz + z - xy)$

S. 8, 5.

a) $12b - 2a$ b) $8y$

c) 0 d) $-5x$

S. 8, 6.

a) $L = \{3\}$ b) $L = \{ \ \}$ c) $L = \{ \ \}$ d) $L = \mathbb{Q}$

e) $L = \left\{-\frac{2}{3}\right\}$ f) $L = \{ \ \}$

S. 8, 7.

a) Individuelle Lösungen

b) $4n - 1$

c) $4 \cdot 10 - 1 = 39$

d) $4n - 1 = 89$ hat die Lösung 22,5. Die Anzahl der Punkte muss aber ganzzahlig sein. Daher gibt es keine Figur mit 89 Punkten.

S. 8, 8.

a) Gleichsetzungsverfahren

$$\begin{vmatrix} y = -2x + 19 \\ y = x - 2 \end{vmatrix} \Leftrightarrow \begin{vmatrix} -2x + 19 = x - 2 \\ y = x - 2 \end{vmatrix}$$

$$\Leftrightarrow \begin{vmatrix} 21 = 3x \\ y = x - 2 \end{vmatrix} \Leftrightarrow \begin{vmatrix} x = 7 \\ y = 5 \end{vmatrix}$$

b) Einsetzungsverfahren

$$\begin{vmatrix} y = 3x - 7 \\ 4x + 2y = 16 \end{vmatrix} \Leftrightarrow \begin{vmatrix} y = 3x - 7 \\ 4x + 2(3x - 7) = 16 \end{vmatrix}$$

$$\Leftrightarrow \begin{vmatrix} y = 3x - 7 \\ x = 3 \end{vmatrix} \Leftrightarrow \begin{vmatrix} y = 2 \\ x = 3 \end{vmatrix}$$

c) Additionsverfahren

$$\begin{vmatrix} 2x + 5y = 2 & | \cdot (-3) \\ 6x - 2y = 40 \end{vmatrix} \Leftrightarrow \begin{vmatrix} 2x + 5y = 2 \\ -17y = 34 \end{vmatrix}$$

$$\Leftrightarrow \begin{vmatrix} 2x - 10 = 2 \\ y = -2 \end{vmatrix} \Leftrightarrow \begin{vmatrix} x = 6 \\ y = -2 \end{vmatrix}$$

d) Additionsverfahren

$$\begin{vmatrix} 2x + 5y = 16 & | \cdot (-5) \\ 5x + 7y = 18 & \cdot 2 \end{vmatrix} \Leftrightarrow \begin{vmatrix} 2x + 5y = 16 \\ -11y = -44 \end{vmatrix}$$

$$\Leftrightarrow \begin{vmatrix} 2x + 20 = 16 \\ y = 4 \end{vmatrix} \Leftrightarrow \begin{vmatrix} x = -2 \\ y = 4 \end{vmatrix}$$

S. 8, 9.

a)
$$\begin{aligned} 27x \ -2y &= 1 \\ -12x +y &= 0 \quad | \cdot 2 \\ \hline -12x +y &= 0 \\ 3x &= 1 \\ \hline -4 \ +y &= 0 \\ x &= \tfrac{1}{3} \\ y &= 4 \\ x &= \tfrac{1}{3} \end{aligned}$$

b)
$$\begin{aligned} -x \ +6y &= 3 \quad | \cdot 3 \\ 3x \ -2y &= 7 \\ \hline -x \ +6y &= 3 \\ 16y &= 16 \\ \hline -x +6 &= 3 \\ y &= 1 \\ x &= 3 \\ y &= 1 \end{aligned}$$

c)
$$\begin{aligned} \tfrac{1}{2}x \ +\tfrac{3}{4}y &= 5 \quad | \cdot 4 \\ -2x +y &= 12 \\ \hline -2x +y &= 12 \\ 4y &= 32 \\ \hline -2x +8 &= 12 \\ y &= 8 \\ x &= -2 \\ y &= 8 \end{aligned}$$

S. 8, 10.

a) $y = -2x + 5$ und $y = x - 1$: Schnittpunkt der beiden Geraden $S(2 | 1)$, $L = \{(2 | 1)\}$

b) $y = 3x - 0,5$ und $y = -0,5x + 1,25$: $S(0,5 | 1)$, $L = \{(0,5 | 1)\}$

c) $y = x$ und $y = x - 2$: kein Schnittpunkt, $L = \{ \ \}$

S. 9, 11.

a) $\begin{vmatrix} x + y = 4 \\ y - x = 0 \end{vmatrix}$ $L = \{(2 | 2)\}$

b) $\begin{vmatrix} 2x - 5y = 4 \\ -4x + 3y = 6 \end{vmatrix}$ $L = \{(-3 | -2)\}$

c) $\begin{vmatrix} y = -1,5x - 2 \\ 3x + 2y = 4 \end{vmatrix}$ $L = \{ \ \}$

S. 9, 12.

a) zum Beispiel $y = x$; $y = -x + 2$

b) zum Beispiel $y = -x$; $y = x - 4$

c) zum Beispiel $3x + y = 2$; $3x + y = 42$

d) zum Beispiel $6x + 2y = 8$; $9x + 3y = 12$

S. 9, 13.

x: Preis pro kWh in €; y: Grundgebühr in €

$x \cdot 203 + y = 39,16$

$x \cdot 267 + y = 49,40$

Lösen des linearen Gleichungssystems ergibt eine Grundgebühr von 6,68 € und einen Preis pro kWh von 0,16 €.

S. 9, 14.

a) 49 b) 1000 c) $0,5$

d) 100 e) 2

S. 9, 15.

a) b^2 b) x^4 c) a

d) a^{-2} e) b^2

S. 9, 16.

a) ① 0,25 ② 25 %   b) ① 0,06 ② 6 %

c) ① 0,17 ② 17 %   d) ① 0,3 ② 30 %

e) ① 0,75 ② 75 %   f) ① 0,95 ② 95 %

S. 9, 17.

a) 60 Menschen   b) 36 Möglichkeiten

c) 430 Schrauben   d) 7000 Flaschen

e) 2044 Euro   f) 25,2 Mio. Haushalte

S. 9, 18.
Die 28 Personen im Leistungskurs entsprechen 40 % der Gesamtanzahl aller Abiturienten. Insgesamt gibt also $\frac{28}{0,4}$ = 70 Abiturienten und somit 70 − 28 = 42 Lernende im Grundkurs.

S. 9, 19.
a) P(alle Antworten korrekt) = $\frac{1}{81}$ ≈ 0,0123
Die Wahrscheinlichkeit, dass Mira zufällig alle Fragen richtig beantwortet, beträgt etwa 1,23 %.
b) P(mindestens eine falsche Antwort) = 1 − P(alle Antworten korrekt) = 1 − $\frac{1}{81}$ = $\frac{80}{81}$ ≈ 0,9877
Mit einer Wahrscheinlichkeit von etwa 98,77 % beantwortet Mira mindestens eine Frage falsch.

Prüfen Sie Ihr neues Fundament (S. 46–48)

S. 46, 1.
a) x_1 x_2 x_3

$$\begin{array}{rrr|r}
1 & -2 & 1 & 4 \\
2 & 1 & -1 & 7 \\
3 & -1 & 4 & -5
\end{array} \quad |\cdot(-2)\quad|\cdot 3$$

$$\begin{array}{rrr|r}
1 & -2 & 1 & 4 \\
0 & 5 & -3 & -1 \\
0 & -7 & 7 & 7
\end{array} \quad |:7$$

$$\begin{array}{rrr|r}
1 & -2 & 1 & 4 \\
0 & -1 & 1 & 1 \\
0 & 5 & -3 & -1
\end{array} \quad |\cdot 5$$

$$\begin{array}{rrr|r}
1 & -2 & 1 & 4 \\
0 & -1 & 1 & 1 \\
0 & 0 & 2 & 4
\end{array}$$

x_3 = 2 x_2 = 1 x_1 = 4

b) x_1 x_2 x_3 x_4

$$\begin{array}{rrrr|r}
2 & -4 & 1 & -6 & 1 \\
6 & -4 & -5 & 2 & -1 \\
-2 & 2 & 1 & 1 & 2
\end{array} \quad |\cdot(-3)$$

$$\begin{array}{rrrr|r}
2 & -4 & 1 & -6 & 1 \\
0 & 8 & -8 & 20 & -4 \\
0 & -2 & 2 & -5 & 3
\end{array} \quad |:4$$

$$\begin{array}{rrrr|r}
2 & -4 & 1 & -6 & 1 \\
0 & 2 & -2 & 5 & -1 \\
0 & -2 & 2 & -5 & 3
\end{array}$$

$$\begin{array}{rrrr|r}
2 & -4 & 1 & -6 & 1 \\
0 & 2 & -2 & 5 & -1 \\
0 & 0 & 0 & 0 & 2
\end{array}$$

L = { }

c) x_1 x_2 x_3

$$\begin{array}{rrr|r}
2 & 4 & 6 & 2 \\
2 & 2 & 9 & 3 \\
4 & 10 & 9 & 3 \\
4 & 6 & 15 & 5
\end{array} \quad |\cdot(-1)\quad|\cdot(-2)$$

$$\begin{array}{rrr|r}
2 & 4 & 6 & 2 \\
0 & -2 & 3 & 1 \\
0 & 2 & -3 & -1 \\
0 & -2 & 3 & 1
\end{array}$$

$$\begin{array}{rrr|r}
2 & 4 & 6 & 2 \\
0 & -2 & 3 & 1 \\
0 & 0 & 0 & 0 \\
0 & 0 & 0 & 0
\end{array}$$

$x_2 = -\frac{1}{2} + \frac{3}{2}x_3$

$x_1 - 1 + 3x_3 + 3x_3 = 1 \Leftrightarrow x_1 = 2 - 6x_3$

$L = \left\{ \left(2 - 6t \,\middle|\, -\frac{1}{2} + \frac{3}{2}t \,\middle|\, t \right) \,\middle|\, t \in \mathbb{R} \right\}$

S. 46, 2.
a) Lösen des Gleichungssystems

$$\begin{vmatrix}
40M_1 + 30M_2 + 26M_3 = 39 \\
60M_1 + 20M_2 + 4M_3 = 56 \\
50M_2 + 70M_3 = 5
\end{vmatrix}$$

liefert L = $\{0,9 + 0,4t \,|\, 0,1 - 1,4t \,|\, t\}$.
Damit erhält man die benötigten Mengen M_1 und M_2 in Abhängigkeit von der Menge t von M_3.
b) Auf M_3 verzichten: t = 0, dann x_1 = 0,9, x_2 = 0,1 ist möglich.
Auf M_2 verzichten: 0,1 − 1,4t = 0 $\Leftrightarrow$ t = $\frac{1}{14}$ = x_3 > 0.
Für x_1 gilt dann: $x_1 = \frac{9}{10} + \frac{4}{10} \cdot \frac{1}{14} = \frac{13}{14}$
Wegen 0 ≤ x_1, x_3 ≤ 1 kann auch auf M_2 verzichtet werden.

S. 46, 3.
a) $\begin{pmatrix} -1 \\ 1,1 \end{pmatrix}$ b) $\begin{pmatrix} 0 \\ 0 \\ 0 \end{pmatrix}$ c) $\begin{pmatrix} -1,3 \\ 14 \\ 0,5 \end{pmatrix}$

d) $\begin{pmatrix} 23 \\ 11 \end{pmatrix}$ e) $\begin{pmatrix} 6 & 16 \\ 7 & 23 \end{pmatrix}$ f) 1

g) $\begin{pmatrix} -11 & 8 \\ -6 & -11 \end{pmatrix}$ h) $\begin{pmatrix} -3 \\ 26 \\ 15 \end{pmatrix}$ i) $\begin{pmatrix} 21 \\ -10 \end{pmatrix}$

j) $\begin{pmatrix} 3,5 & 13 \\ 0,5 & 9 \end{pmatrix}$

S. 46, 4.

$A^{-1} = \begin{pmatrix} \frac{1}{4} & -\frac{1}{2} \\ -\frac{1}{8} & -\frac{1}{4} \end{pmatrix}$,

$B^{-1} = \begin{pmatrix} \frac{3}{14} & \frac{2}{7} \\ \frac{1}{28} & \frac{3}{14} \end{pmatrix}$,

$C^{-1} = \begin{pmatrix} 1 & 0 & -1 \\ 0 & 0 & 1 \\ -1 & 1 & 1 \end{pmatrix}$,

$D^{-1} = \begin{pmatrix} 1 & 1 & 0 \\ 0 & 1 & 0 \\ -2 & -2 & 1 \end{pmatrix}$

S. 46, 5.

Produktionsmatrix: $P = \begin{pmatrix} 10 & 20 & 15 \\ 30 & 30 & 20 \\ 10 & 30 & 20 \\ 200 & 200 & 200 \\ 0 & 0 & 20 \end{pmatrix} \begin{matrix} S \\ M \\ Z \\ W \\ K \end{matrix}$

(K₁ K₂ K₃ über den Spalten: K_1 K_2 K_3)

$P \cdot \begin{pmatrix} 30 \\ 40 \\ 20 \end{pmatrix} = \begin{pmatrix} 1400 \\ 2500 \\ 1900 \\ 18\,000 \\ 400 \end{pmatrix}$

Es werden 1400 Einheiten S, 2500 Einheiten M, 1900 Einheiten Z, 18 000 Einheiten W und 400 Einheiten K benötigt.

S. 46, 6.
a) Matrix A beschreibt den zweiten Produktionsschritt. Der passende Outputvektor hat die Dimension 2, der Ergebnisvektor (Inputvektor) hat die Dimension 3, was jeweils zu den Angaben der End- und Zwischenprodukte passt. Entsprechend beschreibt B den ersten Produktionsschritt (Outputvektor: drei Zwischenprodukte, Inputvektor: zwei Rohstoffe).

b)

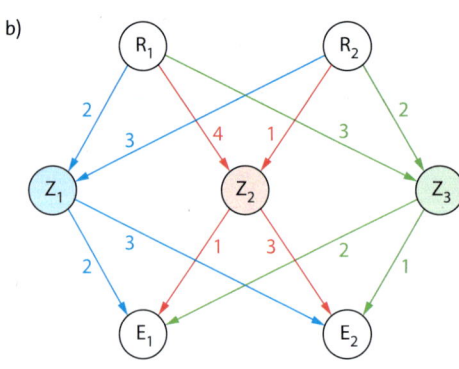

c) Der Gesamtprozess wird beschrieben durch:

$$C = B \cdot A = \begin{pmatrix} 2 & 4 & 3 \\ 3 & 1 & 2 \end{pmatrix} \cdot \begin{pmatrix} 2 & 3 \\ 1 & 3 \\ 2 & 1 \end{pmatrix} = \begin{pmatrix} 14 & 21 \\ 11 & 14 \end{pmatrix}$$

S. 47, 7.

a)

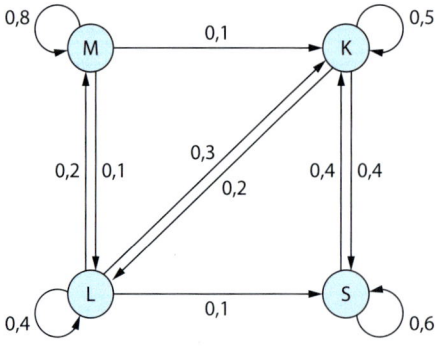

b) $\begin{pmatrix} 0,75 & 0,2 \\ 0,25 & 0,8 \end{pmatrix} \cdot \begin{pmatrix} 1 \\ 0 \end{pmatrix} = \begin{pmatrix} 0,75 \\ 0,25 \end{pmatrix}$, $\begin{pmatrix} 0,75 & 0,2 \\ 0,25 & 0,8 \end{pmatrix} \cdot \begin{pmatrix} 0,75 \\ 0,25 \end{pmatrix} = \begin{pmatrix} 0,61 \\ 0,39 \end{pmatrix}$

S. 47, 8.

a) $X = \begin{pmatrix} -2 & -3 \\ 1 & 1 \end{pmatrix} \cdot \begin{pmatrix} 7 & 0 \\ 1 & -5 \end{pmatrix} = \begin{pmatrix} -17 & 15 \\ 8 & -5 \end{pmatrix}$

b) $X = \begin{pmatrix} 9 & -7 \\ -5 & 1 \end{pmatrix} \cdot \begin{pmatrix} 1 & 2 \\ 2 & 1 \end{pmatrix} = \begin{pmatrix} -5 & 11 \\ 3 & -6 \end{pmatrix}$

c) $X = \begin{pmatrix} \frac{1}{2} & -\frac{1}{2} \\ -\frac{1}{4} & -\frac{1}{4} \end{pmatrix} \cdot \begin{pmatrix} -2 & 1 \\ 1 & 3 \end{pmatrix} = \begin{pmatrix} -\frac{3}{2} & -1 \\ \frac{1}{4} & -1 \end{pmatrix}$

S. 47, 9.

a) Der Eintrag m_{23} beschreibt den Anteil der Kunden, die von Anbieter C zu Anbieter B wechseln.

b) Wahrscheinlichkeit des „Nichtwechsels" bei B pro Jahr: $p = 0,8$
Wahrscheinlichkeit, 5 Jahre den Anbieter B nicht zu wechseln: $0,8^5 = 0,32768$, also etwa 32,77 %

c) $M^5 = \begin{pmatrix} 0,31 & 0,23 & 0,27 & 0,24 \\ 0,35 & 0,49 & 0,46 & 0,4 \\ 0,19 & 0,15 & 0,24 & 0,22 \\ 0,21 & 0,16 & 0,26 & 0,24 \end{pmatrix}$, $m_{22} = 0,49$

Die gesuchte Wahrscheinlichkeit beträgt etwa 49 %.

S. 47, 10.

a) Die Spaltensummen müssen 1 ergeben, da es sich jeweils um eine Summe von Anteilen handelt, die jeweils eine Gesamtheit von Fahrzeugen (100 %) an den einzelnen Standorten ergeben müssen.

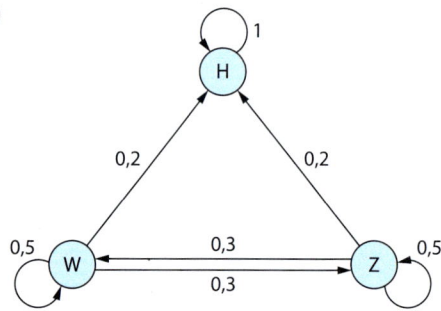

b) Nach einer Woche: $A \cdot \begin{pmatrix} 250 \\ 84 \\ 120 \\ 134 \end{pmatrix} = \begin{pmatrix} 224 \\ 156,6 \\ 81,4 \\ 126 \end{pmatrix} \approx \begin{pmatrix} 224 \\ 157 \\ 81 \\ 126 \end{pmatrix}$

Nach zwei Wochen: $A \cdot \begin{pmatrix} 224 \\ 157 \\ 81 \\ 126 \end{pmatrix} = \begin{pmatrix} 195,4 \\ 175,6 \\ 70,5 \\ 146,5 \end{pmatrix} \approx \begin{pmatrix} 195 \\ 176 \\ 70 \\ 147 \end{pmatrix}$

Beim Runden ist jeweils darauf zu achten, dass die Gesamtsumme der Fahrzeuge 588 beträgt.

c) Inverse Matrix:

$$A^{-1} = \begin{pmatrix} 1,3125 & 0,375 & -0,875 & -0,25 \\ -0,3125 & 5,625 & -3,125 & -3,75 \\ -0,25 & -1,5 & 3,5 & 1 \\ 0,25 & -3,5 & 1,5 & 4 \end{pmatrix}$$

Vor einer Woche: $A^{-1} \cdot \begin{pmatrix} 80 \\ 226 \\ 52 \\ 230 \end{pmatrix} = \begin{pmatrix} 86,75 \\ 221,25 \\ 53 \\ 227 \end{pmatrix} \approx \begin{pmatrix} 87 \\ 221 \\ 53 \\ 227 \end{pmatrix}$

d) Die Matrix A^{52} beschreibt die Verteilung der Fahrzeuge nach 52 Wochen, also nach einem Jahr.

S. 48, 11.

a)

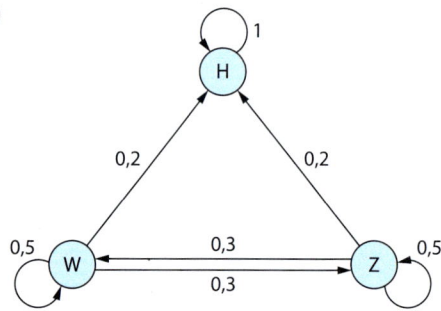

b) $\vec{v_1} = \begin{pmatrix} 0,2 \\ 0,5 \\ 0,3 \end{pmatrix}$ bezogen auf die Reihenfolge H, W, Z

c) $M = \begin{pmatrix} 1 & 0,2 & 0,2 \\ 0 & 0,5 & 0,5 \\ 0 & 0,3 & 0,3 \end{pmatrix}$

$\vec{v_2} = M \cdot \vec{v_1} = \begin{pmatrix} 0,36 \\ 0,4 \\ 0,24 \end{pmatrix}$

$\vec{v_6} = M^4 \cdot \vec{v_2} = M^4 \cdot (M \cdot \vec{v_1}) = M^5 \cdot \vec{v_1} \approx \begin{pmatrix} 0,74 \\ 0,16 \\ 0,10 \end{pmatrix}$

d) Die Wahrscheinlichkeit, heruntergestoßen zu werden, liegt nach 6 Schritten bei ca. 74 %. Also befindet sich eine Ameise mit einer Wahrscheinlichkeit von ca. 26 % nach 6 Schritten noch auf dem Band.

S. 48, 12.

$C = A^{-1}$, $E = A^2$,
$F = F^{-1} = F^2 = F^n$ für alle $n \in \mathbb{N}$
(Einheitsmatrix)

Lösungen zu Kapitel 2: Matrizen in Anwendungen

Ihr Fundament (S. 52/53)

S. 52, 1.

a) $x = -1; y = -3$

b) $x = 3; y = -2$

c) $x = 0; y = 2; z = -1$

d) $x = 1; y = 2; z = 3$

S. 52, 2.

① $\begin{pmatrix} 2 & -1 & 3 & | & 4 \\ 0 & 1 & 2 & | & -3 \\ 0 & 0 & 2 & | & 1 \end{pmatrix}$; $L = \{(-0,75 | -4 | 0,5)\}$

② $\begin{pmatrix} 2 & -1 & 3 & | & 4 \\ 0 & 3 & 2 & | & -3 \\ 0 & 0 & 0 & | & 0 \end{pmatrix}$; $L = \left\{ \left(\frac{3}{2} - \frac{11}{6}t \,|\, -1 - \frac{2}{3}t \,|\, t \right) \,\middle|\, t \in \mathbb{R} \right\}$

③ $\begin{pmatrix} 2 & -1 & 3 & | & 4 \\ 0 & 1,5 & 0,5 & | & 1 \\ 0 & 0 & 0 & | & -2 \end{pmatrix}$; $L = \{ \}$

S. 52, 3.

Beispiellösungen:

a) eindeutig lösbar: $\begin{pmatrix} 1 & 2 & 3 & | & 4 \\ 2 & 3 & 1 & | & -2 \\ 3 & 4 & 0 & | & 8 \end{pmatrix}$

keine Lösung: $\begin{pmatrix} 1 & 2 & 3 & | & 4 \\ 2 & 3 & 1 & | & -2 \\ 3 & 6 & 9 & | & 8 \end{pmatrix}$

unendlich viele Lösungen: $\begin{pmatrix} 1 & 2 & 3 & | & 4 \\ 2 & 3 & 1 & | & -2 \\ 3 & 6 & 9 & | & 12 \end{pmatrix}$

b) eindeutig lösbar: $\begin{pmatrix} 2 & 3 & 3 & | & 2 \\ 2 & 2 & 1 & | & 0 \\ 0 & 0 & 2 & | & 4 \end{pmatrix}$

keine Lösung: $\begin{pmatrix} 2 & 3 & 3 & | & 2 \\ 2 & 2 & 1 & | & 0 \\ 0 & 1 & 2 & | & 4 \end{pmatrix}$

unendlich viele Lösungen: $\begin{pmatrix} 2 & 3 & 3 & | & 2 \\ 2 & 2 & 1 & | & 0 \\ 0 & 2 & 4 & | & 4 \end{pmatrix}$

c) Durch die Gleichung 0 = 2, die sich aus der zweiten Zeile ergibt, hat das Gleichungssystem keine Lösung, unabhängig davon, welche Koeffizienten man in der dritten Zeile ergänzt.

S. 52, 4.

① $\in L_2$; ② $\in L_1$; ③ $\in L_2$; ④ $\in L_3$; ⑤ $\in L_3$

S. 52, 5.

a) $L = \{-2; 1\}$ b) $L = \{ \}$ c) $L = \{-2; 0\}$
d) $L = \{ \}$ e) $L = \{2\}$ f) $L = \{2\}$

S. 52, 6.

a) $\left(\frac{p}{2}\right)^2 - q > 0$ b) $\left(\frac{p}{2}\right)^2 - q = 0$ c) $\left(\frac{p}{2}\right)^2 - q < 0$

S. 52, 7.

a) $x_1 = -5$; $x_2 = 1$ b) $x_1 = -8$; $x_2 = 3$ c) $x_1 = -1$; $x_2 = 13$

S. 52, 8.

a) $\begin{pmatrix} 3 \\ -2 \end{pmatrix}$ b) $\begin{pmatrix} 3 \\ -3 \\ 15 \end{pmatrix}$ c) $\begin{pmatrix} 19 \\ -13 \end{pmatrix}$

d) $\begin{pmatrix} 2 & 0 \\ 0 & 3 \end{pmatrix}$ e) $\begin{pmatrix} -12 & 8 & 12 \\ 25 & 4 & 34 \\ -2 & 0 & -4 \end{pmatrix}$ f) $\begin{pmatrix} 37 & -1 \\ 22 & -10 \\ 14,5 & 8 \end{pmatrix}$

S. 53, 9.

a) $\begin{pmatrix} 3 & -2 \\ -1 & 1 \end{pmatrix} \cdot \left(\begin{pmatrix} 3 & -2 \\ -1 & 1 \end{pmatrix} \cdot \begin{pmatrix} 1 \\ 4 \end{pmatrix} \right) = \begin{pmatrix} 3 & -2 \\ -1 & 1 \end{pmatrix} \cdot \begin{pmatrix} -5 \\ 3 \end{pmatrix} = \begin{pmatrix} -21 \\ 8 \end{pmatrix}$

$\begin{pmatrix} 3 & -2 \\ -1 & 1 \end{pmatrix}^2 \cdot \begin{pmatrix} 1 \\ 4 \end{pmatrix} = \begin{pmatrix} 11 & -8 \\ -4 & 3 \end{pmatrix} \cdot \begin{pmatrix} 1 \\ 4 \end{pmatrix} = \begin{pmatrix} -21 \\ 8 \end{pmatrix}$

b) $\begin{pmatrix} 3 & -2 \\ -1 & 1 \end{pmatrix} \cdot \left(2 \cdot \begin{pmatrix} 1 \\ 4 \end{pmatrix} \right) = \begin{pmatrix} 3 & -2 \\ -1 & 1 \end{pmatrix} \cdot \begin{pmatrix} 2 \\ 8 \end{pmatrix} = \begin{pmatrix} -10 \\ 6 \end{pmatrix}$

$2 \cdot \left(\begin{pmatrix} 3 & -2 \\ -1 & 1 \end{pmatrix} \cdot \begin{pmatrix} 1 \\ 4 \end{pmatrix} \right) = 2 \cdot \begin{pmatrix} -5 \\ 3 \end{pmatrix} = \begin{pmatrix} -10 \\ 6 \end{pmatrix}$

c) $\begin{pmatrix} 3 & -2 \\ -1 & 1 \end{pmatrix} \cdot \left(2 \cdot \begin{pmatrix} 1 \\ 4 \end{pmatrix} + (-4) \begin{pmatrix} -1 \\ 2 \end{pmatrix} \right)$

$= \begin{pmatrix} 3 & -2 \\ -1 & 1 \end{pmatrix} \cdot \left(\begin{pmatrix} 2 \\ 8 \end{pmatrix} + \begin{pmatrix} 4 \\ -8 \end{pmatrix} \right)$

$= \begin{pmatrix} 3 & -2 \\ -1 & 1 \end{pmatrix} \cdot \begin{pmatrix} 6 \\ 0 \end{pmatrix} = \begin{pmatrix} 18 \\ -6 \end{pmatrix}$

$2 \cdot \left(\begin{pmatrix} 3 & -2 \\ -1 & 1 \end{pmatrix} \cdot \begin{pmatrix} 1 \\ 4 \end{pmatrix} \right) + (-4) \cdot \left(\begin{pmatrix} 3 & -2 \\ -1 & 1 \end{pmatrix} \cdot \begin{pmatrix} -1 \\ 2 \end{pmatrix} \right)$

$= 2 \cdot \begin{pmatrix} -5 \\ 3 \end{pmatrix} + (-4) \cdot \begin{pmatrix} -7 \\ 3 \end{pmatrix} = \begin{pmatrix} -10 \\ 6 \end{pmatrix} + \begin{pmatrix} 28 \\ -12 \end{pmatrix} = \begin{pmatrix} 18 \\ -6 \end{pmatrix}$

S. 53, 10.

a) $r \cdot \begin{pmatrix} 1 \\ 4 \end{pmatrix} = \begin{pmatrix} r \\ 4r \end{pmatrix}$

Elementesumme: $r + 4r = 10 \Rightarrow r = 2 \Rightarrow \begin{pmatrix} 2 \\ 8 \end{pmatrix}$

b) $r \cdot \begin{pmatrix} 3 \\ 1 \end{pmatrix} = \begin{pmatrix} 3r \\ r \end{pmatrix}$

Elementesumme: $3r + r = 100 \Rightarrow r = 25 \Rightarrow \begin{pmatrix} 75 \\ 25 \end{pmatrix}$

c) $r \cdot \begin{pmatrix} 5 \\ 1 \\ 6 \end{pmatrix} = \begin{pmatrix} 5r \\ r \\ 6r \end{pmatrix}$

Elementesumme: $5r + r + 6r = 48 \Rightarrow r = 4 \Rightarrow \begin{pmatrix} 20 \\ 4 \\ 24 \end{pmatrix}$

d) $r \cdot \begin{pmatrix} 30 \\ 12 \\ 8 \end{pmatrix} = \begin{pmatrix} 30r \\ 12r \\ 8r \end{pmatrix}$

Elementesumme: $30r + 12r + 8r = 75 \Rightarrow r = 1,5$

$\Rightarrow \begin{pmatrix} 45 \\ 18 \\ 12 \end{pmatrix}$

S. 53, 11.

a)

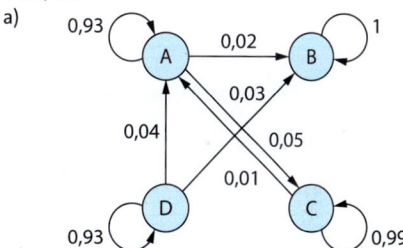

Übergangsmatrix: $M = \begin{pmatrix} 0,93 & 0 & 0,01 & 0,04 \\ 0,02 & 1 & 0 & 0,03 \\ 0,05 & 0 & 0,99 & 0 \\ 0 & 0 & 0 & 0,93 \end{pmatrix}$

b) anstehende Wahl: $\vec{v_1} = M \cdot \begin{pmatrix} 0,42 \\ 0,31 \\ 0,15 \\ 0,12 \end{pmatrix} \approx \begin{pmatrix} 0,4 \\ 0,32 \\ 0,17 \\ 0,11 \end{pmatrix}$ Partei A, Partei B, Partei C, Partei D

folgende Wahl: $\vec{v_2} = M \cdot \begin{pmatrix} 0,4 \\ 0,32 \\ 0,17 \\ 0,11 \end{pmatrix} \approx \begin{pmatrix} 0,38 \\ 0,33 \\ 0,19 \\ 0,1 \end{pmatrix}$ Partei A, Partei B, Partei C, Partei D

S. 53, 12.

Zeichnerische Lösung. Es gibt zwei Möglichkeiten. Die Spiegelachse halbiert jeweils einen der beiden Winkel, den die Geraden g und h einschließen.

S. 53, 13.

a)

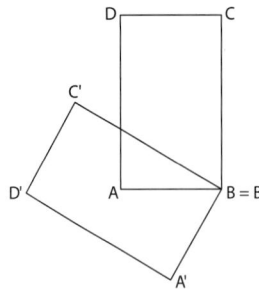

b) Drehung um 180° um den Schnittpunkt der Diagonalen des Rechtecks

S. 53, 14.

blau: $k = -1$; lila: $k = -0,5$; grün: $k = 0,5$; rot: $k = 1,5$

S. 53, 15.

a) $f(x) = u(x^2) = x^2 - 4$; $\qquad f(-3) = 5$

$\quad g(x) = v(x - 4) = (x - 4)^2$; $\quad g(-3) = 49$

b) $f(x) = u(x + 1) = \frac{1}{x+1}$; $\qquad f\left(\frac{1}{2}\right) = \frac{2}{3}$

$\quad g(x) = v\left(\frac{1}{x}\right) = \frac{1}{x} + 1$; $\qquad g\left(\frac{1}{2}\right) = 3$

c) $f(x) = u(x - 7) = \sqrt{x - 7}$; $\qquad f(16) = 3$

$\quad g(x) = v(\sqrt{x}) = \sqrt{x} - 7$; $\qquad g(16) = -3$

d) $f(x) = u(3x^2 + 7) = \frac{1}{(3x^2 + 7)^2}$; $\quad f(1) = 0,01$

$\quad g(x) = v(x^{-2}) = \frac{3}{x} + 7$; $\qquad g(1) = 10$

S. 53, 16.

a) 0 $\qquad\qquad$ b) divergent, strebt nicht gegen ∞

c) 0 $\qquad\qquad$ d) 0

Prüfen Sie Ihr neues Fundament (S. 100–102)

S. 100, 1.

a) $\begin{vmatrix} x = 2x - y \\ y = -x + 2y \end{vmatrix} \Leftrightarrow x = y$; möglicher Fixvektor: $\begin{pmatrix} 1 \\ 1 \end{pmatrix}$

b) $\begin{vmatrix} x = -3x + 10y \\ y = 2x - 4y \end{vmatrix} \Leftrightarrow x = 0,25y$; möglicher Fixvektor: $\begin{pmatrix} 5 \\ 2 \end{pmatrix}$

c) $\begin{vmatrix} x = 0,2x - 0,7y \\ y = 0,8x + 0,3y \end{vmatrix} \Leftrightarrow x = \frac{7}{8}y$; möglicher Fixvektor: $\begin{pmatrix} 7 \\ 8 \end{pmatrix}$

d) $\begin{vmatrix} x = x - 3y + 2z \\ y = 3x + y - z \\ z = x + y \end{vmatrix} \Leftrightarrow \begin{vmatrix} y = 2x \\ z = 3x \end{vmatrix}$; möglicher Fixvektor: $\begin{pmatrix} 1 \\ 2 \\ 3 \end{pmatrix}$

S. 100, 2.

a) $M = \begin{pmatrix} 0,8 & 0,1 & 0,2 \\ 0,1 & 0,6 & 0,1 \\ 0,1 & 0,3 & 0,7 \end{pmatrix}$ ist stochastisch, da alle Einträge

nicht negativ sind und die Spaltensummen 1 ergeben.

b) nach einem Tag: $M \cdot \begin{pmatrix} 100 \\ 100 \\ 100 \end{pmatrix} = \begin{pmatrix} 110 \\ 80 \\ 110 \end{pmatrix}$

nach zwei Tagen: $M^2 \cdot \begin{pmatrix} 100 \\ 100 \\ 100 \end{pmatrix} = M \cdot \begin{pmatrix} 110 \\ 80 \\ 110 \end{pmatrix} = \begin{pmatrix} 118 \\ 70 \\ 120 \end{pmatrix}$

c) Der Ansatz $M \cdot \vec{v} = \vec{v}$ führt nach Umformung auf

$\begin{vmatrix} x - 4y + z = 0 \\ x + 3y - 3z = 0 \end{vmatrix}$. Durch Ergänzung von $x + y + z = 300$

erhält man die eindeutige Lösung $\vec{v} = \begin{pmatrix} 135 \\ 60 \\ 105 \end{pmatrix}$.

d) $M^{30} \approx \begin{pmatrix} 0,45 & 0,45 & 0,45 \\ 0,2 & 0,2 & 0,2 \\ 0,35 & 0,35 & 0,35 \end{pmatrix}$ beschreibt die Verteilung

nach 30 Tagen, also etwa einem Monat.

e) $\vec{v} = \begin{pmatrix} 0,45 & 0,45 & 0,45 \\ 0,2 & 0,2 & 0,2 \\ 0,35 & 0,35 & 0,35 \end{pmatrix} \cdot \begin{pmatrix} 300 \\ 0 \\ 0 \end{pmatrix} = \begin{pmatrix} 135 \\ 60 \\ 105 \end{pmatrix}$

f) Der Ansatz $\begin{pmatrix} a_1 & 0,1 & 0,2 \\ a_2 & 0,6 & 0,1 \\ a_3 & 0,3 & 0,7 \end{pmatrix} \cdot \begin{pmatrix} 100 \\ 100 \\ 100 \end{pmatrix} = \begin{pmatrix} 100 \\ 100 \\ 100 \end{pmatrix}$ ergibt die

eindeutige Lösung $a_1 = 0,7$; $a_2 = 0,3$; $a_3 = 0$.

S. 100, 3.

a) $\det \begin{pmatrix} -2 - \lambda & 2 \\ 2 & 1 - \lambda \end{pmatrix} = 0 \Leftrightarrow \lambda^2 + \lambda - 6 = 0$

Eigenwerte: $\lambda_1 = 2$ und $\lambda_2 = -3$

Lösen des LGS $\begin{pmatrix} -4 & 2 \\ 2 & -1 \end{pmatrix} \cdot \begin{pmatrix} x \\ y \end{pmatrix} = \begin{pmatrix} 0 \\ 0 \end{pmatrix}$ ergibt

Eigenvektoren zu $\lambda_1 = 2$: $r \cdot \begin{pmatrix} 1 \\ 2 \end{pmatrix}$, $r \in \mathbb{R}$

Lösen des LGS $\begin{pmatrix} 1 & 2 \\ 2 & 4 \end{pmatrix} \cdot \begin{pmatrix} x \\ y \end{pmatrix} = \begin{pmatrix} 0 \\ 0 \end{pmatrix}$ ergibt Eigenvektoren

zu $\lambda_2 = -3$: $r \cdot \begin{pmatrix} 1 \\ 2 \end{pmatrix}$, $r \in \mathbb{R}$

b) $\det \begin{pmatrix} 3 - \lambda & 2 \\ -3 & 4 - \lambda \end{pmatrix} = 0 \Leftrightarrow \lambda^2 - 7\lambda + 18 = 0$

ist nicht lösbar, also keine Eigenwerte.

c) $\det \begin{pmatrix} 3 - \lambda & 8 \\ -2 & -5 - \lambda \end{pmatrix} = 0 \Leftrightarrow \lambda^2 + 2\lambda + 1 = 0$

Eigenwert: $\lambda = -1$

Lösen des LGS $\begin{pmatrix} 4 & 8 \\ -2 & -4 \end{pmatrix} \cdot \begin{pmatrix} x \\ y \end{pmatrix} = \begin{pmatrix} 0 \\ 0 \end{pmatrix}$ ergibt

Eigenvektoren zu $\lambda = -1$: $r \cdot \begin{pmatrix} -2 \\ 1 \end{pmatrix}$, $r \in \mathbb{R}$

d) $\det \begin{pmatrix} -1 - \lambda & 0 \\ 3 & -5 - \lambda \end{pmatrix} = 0 \Leftrightarrow (-1 - \lambda)(-5 - \lambda) = 0$

Eigenwerte: $\lambda_1 = -1$ und $\lambda_2 = -5$

Lösen des LGS $\begin{pmatrix} 0 & 0 \\ 3 & -4 \end{pmatrix} \cdot \begin{pmatrix} x \\ y \end{pmatrix} = \begin{pmatrix} 0 \\ 0 \end{pmatrix}$ ergibt

Eigenvektoren zu $\lambda_1 = -1$: $r \cdot \begin{pmatrix} 4 \\ 3 \end{pmatrix}$, $r \in \mathbb{R}$

Lösen des LGS $\begin{pmatrix} 4 & 0 \\ 3 & 0 \end{pmatrix} \cdot \begin{pmatrix} x \\ y \end{pmatrix} = \begin{pmatrix} 0 \\ 0 \end{pmatrix}$ ergibt

Eigenvektoren zu $\lambda_2 = -5$: $r \cdot \begin{pmatrix} 0 \\ 1 \end{pmatrix}$, $r \in \mathbb{R}$.

e) $\det \begin{pmatrix} -\lambda & 0 & 8 \\ 0,5 & -\lambda & 0 \\ 0 & 0,25 & -\lambda \end{pmatrix} = 0 \Leftrightarrow -\lambda^3 + 1 = 0$

Eigenwert: $\lambda = 1$

Lösen des LGS $\begin{pmatrix} -1 & 0 & 8 \\ 0,5 & -1 & 0 \\ 0 & 0,25 & -1 \end{pmatrix} \cdot \begin{pmatrix} x \\ y \\ z \end{pmatrix} = \begin{pmatrix} 0 \\ 0 \\ 0 \end{pmatrix}$ ergibt

Eigenvektoren zu $\lambda_2 = 1$: $r \cdot \begin{pmatrix} 8 \\ 4 \\ 1 \end{pmatrix}$, $r \in \mathbb{R}$

S. 101, 4.

a) $M = \begin{pmatrix} 0,4 & 0 & 0,4 \\ 0 & 0,4 & 0,4 \\ 8 & 0 & 0 \end{pmatrix}$ Zustand nach drei Monaten:

$M^3 \cdot \vec{v_0} = \begin{pmatrix} 2,624 & 0 & 1,344 \\ 2,56 & 0,064 & 1,344 \\ 26,88 & 0 & 1,28 \end{pmatrix} \cdot \begin{pmatrix} 0 \\ 6000 \\ 2000 \end{pmatrix} = \begin{pmatrix} 2688 \\ 3072 \\ 2560 \end{pmatrix}$

Das entspricht in etwa der Beobachtung.

b) $\begin{pmatrix} 0,4 & 0 & 0,4 \\ 0 & 0,4 & 0,4 \\ 8 & 0 & 0 \end{pmatrix} \cdot \begin{pmatrix} 0 \\ 1 \\ 0 \end{pmatrix} = \begin{pmatrix} 0 \\ 0,4 \\ 0 \end{pmatrix} \Rightarrow \lambda_1 = 0,4$

c) Zu $\lambda_2 = -1,6$: $\begin{pmatrix} 2 & 0 & 0,4 \\ 0 & 2 & 0,4 \\ 0 & 0 & 0 \end{pmatrix} \cdot \vec{w_2} = \begin{pmatrix} 0 \\ 0 \\ 0 \end{pmatrix} \Rightarrow \vec{w_2} = \begin{pmatrix} -1 \\ -1 \\ 5 \end{pmatrix}$

Zu $\lambda_3 = 2$: $\begin{pmatrix} -1,6 & 0 & 0,4 \\ 0 & -1,6 & 0,4 \\ 0 & 0 & 0 \end{pmatrix} \cdot \vec{w_3} = \begin{pmatrix} 0 \\ 0 \\ 0 \end{pmatrix} \Rightarrow \vec{w_3} = \begin{pmatrix} 1 \\ 1 \\ 4 \end{pmatrix}$

d) ① $\vec{v_0} = \begin{pmatrix} 0 \\ 1250 \\ 0 \end{pmatrix} = 1250 \cdot \vec{w_1}$ ist Eigenvektor zum
Eigenwert 0,4.

$$\vec{v_4} = 0,4^4 \cdot \begin{pmatrix} 0 \\ 1250 \\ 0 \end{pmatrix} = \begin{pmatrix} 0 \\ 32 \\ 0 \end{pmatrix}$$

② $\vec{v_0} = \begin{pmatrix} 1000 \\ 1000 \\ 4000 \end{pmatrix} = 1000 \cdot \vec{w_3}$ ist Eigenvektor zum
Eigenwert 2.

$$\vec{v_4} = 2^4 \cdot \begin{pmatrix} 1000 \\ 1000 \\ 4000 \end{pmatrix} = \begin{pmatrix} 16\,000 \\ 16\,000 \\ 64\,000 \end{pmatrix}$$

e) $\vec{v_0} = \begin{pmatrix} 250 \\ 5250 \\ 1000 \end{pmatrix} = 5000 \cdot \begin{pmatrix} 0 \\ 1 \\ 0 \end{pmatrix} + 250 \cdot \begin{pmatrix} 1 \\ 1 \\ 4 \end{pmatrix}$

$$\vec{v_n} = 5000 \cdot 0,4^n \cdot \begin{pmatrix} 0 \\ 1 \\ 0 \end{pmatrix} + 250 \cdot 2^n \cdot \begin{pmatrix} 1 \\ 1 \\ 4 \end{pmatrix}$$

$$\vec{v_4} = 5000 \cdot 0,4^4 \cdot \begin{pmatrix} 0 \\ 1 \\ 0 \end{pmatrix} + 250 \cdot 2^4 \cdot \begin{pmatrix} 1 \\ 1 \\ 4 \end{pmatrix} = \begin{pmatrix} 4000 \\ 4128 \\ 16\,000 \end{pmatrix}$$

Langfristig ($n \to \infty$) strebt der erste Teil des Terms gegen den Nullvektor und alle Elemente von $\vec{v_n}$ streben wie die Elemente des zweiten Teils des Terms gegen ∞.

S. 101, 5.

a) Jeder Käfer legt a Eier, in jedem Jahr wird aus der Hälfte der Eier eine Larve und aus 40 % der Larven ein Käfer.

b) $M^2 = \begin{pmatrix} 0 & 0,4a & 0 \\ 0 & 0 & 0,5a \\ 0,2 & 0 & 0 \end{pmatrix}$, $M^3 = \begin{pmatrix} 0,2a & 0 & 0 \\ 0 & 0,2a & 0 \\ 0 & 0 & 0,2a \end{pmatrix}$

$M^6 = M^3 \cdot M^3 = \begin{pmatrix} 0,04a^2 & 0 & 0 \\ 0 & 0,04a^2 & 0 \\ 0 & 0 & 0,04a^2 \end{pmatrix}$

c) Für a < 5 wird die Population langfristig ausster-ben. Für a > 5 wird die Population unbegrenzt anwachsen (solange die Randbedingungen es zulassen).
Für a = 5 ist M^3 = E und die Population bleibt in einem dreijährigen Zyklus konstant.

d) $M \cdot \vec{v} = \vec{v}$ führt für a = 5 nach Umformung auf
$\begin{vmatrix} -x + 5z = 0 \\ 0,5x - y = 0 \end{vmatrix}$. Durch Ergänzung von x + y + z = 3400
ergibt sich die Verteilung $\vec{v} = \begin{pmatrix} 2000 \\ 1000 \\ 400 \end{pmatrix}$.

S. 101, 6.

a) $\begin{pmatrix} 3 & 0 \\ 0 & 3 \end{pmatrix} \cdot \begin{pmatrix} 1 \\ 0 \end{pmatrix} = \begin{pmatrix} 3 \\ 0 \end{pmatrix}$, $\begin{pmatrix} 3 & 0 \\ 0 & 3 \end{pmatrix} \cdot \begin{pmatrix} 0 \\ 1 \end{pmatrix} = \begin{pmatrix} 0 \\ 3 \end{pmatrix}$
Zentrische Streckung mit Streckfaktor 3 und Streckzentrum O

b) $\begin{pmatrix} 0 & 1 \\ 1 & 0 \end{pmatrix} \cdot \begin{pmatrix} 1 \\ 0 \end{pmatrix} = \begin{pmatrix} 0 \\ 1 \end{pmatrix}$, $\begin{pmatrix} 0 & 1 \\ 1 & 0 \end{pmatrix} \cdot \begin{pmatrix} 0 \\ 1 \end{pmatrix} = \begin{pmatrix} 1 \\ 0 \end{pmatrix}$
Spiegelung an der Geraden y = x

c) $\begin{pmatrix} 0,6 & -0,8 \\ 0,8 & 0,6 \end{pmatrix} \cdot \begin{pmatrix} 1 \\ 0 \end{pmatrix} = \begin{pmatrix} 0,6 \\ 0,8 \end{pmatrix}$, $\begin{pmatrix} 0,6 & -0,8 \\ 0,8 & 0,6 \end{pmatrix} \cdot \begin{pmatrix} 0 \\ 1 \end{pmatrix} = \begin{pmatrix} -0,8 \\ 0,6 \end{pmatrix}$
Drehstreckung mit dem Faktor $\sqrt{3^2 + 4^2} = 5$ und Drehwinkel $\varphi = \tan^{-1}\left(\frac{4}{3}\right) \approx 53,13°$

d) $\begin{pmatrix} 1 & 1 \\ 0 & 1 \end{pmatrix} \cdot \begin{pmatrix} 1 \\ 0 \end{pmatrix} = \begin{pmatrix} 1 \\ 0 \end{pmatrix}$, $\begin{pmatrix} 1 & 1 \\ 0 & 1 \end{pmatrix} \cdot \begin{pmatrix} 0 \\ 1 \end{pmatrix} = \begin{pmatrix} 1 \\ 1 \end{pmatrix}$
Scherung mit der x-Achse als Scherungsachse

e) $\begin{pmatrix} 0 & 0 \\ 0 & 1 \end{pmatrix} \cdot \begin{pmatrix} 1 \\ 0 \end{pmatrix} = \begin{pmatrix} 0 \\ 0 \end{pmatrix}$, $\begin{pmatrix} 0 & 0 \\ 0 & 1 \end{pmatrix} \cdot \begin{pmatrix} 0 \\ 1 \end{pmatrix} = \begin{pmatrix} 0 \\ 1 \end{pmatrix}$
Senkrechte Projektion auf die y-Achse

S. 101, 7.

Der Ansatz $\begin{pmatrix} 78 \\ 52 \end{pmatrix} = k \cdot \begin{pmatrix} 72 \\ 48 \end{pmatrix}$ liefert in beiden Koordinaten $k = \frac{13}{12}$ als Streckfaktor. Es handelt sich um eine zentrische Streckung am Ursprung.

S. 101, 8.

$\varphi = \tan^{-1}\left(\frac{5}{12}\right) \approx 22,62°$, $M \approx \begin{pmatrix} 0,9 & -0,4 \\ 0,4 & 0,9 \end{pmatrix}$

S. 101, 9.

Mit $M = \begin{pmatrix} a & b \\ c & d \end{pmatrix}$ ergibt sich $\begin{vmatrix} 4a + 2b = -6 \\ 4a + 4b = -8 \end{vmatrix}$ und $\begin{vmatrix} 4c + 2d = 1 \\ 4c + 4d = 4 \end{vmatrix}$.
Damit folgt $M = \begin{pmatrix} -1 & -1 \\ -0,5 & 1,5 \end{pmatrix}$.
Diese Abbildung bildet auch U und V auf U' und V' ab.

S. 101, 10.

a) $M^{-1} = \begin{pmatrix} 2 & 2,5 \\ 1 & 1,5 \end{pmatrix}$　　　b) nicht invertierbar

c) $M^{-1} = \begin{pmatrix} 7 & -9 \\ -3 & 4 \end{pmatrix}$　　　d) $M = \begin{pmatrix} 1 & -a \\ 0 & 1 \end{pmatrix}$

S. 101, 11.

$$\begin{pmatrix} 1 & 0 & -1 \\ 0 & 2 & 0 \\ -1 & 0 & 2 \end{pmatrix} \cdot \begin{pmatrix} 2 & 0 & 1 \\ 0 & 0,5 & 0 \\ 1 & 0 & 1 \end{pmatrix} = \begin{pmatrix} 1 & 0 & 0 \\ 0 & 1 & 0 \\ 0 & 0 & 1 \end{pmatrix}$$

Verschiebungsvektor von f^{-1}: $-A^{-1} \cdot \vec{v}$

$$= -\begin{pmatrix} 2 & 0 & 1 \\ 0 & 0,5 & 0 \\ 1 & 0 & 1 \end{pmatrix} \begin{pmatrix} 2 \\ 1 \\ -4 \end{pmatrix} = \begin{pmatrix} 0 \\ -0,5 \\ 2 \end{pmatrix}$$

$$f^{-1}: \vec{x'} = \begin{pmatrix} 2 & 0 & 1 \\ 0 & 0,5 & 0 \\ 1 & 0 & 1 \end{pmatrix} \cdot \vec{x} + \begin{pmatrix} 0 \\ -0,5 \\ 2 \end{pmatrix}$$

S. 102, 12.

a) $\det \begin{pmatrix} -1-\lambda & 2 & 1 \\ 0 & -\lambda & 1 \\ 0 & 0 & -3-\lambda \end{pmatrix}$

$= (-1 - \lambda) \cdot (-\lambda) \cdot (-3 - \lambda) = 0$
Eigenwerte: $\lambda_1 = -1$; $\lambda_2 = 0$; $\lambda_3 = -3$

$\lambda_1 = -1$: $\begin{pmatrix} -1-(-1) & 2 & 1 \\ 0 & 0-(-1) & 1 \\ 0 & 0 & -3-(-1) \end{pmatrix} = \begin{pmatrix} 0 \\ 0 \\ 0 \end{pmatrix}$

$\Rightarrow \begin{vmatrix} 2y + z = 0 \\ y + z = 0 \\ -2z = 0 \end{vmatrix}$ Es folgt z = y = 0 und x beliebig, ein

Eigenvektor ist z. B. $\begin{pmatrix} 1 \\ 0 \\ 0 \end{pmatrix}$.

$\lambda_2 = 0$: $\begin{pmatrix} -1-0 & 2 & 1 \\ 0 & 0-0 & 1 \\ 0 & 0 & -3-0 \end{pmatrix} = \begin{pmatrix} 0 \\ 0 \\ 0 \end{pmatrix}$

$\Rightarrow \begin{vmatrix} -x + 2y + z = 0 \\ z = 0 \\ -3z = 0 \end{vmatrix}$

Es folgt z = 0 und x = 2y, ein Eigenvektor ist z. B. $\begin{pmatrix} 2 \\ 1 \\ 0 \end{pmatrix}$.

$\lambda_3 = -3$: $\begin{pmatrix} -1-(-3) & 2 & 1 \\ 0 & 0-(-3) & 1 \\ 0 & 0 & -3-(-3) \end{pmatrix} = \begin{pmatrix} 0 \\ 0 \\ 0 \end{pmatrix}$

$\Rightarrow \begin{vmatrix} 2x + 2y + z = 0 \\ 3y + z = 0 \\ 0 = 0 \end{vmatrix}$ Es folgt z = -3y und x = 0,5y,

ein Eigenvektor ist z. B. $\begin{pmatrix} 1 \\ 2 \\ -6 \end{pmatrix}$.

b) $\begin{pmatrix} -1 & 2 & 1 \\ 0 & 0 & 1 \\ 0 & 0 & -3 \end{pmatrix} \cdot \begin{pmatrix} x \\ y \\ z \end{pmatrix} + \begin{pmatrix} -1 \\ 0 \\ 4 \end{pmatrix} = \begin{pmatrix} x \\ y \\ z \end{pmatrix} \Rightarrow \begin{vmatrix} -2x + 2y + z = 1 \\ -y + z = 0 \\ -4z = -4 \end{vmatrix}$

Es folgt z = y = x = 1; Fixpunkt: (1|1|1).

c) Da alle Richtungsvektoren der Geraden Einheitsvektoren sind und $(1|1|1)$ Fixpunkt ist, folgt:

$g': \vec{x} = \begin{pmatrix} 1 \\ 1 \\ 1 \end{pmatrix} + r \cdot 0 \cdot \begin{pmatrix} 2 \\ 1 \\ 0 \end{pmatrix} = \begin{pmatrix} 1 \\ 1 \\ 1 \end{pmatrix}$, das Bild von g ist ein Punkt.

$h': \vec{x} = \begin{pmatrix} 1 \\ 1 \\ 1 \end{pmatrix} + s \cdot (-3) \cdot \begin{pmatrix} -1 \\ -2 \\ 6 \end{pmatrix}$, h ist Fixgerade, aber nicht Fixpunktgerade.

Wegen $\begin{pmatrix} -1 & 2 & 1 \\ 0 & 0 & 1 \\ 0 & 0 & -3 \end{pmatrix} \begin{pmatrix} -1 \\ 1 \\ 1 \end{pmatrix} + \begin{pmatrix} -1 \\ 0 \\ 4 \end{pmatrix} = \begin{pmatrix} 3 \\ 1 \\ 1 \end{pmatrix}$

$= \begin{pmatrix} -1 \\ 1 \\ 1 \end{pmatrix} + \left(-\frac{4}{5}\right) \cdot \begin{pmatrix} -5 \\ 0 \\ 0 \end{pmatrix}$ liegt der Bildpunkt des

Stützpunktes von i wieder auf i. Es folgt:

$i': \vec{x} = \begin{pmatrix} 3 \\ 1 \\ 1 \end{pmatrix} + t \cdot (-1) \cdot \begin{pmatrix} -5 \\ 0 \\ 0 \end{pmatrix}$, i ist ebenfalls Fixgerade,

aber nicht Fixpunktgerade.

d) Wegen $\lambda_2 = 0$ ist die Abbildung f nicht umkehrbar, z. B. wird die Gerade g auf einen Punkt abgebildet.

Lösungen zu Kapitel 3: Grundlagen der analytischen Geometrie

Ihr Fundament (S. 106/107)

S. 106, 1.
a) 4,4 cm
b) 3,3 cm
c) 4,9 cm
d) 6,0 cm

S. 106, 2.
a) rechtwinklig mit $\alpha = 90°$ bei A
b) rechtwinklig mit $\gamma = 90°$ bei C
c) nicht rechtwinklig, da $a^2 + c^2 \neq b^2$
d) rechtwinklig mit $\beta = 90°$ bei B

S. 106, 3.
a) ① Quadrat; ② Rechteck; ③ Raute;
④ Parallelogramm; ⑤ Trapez;
⑥ Drachenviereck;
⑦ gleichschenkliges Trapez; ⑧ allgemeines Viereck.
b) ④ Parallelogramm: gegenüberliegende Seiten parallel
③ Raute: vier gleich lange Seiten
② Rechteck: Parallelogramm mit mindestens einem Paar zueinander senkrechter Seiten
① Quadrat: Raute mit mindestens einem Paar zueinander senkrechter Seiten
⑤ Trapez: Ein Paar gegenüberliegender paralleler Seiten
c) Zeichenübung
④ Parallelogramm: Diagonalen halbieren sich
③ Raute: halbieren sich, zueinander orthogonal
② Rechteck: halbieren sich, gleich lang
① Quadrat: halbieren sich, orthogonal, gleich lang
⑤ Trapez: keine besondere Eigenschaft
⑥ Drachenviereck: eine Diagonale wird halbiert, orthogonal zueinander
⑦ gleichschenkliges Trapez: gleich lang
d) ①, ②, ③ und ④

S. 106, 4.
a) gleichschenklig: 2 gleich lange Seiten, die dritte Seite heißt Basis, Basiswinkel sind gleich groß, Höhe auf der Basis ist auch Seitenhalbierende.
gleichseitiges Dreieck: 3 gleich lange Seiten, alle Winkel 60°, Höhen sind Seitenhalbierende.
b) $a^2 = h^2 + \left(\frac{a}{2}\right)^2$ (Pythagoras)
$h^2 = 5^2 - 2{,}5^2 = 18{,}75$ und damit $h = \sqrt{18{,}75} \approx 4{,}33$
c) Ein regelmäßiges Sechseck kann mit 6 kongruenten Dreiecken ausgelegt werden. Diese Teildreiecke sind gleichschenklig (Radius des Umkreises) und stoßen am Mittelpunkt zusammen. Für den Winkel an der Spitze gilt dann $\gamma = 360° : 6 = 60°$. Dann sind die Basiswinkel auch 60° groß, und die Dreiecke gleichseitig.

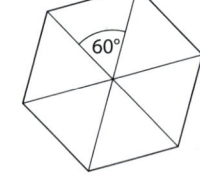

S. 106, 5.
a) wahr: Ein Parallelogramm hat zwei Paar parallele Gegenseiten.
b) wahr: Ein Quadrat ist ein derartiges Rechteck.
c) wahr: Im gleichseitigen Dreieck stimmen die Höhen und zugehörigen Mittelsenkrechten, Winkel- und Seitenhalbierenden überein.
d) wahr: Der Schnittpunkt der Diagonalen ist Mittelpunkt jeder Diagonalen.

S. 106, 6.

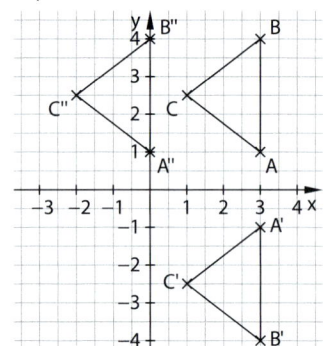

$A'(3|-1)$; $B'(3|-4)$; $C'(1|-2{,}5)$
$A''(0|1)$; $B''(0|4)$; $C''(-2|2{,}5)$

S. 106, 7.
a) $\overline{AB} = 3\,\text{LE}$ $\overline{BC} = 2{,}5\,\text{LE}$ $\overline{AC} = 2{,}5\,\text{LE}$
b) $M_{\overline{AB}} = (3|2{,}5)$ $M_{\overline{BC}} = (2|3{,}25)$ $M_{\overline{AC}} = (2|1{,}75)$

S. 107, 8.
a) $A(2|0)$; $B(1{,}5|1)$; $C(1|0)$; $D(0{,}5|1)$; $E(0|0)$;
$F(-0{,}5|1)$; $G(-1|0)$; $H(-1{,}5|1)$; $I(-2|0)$; $J(0|-2)$

b) $A = \frac{1}{2} \cdot \pi \cdot 2^2 + 4 \cdot \frac{1}{2} \cdot 1 \cdot 1 = 2\pi + 2 \approx 8{,}28$
$u = 2\pi + 8 \cdot \sqrt{1^2 + 0{,}5^2} \approx 15{,}23$

S. 107, 9.
a)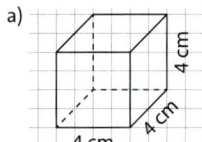
b)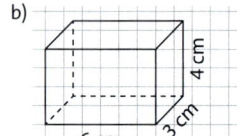

c)

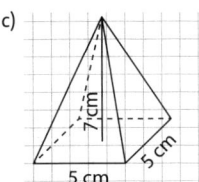

5 cm

S. 107, 10.
a) $V = 2,4\,\text{cm}^3$; $A_O = 14,4\,\text{cm}^2$
b) $V = 2,6\,\text{cm}^3$; $A_O = 8,68\,\text{cm}^2$
c) $V = 9,45\,\text{cm}^3$; $A_O = 22,9\,\text{cm}^2$

S. 107, 11.
① Quader ② Pyramide ③ Zylinder
④ Würfel ⑤ Kugel ⑥ Kegel

S. 107, 12.
a) Diagonale der Grundfläche:

$$\overline{BD} = \sqrt{a^2 + b^2} = \sqrt{16 + 4} = \sqrt{20}$$

$$\overline{BH} = \sqrt{\overline{BD}^2 + c^2} = \sqrt{20 + 9} = \sqrt{29} \approx 5,34$$

b) Diagonale der Grundfläche:

$$d = \sqrt{a^2 + a^2} = \sqrt{16 + 16} = \sqrt{32}$$

$$\overline{AS} = \sqrt{\left(\frac{d}{2}\right)^2 + a^2} = \sqrt{\frac{32}{4} + 16} = \sqrt{24} \approx 4,9$$

S. 107, 13.
a) $\frac{9}{10} = 0,9$ b) $\frac{1}{10} = 0,1$
c) $\frac{6}{5} = 1,2$ d) $\frac{3}{2} = 1,5$
e) $\frac{3}{5} = 0,6$ f) 2
g) $\frac{3}{5} = 0,6$ h) $\frac{9}{4} = 2,25$

S. 107, 14.
a) $\sqrt{(3 \cdot 12)^2 + (3 \cdot 5)^2} = \sqrt{36^2 + 15^2} = 39$

$3\sqrt{12^2 + 5^2} = 3\sqrt{169} = 39$

b) $\sqrt{(3a)^2 + (3b)^2} = \sqrt{3^2 a^2 + 3^2 b^2} = \sqrt{3^2(a^2 + b^2)}$

$= 3\sqrt{a^2 + b^2}$

S. 107, 15.
a) $L = \{(-8\,|\,4\,|\,-7)\}$ b) $L = \{(7\,|\,4\,|\,-2)\}$
c) $L = \{(5\,|\,0\,|\,-3)\}$

Prüfen Sie Ihr neues Fundament (S. 134–136)

S. 134, 1.
$A(2\,|\,-1\,|\,0)$; $C(-4\,|\,3\,|\,0)$; $D(-4\,|\,-1\,|\,0)$; $E(2\,|\,-1\,|\,2)$;
$F(2\,|\,3\,|\,2)$; $G(-4\,|\,3\,|\,3)$; $H(-4\,|\,-1\,|\,3)$

S. 134, 2.

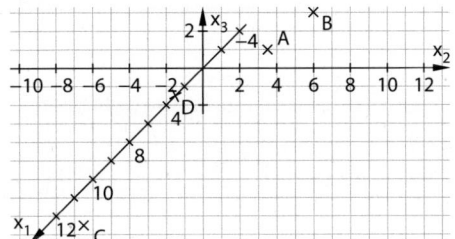

S. 134, 3.
Punkt A liegt in der $x_1 x_2$- und der $x_1 x_3$-Ebene und auf der x_1-Achse. Punkt B liegt in der $x_1 x_2$- und der $x_2 x_3$-Ebene und auf der x_2-Achse. Punkt C liegt in der $x_1 x_3$- und der $x_2 x_3$-Ebene und auf der x_3-Achse. Punkt D liegt in der $x_1 x_2$-, $x_1 x_3$- und der $x_2 x_3$-Ebene und auf der x_1-, x_2- und x_3-Achse. Punkt E liegt in der $x_1 x_3$- und der $x_2 x_3$-Ebene und auf der x_3-Achse. Punkt F liegt in der $x_1 x_2$- und der $x_1 x_3$-Ebene und auf der x_1-Achse.

S. 134, 4.
a) Die Punkte liegen in der $x_1 x_3$-Ebene.
b) Die Punkte liegen auf der x_2-Achse und in der $x_1 x_2$- und der $x_2 x_3$-Ebene.
c) Die Punkte liegen auf der x_1-Achse.
d) Die Punkte liegen in der Ebene, die durch $(-4\,|\,0\,|\,0)$ parallel zur $x_2 x_3$-Ebene verläuft.

S. 134, 5.
a) $\begin{pmatrix} -1 \\ -2 \end{pmatrix}$ b) $\begin{pmatrix} 2 \\ 2 \\ 7 \end{pmatrix}$ c) $\begin{pmatrix} 5 \\ -2 \end{pmatrix}$ d) $\begin{pmatrix} k-1 \\ 2-k \\ -2k \end{pmatrix}$

S. 134, 6.
a) $\overrightarrow{AE} = \overrightarrow{CG}$ b) $\overrightarrow{DH} = \overrightarrow{BF}$
c) $\overrightarrow{BG} = \overrightarrow{AH}$ d) $\overrightarrow{AC} = \overrightarrow{EG}$

S. 134, 7.
a) $\sqrt{3}$ b) 4   c) 2,5
d) 10   e) 5   f) 1,3

S. 134, 8.
a) $|\overrightarrow{PQ}| = \sqrt{34}$ b) $|\overrightarrow{PQ}| = \sqrt{27}$ c) $|\overrightarrow{PQ}| = \sqrt{17}$

S. 134, 9.
a) $\overrightarrow{AB} + \overrightarrow{BC} = \begin{pmatrix} -1 \\ 7 \\ 7 \end{pmatrix} + \begin{pmatrix} 3 \\ -9 \\ -2 \end{pmatrix} = \begin{pmatrix} 2 \\ -2 \\ 5 \end{pmatrix} = \overrightarrow{AC}$

b) $u = |\overrightarrow{AB}| + |\overrightarrow{BC}| + |\overrightarrow{AC}| = \sqrt{99} + \sqrt{94} + \sqrt{33} \approx 25,4$

S. 134, 10.
a) $\begin{pmatrix} -1 \\ 3 \\ 4 \end{pmatrix}$ b) $\begin{pmatrix} 1,57 \\ -2 \\ -1,97 \end{pmatrix}$ c) $\begin{pmatrix} 1 \\ 0 \\ 5 \end{pmatrix}$

d) $\begin{pmatrix} -3 \\ 17 \\ 4 \end{pmatrix}$ e) $\begin{pmatrix} -10 \\ -7 \\ -4 \end{pmatrix}$ f) $\begin{pmatrix} -1,4 \\ 4,4 \\ 9,7 \end{pmatrix}$

S. 135, 11.
$B(-1,5\,|\,-3)$, $D(-1,5\,|\,1)$

S. 135, 12.
a) $\vec{a} - 9\vec{b} + 13\vec{c}$ b) $(2-t)\vec{a} + (3-2t)\vec{b} + (1-2t)\vec{c}$

S. 135, 13.
a) $\left| \begin{pmatrix} 49 \\ -42 \\ 42 \end{pmatrix} \right| = 7 \cdot \left| \begin{pmatrix} 7 \\ -6 \\ 6 \end{pmatrix} \right| = 7\sqrt{49 + 36 + 36} = 77$

b) $\left| \begin{pmatrix} -0,2 \\ 0,2 \\ 0,1 \end{pmatrix} \right| = 0,1 \cdot \left| \begin{pmatrix} -2 \\ 2 \\ 1 \end{pmatrix} \right| = 0,1\sqrt{4 + 4 + 1} = 0,3$

c) $\left| \begin{pmatrix} 24 \\ -36 \\ 72 \end{pmatrix} \right| = 12 \cdot \left| \begin{pmatrix} 2 \\ -3 \\ 6 \end{pmatrix} \right| = 12\sqrt{4 + 9 + 36} = 84$

d) $\left| \begin{pmatrix} \frac{1}{18} \\ \frac{2}{9} \\ \frac{4}{9} \end{pmatrix} \right| = \frac{1}{18} \cdot \left| \begin{pmatrix} 1 \\ 4 \\ 8 \end{pmatrix} \right| = \frac{1}{18}\sqrt{1 + 16 + 64} = \frac{9}{18} = \frac{1}{2}$

S. 135, 14.

Die Vektoren $\vec{b}$ und $\vec{c}$ sind kollinear zum Vektor $\vec{v}$.

S. 135, 15.

① $\overrightarrow{EF}$ ② $\overrightarrow{AC}$ ③ $\overrightarrow{AE}$ oder $\overrightarrow{FC}$

④ $\overrightarrow{EA}$ oder $\overrightarrow{CF}$ ⑤ $\overrightarrow{AF}$ oder $\overrightarrow{EC}$ ⑥ $\overrightarrow{DB}$

S. 135, 16.

a) $\overrightarrow{AB} = \overrightarrow{OB} - \overrightarrow{OA}$; $\overrightarrow{BC} = \overrightarrow{OC} - \overrightarrow{OB}$; $\overrightarrow{AC} = \overrightarrow{OC} - \overrightarrow{OA}$

b) $\overrightarrow{OE} = \overrightarrow{OA} + \frac{1}{2}\overrightarrow{AB}$; $\overrightarrow{OF} = \overrightarrow{OB} + \frac{1}{2}\overrightarrow{BC}$; $\overrightarrow{OG} = \overrightarrow{OA} + \frac{1}{2}\overrightarrow{AC}$

S. 135, 17.

a) $\overrightarrow{OD} = \overrightarrow{OA} + \overrightarrow{BC} = \begin{pmatrix} -1 \\ -2 \\ 1 \end{pmatrix} + \begin{pmatrix} 4 \\ 7 \\ 4 \end{pmatrix} = \begin{pmatrix} 3 \\ 5 \\ 5 \end{pmatrix}$, also D(3|5|5)

b) $|\overrightarrow{BC}| = \sqrt{4^2 + 7^2 + 4^2} = \sqrt{81} = 9$

$|\overrightarrow{AB}| = \left| \begin{pmatrix} 8 \\ 4 \\ 1 \end{pmatrix} \right| = \sqrt{64 + 16 + 1} = \sqrt{81} = 9$

Ein Parallelogramm mit zwei benachbarten gleich langen Seiten ist eine Raute.

S. 135, 18.

a) Zwei Seiten müssen parallel sein, also die Seitenvektoren kollinear. Dies ist nur bei $\overrightarrow{AB}$ und $\overrightarrow{DC}$ möglich: $\overrightarrow{AB} = 2 \cdot \overrightarrow{DC}$ also a = −1

b) $\overrightarrow{OB} = \overrightarrow{OA} + \overrightarrow{AB} = \begin{pmatrix} -1 \\ -2 \\ 1 \end{pmatrix} + \begin{pmatrix} 4 \\ 6 \\ -2 \end{pmatrix} = \begin{pmatrix} 3 \\ 4 \\ -1 \end{pmatrix}$; B(3|4|−1)

$\overrightarrow{OD} = \overrightarrow{OA} + \overrightarrow{AD} = \begin{pmatrix} -1 \\ -2 \\ 1 \end{pmatrix} + \begin{pmatrix} -2 \\ 2 \\ 1 \end{pmatrix} = \begin{pmatrix} -3 \\ 0 \\ 2 \end{pmatrix}$; D(−3|0|2)

$\overrightarrow{OC} = \overrightarrow{OD} + \overrightarrow{DC} = \begin{pmatrix} -3 \\ 0 \\ 2 \end{pmatrix} + \begin{pmatrix} 2 \\ 3 \\ -1 \end{pmatrix} = \begin{pmatrix} -1 \\ 3 \\ 1 \end{pmatrix}$; C(−1|3|1)

S. 135, 19.

$\vec{v} = \vec{s} + \vec{w} = \begin{pmatrix} -20 \\ 30 \end{pmatrix} + \begin{pmatrix} 50 \\ 40 \end{pmatrix} = \begin{pmatrix} 30 \\ 70 \end{pmatrix}$

Geschwindigkeit in m/min: $v = |\vec{v}| = \sqrt{5300} \approx 72{,}8$

$72{,}8 \frac{m}{min} \approx 4368{,}7 \frac{m}{h} \approx 4{,}4 \frac{km}{h}$

S. 136, 20.

Lösen des LGS $\begin{pmatrix} -7 \\ -11 \\ -3 \end{pmatrix} = r \cdot \begin{pmatrix} 1 \\ 1 \\ 1 \end{pmatrix} + s \cdot \begin{pmatrix} 1 \\ -1 \\ -1 \end{pmatrix} + t \cdot \begin{pmatrix} -1 \\ 1 \\ -1 \end{pmatrix}$

ergibt t = −4; s = −2; r = −9; also $\vec{v} = -4\vec{a} - 2\vec{b} - 9\vec{c}$

S. 136, 21.

a) linear abhängig (parallel, $\overrightarrow{LF} = \overrightarrow{CI}$)

b) linear abhängig ($\overrightarrow{FD} = 2\overrightarrow{HG}$)

c) linear unabhängig

d) linear abhängig (komplanar: $\overrightarrow{BE} = \overrightarrow{CD}$, $\overrightarrow{JL} = \overrightarrow{DF}$)

e) linear unabhängig

f) linear abhängig (komplanar in E_{CDL})

S. 136, 22.

a) komplanar bzw. linear abhängig (drei zweidimensionale Vektoren sind stets linear abhängig):

$\begin{pmatrix} 3 \\ -2 \end{pmatrix} = 6 \cdot \begin{pmatrix} 0{,}5 \\ 1 \end{pmatrix} - 24 \cdot \begin{pmatrix} 0 \\ \frac{1}{3} \end{pmatrix}$

b) nicht komplanar bzw. linear unabhängig

c) $\begin{pmatrix} 1 & 2 & -1 & | & 0 \\ 2 & 3 & 1 & | & 0 \\ 3 & 1 & 2 & | & 0 \end{pmatrix} \overset{ZSF}{\Rightarrow} \begin{pmatrix} 1 & 2 & -1 & | & 0 \\ 0 & -1 & 3 & | & 0 \\ 0 & 0 & -10 & | & 0 \end{pmatrix}$

$\Leftrightarrow \mathbb{L} = \{(0|0|0)\}$, also nicht komplanar bzw. linear unabhängig

d) komplanar bzw. linear abhängig:

$\begin{pmatrix} -1 \\ 0 \\ 5 \end{pmatrix} = 3 \cdot \begin{pmatrix} 1 \\ 2 \\ 3 \end{pmatrix} - 2 \cdot \begin{pmatrix} 2 \\ 3 \\ 2 \end{pmatrix}$

S. 136, 23.

a) individuelle Lösungen, sodass $\begin{pmatrix} 12 \\ -3 \\ 4 \end{pmatrix} \cdot \begin{pmatrix} x_1 \\ x_2 \\ x_3 \end{pmatrix} = 0$ gilt, z. B. $\begin{pmatrix} 1 \\ 8 \\ 3 \end{pmatrix}$, $\begin{pmatrix} 0 \\ 4 \\ 3 \end{pmatrix}$.

b) Da $\vec{n}$ in der x_2x_3-Ebene liegt, gilt $\vec{n} = \begin{pmatrix} 0 \\ x_2 \\ x_3 \end{pmatrix}$.

Aus $\vec{m} \cdot \vec{n} = 0$ folgt $-3x_2 + 4x_3 = 0 \Leftrightarrow x_3 = \frac{3}{4}x_2$

$|\vec{m}| = \sqrt{12^2 + (-3)^2 + 4^2} = \sqrt{169} = 13$

$|\vec{n}| = \sqrt{x_2^2 + x_3^2} = \sqrt{169} \Leftrightarrow x_2^2 + x_3^2 = 169$

$\Leftrightarrow x_2^2 + \left(\frac{3}{4}x_2\right)^2 = 169 \Leftrightarrow \left(\frac{5}{4}x_2\right)^2 = 169$

$\Leftrightarrow \frac{5}{4}x_2 = 13 \Leftrightarrow x_2 = \frac{52}{5} = 10{,}4$

Aus $x_3 = \frac{3}{4}x_2$ folgt $x_3 = \frac{3}{4} \cdot \frac{52}{5} = \frac{39}{5} = 7{,}8$

Es ergibt sich $\vec{n} = \begin{pmatrix} 0 \\ 10{,}4 \\ 7{,}8 \end{pmatrix}$.

S. 136, 24.

Zu zeigen ist, dass die Vektoren gleich lang sind und paarweise senkrecht aufeinander stehen.

a) $|\overrightarrow{AB}| = \sqrt{1^2 + 2^2 + 2^2} = \sqrt{5}$

$|\overrightarrow{AD}| = \sqrt{2^2 + 1^2 + (-2)^2} = \sqrt{5}$

$|\overrightarrow{AE}| = \sqrt{2^2 + (-2)^2 + 1^2} = \sqrt{5}$

$\overrightarrow{AB} \cdot \overrightarrow{AD} = \begin{pmatrix} 1 \\ 2 \\ 2 \end{pmatrix} \cdot \begin{pmatrix} 2 \\ 1 \\ -2 \end{pmatrix} = 2 + 2 - 4 = 0$

$\overrightarrow{AB} \cdot \overrightarrow{AE} = \begin{pmatrix} 1 \\ 2 \\ 2 \end{pmatrix} \cdot \begin{pmatrix} 2 \\ -2 \\ 1 \end{pmatrix} = 2 - 4 + 2 = 0$

$\overrightarrow{AD} \cdot \overrightarrow{AE} = \begin{pmatrix} 2 \\ 1 \\ -2 \end{pmatrix} \cdot \begin{pmatrix} 2 \\ -2 \\ 1 \end{pmatrix} = 4 - 2 - 2 = 0$

b) $|\overrightarrow{AB}| = \sqrt{2^2 + 10^2 + 11^2} = \sqrt{225} = 15$

$|\overrightarrow{AD}| = \sqrt{(-14)^2 + 5^2 + (-2)^2} = \sqrt{225} = 15$

$|\overrightarrow{AE}| = \sqrt{5^2 + 10^2 + (-10)^2} = \sqrt{225} = 15$

$\overrightarrow{AB} \cdot \overrightarrow{AD} = \begin{pmatrix} 2 \\ 10 \\ 11 \end{pmatrix} \cdot \begin{pmatrix} -14 \\ 5 \\ -2 \end{pmatrix} = -28 + 50 - 22 = 0$

$\overrightarrow{AB} \cdot \overrightarrow{AE} = \begin{pmatrix} 2 \\ 10 \\ 11 \end{pmatrix} \cdot \begin{pmatrix} 5 \\ 10 \\ -10 \end{pmatrix} = 10 + 100 - 110 = 0$

$\overrightarrow{AD} \cdot \overrightarrow{AE} = \begin{pmatrix} -14 \\ 5 \\ -2 \end{pmatrix} \cdot \begin{pmatrix} 5 \\ 10 \\ -10 \end{pmatrix} = -70 + 50 + 20 = 0$

Lösungen zu Kapitel 4: Geraden und Ebenen im Raum

Ihr Fundament (S. 140/141)

S. 140, 1.

a) $\overrightarrow{AB} = \overrightarrow{OB} - \overrightarrow{OA} = \begin{pmatrix} 6-3 \\ 7-2 \\ 9-1 \end{pmatrix} = \begin{pmatrix} 3 \\ 5 \\ 8 \end{pmatrix}$

b) $\overrightarrow{AB} = \overrightarrow{OB} - \overrightarrow{OA} = \begin{pmatrix} 7-2 \\ 6-1 \\ 8-1 \end{pmatrix} = \begin{pmatrix} 5 \\ 5 \\ 7 \end{pmatrix}$

c) $\overrightarrow{AB} = \overrightarrow{OB} - \overrightarrow{OA} = \begin{pmatrix} 7-(-2) \\ 8-(-4) \\ 5-(-2) \end{pmatrix} = \begin{pmatrix} 9 \\ 12 \\ 7 \end{pmatrix}$

d) $\overrightarrow{AB} = \overrightarrow{OB} - \overrightarrow{OA} = \begin{pmatrix} -6-(-2) \\ -5-(-1) \\ -7-(-2) \end{pmatrix} = \begin{pmatrix} -4 \\ -4 \\ -5 \end{pmatrix}$

S. 140, 2.
a) $d(A; B) = 5$ b) $d(A; B) = \sqrt{10}$ c) $d(A; B) = \sqrt{77}$

S. 140, 3.
a) $A(2|0|0); B(2|5|0); C(0|5|0); D(0|0|0)$
   $E(2|0|2); F(2|5|2); G(0|5|2); H(0|0|2)$

b) $\overrightarrow{AB} = \overrightarrow{OB} - \overrightarrow{OA} = \begin{pmatrix} 2-2 \\ 5-0 \\ 0-0 \end{pmatrix} = \begin{pmatrix} 0 \\ 5 \\ 0 \end{pmatrix}$

   $\overrightarrow{FG} = \overrightarrow{OG} - \overrightarrow{OF} = \begin{pmatrix} 0-2 \\ 5-5 \\ 2-2 \end{pmatrix} = \begin{pmatrix} -2 \\ 0 \\ 0 \end{pmatrix}$

c) $\overrightarrow{EF} = \overrightarrow{OF} - \overrightarrow{OE} = \begin{pmatrix} 2-2 \\ 5-0 \\ 2-2 \end{pmatrix} = \begin{pmatrix} 0 \\ 5 \\ 0 \end{pmatrix}$

$\overrightarrow{AB}$ und $\overrightarrow{EF}$ sind kollinear (Faktor 1), somit verlaufen die zugehörigen Kanten parallel zueinander.

S. 140, 4.
a) $|\vec{v}| = \sqrt{2^2 + 4^2 + 5^2} = \sqrt{45} \approx 6{,}71$

b) $|\vec{v}| = \sqrt{3^2 + 0^2 + 4^2} = \sqrt{25} = 5$

c) $|\vec{v}| = \sqrt{2^2 + (-4)^2 + 3^2} = \sqrt{29} \approx 5{,}39$

d) $|\vec{v}| = \sqrt{(-2)^2 + (-4)^2 + (-5)^2} = \sqrt{45} \approx 6{,}71$

S. 140, 5.
a) $\vec{v}$ und $\vec{w}$ sind kollinear, $\begin{pmatrix} 2 \\ 4 \\ 5 \end{pmatrix} \cdot 2 = \begin{pmatrix} 4 \\ 8 \\ 10 \end{pmatrix}$

b) $\vec{v}$ und $\vec{w}$ sind nicht kollinear.

c) $\vec{v}$ und $\vec{w}$ sind kollinear, $\begin{pmatrix} 3 \\ 2 \\ 4 \end{pmatrix} \cdot (-3) = \begin{pmatrix} -9 \\ -6 \\ -12 \end{pmatrix}$

S. 140, 6.
a) $\begin{pmatrix} 3 \\ 2 \\ -1 \end{pmatrix} \cdot \begin{pmatrix} -5 \\ 0 \\ 2 \end{pmatrix} = -15 + 0 - 2 = -17$

b) $\begin{pmatrix} 4 \\ -16 \\ 0 \end{pmatrix} = \begin{pmatrix} 1 \\ -4 \\ 0 \end{pmatrix}$

c) $(-7) \cdot \begin{pmatrix} -11 \\ -3 \\ 5 \end{pmatrix} + (-7) \cdot \begin{pmatrix} 9 \\ 3 \\ -4 \end{pmatrix} = \begin{pmatrix} 14 \\ 0 \\ -7 \end{pmatrix}$

S. 140, 7.
a) $\begin{pmatrix} -2 \\ 6 \\ 10 \end{pmatrix}$ b) $\begin{pmatrix} 10{,}5 \\ 7 \\ 0 \end{pmatrix}$ c) $\begin{pmatrix} -2 \\ 6 \\ -4 \end{pmatrix}$

d) $\begin{pmatrix} 9 \\ -16 \\ 12 \end{pmatrix}$ e) $\begin{pmatrix} -\frac{1}{2} \\ \frac{3}{2} \\ \frac{5}{2} \end{pmatrix}$ f) $\begin{pmatrix} 0 \\ \frac{11}{4} \\ \frac{1}{4} \end{pmatrix}$

S. 140, 8.
a) $\overrightarrow{AB} = \begin{pmatrix} 2 \\ 6 \\ -2 \end{pmatrix}$ $\overrightarrow{BC} = \begin{pmatrix} -6 \\ -1 \\ 1 \end{pmatrix}$ $\overrightarrow{AC} = \begin{pmatrix} -4 \\ 5 \\ -1 \end{pmatrix}$

b) $|\overrightarrow{AB}| = \left| \begin{pmatrix} 2 \\ 6 \\ -2 \end{pmatrix} \right| = \sqrt{2^2 + 6^2 + 2^2} = \sqrt{44} \approx 6{,}6$

$|\overrightarrow{BC}| = \left| \begin{pmatrix} -6 \\ -1 \\ 1 \end{pmatrix} \right| = \sqrt{6^2 + 1^2 + 1^2} = \sqrt{38} \approx 6{,}2$

$|\overrightarrow{AC}| = \left| \begin{pmatrix} -4 \\ 5 \\ -1 \end{pmatrix} \right| = \sqrt{4^2 + 5^2 + 1^2} = \sqrt{42} \approx 6{,}5$

c) $\overrightarrow{EF} = \begin{pmatrix} -6 \\ -1 \\ 1 \end{pmatrix} = \overrightarrow{BC}$

d) $\overrightarrow{OD} = \overrightarrow{OA} + \overrightarrow{AD} = \overrightarrow{OA} + \overrightarrow{BE} = \begin{pmatrix} 2 \\ -1 \\ 1 \end{pmatrix} + \begin{pmatrix} 0 \\ -2 \\ 6 \end{pmatrix} = \begin{pmatrix} 2 \\ -3 \\ 7 \end{pmatrix}$

S. 140, 9.
a)

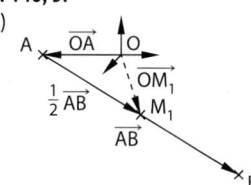

b) $\overrightarrow{OM_1} = \overrightarrow{OA} + \frac{1}{2}\overrightarrow{AB} = \overrightarrow{OA} + \frac{1}{2}(-\overrightarrow{OA} + \overrightarrow{OB})$

$= \overrightarrow{OA} - \frac{1}{2}\overrightarrow{OA} + \frac{1}{2}\overrightarrow{OB} = \frac{1}{2}\overrightarrow{OA} + \frac{1}{2}\overrightarrow{OB} = \frac{1}{2}(\overrightarrow{OA} + \overrightarrow{OB})$

c) $\overrightarrow{OM_1} = \frac{1}{2}(\overrightarrow{OA} + \overrightarrow{OB}) = \frac{1}{2}\left[\begin{pmatrix} 2 \\ -1 \\ 1 \end{pmatrix} + \begin{pmatrix} 4 \\ 5 \\ -1 \end{pmatrix} \right] = \begin{pmatrix} 3 \\ 2 \\ 0 \end{pmatrix}$

$\overrightarrow{OM_2} = \frac{1}{2}\left[\begin{pmatrix} -2 \\ 4 \\ 0 \end{pmatrix} + \begin{pmatrix} -2 \\ 2 \\ 6 \end{pmatrix} \right] = \begin{pmatrix} -2 \\ 3 \\ 3 \end{pmatrix}$

d) $\overrightarrow{AF} = \begin{pmatrix} -4 \\ 3 \\ 5 \end{pmatrix}$, $\overrightarrow{M_1 M_2} = \begin{pmatrix} -5 \\ 1 \\ 3 \end{pmatrix}$

Prüfen, ob $\overrightarrow{AF}$ kollinear ist zu $\overrightarrow{M_1 M_2}$:

$r \cdot \begin{pmatrix} -4 \\ 3 \\ 5 \end{pmatrix} = \begin{pmatrix} -5 \\ 1 \\ 3 \end{pmatrix} \Rightarrow \begin{cases} -4r = -5 & r = \frac{5}{4} \\ 3r = 1 & r = \frac{1}{3} \\ 5r = 3 & r = \frac{3}{5} \end{cases}$

$\overrightarrow{AF}$ ist nicht parallel zu $\overrightarrow{M_1 M_2}$

S. 141, 10.
a) $\begin{pmatrix} 5 \\ -6 \\ 0 \end{pmatrix} = 2 \cdot \begin{pmatrix} 1 \\ -2 \\ 2 \end{pmatrix} - \frac{1}{2} \cdot \begin{pmatrix} -6 \\ 4 \\ 8 \end{pmatrix}$

$\vec{v}$ ist eine Linearkombination von $\vec{a}$ und $\vec{b}$.

b) $\vec{v}$ ist keine Linearkombination von $\vec{a}$ und $\vec{b}$.

S. 141, 11.
a) $\overrightarrow{AB} = \begin{pmatrix} -7 \\ 6 \\ 3 \end{pmatrix}$, $\overrightarrow{BC} = \begin{pmatrix} 9 \\ -2 \\ 3 \end{pmatrix}$, $\overrightarrow{CA} = \begin{pmatrix} -2 \\ -4 \\ -6 \end{pmatrix}$

Da $|\overrightarrow{AB}| = |\overrightarrow{BC}| = \sqrt{94}$, ist ABC gleichschenklig,

Das Dreieck ist nicht gleichseitig, wegen

$|\overrightarrow{CA}| = 2\sqrt{14} \neq |\overrightarrow{AB}| = |\overrightarrow{BC}|$

b) Nach a) ist die Seite $\overline{CA}$ die Basis des Dreiecks.

Seitenmittelpunkt: $S(-1|-2|-3)$

Höhe: $h_B = |\overrightarrow{SB}| = \left| \begin{pmatrix} -4 \\ 4 \\ 6 \end{pmatrix} \right| = 2\sqrt{17}$

Flächeninhalt: $A = h_B \cdot \frac{1}{2}|\overrightarrow{CA}| = 2\sqrt{238} \approx 30{,}85$

S. 141, 12.
① $\{(s|t|0); s \in \mathbb{R}; t \in \mathbb{R}\}$, $x_1 x_2$-Ebene
② $\{(0|0|t); t \in \mathbb{R}\}$, y-Achse
③ $\{(s|3|t); s \in \mathbb{R}; t \in \mathbb{R}\}$, Ebene parallel zur $x_1 x_3$
   -Ebene durch $(0|3|0)$
④ $\{(s|s|t); s \in \mathbb{R}; t \in \mathbb{R}\}$, Ebene, die die x_3-Achse und

   $g: \vec{x} = r \cdot \begin{pmatrix} 1 \\ 1 \\ 0 \end{pmatrix}$ enthält

S. 141, 13.

a) $\vec{b} = \vec{v} + \vec{w} = \begin{pmatrix} 150 \\ -100 \end{pmatrix} + \begin{pmatrix} -100 \\ -50 \end{pmatrix} = \begin{pmatrix} 50 \\ -150 \end{pmatrix}$

b) $|\vec{b}| = \sqrt{50^2 + 150^2} = \sqrt{25\,000} \approx 158{,}1$

Die Fähre fährt mit 158,1 m/min = 9,486 km/h.

c) Wie oft muss man $\vec{b}$ zu $\overrightarrow{OA}$ addieren, um $\overrightarrow{OB}$ zu erhalten?

$\overrightarrow{OB} = \overrightarrow{OA} + n \cdot \vec{b} \Leftrightarrow \begin{pmatrix} 100 \\ -100 \end{pmatrix} = \begin{pmatrix} -100 \\ 500 \end{pmatrix} + n \cdot \begin{pmatrix} 50 \\ -150 \end{pmatrix}$

Man erhält n = 4, also erreicht die Fähre nach 4 Minuten den Punkt B.

S. 141, 14.

a) x = −1; y = −3

b) x = 3; y = −2

c) x = 0; y = 2; z = −1

d) x = 1; y = 2; z = 3

S. 141, 15.

Beispiellösungen:

a) eindeutig lösbar:
$\left(\begin{array}{ccc|c} 1 & 2 & 3 & 4 \\ 2 & 3 & 1 & -2 \\ 3 & 4 & 0 & 8 \end{array}\right)$

keine Lösung:
$\left(\begin{array}{ccc|c} 1 & 2 & 3 & 4 \\ 2 & 3 & 1 & -2 \\ 3 & 6 & 9 & 8 \end{array}\right)$

unendlich viele Lösungen:
$\left(\begin{array}{ccc|c} 1 & 2 & 3 & 4 \\ 2 & 3 & 1 & -2 \\ 3 & 6 & 9 & 12 \end{array}\right)$

b) eindeutig lösbar:
$\left(\begin{array}{ccc|c} 2 & 3 & 3 & 2 \\ 2 & 2 & 1 & 0 \\ 0 & 0 & 2 & 4 \end{array}\right)$

keine Lösung:
$\left(\begin{array}{ccc|c} 2 & 3 & 3 & 2 \\ 2 & 2 & 1 & 0 \\ 0 & 1 & 2 & 4 \end{array}\right)$

unendlich viele Lösungen:
$\left(\begin{array}{ccc|c} 2 & 3 & 3 & 2 \\ 2 & 2 & 1 & 0 \\ 0 & 2 & 4 & 4 \end{array}\right)$

c) Durch die Gleichung 0 = 2, die sich aus der zweiten Zeile ergibt, hat das Gleichungssystem keine Lösung, unabhängig davon, welche Koeffizienten man in der dritten Zeile ergänzt.

S. 141, 16.

a) Zahlenpaar einsetzen:

$f(-6) = m \cdot (-6) + 1 = 4$

$-6m + 1 = 4; \qquad m = -\frac{1}{2}; \qquad f(x) = -\frac{1}{2}x + 1$

b) Da f und g parallel verlaufen, haben sie dieselbe Steigung: $g(x) = -\frac{1}{2}x + n$

Punkt P einsetzen:

$g(1) = -\frac{1}{2} \cdot 1 + n = 1{,}5$

$-\frac{1}{2} + n = 1{,}5; \qquad n = 2; \qquad g(x) = -\frac{1}{2}x + 2$

S. 141, 17.

Der Schwerpunkt des Dreiecks ist der Schnittpunkt der drei Seitenhalbierenden. Setzt man den Bleistift an diesem Punkt an, kann man das Dreieck balancieren.

S. 141, 18.

Oberflächeninhalt:

$A_O = a^2 + 2 \cdot a \cdot \sqrt{h^2 + a^2} = 25 + 10 \cdot \sqrt{50} \approx 95{,}7 \, cm^2$

Volumen:

$V = \frac{1}{3} \cdot h \cdot a^2 = \frac{1}{3} \cdot 5 \cdot 5^2 = \frac{1}{3} \cdot 125 \approx 41{,}67 \, cm^3$

Prüfen Sie Ihr neues Fundament (S. 196–198)

S. 196, 1.

a) Die Gleichung ① beschreibt g nicht. Sie verläuft durch den Stützpunkt A, aber ihr Richtungsvektor ist nicht der Vektor $\overrightarrow{AB}$, sondern der Ortsvektor von B. Die Gleichung ② beschreibt g. Ihr Stützpunkt ist B und ihr Richtungsvektor ist der Vektor von A zu B. Die Gleichung ③ beschreibt g ebenfalls. Ihr Richtungsvektor ist ein Vielfaches des Vektors $\overrightarrow{AB}$ und ihr Stützvektor liegt auf der Geraden g (r = 3 in ②).

b) z. B. $\vec{x} = \begin{pmatrix} -1 \\ 3 \\ 2 \end{pmatrix} + r \cdot \begin{pmatrix} -5 \\ 10 \\ 5 \end{pmatrix}; r \in \mathbb{R}$

S. 196, 2.

a) $\vec{x} = \overrightarrow{OA} + r \cdot \overrightarrow{AB} = \begin{pmatrix} 1 \\ 2 \\ 1 \end{pmatrix} + r \cdot \begin{pmatrix} 1 \\ 2 \\ 5 \end{pmatrix}, r \in \mathbb{R}$

b) $\begin{pmatrix} 0 \\ 0 \\ 0 \end{pmatrix} = \begin{pmatrix} 1 \\ 2 \\ 1 \end{pmatrix} + r \cdot \begin{pmatrix} 1 \\ 2 \\ 5 \end{pmatrix} = \begin{pmatrix} 1 + r \\ 2 + 2r \\ 1 + 5r \end{pmatrix}$,

r = −1 und r = −$\frac{1}{5}$ (Widerspruch)

Der Punkt O liegt nicht auf der Geraden g.

c) Die Gleichung $\vec{x} = \overrightarrow{OA} + r \cdot \overrightarrow{AB}$ mit r ∈ $\mathbb{R}$ und 0 ≤ r ≤ 2 beschreibt eine Strecke. Die Strecke verläuft von Punkt A (r = 0), über den Punkt B (r = 1) zu einem Punkt auf der Geraden g, der doppelt so weit von A entfernt ist wie B (r = 2).

d) Da der Punkt C von Punkt B doppelt so weit entfernt ist wie von Punkt A, erreicht man ihn, indem man von Punkt A einmal den Vektor von A nach B abträgt. Dieser Vektor liegt entgegengesetzt der Richtung, in der sich B befindet. Das entspricht dem Parameter r = −1.

Somit lässt sich C berechnen durch die Gleichung $\overrightarrow{OC} = \overrightarrow{OA} + (-1) \cdot \overrightarrow{AB}$.

e) $h: \vec{x} = \begin{pmatrix} 2 \\ 3 \\ 4 \end{pmatrix} + r \cdot \begin{pmatrix} 1 \\ 2 \\ 5 \end{pmatrix}$

S. 196, 3.

a) z. B. A(3 | 2 | 1) (für r = 1) und B(2 | 1 | 1) (für r = 0)

b) $\begin{pmatrix} 0 \\ -1 \\ 1 \end{pmatrix} = \begin{pmatrix} 2 \\ 1 \\ 1 \end{pmatrix} + r \cdot \begin{pmatrix} 1 \\ 1 \\ 0 \end{pmatrix} = \begin{pmatrix} 2 + r \\ 1 + r \\ 1 \end{pmatrix}$
$\begin{array}{l} 0 = 2 + r \quad r = -2 \\ -1 = 1 + r \quad r = -2 \\ 1 = 1 \end{array}$

Der Punkt P liegt auf h.

$\begin{pmatrix} 3 \\ 3 \\ -1 \end{pmatrix} = \begin{pmatrix} 2 \\ 1 \\ 1 \end{pmatrix} + r \cdot \begin{pmatrix} 1 \\ 1 \\ 0 \end{pmatrix} = \begin{pmatrix} 2 + r \\ 1 + r \\ 1 \end{pmatrix}$ führt zu r = 1 und

r = 2 und −1 = 1 (Widerspruch in 3. Gleichung)

Der Punkt Q liegt nicht auf h.

c) $x_3 = 0$, also 1 = 0: die Gerade h hat keinen Schnittpunkt mit der x_1x_2-Ebene (keinen Spurpunkt S_{12}).

$x_2 = 0$, also 1 + r = 0; r = −1: S_{13} (1 | 0 | 1)

$x_1 = 0$, also 2 + r = 0; r = −2: S_{23} (0 | −1 | 1)

d) Da für den Richtungsvektor $x_3 = 0$ gilt, verläuft die Gerade parallel zur x_1x_2-Ebene.

S. 196, 4.

a) $\vec{x} = \begin{pmatrix} -2 \\ 1 \\ 0 \end{pmatrix} + r \cdot \begin{pmatrix} 5 \\ 3 \\ 5 \end{pmatrix}$ mit $r \in \mathbb{R}$ und $0 \leq r \leq 1$

b) $|\overrightarrow{AB}| = \left| \begin{pmatrix} 5 \\ 3 \\ 5 \end{pmatrix} \right| = \sqrt{5^2 + 3^2 + 5^2} = \sqrt{59} \approx 7{,}68$

c) $\overrightarrow{OM} = \begin{pmatrix} -2 \\ 1 \\ 0 \end{pmatrix} + 0{,}5 \cdot \begin{pmatrix} 5 \\ 3 \\ 5 \end{pmatrix} = \begin{pmatrix} 0{,}5 \\ 2{,}5 \\ 2{,}5 \end{pmatrix}$, $M\left(\frac{1}{2} \middle| \frac{5}{2} \middle| \frac{5}{2} \right)$

S. 196, 5.

a) g und h haben einen Schnittpunkt: $S(7|0|4)$
   $(r = 2, s = -1)$

b) g und h sind windschief (kein Schnittpunkt, nicht parallel).

c) g und h sind echt parallel (Richtungsvektoren sind kollinear, es gibt keinen Schnittpunkt).

S. 196, 6.

a) $0 = \vec{a} \cdot \vec{b} = \begin{pmatrix} 4 \\ 2 \\ 1 \end{pmatrix} \cdot \begin{pmatrix} b_1 \\ b_2 \\ b_3 \end{pmatrix} = 4b_1 + 2b_2 + b_3$

Diese Gleichung hat unendlich viele Lösungen, es gibt also unendlich viele Vektoren, die senkrecht

auf $\vec{a}$ stehen, z. B. $\vec{b} = \begin{pmatrix} -1 \\ 1 \\ 2 \end{pmatrix}$.

S. 196, 7.

Beispiellösungen:

a) $E: \vec{x} = \begin{pmatrix} 5 \\ 0 \\ 0 \end{pmatrix} + r \begin{pmatrix} 1 \\ 0 \\ 1 \end{pmatrix} + s \begin{pmatrix} 0 \\ 1 \\ 1 \end{pmatrix}$

b) $E: \vec{x} = \begin{pmatrix} 0 \\ 0 \\ 1 \end{pmatrix} + r \begin{pmatrix} 1 \\ -1 \\ 0 \end{pmatrix} + s \begin{pmatrix} 3 \\ 0 \\ 1 \end{pmatrix}$

c) $E: \vec{x} = \begin{pmatrix} 4 \\ 0 \\ 0 \end{pmatrix} + r \begin{pmatrix} 2 \\ -1 \\ 0 \end{pmatrix} + s \begin{pmatrix} -6 \\ 0 \\ 1 \end{pmatrix}$

d) $E: \vec{x} = \begin{pmatrix} 1 \\ 2 \\ 3 \end{pmatrix} + r \begin{pmatrix} 1 \\ -2 \\ 0 \end{pmatrix} + s \begin{pmatrix} 1 \\ -2 \\ 1 \end{pmatrix}$

e) $E: \vec{x} = \begin{pmatrix} 2 \\ 0 \\ 5 \end{pmatrix} + r \begin{pmatrix} 0 \\ 2 \\ -1 \end{pmatrix} + s \begin{pmatrix} 1 \\ 0 \\ -2 \end{pmatrix}$

f) $E: \vec{x} = \begin{pmatrix} 0 \\ 0 \\ 2 \end{pmatrix} + r \begin{pmatrix} -1 \\ 3 \\ 0 \end{pmatrix} + s \begin{pmatrix} 2 \\ 3 \\ -1 \end{pmatrix}$

S. 196, 8.

Beispiellösungen:

$E: x_2 - x_3 = 0$

$E: \vec{x} = \begin{pmatrix} 1 \\ 1 \\ 1 \end{pmatrix} + r \begin{pmatrix} 1 \\ 1 \\ 1 \end{pmatrix} + s \begin{pmatrix} 0 \\ 1 \\ 1 \end{pmatrix}$

S. 197, 9.

a) $\overrightarrow{OP_t} = \begin{pmatrix} -t \\ 3-t \\ 3 \end{pmatrix} = \begin{pmatrix} 0 \\ 3 \\ 3 \end{pmatrix} + t \cdot \begin{pmatrix} -1 \\ -1 \\ 0 \end{pmatrix}$

Die Gerade verläuft parallel zur x_1x_2-Ebene.

b) z. B.:

① $\vec{x} = \begin{pmatrix} 1 \\ 3 \\ 3 \end{pmatrix} + t \cdot \begin{pmatrix} -1 \\ -1 \\ 0 \end{pmatrix}$ ② $\vec{x} = \begin{pmatrix} 0 \\ 3 \\ 3 \end{pmatrix} + t \cdot \begin{pmatrix} 0 \\ 0 \\ 1 \end{pmatrix}$

③ $\vec{x} = \begin{pmatrix} 1 \\ 3 \\ 3 \end{pmatrix} + t \cdot \begin{pmatrix} 0 \\ 0 \\ 1 \end{pmatrix}$

S. 197, 10.

a) Da die Punkte P, Q und R jeweils nur eine von null verschiedene Koordinate haben, liegen sie auf den Koordinatenachsen (Spurpunkte). Die von null verschiedene Koordinate zeigt die Achse: P auf der x_1-Achse, Q auf der x_2-Achse, R auf der x_3-Achse. Drei Punkte, die nicht auf einer Geraden liegen, spannen eine Ebene auf.

b) ① beschreibt eine Parametergleichung von E. Der Ortsvektor zu P ist Stützvektor und $\overrightarrow{PQ}$ und $\overrightarrow{PR}$ sind die beiden Richtungsvektoren.
   ② beschreibt keine Parametergleichung von E, da z. B. Q nicht in der von ② beschriebenen Ebene liegt.

c) z. B.
   $\vec{x} = \overrightarrow{OQ} + s \cdot \overrightarrow{QP} + t \cdot \overrightarrow{QR} = \begin{pmatrix} 0 \\ 3 \\ 0 \end{pmatrix} + s \cdot \begin{pmatrix} -1 \\ -3 \\ 0 \end{pmatrix} + t \cdot \begin{pmatrix} 0 \\ -3 \\ 2 \end{pmatrix}$

d) Normalengleichung:

   z. B. $\left[\begin{pmatrix} x_1 \\ x_2 \\ x_3 \end{pmatrix} - \begin{pmatrix} -1 \\ 0 \\ 0 \end{pmatrix} \right] \cdot \begin{pmatrix} 6 \\ -2 \\ -3 \end{pmatrix} = 0$

   Koordinatengleichung:
   z. B. $6x_1 - 2x_2 - 3x_3 = -6$

S. 197, 11.

a) E und g schneiden sich im Punkt $P(-1|2|1)$.

b) E und g sind echt parallel zueinander.

c) g liegt in E.

S. 197, 12.

a) E und g schneiden sich im Punkt $P(1|2|3)$.

b) g liegt in E.

c) E und g schneiden sich im Punkt $P(2|0|0)$.

d) E und g sind echt parallel zueinander.

S. 197, 13.

a) E_1 und E_2 sind echt parallel zueinander.

b) E_1 und E_2 schneiden sich in der Geraden

   $g: \vec{x} = t \cdot \begin{pmatrix} 0 \\ 1 \\ 1 \end{pmatrix}$.

c) E_1 und E_2 sind identisch.

d) E_1 und E_2 schneiden sich in der Geraden

   $g: \vec{x} = \begin{pmatrix} 1 \\ 0 \\ 1 \end{pmatrix} + t \cdot \begin{pmatrix} 0 \\ 1 \\ 1 \end{pmatrix}$.

e) E_1 und E_2 sind echt parallel zueinander.

f) E_1 und E_2 schneiden sich in der Geraden

   $g: \vec{x} = t \cdot \begin{pmatrix} 0 \\ 1 \\ 1 \end{pmatrix}$.

g) $E_1: \vec{x} = k \begin{pmatrix} 1 \\ 0 \\ 1 \end{pmatrix} + l \begin{pmatrix} 1 \\ -1 \\ 0 \end{pmatrix}$

   Für e): $\begin{pmatrix} 1 \\ -1 \\ -1 \end{pmatrix} + r \begin{pmatrix} 2 \\ -1 \\ 1 \end{pmatrix} + s \begin{pmatrix} 1 \\ 3 \\ 4 \end{pmatrix} = k \begin{pmatrix} 1 \\ 0 \\ 1 \end{pmatrix} + l \begin{pmatrix} 1 \\ -1 \\ 0 \end{pmatrix}$

   E_1 und E_2 sind echt parallel zueinander.

   Für f): $\begin{pmatrix} -4 \\ -1 \\ 7 \end{pmatrix} + r \begin{pmatrix} 2 \\ 1 \\ -3 \end{pmatrix} + s \begin{pmatrix} -3 \\ -1 \\ 5 \end{pmatrix} = k \begin{pmatrix} 1 \\ 0 \\ 1 \end{pmatrix} + l \begin{pmatrix} 1 \\ -1 \\ 0 \end{pmatrix}$

   $k = 1 + \frac{1}{2}s$ $l = -1 - \frac{1}{2}s$

   $g: \vec{x} = \begin{pmatrix} 0 \\ 1 \\ 1 \end{pmatrix} + s \begin{pmatrix} 0 \\ 0{,}5 \\ 0{,}5 \end{pmatrix}$ also $g: \vec{x} = s \begin{pmatrix} 0 \\ 1 \\ 1 \end{pmatrix}$

S. 197, 14

a) $k \cdot \begin{pmatrix} 2 \\ 1 \\ -1 \end{pmatrix} \neq \begin{pmatrix} 3 \\ -1 \\ -4 \end{pmatrix}$, also sind die Ebenen nicht parallel;

Schnittgerade: $g_{12}: \vec{x} = \begin{pmatrix} 4 \\ -1 \\ 0 \end{pmatrix} + t \cdot \begin{pmatrix} 1 \\ -1 \\ 1 \end{pmatrix}$

b) $E_3: \vec{x} \cdot \begin{pmatrix} 2 \\ 1 \\ -1 \end{pmatrix} = 2$; $E_4: \vec{x} \cdot \begin{pmatrix} 3 \\ -1 \\ -4 \end{pmatrix} = -6$

c) $g_{34}: \vec{x} = \begin{pmatrix} 1 \\ 1 \\ 1 \end{pmatrix} + t \cdot \begin{pmatrix} 1 \\ -1 \\ 1 \end{pmatrix}$

S. 198, 15

a) Die Eckpunkte des Schattens sind die Schnittpunkte der $x_1 x_2$-Ebene mit der Geraden durch die Ecken des Sonnensegels entlang der Sonnenstrahlen. Ein Punkt liegt in der $x_1 x_2$-Ebene, wenn seine dritte Koordinate null ist.

$\overrightarrow{OA'} = \begin{pmatrix} -6 \\ 2 \\ 0 \end{pmatrix}$, $\overrightarrow{OB'} = \begin{pmatrix} -4 \\ 2 \\ 0 \end{pmatrix}$, $\overrightarrow{OC'} = \begin{pmatrix} -4 \\ 4 \\ 0 \end{pmatrix}$, $\overrightarrow{OD'} = \begin{pmatrix} -6 \\ 4 \\ 0 \end{pmatrix}$

b) Der Schatten ist quadratisch.

c) $\left| \overrightarrow{A'B'} \right| = \left| \begin{pmatrix} 2 \\ 0 \\ 0 \end{pmatrix} \right| = \sqrt{2^2} = 2\,\text{m}$, $\quad A = (2\,\text{m})^2 = 4\,\text{m}^2$

S. 198, 16.

a) Die Gerade h gehört zur Geradenschar g_a für $t = -2$, $a = 1$. Die Ebene F gehört zur Ebenenschar E_b für $b = 2$.

b) $T(2 \,|\, 0 \,|\, 2)$

c) $t: \vec{x} = \begin{pmatrix} 4 \\ 0 \\ 0 \end{pmatrix} + s \cdot \begin{pmatrix} -1 \\ 1 \\ 1 \end{pmatrix}$

Lösungen zu Kapitel 5: Winkel und Abstände

Ihr Fundament (S. 202/203)

S. 202, 1.

a) $\sin(\alpha) = \frac{a}{c}$; $\sin(\beta) = \frac{b}{c}$; $\cos(\alpha) = \frac{b}{c}$; $\cos(\beta) = \frac{a}{c}$

b) $a = \sin(\alpha) \cdot c = \sin(35°) \cdot 5\,\text{cm} \approx 2{,}868\,\text{cm}$
$b = \sin(\beta) \cdot c = \sin(180° - (35° + 90°)) \cdot 5\,\text{cm}$
$= \sin(55°) \cdot 5\,\text{cm} \approx 4{,}096\,\text{cm}$

c) $c = \frac{b}{\cos(\alpha)} = \frac{3\,\text{cm}}{\cos(60°)} = 6\,\text{cm}$

$a = \cos(\beta) \cdot c = \cos(180° - (60° + 90°)) \cdot 6\,\text{cm}$
$= \cos(30°) \cdot 6\,\text{cm} \approx 5{,}196\,\text{cm}$

S. 202, 2.

a) Der x-Wert des Punktes, der durch Abtragen von α am Einheitskreis entsteht, entspricht $\cos(\alpha)$. Der y-Wert des Punktes entspricht $\sin(\alpha)$. In diesem Fall ist $\cos(\alpha) = -0{,}6$ und $\sin(\alpha) = 0{,}8$. Damit ist $\alpha \approx 126{,}9°$.

b) Für die Werte in den vier Quadranten gilt:

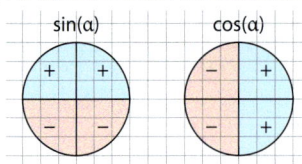

S. 202, 3.

	a)	b)	c)	d)
$\sin(\alpha)$	negativ	positiv	negativ	positiv
$\cos(\alpha)$	negativ	positiv	positiv	negativ

S. 202, 4.

a) Nullstellen:
$f(x) = 0$: $x_1 = 0$; $x_2 = \pi$; $x_3 = 2\pi$
$g(x) = 0$: $x_1 = \frac{1}{2}\pi$; $x_2 = \frac{3}{2}\pi$
Extrempunkte:
$f'(x) = \cos(x) = 0$: $x_1 = \frac{1}{2}\pi$; $x_2 = \frac{3}{2}\pi$
$F_1\left(\frac{1}{2}\pi \,|\, 1\right)$; $F_2\left(\frac{3}{2}\pi \,|\, -1\right)$
$g'(x) = -\sin(x) = 0$: $x_1 = 0$; $x_2 = \pi$; $x_3 = 2\pi$
$G_1(0 \,|\, 1)$; $G_2(\pi \,|\, -1)$; $G_3(2\pi \,|\, 1)$

b) Die Funktion f ist monoton steigend auf den Intervallen $\left[0; \frac{1}{2}\pi\right]$ und $\left[\frac{3}{2}\pi; 2\pi\right]$ und monoton fallend auf dem Intervall $\left[\frac{1}{2}\pi; \frac{3}{2}\pi\right]$.
Die Funktion g ist monoton steigend auf dem Intervall $[\pi; 2\pi]$ und monoton fallend auf dem Intervall $[0; \pi]$.

c)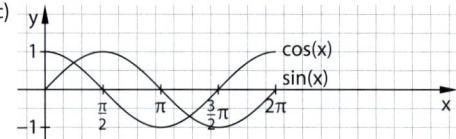

S. 202, 5.

a) $c = 17\,\text{cm}$ b) $c = 0{,}5\,\text{m}$

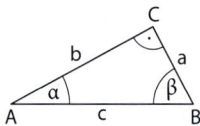

c) $a = 3{,}6\,\text{cm}$

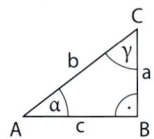

S. 202, 6.

a) Das Dreieck ist rechtwinklig mit Hypotenuse a und rechtem Winkel α, da $2{,}9^2 = 2{,}1^2 + 2{,}0^2$.

b) Das Dreieck ist nicht rechtwinklig, da $2^2 + 1{,}5^2 \neq 4{,}8^2$.

c) Das Dreieck ist rechtwinklig mit Hypotenuse b und rechtem Winkel β, da $80\,\text{dm} = 8\,\text{m}$ und $(10\,\text{m})^2 = (6\,\text{m})^2 + (8\,\text{m})^2$.

S. 202, 7.

a) $x = \sqrt{61} \approx 7{,}81$; $y = \sqrt{34} \approx 5{,}83$
b) $x = \sqrt{41} \approx 6{,}40$; $y = \sqrt{29} \approx 5{,}39$
c) $x = \sqrt{41} \approx 6{,}40$; $y = \sqrt{45} \approx 6{,}71$; $z = \sqrt{24} \approx 4{,}90$

S. 203, 8.

a) $A = 1{,}5\,\text{cm}^2$ b) $A = 3\,\text{cm}^2$ c) $A = 3\,\text{cm}^2$

S. 203, 9.
a) $V = \frac{1}{3} a \cdot b \cdot h = \frac{1}{3} \cdot 35\,mm \cdot 45\,mm \cdot 70\,mm$

$= 36\,750\,mm^3 = 36,75\,cm^3$

$A_O = ab + a\sqrt{\left(\frac{b}{2}\right)^2 + h^2} + b\sqrt{\left(\frac{a}{2}\right)^2 + h^2}$

$\approx 7395,40\,mm^2 \approx 73,9\,cm^2$

b) $V = \frac{a^3}{12}\sqrt{2} = \frac{(10\,m)^3}{12}\sqrt{2} \approx 117,85\,m^3$

$A_O = \sqrt{3}a^2 \approx 173,21\,m^2$

c) $V = 5\,cm \cdot \left(2\,cm \cdot \frac{1}{2}(3\,cm + 5\,cm)\right) = 40\,cm^3$

$A_O = 2\left(2\,cm \cdot \frac{1}{2}(3\,cm + 5\,cm)\right)$

$+ (3\,cm + 5\,cm + 2\,cm + \sqrt{8}\,cm) \cdot 5\,cm \approx 80,14\,cm^2$

S. 203, 10.
a) $V = \pi \cdot r^2 \cdot h \approx 147\,026,54\,mm^3 \approx 147\,cm^3$

$A_O = 2\pi \cdot r \cdot h + 2 \cdot \pi \cdot r^2 \approx 15\,456,64\,mm^2 \approx 154,6\,cm^2$

b) $V = \frac{1}{3}\pi \cdot r^2 \cdot h \approx 153,56\,mm^3$

$A_O = \pi \cdot r\left(r + \sqrt{r^2 + h^2}\right) \approx 175,93\,mm^2$

c) $V = \frac{4}{3}\pi \cdot r^3 \approx 33\,510,32\,mm^3 \approx 33,5\,cm^3$

$A_O = 4\pi \cdot r^3 \approx 5026,54\,mm^2 \approx 50,3\,cm^2$

S. 203, 11.
a) $V = \frac{1}{3}\pi \cdot 70^2 \cdot (345 - 122) + \pi \cdot 70^2 \cdot 122$

$\approx 3{,}022 \cdot 10^6\,mm^3 = 3022\,cm^3$

$A_O = 2\pi \cdot 70 \cdot 122 + \pi \cdot 70^2 + \pi \cdot 70 \cdot \sqrt{223^2 + 70^2}$

$\approx 120\,451,78\,mm^2 \approx 1204,5\,cm^2$

b) $V = 1200\,mm^2 \cdot 20\,mm = 24\,000\,mm^3$

$A_O = 2 \cdot 1200 + 20 \cdot (40 \cdot 10 + 3 \cdot 20 + 3 \cdot 40)$

$= 6800\,mm^2$

c) $V = \frac{1}{3} \cdot 120^2 \cdot 140 - \frac{1}{3}\pi \cdot 20^2 \cdot 60$

$\approx 646\,867,26\,mm^3$

$A_O = 120^2 + 2 \cdot 120 \cdot \sqrt{60^2 + 140^2} - \pi \cdot 20^2$

$+ \pi \cdot 20 \cdot \sqrt{20^2 + 60^2} \approx 53\,672,91\,mm^2$

S. 203, 12.
a) $V = 1,8\,m \cdot 1,8\,m \cdot 2,2\,m + \frac{1}{3} \cdot 1,8\,m \cdot 1,8\,m \cdot 1,6\,m$

$= 8,856\,m^3 = 8,856 \cdot 10^6\,cm^3$

$8,856 \cdot 10^6\,cm^3 \cdot 1,9\,\frac{g}{cm^3} = 1,68 \cdot 10^7\,g = 16,8\,t$

Das Silo fasst maximal 16,8 Tonnen des Zements.

b) $A_O = (1,8\,m^2) + 4 \cdot 1,8\,m \cdot 2,2\,m$

$+ 4 \cdot \frac{1,8\,m}{2}\sqrt{\left(\frac{1,8\,m}{2}\right)^2 + (1,6\,m)^2} \approx 25,69\,m^2$

$25,69 : 4 \approx 6,42$

Es werden etwa 6,42 Liter Farbe benötigt.

S. 203, 13.

$\overrightarrow{AB} = \begin{pmatrix} 2 \\ 6 \\ 0 \end{pmatrix}, \overrightarrow{BC} = \begin{pmatrix} -6 \\ 2 \\ 3 \end{pmatrix}, \overrightarrow{CD} = \begin{pmatrix} -2 \\ -6 \\ 0 \end{pmatrix}, \overrightarrow{DA} = \begin{pmatrix} 6 \\ -2 \\ -3 \end{pmatrix}$

Es gilt $\overrightarrow{AB} = -\overrightarrow{CD}$ und $\overrightarrow{BC} = -\overrightarrow{DA}$. Somit sind die gegenüberliegenden Seiten des Vierecks ABCD parallel und gleich lang. Es handelt sich also um ein Rechteck.

S. 203, 14.
a) $x^2 + 24x = (x + 12)^2 - 144$

b) $x^2 + 11x = (x + 5,5)^2 - 30,25$

c) $x^2 + 15x = \left(x + \frac{15}{2}\right)^2 - 56,25$

Prüfen Sie Ihr neues Fundament (S. 236–238)

S. 236, 1.

$\begin{pmatrix} -1 \\ 0 \\ -1 \end{pmatrix} + r \cdot \begin{pmatrix} 3 \\ 1 \\ -2 \end{pmatrix} = \begin{pmatrix} 2 \\ 1 \\ -3 \end{pmatrix} + t \cdot \begin{pmatrix} 1 \\ 1 \\ 1 \end{pmatrix}$

$\begin{pmatrix} 3 & -1 & | & 3 \\ 1 & -1 & | & 1 \\ -2 & -1 & | & -2 \end{pmatrix} \xrightarrow{ZSF} \begin{pmatrix} 3 & -1 & | & 3 \\ 0 & -\frac{2}{3} & | & 0 \\ 0 & 0 & | & 0 \end{pmatrix} \to r = 1$ und $t = 0$

$\alpha = \cos^{-1}\left(\frac{\left(\begin{pmatrix} 3 \\ 1 \\ -2 \end{pmatrix} \cdot \begin{pmatrix} 1 \\ 1 \\ 1 \end{pmatrix}\right)}{\sqrt{3^2 + 1^2 + (-2)^2} \cdot \sqrt{1^2 + 1^2 + 1^2}}\right) \approx 72°$

Die Geraden schneiden sich im Punkt $S(2\,|\,1\,|\,-3)$ in einem Winkel von 72°.

S. 236, 2.

a) $\cos(\alpha) = \frac{\overrightarrow{AB} \cdot \overrightarrow{AC}}{|\overrightarrow{AB}| \cdot |\overrightarrow{AC}|} = \frac{\begin{pmatrix} 4 \\ 0 \\ 2 \end{pmatrix} \cdot \begin{pmatrix} -2 \\ 1 \\ 14 \end{pmatrix}}{\sqrt{20} \cdot \sqrt{201}} \approx 0,315$

$\alpha \approx 71,6°$

$\cos(\beta) = 0,$ also $\beta = 90°$;

$\cos(\gamma) \approx 0,949,$ also $\gamma \approx 18,4°$

Das Dreieck ist rechtwinklig mit $\beta = 90°$.

b) $\cos(\alpha) \approx -0,478, \alpha \approx 118,6°$

$\cos(\beta) \approx 0,866, \beta = 30°$

$\cos(\gamma) \approx 0,853, \gamma \approx 31,5°$

Das Dreieck ist stumpfwinklig.

S. 236, 3.

a) $\alpha = \sin^{-1}\left(\frac{\begin{pmatrix} 1 \\ 1 \\ 1 \end{pmatrix} \cdot \begin{pmatrix} 1 \\ 1 \\ 1 \end{pmatrix}}{\sqrt{1^2 + 1^2 + 1^2} \cdot \sqrt{1^2 + 1^2 + 1^2}}\right) = 90°$

b) Kein Schnittpunkt (E und g echt parallel)

c) $\alpha = \sin^{-1}\left(\frac{\begin{pmatrix} 4 \\ -2 \\ 1 \end{pmatrix} \cdot \begin{pmatrix} -2 \\ -2 \\ 2 \end{pmatrix}}{\sqrt{4^2 + (-2)^2 + 1^2} \cdot \sqrt{(-2)^2 + (-2)^2 + 2^2}}\right) \approx 7,24°$

S. 236, 4.

a) $\alpha = \cos^{-1}\left(\frac{\begin{pmatrix} 2 \\ 2 \\ 1 \end{pmatrix} \cdot \begin{pmatrix} 1 \\ 1 \\ 0 \end{pmatrix}}{\sqrt{1^2 + 2^2 + 1^2} \cdot \sqrt{1^2 + 1^2 + 0^2}}\right) = 30°$

b) $\alpha = \cos^{-1}\left(\frac{\begin{pmatrix} 1 \\ -6 \\ -2 \end{pmatrix} \cdot \begin{pmatrix} 6 \\ -3 \\ 4 \end{pmatrix}}{\sqrt{1^2 + (-6)^2 + (-2)^2} \cdot \sqrt{6^2 + (-3)^2 + 4^2}}\right) \approx 71,34°$

c) $\alpha = \cos^{-1}\left(\frac{\begin{pmatrix} -5 \\ 13 \\ -1 \end{pmatrix} \cdot \begin{pmatrix} 5 \\ -8 \\ 9 \end{pmatrix}}{\sqrt{(-5)^2 + 13^2 + (-1)^2} \cdot \sqrt{5^2 + (-8)^2 + 9^2}}\right) \approx 40,72°$

S. 236, 5.
a) Lotgerade: $g: \vec{x} = \begin{pmatrix} 1 \\ 1 \\ 1 \end{pmatrix} + t\begin{pmatrix} 1 \\ 1 \\ 0 \end{pmatrix}$

Lotfußpunkt (Schnittpunkt von g und E):

$F(0,5\,|\,0,5\,|\,1)$

$d(A; E) = |\overrightarrow{AF}| = \sqrt{(-0,5)^2 + (-0,5)^2 + 0^2} \approx 0,71$

b) Lotgerade: $g: \vec{x} = \begin{pmatrix} 1 \\ -1 \\ 2 \end{pmatrix} + t\begin{pmatrix} 2 \\ 1 \\ -3 \end{pmatrix}$

Lotfußpunkt (Schnittpunkt von g und E):

$F(2,43\,|\,-0,29\,|\,-0,14)$

$d(A; E) = |\overrightarrow{AF}| = \sqrt{1,43^2 + 0,71^2 + (-2,14)^2} \approx 2,67$

c) Lotgerade: $g: \vec{x} = \begin{pmatrix} 2 \\ 1 \\ -1 \end{pmatrix} + t\begin{pmatrix} 0 \\ 0 \\ 1 \end{pmatrix}$

Lotfußpunkt (Schnittpunkt von g und E): $F(2\,|\,1\,|\,-1)$

Der Punkt A liegt in der Ebene E, also $d(A; E) = 0$.

d) $E \,||\, F, d(E, F) = \frac{\sqrt{5}}{3} \approx 0,7454$

S. 236, 6.

a) Lotgerade: $g: \vec{x} = t\begin{pmatrix} 2 \\ 1 \\ -2 \end{pmatrix}$

Lotfußpunkt (Schnittpunkt von g und E): $F\left(\frac{8}{3} \middle| \frac{4}{3} \middle| -\frac{8}{3}\right)$

$d(O; E) = \left|\overrightarrow{OF}\right| = \sqrt{\left(\frac{8}{3}\right)^2 + \left(\frac{4}{3}\right)^2 + \left(-\frac{8}{3}\right)^2} = 4$

Die Ebene hat zum Ursprung einen Abstand von 4.

b) Da der Stützvektor der Gerade g eine Länge von 3 hat und g die Ebene E für $t = \frac{4}{3}$ schneidet, haben die Punkte auf g für $t = -\frac{1}{3}$ und $t = \frac{9}{3}$ einen Abstand von 5 LE zu E.

Diese Punkte sind die Stützpunkte der zu E parallelen Ebenen. Da die Ebenen parallel sind, sind ihre Normalenvektoren gleich.

$E_1: 2x_1 + x_2 - 2x_3 = -3 = -\frac{1}{3}\begin{pmatrix} 2 \\ 1 \\ -2 \end{pmatrix}\begin{pmatrix} 2 \\ 1 \\ -2 \end{pmatrix}$

$E_2: 2x_1 + x_2 - 2x_3 = 27 = \frac{9}{3}\begin{pmatrix} 2 \\ 1 \\ -2 \end{pmatrix}\begin{pmatrix} 2 \\ 1 \\ -2 \end{pmatrix}$

E_1 und E_2 sind parallel zu E und haben jeweils zu E einen Abstand von 5.

S. 236, 7.

a) Parameter t ermitteln, sodass der allgemeine Verbindungsvektor $\overrightarrow{AX_t}$ senkrecht zu g ist:

$\overrightarrow{AX_t} = -\begin{pmatrix} 1 \\ 0 \\ -1 \end{pmatrix} + \begin{pmatrix} 1 \\ 1 \\ 3 \end{pmatrix} + t\begin{pmatrix} 0 \\ 1 \\ 0 \end{pmatrix} = \begin{pmatrix} 0 \\ 1+t \\ 4 \end{pmatrix}$

$\begin{pmatrix} 0 \\ 1+t \\ 4 \end{pmatrix} \cdot \begin{pmatrix} 0 \\ 1 \\ 0 \end{pmatrix} = 0 \rightarrow t = -1$

Lotvektor und Fußpunkt ermitteln:

$\overrightarrow{AX_{-1}} = \begin{pmatrix} 0 \\ 1-1 \\ 4 \end{pmatrix} = \begin{pmatrix} 0 \\ 0 \\ 4 \end{pmatrix}$

$\overrightarrow{OF} = \overrightarrow{OA} + \overrightarrow{AX_{-1}} = \begin{pmatrix} 1 \\ 0 \\ -1+4 \end{pmatrix} = \begin{pmatrix} 1 \\ 0 \\ 3 \end{pmatrix}$

$d(A, g) = \left|\begin{pmatrix} 0 \\ 0 \\ 4 \end{pmatrix}\right| = 4$

b) Parameter t ermitteln, sodass der allgemeine Verbindungsvektor $\overrightarrow{AX_t}$ senkrecht zu g ist:

$\overrightarrow{AX_t} = -\begin{pmatrix} 5 \\ 4 \\ 1 \end{pmatrix} + \begin{pmatrix} 3 \\ 5 \\ -1 \end{pmatrix} + t\begin{pmatrix} 2 \\ -1 \\ -4 \end{pmatrix} = \begin{pmatrix} -2+2t \\ 1-t \\ -2-4t \end{pmatrix}$

$\begin{pmatrix} -2+2t \\ 1-t \\ -2-4t \end{pmatrix} \cdot \begin{pmatrix} 2 \\ -1 \\ -4 \end{pmatrix} = 0 \rightarrow t = -\frac{1}{7}$

Lotvektor und Fußpunkt ermitteln:

$\overrightarrow{AX_{-1}} = \begin{pmatrix} -2-\frac{2}{7} \\ 1+\frac{1}{7} \\ -2+\frac{4}{7} \end{pmatrix} = \frac{1}{7} \cdot \begin{pmatrix} -16 \\ 8 \\ -10 \end{pmatrix}$

$\overrightarrow{OF} = \overrightarrow{OA} + \overrightarrow{AX_{-1}} = \begin{pmatrix} 5-\frac{16}{7} \\ 4+\frac{8}{7} \\ 1-\frac{10}{7} \end{pmatrix} = \frac{1}{7}\begin{pmatrix} 19 \\ 36 \\ -3 \end{pmatrix}$

$d(A, g) = \left|\frac{1}{7} \cdot \begin{pmatrix} -16 \\ 8 \\ -10 \end{pmatrix}\right| \approx 2,93$

S. 236, 8.

a) Parameter s und t ermitteln, sodass Verbindungsvektor $\overrightarrow{X_s X_t}$ senkrecht zu g und h steht:

$\overrightarrow{X_s X_t} = \begin{pmatrix} -2-4s+3t \\ 1+4s-t \\ -2+s \end{pmatrix}$

$\begin{pmatrix} -2-4s+3t \\ 1+4s-t \\ -2+s \end{pmatrix} \cdot \begin{pmatrix} 4 \\ -4 \\ -1 \end{pmatrix} = 0 \rightarrow -10 - 33s + 16t = 0$

$\begin{pmatrix} -2-4s+3t \\ 1+4s-t \\ -2+s \end{pmatrix} \cdot \begin{pmatrix} 3 \\ -1 \\ 0 \end{pmatrix} = 0 \rightarrow -7 - 16s + 10t = 0$

$s = \frac{6}{37}$ und $t = \frac{71}{74}$

s und t in $\overrightarrow{X_s X_t}$ einsetzen und Lotfußpunkte F_1 und F_2 ermitteln:

$\overrightarrow{X_{\frac{6}{37}} X_{\frac{71}{74}}} = \frac{1}{74}\begin{pmatrix} -17 \\ -51 \\ 132 \end{pmatrix}$

$\overrightarrow{OF_1} = \frac{1}{37}\begin{pmatrix} 61 \\ 50 \\ 105 \end{pmatrix}; \overrightarrow{OF_2} = \frac{1}{74}\begin{pmatrix} 139 \\ 151 \\ 74 \end{pmatrix}$

$d(g, h) = \left|\frac{1}{74}\begin{pmatrix} -17 \\ -51 \\ 132 \end{pmatrix}\right| \approx 1,98$

b) Parameter s und t ermitteln, sodass Verbindungsvektor $\overrightarrow{X_s X_t}$ senkrecht zu g und h steht:

$\overrightarrow{X_s X_t} = \begin{pmatrix} 12-13s+t \\ 1+4s+5t \\ 2+s+4t \end{pmatrix}$

$\begin{pmatrix} 12-13s+t \\ 1+4s+5t \\ 2+s+4t \end{pmatrix} \cdot \begin{pmatrix} 13 \\ -4 \\ -1 \end{pmatrix} = 0 \rightarrow 150 - 186s - 11t = 0$

$\begin{pmatrix} 12-13s+t \\ 1+4s+5t \\ 2+s+4t \end{pmatrix} \cdot \begin{pmatrix} 1 \\ 5 \\ 4 \end{pmatrix} = 0 \rightarrow 25 + 11s + 42t = 0$

$s = \frac{6575}{7691} \approx 0,855$ und $t = -\frac{6300}{7691} \approx -0,819$

s und t in $\overrightarrow{X_s X_t}$ einsetzen und Lotfußpunkte F_1 und F_2 ermitteln:

$\overrightarrow{X_{0,855} X_{-0,819}} = \begin{pmatrix} 0,066 \\ 0,325 \\ -0,421 \end{pmatrix}$

$\overrightarrow{OF_1} = \begin{pmatrix} 3,115 \\ -1,42 \\ 2,145 \end{pmatrix}; \overrightarrow{OF_2} = \begin{pmatrix} 3,181 \\ -1,095 \\ 1,724 \end{pmatrix}$

$d(g, h) = \left|\begin{pmatrix} 0,066 \\ 0,325 \\ -0,421 \end{pmatrix}\right| \approx 0,536$

S. 237, 9.

a) $V = \frac{1}{3} \cdot G \cdot h = \frac{1}{3} \cdot \left(\frac{1}{2} \cdot 6 \cdot 6\right) \cdot 6 = 36$

b) $A(6|0|0); C(0|6|0); J(3|0|6)$

$\sphericalangle CAJ = \cos^{-1}\left(\frac{\overrightarrow{AC} \cdot \overrightarrow{AJ}}{|\overrightarrow{AC}| \cdot |\overrightarrow{AJ}|}\right)$

$= \cos^{-1}\left(\frac{\begin{pmatrix} -6 \\ 6 \\ 0 \end{pmatrix} \cdot \begin{pmatrix} -3 \\ 0 \\ 6 \end{pmatrix}}{\sqrt{72} \cdot \sqrt{45}}\right) \approx 71,57°$

$\sphericalangle JCA = \cos^{-1}\left(\frac{\overrightarrow{CA} \cdot \overrightarrow{CJ}}{|\overrightarrow{CA}| \cdot |\overrightarrow{CJ}|}\right)$

$= \cos^{-1}\left(\frac{\begin{pmatrix} 6 \\ -6 \\ 0 \end{pmatrix} \cdot \begin{pmatrix} 3 \\ -6 \\ 6 \end{pmatrix}}{\sqrt{72} \cdot \sqrt{81}}\right) = 45°$

$\sphericalangle AJC = 180° - (45° + 71,57°) = 63,43°$

c) $g_{AC}: \vec{x} = \begin{pmatrix} 6 \\ 0 \\ 0 \end{pmatrix} + t \cdot \begin{pmatrix} -6 \\ 6 \\ 0 \end{pmatrix}; I(3|6|6)$

Parameter t ermitteln, sodass der allgemeine Verbindungsvektor $\overrightarrow{IX_t}$ senkrecht zu g_{AC} ist:

$\overrightarrow{IX_t} = -\begin{pmatrix} 3 \\ 6 \\ 6 \end{pmatrix} + \begin{pmatrix} 6 \\ 0 \\ 0 \end{pmatrix} + t\begin{pmatrix} -6 \\ 6 \\ 0 \end{pmatrix} = \begin{pmatrix} 3-6t \\ -6+6t \\ -6 \end{pmatrix}$

$\begin{pmatrix} 3-6t \\ -6+6t \\ -6 \end{pmatrix} \cdot \begin{pmatrix} -6 \\ 6 \\ 0 \end{pmatrix} = 0 \rightarrow t = 0,75$

Lotvektor und Fußpunkt ermitteln:

$$\overrightarrow{IX_{0,5}} = \begin{pmatrix} 3 - 6 \cdot 0,75 \\ -6 + 6 \cdot 0,75 \\ -6 \end{pmatrix} = \begin{pmatrix} -1,5 \\ -1,5 \\ -6 \end{pmatrix}$$

$$\overrightarrow{OF} = \overrightarrow{OI} + \overrightarrow{IX_{0,5}} = \begin{pmatrix} 3 - 1,5 \\ 6 - 1,5 \\ 6 - 6 \end{pmatrix} = \begin{pmatrix} 1,5 \\ 4,5 \\ 0 \end{pmatrix}$$

$$d(A, g) = \left| \begin{pmatrix} -1,5 \\ -1,5 \\ -6 \end{pmatrix} \right| \approx 6,36$$

S. 237, 10.

$$\overrightarrow{AB} = \begin{pmatrix} 4 \\ 8 \\ 8 \end{pmatrix} = 4 \begin{pmatrix} 1 \\ 2 \\ 2 \end{pmatrix} \qquad |\overrightarrow{AB}| = 12$$

a) $\overrightarrow{CD} = \begin{pmatrix} -4 \\ -8 \\ -8 \end{pmatrix} = -\overrightarrow{AB}$, ABCD ist ein Parallelogramm.

$|\overrightarrow{AD}| = \left| \begin{pmatrix} 8 \\ -8 \\ 4 \end{pmatrix} \right| = |\overrightarrow{AB}|$, ABCD ist eine Raute.

$\overrightarrow{AB} \cdot \overrightarrow{AD} = 0$, ABCD ist ein Quadrat.

$A = |\overrightarrow{AB}|^2 = 144$

b) $\overrightarrow{CD} = \begin{pmatrix} -4 \\ -8 \\ -8 \end{pmatrix} = -\overrightarrow{AB}$, ABCD ist ein Parallelogramm.

$|\overrightarrow{AD}| = \left| \begin{pmatrix} 4 \\ -6 \\ 4 \end{pmatrix} \right| \neq |\overrightarrow{AB}|$, ABCD ist keine Raute.

$\overrightarrow{AB} \cdot \overrightarrow{AD} = 0$, ABCD ist ein Rechteck.
$A = |\overrightarrow{AB}| \cdot |\overrightarrow{AD}| = 12 \cdot \sqrt{68} \approx 98,95$

c) $\overrightarrow{CD} = \begin{pmatrix} -4 \\ -8 \\ -8 \end{pmatrix} = -\overrightarrow{AB}$, ABCD ist ein Parallelogramm.

$|\overrightarrow{AD}| = \left| \begin{pmatrix} 0 \\ 0 \\ 12 \end{pmatrix} \right| = 12 = |\overrightarrow{AB}|$, ABCD ist eine Raute.

$\overrightarrow{AB} \cdot \overrightarrow{AD} \neq 0$, ABCD ist kein Quadrat.
Flächenberechnung mithilfe der Diagonalen:

$|\overrightarrow{AC}| = \left| \begin{pmatrix} 4 \\ 8 \\ 20 \end{pmatrix} \right| = 4 \left| \begin{pmatrix} 1 \\ 2 \\ 5 \end{pmatrix} \right| = 4\sqrt{30}$

$|\overrightarrow{BD}| = \left| \begin{pmatrix} -4 \\ -8 \\ 4 \end{pmatrix} \right| = 4 \left| \begin{pmatrix} -1 \\ -2 \\ 1 \end{pmatrix} \right| = 4\sqrt{6}$

$A = \frac{1}{2} |\overrightarrow{AC}| \cdot |\overrightarrow{BD}| = \frac{1}{2} \cdot 4\sqrt{6} \cdot 4\sqrt{30} = 48\sqrt{5} \approx 107,33$

S. 237, 11.

a) $d(P_z, E_2) = |z - 4|$

$d(P_z, E_1) = \frac{1}{3} \left[\begin{pmatrix} 0 \\ 0 \\ z \end{pmatrix} \cdot \begin{pmatrix} 1 \\ 2 \\ 2 \end{pmatrix} - 23 \right] = \frac{1}{3}(2z - 23)$

$\frac{1}{3}(2z - 23) = z - 4 \Leftrightarrow z = -11$

$\frac{1}{3}(2z - 23) = 4 - z \Leftrightarrow z = 7 > 0$, also $P(0|0|7)$

b) P liegt in E_3: $5 \cdot 7 = 35$
Einsetzen von x_3 in die Gleichung von
E_1: $x_1 + 2x_2 + 8 = 23$
Lösung: $(15 - 2t | t | 4)$

Schnittgerade: $g: \vec{x} = \begin{pmatrix} 15 \\ 0 \\ 4 \end{pmatrix} + t \begin{pmatrix} -2 \\ 1 \\ 0 \end{pmatrix}$

c) E_3 ist dann die Winkelhalbierende zu E_1 und E_2.

---

d) $\cos(\alpha_1) = \dfrac{\begin{pmatrix} 1 \\ 2 \\ 2 \end{pmatrix} \cdot \begin{pmatrix} 1 \\ 2 \\ 5 \end{pmatrix}}{\sqrt{1^2 + 2^2 + 2^2} \cdot \sqrt{1^2 + 2^2 + 5^2}} = \dfrac{15}{\sqrt{9} \cdot \sqrt{30}} = \dfrac{5}{\sqrt{30}}$

$\cos(\alpha_2) = \dfrac{\begin{pmatrix} 0 \\ 0 \\ 1 \end{pmatrix} \cdot \begin{pmatrix} 1 \\ 2 \\ 5 \end{pmatrix}}{\sqrt{0^2 + 0^2 + 1^2} \cdot \sqrt{1^2 + 2^2 + 5^2}} = \dfrac{5}{\sqrt{1} \cdot \sqrt{30}}$

E_3 schließt mit E_1 und mit E_2 je einen Winkel von rund 24,1° ein.

S. 237, 12.

a) Die dritte Koordinate des Richtungsvektors von Flugzeug ① ist negativ, die von Flugzeug ② positiv. Das heißt, Flugzeug ① landet und Flugzeug ② startet.

b) Schnittpunkte von g und h mit der x_1x_2-Ebene:
① Landepunkt: $L(14|13|0)$
② Startpunkt: $S(1|3|0)$

c) Normalenvektor der x_1x_2-Ebene: $\begin{pmatrix} 0 \\ 0 \\ 1 \end{pmatrix}$

① $\alpha = \sin^{-1}\left(\dfrac{\left| \begin{pmatrix} 2 \\ 2 \\ -1 \end{pmatrix} \cdot \begin{pmatrix} 0 \\ 0 \\ 1 \end{pmatrix} \right|}{\sqrt{9} \cdot \sqrt{1}} \right) = \sin^{-1}\left(\frac{1}{3} \right) = 19,47°$

② $\beta = \sin^{-1}\left(\dfrac{\left| \begin{pmatrix} 2 \\ 2 \\ 1 \end{pmatrix} \cdot \begin{pmatrix} 0 \\ 0 \\ 1 \end{pmatrix} \right|}{\sqrt{9} \cdot \sqrt{1}} \right) = \sin^{-1}\left(\frac{1}{3} \right) = 19,47°$

d) Parameter s und t ermitteln, damit Verbindungsvektor $\overrightarrow{X_s X_t}$ senkrecht zu g und h steht:

$\overrightarrow{X_s X_t} = \begin{pmatrix} -1 - 2s + 2t \\ 2 - 2s + 2t \\ -4 + s + t \end{pmatrix}$

$\begin{pmatrix} -1 - 2s + 2t \\ 2 - 2s + 2t \\ -4 + s + t \end{pmatrix} \cdot \begin{pmatrix} 2 \\ 2 \\ -1 \end{pmatrix} = 0 \rightarrow 6 - 9s + 7t = 0$

$\begin{pmatrix} -1 - 2s + 2t \\ 2 - 2s + 2t \\ -4 + s + t \end{pmatrix} \cdot \begin{pmatrix} 2 \\ 2 \\ 1 \end{pmatrix} = 0 \rightarrow -2 - 7s + 9t = 0$

$s = 2,125$ und $t = 1,875$

s und t in $\overrightarrow{X_s X_t}$ einsetzen:

$\overrightarrow{X_{2,125} X_{1,875}} = \begin{pmatrix} -1,5 \\ 1,5 \\ 0 \end{pmatrix}$

$d(g, h) = \left| \begin{pmatrix} -1,5 \\ 1,5 \\ 0 \end{pmatrix} \right| \approx 2,12$

e) Abstandsvektor zum Zeitpunkt

$t: \vec{d}(t) = \begin{pmatrix} 4 - 3 \\ 3 - 5 \\ 5 - 1 \end{pmatrix} + t \begin{pmatrix} 2 - 2 \\ 2 - 2 \\ -1 - 1 \end{pmatrix} = \begin{pmatrix} 1 \\ -2 \\ 4 - 2t \end{pmatrix}$

Abstand zum Zeitpunkt t:
$d(t) = \sqrt{1 + 4 + 16 - 16t + 4t^2} = \sqrt{21 - 16t + 4t^2}$

Notwendige Bed. für eine Minimalstelle:
$d'(t) = \dfrac{-16 + 8t}{2\sqrt{21 - 16t + 4t^2}} = 0 \Leftrightarrow t = 2$

Der Term unter der Wurzel bei d(t) hat als Graph eine nach oben geöffnete Parabel, diese hat an der Stelle mit waagerechter Tangente ein Minimum Dann hat die Wurzel, also d(t), auch an der Stelle t = 2 ein Minimum.

Minimaler Abstand: $|\vec{d}(2)| = \left| \begin{pmatrix} 1 \\ -2 \\ 0 \end{pmatrix} \right| = \sqrt{5} \approx 2,24$

S. 237, 13.

a) $\overrightarrow{OA} = \begin{pmatrix} 6 \\ 1 \\ 1 \end{pmatrix} + \begin{pmatrix} -3 \\ 2 \\ -1 \end{pmatrix} = \begin{pmatrix} 3 \\ 3 \\ 0 \end{pmatrix}$

$\overrightarrow{OB} = \begin{pmatrix} 6 \\ 5 \\ 1 \end{pmatrix} + \begin{pmatrix} -3 \\ 2 \\ -1 \end{pmatrix} = \begin{pmatrix} 3 \\ 7 \\ 0 \end{pmatrix}$

$\overrightarrow{OC} = \begin{pmatrix} 2 \\ 5 \\ 1 \end{pmatrix} + \begin{pmatrix} -3 \\ 2 \\ -1 \end{pmatrix} = \begin{pmatrix} -1 \\ 7 \\ 0 \end{pmatrix}$

$\overrightarrow{OD} = \begin{pmatrix} 2 \\ 1 \\ 1 \end{pmatrix} + \begin{pmatrix} -3 \\ 2 \\ -1 \end{pmatrix} = \begin{pmatrix} -1 \\ 3 \\ 0 \end{pmatrix}$

$\overrightarrow{OS} = \begin{pmatrix} 4 \\ 3 \\ 6 \end{pmatrix} + 6\begin{pmatrix} -3 \\ 2 \\ -1 \end{pmatrix} = \begin{pmatrix} -14 \\ 15 \\ 0 \end{pmatrix}$

b) C′ liegt im Inneren des Schattens.

$\overrightarrow{A'B'} = \begin{pmatrix} 0 \\ 4 \\ 0 \end{pmatrix}$ und $\overrightarrow{A'D'} = \begin{pmatrix} -4 \\ 0 \\ 0 \end{pmatrix}$ sind gleich lang.

$\overrightarrow{S'B'} = \begin{pmatrix} 17 \\ -8 \\ 0 \end{pmatrix}$ und $\overrightarrow{S'D'} = \begin{pmatrix} 13 \\ -12 \\ 0 \end{pmatrix}$ sind nicht gleich lang, denn

$|\overrightarrow{S'B'}| = \sqrt{353} \approx 18{,}79$ und $|\overrightarrow{S'D'}| = \sqrt{313} \approx 17{,}69$.
A′B′S′D′ ist kein Drachenviereck.

c) $\cos(\alpha) = \dfrac{\begin{pmatrix} 17 \\ -8 \\ 0 \end{pmatrix} \cdot \begin{pmatrix} 13 \\ -12 \\ 0 \end{pmatrix}}{\sqrt{17^2 + 8^2 + 0^2} \cdot \sqrt{13^2 + 12^2 + 0^2}} = \dfrac{317}{\sqrt{353} \cdot \sqrt{313}}$

$\approx 0{,}9537$

$\alpha = 17{,}5°$

S. 238, 14.

a) $M(3\,|\,{-1{,}5}\,|\,2)$, $r = 2{,}5$

K: $(x_1 - 3)^2 + (x_2 + 1{,}5)^2 + (x_3 - 2)^2 = 6{,}25$

b) $(4 - 3)^2 + (0{,}5 + 1{,}5)^2 + (1 - 2)^2$
$= 1 + 4 + 1 = 6 < 6{,}25$

Q liegt innerhalb der Kugel.

c) $\overrightarrow{MB} = \begin{pmatrix} 3 - 3 \\ 1 + 1{,}5 \\ 2 - 2 \end{pmatrix} = \begin{pmatrix} 0 \\ 2{,}5 \\ 0 \end{pmatrix}$ $\qquad \overrightarrow{OB} = \begin{pmatrix} 3 \\ 1 \\ 2 \end{pmatrix}$

E: $\vec{x} \cdot \begin{pmatrix} 0 \\ 2{,}5 \\ 0 \end{pmatrix} = \begin{pmatrix} 3 \\ 1 \\ 2 \end{pmatrix} \cdot \begin{pmatrix} 0 \\ 2{,}5 \\ 0 \end{pmatrix}$

E: $\vec{x} \cdot \begin{pmatrix} 0 \\ 2{,}5 \\ 0 \end{pmatrix} = 2{,}5$

S. 238, 15.

Die Ebene muss mehr als 5 LE vom Mittelpunkt der Kugel entfernt sein, damit sie sich nicht schneiden.

Lotgerade zu E durch M: $\vec{x} = \begin{pmatrix} 1 \\ 7 \\ 2 \end{pmatrix} + t\begin{pmatrix} -3 \\ 4 \\ 1 \end{pmatrix}$;

Lotfußpunkt: $F(4\,|\,3\,|\,1)$ für $t = -1$

Abstand $d(M, E) = |-1| \cdot \left| \begin{pmatrix} -3 \\ 4 \\ 1 \end{pmatrix} \right| = \sqrt{26} \approx 5{,}1 > 5 = r$

Die Kugel schneidet die Ebene nicht.

S. 238, 16.

a) Ausmultiplizieren und Gleichsetzen der Kugelgleichungen liefert $-8x_2 + 16 = -12$ und damit E: $x_2 = 3{,}5$.

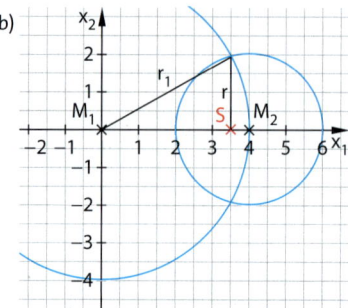

b)

c) Es ist $M_1(0\,|\,0\,|\,0)$ und $M_2(0\,|\,4\,|\,0)$. Beide Mittelpunkte liegen auf der x_2-Achse. g_{M_1,M_2} ist die x_2-Achse. Also ist S der Spurpunkt von E auf der x_2-Achse: $S(0\,|\,3{,}5\,|\,0)$.

$r_1^2 = |\overrightarrow{M_1S}|^2 + r^2$ ergibt

$16 = 3{,}5^2 + r^2 \Leftrightarrow r = \sqrt{3{,}75} \approx 1{,}94$

Der Schnittkreis liegt in E: $x_2 = 3{,}5$. Er hat den Radius $r = 1{,}94$ und den Mittelpunkt $S(0\,|\,3{,}5\,|\,0)$.

d) Ausmultiplizieren und Gleichsetzen der Kugelgleichungen liefert $2x_1 - 5 + 10x_2 + 5 + 4x_3 = 12$ und E: $x_1 + 5x_2 + 2x_3 = 6$.

$M_1(2\,|\,{-3}\,|\,{-1})$ und $M_2(3\,|\,2\,|\,1)$;

g_{M_1,M_2}: $\vec{x} = \begin{pmatrix} 2 \\ -3 \\ -1 \end{pmatrix} + t\begin{pmatrix} 1 \\ 5 \\ 2 \end{pmatrix}$

Schnitt mit E: $(2 + t) + 5(-3 + 5t) + 2(-1 + 2t) = 6$
$\Leftrightarrow 30t - 15 = 6 \Leftrightarrow t = 0{,}7$ also $S(2{,}7\,|\,0{,}5\,|\,0{,}4)$ und $|\overrightarrow{M_1S}| = 0{,}7 \cdot \sqrt{30}$

Radius: $r = \sqrt{16 - 0{,}7^2 \cdot 30} \approx 1{,}14$

Der Schnittkreis liegt in E, hat den Mittelpunkt $S(2{,}7\,|\,0{,}5\,|\,0{,}4)$ und den Radius $r = 1{,}14$.

Lösungen zu Kapitel 6: Wahrscheinlichkeitsrechnung

Ihr Fundament (S. 242/243)

S. 242, 1.

a) $\Omega = \{2; 3; 5; 7; 11; 13\}$

b) $\Omega = \{(CW; EW); (CW; EZ); (CZ; EW); (CZ; EZ)\}$
mit CW: 10-Cent-Münze zeigt Wappen
CZ: 10-Cent-Münze zeigt Zahl
EW: Ein-Euro-Münze zeigt Wappen
EZ: Ein-Euro-Münze zeigt Zahl

c) $\Omega = \{(f; f; f; f); (n; n; n; n); (f; f; f; n); (f; f; n; f);$
$(f; n; f; f); (n; f; f; f); (f; f; n; n); (f; n; n; f); (n; n; f; f);$
$(f; n; f; n); (n; f; f; n); (n; f; n; f); (f; n; n; n); (n; f; n; n);$
$(n; n; f; n); (n; n; n; f)\}$
mit f: „Triebwerk funktioniert" und n: „Triebwerk funktioniert nicht", jeweils für das 1., 2., 3. bzw. 4. Triebwerk in dieser Reihenfolge

S. 242, 2.

Beispiele:

a) Aus einem Kartenset wird zufällig eine Karte gezogen und ihre Spielfarbe bestimmt.

b) Ein Glücksrad mit acht Feldern, die mit 1 bis 8 beschriftet sind, wird gedreht.

c) Ein Würfel mit 6 Seiten in den Farben rot, gelb, grün, weiß, blau und schwarz wird geworfen.

d) Zwei Spielwürfel werden geworfen und ihre Augensumme bestimmt.

S. 242, 3.

a) Laplace-Experiment mit $P(E) = \frac{4}{9}$

b) Laplace-Experiment mit $P(E) = \frac{1}{6}$

c) kein Laplace-Experiment

S. 242, 4.

a) $P(5) = \frac{1}{20}$

Sektor X	1	2	3	4	5
Gradzahl	72	90	120	60	18

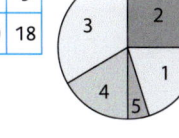

b) $P(E) = \frac{1}{5} + \frac{1}{3} + \frac{1}{20} = \frac{7}{12}$

$\overline{E} = \{2; 4\}$, $P(\overline{E}) = \frac{5}{12}$

S. 242, 5.

a) $\Omega = \{(W; Z); (Z; W); (W; W); (Z; Z)\}$

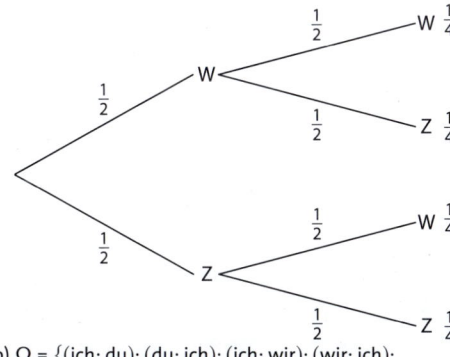

b) $\Omega = \{(\text{ich}; \text{du}); (\text{du}; \text{ich}); (\text{ich}; \text{wir}); (\text{wir}; \text{ich});$
$(\text{du}; \text{wir}); (\text{wir}; \text{du}); (\text{ich}; \text{ich}); (\text{du}; \text{du}); (\text{wir}; \text{wir})\}$

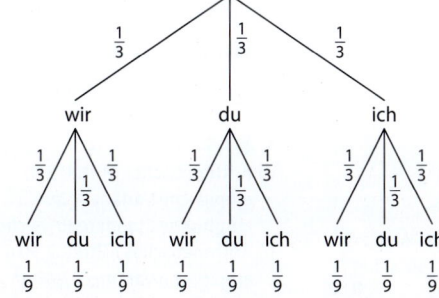

S. 242, 6.

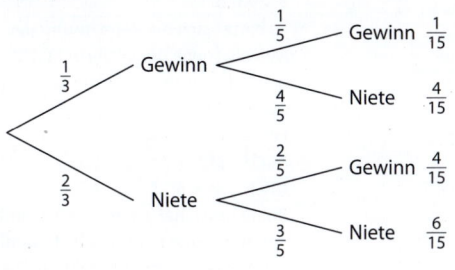

S. 242, 7.

a) $\frac{15}{216} = \frac{5}{72}$ b) $\frac{125}{216}$

c) $\frac{15}{216} + \frac{1}{216} = \frac{2}{27}$ d) $1 - \frac{125}{216} = \frac{91}{216}$

e) $1 - \frac{1}{216} = \frac{215}{216}$

S. 242, 8.

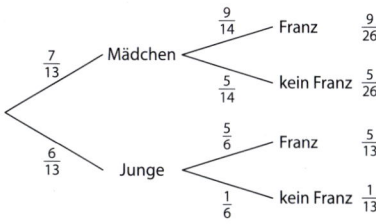

S. 243, 9.

a) 7,5   b) 5 m   c) 99,5   d) 3,3

S. 243, 10.

Anzahl Kinder	Absolute Häufigkeit
0	3
1	11
2	8
3	2
4	1

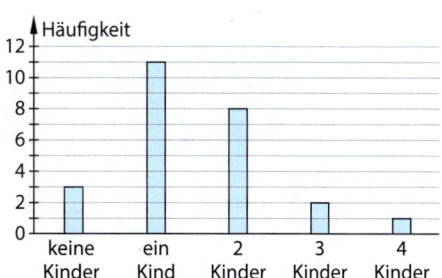

S. 243, 11.

a) Gesamtzahl Tore: 16
arithmetisches Mittel: $\frac{16}{16} = 1$ Tor pro Spiel

b) Sonjas Rechnung liefert das arithmetische Mittel:
$\frac{7}{16} \cdot 0 + \frac{5}{16} \cdot 1 + \frac{1}{16} \cdot 2 + \frac{3}{16} \cdot 3$

$= \frac{1}{16} (7 \cdot 0 + 5 \cdot 1 + 1 \cdot 2 + 3 \cdot 3) = \frac{1}{16} \cdot 16 = 1$

S. 243, 12.

a) $\overline{A}$: „Es wird eine 1 gewürfelt."
$\overline{B}$: „Es wird eine gerade Augenzahl gewürfelt."

b) $C = \{3; 5\}$

c) $P(A) = \frac{5}{6}$; $P(\overline{A}) = \frac{1}{6}$; $P(B) = \frac{1}{2}$; $P(\overline{B}) = \frac{1}{2}$; $P(C) = \frac{1}{3}$;
$P(\overline{C}) = \frac{2}{3}$

S. 243, 13.

a) 2 Gewinne   b) $\frac{6}{40} = \frac{3}{20} = 0,15$

S. 243, 14.

Die Wahrscheinlichkeit für einen Treffer beim nächsten Freiwurf beträgt (unabhängig von der zuvor erzielten Trefferanzahl) 85%.

S. 243, 15.
a) E = {(1; 6); (6; 1); (2; 5); (5; 2); (3; 4); (4; 3)}
Bei 6 Pfaden mit je $\frac{1}{6} \cdot \frac{1}{6} = \frac{1}{36}$ Wahrscheinlichkeit
beträgt die Augensumme 7. P(E) = $6 \cdot \frac{1}{36} = \frac{1}{6}$
b) Die Augensumme 7 bilden alle Felder, die diagonal
von links unten nach rechts oben verlaufen. Die
Wahrscheinlichkeit für ein Feld beträgt $\frac{1}{6} \cdot \frac{1}{6} = \frac{1}{36}$.
Da die Diagonale aus 6 Feldern besteht, beträgt die
gesuchte Wahrscheinlichkeit: $6 \cdot \frac{1}{36} = \frac{1}{6}$
c) F = {(5; 6); (6; 5); (6; 6)}; P(F) = $3 \cdot \frac{1}{36} = \frac{1}{12}$

S. 243, 16.
a) 0,18   b) $\frac{5}{12}$ c) 0,8   d) $\frac{11}{14}$

Prüfen Sie Ihr neues Fundament (S. 292–294)

S. 292, 1.
a) Gymnasium 1

	B	$\overline{B}$	gesamt
A	100	230	330
$\overline{A}$	50	220	270
gesamt	150	450	600

Gymnasium 2

	B	$\overline{B}$	gesamt
A	12 %	28 %	40 %
$\overline{A}$	18 %	42 %	60 %
gesamt	30 %	70 %	100 %

b) 1. P(A ∩ B) = $\frac{1}{6} \neq$ P(A) · P(B) = $\frac{11}{20} \cdot \frac{1}{4} = \frac{11}{80}$
2. P(A ∩ B) = 0,12 = P(A) · P(B) = 0,4 · 0,3 = 0,12
Bei Gymnasium 1 sind die Ereignisse A und B
abhängig, bei Gymnasium 2 sind sie unabhängig.

S. 292, 2.
a) $\frac{1}{3}$ b) $\frac{1}{6}$ c) $\frac{1}{5}$

S. 292, 3.
a)

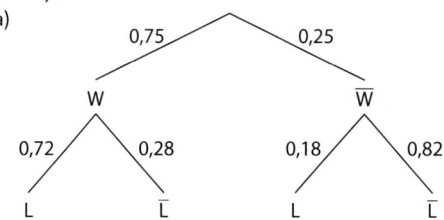

	L	$\overline{L}$	gesamt
W	0,54	0,21	0,75
$\overline{W}$	0,045	0,205	0,25
gesamt	0,585	0,415	1

b)

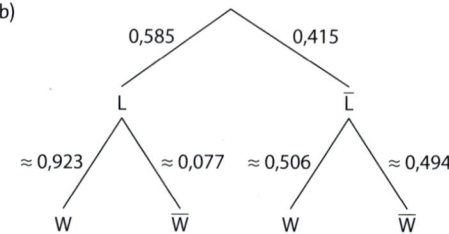

Das Baumdiagramm zeigt in der ersten Stufe die
Wahrscheinlichkeit für eine Linderung. In der
zweiten Stufe sind die Wahrscheinlichkeiten
dargestellt, dass eine Person mit bzw. ohne
Linderung den Wirkstoff oder das Placebo erhielt.
c) $P_L(W) = \frac{0,54}{0,585} \approx 0,923$
d) $P(\overline{W} \cap \overline{L}) = 0,205$ ist die Wahrscheinlichkeit, dass
eine Testperson ein Placebo erhielt und bei ihr
keine Linderung eintrat.
$P_{\overline{L}}(\overline{W}) = \frac{0,205}{0,415} \approx 0,494$ ist die Wahrscheinlichkeit,
dass eine Testperson, die keine Linderung angab,
zuvor ein Placebo erhalten hatte.

S. 292, 4.
Da mit Zurücklegen gezogen wird, sind die Ereignisse
A und B unabhängig. P(A ∩ B) = $\frac{1}{16}$ = P(A) · P(B)
Die Ereignisse A und C sind abhängig, da beide den
ersten Zug betreffen.
P(A ∩ C) = $\frac{1}{4} \neq$ P(A) · P(C) = $\frac{1}{4} \cdot \frac{1}{2}$
Die Ereignisse A und D sind abhängig, denn obwohl
mit Zurücklegen gezogen wird, hängt das Ereignis D
auch vom ersten Ziehen ab.
P(A ∩ D) = $\frac{1}{16} \neq$ P(A) · P(D) = $\frac{1}{4} \cdot \frac{3}{16}$

S. 292, 5.
P(M) = $\frac{600}{1000}$ = 0,6; P(P) = $\frac{450 + 0,75 \cdot 400}{1000}$ = 0,75;
P(M ∩ P) = $\frac{450}{1000}$ = 0,45 = P(M) · P(P)
Also sind M und P stochastisch unabhängig.

S. 293, 6.
Median: 5 richtige Antworten
Arithmetisches Mittel: 5,25 richtige Antworten

S. 293, 7.
a) Arithmetisches Mittel: 8,5
empirische Varianz: 12,94
empirische Standardabweichung: ≈ 3,598
b) Arithmetisches Mittel: 2,56 g
empirische Varianz: 0,243 g²
empirische Standardabweichung: ≈ 0,49 g

S. 293, 8.
Es bietet sich die Berechnung des arithmetischen
Mittels sowie der empirischen Standardabweichung
an. Arithmetisches Mittel sowohl in Kurs Ma1 als
auch in Kurs Ma2: jeweils 2,7
Empirische Standardabweichung:
Ma1: $s^2 = 1,7$ $s \approx 1,3$
Ma2: $s^2 = 3,17$ $s \approx 1,78$
Beide Kurse haben im Durchschnitt die gleiche Anzahl
von Aufgaben richtig gelöst, nämlich
2,7 Aufgaben von 5 Aufgaben. Die Klassen unterscheiden sich aber in der Streuung der Anzahl richtig
gelöster Aufgaben, wie die berechneten Standardabweichungen zeigen.

Sie ist in Kurs Ma2 deutlich größer als in Kurs Ma1. In Kurs Ma1 gibt es mehr richtig gelöste Aufgaben in der Nähe des arithmetischen Mittels und weniger „Ausreißer" als in Kurs Ma2.

S. 293, 9.
a) Individuelle Lösungen.
b) ① $\sigma = \sqrt{0,5} \approx 0,7$
   ② $\sigma = \sqrt{2} \approx 1,4$
   ③ $\sigma = \sqrt{0,8} \approx 0,9$

S. 293, 10.
a) $P(X = 5) = 0,5$, denn die Summe der Wahrscheinlichkeiten aller Versuchsausgänge ist 1.
b) $P(X = 20) + P(X = 40) = 0,6$,
   also z. B. $P(X = 20) = P(X = 40) = 0,3$

S. 293, 11.
a) ①

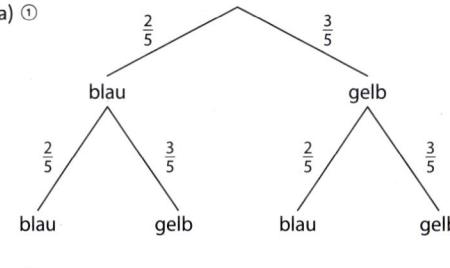

②

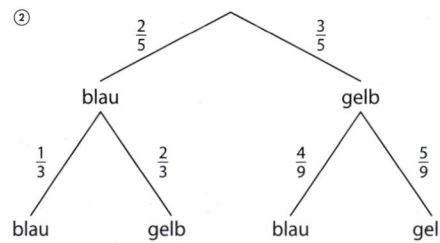

b) ①

x	0	1	2
P(X = x)	$\frac{9}{25}$	$\frac{12}{25}$	$\frac{4}{25}$

②

x	0	1	2
P(X = x)	$\frac{5}{15}$	$\frac{8}{15}$	$\frac{2}{15}$

S. 293, 12.
a) $P(X < 5) = 0,8$ b) $P(X \leq 2) = 0,3$
c) $P(2 \leq X \leq 5) = 0,9$ d) $P(X \geq 1) = 1$

S. 294, 13.
a) Ereignis R: „zweimal rot"
   Ereignis G: „zweimal grün"
   Ereignis B: „zweimal blau"
   $P(R) = \frac{1}{2} \cdot \frac{1}{2} = \frac{1}{4}$; $P(G) = \frac{1}{3} \cdot \frac{1}{3} = \frac{1}{9}$; $P(B) = \frac{1}{6} \cdot \frac{1}{6} = \frac{1}{36}$
   $P(\text{kein Gewinn}) = 1 - P(R) - P(G) - P(B) = \frac{11}{18}$
   $E(X) = \frac{1}{4} \cdot 5€ + \frac{1}{9} \cdot 8€ + \frac{1}{36} \cdot 13€ - \frac{11}{18} \cdot 0€$
   $= 2,50€$ Auszahlung
b) Da die langfristig zu erwartende durchschnittliche Auszahlung 2,50€ beträgt, muss der Einsatz des Spielers auch 2,50€ sein, damit das Spiel fair ist.

S. 294, 14.
a) – c) X: Gewinn des Spielers in €
Glücksspiel 1

x	−1	5
P(X = x)	$\frac{5}{6}$	$\frac{1}{6}$

$E(X) = 0$
$\sigma = \sqrt{5} \approx 2,2$

Glücksspiel 2

x	−1	10	13
P(X = x)	$\frac{33}{36}$	$\frac{1}{18}$	$\frac{1}{36}$

$E(X) = 0$
$\sigma = \sqrt{11\frac{1}{6}} \approx 3,3$

d) Die Erwartungswerte der zwei Glücksspiele sind identisch. Auf lange Sicht gesehen beträgt der durchschnittliche Gewinn jeweils 0€. Beide Spiele sind fair. Die Streuung um E(X) ist bei Glücksspiel 2 aber größer als bei Glücksspiel 1. Bei Glücksspiel 2 sind die möglichen Gewinne größer, die Wahrscheinlichkeiten dafür aber kleiner.

Lösungen zu Kapitel 7: Binomialverteilung

Ihr Fundament (S. 298/299)

S. 298, 1.
a)

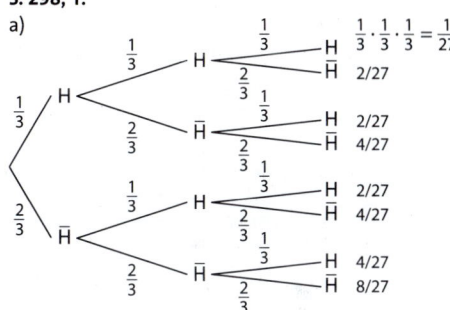

b) $3 \cdot \frac{2}{27} = \frac{6}{27} = \frac{2}{9} \approx 0,222$

S. 298, 2.
a)

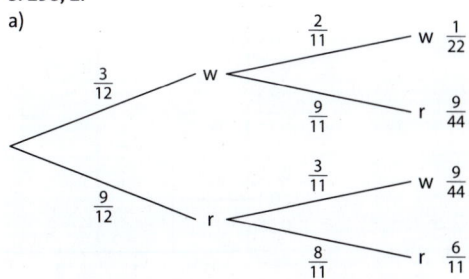

b) Die Summe der Pfadwahrscheinlichkeiten aller Pfade ergibt 1.
   $\frac{1}{22} + \frac{9}{44} + \frac{9}{44} + \frac{6}{11} = \frac{2}{44} + \frac{9}{44} + \frac{9}{44} + \frac{24}{44} = \frac{44}{44} = 1$

S. 298, 3.

a)

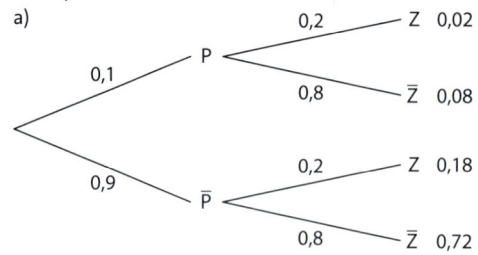

b) Die Wahrscheinlichkeit, dass ein Fluggast die Pass- und Zollkontrolle durchläuft, ist 0,02. Demzufolge sind bei 200 Fluggästen durchschnittlich 200 · 0,02 = 4 Fluggäste mit Pass- und Zollkontrolle zu erwarten.

S. 298, 4.

a) ① $P(X < 4) = P(X = 2) = \frac{1}{2}$
② $P(X \le 4) = P(X < 4) + P(X = 4) = \frac{1}{2} + \frac{1}{4} = \frac{3}{4}$
③ $P(X \ge 4) = 1 - P(X < 4) = \frac{1}{2}$
④ $P(X > 6) = P(X = 8) = \frac{1}{8}$

b) $E(X) = 2 \cdot \frac{1}{2} + 4 \cdot \frac{1}{4} + 6 \cdot \frac{1}{8} + 8 \cdot \frac{1}{8} = 3,75$

Varianz:
$V(X) = (2 - 3,75)^2 \cdot \frac{1}{2} + (4 - 3,75)^2 \cdot \frac{1}{4} + (6 - 3,75)^2 \cdot \frac{1}{8}$
$+ (8 - 3,75)^2 \cdot \frac{1}{8} = \frac{568}{128} = \frac{71}{16} = 4,4375$

Standardabweichung: $\sigma = \sqrt{V(X)} = \frac{\sqrt{71}}{4} \approx 2,107$

S. 298, 5.

a) $P(X = 38) = 1 - (0,253 + 0,362 + 0,231 + 0,054)$
$= 1 - 0,9 = 0,1$
$E(X) = 0,1 \cdot 38 + 0,253 \cdot 39 + 0,362 \cdot 40 + 0,231 \cdot 41$
$+ 0,054 \cdot 42 = 39,886$

b) Die Wahrscheinlichkeit, dass in einer Packung 38 Muttern sind, beträgt 10 %. Es ist zu erwarten, dass im Durchschnitt etwa 40 Muttern in einer Schachtel sind.

S. 298, 6.

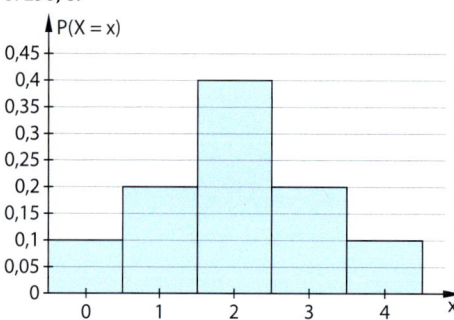

Da die Verteilung symmetrisch ist, liegt der Erwartungswert in der Mitte bei der Symmetrieachse und beträgt 2.

S. 299, 7.

a)

x	1	2	3	4	5	6
P(X = x)	0,1	0,2	0,15	0,1	0,25	0,2

b) ① mindestens 4: $P(X \ge 4) = 0,55$
② kleiner als 3: $P(X < 3) = 0,3$
③ höchstens 3: $P(X \le 3) = 0,45$
④ größer als 4: $P(X > 4) = 0,45$
⑤ mindestens 2 und höchstens 5: $P(2 \le X \le 5) = 0,7$
⑥ größer als 2 und kleiner als 5: $P(2 < X < 5) = 0,25$

S. 299, 8.

a)

x	−1 €	1 €	2 €
P(X = x)	$\frac{25}{36}$	$\frac{10}{36}$	$\frac{1}{36}$

$E(X) = -1 € \cdot \frac{25}{36} + 1 € \cdot \frac{10}{36} + 2 € \cdot \frac{1}{36} = -\frac{13}{36} € \approx -0,36 €$

b)

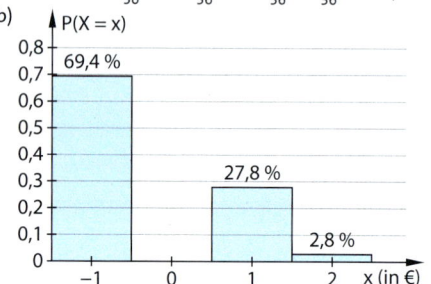

c) Da der Erwartungswert negativ ist, kann im Durchschnitt mit einem Verlust für den Spieler gerechnet werden.

d) Das Spiel wäre bei einem Erwartungswert von 0 € fair.
$0 = E(X) = (-x €) \cdot \frac{25}{36} + 1 € \cdot \frac{10}{36} + 2 € \cdot \frac{1}{36}$
$x = \frac{12}{25} = 0,48$
Das Spiel ist fair, wenn man 0,48 € zahlt, falls man keine „6" würfelt.

S. 299, 9.

a) $P(\text{grün}) = \frac{1}{8}$, $P(\text{gelb}) = \frac{1}{2}$, $P(\text{rot}) = \frac{3}{8}$

b) Individuelle Lösung.

S. 299, 10.

a) $3! = 6$
b) $3^3 = 27$

S. 299, 11.

a) $7 \cdot 5 = 35$
b) $2 \cdot 9 \cdot 2 \cdot 7 = 4 \cdot 63 = 252$
c) $6^2 = 36$
d) $\frac{5 \cdot 2}{2} = 5$

S. 299, 12.

a) $\frac{81}{25}$
b) $\frac{33}{10}$
c) $\sqrt{0,24} \approx 0,49$
d) $\frac{899}{625} \approx 1,44$

S. 299, 13.

a) −0,21
b) 1,2
c) ≈ −3,32
d) 2

S. 299, 14.

a) x ≈ 2,33
b) x ≈ 5,03
c) n = 5
d) x = 4

Prüfen Sie Ihr neues Fundament (S. 334/335)

S. 334, 1.

a) 6
b) 10
c) $n \cdot (n - 1)$
d) 45
e) 1
f) $\frac{2}{9}$

S. 334, 2.

a) Es liegt eine Bernoulli-Kette vor, wenn die Befragten zufällig ausgewählt wurden (nicht zum Beispiel in einer auf Schlafprobleme spezialisierten Praxis) und jeder der Befragten unabhängig von den anderen antwortet.
Treffer: Antwort „Ja, ich habe Schlafprobleme".
Länge der Bernoulli-Kette: Anzahl der befragten Personen n = 2100

b) Die Trefferwahrscheinlichkeit ist $\frac{1}{3}$.

S. 334, 3.

a) Es wird nur zwischen zwei Ergebnissen unterschieden (schwarz oder nicht schwarz). Durch das Zurücklegen der gezogenen Kugeln sind die Ergebnisse der einzelnen Ziehungen unabhängig voneinander. Die Wahrscheinlichkeit, eine schwarze Kugel zu ziehen, ist konstant p = 0,6.

b) Baumdiagramm:

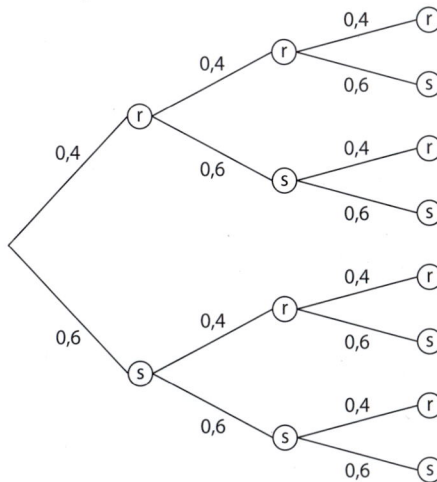

Verteilung:

k	P(X = k)
0	$\binom{3}{0} \cdot 0{,}6^0 \cdot 0{,}4^3 = 0{,}064$
1	$\binom{3}{1} \cdot 0{,}6^1 \cdot 0{,}4^2 = 0{,}288$
2	$\binom{3}{2} \cdot 0{,}6^2 \cdot 0{,}4^1 = 0{,}432$
3	$\binom{3}{3} \cdot 0{,}6^3 \cdot 0{,}4^0 = 0{,}216$

Histogramm:

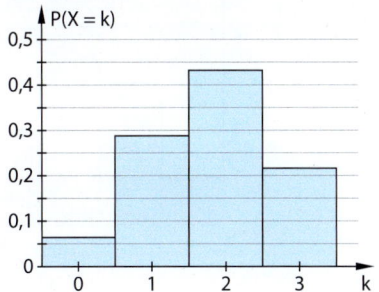

S. 334, 4.

a) P(X = 0) ≈ 0,66
b) P(X > 0) = 1 − P(X = 0) ≈ 0,34
c) P(X < 2) = P(X ≤ 1) ≈ 0,95
d) P(1 ≤ X ≤ 3) = P(X ≤ 3) − P(X = 0) ≈ 0,34

S. 334, 5.

a) z. B.: Der Tetraeder wird fünfmal geworfen.
Treffer: Es wird eine 3 geworfen.
Trefferwahrscheinlichkeit p = $\frac{1}{4}$
$$P(X = 2) = \binom{5}{2} \cdot \left(\frac{1}{4}\right)^2 \cdot \left(\frac{3}{4}\right)^3; \, P(X \leq 3) = 1 - P(X > 3);$$
$$P(X > 3) = \binom{5}{4} \cdot \left(\frac{1}{4}\right)^4 \cdot \left(\frac{3}{4}\right)^1 + \left(\frac{1}{4}\right)^5$$

b) z. B.: Die drei Münzen werden fünfmal gleichzeitig geworfen. Treffer: Es fällt dreimal Kopf.
Trefferwahrscheinlichkeit p = $\frac{1}{8}$
$$P(X = 2) = \binom{5}{2} \cdot \left(\frac{1}{8}\right)^2 \cdot \left(\frac{7}{8}\right)^3; \, P(X \leq 3) = 1 - P(X > 3);$$
$$P(X > 3) = \binom{5}{4} \cdot \left(\frac{1}{8}\right)^4 \cdot \left(\frac{7}{8}\right)^1 + \left(\frac{1}{8}\right)^5$$

c) z. B.: Es werden genau fünf Lose gezogen.
Treffer: Gewinnlos wird gezogen.
Trefferwahrscheinlichkeit p = $\frac{1}{5}$
$$P(X = 2) = \binom{5}{2} \cdot \left(\frac{1}{5}\right)^2 \cdot \left(\frac{4}{5}\right)^3; \, P(X \leq 3) = 1 - P(X > 3);$$
$$P(X > 3) = \binom{5}{4} \cdot \left(\frac{1}{5}\right)^4 \cdot \left(\frac{4}{5}\right)^1 + \left(\frac{1}{5}\right)^5$$

S. 334, 6.

a) P(X = 3) ≈ 0,26
b) P(X ≥ 5) = 1 − P(X ≤ 4) ≈ 0,21
c) P(X > 3) = 1 − P(X ≤ 3) ≈ 0,44
d) P(X ≤ 5) ≈ 0,92
e) P(X = 0) ≈ 0,02
f) $\left(\frac{2}{3}\right)^8 \cdot \left(\frac{1}{3}\right)^2 \approx 0{,}004$ (keine Binomialverteilung)

S. 334, 7.

a) ① p = 0,2, μ = 2, σ ≈ 1,26
② p = 0,8, μ = 8, σ ≈ 1,26
③ p = 0,5, μ = 5, σ ≈ 1,58

b) Beispiele:
① Aus einer Urne mit 1 roten und 4 blauen Kugeln werden 10 Kugeln mit Zurücklegen gezogen; X: Anzahl der roten Kugeln
② Jeder 5. Schüler einer Schule ist Einzelkind, es werden zufällig 10 Schüler befragt; X: Anzahl der Schüler mit Geschwistern
③ Eine Münze wird zehnmal geworfen; X: Anzahl der Würfe, bei denen die Zahl oben liegt

S. 335, 8.

Aus μ = n · p = 4; σ = $\sqrt{n \cdot p \cdot (1 - p)}$ = $\sqrt{3}$ folgt als Lösung n = 16 und p = $\frac{1}{4}$.

S. 335, 9.

a) X: Anzahl der fehlerhaften Gläser
P(X < 5) = P(X ≤ 4) ≈ 0,82

b) Gesucht ist das kleinste n mit
P(X ≥ 2) = 1 − P(X ≤ 1) ≥ 0,95, also mit
P(X ≤ 1) ≤ 0,05.
Man müsste mindestens 93 Gläser entnehmen.

c) Gesucht ist das kleinste p mit n = 60 und
P(X ≥ 10) ≥ 0,9. Die Ausschussquote muss mindestens 22,65 % betragen.

S. 335, 10.

a) X: Anzahl der in einem Verein aktiven Schüler

b) Gesucht ist das kleinste p mit

$P(X \geq 1) = 1 - P(X = 0) \geq 0{,}8$, also mit

$P(X = 0) \leq 0{,}2$

Es folgt $(1-p)^{15} \leq 0{,}2$ und $p \geq 1 - \sqrt[15]{0{,}2} \approx 0{,}102$.

Der Anteil p müsste mindestens ca. 0,102 betragen.

c) Gesucht ist das kleinste p mit

$P(X \geq 10) = 1 - P(X \leq 9) \geq 0{,}8$, also mit

$P(X \leq 9) \leq 0{,}2$.

Probieren: $F_{50;\,0{,}24}(9) \approx 0{,}207 > 0{,}2$,

$F_{50;\,0{,}25}(9) \approx 0{,}164 < 0{,}2$

Der Anteil p müsste näherungsweise mindestens 0,25 betragen.

S. 335, 11.

a) $10^4 = 10\,000$ b) $\frac{10!}{2! \cdot 2!} = 907\,200$

c) $\binom{61}{2} = 1830$

d) ohne Zurücklegen mit Beachtung der Reihenfolge: 24, ohne: 4; mit Zurücklegen mit Beachtung der Reihenfolge: 64, ohne: 20

Lösungen zu Kapitel 8: Normalverteilung

Ihr Fundament (S. 338/339)

S. 338, 1.

a) quantitativ, Ausprägung: x Tage

b) qualitativ, Ausprägung: rot, blond, braun, schwarz, grün

c) qualitativ, Ausprägung: z. B. Skala 1 bis 10

d) quantitativ, Ausprägung: x Kilometer

S. 338, 2.

a) 5; 7; 8; 9; 12; 13; 14; Median: 9

arithmetisches Mittel: $\frac{5+7+8+9+12+13+14}{7} \approx 9{,}71$

Da die drei kleinsten Werte näher an dem Median liegen als die drei größten Werte, ist das arithmetische Mittel größer als der Median.

b) 40 cm; 65 cm; 115 cm; 145 cm; 150 cm; 180 cm

Median in cm: $\frac{115 + 145}{2} = 130$

arithmetisches Mittel in cm:

$\frac{40 + 65 + 115 + 145 + 150 + 180}{6} \approx 115{,}83$

Da die beiden kleinsten Werte einen größeren Abstand zu den mittleren beiden Werten haben als die größten Werte, ist das arithmetische Mittel kleiner als der Median.

c) 17 g; 18 g; 25 g; 35 g; 67 g; 93 g

Median: $\frac{25\,g + 35\,g}{2} = 30\,g$

arithmetisches Mittel in g:

$\frac{17 + 18 + 25 + 35 + 67 + 93}{6} = 42{,}5$

Da es mehr kleine Werte gibt als große, aber zwischen ihnen ein großer Sprung liegt, ist das arithmetische Mittel größer als der Median.

d) 13; 14; 14; 15; 15; 16; 18; Median: 15

arithmetisches Mittel: $\frac{13+14+14+15+15+16+18}{7} = 15$

Da die Daten gleichmäßig verteilt sind, entspricht der Median dem arithmetischen Mittel.

S. 338, 3.

a) arithmetisches Mittel: $\bar{x} = 33{,}4$

empirische Varianz:

$s^2 = \frac{1}{n-1} \sum_{i=1}^{n} (x_i - \bar{x})^2 = \frac{1}{4} \sum_{i=1}^{5} (x_i - 33{,}4)^2$

$= \frac{1}{4}((-6{,}4)^2 + (-3{,}4)^2 + (-0{,}4)^2 + 2{,}6^2 + 7{,}6^2)$

$= \frac{1}{4} \cdot 117{,}2 = 29{,}3$

empirische Standardabweichung: $s = \sqrt{29{,}3} \approx 5{,}4$

b) arithmetisches Mittel in m: $\bar{x} = \frac{137}{6} \approx 22{,}83$

empirische Varianz in m²:

$s^2 = \frac{1}{5}\left(\left(-\frac{29}{6}\right)^2 + \left(-\frac{17}{6}\right)^2 + \left(-\frac{11}{6}\right)^2 + \left(\frac{13}{6}\right)^2 + \left(\frac{19}{6}\right)^2 \right.$

$\left. + \left(\frac{25}{6}\right)^2 \right)$

$= \frac{1}{5} \cdot \frac{401}{6} \approx 13{,}37$

empirische Standardabweichung in m:

$s = \sqrt{13{,}37} \approx 3{,}66$

c) arithmetisches Mittel in °: $\bar{x} = 19$

empirische Varianz:

$s^2 = \frac{1}{3}(0{,}1^2 + (-0{,}3)^2 + 0{,}3^2 + (-0{,}1)^2)$

$= \frac{1}{3} \cdot 0{,}2 = \frac{1}{15} \approx 0{,}067$

empirische Standardabweichung in °:

$s \approx \sqrt{0{,}067} \approx 0{,}26$

d) arithmetisches Mittel: $\bar{x} = \frac{25}{7} \approx 3{,}57$

empirische Varianz:

$s^2 = \frac{1}{6}\left(\left(-\frac{11}{7}\right)^2 + 2 \cdot \left(-\frac{4}{7}\right)^2 + 3 \cdot \left(\frac{3}{7}\right)^2 + \left(\frac{10}{7}\right)^2\right)$

$= \frac{1}{6} \cdot \frac{40}{7} = \frac{20}{21} \approx 0{,}95$

empirische Standardabweichung: $s = \sqrt{\frac{20}{21}} \approx 0{,}98$

S. 338, 4.

a) Mittelwert:

Kurs A: $\frac{1 \cdot 1 + 3 \cdot 2 + 4 \cdot 3 + 2 \cdot 4 + 1 \cdot 5}{1 + 3 + 4 + 2 + 1} = \frac{32}{11} \approx 2{,}91$

Kurs B: $\frac{2 \cdot 2 + 5 \cdot 3 + 1 \cdot 5 + 1 \cdot 6}{2 + 5 + 1 + 1} = \frac{10}{3} \approx 3{,}33$

Standardabweichung:

Kurs A: $s \approx 1{,}08$

Kurs B: $s \approx 1{,}25$

Die Durchschnittszensur ist in Kurs A bei geringerer Streuung als in Kurs B auch deutlich besser als die Durchschnittszensur in Kurs B in diesem Test.

b) Kurs A:

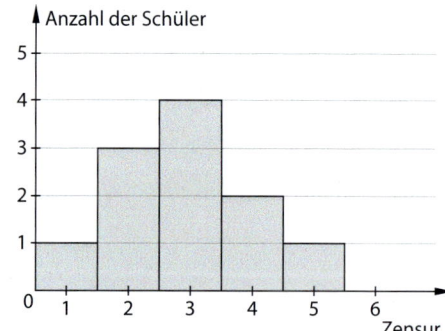

Kurs B:

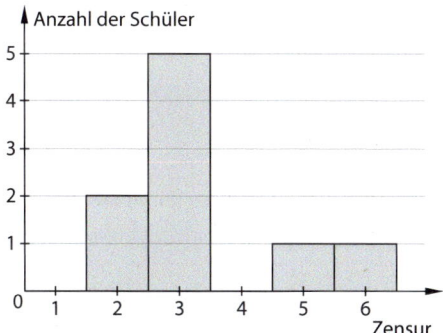

Der Mittelwert liegt bei beiden Kursen im höchsten Balken. Bei Kurs A liegen die Balken näher an dem Mittelwert als bei Kurs B, woran man die geringere Standardabweichung erkennen kann.

S. 338, 5.

a) Da alle Werte nur einmal auftreten, ist ein Diagramm, in dem einzelne Werte eingetragen werden, sehr groß und nicht aussagekräftig. Wichtige Daten wie z. B. das Mittel können nicht erkannt werden.

b)

Klasse	absolute Häufigkeit	relative Häufigkeit
2500 g ≤ x < 3000 g	2	$\frac{2}{20} = 0{,}1$
3000 g ≤ x < 3500 g	7	$\frac{7}{20} = 0{,}35$
3500 g ≤ x < 4000 g	7	$\frac{7}{20} = 0{,}35$
4000 g ≤ x < 4500 g	4	$\frac{4}{20} = 0{,}2$

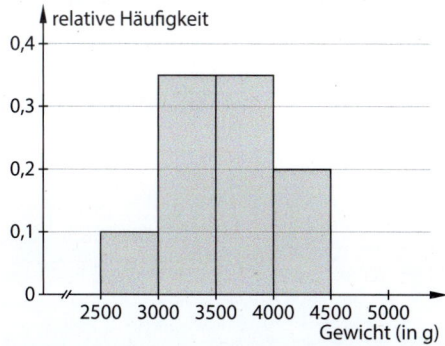

c)

Klasse	absolute Häufigkeit	relative Häufigkeit
2800 g ≤ x < 3000 g	2	$\frac{2}{20} = 0{,}1$
3000 g ≤ x < 3200 g	3	$\frac{3}{20} = 0{,}15$
3200 g ≤ x < 3400 g	2	$\frac{2}{20} = 0{,}1$
3400 g ≤ x < 3600 g	3	$\frac{3}{20} = 0{,}15$
3600 g ≤ x < 3800 g	4	$\frac{4}{20} = 0{,}2$
3800 g ≤ x < 4000 g	2	$\frac{2}{20} = 0{,}1$
4000 g ≤ x < 4200 g	4	$\frac{4}{20} = 0{,}2$

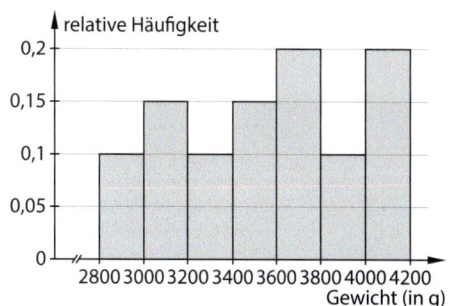

d) Der Vorteil von größeren Klassen ist, dass die Darstellung übersichtlich ist und Häufungen schnell ersichtlich sind. Durch Unterteilung in mehr Klassen kann man die Werte genauer darstellen und es gehen weniger Informationen verloren. Andererseits sind bei einer geringeren Anzahl von Klassen eher Häufungen zu erkennen und so gewisse Tendenzen eher erkennbar. Im Beispiel fällt die Häufung des Geburtsgewichts zwischen 3,5 kg und 4,0 kg bei der Klasseneinteilung mit 4 Klassen eher auf.

S. 338, 6.

a) Angebot A:

x	1	3
P(X = x)	$\frac{3}{4}$	$\frac{1}{4}$

Angebot B:

x	0	1	3
P(X = x)	$\frac{3}{8}$	$\frac{9}{16}$	$\frac{1}{16}$

b) Angebot A:
$E(X) = 1 \cdot \frac{3}{4} + 3 \cdot \frac{1}{4} = 1{,}5$

$\sigma(X) = \sqrt{\frac{3}{4} \cdot (-0{,}5)^2 + \frac{1}{4} \cdot (1{,}5)^2} \approx 0{,}866$

Angebot B:
$E(X) = 0 \cdot \frac{3}{8} + 1 \cdot \frac{9}{16} + 3 \cdot \frac{1}{16} = 0{,}75$

$\sigma(X) = \sqrt{\frac{3}{8} \cdot (-0{,}75)^2 + \frac{9}{16} \cdot 0{,}25^2 + \frac{1}{16} \cdot 2{,}25^2}$
$= 0{,}75$

Beide Spieleangebote sind nicht zu empfehlen, da die durchschnittliche Auszahlung unter dem Einsatz liegt. Auch die Standardabweichung ist eher klein, sodass auch bei einem Gewinn der Einsatz nicht stark übertroffen wird.
Müsste man sich für ein Angebot entscheiden, wäre bei Angebot A mit weniger Verlust zu rechnen.

S. 339, 7.

a) $P(X < 5) = 0{,}1 + 0{,}15 = 0{,}25$
$P(X \leq 8) = 0{,}1 + 0{,}15 + 0{,}2 + 0{,}3 = 0{,}75$
$P(X = 6) = 0{,}2$
$P(X > 5) = 1 - P(X \leq 5) = 1 - 0{,}25 = 0{,}75$

b) Erwartungswert:
$E(X) = 0{,}2 + 0{,}6 + 1{,}2 + 2{,}4 + 1{,}5 + 1{,}2 = 7{,}1$
Varianz:
$V(X) = 0{,}1 \cdot (-5{,}1)^2 + 0{,}15 \cdot (-3{,}1)^2 + 0{,}2 \cdot (-1{,}1)^2 +$
$0{,}3 \cdot (0{,}9)^2 + 0{,}15 \cdot (2{,}9)^2 + 0{,}1 \cdot (4{,}9)^2 = 8{,}19$
Standardabweichung: $\sigma(X) = \sqrt{8{,}19} \approx 2{,}86$

S. 339, 8.

a) Die Zufallsgröße ist binomialverteilt mit den Parametern n = 850 und p = 0,7, da es nur zwei mögliche Ergebnisse gibt und die Ereignisse unabhängig sind.

$\mu = n \cdot p = 850 \cdot 0,7 = 595$

$\sigma = \sqrt{n \cdot p \cdot (1-p)} = \sqrt{850 \cdot 0,7 \cdot 0,3} \approx 13,36$

Am ausgewählten Tag ist zu erwarten, dass 595 Schüler mit dem Bus kommen, wobei eine Abweichung von bis zu ±13,36 Schülern wahrscheinlich ist.

b) $P(X \leq 580) = 0,1391 = 13,91\%$

Mit einer Wahrscheinlichkeit von ca. 14 % reichen 580 Plätze aus.

c) $P(X \leq k) \geq 0,9$

Durch geschicktes Probieren (z. B. in einer Tabelle) ergibt sich:

$P(X \leq 600) = 0,658; P(X \leq 610) = 0,877$

$P(X \leq 611) = 0,892; P(X \leq 612) = 0,905$

Es müssen mindestens 612 Plätze zur Verfügung stehen.

d) Laut der σ-Regeln gilt:

$P(\mu - 2\sigma \leq X \leq \mu + 2\sigma) = 0,955$

$\mu - 2\sigma = 595 - 2 \cdot 13,36 = 568,82$

$\mu + 2\sigma = 595 + 2 \cdot 13,36 = 621,72$

Mit einer Wahrscheinlichkeit von ca. 95,5 % liegt der Wert von X im Intervall [569; 621].

S. 339, 9.

a) $\int_0^3 2x\,dx = [x^2]_0^3 = 3^2 - 0^2 = 9$

b) $\int_0^5 \frac{1}{10}x^2\,dx = \left[\frac{1}{30}x^3\right]_0^5 = \frac{1}{30} \cdot 5^3 - \frac{1}{30} \cdot 0^3 = \frac{125}{30} = \frac{25}{6}$

c) $\int_{-1}^1 \left(\frac{1}{5} + 3x^2\right)dx = \left[\frac{1}{5}x + x^3\right]_{-1}^1$

$= \frac{1}{5} \cdot 1 + 1^3 - \left(\frac{1}{5} \cdot (-1) + (-1)^3\right) = \frac{6}{5} - \left(-\frac{6}{5}\right) = \frac{12}{5}$

d) $\int_0^3 3(4 - x^2)dx = [12x - x^3]_0^3$

$= 12 \cdot 3 - 3^3 - (12 \cdot 0 - 0^3) = 36 - 27 = 9$

e) $\int_0^2 e^{3x-2}\,dx = \left[\frac{1}{3}e^{3x-2}\right]_0^2 = \frac{1}{3}e^{3 \cdot 2 - 2} - \frac{1}{3}e^{3 \cdot 0 - 2}$

$= \frac{1}{3}e^4 - \frac{1}{3}e^{-2} \approx 18,15$

f) $\int_{-3}^0 e^{-\frac{1}{3}x}\,dx = \left[-3e^{-\frac{1}{3}x}\right]_{-3}^0 = -3e^0 - (-3e^1)$

$= 3e - 3 \approx 5,15$

S. 339, 10.

a) $\int_1^\infty \frac{2}{x^3}\,dx = \lim_{a \to \infty} \int_1^a \frac{2}{x^3}\,dx = \lim_{a \to \infty} \left[-\frac{1}{x^2}\right]_1^a$

$= \lim_{a \to \infty}\left(-\frac{1}{a^2} - \left(-\frac{1}{1^2}\right)\right) = \lim_{a \to \infty}\left(-\frac{1}{a^2} + 1\right) = 1$

b) $\int_0^2 \frac{1}{\sqrt{x}}\,dx = \lim_{a \to 0} \int_a^2 \frac{1}{\sqrt{x}}\,dx = \lim_{a \to 0}[2\sqrt{x}]_a^2$

$= \lim_{a \to 0}(2\sqrt{2} - 2\sqrt{a}) = 2\sqrt{2}$

c) $\int_{-\infty}^{-1} \frac{\pi}{x^2}\,dx = \lim_{a \to -\infty} \int_a^{-1} \frac{\pi}{x^2}\,dx = \lim_{a \to -\infty}\left[-\frac{\pi}{x}\right]_a^{-1}$

$= \lim_{a \to -\infty}\left(-\frac{\pi}{-1} - \left(-\frac{\pi}{a}\right)\right) = \lim_{a \to -\infty}\left(\pi + \frac{\pi}{a}\right) = \pi$

S. 339, 11.

$F(a) = \int_a^0 e^{-x} + 2\,dx = [-e^{-x} + 2x]_a^0$

$= -e^{-0} + 2 \cdot 0 - (-e^{-a} + 2a) = e^{-a} - 2a - 1$

F(a) gibt die Maßzahl des Flächeninhalts in Abhängigkeit von der Geraden x = a an.

S. 339, 12.

$I_{-2}(x) = \int_{-2}^x t^4 + 2t^2\,dt = \left[\frac{1}{5}t^5 + \frac{2}{3}t^3\right]_{-2}^x$

$= \frac{1}{5}x^5 + \frac{2}{3}x^3 - \left(\frac{1}{5} \cdot (-2)^5 + \frac{2}{3} \cdot (-2)^3\right)$

$= \frac{1}{5}x^5 + \frac{2}{3}x^3 + \frac{176}{15}$

$I'_{-2}(x) = x^4 + 2x^2 = f(x)$

I_{-2} ist eine Stammfunktion von f, da die erste Ableitung von I_{-2} und f dieselbe Funktion definieren.

S. 339, 13.

$A_{\text{Ring 3; 4}} = 4^2 \cdot \pi - 3^2 \cdot \pi = 7 \cdot \pi \approx 22\,cm^2$

$A_{\text{Ring 4; 5}} = 5^2 \cdot \pi - 4^2 \cdot \pi = 9 \cdot \pi \approx 28\,cm^2$

$A_{\text{Ring 3; 5}} = A_{3; 4} + A_{4; 5} = 16 \cdot \pi \approx 50\,cm^2$

$\frac{A_{\text{Ring 3; 4}}}{A_{\text{Kreis 4}}} = \frac{7\pi}{16\pi} = 0,4375 = 43,75\%$

$\frac{A_{\text{Ring 4; 5}}}{A_{\text{Kreis 5}}} = \frac{9\pi}{25\pi} = 0,36 = 36\%$

$\frac{A_{\text{Ring 3; 5}}}{A_{\text{Kreis 5}}} = \frac{16\pi}{25\pi} = 0,64 = 64\%$

S. 339, 14.

a) $f(-x) = 3(-x)^3 - (-x) = -3x^3 + x$

$= -(3x^3 - x) = -f(x)$

Der Graph von f ist punktsymmetrisch zum Ursprung.

b) $f'(x) = 9x^2 - 1; f''(x) = 18x$

Extrempunkte: $f'(x) = 0 \to 9x^2 = 1 \to x_{1; 2} = \pm\frac{1}{3}$

$f''\left(\frac{1}{3}\right) > 0 \to$ Tiefpunkt $T\left(\frac{1}{3} \middle| -\frac{2}{9}\right)$

$f''\left(-\frac{1}{3}\right) < 0 \to$ Hochpunkt $H\left(-\frac{1}{3} \middle| \frac{2}{9}\right)$

Wendepunkte: $f''(x) = 0 \to x = 0; f(0) = 0$

Wendepunkt $W(0 \mid 0)$

Prüfen Sie Ihr neues Fundament (S. 368/369)

S. 368, 1.

①

Klasse	absolute Häufigkeit	relative Häufigkeit	Säulenhöhe
3,50 m ≤ x < 3,80 m	3	$\frac{3}{20} = 0{,}15$	$\frac{0{,}15}{0{,}3} = 0{,}5$
3,80 m ≤ x < 4,10 m	2	$\frac{2}{20} = 0{,}1$	$\frac{0{,}1}{0{,}3} \approx 0{,}33$
4,10 m ≤ x < 4,40 m	3	$\frac{3}{20} = 0{,}15$	$\frac{0{,}15}{0{,}3} = 0{,}5$
4,40 m ≤ x < 4,70 m	3	$\frac{3}{20} = 0{,}15$	$\frac{0{,}15}{0{,}3} = 0{,}5$
4,70 m ≤ x < 5,00 m	2	$\frac{2}{20} = 0{,}1$	$\frac{0{,}1}{0{,}3} \approx 0{,}33$
5,00 m ≤ x < 5,30 m	2	$\frac{2}{20} = 0{,}1$	$\frac{0{,}1}{0{,}3} \approx 0{,}33$
5,30 m ≤ x < 5,60 m	0	0	0
5,60 m ≤ x < 5,90 m	2	$\frac{2}{20} = 0{,}1$	$\frac{0{,}1}{0{,}3} \approx 0{,}33$
5,90 m ≤ x < 6,20 m	1	$\frac{1}{20} = 0{,}05$	$\frac{0{,}05}{0{,}3} \approx 0{,}17$
6,20 m ≤ x < 6,50 m	2	$\frac{2}{20} = 0{,}1$	$\frac{0{,}1}{0{,}3} \approx 0{,}33$

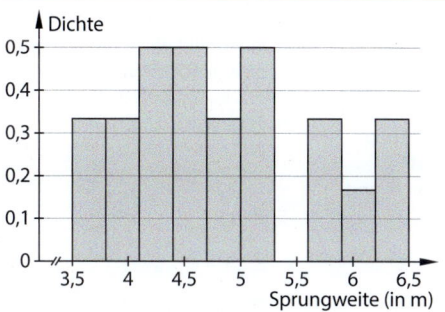

②

Klasse	absolute Häufigkeit	relative Häufigkeit	Säulenhöhe
3,50 m ≤ x < 4,10 m	5	$\frac{5}{20} = 0{,}25$	$\frac{0{,}25}{0{,}6} \approx 0{,}42$
4,10 m ≤ x < 4,70 m	6	$\frac{6}{20} = 0{,}3$	$\frac{0{,}3}{0{,}6} = 0{,}5$
4,70 m ≤ x < 5,30 m	4	$\frac{4}{20} = 0{,}2$	$\frac{0{,}2}{0{,}6} \approx 0{,}33$
5,30 m ≤ x < 5,90 m	2	$\frac{2}{20} = 0{,}1$	$\frac{0{,}1}{0{,}6} \approx 0{,}17$
5,90 m ≤ x < 6,50 m	3	$\frac{3}{20} = 0{,}15$	$\frac{0{,}15}{0{,}6} = 0{,}25$

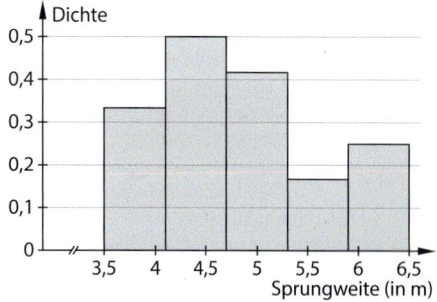

b) Obwohl Diagramm ① mehr Informationen darstellt, veranschaulicht Diagramm ② die Verteilung besser. Die Entwicklung und Häufung der Ergebnisse ist besser zu erkennen.

c) arithmetisches Mittel: $\bar{x} = 471{,}25$
geschätzter Mittelwert:

$$\frac{5 \cdot 380 + 6 \cdot 440 + 4 \cdot 500 + 2 \cdot 560 + 3 \cdot 620}{20} = 476$$

S. 368, 2.

a) f ist eine Dichtefunktion, wenn $\int_{-\infty}^{\infty} f(x)dx = 1$ und $f(x) \geq 0$ gilt.

$$\int_{-\infty}^{\infty} f(x)dx = \int_{-\infty}^{0} 0\,dx + \int_{0}^{1}\frac{1}{5} + b \cdot x^2\,dx + \int_{1}^{\infty} 0\,dx$$

$$= \int_{0}^{1}\frac{1}{5} + b \cdot x^2\,dx = \left[\frac{1}{5}x + \frac{b}{3}x^3\right]_{0}^{1} = \frac{1}{5} + \frac{b}{3}$$

$$\frac{1}{5} + \frac{b}{3} = 1$$

$$b = \frac{12}{5} = 2{,}4$$

Da f nur auf dem Intervall [0; 1] von 0 verschieden ist und auf dem Intervall beide Summanden größer sind als 0, ist $f(x) \geq 0$ und f ist für b = 2,4 eine Dichtefunktion.

b) $F(x) = \int_{-\infty}^{x} f(t)dt$

$$\int_{0}^{x}\frac{1}{5} + \frac{12}{5}t^2\,dt = \left[\frac{1}{5}t + \frac{12}{15}t^3\right]_{0}^{x} = \frac{1}{5}x + \frac{12}{15}x^3$$

$$F(x) = \begin{cases} 0 & \text{für } x \leq 0 \\ \frac{1}{5}x + \frac{4}{5}x^3 & \text{für } 0 < x < 1 \\ 1 & \text{für } x \geq 1 \end{cases}$$

c) $\mu = \int_{-\infty}^{\infty} x \cdot f(x)dx = \int_{0}^{1} x \cdot \left(\frac{1}{5} + \frac{12}{5}x^2\right)dx$

$$= \left[\frac{1}{10}x^2 + \frac{12}{20}x^4\right]_{0}^{1} = \frac{1}{10} + \frac{12}{20} = \frac{7}{10} = 0{,}7$$

S. 368, 3.

X ist gleichverteilt und hat damit die Dichtefunktion

$$f(x) = \begin{cases} \frac{1}{60} & \text{für } 0 \leq x \leq 60 \\ 0 & \text{sonst} \end{cases}$$ und die Verteilungsfunktion

$$F(x) = \begin{cases} 0 & \text{für } x < 0 \\ \frac{1}{60}x & \text{für } 0 \leq x \leq 60 \\ 1 & \text{für } x > 60 \end{cases}$$

Maya hat recht, dass man „genau" noch genauer definieren müsste.
Ist mit „genau" ein Zeitpunkt gemeint, ist die Wahrscheinlichkeit, genau 30 Minuten zu warten 0, da alle Punktwahrscheinlichkeiten 0 sind. $\left(\int_{30}^{30} f(x)dx = 0\right)$

Meint Gregor diese Interpretation von „genau", stimmt seine Aussage.

Man könnte mit „genau" aber auch eine gesamte Minute meinen, man teilt die Stunde in genau 60 gleich lange Zeiträume ein. In diesem Fall ist die Wahrscheinlichkeit „genau" 30 Minuten zu warten $P(29 \leq X \leq 30) = \frac{1}{60} \approx 0,0167$.

Meint Maya diese Interpretation von „genau", stimmt ihre Aussage.

S. 368, 4.

X: diskrete Zufallsgröße mit gleichmäßiger Verteilung wird tabellarisch dargestellt

Wert x	1	2	3	4	5	6
P(X = x)	$\frac{1}{6}$	$\frac{1}{6}$	$\frac{1}{6}$	$\frac{1}{6}$	$\frac{1}{6}$	$\frac{1}{6}$

Erwartungswert: $\mu = 3,5$

Die Verteilungsfunktion F ist in Treppenform.

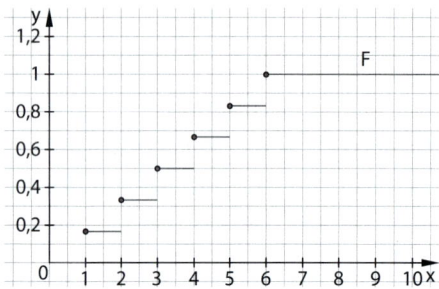

Y: stetige Zufallsgröße

Die Verteilung wird mit einer Dichtefunktion f und einer Verteilungsfunktion F beschrieben. Y ist gleichverteilt und hat damit die Dichtefunktion f mit

$$f(y) = \begin{cases} \frac{1}{6} & \text{für } 0 \leq y \leq 6 \\ 0 & \text{sonst} \end{cases}$$

und die Verteilungsfunktion F mit

$$F(y) = \begin{cases} 0 & \text{für } y < 0 \\ \frac{1}{6}y & \text{für } 0 \leq y \leq 6 \\ 1 & \text{für } y > 6 \end{cases}$$

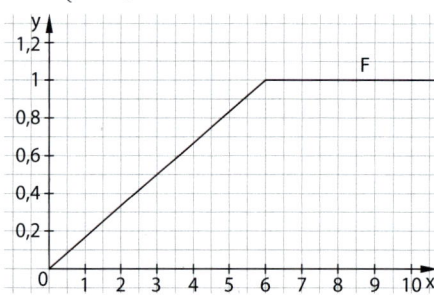

Erwartungswert: $\mu = 3$

S. 368, 5.

Für die Dichtefunktion einer normalverteilten Zufallsgröße gilt:

① $f(x) \geq 0$ für alle $x \in \mathbb{R}$ und ② $\int_{-\infty}^{\infty} f(x)dx = 1$

Bedingung ① ist erfüllt, da der Graph für alle x-Werte oberhalb der x-Achse liegt.

Bedingung ② ist nicht erfüllt, da das Dreieck $(-1|0)$, $(0|1)$, $(1|0)$ vollständig unter dem Graphen liegt

und eine Fläche von $\frac{1}{2} \cdot 1 \cdot 2 = 1$ hat. Somit ist die Fläche unter dem Graphen größer als 1.

Also kommt f nicht als Dichtefunktion einer normalverteilten Zufallsgröße in Frage.

S. 368, 6.

a) Die Wahrscheinlichkeit $P(a \leq X \leq b)$ wird durch die Fläche unter der Dichtefunktion auf dem Intervall $[a; b]$ beschrieben.

① $P(1 \leq X \leq 2) \approx \frac{1}{2}(0,06 + 0,12) \cdot 1 = 0,09$

② $P(3 \leq X \leq 6) = P(3 \leq X \leq 4) + P(4 \leq X \leq 6)$
$\approx \frac{1}{2}(0,18 + 0,2) \cdot 1 + \frac{1}{2}(0,2 + 0,12) \cdot 2 = 0,51$

b) $P(X = 2,5) = \int_{2,5}^{2,5} \varphi(x)dx = 0$

Eine Punktwahrscheinlichkeit ist bei normalverteilter Zufallsgröße immer 0.

S. 368, 7.

a) Das gesuchte Intervall für die Prognose ist $[90\,mm\,Hg; 150\,mm\,Hg]$

b) Nach den σ-Regeln gilt:

① $P(\mu_x - 2\sigma_x \leq X \leq \mu_x + 2\sigma_x) = 0,955$

② $P(\mu_x - 3\sigma_x \leq X \leq \mu_x + 3\sigma_x) = 0,997$

③ $P(X \leq \mu_x + \sigma_x) = P(\mu_x - \sigma_x \leq X \leq \mu_x + \sigma_x)$
$+ P(\mu_x - \sigma_x \leq X) = 0,68 + \frac{1}{2}(1 - 0,68) = 0,84$

S. 369, 8.

a) Der Flächeninhalt unter der Dichtefunktion beschreibt die Wahrscheinlichkeit, dass ein Patient nicht mehr als 30 Minuten warten muss.
$P(X \leq 30) = 0,159$

b) $P(X \geq 50) \approx 0,159$;
$P(30 \leq X \leq 50) = 1 - P(X \leq 30) - P(X \geq 50)$
$= 1 - 2 \cdot 0,159 \approx 0,682$

S. 369, 9.

a) Laut der σ-Regel gilt:
$P(\mu - 1,96\sigma \leq X \leq \mu + 1,96\sigma) = 0,95$
$\mu - 1,96\sigma = 165\,cm - 1,96 \cdot 7\,cm = 151,28\,cm$
$\mu + 1,96\sigma = 165\,cm + 1,96 \cdot 7\,cm = 178,72\,cm$
Mit einer Wahrscheinlichkeit von 95 % liegt die Größe in dem Intervall $[151,28\,cm; 178,72\,cm]$.

b) Laut der σ-Regel gilt:
$P(\mu - 1,64\sigma \leq X \leq \mu + 1,64\sigma) = 0,90$
$\mu - 1,64\sigma = 165\,cm - 1,64 \cdot 7\,cm = 153,52\,cm$
$\mu + 1,64\sigma = 165\,cm + 1,64 \cdot 7\,cm = 176,48\,cm$
Mit einer Wahrscheinlichkeit von 90 % liegt die Größe in dem Intervall $[153,52\,cm; 176,48\,cm]$.

c) Die Dichtefunktion ist $f(x) = \frac{1}{7\sqrt{2\pi}} e^{\frac{(x-165)^2}{98}}$
Mit dem GTR ergibt sich:
$$P(X > 180) = \int_{180}^{\infty} \frac{1}{7\sqrt{2\pi}} e^{\frac{(x-165)^2}{98}} dx \approx 0,016$$

d) $P(X < 150) = \int_{-\infty}^{150} \frac{1}{7\sqrt{2\pi}} e^{\frac{(x-165)^2}{98}} dx \approx 0,016$
$20 \cdot 10^6 \cdot 0,016 = 321246$
In Deutschland sind wahrscheinlich 321246 Frauen zwischen 16 und 40 kleiner als 150 cm.

S. 369, 10.

a) Die Zufallsgröße ist binomialverteilt (nur Treffer oder nicht, Ereignisse unabhängig)
$\mu = n \cdot p = 800 \cdot 0,3 = 240$
$\sigma = \sqrt{n \cdot p \cdot (1 - p)} = \sqrt{800 \cdot 0,3 \cdot 0,7} \approx 12,96$

(Laplace-Bedingung $\sigma > 3$ erfüllt)

1σ-Umgebung: $[226{,}8;\ 253{,}2]$

2σ-Umgebung: $[213{,}6;\ 266{,}4]$

b) Da die Laplace-Bedingung erfüllt ist, kann die Zufallsgröße durch die Normalverteilung approximiert werden.

$$P(230 \le X \le 250) \approx \int_{229{,}5}^{250{,}5} \varphi_{\mu;\sigma}(x)\,dx \approx 0{,}582$$

Die Wahrscheinlichkeit beträgt rund 58 %.

Lösungen zu Kapitel 9: Schätzen von Wahrscheinlichkeiten

Ihr Fundament (S. 372/373)

S. 372, 1.

1. Schritt	$f_1(x) = x^3$	
2. Schritt	$f_2(x) = 2x^3$	Streckung in Richtung der y-Achse
3. Schritt	$f_3(x) = -2x^3$	Spiegelung an der x-Achse
4. Schritt	$f_4(x) = -2(x+1)^3$	Verschiebung um 1 Einheit nach links
5. Schritt	$f_5(x) = -2(x+1)^3 - 1$	Verschiebung um 1 Einheit nach unten

S. 372, 2.

① Blauer Graph: $f(x) = 2x^5$

② Roter Graph: $f(x) = \frac{1}{4}(x-1)^5 - 3$

③ Grüner Graph: $f(x) = -\frac{1}{16}(x-2)^5 + \frac{1}{2}$

S. 372, 3.

a) $f(x) \ne 0$, also keine Nullstellen

$f(-x) = f(x)$, also symmetrisch zur y-Achse

Globalverhalten: $f(x) = 5e^{-x^2} \to 0$ für $x \to \pm\infty$

b) $f'(x) = -10x \cdot e^{-x^2}$

$f''(x) = (2x^2 - 1) \cdot 10e^{-x^2}$

$f'''(x) = 20x(3 - 2x^2) \cdot e^{-x^2}$

Hochpunkt: $H(0\,|\,5)$

Wendepunkte: $W_1(0{,}71\,|\,3{,}03)$, $W_2(-0{,}71\,|\,3{,}03)$

c)

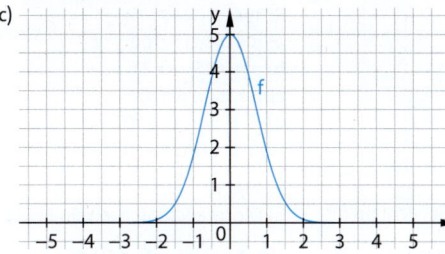

d) $g(x) = \frac{1}{5}f(x+2) = e^{-(x+2)^2}$

$g'(x) = -2(x+2) \cdot e^{-(x+2)^2}$

$g''(x) = \left(-2 + (2x+4)^2\right) \cdot e^{-(x+2)^2}$

$g'(-2) = 0$; $g(-2) = 1$; $g''(-2) = -2 < 0$

S. 372, 4.

a) $\int_0^3 2x\,dx = \left[x^2\right]_0^3 = 3^2 - 0^2 = 9$

b) $\int_0^5 \frac{1}{10}x^2\,dx = \left[\frac{1}{30}x^3\right]_0^5 = \frac{1}{30} \cdot 5^3 - \frac{1}{30} \cdot 0^3 = \frac{125}{30} = \frac{25}{6}$

c) $\int_{-1}^1 \left(\frac{1}{5} + 3x^2\right)dx = \left[\frac{1}{5}x + x^3\right]_{-1}^1$

$= \frac{1}{5} \cdot 1 + 1^3 - \left(\frac{1}{5} \cdot (-1) + (-1)^3\right) = \frac{6}{5} - \left(-\frac{6}{5}\right) = \frac{12}{5}$

d) $\int_0^3 3(4 - x^2)dx = \left[12x - x^3\right]_0^3$

$= 12 \cdot 3 - 3^3 - (12 \cdot 0 - 0^3) = 36 - 27 = 9$

e) $\int_0^2 e^{3x-2}\,dx = \left[\frac{1}{3}e^{3x-2}\right]_0^2 = \frac{1}{3}e^{3 \cdot 2 - 2} - \frac{1}{3}e^{3 \cdot 0 - 2}$

$= \frac{1}{3}e^4 - \frac{1}{3}e^{-2} \approx 18{,}15$

f) $\int_{-3}^0 e^{-\frac{1}{3}x}\,dx = \left[-3e^{-\frac{1}{3}x}\right]_{-3}^0 = -3e^0 - (-3e^1)$

$= 3e - 3 \approx 5{,}15$

S. 372, 5.

a) $A = \int_0^2 e^{-\frac{x}{2}}\,dx = \left[-2e^{-\frac{x}{2}}\right]_0^2 = 2 - \frac{2}{e} \approx 1{,}26$ FE

b) $A(a) = \int_a^0 e^{-\frac{x}{2}}\,dx = \left[-2e^{-\frac{x}{2}}\right]_a^0 = 2e^{-\frac{a}{2}} - 2$

$A(a) = 10 \Leftrightarrow a = -2\ln(6) \approx -3{,}58$

c) Je größer a wird, umso kleiner wird die eingeschlossene Fläche zwischen dem Graphen von f, den Koordinatenachsen und der Geraden $x = a$.

$A'(a) = -e^{-\frac{a}{2}} < 0$ für alle a, also ist A streng monoton fallend.

S. 373, 6.

a) $\mu = 4$

b) $P(4 \le X \le 6) \approx 0{,}25 + 0{,}2 + 0{,}11 = 0{,}56$

$P(X > 2) = 1 - P(X \le 2) \approx 1 - (0{,}005 + 0{,}04 + 0{,}12)$

$= 1 - 0{,}165 = 0{,}835$

S. 373, 7.

$P(X < 12) = P(X \le 11) = 1 - P(X > 11) = 1 - P(X \ge 12)$

$P(X \ge 12) = 1 - P(X < 12) = 1 - P(X \le 11) = P(X > 11)$

$P(X > 12) = 1 - P(X \le 12)$

$P(X < 11) = 1 - P(X \ge 11)$

S. 373, 8.

a) X ist binomialverteilt mit den Parametern $n = 850$ und $P = 0{,}7$, da es nur zwei mögliche Ergebnisse gibt und die Ereignisse unabhängig sind.

$\mu = n \cdot p = 850 \cdot 0{,}7 = 595$

$\sigma = \sqrt{n \cdot p \cdot (1-p)} = \sqrt{850 \cdot 0{,}7 \cdot 0{,}3} \approx 13{,}36$

An dem Tag ist zu erwarten, dass 595 Schüler mit dem Bus kommen, wobei eine Abweichung von bis zu $\pm 13{,}36$ Schülern wahrscheinlich ist.

b) $P(X \le 580) = 0{,}1391 = 13{,}91\,\%$

Mit einer Wahrscheinlichkeit von ca. 14 % reichen 580 Plätze aus.

c) $P(X \le k) \ge 0{,}9$

Testwerte einsetzen:

$P(X \le 600) = 0{,}658$; $P(X \le 610) = 0{,}877$

$P(X \le 611) = 0{,}892$; $P(X \le 612) = 0{,}905$

Es müssen mindestens 612 Plätze zur Verfügung stehen.

S. 373, 9.

a) Da alle Werte nur einmal auftreten, ist ein Diagramm, in dem einzelne Werte eingetragen werden, sehr groß und nicht aussagekräftig. Wichtige Daten wie z. B. das Mittel können nicht erkannt werden.

b)

Klasse	absolute Häufigkeit	relative Häufigkeit
2500 g ≤ x < 3000 g	2	$\frac{2}{20} = 0,1$
3000 g ≤ x < 3500 g	7	$\frac{7}{20} = 0,35$
3500 g ≤ x < 4000 g	7	$\frac{7}{20} = 0,35$
4000 g ≤ x < 4500 g	4	$\frac{4}{20} = 0,2$

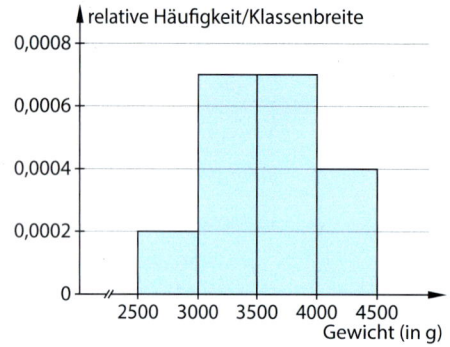

c)

Klasse	absolute Häufigkeit	relative Häufigkeit
2800 g ≤ x < 3000 g	2	$\frac{2}{20} = 0,1$
3000 g ≤ x < 3200 g	3	$\frac{3}{20} = 0,15$
3200 g ≤ x < 3400 g	2	$\frac{2}{20} = 0,1$
3400 g ≤ x < 3600 g	3	$\frac{3}{20} = 0,15$
3600 g ≤ x < 3800 g	4	$\frac{4}{20} = 0,2$
3800 g ≤ x < 4000 g	2	$\frac{2}{20} = 0,1$
4000 g ≤ x < 4200 g	4	$\frac{4}{20} = 0,2$

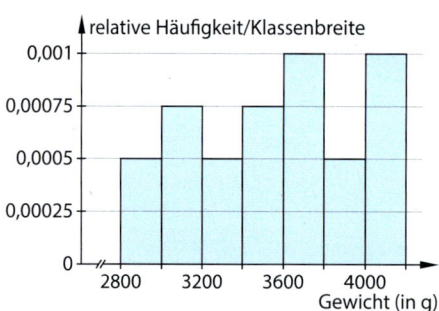

d) Der Vorteil von größeren Klassen ist, dass die Darstellung übersichtlich ist und Häufungen schnell ersichtlich sind. Durch Unterteilung in mehr Klassen kann mazn die Werte genauer darstellen und es gehen weniger Informationen verloren. Andererseits sind bei einer geringeren Anzahl von Klassen eher Häufungen zu erkennen und so

gewisse Tendenzen eher erkennbar. Im Beispiel fällt die Häufung des Geburtsgewichts zwischen 3,5 kg und 4,0 kg bei der Klasseneinteilung mit 4 Klassen eher auf.

S. 373, 10.

a) x = 18

b) $x = -\frac{1013}{143}$

c) keine Lösung

d) n ≠ 0, a = 14

e) n ≠ 0, c = 4

f) $z = \frac{49}{25}$

Prüfen Sie Ihr neues Fundament (S. 394/395)

S. 394, 1.

Binomialverteilung mit n = 500, p = 0,9

a) Erwartungswert: 450 keimende Zwiebeln
Mit 95,5 % Wahrscheinlichkeit keimen zwischen 437 und 463 Zwiebeln.

b) Wenn 435 (500 − 65) Zwiebeln keimen, liegt der Wert außerhalb der 2σ-Umgebung. Die Angabe kann daher angezweifelt werden.

c) Individuelle Lösungen

S. 394, 2.

a) Anzahl Buchstaben in der Aufgabe: n = 285
μ = 49,59; σ ≈ 6,4
μ − 2σ ≈ 36,79; μ + 2σ ≈ 62,39
2σ-Umgebung: [37; 62]

b) Anzahl des Buchstaben „e" in der Aufgabe: k = 52
52 liegt im Intervall [37; 62]

c) Individuelle Lösungen

S. 394, 3.

a) Es ist mit 3 defekten Geräten zu rechnen.

b) n · 0,985 = 1500, also n = 1522,84.
Der Großhändler sollte mindestens 1522 Geräte bestellen.

c) μ = 7,5; σ ≈ 2,72
μ − 2σ ≈ 2,06; μ + 2σ ≈ 12,94
2σ-Umgebung: [3; 12]

S. 394, 4.

a) signifikante Abweichung: Ergebnis liegt außerhalb der 2σ-Umgebung: [40; 60]
hochsignifikante Abweichung: Ergebnis liegt außerhalb der 3σ-Umgebung: [35; 65]

b) 2σ-Umgebung für faire Münze: [180, 220].
Da 170 nicht im Prognoseintervall liegt, kann berechtigt an einer „fairen" Münze gezweifelt werden.

S. 394, 5.

a) p = 0,2; n = 100

b) p = 0,25; σ = 7,5

c) n = 225; μ = 45

d) ① $p = \frac{1}{6}$; μ = 120 ② n = 400; σ = 10
③ p = 0,1; n = 1600; μ = 160

S. 394, 6.

a) Die Intervallgrenzen sind die beiden Lösungen von

$p \pm c \cdot \sqrt{\frac{p \cdot (1-p)}{250}} = 0,56$

Sicherheitswahrscheinlichkeit 90 %:
c = 1,64 ergibt Konfidenzintervall [0,508; 0,61]
Sicherheitswahrscheinlichkeit 95 %:
c = 1,96 ergibt Konfidenzintervall [0,498; 0,62]
Sicherheitswahrscheinlichkeit 99 %:
c = 2,58 ergibt Konfidenzintervall [0,478; 0,638]

b) Bei Erhöhung der Sicherheitswahrscheinlichkeit (des Konfidenzniveaus) wird das Konfidenzintervall länger, allerdings damit auch die Schätzung des unbekannten Parameters ungenauer.

c) Das Vertrauensintervall enthält alle p, die man bei einer Sicherheitswahrscheinlichkeit von x % als möglich erachtet. Erhöht man diese Wahrscheinlichkeit, vergrößert sich das Intervall.

d) Für die Sicherheitswahrscheinlichkeit von 90 % liegt p = 0,5 gerade so nicht im Konfidenzintervall. Hier gäbe es Anlass, p = 0,5 in Zweifel zu ziehen. Bei den beiden größeren Sicherheitswahrscheinlichkeiten ist das nicht der Fall.

S. 395, 7.

a) 11. Jahrgang: 95 %: [7,42; 21,38]; 99 %: [5,22; 23,58]
12. Jahrgang: 95 %: [8,80; 23,60]; 99 %: [6,49; 25,94]
13. Jahrgang: 95 %: [6,52; 19,88]; 99 %: [4,41; 21,99]

b) Bei den 12. Klassen weicht die tatsächliche Anzahl hochsignifikant vom Erwartungswert ab. Bei den anderen beiden Jahrgängen liegt die Anzahl jeweils im 95 %-Prognoseintervall.

c) 95 %: [30; 53,95]; 99 %: [26,3; 57,7]
Die gemeinsame Anzahl liegt im 95 %-Prognoseintervall.

S. 395, 8.

Da über die wirkliche Wahrscheinlichkeit nichts bekannt ist, kann man den Mindestumfang für eine Stichprobe abschätzen mit $n \geq \frac{1}{d^2} \cdot$
Damit ergibt sich für
① eine Abweichung von 5 %: $n \geq 400$ und für
② eine Abweichung von 2,5 %: $n \geq 1600$.

S. 395, 9.

a)

| binomCdf$(60, 0.05, 0, 4)$ | 0.819665 |

b)

| binomCdf$(n, 0.05, 2, n)|n=92$ | 0.947864 |
| binomCdf$(n, 0.05, 2, n)|n=93$ | 0.950024 |

Man müsste mindestens 93 Gläser entnehmen.

c) Mit einer Wahrscheinlichkeit von 95 % liegt die Anzahl fehlerhafter Gläser im $1{,}96\sigma$-Intervall um den Erwartungswert. Bei n = 250, p = 0,05 also zwischen 5,7 und 19,3. Die angenommene Wahrscheinlichkeit von 5 % ist nicht verträglich mit dem Stichprobenergebnis 25.

Lösungen zu Kapitel 10: Testen von Hypothesen

Ihr Fundament (S. 398/399)

S. 398, 1.

a) n gibt die Länge der Bernoulli-Kette an, k die Anzahl der Treffer und p ist die Wahrscheinlichkeit für das Eintreten eines Treffers (Trefferwahrscheinlichkeit). P steht für Wahrscheinlichkeit, also ist P(X = k) die Wahrscheinlichkeit für genau k Treffer.

b) mögliche Lösungen:

$$P(X = 8) = \binom{10}{8} \cdot 0{,}5^8 \cdot (0{,}5)^2 \text{ (falsche Potenz)}$$

$$P(X = 5) = \binom{7}{5} \cdot p^5 \cdot (1 - p)^2 \text{ (= statt } \leq\text{)}$$

$$P(X = 6) = \binom{8}{6} \cdot \left(\frac{4}{5}\right)^6 \cdot \left(\frac{1}{5}\right)^2 \left(\frac{1}{5} \text{ statt } \frac{2}{5}\right)$$

$$P(X = 9) = \binom{10}{9} \cdot \left(\frac{3}{5}\right)^9 \cdot \left(\frac{2}{5}\right)^1 (X = 9 \text{ statt } X = 10)$$

S. 398, 2.

„mindestens 23 %" $-p \geq 0{,}23$
„mehr als 23 %" $-p > 0{,}23$
„weniger als 23 %" $-p < 0{,}23$
„höchstens 23 %" $-p \leq 0{,}23$
„maximal 23 %" $-p \leq 0{,}23$
„genau 23 %" $-p = 0{,}23$

S. 398, 3.

a) Ja, denn der Münzwurf ist ein Bernoulli-Experiment („Kopf" zählt als Treffer). Das Experiment wird 50-mal (n = 50) mit konstanter Trefferwahrscheinlichkeit p = 0,5 wiederholt.

b) Nein, denn beim Ziehen wird nicht zurückgelegt.

c) Ja, denn das Würfeln wird als Bernoulli-Experiment mit „Augenzahl kleiner als 3" als Treffer 20-mal wiederholt (n = 20). Die Trefferwahrscheinlichkeit ist konstant p = 0,5.

d) Rein formal ja. Hier wechselt nach 10 Versuchen die Bedeutung eines Treffers, aber dabei ändert sich die Trefferwahrscheinlichkeit nicht. Es ist allerdings besser, das Experiment mit zwei getrennten Bernoulli-Ketten zu modellieren.

S. 398, 4.

Das Würfeln kann mithilfe einer binomialverteilten Zufallsgröße $X \sim B_{15;\frac{1}{6}}$ modelliert werden.

$$P(A) = P(X = 4) = \binom{15}{4} \cdot \left(\frac{1}{6}\right)^4 \cdot \left(\frac{5}{6}\right)^{11} \approx 0{,}412$$

$P(B) = P(X \leq 2) \approx 0{,}532$
$P(C) = P(1 \leq X \leq 5) = P(X \leq 5) - P(X = 0) \approx 0{,}908$
Beim Ereignis D geht es nur um die Ergebnisse der Würfe 1, 2 und 15. Daher kann die Wahrscheinlichkeit ohne Binomialverteilung berechnet werden.
$P(D) = \frac{1}{6} \cdot \frac{1}{6} \cdot \frac{1}{6} = \frac{1}{6^3} \approx 0{,}005$

S. 398, 5.

Zu Histogramm ① passen p = 0,5 und n = 20, da der Erwartungswert 10 beträgt und die Verteilung symmetrisch ist. Für p = 0,52 und n = 20 beträgt der Erwartungswert 10,4. Die Verteilung ist also im Vergleich zu ① leicht nach rechts verschoben. Das passt zu Histogramm ②.
In Histogramm ③ ist die höchste Säule genau mittig bei 14. Hierzu passen p = 0,7 und n = 20, da der Erwartungswert dann 14 ist.

S. 399, 6.

a) Lesen Sie die Höhen der Säulen zu X = 0 bis X = 7 bzw. X = 17 bis X = 30 ab und addieren Sie jeweils die Werte. So ergeben sich $P(X \leq 7)$ bzw. $P(X > 16)$. Addieren Sie beide Werte und ziehen Sie die Summe von 1 ab, um $P(8 \leq X \leq 16)$ zu ermitteln.

b) ① $P(X \leq 7) \approx 0{,}044$ ② $P(X > 16) \approx 0{,}048$
③ $P(8 \leq X \leq 16) = 1 - (P(X \leq 7) + P(X > 16)) \approx 0{,}908$

S. 399, 7.

a) Wahre Aussage: Bei X = 12 ist die höchste Säule. Da der Erwartungswert ganzzahlig ist, gilt E(X) = 12. Mit p = 0,2 ergibt sich: E(X) = 60 · 0,2 = 12
b) Falsche Aussage: Für p = 0,1 ergibt sich der Erwartungswert E(X) = 10, der weiter links liegt.
c) Wahre Aussage: Die Standardabweichung beträgt $\sigma = \sqrt{9,6} \approx 3,1$. Da nur ganzzahlige Trefferzahlen möglich sind, stimmt die Aussage zum Intervall.

S. 399, 8.

a) $P(\text{„Gewinn einer Runde"}) = \frac{1}{4} \cdot \frac{1}{4} = \frac{1}{16}$
b) Eine Spielrunde kann als Laplace-Experiment mit Treffer = Gewinn modelliert werden. Dieses Experiment wird nun 30-mal mit konstanter Trefferwahrscheinlichkeit $p = \frac{1}{16}$ wiederholt. Also gilt $X \sim B_{30;\frac{1}{16}}$.

c)

k	1	2	3	4	11	12
P(X ≤ k)	0,43	0,71	0,89	0,96	1	1

d) l = 1, denn P(X ≤ 1) ≈ 0,433 und P(X ≤ 2) ≈ 0,712
e) r = 5, denn P(X ≥ 4) ≈ 0,115 und P(X ≥ 5) ≈ 0,037
f) Wenn die Sektoren kleiner sind, verringert sich der Wert von p. Dadurch werden kleinere Trefferzahlen wahrscheinlicher und die Werte von P(X ≤ k) erhöhen sich.

S. 399, 9.

a) Der Test kann als Bernoulli-Kette modelliert werden. Die Zufallsgröße $X \sim B_{25;0,2}$ beschreibt die Anzahl der richtigen Antworten. Gesucht ist das kleinste k, für das P(X ≥ k) ≤ 0,01 gilt. Es gilt P(X ≥ 10) ≈ 0,017 und P(X ≥ 11) ≈ 0,006. Also sollte der Test bei mindestens 11 richtigen Antworten als bestanden gelten.
b) Diese Schlussfolgerung ist nicht überzeugend. Die Wahrscheinlichkeit, durch Raten genau auf 10 richtige Antworten zu kommen, beträgt rund 0,01. Damit lassen sich keine Aussagen zum Ausgang eines Tests machen. Insbesondere kann vom Ergebnis eines Tests nicht auf die Methode der Antworten geschlossen werden.

Prüfen Sie Ihr neues Fundament (S. 430/431)

S. 430, 1.

a) H_0 wird für die Stichprobe nicht abgelehnt.
b) H_0 wird für die Stichprobe abgelehnt.
c) H_0 wird für die Stichprobe abgelehnt.

S. 430, 2.

a) Richtig, es handelt sich um statistische Tests, mit denen eine Vermutungen gestützt, aber nicht be wiesen werden kann.
b) Falsch, es können Zweifel an der Nullhypothese und damit die Alternativhypothese gestützt werden.
c) Richtig, liegt das Ergebnis im Ablehnungsbereich, so wird H_0 für die Stichprobe abgelehnt. Damit wird die Alternativhypothese gestützt.
d) Falsch, mit einem Hypothesentest können nur Zweifel an einer Hypothese gestützt werden. Er gibt keine definitive Aussage über die Richtigkeit.

e) Richtig, der vermutete Wertebereich bildet die Alternativhypothese. Liegen die Testergebnisse im Ablehnungsbereich, so wird diese untermauert.

S. 430, 3.

Die Trefferanzahl X ist für den Test binomialverteilt mit $p_0 = 0,4$ und n = 300.
a) Ablehnungsbereich: A = [0; 102]
Zeigt die Stichprobe höchstens 102 Treffer, wird H_0 für die Stichprobe abgelehnt, ansonsten nicht.
b) Ablehnungsbereich: A = [139; 300]
Zeigt die Stichprobe mindestens 139 Treffer, wird H_0 für die Stichprobe abgelehnt, ansonsten nicht.

S. 430, 4.

① H_0: p ≤ 0,03 und H_A: p > 0,03
X: Anzahl defekter Bauteile, X binomialverteilt mit $p_0 = 0,03$ und n = 120.
Ablehnungsbereich: A = [9; 120]
Zeigt die Stichprobe mindestens 9 defekte Bauteile, wird H_0 abgelehnt, sonst nicht.
② H_0: p ≤ 0,6 und H_A: p > 0,6
X: Anzahl „Wappen", X binomialverteilt mit $p_0 = 0,6$ und n = 120.
Ablehnungsbereich: A = [84; 120]
Zeigt die Stichprobe mindestens 84-mal „Wappen", wird H_0 abgelehnt, sonst nicht.
③ H_0: p ≥ 0,9 und H_A: p < 0,9
X: Anzahl zufriedener Besucher, X binomialverteilt mit $p_0 = 0,9$ und n = 120.
Ablehnungsbereich: A = [0; 100]
Zeigt die Stichprobe höchstens 100 zufriedene Besucher, wird H_0 abgelehnt, sonst nicht.

S. 430, 5.

a) Aus Werbegründen könnte der Händler die Vermutung, dass seine Modelle besser abschneiden, untermauern. In diesem Fall sollte linksseitig mit H_0: p ≥ 0,215 und H_A: p < 0,215 getestet werden.
b) H_0: p ≥ 0,215 und H_A: p < 0,215
X: Anzahl durchgefallener Fahrzeuge; X ist für den Test binomialverteilt mit p = 0,215 und n = 500.
l ∈ ℕ maximal mit P(X ≤ l) ≤ 0,05
P(X ≤ 92) ≈ 0,049 und P(X ≤ 93) ≈ 0,062
Ablehnungsbereich: A = [0; 92]
c) α = P(X ≤ 92) ≈ 0,049
Die Wahrscheinlichkeit dafür, dass der Händler irrtümlich davon ausgeht, dass weniger als 21,5 % seiner Autos durchfallen, beträgt höchstens 4,9 %.
d) Ein Fehler 2. Art wäre, wenn weniger als 21,5 % der Autos des Händlers durchfallen, er aber irrtümlich davon ausgeht, dass es mehr als 21,5 % sind.

S. 430, 6.

a) Nein, das Signifikanzniveau gibt an, wie häufig auf Dauer Fehler 1. Art bei einem Test höchstens sind.
b) Nein, es bedeutet nur, dass bei einer zutreffenden Nullhypothese auf Dauer nur in höchstens 5% der Fälle zufällig ein solches Ergebnis beobachtet werden würde. Ob die Nullhypothese richtig ist, oder nicht, lässt sich hieraus nicht ermitteln.
c) Nein, nur für die vorliegende Stichprobe kann die Nullhypothese abgelehnt werden. Ob sie aufgrund eines Testergebnisses (in Gänze) abgelehnt werden kann, hängt von den Umständen ab.

S. 430, 7.

Die Hypothese, die gestützt werden soll, wird als Alternativhypothese formuliert, um den Fehler 1. Art zu kontrollieren.

a) H_0: $p \leq 0{,}2$ und H_A: $p > 0{,}2$ – linksseitiger Test

b) H_0: $p \geq 0{,}2$ und H_A: $p < 0{,}2$ – rechtsseitiger Test

S. 431, 8.

a) Falsch positiv bedeutet, dass das Testergebnis positiv ist, obwohl keine Krankheit vorliegt. H_0 trifft zu, wird aber abgelehnt.

Falsch negativ bedeutet, dass das Testergebnis negativ ist, obwohl eine Krankheit vorliegt. H_0 trifft nicht zu, wird aber nicht abgelehnt.

b) Ein Fehler 1. Art liegt bei einem falsch positiven Testergebnis, ein Fehler 2. Art bei einem falsch negativen Testergebnis vor.

S. 431, 9.

a) zu H_0: $p \leq 0{,}7$ (Bewohner):
  – Es handelt sich um einen rechtsseitigen Test.
  – H_A: $p > 0{,}7$
  – X: Anzahl der Autofahrer, die die Umgehungsstraße nutzen würden
  – X ist für den Test binomialverteilt mit dem Grenzwert der Nullhypothese $p = 0{,}7$ und $n = 250$.
  – Gesucht ist $r \in \mathbb{N}$ minimal, so dass $P(X \geq r) \leq 0{,}05$
  – $P(X \geq 187) \approx 0{,}0545$
    $P(X \geq 188) \approx 0{,}0404$
  – Der Ablehnungsbereich lautet $A = [188; 250]$.

zu H_0: $p \geq 0{,}7$ (Stadtverwaltung):
  – Es handelt sich um einen linksseitigen Test.
  – H_A: $p < 0{,}7$
  – X: Anzahl der Autofahrer, die die Umgehungsstraße nutzen würden
  – X ist für den Test binomialverteilt mit dem Grenzwert der Nullhypothese $p = 0{,}7$ und $n = 250$.
  – Gesucht ist $l \in \mathbb{N}$ maximal, so dass $P(X \leq l) \leq 0{,}05$
  – $P(X \leq 162) \approx 0{,}0437$
    $P(X \leq 163) \approx 0{,}0577$
  – Der Ablehnungsbereich lautet $A = [0; 162]$.

b) Entscheidungsregel Bewohnertest: Würden mehr als 187 Befragte die Straße nutzen, wird H_0 abgelehnt.

Entscheidungsregel Verwaltungstest: Würden weniger als 163 Befragte die Straße nutzen, wird H_0 abgelehnt.

S. 431, 10.

a) zweiseitiger Hypothesentest (zu kleine und zu große Werte können abgelehnt werden)

b) $n = 500$, $p = 0{,}1$, $\frac{1}{2} \cdot S = 0{,}025$,
  $P(X \leq 36) \approx 0{,}01863 < 0{,}025$, aber
  $P(X \leq 37) \approx 0{,}02743 > 0{,}025$; $l = 36$;
  $P(X \leq 64) \approx 0{,}98203 \geq 0{,}975$, aber
  $P(X \leq 63) \approx 0{,}97495 < 0{,}975$;
  $r - 1 = 64$; $r = 65$; $A = [0; 36] \cup [65; 500]$

  Bei 37 befallenen Produkten kann die Hypothese nicht abgelehnt werden.

  Irrtumswahrscheinlichkeit, Fehler 2. Art:
  $\alpha = P(X \leq 36) + P(X \geq 65) \approx 0{,}0366$

Technische Zeichnungen:
Cornelsen/ Christian Böhning

Screenshots:
Cornelsen/ Renatus Lütticken/© Texas Instruments. Nutzung mit Genehmigung von Texas Instruments: 185 (2)
Cornelsen / Thorsten Niemann / © Texas Instruments. Nutzung mit Genehmigung von Texas Instruments: 382
Cornelsen / Hubert Langlotz / © Texas Instruments. Nutzung mit Genehmigung von Texas Instruments 349, 352 (2), 365
Cornelsen/ Inhouse /© Texas Instruments. Nutzung mit Genehmigung von Texas Instruments: 10, 14 (4), 19 (10), 26 (2), 30, 40, 43, 54, 55, 59, 61, 62, 63, 66 (3), 71 (3), 76, 79 (2), 80, 84, 86, 88 (3), 89, 92 (4), 94 (2), 96 (2), 113, 115 (2), 116, 120, 123 (2), 127 (3), 129, 131, 146 (2), 153 (6), 168, 175 (3), 178, 183 (2), 185 (2), 192 (4), 193 (3), 205, 212, 213, 215, 217, 224 (2), 253, 260, 287 (5), 288, 304, 305, 315, 318, 319 (2), 321, 322, 323 (2), 325, 327, 328, 329, 330, 333, 343 (2), 344 (4), 346, 349, 354 (4), 355, 359, 363 (3), 375, 376 (2), 379 (3), 380, 381, 382 (2), 385, 386 (2), 388, 389, 390 (6), 391 (3), 408, 426 (4), 487 (2)
Cornelsen/ Inhouse / © Casio. Nutzung mit Genehmigung von Casio: 30, 40, 63 (2), 71, 84, 89, 95, 123, 144 (2), 160 (2), 175, 192 (5), 193, 217, 221, 228, 252, 286 (4), 288, 304, 305, 315, 318, 325, 343 (3), 346, 352, 354 (2), 355, 363 (2), 375, 379 (2), 389, 391, 408 (2), 427
Cornelsen/ Inhouse / © Microsoft® Office. Nutzung mit Genehmigung von Microsoft: 253, 377 (Mi.)

Illustrationen:
Cornelsen/Stefan Bachmann

Abbildungen:
Cover/Stock.adobe.com/phonlamaiphoto; **2 o.** / Shutterstock.com/asharkyu; **2 Mi.**/ Shutterstock.com/vladsilver; **2 u.**/ Shutterstock.com/Dragon Images; **3 o.** / Shutterstock.com/Ivan Protsiuk; **3 Mi.**/ Shutterstock.com/AtSkwongPhoto; **3 u.**/ Shutterstock.com/New Africa; **4 o.** / Shutterstock.com/Orange Line Media; **4 Mi.** /Shutterstock.com/Steve Whiston; **4 u.**/ Shutterstock.com/Fer Gregory; **5 o.** / Shutterstock.com/Karramba Production; **5 Mi.** / Shutterstock.com/Rawpixel.com; **5 u.**/ Shutterstock.com/Photobac; **7/**Shutterstock.com/asharkyu; **9/** Shutterstock.com/ESB Professional; **11/** Cornelsen/Christian Böhning, Berlin/shutterstock/pim pic; **15/**Getränke Shutterstock.com/Barbara Dudzinska; Spinat Shutterstock.com/Volosina; Rotkohl Shutterstock.com/NIPAPORN PANYACHAROEN; Paprika Shutterstock.com/Olga Danylenko; Pastinake Shutterstock.com/Lepas; **21/** Shutterstock.com/Rawpixel.com; **23/** stock.adobe.com/magele; **28/** Shutterstock.com/ViChizh; **31/** Shutterstock.com/Wellnhofer Designs; **32/** stock.adobe.com/Gerhard Seybert; **34/** Shutterstock.com/Leigh Prather; **35/** stock.adobe.com/contrastwerkstatt; **36 o.**/ Shutterstock.com/tigercat_lpg; **36 M.**/ stock.adobe.com/Wolgin; **40/** Shutterstock.com/Victor Moussa; **41/** Shutterstock.com/Dasha Petrenko; **47 o.**/ Shutterstock.com/Michael Schroeder; **47 Mi.**/ Shutterstock.com/CrizzyStudio; **51/** Shutterstock.com/vladsilver; **53/** stock.adobe.com/Christian Schwier; **57/** Shutterstock.com/Octa corp; **60/** Shutterstock.com/Marina Andrejchenko; **65/**dpa Picture-Alliance/Christina Horsten; **67/**Shutterstock.com/William Booth; **72/** Shutterstock.com/GUDKOV ANDREY; **99/** Shutterstock.com/Robert Adamec; **105/**Shutterstock.com/Dragon Images; **108/**Shutterstock.com/wavebreakmedia; **111/**Shutterstock.com/Repina Valeriya; **112/**Cornelsen/Christian Böhning, Berlin/shutterstock/Cartarium; **133/**Shutterstock.com/Ursatii; **139/**Shutterstock.com/Ivan Protsiuk; **154/**Shutterstock.com/BMJ; **198/**Shutterstock.com/Richard Peterson; **201/**Shutterstock.com/AtSkwongPhoto; **224 o.**/ Shutterstock.com/3Dsculptor; **224 Mi.**/stock.adobe.com/muratart; **241/**Shutterstock.com/New Africa; **246 o.**/ Shutterstock.com/timquo; **246 Mi.**/ Shutterstock.com/Martial Red; **250/**Shutterstock.com/EpicStockMedia; **251/**Shutterstock.com/Ken Browning; **256/**Shutterstock.com/Alexander Zegrachov; **258/** Shutterstock.com/M.A. Kleen; **260/**Shutterstock.com/Monika Wisniewska; **261/**Shutterstock.com/Elnur; **263/**Shutterstock.com/vovan; **264/**Shutterstock.com/anyaivanova; **265 o.**/Shutterstock.com/